AF302123

Lehmann · Geisweid

Elektrotechnik und elektrische Antriebe

Lehr- und Nachschlagebuch
für Studierende und Ingenieure

7. vollständig neubearbeitete Auflage von

Ramon Geisweid

Springer-Verlag Berlin Heidelberg New York 1973

Dipl.-Ing. Ramon Geisweid

Professor an der Fachhochschule Eßlingen a. N.

Mit 557 Abbildungen und 117 Beispielen

ISBN-13:978-3-642-80692-6   e-ISBN-13:978-3-642-80691-9
DOI: 10.1007/978-3-642-80691-9

Vorwort zur siebten Auflage

Seit dem Erscheinen der letzten Auflage ist die technische Entwicklung im Bereich der elektrischen Energietechnik und Antriebstechnik vor allem durch die moderne Halbleiter-Leistungselektronik, Stromrichter-, Steuerungs- und Regelungstechnik gekennzeichnet. Bei der Bearbeitung der 7. Auflage habe ich diese Entwicklung entsprechend berücksichtigt. Das Kapitel Stromrichter wurde vollständig neu gestaltet und wesentlich erweitert, im Kapitel Steuerung und Regelung von Antrieben ist u. a. die Schaltalgebra neu aufgenommen worden.

Um eine möglichst straffe Gliederung zu erhalten und um Raum zu gewinnen, wurde gegenüber der 6. Auflage eine andere Kapiteleinteilung gewählt. Das letzte Kapitel der vorausgegangenen Auflage ist in die Kapitel Elektrische Antriebe bzw. Steuerung und Regelung von Antrieben eingearbeitet worden. Auf die Darstellung der Kraftwerke und der Lichttechnik habe ich verzichtet. Das seitherige Kapitel Übertragung elektrischer Arbeit ist z. T. in das Kapitel Verteilung elektrischer Energie eingearbeitet worden.

Dem in früheren Auflagen erprobten Grundsatz, in einem Buch sowohl die Grundlagen als auch die Anwendungen zu behandeln, bin ich treu geblieben. Für die Studierenden hat diese Darstellung pädagogische Vorteile, sie ermöglicht aber auch dem in der Praxis tätigen Elektroingenieur, bei seinen Aufgaben eine gute Übersicht der Lösungsmöglichkeiten zu gewinnen. Auch für den Maschinenbauingenieur, der die Möglichkeiten, die die Elektrotechnik anbietet, genau kennen muß, wird das Buch von Nutzen sein, da die modernen Arbeitsmaschinen zusammen mit der elektrischen Ausrüstung eine Einheit bilden.

Auf eine exakte und trotzdem leicht verständliche Darstellung ist besonderer Wert gelegt worden. Die im Gesetz über Einheiten im Meßwesen und in der Ausführungsverordnung genannten Basisgrößen, Basiseinheiten und die daraus abgeleiteten Einheiten wurden angewandt. Gegenüber der 6. Auflage haben sich hierdurch nur geringfügige Änderungen, vor allem bei den Beispielen bezüglich der Krafteinheit Newton ergeben.

Hinweise auf DIN-Normen, VDE-Vorschriften, VDE-Regeln, VDE-Leitsätze, VDE-Richtlinien, IEC und CEE Publikationen entsprechen dem Stande bei Abschluß des Manuskriptes. Bezüglich der Darstellung von Schaltungen durch Schaltzeichen habe ich, sofern die DIN-Normen bzw. die IEC-Empfehlungen für ein und dasselbe Gerät verschiedene Formen der Darstellung zulassen, bevorzugt eine Darstellungsart benützt, jedoch z. Teil die andere Form in bestimmten Fällen auch angewendet, da dies der Praxis entspricht, und der Leser dadurch mehrere Darstellungsmöglichkeiten kennenlernt.

Von zahlreichen Fachkollegen und auch von den Mitarbeitern des Springer-Verlages habe ich bei der Bearbeitung wertvolle Hinweise und Anregungen empfangen, für die ich herzlich danke. Mein besonderer Dank gebührt auch allen Firmen, die mich mit Unterlagen und besonders mit Bildmaterial unterstützt haben. Dem Springer-Verlag danke ich, daß er auf meine Wünsche bereitwillig eingegangen ist, und daß das Buch wieder in einer sehr guten Ausstattung erscheinen kann.

Esslingen a. N., im Januar 1973

Ramon Geisweid

Inhaltsverzeichnis

1. Grundlagen der Elektrizitätslehre

1.1 Wesen der Elektrizität

Alle Stoffe sind aus *Atomen* aufgebaut. Jedes Atom besteht nach den heutigen Vorstellungen aus dem *Atomkern* und der *Atomhülle*. Der Atomkern enthält *Protonen* und *Neutronen*. Fast die gesamte Masse des Atoms liegt im Atomkern. Die Protonen besitzen die Masse $m_\mathrm{p} = 1{,}67 \cdot 10^{-24}$ g und tragen eine *positive* Ladung von $e = 1{,}602 \cdot 10^{-19}$ As (*Elementarladung*). Die Neutronen haben nahezu *dieselbe* Masse wie die Protonen, besitzen jedoch *keine* elektr. Ladung. Der Atomkern weist einen Durchmesser von 10^{-14} m bis 10^{-15} m auf, während der des ganzen Atoms etwa 10^{-9} m bis 10^{-10} m beträgt. Der größte Teil eines Atoms ist also materiefreier Raum.

Die Atomhülle ist aus *negativ* geladenen *Elektronen* aufgebaut, sie besitzt gerade soviel Elektronen, wie im Kern Protonen vorhanden sind. Ein Elektron hat die Masse $m_\mathrm{e} = 9{,}1 \cdot 10^{-28}$ g (Ruhmasse) und die Ladung $e = -1{,}602 \times \times 10^{-19}$ As. Die Elektronen der Atomhülle besitzen Energie. Der Energiebetrag eines Hüllenelektrons kann nur bestimmte, konkrete Werte annehmen (*Quantenzustände*). Im Bohrschen Atommodell bewegen sich die Elektronen mit hoher Geschwindigkeit auf kreisförmigen oder elliptischen Bahnen um den Atomkern. Die Elektronen können sich strahlungsfrei nur auf ganz bestimmten Bahnen um den Atomkern bewegen. Jede solche Bahn entspricht einem möglichen Energiezustand.

Die Bahnen liegen auf *Schalen*. Je nach Elektronenzahl kommen bis zu *sieben* Schalen vor. Die verschiedenen Schalen sind aus *Unterschalen* aufgebaut. Jeder Unterschale ist eine bestimmte maximale Elektronenbesetzung zuge-

Tabelle 1.1. Elektronenbesetzung in der Atomhülle

Element	Ordn. Zahl	Massenzahl	Atomkern Protonen	Neutronen	K 1s	L 2s	2p	M 3s	3p	3d	N 4s	4p	4d	4f	O 5s	5p	5d	5f	P 6s	6p	6d	Q 7s
Elektronenzahl bei voller Füllung der Schalen					2	2	6	2	6	10	2	6	10	14	2	6	10	14	2	6	10	2
$^{1}_{1}$H	1	1	1	—	1																	
$^{4}_{2}$He	2	4	2	2	2																	
$^{28}_{14}$Si	14	28	14	14	2	2	6	2	2													
$^{55}_{26}$Fe	26	55	26	29	2	2	6	2	6	6	2											
$^{63}_{29}$Cu	29	63	29	34	2	2	6	2	6	10	1											
$^{72}_{32}$Ge	32	72	32	40	2	2	6	2	6	10	2	2										
$^{74}_{33}$As	33	74	33	41	2	2	6	2	6	10	2	3										
$^{114}_{49}$In	49	114	49	65	2	2	6	2	6	10	2	6	10	—	2	1						
$^{238}_{92}$U	92	238	92	146	2	2	6	2	6	10	2	6	10	14	2	6	10	3	2	6	1	2

ordnet. So treten z. B. auf der Unterschale 3 d der dritten Schale (M) bei voller Belegung 10 Elektronen auf (s. Tabelle 1.1).

Da die Zahl der Protonen im Kern gleich der Elektronenanzahl in der Atomhülle ist, ist das Atom nach außen *ungeladen*. Die Anzahl der positiven und negativen Ladungen ist im Atom gleich groß.

Die Anzahl der Protonen im Kern ist gleich der *Ordnungszahl*, die das Element im periodischen System der Elemente einnimmt. Das einfachste Atom, das Wasserstoffatom, mit der *Ordnungszahl eins* und der *Massenzahl eins* besitzt *ein* Proton und *ein* Elektron. Helium, mit der Ordnungszahl *zwei*, weist *zwei* Protonen im Kern und *zwei* Elektronen in der Atomhülle auf. Da aber die Massenzahl *vier* ist, sind im Kern außerdem noch *zwei* Neutronen, die keine Ladung tragen, vorhanden. Die Massenzahl stimmt dann mit der Summe aus Protonen- und Neutronenanzahl überein. Die Tatsache, daß die *relativen Atommassen* der in der Natur vorkommenden Elemente nicht immer ganze Zahlen sind, erklärt sich daraus, daß es bei den meisten Elementen *Isotope* gibt, die sich durch die Zahl der Neutronen im Kern unterscheiden. Das Isotop Schwerer Wasserstoff (Deuterium) besitzt im Kern außer dem einen Proton auch noch *ein* Neutron, so daß die Massenzahl *zwei* ist. Die Isotope sind in der Natur in bestimmten Verhältnissen gemischt, so daß sich hieraus die nicht ganzzahligen *relativen Atommassen* („Atomgewichte") erklären.

Die Elektronen am Rand der Atomhülle können diese verlassen (*freie Elektronen*), wobei wegen des Elektronendefizits ein positiv geladenes Atom (*positives Ion*) entsteht. Bei einer Elektronenanlagerung (Elektronen überschuß) tritt ein negativ geladenes Atom (*negatives Ion*) auf.

Die Anzahl der *Valenz-Elektronen*, das sind bestimmte Elektronen in den äußeren Schalen, bestimmt die *chemische Wertigkeit* (Valenz) des Atoms.

Leiter unterscheiden sich in ihrem Leitungsmechanismus von den *Halbleitern*. Bei den Leitern gibt es eine große Zahl von freien Elektronen, diese können sich fast ungehindert durch das Kristallgitter hindurchbewegen. Man kann sich die freien Elektronen bei Metallen wie die Moleküle eines Gases verteilt zwischen den Atomen vorstellen. Deshalb spricht man von einem *Elektronengas*.

Die *Elektronendichte* der freien Elektronen ist in Metallen mindestens von der Größenordnung der Dichte der Atome, also $10^{22}/cm^3$ bis $10^{23}/cm^3$. Hierauf beruht die *große* Leitfähigkeit aller Metalle. Bei den Halbleitern werden die Elektronen für die Gitterbindung benötigt und sind also platzgebunden. Es sind deshalb zunächst keine freien Elektronen vorhanden. Ein störungsfreier Kristall wäre also ein vollkommener Nichtleiter. Infolge der Wärmeenergie schwingen die Gitteratome. Hierdurch werden einzelne Bindungen aufgebrochen, und einzelne Elektronen werden vorübergehend frei beweglich. Man spricht von der *Eigenleitung* des Halbleiters. Diese ist stark temperaturabhängig. Die Leitfähigkeit eines Halbleiters wird durch Störungen des regelmäßigen Gitteraufbaus stark erhöht. Werden z. B. dem vierwertigen Germanium mit seinen vier Valenzelektronen Beimengungen von fünf- oder dreiwertigen Elementen beigegeben (z. B. Arsen bzw. Indium), so weisen diese gegenüber dem Germanium einen Überschuß bzw. Mangel an Valenzelektronen auf.

Fünfwertige Fremdatome nennt man *Donatoren*, dreiwertige *Akzeptoren*. Die Beimengungen (Dotierungen) verursachen die *Störstellenleitung*. Donatoren können ihre *Überschußelektronen* abgeben, die nun als Leitungselektronen durch das Gitter wandern. Diesen Vorgang bezeichnet man als *Überschuß-* oder *n-Leitung*, weil die Leitfähigkeit durch negative Ladungsträger verursacht wird. Ein Akzeptoratom dagegen kann ein Elektron des Germaniums aufnehmen. In der Germaniumbindung fehlt dann ein Elektron (*Defektelektron*). Das fehlende Elektron wird als *Loch* bezeichnet und wirkt wie eine positive Ladung. Das Loch kann von Atom zu Atom wandern, weil es alsbald von einem Elektron einer anderen Germaniumbindung besetzt werden kann. Diesen Leitungsmechanismus durch Elektronenplatzwechsel nennt man *Mangel-* oder *p-Leitung*, weil scheinbar positive Ladungsträger die Leitfähigkeit bewirken. Es findet ein ständiger Austausch von Elektronen in idealer Unordnung statt. Wandernde Elektronen bedeuten einen Elektronenstrom. Bei idealer Unordnung des Elektronenstromes ist jedoch die mittlere Strömungsgeschwindigkeit aller freien Elektronen zusammen (*Elektronendrift*) gleich null. Entsprechend wandern auch die Löcher (*Löcherstrom*).

Übt man durch ein elektrisches oder magnetisches Feld auf die freien Elektronen in einem elektrischen Leiter eine Kraft aus, so werden am einen Ende des Leiters Elektronen angehäuft (*negative* Ladung), während am anderen Ende ein Elektronenmangel (*positive* Ladung) entsteht. Wählt man an Stelle des Leiterstücks einen geschlossenen Leiterkreis, so entsteht bei andauernder Kraftwirkung ein dauernder Elektronenstrom. Die Elektronendrift ist jetzt nicht mehr gleich null. Die mittl. Strömungsgeschwindigkeit (Drift) ist im Leiter gering. Sie beträgt z. B. für Kupfer bei einer Stromdichte (s. Gl. (1.28)) von 1 A/mm² nur 0,07 mm/s.

Die *Stromstärke* läßt sich durch die Zahl der Elementarladungen angeben, die *je Zeitspanne* durch den Drahtquerschnitt hindurchwandern. Einheit der Stromstärke ist das *Ampere*, entsprechend $6{,}24 \cdot 10^{18}$ Elektronen je Sekunde. Die Stromstärke wird mit dem Formelzeichen I bezeichnet. Bei *festen* elektr. Leitern und Halbleitern können die in ihrem Verband festgehaltenen positiv geladenen Atome nicht wandern. Eine Stoffbewegung findet daher nicht statt. Dies ist anders bei der Stromleitung durch *Elektrolyte* (Säuren, Basen, Salzlösungen), bei denen die Stromleitung nicht nur durch freie Elektronen, sondern durch die beweglichen Ionen mit Stoffabscheidung vor sich geht.

1.2 Wirkungen des elektrischen Stromes

An eine elektrische Stromquelle (Generator mit der Spannung U_{12}), welche die Fähigkeit besitzt, an der Minus-Klemme ständig einen Überschuß negativer Elektronen und an der Plus-Klemme einen Mangel derselben aufrecht zu erhalten, sei über metallische Drähte (Bild 1.1) ein dünner Draht *3—4* und zwei Kupferplatten *5—6* angeschlossen, die in eine Kupfersulfatlösung eintauchen. Schließlich gehe der Draht noch an einer Magnetnadel *M* vorbei. Sobald der Stromkreis geschlossen ist, zeigen sich die folgenden Wirkungen:

a) Wärmewirkung. Der dünne Draht (*3—4*) erwärmt sich und kann bei genügend großer Stromstärke sogar durchschmelzen (Schmelzsicherungen). Ein dicker Draht würde bei gleicher Stromstärke nur wenig erwärmt werden.

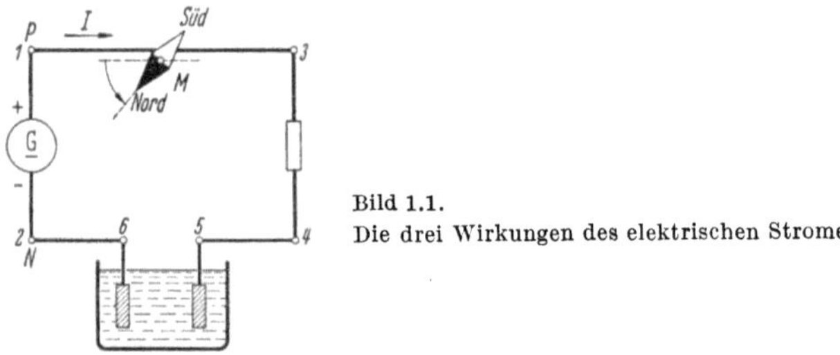

Bild 1.1.
Die drei Wirkungen des elektrischen Stromes

b) Chemische Wirkung. An der mit Klemme *6* verbundenen Kupferplatte scheidet sich Kupfer (Elektrolyt-Kupfer) ab, und zwar um so mehr, je größer das Produkt aus Stromstärke mal Zeit ist. An Platte *5* wird die entsprechende Kupfermenge chemisch abgetragen. Würde man an Stelle der Kupfersulfatlösung Silbernitratlösung, und an Stelle der Kupferplatten Silberplatten wählen, so würde sich an Platte *6* Silber abscheiden.

c) Magnetische Wirkung. Die bewegliche Magnetnadel *M* wird aus ihrer Nord-Süd-Ruhelage abgelenkt, und zwar um so mehr, je größer die Stromstärke ist. Bei festgehaltenem Magneten würde sich der Leiter, wenn er beweglich gemacht wird, bewegen.

Beim Vertauschen der Anschlüsse an der Stromquelle (umpolen) ändert sich an der Wärmeentwicklung nichts, während die chemische und magnetische Wirkung sich mit umkehrt. Die Strömung der Elektronen geht von der Minus-Klemme der Stromquelle (*2*) durch den Draht zur Plus-Klemme (*1*) über die Klemmen *6—5—4—3* (äußerer Stromkreis). Als positive Stromrichtung ist aus historischen Gründen hingegen die umgekehrte Richtung, entsprechend dem *I*-Pfeil in Bild 1.1, festgelegt.

1.3 Ohmsches Gesetz

Die Stromquelle vermag in einem Stromkreis einen Strom aufrecht zu erhalten, weil in ihr eine Spannung U_{12} wirksam ist. Diese treibt den elektrischen Strom durch den Widerstand der Leiter. Zwischen diesen drei Größen besteht eine gesetzmäßige Abhängigkeit, welche man durch einen Versuch ermitteln kann. In Bild 1.2 ist ein langer dünner Draht *R*, welcher der Handlichkeit wegen auf einen Isolierkörper aufgewickelt ist, an die Klemmen einer Stromquelle angeschlossen. Der *Strommesser* A zeigt die Stärke des Stromes. Ersetzt man die Stromquelle durch eine solche doppelter oder dreifacher Spannung, so steigt die Stromstärke auf den doppelten, bzw. dreifachen Wert. Bei einer Verschiebung des Kontaktfingers *K* auf die Hälfte oder ein Drittel des Widerstandes *R* steigt der Strom auf das Doppelte bzw. das Dreifache seines ersten Wertes. Diese Abhängigkeit drückt das *Ohmsche Gesetz aus: In einem Stromkreis ist die Stromstärke I der Spannung U verhältnisgleich und dem Widerstand R umgekehrt verhältnisgleich* $I = U/R$ oder

$$U = I \cdot R. \tag{1.1}$$

Die Einheiten der drei elektrischen Größen. Stromstärke, Spannung und Widerstand

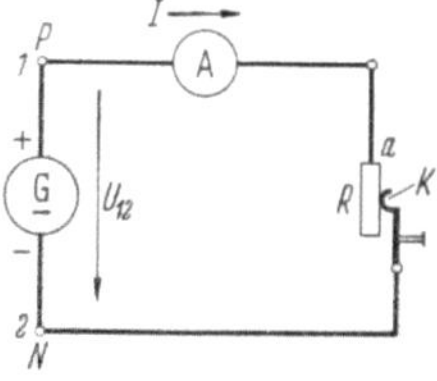

Bild 1.2. Die Stromstärke ist der Spannung proportional und umgekehrt proportional dem Widerstand

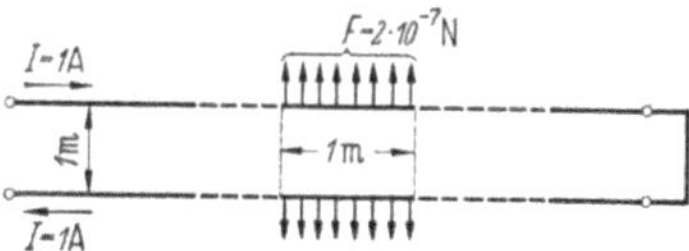

Bild 1.3. Zur Definition der Stromstärke $I = 1$ A

Die Einheit der Stromstärke ist das Ampere (Kurzzeichen A).

Im Internationalen Einheitensystem (Système International d'Unités, Abk. SI) sind die sechs Basiseinheiten für Länge, Zeit, Masse, Temperatur, elektrische Stromstärke und Lichtstärke definiert. Die Basiseinheiten sind

Meter, Kurzzeichen: m
Sekunde, Kurzzeichen: s
Kilogramm, Kurzzeichen: kg
Kelvin, Kurzzeichen: K
Ampere, Kurzzeichen: A
Candela, Kurzzeichen: cd

Durch Bundesgesetz sind sie für die Bundesrepublik Deutschland verbindlich übernommen.

Hierbei lautet die Definition: Die Basiseinheit 1 Ampere ist die Stärke eines zeitlich unveränderlichen elektrischen Stromes, der, durch zwei im Vakuum parallel im Abstand 1 Meter voneinander angeordnete, geradlinige, unendlich lange Leiter von vernachlässigbar kleinem, kreisförmigen Querschnitt fließend, zwischen diesen Leitern je 1 Meter Leiterlänge elektrodynamisch die Kraft $2 \cdot 10^{-7}$ kgm/s² $= 2 \cdot 10^{-7}$ N hervorrufen würde. Bild 1.3 veranschaulicht diese Definition.

Auf die alte Krafteinheit kp umgerechnet ergibt dies

$$F = 2 \cdot 10^{-7}\,\text{N} \cdot \frac{1\,\text{kp}}{9{,}806\,\text{N}} = 0{,}204 \cdot 10^{-7}\,\text{kp} \, .$$

Die Einheit der Spannung ist das Volt (V).

1 Volt ist diejenige Spannung, die an einem Widerstand auftritt, wenn im Widerstand eine Stromstärke von 1 A vorhanden ist, und dabei im Widerstand eine Wärmewirkung von 1 Joule/s $= 1$ W auftritt.

Die Einheit des Widerstandes ist das Ohm (Ω).

1 Ohm ist derjenige Widerstand, der erforderlich ist, wenn eine Spannung von 1 Volt eine Stromstärke von 1 A hervorrufen soll.

Wir können nun mit dem Ohmschen Gesetz rechnen. Wenn zwei der Größen gegeben sind, so läßt sich die unbekannte Dritte stets berechnen. Es ist also $I = U/R$ und $R = U/I$. Würde man in Bild 1.2 den Kontakt auf a stellen, dann würde $R = 0$, und der Strom sehr groß sein. Man nennt dies einen *Kurzschluß*.

1. Beispiel. Eine Glühlampe sei von einem Strom von $I = 0{,}27$ A durchflossen und liege an einer Spannung von $U = 220$ V. Nach dem Ohmschen Gesetz ist $R = U/I = {} = 220\,\text{V}/0{,}27\,\text{A} = 815\,\Omega$.

Die Messung von Strömen erfolgt durch *Strommesser* (Amperemeter), welche so zu schalten sind, daß der zu messende Strom durch das Meßgerät geht (Bild 1.2). Dabei ist es gleichgültig, an welcher Stelle des Stromkreises der

Strommesser eingebaut wird, da der Strom bei einem unverzweigten Stromkreis an jeder Stelle gleich groß ist. Spannungen mißt man mit *Spannungsmessern* (Voltmeter), welche unmittelbar mit den Klemmen, zwischen denen die Spannung herrscht, zu verbinden sind (Bild 1.6). Widerstände können wir zunächst nur indirekt durch je eine Strom- und Spannungsmessung nach Beispiel 1 bestimmen.

1.3.1 Elektrizitätsmenge

Man versteht hierunter die *Ladung Q*. Fließt ein zeitlich konstanter Strom I während der Zeitspanne t, so ist

$$Q = I \cdot t . \tag{1.2}$$

Ist der Strom eine Zeitfunktion $i = f(t)$ so gilt allgemein in differentieller Schreibweise

$$\mathrm{d}Q = i \cdot \mathrm{d}t . \tag{1.2a}$$

Die Einheit ist die Amperesekunde (abgekürzt As) oder das Coulomb (C), welche auch durch die Zahl der Elementarladungen ausdrückbar ist:

$$1 \text{ Amperesekunde} = 6{,}24 \cdot 10^{18} \text{ Elementarladungen}$$

oder: 1 Elektron hat die *Elementarladung* von $e = - 1{,}602 \cdot 10^{-19}$ C.

1.3.2 Elektrischer Widerstand

Die Widerstände von Metallen zeigen starke Unterschiede. Es gibt *gute* Leiter (Kupfer) und weniger gute Leiter (Eisen, Nickelin). Bei konstanter Temperatur ist der Widerstand eines Drahtes nur von der Länge l, dem Querschnitt A und dem Leitermaterial abhängig. Der Widerstand ist um so größer, je größer die Länge l und um so kleiner, je größer der Querschnitt A ist. Deshalb ergibt sich

$$R = \frac{\varrho \cdot l}{A} \tag{1.3}$$

Hierin ist ϱ der vom Leitermaterial abhängige *spezifische Widerstand*.

Aus Gl. (1.3) ergibt sich der *spez. Widerstand* $\varrho = R \cdot A/l$. Setzt man hierin als Einheit für l das m und für A das m² ein, so ergibt sich für den spez. Widerstand die Einheit $\Omega \cdot$ m und zwar für Kupfer $\varrho = 1{,}78 \cdot 10^{-8}\ \Omega \cdot$ m. Diese ist jedoch für den praktischen Gebrauch recht ungeeignet, und man zieht es daher vor, die Länge l in m und den Querschnitt in mm² auszudrücken. Folglich ist für Kupfer $\varrho = 0{,}0178\ \Omega \cdot$ mm²/m. In der nachstehenden Tabelle sind einige spezifische Widerstände und Leitfähigkeiten angegeben. Als Zuleitungen für Stromverbraucher kommen nur die Stoffe mit hoher Leitfähigkeit (Kupfer) in Frage. Für Widerstände und Heizgeräte verwendet man Stoffe mit hohem spezifischem Widerstand.

Leitfähigkeit und Leitwert. Man rechnet vielfach mit dem reziproken Wert des spezifischen Widerstandes, den man die *Leitfähigkeit* $\varkappa$ nennt. Es ist also $\varkappa = 1/\varrho$; und die Widerstandsgleichung lautet jetzt:

$$R = \frac{l}{\varkappa \cdot A} . \tag{1.4}$$

Der reziproke Wert des Widerstandes R heißt der *Leitwert G*. Also $G = 1/R$. Die Einheit des Leitwertes ist das Siemens (S).

Tabelle 1.2. Tabelle der spezifischen Widerstände ϱ, Leitfähigkeiten $\varkappa$ und Temperatur-koeffizienten α_{20}
($\vartheta = 20\ {}^{\circ}\mathrm{C}$)

Stoff	ϱ $\dfrac{\Omega \cdot \mathrm{mm}^2}{\mathrm{m}}$	$\varkappa$ $\dfrac{\mathrm{m}}{\Omega \cdot \mathrm{mm}^2}$	α_{20} $10^{-3}/\mathrm{K}$	Stoff	ϱ $\Omega \cdot \mathrm{m}$
Metalle rein				**Isolierstoffe**	
Aluminium	0,028	35	3,77	Bakelit	10^{14}
Eisen	$0,1 \div 0,15$	$10 \div 7$	$4,5 \div 6$	Bernstein	10^{14}
Kupfer	0,0178	56	3,93	Ceresin	10^{17}
Nickel	$0,08 \div 0,11$	$13-9$	$3,7 \div 6$	Glas	$10^9 \div 10^{15}$
Quecksilber	0,96	1,04	0,92	Glimmer	$10^{13} \div 10^{14}$
Silber	0,016	62,5	3,8	Gummi,	
				Hartgummi	10^{14}
Legierungen				Hartpapier	$10^7 \div 10^8$
Messing	$0,07 \div 0,09$	$14-11$	1,5	Hartporzellan	$10^{12} \div 10^{13}$
Bronze	$0,018 \div 0,056$	$55-18$	4	Mikanit	10^{13}
Nickelin				Paraffin	10^{16}
54% Cu, 26% Ni					
20% Zn	0,43	2,3	0,23		
Konstantan				Polystrol	10^{14}
58% Cu, 41% Ni					
1% Mn	0,5	2	$-0,03$	Zelluloid	10^8
Manganin					
86% Cu, 2% Ni,					
12% Mn	0,43	2,3	0,01		
Chromnickel	1,1	0,91	0,2		

2. Beispiel. Mit Gl. (1.4) soll der Widerstand eines Kupferdrahtes mit dem Querschnitt $A = 25\ \mathrm{mm}^2$ und der Länge $l = 2,5\ \mathrm{km}$ berechnet werden. Mit den in der Praxis üblichen Einheiten erhält man:

$$R = 0,0178\ \frac{\Omega \cdot \mathrm{mm}^2}{\mathrm{m}} \cdot \frac{2500\ \mathrm{m}}{25\ \mathrm{mm}^2} = 1,78\ \Omega\ .$$

Man könnte auch für die Größe $l = 2500\ \mathrm{m}$ die Größe $l = 2,5\ \mathrm{km}$ einsetzen:

$$R = 0,0178\ \frac{\Omega \cdot \mathrm{mm}^2}{\mathrm{m}} \cdot \frac{2,5\ \mathrm{km}}{25\ \mathrm{mm}^2} = 0,00178\ \mathrm{k}\Omega\ .$$

Das Ergebnis erhält man nun in der Einheit $\mathrm{k}\Omega$, da in der obigen Gleichung alle Einheiten bis auf Ω und den Zahlenfaktor k gekürzt werden können. Der Zahlenfaktor k bedeutet bekannterweise „kilo" also $\mathrm{k} = 1000$. Da $1\ \mathrm{k}\Omega = 1000\ \Omega$ ist, erhält man dasselbe Ergebnis wie vorher.

Das Beispiel zeigt, daß man in eine „Größengleichung" die Größen (Zahlenwerte mal Einheit) mit beliebigen Einheiten einsetzen darf. Es ist jedoch erforderlich, daß die Einheiten algebraisch miteinander verrechnet werden. Gegebenenfalls muß zum Schluß auf die gewünschte Einheit umgerechnet werden. Bei diesem Beispiel also von der Einheit $\mathrm{k}\Omega$ auf die Einheit Ω.

1.3.3 Änderungen des Widerstandes

a) Abhängigkeit von der Temperatur. Der Widerstand reiner Metalle steigt bei zunehmender Temperatur, während derjenige von Kohle und Flüssigkeiten sinkt. Bei Kupfer beträgt die Widerstandszunahme z. B. etwa 0,4% je Kelvin Temperaturzunahme.

Bezeichnet man den bei der Temperatur ϑ auftretenden Widerstand mit R_ϑ, den bei 20 °C auftretenden Widerstand mit R_{20}, so gilt

$$R_\vartheta = R_{20}\,[1 + \alpha_{20}\,(\vartheta - 20\ {}^{\circ}\mathrm{C})]\ . \tag{1.5}$$

Hierbei ist α_{20} der *Temperaturkoeffizient* bei einer Ausgangstemperatur von 20 °C (Tabelle 1.2). Die Gl. (1.5) liefert genaue Ergebnisse bis etwa $\vartheta = 200$ °C.

Diese Widerstandsänderung infolge Erwärmung muß beim Bau elektrischer Maschinen berücksichtigt werden. Andererseits benutzt man die Widerstandsänderung, um aus ihr die Temperaturänderung zu berechnen.

3. Beispiel. Die Kupferwicklung (Erregerwicklung) einer Maschine liege an einer konstanten Spannung von $U = 220$ V und werde bei Betriebsbeginn (20 °C) von $I_1 = 2$ A durchflossen. Durch den Stromfluß erwärmt sich die Wicklung, wodurch sich der Widerstand erhöht. Nach einigen Stunden sei der Strom auf $I_2 = 1,69$ A gesunken. Wie groß ist im Mittel die Temperaturzunahme der Wicklung?

Die Widerstände sind $R_{20} = 220$ V/2 A $= 110$ Ω, $R_\vartheta = 220$ V : 1,69 A $= 130$ Ω. Der Widerstand ist um 20 Ω, also 18,2% gewachsen. Aus Gl. (1.5) erhält man

$$\vartheta = \frac{R_\vartheta - R_{20}}{\alpha_{20} \cdot R_{20}} + 20\ ^\circ\text{C} = \frac{130\ \Omega - 110\ \Omega}{3,93 \cdot 10^{-3} \cdot \text{K}^{-1} \cdot 110\ \Omega} + 20\ ^\circ\text{C} = 66,2\ ^\circ\text{C}$$

Die Übertemperatur $\Delta\vartheta = \vartheta - 20$ °C beträgt damit $\Delta\vartheta = 46,2$ K.

b) Magnetische Abhängigkeit. Manche Stoffe, z. B. elektr. Halbleiter oder *Wismut*, ändern ihren Widerstand, wenn man sie in ein magnetisches Feld bringt. Der Wismutwiderstand steigt z. B. in einem Feld von 1,6 Tesla $= 1,6$ T um etwa 80%. Bei bekannter Widerstandsänderung kann eine dünne Wismutspirale zur Messung von magn. Flußdichten dienen.

c) Abhängigkeit von der Belichtung. Kadmium-Sulfid, ein Stoff von sehr hohem spezifischen Widerstand, vermindert seinen Widerstand bei Belichtung je nach Beleuchtungsstärke bis auf den 100. Teil. Es kann also als Lichtrelais Verwendung finden.

Die Ausführung von Widerständen. Leiter mit hohem spezifischem Widerstand, nennt man einfach *Widerstände*. Sie werden meist aus den in der Tabelle 1.2 angeführten Widerstandsbaustoffen hergestellt und auf wärmesichere Isolierkörper aufgewickelt. Veränderbar werden sie dadurch, daß man (Bild 1.2) einen Gleitkontakt verschiebbar über der Drahtwicklung anordnet (Schiebewiderstände), oder bei größeren Stromstärken eine Kontaktplatte mit Kurbel vorsieht, an welche die Drahtwiderstände stufenweise angeschlossen sind (s. unter Anlassern).

1.4 Kirchhoffsche Regeln

In jeder beliebigen Schaltung gelten die beiden aus der Erfahrung gewonnenen Beziehungen:

1. Knotenpunktregel: An jedem Verzweigungspunkt ist die Summe der zufließenden Ströme gleich der Summe der abfließenden Ströme. Oder anders ausgedrückt: Die algebraische Summe aller einem Verzweigungspunkt (Knoten) zufließenden Ströme muß gleich null sein. Es gilt also

$$\sum I = 0\ . \tag{1.6}$$

Für Bild 1.4 ergibt sich

$$I_1 + I_2 - I_3 - I_4 - I_5 = 0\ .$$

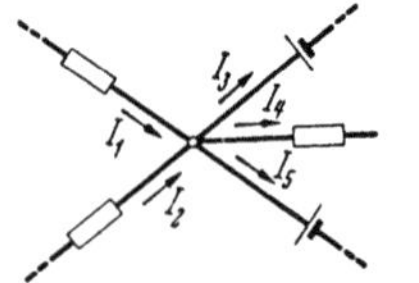

Bild 1.4.
Stromverzweigung
an einem Knoten

Hierbei müssen die vom Knoten abfließenden Ströme entsprechend den gesetzten Strompfeilen mit negativem Vorzeichen in Gl. (1.6) eingesetzt werden.

2. Maschenregel: In jeder Masche muß die algebraische Summe aller Spannungen gleich null sein. Hier gilt

$$\sum U = 0 \qquad (1.7)$$

und für Bild 1.5 ergibt sich

$$U_{12} + U_{23} + U_{34} - U_{15} = 0 \; .$$

Die richtigen Vorzeichen erhält man, wenn man einen Umlaufsinn in der Masche wählt und dabei diejenigen Spannungen U positiv in die Gl. (1.7) einsetzt, deren Pfeilspitzen in Umlaufrichtung liegen, während man diejenigen Spannungen negativ einsetzt, deren Pfeilspitzen gegen den gewählten Umlaufsinn zeigen.

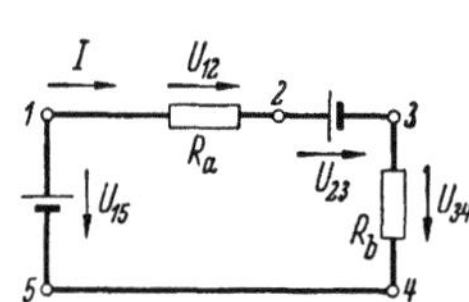

Bild 1.5. Spannungen in einer Masche

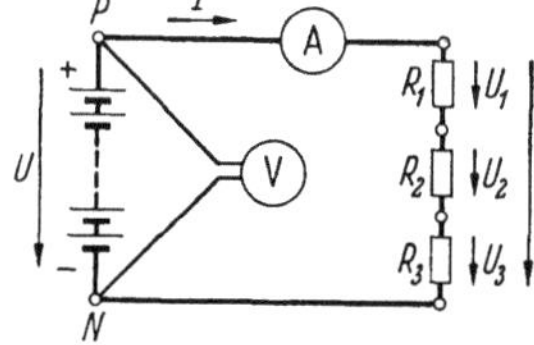

Bild 1.6. Reihenschaltung von Widerständen

Mit Hilfe dieser Regeln lassen sich die Strom- und Spannungsverhältnisse beliebiger Schaltungen berechnen, wobei genau auf die Vorzeichen zu achten ist.

Die Reihenschaltung von Widerständen. Die *Reihenschaltung* (Hintereinander- oder Serienschaltung (Bild 1.6) ist dadurch gekennzeichnet, daß alle Widerstände von *demselben* Strom durchflossen werden. Die Reihenfolge der Widerstände kann beliebig sein. Die Spannungen an den einzelnen Widerständen ergeben sich nach dem Ohmschen Gesetz zu $U_1 = R_1 \cdot I$, $U_2 = R_2 \cdot I$, $U_3 = R_3 \cdot I$. Sie verhalten sich also wie die Widerstände.

Der Gesamt- oder *Ersatz*widerstand der Reihenschaltung ist gleich der Summe der Einzelwiderstände

$$R = R_1 + R_2 + R_3 + \cdots \qquad (1.8)$$

4. Beispiel. In Schaltung (Bild 1.6) sei $R_1 = 4\,\Omega$, $R_2 = 8\,\Omega$ und $R_3 = 3\,\Omega$. Der Strom werde durch den Strommesser A zu 3 A und die Spannung der Stromquelle mit dem Spannungsmesser V zu 45 V gemessen. Wie groß sind die Einzelspannungen?

Es ergibt sich $U_1 = 4\,\Omega \cdot 3\,\text{A} = 12\,\text{V}$; $U_2 = 8\,\Omega \cdot 3\,\text{A} = 24\,\text{V}$; $U_3 = 3\,\Omega \cdot 3\,\text{A} = 9\,\text{V}$, was zusammen die gemessenen 45 V ergibt. Der Gesamtwiderstand ist

$$4\,\Omega + 8\,\Omega + 3\,\Omega = 15\,\Omega \, ,$$

und aus der Gesamtspannung ergibt sich ein Strom $I = 45\,\text{V}/15\,\Omega = 3\,\text{V}/\Omega = 3\,\text{A}$.

5. Beispiel. Eine Bogenlampe (Bild 1.7) brenne bei einer Spannung von $U_\text{B} = 50\,\text{V}$ und einer Stromstärke von $I = 8\,\text{A}$ normal. Sie soll jedoch an eine vorhandene Netzspannung von $U = 220\,\text{V}$ angeschlossen werden.

Denkt man sich den handbetätigten Schalter al geschlossen, so kann man für den Stromkreis die Kirchhoffsche Regel Gl. (1.7) anwenden und erhält $U_\text{R} + U_\text{B} - U = 0$ und mit dem Ohmschen Gesetz [Gl. (1.1)] $I \cdot R + U_\text{B} - U = 0$; damit wird $R = \dfrac{U - U_\text{B}}{I} = \dfrac{220\,\text{V} - 50\,\text{V}}{8\,\text{A}} = 21{,}2\,\text{V/A} = 21{,}2\,\Omega$.

Am Widerstand fällt eine Spannung $U_R = 170\ \text{V}$ ab. Der Widerstand muß $R = 21,2\ \Omega$ betragen.

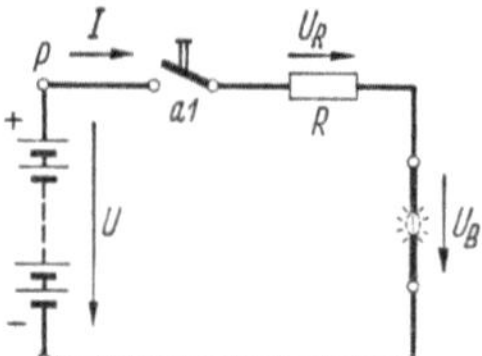

Bild 1.7. Bogenlampe mit Vorwiderstand

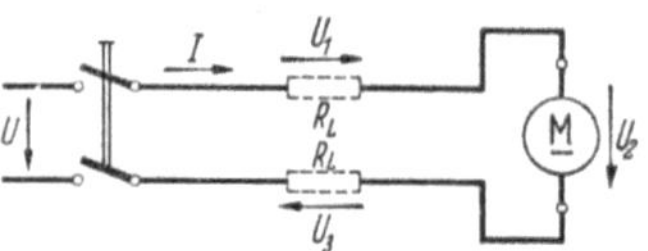

Bild 1.8. Bis zum Motor tritt ein Spannungsfall $U_1 + U_3$ ein

6. Beispiel. Ein Motor, welcher $I = 25\ \text{A}$ Strom benötigt, habe seinen Standort 200 m von der Stromquelle entfernt. Die Spannung der Stromquelle (Bild 1.8) betrage 230 V und diejenige am Motor U_2 soll höchstens um 5% geringer sein. Wie groß muß der Querschnitt der Kupferzuleitungen sein?

Wir müssen uns denken, daß dem Motor auf beiden Seiten durch die langen Leitungen Widerstände R_L vorgeschaltet sind. Da insgesamt 5% also 11,5 V verlorengehen dürfen, erhält der Motor noch $U_2 = 218,5\ \text{V}$.

Nach der Kirchhoffschen Regel [Gl. (1.7)] erhält man $U_1 + U_2 + U_3 - U = 0$. Da es sich um 2 gleiche Leitungen handelt, muß $U_1 = U_3$ sein. Damit wird $U_1 = (U - U_2)/2$ und mit dem Ohmschen Gesetz [Gl. (1.1)] $I \cdot R_L = (U - U_2)/2$ und mit Gl. (1.3) $A =$

$$= 2 \cdot \varrho \cdot l \cdot \frac{I}{U - U_2}, \quad A = 2 \cdot 0,0178\ \frac{\Omega\ \text{mm}^2}{\text{m}} \cdot 200\ \text{m}\ \frac{25\ \text{A}}{230\ \text{V} - 218,5\ \text{V}} = 15,5\ \text{mm}^2.$$

Nun sind aber die Drahtquerschnitte genormt, und wir müssen daher nach der Tabelle im Abschnitt 12.1.2 den nächst größeren Querschnitt von 16 mm² wählen.

Bei einem unveränderlichen Widerstand R ist die Abhängigkeit zwischen Strom I und Spannung U nach Bild 1.9 durch eine Gerade dargestellt, bei welcher $\tan \alpha = (m_u \cdot U)/(m_i \cdot I)$ ist. Hierin bedeutet m_u den Spannungs-

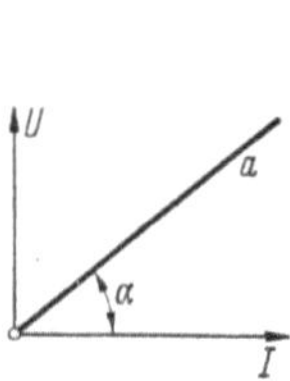

Bild 1.9. Abhängigkeit zwischen U und I nach dem Ohmschen Gesetz

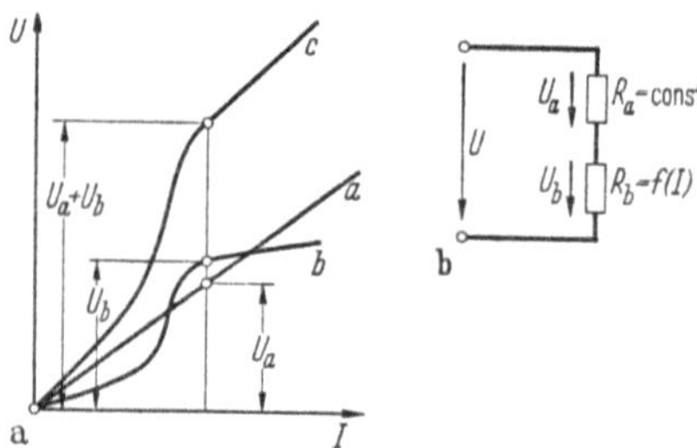

Bild 1.10a u. b. Reihenschaltung von konstantem Widerstand R_a mit stromabhängigem Widerstand R_b

maßstab und m_i den Strommaßstab in Bild 1.9. Als Einheiten für diese Maßstäbe können z. B. 1 mm/V bzw. 1 mm/A gewählt werden. Da $U/I = R$ ist, verläuft die Gerade in Bild 1.9 um so flacher, je kleiner der Widerstand R ist. Es gibt aber auch Widerstände, welche dem Ohmschen Gesetz nicht folgen, weil sie selbst von U oder I abhängig und damit veränderlich sind. Bild 1.10a stellt in Linie b die Abhängigkeit $U_b = f(I)$ eines solchen Widerstandes dar. Legt man einen solchen mit einem konstanten Widerstand R in Reihe an eine Spannung U, dann läßt sich der Strom nicht rechnerisch ermitteln. Eine zeichnerische Ermittlung ist hingegen nach Bild 1.10 leicht möglich.

Nach der Kirchhoffschen Regel [Gl. (1.7)] ist $U = U_a + U_b$. Addiert man graphisch die zusammengehörigen Teilspannungen $U_a + U_b$ für jeden I-Wert und trägt sie über I auf, so erhält man Kurve c. Aus ihr kann man für jede Spannung U den zugehörigen Wert I und die Teilspannungen U_a und U_b entnehmen.

Die Parallelschaltung von Widerständen. Die *Parallelschaltung* (Bild 1.11) von Widerständen ist dadurch gekennzeichnet, daß an allen Widerständen die *gleiche Spannung* liegt. Die Ströme in den Widerständen sind jedoch verschieden, und zwar ist $I_1 = U/R_1$ und $I_2 = U/R_2$. Die Teilströme verhalten sich also umgekehrt wie die Widerstände. Es ist

$$I_1/I_2 = R_2/R_1 \,.$$

Der *Ersatzwiderstand*, welcher an Stelle der parallel geschalteten Widerstände denselben Gesamtstrom hindurchläßt, ist

$$R = U/I = U/(I_1 + I_2 + \cdots) = U \left/ \left(\frac{U}{R_1} + \frac{U}{R_2} + \cdots \right) \right. . \tag{1.9}$$

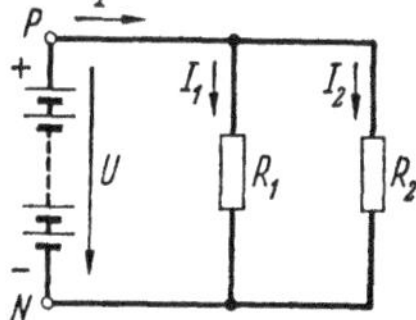

Bild 1.11. Parallelschaltung von Widerständen

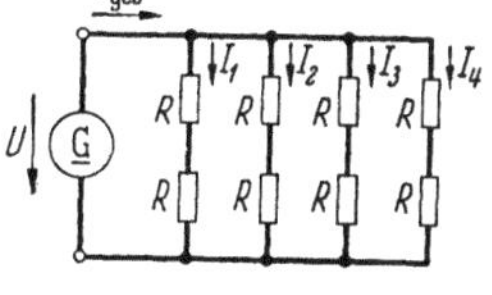

Bild 1.12. Schaltung zu Beispiel 7.
$I_1 = I_2 = I_3 = I_4 = I$; $I_{ges} = 4\,I$

Hieraus ergibt sich:

$$\frac{1}{R} = \frac{1}{R_1} + \frac{1}{R_2} + \cdots, \tag{1.10}$$

oder, da die reziproken Werte der Widerstände die Leitwerte G darstellen:

$$G = G_1 + G_2 + \cdots \tag{1.10a}$$

Der Gesamt- oder Ersatzleitwert einer Parallelschaltung ist gleich der Summe der Einzelleitwerte. Sind nur 2 Widerstände vorhanden, so erhält man aus Gl. (1.10)

$$R = \frac{R_1 \cdot R_2}{R_1 + R_2} \,. \tag{1.10b}$$

7. Beispiel. Ein Generator (Stromerzeuger) erzeuge eine Spannung von 500 V und soll bei einer Probe mit etwa 90 A belastet werden. Es stehen nun eine Anzahl gleicher Widerstände von $R = 11\ \Omega$ zur Verfügung, die aber wegen der Erwärmung höchstens mit 25 A belastet werden dürfen. Wie sind die Widerstände zu schalten? Schließt man *einen* Widerstand an die Klemmen der Maschine, so fließt ein Strom von 500 V/11 Ω = 45,5 A, der für den Widerstand unzulässig ist. Bei zwei in *Reihe* liegenden Widerständen würde der Strom auf den zulässigen Wert von $I = 22{,}7$ A heruntergehen. Die Maschine ist dabei aber nicht vollbelastet. Um dies zu erreichen, müßten viermal solche hintereinandergeschalteten Widerstände *parallel* geschaltet werden, wobei ein Gesamtstrom $I_{ges} = 4 \cdot 22{,}7$ A $= 91$ A fließt (Bild 1.12).

Der Spannungsteiler. (Potentiometer). Ein Widerstand R_s wird nach Bild 1.13a mit den Klemmen a und b an die Spannung U angeschlossen. Den Nutzwiderstand R (z. B. Lampe) denken wir uns zunächst an der Steckvorrichtung St ausgesteckt. Dieser Schaltzustand ($I_R = 0$) heißt Leerlauf des Spannungsteilers. Deshalb erhalten für diesen Fall I und U_p den zusätzlichen Index 0. Es gilt

$$R_a + R_b = R_s; \quad I_0 = \frac{U}{R_s} \,.$$

Denkt man sich am Spannungsteiler eine linear geteilte Skala, die bei Klemme a den Zahlenwert $p = 1$, bei Klemme b den Zahlenwert $p = 0$ besitzt, so kann man die Stellung des Kontaktfingers K durch den Zahlenwert p ausdrücken. Es ist

$$R_b = p \cdot R_s \qquad R_a = (1 - p) \cdot R_s \, .$$

Die Ausgangsspannung U_{p0} im Leerlauf ist dann

$$U_{p0} = I_0 \cdot R_b = p \cdot U \, . \tag{1.11}$$

Wird der Spannungsteiler mit dem Nutzwiderstand R belastet, so erhält man unter Berücksichtigung der Knotenregel und Maschenregel

$$U_p = U \, \frac{p \cdot R}{R + p \cdot R_s (1 - p)} \, . \tag{1.12}$$

In Bild 1.13b ist das Verhältnis der Spannungen U_p/U in Abhängigkeit von der Schieberstellung p mit dem Verhältnis R/R_s als Parameter dargestellt.

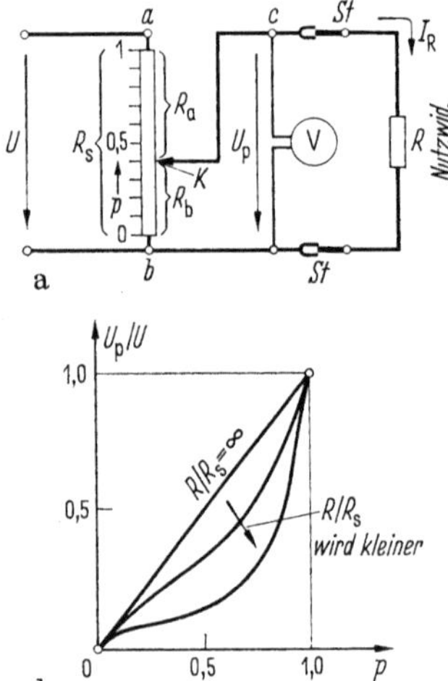

Bild 1.13a u. b. Spannungsteiler

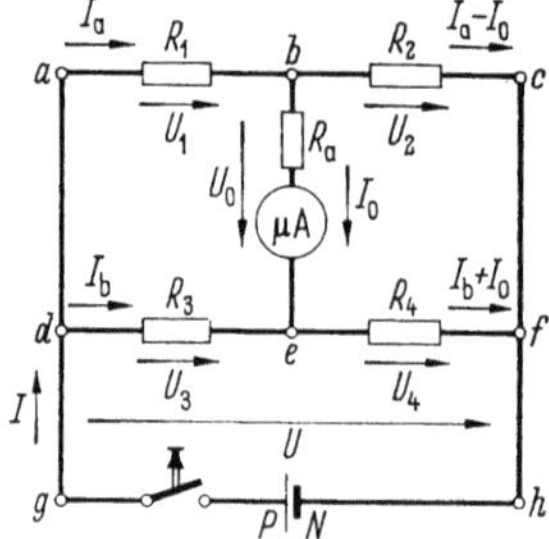

Bild 1.14. Wheatstonesche Brückenschaltung

Für praktisch ausgeführte Spannungsteiler wählt man $R_s \ll R$, damit die Spannung ungefähr proportional zu der Schieberstellung p anwächst und auch bei plötzlicher Entlastung ($R \to \infty$) keine allzu große Spannungssteigerung auftritt. Andererseits darf R_s nicht zu klein sein, da sonst ein großer Strom I_0 fließen, und dadurch der Wirkungsgrad der Anordnung ungünstig würde. Spannungsteiler werden deshalb in der Praxis für kleine Nutzleistungen (einige hundert Watt) verwendet.

Die Wheatstonesche Brücke. Sie dient zur genauen Bestimmung von unbekannten Widerständen (Bild 1.14). Wir nehmen zunächst an, daß das hochempfindliche µA-Meter (Galvanometer), das als sogenanntes Null-Instrument mit Ruhelage des Zeigers in der Mitte der Skala ausgeführt wird, einen sehr großen Widerstand R_a besitzt. Dann wird der Strom $I_0 = U_0/R_a$ gegen null gehen. Mit den Kirchhoffschen Regeln erhält man unter dieser Voraussetzung für die Maschen $a - b - e - d - a$ und $b - c - f - e - b$

$$I_a \cdot R_1 + U_0 - I_b \cdot R_3 = 0 \, ,$$
$$I_a \cdot R_2 - I_b \cdot R_4 - U_0 = 0 \, .$$

Aus diesen Gleichungen folgt, daß die Spannung U_0 selbst gleich null ist, wenn

$$I_a \cdot R_1 = I_b \cdot R_3$$

und

$$I_a \cdot R_2 = I_b \cdot R_4$$

und damit

$$\frac{R_1}{R_2} = \frac{R_3}{R_4} \tag{1.13}$$

ist.

Wir können jetzt von der vorher getroffenen Vereinfachung, daß nämlich R_a sehr groß sein soll, ganz absehen, da $I_0 = U_0/R_a$ bei jedem Wert von R_a null wird, wenn nur dabei $U_0 = 0$ ist. Dies ist der Fall, wenn das Widerstandsverhältnis $R_1/R_2 = R_3/R_4$ eingestellt ist.

Ist z. B. $R_1 = R_x$ ein unbekannter Widerstand, so läßt sich dieser mit der Wheatstone-Brücke ermitteln, wenn $R_2 = R_N$ (Normalwiderstand) und das Verhältnis R_3/R_4 bekannt sind. Man erhält dann

$$R_x = R_N \cdot R_3/R_4 \tag{1.14}$$

sofern durch passende Wahl von R_3/R_4 gesorgt ist, daß das µA-Meter keinen Strom I_0 anzeigt (Nullmethode). Die bekannten Widerstände R_N, R_3 und R_4 können veränderliche Präzisionswiderstände sein. Es ist aber auch möglich, die beiden Widerstände R_3 und R_4 durch einen gespannten Draht mit Schleifkontakt zu ersetzen. An Stelle des Widerstandsverhältnisses R_3/R_4 tritt dann einfach das Längenverhältnis.

8. Beispiel. Aus Schaltung Bild 1.15 lassen sich folgende Beziehungen ablesen:
für Knoten 3

$$I_a + I_b - I = 0 \tag{1.15}$$

für Masche $1-2-3-6-7-1$

$$I_a \cdot R_1 + I \cdot R_2 - U_{17} = 0 \,, \tag{1.16}$$

für Masche $4-3-6-5-4$

$$I_b \cdot R_3 + I \cdot R_2 - U_{45} = 0 \,. \tag{1.17}$$

Schließlich könnte man noch eine vierte Gleichung ablesen, nämlich für Masche $1-2-3-4$ $-5-6-7-1$:

$$I_a \cdot R_1 - I_b \cdot R_3 + U_{45} - U_{17} = 0 \,.$$

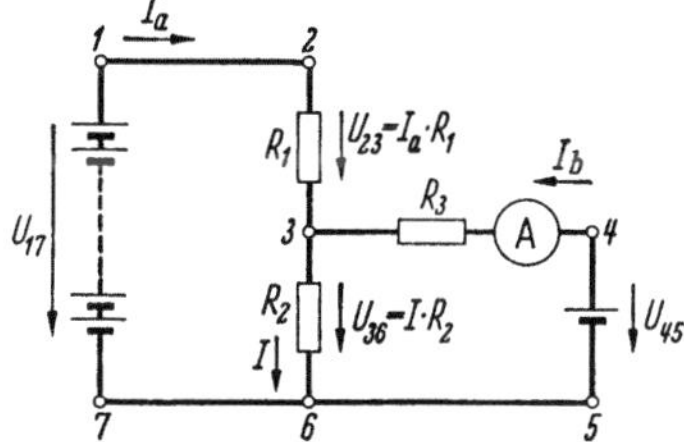

Bild 1.15. Schaltung zu Beispiel 8 (Kompensationsschaltung)

Diese ist jedoch schon in den Gln. (1.16) u. (1.17) enthalten. Aus diesen Gleichungen läßt sich z. B. der Strom I_b berechnen. Man erhält dann

$$I_b = \frac{U_{45}(R_1 + R_2) - U_{17} \cdot R_2}{R_1 \cdot R_2 + (R_1 + R_2) \cdot R_3} \tag{1.18}$$

und erkennt hieraus sofort, daß I_b null werden kann, wenn nämlich der Zähler des Bruches null wird. Dann ist

$$U_{45} \cdot (R_1 + R_2) = U_{17} \cdot R_2$$

oder

$$U_{17} = U_{45} \cdot \frac{R_1 + R_2}{R_2} \,. \tag{1.19}$$

Mann kann diese Schaltung (Kompensationsschaltung) benützen, um eine unbekannte Spannung (U_{17}) zu messen, wenn eine andere Spannung (U_{45}), z. B. diejenige eines Normalelements, bekannt ist. Man verändert in diesem Fall die Widerstände solange, bis das Amperemeter keinen Strom mehr anzeigt. Dann läßt sich aus Gl. (1.19) die unbekannte Spannung U_{17} mit den bekannten Widerständen R_1 und R_2 berechnen.

1.5 Energie und Leistung des elektrischen Stromes

Fließt in einem elektrischen Stromkreis ein Strom, so werden Ladungen bewegt. Die hierzu erforderliche Arbeit W ist von der Größe der Spannung, des Stromes und der Zeitdauer t des Stromflusses abhängig. Allgemein gilt $dW = u\,i\,dt$. Sofern das Produkt aus Spannung und Strom zeitlich konstant ist, erhält man

$$W = U \cdot I \cdot t . \tag{1.20}$$

Die elektrische Arbeit läßt sich auch unter Zuhilfenahme von R ausdrücken, da über das Ohmsche Gesetz der Zusammenhang $U = I \cdot R$ besteht. Damit erhält man

$$W = I^2 \cdot R \cdot t \tag{1.21}$$

bzw.

$$W = \frac{U^2}{R} \cdot t . \tag{1.22}$$

Man erkennt, daß die Arbeit immer proportional zur Zeitdauer des Stromflusses ist, und daß das Produkt aus Spannung mal Strom maßgeblich ist. Bei gegebenem Widerstand R wächst die Arbeit quadratisch mit I bzw. mit U an.

Die Einheit für die Energie, Arbeit und Wärmemenge ist das Joule (Kurzzeichen J). Es gilt

$$1\,\text{J} = 1\,\text{Ws} = 1\,\text{VAs} = 1\,\text{kgm}^2/\text{s}^2 = 1\,\text{Nm} = 10^7\,\text{erg} . \tag{1.23}$$

Das Joule ist eine SI-Einheit.

Zu anderen Energieeinheiten, die heute noch gebräuchlich sind, bestehen folgende Umrechnungsbeziehungen:

$$1\,\text{kcal} = 4186,8\,\text{J} \qquad 1\,\text{kpm} = 9,80665\,\text{J} .$$

Die Wärmemenge 1 kcal erwärmt 1 kg Wasser von 14,5 °C auf 15,5 °C.

Häufig rechnet man mit Vielfachen der Einheit, z. B. mit der Kilowattsekunde (Kurzzeichen kWs), der Wattstunde (Kurzzeichen Wh).

$$1\,\text{kWh} = 1000\,\text{Wh} = 3,6 \cdot 10^6\,\text{Ws} . \tag{1.24}$$

Die elektrische Arbeit kann durch Messung von Spannung, Strom und Zeitdauer des Stromflusses bestimmt werden. Einfacher ist es, hierfür einen Arbeitszähler, wie er von jeder Wohnungsinstallation her bekannt ist, zu verwenden.

Die Arbeit je Zeitspanne wird als Leistung bezeichnet, wie aus der Mechanik bekannt ist. Die Leistung $P = dW/dt = u \cdot i$ ist eine wichtige Größe, die bei den meisten elektrischen Geräten angegeben wird, und die die Baugröße wesentlich beeinflußt. Sofern W zeitlich konstant ist gilt:

$$P = \frac{W}{t} = U \cdot I \tag{1.25}$$

oder

$$P = I^2 \cdot R \quad \text{bzw.} \quad P = \frac{U^2}{R} . \tag{1.25a}$$

Die Einheit der Leistung ist das Watt (Kurzzeichen W)

$$1\,\text{W} = 1\,\text{V} \cdot 1\,\text{A} . \tag{1.26}$$

Dabei besteht folgender Zusammenhang zwischen den noch gebräuchlichen Einheiten.

$$1 \text{ kpm/s} = 9,80665 \text{ W}$$

$$1 \text{ PS} = 75 \text{ kpm/s} = 735,499 \text{ W} \, .$$

Für die thermische Beanspruchung des Leitermaterials ist nicht nur der Strom I maßgebend, vielmehr ist auch die Verteilung der Strombahnen über den Querschnitt A von Bedeutung. Man hat deshalb den Begriff der elektrischen *Stromdichte* eingeführt. Sofern der Strom I gleichmäßig über den Querschnitt verteilt ist, erhält man die Stromdichte

$$S = I/A \, . \tag{1.27}$$

Durchsetzt der Strom $I = \mathrm{d}Q/\mathrm{d}t$ das Flächenelement $\mathrm{d}A$, so ergibt sich mit der mittleren Elektronengeschwindigkeit (Drift) $v = \mathrm{d}s/\mathrm{d}t$ und Gl. (1.27) die Stromdichte $S = (\mathrm{d}Q/\mathrm{d}V) \cdot v$. Hierin ist das Volumenelement $\mathrm{d}V = \mathrm{d}A \cdot \mathrm{d}s$, und $\mathrm{d}Q/\mathrm{d}V$ die Raumladungsdichte ϱ_L. Die Stromdichte und die Geschwindigkeit sind Vektoren, so daß allgemein gilt

$$\boldsymbol{S} = \varrho_\mathrm{L} \cdot \boldsymbol{v} \, . \tag{1.28}$$

Die Verlustleistung, die in einem Leiter auftritt, ist $P = I^2 \cdot R$. Mit Gl. (1.3) erhält man aus der obigen Beziehung $P = I \cdot \varrho \cdot l \cdot S$, d. h. bei gegebenem Strom, Leitermaterial und Leiterlänge ist die Verlustleistung der Stromdichte proportional.

9. Beispiel. Was kostet die Brennstunde einer 40 W-Lampe, wenn je kWh 0,09 DM bezahlt werden muß ?

40 W eine Stunde lang sind 40 Wh oder 0,040 kWh. Da 1 kWh 0,09 DM kostet, sind 0,04 kWh · 0,09 DM/kWh = 0,0036 DM = 0,36 Dpf. zu zahlen.

10. Beispiel. Ein Motor liegt an 220 V Spannung und hat einen Wirkungsgrad $\eta = 0,85$. Welchen Strom nimmt er auf, wenn er an seiner Welle eine Leistung (Nennleistung) von 10 kW abgeben soll ?

Die aus dem Netz *aufgenommene* Leistung muß um die unvermeidlichen Verluste im Motor, die zu einer Erwärmung führen, größer als die abgegebene *mechanische* Leistung sein. Das Verhältnis der abgegebenen zur aufgenommenen Leistung ist der Wirkungsgrad. Die aufgenommene Leistung ist daher $P_1 = P_2/\eta = 10 \text{ kW}/0,85 = 11,8 \text{ kW} = 11800 \text{ W}$. Da aber $P_1 = U \cdot I$ ist, folgt: $I = 11800 \text{ W}/220 \text{ V} = 53,5 \text{ A}$.

11. Beispiel. Wie groß muß der Heizwiderstand eines Elektrokochers für 220 V sein, wenn er in 10 Minuten 1 Liter Wasser von 10 °C zum Sieden bringen soll ? Der Wirkungsgrad sei zu $\eta = 0,8$ angenommen.

Die spezifische Wärmekapazität des Wassers beträgt $c = 4187 \text{ J}/(\text{K} \cdot \text{kg})$. Zur Erwärmung von 1 kg Wasser von 10 °C auf 100 °C benötigt man $1 \text{ kg} \cdot 90 \text{ K} \cdot 4187 \text{ J}/(\text{K} \cdot \text{kg}) = 3,77 \cdot 10^5 \text{ J}$. Die zuzuführende Wärme ist wegen der über die Oberfläche des Kochers an die Umgebung abgegebene Wärmemenge größer, nämlich $3,77 \cdot 10^5 \text{ J}/0,8 = 4,71 \cdot 10^5 \text{ J}$. Dies sind $4,71 \cdot 10^5 \text{ J}/(3600 \text{ s/h}) = 130 \text{ Wh}$.

Da 10 min = 10 min/(60 s/h) = 0,167 h sind, ist $P = 130 \text{ Wh}/0,167 \text{ h} = 780 \text{ W}$. Der Strom ist demnach $I = 780 \text{ W}/220 \text{ V} = 3,54 \text{ A}$ und der Heizwiderstand $R = 220 \text{ V}/3,54 \text{ A} = 62,1 \ \Omega$.

12. Beispiel. Welche Leistung muß ein Durchlauferhitzer haben, der minutlich 10 Liter Wasser von 15 °C auf 35 °C erhitzen soll ? Der Wirkungsgrad sei 0,95.

Je Stunde sind $10 \text{ kg} \cdot 60 \text{ min/h} = 600 \text{ kg/h}$ um 20 K zu erwärmen, wozu eine Wärmemenge von $600 \text{ kg} \cdot 20 \text{ K} \cdot 4187 \text{ J}/(\text{K} \cdot \text{kg}) = 5,02 \cdot 10^7 \text{ J}$ erforderlich sind. Zuzuführen sind $5,02 \cdot 10^7 \text{ J}/0,95 = 5,29 \cdot 10^7 \text{ J}$. Da bei der Rechnung eine Stunde zugrundegelegt war, ergibt dies eine Leistung von $P = 5,29 \cdot 10^7 \text{ J}/(3600 \text{ s}) = 14,7 \cdot 10^3 \text{ W} = 14,7 \text{ kW}$.

13. Beispiel. In der Elektrotechnik kommen häufig sehr hohe Strombelastungen während ganz kurzer Zeit vor (Kurzschlüsse). In Bruchteilen einer Sekunde kann kaum Wärme nach außen abströmen; sie dient daher fast restlos zur Erwärmung des Leiters, dessen Temperaturerhöhung $\Delta\vartheta$ man berechnen kann, wenn seine Dichte d und seine spezifische Wärme c bekannt sind. Es muß die Arbeit $W = I^2 \cdot R \cdot t$ gleich der Wärme $W = m \cdot c \cdot \Delta\vartheta$ sein. Es ergibt sich mit der Masse $m = A \cdot l \cdot d$ und $R = \varrho \cdot l/A$

$$I = A \sqrt{\frac{d \cdot c \cdot \Delta\vartheta}{\varrho \cdot t}} \tag{1.29}$$

oder, falls die Temperaturerhöhung gefragt ist

$$\Delta\vartheta = \frac{I^2}{A^2} \cdot \frac{\varrho \cdot t}{d \cdot c} \, . \tag{1.30}$$

14. Beispiel. Welche Stromstärke müßte man durch einen Kupferdraht von $A = 0{,}5 \ \text{mm}^2$ Querschnitt schicken, um in $t = 2$ Sekunden eine Erwärmung $\Delta\vartheta = 100 \ \text{K}$ zu erzielen? Bei Benutzung der Größengleichung (1.29) können die Größen (Zahlenwert $\times$ Einheit) mit beliebigen Einheiten eingesetzt werden. Zum Schluß werden die entsprechenden Einheiten verrechnet. Für Kupfer beträgt $\varrho = 0{,}0178 \ \Omega \ \text{mm}^2/\text{m}$; $d = 8{,}9 \ \text{g/cm}^3$ und

$$c = 0{,}39 \ \frac{\text{V A s}}{\text{g K}} \, ,$$

damit

$$I = 0{,}5 \ \text{mm}^2 \sqrt{\dfrac{8{,}9 \ \text{g/cm}^3 \cdot 0{,}39 \ \dfrac{\text{V A s}}{\text{g K}} \cdot 100 \ \text{K}}{0{,}0178 \ \dfrac{\Omega \ \text{mm}^2}{\text{m}} \cdot 2 \ \text{s}}} = 49{,}4 \ \text{A} \, .$$

Bei Dauerbelastung von Leitern muß der Querschnitt, bzw. der Strom, so gewählt werden, daß keine unzulässig hohe Erwärmung (für Cu: $\Delta\vartheta = 30 \ \text{K}$) auftritt. Die Berechnung der Erwärmung blanker Leiter ist bei Dauerbelastung kompliziert, da Wärmeleitung und Wärmestrahlung auftreten. Die Erwärmung wird deshalb über empirisch gewonnene Kurvenblätter oder Tabellen ermittelt. Für isolierte Leiter hat der Verband Deutscher Elektrotechniker (VDE) Vorschriften und Belastungstabellen (s. Kap. 12.1.2) für isolierte Leiter aufgestellt, die bei der Planung elektrischer Anlagen beachtet werden müssen.

1.5.1 Anwendungen der Wärmewirkung des elektrischen Stromes

a) Koch- und Heizgeräte. Zur Erzielung einer bestimmten Wärmeentwicklung ist eine äquivalente elektrische Arbeit aufzuwenden, die nur um die Verluste größer als die Nutzwärme ist. Da die elektrische Arbeit durch das Produkt Leistung mal Zeit bestimmt ist, kann die gleiche Heizwirkung entweder durch eine große elektrische Leistung und eine kurze Heizzeit oder umgekehrt erreicht werden. Die Heizkosten sind dabei dieselben, wenn man von den Verlusten absieht, die bei schnellem Heizen sogar geringer sind. Die an sich erwünschte kurze Heizzeit hat jedoch ihre Grenzen: Die bei kurzer Heizzeit notwendige große Leistung bedingt große und teure Heizgeräte, starke Zuleitungen und Schaltgeräte. Ferner ist dazu ein starkes Temperaturgefälle zwischen dem Heizleiter und dem Arbeitsgut nötig, was nur durch Steigerung der Heizleitertemperatur zu erreichen ist. Hierzu braucht man Heizleiter von hohem Schmelzpunkt und geringer Oxydierbarkeit und außerdem Isolatoren hoher Hitzebeständigkeit, die zwar elektrisch gut isolieren, aber andererseits die Wärme leicht, hindurchlassen sollen. Als Baustoff der Heizleiter dient bei höheren Temperaturen daher Chrom-Nickel, welches Temperaturen bis 1100 °C erträgt, wenn es eisenhaltig ist jedoch nur 950 °C. Zur Vergrößerung der Wärmeübergangsflächen werden gewöhnlich Heizbänder verwendet, für technische Wärmeöfen meist Silitstäbe. Zur Isolation dient bei den Temperaturen der Hausgeräte Glimmer, welcher schon in sehr dünner Schicht elektrisch gut isoliert und wegen der geringen Stärke dem Wärmestrom keinen erheblichen Widerstand entgegensetzt.

Die Steuerung oder Regelung der Heizwirkung kann durch Anordnung mehrerer Heizleiter und Umschaltung derselben möglich gemacht werden. Die Benutzung von Vorwiderständen ist unwirtschaftlich. Eine wirtschaftliche Regelung ist auch dadurch möglich, daß das Heizgerät rhythmisch ein- und ausgeschaltet wird, wobei die Zeit des stromlosen Zustandes veränderlich ist. Diese Regelung, welche bei Bügeleisen und Schnellkochplatten stark in Anwendung ist, erfolgt durch einen Bimetallstreifen mit Wolframkontakten. oder durch elektronisch arbeitende Thyristorsteller (s. Kap. 11). Sobald eine bestimmte Höchsttemperatur erreicht ist, schaltet sich der Strom selbsttätig aus und bei einer Mindesttemperatur wieder ein. Solche Schalter können auch getrennt vom Heizgerät mit einer eigenen kleinen Heizvorrichtung benutzt werden, die dann durch eine Handeinstellung die Temperatur des Heizgerätes zu verändern gestattet. Die Raumheizung kann mit elektrischen Öfen erfolgen, die der Raumluft einen guten Durchtritt zur Erhitzung bieten und gegebenenfalls mit einem Gebläse versehen werden, oder durch *Heizstrahler*, bei welchen durch einen *Reflektor* die Wärmestrahlung eines hocherhitzten Heizkörpers auf eine bestimmte Richtung konzentriert werden kann.

b) Die Glühlampen. Die früher verwendete Kohlenfadenlampe ist mit ihrer Lichtausbeute von 1 lm/W nicht wirtschaftlich. Eine Steigerung der Lichtwirkung wäre durch eine Erhöhung der Fadentemperatur über die normale (1870 °C) wohl möglich, aber dann tritt bei Kohle schon eine so starke Verdampfung ein, daß der Faden in kurzer Zeit zerstört ist. *Wolfram*, welches heute als Fadenmaterial ausschließlich verwandt wird, hat einen sehr hohen Schmelzpunkt (3300 °C) und verdampft weit weniger leicht. Es war daher durch Steigerung der Glühtemperatur bis auf etwa 2300 °C möglich, eine wesentlich bessere Lichtausbeute zu erzielen. Die Lichtausbeute beträgt dann 8 bis 20 lm/W, wobei der kleine Wert für Lampen kleiner Leistung, der große Wert für Lampen großer Leistung gilt. Je kleiner die Lampennennspannung ist, desto größer ist bei gleicher Leistung (stärkerer Glühfaden, höhere Fadentemperatur) die Lichtausbeute. Deshalb verwendet man für Projektionslampen solche mit kleiner Nennspannung. Die genannte hohe Temperatur ist aber auch bei Wolfram nur dadurch zulässig, daß man die Verdampfung desselben durch Einfüllen eines chemisch indifferenten Gases (Stickstoff und Argon) herabmindert. Damit nun aber durch dieses Schutzgas die Wärmeleitung nicht zu groß wird, und damit die hohe Temperatur wieder unmöglich gemacht wird, ist es nötig, die wirksame abkühlende Oberfläche durch Aufwickeln zu engen Spiralen (Wendeln), besser zu Doppelwendeln, zu verkleinern.

Gasgefüllte Lampen für Sonderzwecke werden mit einer *Halogendampffüllung* versehen. In einem Kreisprozeß geht der vom Glühfaden ausgehende Metalldampf vorübergehend eine Halogenverbindung, z. B. Wolframjodid, ein. Diese wird an der Oberfläche des heißen Glühdrahtes reduziert, wodurch sich am Glühdraht wieder Metall ablagert. Dies wirkt sich günstig auf die Lebensdauer der Lampe aus. Außerdem wird eine Schwärzung der Innenseite des Lampenkolbens durch abgelagerten Metalldampf vermieden. Es kann eine höhere Fadentemperatur gegenüber normalen Glühlampen gewählt werden, wodurch die Lichtausbeute und die Farbtemperatur größer werden. Halogenlampen werden z. B. als Projektionslampen oder Scheinwerferlampen ausgeführt.

Im Einschaltaugenblick ($\sim$0,01 s) nimmt jede Metalldrahtlampe wegen des geringen Kaltwiderstandes einen Strom auf, der etwa das Zehnfache des Normalen beträgt.

Der *Wirkungsgrad* einer Glühlampe ist außerordentlich schlecht, weil fast alle Energie als Wärme verlorengeht. Er beträgt, wenn man lediglich die sichtbare Strahlung in Betracht zieht, nur etwa 3%. Da eine wesentliche Verbesserung bei Temperaturstrahlern überhaupt nicht erreichbar ist, werden die Temperaturstrahler durch *Gasentladungslampen*, z. B. *Leuchtstofflampen* ersetzt. Bei den letzteren wird durch eine Gasentladung in Quecksilberdampf ultraviolettes, zum Teil nicht sichtbares Licht erzeugt, welches aber eine auf der Innenwand der Röhre angebrachte Leuchtstoffschicht zum Leuchten mit größerer Wellenlänge anregt, und dadurch hohe Wirtschaftlichkeit ermöglicht.

Es gibt Lampen bis 50 kW. Die hohe Fadentemperatur der gasgefüllten Lampen gibt leicht zur Blendung Veranlassung. Man mattiert daher zweckmäßigerweise die Lampen, und zwar innen. Die Innenmattierung bleibt immer sauber und ihr Lichtverlust beträgt nur 1%.

c) Der elektrische Lichtbogen. Bringt man in Bild 1.7 die beiden Kohlenstäbe, die über einen Vorwiderstand an eine Stromquelle von mindestens 40—50 V angeschlossen sind, zur Berührung, so fließt ein Strom, der am Berührungspunkt eine starke Erhitzung zur Folge hat. Bei der Trennung der Kohlenstäbe ist der Strom jedoch nicht unterbrochen, sondern es entsteht zwischen ihnen ein *elektrischer Lichtbogen*, der sich durch sehr hohe Temperatur und starke Lichtwirkung auszeichnet. Er wird daher in den Bogenlampen als Lichtquelle, in elektrischen Schmelzöfen und beim Schweißen verwandt.

Hier sehen wir, daß ein Stromfluß auch ohne einen besonderen *Leiter* möglich ist. Die Entstehung des Lichtbogens läßt sich wie folgt erklären. Durch die Berührung haben die Kohlen eine Erhitzung erfahren, wobei aus dem Kohlenmaterial der negativen Kohle Elektronen infolge der hohen Temperatur emittiert werden. Diese bewegen sich mit sehr großer Geschwindigkeit zur positiven Kohle, weil sie durch das elektrische Feld beschleunigt werden. Beim Auftreffen werden sie gebremst und entwickeln dabei eine beträchtliche Wärme. Die positive Kohle wird daher wesentlich heißer und brennt krater-

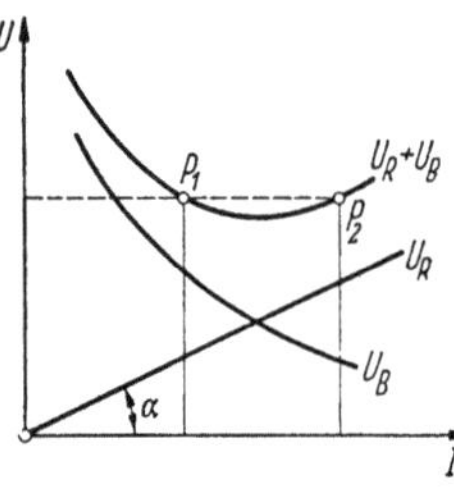

Bild 1.16. Lichtbogenkennlinie.
Schaltung nach Bild 1.7
U_B Lichtbogenspannung;
U_R Spannung am Widerstand

förmig aus. Wegen des stärkeren Abbrandes wird sie meistens dicker ausgeführt. Der Lichtbogen selbst ist nicht einheitlich. Er besteht aus einem stromleitenden Kern von bläulicher Farbe und einer rötlichen Hülle, welche aus glühenden Kohlenteilchen besteht. Die Temperatur des Bogens ist bei Kohle fast 6000 °C, bei Kupfer fast 7000°, diejenige der Hülle kaum 3000 °C. Für die Aufrechterhaltung des Lichtbogens ist es von Bedeutung, daß die negative Elektrode genügende Temperatur behält, weil sonst keine Elektronen ausgeschleudert werden können.

Die Abhängigkeit zwischen Strom und Spannung (fallende Charakteristik) ist in Bild 1.16 dargestellt. Man sieht, daß für einen Lichtbogen bei größerem Strom eine kleinere Spannung benötigt wird, was dem Ohmschen Gesetz nicht entspricht. Die Reihenschaltung mit einem Widerstand R läßt sich (entsprechend Bild 1.10 a u. b) zweckmäßigerweise zeichnerisch untersuchen. Für die Spannung U_R am Widerstand erhalten wir die unter dem Winkel α ($\tan \alpha = c \cdot R$) geneigte Gerade in Bild 1.16.

Bei gegebener Spannung U und gegebenem Widerstand R erhält man 2 Arbeitspunkte P_1 und P_2; davon ist nur P_2 ein stabiler Betriebspunkt. Bei einer kleinen Stromschwankung nach *oben* wird $U_B + U_R > U$, nach *unten* $U_B + U_R < U$. Die Schaltung würde eine größere, bzw. kleinere Spannung U fordern, als vorhanden ist. Da aber U gegeben ist, wird der Strom von selbst auf Punkt P_2 zurückgeführt. Punkt P_1 ist instabil, da bei kleinen Schwankungen des Stromes dieser entweder ganz zu null wird, oder aber nach P_2 geführt wird. Vergrößert man den Vorwiderstand R (α wird größer), so wird die Kurve ($U_R + U_B$) nach oben verschoben. Es ergibt sich für einen bestimmten Widerstand R ein kleinstmöglicher Strom. Wird R vergrößert, so ist bei gegebener Bogenlänge kein Lichtbogen mehr möglich. Eine Verminderung des Elektrodenabstandes würde die Kurve U_B tiefer rücken, und damit wäre ein Lichtbogen wieder möglich.

1.6 Chemische Wirkungen des elektrischen Stromes

Bei der Lösung eines Salzes in Wasser tritt nicht nur eine Verteilung der Salzmoleküle im Wasser ein, sondern ein großer Teil der Moleküle zerfällt in geladene Bruchstücke, die man *Ionen* nennt. Kochsalz (NaCl) zerfällt z. B. in ein positiv elektrisch geladenes Natriumion (Kation) und ein negatives Chlorion (Anion). Metalle und Wasserstoff liefern immer positive Kationen. Der Zerfallsgrad (Dissoziationsgrad) ist um so größer, je wärmer die Flüssigkeit und je verdünnter sie ist. Bringt man nun nach Bild 1.1 zwei Elektroden in eine wäßrige Kochsalzlösung, so wandern bei Stromdurchgang die positiven Natriumionen zur negativen, die negativen Chlorionen zur positiven Elektrode. An den Elektroden angelangt, geben sie ihre Ladung ab (Stromfluß durch den Elektrolyten) und scheiden sich als neutrale Atome an den Elektroden ab oder gehen dort chemische Verbindungen ein.

Man erkennt hieraus, daß der Strom in einer solchen Flüssigkeit nur durch die Ladung der Ionen gebildet wird. Nur *ionisierte* Flüssigkeiten sind leitend. Man unterscheidet in der Chemie ein- und mehrwertige Stoffe. Einwertige Anionen haben ein Elektron zu viel, einwertige Kationen eins zu wenig. Bei den mehrwertigen Ionen sind entsprechend *mehr* Elektronen zu viel oder zu wenig vorhanden. In unserem Beispiel wandern einwertige Natriumionen zur negativen Elektrode. Bei zweiwertigem Kupfer würden sich nur halb soviel Atome abscheiden, wie Elektronen aufgenommen würden. Es besteht also ein bestimmtes Verhältnis zwischen Stromstärke und abgeschiedener Stoffmenge. Bei dem leichtesten Atom, dem einwertigen Wasserstoffatom mit der Massenzahl $A = 1$, scheidet die Elektrizitätsmenge 1 As $\quad m_0/Q_0 = (1/96\,500)$ g/As Wasserstoff ab. Bei einer beliebigen Massenzahl A und der Wertigkeitszahl n werden durch die Elektrizitätsmenge Q

$$m = \frac{m_0}{Q_0} \cdot \frac{A \cdot Q}{n} \qquad (1.31)$$

Stoff abgeschieden.

15. Beispiel. Wieviel Silber scheidet ein konstanter Strom von 1 A in 1 s aus einer wäßrigen Silbernitratlösung ab? Die Wertigkeit von Silber ist $n = 1$, die Massenzahl beträgt $A = 107,9$. Die durch die Lösung fließende Ladung beträgt $Q = 1$ A $\cdot$ 1 s = 1 As; mit Gl. (1.31) erhält man $m = 107,9 \cdot 1$ As$/(96\,500$ As/g$) = 1,118 \cdot 10^{-3}$ g.

Anwendung findet die chemische Wirkung des Stromes in der *Galvanotechnik* zum Überziehen mit edleren Metallen. Um z. B. einen Körper zu vernickeln, wird er als negative Elektrode in ein Nickelsalzbad gehängt, während als positive Elektrode eine Nickelplatte dient. Letzteres ist zweckmäßig, damit das Bad nicht an Nickel verarmt und damit das Bad nicht als Element eine Gegenspannung zeigt. Einwandfreie Überzüge erhält man nur bei bestimmten Stromdichten und Temperaturen.

1.6.1 Elektrische Elemente

Jedes Metall zeigt beim Eintauchen in einen Elektrolyten (ionisierte Flüssigkeit) eine elektrische Spannung, die von dem Lösungsbestreben des Metalls in der Flüssigkeit abhängt und für verschiedene Metalle verschieden ist. Eine Ordnung nach der Größe der Spannung ergibt die sog. *Spannungsreihe*, die mit den unedlen (chemisch stark aktiven) Metallen wie Kalium, Natrium beginnt und über Zink und Kupfer zu den Edelmetallen führt. Taucht man zwei *gleiche* Metalle ein, so besteht zwischen diesen keine Spannungsdifferenz. Die beiden gleichen Spannungen heben sich auf, hingegen ist bei *verschiedenen* Metallen (z. B. Kupfer und Zink in Bild 1.17) eine bestimmte, durch die Art der Metalle gegebene Spannung vorhanden (Primärelemente). Wir nennen diese die *innere Spannung* des *Elementes* oder die *Quellenspannung*. Sie hängt nicht von der Größe der Platten und deren Abstand ab.

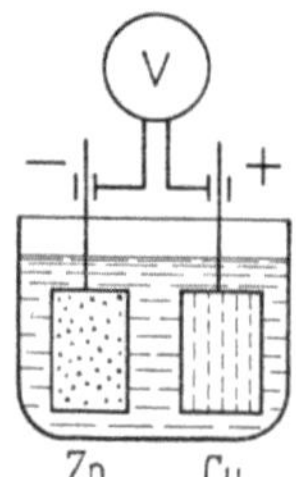

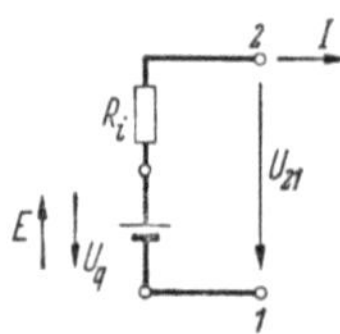

Bild 1.17. Elektrisches Element   Bild 1.18. Zur Festlegung der Zählpfeile für innere Spannung U_q und EMK E

Die innere Spannung wird auch als *elektromotorische Kraft* (EMK) bezeichnet und erhält das Formelzeichen E. Die EMK ist als negative Quellenspannung U_q definiert (DIN 1323). Es ist also $E = -U_\mathrm{q}$, wobei der E-Pfeil umgekehrt wie der U_q-Pfeil zu setzen ist (Bild 1.18). Sofern man mit der EMK rechnen will, sind die E-Pfeile in den Schaltbildern entsprechend der obigen Regel einzuzeichnen. Die zweite Kirchhoffsche Regel lautet dann $\sum U = \sum E$. Der Begriff der EMK war ursprünglich im vergangenen Jahrhundert gebildet worden, um das elektrische Verhalten von leitenden Körpern zu beschreiben. Man kommt jedoch ohne diesen Begriff aus, wenn man mit der Quellenspannung (innere Spannung) U_q rechnet.

Ein Kupfer-Zinkelement liefert bei Anlegung eines äußeren Widerstandes einen Strom. Derselbe hat innerhalb des Elementes eine Stoffabscheidung zur Folge. Unter der Annahme, daß verdünnte Schwefelsäure als Elektrolyt dient, wird sich auf der Kupferplatte H^+ und auf der Zinkplatte SO_4^{2-} abscheiden. Letzteres verbindet sich mit dem Zink und liefert damit die Energie, die die Stromerzeugung benötigt. Der Wasserstoff hingegen überzieht die Kupferplatte in dünner Schicht (Polarisation) und setzt auf diese Weise die innere Spannung herab. Das Element ist also bezüglich der Spannung zeitlich *nicht konstant*. Konstante Elemente sind hingegen die *Daniellelemente* (Kupfer in Kupfersulfatlösung, Zink in verdünnter Schwefelsäure, beide Flüssigkeiten durch einen porösen Tonzylinder getrennt). Ein Strom wird hier aus der Kupfersulfatlösung SO_4^{2-} und aus der Schwefelsäure H^+ zum Tonzylinder führen, wo sich beide zu Schwefelsäure vereinigen. Am Kupfer aber scheidet sich Kupfer ab, wodurch es dauernd rein erhalten bleibt. Die meist gebräuchlichen *Salmiakelemente* sind nicht ganz konstante Elemente (Zink und ein Gemisch von Kohle und Braunstein, das in einen Beutel eingenäht ist, alles in Salmiaklösung). Hier wird H^+ durch den sauerstoffreichen Braunstein chemisch gebunden. Die innere Spannung von etwa 1,45 V sinkt daher in dem Maße wie der Braunstein verbraucht wird. *Trockenelemente* sind auch Salmiakelemente, bei denen der Elektrolyt in teigiger Form (mit Weizenmehl angerührt) eingefüllt ist.

In neuerer Zeit werden auch Quecksilberoxidelemente (Ruben-Mallory-Elemente) an Stelle der üblichen Trockenelemente verwendet. Sie sind vollständig geschlossen. Als Elektrolyt wird wäßrige Kaliumhydroxidlösung verwendet, die mit Zinkaten gesättigt ist. Die negative Elektrode besteht aus reinem, amalgamiertem, in Tablettenform gepreßten Zinkstaub. An Stelle des Braunsteins wird als Depolarisator reines, mit Graphit vermengtes Quecksilberoxid verwendet. Diese Zellen zeichnen sich durch einen hohen Energiegehalt bei geringem Gewicht und Raumbedarf, sowie durch lange Lagerfähigkeit und gleichmäßigen Spannungsverlauf während der Entladung aus.

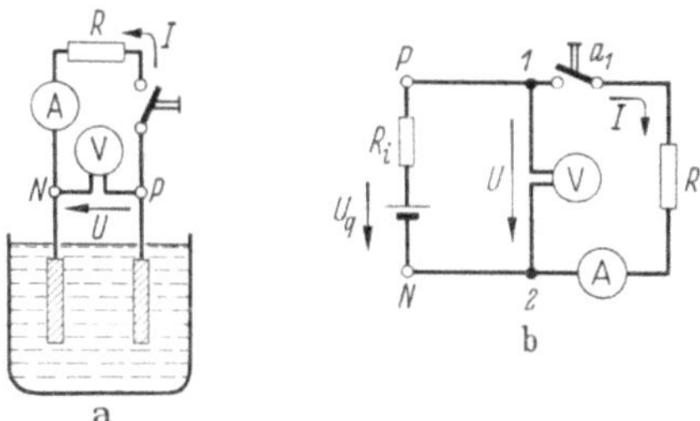

Bild 1.19 a u. b. Belastetes Element mit Ersatzschaltbild

Das elektrische Verhalten der Elemente. Wir setzen die innere Spannung eines Elementes, welche nur von der Zusammensetzung abhängt, als konstant voraus. Schließt man nach Bild 1.19a u. b an die Klemmen einen Widerstand R an, so fließt ein Strom, und es zeigt sich, daß der Spannungsmesser V nach schließen des Schalters nun eine kleinere Spannung anzeigt. Diese *Klemmenspannung* U ist um den Spannungsverlust $R_i \cdot I$, welcher in dem inneren Widerstand R_i des Elementes auftritt, kleiner als die innere Spannung.

Wendet man den Kirchhoffschen Satz auf das Ersatzschaltbild Bild 1.19b an, so erhält man im Falle des geschlossenen Schalters a1 für die Masche $P-1-2-N-P$:

$$U = U_q - I \cdot R_i . \tag{1.32}$$

Wird der Schalter a1 geöffnet ($I = 0$), so wird die Klemmenspannung den Wert $U_0 = U_q$ (Leerlauf) annehmen.

Da bei Belastung der innere Widerstand mit dem äußeren in Reihe liegt, berechnet sich der Strom aus der Beziehung $I = U_q/(R + R_i)$. Je größer der entnommene Strom I ist, um so größer ist auch der innere Spannungsverlust $R_i \cdot I$, und um so geringer ist die übrigbleibende Klemmenspannung U. Für einen bestimmten Strom I_k kann sogar die innere Verlustspannung $R_i \cdot I_k$ gleich der inneren Spannung werden, so daß die Klemmenspannung Null ist. Das ist nur möglich, wenn außerhalb des Elementes keine Spannung vorhanden ist, wenn also $R = 0$ ist. Das ist der *Kurzschluß* des Elementes. Der Kurzschlußstrom ist daher $I_k = U_q/R_i$; er ist der größte Strom, den das Element abgeben kann. Ein großes Element mit großen Platten, insbesondere wenn deren Abstand gering ist, hat einen geringen inneren Widerstand. Sein Kurzschlußstrom ist groß, und seine Klemmenspannung sinkt bei Belastung weniger ab als bei einem kleinen Element.

16. Beispiel. Die innere Spannung eines Elementes sei $U_q = 1{,}4$ V und sein innerer Widerstand $R_i = 0{,}15\ \Omega$. Wie groß sind Strom I und Klemmenspannung U, wenn ein äußerer Widerstand von $R = 0{,}3\ \Omega$ angeschlossen wird?

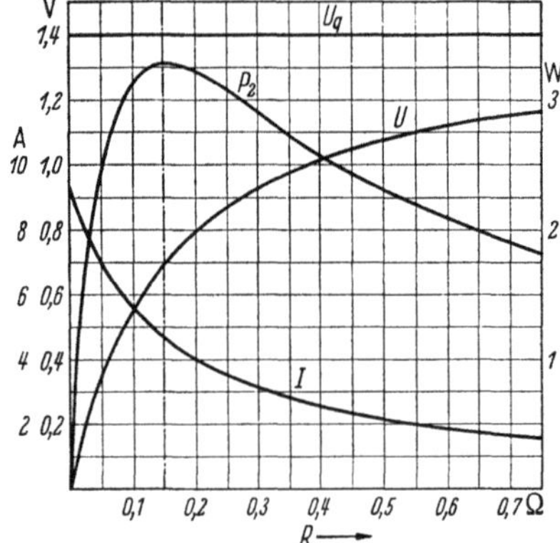

Bild 1.20. Kennlinien zu Beispiel 16.
I Stromstärke; U Klemmenspannung;
U_q innere Spannung;
P_2 abgegebene Leistung

Der Strom ist: $I = U_q/(R + R_i) = 1{,}4\ \text{V}/(0{,}3 + 0{,}15)\ \Omega = 3{,}1$ A. Die Klemmenspannung ist $U = U_q - R_i \cdot I = 1{,}4\ \text{V} - 0{,}15\ \Omega \cdot 3{,}1\ \text{A} = 0{,}93$ V. Ebenso groß ergibt sich natürlich die Klemmenspannung aus $R \cdot I = 0{,}3\ \Omega \cdot 3{,}1\ \text{A} = 0{,}93$ V. Die im Element erzeugte elektrische Leistung ist $P_1 = U_q \cdot I = 1{,}4\ \text{V} \cdot 3{,}1\ \text{A} = 4{,}34$ W. Die an den äußeren Widerstand abgegebene Leistung ist geringer, nämlich $P_2 = U \cdot I = R \cdot I^2 = 2{,}9$ W. Das Verhältnis $\eta = P_2:P_1$ ist der Wirkungsgrad, welcher sich für diesen Belastungsfall zu $2{,}9\ \text{W}/4{,}34\ \text{W} = 0{,}66$ ergibt. Führt man diese Rechnung in gleicher Weise für verschiedene äußere Widerstände R durch und trägt sie in Abhängigkeit von dieser Größe zeichnerisch auf, so erhält man Bild 1.20. Die Linie der abgegebenen Leistung P_2 zeigt ein Maximum, dessen Lage berechnet werden kann. $P_2 = R \cdot I^2 = R \cdot U_q^2/(R + R_i)^2$. Bildet man hiervon den Differentialquotienten dP_2/dR und setzt diesen dann gleich Null, so folgt $R = R_i$. Um eine Höchstleistung aus dem Element zu entnehmen, muß man daher den äußeren Widerstand dem Element derart *anpassen*, daß dieser gleich dem inneren Elementwiderstand ist. Der Wirkungsgrad beträgt für diesen Belastungsfall leider nur $\eta = 0{,}5$.

Die Schaltung von Elementen. Aus den Kirchhoffschen Regeln folgt, daß bei der gleichsinnigen Reihenschaltung von Elementen die Gesamtspannung gleich der Summe der einzelnen Spannungen ist, also $U = U_{q1} + U_{q2}$ (Bild 1.21 a) Bei gegensinniger Reihen-Schaltung (Bild 1.21 b) ist hingegen $U = U_{q1} - U_{q2}$. Parallelschalten lassen sich nur Elemente mit gleicher innerer Spannung, weil sonst ein schädlicher Ausgleichsstrom fließen würde. Stets muß die Plus-Klemme mit der Plus-Klemme und die Minus-Klemme mit der Minus-Klemme verbunden werden (Bild 1.22), weil bei umgekehrter Schaltung (Bild 1.23) die beiden Elemente aufeinander kurzgeschlossen wären. Man schaltet Elemente in Reihe, wenn man eine hohe Spannung wünscht, und parallel, wenn ein großer Strom benötigt wird.

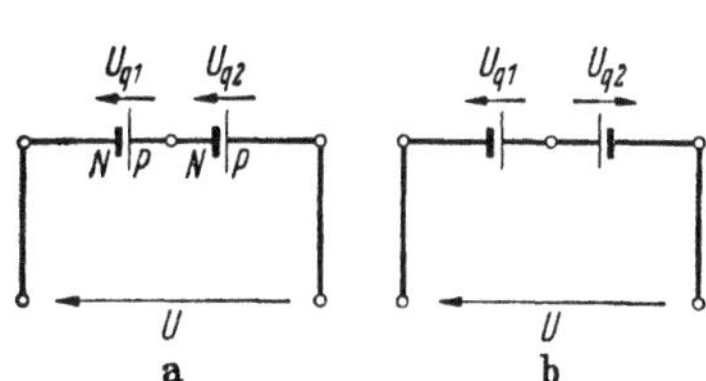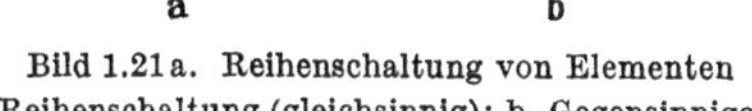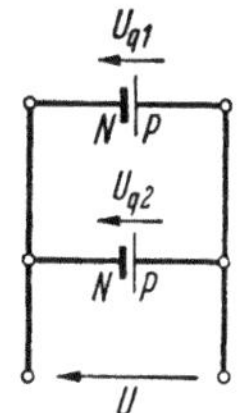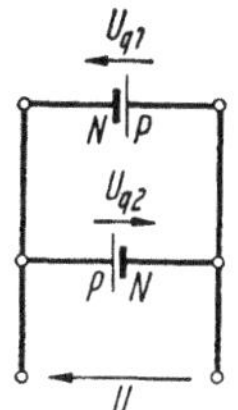

Bild 1.21a. Reihenschaltung von Elementen
Reihenschaltung (gleichsinnig); b. Gegensinnige

Bild 1.22. Parallelschal-
tung von Elementen

Bild 1.23. Falsche
Parallelschaltung

17. Beispiel. Es werde eine innere Spannung von etwa 6 V benötigt, welche einen Strom von maximal 6 A liefern soll. Verfügbar seien eine Anzahl Elemente, deren innere Spannung je 1,5 V und deren innerer Widerstand je 0,3 Ω sei. Wie sind sie zu schalten, wenn jedes Element nicht mehr als 2 A abgeben soll?

Um 6 V zu erzeugen, müssen 4 Elemente in Reihe liegen, die aber nur 2 A hergeben dürfen. Um die gewünschte 6 A zu bekommen, müssen drei solcher Reihen parallel gelegt werden, also im ganzen 12 Elemente. Die Elementengruppe hat einen inneren Ersatzwiderstand von $4 \cdot 0,3\ \Omega/3 = 0,4\ \Omega$. Dieser ist von 6 A durchflossen, so daß ein Spannungsverlust von $6\ A \cdot 0,4\ \Omega = 2,4\ V$ entsteht. Die Klemmenspannung der Gruppe ist also $6\ V - 2,4\ V = 3,6\ V$.

1.6.2 Akkumulatoren

Zwei Bleiplatten in verdünnter Schwefelsäure sind *kein* Element. Man kann jedoch daraus eine Spannungsquelle machen, wenn man einige Zeit hindurch mittels einer Stromquelle einen Strom durch die Zelle schickt. Dieser scheidet bekanntlich an der Minus-Platte Wasserstoff und an der Plus-Platte Sauerstoff ab. Der Wasserstoff geht keine chemische Verbindung ein, die Minus-Platte bleibt also unverändert grau. Der Sauerstoff oxydiert jedoch die Plus-Platte an ihrer Oberfläche zu braunem Bleidioxid (PbO_2). Durch diese Verschiedenartigkeit der beiden Platten ist eine Spannung von etwa 2 V vorhanden. Ein solcher *Akkumulator* kann als Stromquelle benutzt werden, wobei er einen umgekehrt gerichteten Entladestrom zu liefern vermag, welcher nach und nach den Bleidioxidüberzug wieder abbaut, wobei sich auf beiden Platten Bleisulfat bildet.

Der Bau der Bleiakkumulatoren. Die Aufnahmefähigkeit eines Akkumulators ist durch die Größe der Plattenoberfläche bestimmt. Um diese möglichst groß zu machen, wird bei stationären Batterien meist die positive Platte mit zahlreichen feinen Rippen versehen (*Großoberflächenplatte*). Das Blei erhält einen Antimonzusatz, damit es härter und korrisionsfester wird. Die negative Platte ist meist eine *Kastenplatte* mit siebartigen Durchbrechungen, welche mit Bleioxid und Bleischwamm gefüllt wird. Jenes wird bei der Ladung zu flüssigkeitsdurchlässigem Bleischwamm reduziert. Um keine zu großen Platten zu bekommen, werden mehrere Plus- und Minus-Platten in abwechselnder Reihenfolge in *ein* Gefäß eingesetzt, wobei alle Plus-Platten miteinander und alle Minus-Platten miteinander verbunden sind. Die Platten hängen mit Nasen auf dem Rand der Gefäße, wobei unterhalb derselben noch genügend Raum bleiben muß für den Bleischlamm, der im Laufe der Zeit von den Platten abfällt. Die Gefäße selbst sind durch untergelegte Porzellanklötzchen von den Traghölzern isoliert, und diese erhalten nochmals eine Isolation durch Glasunterlagen. Um eine gegenseitige Berührung der Platten unmöglich zu machen, können durchlässige Scheider (Separatoren) dazwischengeschoben werden. Für bewegliche Batterien (z. B. Elektrokarren) sind leichte Zellen nötig. Es können hierfür auch die Großoberflächen- und Kastenplatten verwendet werden. Leichter sind hingegen die *Gitterplatten*, bei welchen ein weites Gitter aus Hartblei mit aktiver Bleimasse ausgeschmiert ist. Etwas weniger leicht, dafür aber viel haltbarer sind die *Panzerplatten*, bei welchen die bleihaltige Masse in geschlitzte Hartgummiröhrchen eingetragen ist, die zu Platten zusammengefaßt sind.

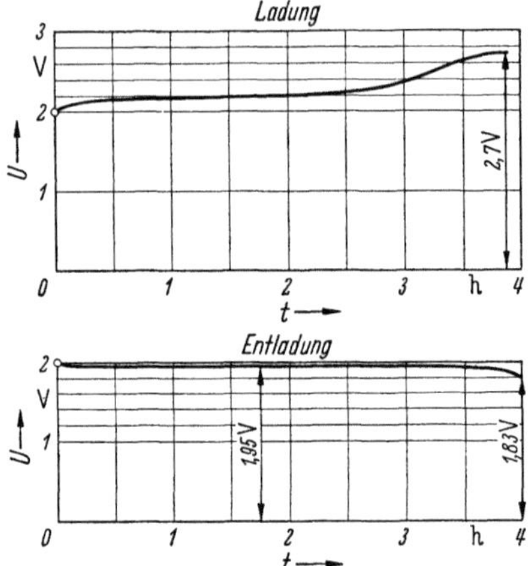

Bild 1.24. Spannungsänderung eines Bleiakkumulators

Das Verhalten des Bleiakkumulators. Die Spannung einer Zelle hängt von dem Ladezustand ab. Bild 1.24 zeigt, daß sie mit zunehmender Entladung etwas abfällt (im Mittel 1,95 V). Sobald 1,83 V je Zelle erreicht sind, muß unterbrochen werden, weil eine weitere Entladung schädlich sein würde. Von dem auf der Plus-Platte vorhandenen PbO_2 ist dann nur etwa die Hälfte abgebaut. Bei der Ladung steigt die Spannung über 2 V. Gegen Ende der Ladung, wenn die abgeschiedenen Gase nicht mehr chemisch gebunden werden, sondern entweichen (das „Kochen"), steigt die Spannung stärker an und erreicht etwa 2,7 V, wobei die Ladestromstärke herabzusetzen ist. Der Ladezustand kann nach der Spannung beurteilt werden, oder es ist mit *Aräometern* möglich, welche die Säuredichte angeben (normal 1,28 g/cm³). Bei der Entladung wird das braune Bleioxid in Bleisulfat umgewandelt, wobei Wasser frei wird. Die Flüssigkeit wird stärker *verdünnt*, also leichter, während bei der Ladung das Bleisulfat zu Schwefelsäure und Bleioxid umgebildet, und dadurch die Flüssigkeit konzentriert wird. Die folgende Gleichung stellt dies dar.

$$\text{Entladung}$$
$$PbO_2 + 2\,H_2SO_1 + Pb \rightleftarrows 2\,PbSO_1 + 2\,H_2O\,.$$
$$\text{Ladung}$$

Die *Kapazität* (Speicherfähigkeit) einer Batterie (gleich der einer Einzelzelle) wird in Amperestunden angegeben. Bei kleinen Entladeströmen ist sie gewöhnlich etwas größer. Das Verhältnis der abgegebenen Amperestunden zu den aufgenommenen Amperestunden heißt Ah-*Wirkungsgrad*. Derselbe beträgt etwa 0,9. Der *Wirkungsgrad*, das Verhältnis der abgegebenen *Leistung* zur aufgenommenen ist hingegen nur etwa 0,75. Der *Ladefaktor* ist der reziproke Wert des Wirkungsgrades. Man wird also nur dann speichern, wenn sich andere Vorteile ergeben. Die Lebensdauer einer Batterie hängt sehr von der Behandlung ab. Kurzschlüsse sind gefährlich, weil der durch den geringen inneren Widerstand bedingte große Kurzschlußstrom zu einem Verbiegen der Platten und Abfallen von Masse führt. Der 5fache normale Strom kann kurzzeitig noch ertragen werden, der Kurzschlußstrom kann aber das 30fache des normalen sein.

Bei der Behandlung der Sammler ist größte Reinlichkeit erforderlich. Nur destilliertes Wasser und chemisch reine Säure darf zum Nachfüllen benutzt werden. Ein Stehenlassen im *entladenen* Zustand ist unzulässig, weil das Sulfat in eine nicht regenerierfähige Form übergeht (die Platten sulfatieren, Bleisulfat ist ein Nichtleiter). Auch unbenutzte, geladene Bleisammler werden zweckmäßig jeden Monat einmal nachgeladen oder mit dem Erhaltungsstrom dauergeladen.

18. Beispiel. Ein 220 V Notstromnetz soll durch eine Batterie gespeist werden. Wieviele Zellen sind nötig ?

Da die kleinste Zellenspannung (1,83 V) maßgebend ist, ergäbe sich die Zellenzahl zu 220 V/1,83 V = 120. Nun ist aber meist noch ein Spannungsverlust in den Zuleitungen vorhanden. Rechnet man diesen mit 5% an, so müßte die an der Batterie verfügbare Spannung 220 V · 1,05 = 231 V sein, so daß sich jetzt die Zellenzahl zu 231 V/1,83 V = 126 ergibt. Bei Beginn der Entladung würde diese Batterie mindestens eine Spannung von 126 · 2 V = = 252 V haben, während die Verbraucher nur 220 V haben dürfen. Mit einem Zellenschalter müssen daher eine Anzahl Zellen abgeschaltet werden. In geladenem Zustand sind 220 V/2 V = 110 Zellen nötig; es müssen also 126 − 110 = 16 Zellen stufenweise abschaltbar sein. Wenn gleichzeitig mit dem Laden auch Strom in das Lampennetz abgegeben werden soll, muß die Zahl der Abschaltzellen noch größer sein, weil dann die Zellenspannung bis auf 2,7 V steigt.

Sollen umschaltbare Zellen verwendet werden, so ist zu beachten, daß der Verbraucherstrom beim Überschalten von einer Zelle auf die nächste Zelle möglichst nicht unterbrochen wird. Außerdem darf hierbei auf keinen Fall eine oder mehrere Zellen kurzzeitig kurzgeschlossen werden. Man verwendet deshalb *Zellenschalter* nach Bild 1.25a u. b, die beim Überschalten während des Schaltvorganges einen Schutzwiderstand R wirksam werden lassen.

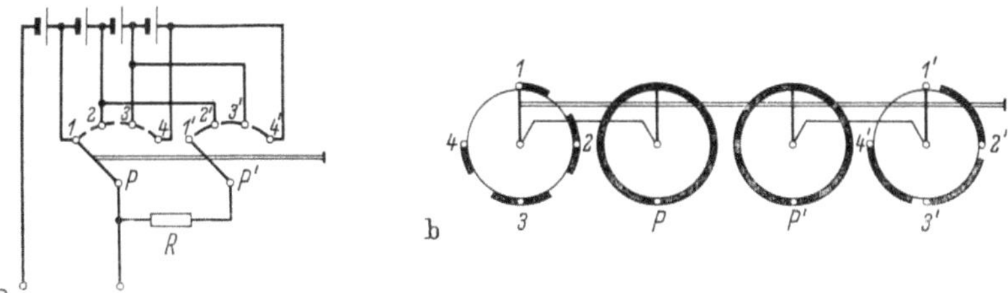

Bild 1.25. Zellenschalter. a. Schaltung; b. schematische Darstellung der vier Schaltebenen des Pacco-Schalters

Der Stahl-Akkumulator (Edisonakku). Er hat *Kalilauge* (KOH) mit der Dichte 1,2 g/cm³ als Elektrolyt. Die aktive Masse ist in beiden Platten in siebartig durchlöcherte, vernickelte Stahltaschen eingepreßt und besteht auf der positiven Seite aus Nickelhydroxid mit Graphit und auf der negativen Seite aus Eisenschwamm mit etwas Quecksilber. Das Gefäß ist ebenfalls aus Stahl. Da sich die Kalilauge beim Laden und Entladen nicht verändert, genügt eine ziemlich geringe Menge. Die Entladespannung ist im Mittel nur 1,2 V und darf bis auf 1 V absinken. Man braucht daher für eine bestimmte Spannung sehr viel mehr Zellen als bei dem Bleiakku. Da außerdem der Wirkungsgrad nur 0,6 ist, kommen alkalische Sammler für stationäre Batterien nicht, wohl aber für bewegliche Batterien in Frage, wo sie sich wegen ihrer Unempfindlichkeit gegen Erschütterungen, gegen Überlastungen und gegen unsachgemäße Behandlung besonders auszeichnen. Häufig wird in der negativen Platte Cadmium verwandt. Solche Zellen gasen fast nicht und werden daher für Handgeräte bevorzugt.

Seit einigen Jahren werden in steigendem Maße gasdichte Stahl-Akkumulatoren verwendet, besonders zur Stromversorgung von tragbaren Geräten. Als Aufbaustoff für die Gehäuse dient vernickelter Stahl. Die Akkumulatoren sind vollständig geschlossen und können in jeder Lage betrieben werden. Die positive Elektrode enthält Nickel-Sauerstoffverbindungen, die negative Elektrode Cadmium-Sauerstoffverbindungen. Als Elektrolyt wird Kalilauge von höchster chemischer Reinheit verwendet. Die mittlere Betriebsspannung beträgt etwa 1,25 V je Zelle. Die kleinsten dieser Akkumulatoren haben die Form eines Knopfes von nur 15,5 mm Durchmesser bei einer Dicke von 6 mm. Die Kapazität beträgt in diesem Falle 50 mAh.

Bei der *Ladung* aller Sammler ist zu beachten, daß die Plus-Klemme des Sammlers immer mit der Plus-Klemme der Ladestromquelle zu verbinden ist. Zur Prüfung der Polarität der Stromquelle benutzt man gewöhnlich ein Voltmeter (Drehspulinstr.). Es gibt auch *Polreagenzpapier* (Fließpapier in Salpeterlösung mit etwas Phenolphthalein getränkt), welches fertig im Handel erhältlich ist. Angefeuchtet und auf Isolierunterlage zeigt es bei der Berührung mit den beiden spannungsführenden Drähten am Minus-Pol eine Rotfärbung.

Die oben beschriebenen Blei- und Nickel-Cadmiumakkumulatoren besitzen leider eine geringe Energiedichte W/m und ein relativ großes Masse-Leistungsverhältnis m/P. Für ortsveränderliche Akkumulatoren zur Energieversorgung von abgasfreien Elektrostadtfahrzeugen werden etwa folgende Werte erreicht:

	Energiedichte (Entladung in 5 Stunden) Wh/kg	Masse-Leistungsverhältnis (Entladung in 15 min) kg/kW
Bleiakkumulator	22	9
Nickel-Cadmiumakkumulator	31	11

In Entwicklung befinden sich andere Speichersysteme und Brennstoffzellen. Batteriesysteme auf Natrium-Schwefel-Basis bzw. Lithium-Clorine-Basis erreichen Werte von $W/m = 330$ Wh/kg und $m/P = 4,5$ kg/kW bis $1,4$ kg/kW.

1.7 Magnetfeld

Ein Raum, in dem magnetische Erscheinungen auftreten, heißt *magnetisches Feld*. So vermag ein Stahlmagnet mit seinen beiden Polen, von denen der eine als Nordpol, der andere als Südpol bezeichnet wird, kleine *Eisen*teilchen anzuziehen. Die Wirkung der magnetischen Kräfte läßt sich auch dadurch sichtbar

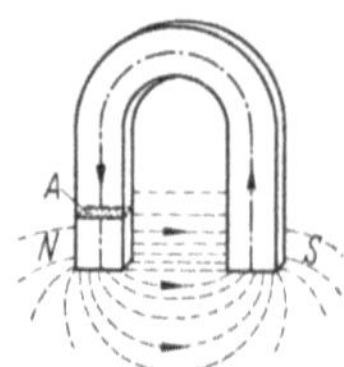

Bild 1.26. Feldlinienbild eines Hufeisenmagneten

machen, daß man den Magneten unter eine Glasplatte legt (z. B. den Hufeisenmagneten in Bild 1.26) und diese mit Eisenfeilspänen bestreut. Die Späne ordnen sich nach gesetzmäßigen Linien, die von einem Pol zum anderen verlaufen. Mit einem gegebenen Dauermagneten lassen sich durch streichende Berührung mit anderen Stahlstäben beliebig viele neue Magnete herstellen, ohne daß dadurch eine Schwächung des Dauermagneten auftritt. Man weiß nämlich, daß die Atome des *unmagnetischen* Eisens kleine, ungeordnete Elementarmagnete sind und daher nach außen keine Wirkung ausüben. Durch ein äußeres, fremdes Magnetfeld werden sie ausgerichtet, so daß sich ihre Wirkungen addieren. Bei den magnetisch harten Stählen, insbesondere solchen mit Zusätzen von Wolfram oder Kobalt, besser noch bei einer Legierung von Al, Ni und Co (AlNiCo 800, Remanenz 13,3 T, Koerzitivfeldstärke $6,5 \cdot 10^4$ A/m) ist das Richten der Elementarmagnete zwar schwierig, aber sie behalten auch einen hohen Dauermagnetismus. Erschütterungen sind dem Dauermagnetismus ebenso wie starke Erhitzungen abträglich. Das Höchstmaß der Magnetisierung wäre erreicht, wenn alle Elementarmagnete geordnet wären. Dann ist das Eisen *magnetisch gesättigt*.

Die Tatsache, daß Elementarmagnete vorhanden sind, erklärt sich dadurch, daß die Atome bewegte Elektronen besitzen, die als elektrischer Kreisstrom aufzufassen sind. Die

Bewegung eines Elektrons innerhalb des Atomes verursacht einen magnetischen *Elementardipol*.

Bei der Elektronengeschwindigkeit v, der Ladung e und dem Bahnradius r stellt die Elektronenbahn einen Kreisstrom $I = e\,v/(2\,\pi\,r)$ dar. Hieraus ergibt sich das sogenannte Ampèresche *magnetische Dipolmoment* (s. DIN 1325) $I\,r^2\,\pi = e\,v\,r/2$. Liegt der Dipol in einem fremden Magnetfeld B, bei dem die Feldlinien senkrecht zur Dipolachse liegen, so ergibt sich ein Drehmoment nach Bild 1.27 $M = e\,v\,r\,B/2$.

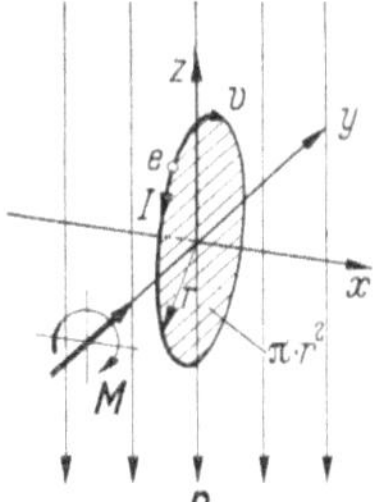

Bild 1.27. Drehmomentbildung
eines Elementardipoles
im fremden Magnetfeld

Bei *diamagnetischen* Stoffen liegen die Elementardipole in ihren Achsen so, daß sich die magnetischen Wirkungen gegeneinander aufheben. Wird ein nach außen magnetisches neutrales Atom in ein fremdes Magnetfeld gebracht, so entstehen bei den Elektronenbahnen die oben angegebenen Drehmomente. Wir können für unsere Betrachtung je zwei magnetisch ausgeglichene Elektronenbahnen zusammenfassend betrachten. Die beiden Bahnachsen sind um 180° verdreht, d. h. in einer Bahnebene ist ein rechtsläufiges und ein linksläufiges Elektron vorhanden. Die beiden Elektronen können als Kreisel aufgefaßt werden. Bei Einbringen in ein fremdes Magnetfeld erfährt die Kreiselachse das oben angegebene senkrecht zur Achse stehende Drehmoment. Als Folge entsteht eine *Präzessionsbewegung* (Larmor-Präzession) der Kreiselachse. Die der normalen Elektronenbewegung überlagerte Präzessionsbewegung äußert sich wie ein Kreisstrom, der durch sein Magnetfeld das fremde Magnetfeld schwächt. Deshalb ist die Flußdichte bei diamagnetischen Stoffen *kleiner* als diejenige Flußdichte, die das fremde Magnetfeld im leeren Raum hervorrufen würde. Z. B. sind Wismut, Kupfer und Silber diamagnetische Elemente.

Bei *paramagnetischen* Stoffen sind die magnetischen Wirkungen der Elementardipole zueinander nicht ausgeglichen. Die magnetischen Achsen der Atome versuchen sich in Richtung des fremden Feldes einzustellen, wodurch eine Verstärkung des Fremdfeldes eintritt. Bei paramagnetischen Stoffen ist gleichzeitig auch der diamagnetische Effekt überlagert, letzterer ist jedoch kleiner. Die Flußdichte ist bei paramagnetischen Stoffen *größer* als die Flußdichte, die das fremde Magnetfeld im leeren Raum hervorrufen würde. Z. B. sind Aluminium, Platin und Eisen paramagnetische Elemente. Die diamagnetische bzw. paramagnetische Wirkung ist bei den meisten Elementen gering. Eine Ausnahme machen die *ferromagnetischen* Stoffe, bei denen die paramagnetische Wirkung erheblich ist.

Bei den ferromagnetischen Stoffen, z. B. Eisen, Nickel und Kobalt, bilden sich Kristallbezirke gleicher Magnetisierungsrichtung (Weissche Bezirke) aus. Der Ferromagnetismus ist durch *spontane* Magnetisierung gekennzeichnet. Bei einer Magnetisierung können die Bezirke ihre Ausdehnung verändern, oder ihre magnetische Achse wird aus der Ruhelage herausgedreht. Ausdehnungsverschiebungen (*Wandverschiebungen*) treten bei kleinen bis mittleren, *Verdrehungen* bei großen Feldstärken auf.

Die Ursache für das Auftreten eines Magnetfeldes sind immer bewegte Elektronen, so daß ein Magnetfeld auch durch einen in einem Leiter fließenden Strom hervorgerufen werden kann. In der Praxis, z. B. bei elektrischen Maschinen, wird hiervon Gebrauch gemacht. Man kann mit Hilfe des elektrischen Stromes wesentlich stärkere Magnetfelder erzeugen, als dies mit Dauermagneten möglich ist.

Magnetfelder werden durch Feldlinien veranschaulicht. Die Feldlinien müssen wir uns als vollständig geschlossene Linien, die weder Anfang noch Ende besitzen, vorstellen. Eine positive Zählrichtung der Feldlinien liegt vor, wenn sie im Außenraum eines Magneten vom Nordpol zum Südpol verlaufen; also z. B. bei dem schon erwähnten Hufeisenmagneten aus Linien, die vom Nordpol über die Luft zum Südpol, und im Stahl zurück zum Nordpol verlaufen. Nord- und Südpole ziehen sich an, während sich gleichsinnige Pole abstoßen.

Stellen wir uns ein stromdurchflossenes Leiterstück von der Länge l in einem gleichförmigen (homogenen) Magnetfeld vor (Bild 1.28a u. b), so wirkt auf diesen Leiter eine Kraft F. Die magnetische Induktion oder Flußdichte des Magnetfeldes bezeichnet man mit B. Sie beträgt

$$B = \frac{F}{I \cdot l} \,.\qquad (1.33)$$

Dabei ist zu beachten, daß die Richtung der auftretenden Kraft von der Richtung des Magnetfeldes und Stromes abhängig ist. Deshalb ist die Flußdichte

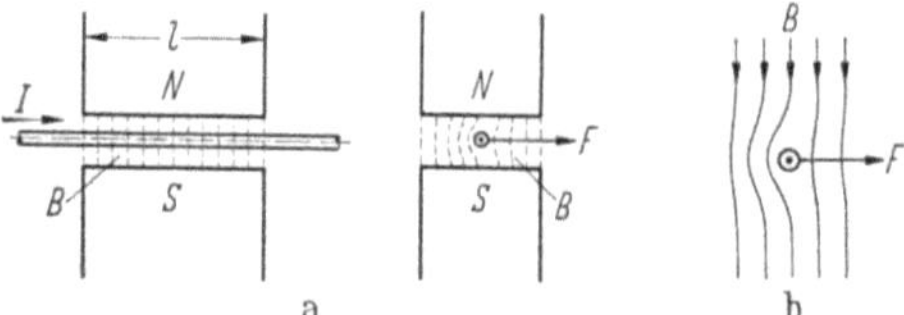

Bild 1.28. Stromdurchflossener Leiter im homogenen Magnetfeld

eine Größe, die außer ihrem Betrag B auch noch eine Richtung besitzt. Solche Größen heißen Vektoren. Macht man bei der Rechnung von dieser Vektoreigenschaft Gebrauch, so schreibt man dafür den halbfetten Buchstaben $\boldsymbol{B}$.

Die SI-Einheit der magnetischen Induktion oder der magnetischen Flußdichte ist das Tesla (Kurzzeichen T) oder das Weber je Quadratmeter (Kurzzeichen Wb/m²). Setzt man in Formel (1.33) die Kraft in Newton, den Strom in A und die Länge in Meter ein, so erhält man folgende Beziehung

$$1 \frac{N}{A \cdot m} = \frac{1\,Ws}{A\,m \cdot m} = \frac{1\,Vs}{m^2} = 1\,T = 1\,\frac{Wb}{m^2}\,.\qquad (1.34)$$

Der Name für die Einheit Tesla ist in DIN 1339 festgelegt.

Man rechnet in der Praxis noch mit anderen Einheiten, nämlich in Gauß (Kurzzeichen G) oder in V s/cm². Zwischen diesen Einheiten und der SI-Einheit Tesla besteht folgender Zusammenhang:

$$1\,G = 10^{-8} \frac{Vs}{cm^2} = 10^{-4} \frac{Vs}{m^2} = 10^{-4}\,T = 10^{-4}\,\frac{Wb}{m^2}\,.\qquad (1.35)$$

19. Beispiel. Die Flußdichte in einer elektrischen Maschine betrage 1 T. Das Magnetfeld an der Erdoberfläche besitzt eine Flußdichte von $2 \cdot 10^{-5}$ T. Man muß sich also im Innern der elektrischen Maschine $1\,T/(2 \cdot 10^{-5}\,T) = 50\,000$mal soviel Feldlinien je Flächenelement vorstellen, wie an der Erdoberfläche. Man erkennt daraus, daß das durch den elektrischen Strom in der Maschine erzeugte Magnetfeld sehr viel größer ist als das natürliche Erdfeld.

Die Gesamtzahl der Feldlinien, die man sich durch eine senkrecht zum Magnetfeld stehende Fläche A hindurchtretend denken muß, spielt z. B. bei der Spannungserzeugung im Magnetfeld eine wichtige Rolle. Das Produkt aus Flußdichte B und der dazu normal stehenden Fläche A heißt magnetischer Fluß oder auch Induktionsfluß.

$$\varPhi = B \cdot A\,.\qquad (1.36)$$

Da die Flußdichte $\boldsymbol{B}$ ein Vektor ist, erhält man den Fluß, der durch eine beliebig liegende Fläche hindurchtritt, als Oberflächenintegral $\Phi = \int \boldsymbol{B} \cdot \mathrm{d}\boldsymbol{A}$. Das Oberflächenintegral der Flußdichte über eine beliebige geschlossene Hüllfläche ist $\oint \boldsymbol{B} \cdot \mathrm{d}\boldsymbol{A} = 0$. In die geschlossene Hüllfläche treten genauso viele Feldlinien ein wie aus.

Die Bezeichnung Fluß ist insofern irreführend, als beim Magnetfeld, im Gegensatz zum elektrischen Strömungsfeld (Elektronenstrom im Leiter), nichts fließt. Der Name Fluß rührt lediglich von der formalen Ähnlichkeit zum Strömungsfeld her.

Die Einheit des magnetischen Flusses ist das Weber (Kurzzeichen Wb) oder die Voltsekunde (Kurzzeichen Vs).

Auch hier wird in der Praxis oft noch mit anderen Einheiten gerechnet, wobei folgender Zusammenhang besteht

$$1 \text{ Maxwell} = 1 \text{ M} = 1 \text{ Gcm}^2 = 10^{-4} \text{ Gm}^2 = 10^{-8} \text{ Wb} = 10^{-8} \text{ Vs} . \tag{1.37}$$

Mit dem das Magnetfeld verursachenden Strom steht eine weitere magnetische Größe in Zusammenhang, die als magnetische Feldstärke bezeichnet wird. Denkt man sich einen stromdurchflossenen Leiter (Bild 1.29), so ist er von

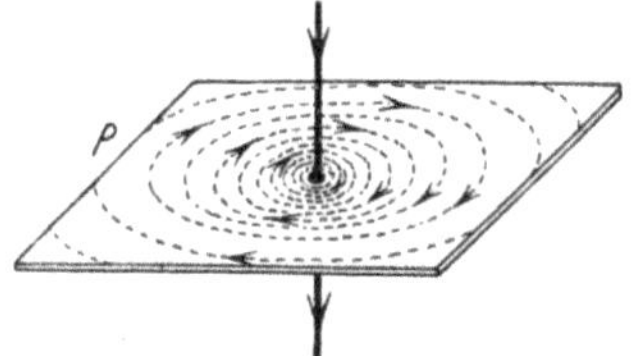

Bild 1.29. Feldbild eines stromdurchflossenen Leiters

einem magnetischen Feld umgeben. Ein aufgenommenes Feldlinienbild (z. B. Glasscheibe mit Eisenfeilspänen) zeigt, daß die Feldlinien konzentrische Kreise um den geraden Leiter bilden, und daß die Flußdichte mit wachsendem Abstand vom Leiter abnimmt. Die Flußdichte entlang einer solchen Feldlinie (konzentrischer Kreis um den Leiter) ist konstant und besitzt tangentiale Richtung an den Kreis. Die Feldlinienrichtung kann mit einer frei beweglichen Magnetnadel ermittelt werden. Man findet die Regel: Blickt man in Richtung des Strompfeiles, so muß man sich die Richtung der Feldlinien im Uhrzeigersinn vorstellen (Rechtsschraubenregel). Magnetische Feldlinien sind nur vorstellbar, wenn sie einen Strom umschlingen. Da aber der Strom nur in einem geschlossenen Stromkreis fließen kann, kann man feststellen, daß Stromlinien und Feldlinien wie Glieder einer Kette ineinander verschlungen sind.

Ist I der im Leiter fließende Strom und $2\pi r$ die Länge einer im Abstand r um den Leiter liegenden Feldlinie (Bild 1.29), so besitzt die magnetische Feldstärke entlang dieser Feldlinie an jeder Stelle den Betrag

$$H = \frac{I}{2\pi r} \tag{1.38}$$

und hat tangentiale Richtung an die Feldlinie.

Die Feldstärke ist ebenfalls ein Vektor und erhält, sofern man bei Rechnungen von dieser Eigenschaft Gebrauch macht, den halbfetten Buchstaben $\boldsymbol{H}$. Allgemein gilt das Durchflutungsgesetz: Der von einer Feldlinie umschlungene gesamte Strom (Durchflutung Θ) ist gleich dem Produkt aus Feldstärke H und Weglänge l.

Führen also durch die von einer Feldlinie berandete Fläche N Leiter hindurch (z. B. Spule mit N Windungen), so gilt das Durchflutungsgesetz

$$H \cdot l = N \cdot I = \Theta \,. \tag{1.39}$$

Bei dieser Schreibweise ist die Vektoreigenschaft nicht berücksichtigt; außerdem wird vorausgesetzt, daß die Feldstärke entlang des Weges l konstant ist. Berücksichtigt man die Vektoreigenschaft von H, so erhält man

$$\oint \boldsymbol{H} \cdot \mathrm{d}\boldsymbol{l} = N \cdot I = \Theta \,. \tag{1.40}$$

Die Einheit der Feldstärke ergibt sich aus Gl. (1.38), wenn die Stromstärke in A und der Radius in m eingesetzt wird. Die Feldstärke wird in A/m oder in A/cm angegeben.

Es gibt eine andere in der Praxis noch verwendete Einheit, das Oersted, wobei folgender Zusammenhang besteht:

$$1 \text{ Oersted} = 1 \text{ Oe} = \frac{10}{4\,\pi} \frac{\mathrm{A}}{\mathrm{cm}} = \frac{10^3}{4\,\pi} \frac{\mathrm{A}}{\mathrm{m}} \tag{1.41}$$

$$1 \frac{\mathrm{A}}{\mathrm{cm}} = 10^2 \frac{\mathrm{A}}{\mathrm{m}} = 1{,}257 \text{ Oe} \,. \tag{1.42}$$

Die Einheit der Durchflutung Θ ist das Ampere (A). In älteren Darstellungen wird die Durchflutung auch in Amperewindungen (AWd) angegeben. Dies ist jedoch nicht zweckmäßig, da die Windungszahl N eine Größe ist, die die Einheit Eins besitzt.

20. Beispiel. Man bestimme den Betrag der Feldstärke H in Abhängigkeit von Radius r bei einem von Strom I_1 durchflossenen Leiter (Leiterradius r_0) für den Außen- und Innenraum des Leiters.

Im Raum außerhalb des Leiters gilt nach Gl. (1.38)

$$H_{\text{außen}} = I_1/(2\,\pi \cdot r) \,.$$

An der Leiteroberfläche erhält man mit $r = r_0$ $H_0 = I_1/(2\,\pi \cdot r_0)$.

Im Innenraum des Leiters sind die Feldlinien aus Symmetriegründen ebenfalls konzentrische Kreise. Eine Feldlinie im Innenraum umschlingt jedoch nicht den ganzen über den Leiterquerschnitt gleichmäßig verteilten Strom I_1, sondern nur einen der Fläche entsprechenden Anteil. Da die ganze Querschnittsfläche des Leiters $\pi \cdot r_0^2$, und die von einer innerhalb des Leiters liegenden Feldlinie berandete Fläche $\pi \cdot r^2$ ist, ergibt sich der Stromanteil $I = \dfrac{\pi\,r^2}{\pi\,r_0^2} \cdot I_1$. Mit dem Durchflutungsgesetz Gl. (1.39) erhält man mit $N = 1$ und $l = \dfrac{\pi\,r^2}{\pi\,r_0^2} \cdot I_1$ für den Innenraum $H_{\text{innen}} = \dfrac{r \cdot I_1}{2\,\pi\,r_0^2}$ und an der Leiteroberfläche $(r = r_0)$

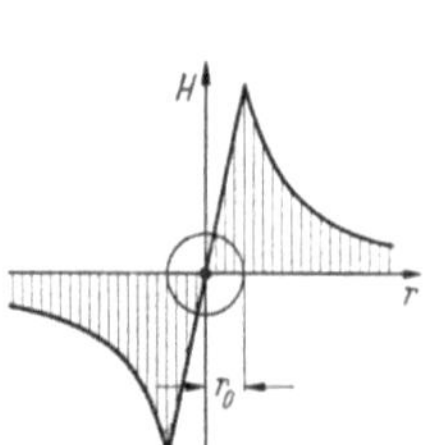

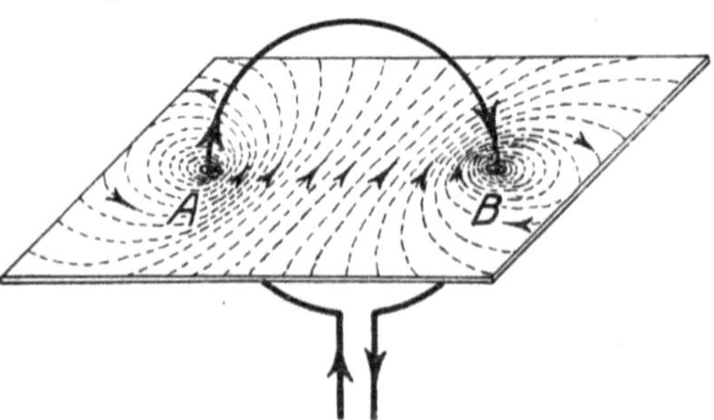

Bild 1.30. Magnetische Feldstärke eines stromdurchflossenen Leiters

Bild 1.31. Magnetisches Feld einer Stromschleife

$H_0 = \dfrac{I_1}{2\,\pi\,r_0}$. Es tritt also an der Leiteroberfläche kein Sprung in der Feldstärke auf. Im Innenraum nimmt die Feldstärke proportional dem Radius zu, während sie im Außenraum umgekehrt proportional zum Radius abnimmt (Bild 1.30).

Das Magnetfeld einer Stromschleife (Bild 1.31) kann man sich durch Überlagerung zweier Feldbilder nach Bild 1.29 entstanden denken, wobei die einzelnen Feldvektoren geometrisch zu addieren sind.

Das Gesetz von Biot und Savart sagt aus, daß der Betragsanteil dH der Feldstärke an einem beliebigen Punkt P im Abstand r eines stromdurchflossenen kleinen Leiterstückes ds umgekehrt proportional zum Quadrat der Entfernung zwischen Leiterstück und Punkt P und proportional zum Strom und Sinus des Winkels α ist (Bild 1.32). Es gilt

$$dH = \frac{I \cdot \sin\alpha}{4\,\pi\,r^2} \cdot ds \; . \tag{1.43}$$

Wendet man dieses Gesetz auf einen stromdurchflossenen Kreisring an (Bild 1.33), so erhält man für den Kreismittelpunkt mit $\sin\alpha = 1$ und $r = D/2$ Feldstärke-

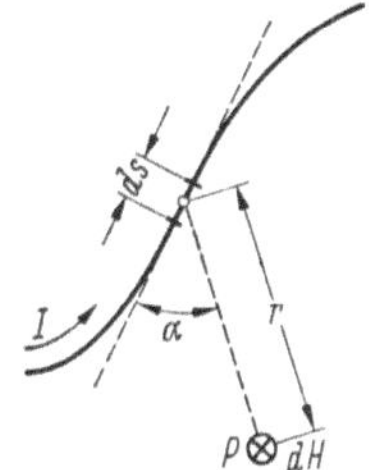

Bild 1.32. Zum Biot-Savart-Gesetz   Bild 1.33. Zur Berechnung des Feldes einer Stromschleife

anteile dH gleichen Betrages, die alle senkrecht zur Kreisfläche stehen. Die Feldstärke im Kreismittelpunkt läßt sich also als algebraische Summe aus den Anteilen berechnen.

$$\int dH = \frac{I \cdot \sin\alpha}{4\,\pi\,r^2} \int ds \; .$$

Da $\int ds$ für einen vollen Kreis gleich $2\,\pi\,r$ ist, erhält man

$$H = \frac{I}{4\,\pi\,r^2} \cdot 2\,\pi\,r = \frac{I}{2\,r} \; . \tag{1.44}$$

Die Feldstärke ist im Mittelpunkt eines stromdurchflossenen Kreisringes mit Radius r π-mal so groß, wie die Feldstärke bei dem geraden stromdurchflossenen Leiter (Gl. 1.38).

Eine solche Schleife kann auch aus N Windungen bestehen, die vom Strom I durchflossen sind. Dann ist die Durchflutung dieser Scheibenspule $\Theta = I \cdot N$ und die Feldstärke im Mittelpunkt $H = \dfrac{N \cdot I}{2\,r}$. Bei einem Durchmesser des Ringes von 20 cm mit 500 Windungen, die von 2 A durchflossen sind, tritt eine Feldstärke $H = 2\,\text{A} \cdot 500/(2 \cdot 10\,\text{cm}) = 50\,\text{A/cm}$ im Kreismittelpunkt auf.

Das Magnetfeld einer Spule. Das Feldbild eines schraubenförmig aufgewickelten Drahtes (Zylinderspule) nach Bild 1.34 kann man sich durch Überlagerung einer Reihe von Schleifenfeldbildern entstanden denken. Die Feldlinien durchlaufen den ganzen Hohlraum der Spule und treten am Ende aus (Nordpol), um zum anderen Ende zurückzukehren (Südpol). Sie bilden also *geschlossene*

Linien, und das Bild ähnelt dem Feldbild eines Stabmagneten. Eine beweglich aufgehängte, stromdurchflossene Spule stellt sich daher in die Nord-Südrichtung der Erde. Zwei solcher Spulen stoßen sich ab oder ziehen sich wie Stabmagnete an. Die Polarität kehrt sich um. wenn man den Strom umkehrt. Bild 1.34

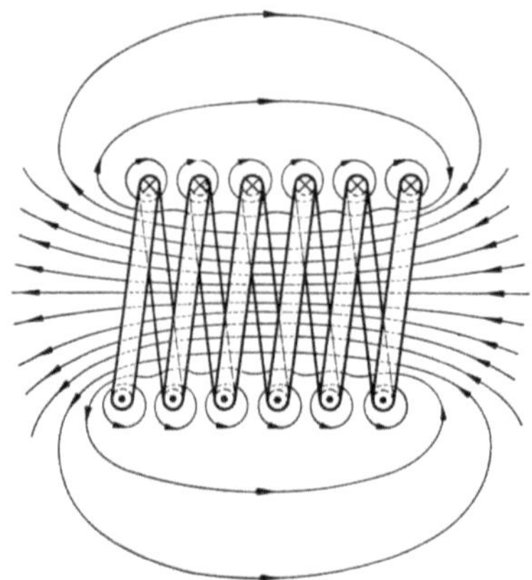

Bild 1.34. Magnetisches Feld mehrerer
stromdurchflossener Drahtwindungen

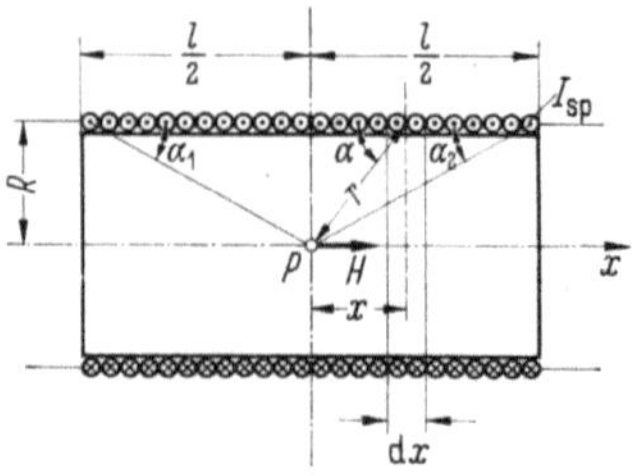

Bild 1.35. Zur Bestimmung der Feldstärke
in einer Zylinderspule

läßt erkennen, daß doch nicht alle Feldlinien ihren Weg durch die ganze Spule nehmen, sondern daß auch Feldlinien vorhanden sind, welche nur einzelne Leiter umschließen.

Zur Berechnung der Spulenfeldstärke benützen wir Bild 1.35. Eine Scheibe (Kreisring) der Stärke dx liefert im Punkt P entsprechend Gl. (1.43) mit $r = R/\sin\alpha$ und $\int ds = 2\pi R$ einen Feldstärkeanteil in Richtung der Spulenachse $dH = \dfrac{I \cdot \sin^3\alpha}{2R}$. Besitzt die Spule N Windungen, so liegen N/l Windungen je Längenelement auf dem Zylindermantel. Die obige Scheibe besitzt $N\,dx/l$ Windungen. Ist I_{sp} der im Leiter fließende Spulenstrom, so wird diese Scheibe von einem Strom $I = I_{sp}\,N\,dx/l$ durchflossen. Mit $x = R\cot\alpha$ erhält man durch Differenzieren $dx = -R\,d\alpha/\sin^2\alpha$ und damit den Feldstärkeanteil

$$dH = -\frac{I_{sp}\cdot N}{l} \cdot \frac{R}{\sin^2\alpha} \cdot d\alpha \cdot \frac{\sin^3\alpha}{2R} = -\frac{I_{sp}\cdot N}{2l} \cdot \sin\alpha \cdot d\alpha \,.$$

Durch Integrieren zwischen den Grenzen α_1 und α_2 wird

$$H = \frac{I_{sp}\cdot N}{2l}\,(\cos\alpha_1 + \cos\alpha_2)$$

und mit $\alpha_1 = \alpha_2$ und $\cos\alpha = \dfrac{l/2}{\sqrt{R^2 + (l/2)^2}}$ erhält man

$$H = \frac{I_{sp}\cdot N}{\sqrt{4R^2 + l^2}} \,. \tag{1.45}$$

Ist die Länge $l \gg R$ (lange, dünne Spule), so ist die Feldstärke in der Spulenmitte

$$H = \frac{I_{sp}\cdot N}{l} \,. \tag{1.46}$$

21. Beispiel. Eine Zylinderspule mit $N = 10\,000$, Länge 0,3 m und 0,08 m Durchmesser sei von einem Strom $I_{sp} = 2$ A durchflossen. Wie groß ist die Feldstärke im Zentrum der Spule? Aus Gl. (1.45) erhält man

$$H = \frac{2 \cdot A \cdot 10\,000}{\sqrt{4 \cdot (0{,}04\ \text{m})^2 + (0{,}3\ \text{m})^2}} = 64\,400\ \text{A/m} = 644\ \text{A/cm} .$$

Da das Verhältnis $l/R = \dfrac{0{,}3}{0{,}04} = 7{,}5$ und $7{,}5 \gg 1$ ist, könnte man auch Gl. (1.46) benützen. Sie liefert

$$H = \frac{2\ \text{A} \cdot 10\,000}{30\ \text{cm}} = 666\ \text{A/cm} .$$

Der Fehler beträgt in diesem Fall 3,4%.

Die Ringspule. (Toroidspule) nach Bild 1.36 unterscheidet sich von den offenen Spulen dadurch, daß ihre Feldlinien an keiner Stelle den Spulenhohlraum verlassen können. Der Feldlinienweg ist also völlig bekannt und daher

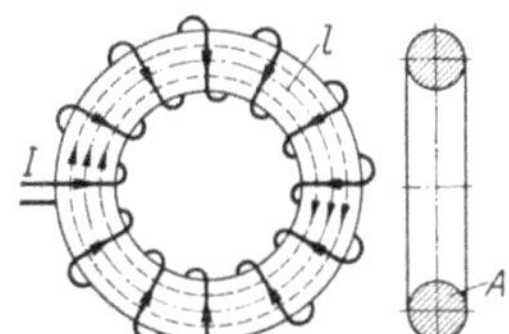

Bild 1.36. Ringspule

ist diese Spule der Rechnung exakt zugänglich. Außerhalb des Spulenhohlraums besteht kein Feld. Die Feldstärke ist durch Gl. (1.39) bestimmt. Eine Ringspule vom mittleren Durchmesser 20 cm und 1000 Windungen hat bei einem Strom von 5 A eine Durchflutung $\Theta = 1000 \cdot 5$ A $= 5000$ A. Da der Feldlinienweg im Mittel 20 cm $\cdot \pi = 62{,}8$ cm beträgt, ist die Feldstärke

$$H = 5000\ \text{A}/62{,}8\ \text{cm} = 79{,}6\ \text{A/cm} .$$

Die Feldkonstante. Zwischen der Feldstärke H und der magnetischen Flußdichte B (Induktion) besteht ein Zusammenhang, der für Vakuum und näherungsweise auch für Luft durch die *magnetische Feldkonstante* (Induktionskonstante) μ_0 gegeben ist. Ihr Wert beträgt

$$\mu_0 = 4\,\pi \cdot 10^{-7} \frac{\text{Vs}}{\text{A} \cdot \text{m}} = 1{,}256 \cdot 10^{-6} \frac{\text{Wb}}{\text{A m}} = 1{,}256 \cdot 10^{-6} \frac{\text{T} \cdot \text{m}}{\text{A}} . \tag{1.47}$$

Für Vakuum und Luft gilt

$$B = \mu_0 \cdot H . \tag{1.48}$$

Die Spule mit Eisenkern. Verlaufen die Feldlinien nicht im Vakuum sondern in einem Werkstoff, so wird bei gegebener Feldstärke H die Flußdichte B nicht der Gl. (1.48) folgen, sondern bei paramagnetischen Stoffen größer, und bei diamagnetischen Stoffen kleiner als der sich aus Gl. (1.48) ergebende Wert sein.

Bringt man in ein völlig homogenes Magnetfeld, dessen Feldlinien daher parallel laufen einen Stab aus weichem Stahl, dann verändert sich das Feldbild derart, daß sich ein großer Teil der Feldlinien nun durch das Eisen zieht, als ob die Feldlinien dort einen geringeren Widerstand fänden. Tatsächlich ist der Vorgang so, daß das Magnetfeld die Elementarmagnete des Eisens richtet, so daß dieses zu einem Magneten wird. Es überlagern sich nun zwei Felder, das anfangs gegebene homogene Feld mit dem induzierten Feld des Eisens und es entsteht ein resultierendes Feld mit dem beschriebenen Verlauf. Als Ergebnis ist festzuhalten, daß in dem Eisen eine sehr viel größere Flußdichte vorhanden ist, wie vorher in dem gegebenen homogenen Feld. Nimmt man den weichen Eisenstab heraus, so verschwindet sein Magnetismus wieder, weil die leicht beweglichen Elementarmagnete ihre Ausrichtung wieder verlieren. Harter Stahl würde hingegen einen Teil als Dauermagnetismus (*Remanenz*) behalten. Auch bei der betrachteten Ringspule (Bild 1.36) ist bei Stromfluß ein ziemlich homogenes Feld vorhanden, dessen Stärke wir oben berechnet haben. Sobald wir aber einen Eisenring in die Ringspule bringen, erhöht sich die magnetische Flußdichte ganz erheblich, weil eben die Linien des nun gerichteten Eisens noch hinzukommen.

Tritt an die Stelle des Vakuums ein Stoff, insbesondere ein ferromagnetischer, dann steigert sich bei gleichem H die magnetische Flußdichte auf einen μ_r-fachen Wert. Man kann also schreiben

$$B = \mu_0 \cdot \mu_r \cdot H \,. \tag{1.49}$$

Man nennt μ_r die *Permeabilitätszahl* (relative Permeabilität) eines Stoffes. Sie ist ein Zahlenwert, der bei ferromagnetischen Stoffen sehr groß sein kann und sich mit der Feldstärke verändert. Bei den übrigen Stoffen ist μ_r nur wenig von 1 verschieden und zwar bei den paramagnetischen Stoffen $\mu_r > 1$, bei den diamagnetischen $\mu_r < 1$. Für Luft $\mu_r \approx 1$.

Die Permeabilitätszahl eines Stoffs ist nicht errechenbar. Man muß daher die Abhängigkeit der magnetischen Flußdichte von der erregenden Feldstärke experimentell ermitteln. Sie ist in den *Magnetisierungslinien* (Bild 1.37) dargestellt, bei diesen ist die magnetische Flußdichte B in Abhängigkeit von der Feldstärke aufgetragen. Man erkennt, daß Gußeisen bereits bei kleinen B-Werten gesättigt ist, während bei Dynamoblechen fast doppelt so hohe Werte erreicht werden. Zur besseren Ablesung sind im Bild 1.38 die Feldstärken H und die Flußdichten B als Leiter in logarithmischer Abhängigkeit aufgetragen. Sie sind Mittelwerte, da bei den verschiedenen Werkstoffen erhebliche Unterschiede bestehen. Die magnetischen Eigenschaften sind von den Legierungsbestandteilen und der Herstellung abhängig. Bleche, besonders kaltgewalzte Bleche, zeigen z. B. in der Walzrichtung günstigere magnetische Eigenschaften als in Querrichtung.

Um einen Eisenring auf seinem ganzen Umfang zu magnetisieren ist es nicht nötig, die Bewicklung über den ganzen Umfang zu verteilen. Vielmehr kann die Spule nach Bild 1.39 an einer Stelle konzentriert werden. Allerdings nehmen dann auch einige wenige Feldlinien (Streufeld) ihren Weg durch den Luftraum. Das Streufeld nimmt mit stärkerer magnetischen Erregung zu und zwar besonders dann, wenn das Eisen schon magnetisch gesättigt ist.

Ein magnetisierter Eisenring hat keine Pole, weil die Feldlinien nirgends austreten. Er würde solche bekommen, wenn man ihn irgendwo schlitzen würde (gestrichelt gezeichnet).

Der magnetische Widerstand. Aus Gl. (1.36) und Gl. (1.49) erhält man zusammen mit dem Durchflutungsgesetz Gl. (1.39) die Beziehung

$$\Theta = \frac{l}{\mu_0 \cdot \mu_r \cdot A} \cdot \Phi \,.$$

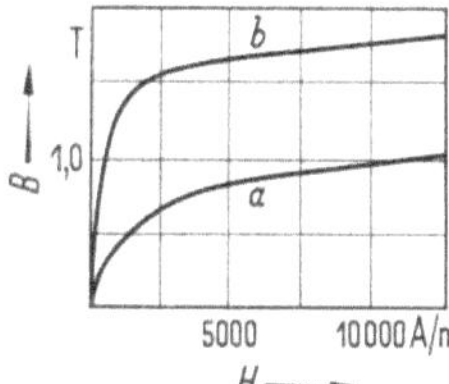

Bild 1.37. Magnetisierungslinien.
a Gußeisen; b Dynamoblech

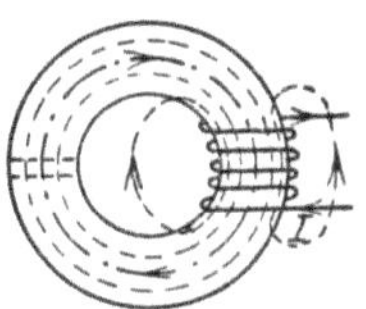

Bild 1.39.
Ringmagnet

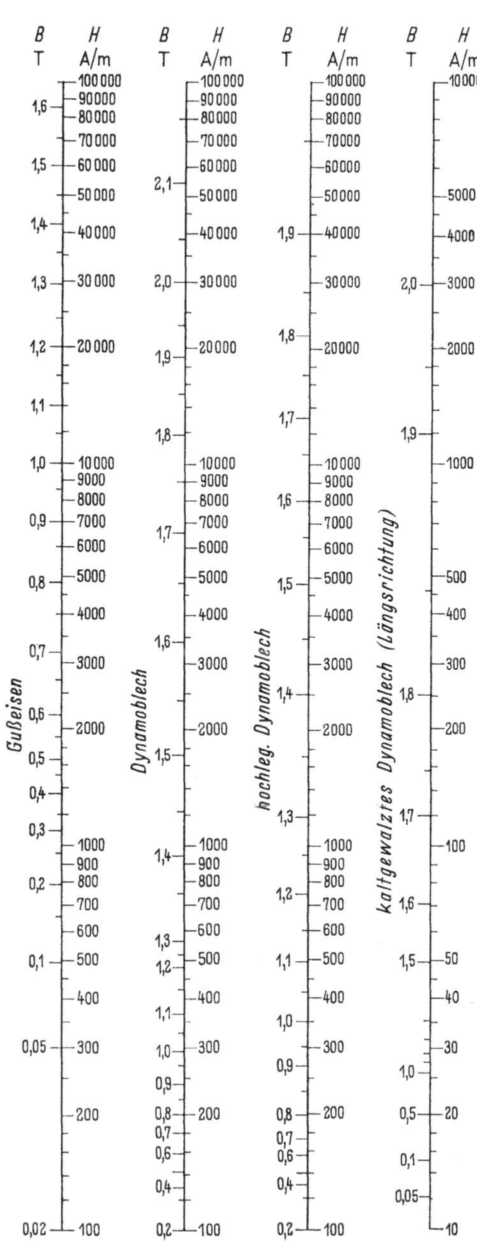

Bild 1.38. **Magnetisierungsleitern**

Hierin ist die Größe

$$R_\mathrm{m} = \frac{l}{\mu_0\,\mu_\mathrm{r} \cdot A} \tag{1.50}$$

analog dem elektrischen Widerstand $R = \dfrac{l}{\varkappa \cdot A}$ aufgebaut. R_m heißt deshalb magnetischer Widerstand. Der Kehrwert $\varLambda = \dfrac{1}{R_\mathrm{m}}$ ist der magnetische Leitwert.

Zwischen der Durchflutung $\varTheta = N \cdot I$, die das Magnetfeld verursacht, und dem magnetischen Fluß $\varPhi$ besteht deshalb der Zusammenhang

$$\varTheta = R_\mathrm{m} \cdot \varPhi \,. \tag{1.51}$$

Aus formalen Gründen wird Gl. (1.51) als Ohmsches Gesetz des Magnetfeldes bezeichnet. Dabei muß beachtet werden, daß es beim Magnetfeld keine magnetischen Mengen oder bewegte Teilchen gibt, wie dies beim elektrischen Strömungsfeld die Elektronen sind.

Die Berechnung der Durchflutung von Elektromagneten. Die Durchflutung $\varTheta$ der Magnetwicklung ist die Ursache, welche den Magnetfluß $\varPhi$ hervorruft. Letzterer hängt von den Stoffen, der Länge der Feldlinienwege und den verfügbaren Querschnitten ab. Bei verschiedenen Stoffen in einem Kreis ist die Durchflutung jedes Teiles für sich zu berechnen. Diese ergibt sich für Eisen mit Hilfe der Magnetisierungslinien. Für einen Luftspalt von der Länge l ergibt sich, da μ_r in diesem Fall gleich 1 nach Gl. (1.49)

$$\varTheta_\mathrm{Luft} = H \cdot l = B \cdot l/\mu_0 \,. \tag{1.52}$$

22. Beispiel. Ein Ring aus Dynamoblech nach Bild 1.39 habe einen mittleren Durchmesser von 15 cm und einen rechteckigen Querschnitt von 20 cm². Die Spule habe 200 Windungen. Welchen Strom muß man hindurchschicken, um 1,6 T im Eisen zu erhalten? Für 1,6 T zeigt die Magnetisierungslinie (Bild 1.38) eine Feldstärke von 34 A/cm. Da der Feldlinienweg 15 cm $\cdot \pi$ = 47 cm ist, wird eine Durchflutung von $\varTheta$ = (34 A/cm) $\cdot$ 47 cm = 1600 A benötigt und der Strom ist I = 1600 A/200 = 8 A.

23. Beispiel. Der Eisenring des vorherigen Beispiels habe einen Luftspalt von 2 mm. Welchen Strom muß man durch die Spule schicken, um den gleichen Magnetfluß zu bekommen? Im Eisen sind wie bisher 1,6 T vorhanden. Durch den Luftspalt geht derselbe magnetische Fluß, jedoch breitet er sich erfahrungsgemäß etwas aus. Wir wollen eine Querschnittsvergrößerung von 5% annehmen, also 21 cm² statt bisher 20 cm². Der Fluß im Eisen ist $\varPhi$ = 1,6 T $\cdot$ 20 $\cdot$ 10⁻⁴ m² = 32 $\cdot$ 10⁻⁴ Vs, daher die Flußdichte im Luftspalt 32 $\cdot$ 10⁻⁴ Vs/(21 $\cdot$ 10⁻⁴ m²) = 1,52 T. Nach Gl. (1.52) ist die Durchflutung für den Luftweg $\varTheta_\mathrm{Luft}$ = $B \cdot l/\mu_0$ = 1,52 T $\cdot$ 0,2 $\cdot$ 10⁻² m/[1,256 $\cdot$ 10⁻⁶ Vs/(A m)] = 2420 A. Die Gesamtdurchflutung für Eisen und Luft ist dann 1600 A + 2420 A = 4020 A, und der Strom I = 4020 A : 200 = 20,1 A. Man beachte, daß der kleine Luftspalt mehr Durchflutung benötigt als der ganze Eisenring. Luft ist also ein großer magnetischer Widerstand.

24. Beispiel. Der durch Bild 1.40 dargestellte Elektromagnet aus Dynamoblech soll auf das Gußstück E eine Kraft von 4000 kp = 3,93 $\cdot$ 10⁴ N ausüben. Welcher Strom ist durch die Spule zu leiten, wenn infolge Verschmutzung oder Unebenheiten zwischen Magnet A und E ein Luftspalt von 0,2 mm vorausgesetzt wird? Die Windungszahl der Spule betrage 4000. Von einer Ausbreitung des Flusses im Luftspalt kann bei der geringen Spaltweite abgesehen werden. Die gesamte tragende Fläche ist 360 cm² = 3,6 $\cdot$ 10⁻² m². Nach Gl. (1.92) ergibt sich aus der geforderten Tragkraft eine magnetische Flußdichte von 1,66 T, die sowohl im Luftspalt als auch im Magnet (Teil A) vorhanden sein muß. Im Gußeisen (Teil E) ist sie im Verhältnis der Querschnitte kleiner, also 1,66 T $\cdot$ 0,018 m²/0,03 m² = 1 T. Die Feldlinienlängen ergeben sich wie folgt:

Dynamoblech: $l_A = (40 + 25 + 25 + 6 \cdot 3{,}14)$ cm $= 109{,}00$ cm
Gußeisen: $l_E = (40 + 4 + 4 + 6 \cdot 3{,}14)$ cm $= 67{,}00$ cm
Luft: $l_L = \qquad\qquad (2 \cdot 0{,}02)$ cm $= 0{,}04$ cm.

Aus der Magnetisierungsleiter Bild 1.38 ergibt sich für Dynamoblech mit der Flußdichte $B_A = 1{,}66$ T die Feldstärke $H_A = 55$ A/cm, und für Gußeisen mit $B_E = 1$ T die Feldstärke $H_E = 100$ A/cm. Für den Luftspalt beträgt die Feldstärke nach Gl. 1.48 $H_L = B_L/\mu_0 =$ $= 1{,}66$ T/$(1{,}256 \cdot 10^{-6}$ Vs $\cdot$ A$^{-1} \cdot$ m$^{-1}) = 1{,}32 \cdot 10^6$ A/m $= 1{,}32 \cdot 10^4$ A/cm. Die Durchflutungen sind:

$$\Theta_A = l_A \cdot H_A = 109 \text{ cm} \cdot \quad 55 \text{ A/cm} \qquad\qquad = 6000 \text{ A}$$
$$\Theta_E = l_E \cdot H_E = \quad 67 \text{ cm} \cdot 100 \text{ A/cm} \qquad\qquad = 6700 \text{ A}$$
$$\Theta_L = l_L \cdot H_L = 0{,}04 \text{ cm} \cdot 1{,}32 \cdot 10^4 \text{ A/cm} = \underline{\quad 530 \text{ A}}$$

Zusammen: $\Theta = 13\,230$ A .

Hieraus ergibt sich die Stromstärke $I = 13\,230$ A/$4000 = 3{,}3$ A.

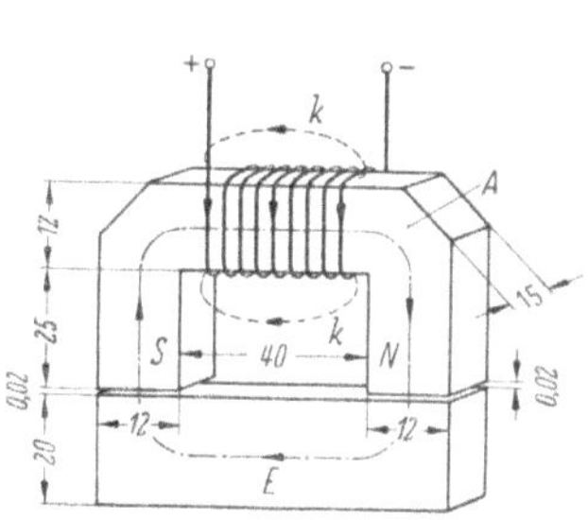

Bild 1.40. Elektromagnet; Maße in cm

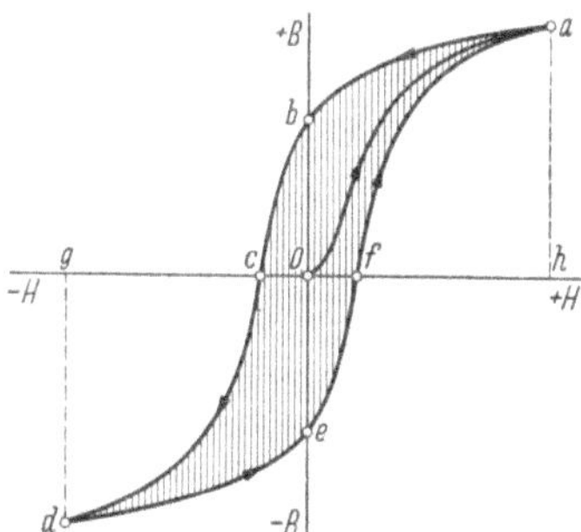

Bild 1.41. Hysteresisschleife

Die magnetische Hysteresis. Bei der erstmaligen Magnetisierung eines Stückes Eisen erhält man eine vom Nullpunkt (Bild 1.41) ausgehende Magnetisierungslinie $0-a$, welche *Neukurve* genannt wird. Läßt man dann die Feldstärke wieder auf Null sinken, so nimmt der Magnetismus nach der Linie $a-b$ ab und wird erst bei c Null, wenn man eine *umgekehrt* gerichtete Feldstärke vom Wert $0-c$ (*Koerzitivfeldstärke*) eingestellt hat. Im stromlosen Zustand der Spule hat also das Eisen den Dauermagnetismus $0-b$ behalten (*Remanenz*). Erst bei einer weiteren Steigerung des Stromes im negativen Sinne wird auch der Magnetismus negativ werden und nach der Linie $c-d$ ansteigen usw. Die Erscheinung, daß der Magnetismus stets hinter der erregenden Feldstärke zurückbleibt, nennt man *Hysteresis* und ihre zeichnerische Darstellung *Hysteresisschleife*. Bei weichem Eisen (*weichmagn. Werkstoffe*) fällt die Hysteresisschleife schmal mit geringer Remanenz $0-b$ aus, umgekehrt bei hartem Stahl (*magn. harte Werkstoffe*). Das Produkt aus Remanenz und Koerzitivfeldstärke wird bei *Dauermagneten* als Maß für die magnetische Güte benutzt.

Die Hysteresiserscheinung führt bei ständiger Ummagnetisierung zu einer Erwärmung des Eisens. Der dadurch entstehende Energieverlust (Hysteresisverlust) ist um so größer, je größer die *Fläche* der Hysteresisschleife und je größer die Zahl der Ummagnetisierungen ist. Der auf die Masse bezogene Hysteresisverlust $v_h = P_h/m$ kann berechnet werden aus der Beziehung:

$$v_h = \varepsilon \cdot f \cdot \hat{B}^2 . \tag{1.53}$$

Hierin ist f die Zahl der Schleifendurchläufe $(a - c - d - f - a)$ je Zeitspanne, $\hat{B}$ die maximale magnetische Flußdichte und ε ein Stoffkoeffizient, welcher je nach Blechsorte etwa zwischen $4{,}4 \cdot 10^{-2}$ W s/(kg T^2) und 10^{-2} W s/(kg T^2) liegt. Bei $\hat{B} = 1$ T und $f = 50$ Hz ist also bei hochlegierten Blechen mit $\varepsilon = 2 \cdot 10^{-2}$ Ws kg^{-1} T^{-2}

$$v_{\mathrm{h}\,10} = 2 \cdot 10^{-2} \text{ W s kg}^{-1} \text{ T}^{-2} \cdot 50 \text{ s}^{-1} \cdot 1 \text{ T}^2 = 1 \text{ W/kg} \,.$$

Es ist üblich, bei der Größe v_{h} als Zusatzindex den Zahlenwert der betreffenden Flußdichte anzugeben. Da 1 T $= 10$ kG ist, lautet deshalb der Index 10.

Die Berechnung der Magnetwicklungen. Die Größe des Eisenquerschnittes ist durch den benötigten Fluß bestimmt. Seine Querschnittsform soll so sein, daß der Umfang klein wird (billige Spule), also kreisförmig oder quadratisch. Die Drähte müssen hohe Leitfähigkeit haben (Kupfer). Ihre Isolation ist wegen des Wärmeabflusses dünn zu halten, was zulässig ist, weil zwischen zwei benachbarten Drähten immer nur eine geringe Spannung herrscht. Jedoch ist unbedingt zu vermeiden, daß solche Drähte unmittelbar am metallischen Gehäuse anliegen. Man verwendet folgende Isolationen: Seidenbespinnung, Baumwollbespinnung oder Umklöppelung, Papierbespinnung, Lackisolation (z. B. Siliconlack) und Glasseide. Papierisolation kommt kombiniert mit Baumwolle hauptsächlich bei Transformatoren vor. Die Dicke der Spulen soll wegen des Wärmeabflusses nicht groß sein (höchstens einige cm).

Das Wickeln einer Spule geschieht auf einer drehbankähnlichen Wickelbank, welche eine Zählvorrichtung besitzt. Der Draht wird gewöhnlich von Hand geleitet und läuft von einer leicht gebremsten Trommel ab. Kleine Spulen kann man auf einen Spulenträger wickeln, auf welchem die Spule dauernd bleibt, und welcher zweckmäßig aus Isolierstoff besteht. Große Spulen werden billiger auf eine Schablone gewickelt, von der sie später abgezogen werden. Sie werden dann mit Leinenband rings umwickelt. Die fertige Spule muß nach Trocknung mit einem dichten Lacküberzug versehen werden, der sie gegen die Luftfeuchtigkeit schützt. Für höhere Spannungen ist eine völlige Durchtränkung mit Isoliermasse zweckmäßig; dies kann durch Vakuumtauchung erreicht werden.

Nach Annahme der Spulendicke läßt sich für einen gegebenen oder angenommenen Eisenkörper die mittlere Windungslänge l_{m} einer Spule berechnen. Der Spulenwiderstand ist dann $R = l_{\mathrm{m}} \cdot N/(\varkappa \cdot A)$, wenn N die Anzahl der Windungen bedeutet. Multipliziert man links und rechts mit dem Strom I, so erhält man links $R \cdot I$, welches die Spannung U ist, und rechts $I \cdot N$, welches die Durchflutung Θ darstellt. Alsdann läßt sich der Drahtquerschnitt A ausdrücken zu

$$A = \frac{l_{\mathrm{m}} \cdot \Theta}{\varkappa \cdot U} \,. \tag{1.54}$$

Die Leitfähigkeit $\varkappa$ ist für Kupfer kleiner als sonst einzusetzen (etwa 50 m/Ω mm^2), weil dieselbe infolge der Erwärmung sinkt. Für gewöhnliche, getränkte Spulen ist eine *Übertemperatur* von 60 K (Isolationsklasse A, VDE 0530) zulässig, wobei aber die Umgebungstemperatur 35 °C nicht übersteigen darf. Gl. (1.54) lehrt, daß der Drahtquerschnitt um so kleiner wird, je größer die Spannung ist. Kleine Drahtquerschnitte sind aber nicht erwünscht. Einmal wegen der geringeren Festigkeit und ferner wegen des verhältnismäßig viel größeren Raumes, den die Isolation einnimmt. Man ist daher bestrebt, die Spannung niedrig zu halten. Bei mehreren Spulen wird man daher nicht Parallel-, sondern Reihenschaltung wählen.

Wenn eine Magnetspule (Cu) eine Durchflutung von $\Theta = 5000$ A bei einem mittleren Umfang $l_\mathrm{m} = 40$ cm haben soll, ist bei 220 V Spannung ein Drahtquerschnitt

$$A = \frac{40\ \text{cm} \cdot 5000\ \text{A}}{220\ \text{V} \cdot 50\ \text{m}/\Omega\ \text{mm}^2} = 18{,}2\ \frac{\text{cm A}\ \Omega\ \text{mm}^2}{\text{V m}} = 18{,}2\ \frac{\Omega\ \text{mm}^2\ \text{m}}{100\ \Omega\ \text{m}} = 0{,}182\ \text{mm}^2$$

erforderlich.

Nach Festlegung des Drahtquerschnittes A wäre es theoretisch einerlei, welche Windungszahl man wählt, weil sich der Strom, sofern U und l_m nicht verändert wird, immer so einstellt, daß die verlangte Durchflutung Θ herauskommt. Da wir aber wegen der Erwärmung nur eine Stromdichte $S = 1$ A/mm^2 (große Spulen) bis 4 A/mm^2 (kleine Spulen) bei Dauerbelastung zulassen dürfen, ergibt sich der Strom I einfach aus der Beziehung $I = S \cdot A$ und die Windungszahl N aus $N = \Theta/I$. Ob die Stromdichte richtig angenommen ist, kann allerdings erst durch eine spätere Nachrechnung der Erwärmung nachgeprüft werden. Man ist nun in der Lage, den Wicklungsraum auszurechnen. Hierzu stellt man nach den DIN-Normen den äußeren Drahtdurchmesser mit Isolation fest und denkt sich die berechneten N Drähte neben- und übereinander gewickelt. Bei einem äußeren Drahtdurchmesser d_a ergäbe sich eine Gesamtfläche von $d_\mathrm{a}^2 \cdot N$, wenn man dabei berücksichtigt, daß bei einer normal gewickelten Spule je eine Lage von links nach rechts und von rechts nach links gewickelt wird. Durch diese Überkreuzung der Drähte entstehen beim Wickeln Zwischenräume. Falls zwischen den Lagen eine Isoliereinlage (Papier) verwendet wird, so muß dies besonders berücksichtigt werden.

Die Spulenlänge liegt damit fest. Ist sie unpassend und müssen wir den Spulendurchmesser ändern, so ist die ganze Rechnung mit der neuen mittleren Windungslänge noch einmal durchzuführen. Zuletzt erfolgt die Nachrechnung auf Erwärmung. Die Temperaturerhöhung ist um so größer, je größer die in Wärme umgesetzte Leistung $P = U \cdot I$ ist und je kleiner die abkühlende Oberfläche A_k der Spule ist.

Der *Wärmeübergangskoeffizient* α ist die auf die wirksame Oberfläche bezogene Leistung, die eine Oberflächentemperaturerhöhung von 1 K erzeugt. Es ist $\alpha \cdot A_\mathrm{k} \cdot \Delta\vartheta = P$, folglich die Temperaturerhöhung:

$$\Delta\vartheta = \frac{P}{\alpha \cdot A_\mathrm{k}} \ .$$

Für A_k darf jedoch nur diejenige Oberfläche eingesetzt werden, welche von der Luft umspült ist. Der Wärmeübergangskoeffizient ist etwa:

$$\alpha = 0{,}002\ \text{bis}\ 0{,}0025\ \frac{\text{W}}{\text{cm}^2 \cdot \text{K}}\ \text{für offen liegende Spulen}\,,$$

$$\alpha = 0{,}0014\ \text{bis}\ 0{,}002\ \frac{\text{W}}{\text{cm}^2 \cdot \text{K}}\ \text{für halbumschlossene Spulen}\,,$$

$$\alpha = 0{,}0007\ \text{bis}\ 0{,}001\ \frac{\text{W}}{\text{cm}^2 \cdot \text{K}}\ \text{für umschlossene Spulen}\,.$$

Die berechnete Temperaturerhöhung $\Delta\vartheta$ darf die in den Vorschriften (z. B. VDE 0530 u. 0532) angegebene nicht erreichen, weil zwischen dem Spuleninneren und der Oberfläche ein Tempearturgefälle herrscht, welches 15$\cdots$20% der Übertemperatur betragen kann.

Die Umrechnung einer Spule. Häufig ist es nötig, eine gegebene Spule mit dem Drahtquerschnitt A_1 bei der Spannung U_1 umzurechnen für eine neue Spannung U_2. Aus Gl. (1.54) geht hervor, daß sich die Drahtquerschnitte umgekehrt wie die Spannungen verhalten, also ist der neue Drahtquerschnitt:

$$A_2 = A_1 \cdot U_1/U_2 \,.$$

Bei gleicher Leistung ändert sich der Strom im umgekehrten Verhältnis der Spannung; die Windungszahl muß daher im Verhältnis der Spannung abgeändert werden, damit man die gleiche Durchflutung behält. Es ist also

$$N_2 = N_1 \cdot U_2/U_1 \,. \tag{1.55}$$

Man erkennt, daß die Kupfermenge unverändert bleibt, der Spulenquerschnitt ist der veränderten Spannung entsprechend nur durch mehr oder weniger Drähte unterteilt.

Beim Umwickeln auf eine *höhere* Spannung wird die Windungszahl größer und der Draht dünner. Dieser hat aber verhältnismäßig mehr Isolation, so daß unter Umständen die Rechnung mit veränderten Spulenabmessungen durchzuführen ist.

Ausführungen von Elektromagneten. Bild 1.42 stellt einen *Lastmagneten* dar, bei welchem der Stahlgußkörper a die Spule c glockenförmig umschließt, weil diese dadurch geschützt ist und auch wenig Streulinien auftreten. Die untere Abdeckplatte e muß aus

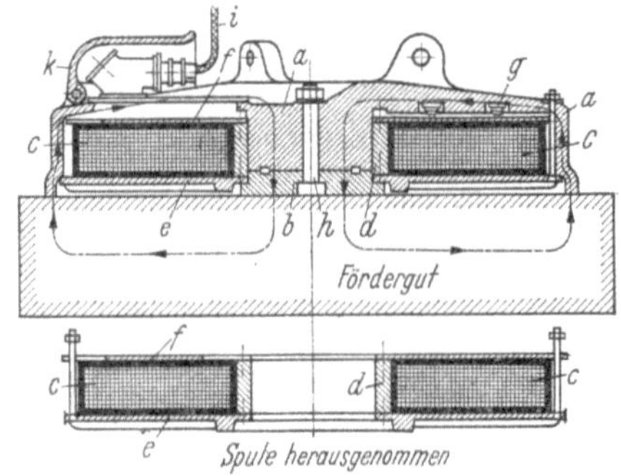

Bild 1.42. Lasthebemagnet

unmagnetischem, aber sehr hartem Stoff bestehen (Manganstahl). Ein solcher Magnet von 1500 mm Durchmesser weist beim Anhängen von massiven Blöcken eine Zugkraft von etwa $2 \cdot 10^5$ N auf, d. h. es können Blöcke mit einer Masse von 2000 kg getragen werden. Bei losem Eisenmaterial, wie z. B. Masseln, liegt die Zugkraft bei etwa $1{,}2 \cdot 10^4$ N, bei Spänen sogar nur bei $6 \cdot 10^3$ N.

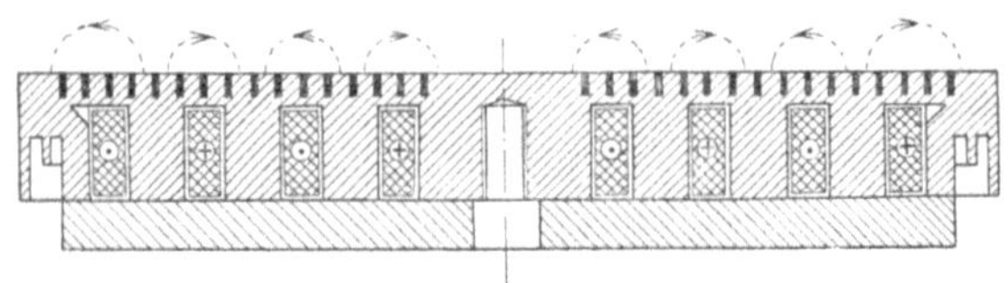

Bild 1.43. Aufspannfutter

Bild 1.43 zeigt ein *Aufspannfutter* für Schleifmaschinen, bei welchem das Futter einem ständigen Kühlwasserstrom ausgesetzt ist und daher noch oben *völlig wasserdicht* sein muß. Außerdem wird verlangt, daß die obere Fläche möglichst gleichförmig magnetisch ist, damit auch kleine Werkstücke sicher gehalten werden. Es sind daher mehrere kreisförmige Spulen vorhanden, die aufeinanderfolgend entgegengesetzte Stromrichtung haben. Damit nun der Magnetfluß nicht durch das obere Eisen kurzgeschlossen ist, sind ringförmige Schlitze vorgesehen, welche mit unmagnetischem Stoff (Messing) ausgestemmt werden. Der dünne Eisenquerschnitt zwischen den Schlitzen und der Spule läßt allerdings einen gewissen unerwünschten Magnetfluß hindurch. Damit Lastmagnete und Aufspannfutter beim Ausschalten sofort loslassen, ist meist ein umgekehrt gerichteter kleiner Stromimpuls nötig ($0-c$ in Bild 1.41).

Zugmagnete. (Bild 1.44 u. 1.45) dienen zum Lüften von Bremsen und zum Betätigen von Schaltern. Der Eisenkern K wird gelegentlich oben kegelig ausgeführt, weil dadurch der Feldlinienweg kleiner als der Hub wird (s. 24. Beispiel). Eine unmagnetische Zwischenlage (Klebstift) sorgt dafür, daß der Kern nach dem Ausschalten nicht haften bleibt. Die unmagnetische Büchse B ist nötig, damit der Kern durch einseitige Anziehung nicht klemmt. Bei gleichem Strom nimmt die Kraft nach oben hin zu. Es ist daher eine Dämpfung

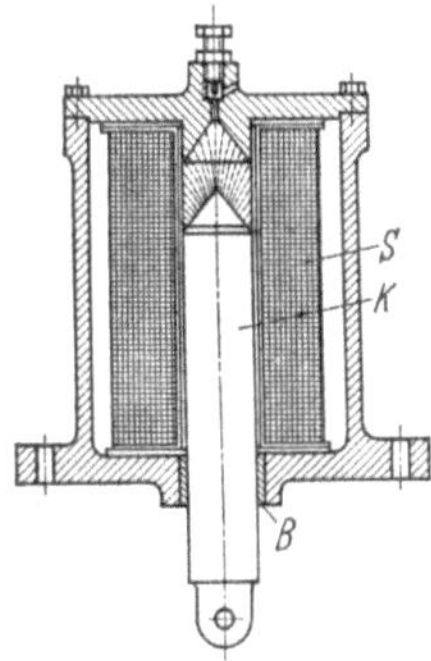

Bild 1.44. Zugmagnet

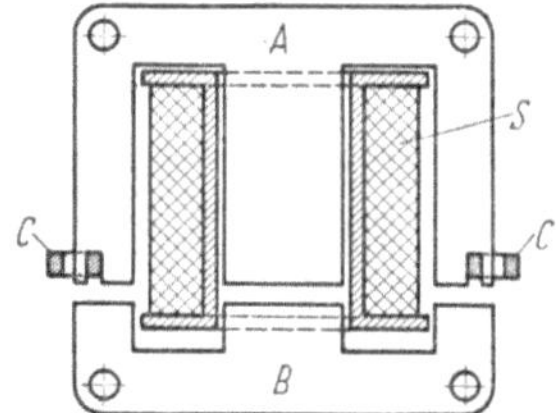

Bild 1.45. Magnetischer Kreis eines Schützes.
A feststehender Kern (Dynamoblech);
B beweglicher Anker (Dynamoblech);
C Dämpfungsringe (nur bei Wechselstromspeisung); S Zugspule

erforderlich (Luftpuffer). Zum Halten des Kerns ist nur eine sehr geringe Stromstärke nötig, so daß man mittels eines aufgebauten Schalters einen Widerstand vorschalten kann. Werden Zugmagnete mit Wechselstrom betrieben, so ist bei konstanter Spannung der Spulenstrom im angezogenen Zustand klein, da eine große Induktivität wirksam ist. Ein Vorschaltwiderstand ist dann nicht erforderlich. Zugmagnete sind nur für kurze Bewegungen von wenigen Zentimetern zweckmäßig.

25. Beispiel. Das Aufspannfutter nach Bild 1.43 benötigte je Teilspule eine Durchflutung $\Theta = 2400$ A und soll so gebaut werden, daß es durch Umschaltung für 110 und 220 V benutzbar ist. Welche Drahtstärke ist erforderlich, wenn die mittleren Spulendurchmesser 165, 305, 445 und 585 mm betragen?

Eine Benutzung für 110 und 220 V ist nur möglich, wenn wir bei 220 V alle Spulen in Reihe, bei 110 V in zwei Gruppen parallel schalten. Wir wollen in allen Teilspulen gleiche Windungszahl und Drahtstärke haben. Nun sind aber die Spulen ungleich im Durchmesser, und es bleibt daher nichts übrig, als die erste mit der vierten und die zweite mit der dritten in Reihe zu schalten. Bei der Reihenschaltung an 220 V erhalten wir daher an den einzelnen Spulen Spannungen, die sich wie die Widerstände der Einzelspulen zum Gesamtwiderstand, oder, wie die Durchmesser der Einzelspulen zur Summe der Durchmesser verhalten. $U_1 = 220$ V $\cdot$ 165 mm/1500 mm $= 24,2$ V, also innen 24,2 V, dann 44,7 V, dann 65,3 V und außen 85,8 V. Da die erste plus der letzten und die zweite plus der dritten 110 V ergibt, kann die Parallelschaltung bei 110 V ohne Bedenken gemacht werden. Die äußere Spule hat eine mittlere Länge von 0,585 m $\cdot$ $\pi = 1,835$ m. Bei einer Durchflutung von 2400 A und der Spannung von 85,8 V ergibt sich bei einer Leitfähigkeit

$$\varkappa = 50\,\text{m}/(\Omega\,\text{mm}^2)\ \text{nach Gl. (1.54) ein Drahtquerschnitt}\ A = 1{,}835\,\text{m} \cdot 2400\,\text{A} \bigg/ \bigg(50\,\frac{\text{m}}{\Omega\,\text{mm}^2} \cdot 85{,}8\,\text{V}\bigg) =$$

$= 1,03$ mm². Dies entspricht nach den Normen einem nächsten Durchmesser von 1,15 mm, welcher als Lackdraht 1,24 mm Außendurchmesser hat. Nehmen wir eine Stromdichte von

2 A/mm² an, so ist der Gesamtstrom $2\,\dfrac{\text{A}}{\text{mm}^2} \cdot 1{,}03$ mm² $= 2,06$ A und die Windungszahl

$N = \Theta/I = 2400$ A/2,06 A $= 1165$ Windungen. Bei den anderen Spulen ergibt sich die gleiche Windungszahl und Drahtstärke. Die Wicklungsfläche ist $1{,}24^2$ mm² $\cdot$ 1165 $=$ $= 1790$ mm², die mit einiger Zugabe für Isolation, zwischen Spule und Eisen in den Nuten unterzubringen ist.

Der stromdurchflossene Leiter im Magnetfeld. Liegt ein bekanntes Magnetfeld mit der Flußdichte B vor, und befindet sich hierin ein stromdurchflossener Leiter (Bild 1.28a), so kann man mit Gl. (1.33) die im Leiter auftretende Kraft

$$F = B \cdot I \cdot l \qquad (1.56)$$

berechnen.

26. Beispiel. Auf einem Motoranker von 20 cm $\varnothing$ und 10 cm Länge liegen nebeneinander 200 je vom Strom $I = 10$ A durchflossene Leiterstäbe in einem Magnetfeld von 1 T. Wie groß ist das Drehmoment des Motors? Nach Gl. (1.56) übt ein Leiter eine Kraft $F = 1\,\mathrm{V\,s\,m^{-2}} \cdot 10\,\mathrm{A} \cdot 0{,}1\,\mathrm{m} = 1\,\mathrm{Ws\,m^{-1}} = 1\,\mathrm{N} = 0{,}102$ kp aus. Die Umfangskraft $F_\mathrm{u} = 1\,\mathrm{N} \cdot 200 = 200\,\mathrm{N}$ und das Drehmoment $M = 200\,\mathrm{N} \cdot 0{,}1\,\mathrm{m} = 20\,\mathrm{Nm} = 2{,}04$ kpm.

Die *Richtung* der Kraft ergibt sich aus Bild 1.28b. Durch Überlagerung der beiden Felder ergibt sich auf der einen Seite des Leiters eine Verdichtung, auf der anderen Seite eine Feldschwächung und es ist natürlich, daß die Feldlinien den Leiter nach der Seite der *Schwächung* drängen, also senkrecht zur Feld- und Stromrichtung. Man kann sich auch der *Linkehandregel* bedienen. Hält man die *linke* Hand so, daß die Feldlinien in die innere Handfläche eintreten und die Finger in Richtung des Stroms zeigen, dann gibt der ausgestreckte Daumen die Bewegungsrichtung an. Eine Umkehr der Bewegungsrichtung läßt sich entweder durch Umpolen des Stroms oder des Feldes (Erregerstroms) erreichen. Das gilt auch für die Umkehr der Drehrichtung eines Motors.

Die Kraftwirkung paralleler, stromdurchflossener Leiter. Wie das Feldbild bei Überlagerung zeigt, müssen sich parallele, gleichgerichtete Ströme anziehen, entgegengesetzt gerichtete Ströme abstoßen. Nach Gl. (1.38) ruft ein Strom I_1 im Abstand r eine Feldstärke $I_1/(2\,\pi\,r)$ hervor. Luft vorausgesetzt, herrscht hier eine magnetische Flußdichte $B = \mu_0 H = \mu_0 \cdot I_1/(2\,\pi\,r)$. An dieser Stelle liege ein zweiter Leiter mit der Stromstärke I_2. Dann wirkt nach Gl. (1.56) eine Kraft

$$F = \frac{\mu_0\, I_1\, I_2 \cdot l}{2\,\pi\,r} \, . \qquad (1.57)$$

27. Beispiel. Ein Akkumulator von 2000 Ah liegt an *zwei* Sammelschienen, die einen Schienenabstand von 125 mm haben. Die Schienen werden von Stützisolatoren (Gruppe A) getragen, die eine Umbruchfestigkeit von 3680 N $= 375$ kp besitzen. In welchem Abstand müssen diese Stützer angeordnet werden, damit bei Kurzschluß zweifache Sicherheit gegen Bruch vorhanden ist?
Die Kraft, die bei Kurzschluß auf einen Isolator wirkt, darf also nur 187 kp $= 1835$ N sein. Die Batterie führt bei normaler 3stündiger Entladung einen Strom von 667 A. Der Kurzschlußstrom beträgt etwa das 30fache, also etwa 20 000 A. Nach Gl. (1.57) ist

$$l = \frac{2\,\pi \cdot r \cdot F}{\mu_0 \cdot I^2} = \frac{6{,}28 \cdot 0{,}125\,\mathrm{m} \cdot 1{,}835 \cdot 10^3\,\mathrm{N}}{1{,}256 \cdot 10^{-6}\,\mathrm{Vs\,A^{-1}\,m^{-1}} \cdot 4 \cdot 10^8\,\mathrm{A^2}} = 2{,}88\,\mathrm{m} \, .$$

Anschließend müssen die Sammelschienen noch auf Durchbiegung berechnet werden.

1.7.1 Induktionsgesetz

Befindet sich eine Spule mit N Windungen in einem Magnetfeld, und ist Φ der von der Spule umfaßte magnetische Fluß (Bild 1.46), so kann man durch

Versuche nachweisen, daß an den Klemmen 1—2 der Spule *so lange* eine Spannung auftritt, als der von der Spule umfaßte Fluß sich zeitlich verändert. Es gilt das von Faraday stammende Induktionsgesetz, das den Augenblickswert der Klemmenspannung der Spule angibt

$$u_{21} = -N \cdot \frac{\mathrm{d}\Phi}{\mathrm{d}t}, \tag{1.58}$$

und sofern der Stromkreis mit dem Gesamtwiderstand R geschlossen ist

$$i \cdot R = -N \cdot \frac{\mathrm{d}\Phi}{\mathrm{d}t}. \tag{1.59}$$

Die Zählpfeile von i und Φ sind nach der Rechtsschraubenregel zugeordnet. Die Richtung der Zählpfeile besagt lediglich, wie der Strom für die Rechnung positiv gezählt werden soll.

Wodurch die Flußänderung in der Spule zustande kommt, ist gleichgültig. In Bild 1.47 wird z. B. ein Magnetstab hineingesteckt oder herausgezogen. Nur während der Bewegung des Magnetstabes entsteht eine Spannung. In Bild 1.48

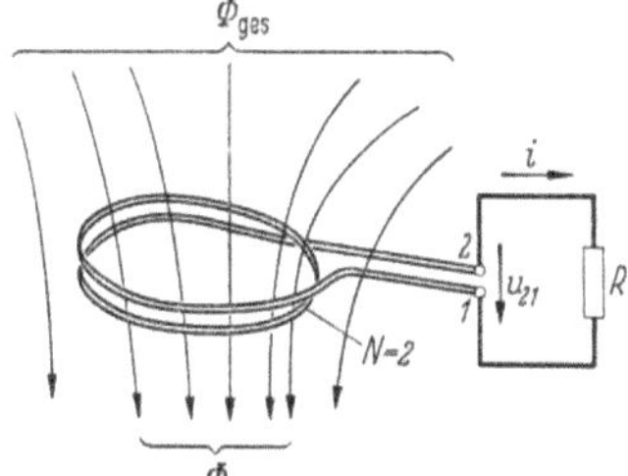

Bild 1.46. Zum Induktionsgesetz

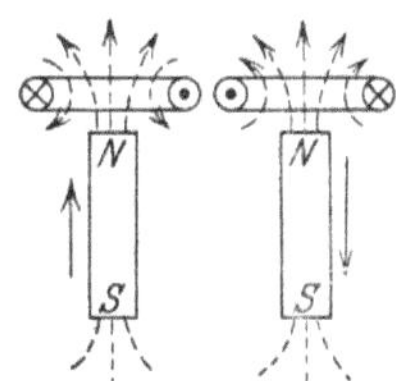

Bild 1.47. Hineinstecken und Herausziehen eines Magnetstabes in eine Spule

erfolgt die Flußänderung durch Ein- oder Ausschalten der unteren Spule. Bringt man einen Wagnerschen Hammer an, so kann man das Ein- und Ausschalten auch sehr schnell selbständig erfolgen lassen, wobei in der oberen Spule eine ständig wechselnde Spannung auftritt (Anwendung bei der Zündspule im Kraftfahrzeug). Ob die Spule im Raum feststeht, und der magnetische Fluß verändert wird, oder ob das Magnetfeld feststeht, und die Spule aus dem Magnetfeld heraus- oder hineinbewegt wird, spielt keine Rolle. Auch eine Verformung oder Drehung der Spule im Magnetfeld hat eine Flußänderung in der Spule zur

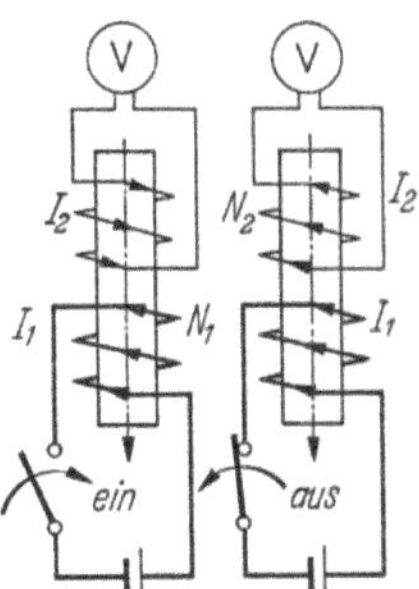

Bild 1.48. Induktionsspannung durch Ein- und Ausschalten einer Magnetspule

Folge, so daß auch hierbei eine Spannung entsteht. Die Richtung der Induktionsspannung, bzw. des Induktionsstromes, muß in Bild 1.47, dem Energiesatz entsprechend, so sein, daß eine die Bewegung hemmende Gegenkraft auftritt.

Beim Nähern des Magneten erzeugt der in der Spule fließende Strom einen gleichnamigen Pol, beim Entfernen des Magneten einen ungleichnamigen. Allgemein besagt das Lenzsche Gesetz für Spulen: *Der induzierte Strom hat das Bestreben, die Flußänderung zu verhindern.*

Mit der Beziehung $u_{12} = - u_{21}$ kann man das Induktionsgesetz auch $u_{12} = N \cdot \mathrm{d}\Phi/\mathrm{d}t$ schreiben. Ist z. B. bei Bild 1.49 die Flußänderung $\mathrm{d}\Phi/\mathrm{d}t > 0$, also ein mit der Zeit t ansteigender Fluß vorhanden, so ergibt sich nach Gl. (1.59) ein negativer Strom i, das heißt, daß der Strom in diesem Fall entgegen dem in Bild 1.47 gezeichneten Strompfeil fließt. Hierzu sei noch bemerkt, daß die Strömungsrichtung der Elektronen entsprechend Abschnitt 1.2, letzter Absatz, umgekehrt wie die positiv definierte Stromrichtung liegt, in diesem Fall also in Richtung des gesetzten Strompfeiles i.

28. Beispiel. In einer Spule mit 200 Windungen werde wechselnd ein Fluß verändert und zwar nach der in Bild 1.49 oben dargestellten Linie. Die Flüsse betragen $\Phi_b = {}= 2 \cdot 10^{-3}$ Wb, $\Phi_c = 3 \cdot 10^{-3}$ Wb. Die Zeiten $a-b$, $b-c$, ... betragen je 2 ms. Welche Spannung wird in der Spule erzeugt?

Im Augenblick a ist in der Spule kein Fluß, im Augenblick b jedoch $2 \cdot 10^{-3}$ Wb. Da sich diese Flußänderung $\mathrm{d}\Phi = 2 \cdot 10^{-3}$ Wb in der Zeit $\mathrm{d}t = 0{,}002$ s gleichförmig vollzogen hat, muß während der ganzen Zeit nach Gl. (1.58) eine konstante Spannung von $U = - 200 \cdot 2 \cdot 10^{-3}\,\mathrm{Wb}/(2 \cdot 10^{-3}\,\mathrm{s}) = - 200$ V erzeugt werden. In der Zeitspanne $b - c$ *steigt* der Fluß von $2 \cdot 10^{-3}$ Wb auf $3 \cdot 10^{-3}$ Wb gleichförmig weiter; er ändert sich demnach um 10^{-3} Wb, was nach der gleichen Beziehung -100 V ergibt. In der Zeit $c-d$ *sinkt* der Fluß um 10^{-3} Wb. Die Spannung ist daher $+100$ V, also umgekehrt gerichtet. Unten in Bild 1.49 ist die Linie der erzeugten Spannung aufgetragen, und zwar bei ansteigendem Fluß im negativen Sinne. Würde nämlich der Fluß nach Bild 1.48 durch einen Strom I_1 erzeugt worden sein, so würde beim Ansteigen desselben die Induktionsspannung entgegengesetzt gerichtet sein.

Man beachte im vorigen Beispiel, daß das Maximum der Spannung nicht in dem Augenblick erzeugt wird, wenn der *Fluß* am größten ist, sondern wenn die *Flußänderung* am größten ist.

Bei einer unregelmäßigen Flußänderung nach Bild 1.50 erhält man die in einem Zeitpunkt $t_{\mathrm p}$ erzeugte Spannung dadurch, daß man in diesem Punkte eine Tangente an die Flußlinie legt und nun so rechnet, als ob der Fluß *gleichförmig* nach dieser Linie anstiege. Man erhält dann die unterhalb dargestellte Spannungslinie, wenn man die Rechnung für eine Anzahl Punkte durchführt.

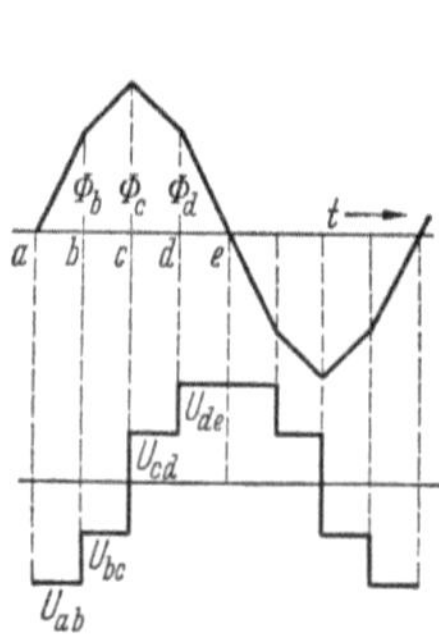

Bild 1.49. Induktionsspannung durch einen Wechselfluß

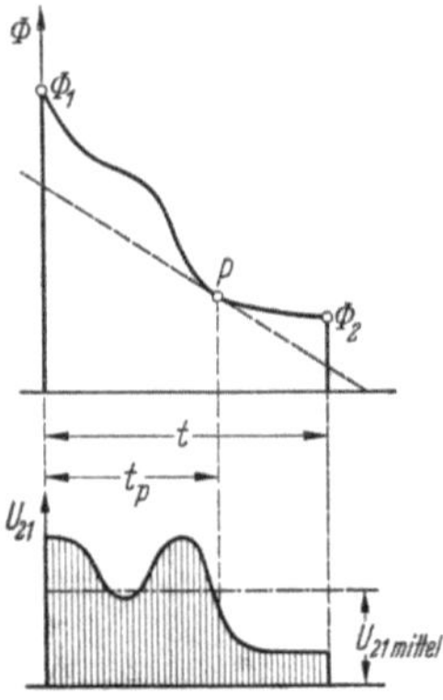

Bild 1.50. Die mittlere Spannung
ist von der Flußdifferenz abhängig

Nach Gl. (1.58) kann man auch schreiben $u_{21} \cdot dt = -\,d\Phi \cdot N$. Integriert (summiert) man auf beiden Seiten, so folgt $\int u_{21} \cdot dt = -\,N \cdot \int d\Phi$. Die linke Seite stellt aber nichts weiter als die in Bild 1.50 geschraffte Spannungszeitfläche dar, während die rechte Seite summiert $(\Phi_1 - \Phi_2) \cdot N$ ergibt. Man erhält nun die *mittlere Spannung* $U_{21\,\mathrm{mittel}}$, wenn man die Fläche durch die Zeit t dividiert. Es ist also

$$U_{21\,\mathrm{mittel}} = \frac{(\Phi_1 - \Phi_2) \cdot N}{t}\,. \tag{1.60}$$

Man beachte, daß der *Mittelwert* (arithmetischer Mittelwert) der erzeugten Spannung nur von dem *Anfangs-* und *Endwert* des Flusses abhängt, nicht davon, wie sich der Fluß zwischendurch verändert. Die bei der Flußänderung von Φ_1 auf Φ_2 in einem geschlossenen Stromkreis vom Widerstand R bewegte Elektrizitätsmenge ergibt sich entsprechend zu $Q = (\Phi_1 - \Phi_2)\,N/R$. Es können also magnetische Flüsse leicht durch Messung von Elektrizitätsmengen mit dem ballistischen Galvanometer, welches Q mißt, bestimmt werden.

Die bewegte Spule im Magnetfeld. Bewegt man einen Leiter L mit konstanter Geschwindigkeit v senkrecht zu den Feldlinien (Bild 1.51) durch ein homogenes Magnetfeld und schließt außerhalb des Magnetfeldes über eine Leitung an den

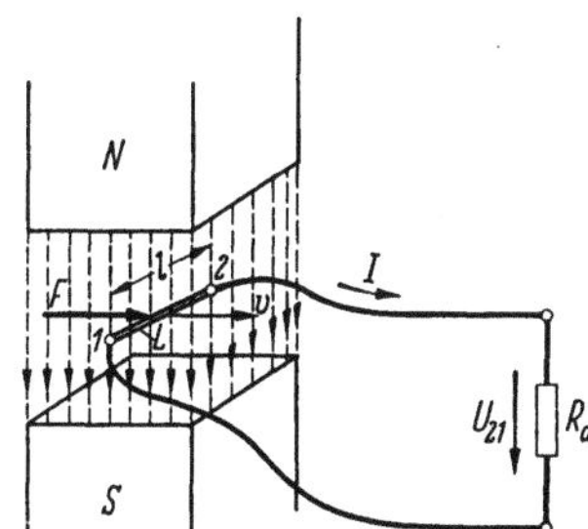

Bild 1.51. Bewegte Leiterschleife im Magnetfeld. Der Fluß in der Schleife ist nicht konstant

Klemmen 1 und 2 einen Spannungsmesser an (Spule mit einer Windung), so kann man eine Spannung u_q (Quellenspannung) messen. Wird der Kreis über einen äußeren Widerstand R_a geschlossen, so fließt ein Strom. Dies läßt sich leicht mit dem Induktionsgesetz Gl. (1.59) erklären, da eine Leiterschleife mit der Windungszahl $N = 1$ vorliegt, und durch das Verschieben des Leiters der von der Leiterschleife umfaßte Fluß verändert wird. Sofern ein Widerstand angeschlossen ist, muß man zum Bewegen des Leiters eine Kraft F aufwenden, entsprechend dem Lenzschen Gesetz. Nach dem Energiesatz muß die entnommene elektrische Arbeit, und damit auch die entnommene elektrische Leistung $P = U_q \cdot I$ gleich der mechanisch zugeführten Leistung $P = F \cdot v$ sein.

Mit Gl. (1.56) erhält man $B \cdot I \cdot l \cdot v = U_q \cdot I$ oder

$$U_q = B \cdot l \cdot v\,. \tag{1.61}$$

Wird der Innenwiderstand R_i der Leiterschleife berücksichtigt, so ergibt sich mit Gl. (1.32) eine Klemmenspannung

$$U_{21} = B \cdot l \cdot v - I \cdot R_i\,. \tag{1.62}$$

Der Zusammenhang zwischen der Richtung von Kraft F, Flußdichte B, Geschwindigkeit v und Spannung U_q ergibt sich aus den Richtungsregeln Seite 29 und 44.

Würde man den Leiter nicht senkrecht zur Feldlinienrichtung bewegen (Bild 1.52), so wäre die für die Spannungserzeugung maßgebende, senkrecht auf den Feldlinien stehende Geschwindigkeits-Komponente $v = v_{\text{ges}} \cdot \cos \beta$, und damit

$$U_\text{q} = B \cdot l \cdot v_{\text{ges}} \cdot \cos \beta \, . \tag{1.63}$$

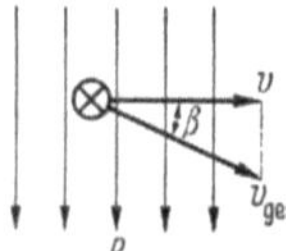

Bild 1.52. Die erzeugte Spannung ist von der Bewegungsrichtung abhängig

Man erkennt, daß für $\beta = 90°$ die Komponente v zu null wird, und deshalb keine Spannung entstehen kann. Dies ist auch aus dem Induktionsgesetz Gl. (1.58) zu ersehen, da in diesem Fall der Fluß in der Leiterschleife zeitlich konstant bleibt ($\mathrm{d}\Phi/\mathrm{d}t = 0$). Der größte Wert der Spannung entsteht also bei Bewegungsrichtung des Leiters senkrecht zu den Feldlinien. Durch Umkehr der Bewegungsrichtung oder durch Umkehr des Magnetfeldes kann man die erzeugte Spannung umpolen.

29. Beispiel. In einem Gleichstromgenerator ist unter den feststehenden Polen die magnetische Flußdichte annähernd konstant. Am Läuferumfang befinden sich Leiter, die mit hoher Geschwindigkeit an den Polen vorbeigeführt werden. Welche Spannung wird je Leiter erzeugt, wenn die Flußdichte $B = 1$ T, die Leitergeschwindigkeit $v = 10$ m/s und die Leiterlänge $l = 10$ cm beträgt? Nach Gl. (1.61) ist $U_\text{q} = 1$ V s m$^{-2} \cdot 0,1$ m $\cdot$ 10m/s $= 1$ V.

30. Beispiel. Ein Generator (Bild 1.53) habe dreiteilige Spulen mit je 50 Windungen, die in Reihe geschaltet sind. Ein Magnetpol von 160 mm Breite und 200 mm Länge werde

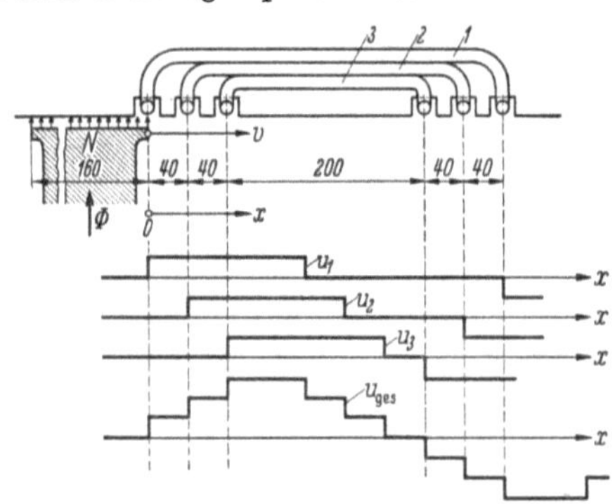

Bild 1.53. Spannungserzeugung in einer dreiteiligen Spule

mit der Geschwindigkeit $v = 10$ m/s vorbeibewegt. Welche Spannung wird erzeugt, wenn die Flußdichte unter dem Pol gleichförmig 1 T beträgt?

Die Berechnung der Spannungsgrößen bietet nichts Neues. Der Verlauf ergibt sich wie folgt: Die Spannungserzeugung beginnt, wenn die rechte Polkante in Stellung $x = 0$ steht.

Für die Spule 1 gilt: Während der Verschiebung des Poles zwischen $x = 0$ und $x = 160$ mm wird in Spule 1 eine konstante Spannung u_1 erzeugt, da der Spulenfluß proportional zum Weg zunimmt. Dann bleibt der Spulenfluß konstant bis die rechte Polkante die Lage $x = 360$ mm erreicht. Während dieses Weges kann keine Spannung erzeugt werden, da $\mathrm{d}\Phi/\mathrm{d}t = 0$ ist. Anschließend entsteht eine negative Spannung $-u_1$, bis schließlich die Polkante die Lage $x = (360 + 160)$ mm erreicht hat. Von hier ab ist die Spannung wieder null. Für Spule 2 und 3 gilt das Entsprechende. Da die 3 Spulen in Reihe geschaltet sind, addieren sich die Spannungen zur Gesamtspannung u_{ges}. Es entsteht ein treppenförmiger Verlauf der Gesamtspannung. Durch Zusammenschalten vieler Spulen und durch geeignete Formgebung des Poles kann man einen sinusförmigen Verlauf der Spannung erreichen.

Die rotierende Spule im Magnetfeld. Bei fortschreitender Bewegung der Spule im homogenen Magnetfeld (Bild 1.54) kann keine Spannung erzeugt werden, da durch die Bewegung *keine* zeitliche Flußänderung $d\Phi/dt$ hervorgerufen wird. Es fließt deshalb auch kein Strom. Dabei ist es gleichgültig, welche Form (Trapezform, Kreisform usw.) die Spule aufweist.

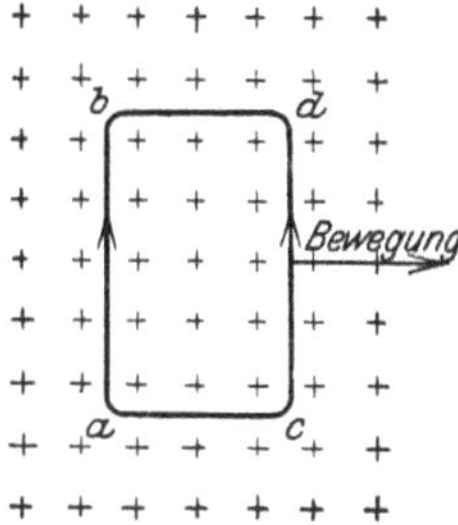

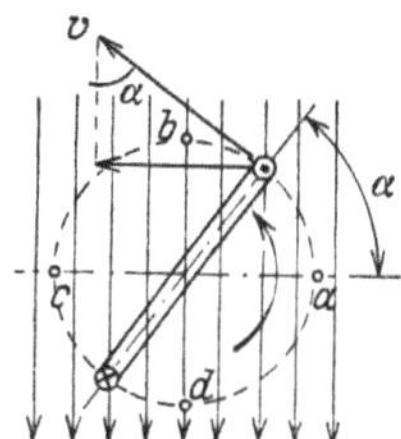

Bild 1.54. Bewegte Leiterschleife im Magnetfeld. Der Fluß in der Schleife ist konstant

Bild 1.55. Rotierende Spule im Magnetfeld

Eine Spannung kann jedoch erzeugt werden, wenn die Spule nach Bild 1.55 um ihre Achse rotiert. Der die Spule durchsetzende Fluß beträgt

$$\Phi_{\mathrm{sp}} = \hat{\Phi} \cdot \cos\alpha \,, \tag{1.64}$$

wobei $\hat{\Phi}$ der Größtwert des Spulenflusses in Stellung $\alpha = 0$ bedeutet. Setzt man Gl. (1.64) in das Induktionsgesetz Gl. (1.58) ein, so erhält man für die Spannung in der Spule

$$u = -N \cdot \hat{\Phi} \cdot \frac{d(\cos\alpha)}{dt} \,. \tag{1.65}$$

Bei konstanter Drehgeschwindigkeit ist T die Zeit für einen vollen Umlauf der Spule und t die Zeit, die die Spule benötigt, um den Winkel α zu durchlaufen. Damit ergibt sich $\alpha/(2\pi) = t/T$ oder $\alpha = 2\pi \cdot t/T$. Die Größe $1/T = f$ heißt Frequenz und besitzt die Einheit s^{-1}. Sie wird meist in Hertz (Hz) angegeben, wobei $1\,\mathrm{Hz} = 1\,\mathrm{s}^{-1}$ ist. Das Produkt

$$2\pi/T = 2\pi f = \omega \tag{1.66}$$

nennt man *Kreisfrequenz*. Gl. (1.65) und Gl. (1.66) liefern die Beziehung

$$u = -N \cdot \hat{\Phi} \cdot \frac{d(\cos\omega t)}{dt} = \omega \cdot N \cdot \hat{\Phi} \sin\omega t \,. \tag{1.67}$$

Die Größe $\omega \cdot N \cdot \hat{\Phi} = \hat{u}$ ist eine Spannung, die z. B. für $\hat{\Phi} = 1\,\mathrm{Vs}$, $N = 1$ und $T = 1\,\mathrm{s}$ den Wert $1\,\mathrm{Vs} \cdot 2\pi \cdot \mathrm{s}^{-1} = 6{,}28\,\mathrm{V}$ besitzt. Es ist also

$$u = \hat{u} \sin\omega t \,. \tag{1.68}$$

Die so entstandene Spannung ist eine Wechselspannung, da der Augenblickswert u zwischen positiven und negativen Werten dauernd wechselt. Für $\alpha = 0$ $(t = 0)$ ist die Spannung $u = 0$; für $\alpha = 90° \left(t = \dfrac{\pi}{2\,\omega}\right)$ ist $u = \hat{u}$.

Denken wir uns zunächst die Spule in der Lage $\alpha = 0$, und verdrehen wir sie um den kleinen Winkel $\Delta\alpha$, so wird sich der Spulenfluß kaum verändern, und deshalb auch praktisch keine Spannung erzeugt. Anders liegen die Verhältnisse in Stellung $\alpha = 90°$. Eine kleine Verdrehung der Spule bringt schon eine große Flußänderung. Der Spulenfluß geht von positiven Werten auf negative Werte über. (Spulenoberseite zeigt schräg nach unten). Es wird hierbei eine große Spannung erzeugt. Man erkennt, daß Gl. (1.67) das Induktionsgesetz erfüllt.

Anwendungen der elektrischen Induktion. Bei allen üblichen Maschinenstromerzeugern wird die Spannung durch Induktion erzeugt. Generatoren besitzen meist ein feststehendes Magnetgestell, das stromdurchflossene Erregerspulen trägt. Die Spannung wird in rotierenden Spulen (Ankerspulen) erzeugt. Es gibt auch Maschinen, bei denen die Ankerspulen feststehen, und die Erregerspulen rotieren.

Bei den Transformatoren wird ebenfalls das Induktionsgesetz ausgenützt. Der Transformator besitzt zwei Spulen, die einen gemeinsamen Kern umschließen. In der Primärspule fließt ein Wechselstrom, der über das Magnetfeld in der Sekundärspule eine Wechselspannung erzeugt. Eine weitere Anwendung findet das Induktionsgesetz bei den Drosselspulen (Selbstinduktion).

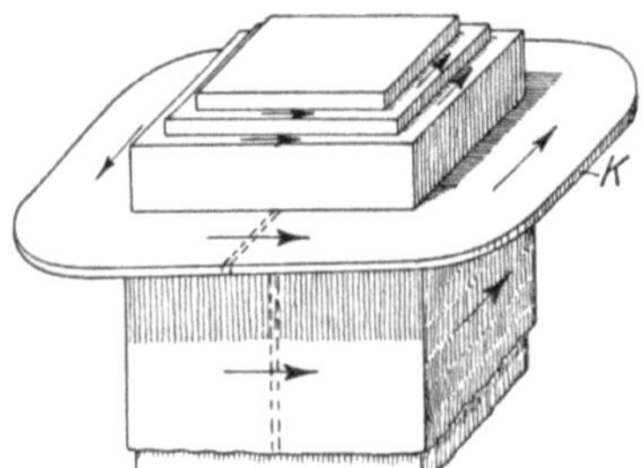

Bild 1.56. Wirbelströme
im Eisen- und im Spulenkasten

Eine unerwünschte Induktionserscheinung tritt häufig bei Magneten auf. Bild 1.56 zeigt einen Magnetpol mit einem *metallischen* Spulenkasten K. Schaltet man den Strom der nicht gezeichneten Spule aus, so verschwindet der Fluß. Dabei tritt in der geschlossenen Windung, die der Spulenkasten bildet, eine Spannung und ein kräftiger Strom auf, welcher den Fluß noch eine Zeitdauer aufrecht erhält. Ein Lastmagnet z. B. läßt dadurch die Last verzögert los. Eine Schlitzung des Kastens (gestrichelt angedeutet) verhindert den Stromfluß zum großen Teil. Wir können uns aber den massiven Eisenkern einmal aus ineinander geschobenen rechteckigen Röhren denken, wie es in Bild 1.56 gezeichnet ist. Auch diese Eisenröhrchen bilden geschlossene Windungen, in denen beim Aus- und Einschalten ebenfalls Ströme (*Wirbelströme*) fließen, welche verzögernd wirken. Bei *Wechselstrom*magneten erzeugen solche Wirbelströme, weil sie fortwährend fließen, außerdem unerwünschte Verlustwärme. Daher wird das Eisen solcher Magnete stets aus Blechen aufgebaut, die gegeneinander durch Papier isoliert sind.

1.7.2 Selbstinduktion

Eine kleine Glimmlampe sei nach Bild 1.57 einem größeren Elektromagneten parallel geschaltet, und die Betriebsspannung U sei so gewählt, daß die Lampe nicht leuchtet. Die Lampe wird kurz, aber sehr hell aufleuchten, wenn man mit dem Schalter den Stromkreis unterbricht. Eine gleichzeitige Berührung der Schalterklemmen kann einen unangenehmen elektrischen Schlag zur Folge haben. Diese hohe elektrische Spannung ist durch das Verschwinden des Flusses entstanden. Man nennt sie *Selbstinduktionsspannung*, weil sie in der Magnetspule selbst auftritt.

Die Induktivität (Selbstinduktivität). Sie läßt sich für eine Ringspule nach Bild 1.36 mit N Windungen leicht berechnen.

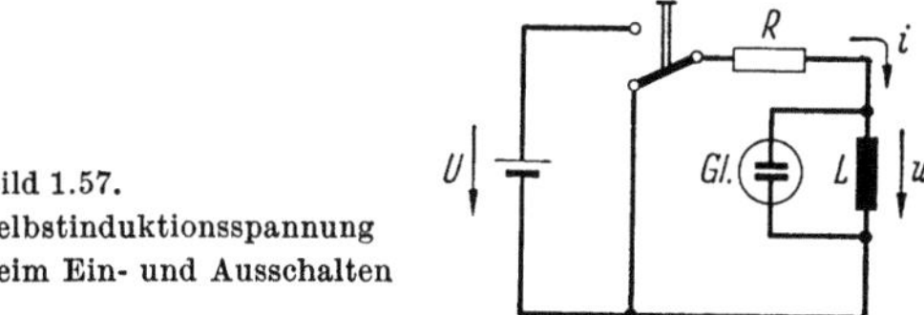

Bild 1.57.
Selbstinduktionsspannung
beim Ein- und Ausschalten

Man erhält mit den Gesetzen des Magnetfeldes $\Phi = B \cdot A$; $B = \mu_0 \mu_{\mathrm{r}} \cdot H$ und $H = N \cdot i/l$

$$\Phi = \frac{\mu_0 \mu_{\mathrm{r}} \cdot N \cdot i \cdot A}{l} \,.$$

Differenziert man den Fluß nach der Zeit und beachtet dabei, daß i eine Zeitfunktion ist, so ergibt sich

$$\frac{\mathrm{d}\Phi}{\mathrm{d}t} = \mu_0 \mu_{\mathrm{r}} \cdot \frac{N \cdot A}{l} \cdot \frac{\mathrm{d}i}{\mathrm{d}t} \,. \tag{1.69}$$

Das Induktionsgesetz Gl. (1.58) liefert mit $u_{21} = -\,u_{12}$

$$u_{12} = N \cdot \frac{\mathrm{d}\Phi}{\mathrm{d}t} \,.$$

Wird Gl. (1.69) in diese Gl. eingesetzt, entsteht

$$u_{12} = \mu_0 \mu_{\mathrm{r}} \cdot N^2 \cdot \frac{A}{l} \cdot \frac{\mathrm{d}i}{\mathrm{d}t} \,.$$

Die Größe

$$L = \mu_0 \mu_{\mathrm{r}} \cdot N^2 \cdot \frac{A}{l} \tag{1.70}$$

heißt Selbstinduktivität der Ringspule. Sie ist eine Spulenkonstante, die ähnlich dem elektrischen Widerstand R von den mechanischen Abmessungen abhängig ist. Sie wächst mit dem Quadrat der Windungszahl an. Die Einheit der Selbstinduktivität L ist das Henry (Kurzzeichen H). Dabei gilt folgender Zusammenhang

$$1\,\mathrm{H} = 1\,\mathrm{Vs/A} = 1\,\Omega \cdot \mathrm{s} \,. \tag{1.71}$$

Eine Spule hat die Selbstinduktivität 1 H, wenn in ihr durch eine gleichförmige Änderung des Stromes um 1 A in einer Sekunde eine Selbstinduktionsspannung von 1 V entsteht.

Damit ist die Größe der Selbstinduktionsspannung der Spule allgemein

$$u = L \cdot \mathrm{d}i/\mathrm{d}t \,. \tag{1.72}$$

Eine Spule *mit Eisenkern* hat keine konstante Induktivität. Bei der durch die Magnetisierungslinie (Bild 1.37) gegebenen Abhängigkeit zwischen B und H läßt sich nach Gl. 1.70 aber dennoch die Induktivität berechnen.

Aus der Magnetisierungslinie ergibt sich für jeden Wert von H der zugehörige Wert μ_{r} aus der Beziehung $\mu_{\mathrm{r}\,1} = B_1/(\mu_0\,H_1)$, da aber $H_1 = N\,i_1/l$ ist, wird $L_1 = (B_1 \cdot N \cdot A)/i_1$.

In Bild 1.58 ist B und L in Abhängigkeit von i aufgetragen.

Bei der Funktion $B = f(i)$ ist der Quotient B_1/i_1 der Neigung der Ursprungsgeraden durch Punkt P_1 proportional.

Eine Doppelleitung in Luft von der Länge l im Abstand a nach Bild 1.59 erzeugt im Zwischenraum einen magnetischen Fluß Φ, der sich in der Leiterebene einfach durch

Überlagerung der Felder der Einzelleiter nach Bild 1.30 berechnen läßt. Der Einzelleiter erzeugt mit dem Strom I im Abstand r eine Feldstärke $H = I/(2\,\pi\,r)$. Hieraus $B = \mu_0 \cdot H = \mu_0\,I/(2\,\pi\,r)$. Der durch einen schmalen Flächenstreifen $l \cdot \mathrm{d}r$ hindurchgehende Fluß ist demnach $\mathrm{d}\Phi = l \cdot \mathrm{d}r \cdot \mu_0\,I/(2\,\pi\,r)$. Integriert man zwischen den Grenzen r_0 und a, so erhält man $\Phi = \mu_0\,I\,l\,(\ln a - \ln r_0)/(2\,\pi)$. Für den magn. Fluß im Zwischenraum außerhalb der Leiter (Bereich $r_0 \le r \le a$) ergibt sich $\Phi_\mathrm{a} = 2\,\Phi = \mu_0\,I\,l\,(\ln a - \ln r_0)/\pi$, da

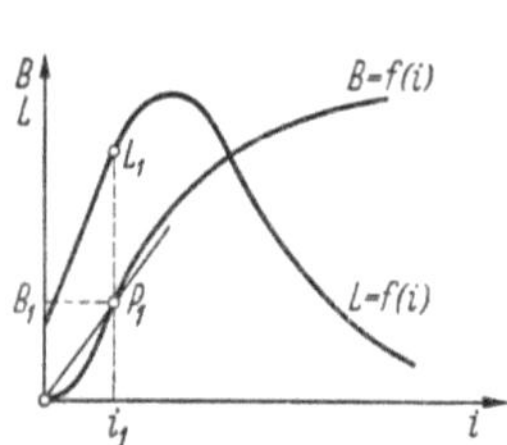

Bild 1.58. Induktivität einer eisenerfüllten Spule

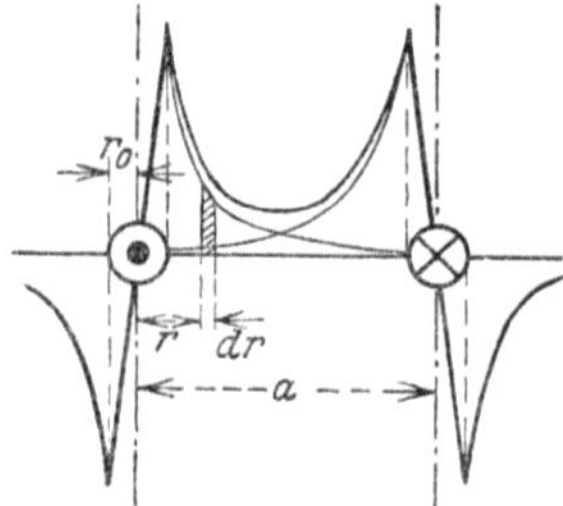

Bild 1.59. Magnetische Feldstärke einer Doppelleitung

zwei Leiter vorhanden sind, und sich die Flüsse addieren. Wird Gleichung (1.69) angewendet, so erhält man die äußere Induktivität der Leiterschleife zu $L_\mathrm{a} = [\mu_0\,l\,\ln\,(a/r_0)]/\pi$. Die innere Induktivität der Leiterschleife, die durch den im Innern der Leiter auftretenden magn. Fluß verursacht wird, läßt sich z. B. über den Energieinhalt nach Gl. (1.91) berechnen. Es ist $W = w\,V = B\,H\,V/2 = \mu_0\,H^2\,V/2$. Die Feldstärke im Inneren des Leiters (20. Beispiel) beträgt $H = I\,r/(2\,\pi\,r_0^2)$. Der Energieinhalt eines stromdurchflossenen Hohlzylinders der Dicke $\mathrm{d}r$, Länge l und Radius r ist dann $\mathrm{d}W = \mu_0\,I^2\,r^3\,l\,\mathrm{d}r/(4\,\pi\,r_0^4)$. Die gesamte Energie im Draht ist $W = \mu_0\,I^2\,l/(16\,\pi)$. Mit Gl. (1.90) ergibt sich die Induktivität $L = 2\,W/I^2 = \mu_0\,l/(8\,\pi)$. Da die Doppelleitung 2 Leiter der Länge l besitzt, beträgt die gesamte innere Induktivität $L_\mathrm{i} = 2\,L = \mu_0\,l/4\,\pi$. Als Endergebnis erhält man die gesamte Induktivität

$$L = L_\mathrm{a} + L_\mathrm{i} = \frac{\mu_0\,l}{\pi}\left(\ln\frac{a}{r_0} + \frac{1}{4}\right). \tag{1.73}$$

Legen wir eine Spule mit der Induktivität L und dem Widerstand R an eine konstante Spannung U (Bild 1.57), so ergibt sich nach der Kirchhoffschen Maschenregel $i\,R + u - U = 0$ oder

$$U = R \cdot i + L \cdot \frac{\mathrm{d}i}{\mathrm{d}t}. \tag{1.74}$$

Gl. (1.74) ist eine *nichthomogene, lineare Differentialgleichung* (Dgl.) *erster Ordnung* mit *konstanten Koeffizienten*. Durch Umformung mit $I_0 = U/R$ und $T = L/R$ erhält man $I_0 = i + T\,\mathrm{d}i/\mathrm{d}t$. Diese Gleichung ist *nicht homogen* und besitzt die *partikuläre* Lösung $i = I_0$, wie man sich leicht durch Einsetzen überzeugen kann. Nun muß noch die *homogene Differentialgleichung* $i + T\,\mathrm{d}i/\mathrm{d}t = 0$ gelöst werden. Durch Trennung der Variablen erhält man $-\,\mathrm{d}t/T = \mathrm{d}i/i$ und durch Integration wird $-\,t/T = (\ln i) + K$. Setzt man für die Integrationskonstante $K = -\ln C_\mathrm{k}$, so ergibt sich $-\,t/T = \ln\,(i/C_\mathrm{k})$ oder

$$i = C_\mathrm{k}\,\mathrm{e}^{-t/T}. \tag{1.75}$$

Dieser Lösung der homogenen Dgl. muß noch die partikuläre Lösung *hinzugefügt* werden. Die Lösung der Gl. (1.74) lautet dann $i = C_\mathrm{k}\,\mathrm{e}^{-t/T} + I_0$. Mit der Anfangsbedingung, daß zur Zeit $t = 0$ auch der Strom $i = 0$ sein soll, wird $C_\mathrm{k} = -\,I_0$. Als Ergebnis erhält man

$$i = I_0\,(1 - \mathrm{e}^{-t/T}). \tag{1.75a}$$

Da die Zeitkonstante $T = L/R$ ist, steigt der Strom umso langsamer an, je größer die Induktivität, und je kleiner der Widerstand ist.

Für die Spannung an der Spule erhält man mit $u = L\,\mathrm{d}i/\mathrm{d}t$ durch Differenzieren der Gl. (1.75a) und Einsetzen $u = (I_0\,L/T)\,\mathrm{e}^{-t/T}$. Mit $I_0 = U/R$ und $T = L/R$ wird die Spulenspannung

$$u = U\,\mathrm{e}^{-t/T}. \tag{1.76}$$

Schließt man beim Ausschalten die Spule sofort über den Widerstand R kurz, so ist in Gl. (1.74) $U = 0$ und daher $R \cdot i = -L \cdot di/dt$. Dies gibt mit der Anfangsbedingung $(t = 0 \to i_0 = I_0)$ nach i aufgelöst:

$$i = I_0 \cdot e^{-t/T}. \tag{1.77}$$

Bild 1.60 zeigt, wie der Strom allmählich auf Null abfällt.

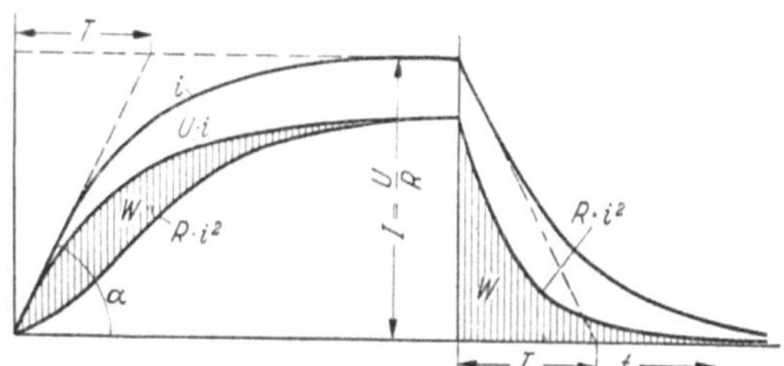

Bild 1.60. Strom und Leistung beim Ein- und Ausschalten einer Spule

Es kommt häufig vor, daß an die Reihenschaltung aus R und L eine zeitlich veränderliche Spannung $u = f(t)$ angelegt wird. Wir wollen den Fall betrachten, daß $u = U + \alpha t$ ist. Hierin ist α der Spannungsanstiegskoeffizient. Er ist eine konstante Größe und kann z. B. in der Einheit V/s angegeben werden. Die Dgl. lautet für den Stromkreis

$$U + \alpha t = i R + L \, di/dt. \tag{1.78}$$

Durch Umformung mit $I_{st} = U/R$ und $T = L/R$ erhält man $T \, di/dt + i = I_{st} + \alpha t/R$. Die partikuläre Lösung lautet $i = I_{st} + \alpha t/R - \alpha T/R$. Durch Einsetzen kann man sich leicht überzeugen, daß diese partikuläre Lösung vorhanden sein muß. Als homogene Dgl. verbleibt wieder $T \, di/dt + i = 0$. Diese hat die vorher ermittelte Lösung $i = C_k e^{-t/T}$. Um zur vollständigen Lösung der Gl. (1.78) zu kommen, muß man wieder zur Lösung der homogenen Gleichung die partikuläre Lösung hinzufügen. Man erhält $i = C_k e^{-t/T} + I_{st} + \alpha t/R - \alpha T/R$. Zum Zeitpunkt $t = 0$ soll der Strom $i = I_0$ vorhanden sein (Anfangsbedingung). Hieraus ergibt sich die Integrationskonstante $C_k = I_0 - I_{st} + \alpha T/R$. Die vollständige Lösung lautet

$$i = I_0 \, e^{-t/T} + I_{st}(1 - e^{-t/T}) + \frac{\alpha \cdot t}{R} - \frac{\alpha \cdot T}{R}(1 - e^{-t/T}). \tag{1.79}$$

Die hierin enthaltene Größe $I_{st} = U/R$ ist der stationäre Strom, der sich bei $\alpha = 0$ nach unendlich langer Zeit einstellen würde, $T = L/R$ die Zeitkonstante und I_0 der Anfangsstrom.

Der Fall, daß die treibende Spannung u eine Sinusfunktion der Zeit ist, wird in Abschnitt 2.3.1.1 behandelt.

31. Beispiel. In welcher Zeit ist der Strom in einer eisenlosen Spule mit $R = 100 \; \Omega$ und $L = 50$ H bei plötzlichem Anlegen einer Spannung von 220 V auf 95% seines Grenzwertes, also auf $0{,}95 \cdot 220 \; \text{V}/100 \; \Omega = 2{,}09$ A angestiegen?

Die Zeitkonstante ist $T = L/R = 50 \; \Omega\text{s}/100 \; \Omega = 0{,}5$ s. 95% des Stromes sind bei $t = 3 \, T$, also 1,5 s erreicht.

32. Beispiel. In der Spule des vorigen Beispiels fließe bereits ein Strom von 2,2 A. Die Spannung werde plötzlich auf -220 V umgepolt. Wann ist 95% des Grenzstromes, also $-2{,}09$ A erreicht?

Da $\alpha = 0$ ist, bleiben in Gl. (1.79) nur die beiden ersten Glieder bestehen, also:

$$i = 2{,}2 \; \text{A} \cdot e^{-t/0{,}5\,\text{s}} - \frac{220 \; \text{V}}{100 \; \Omega} \cdot (1 - e^{-t/0{,}5\,\text{s}}) = -2{,}09 \; \text{A}$$

$$t = 1{,}84 \; \text{s}.$$

33. Beispiel. In welcher Zeit ist der gleiche Strom erreicht, wenn man im voraufgehenden Beispiel auf -500 V umschaltet?

$$i = 2,2\ \text{A} \cdot \text{e}^{-t/0,5\,\text{s}} - \frac{500\ \text{V}}{100\ \Omega} \cdot (1 - \text{e}^{-t/0,5\,\text{s}}) = -\ 2,09\ \text{A}\ .$$

$$t = 0,45\ \text{s}\ .$$

Die Beispiele 32 und 33 zeigen, daß der Stromnulldurchgang um so rascher erreicht wird, je größer die zu Beginn des Umkehrvorganges angelegte negative Spannung ist. Hiervon wird beim Stromumkehrsteuerungen Gebrauch gemacht.

34. Beispiel. Es soll die *Induktivität* einer Spule mit N Windungen berechnet werden, welche nach Bild 1.61 mit beiden Seiten auf der Länge l in eine Nut im Eisen eingebettet ist.

Es ist zunächst der Fluß, der durch die Durchflutung $I \cdot N$ der Nut hervorgerufen wird, zu berechnen, wobei wir nur denjenigen im Spalt δ berücksichtigen und auch die Durchflutung für das Eisen als unbedeutend gegenüber dem Luftspalt vernachlässigen wollen. Die Fläche, durch die der Fluß geht, ist für beide Nuten der Spule $2 \cdot s \cdot l$, die Flußdichte ist durch Gl. (1.52) bestimmt. Folglich ist der Fluß $\Phi = \mu_0 \cdot H \cdot A = {} = \mu_0 \cdot I \cdot N \cdot 2\,s\,l/\delta$ und damit nach Gl. (1.70)

$$L = \mu_0 \cdot N^2 \cdot 2\,s\,l/\delta\ . \tag{1.80}$$

Die beim plötzlichen Unterbrechen des Spulenstromes auftretende *Ausschaltselbstinduktionsspannung* $u_\text{L} = L\,\text{d}i/\text{d}t$ stellt eine Gefahr für die Wicklung

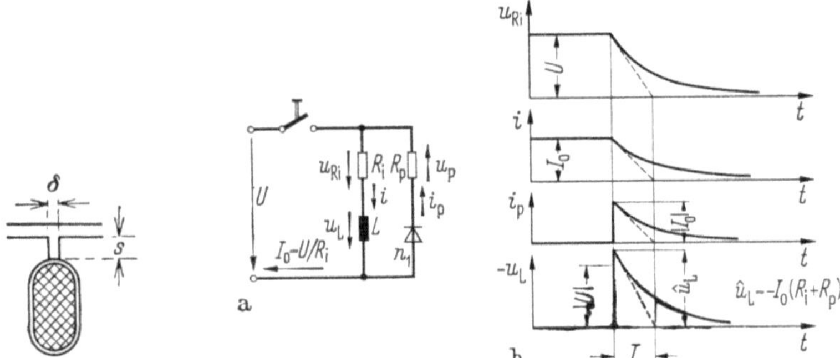

Bild 1.61. Spule in einer Nut

Bild 1.62. a. Schaltung zur Unterdrückung der Ausschaltinduktionsspannung; b. Zeitlicher Verlauf der Spannungen und Ströme

dar. Man ist deshalb bestrebt, den Strom *langsam* abklingen zu lassen. Dies läßt sich erreichen, wenn man beim Abschalten einen Vorwiderstand verwendet, der von $R = 0$ an langsam vergrößert wird, so das $\text{d}i/\text{d}t$ klein wird.

Besser und einfacher ist es, wenn man parallel zur Wicklung einen festen Widerstand schaltet. Ist der Innenwiderstand der Spule R_i und der Parallelwiderstand R_p, so fließt im ersten Augenblick des Abschaltens (s. Bild 1.62) über den Widerstand R_p der Strom mit Betrag $I_0 = U/R_\text{i}$. Ist L die Spuleninduktivität, so klingt der Spulenstrom nach der Beziehung $i = I_0 \cdot \text{e}^{-(R_\text{i} + R_\text{p})t/L}$ ab. Wird R_p entsprechend klein gewählt, so ist die Abklingzeitkonstante $T = L/(R_\text{i} + R_\text{p})$ groß, und die max. Ausschaltinduktionsspannung $\hat{u}_\text{L} = {} = L\,\text{d}i/\text{d}t = -\ L\,I_0/T = -\ I_0\,(R_\text{i} + R_\text{p})$ nur wenig größer als $|U|$.

Damit der Widerstand R_p bei Betrieb der Spule nicht dauernd von einem unerwünschten Strom $I_\text{p} = U/R_\text{p}$ durchflossen wird, schaltet man dem Widerstand R_p eine *Sperrdiode n1* vor. Im *stationären* Zustand führt dann der Widerstand R_p *keinen* Strom, während des Abschaltvorganges ist die Diode durchlässig, da diese *in* Durchlaßrichtung vom Strom $i = f(t)$ durchflossen wird.

Eine andere Möglichkeit zur Verhinderung der Abschaltinduktionsspannung ist das Parallelschalten eines Kondensators zur Spule. Dies wird in Abschnitt 1.8.1 und 1.9 betrachtet.

1.7.3 Gegeninduktion

Eine Spule mit N_1 Windungen nach Bild 1.48 erzeugt infolge einer Stromänderung in einer zweiten Spule mit N_2 Windungen eine Spannung, welche bei der *eisenlosen* Anordnung der Stromänderung von i_1 proportional sein muß. Wir können daher der Selbstinduktionsspannung entsprechend schreiben:

$$u_2 = M \cdot \frac{di_1}{dt} \,. \tag{1.81}$$

M ist die *Gegeninduktivität*. Die Einheit für die Gegeninduktivität M ist dieselbe wie für die Induktivität L, nämlich das Henry. M hängt von den Abmessungen der beiden Spulen und davon ab, wieviel von den in der ersten Spule erzeugten Feldlinien auch die zweite Spule durchdringen (Entfernung, Winkelstellung). Die Gegeninduktivität wird ein Maximum, wenn die Spulen so dicht angeordnet werden, daß *alle* Feldlinien beide Spulen durchdringen.

Diese *maximale* Gegeninduktion läßt sich berechnen. Wenn der gleiche Fluß beide Spulen durchdringt, müssen sich die induzierten Spannungen u_2 und u_1 wie die Windungszahlen verhalten, also $u_2/u_1 = N_2/N_1$. Wir setzen nun $u_1 = L_1 \cdot di_1/dt$ und ferner mit Gl. (1.70) das Verhältnis der Windungszahlen $N_2/N_1 = \sqrt{L_2/L_1}$. Dann ergibt sich $u_2 = \sqrt{L_1 \cdot L_2} \cdot di_1/dt$. Es ist also:

$$M_{\max} = \sqrt{L_1 \cdot L_2} \,. \tag{1.82}$$

Mit zunehmender gegenseitiger Entfernung der Spulen sinkt die Gegeninduktivität und hat dann nur noch den Wert M, welcher gleich $k \cdot M_{\max}$ gesetzt werden kann. k ist eine Zahl kleiner als 1, welche *Kopplungsgrad* heißt. Es ist also

$$k = \frac{M}{\sqrt{L_1 \cdot L_2}} \,. \tag{1.83}$$

Bei elektrischen Maschinen und Transformatoren wird mit dem Streugrad σ und den Streuinduktivitäten L_σ gerechnet, die wie folgt definiert sind

$$\sigma = 1 - \frac{M^2}{L_1 \cdot L_2} = 1 - k^2 \,, \tag{1.84}$$

$$L_{\sigma 1} = L_1 - \frac{N_1}{N_2} \cdot M \,, \tag{1.85}$$

$$L_{\sigma 2} = L_2 - \frac{N_2}{N_1} \cdot M \,. \tag{1.86}$$

Ist keine Streuung vorhanden, so durchsetzt der in Spule 1 erzeugte magnetische Fluß die Spule 2. bzw. der in Spule 2 erzeugte die Spule 1 vollständig. Dann ist $k = 1$; $\sigma = 0$ und $L_{\sigma 1} = L_{\sigma 2} = 0$.

Wenn man zwei weit entfernte Spulen mit den Selbstinduktivitäten L_1 und L_2 in Reihe schaltet, addieren sich die Selbstinduktionsspannungen und die gesamte Selbstinduktivität ist einfach

$$L = L_1 + L_2 \,. \tag{1.87}$$

Sobald jedoch solche Spulen aufeinander wirken können (Bild 1.63), kommt es auf ihren Wicklungssinn an. Bei gleichem Sinn wirkt die erste Spule auf die zweite und die zweite auf die erste zurück, wobei diese Spannungen sich mit den Selbstinduktionsspannungen in den Spulen addieren. Die *Gesamtinduktivität* ist daher:

$$L = L_1 + L_2 + 2 \cdot M \,.$$ (1.88)

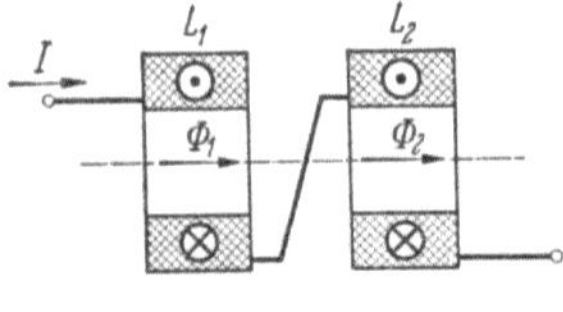

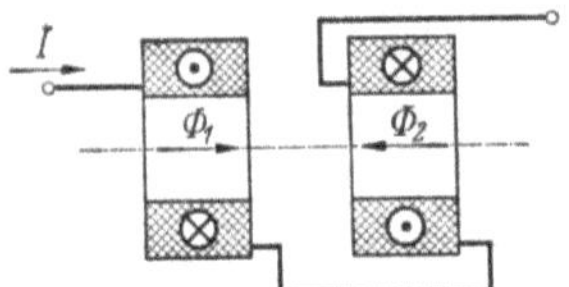

Bild 1.63. Gesamtinduktivität in Reihe geschalteter Spulen

Bei entgegenwirkenden Spulen ist hingegen:

$$L = L_1 + L_2 - 2 \cdot M \,.$$ (1.89)

35. Beispiel. a) Ein *Variometer* bestehe aus einer schmalen Spule mit $L_1 = 0{,}02$ H, in welcher eine zweite, etwas kleinere Spule mit $L_2 = 0{,}015$ H derart drehbar ist, daß beide Spulen sowohl gleichsinnig als auch gegensinnig gestellt werden können. Beide sind in Reihe geschaltet und haben in den Grenzlagen den Kopplungsgrad 0,6. Welcher Induktivitätsbereich läßt sich einstellen ?

Die maximale Induktivität ergibt sich aus Gl. (1.88) zu

$$0{,}02 \text{ H} + 0{,}015 \text{ H} + 2 \cdot 0{,}6 \cdot \sqrt{0{,}02 \text{ H} \cdot 0{,}015 \text{ H}} = 0{,}0556 \text{ H}$$

die minimale aus Gl. (1.89) zu

$$0{,}02 \text{ H} + 0{,}015 \text{ H} - 2 \cdot 0{,}6 \cdot \sqrt{0{,}02 \text{ H} \cdot 0{,}015 \text{ H}} = 0{,}0144 \text{ H}.$$

b) Ein Variometer besitzt bei gleichsinniger Stellung und Reihenschaltung der beiden Spulen 0,06 H Gesamtinduktivität. Bei gegensinniger Stellung 0,02 H. Wie groß ist die Gegeninduktivität der Spulen ?

Aus Gl. (1.88) und (1.89) erhält man $0{,}06 \text{ H} - 2\,M = 0{,}02 \text{ H} + 2\,M$ und daraus $M = 0{,}01$ H.

1.7.4 Energie des Magnetfeldes

Beim Einschalten einer Spule ist $U = R \cdot i + L \cdot \mathrm{d}i/\mathrm{d}t$. Multipliziert man beiderseits mit dem jeweiligen Strom i, dann entsteht eine Leistungsgleichung

$$U \cdot i = R \cdot i^2 + i \cdot L \cdot \frac{\mathrm{d}i}{\mathrm{d}t} \,.$$

Die zugeführte Leistung $U \cdot i$ teilt sich in zwei Anteile auf, von denen der erste die Stromwärmeleistung ist, während der zweite zum *Aufbau des magnetischen Feldes* dient. In Bild 1.60 ist außer den Stromwerten i der Wert $U \cdot i$ und der Wert $R \cdot i^2$ aufgetragen. Die vertikalen Abstände zwischen diesen beiden Linien geben demnach die Leistung $i \cdot L \, \mathrm{d}i/\mathrm{d}t$ an, während die geschraffte Fläche die Energie darstellt, welche zum Feldaufbau benötigt wird. Beim Ausschalten erscheint die gleiche Energie wieder, und sie ist es, welche in der kurzgeschlossenen Spule den Strom noch eine Zeitdauer aufrecht erhält. Sie liefert auch die Energie für den Ausschaltlichtbogen. Man findet die im Feld aufgespeicherte

Energie, wenn man die dargestellte Fläche ausmittelt. Sie ist für die Zeitspanne dt gleich $dW = dt \cdot i \cdot L \cdot di/dt = i \cdot L \cdot di$. Dies gibt über die ganze Fläche integriert

$$W = \frac{L \cdot i^2}{2} \,.$$ (1.90)

Die Energiedichte des magnetischen Feldes. Setzt man unter Annahme einer Ringspule (Bild 1.36) in die vorstehende Beziehung den Wert L nach Gl. (1.70) und für i den Wert aus Gl. (1.39) in Verbindung mit Gl. (1.49) ein, so erhält man die Gesamtenergie W. Dividiert man diese durch die Größe des Spulenhohlraumes $V = l \cdot A$, so ergibt sich die Energiedichte $w = W/V$

$$w = \frac{1}{2} B \cdot H \,.$$ (1.91)

Der Energieinhalt im Magnetfeld beträgt je cm³ eines Luftraumes bei $B = 1$ T

$$w = \frac{1}{2} B \cdot H = \frac{1}{2} \cdot B^2/\mu_0 = \frac{1\ \text{T}^2\ \text{Am} \cdot 10^{-6}\ \text{m}^3}{2 \cdot 1{,}256 \cdot 10^{-6}\ \text{Vs cm}^3} = 0{,}4\ \text{Ws/cm}^3.$$

36. Beispiel. Zwischen einem Magnetpol (Bild 1.64) und einem Eisenstück ist die Feldstärke H vorhanden. Die Polfläche sei A. Mit welcher Kraft F wird das Eisen angezogen?

Wenn sich das Eisen um ein Wegelement ds bewegt, verschwindet hierbei die magnetische Feldenergie $w \cdot A \cdot ds$, die gleich der gewonnenen mechanischen Arbeit $F \cdot ds$ sein muß. Hieraus folgt:

$$F = w \cdot A = \frac{1}{2} B \cdot H \cdot A = \frac{1}{2\,\mu_0} B^2 \cdot A \,.$$ (1.92)

Ein Elektromagnet mit $B = 1{,}6$ T und $H = 1{,}6\ \text{T}/\mu_0$ trägt bei einer Tragfläche von 1 cm²

$$F = \frac{1{,}6^2\ \text{T}^2 \cdot 10^{-4}\ \text{m}^2}{2 \cdot 1{,}256 \cdot 10^{-6}\ \text{Vs}} \cdot \text{Am} = 102\ \frac{\text{Ws}}{\text{m}} = 102\ \text{N} = 10{,}4\ \text{kp}.$$

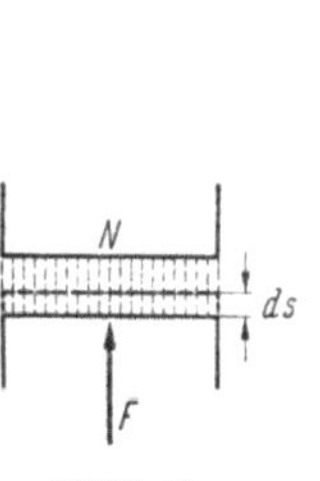

Bild 1.64

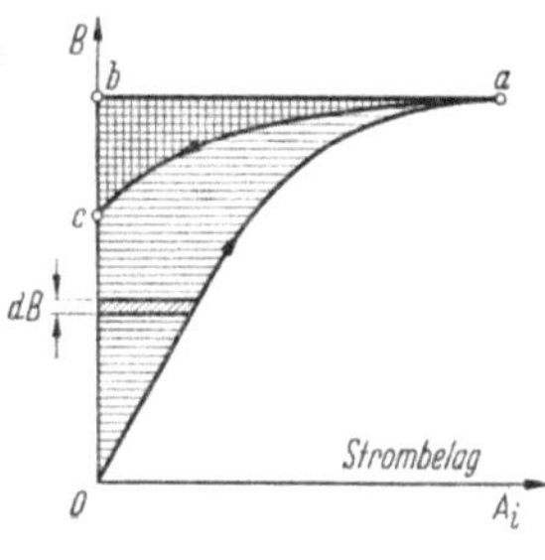

Bild 1.65

Der Energieinhalt des Magnetfeldes im Eisen berechnet sich nicht so leicht, weil er durch die Magnetisierungslinie bestimmt ist. Allgemein gilt: Die zum Auf- bzw. Abbau des Magnetfeldes erforderliche Leistung ist Selbstinduktionsspannung mal Strom, also $d\Phi \cdot N \cdot i/dt$. Multipliziert man mit dt, so hat man die in dieser Zeit im Eisen aufgespeicherte magnetische Energie dW

$$dW = i \cdot N \cdot d\Phi \,.$$ (1.93)

Denken wir uns eine Ringspule mit Eisenkern (Bild 1.36) mit der mittleren Länge l und dem Eisenquerschnitt A, so ist $d\Phi = A \cdot dB$. Mit der bekannten Größe der Durchflutung $\Theta = N \cdot i$ kann man den Strombelag A_l der Spule definieren als das Produkt aus Leiterzahl N mal Leiterstrom i durch Länge der Spule, also

$$A_l = i \cdot N/l \,.$$ (1.94)

Eingesetzt in Gl. (1.93) ergibt $dW = A_l \cdot l \cdot A\,dB$ und mit $dW/(A\,l) = dw$

$$dw = A_l \cdot dB \,.$$ (1.95)

Dieser Ausdruck stellt in Bild 1.65 den Inhalt eines horizontal gezeichneten Flächenstreifens dar. Wenn man nun 1 cm³ Eisen von O bis a magnetisiert, so ist demnach eine

Energie aufzuwenden, welche durch die horizontal geschraffte Fläche $O-a-b$ dargestellt ist. Beim Ausschalten des magnetisierenden Stromes geht bekanntlich der Magnetismus nach der Linie $a-c$ zurück. Dabei wird die Energie, welche durch die vertikal geschraffte Fläche dargestellt ist, wieder zurückgegeben. Die Differenz der beiden Energiewerte

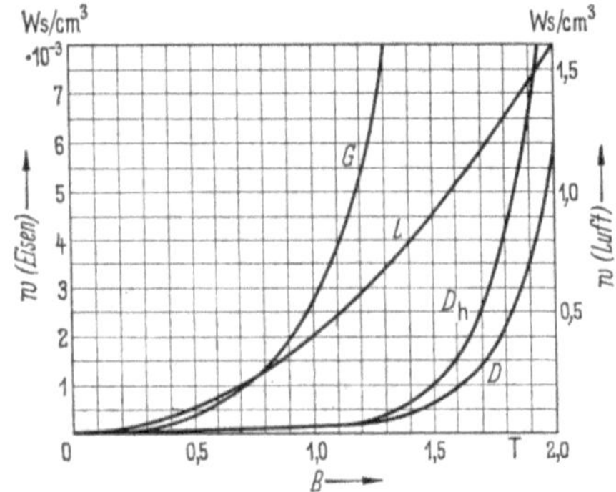

Bild 1.66. Magnetische Energiedichte. G Gußeisen; D Dynamoblech; D_h hochlegiertes Dynamoblech; L Luft

(Fläche $O-a-c$ in Bild 1.65) ist im Eisen in Wärme umgesetzt worden. Siehe hierzu auch (Gl. 1.53). Bei einer völligen Ummagnetisierung läßt sich so die gesamte in Wärme umgesetzte Energie durch die Fläche der Hysteresisschleife darstellen.

Für die früher betrachteten Eisensorten, sowie auch für Luft ist in Bild 1.66 die Energiedichte $w = f(B)$ dargestellt. Man beachte, daß bei gleicher magnetischer Flußdichte in Luft eine sehr viel größere magnetische Energie je cm³ aufgespeichert ist.

1.8 Elektrisches Feld und Kondensator

In einem Versuch nach Bild 1.67 seien zwei Metallplatten A und B von großer Flächenausdehnung sehr dicht, aber gut isoliert voneinander aufgestellt. Man nennt eine solche Anordnung Kondensator. Ein empfindliches Galvanometer zeigt beim Anlegen einer Spannung U einen kurzen Ausschlag. Ein Dauerstrom

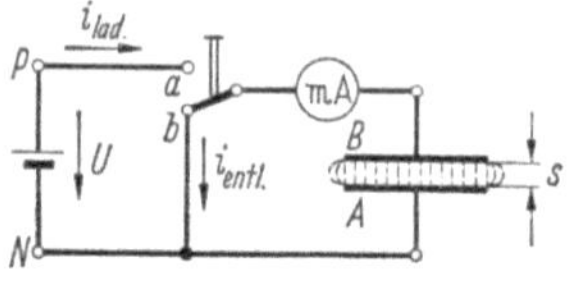

Bild 1.67. Ladung und Entladung eines Kondensators

kann natürlich nicht fließen. Durch Umschalten des Schalters werden die Platten von der Stromquelle abgetrennt und miteinander verbunden. Das Galvanometer zeigt dann einen gleich großen, aber entgegengesetzten Stromstoß an. Die Erscheinung eines Stromflusses, *ohne* daß ein *geschlossener* Stromkreis vorhanden ist, können wir uns wie folgt erklären: In einem *geschlossenen* Stromkreis treibt die Spannung der Spannungsquelle U einen Elektronenstrom. In dem offenen Kreis nach Bild 1.67 (Schalter in Stellung a) will sie dies auch tun, und es werden daher eine größere Zahl freier Leitungselektronen bewegt, die sich auf der Platte A ansammeln. An der anderen Platte tritt ein Elektronendefizit auf, das als *positive* Ladung bezeichnet wird. Es handelt sich hier also nicht um ein dauerndes Strömen von Ladungen, sondern nur um eine *Verschiebung* derselben. Die entgegengesetzten Ladungen der beiden Platten wirken aufeinander und erzeugen in dem Zwischenraum einen charakteristischen Zustand, der *elektrisches* Feld genannt wird.

Aus dem Versuch ergibt sich, daß die Elektrizitätsmenge Q (Ladung), welche auf jeder der Platten gespeichert ist, der angelegten Spannung U proportional ist. Man kann daher schreiben:

$$Q = C \cdot U . \tag{1.96}$$

Hierin ist die Konstante C um so größer, je größer die Plattenfläche A und je geringer der Plattenabstand s ist. Sie hängt außerdem von der Art der Isolierschicht (Dielektrikum) ab und wird die *Kapazität* genannt.

Die Einheit der Kapazität ist das Farad (Kurzzeichen F). Legt man an einen Kondensator von der Kapazität 1 F eine Spannung von 1 V an, so besitzt er eine Ladung von 1 As. Die Einheit 1 F ist eine sehr große Kapazität, die in der Praxis selten auftritt. Deshalb wird die Kapazität häufig in Teilen dieser Einheit, z. B. in Mikrofarad (μF), Nanofarad (nF) oder in Pikofarad (pF) angegeben. Dabei gilt die Beziehung

$$1\,\text{F} = 1\,\text{As/V} = 10^6\,\mu\text{F} = 10^9\,\text{nF} = 10^{12}\,\text{pF} .$$

Kondensatoren bestehen meist aus Papier- oder Kunststoffolien, die mit Metallbelägen versehen sind und aufgewickelt werden. Bei Papierkondensatoren werden die Metallbeläge aufgedampft (Metallpapierkondensatoren — MP-Kondensatoren). Kleine Kapazitäten können als Luftkondensatoren hergestellt werden (Drehkondensatoren der Rundfunkgeräte).

Sehr große Kapazitäetn kann man, sofern sie mit Gleichspannung betrieben werden sollen, bei kleinen räumlichen Abmessungen auch als Elektrolyt-Kondensatoren ausführen. Eine Elektrode ist hierbei in einen leitenden, zähflüssigen Elektrolyt eingetaucht. Legt man zwischen Elektrolyt und Elektrode eine Gleichspannung an, so bildet sich auf der Oberfläche der Elektrode eine außerordentlich dünne, isolierende Gasschicht. Dadurch wird die Anordnung zum Kondensator, wobei die Gasschicht die Rolle des Dielektrikums übernimmt. Solche Kondensatoren werden für Nennspannungen zwischen 5 und 400 V und Kapazitäten bis etwa 1000 μF hergestellt.

1.8.1 Gesetze des elektrischen Feldes

Ein elektrisches Feld können wir uns ähnlich wie das magnetische Feld durch Feldlinien veranschaulichen. Eine punktförmige elektrische Ladung, z. B. ein einzelnes Elektron, besitzt ein elektrisches Feld, das wir uns durch strahlenförmige Feldlinien, die von der Ladung ausgehen, veranschaulichen können. Dabei ist die positive Richtung der Feldlinien so festgelegt, daß sie von der positiven Ladung wegzeigen. Zwischen zwei parallelen Platten kleinen Abstandes und großer Fläche stehen die Feldlinien senkrecht auf der Plattenoberfläche; sie gehen von der positiven Platte aus und enden an der negativen Platte. Ein solches Feld heißt elektrostatisches Feld und ist dadurch gekennzeichnet, daß die Feldlinien Anfang und Ende besitzen. Das Feld heißt deshalb auch Quellenfeld, weil die Feldlinien von den positiven Ladungen (Quellen) ausgehen und bei den negativen Ladungen (negative Quellen oder Senken) enden. Außer dem elektrostatischen Feld gibt es auch ein elektrisches Wirbelfeld, das durch geschlossene Feldlinien (Wirbel) gekennzeichnet ist. Ein elektrisches Wirbelfeld tritt z. B. bei der Spannungserzeugung durch ein zeitlich veränderliches Magnetfeld auf. In diesem Falle sind die elektrischen Feldlinien in sich geschlossene Linien und besitzen weder Anfang noch Ende.

Auf einen kleinen isolierten Prüfkörper, der die Elektrizitätsmenge $+Q$ trägt, wirkt in einem elektrischen Feld eine Kraft F. Man bezeichnet mit E die Größe der elektrischen Feldstärke am Ort des Prüfkörpers. Diese beträgt

$$E = \frac{F}{Q}\,. \tag{1.97}$$

Die elektrische Feldstärke ist, genau wie die magnetische Feldstärke, eine Vektorgröße und erhält, sofern man bei der Rechnung von der Richtungseigenschaft Gebrauch gemacht, den halbfetten Formelbuchstaben $\boldsymbol{E}$.

Die Richtung des Vektors $\boldsymbol{E}$ liegt in Richtung des Kraftvektors $\boldsymbol{F}$, wenn der Prüfkörper eine positive Ladung $+Q$ trägt.

Die Einheit der Feldstärke ergibt sich aus Gl. (1.97), wenn man die Kraft F in Newton (1 N = 1 Ws/m = 0,102 kp) und die Ladung Q in As einsetzt

$$1\,\frac{\mathrm{N}}{\mathrm{As}} = 1\,\frac{\mathrm{V}}{\mathrm{m}} = 10^{-2}\,\frac{\mathrm{V}}{\mathrm{cm}}\,.$$

Die elektrische Spannung läßt sich aus der Beziehung

$$U_{12} = \int_{1}^{2} \boldsymbol{E} \cdot \mathrm{d}\boldsymbol{s} \tag{1.98}$$

berechnen. Hierbei ist $\mathrm{d}\boldsymbol{s}$ ein kleines Wegelement im Punkt P der beliebig zwischen den Punkten *1* und *2* gelegten Wegkurve (Bild 1.68). $\boldsymbol{E}$ und $\mathrm{d}\boldsymbol{s}$ sind

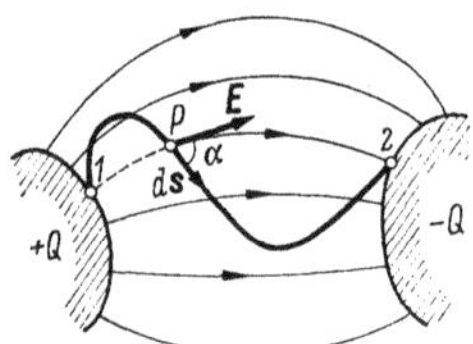

Bild 1.68. Zum Zusammenhang
zwischen Spannung und Feldstärke

Vektoren. Das skalare Produkt $\boldsymbol{E} \cdot \mathrm{d}\boldsymbol{s}$ ist eine Größe ohne Richtungseigenschaft (Skalar). Es ist nach den Gesetzen der Vektorrechnung $\boldsymbol{E} \cdot \mathrm{d}\boldsymbol{s} = E \cdot \mathrm{d}s \cdot \cos\alpha$. Legt man die beliebige Wegkurve jedoch auf eine Feldlinie, so liegt in jedem Punkt die Feldstärke E tangential an die Wegkurve, und $\cos\alpha$ ist gleich eins.

Gl. (1.98) geht im homogenen Feld, wie dies z. B. bei dem in Bild 1.67 gezeichneten Plattenkondensator der Fall ist, in eine einfachere Beziehung über. Im homogenen Feld ist die Felsdtärke E konstant und besitzt überall gleiche Richtung. Deshalb erhält man mit Gl. (1.98) und der Beziehung $\int_{1}^{2} \mathrm{d}s = s$, $U_{12} = E \cdot s$ oder

$$E = U_{12}/s\,. \tag{1.99}$$

Setzt man die Spannung in V und die Weglänge in m ein, so erhält man auch hier die Feldstärke in der Einheit V/m.

Denkt man sich aus dem Kondensator (Bild 1.67) zwei sich gegenüber stehende Flächen A abgegrenzt, so trägt jede dieser Platten eine Ladung Q/A. Diese Größe heißt die *Verschiebungsdichte D*

$$D = \frac{Q}{A}\,. \tag{1.100}$$

Die Verschiebungsdichte ist ebenfalls eine Vektorgröße und erhält, sofern man von der Vektoreigenschaft bei der Rechnung Gebrauch macht, den halbfetten Buchstaben $\boldsymbol{D}$.

Zwischen der elektrischen Feldstärke E und der Verschiebungsdichte D besteht ein analoger Zusammenhang, wie dies beim Magnetfeld zwischen der magnetischen Feldstärke und der Flußdichte der Fall ist.

$$D = \varepsilon_0 \cdot \varepsilon_r \cdot E \, . \tag{1.101}$$

Hierin ist ε_0 die *elektrische Feldkonstante*, während ε_r die *Dielektrizitätszahl* (relative Dielektrizitätskonstante) des Isolierstoffs zwischen den Belegen ist. Sie gibt an, daß sich die Ladung und Kapazität durch einen solchen Stoff gegenüber dem Vakuum auf das ε_r-fache erhöht. Das Produkt $\varepsilon_0 \cdot \varepsilon_r = \varepsilon$ heißt *Dielektrizitätskonstante*. Es ist

$$\varepsilon_0 = 0{,}885 \cdot 10^{-11} \text{ F/m} = 0{,}0885 \cdot 10^{-12} \text{ F/cm} \, . \tag{1.102}$$

Die Dielektrizitätszahl ε_r ist für Luft $= 1$, Glas und Glimmer 5 bis 10, Hartgummi 3, Papier 2 bis 2,5, Transformatorenöl 2,3, Pertinax 4,8. Keramische Stoffe mit Titanoxiden (Kerafar, Kondensa) erreichen Dielektrizitätszahlen von 170, $BaTiO_3$ über 1000.

Auf einen wichtigen Zusammenhang zwischen Lichtgeschwindigkeit $c_0 =$ $= 2{,}998 \cdot 10^8 \,\text{m/s}$, magnetischer Feldkonstante μ_0 und elektrischer Feldkonstante ε_0 muß noch hingewiesen werden: Es ist nämlich

$$c_0^2 = \frac{1}{\mu_0 \cdot \varepsilon_0} \, . \tag{1.103}$$

Die Größe $\Gamma_0 = \sqrt{\dfrac{\mu_0}{\varepsilon_0}} = \mu_0 \cdot c_0 = \dfrac{1}{\varepsilon_0 \cdot c_0}$ ist ein Widerstand und heißt Wellenwiderstand des leeren Raumes. Er beträgt 376,7 Ohm und spielt bei der Ausbreitung elektrischer Wellen eine Rolle.

Der Verschiebungsfluß eines Kondensators ist $Q = D \cdot A$, also mit Gl. (1.99) und (1.101) $Q = \varepsilon_0 \, \varepsilon_r \cdot U \cdot A/s$. Setzt man dies in Gl. (1.96) ein, so erhält man

$$C = \varepsilon_0 \cdot \varepsilon_r \cdot A/s \, . \tag{1.104}$$

37. Beispiel. Ein Luft-Plattenkondensator mit zwei Platten von je 100 cm² und $s = 1$ mm Abstand hat eine Kapazität $C = 0{,}0886 \cdot 10^{-12}$ F/cm $\cdot$ 100 cm²/1 mm. Hierin mm durch 10^{-1} cm ersetzt, folgt $C = 88{,}6$ pF. Würde man eine dritte Platte mit der gleichen Polarität wie die erste hinzustellen (Bild 1.69), dann würde die zweite Platte auf

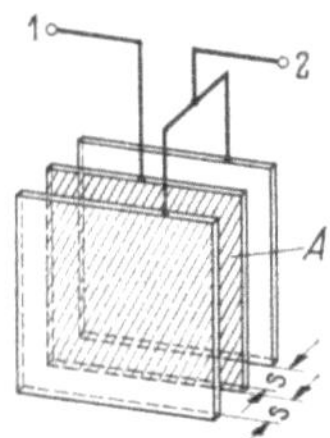

Bild 1.69. Plattenkondensator mit $n = 3$ Platten

beiden Seiten Felder aufweisen, die Kapazität hätte sich also verdoppelt, bei 4 Platten verdreifacht, bei n Platten ver$(n-1)$facht.

Kapazitäten bestehen auch zwischen beliebigen anderen Leitern, die durch eine Isolierschicht voneinander getrennt sind, z. B. zwei parallelen Leitungen oder eine Leitung gegenüber der leitenden Erde. Bei Leitungen ist für die Größe der Kapazität Länge und

Abstand hauptsächlich bestimmend. Eine Freileitung wird daher eine geringe Kapazität im Vergleich mit einem Erdkabel aufweisen, bei dem die Leiter dicht nebeneinander liegen und zudem noch durch ein Dielektrikum von etwa $\varepsilon_\mathrm{r} = 3$ bis 4 isoliert sind.

Die Energie des elektrischen Feldes. Wenn die Spannung eines Kondensators um den kleinen Betrag du gesteigert wird, wächst seine Ladung um $dq = C \cdot du$. Dies geschehe in der Zeit dt und es ist dann auch $dq = i \cdot dt$ [s. Gl. (1.2a)]. Hieraus folgt

$$i = C \frac{du}{dt} \,. \tag{1.105}$$

Multipliziert man mit dem Augenblickswert u der Spannung, so erhält man die Arbeitsgleichung $u \cdot i \cdot dt = C \cdot u \cdot du$. Steigert man die Spannung auf diesem Wege bis zur Endspannung U, dann sind die vorstehenden Arbeitsbeträge zu summieren und man erhält die im Kondensator aufgespeicherte Energie W.

$$W = \frac{C \cdot U^2}{2} \,. \tag{1.106}$$

38. Beispiel. Ein Kondensator von 50 µF werde an eine Spannung von 500 V gelegt. Welche Ladung und Energie nimmt er auf? Die Ladung ist $Q = C \cdot U = 50\ \mu\mathrm{F} \cdot 500\ \mathrm{V} = {} = 50 \cdot 10^{-6} \mathrm{As\ V^{-1}} \cdot 500\ \mathrm{V} = 0{,}025\ \mathrm{As}$. Die Energie ist

$$W = \frac{1}{2} \cdot 50 \cdot 10^{-6}\ \mathrm{As\ V^{-1}} \cdot 500^2\ \mathrm{V^2} = 6{,}25\ \mathrm{Ws}.$$

Dies ist ein sehr geringer Energiebetrag und trotzdem spielt die Energieaufladung bei der schnellen Folge bei Wechselspannungen eine große Rolle.

Die **Energiedichte**, also die Energie je Volumenteil eines elektrischen Feldes ergibt sich, wenn man Gl. (1.99) und Gl. (1.104) in Gl. (1.106) einsetzt und dann noch durch das Volumen $A \cdot s$ des Feldraumes dividiert. Man erhält:

$$w = \frac{W}{V} = \frac{1}{2}\,\varepsilon_0 \cdot \varepsilon_\mathrm{r} \cdot E^2 \,. \tag{1.107}$$

39. Beispiel. Bei Anlegung einer Feldstärke von etwa 30 kV/cm tritt bei Luft der elektrische Durchschlag ein. Welche Energiedichte nimmt die Luft bei dieser Grenze auf?

$$w = \frac{1}{2} \cdot 0{,}0886 \cdot 10^{-12}\ \mathrm{F\ cm^{-1}} \cdot 30\,000^2\ \mathrm{V^2/cm^2} = 4 \cdot 10^{-5}\ \mathrm{Ws/cm^3} \,.$$

Das ist gegenüber der magnetischen Energiedichte in Luft bei den üblichen Magnetisierungen sehr wenig.

Die Kraftwirkungen im elektrischen Feld. Die beiden Platten eines geladenen Kondensators ziehen sich infolge ihrer entgegengesetzten Ladungen an. Läßt man sie dabei einen Weg ds zurücklegen, also die Arbeit $F \cdot ds$ verrichten, dann wird dem Feldraum $A \cdot ds$ die darin enthaltene Energie $w \cdot A \cdot ds$ entzogen. Also besteht die Beziehung $F \cdot ds = w \cdot A \cdot ds$ und hieraus folgt:

$$F = w \cdot A = \frac{1}{2}\,\varepsilon_0 \cdot \varepsilon_\mathrm{r} \cdot E^2 \cdot A \,. \tag{1.108}$$

40. Beispiel. Zwei Metallplatten von je 100 cm² Fläche stehen sich bei 1000 V Spannung in 5 mm Abstand gegenüber. Wie groß ist die Anziehungskraft zwischen den Platten? (Luft $\varepsilon_\mathrm{r} = 1$)

$$E = U/s = 1000\ \mathrm{V}/0{,}5\ \mathrm{cm} = 2000\ \mathrm{V/cm} \,,$$

$$F = \frac{1}{2} \cdot 0{,}0886 \cdot 10^{-12}\ \mathrm{F\ cm^{-1}} \cdot 2000^2\ \mathrm{V^2\ cm^{-2}} \cdot 100\ \mathrm{cm^2} = 17{,}7 \cdot 10^{-6}\ \mathrm{Ws/cm} = {}$$

$$= 1{,}77 \cdot 10^{-3}\ \mathrm{N} = 0{,}18\ \mathrm{p} \,.$$

Diese Kräfte werden beim *elektrostatischen Spannungsmesser* zur Messung von Spannungen ausgenutzt (Bild 4.6).

Zieht man die Platten eines Kondensators auf den doppelten Abstand $2\,s$ auseinander, während derselbe an einer Batterie mit der Spannung U liegt, so sinkt seine Kapazität und damit sein Energieinhalt auf die Hälfte. Die frei gewordene Energie, strömt in die Batterie zurück, was der aufgewendeten mechanischen Energie entspricht. Zieht man in gleicher Weise die Platten auseinander, während die Batterie abgetrennt ist, so bleibt die *Ladung* konstant. Da $Q = C \cdot U$ ist, folgt, daß sich bei doppeltem Abstand die Spannung *verdoppelt* haben muß. Der Energieinhalt des Kondensators ist dann doppelt so groß, wobei das Mehr aus der aufgewendeten mechanischen Arbeit stammt.

Lade- und Entladevorgänge des Kondensators. Ein Kondensator besitzt bei einer augenblicklichen Ladung q eine Spannung $u = q/C$. Will man ihm die Ladung $\mathrm{d}q$ zuführen, so muß man die Spannung um $\mathrm{d}u$ vergrößern, wobei ein Strom i fließt, der in dem immer vorhandenen Leitungswiderstand einen Spannungsverlust $R \cdot i$ zur Folge hat. Es besteht also beim Anlegen einer konstanten Spannung U entsprechend Schaltung Bild (1.70) die Gleichung $U = i \cdot R + u$. Nach Gl. (1.105) ist aber $i = C \cdot \mathrm{d}u/\mathrm{d}t$. Man erhält mit der *Zeitkonstante* $T = R\,C$ die *nicht homogene, lineare Differentialgleichung erster Ordnung* mit *konstanten Koeffizienten*

$$U = T\,\mathrm{d}u/\mathrm{d}t + u\,. \tag{1.109}$$

Sie kann entsprechend Gl. (1.74) gelöst werden. Die *partikuläre* Lösung ist $u = U$, wie man sich leicht durch Einsetzen überzeugen kann. Es muß nun noch die *homogene* Dif-

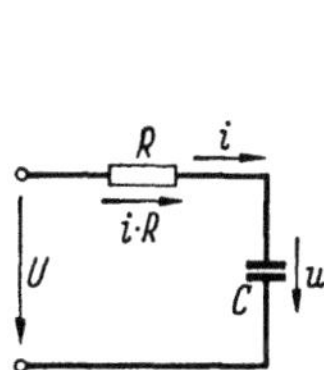

Bild 1.70. Ladung eines Kondensators

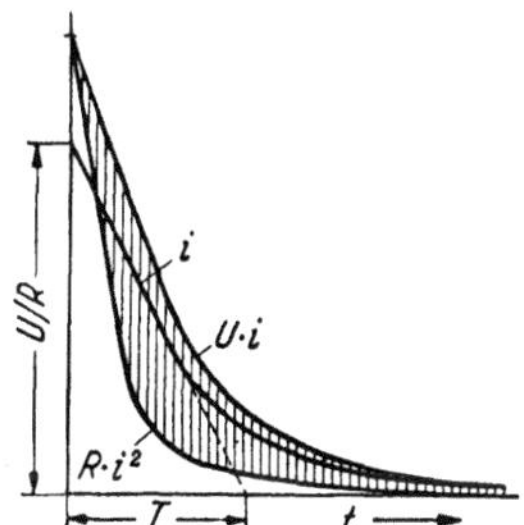

Bild 1.71. Ladestrom und Ladeleistung eines Kondensators

ferentialgleichung (Dgl.) $T\,\mathrm{d}u/\mathrm{d}t + u = 0$ gelöst werden. Durch Trennung der Variablen ergibt sich $u = C_\mathrm{k}\,\mathrm{e}^{-t/T}$. Die Lösung von Gl. (1.109) erhält man, wenn zur Lösung der homogenen Dgl. noch die partikuläre Lösung hinzugefügt wird. Es ist dann $u = C_\mathrm{k}\,\mathrm{e}^{-t/T} + U$. Die Integrationskonstante C_k läßt sich über die Anfangsbedingung ermitteln. Die Kondensatorspannung soll zum Zeitpunkt $t = 0$ den Wert $u = 0$ besitzen, da auf dem Kondensator zu Beginn des Vorganges keine Ladung vorhanden ist. Die Integrationskonstante wird dann $C_\mathrm{k} = -U$, so daß die Lösung lautet

$$u = U\,(1 - \mathrm{e}^{-t/T})\,. \tag{1.110}$$

Der Strom wird mit Gl. (1.105)

$$i = \frac{U}{R}\,\mathrm{e}^{-t/T}\,. \tag{1.111}$$

Bild 1.71 zeigt den zeitlichen Verlauf des Ladestromes i. Im Einschaltaugenblick fließt der Strom $I_0 = U/R$. Die Schaltung verhält sich so, als ob der Kondensator beim Einschalten den Widerstand Null besitzen würde. Zum Zeitpunkt $t = 0$ sind die Spannung U und der Widerstand R allein bestimmend für die Größe des Einschaltstromes.

Die aus dem Netz aufgenommene Leistung ist $U\,i$, die dem Widerstand R zufließende Leistung beträgt $R\,i^2$. Die Differenz $U\,i - R\,i^2$ ist die dem Kondensator zugeführte Leistung. Am Ende des Ladevorganges ($t \to \infty$) beträgt die im Kondensator gespeicherte Energie $W_\mathrm{C} = C\,U^2/2$. Sie ist in Bild 1.71 durch die geschraffte Fläche dargestellt. Die aus dem Netz entnommene Arbeit beträgt $W_\mathrm{N} = \int_{0}^{t=\infty} U\,i\,\mathrm{d}t$. Mit Gl. (1.111) wird $W_\mathrm{N} = C\,U^2$.

Hieraus erhält man $W_\mathrm{C} = W_\mathrm{N}/2$.

Es ist also, ganz gleich wie groß der Widerstand R ist, nur die Hälfte der aus dem Netz entnommenen Arbeit im Kondensator gespeichert.

Ein geladener Kondensator behält seine Ladung Q und seine Spannung Q/C, wenn er sich nicht durch einen mangelhaften Isolationswiderstand entlädt. Verbindet man seine Beläge mit einem Widerstand R, so tritt die Entladung ein. Es gilt dann $iR + u = 0$. Umgeformt ergibt sich $T\,du/dt + u = 0$. Dies ist der homogene Teil der Dgl. (1.109). Sie besitzt die oben angegebene Lösung $u = C_k\,\mathrm{e}^{-t/T}$. Für $t = 0$ soll $u = U$ sein, da zu Beginn des Entladevorganges der Kondensator die Ladung $Q = CU$ trägt. Hieraus erhält man die Integrationskonstante $C_k = U$ und damit die Kondensatorspannung beim Entladevorgang

$$u = U\,\mathrm{e}^{-t/T}\,. \tag{1.112}$$

Mit Gl. (1.105) erhält man den Entladestrom

$$i = -\,(U/R)\,\mathrm{e}^{-t/T}\,, \tag{1.113}$$

d. h., der Strom besitzt den gleichen zeitlichen Verlauf, wie bei der Aufladung, nur ist die Stromrichtung umgekehrt wie der in Bild 1.70 eingetragene Strompfeil (Entladevorgang). Der erste Entladestromstoß ist also auch wieder nur vom Widerstand und der Spannung am Kondensator abhängig. Der ganze Energieinhalt wird in Wärme umgesetzt.

Der Entlade- oder Ladevorgang eines Kondensators läßt sich durch Vorschaltung eines Widerstandes R beliebig verzögern.

Wird eine Reihenschaltung aus R und C an die zeitlich sich linear ändernde Spannung $U + \alpha t$ angelegt, und ist α der konstante Spannungsanstiegskoeffizient, der z. B. in V/s angegeben werden kann, so gilt die Differentialgleichung $U + \alpha t = T\,du/dt + u$. Sie wird entsprechend Gl. (1.78) gelöst. Man erhält für die Spannung am Kondensator

$$u = U - (U - U_{CO})\,\mathrm{e}^{-t/T} + \alpha \cdot t - \alpha T\,(1 - \mathrm{e}^{-t/T})\,. \tag{1.114}$$

Hierin ist U_{CO} die zum Zeitpunkt $t = 0$ bereits am Kondensator vorhandene Spannung.

41. Beispiel. Einem Kondensator von 25 µF ist ein Widerstand von 100 kΩ vorgeschaltet. Nach welcher Zeit erreicht der zunächst spannungslose Kondensator 95 V, wenn plötzlich eine Gesamtspannung von 100 V angelegt wird (Bild 1.70)?

Die Zeitkonstante beträgt $T = RC = 10^5\,\Omega \cdot 25 \cdot 10^{-6}\,\mathrm{s}/\Omega = 2{,}5\,\mathrm{s}$. Aus Gl. (1.110) folgt $95\,\mathrm{V} = 100\,\mathrm{V}\,(1 - \mathrm{e}^{-t/(2{,}5\,\mathrm{s})})$ und daraus $t = -\,2{,}5\,\mathrm{s} \cdot \ln 0{,}05 = 7{,}5\,\mathrm{s}$.

Derartige Verzögerungsschaltungen werden z. B. bei elektronischen Schaltungen und in der Steuerungs- und Regelungstechnik angewendet. Eine besondere Wirkung entsteht, wenn man zum Kondensator eine *Glimmlampe* parallel und zur Parallelschaltung einen Widerstand in Reihe schaltet (Kippschaltung). Eine solche Lampe zündet erst bei einer gewissen *Zündspannung*. Wird diese erreicht, dann entlädt sich der Kondensator über die Lampe. Diese erlischt und der Ladevorgang beginnt in rhythmischer Folge erneut.

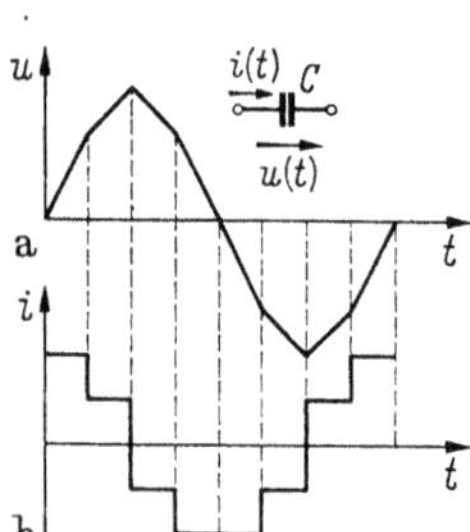

Bild 1.72. a. gegebener Spannungsverlauf; b. Verlauf des Stromes im Kondensator C

42. Beispiel. Bild 1.72a stellt eine wechselnde Spannung dar. Man zeichne die Stromkurve, wenn ein Kondensator C an diese Spannung angeschlossen wird. Es ist $i = C \cdot du/dt$. Die Lösung ist in Bild 1.72b dargestellt.

Die Schaltung von Kondensatoren. Bei der *Parallelschaltung* von Kondensatoren (Vergrößerung der Belagfläche) haben alle dieselbe Spannung. Die Summe der Ladungen

$C_1 \cdot U + C_2 \cdot U \cdots$ kann man also gleich der Ladung einer Ersatzkapazität $C \cdot U$ setzen. Woraus sich die Ersatzkapazität zu

$$C = C_1 + C_2 + \cdots \tag{1.115}$$

ergibt. Bei der *Reihenschaltung* (Vergrößerung der Abstände) haben alle Kondensatoren dieselbe Ladung. Die Summe ihrer Spannungen ist gleich der Gesamtspannung U. Also $Q/C_1 + Q/C_2 + \cdots = Q/C$. Die Ersatzkapazität C der Reihenschaltung ergibt sich demnach aus:

$$\frac{1}{C} = \frac{1}{C_1} + \frac{1}{C_2} + \cdots . \tag{1.116}$$

Sie ist kleiner als die kleinste Einzelkapazität.

43. Beispiel. Ein mit $U_1 = 1000$ V geladener Kondensator von $C_1 = 10\,\mu$F werde auf einen umgeladenen Kondensator von $C_2 = 5\,\mu$F entladen. Welche gemeinsame Spannung U stellt sich ein?

Die Ladung bleibt im ganzen während des Vorganges unverändert, sie verteilt sich nur nachher auf beide Kondensatoren. Also $C_1 \cdot U_1 = C_1 \cdot U + C_2 \cdot U$. Hieraus folgt $U = U_1 \cdot C_1/(C_1 + C_2) = 667$ V. Bei der Umladung tritt unter allen Umständen ein Energieverlust auf, der von der Größe des Leitungswiderstandes unabhängig ist und sich leicht zu

$$W_\mathrm{v} = W_1 - W = \frac{1}{2}\, C_1 \cdot U_1^2 - \frac{1}{2}(C_1 + C_2)\, U^2$$

berechnen läßt, worin W_1 die im ersten Kondensator aufgespeicherte Energie ist. Mit

$$Q = C_1 \cdot U_1 = (C_1 + C_2) \cdot U$$

wird
$$W_\mathrm{v} = \frac{1}{2}\, C_1 \cdot U_1^2 \cdot \frac{C_2}{C_1 + C_2} = W_1 \frac{C_2}{C_1 + C_2} . \tag{1.117}$$

Der Verlust ist also um so kleiner, je kleiner C_2 ist.

1.9 Freier Schwingungskreis

Schaltet man einen auf die Spannung $\hat{u}_\mathrm{C}$ aufgeladenen Kondensator C, eine Spule L und einen Widerstand R in Reihe, so kann der Kondensator seine im elektrischen Feld gespeicherte Energie $W_\mathrm{C} = C\,\hat{u}_\mathrm{C}^2/2$ abgeben. Ein Teil der Energie wird im Widerstand in Wärme umgesetzt, der andere Teil wird im

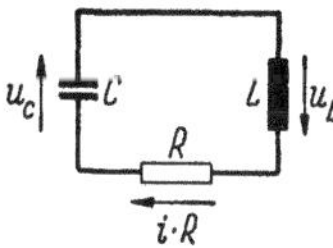

Bild 1.73. Kondensatorentladung auf eine Spule (Schwingungskreis für freie Schwingungen)

Magnetfeld der Spule L aufgespeichert. Die in der Spule gespeicherte Energie ist $W_\mathrm{L} = L\,i^2/2$. Unter bestimmten Voraussetzungen, die im 44. Beispiel behandelt sind, können hierbei abklingende Stromschwingungen auftreten. Deshalb heißt diese Schaltung freier Schwingungskreis.

44. Beispiel. Ein Kondensator C sei mit der Spannung $U = -\hat{u}_\mathrm{C}$ geladen und werde über einen Widerstand auf eine widerstandslose *Spule* mit der Induktivität L entladen. Welcher Entladestrom entsteht? (Bild 1.73).

Die Kirchhoffsche Maschenregel liefert $u_\mathrm{L} + i \cdot R + u_\mathrm{C} = 0$.

Hierbei ist aber $i = C\,\mathrm{d}u_\mathrm{C}/\mathrm{d}t$ oder $u_\mathrm{C} = \dfrac{1}{C}\displaystyle\int i\,\mathrm{d}t$ und mit der Beziehung $u_L =$

$= L \cdot \mathrm{d}i/\mathrm{d}t$ bekommt man $L\,\mathrm{d}i/\mathrm{d}t + i \cdot R + \dfrac{1}{C}\displaystyle\int i\,\mathrm{d}t = 0$.

Diese Gleichung wird nochmals nach der Zeit differenziert und durch L dividiert. Man erhält eine homogene Differentialgleichung zweiter Ordnung mit konstanten Koeffizienten

$$\frac{\mathrm{d}^2 i}{\mathrm{d}t^2} + \frac{R}{L}\frac{\mathrm{d}i}{\mathrm{d}t} + \frac{1}{C \cdot L} \cdot i = 0 \,. \tag{1.118}$$

Man führt nun Abkürzungen ein. Es ist die *Abklingkonstante* $\delta = R/(2\,L)$ [Gl. (1.119)] und die *Eigenkreisfrequenz* $\omega_0 = 1/\sqrt{L\,C}$ (Gl. 1.120). Ferner kann der *Differentialoperator* $\mathrm{d}/\mathrm{d}t$ durch das Symbol p ersetzt werden. Er darf bei der Umformung und beim Ansatz von Differentialgleichungen wie ein Faktor behandelt werden. Es ist dann $(\mathrm{d}/\mathrm{d}t) \cdot (\mathrm{d}/\mathrm{d}t) = \mathrm{d}^2/\mathrm{d}t = \mathrm{p}^2$. Hieraus ergibt sich die *charakteristische Gleichung* zur homogenen Dgl. (1.118)

$$(\mathrm{p}^2 + 2\,\delta \mathrm{p} + \omega_0^2)\, i = 0 \,. \tag{1.121}$$

Nach p aufgelöst:

$$\mathrm{p}_1 = -\delta + \sqrt{\delta^2 - \omega_0^2} \qquad \mathrm{p}_2 = -\delta - \sqrt{\delta^2 - \omega_0^2}\,.$$

Die zwei Lösungen der charakteristischen Gleichung können in *drei* Gruppen eingeteilt werden. Entweder sind

a.) p_1 und p_2 *beide reell* und voneinander *verschieden*, d. h. $\delta^2 > \omega_0^2$,

oder b.) p_1 und p_2 *konjugiert komplex*, d. h. beide besitzen den gleichen Realteil. Der Imaginärteil unterscheidet sich nur durch das Vorzeichen ($\mathrm{p}_1 = A + \mathrm{j}\,B$; $\mathrm{p}_2 = A - \mathrm{j}\,B$), d. h. $\delta^2 < \omega_0^2$,

oder c.) p_1 und p_2 sind *beide reell* und *betragsgleich*, d. h. $\delta^2 = \omega_0^2$.

Für die Fälle a und b lautet der allgemeine Lösungsansatz der homogenen Differentialgleichung

$$i = C_{\mathrm{k}1}\, \mathrm{e}^{\mathrm{p}_1 t} + C_{\mathrm{k}2}\, \mathrm{e}^{\mathrm{p}_2 t}\,. \tag{1.122}$$

Beim Einschalten wird der geladene Kondensator C mit der Spule L verbunden. Der Strom i kann im Einschaltaugenblick nicht springen, da eine sprunghafte Veränderung des Energieinhaltes *Null* der Spule nicht möglich ist. Es ist zum Zeitpunkt $t = 0$ auch $i = 0$. Hieraus folgt mit Gl. (1.122), daß $C_{\mathrm{k}1} = -C_{\mathrm{k}2}$ ist, so daß sich diese vereinfacht und übergeht in

$$i = C_{\mathrm{k}1}\, (\mathrm{e}^{\mathrm{p}_1 t} - \mathrm{e}^{\mathrm{p}_2 t})\,. \tag{1.123}$$

Im Einschaltaugenblick ist der Strom $i = 0$, und die Kondensatorspannung $\hat{u}_C = -U$. Es folgt daraus: $i\,R = 0$; $\hat{u}_C + u_L = 0$; $U = u_L = L\,\mathrm{d}i/\mathrm{d}t$. Mit der differenzierten Gl. (1.123) und $t = 0$ wird

$$C_{\mathrm{k}1} = U/[L\,(\mathrm{p}_1 - \mathrm{p}_2)]\,. \tag{1.124}$$

Für die Fälle a und b lautet unter Berücksichtigung der Anfangsbedingungen (Gl. (1.124) in Gl. (1.123) eingesetzt) die Lösung der homogenen Differentialgleichung

$$i = \frac{U}{L\,(\mathrm{p}_1 - \mathrm{p}_2)}\,(\mathrm{e}^{\mathrm{p}_1 t} - \mathrm{e}^{\mathrm{p}_2 t})\,. \tag{1.125}$$

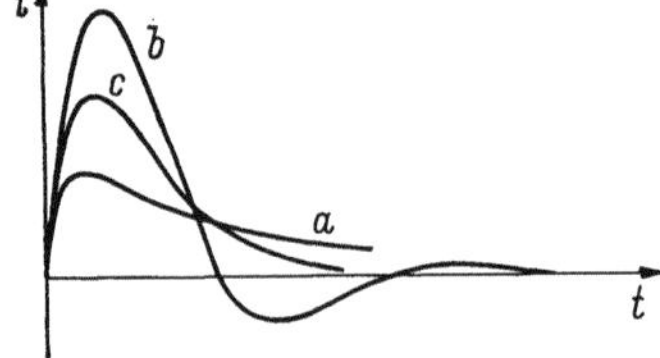

Bild 1.74. Stromverlauf $i = f(t)$; a. aperiodisch; b. periodisch mit Dämpfung; c. aperiodischer Grenzfall

Im Falle a sind p_1 und p_2 *reell* und *negativ*. Der Stromverlauf setzt sich aus *zwei* e-Funktionen zusammen. Er beginnt mit $i = 0$, durchläuft ein Maximum und geht dann wieder gegen null. Der Verlauf ist *aperiodisch*. Bild 1.74 zeigt den Verlauf.

Im Fall b, bei dem $\mathrm{p}_1 = A + \mathrm{j}\,B$, $\mathrm{p}_2 = A - \mathrm{j}\,B$ ist, wird $\mathrm{p}_1 - \mathrm{p}_2 = 2\,\mathrm{j}\,B$. Ferner ist

$$\mathrm{e}^{(A+\mathrm{j}B)t} - \mathrm{e}^{(A-\mathrm{j}B)t} = \mathrm{e}^{At}\,(\mathrm{e}^{\mathrm{j}Bt} - \mathrm{e}^{-\mathrm{j}Bt})$$

und $e^{\pm jBt} = \cos(Bt) \pm j\sin(Bt)$. Setzt man dies in Gl. (1.125) ein, so wird i reell. Man erhält

$$i = \frac{U}{LB}\, e^{At} \cdot \sin(Bt)\,, \qquad (1.126)$$

hierin sind, wie oben erläutert, $A = -\delta$ und $B = +\sqrt{|(\delta^2 - \omega_0^2)|}$. B wird als *Kennkreisfrequenz* bezeichnet.

Bei *schwacher* Dämpfung, d. h. *kleiner* Abklingkonstante δ, also $\delta \ll \omega_0$ erhält man für B den Wert ω_0, so daß sich Gl. (1.126) einfacher schreiben läßt. Es ist dann

$$i = \frac{U}{\omega_0 L}\, e^{-\delta t}\sin(\omega_0 t)\,. \qquad (1.127)$$

Im Fall b erhält man also eine *gedämpfte Schwingung*, die in den Bildern 1.74 b u. 1.75 dargestellt ist. Bild 1.76 zeigt den Fall *ohne* Dämpfung ($\delta \to 0$; $R \to 0$). δ kann bei tat-

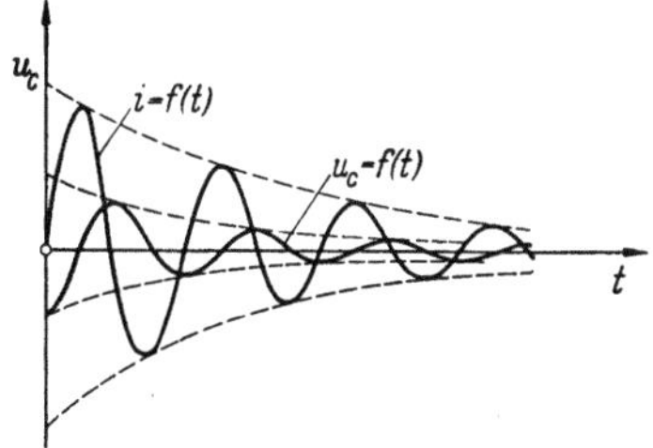

Bild 1.75. Spannung und Strom beim freien Schwingungskreis mit schwacher Dämpfung

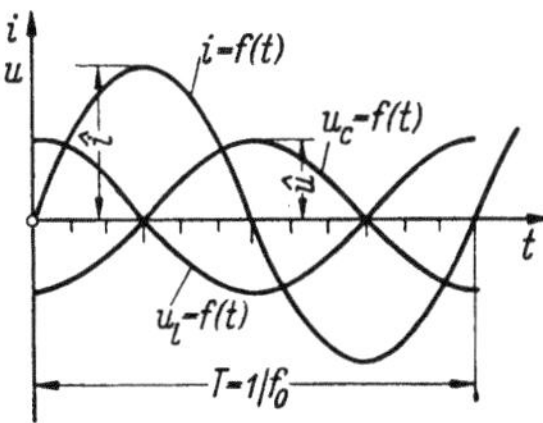

Bild 1.76. Spannung und Strom beim freien Schwingungskreis ohne Dämpfung ($R = 0$)

sächlich ausgeführten Schwingkreisen niemals ganz zu null werden, da immer kleine Leitungswiderstände vorhanden sind.

Im ungedämpften Fall beträgt die *Amplitude* (Scheitelwert) des Stromes $\hat{i} = U/(\omega_0 L) = U/(+\sqrt{L/C})$.

Die Größe

$$Z_0 = \sqrt{L/C}\,. \qquad (1.128)$$

heißt *Schwingungs-* oder *Wellenwiderstand*.

Die *Eigenfrequenz* f_0 erhält man mit den Gleichungen (1.66) u. (1.120) aus der Eigenkreisfreuenz ω_0. Es ist

$$f_0 = \omega_0/(2\pi) = \frac{1}{2\pi\sqrt{CL}}\ \text{(Thomsonsche Schwingungsgleichung)}\,. \qquad (1.129)$$

Im Fall c kann der allgemeine Lösungsansatz Gl. (1.122) bzw. Gl. (1.125) nicht benützt werden, da $p_1 = p_2 = p_{12}$ ist, und der Ausdruck für i unbestimmt wird (0/0). Man macht deshalb einen anderen allgemeinen Ansatz zur Lösung der homogenen Differentialgleichung. Dieser lautet

$$i = e^{p_{12}t}(C_{k1} + t\,C_{k2})\,. \qquad (1.130)$$

Die Integrationskonstanten bestimmen sich mit dem vorher gezeigten Verfahren. Für $t = 0$ ist $i = 0$, was $C_{k1} = 0$ zur Folge hat. Ferner ist $U = u_L = L\,di/dt$ im Einschaltaugenblick. Mit der differenzierten Gl. (1.130) und $t = 0$ wird

$$C_{k2} = U/L\,. \qquad (1.131)$$

Eingesetzt in Gl. (1.130) ergibt sich

$$i = \frac{U}{L}\, t\, e^{p_{12}t}\,. \qquad (1.132)$$

Im Fall c erhält man also einen Stromverlauf, der sich als Produkt aus Zeit und einer e-Funktion der Zeit darstellt. Der zeitliche Verlauf ist ähnlich wie im Fall a. Der Fall c heißt *aperiodischer Grenzfall*. Der Stromverlauf würde bei einer geringen Verkleinerung von δ in einen periodischen Verlauf übergehen, da die Wurzel $\sqrt{\delta^2 - \omega_0^2}$ imaginär würde

(Fall b). Differenziert man Gl. (1.132) und setzt den Differentialquotienten gleich null, so erhält man diejenige Zeit $t_m = -1/p_{12}$, bei der der Strom beim aperiodischen Grenzfall ein Maximum besitzt. t_m eingesetzt in Gl. (1.132) ergibt mit $p_{12} = -\delta = R/(2\,L)$ den Größtwert des Stromes $i_m = 2\,U/(e\,R) = 0{,}74\,U/R$.

1.10 Thermoelektrizität

In Bild 1.77 werde die punktförmige Löt- oder Schweißstelle zweier aus verschiedenen Werkstoffen bestehenden Drähte K und E erwärmt. Das Galvanometer zeigt dann einen Ausschlag. Eine Abkühlung der Lötstelle würde einen

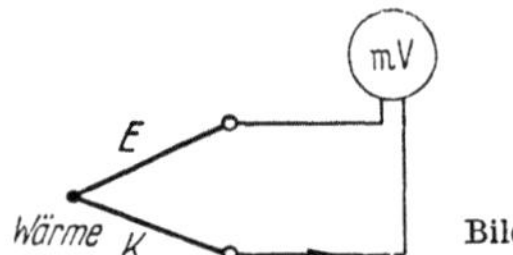

Bild 1.77. Thermoelement

entgegengesetzt gerichteten Strom zur Folge haben. Für die Erzeugung von Elektrizität unmittelbar aus Wärme kommen solche *Thermoelemente* wegen der Kleinheit der erzeugten Spannung nur in Sonderfällen in Frage, wohl aber zur Messung von Temperaturen nach vorheriger Eichung.

Für die Messung hoher Temperaturen bis 1600 °C wird als Thermoelement nur Platin + Platin-Rhodium benutzt mit einer Thermo-Spannung von durchschnittlich 1 mV je 100 K. Für nieder Temperaturen (maximal 800 °C) ist Eisen + Konstantan zu empfehlen mit etwa 5,5 mV je 100 K Wismut + Antimon zeichnet sich durch eine verhältnismäßig hohe Spannung von 15 mV je 100 K aus. Schickt man durch ein nicht erwärmtes Thermoelement mittels einer Stromquelle einen Strom, so zeigt sich je nach der Stromrichtung eine Abkühlung oder eine Erwärmung der Lötstelle (Peltiereffekt). Dieser Effekt ist natürlich auch dann vorhanden, wenn wir das Element nach Bild 1.77 erwärmen und selbst einen Strom erzeugen lassen, wobei nach dem Energiegesetz der erzeugte Strom so gerichtet sein muß, daß er die erwärmte Lötstelle abzukühlen bestrebt ist.

2. Wechselstrom

2.1 Erzeugungsprinzip, Benennungen und Festlegungen

Bei der Drehung einer Spule in gleichförmigen magnetischen Feld (Bild 1.55) entsteht eine sinusförmig sich ändernde Spannung, welche in Bild 2.2 in Abhängigkeit von der Zeit aufgetragen ist. Man nennt sie eine *Wechselspannung* und kann ihre jeweilige Größe nach Gl. (1.68) ausdrücken durch

$$u = \hat{u} \cdot \sin \omega\, t\,,$$

wenn man unter $\hat{u}$ den Höchstwert (*Amplitude*) der Spannung versteht. Die Strecke von a bis wieder a nennt man eine *Periode*. Unter der *Frequenz* des Wechselstromes, welche wir f nennen, versteht man die Anzahl Perioden je Zeitspanne. Die Frequenzeinheit ist eine Periode je Sekunde (1 Hertz, 1 Hz). Über den Zusammenhang zwischen Periodendauer T, Frequenz f und Kreisfrequenz ω gibt Gl. (1.66) Auskunft. Technischer Wechselstrom hat gewöhnlich 50 Hz. Die Spule in Bild 1.55 müßte zu seiner Erzeugung also sekundlich 50mal, in der Minute 3000mal umlaufen; sie stellt also das Prinzip eines Wechselstromerzeugers dar.

Wir wollen nun nach Bild 2.1 an einen solchen Wechselstromgenerator einen ohmschen Widerstand R legen und einen Strommesser einschalten. Nach dem Ohmschen Gesetz fließt ein Strom

$$i = u/R = \hat{\imath} \cdot \sin\left(\omega\, t\right)\,,$$

der in Bild 2.2 gezeichnet ist und im gleichen Augenblick wie die Spannung Null wird. Man sagt dann, daß beide Schwingungen in *Phase* liegen.

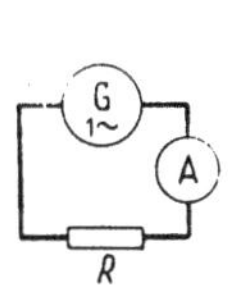

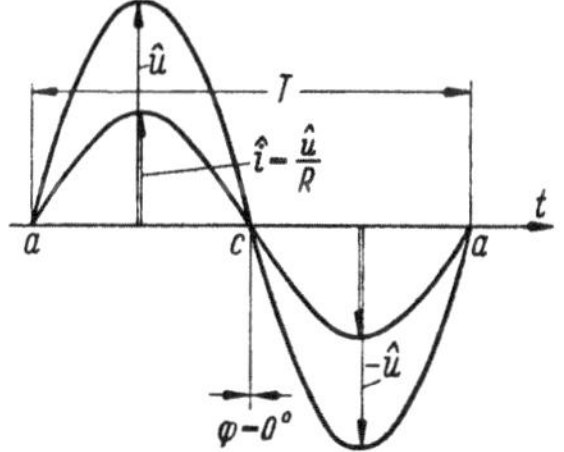

Bild 2.1. Wechselstromgenerator mit angeschlossenem Widerstand

Bild 2.2. Strom und Spannung in Phase liegend

Als Spannungs- bzw. Strommesser müssen bei Wechselspannungen und -Strömen Geräte verwendet werden, die unabhängig von der Polarität der Spannung bzw. des Stromes immer einen positiven Ausschlag ergeben. Sie würden sonst bei dem schnellen Wechseln der Polarität auf Grund ihrer mechanischen Trägheit in Ruhelage verharren. Z. B. ist bei Dreheisenmeßgeräten der Zeigerausschlag unabhängig von der Polarität (s. Abschnitt 4.1).

In Bild 2.3 ist die Leistüngslinie $P = f(t)$ aufgezeichnet, die man dadurch erhält, daß man in jedem Zeitpunkt t die Leistung $P(t) = u\, i = i^2\, R = u^2/R$

berechnet und über der Zeit t aufträgt. Da nach rechts die Zeit t, und nach oben die Leitung P aufgetragen ist, stellen die geschrafften Flächen die an den Widerstand R gelieferte Energie $W = \int_0^T P(t)\,\mathrm{d}t$ dar. Das Leistungs*mittel* P_m

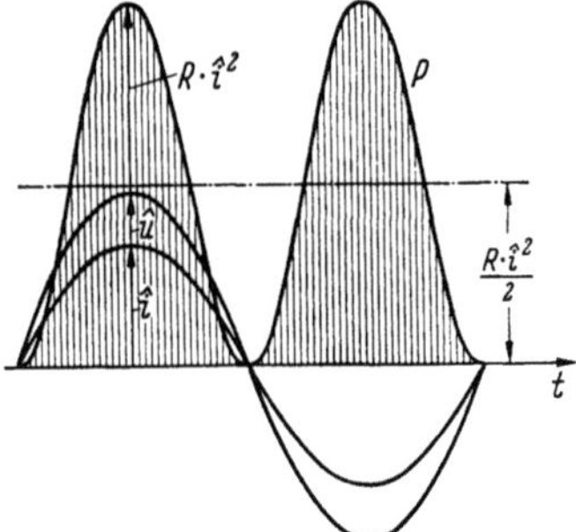

Bild 2.3. Spannungs-, Strom- und Leistungsverlauf bei einem Widerstand

erhält man, wenn man die Energie W durch die Periodendauer T dividiert. Es ist $P_\mathrm{m} = \dfrac{1}{T}\int_0^T u\,i\,\mathrm{d}t$. Mit $u\,i = R\,\hat{\imath}^2 \sin^2(\omega t)$ und $T = 2\pi/\omega$ wird $P_\mathrm{m} = R\,\hat{\imath}^2/2$. Die Größe $I_\mathrm{eff} = \sqrt{\hat{\imath}^2/2} = \hat{\imath}/\sqrt{2} = 0{,}707\,\hat{\imath}$ ist der *Effektivwert* des Stromes.

Es folgt daraus, daß ein Wechselstrom mit dem Effektivwert I_eff an einen Widerstand R dieselbe Energie liefert, wie ein Gleichstrom gleichen Betrages.

Allgemein ist der Effektivwert als *quadratischer Mittelwert* der Wechselgröße definiert

$$I = I_\mathrm{eff} = \tilde{I} = \sqrt{\frac{1}{T}\int_0^T i^2\,\mathrm{d}t} \tag{2.1}$$

bei Sinusverlauf des Stromes erhält man, wie oben dargestellt,

$$I = I_\mathrm{eff} = \tilde{I} = \hat{\imath}/\sqrt{2} = 0{,}707\,\hat{\imath}\ . \tag{2.2}$$

In der Wechselstromtechnik spielt eine weitere Größe, der *Gleichrichtwert*, eine Rolle. Er ist als der *arithmetische Mittelwert* des *Betrages* der Wechselgröße definiert. Es gilt

$$\overline{|i|} = \frac{1}{T}\int_0^T i\,\mathrm{d}t\ . \tag{2.3}$$

Bei sinusförmigem Verlauf des Stromes erhält man aus Gl. (2.3) mit $i = \hat{\imath}\sin(\omega t)$

$$\overline{|i|} = 2\,\hat{\imath}/\pi = 0{,}636\,\hat{\imath}\ . \tag{2.4}$$

Bildet man das Verhältnis aus Effektivwert und Gleichrichtwert, so erhält man den *Formfaktor*, der zwischen *eins* und *unendlich* liegen kann. Bei sinusförmigem Verlauf erhält man

$$\zeta = I/\overline{|i|} = \pi/(2\cdot\sqrt{2}) = 1{,}111\ . \tag{2.5}$$

Für Wechselspannungen gelten die Gleichungen (2.1) bis (2.5) entsprechend, wenn man die Größen i, $\hat{\imath}$ und I durch u, $\hat{u}$ und U ersetzt.

Alle Spannungen und Ströme werden, sofern keine besondere Angabe erfolgt, in der Wechselstromtechnik in Effektivwerten angegeben. Deshalb sind auch bei den üblichen Wechselstrom- und Wechselspannungsmeßgeräten auf den Skalen die Größen in Effektivwerten angegeben. Liegt kein sinusförmiger Verlauf der Wechselgröße vor, so ist bei allen Meßgeräten, die auf Grund ihrer Wirkungsweise keine Effektivwerte, sondern Gleichrichtwerte messen (z. B. Drehspulinstrument mit Gleichrichter), Vorsicht geboten. Der abgelesene Wert kann wegen des anderen Formfaktors erhebliche Abweichungen gegenüber dem Effektivwert aufweisen.

Wenn in einem Leiter ein Gleichstrom I_- fließt, dem ein Wechselstrom vom Effektivwert I_1 überlagert ist, dann ist der Effektivwert des Gesamtstromes nicht die Summe, sondern, wie sich durch Einsetzen in Gl. (2.1) mit $i = = I_- + \hat{\imath}\sin(\omega t)$ ergibt:

$$I = \sqrt{I_-^2 + I_1^2}\,. \tag{2.6}$$

2.2 Darstellung von Sinuslinien durch Zeiger

Eine Sinuslinie läßt sich bekanntlich dadurch zeichnen, daß man einen Strahl a (Kreisradius), welcher mit der Amplitude (Höchstwert) der Sinuslinie übereinstimmt, eine gleichförmige Drehung entgegen dem Uhrzeigersinn mit der Winkelgeschwindigkeit ω machen läßt. Die Projektion des Strahles a auf die Ordinate besitzt dann die Länge $a \cdot \sin\alpha$ und mit Gl. (1.66) $a \cdot \sin(\omega t)$. Teilt man die Abszisse in α- oder in ωt-Einheiten ein, so kann man zu jedem Wert α auf der Abszisse den zugehörigen Ordinatenwert aus dem Zeigerdiagramm entnehmen und aufzeichnen. Umgekehrt kann man sich zu jeder Sinuslinie mit beliebiger Phasenlage einen zugehörigen *Zeiger* denken, der die Sinuslinie vollwertig ersetzt.

Man benutzt solche Zeiger als einfache Symbole an Stelle der Sinuslinien. Bild 2.4 zeigt z. B. zwei in Phase liegende Sinuslinien. Ihre Zeiger müssen mit den Höchstwerten übereinstimmen. Wir erhalten ihre Lage, wenn wir irgend-

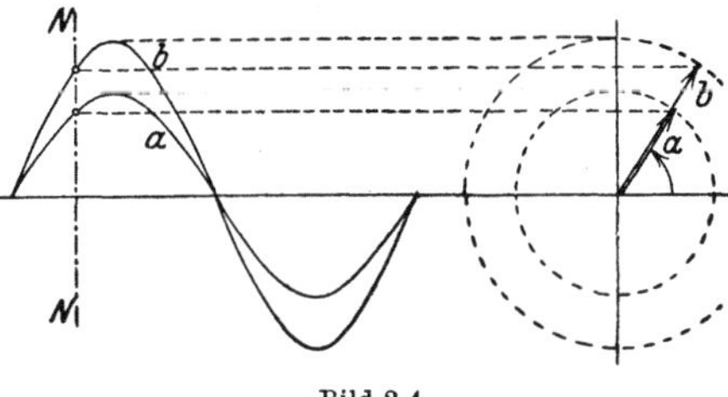

Bild 2.4

einen Schnitt NN legen und die Schnittpunkte auf die zugehörigen Kreise herüberprojizieren, wobei sich die beiden Zeiger in *dieselbe* Richtung fallend ergeben. Die gleiche Konstruktion ist in Bild 2.5 für zwei Schwingungen a und b durchgeführt, welche *nicht* in Phase liegen (Phasenverschiebungswinkel α). Die sich nun ergebenden Zeiger sind um einen Winkel α gegeneinander verschoben. Die Summe der beiden Schwingungen a und b erhält man, wenn man in jedem Augenblick die Addition $x + y$ durchführt. Es ist eine neue Sinuslinie c. Viel einfacher läßt sich eine solche Addition im Zeigerdiagramm durch-

führen. Hier hat man nur aus den beiden Zeigern a und b das Parallelogramm
zu bilden und die Diagonale c zu zeichnen. Diese stellt den Zeiger der Sum-
menschwingung dar. Es genügt auch durchaus, wenn man nur die eine Hälfte des

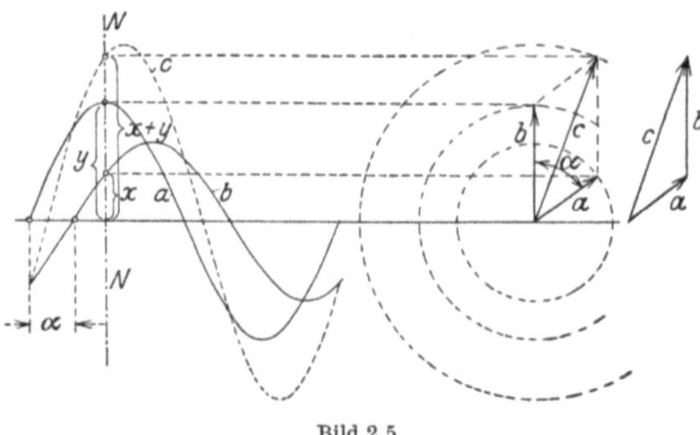

Bild 2.5

Parallelogramms, das Dreieck aus a, b und c zeichnet. Die Addition *mehrerer*
Schwingungen könnte also so vorgenommen werden, daß man die verschiedenen
Zeiger nach Größe und Richtung aneinanderreiht. Die Verbindungslinie vom
Anfangs- zum Endpunkt stellt dann den Summenzeiger dar. Es läßt sich weiter
leicht zeigen, daß in Bild 2.5 die Verbindungslinie der Endpunkte (nichtgezeich-
nete Diagonale) der Zeiger a und b die *Differenz* beider Zeiger darstellt. *Nicht-*
sinusförmige Schwingungsvorgänge lassen sich nicht durch Zeiger darstellen.
Wie in den bisherigen Diagrammen, wollen wir uns auch in Zukunft die Zeiger
stets *linksdrehend* vorstellen.

Für die meisten praktisch auftretenden Probleme interessieren nicht die
Augenblickswerte v und i, sondern die Effektivwerte. Da zwischen Amplitude $\hat{u}$
und Effektivwert U nach Gl. (2.2) die Beziehung $U = \hat{u}/\sqrt{2}$ bzw. $I = \hat{i}/\sqrt{2}$ besteht, wählt man häufig bei maßstäblichen Zeigerdiagrammen die Zeigerlänge
aus Gründen der Zweckmäßigkeit gleich Maßstabsfaktor c mal Effektivwert
der Wechselgröße. Z. B. würde ein Spannungszeiger mit dem willkürlich, aber
zweckmäßig gewählten Maßstabsfaktor $c_\mathrm{u} = 0{,}5$ mm/V die Länge 110 mm besitzen, wenn der Effektivwert der Wechselspannung $U = 220$ V beträgt. Aus
so gezeichneten Zeigerdiagrammen kann man sofort die Effektivwerte (auch
bei Additionen) entnehmen. Man muß aber beachten, daß die aus den Diagrammen entnommenen Spannungs- und Stromwerte noch mit $\sqrt{2}$ zu multiplizieren sind, sofern man die Amplituden oder die Augenblickswerte (Projektion
auf die Ordinate) benötigt.

Um die Vektoreigenschaft der Zeiger zu charakterisieren, werden sie mit
deutschen Buchstaben $\mathfrak{U}$ und $\mathfrak{J}$ bezeichnet. Die Beträge der Zeiger $|\mathfrak{U}|$ bzw.
$|\mathfrak{J}|$ sind dann gleich den Effektivwerten U bzw. I.

Eine geometrische Addition von 2 Zeigern (Bild 2.6) $\mathfrak{U}_1$ und $\mathfrak{U}_2$ ergibt einen
neuen Zeiger $\mathfrak{U}_\mathrm{ges}$. Man schreibt deshalb die Zeigergleichung $\mathfrak{U}_\mathrm{ges} = \mathfrak{U}_1 + \mathfrak{U}_2$.
Ist α der Winkel zwischen den beiden Zeigern, so wird nach dem allgemeinen
Pythagorassatz für schiefwinklige Dreiecke

$$|\mathfrak{U}_\mathrm{ges}|^2 = |\mathfrak{U}_1|^2 + |\mathfrak{U}_2|^2 - 2\,|\mathfrak{U}_1| \cdot |\mathfrak{U}_2| \cdot \cos\,(180 - \alpha)$$

oder

$$U_\mathrm{ges} = \sqrt{U_1^2 + U_2^2 + 2\,U_1 \cdot U_2 \cdot \cos\alpha}\ . \tag{2.7}$$

Sonderfall: a) Für $\alpha = 0$ (gleiche Richtung der Zeiger) ergibt sich $U_{\mathrm{ges}} = U_1 + U_2$.

b) Für $\alpha = 90°$ (Zeiger stehen senkrecht aufeinander) erhält man $U_{\mathrm{ges}} = \sqrt{U_1^2 + U_2^2}$.

In die Schaltbilder werden für Spannung und Strom bei Wechselstrom ebenfalls deutsche Buchstaben zu den Zählpfeilen eingetragen.

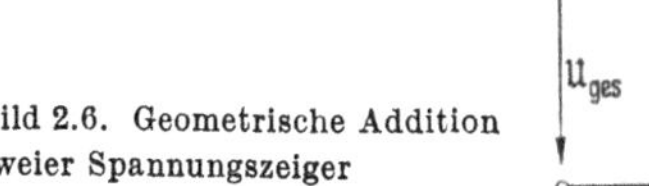
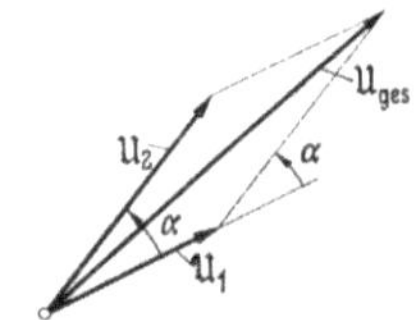

Bild 2.6. Geometrische Addition zweier Spannungszeiger

In der Wechselstromlehre bedient man sich häufig der symbolischen Darstellung von Zeigern in der Gaußschen Zahlenebene. Bei der Gaußschen Zahlenebene sind die positiven *reellen* Zahlen auf der positiven *Abszissenachse*, die positiven *imaginären* Zahlen auf der positiven *Ordinatenachse* aufgetragen. Jede *komplexe* Zahl $\mathfrak{A} = a + \mathrm{j}\,b$ wird durch einen Punkt in der Gaußschen Zahlenebene dargestellt. Hierin ist a der *Realteil* von $\mathfrak{A}$, b der *Imaginärteil* von $\mathfrak{A}$ und $\mathrm{j} = +\sqrt{-1}$. Die Zahlen a bzw. b können positiv, null oder negativ sein.

Legt man einen Zeiger $\mathfrak{A}$ so in die Gaußsche Zahlenebene (Bild 2.7), daß er vom Ursprung des Koordinatensystems zur komplexen Zahl $\mathfrak{A}$ zeigt, so kann man die Rechnung mit komplexen Zahlen auf Zeiger anwenden.

Der Betrag der komplexen Zahl $\mathfrak{A}$ ist $A = +\sqrt{a^2 + b^2}$. Für den *Nullphasenwinkel* gilt $\tan\alpha = b/a$. Ferner erhält man unter Verwendung des Moivreschen Satzes

$$\mathfrak{A} = a + \mathrm{j}\,b = A\,\mathrm{e}^{\mathrm{j}\alpha} = A\,(\cos\alpha + \mathrm{j}\sin\alpha)\,. \tag{2.7a}$$

Zwischen dem Zeiger $\mathfrak{A}$ und dem hierzu reziproken Zeiger $1/\mathfrak{A} = \mathfrak{B}$ besteht folgender Zusammenhang

$$\mathfrak{B} = 1/\mathfrak{A} = 1/(A\,\mathrm{e}^{\mathrm{j}\alpha}) = (1/A)\,\mathrm{e}^{-\mathrm{j}\alpha} = (1/A)\,(\cos\alpha - \mathrm{j}\sin\alpha)\,. \tag{2.7b}$$

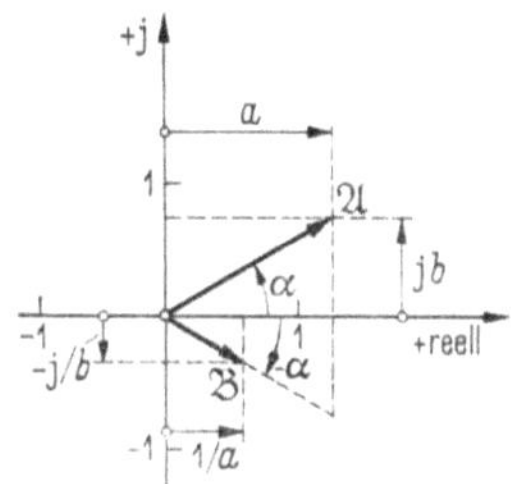
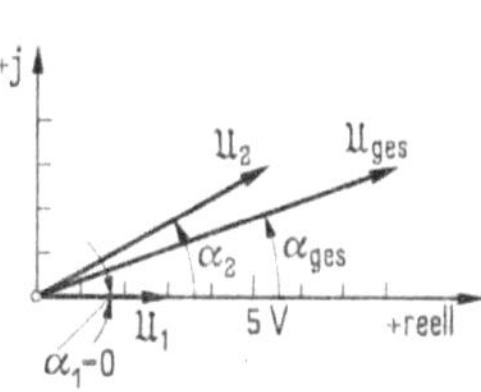

Bild 2.7. Gaußsche Zahlenebene; $\mathfrak{A} = a + \mathrm{j}\,b$; $\mathfrak{B} = 1/\mathfrak{A}$

Bild 2.8

45. Beispiel. Gegeben sind die Effektivwerte der Spannungen $U_1 = 3$ V und $U_2 = 6$ V, die entsprechend Bild 2.6 geschaltet sind. Die Nullphasenwinkel betragen $\alpha_1 = 0$, $\alpha_2 = 30°$. Berechne den Effektivwert der Gesamtspannung U_{ges} und den Nullphasenwinkel α_{ges}.

Es ist $\mathfrak{U}_1 = 3\ \mathrm{V}\,\mathrm{e}^{\mathrm{j}\,0°} = 3\ \mathrm{V}$, $\mathfrak{U}_2 = 6\ \mathrm{V}\,\mathrm{e}^{\mathrm{j}\,30°} = 6\ \mathrm{V}\,(0{,}866 + \mathrm{j}\,0{,}5)$. Hieraus ergibt sich $\mathfrak{U}_{\mathrm{ges}} = \mathfrak{U}_1 + \mathfrak{U}_2 = 3\ \mathrm{V} + 5{,}2\ \mathrm{V} + \mathrm{j}\,3\ \mathrm{V}$. Der Effektivwert beträgt $U_{\mathrm{ges}} = +\sqrt{8{,}2^2\ \mathrm{V}^2 + 3^2\ \mathrm{V}^2} = 8{,}75\ \mathrm{V}$. Für den Nullphasenwinkel erhält man $\tan\alpha_{\mathrm{ges}} = 3\ \mathrm{V}/8{,}2\ \mathrm{V} = 0{,}366$, was $\alpha_{\mathrm{ges}} = 20°$ ergibt. Der Zeiger für die Gesamtspannung ist $\mathfrak{U}_{\mathrm{ges}} = 8{,}75\ \mathrm{V}\,\mathrm{e}^{\mathrm{j}\,20°}$, wie in Bild 2.8 dargestellt.

2.3 Beziehung zwischen Strom und Spannung im Wechselstromkreis

2.3.1.1 Induktivität im Wechselstromkreis

In einer *Spule*, welche wir nach Bild 2.9 an eine Wechselspannung U legen, fließt ein Wechselstrom, dessen Effektivwert der Sapnnung proportional ist. Wir setzen zunächst eine *eisenlose* Spule voraus.

Aus der Stromänderung läßt sich die Spannung u_L wie folgt bestimmen: $i = \hat{\imath} \cdot \sin(\omega t)$. Nach Gl. (1.72) ist $u_\mathrm{L} = L \cdot \mathrm{d}i/\mathrm{d}t = \omega L \cdot \hat{\imath} \cdot \cos(\omega t)$.

Daß an die Stelle des Sinus der Cosinus tritt, heißt, daß die Spannungsschwingung um 90° voreilt. Ihr Höchstwert ist $\omega L \cdot \hat{\imath}$, ihr Effektivwert also:

$$U_\mathrm{L} = \omega L \cdot I \,. \tag{2.8}$$

Setzen wir entsprechend Bild 1.48 *gegenseitige* Induktion voraus, so erzeugt ein Wechselstrom i_1 in der ersten Spule in einer zweiten Spule mit der Gegeninduktivität M eine Spannung [s. Gl. (1.81)]:

$$U_\mathrm{L2} = \omega M \cdot I_1 \,. \tag{2.9}$$

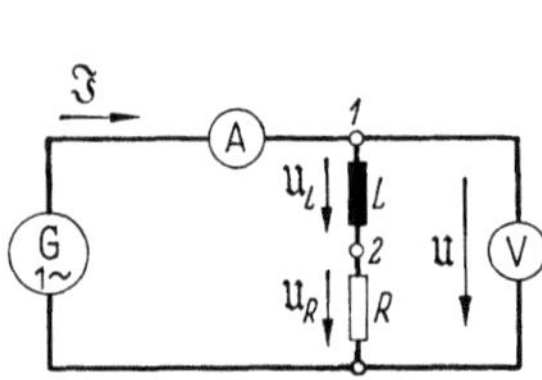

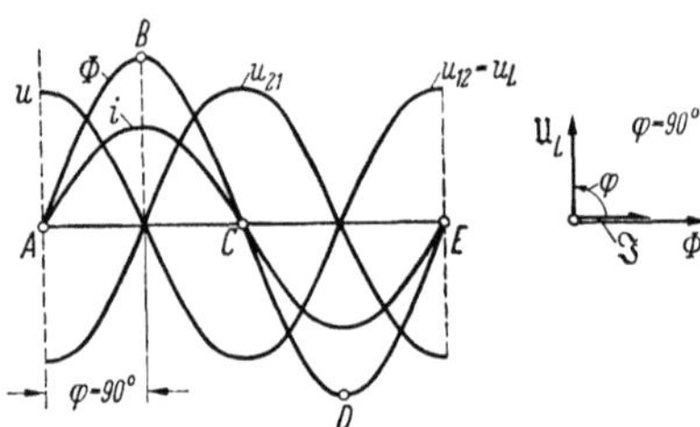

Bild 2.9. Spule im Wechselstromkreis　　　　　　　　Bild 2.10

Bild 2.10 stellt den zeitlichen Verlauf des magnetischen Flusses Φ dar. Nach Gl. (1.58) ist die erzeugte Spannung der *Flußänderung* proportional. Im Punkte A steigt der Fluß steil an, hier ist also die erzeugte Spannung u_{21} groß. Im Punkte B ist der Fluß auf seinem Höchstwert, er *ändert* sich augenblicklich gar nicht, so daß jetzt die Spannung Null sein muß. Die Selbstinduktionsspannung u_{21} ist also gegen den magnetischen Fluß um eine Viertelperiode, d. i. 90° verschoben, und zwar eilt sie *nach* (s. a. Bild 1.49). Bei ansteigendem magnetischen Fluß muß u_{21} negatives, bei fallendem Fluß positives Vorzelchen besitzen.

Da aber $u_{21} = - u_{12}$ ist, ist in Bild 2.10 auch die Spannung u_{12} aufgetragen. u_{12} eilt dem Fluß Φ um 90° vor, das heißt der Strom eilt der Spannung um 90° nach.

Nach Gl. (1.60) ist die *mittlere* Spannung, wenn der Fluß von A nach B, also um $\Phi_1 - \Phi_2 = \hat{\Phi}$, in der Zeit $t = 1/4\,f$ ansteigt, gleich $\hat{\Phi} \cdot N \cdot 4f$. Um auf den Effektivwert zu kommen, muß man noch mit dem Verhältnis des Effektivwertes zum Mittelwert, dem sog. *Formfaktor* ζ (s. Gl. (2.5)) multiplizieren. Es ist also:

$$U = 4\zeta \cdot \hat{\Phi} \cdot f \cdot N = \frac{2\zeta \cdot \hat{\Phi} \cdot \omega \cdot N}{\pi} \,. \tag{2.10}$$

Für die Sinuslinie ist nach Gl. (2.5)

$$\zeta = (\hat{u}/\sqrt{2})/(2\,\hat{u}/\pi) = \pi/(2\sqrt{2}) = 1{,}11 \,. \tag{2.11}$$

Für sie gilt daher:

$$U = 4{,}44\,\hat{\Phi} \cdot f \cdot N = \frac{1}{\sqrt{2}}\,\hat{\Phi} \cdot \omega \cdot N\,. \qquad (2.12)$$

Gl. (2.8) ist das „Ohmsche Gesetz", für eine widerstandslose Spule L im Wechselstromkreis. Dieses Gesetz gibt den Zusammenhang zwischen Effektivwert der Spannung, Effektivwert des Stromes, der Frequenz $f = \omega/(2\,\pi)$ und der Induktivität L.

Die Größe ωL heißt induktiver Widerstand der Spule (Reaktanz oder Induktanz).

Dieser ist nicht wie der ohmsche Widerstand konstant, sondern er wächst mit der Frequenz und hat die Einheit $s^{-1} \cdot \Omega s = \Omega$. Gl. (2.8) ist bei eisenerfüllten Spulen, die magnetisch stark gesättigt sind, kaum verwendbar, weil L dann nicht konstant ist.

Eine Spule (Bild 2.9), welche sowohl Induktivität, als auch ohmschen Widerstand hat, läßt sich dadurch leicht auf die bisherigen Fälle zurückführen, daß man sie als eine Reihenschaltung einer widerstandslosen Spule und einem reinen ohmschen Widerstand auffaßt. Nimmt man wieder als Ausgang einen Strom an, dann lassen sich (Bild 2.11) wie in Bild 2.10 die Linien für i, Φ und u_L

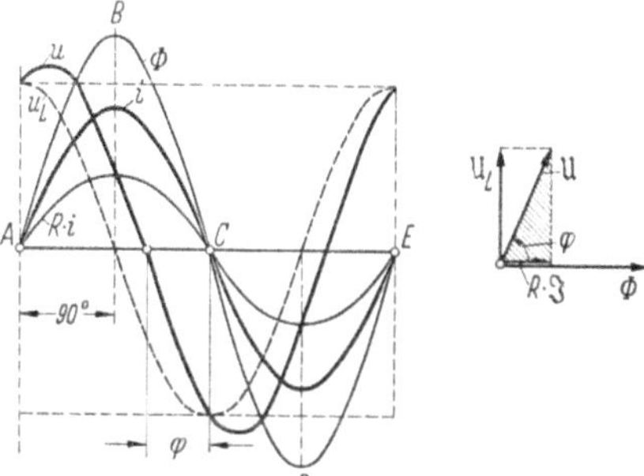

Bild 2.11. Linien- und Zeigerdiagramm einer Spule

zeichnen. Die letztere Linie ist natürlich nicht direkt meßbar, weil der ohmsche Widerstand verteilt auf die Windungen der Induktivität liegt. Der ohmsche Widerstand R benötigt eine Spannung $R \cdot i$, die ebenfalls einzutragen ist. Man erhält nun die Gesamtspannung u, wenn man die Linien u_L und $R \cdot i$ punktweise addiert. Viel übersichtlicher ist das Zeigerdiagramm, in welchem sich die Addition der Spannungen in einem Parallelogramm darstellt. Der Strom eilt auch jetzt der Spannung *nach*. Die Phasennacheilung φ ist je nach dem Größenverhältnis $\omega L/R$ zwischen 0° und 90°.

Aus dem geschrafften Dreieck des Bildes 2.11 folgt mit $|\mathfrak{U}| = U$ und $|\mathfrak{J}| = I$ nach dem Lehrsatz des Pyhtagoras $(R \cdot I)^2 + (\omega \cdot L \cdot I)^2 = U^2$. Hieraus ergibt sich nach U aufgelöst:

$$U = I \cdot \sqrt{R^2 + \omega^2 L^2}\,. \qquad (2.13)$$

Der in der Form des Ohmschen Gesetzes erscheinende Ausdruck hat eine Wurzel, welche den echten Widerstand R (Wirkwiderstand) und den induktiven Widerstand ωL enthält. Lediglich durch R wird Wärme entwickelt, die in der Spule auftretende Wirkleistung ist demnach $P = R \cdot I^2$. Dividiert man die Größe der drei Seiten des geschrafften Dreiecks in Bild 2.11 durch I, dann erhält man das

Widerstandsdreieck (Bild 2.12) (Hypotenusenwiderstand $=$ Impedanz oder Scheinwiderstand), woraus die Phasenverschiebung φ ermittelt werden kann. Es ist

$$\tan \varphi = \omega\, L/R \,. \tag{2.14}$$

Die Gleichungen (2.13) und (2.14) wurden aus dem Zeigerdiagramm unter Verwendung geometrischer Beziehungen gewonnen. Man kann auch die symbolische Darstellung von Zeigern in der Gaußschen Zahlenebene verwenden. Stellt man sich die Zeiger aus Bild 2.11 in der Gaußschen Zahlenebene liegend vor, so erhält man für die drei Spannungszeiger

$$\mathfrak{U}_{\mathrm{R}} = R\,\mathfrak{I} = R\,I\,\mathrm{e}^{\mathrm{j}\,0^\circ} = R\,I$$

$$\mathfrak{U}_{\mathrm{L}} = U_{\mathrm{L}}\,\mathrm{e}^{\mathrm{j}\,90^\circ} = \mathrm{j}\,U_{\mathrm{L}}$$

$$\mathfrak{U}\ = U\,\mathrm{e}^{\mathrm{j}\,\varphi} = U\,(\cos\varphi + \mathrm{j}\,\sin\varphi)\,.$$

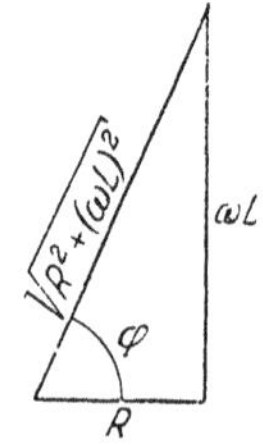

Bild 2.12. Wider-
standsdreieck

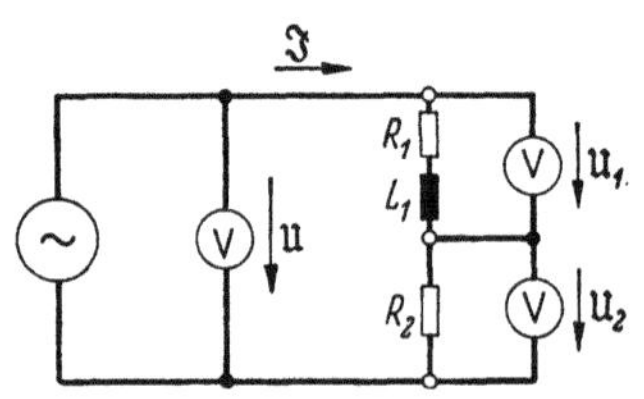

Bild 2.13. Reihenschaltung
von Spule und Widerstand

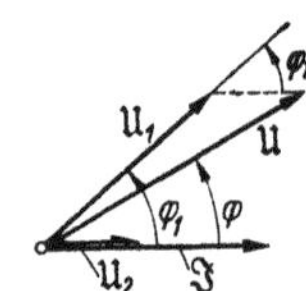

Bild 2.14. Zeigerdiagramm
zu Bild 2.13

Nach Gl. (2.8) ist aber $U_{\mathrm{L}} = \omega\,L\,I$, so daß

$$\mathfrak{U}_{\mathrm{L}} = \omega\,L\,I\,\mathrm{e}^{\mathrm{j}\,90^\circ} = \mathrm{j}\,\omega\,L\,I$$

ist.

Nach Kirchhoff gilt für die Zeiger $\mathfrak{U} = \mathfrak{U}_{\mathrm{R}} + \mathfrak{U}_{\mathrm{L}}$, so daß man mit den obigen Gleichungen erhält

$$\mathfrak{U} = I\,(R + \mathrm{j}\,\omega\,L) \tag{2.15}$$

Der Betrag der komplexen Größe $\mathfrak{Z} = R + \mathrm{j}\,\omega\,L$ ist $Z = \sqrt{R^2 + \omega^2\,L^2}$. Der Nullphasenwinkel läßt sich aus $\sin\varphi/\cos\varphi = \tan\varphi = \omega\,L/R$ bestimmen.

46. Beispiel. Eine Spule mit dem Wirkwiderstand (Drahtwiderstand) 10 Ω liege an einer Wechselspannung von 220 V und nehme einen Strom von 10 A auf ($f = 50$ Hz). Wie groß ist die Phasenverschiebung des Stromes? Durch Einsetzen in Gl. (2.13) erhält man $\omega\,L = 19{,}6\ \Omega$. Da $\omega = 2\,\pi\,f = 314\ \mathrm{s}^{-1}$ ist, ergibt sich $L = 0{,}0625$ H. Die Phasenverschiebung ist $\tan\varphi = 19{,}6\ \Omega/10\ \Omega = 1{,}96$, was einem Winkel $\varphi = 63^\circ$ entspricht.

Die Reihenschaltung von Spulen und Widerständen. In Bild 2.13 liegt eine Spule in Reihe mit einem Widerstand, wobei die Spannungen gemessen werden. Der Versuch zeigt, daß die algebraische Summe der Spannungsmesserablesungen $U_1 + U_2 \neq U$, sondern größer ist. Man beachte wohl, daß die Summe der *Augenblickswerte* $u_1 + u_2$ selbstverständlich gleich der Augenblicksspannung u ist. Das gilt aber nicht für die von den Instrumenten angezeigten Effektivwerte.

Zur Aufzeichnung des Zeigerdiagramms (Bild 2.14) beginnt man am besten zuerst mit dem Zeiger des Stromes, weil der Strom bei der Reihenschaltung die gemeinsame Größe ist. Die Spannung $|\mathfrak{U}_1| = U_1 = I\sqrt{R_1^2 + \omega^2\,L_1^2}$ muß um den Winkel φ_1 dem Strom voreilen, und die Spannung $|\mathfrak{U}_2| = U_2 = I \cdot R_2$ ist in Phase mit I, also in gleicher Richtung mit I an U_1 anzureihen. Die Summe ist die Gesamtspannung U, die gegen den Strom um φ voreilt.

47. Beispiel. Bei einer Schaltung nach Bild 2.13 wurde $U_1 = 56$ V, $U_2 = 70$ V und $U = 110$ V gemessen. Wie groß ist die Phasenverschiebung in der Spule?

Man wähle einen Maßstab für die Spannungen (z. B. $c_\mathrm{u} = 1$ mm/V). Entsprechend Bild 2.14 beginnen wir mit $U_1 \cdot c_\mathrm{u} = 56$ mm, schlagen um den Endpunkt einen Kreis mit U_2 und um den Anfangspunkt mit U. Der Winkel φ_1 kann dann zu $59°$ abgemessen werden (Methode der drei Spannungsmesser).

48. Beispiel. Die Reihenschaltung aus Induktivität L und Widerstand R (s. Bild 2.9) wird zum Zeitpunkt $t = 0$ an eine Wechselspannung $u = \hat{u} \sin(\omega t)$ angelegt. Man berechne $i = f(t)$. Da die Summe der Spannungen in der Masche gleich *Null* sein muß, erhält man die *nichthomogene Differentialgleichung erster Ordnung mit konstanten Koeffizienten*

$$\hat{u} \sin(\omega t) = R\,i + L\,\mathrm{d}i/\mathrm{d}t\,. \tag{2.15a}$$

Diese Gleichung unterscheidet sich von der Differentialgleichung (1.74) dadurch, daß der *nichthomogene* Teil (linke Seite der Gleichung) eine *Zeitfunktion* ist.

Eine *partikuläre* Lösung dieser Differentialgleichung ist derjenige Strom, der im *eingeschwungenen* Zustand fließt. Dieser beträgt aber mit Gl. (2.15) in symbolischer Darstellung $\mathfrak{I} = \mathfrak{U}/(R + \mathrm{j}\,\omega\,L)$.

Hieraus ergibt sich in der Zeitdarstellung

$$i = \frac{\hat{u}}{\sqrt{R^2 + \omega^2\,L^2}}\,\sin(\omega t - \varphi)\,. \tag{2.15b}$$

Hierbei ist $\tan\varphi = \omega\,L/R$.

Man kann sich durch Differenzieren und Einsetzen in Gl. (2.15a) überzeugen, daß Gl. (2.15b) die Differentialgleichung erfüllt und deshalb eine partikuläre Lösung sein muß.

Zur *vollständigen* Lösung der Differentialgleichung muß nun noch zur partikulären Lösung die Lösung der *homogenen Differentialgleichung* hinzugefügt werden. Diese beträgt mit Gl. (1.75) $i = C_\mathrm{k}\,\mathrm{e}^{-t/T_\mathrm{e}}$, wobei $T_\mathrm{e} = L/R$ die *Einschwingzeitkonstante* ist. Damit ergibt sich die vollständige Lösung

$$i = C_\mathrm{k}\,\mathrm{e}^{-t/T_\mathrm{e}} + \frac{\hat{u}}{\sqrt{R^2 + \omega^2\,L^2}}\,\sin(\omega t - \varphi)\,. \tag{2.15c}$$

Im Einschaltaugenblick $t = 0$ muß $i = 0$ sein, da der Strom in der Spule wegen des Energieinhaltes beim Einschalten nicht springen kann. Hiermit erhält man die Integrationskonstante $C_\mathrm{k} = \hat{u}\,\omega\,L/(R^2 + \omega^2\,L^2)$, so daß die vollständige Lösung lautet

$$i = \hat{u}\left[\frac{\omega\,L}{R^2 + \omega^2\,L^2}\,\mathrm{e}^{-t/T_\mathrm{e}} + \frac{1}{\sqrt{R^2 + \omega^2\,L^2}}\,\sin(\omega t - \varphi)\right]\,. \tag{2.15d}$$

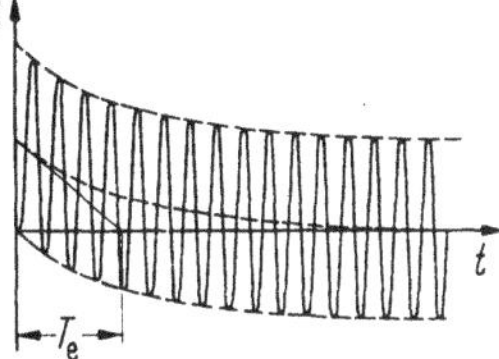

Bild 2.15. Reihenschaltung aus R und L an Wechselspannung; $i = f(t)$; Einschaltaugenblick: Spannungsnulldurchgang; $R \ll L$

Man erkennt, daß nach genügend langer Zeit ($t \gg T_\mathrm{e}$) der Strom in den eingeschwungenen Zustand übergeht (Gl. 2.15b). Bei einem Stromkreis mit hinreichend kleinem Widerstand ($R \ll \omega\,L$) geht Gl. (2.15d), wegen $\varphi \to 90°$, über in

$$i = \frac{\hat{u}}{\omega\,L}\,[\mathrm{e}^{-t/T_\mathrm{e}} - \cos(\omega t)]\,. \tag{2.15e}$$

Bild 2.15 zeigt den Verlauf $i = f(t)$.

Sofern die Einschwingzeitkonstante $T_e = L/R$ groß gegenüber der Periodendauer $T = 1/f$ ist, erhält man den Größtwert des Stromes zu

$$i_{\max} = 2\,\hat{u}/(\omega L) = 2 \cdot \sqrt{2} \cdot U/(\omega L) \tag{2.15f}.$$

Die Parallelschaltung von Spulen und Widerständen. Bei der Parallelschaltung von Spule und Widerstand nach Bild 2.16 beginnen wir zunächst mit dem gemeinsamen Spannungszeiger U (Bild 2.17). Der Strom I_1 in der Spule eilt dieser Spannung um den Win-

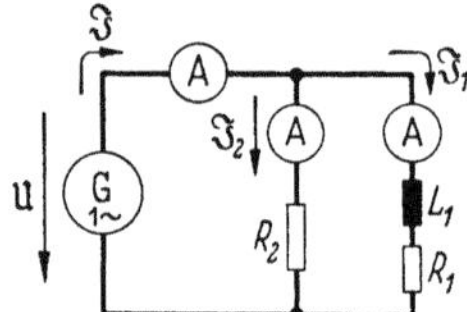

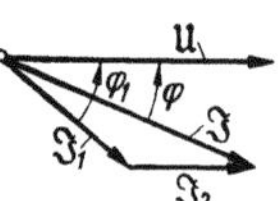

Bild 2.16. Parallelschaltung von Spule und Widerstand   Bild 2.17. Zeigerdiagramm zu Bild 2.16

kel φ_1 nach. Der Stromzeiger I_2 ist in Phase mit U anzureihen, wodurch sich dann der Summenstrom I ergibt. Ersetzt man den Widerstand durch eine Spule, so ist I_2 um den Winkel φ_2 gegen die Spannung nacheilend anzutragen.

49. Beispiel. In der Schaltung (Bild 2.16) seien gemessen: $I_1 = 3\,\text{A}$, $I_2 = 4\,\text{A}$ und $I = 6\,\text{A}$. Wie groß ist die Phasenverschiebung in der Spule und die Gesamtphasenverschiebung? (Methode der drei Strommesser.)

Man erhält aus einer maßstäblichen Zeichnung, z. B. mit dem Strommaßstab $c_i = {}$ $= 10\,\text{mm/A}$, $\varphi_1 = 63°$; $\varphi_{\text{ges}} = 26°$.

Bei späteren Betrachtungen (Heylanddiagramm) kommen häufig Kombinationen von Spulen mit veränderlichen Widerständen vor, wie Bild 2.18 zeigt. Um das Zeigerdiagramm

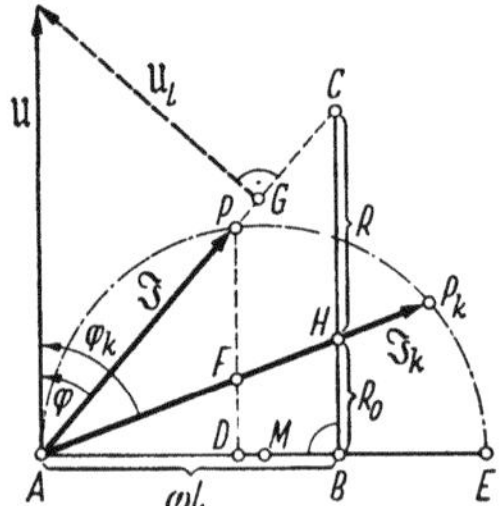

Bild 2.18

zu zeichnen, denken wir uns den Widerstand R_0 der Spule herausgenommen und mit dem äußeren Widerstand R zu $(R_0 + R)$ vereinigt. Wie Bild 2.19a zeigt, beginnen wir mit beliebiger Lage des Stromzeigers $|\mathfrak{J}| = I$. Die Spannung $|U_L| = U_L = \omega L \cdot I$ ist mit 90° Voreilung aufzutragen, worauf dann in Phase mit dem Strom I die Spannungsfälle $|U_R| = U_R = R \cdot I$ und $|U_{R0}| = U_{R0} = R_0 \cdot I$ anzureihen sind. Die Schlußlinie gibt die Gesamtspannung U.

Gewöhnlich liegt nun die Aufgabe so, daß die Spannung U und die Frequenz f konstant und gegeben sind, und daß man bei verschiedenen äußeren Widerständen R den Strom I und die Phasenverschiebung φ kennen möchte (*Ortskurve*). Es ist dann

$$I = U/\sqrt{(R + R_0)^2 + \omega^2 L^2} \tag{2.16}$$

und

$$\tan\varphi = \frac{\omega L}{R + R_0}. \tag{2.17}$$

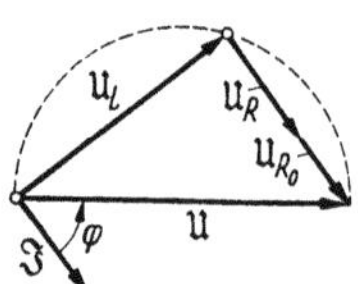

Bild 2.19a. Diagramm zu Schaltung Bild 2.18   Bild 2.19b. Betriebsdiagramm zu Schaltung Bild 2.18 (Ortskurve)

Zeichnet man für beliebige Werte $0 \leqq R \leqq \infty$ alle Stromzeiger auf, so liegen die Endpunkte auf auf einem Halbkreis. Läßt man $R \to \infty$ gehen, so geht $I \to 0$ und $\varphi \to 0$. Für $R = 0$ wird $I_k = U/\sqrt{R_0^2 + \omega^2 L^2}$ und $\tan \varphi_k = \omega \cdot L/R_0$. Der Nenner der Gl. (2.17) ist ein Widerstand und stellt die Hypotenuse in einem rechtwinkligen Dreieck mit den Katheten $R + R_0$ und $\omega \cdot L$ dar. In Bild 2.19b ist dieses Dreieck ABC eingezeichnet. Legt man den Spannungspfeil U z. B. senkrecht nach oben, so muß die Kathete AB des Dreiecks nach rechts abgetragen werden, da für $R + R_0 = 0$ nach Gl. (2.17) der Winkel $\varphi = 90°$ zwischen $\Im$ und $\mathfrak{U}$ auftreten muß. Der Winkel φ läßt sich für beliebige Werte R einfach zeichnen, sofern man das Dreieck ABC aufzeichnet. Da man nach Obigem weiß, daß die Endpunkte der Stromzeiger auf einem Halbkreis liegen, so kann man diesen über der Strecke $\overline{AE} = c_i \cdot U/(\omega L)$ mit Radius $c_i U/(2 \omega L)$ auftragen. Die Strecke $\overline{AG}$ ist die Spannung an den Widerständen. Sie beträgt $U_R + U_{R0} = U \cdot \cos \varphi$. Wird diese Gleichung mit I multipliziert, so erhält man die Wirkleistung $P = I (U_R + U_{R0}) = U \cdot I \cdot \cos \varphi = I^2 (R + R_0)$.

Da in Bild 2.19b die Strecke $\overline{PD} = I \cos \varphi$ ist, folgt, daß die Wirkleistung P proportional zur Strecke $\overline{PD}$ ist und für $\varphi = 45°$ ein Maximum bei $(R + R_0) = \omega L$ aufweist. Aus der Ähnlichkeit der Dreiecke $PAF \sim CAH$ und $FAD \sim HAB$ folgt das Verhältnis der Leistungen in Außen- und Innenwiderstand: $P_R/P_{R0} = R/R_0 = \overline{PF}/\overline{FD}$.

Die Ortskurve (Bild 2.19b) kann wesentlich übersichtlicher bestimmt werden, wenn man das symbolische Verfahren mit komplexen Zahlen anwendet. Oben wurde gezeigt (Bild 2.7), daß zur komplexen Größe $\mathfrak{A}$ die hierzu reziproke Größe $\mathfrak{B} = 1/\mathfrak{A}$ durch den Betrag $B = 1/A$ und den Nullphasenwinkel $\beta = -\alpha$ gekennzeichnet ist.

Verändert man z. B. bei der komplexen Größe $\mathfrak{A} = a + \mathrm{j}\, b$ den Realteil a als Variable zwischen den Grenzen 0 und $+\infty$, so liegen die komplexen Größen $\mathfrak{A}$ in der Gaußschen Zahlenebene auf einer Geraden, die den *konstanten* Imaginärteil b und den *variablen* Realteil a besitzt (Bild 2.20a). Hierbei können a und b

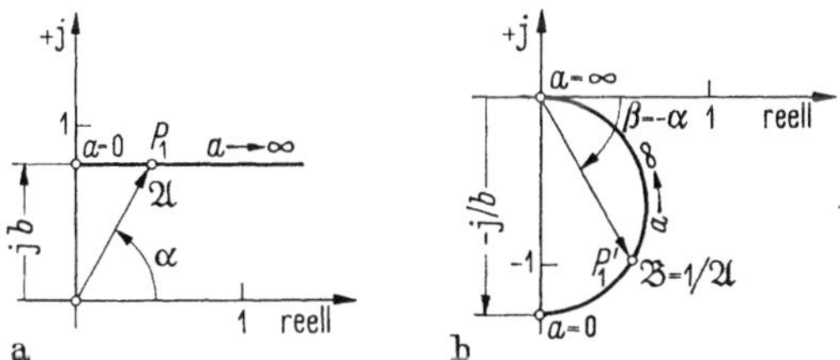

Bild 2.20a. Ortskurve $\mathfrak{A} = a + \mathrm{j}\, b$; $0 \leqq a \leqq + \infty$; $a = R + R_0$; $b = \omega L$; Widerstandsebene;
b. Ortskurve $\mathfrak{B} = 1/\mathfrak{A} = 1/(a + \mathrm{j}\, b)$; $a = R + R_0$; $b = \omega L$; Leitwertebene

z. B. Widerstände sein. Die *reziproke Funktion* $\mathfrak{B} = 1/\mathfrak{A}$ ist gekennzeichnet durch den *negativen* Nullphasenwinkel $\beta = -\alpha$. Die Punkte der reziproken Funktion liegen in der Gaußschen Zahlenebene auf einem *Kreis*. Man nennt die Funktion $\mathfrak{B} = 1/\mathfrak{A}$ die am Einheitskreis *gespiegelte Abbildung* von $\mathfrak{A}$ (Bild 2.20b). Funktion $\mathfrak{A}$ liegt in der *Widerstandsebene*, Funktion $\mathfrak{B} = 1/\mathfrak{A}$ liegt in der *Leitwertsebene*. Sofern in der Ausgangsfunktion $\mathfrak{A}$ der konstante Anteil fehlt, wird die Abbildung eine *Gerade*.

Für die Schaltung Bild 2.18 erhält man $\mathfrak{U} = \Im (R + R_0 + \mathrm{j}\, \omega L)$. Die komplexe Größe $R + R_0 + \mathrm{j}\, \omega L = \mathfrak{Z}$ ist in Bild 2.20a dargestellt, wenn man für $a = R + R_0$ und $b = \omega L$ setzt. Es wird dann $R_0 \leqq a \leqq \infty$, wenn R zwischen 0 und ∞ verändert wird. Bild 2.20b ist die Ortskurve für $1/\mathfrak{Z}$. Da bei der früheren Betrachtung in Beispiel 49 (Bild 2.19b) der Spannungszeiger $\mathfrak{U}$ willkürlich in die positive imaginäre Achse gelegt wurde, ist in diesem Fall $\mathfrak{U} = \mathrm{j}\, U = U\, \mathrm{e}^{\mathrm{j}\, 90°}$. Um die Ortskurve für $\Im = \mathfrak{U}/\mathfrak{Z}$ in der

Strom-Spannungsebene zu erhalten, muß die Ortskurve des Leitwertes $1/\mathfrak{Z}$ um $+90°$ gedreht und um U gestreckt werden (Streckung = Multiplikation mit U).

50. Beispiel. Es soll Ersatzschaltbild und Zeigerdiagramm für die Schaltung Bild 2.21 aufgezeichnet werden. Eine Gegeninduktivität M liegt mit Spule 1 an der Spannung U_1. Durch Gegeninduktion wird in der Spule 2 eine Spannung erzeugt, die durch den Lastwiderstand R einen Strom I_2 treibt.

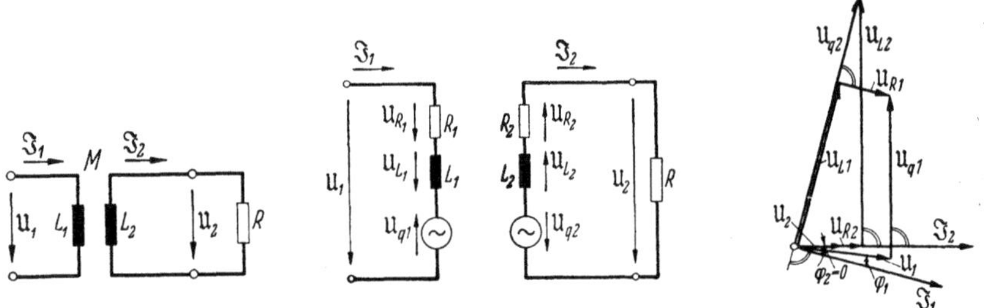

Bild 2.21. Lufttransformator   Bild 2.22. Ersatzschaltbild zu Bild 2.21   Bild 2.23. Zeigerbild zu Bild 2.21
(nicht maßstäblich)

Bild 2.22 enthält die primären und sekundären Induktivitäten L_1 und L_2, sowie die Wicklungswiderstände R_1 und R_2 der Gegeninduktivität $M = k\sqrt{L_1 \cdot L_2}$. Außerdem ist die vom Strom I_2 in der Spule 1 hervorgerufene Spannung $U_{q1} = I_2 \cdot \omega M$, sowie die vom Strom I_1 in der Spule 2 hervorgerufene Spannung $U_{q2} = I_1 \cdot \omega M$ eingetragen [vgl. Gl. (2.9)]. Man beachte dabei die Pfeilrichtungen. Die beiden Spannungspfeile besitzen positive Zählrichtung, wenn sie in Richtung des sie verursachenden Stromes liegen. An den Klemmen der Spulen sind außen nur die Spannungen U_1 und U_2 meßbar. Das Zeigerdiagramm Bild 2.23 wird mit I_2 in beliebiger Lage begonnen. Entsprechend der Kirchhoffschen Regel kann man die Spannungen $U_{R2} = I_2 R_2$ und $U_2 = I_2 R$ in Phase mit I_2 eintragen und $U_{L2} = \omega L_2 \cdot I_2$ um $+90°$ gedreht einzeichnen. Die Schlußlinie ergibt U_{q2}. Der Strom $I_1 = U_{q2}/\omega M$ muß um $-90°$ zu U_{q2} gedreht liegen. Die Spannung $U_{q1} = I_2 \cdot \omega \cdot M$ ist um $+90°$ zu I_2 einzuzeichnen. Durch Anwendung der Kirchhoffschen Regel für die Masche 1 erhält man als Schlußlinie die Spannung U_1.

War U_1 von vornherein bekannt, so wird man unter vorläufiger Annahme von U_2 das Diagramm genau so aufzeichnen und zum Schluß den Maßstab des ganzen Diagramms so abändern, daß das richtige U_1 entsteht. U_1/U_2 ist das *Last-Übersetzungsverhältnis* des Lufttransformators. Man prüfe, wie sich dasselbe ändert, wenn man unter sonst gleichen Bedingungen sekundär mit einer Induktivität oder Kapazität gleicher Stromaufnahme belastet.

Die Anordnung Bild 2.21 heißt auch Transformator. Bei Transformatoren ist der Kopplungsgrad $k \approx 1$. Man verwendet zur Bestimmung der Betriebseigenschaften von Transformatoren auch noch ein anderes Ersatzschaltbild (Bild 7.4 u. 7.7).

2.3.1.2 Spulen mit Eisenkern

2.3.1.2.1. Verlustlose Spule

Zur Vergrößerung der Induktivität versieht man eine Spule zweckmäßig mit einem Eisenkern (Bild 2.24). Infolge der Krümmung der Magnetisierungslinie ist dann allerdings die Induktivität *nicht* mehr *konstant*, wie an Bild 1.58 in Verbindung mit Gl. (1.70) gezeigt wurde. Wegen dieser Nichtlinearität wird im allgemeinen bei der eisenerfüllten Spule nicht mit der Induktivität L, sondern unmittelbar mit dem magnetischen Fluß gerechnet. Wir setzen zunächst eine *verlustlose* Spule ($R = 0$) voraus. Bei einer bestimmten Windungszahl und Frequenz ist der Fluß nur durch die angelegte Spannung bestimmt. Der Maximalwert läßt sich aus Gl. (2.12) berechnen. Der Strom, den dann die Spule aus dem Netz aufnehmen muß, ist durch die Durchflutung Θ und den magnetischen Widerstand R_m des Eisenweges festgelegt. Es besteht also ein grundsätzlicher

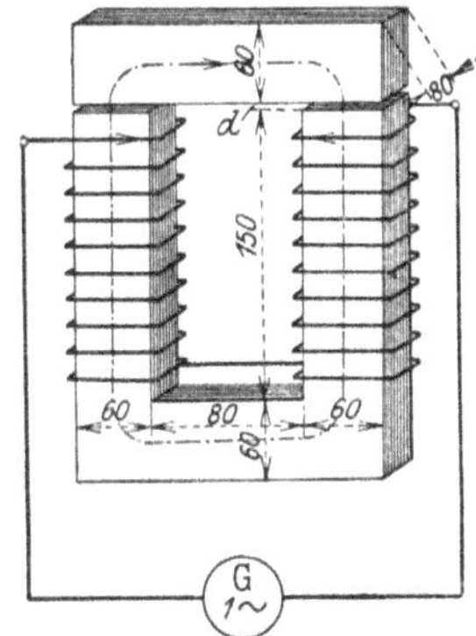

Bild 2.24. Drosselspule mit Luftspalt

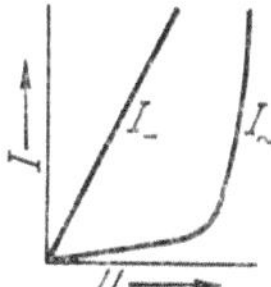

Bild 2.25. Gesättigte Drosselspule.
Strom-Spannungskennlinie bei Gleichstrom
I_- und Wechselstrom $I_\sim$

Unterschied gegenüber einer durch Gleichstrom erregten Spule, welcher durch die folgende Gegenüberstellung gekennzeichnet ist:

<table>
<tr><td>Gleichstromspule</td><td>Wechselstromdrossel</td></tr>
<tr><td>Bei Anlegung einer Gleichspannung U bestimmt Widerstand R den Strom I und die Durchflutung Θ.</td><td>Wechselspannung U bestimmt den magn. Fluß Φ.</td></tr>
<tr><td>Magnet. Widerstand bestimmt magn. Fluß Φ.</td><td>Magnet. Widerstand bestimmt Durchflutung Θ und Stromstärke I.</td></tr>
</table>

Hierbei ist vorausgesetzt, daß die Drossel verlustlos ist, während die Gleichstromspule natürlich nicht ganz ohne Widerstand zu denken ist. Es ergibt sich nun ein entsprechendes Verhalten im Betrieb. Während eine mit Gleichstrom betriebene, eisenerfüllte Spule mit wachsender Spannung U einen proportional steigenden Strom (I_-) aufnimmt (Bild 2.25), wächst der Wechselstrom $(I_\sim)$ nach Erreichung der Sättigung nicht mehr linear. Eine zu große Spannung verursacht sehr große, nichtsinusförmige Ströme. Eine Änderung des Eisenluftspalts beeinflußt den Gleichstrom nicht, während der Wechselstrom mit zunehmendem Luftspalt stark wächst, weil der magnet. Widerstand steigt. Eine Umpolung einer der beiden Spulen verändert den Gleichstrom nicht (wohl aber den Fluß!), während bei Wechselstrom durch die Entgegenschaltung der beiden Spulenflüsse ein sehr kleiner induktiver Widerstand und ein sehr großer Strom entsteht.

51. Beispiel. Bild 2.24 zeigt eine Drosselspule. Der Eisenkern ist in Bleche, die voneinander isoliert sind, unterteilt, damit möglichst wenig Wirbelströme entstehen (s. Bild 1.56). Welcher Strom wird fließen, wenn bei einer Windungszahl $N = 300$ eine Spannung von 220 V angelegt wird?

Nach Gl. (2.12) ist der magnetische Fluß $\hat{\Phi} = \sqrt{2} \cdot 220\ \text{V}/(314\ \text{s}^{-1} \cdot 300) = 0{,}0033\ \text{Vs}$. Da das Eisen durch Papierzwischenlagen unterteilt ist, hat man den wirklichen Eisenquerschnitt etwa 10% geringer anzunehmen, also zu 48 cm² − 4,8 cm² = 43,2 cm². Die Flußdichte im Eisen ist daher $\hat{B}$ = 3,3 · 10⁻³ Vs/(43,2 · 10⁻⁴ m²) = 0,765 T. Die Durchflutung ist dann:

a) Ohne Luftspalt. Die Länge des Kraftlinienweges ist 65 cm. Nach Bild 1.38 wird für $\hat{B}$ = 0,765 T die Feldstärke 1,9 A/cm benötigt. Die gesamte Durchflutung ist daher 65 cm · 1,9 A/cm = 123 A und demnach der Strom $\hat{\imath}$ = 123 A/300 = 0,41 A. Da in Gl. (2.12) der Höchstwert des Flusses steht, muß dieser dem Höchstwert des Stromes entsprechen. Der Effektivwert ist, da das Eisen schwach gesättigt und deshalb μ_r konstant ist, 0,41 A/1,41 = 0,29 A.

b) Mit Luftspalt von 1 mm *beiderseits.* Im Eisen ist die gleiche Magnetisierung wie bisher vorhanden, wir brauchen also auch die gleiche Durchflutung dafür. In der Luft ist infolge der Feldlinienausbreitung der Querschnitt etwas größer (+5%) anzunehmen, etwa 48 cm² + 2,4 cm² = 50,4 cm². Die Flußdichte im Luftspalt ist daher $\hat{B}_l$ = 3,3 · 10⁻³ Vs/(50,4 · 10⁻⁴ m²) = 0,655 T. Nach Gl. (1.52) brauchen wir für die Luft $\hat{\Theta}_L$ = 0,655 T · 2 · 10⁻³ m/(1,256 · 10⁻⁶ TmA⁻¹) = 1045 A. Die gesamte Durchflutung ist $\hat{\Theta}$ = 123 A + 1045 A = 1168 A und daher der Strom $\hat{\imath}$ = 1168 A/300 = 3,9 A. Sein Effektivwert ist I = 3,9 A/1,41 = 2,75 A. Durch den Luftspalt ist der magnetische Widerstand erheblich vergrößert worden, wodurch ein entsprechend größerer Strom erforderlich ist. Der Luftspalt ist natürlich zur Erhaltung des Abstandes mit einem unmagnetischen Stoff (Pappe, Holz) auszufüllen. Metalle können wegen der Wirbelströme nicht Verwendung finden.

52. Beispiel. Eine Sonderlampe, welche bei 70 V mit 10 A arbeitet, soll unter Vorschaltung der Drossel (Bild 2.24) an eine Wechselspannung von 220 V angeschlossen werden. Welcher Luftspalt ist einzustellen, damit die Lampe ihre richtige Spannung erhält?

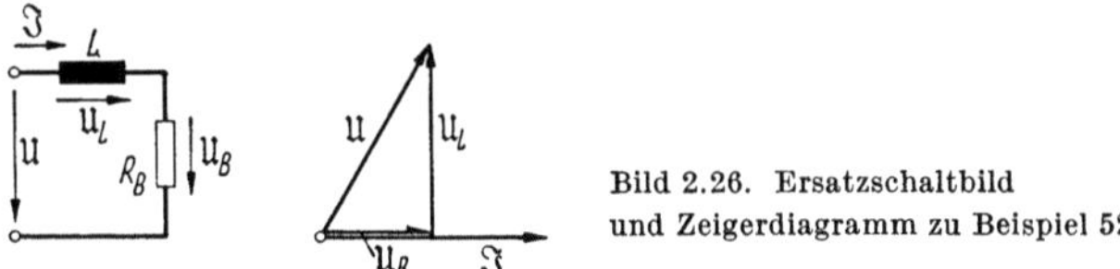

Bild 2.26. Ersatzschaltbild und Zeigerdiagramm zu Beispiel 52

Die Lampenspannung U_B liegt in Phase mit dem Strom, während die noch unbekannte Drosselspannung U_L um 90° voreilt. Man erhält sie (Bild 2.26), wenn man mit U = 220 V einen Kreis schlägt oder durch Rechnung: $U_L = \sqrt{220^2\,V^2 - 70^2\,V^2}$ = 208 V. Nach Gl. (2.12) ergibt sich bei dieser Spannung ein Fluß von 3,12 · 10⁻³ Vs. Die Flußdichte im Eisen ist demnach 3,12 · 10⁻³ Vs/(43,2 · 10⁻⁴ m²) = 0,725 T, wozu eine Feldstärke von 1,8 A/cm gehört. Insgesamt werden für das Eisen 65 cm · 1,8 A/cm = 117 A benötigt. Bei einem Lampenstrom von $\hat{\imath}$ = 10 A · 1,41 = 14,1 A ist eine Gesamtdurchflutung von 14,1 A · 300 = 4230 A verfügbar. Es bleiben also für den Luftspalt noch 4230 A − 117 A = = 4113 A. Bei einer Flußdichte im Luftspalt von 3,12 · 10⁻³ Vs/(50,4 · 10⁻⁴ m²) = 0,62 T sind je cm Luftspalt 0,62 T/(1,256 · 10⁻⁶ TmA⁻¹) = 4960 A/cm nötig. Es ist daher ein Luftspalt von 4113 A:4960 A/cm = 0,83 cm einzustellen, welcher mit 4,15 mm beiderseits zu verteilen ist.

2.3.1.2.2 Spule unter Berücksichtigung der Verluste und der Sättigung

Es treten *Stromwärmeverluste* $R \cdot I^2$ und *Eisenverluste* auf. Die letzteren setzen sich aus den *Hysteresisverlusten* und den *Wirbelstromverlusten* zusammen. Trotz der Unterteilung in Bleche lassen sich nämlich die Wirbelströme nicht ganz vermeiden. Die Hysteresisverluste können ungefähr nach Gl. (1.53) berechnet werden. Für die Wirbelstromverluste ist die folgende Beziehung zur Berechnung brauchbar:

$$v_w = \frac{P_w}{m} = \sigma \cdot \delta \cdot f^2 \cdot \hat{B}^2 \,, \tag{2.17a}$$

worin δ die Blechdicke, f die Frequenz, $\hat{B}$ die max. magnetische Flußdichte und die Stoffgröße $\sigma = 12 \cdot 10^{-4} \cdot W \cdot s^2/(kg\ T^2\ mm)$ bei normalen Blechen bis $\sigma = 1{,}5 \cdot 10^{-4} \cdot W\ s^2/(kg\ T^2\ mm)$ bei hochlegierten Blechen ist. Es ist jedoch zweckmäßiger, die gesamten Eisenverluste aus Kurven nach Bild 2.27 zu entnehmen, welche durch Versuche gewonnen wurden und welche den Gesamteisen-

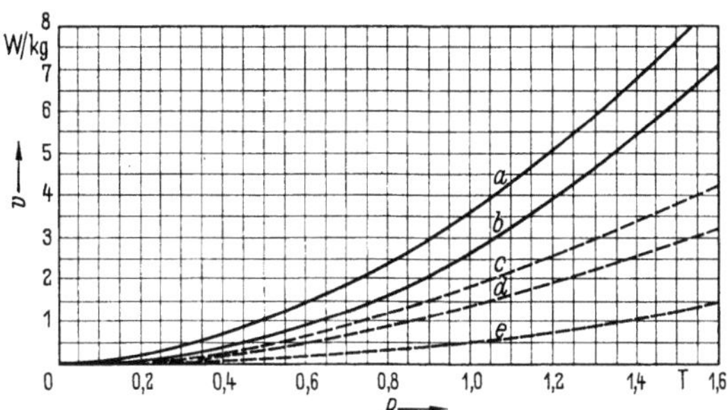

Bild 2.27. Eisenverluste: a. norm. Dynamoblech 0,5 mm; b. norm. Dynamoblech 0,35 mm; c. hochlegiertes Dynamoblech 0,5 mm; d. hochlegiertes Dynamoblech 0,35 mm; e. kaltgewalztes Dynamoblech (Vorzugsrichtung) bei $f = 50$ Hz

verlust je kg in Abhängigkeit von der Flußdichte darstellen. Die ausgezogenen Linien gelten für normale, die gestrichelten für *hochlegierte* Bleche. Letztere sind Bleche, bei welchen durch einen Si-Zusatz (bis 5%) die *elektrische* Leitfähigkeit herabgesetzt ist.

Kurve *e* (Bild 2.27) gilt für kaltgewalzte Transformatorenbleche. Kaltgewalzte Bleche mit in Walzrichtung orientierten Kristallen besitzen sehr kleine Verluste und weisen auch kleinere Feldstärken bei gleicher Flußdichte gegenüber den übrigen Dynamoblechen auf (Bild 1.38). Sie besitzen ihre hervorragenden Eigenschaften nur in Walzrichtung und sind außerdem sehr empfindlich gegen Verformung und Druck. Bei der Konstruktion von elektrischen Maschinen und Transformatoren muß hierauf Rücksicht genommen werden.

Die bei $\hat{B} = 1$ T bzw. 1,5 T auftretende Verlustleistung je kg bezeichnet man mit v_{10} bzw. v_{15} und nennt diese die spezifische Verlustleistung.

Um die Verluste im Zeigerdiagramm darstellen zu können, zeichnet man für die verlustbehaftete Spule zweckmäßig ein *Ersatz*schaltbild nach Bild 2.28, bei welchem die Spule selbst *verlustlos* angenommen ist. Die *Stromwärme*verluste sind durch einen *Vor*widerstand R_{Cu} ersetzt, der ebenso groß wie der Spulenwiderstand ist und die *Eisen*verluste denkt man sich in einem der Spule parallel

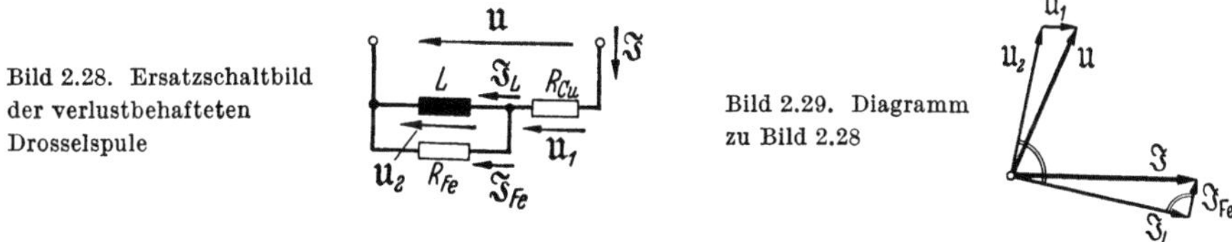

Bild 2.28. Ersatzschaltbild der verlustbehafteten Drosselspule

Bild 2.29. Diagramm zu Bild 2.28

geschalteten Widerstand R_{Fe} entstanden. Bild 2.29 zeigt das Zeigerdiagramm zu dieser Schaltung. Die Spannung U_2 an der verlustlos gedachten Spule ruft in dieser einen um 90° nacheilenden Magnetisierungsstrom I_L hervor, der nach

Beispiel 51 berechnet wird. Die Eisenverluste $P_{\text{Fe}} = P_{\text{w}} + P_{\text{h}} = m \cdot v$ ergeben sich aus Bild 2.27, wenn man, der Flußdichte entsprechend, den Kurven den Verlust je kg entnimmt und mit der Eisenmasse multipliziert. Der Verluststrom ist $I_{\text{Fe}} = P_{\text{Fe}}/U_2$. Durch geometrische Addition der Ströme I_{Fe} und I_{L} ergibt sich der tatsächliche Strom I, welcher der Spannung U_2 weniger als $90°$ nacheilt. Addiert man mit dem Strom I phasengleich den Spannungsfall $R \cdot I$ zur Spannung U_2, so erhält man die Klemmenspannung U. Unmittelbar meßbar sind von den Größen des Diagramms nur U und I, welche eine Phasenverschiebung φ gegeneinander haben. Diese ist kleiner als $90°$, weil sowohl die Eisenverluste als auch die Stromwärmeverluste auf eine Verkleinerung hinwirken. Bei der zahlenmäßigen Berechnung einer Spule in der angedeuteten Weise ergibt sich insofern eine Schwierigkeit, als die Spannung U_2, von welcher wir ausgingen, unbekannt ist. Bekannt ist nur U, das sich aber erst bei Vollendung des Diagramms ergibt. Man *schätzt* daher zunächst einmal die Spannung U_2 und bestimmt mit ihr das Diagramm. Die Spannung U, welche man aus ihm schließlich erhält, wird mit der gegebenen Spannung U nicht übereinstimmen. Aus der Abweichung erkennt man aber, in welcher Weise man die angenommene Spannung U_2 abändern muß, um zu angenähert richtigen Ergebnissen zu gelangen. Kleine Abweichungen können vernachlässigt werden, weil sowohl die Eisenverluste als auch die Magnetisierungslinie selten ganz genau bekannt ist. In vielen praktischen Fällen kann sogar auf die Berücksichtigung der Verluste überhaupt verzichtet werden.

Die verlustbehaftete Spule hat keine genaue Proportionalität zwischen Spannung U und Fluß Φ, vielmehr bleibt infolge des Spannungsfalles $R \cdot I$ der Fluß Φ in der gestrichelt eingezeichneten Weise etwas zurück (Bild 2.30).

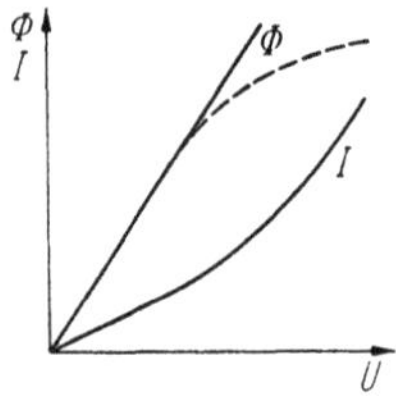

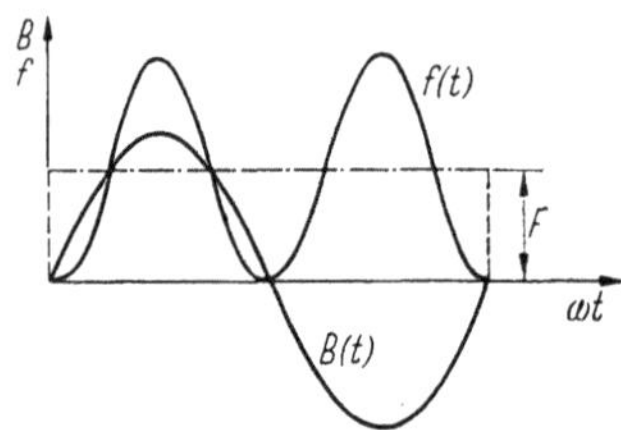

Bild 2.30. Fluß und Strom der Drosselspule mit Eisenkern in Abhängigkeit von der Spannung

Bild 2.31. Kraftwirkung eines Wechselstrommagneten

Kraftwirkungen des magnetischen Wechselfeldes. Die Anziehung, welche der Wechselstrommagnet (Bild 2.24) auf das Jochstück ausübt, läßt sich nach der allgemeinen Beziehung Gl. (1.92) in jedem Augenblick berechnen. In Bild 2.31 ist zur Flußdichte B die jeweils wirksame Kraft f aufgetragen, deren Höchstwert $\hat{f} = A \cdot \hat{B}^2/(2\,\mu_0)$ ist. Der Mittelwert F ist halb so groß, also

$$F = \frac{1}{4\,\mu_0} A \hat{B}^2 . \qquad (2.17\text{b})$$

Der Wechsel der Kraft kann zu störendem Brummen Veranlassung geben, welches durch eine Teilung und Phasenverschiebung des Flusses nach Bild 4.33 gemildert werden kann. Wechselstrommagnete kommen als Lastmagnete nicht vor, weil die Stromaufnahme ohne Last sehr groß sein würde, wohl aber finden sie als Zugmagnete zum Lüften von Bremsen, Schützen u. dgl. Verwendung (Bild 1.45 u. 14.36).

Die Kraftwirkung, welche ein von einem Wechselstrom $i(t)$ durchflossener Leiter (Bild 1.28) in einem magnetischen Wechselfeld von der Stärke B erfährt, ist nach Gl. (1.56) $f = B(t) \cdot i(t) \cdot l$. Sind B und i phasengleich, so ergibt sich die maximale Kraft zu $\hat{B} \cdot \hat{i} \cdot l$, während die mittlere Kraft halb so groß ist, also unter Einsetzung des Effektivwertes des Stromes $\hat{B} \cdot I \cdot l/\sqrt{2}$ beträgt. Bei einer Phasenverschiebung φ zwischen Feld und Strom ist, genau wie bei der Leistung, noch mit dem Faktor $\cos \varphi$ zu multiplizieren:

$$F = \frac{\hat{B} \cdot I \cdot l \cdot \cos \varphi}{\sqrt{2}} \, . \tag{2.17 c}$$

Hierbei ist Voraussetzung, daß Feld und Strom gleiche Frequenz haben. Bei ungleicher Frequenz ist die mittlere Kraftwirkung Null.

Der Einschaltstrom bei Drosselspulen. Beim Einschalten von Drosseln läßt sich beobachten, daß zuweilen ein sehr großer Einschaltstromstoß auftritt, welcher den normalen Strom um ein Vielfaches übersteigt. Es liegt nahe anzunehmen, daß dies durch den Augenblickswert der Spannung bedingt ist, welcher im Augenblick des Einschaltens vorhanden ist.

Der Einschaltvorgang beim Anlegen einer Wechselspannung an eine Spule mit *konstanter* Induktivität L und Verlustwiderstand R ist im 48. Beispiel für den Fall behandelt, daß die Wechselspannung im *Einschaltaugenblick* den Wert *Null* besitzt (Gl. (2.15d)). Der Größtwert des Einschaltstromes beträgt nach Gl. (2.15f) $i_{\max} = 2\sqrt{2}\, U/(\omega L)$.

Bei der Spule mit Eisenkern ist die Induktivität wegen der Sättigung nicht konstant, sondern eine Funktion des Stromes (Bild 1.58). Deshalb können wir die im 48. Beispiel genannten Gleichungen nur dann verwenden, wenn die Spule durch den Strom nicht gesättigt wird.

Für die Betrachtung des Einschaltvorganges bei der eisenerfüllten Spule wollen wir deshalb vom Induktionsgesetz $|u| = N\, d\Phi/dt$ ausgehen und näherungsweise annehmen, daß die Verluste der Spule vernachlässigbar klein sind ($R_{\mathrm{Cu}} \approx 0$; $R_{\mathrm{Fe}} = \infty$). Mit dem Induktionsgesetz erhält man durch Integration

$$\Phi = \frac{1}{N} \cdot \int u \cdot dt \, . \tag{2.17 d}$$

Der Fluß ist also durch die angelegte Spannung bestimmt, und wir wollen betrachten, wie er sich in zwei charakteristischen Einschaltfällen bilden muß.

1. Einschalten im Augenblick des Spannungsmaximums. Bild 2.32 zeigt diesen Fall. Der Fluß Φ ist nach Gl. (2.17d) durch die geschraffte Fläche bestimmt. Er nimmt also vom Augenblick A an ständig bis B zu, um dann wieder abzunehmen, weil nach dem Augenblick B die Fläche $\int u \cdot dt$ abnimmt. Der Fluß zeigt also einen Verlauf, wie er normal in einer Drossel ist (s. Bild 2.10). Die Spule wird in der Regel so dimensioniert, daß bei dem durch die Gleichung (2.17d) sich ergebenden maximalen Fluß $\hat{\Phi} = \hat{u}/(\omega N)$ noch *keine* wesentliche Sättigung eintritt. Der Verlauf des Stromes ist dann *sinusförmig*. Der Einschaltvorgang verläuft *ohne* Übergangszustand, und es stellt sich sofort der eingeschwungene Zustand ein.

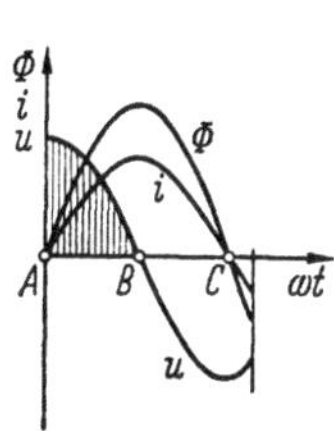

Bild 2.32. Einschaltstrom einer Drosselspule bei Spannungsmaximum

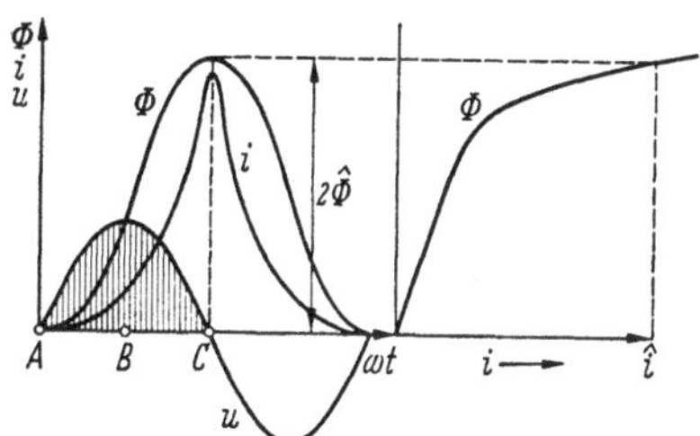

Bild 2.33. Einschaltstrom einer Drosselspule bei Spannungsnulldurchgang

2. Einschalten im Augenblick des Spannungsnulldurchganges. Bild 2.33 zeigt, daß sich jetzt eine doppelt so große Spannungszeitfläche $\int u \cdot dt$ ergibt, weil dieselbe von A bis C positiv bleibt. Nach Gl. (2.17 d) muß daher der Fluß Φ auf den *doppelt* normalen Wert ansteigen. Trägt man sich aus der rechts gezeichneten Magnetisierungslinie zu den Augenblickswerten der Flüsse die zugehörigen Ströme auf, so erhält man, bedingt durch die Eisensättigung, eine sehr hohe Stromspitze. Dieselbe ist um so höher, je weiter die Magnetisierung in das Sättigungsgebiet reicht. Bei der eisenlosen Spule könnte der Strom nur den doppelten Normalwert erreichen (Gl. 2.15 f). Praktisch klingt der Übergangsvorgang sehr schnell ab und geht in den normalen Wechselstrom über.

Der Einfluß von Sättigung und Hysteresis. In Bild 2.34 sei zunächst die gestrichelte Magnetisierungslinie angenommen, die mit scharfem Knick bis in die Sättigung des Eisens reicht. Zeichnet man mit ihr in zeitlicher Abhängigkeit die Stromlinie i, dann erkennt man eine Verzerrung dieser Stromlinie zu einer scharfen Spitze im Sättigungsgebiet. Sie hat aber wie bisher, noch eine Phasennacheilung von 90° gegenüber der Spannung u. Bei Annahme einer gleichen Magnetisierungslinie, jedoch mit starker Hysteresis tritt außer einer weiteren Verzerrung eine Abnahme der Phasenverschiebung (Nulldurchgang des Stromes beachten) bis auf einen geringen Betrag auf. Die dadurch bedingte Leistung entspricht dem Hysteresisverlust. Die Stromverzerrungen sind in Wechselstromnetzen nicht erwünscht. Sie und die hohen Eisenverluste bei hoher Magnetisierung sind der Grund, warum man nur selten höhere magnetische Flußdichten als 1,2 bis 1,4 T zuläßt. Legt man eine solche Spule mit scharfem Sättigungsknick und großer Steilheit, also fast rechteckiger Hysteresisschleife in Reihenschaltung mit einem Widerstand an eine Spannung U, dann ist im Sättigungsbereich der Strom fast nur durch R bestimmt ($i = U/R$, L sehr klein, s. Bild 1.57). Die Spannung liegt dann also fast ganz am Widerstand R. Sie geht aber auf die Drossel über, wenn die Magnetisierung in den steilen Bereich übergeht.

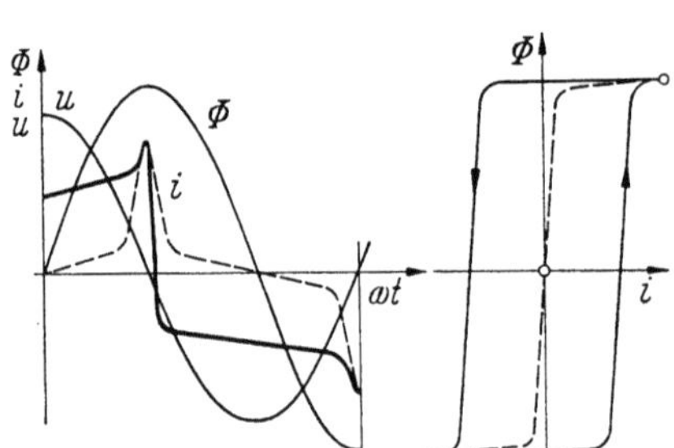 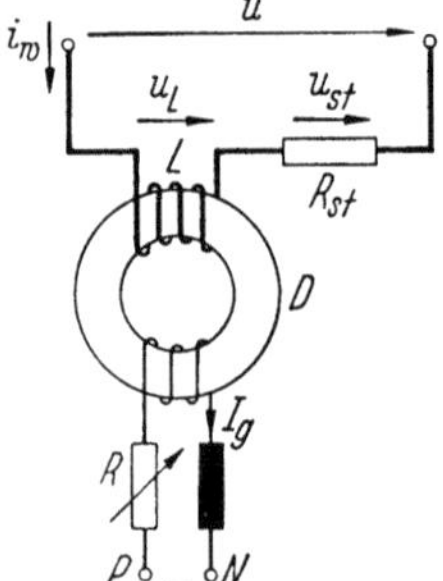

Bild 2.34. Einfluß von Sättigung und Hysteresis auf die Stromform   Bild 2.35. Vormagnetisierte Drossel

Die vormagnetisierte Drossel. Bild 2.35 zeigt eine Drossel D, welche eine zweite Spule trägt und durch einen einstellbaren Gleichstrom I_g vormagnetisiert werden kann. Dadurch lassen sich besondere Wirkungen erzielen. Man kann der Spule L je nach der Steilheit der Magnetisierungslinie mit der Vormagnetisierung I_g eine stark verschiedene Induktivität erteilen, wie bereits in Bild 1.58 gezeigt wurde (s. auch Gl. (1.70)). Wenn die Spule infolge starker Sättigung kaum noch eine Flußänderung hat, ist ihre Induktivität sehr klein, ihr Scheinwiderstand gering und daher liegt an der Spule nur eine sehr kleine Spannung u_L, während der Widerstand R_{st} fast die ganze Spannung u aufnimmt. Ohne Vormagnetisierung ist jedoch die Induktivität der Spule um so größer, je steiler die Magnetisierungslinie durch den Nullpunkt geht. Hierbei können sehr hohe Werte durch geeignete Baustoffe erreicht werden (z. B. Permalloy mit 78,5% Ni, 21,5% Fe und Permenorm mit 0,1 A/cm bei 1,5 T). In diesem Fall ist u_L sehr groß gegenüber u_{st} und es fließt nur ein kleiner Strom. Eine solche Schaltung erinnert an die Transistorsteuerung, bei welcher bekanntlich durch kleine Änderung des Basisstromes viel größere Kollektorströme gesteuert werden können. Auch hier kann mit einer kleinen Gleichstromleistung eine mehrfach größere Wechselstromleistung gesteuert werden (Magnetischer Verstärker). Durch eine Vormagnetisierung bis zum Knick der Magnetisierungslinie läßt sich auch bei Überschreitung des Knicks plötzlich eine hohe

Stoßspannung u_{st} am Widerstand R_{st} erzeugen, die zur exakten Steuerung des Zündaugenblicks von Stromrichtern Verwendung findet (Stoßdrossel, Impulsgeber). In den Gleichstromkreis ist eine hohe Induktivität eingeschaltet, die das Auftreten eines Induktionsstromes von der Wechselstromseite verhüten soll. Man erreicht das gleiche Ziel, wenn man einen dreischenkligen Eisenkern wählt (etwa nach Bild 3.21). Die Gleichstromwicklung liegt auf dem Mittelschenkel und magnetisiert beide Außenschenkel, auf denen die beiden Wechselstromwicklungen liegen. Der Wechselfluß geht jetzt nicht durch den Mittelschenkel. Eine noch bessere Lösung erhält man durch zwei getrennte einfache Drosseln, bei denen die Wechselstromspulen gegensinnig parallel, die Gleichstromspulen gleichsinnig in Reihe liegen (s. a. Bild 14.18).

2.3.2 Kapazität im Wechselstromkreis

Ein Kondensator wird bei Anschluß an eine Wechselspannung U fortgesetzt geladen und entladen. Ein Strommesser zeigt daher *dauernd* einen Strom an, obwohl keine Ladungen *hindurch*fließen. Nach Gl. (1.105) ist $i = C \cdot du/dt$. Bei Anlegung der Spannung $u = \hat{u} \cdot \sin(\omega\, t)$, also $du/dt = \omega \cdot \hat{u} \cdot \cos(\omega\, t)$ ergibt sich $i = \omega \cdot C \cdot \hat{u} \cdot \cos(\omega\, t)$. Die Stromschwingung ist also als Kosinuslinie um 90° gegen die Spannungsschwingung verschoben, und zwar eilt sie (Bild 2.36) der

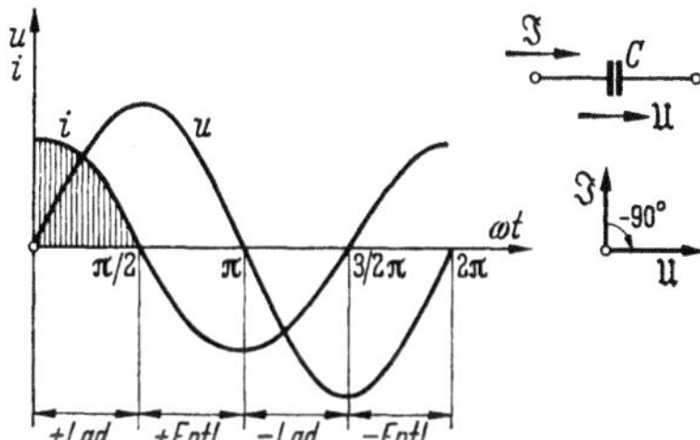

Bild 2.36. Diagramm eines Kondensators

Spannungsschwingung *vor*, weil bei positiv ansteigender Ladespannung der Ladestrom im gleichen Sinne fließen muß. Aus der vorstehenden Beziehung ergibt sich der Höchstwert des Stromes zu $\hat{i} = \omega\, C \cdot \hat{u}$ und daher der Effektivwert:

$$I = \omega\, C \cdot U = \frac{U}{1/(\omega\, C)} \,. \tag{2.18}$$

Die Größe $1/(\omega\, C)$ ist der Scheinwiderstand des Kondensators (*kapazitiver Widerstand*). Er nimmt mit wachsender Frequenz ab. Der Strom I ergibt sich auch aus folgender Überlegung: Die geschraffte Fläche in Bild 2.36 stellt die in der Zeit $T/4 = 1/(4f)$ aufgenommene Elektrizitätsmenge dar, welche $(2\,\hat{i}/\pi)/(4f)$ ist und nach Gl. (1.96) gleich $C \cdot \hat{u}$ sein muß. Hieraus ergibt sich der Strom zu dem durch Gl. (2.18) angegebenen Wert.

Bei der *Reihenschaltung* von Kondensatoren führen alle den gleichen Strom. Nach Gl. (2.18) müssen sich daher bei Reihenschaltung die Teilspannungen an den Kondensatoren *umgekehrt* wie die Kapazitäten verhalten. Bei *Parallelschaltung* haben alle Kondensatoren die gleiche Spannung. Die Teilströme verhalten sich deshalb wie die Kapazitäten.

Verwendet man die symbolische Darstellung von Spannung $\mathfrak{U}$ und Strom $\mathfrak{J}$ in der Gaußschen Zahlenebene, so erhält man den Strom $\mathfrak{J}$ aus der Spannung $\mathfrak{U}$, wenn man die Spannung $\mathfrak{U}$ mit dem Leitwert $\omega\,C$ multipliziert und um $+90°$ dreht. Deshalb gilt $\mathfrak{J} = \mathrm{j}\,\omega\,C\,\mathfrak{U}$, da einer Drehung um $+90°$ eine Multiplikation mit $\mathrm{e}^{\mathrm{j}\,90°} = \mathrm{j}$ in der Gaußschen Zahlenebene entspricht. Nach $\mathfrak{U}$ aufgelöst ergibt

$$\mathfrak{U} = \frac{-\mathrm{j}}{\omega\,C}\,\mathfrak{J}\,. \qquad (2.19)$$

Die Spannung ist also um $-90°$ gegenüber dem Strom gedreht.

Kondensatoren haben meist nur geringe Verluste (dielektrische- und Isolationsverluste). Um sie zu berücksichtigen, *denken* wir uns als Ersatz einen Widerstand dem Kondensator parallel geschaltet, dessen Verbrauch mit den Kondensatorverlusten in Übereinstimmung steht. Zu dem reinen Kapazitätsstrom $I_\mathrm{C} = \omega\,C\cdot U$ addiert sich dann in Phase mit der Spannung der Verluststrom I_R des parallel geschaltet gedachten Widerstandes (Bild 2.37).

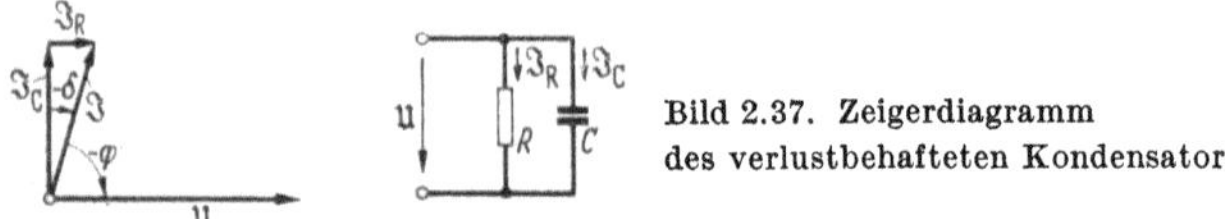

Bild 2.37. Zeigerdiagramm
des verlustbehafteten Kondensators

Der Gesamtstrom I ist jetzt nicht mehr ganz um $90°$ voreilend, δ nennt man den *Verlustwinkel*; er ist bestimmt durch $\tan\delta = -\,I_\mathrm{R}/I_\mathrm{C} = 1/(-\,\omega\,C\,R)$ und dient zur Kennzeichnung der Verluste eines Dielektrikums. Er ist frequenzabhängig.

Es ist $\mathfrak{J} = \mathfrak{J}_\mathrm{C} + \mathfrak{J}_\mathrm{R}$. Bei Parallelschaltung von R und C addieren sich die Leitwerte, so daß bei symbolischer Darstellung in der Gaußschen Zahlenebene der Leitwert $1/\mathfrak{Z} = {} = \mathrm{j}\,\omega\,C + 1/R$ ist. Daraus folgt

$$\mathfrak{U} = \mathfrak{Z}\,\mathfrak{J} = \frac{1}{1/R + \mathrm{j}\,\omega\,C}\,\mathfrak{J}\,. \qquad (2.20)$$

Da der komplexe Widerstand $1/(1/R + \mathrm{j}\,\omega\,C) = Z/\mathrm{e}^{\mathrm{j}\varphi} = Z\,\mathrm{e}^{-\mathrm{j}\varphi}$ ist, wird $\tan\varphi = -\,\omega\,C\,R$. Der Betrag des Verlustwinkels ist $|\delta| = 90° - |\varphi|$, und mit $\tan\varphi = 1/\cot(90 - \varphi)$ wird $\tan\delta = 1/(-\,\omega\,C\,R)$, was mit dem aus dem Zeigerdiagramm entnommenen Wert übereinstimmt.

2.3.3 Induktivität und Kapazität im Wechselstromkreis

Die Reihenschaltung. Um das Zeigerdiagramm für die Reihenschaltung (Bild 2.38) zu zeichnen, denken wir uns Widerstand R und Reaktanz $\omega\,L$ der Spule wieder in Reihe geschaltet, so daß sich die Spulenspannung U_1 nach Bild 2.39 durch rechtwinklige Aneinanderreihung von $|\mathfrak{U}_\mathrm{L}| = U_\mathrm{L} = \omega\,L\cdot I$ und $|\mathfrak{U}_\mathrm{R}| = U_\mathrm{R} = R\cdot I$ ergibt. Dann ist die Spannung U_C des verlustlos ange-

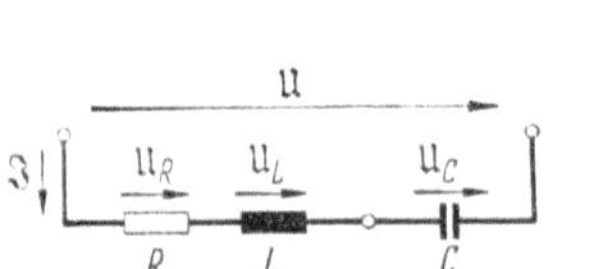

Bild 2.38. Reihenschaltung von Spule und Kondensator

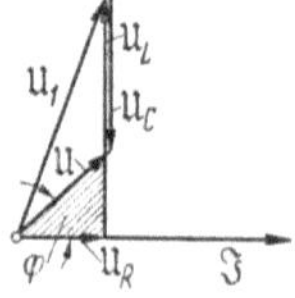

Bild 2.39. Diagramm zu Bild 2.38

nommenen Kondensators, welche nach Gl. (2.18) gleich $I/(\omega\,C)$ ist, mit $90°$ Nacheilung gegen den Strom anzufügen. Die sich ergebende Gesamtspannung U ist hier gewöhnlich viel *kleiner* als die Teilspannungen, d. h. eine kleine Netzspannung U kann unter Umständen an Spule und Kondensator sehr *große* Teilspannungen hervorrufen, die eine Gefahr für den Kondensator werden können. Das Spannungsverhältnis ist dann am größten, wenn die Spannung U gerade in Phase mit dem Strom I ist, wenn also $U_C = \omega L \cdot I$ ist. Dies ist der Resonanzfall.

Bei Verwendung der symbolischen Darstellung in der Gaußschen Zahlenebene beträgt der komplexe Widerstand der Reihenschaltung Bild 2.38 $\mathfrak{Z} = R + \mathrm{j}\,\omega L + 1/(\mathrm{j}\,\omega\,C)$. Mit der Beziehung $\mathfrak{U} = \mathfrak{Z}\,\mathfrak{J}$ wird der Strom

$$\mathfrak{J} = \mathfrak{U}/[R + \mathrm{j}\,(\omega L - 1/\omega\,C)]\,, \tag{2.21}$$

wobei der Betrag des Widerstandes $Z = \sqrt{R^2 + (\omega L - 1/\omega\,C)^2}$ ist.

Wendet man auf das geschraffte Dreieck (Bild 2.39) den pythagoräischen Lehrsatz an, so ergibt sich $(R \cdot I)^2 + \left(\omega \cdot L \cdot I - \dfrac{I}{\omega\,C}\right)^2 = U^2$. Hieraus ist:

$$I = \frac{U}{\sqrt{R^2 + \left(\omega L - \dfrac{1}{\omega\,C}\right)^2}}\,. \tag{2.22}$$

Man erkennt, daß der Klammerausdruck unter der Wurzel Null werden kann. Dann ist einfach $I = U/R$. Der Stromkreis verhält sich dann so, als ob nur der ohmsche Widerstand R vorhanden wäre, weil sich der induktive und der kapazitive Widerstand in diesem Resonanzfalle gegenseitig kompensieren. Für den Resonanzfall gilt also $\omega L = 1/\omega\,C$. Nach f aufgelöst, ergibt sich hieraus die durch Gl (1.129) bestimmte Eigenfrequenz des Schwingungskreises. Man kann also sagen: Im Resonanzfall stimmt die zugeführte Netzfrequenz gerade mit der Eigenfrequenz des Schwingungskreises überein.

Die Phasenverschiebung läßt sich aus Bild 2.39 angeben zu:

$$\tan\varphi = \frac{\omega L - \dfrac{1}{\omega\,C}}{R}\,. \tag{2.23}$$

Sie wird also für den Resonanzfall gleich Null. Legt man an die Reihenschaltung (Bild 2.38) eine Spannung U von konstanter Größe aber veränderlicher Frequenz, so kann man die Ströme nach Gl. (2.22) berechnen. Bei $f = 0$ muß der Strom Null sein, weil der Kondensator keinen Gleichstrom hindurchläßt. Bei unendlich großer Frequenz muß der Strom ebenfalls Null sein, weil die Spule einer solchen Frequenz einen unendlich großen Widerstand entgegengesetzt. Die Auftragung des Stromes ergibt (Bild 2.40) die sog. *Resonanzlinie*. Der Höchstwert des Stromes bei der Resonanzfrequenz f_0 ist $I = U/R$. Die Resonanzkurve wird daher um so steiler, je kleiner der *Resonanzwiderstand* R ist. Die gestrichelte Linie würde für einen größeren Widerstand gelten.

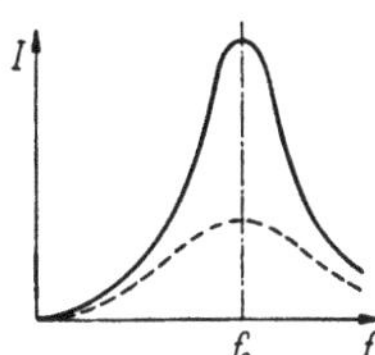

Bild 2.40. Resonanzlinie bei Reihenresonanz

Die Parallelschaltung. Für die Parallelschaltung von Spule und Kondensator (Bild 2.41) ist in Bild 2.42 sogleich das Diagramm für den Resonanzfall gezeichnet, welcher wiederum dadurch gekennzeichnet ist, daß die Phasenverschiebung zwischen U und I Null wird. Der Strom I kann dann gegenüber den Teilströmen sehr klein werden. Man nennt diesen Resonanzfall auch *Stromresonanz*, während der bei Reihenschaltung *Spannungsresonanz* genannt wird. Eine Überspannung tritt bei Stromresonanz nicht auf.

Die Resonanzfrequenz f_0 beträgt unter der Bedingung, daß $R^2 \ll L/C$ ist, $f_0 = 1/(2\,\pi\,\sqrt{L\,C})$ wie beim Reihenresonanzkreis.

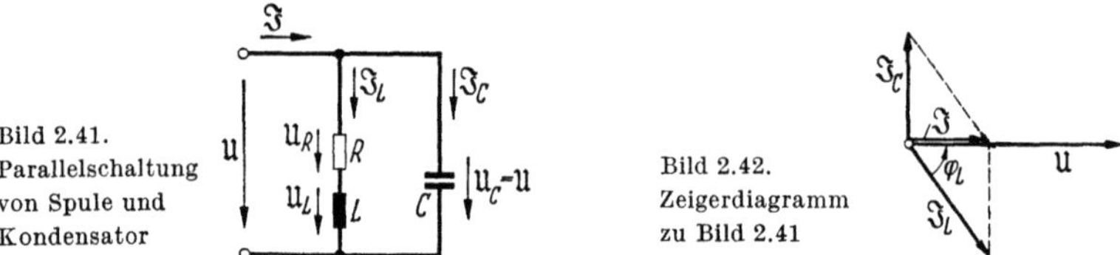

Bild 2.41.
Parallelschaltung
von Spule und
Kondensator

Bild 2.42.
Zeigerdiagramm
zu Bild 2.41

Nimmt man bei Parallelschaltung eine konstante Spannung U, aber veränderliche Frequenz an, so ergeben sich die Ströme $|\Im|$, $|\Im_{\mathrm{L}}|$ und $|\Im_{\mathrm{c}}|$, welche in Bild 2.43 dargestellt

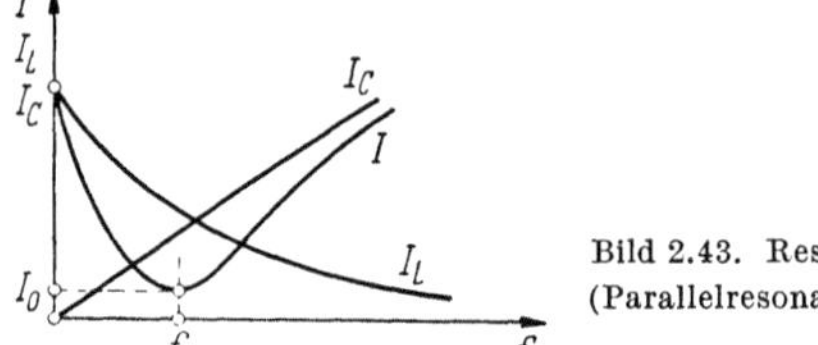

Bild 2.43. Resonanzlinie zu Bild 2.41
(Parallelresonanz)

sind. Man sieht, daß bei der Resonanzfrequenz f_0 ein kleinster Strom durch die Parallelschaltung fließt. Seine Größe läßt sich leicht ermitteln. Nach Gl. (2.14) ist für die Spule $\tan \varphi_{\mathrm{L}} = \omega\,L/R$. Aus Bild 2.42 folgt andererseits für den Resonanzfall mit $I = I_0$, $\tan \varphi_{\mathrm{L}} = I_{\mathrm{C}}/I_0 = \omega\,C\,U/I_0$. Hieraus folgt bei Gleichsetzung:

$$I_0 = \frac{U}{L/(R\,C)} \,. \tag{2.24}$$

Der *Resonanzwiderstand* $L/(R\,C)$ soll gewöhnlich recht groß sein, weil man z. B. in der Rundfunktechnik solche Parallelschaltungen als *Sperrkreise* zur Sperrung bestimmter Frequenzen benutzt.

Mit Gl. (1.120) erhält man den Resonanzwiderstand

$$R_0 = 1/(w_0^2\,R\,C^2) = w_0^2\,L^2/R \,.$$

Man muß bei einer geforderten Sperrfrequenz f_0 die Größe $R\,C^2$ klein oder L^2/R groß machen.

Das Verhalten nicht sinusförmiger Spannungen

Aus den bisherigen Betrachtungen geht hervor, daß sowohl bei der Addition und Subtraktion sinusförmiger Ströme und Spannungen als auch beim Induktionsvorgang immer wieder *sinusförmige* Größen entstehen. Bei einer anderen Schwingungsform würde dies nicht der Fall sein, und daher sind Sinusschwingungen immer erwünscht. Leider liefern die elektrischen Maschinen zuweilen keine reine Sinusform. Um das Verhalten nicht sinusförmiger Schwingungen beurteilen zu können, bedient man sich des Fourierschen Satzes, nach welchem sich jede periodische Funktion in eine sinusförmige *Grundschwingung* von gleicher Frequenz und in eine Reihe von sinusförmigen *Oberschwingungen* (höheren Harmonischen) von höherer Frequenz zerlegen läßt. Die in Bild 2.44 dargestellte Rechteckschwingung, deren Höchstwert $\hat{u}$ sein möge, läßt sich ersetzen durch die Reihe von Sinusschwingungen:

$$u = \frac{4\,\hat{u}}{\pi} \cdot \sin(\omega\,t) + \frac{4\,\hat{u}}{3\,\pi} \cdot \sin(3\,\omega\,t) + \frac{4\,\hat{u}}{5\,\pi} \cdot \sin(5\,\omega\,t) + \cdots . \tag{2.25}$$

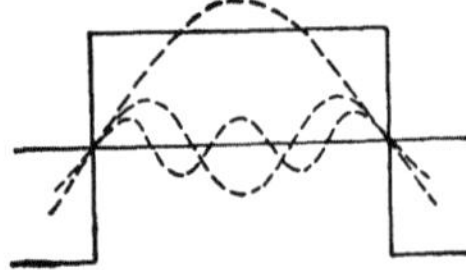

Bild 2.44. Zerlegung einer Rechteckschwingung
in Sinusschwingungen

Die Reihe ist genau genommen bis ins Unendliche fortzusetzen, aber die höheren Frequenzen spielen meist keine große Rolle. Wie würde sich nun ein Widerstand, eine Spule und ein Kondensator an einer solchen Rechtecksspannung verhalten?

1. *Widerstand.* Nach dem ohmschen Gesetz ist $i = u/R$. Die Stromschwingung muß daher ebenfalls eine Rechteckschwingung sein.

2. *Spule*: Der induktive Widerstand sei ωL. Die Grundschwingung erzeugt einen sinusförmigen Wechselstrom von der Kreisfrequenz ω. Die Spannung der 1. Oberschwingung ist nur ein Drittel derjenigen der Grundschwingung, und da der Widerstand ωL bei dreifacher Frequenz dreimal so groß ist, wird der Strom nur $^1/_9$ der Größe der Grundschwingung sein. Die Oberschwingung von fünffacher Frequenz erzeugt entsprechend einen Strom, der nur $^1/_{25}$ der Grundschwingung ist. Man erkennt, daß die Stromoberschwingungen kaum eine Rolle spielen, daß also die Rechteckschwingung der Spannung einen Strom geringeren Oberschwingungsgehaltes durch die Spule treibt.

3. *Kondensator*: Der kapazitive Widerstand ist $1/(\omega C)$. Die Schwingung dreifacher Frequenz ist in ihrer Größe zwar nur ein Drittel der Grundschwingung, da aber bei ihr der Widerstand auch nur ein Drittel ist, wird der Strom dreifacher Frequenz genau so groß wie der der Grundschwingung sein. Dasselbe gilt für die Schwingung fünffacher Frequenz. Die Stromschwingung eines Kondensators zeigt also Verzerrungen in verstärktem Maße.

Um eine Mischspannung (Gleichspannung mit Wechselspannung überlagert) von den Oberschwingungen zu reinigen, schaltet man daher dem Verbraucher eine große Induktivität vor und ein oder mehrere große Kapazitäten parallel (Bild 2.45).

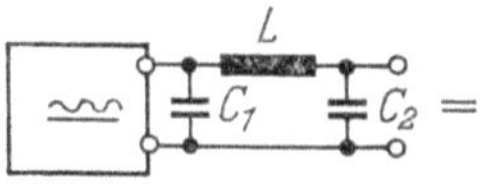

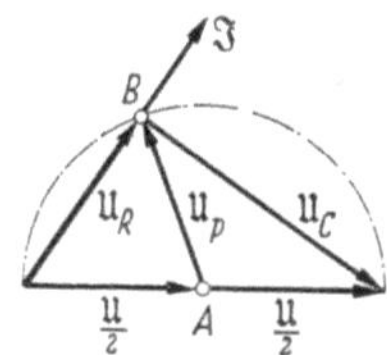

Bild 2.45. Glättung einer Mischspannung

53. Beispiel. Von einer Wechselspannung U soll eine einstellbare, *phasenverschobene* Spannung U_p abgenommen werden. Mittels einer Drossel (Bild 2.46) oder eines Transformators mit zwei Sekundärwicklungen kann die Spannung in zwei gleiche Teile geteilt werden. Parallel dazu liegen in Reihenschaltung ein Kondensator C und ein veränderlicher Widerstand R. Zwischen den Punkten A und B kann dann eine im Betrag konstante, aber in der Phase veränderliche Spannung U_p abgegriffen werden, wenn R verändert wird. Aus dem Schaltbild liest man ab: $\mathfrak{U}/2 + \mathfrak{U}_p - \mathfrak{U}_R = 0$ und $\mathfrak{U}/2 - \mathfrak{U}_C - \mathfrak{U}_p = 0$. Bild 2.47 zeigt das dazugehörige Zeigerdiagramm. Bei Veränderung von R wandert der Punkt B auf dem Kreis, wobei U_p in der Phase zwischen null und 180° gedreht werden kann.

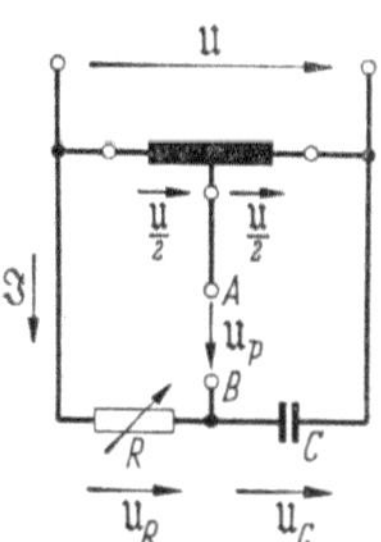

Bild 2.46. Phasenschwenkschaltung

Bild 2.47. Zeigerdiagramm zu Bild 2.46

2.4 Leistung des Einphasenwechselstroms

In Kapitel 2.1 wurde gezeigt, daß auch bei Wechselstrom in einem *Widerstand* (Wirkwiderstand) die Leistung $P = R \cdot I^2$ auftritt. Setzt man $R = U/I$, so erhält man $P = U \cdot I$. Es besteht also hier kein Unterschied gegenüber Gleichstrom. Anders ist es, wenn Strom und Spannung *nicht* in Phase liegen. Da jetzt der Höchstwert des Stromes zu einer *anderen* Zeit auftritt wie der Höchstwert der Spannung, ist die Leistung nicht mehr $U \cdot I$, sondern kleiner. In Bild 2.48 ist eine Strom- und eine Spannungsschwingung mit der Phasenverschiebung φ gezeichnet (Spule mit Widerstand). Durch Multiplikation der Augenblickswerte miteinander erhält man die Leistungslinie P, die aber nicht wie bei derjenigen eines Widerstandes (Bild 2.3) dauernd positiv bleibt, sondern auch *negative* Werte aufweist. Man hat daher zuerst die negativen Flächen von den positiven abzuziehen und dann das Mittel zu bilden. Dieser Mittelwert ist natürlich kleiner als $U \cdot I$. In Bild 2.49 sind für zwei um 90° verschobene

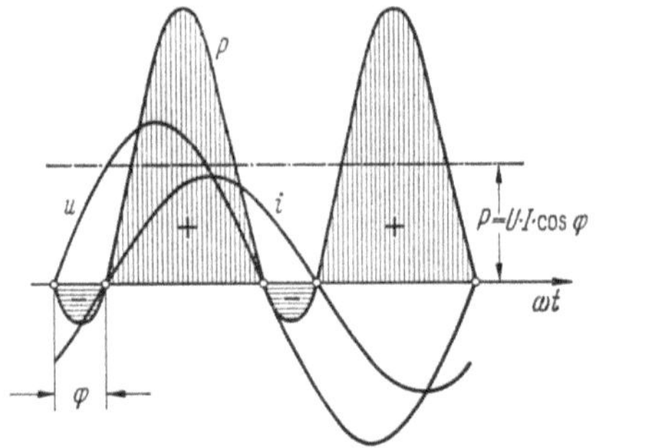

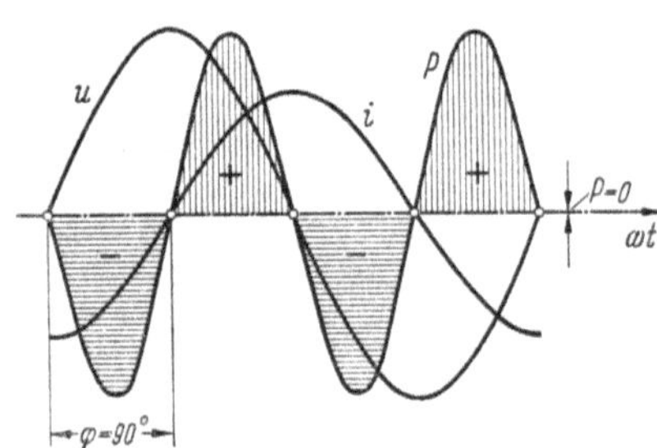

Bild 2.48. Leistungslinie einer Spule   Bild 2.49. Leistungslinie einer verlustlosen Spule

Schwingungen die Augenblickswerte miteinander multipliziert, und man findet, daß nun die mittlere Leistung Null ist. Nehmen wir an, daß es sich bei den betrachteten drei Fällen um Spulen, die den Innenwiderstand R besitzen, handelt, so muß nach Kapitel 2.1 die Leistung jedenfalls $P = R \cdot I^2$ sein, im letzten Falle muß also der ohmsche Widerstand R gleich Null sein. Nun ist im Zeigerdiagramm (Bild 2.11) $\cos\varphi = R \cdot I/U$, hieraus folgt $R = U \cdot \cos\varphi/I$. Setzt man dies in die obige Leistungsgleichung ein, so erhält man:

$$P = U \cdot I \cdot \cos\varphi . \tag{2.26}$$

Hierin ist $\cos\varphi = \lambda$ der *Leistungs-* oder *Wirkfaktor*. Er ist gleich 1, wenn keine Phasenverschiebung vorhanden ist (Wirk-Widerstand) und gleich Null bei einer Phasenverschiebung von 90° (verlustlose Spule oder Kondensator).

Ein gegen die Spannung U phasenverschobener Strom I (Bild 2.50) läßt sich in zwei Komponenten zerlegen, von denen die eine I_w mit der Spannung in Phase liegt und *Wirkstrom* genannt wird, während die andere I_b um 90°

Bild 2.50. Zerlegung eines Stromes in Wirk- und Blindstrom einschließlich Ersatzschaltbild

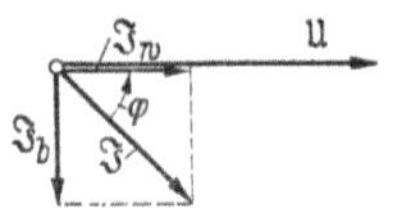

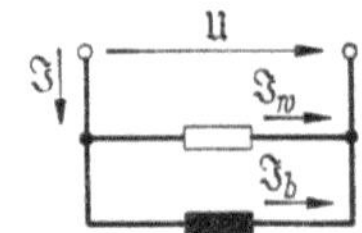

gegen die Spannung verschoben ist und *Blindstrom* heißt. Der Wirkstrom bildet allein mit der Spannung die *Leistung* (Wirkleistung), während der Blindstrom keine Leistung (Mittelwert gleich Null) hervorruft (Bild 2.49). Man nennt demgemäß:

Blindleistung	$P_b = Q = U \cdot I_b = U \cdot I \cdot \sin \varphi$.	(2.26a)
Wirkleistung	$P = U \cdot I_w = U \cdot I \cdot \cos \varphi$.	(2.26b)
Scheinleistung	$P_s = S = U \cdot I$.	(2.26c)

Der Leistungsfaktor λ stellt also das Verhältnis Wirkleistung : Scheinleistung dar

$$\lambda = \cos \varphi = \frac{P}{P_s} \, . \tag{2.26d}$$

Die Einheit der Leistung ist das Watt. Die Scheinleistung wird in der Regel in VA, die Blindleistung in Var (Volt-Ampere-reaktiv) angegeben. Bei den Einheiten VA und Var handelt es sich um Sonderzeichen für die Einheit Watt. Es gilt deshalb die Einheitengleichung

$$1 \, \text{VA} = 1 \, \text{Var} = 1 \, \text{W} \, . \tag{2.27}$$

Wir müssen uns noch die Frage vorlegen, was die in den Bild 2.48 und 2.49 dargestellten *negativen* Leistungen bedeuten. Negative Leistung wird vom Verbraucher an die Stromquelle zurückgeliefert. Es kann also bei nacheilendem Strom nur die aus einer Spule in die Stromquelle zurückfließende Energie des Magnetfeldes und bei einem Kondensator die Energie des elektrischen Feldes sein. In Bild 2.48 ist die Energie des Magnetfeldes nur gering, in Bild 2.49 pulsiert die ganze Energie nur ständig zwischen Spule und Stromquelle hin und her, da ein Verbrauch ja nicht auftritt. Solche hin und her flutende Energie ist keineswegs erwünscht, weil der dazugehörige Blindstrom die Leitungen und Maschinen in Anspruch nimmt. Man könnte die Leitungen und Maschinen von der nacheilenden Blindleistung dadurch entlasten, daß man der gespeicherten Energie, wenn sie bei Abnahme des Stromes aus der Spule heraus muß, einen anderen Energiespeicher bietet, nämlich einen Kondensator. Die Energie des Magnetfeldes $\hat{W} = L \hat{i}^2/2 = L \cdot I_b^2$, die zur Erzeugung eines magnetischen Wechselfeldes nötig ist, erfordert bei gegebener Spannung U und gefordertem $\hat{W}$ einen um so größeren Blindstrom, je größer die Frequenz ist. Derselbe ist $I_b = = U/(\omega L) = U I_b^2/(\omega \hat{W})$ und damit $I_b = \omega \hat{W}/U$.

54. Beispiel. Ein Wechselstrommotor von 5 kW Nennleistung für 500 V habe einen Wirkungsgrad $\eta = 0{,}82$ und einen Leistungsfaktor von 0,8. Wie groß müßte ein parallel geschalteter Kondensator sein, welcher bei Nennlast des Motors die ganze magnetische Energie aufnehmen könnte?

Die aufgenommene Leistung ist um die Verluste größer als die Nennleistung, also 5000 W/0,82 = 6100 W. Diese Leistung ist $U \cdot I \cdot \cos \varphi$, woraus sich der Motorstrom zu $I = 6100 \, \text{W}/(500 \, \text{V} \cdot 0{,}8) = 15{,}2 \, \text{A}$ ergibt. Der Wirkstrom ist daher $I_w = I \cdot \cos \varphi = = 15{,}2 \, \text{A} \cdot 0{,}8 = 12{,}1 \, \text{A}$ und der Blindstrom $I_b = I \cdot \sin \varphi = 15{,}2 \, \text{A} \cdot 0{,}6 = 9{,}1 \, \text{A}$.

Wenn dieser nacheilende Blindstrom kompensiert werden soll, muß ein Kondensator parallel geschaltet werden, welcher einen entgegengesetzt gleichen (voreilenden) Strom aufnimmt. Seine Kapazität muß also $C = I/(\omega \cdot U) = 9{,}1 \, \text{A}/(314 \, \text{s}^{-1} \cdot 500 \, \text{V}) = = 0{,}000058 \, \text{F} = 58 \, \mu\text{F}$ sein. Die Blindleistung des Kondensators ist $500 \, \text{V} \cdot 9{,}1 \, \text{A} = = 4550 \, \text{Var} = 4{,}55 \, \text{kVar}$. Der $\cos \varphi$ von Motor und Kondensator zusammen ist dann gleich 1.

Das Anpassungsgesetz. Im 16. Beispiel wurde festgestellt, daß ein Element das Maximum an Leistung abgeben kann, wenn sein äußerer Widerstand mit dem inneren übereinstimmt. Wir wollen nun feststellen, wann bei *Wechselstrom* das Leistungsmaximum erhalten wird.

Bild 2.51 zeigt das Schaltbild und das Ersatzschaltbild eines belasteten Wechselstromerzeugers mit der Klemmenspannung U. Jeder Wechselstromgenerator besitzt einen inneren Wicklungswiderstand R_i und einen inneren Blindwiderstand ωL_i. Die äußere Belastung ist im Ersatzschaltbild durch eine Reihenschaltung aus Wirkwiderstand R_a und Blindwiderstand ωL_a dargestellt. Grundsätzlich ist es auch möglich, daß der innere Blindwiderstand kapazitiv, also $1/(\omega C_i)$ ist. Ferner kann auch der äußere Blindwiderstand kapazitiv sein, so daß er dann den Wert $1/(\omega C_a)$ besitzt.

Wendet man die symbolische Darstellung in der Gaußschen Zahlenebene an, so erhält man für den Strom $\Im = \mathfrak{U}_q/\mathfrak{Z}$, wobei $\mathfrak{Z} = (R_a + R_i) + \mathrm{j}\, Z_B$ ist. Der Betrag von $\mathfrak{Z}$ ist dann $Z = \sqrt{(R_a + R_i)^2 + Z_B^2}$. Die Größe Z_B ist die Summe der Blindwiderstände im

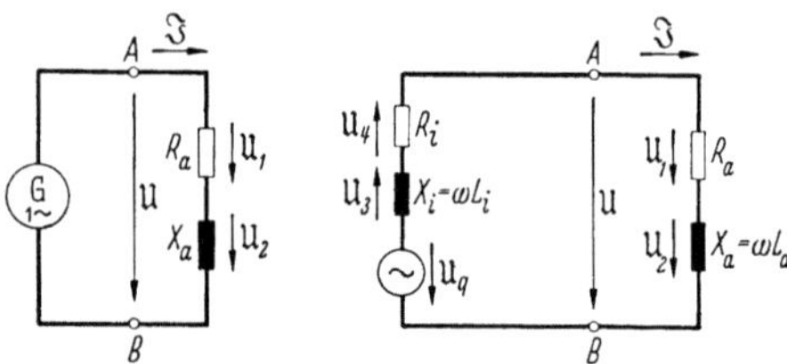

Bild 2.51. Belasteter Wechselstromgenerator und Ersatzschaltbild dazu

Stromkreis. Da ein induktiver oder kapazitiver Verbraucher bzw. Generator möglich ist, kann Z_B folgende vier Werte annehmen:

$$Z_{B1} = \omega L_a + \omega L_i \quad \text{(im Ersatzschaltbild dargestellt)}$$
$$Z_{B2} = \omega L_a - 1/(\omega C_i)$$
$$Z_{B3} = \omega L_i - 1/(\omega C_a)$$
$$Z_{B4} = -1/(\omega C_a) - 1/(\omega C_i)\,.$$

Ferner ist $\tan \varphi_i = \omega L_i/R_i$ bzw. $-1/(\omega C_i R_i)$ und $\tan \varphi_a = \omega L_a/R_a$ bzw. $-1/(\omega C_a R_a)$.

Die Verlustleistung im Verbraucherwiderstand R_a ergibt sich zu $P_a = I^2 R_a$. Für den Betrag des Stromes I erhält man $I = U_q/Z$. Es ergibt sich

$$P_a = U_q^2 R_a/[(R_a + R_i)^2 + Z_B^2] \tag{2.28}$$

Aus dieser Gleichung erkennt man, daß die Verbraucherleistung P_a einen Größtwert erreicht, wenn bei gegebenem U_q und R_i

1. $Z_B = 0$ wird. Dies ist der Fall, wenn
   entweder $L_a = 0$ *und* $L_i = 0$
   oder $\omega L_a = 1/(\omega C_i)$
   oder $\omega L_i = 1/(\omega C_a)$
   oder $C_a = \infty$ *und* $C_i = \infty$,

und

2. $R_a = R_i$

ist. Sind die Bedingungen 1. und 2. erfüllt, so ergibt sich die größtmögliche Leistungsabgabe mit $R_a = R_i = R$ zu

$$P_{a\,\max} = U_q^2/(4\,R)\,.$$

Aus den genannten Bedingungen erkennt man, daß die größtmögliche Verbraucherleistung nur dann erreicht wird, wenn $\varphi_i = -\varphi_a$, und $R_a = R_i$ ist.

3. Drehstrom

3.1 Drehstromschaltungen

Sternschaltung. Die Spule 1 des in Bild 3.1 dargestellten Generators erzeugt bei einer vollen Umdrehung des durch einen Gleichstrom magnetisierten Polrades *eine* Periode einer Wechselspannung U_p, welche einem Verbraucher,

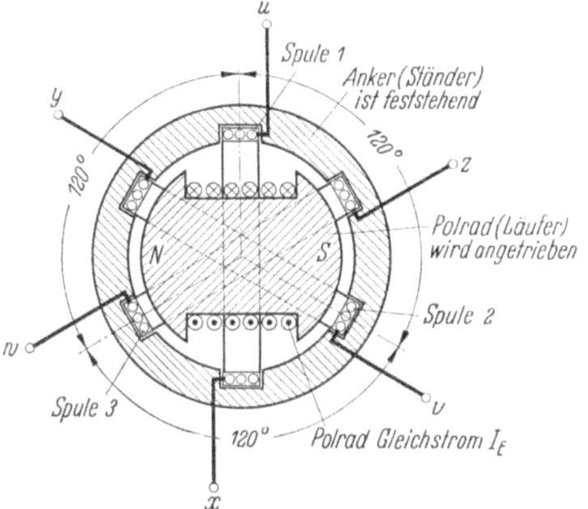

Bild 3.1. Drehstromerzeuger (schematische Darstellung)

z. B. dem Widerstand R, zugeführt werde. Es fließt dann der Strom $I = U_\mathrm{p}/R$. Leider bedeckt diese Spule nur einen sehr geringen Teil des Ankerumfanges. Einer Verbreiterung der Spule sind aber Grenzen gesetzt, weil deren Windungen bei großer Breite nicht mehr den ganzen Fluß umschließen. Man zieht daher vor, mehrere solcher Spulen gleichmäßig über den Ankerumfang zu verteilen.

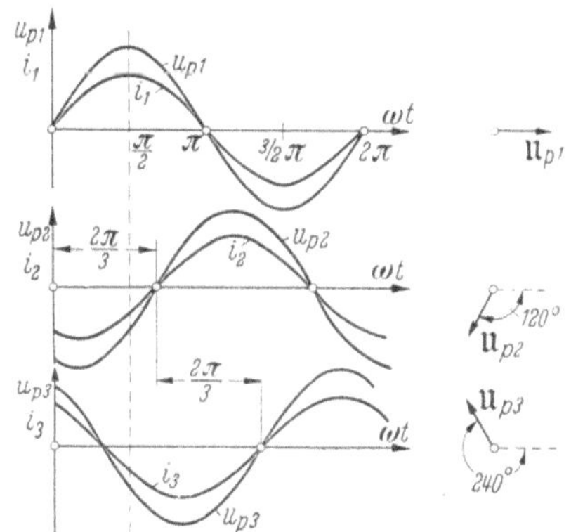

Bild 3.2. Spannungen und Ströme nach Bild 3.1

In Bild 3.1 sind drei Spulen vorgesehen, welche getrennt voneinander alle eine betragsgleiche Wechselspannung U_p erzeugen. Die Phasenlagen dieser drei Spannungen sind aber *verschieden*, weil sie in einem Winkel von 120° nacheinander durch das Feld gehen. Bild 3.2 zeigt die drei phasenverschobenen Spannungen und ihre Ströme sowie die zugehörigen Zeiger. Die Schaltung (Bild 3.3) läßt erkennen, daß sechs Leitungen zu den Verbrauchern nötig sind. Um diese Zahl zu vermindern, können die Stromkreise *verkettet* werden, d. h. man kann z. B. die drei nebeneinander gezeichneten Leiter zu einem gemeinsamen Leiter zu-

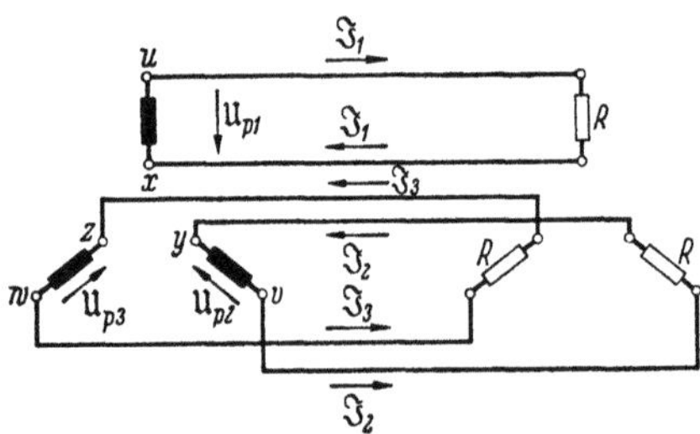

Bild 3.3. Schaltbild des belasteten Drehstromgenerators

sammenfassen (gemeinsamer Rückleiter M_p). Es entsteht dadurch Bild 3.4; an den Strom- und Spannungsverhältnissen hat sich aber durch die Verkettung nichts geändert. Der Strom in dem gemeinsamen Leiter Mp muß daher gleich der Summe der drei Einzelströme sein. Bild 3.2 lehrt aber, daß bei *gleichem* Widerstand R in den drei Strängen in jedem Augenblick die Summe der drei Ströme den Wert *Null* ergibt. Zum gleichen Ergebnis kommt man auch, wenn man die drei Stromzeiger mit 120° Phasenverschiebung aneinanderreiht. Wenn nun aber ·in dem gemeinsamen Leiter kein Strom fließt, kann er entfallen, wodurch dann die durch Bild 3.5 dargestellte *Drehstrom-Sternschaltung* entsteht. *Dreh-*

Bild 3.4. Sternschaltung mit Mittelleiter   Bild 3.5. Sternschaltung ohne Mittelleiter

strom ist also keine *neue* Stromart, sondern *mehrphasiger* Wechselstrom. Sein Vorteil gegenüber dem einphasigen Wechselstrom liegt einmal in der schon betrachteten besseren Maschinenausnützung, dann aber auch in einer Ersparnis von Leitungskupfer. Ein Vergleich zwischen Bild 3.3 und 3.5 lehrt ohne weiteres, daß bei gleicher Leistung und Leitungsbelastung bei Drehstrom nur die halbe Kupfermenge benötigt wird. Ein weiterer Vorteil besteht darin, daß die Drehstrommotoren den Wechselstrommotoren überlegen sind.

Durch die vorgenommene Verkettung sind drei neue Spannungen U_{RS}, U_{ST} und U_{TR} entstanden, die sich nach Bild 3.5 als die *Differenz* zweier Strangspannungen U_p ergeben. Um dies einzusehen braucht man lediglich die Kirchhoffsche Regel auf die Maschen R—S—v—y—x—u—R bzw. S—T—w—z—y—v—S oder $T-R-u-x-z-w-T$ in Bild 3.5 anzuwenden. Man erhält

$$\mathfrak{U}_{RS} = \mathfrak{U}_{p1} - \mathfrak{U}_{p2}\,,$$
$$\mathfrak{U}_{ST} = \mathfrak{U}_{p2} - \mathfrak{U}_{p3}\,,$$
$$\mathfrak{U}_{TR} = \mathfrak{U}_{p3} - \mathfrak{U}_{p1}\,.$$

In Bild 3.6 sind die 3 Zeiger $\mathfrak{U}_p$ und die daraus folgenden Zeiger $\mathfrak{U}_{RS}$, $\mathfrak{U}_{ST}$ und $\mathfrak{U}_{TR}$ eingetragen.

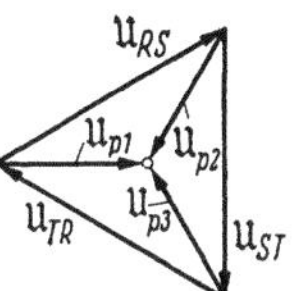

Bild 3.6. Bestimmung der Außenleiterspannung (verkettete Spannung)

Die 3 Beträge der Spannungen $|\mathfrak{U}_{RS}|$, $|\mathfrak{U}_{ST}|$ und $|\mathfrak{U}_{TR}|$ sind gleich groß. Sie besitzen untereinander eine Phasenverschiebung von je 120° und sind zu den Phasenspannungen (Strangspannungen) um je 30° verschoben. Die Spannungen zwischen den Leitern R, S und T heißen *Leiterspannungen* oder *verkettete* Spannungen. Ein Drehstromsystem wird nach diesen verketteten Spannungen benannt.

Aus dem Dreieck in Bild 3.6 errechnet man mit $|\mathfrak{U}_{RS}| = |\mathfrak{U}_{ST}| = |\mathfrak{U}_{TR}| = U$

$$U = \sqrt{3} \cdot U_p = 1{,}73 \cdot U_p\,. \tag{3.1}$$

Bei einer Strangspannung von 220 V tritt daher zwischen den Leitungen eine verkettete Spannung von $1{,}73 \cdot 220$ V $= 380$ V auf.

Der Fortfall des die Sternpunkte verbindenden *Mittelleiters* Mp ist nach dem Gesagten nur möglich, wenn die Stränge gleich belastet sind. Dies würde z. B. bei den drei gleichgewickelten Strängen eines Drehstrommotors der Fall sein. Bei Beleuchtungsanlagen hängt die Belastung vom jeweiligen Bedarf ab, sie kann also nicht in den drei Strängen als gleich vorausgesetzt werden, und daher darf in diesem Falle der Mittelleiter nicht fortgelassen werden. Der *Mittelleiterstrom* ergibt sich als die geometrische Summe der drei Leitungsströme.

55. Beispiel. An ein Drehstromnetz mit Mittelleiter mit $U = 380$ V (verketteter Spannung) sei zwischen R und M_p ein Widerstand von 100 Ω, zwischen S und M_p eine Spule mit der Induktivität $L = 0{,}25$ H und 10 Ω und zwischen T und Mp ein Kondensator von 30 µF angeschlossen. Wie groß ist der Mittelleiterstrom ?
Sowohl Widerstand als auch Spule und Kondensator liegen an der Strangspannung von 380 V/1,73 $= 220$ V. Die drei Leitungsströme sind also: $I_R = 220$ V$/100 \cdot \Omega = 2{,}2$ A, $I_S = 220$V$/\sqrt{10^2\,\Omega^2 + (314\,\mathrm{s}^{-1} \cdot 0{,}25\,\Omega\mathrm{s})^2} = 2{,}79$ A, $I_T = 220$ V $\cdot 314\,\mathrm{s}^{-1} \cdot 0{,}000030\,\mathrm{s}/\Omega = {}$ $= 2{,}07$ A. In der Spule eilt der Strom I_S der zugehörigen Strangspannung um den Winkel φ_S nach, der sich aus $\tan \varphi_S = \omega L/R = 314\,\mathrm{s}^{-1} \cdot 0{,}25\,\Omega\mathrm{s}/10\,\Omega = 7{,}85$, also nach Tabelle zu 82°45′ ergibt. Im Kondensator, den wir verlustlos annehmen, besteht eine Phasenvoreilung des Stromes von $\varphi_T = 90°$. Bild 3.7 zeigt das zugehörige Diagramm. Die Ströme I_R, I_S und I_T sind mit den richtigen Phasenverschiebungen zu den Strangspannungen U_p aufgetragen worden. Durch Aneinanderreihen derselben erhält man den Mittelleiterstrom $|\mathfrak{J}_R + \mathfrak{J}_S + \mathfrak{J}_T| = |\mathfrak{J}_0| = I_0 = 2$ A.
Wenn man bei Gleich- oder Wechselstrom die Netzleitungen vertauscht, so ändert sich die Strom*richtung*, niemals aber der Betrag des Stromes. Bei Drehstrom kann dies anders sein. Wenn wir im vorstehenden Beispiel Spule und Kondensator miteinander vertauschen (Klemme S und T vertauscht), ergibt sich das gestrichelt gezeichnete Stromdiagramm und daraus ein Mittelleiterstrom von $I_0' = 6{,}3$ A. Der Grund für diese Abweichung liegt darin, daß bei Drehstrom auch noch die zeitliche Reihenfolge der phasenverschobenen Strangspannungen eine Rolle spielt. Diese ist durch die Umpolung umgekehrt worden.

Dreieckschaltung. Bild 3.8 zeigt die drei getrennten Stromkreise noch einmal in etwas anderer Darstellung. Es wäre möglich, die Verkettung auch dadurch vorzunehmen, daß man je zwei der zusammen gezeichneten Leiter vereinigt. Man erhält dann Bild 3.9, die Drehstrom-*Dreieckschaltung*. Bei dieser Schaltung

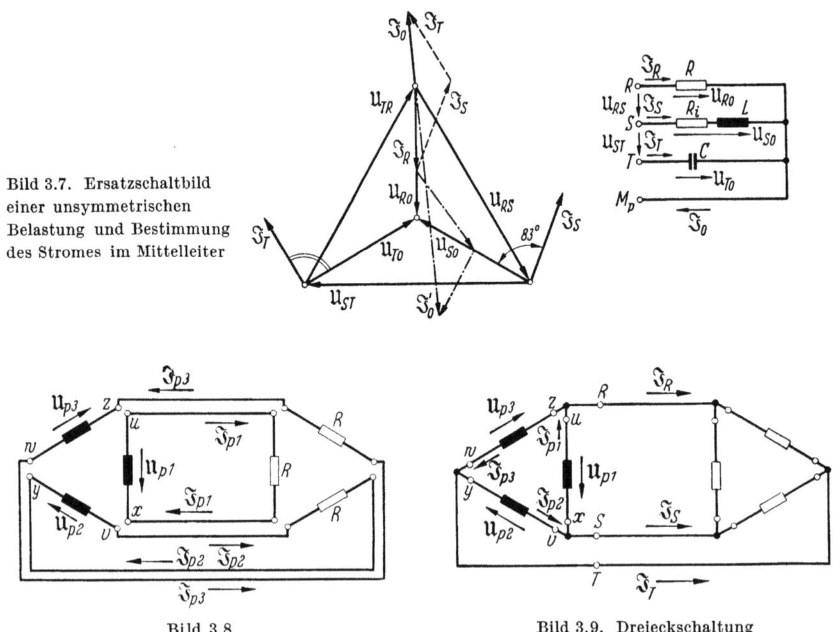

Bild 3.7. Ersatzschaltbild einer unsymmetrischen Belastung und Bestimmung des Stromes im Mittelleiter

Bild 3.8

Bild 3.9. Dreieckschaltung

gibt es keinen Mittelleiter, auch kommt nur eine einzige Spannung vor, nämlich die Außenleiterspannung $U = |\mathfrak{U}_{p1}| = |\mathfrak{U}_{p2}| = |\mathfrak{U}_{p3}|$. Hingegen gibt es zwei verschiedene Ströme, den *Strangstrom* $I_p = |\mathfrak{J}_{p1}| = |\mathfrak{J}_{p2}| = |\mathfrak{J}_{p3}|$ und den *Außenleiterstrom* $I = |\mathfrak{J}_R| = |\mathfrak{J}_S| = |\mathfrak{J}_T|$. Am Dreieckpunkt x/v fließt unter Beibehaltung der oben erwähnten positiven Richtung der Strangstrom $|\mathfrak{J}_{p2}|$ zu und $|\mathfrak{J}_{p1} + \mathfrak{J}_S|$ ab. Der Außenleiterstrom muß daher $\mathfrak{J}_S = \mathfrak{J}_{p2} - \mathfrak{J}_{p1}$ sein und ergibt sich entsprechend Bild 3.6 zu

$$I = \sqrt{3} \cdot I_p = 1{,}73 \cdot I_p \,. \tag{3.2}$$

Die Reihenschaltung der drei Stränge in Bild 3.9 ist nicht etwa als Kurzschluß aufzufassen, denn Bild 3.2 zeigt, daß die Summe der drei Strangspannungen in jedem Augenblick den Wert Null ergibt. Hierbei ist aber natürlich vorausgesetzt, daß die Wicklungen der drei Stränge genau übereinstimmende Windungszahl haben und daß sie im richtigen Sinne in Reihe geschaltet sind.

Ungleich belastete Drehstromsysteme. Die Sternschaltung nach Bild 3.4 mit Mittelleiter läßt eine ungleiche Belastung der Stränge ohne weiteres zu. Der Mittelleiter führt den Ausgleichstrom I_0, welcher nach Beispiel 55 zu bestimmen ist. Die Spannungen bleiben trotz der ungleichen Belastung unverändert. Dies ist *nicht* der Fall, wenn man ein Sternsystem *ohne* Mittelleiter (Bild 3.5) ungleichmäßig belastet. Weist z. B. der Strang T einen kleineren Widerstand auf, so verlagert sich der Punkt M im Diagramm nach Bild 3.10 derart, daß die Phasenspannung $|\mathfrak{U}_{R3}|$ dieses Stranges kleiner und die der anderen Stränge größer wird. Hierbei ist es bei gemischten Belastungen sogar möglich, daß der Punkt M im Zeigerdiagramm außerhalb des Dreiecks fällt und daß z. B. $|\mathfrak{U}_{R2}|$ größer als $|\mathfrak{U}_{RS}|$ wird.

Bei der Dreieckschaltung ist eine ungleiche Belastung zulässig. Die Spannungen ändern sich nicht, es treten lediglich ungleiche Ströme in den Leitungen auf.

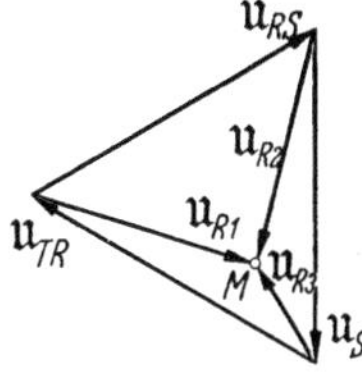

Bild 3.10. Ungleich belastete Sternschaltung ohne Mittelleiter

56. Beispiel. In einem Drehstromsystem (3×380 V) seien zwischen R und S 1500 W, zwischen S und T 1000 W und zwischen T und R 2000 W angeschlossen. Wie groß sind die Außenleiterströme?

Die drei Strangströme sind: $I_{RS} = 1500$ W$/380$ V $= 3{,}94$ A, $I_{ST} = 1000$ W$/380$ V $= 2{,}63$ A und $I_{TR} = 2000$ W$/380$ V $= 5{,}25$ A. Dieselben sind nach Bild 3.11 in Phase mit

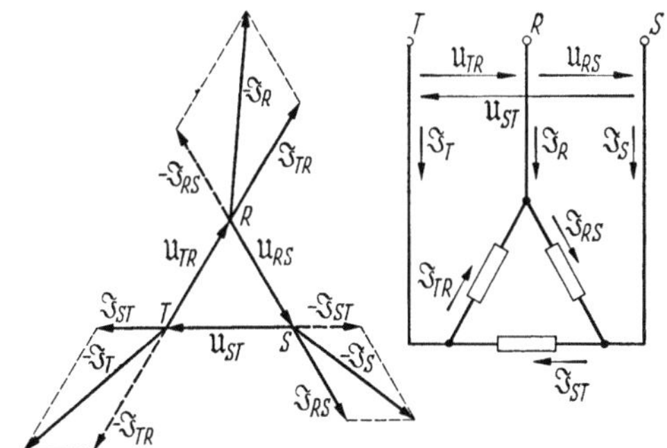

Bild 3.11. Bestimmung der Leiterströme bei Dreieckschaltung

den Leitungsspannungen U_{RS}, U_{ST} und U_{TR} anzutragen. Der Leitungsstrom I_R ergibt sich nun als Differenz der Ströme I_{RS} und I_{TR}. Zur Bildung dieser Differenz wollen wir den bereits bei R liegenden Strom I_{RS} umkehren (negatives Vorzeichen) und dann mit dem Strom I_{TR}, den wir nach R verschieben, durch ein Parallelogramm addieren. Es ergibt sich dadurch ein Strom $I_R = 8{,}1$ A. In gleicher Weise liefert die Konstruktion an den Punkten S und T die Ströme $I_S = 5{,}9$ A und $I_T = 7{,}0$ A. Die geometrische Summe der drei gefundenen Ströme muß den Wert Null ergeben.

Bild 3.12 zeigt drei gleiche Lampen in Sternschaltung ohne Mittelleiter. Wenn eine der Sicherungen durchbrennt, liegen die Lampen 2 und 3 in Reihe an der *Wechselspannung U*. Jede liegt also an der Spannung $U/2$, während die Spannung vor dem Durchbrennen $U/1{,}73$ betragen hatte. Die Lampen würden hingegen nicht dunkler brennen, wenn ein Mittelleiter vorhanden wäre. Bei der Dreieckschaltung der Lampen nach Bild 3.13 behält

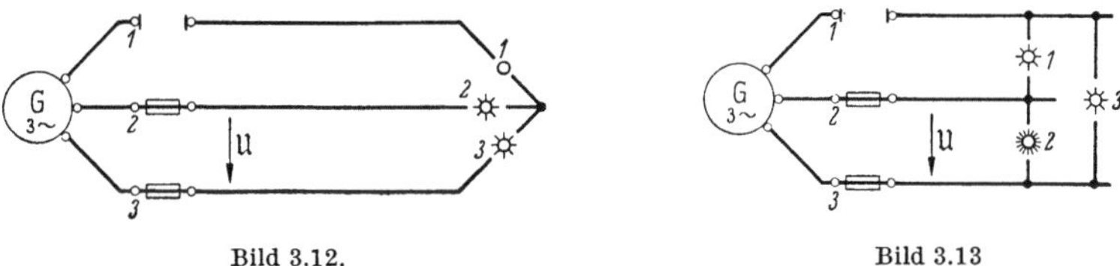

Bild 3.12.   Bild 3.13

Lampe *2* ihre normale Spannung, während Lampe *1* und *3* in Reihe mit halber Spannung brennen.

Bei den dargestellten Schaltungen (Bild 3.3 bis 3.5, 3.8, 3.9) ist der Erzeuger stets in gleicher Schaltung wie der Verbraucher dargestellt worden. Dies ist nicht notwendig. Ein in Stern geschalteter Erzeuger kann auch mit einem in Dreieck geschalteten Verbraucher zusammengeschaltet werden und umgekehrt. Die Dreieckschaltung hat den Vorzug, daß auch bei ungleicher Strangbelastung nur drei Leitungen nötig sind. Die meisten Niederspannungsanlagen ($U \leq 1000$ V) sind allerdings Sternschaltungen mit Mittelleiter, weil man mit Rücksicht auf Kupferersparnis bestrebt ist, die Übertragungsspannung so hoch wie möglich zu machen. Auch spielt dabei der Mittelleiter als „Null-Leiter" eine wichtige Rolle. Der geerdete Mittelleiter wird mit den Maschinengehäusen verbunden (Schutzmaßnahme). Dadurch können Berührungsspannungen vermieden werden (s. Kapitel 12.1.3 u. 17).

Drehstromsysteme abweichender Phasenzahl. Der gebräuchliche Drehstrom hat *drei* Phasen, jedoch ist auch jede andere Phasenzahl möglich. *Zweiphasiger* Wechselstrom mit zwei um 90° verschobenen Spannungen wird gelegentlich für Sonderzwecke verwendet (Bild 3.14). Zwischen den drei Leitungen (*drei* Leitungen sind bei Mehrphasenstrom mindestens notwendig) treten zweimal die Strangspannungen U_p und einmal die 1,41 mal so große verkettete Spannung U auf (Bild 3.15). Entsprechend fließt bei gleicher Belastung der beiden Stränge in dem Mittelleiter ein Strom $I = \sqrt{2} \cdot I_\mathrm{p}$.

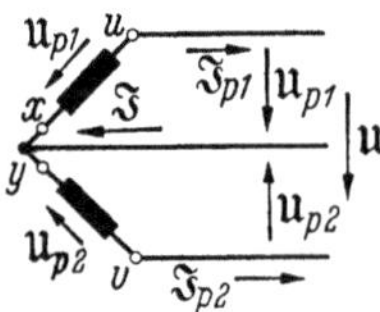

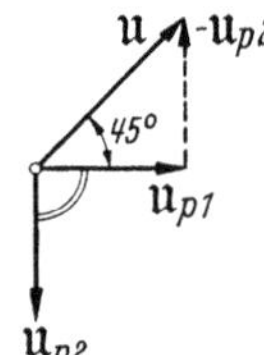

Bild 3.14. Zweiphasenschaltung   Bild 3.15. Zeigerdiagramm zu Bild 3.14

Sechsphasensysteme mit sechs um 60° verschobenen Spannungen können nach Bild 3.16 in Stern, nach Bild 3.17 als Ring, oder nach Bild 3.18 in Gabelschaltung geschaltet werden. Die Spannungen zwischen den sechs Leitern entsprechen den Abständen zwischen den Eckpunkten des regelmäßigen Sechsecks. Sechsphasensysteme werden hauptsächlich bei großen Stromrichteranlagen verwendet. Ein Dreiphasensystem kann mit ruhenden Geräten (Transformatoren) in ein Sechsphasensystem umgewandelt werden.

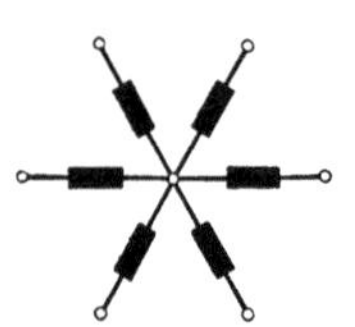

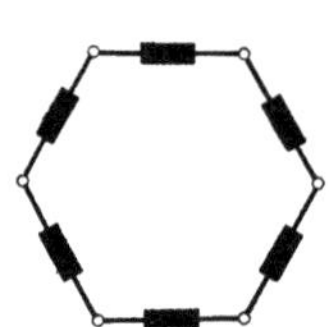

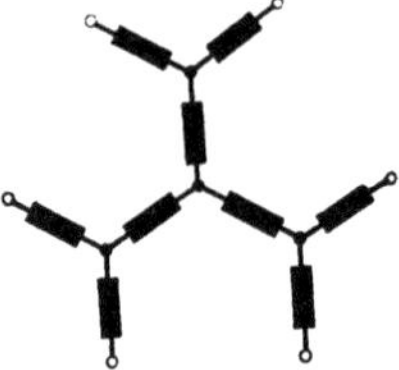

Bild 3.16. Sechsphasen-   Bild 3.17. Sechsphasen-   Bild 3.18. Sechsphasen-
sternschaltung   ringschaltung   gabelschaltung

3.2 Drehstromleistung

Allgemein ist die Drehstromleistung gleich der Summe der Leistungen in den einzelnen Strängen. Bei *gleicher* Strangbelastung und Dreiphasenstrom ist sie daher:

Sternschaltung (Bild 3.5)   *Dreieckschaltung* (Bild 3.9)

$P = 3 \cdot U_\mathrm{p} \cdot I \cdot \cos\varphi$ $P = 3 \cdot U \cdot I_\mathrm{p} \cdot \cos\varphi$

$U_\mathrm{p} = U/\sqrt{3}$ $I_\mathrm{p} = I/\sqrt{3}$ eingesetzt:

$$P = \sqrt{3} \cdot U \cdot I \cdot \cos\varphi \,. \tag{3.3}$$

Die Drehstromleistung ist also in beiden Fällen gleich groß. Die Phasenverschiebung φ ist nicht diejenige zwischen U und I, sondern zwischen U_p und I, bzw. I_p und U.

Entsprechend ist die Drehstromleistung des *Zweiphasenstroms* (Bild 3.14)

$$P = 2 \cdot U_p \cdot I_p \cdot \cos \varphi \; . \tag{3.4}$$

Beim einphasigen Wechselstrom fließt die Energie, wie Bild 2.3 und 2.48 zeigt, mit der Frequenz $2\,f$ *pulsierend* dem Verbraucher zu. Drehstrom zeigt einen *konstanten* Energiefluß. In Bild 3.19 sind unter der Voraussetzung induktionsfreier Belastung die Leistungslinien der drei Stränge dargestellt, deren Summe den konstanten Wert P ergibt, welcher durch Gl. (3.3) bestimmt ist.

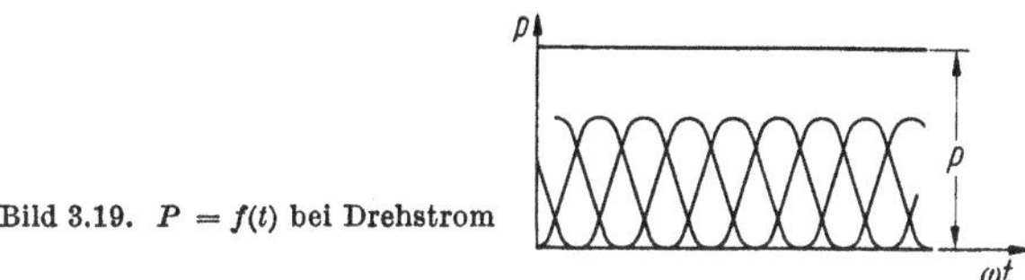

Bild 3.19. $P = f(t)$ bei Drehstrom

57. Beispiel. Ein Drehstromheizgerät habe drei gleiche Widerstände, von denen man aber nicht weiß, ob sie in Stern oder in Dreieck geschaltet sind. Die Messung der Widerstände zwischen je zwei von den drei Klemmen ergab jedesmal 40 Ω. Wie groß ist die Leistung bei einer Spannung von 380 V ? Nimmt man die Sternschaltung an, so liegen bei der Widerstandsmessung zwei Widerstände in Reihe. Der Widerstand jedes Stranges beträgt daher 20 Ω. Bei einer Strangspannung von 380 V/1,73 = 220 V fließt also ein Strangstrom von 220 V/20 Ω = 11 A. Die Drehstromleistung ist $3 \cdot 11$ A $\cdot$ 220 V = 7250 W. Bei einer Widerstandsmessung in Dreiecksschaltung liegen zu einem Strangwiderstand R die beiden anderen in Reihe parallel, so daß sich ein Gesamtwiderstand $2\,R/3$ ergibt. Da wir 40 Ω gemessen haben, würde der Strangwiderstand bei Dreieckschaltung 60 Ω sein. Der Strangstrom ist dann 380 V/60 Ω = 6,35 A und die Drehstromleistung $3 \cdot 6,35$ A $\cdot$ 380 V = 7250 W. Es kommt also die gleiche Lösung heraus, und wir können, wenn uns die Schaltung unbekannt ist, für die Rechnung einfach eine beliebige annehmen. Gewöhnlich wählt man die Sternschaltung, weil sie etwas einfacher ist.

3.3 Drehstrom-Spule

Man könnte drei in Stern oder Dreieck geschaltete, einphasige Drosselspulen (nach Bild 2.24) als Drehstrom-Drosselspule verwenden. Stellt man die Eisenkerne, wie es Bild 3.20 in perspektivischer Darstellung zeigt, zusammen, so ist entsprechend dem elektrischen Stromkreis auch eine Verkettung der magnetischen Kreise möglich. Die drei nebeneinander liegenden Eisenschenkel können also zu einem gemeinsamen vereinigt werden. Da nun die Summe der Flüsse in jedem Augenblick den Wert Null ergibt, kann dieser gemeinsame Schenkel

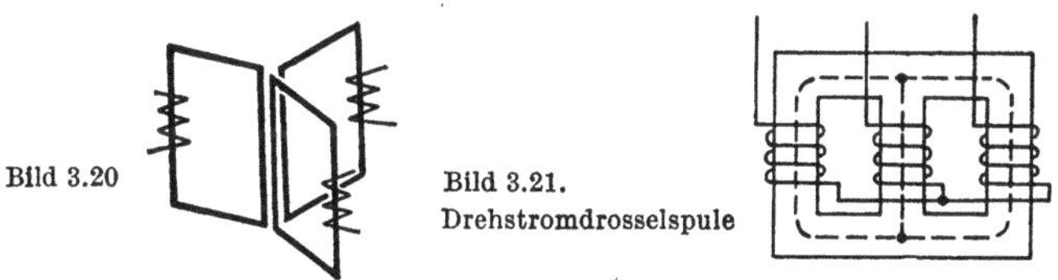

Bild 3.20   Bild 3.21.
Drehstromdrosselspule

ganz in Fortfall kommen. Mit Rücksicht auf den einfacheren Aufbau der Bleche wird allerdings meist nicht die symmetrische Anordnung der drei Schenkel nach Bild 3.20 gewählt, sondern es werden die Schenkel nach Bild 3.21 in eine Ebene gelegt. Dadurch ist allerdings eine Unsymmetrie insofern entstanden, als die Eisenwege der drei Schenkel ungleich lang sind. Die beiden äußeren Schenkel haben einen erhöhten magnetischen Widerstand, und daher muß bei konstanter Spannung ein etwas größerer Magnetisierungsstrom durch ihre Spulen fließen. Durch Verstärkung des oberen und unteren Jochs läßt sich die Ungleichheit teilweise beseitigen. Eine völlig symmetrische Drehstromdrossel mit einfachem Aufbau des Eisenkörpers stellt der Ständer eines Drehstrommotors als geblätteter Eisenring mit drei um 120° versetzten Wicklungen dar.

Die Verkettung der magnetischen Kreise nach Bild 3.21 ist nur möglich, wenn die Summe der drei magnetischen Flüsse Null ist. Trifft dies im Ausnahmefall (z. B. starke Oberschwingungen) nicht zu, so kann man auf einen vierten unbewickelten Schenkel nicht verzichten.

Drehstrom-Zugmagnete haben einen geblätterten Eisenkern (Bild 14.36). Die Zugkraft eines Schenkels berechnet sich nach Gl. (2.17b) und hat einen periodischen Verlauf. Die Zugkräfte der drei Schenkel sind ebenso gegeneinander verschoben, wie es die Leistungslinien in Bild 3.19 sind, die Gesamtzugkraft des Drehstrommagneten ist daher eine zeitlich *konstante* Größe.

58. Beispiel. Die drei Sammelschienen eines Drehstromsystems liegen in einer Ebene und haben einen Abstand von je 15 cm. Es sollen die Kräfte, welche zwischen den Schienen auftreten, in Abhängigkeit von der Zeit aufgezeichnet werden, wenn die Schienen ein dreiphasiger Kurzschlußstrom von 20 000 A durchfließt.

Zur Lösung dieser Aufgabe zeichne man sich die drei phasenverschobenen Ströme der drei Schienen und berechne dann nach Gl. (1.57) in jedem Augenblick die Kraft, die zwischen ihnen wirkt, wobei man natürlich auf die Richtungen achten muß. Es ergibt sich, daß im Mittel auf die mittlere Schiene keine Kraft wirkt, während die außen liegenden Schienen durch eine Mittelkraft nach außen gedrückt werden.

Häufig tritt aber bei Drehstromsystemen im Kurzschlußfall ein einphasiger (unsymmetrischer) Kurzschluß auf. Es führen dann nur 2 Leiter den Kurzschlußstrom. Dieser besitzt in jedem Leiter gleichen Betrag und entgegengesetzt gleiche Phasenlage. Die Kraftwirkung F versucht, die Schienen auseinanderzudrücken.

3.4 Drehfeld

In Bild 3.22 ist eine dreiphasige Wicklung (entsprechend Bild 3.1) dargestellt, in welche wir einen dreiphasigen Drehstrom schicken wollen. In der Spule $U-X$ fließe der Wechselstrom i_1 (Bild 3.2), in Spule $V-Y$ Strom i_2 und in Spule $W-Z$ Strom i_3. Greifen wir den Zeitpunkt a heraus, in welchem Strom i_1 gerade auf seinem positiven Höchstwert ist, während die Ströme i_2 und i_3 halb so groß und negativ sind, so ergibt sich das in Bild 3.22a dargestellte

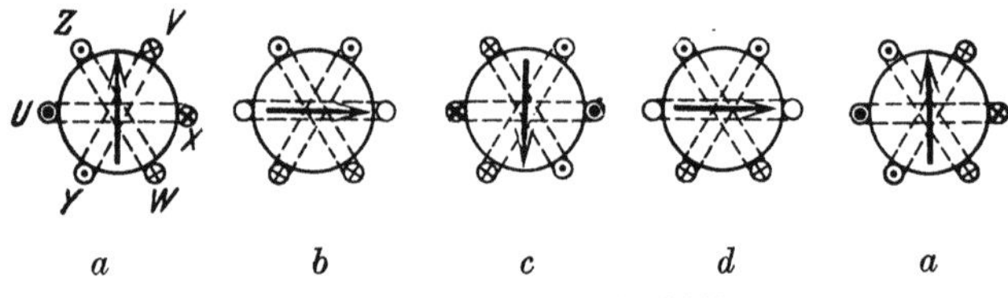

Bild 3.22. Entstehung des Drehfeldes

Stromrichtungsbild, welches ohne weiteres erkennen läßt, daß die drei Spulen zusammen ein *resultierendes* Feld in vertikaler Richtung erzeugen. Im Zeitpunkt b ist der Strom i_1 gleich Null, während Strom i_2 negativ und

Strom i_3 positiv bei 0,866fachem Wert des Höchstwertes sind. Sie liefern ein Feld, welches im Betrag mit dem früheren übereinstimmt, jedoch um 90° gedreht ist. Die Felder in den folgenden Zeitpunkten c, d und a zeigen, daß der mehrphasige Strom ein konstantes, drehendes Feld, ein sog. *Drehfeld*, erzeugt. Nur *mehrphasiger* Wechselstrom ist hierzu befähigt, und man hat ihn daher *Drehstrom* genannt. Die *Drehzahl* des Drehfeldes ist durch die Frequenz bestimmt. Vom Zeitpunkt a (Bild 3.22) bis zum folgenden Zeitpunkt a ist eine Periode vergangen. In dieser Zeit hat das Drehfeld *eine* Umdrehung gemacht. Die Drehzahl des Drehfeldes ist für diese Anordnung $n_\mathrm{D} = f$. Will man die Zahl der Umdrehungen je Minute bestimmen, und ist die Frequenz in der Einheit Hz gegeben, so muß man n_D natürlich noch mit 60 s/min multiplizieren. Die *Drehrichtung* des Drehfeldes ist durch die zeitliche Folge der Ströme bestimmt. Wenn wir diese umkehren, wenn wir also z. B. den Strom i_2 (Bild 3.22) in Spule W und Strom i_3 in Spule V leiten, d. h. zwei von den drei Zuleitungen vertauschen, so zeigt die Feldkonstruktion nach Bild 3.22 ein *umgekehrt* drehendes Feld.

Mit einphasigem Wechselstrom ist nur dann die Erzeugung eines Drehfeldes möglich, wenn man sich durch eine „Kunstschaltung" zwei gegeneinander phasenverschobene Ströme erzeugt. Zwei um 90° verschobene Spulen könnte man z. B. so schalten, daß der einen ein Widerstand, der anderen ein Kondensator vorgeschaltet ist. Dann werden ihre Ströme bei Anschluß an ein *Wechselstromnetz* Phasenverschiebung gegeneinander haben. Das dadurch entstehende Drehfeld wird bei asynchronen Wechselstrommotoren angewendet (s. Kap. 8.2).

Denkt man sich in Bild 3.22 den Kreisumfang aufgeschnitten und in eine Gerade gestreckt, dann geht das Drehfeld in ein wanderndes Feld, ein sog. *Wanderfeld* über. Bild 3.23

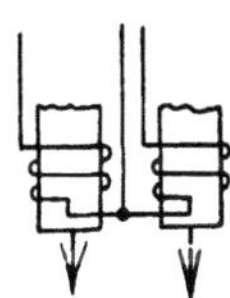

Bild 3.23. Erzeugung eines Wanderfeldes mit zwei phasenverschobenen Strömen

zeigt z. B. zwei Pole, deren Spulen mit Zweiphasendrehstrom beschickt werden. In einem bestimmten Augenblick hat die erste Spule gerade den Höchstwert des Stromes und des Feldes, während die zweite Spule gerade die Nullwerte hat. Eine viertel Periode später hat die zweite Spule die Höchstwerte, während die erste Spule die Nullwerte hat. Es sieht also aus, als ob das Feld ständig eine Wanderbewegung von links nach rechts ausfuhre. Solche Wanderfelder finden bei den Zählerantrieben und bei Linearmotoren Verwendung. Im Entwicklungs- und Versuchsstadium befinden sich Drehstromlinearmotoren für den Antrieb von schienengebundenen Magnet- und Luftkissenfahrzeugen.   ·

4. Elektrische Meßtechnik

4.1 Meßgeräte, Strom- und Spannungsmessungen

Für den Bau von *Strom-, Spannungs-* und *Leistungsmessern* können alle Wirkungen des elektrischen Stromes benutzt werden. Man unterscheidet nach der Art des Meßwerkes folgende Meßgeräte:

Drehspulmeßgeräte haben einen feststehenden Dauermagneten (Bild 4.1), zwischen dessen Polen eine von dem zu messenden Strom durchflossene Drehspule mit dem Zeiger angeordnet ist. Spiralfedern sorgen für das erforderliche Gegendrehmoment. Nach Gl. (1.56) ist die Kraft und damit der Ausschlag, wegen des proportionalen Zusammenhangs zwischen Gegendrehmoment der Federn und Ausschlag, dem Strom proportional. Die Skala ist daher gleichmäßig geteilt. Bei stoßunempfindlichen Meßinstrumenten werden die drehbaren Teile an zwei gespannten dünnen Bändern aufgehängt. Die Bänder dienen gleichzeitig zur Lagerung, Stromzuführung und zur Erzeugung des stellungsabhängigen Gegenmomentes. Umgekehrte Stromrichtung hat entgegengesetzten Ausschlag zur Folge, daher sind diese Geräte nicht für Wechselstrom brauchbar. Durch den Einbau eines *Gleichrichters* und eines Umschalters können diese Geräte für Gleich- und Wechselstrom verwendbar gemacht werden. Die hohe Entwicklung der Dauermagnetstoffe hat es möglich gemacht, ein sehr kompaktes Meßwerk dadurch zu bekommen, daß man den feststehenden Spulenkern als Magnet mit radialer Magnetisierung ausbildet. Die Spule wird dann außen nur von einem weichen Eisenring als Rückschluß umschlossen.

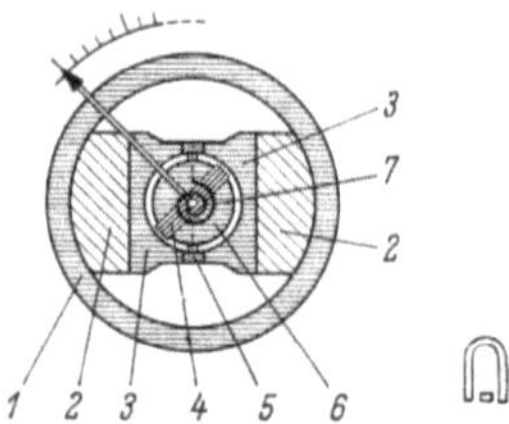

Bild 4.1. Drehspulmeßwerk; 1 magn. Rückschluß (Weicheisen); 2 Sintermagnet; 3 Polschuh (Weicheisen); 4 Drehspule; 5 unmagn. Material; 6 Weicheisenkern; 7 Feder

Dreheisenmeßgeräte (Weicheisenmeßgeräte) haben entweder nach Bild 4.2 ein weiches Eisenteil, welches von der stromdurchflossenen Spule angezogen wird, oder zwei Eisenteile in einer Spule, von denen das eine fest, das andere mit dem Zeiger beweglich ist. Beide Eisenteile werden gleichnamig magnetisiert und stoßen sich daher ab. Die Größe der Kraft und des Ausschlages ist nach Gl. (1.92) dem Quadrat des Stromes proportional, die Skala ist daher zu Anfang eng geteilt. Jede Stromrichtung ruft Anziehung des *weichen* Eisens hervor, das Instrument ist also auch für Wechselstrom geeignet.

Elektrodynamische Meßgeräte haben eine Drehspule nach Bild 4.3 im magnetischen Feld einer festen Spule. Sie werden meist als Leistungsmesser verwendet. Die feststehende Spule wird vom Verbraucherstrom, die drehbare Spule von einem der Verbraucherspannung proportionalen Strom durchflossen. Der Zeigerausschlag ist der Leistung proportional. Die Leistungsskala ist linear geteilt.

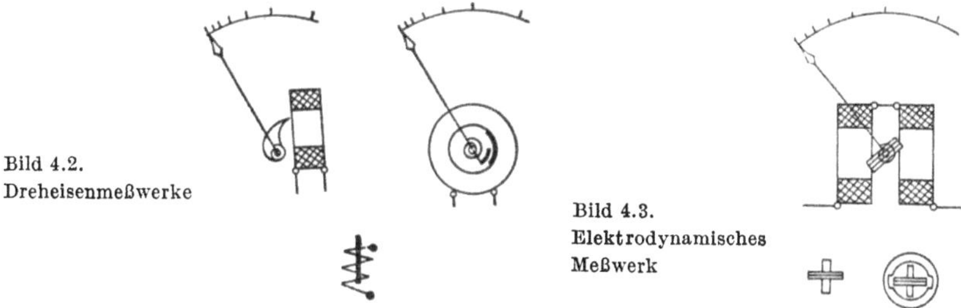

Bild 4.2.
Dreheisenmeßwerke

Bild 4.3.
Elektrodynamisches
Meßwerk

Beim Strommesser sind beide Spulen in Reihe geschaltet. Die Kraft und damit der Ausschlag ist dann nach Gl. (1.57) dem Quadrat des Stromes proportional, die Skala ist also anfangs eng geteilt. Das Instrument ist sowohl für Gleichstrom als auch für Wechselstrom geeignet. Die geringe Stärke des Feldes bedingt nur kleine Drehmomente, auch wird das Meßwerk leicht durch äußere Felder beeinflußt. Bei den *eisengeschlossenen* Instrumenten ist der Feldlinienweg mit Eisen ausgefüllt. Das Drehmoment ist dann stärker und die äußere Beeinflußbarkeit geringer. Durch Remanenz des Eisens können jedoch Fehler auftreten.

Induktionsmeßgeräte beruhen auf der Wirkung von Induktionsströmen und kommen nur für Wechselstrom in Frage. Sie können nach Bild 4.4 ein vierpoliges-Magnetsystem haben, in deren Spulen auf künstlichem Wege eine Phasenverschiebung der Ströme gegeneinander hervorgerufen wird (s. auch Bild 4.34). Das dadurch entstehende Drehfeld versucht die leichte Aluminiumtrommel zu drehen, weil es in ihr Ströme induziert, die nach dem Lenzschen Gesetz Kräfte in Richtung des Drehfeldes ausüben. Da die erzeugten Ströme infolge der Widerstandsänderung etwas von der Temperatur abhängen, können Fehler auftreten. Außerdem ist die Frequenz von Einfluß auf den Ausschlag.

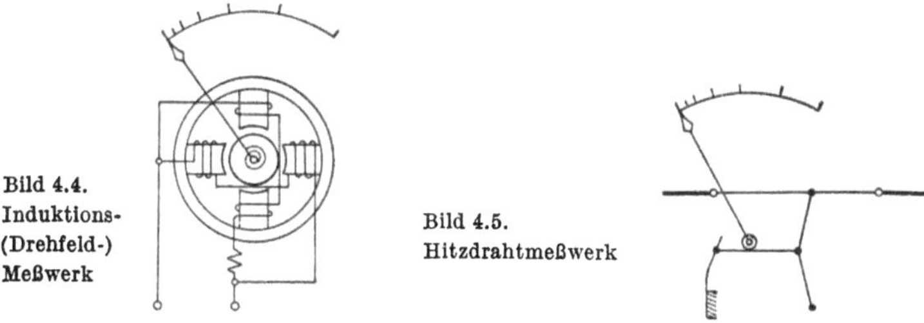

Bild 4.4.
Induktions-
(Drehfeld-)
Meßwerk

Bild 4.5.
Hitzdrahtmeßwerk

Hitzdrahtmeßgeräte haben einen vom zu messenden Strom durchflossenen Hitzdraht, dessen Wärmedehnung auf den Zeiger übertragen wird (Bild 4.5). Diese Geräte sind sowohl für Gleichstrom als auch für Wechselstrom geeignet.

Die Skala ist ungleichmäßig geteilt, weil die Wärme und damit der Ausschlag
dem Quadrate des Stromes proportional ist. Der Einfluß äußerer Temperatur
muß kompensiert werden. Gegen Überlastungen sind Hitzdrahtgeräte empfindlich.

Bimetall-Meßgeräte haben eine Wickelfeder aus Bimetallblech, die mit der Zeigerachse
verbunden ist. Bimetall besteht aus 2 Metallen verschiedener Ausdehnungskoeffizienten.
Wird es vom Strom durchflossen und dadurch erwärmt, so wird der Zeiger ausgelenkt.
Bimetall-Meßgeräte besitzen eine große Einstell- und Beruhigungszeit, die bis zu 10 Minuten
betragen kann. Kurzandauernde Stromspitzen tragen zum Ausschlag nur unwesentlich bei.
Das Drehmoment ist etwa 1000mal größer als bei sonstigen Meßgeräten.

Bei den **Galvanometern** zur Messung sehr kleiner Ströme tritt zur Verminderung der
Reibung an Stelle der Spitzenlagerung die *Fadenaufhängung* des beweglichen Systems.
Außerdem wird bei weiterer Steigerung der Empfindlichkeit die Zeigerablesung durch die
Spiegelablesung ersetzt. Das bewegliche System trägt einen Spiegel, in welchem mittels
eines in 1 bis 2 m Entfernung aufgestellten Fernrohres eine Skala beobachtet wird. Bei
Drehung des Spiegels erscheint eine Lichtmarke oder das Fadenkreuz im Fernrohr an einer
anderen Skalenstelle. Galvanometer werden u. a. als „Nullinstrumente" bei Brückenschal-
tungen verwendet.

Ballistische Galvanometer dienen zur Messung kleiner Elektrizitätsmengen, also z. B. zur
Messung derjenigen eines Stromstoßes $Q = \int i \cdot \mathrm{d}t$. Ihr Bau stimmt mit normalen Dreh-
spul-Galvanometern fast überein. Die Dämpfung ist lediglich stark vermindert, ferner ist
die Masse des beweglichen Systems durch Beschwerung mit aufgesetzten Gewichten künstlich erhöht. Der durch den Stromstoß verursachte erste Ausschlag α ist der Elektrizitätsmenge proportional, also $Q = c_\mathrm{b} \cdot \alpha$, worin c_b die ballistische Konstante des Galvanometers
ist. c_b ist von der Dämpfung des Instrumentes abhängig.

Elektrostatische Spannungsmesser, welche auf der Kraftwirkung zweier Körper, zwischen
denen eine elektrische Spannung besteht, beruhen. Legt man nach Bild 4.6 die feststehen-

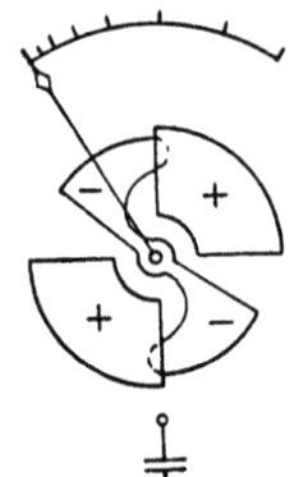

Bild 4.6. Elektrostatisches Meßwerk

den Sektoren an den Pluspol, die drehbare Aluminiumnadel an Minuspol der zu messenden
Spannung, so erfolgt nach Gl. (1.108) eine Anziehung, die dem Quadrate der Spannung
proportional ist. Die Skala ist daher ungleichmäßig geteilt. In dieser Form ist das Instrument nur für sehr hohe Spannungen brauchbar. Um auch bei den üblichen Gebrauchs-
spannungen noch ein hinreichendes Drehmoment zu bekommen, müssen mehrere Systeme
parallelgeschaltet werden.

Klasseneinteilung. Man unterscheidet nach Klassen, nämlich die *Fein-
meßgeräte* 0,1, 0,2 und 0,5 und die *Betriebsmeßgeräte* 1,0, 1,5, 2,5 und 5, wobei
die Zahlen den höchst zulässigen Anzeigefehler in Prozent des Meßbereichs-
endwertes angeben.

Die *Beruhigungszeit* darf nicht zu groß sein, d. h. der Zeiger muß sich *schnell*
auf seinen Wert einstellen. Hierzu ist eine Dämpfung nötig. Es kommen
Luftdämpfungen und elektromagnetische Dämpfungen vor. Bei der Luftdämpfung (Bild 4.7) ist mit dem Zeiger ein kleiner Kolben verbunden, welcher

sich reibungslos in einem Zylinder bewegt. Sie findet hauptsächlich bei elektrodynamischen Meßgeräten Anwendung, bei denen die magnetische Dämpfung des Feldes wegen vermieden wird. Bei der elektromagnetischen Dämpfung nach Bild 4.8 wird ein Aluminiumblech durch das Feld eines Dauermagneten

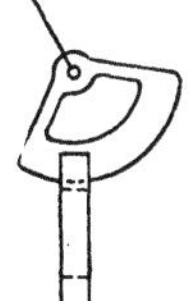

Bild 4.7. Luftdämpfung   Bild 4.8. Elektromagnetische Dämpfung

geführt, wodurch bei Bewegung des Bleches Wirbelströme entstehen. Diese erzeugen eine Bremskraft. Bei den Drehspulmeßgeräten wird die Spule auf ein geschlossenes Aluminiumrähmchen gewickelt, in dem bei der Bewegung Ströme induziert werden, die ebenfalls eine Bremskraft hervorrufen.

Die *Zeigernullstellung* ist zuweilen kleinen Änderungen unterworfen. Die Zeigermeßgeräte sollen daher eine Vorrichtung besitzen, mit welcher die Zeigerstellung korrigiert werden kann. Auf der Skala soll zur Kennzeichnung des Systems das Symbol (z. B.: ∩ oder ⋀) angegeben sein, ferner die Stromart (— oder ∼) und das Lagezeichen (⊓ = Waagrecht, ⊥ = Senkrecht) für die Gebrauchslage. Ein fünfstrahliger Stern mit Ziffer gibt die Höhe der Prüfspannung der Isolation an (z. B. Stern mit Ziffer zwei bedeutet 2000 V).

4.2 Meßbereichserweiterung

Manche Meßgeräte, wie z. B. die Drehspulgeräte, lassen sich unmittelbar nur für ganz kleine Ströme bauen. Eine Erweiterung ihres Strommeßbereiches erzielt man durch *Nebenschluß* (Shunt). Es ist dies ein *Nebenwiderstand*, durch den ein genau bestimmter Teil des Gesamtstromes an dem Instrument vorbeigeleitet wird (Bild 4.9). Durch den Nebenwiderstand fließt der Strom $(I - I_2)$

Bild 4.9. Strommesser mit Nebenschluß

und die Spannung desselben ist $R_2 \cdot I_2$. Folglich benötigt man einen Nebenwiderstand $R_1 = R_2 \cdot I_2/(I - I_2)$. Bei einer n-fachen Erweiterung des Meßbereiches, also $I = n \cdot I_2$ eingesetzt, ergibt sich:

$$R_1 = \frac{R_2}{n - 1} . \tag{4.1}$$

Bei Wechselstrom werden Nebenwiderstände nur bis etwa 5 A verwendet. Bei manchen Meßgeräten kann durch Teilung der Spule in zwei Hälften, die entweder in Reihe oder parallel geschaltet werden, eine Meßbereichsänderung von 1:2 erzielt werden. Weitergehende Änderungen des Meßbereiches erhält man bei Wechselstrom mittels der später beschriebenen *Stromwandler*.

59. Beispiel. Ein Strommesser hat einen Widerstand von 3 Ω und zeigt maximal 10 mA. Welcher Nebenwiderstand ist erforderlich, wenn der Meßbereich auf 15 A erweitert werden soll?

Durch den Nebenwiderstand gehen dann 15 A − 0,010 A = 14,99 A. Da die Spannung am Instrument 3 Ω · 0,010 A = 0,03 V ist, ergibt sich $R_1 = 0{,}03$ V$/14{,}99$ A $= 0{,}002001$ Ω. Für andere Meßbereiche können weitere Nebenwiderstände beigegeben oder eingebaut werden. Zu beachten ist, daß der Widerstand der *Meßleitungen*, welche das Instrument mit dem Nebenschluß verbinden, in dem obigen Widerstand R_2 enthalten ist. Die dem Instrument beigegebenen Leitungen zum Nebenwiderstand dürfen also *nicht verändert* werden.

Strommesser mit *mehrfachen* Meßbereichen sind üblich. Durch die Schaltung nach Bild 4.10 läßt sich erreichen, daß der Kontaktwiderstand des Umschalters nicht in das Verhältnis aus Nebenwiderstand und Instrumentwiderstand eingeht.

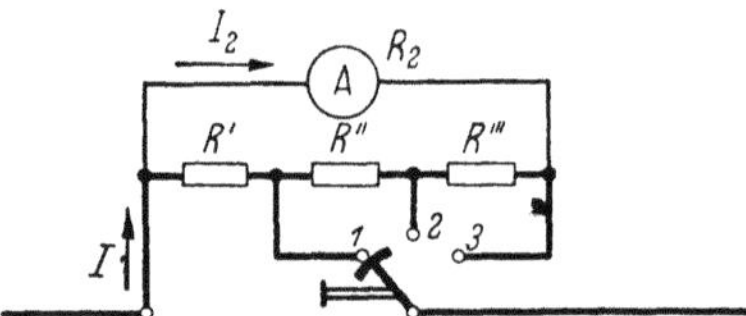

Bild 4.10. Umschaltbarer Nebenschluß

60. Beispiel. Ein Strommesser mit dem Meßbereich $I_2 = 5$ mA soll durch eine Umschaltung nach Bild 4.10 auf die Meßbereiche $I_2 = 10$ mA, 100 mA und 1000 mA gebracht werden. Der Gerätwiderstand ist $R_2 = 10$ Ω. Gemäß Gl. (4.1) ist bei den drei Stromstufen also $n_3 = 2$, $n_2 = 20$ und $n_1 = 200$.

Auf der 3. Stufe ist nach Gl. (4.1) $R' + R'' + R''' = 10$ Ω$/(2 − 1) = 10$ Ω. Auf der 2. Stufe ist: $R' + R'' = [10$ Ω $+ 10$ Ω $− (R' + R'')]/(20 − 1)$ woraus $R' + R'' = 1$ Ω ergibt. R''' ist also 9 Ω. Auf der 1. Stufe besteht die Beziehung $R' = (19$ Ω $+ 1$ Ω $− R')/(200 − 1)$, also $R' = 0{,}1$ Ω und $R'' = 0{,}9$ Ω.

Strommesser haben einen möglichst kleinen *Widerstand* und dürfen daher nicht unmittelbar an eine größere Spannung gelegt werden. Schaltet man jedoch nach Bild 4.11 einen Widerstand R_1 vor, dann fließt ein Strom, der nach dem Ohmschen Gesetz der Spannung U proportional ist. Es ist daher möglich, die Skala des Strommessers gleich in Volt zu eichen. Ein *Spannungsmesser* ist daher nichts weiter als ein Strommesser mit möglichst hohem Widerstand.

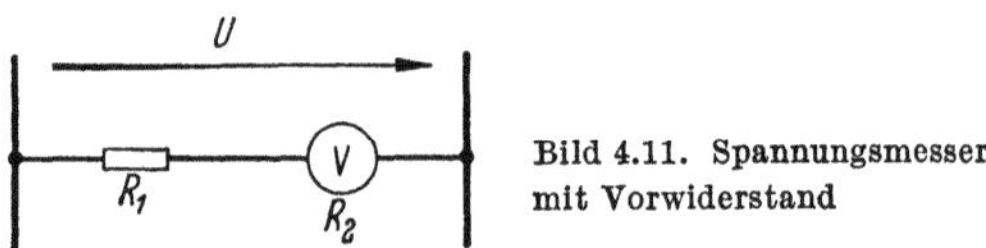

Bild 4.11. Spannungsmesser mit Vorwiderstand

Die Erweiterung des Meßbereiches eines Spannungsmessers erfolgt durch Vorschaltung von Widerständen (Bild 4.11). Der Meßbereich ist verdoppelt, wenn man dem Spannungsmesserinnenwiderstand einen gleich großen Widerstand vorschaltet. Einen n-fachen Meßbereich erzielt man also durch einen Vorwiderstand

$$R_1 = (n − 1) \cdot R_2 . \qquad (4.2)$$

Der Meßbereich elektrostatischer Spannungsmesser kann nicht durch Vorwiderstände erweitert werden.

61. Beispiel. Das Meßgerät des 60. Beispiels soll zur Messung von Spannungen bis 150 V benutzt werden. Welcher Vorwiderstand ist erforderlich?

Das Gerät hat bei vollem Ausschlag eine Spannung von 3 $\Omega \cdot$ 0,010 A = 0,03 V. Im Vorwiderstand muß also ein Spannungsfall 150 V $-$ 0,03 V = 149,97 V auftreten. Er muß daher 149,97 V/0,01 A = 14 997 Ω haben. Die Beispiele 60 und 61 zeigen, daß ein und dasselbe Gerät sowohl zur Strommessung als auch zur Spannungsmessung dienen kann.

Die *Eichung* eines Strommessers geschieht mittels eines Präzissionsstrommessers, der mit dem zu eichenden Strommesser in Reihe geschaltet wird. Der Meßstrom wird einer einstellbaren Stromquelle, z. B. einem Stromteiler, entnommen; die Anzeigen der beiden Geräte werden miteinander verglichen.

Zur *Eichung* eines Spannungsmessers schaltet man ihn mit einem Präzisionsspannungsmesser parallel an einen Spannungsteiler (Bild 1.13) und vergleicht die Ausschläge miteinander.

Die *Kompensationsmethode* (Bild 1.15) erlaubt den Vergleich einer unbekannten Spannung mit einer gegebenen Spannung (Normalelement U_{45}). R_3 sei ein Galvanometer, dessen Strom durch Veränderung der Widerstände auf Null gebracht werde. Dann gilt Gl. (1.19), und die Spannung U_{17} läßt sich daraus ermitteln.

4.3 Widerstandsmessungen

Mittelbare Widerstandsmessungen. Nach dem ohmschen Gesetz kann der Widerstand aus einer Strom- und Spannungsmessung ermittelt werden. Der Widerstand ist dann $R = U/I$. Zuweilen kann jedoch der Eigenverbrauch der Meßgeräte nicht vernachlässigt werden. In Bild 4.12 ist der durch den Strom-

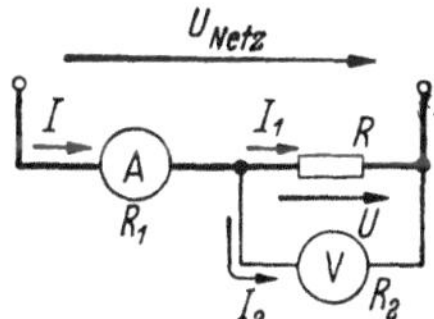

Bild 4.12. Mittelbare Widerstandmessung; Voltmeter nach Strommesser geschaltet

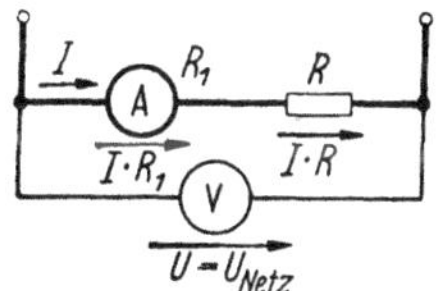

Bild 4.13. Mittelbare Widerstandsmessung; Voltmeter vor Strommesser geschaltet

messer angegebene Strom nicht genau gleich groß wie der Strom im Widerstand. Dieser ist vielmehr $I_1 = I - I_2 = I - U/R_2$. Der wirkliche Widerstandswert ist nun $R = U/I_1$. Die Berichtigung läßt sich nicht dadurch umgehen, daß man den Spannungsmesser, wie in Bild 4.13 gezeichnet, vor dem Strommesser anschließt, weil man dann den richtigen Strom, aber eine um den Spannungsfall des Strommessers $I \cdot R_1$ fehlerhafte Spannung mißt. Für die Schaltung Bild 4.12 gilt dann:

$$R = \frac{U_{\text{Netz}} - I \cdot R_1}{I} = \frac{U_{\text{Netz}}}{I} - R_1 \, .$$

Quotienten-Widerstandsmesser sind meist Drehspulmeßgeräte, die mit zwei um 90° gekreuzten Drehspulen (Kreuzspulmeßwerk) in einem inhomogenen Magnetfeld den Quotienten $U/I = R$ zu messen gestatten. Die eine Spule ist von dem Strom des zu messenden Widerstands durchflossen, die andere liegt an seiner Spannung. Beide Spulen wirken mit ihrem Drehmoment entgegen. Eine Federrichtkraft ist *nicht* vorhanden. Im stromlosen Zustand hat demnach der Zeiger eine willkürliche Einstellung. Die Größe der angelegten Spannung geht in die Messung nicht ein, weil bei einer Spannungsänderung sich der Strom in *beiden* Spulen ändert und der Quotient gleich bleibt.

Die Widerstandsmessung mit der Wheatstoneschen Brücke ist die genaueste Methode, wenn genaue Vergleichswiderstände und ein empfindliches Galvanometer Verwendung finden (Bild 1.14). Als Vergleichswiderstände dienen Präzisionswiderstände, zuweilen auch als Widerstand $R_3 + R_4$ ein aufgespannter Schleifdraht. Flüssigkeitswiderstände können wegen der Polarisationserscheinung nur mit Wechselstrommeßbrücken gemessen werden.

62. Beispiel. Der Erdwiderstand eines Blitzableitererdbandes soll mit einer Meßbrücke gemessen werden. Es werden an zwei verschiedenen und entfernten Stellen Rohre als Hilfserder in den Boden getrieben, weil eine Wasserleitung od. dgl. nicht verfügbar ist. Zwischen Erdband und Rohr 1 wurde ein Widerstand von 7 Ω, zwischen Erdband und Rohr 2 von 8 Ω und zwischen beiden Rohren 9 Ω gemessen. Wie groß ist der Erdwiderstand der Erdplatte?
Der Widerstand der ersten Messung von 7 Ω setzt sich aus dem Erdwiderstand R_p des Bandes und dem Erdwiderstand des Rohres R_1 zusammen. Es ist also 7 Ω $= R_p + R_1$. Entsprechend ist 8 Ω $= R_p + R_2$ und 9 Ω $= R_1 + R_2$. Diese Gleichungen nach R_p aufgelöst, ergibt $R_p = 3$ Ω.

Kapazitive und induktive Widerstände können *indirekt* durch eine Strom-, Spannungs- und Frequenzmessung ermittelt, oder direkt mit einer *Wechselstrom-Meßbrücke* durch Vergleich mit Normalen gemessen werden.

4.4 Leistungsmessungen

Die Leistung bei Gleichstromsystemen läßt sich mit Strom- und Spannungsmessern bestimmen. Bei Wechselstromsystemen wird die Leistung in der Regel mit Leistungsmessern gemessen. Dies sind meist elektrodynamische Meßgeräte (zuweilen auch Induktionsmeßgeräte), deren feste Spule geringen Widerstand hat und wie ein Strommesser eingeschaltet wird, während die bewegliche Spannungsspule mit hohem Widerstand wie ein Spannungsmesser angeschlossen wird (Bild 4.14). Das von der festen Spule erzeugte Feld hat eine dem Strom I

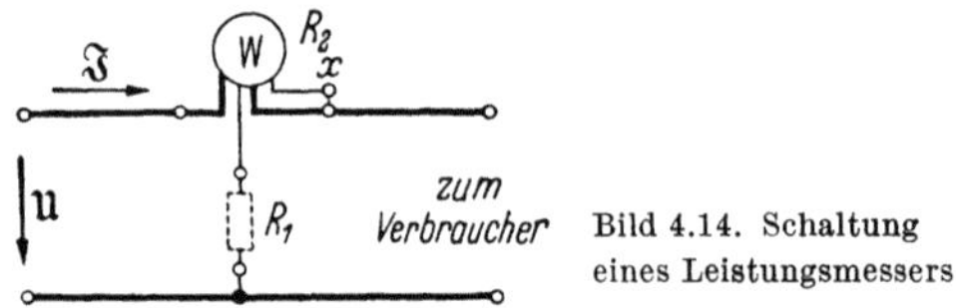

Bild 4.14. Schaltung eines Leistungsmessers

proportionale Stärke, während der Strom der Drehspule der Spannung U proportional ist. Gl. (2.17c) und Bild 2.48 lehren dann, daß die Kraft und damit der Ausschlag dem Ausdruck $U \cdot I \cdot \cos \varphi$, also der Leistung proportional ist. Es ist also $P = U \cdot I \cdot \cos \varphi = c\,\alpha$, wenn c die Wattmeterkonstante (Skalenkonstante) und α der angezeigte Zahlenwert ist.

Die Erweiterung des Meßbereiches. Bei den Leitungsmessern sind zwei Meßbereiche zu unterscheiden: der *Strom*meßbereich und der *Spannungs*meßbereich. Zur Erweiterung des *Strommeßbereiches* kann die feste Stromspule, die ohnehin meist aus zwei Teilen besteht, entweder in Reihe oder parallel geschaltet werden, oder es kann bei Wechselstrom mittels Stromwandlern der Meßbereich geändert werden. Der Spannungsbereich läßt sich durch Vorschaltung von Widerständen erweitern, wobei ebenso wie bei den Spannungsmessern Gl. (4.2) gilt. Der Vorwiderstand muß an der in Bild 4.14 punktiert angedeuteten Stelle eingeschaltet werden. An der Stelle x eingeschaltet, würde das Meßergebnis zwar das gleiche sein, aber beide Spulen liegen dann unmittelbar an verschiedenen Klemmen der Stromquelle, was bei höheren Spannungen zum Durchschlag führen kann. Bei Wechselspannung ist auch mittels Spannungswandlern eine Meßbereichserweiterung möglich.

Ist die Wattmeterkonstante ohne Meßbereichserweiterung c, und wird der Meßbereich im Spannungspfad auf das n_u-fache, im Strompfad auf das n_i-fache erweitert, so erhält man die Wattmeterkonstante $c' = n_u \cdot n_i \cdot c$.

63. Beispiel. Ein Wattmeter besitzt eine Skala mit 150 Skalenteilen und den Meßbereich 5 A und 30 V. Es soll für 300 V und 10 A verwendet werden. Wie groß ist die neue Wattmeterkonstante und die Leistung bei Vollausschlag?

Die Wattmeterkonstante beträgt für das Instrument allein $c = 30$ V $\cdot$ 5 A/150 Skt. = = 1 W/Skt. Der Meßbereich ist im Spannungspfad durch Vorwiderstände auf das n_u = = 10fache, im Strompfad durch Stromwandler auf das n_i = 2fache erweitert worden. Damit $c' = 10 \cdot 2 \cdot 1$ W/Skt. = 20 W/Skt. Bei Vollausschlag ist $P = c' \cdot \alpha_{max} = 20$ W/Skt. $\times$ $\times$ 150 Skt. = 3000 W.

Blindleistung läßt sich mit einem üblichen Wattmeter messen, wenn man dafür sorgt, daß die Spannung in der Spannungsspule um 90° phasenverschoben gegenüber der Meßspannung ist. Dies läßt sich durch „Kunstschaltungen", z.B. mit Differentialdrossel L und Widerstand R nach Bild 4.15 erreichen. Die

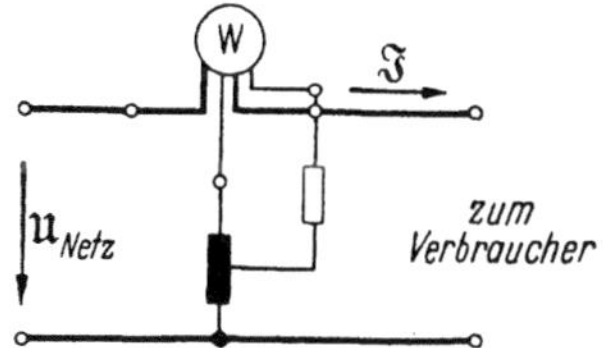

Bild 4.15. Blindleistungmessung mittels Kunstschaltung

Drosselspule L besitzt eine Mittelanzapfung. Der gesamte Spulenfluß Φ ist proportional der Zeigersumme $\Im_1 + (\Im_1 + \Im_2)$. Die beiden Spannungen U_1 und U_2 (Bild 4.16) sind untereinander phasen- und betragsgleich und um 90° phasenverschoben zum Spulenfluß. Man erkennt, daß es bei passender Wahl von R

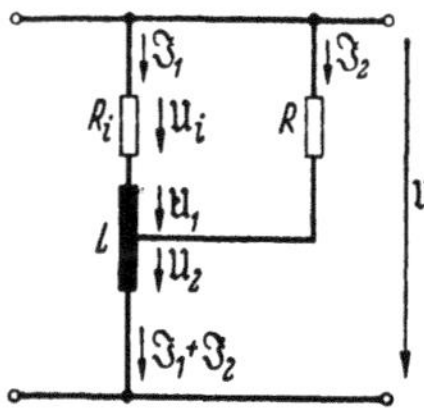

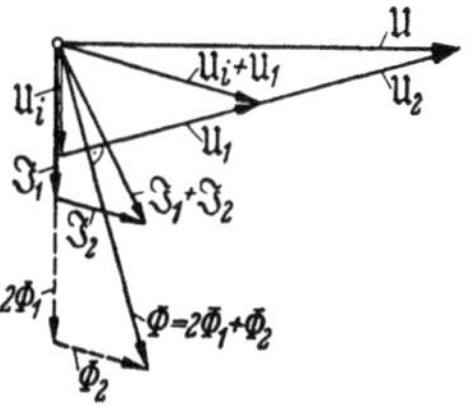

Bild 4.16. Ersatzschaltbild und Zeigerdiagramm zu Bild 4.15

möglich ist, die Spannung U_i um 90° gegenüber U zu drehen. Die Schaltung verursacht eine veränderte Instrumentkonstante, da die Spannung an der Spannungsspule kleiner als die Netzspannung ist.

4.4.1 Drehstrom-Leistungsmessungen

Bei *gleicher* Belastung der Stränge läßt sich mit *einem* Leistungsmesser, der die Leistung eines Stranges mißt, auskommen. Seine Angaben sind dann mit der Strangzahl zu multiplizieren, also $P = 3 \cdot c\alpha$. Bild 4.17 und 4.18 zeigen, wie bei der Stern- und Dreiecksschaltung die Einschaltung zu erfolgen hat. Es ist gleichgültig, welchen Strang man zur Messung wählt, aber es muß die Spannung für die Spannungsspule stets an *dem* Strang abgenommen werden, in welchem die Stromspule liegt. An den anderen Strängen herrscht wohl der Größe nach, aber nicht der Phase nach dieselbe Spannung. Wenn der Stern-

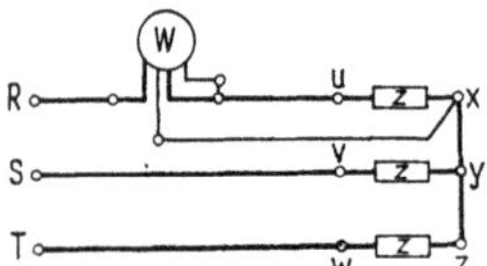

Bild 4.17. Leistungsmessung bei Sternschaltung (gleiche Strangbel.)

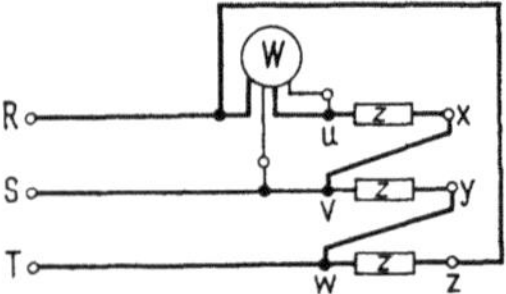

Bild 4.18. Leistungsmessung bei Dreieckschaltung (gleiche Strangbel.)

punkt unzugänglich oder das Dreieck nicht zu öffnen ist, stellt man sich nach Bild 4.19 einen *künstlichen Sternpunkt* mittels der Widerstände R_1, R_2, R_3 her. Da sie ein genaues Spannungsbild des eigentlichen Sternpunktes sein sollen, muß $(R_0 + R_1) = R_2 = R_3$ sein, worin R_0 der Widerstand der Spannungsspule ist. Natürlich ist auch hier die Ablesung mit drei zu multiplizieren, also

$$P = 3 \cdot n_{\mathrm{u}} \cdot c\alpha = 3 \cdot \frac{R_0 + R_1}{R_0} \cdot c \cdot \alpha \,.$$

Bei *ungleicher Belastung der Stränge* ist eine Messung stets dadurch möglich, daß man in jedem Strang einen Leistungsmesser einbaut und die Ablesungen addiert. Bei dem Drehstrom-Dreileiternetz kann man jedoch auch mit *zwei* Leistungsmessern auskommen, wenn man die *Zweileistungsmesserschaltung* (Aronsche Schaltung) benutzt (Bild 4.20). Bei derselben liegen die Stromspulen in zwei Zuleitungen und die Spannungsspulen sind einerseits je an diese Leitungen und andererseits an die freie Leitung angeschlossen. Es

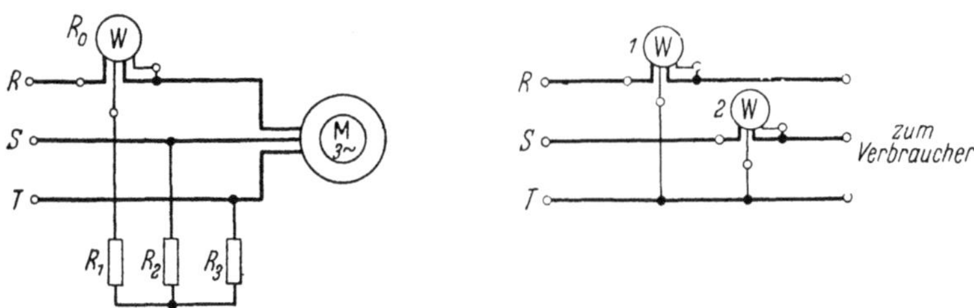

Bild 4.19. Leistungsmessung mit künstlichem Sternpunkt (gleiche Strangbel.)

Bild 4.20. Zweileistungsmesserschaltung (ungleiche Strangbel.)

läßt sich beweisen, daß in dieser Schaltung die Summe der Ablesungen beider Instrumente gleich der gesamten Drehstromleistung $P = c\,(\alpha_1 + \alpha_2)$ ist. Die Leistungsmesser sind vollkommen symmetrisch anzuschließen. Es ist aber hieraus nicht zu folgern, daß dann bei gleicher Belastung der Stränge auch die Ausschläge gleich sein müßten.

Nimmt man zur Vereinfachung der Betrachtung einmal an, daß die drei Stränge gleich stark und induktionsfrei belastet seien, so ergibt sich (Sternschaltung der Belastung angenommen) das in Bild 4.21 dargestellte Diagramm. Leistungsmesser 1 mißt $P_1 = U_{\mathrm{RT}} \times$

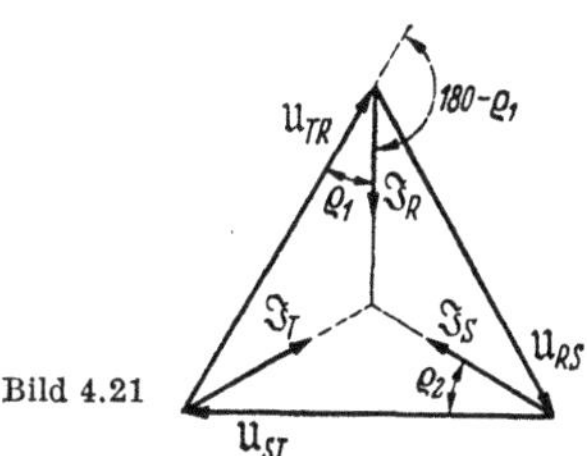

Bild 4.21

$\times I_{\mathrm{R}} \cdot \cos \varrho_1$, Leistungsmesser 2 mißt $P_2 = U_{\mathrm{ST}} \cdot I_{\mathrm{S}} \cdot \cos \varrho_2$. Winkel ϱ_1 ist 30°, Winkel $\varrho_2 = 30°$. Bei genauer Betrachtung der Schaltung Bild 4.20 sieht man, daß Leistungsmesser 1 an Spannung U_{RT} und Leistungsmesser 2 an Spannung U_{ST} angeschlossen sind. Im Diagramm Bild 4.21 ist aber nicht U_{RT} sondern U_{TR} eingetragen. Gemäß den Richtungsregeln ist also $U_{\mathrm{RT}} = -U_{\mathrm{TR}}$. Der an Wattmeter 1 anliegenden Spannung entspricht ein Zeiger mit umgekehrter Richtung wie Zeiger U_{TR}. Man erhält $P = P_1 + P_2 = U_{\mathrm{RT}} \cdot I_{\mathrm{R}} \cos \varrho_1 + U_{\mathrm{ST}} \cdot I_{\mathrm{S}} \cos \varrho_2 = 2 \cdot U \cdot I \cos 30° = \sqrt{3} \cdot U \cdot I$, also die in diesem Betriebsfall auftretende Drehstrombelastung.

Nimmt man nun bei gleicher Strangbelastung eine Phasenverschiebung an, so lehrt das Diagramm, daß dann die Ausschläge der beiden Leistungsmesser trotz gleicher Strangbelastung ungleich werden, denn bei nacheilendem Strom wird der Winkel ϱ_1 immer kleiner. Der Leistungsmesser 1 zeigt daher mehr an. Umgekehrt ist es bei 2. Der Stromzeiger I_{S} wird bei Phasennacheilung immer mehr von dem Spannungszeiger U_{ST} abgewandt, d. h. der Ausschlag sinkt. Bei 30° Phasennacheilung hat Wattmeter 1 den Höchstausschlag erreicht. Bei 60° Phasennacheilung steht der Strom I_{S} senkrecht auf seiner Spannung, der Ausschlag von Wattmeter 2 muß dann Null sein, und bei noch größerer Phasennacheilung sind die negativen Angaben von Wattmeter 2 von denen bei Wattmeter 1 zu subtrahieren. Die Betrachtung lehrt, daß man bei der Messung sehr beachten muß, ob ein umgekehrter Ausschlag eines Leistungsmessers durch verkehrten Anschluß oder infolge großer Phasenverschiebung entstanden ist.

Um mit *einem* Leistungsmesser die Messung machen zu können, braucht man einen Umschalter, mit dem man den Leistungsmesser nacheinander in die Schaltungen der beiden Leistungsmesser nach Bild 4.20 bringen kann. Hierbei darf der Strom jedoch nicht unterbrochen werden. Bild 4.22 zeigt eine einfache Umschaltung. Ein Vorzeichen-

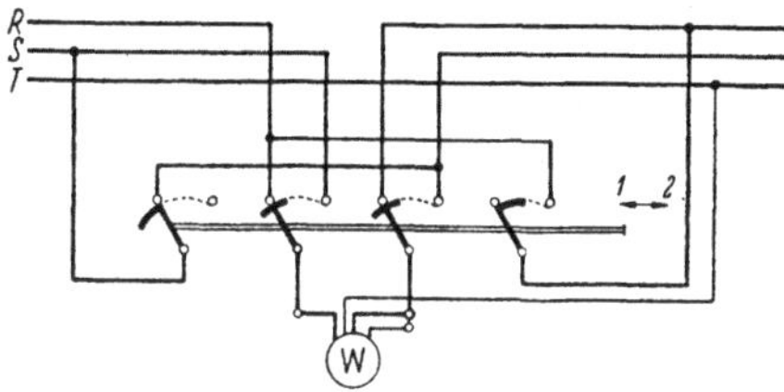

Bild 4.22. Leistungsmesserumschaltung nach Bild 4.20

fehler ist hier bei der Ablesung kaum möglich. Wenn in beiden Stellungen des Umschalters der Ausschlag positiv ist, sind die Ausschläge zu addieren, wenn der eine positiv, der andere negativ ist, zu subtrahieren.

Oft verwendet man auch Meßsysteme, die gemeinsam auf einen Zeiger arbeiten und elektrisch nach Bild 4.20 geschaltet sind. Die Drehmomente der Drehspulen addieren sich. Der Zeigerausschlag ist proportional zur Drehstromleistung P, da die Addition $P_1 + P_2$ mit richtigem Vorzeichen durch die Mechanik der Anordnung erzwungen ist.

64. Beispiel. Im 56. Beispiel werden bei ungleicher Belastung 4500 W verbraucht. Es seien zwei Leistungsmesser nach Bild 4.20 eingeschaltet. Zeigen sie die obige Leistung richtig an?

Ja, da die drei Belastungen an die Leiter R, S und T angeschlossen sind, und ein Mittelpunktsleiter nicht vorhanden ist.

Aus Bild 3.11 ergibt sich mit Bild 4.21 $\cos \varrho_1 = 0{,}88$ und $\cos \varrho_2 = 0{,}80$ (wobei das Vorzeichen bereits umgekehrt ist). Die Summe der angezeigten Leistungen ist daher

$$8{,}1 \text{ A} \cdot 380 \text{ V} \cdot 0{,}88 + 5{,}9 \text{ A} \cdot 380 \text{ V} \cdot 0{,}80 = 4500 \text{ W}\,.$$

Bei der Leistungsmessung im Drehstrom-Vierleiternetz (mit Mittelpunktsleiter) sind bei ungleicher Strangbelastung *drei* Leistungsmesser notwendig, von denen jeder die Leistung *eines* Stranges mißt.

Man kann in diesem Fall auch nur 2 Wattmeter verwenden, die aber je 2 Stromspulen besitzen und nach Bild 4.23 in „$2^1/_2$-Schaltung" geschaltet sind.

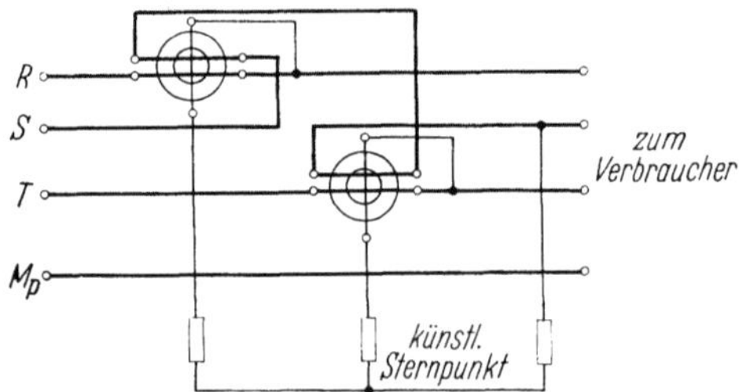

Bild 4.23. Leistungsmessung mit Zweieinhalbschaltung bei Vierleiterdrehstrom

Zur Blindleistungsmessung kann man bei *symmetrisch* belastetem 3-Leiter-Drehstrom die 2-Leistungsmesser-Schaltung (Bild 4.20) ohne Schaltungsänderung verwenden. Es gilt für diese Schaltung für die zum Verbraucher zufließende Blindleistung $P_\mathrm{b} = \sqrt{3} \cdot c \times (\alpha_1 - \alpha_2)$, wobei c die Wattmeterkonstante eines Instrumentes ist.

Bei ungleich belastetem 3-Leiter-Drehstrom wird die 2-Wattmeter-Blindleistungsmeßschaltung (Bild 4.24) mit künstlichem Sternpunkt angewendet. Dabei muß, ähnlich wie bei der Wirkleistungsmessung mit künstlichem Sternpunkt, $(R_0 + R_1) = (R_0 + R_2) = R_3$ gemacht werden. Besitzt jedes Wattmeter allein die Wattmeterkonstante c, so gilt

$$P_\mathrm{b} = \sqrt{3}\,\frac{R_0 + R_1}{R_0} \cdot c\,(\alpha_1 - \alpha_2)\,.$$

Auch hier ist auf den richtigen Anschluß der Instrumente sorgfältig zu achten. Dieser kann leicht kontrolliert werden. Schließt man z. B. zwischen Leiter R und T oder S und T eine Wirkbelastung an, so dürfen die Wattmeter nichts anzeigen. Bei Anschluß einer Wirkbelastung zwischen R und S müssen die Ausschläge der Wattmeter gleich groß sein und gleiches Vorzeichen besitzen, d. h. $\alpha_1 - \alpha_2$ ist gleich Null.

Bei ungleich belastetem 4-Leiter-Drehstrom wendet man zur Blindleistungsmessung entweder eine 3-Wattmeterschaltung oder eine entsprechend abgewandelte „$2^1/_2$-Schaltung" (Bild 4.25) an.

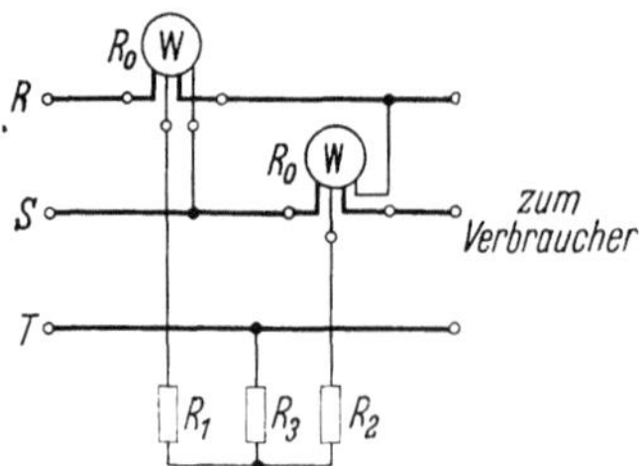

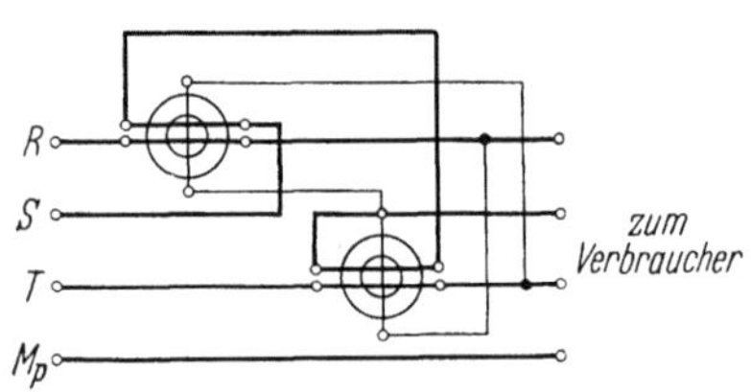

Bild 4.24. Zwei-Leistungsmesser-Blindleistungsmeßschaltung (ungleiche Strangbel.) mit künstlichem Sternpunkt

Bild 4.25. Blindleistungsmessung mit Zweieinhalbschaltung bei Vierleiterdrehstrom

4.5 Arbeitsmessungen

Allgemein gilt für die Energie:

$$W = \int\limits_{t_1}^{t_2} P \cdot \mathrm{d}t = \int\limits_{t_1}^{t_2} u \cdot i \cdot \mathrm{d}t \, .$$

Handelt es sich um ein Gleichstromsystem, so ist $W = U \cdot I \cdot t$, wenn die Spannung U und der Strom I in der Zeitspanne $t = t_2 - t_1$ konstant sind.

Bei Einphasenwechselstrom gilt mit den Effektivwerten U und I $W = U \cdot I \cdot t \cdot \cos\varphi$, sofern die Effektivwerte in der Zeitspanne $t = t_2 - t_1$ konstant sind, und die Zeit t groß gegenüber der Periodendauer ist.

4.5.1 Wirkarbeitszähler

a) Für Gleichstrom (Bild 4.26). Der Zähler besitzt einen kleinen Gleichstrommotor zur Erzeugung des Drehmomentes M, das wie bei einem Leistungsmesser der *Leistung P proportional* ist. Die feststehende Feldspule wird vom

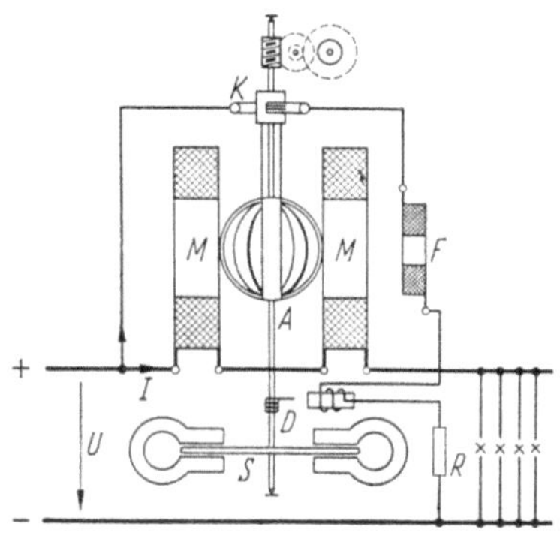

Bild 4.26. Wh-Motorzähler

Strom I durchflossen, während der Läufer über einen passenden Vorwiderstand und einen Stromwender K (Kollektor) an die Spannung U angeschlossen ist. Sofern U und I vorhanden sind, kommt eine fortlaufende Drehung des Läufers zustande. In der im Magnetfeld eines Dauermagneten rotierenden Aluminiumscheibe S werden Wirbelströme erzeugt, die eine der Geschwindigkeit und damit der *Drehzahl n proportionale Bremskraft* hervorrufen.

Das treibende Drehmoment ist $M = c_1 \cdot P$, während das bremsende Moment $M_\mathrm{br} = c_2 \cdot n$ ist. Im stationären Betrieb ($n = $ const) ist das Beschleunigungsmoment *Null*. Die Reibungseinflüsse werden durch das unten beschiebene *Hilfsdrehmoment* praktisch unwirksam gemacht. Es ist dann $M = M_\mathrm{br}$. Bezeichnet man mit m die Anzahl der Umdrehungen, die die Welle des Zählers ausführt, so gilt $m = \int n \cdot \mathrm{d}t$. Damit erhält man $c_1 \cdot P \cdot \mathrm{d}t = c_2 \cdot n \cdot \mathrm{d}t$. Daraus folgt $W = \int P \cdot \mathrm{d}t = (c_2/c_1) \cdot m$. Die Energie W ist der Anzahl m der Umdrehungen proportional. m wird durch ein Zählwerk gezählt und angezeigt.

Bei den Motorzählern verursacht die Reibung einen Fehler, der sich besonders bei kleiner Belastung unangenehm bemerkbar macht. Es ist deshalb noch eine Feldhilfsspule F vorgesehen, welche ständig von dem schwachen

Ankerstrom durchflossen ist und welche so dicht herangeschwenkt wird, daß schon bei der Einschaltung eines kleinen Verbrauchsstromes der Zähler zu laufen beginnt. Damit aber dann nicht schon durch Erschütterungen oder Überspannung eine dauernde Drehung zustande kommt, ist ein Eisendrähtchen D (Hemmfahne) vorgesehen, welches an einem kleinen Magneten vorbeigeführt und gehalten wird, wenn $P = 0$ ist. Die Bremsung mittels der Scheibe S ist durch Drehung der Bremsmagnete einstellbar.

65. Beispiel. Ein Zähler trägt den Vermerk 3000 Umdrehungen $= 1$ kWh. Bei Einschaltung einer einzelnen Lampe wurden in 5 Minuten 13 Ankerumdrehungen gezählt. Wie groß ist die Leistung der Lampe?

In 60 Minuten würden also 156 Umläufe zu beobachten sein. Da 3000 Umdrehungen einer kWh entsprechen, müssen 156 Umläufe demnach 1 kWh $\cdot$ 156/3000 $= 0{,}052$ kWh sein. Ein solcher Verbrauch entsteht in einer Stunde, wenn die Leistung der Lampe 52 W beträgt.

b) Für Wechselstrom (Bild 4.27). Stromwender lassen sich bei Wechselstrom durch Verwendung der *Induktionszähler* vermeiden. Sie haben ein Strom-

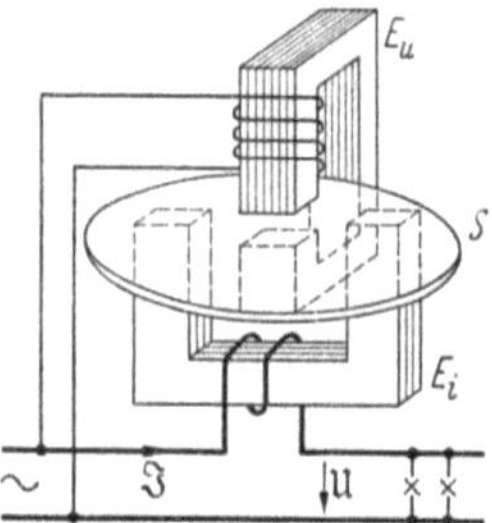

Bild 4.27. Wh-Induktionszähler

eisen E_i und ein Spannungseisen E_u. Im ersteren wird durch den Strom ein Fluß Φ_i, im letzteren Φ_u erzeugt. Nimmt man den Verbraucher einmal induktionsfrei an, so wird der Strom der Spannungswicklung und damit Φ_u um etwa $90°$ gegen den Strom des Verbrauchers und damit Φ_i nacheilen. Wir haben dann den in Bild 3.23 dargestellten Fall, daß ein *Wanderfeld* auftritt, welches in der Scheibe S Wirbelströme induziert. Diese haben nach dem Lenzschen Gesetz das Bestreben, der Ursache (Flußänderung im Wanderfeld) entgegen zu wirken. Dadurch wird auf die Scheibe eine Kraft und damit ein Drehmoment in der Richtung ausgeübt, in der das Wanderfeld fortschreitet. Die Scheibe dreht sich in gleicher Richtung, wie das Wanderfeld über die Scheibe fortschreitet.

Das Drehmoment ist den Feldstärken beider Felder, also Strom und Spannung proportional. Es hängt ebenfalls von der Phasenverschiebung beider ab. Wenn wir uns einmal denken, daß der Verbraucher $90°$ Phasenverschiebung habe (cos $\varphi = 0$), dann würden die beiden Felder Φ_i und Φ_u in Phase gekommen sein, das Wanderfeld ist dann in ein Wechselfeld übergegangen und ein Drehmoment ist nicht mehr vorhanden. Zur Erzeugung einer Bremskraft benötigt natürlich auch dieser Zähler einen die Scheibe umfassenden Bremsmagneten.

Die 90°-Einstellung. Bei induktionsfreier Belastung müssen die beiden Felder Φ_i und Φ_u um $90°$ gegeneinander verschoben sein. Dies ist in der Anordnung (Bild 4.27) zwar angenähert, aber nicht genau der Fall. Zur genauen Einstellung sind besondere Vorrichtungen nötig. In Bild 4.28 ist z. B. zu diesem Zweck ein magnetischer Nebenschluß N vorgesehen, durch den ein Teil des Magnetflusses Φ_u abgeleitet wird. Durch entsprechendes Einschwenken eines Kupferbleches K in den Luftspalt kann der Nebenschluß verändert werden.

Der gleiche Erfolg wird in Bild 4.29 durch eine Sekundärwicklung auf dem Spannungseisen erzielt, welche auf einen einstellbaren Widerstand geschlossen ist.

Die Reibungskompensation wird durch einen konstanten Antrieb im Sinne der Drehung erzielt. Hierfür gibt es zahlreiche Anordnungen. In Bild 4.30 ist das Spannungseisen etwas

Bild 4.28. 90°-Einstellung mit Nebenschluß · Bild 4.29. 90°-Einstellung mit Sekundärwicklung

abgesetzt. Dadurch zerlegt sich der Magnetfluß in zwei Teile, die etwas phasenverschoben sind und daher ein schwaches Wanderfeld in der Pfeilrichtung bilden. Dasselbe übt ein Drehmoment auf die Scheibe aus, welches etwas kleiner als das Reibungsmoment sein soll. In Bild 4.31 wird der gleiche Effekt durch ein Eisenblech erzielt, welches zur Feineinstellung noch eine eiserne Schraube trägt. Noch feiner ist die Einstellung mit der Schraube in Bild 4.32 möglich. In Bild 4.33 ist ein Teil des Eisens mit einem geschlossenen Kupferring umschlossen, wodurch ebenfalls der Magnetfluß in zwei phasenverschobene Teile zerlegt wird. Zur Verhütung eines Leerlaufes wird auch bei den Induktionszählern ein Hemmdrähtchen angebracht.

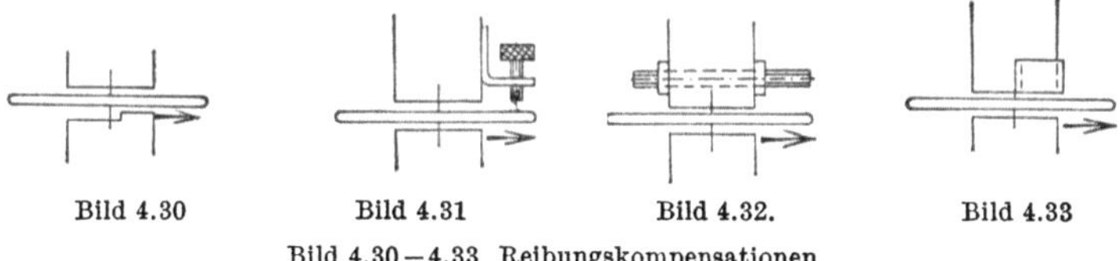

Bild 4.30 · Bild 4.31 · Bild 4.32. · Bild 4.33

Bild 4.30−4.33 Reibungskompensationen

c) Für Drehstrom kommen die gleichen Meßwerke wie für Wecheslstrom zur Anwendung. Da, von Motoren abgesehen, gewöhnlich mit ungleicher Strangbelastung zu rechnen ist, kommt für Drehstrom-Dreileiternetze die Zweileistungsmesserschaltung in Frage, bei welcher zwei Systeme nach Bild 4.20 mit ihren Scheiben auf einer gemeinsamen Drehachse angeordnet sind. Die Drehmomente addieren sich dann vorzeichenrichtig durch die gemeinsame Achse. Bei dem Drehstromnetz mit Mittelpunktsleiter sind *drei* Induktionssysteme oder 2 Systeme in Zweieinhalbschaltung (Bild 4.23) an einer Achse anzuordnen.

Gesetzliche Vorschriften. Alle Zählersysteme bedürfen einer Beglaubigung durch die Physiaklisch-technische Bundesanstalt. Hierbei sind außer der gesetzlichen Eichordnung zahlreiche ins Einzelne gehende Vorschriften, VDE 0418, Teil 1−6 einzuhalten.
Man unterscheidet zwischen VDE-Fehlergrenze, Eichfehlergrenze und Verkehrsfehlergrenze. Die VDE-Fehlergrenze ist vom Hersteller der Zähler einzuhalten, die Eichfehlergrenze darf bei der Eichung des Zählers in den elektr. Prüfämtern nicht überschritten werden. Die Verkehrsfehlergrenze ist doppelt so groß wie die Eichfehlergrenze. Zähler die zur Verrechnung elektr. Arbeit dienen, dürfen die Verkehrsfehlergrenze nicht überschreiten.
Die Eichfehlergrenze beträgt bei Gleichstromzähler

$$F = \pm (3 + 0,3\, P_N/P)\ \% \tag{4.3}$$

und bei Wechselstromzähler

$$F = \pm [3 + 0,05\, P_N/P + 0,5 \cdot (1 + 0,1\, P_N/P)\tan\varphi]\ \% \tag{4.4}$$

bezogen auf den jeweiligen Verbrauch. In diesen Formeln ist P_N die Nennleistung und P die jeweilige Leistung, für die der Fehler bestimmt werden soll.

4.5.2 Blindarbeitszähler

Die Blindarbeit ist bei Wechselstrom $W_b = U \cdot I \cdot t \sin \varphi$. Zu ihrer Messung kann man einen normalen Wattstundenzähler verwenden, wenn man nur dafür sogt, daß die Spannungsspule an eine um 90° phasenverschobene Spannung gegenüber der normalen Arbeitsmessung zu liegen kommt.

Es können die in Abschnitt „Leistungsmessung" beschriebenen Blindleistungsmeßschaltungen auf die Zähler entsprechend angewendet werden.

4.6 Leistungsfaktormessungen

Der Leistungsfaktor $\cos \varphi$ läßt sich aus je einer Strom-, Spannungs- und Leistungsmessung jederzeit ermitteln. Da hierzu eine Rechnung erforderlich ist, wird meist ein unmittelbar anzeigendes Gerät vorgezogen. Bild 4.34 zeigt die Schaltung eines

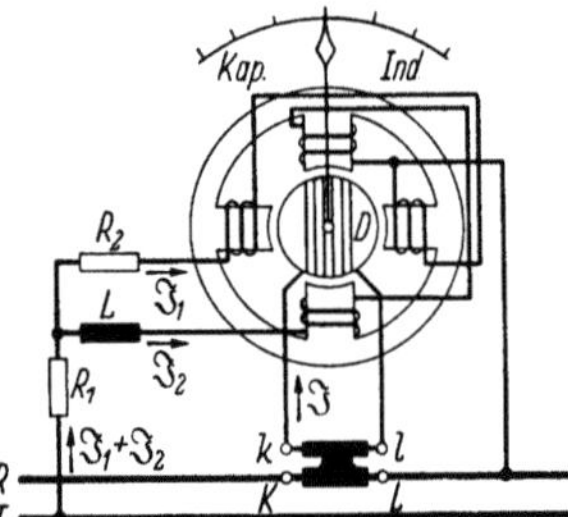

Bild 4.34. Leistungsfaktormesser

Leistungsfaktormessers. Durch eine „Kunstschaltung" mittels der Widerstände R und der Drossel L wird eine Phasenverschiebung der Ströme I_1 und I_2 hervorgerufen, die entsprechend verschobene Felder in den Eisenpolen erregen. Die Drehspule D ist über den Stromwandler k, l angeschlossen. Sie stellt sich, wie jede stromdurchflossene Spule im Magnetfeld, immer so ein, daß ihre Achse in die Feldrichtung fällt. Nehmen wir nun einmal an, der Strom I_1 sei gegen I_2 um 90° verschoben, und der Strom I in der Drehspule liege gerade in Phase mit dem Strome I_2. Dann muß sich die Drehspule in das Feld des Stromes I_2 einstellen. Von I_1 wird sie gar nicht beeinflußt, weil dessen Feld um 90° phasenverschoben ist. Tritt nun eine Phasenverschiebung des Stromes I ein, so daß er nun beispielsweise mit I_1 in Phase kommt, so wird das Feld dieses Stromes die Drehspule in seine Richtung ziehen, während das frühere Feld ohne Wirkung ist. Man erkennt, daß somit jede Phasenverschiebung eine bestimmte Stellung der Drehspule und damit des Zeigers zur Folge haben muß. Die Größe des Stromes ist dabei auf den Zeigerausschlag ohne Einfluß, vorausgesetzt, daß der Strom überhaupt groß genug ist, um ein hinreichendes Drehmoment zu erzeugen (10 bis 20% des Nennwertes). Man kann dieses Gerät auffassen als Kombination eines Wirk- und Blindleistungsmessers, welches das Verhältnis beider Leistungen anzeigt. Eine Richtkraft (Feder) ist nicht vorhanden, der Zeiger steht daher im ausgeschalteten Zustand beliebig.

4.7 Frequenzmessungen

Die Anzeige der Frequenz erfolgt bei technischem Wechselstrom meist durch *Zungenfrequenzmesser* nach Bild 4.35. Vor einer Reihe von Stahlzungen, deren Eigenschwingungszahl abgestuft ist, steht ein Wechselstrommagnet, der die Zungen anzieht. Es wird nun infolge Resonanz gerade die Zunge mitschwingen, bei welcher die Eigenschwingungszahl mit der Wechselstromfrequenz übereinstimmt. *Zeigerfrequenzmesser* zeigen die Frequenz *analog* auf einer Skala an. Die Wechselspannung mit der Frequenz f wird einem gedämpften Reihenresonanzkreis zugeführt. Die Phasenlage und der Betrag des Stromes ist eine Funktion der Frequenz (Resonanzkurve). Die Phasenlage und damit die Frequenz kann dann z. B. über ein ähnliches Meßwerk, wie es bei den Leistungsfaktormessern Verwendung findet, angezeigt werden.

Andere Zeigerfrequenzmesser nützen die Änderung des Betrages des Stromes bei Frequenzänderung an einem Resonanzkreis aus. Die Eingangsspannung wird hierbei über einen Spannungskonstanthalter stabilisiert. Der Arbeitsbereich liegt auf *einer* Flanke der Resonanzkurve. Strom und Frequenz sind hier eindeutig zugeordnet. Das zur Messung des Stromes verwendete Meßinstrument kann direkt in Hz geeicht werden.

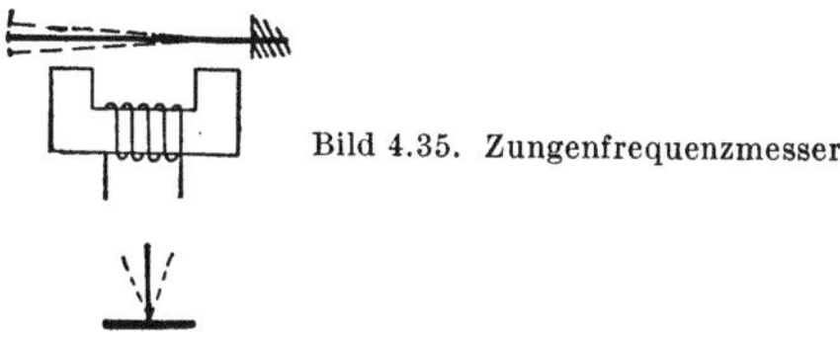

Bild 4.35. Zungenfrequenzmesser

Digitale Frequenzmesser (Bild 4.36) zeigen die Frequenz direkt als Zahlenwert an (s. auch Abschnitt 4.10). Diese Meßgeräte wenden das folgende Meßprinzip an: Die Eingangsspannung mit der Frequenz f wird in einer Eingangs- und Pulsformstufe in Rechteckimpulse konstanten

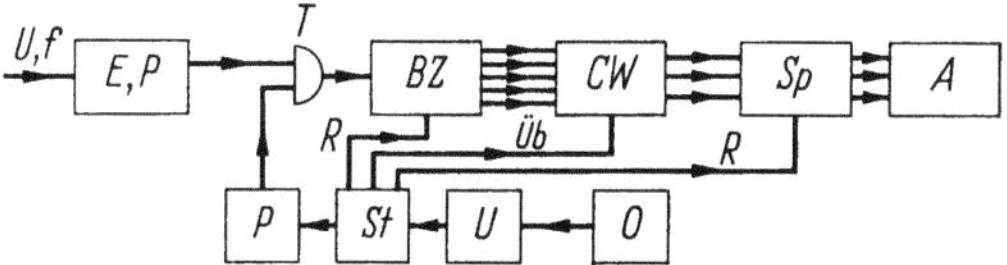

Bild 4.36. Vereinfachtes Wirkschema des digitalen Frequenzmessers. *A* Ziffernanzeige; *BZ* Binärzähler; *CW* Code-Wandler; *E* Eingangsstufe; *O* Oszillator; *P* Pulsformer; *R* Rückstellbefehl; *St* Steuerwerk; *Sp* Speicher; *T* Torschaltung; *U* Untersetzer; *Üb* Übertragungsbefehl von *CW* nach *Sp*

Betrages geformt. Eine durch einen Oszillator (Quarzgenerator) gesteuerte Torschaltung führt die Rechteckimpulse während der Toröffnung einem elektronischen Zähler zu. Beträgt z. B. die Öffnungszeit des Tores 1 s, so ist die im Zähler gezählte Zahl der positiven Impulse gleich der Frequenz f in Hz. Die im elektronischen Zähler nach Schließung des Tores im natürlichen Binär-Code stehende Zahl wird in einem Code-Wandler in eine Dezimalzahl umgewandelt, in einen Speicher übertragen und auf Ziffernanzeigeröhren angezeigt. Sobald die gemessene Zahl im Speicher steht, wird der Binär-Zähler auf null zurückgestellt, und das Tor wieder geöffnet. Der Meßvorgang wird fortlaufend wiederholt. Jeweils vor Übertragung der neuen Zahl in den Speicher, wird dieser auf Null zurückgesetzt.

4.8 Magnetische Messungen
4.8.1 Aufnahme von Magnetisierungslinien

a) Ballistische Methode. Ein Kern E (Bild 4.37) aus dem zu prüfenden Eisen trägt zwei Spulen mit N_1 bzw. N_2 Windungen. Der eingestellte primäre Strom I_1 wird mittels eines Stromwenders kommutiert, wodurch sich der Fluß von $+\Phi$ in $-\Phi$ ändert. Sekundär wird durch die Flußänderung eine Spannung $u_q = -N_2 \cdot d\Phi/dt$ erzeugt, die einen Strom $i_2 = u_q/(R_0 + R_1 + R_2)$ zur Folge hat. Dieser Strom i_2 mal dt ist die Änderung der Elektrizitätsmenge d_q. Es ist also:

$$dq = i_2 \cdot dt = \frac{N_2 \cdot d\Phi}{(R_0 + R_1 + R_2)}, \tag{4.5a}$$

$$Q = \frac{N_2 \cdot 2 \cdot \Phi}{(R_0 + R_1 + R_2)} = c_b \cdot \alpha. \tag{4.5b}$$

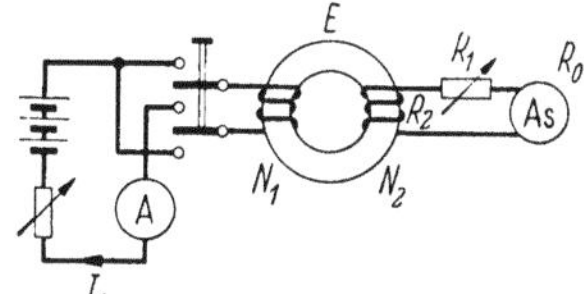

Bild 4.37. Bestimmung der Magnetisierungslinie mit ballistischem Galvanometer

Q hat sich hierin als Summe aller dq ergeben, wobei die Summe aller $d\Phi$ von $+\Phi$ bis $-\Phi$ zu bilden ist, was 2Φ ergibt. Die Elektrizitätsmenge Q ruft in dem ballistischen Galvanometer mit der Konstante c_b einen Ausschlag α hervor. Aus obiger Beziehung ist dann

$$\Phi = \frac{c_b \cdot \alpha \cdot (R_0 + R_1 + R_2)}{2 \cdot N_2} . \tag{4.5c}$$

Die magnetische Flußdichte berechnet sich zu $B = \Phi/A$ ($A =$ Eisenquerschnitt), während sich die Feldstärke $H = I_1 \cdot N_1/l$ ergibt ($l =$ Feldlinienweg im Eisen).

b) Oszillographische Methode. Wie bei der ballistischen Methode kann derselbe Kern mit den beiden Prüfspulen verwendet werden. Der Primärspule führt man eine sinusförmige Wechselspannung $u = \hat{u} \cdot \sin(\omega\,t)$ zu. Der dabei aufgenommene Strom $i = f(t)$ ist in der Regel nicht sinusförmig. Benötigt wird ein Elektronenstrahloszillograph (s. Abschnitt 4.9, c), bei dem der Zeitablenkgenerator abgeschaltet ist. Die Ablenkung des Elektronenstrahles erfolgt in x-Richtung über den x-Meßverstärker von der Meßspannung aus. Führt man die Sekundärspannung über einen Integrator dem y-Verstärker, und eine dem Primärstrom

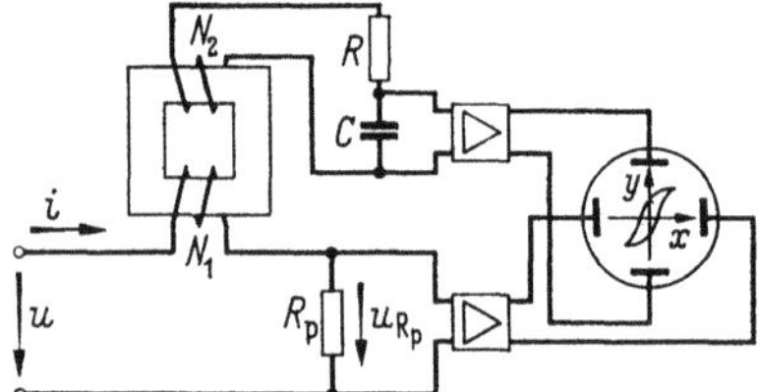

Bild 4.38. Messung der Hystereseschleife mit dem Oszillographen

proportionale Spannung dem x-Verstärker zu, so erhält man auf dem Schirmbild die Magnetisierungsschleife. Als einfacher Integrator kann z. B. eine R-C-Schaltung verwendet werden, wobei $R \gg 1/(\omega \cdot C)$ gemacht wird. Bild 4.38 zeigt die Schaltung. Der Nebenwiderstand R_p ist so zu wählen, daß $u_{R_p} \ll u$ ist, da sonst an der Primärspule keine Sinusspannung mehr anliegt.

c) Messung mit dem Ferrometer. Das Gerät ist universal einsetzbar, da die Bausteine zu Meßplätzen für unterschiedliche Aufgaben zusammengestellt werden können. Es lassen sich die Messungen sowohl im Feldstrom- als auch im Feldspannungsverfahren durchführen. Hierbei können Streifen- und Ringkerne, sowie gestanzte Bleche kleinerer Motoren oder Transformatoren untersucht werden.

4.8.2 Eisenverlustmessung

Messung mit Hilfe des Epsteinrahmens (Bild 4.39). Die zu untersuchenden Blechstreifen werden gestapelt und zu einem quadratischen Rahmen zusammengefügt. Man verwendet sowohl den 50-cm-Rahmen nach DIN 50461 als auch den 25-cm-Rahmen nach DIN 50462.

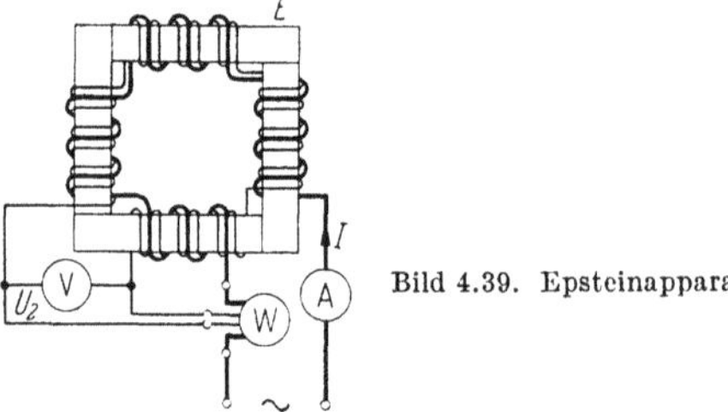

Bild 4.39. Epsteinapparat

Die primäre Magnetisierungsspule hat gewöhnlich die gleiche Windungszahl wie die Sekundärspule. In der letzteren wird eine Spannung U_2 in N_2 Windungen induziert, mittels der nach Gl. (2.12) der Fluß Φ und aus $B = \Phi/A$ auch die Flußdichte berechnet werden kann. Der Leistungsmesser zeigt die im Eisen auftretenden Ummagnetisierungs- und Wirbelstromverluste P_{Fe} an. Die spezifischen Verluste sind dann P_{Fe}/m, wobei m die Eisenmasse ist. Stimmen primäre und sekundäre Windungszahl nicht überein, so ist die Spannung U_2 im Windungsverhältnis umzurechnen.

4.9 Oszillographische Messungen

Zur Messung schnell verändlicher Spannungen, Ströme oder Leistungen verwendet man *Oszillographen*. Hierzu kommen Flüssigkeits-, Lichtstrahl- und Elektronenstrahloszillographen zur Anwendung.

a) Flüssigkeitsstrahloszillographen werden bis etwa 1 kHz oberer Frequenzgrenze verwendet. Mittels eines Drehmagnetsystems wird eine elastische Glaskapillare, die eine Düse von etwa 10^{-3} mm Öffnungsdurchmesser besitzt, durch die Meßgröße ausgelenkt. Der Flüssigkeitsstrahl dient als Zeiger und trifft das mit konstanter Geschwindigkeit senkrecht zur Auslenkungsrichtung des Strahles bewegte Registrierpapier. Eine kleine Vibratorpumpe mit nachgeschaltetem Feinfilter drückt die Schreibflüssigkeit in die Kapillare. Auf dem Registrierpapier wird die Schreibspur durch eine Filterpapierrolle abgelöscht. Es können bis zu 16 Schreibsysteme eingebaut sein.

b) Lichtstrahloszillographen (Bild 4. 40) können bis zu einer oberen Frequenzgrenze von 15 kHz eingesetzt werden. Zwischen den Polen eines Dauermagneten liegt eine feine, gespannte Drahtschleife (Schleifenschwinger). Diese trägt einen kleinen aufgeklebten Spiegel von etwa 1 mm Durchmesser. Schickt man einen Wechselstrom durch die Schleife, so führt der Spiegel eine dem Wechselstrom proportionale Schwingung aus, und ein Lichtstrahl, welcher über den Spiegel geworfen wird, beschreibt auf einem Schirm oder einem Papier eine Gerade, deren Länge durch den Ausschlag des Spiegels bedingt ist. Lenkt man den Lichtstrahl über einen rotierenden Prismenspiegel, welcher senkrecht zur Schwingrichtung liegt, so erscheint auf dem Schirm die Schwingung zeitlich auseinandergezogen.

Läßt man den Lichtstrahl auf einen Film fallen, der mit konstanter Geschwindigkeit senkrecht zur Auslenkung des Lichtstrahles bewegt wird, so erhält man

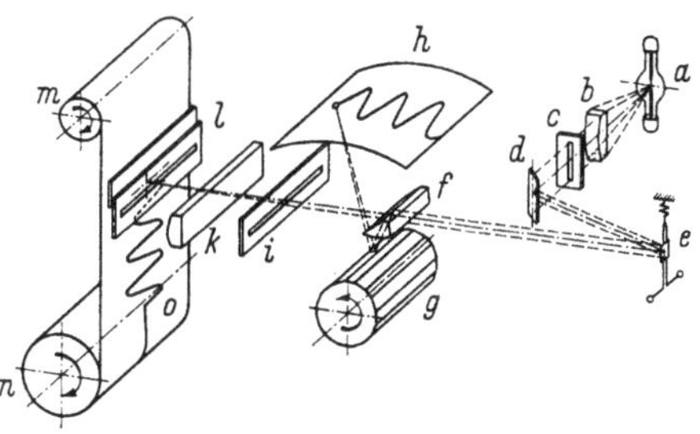

Bild 4.40. Wirkschema des Schleifenoszillographen. a. Gasentladungslampe; b. zylindr. Kondensor; c. Spaltblende; d. Spiegel; e. Meßschleife mit Spiegelchen; f. Umlenkprisma mit Zylinderlinse; g. Polygonspiegel; h. Beobachtungsmattscheibe; i. Spaltblende; k. Zylinderlinse; l. Schlitzverschluß; m. Filmablaufspule; n. Filmauflaufspule; o. Film

das Bild des zeitlichen Verlaufes der Meßgröße auf dem Film. Wird der Dauermagnet am Schleifenschwinger durch einen Elektromagneten ersetzt, so läßt sich auch der zeitliche Verlauf der Leistung registrieren. Je nach Bauart des Oszillographen können bis zu 36 Meßkanäle vorhanden sein, so daß zahlreiche Vorgänge gleichzeitig aufgezeichnet werden können. Die maximale Papiervorschubgeschwindigkeit beträgt 15 m/s, bei Trommelaufzeichnungen sogar bis zu 100 m/s.

c) Elektronenstrahloszillographen sind universell bis zu den höchsten Frequenzen einsetzbar. Im hinteren Teil einer Oszillographenröhre (Bild 4.41) wird von einer beheizten Kathode ausgehend ein Elektronenstrahl mit einem einer

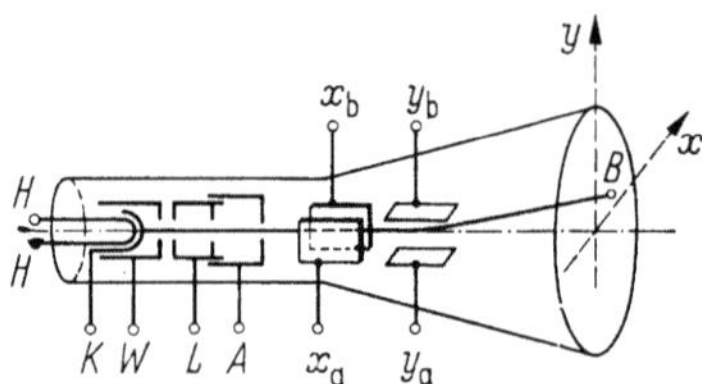

Bild 4.41. Schema einer Elektronenstrahlröhre. H Heizung; K Kathode; W Wehneltzylinder; L Linsenelektrode; A Anode; x_a und x_b Ablenkplatten für die x-Richtung; y_a und y_b Ablenkplatten für die y-Richtung; B Bildpunkt auf dem Schirm

Verstärkerröhre ähnlichen System erzeugt. Der Strahl durchläuft eine Fokusiereinrichtung, in der er gebündelt wird. Auf dem im vorderen Teil liegenden Bildschirm wird durch den Strahl ein scharf begrenzter Lichtpunkt erzeugt. Zwischen Strahlerzeugungssystem und Bildschirm ist die Ablenkeinrichtung für die Strahlablenkung in x- und y-Richtung angeordnet. In der Regel erfolgt die Ablenkung des Elektronenstrahles elektrostatisch. Der Strahl durchläuft hierbei das elektrische Feld eines an die Ablenkspannung angeschlossenen Plattenpaares. Für jede der beiden Ablenkrichtungen ist ein Plattenpaar vorhanden. Die Plattenpaare sind um 90° zueinander um die Röhrenachse gedreht.

Damit der Elektronenstrahl in x-Richtung zeitproportional abgelenkt wird, legt man eine Sägezahnspannung an die x-Ablenkplatten (Bild 4.42). Die Säge-

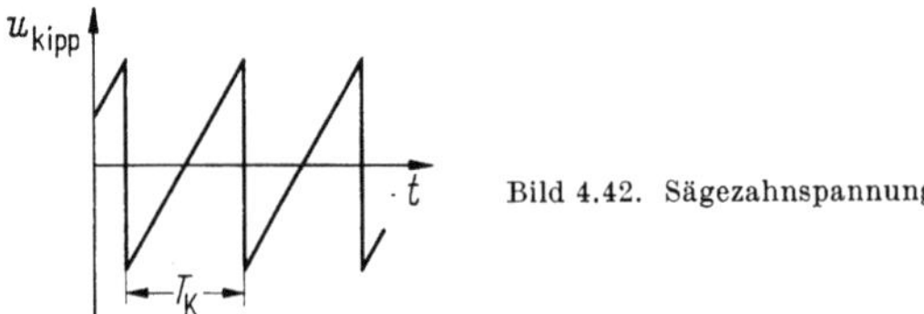

Bild 4.42. Sägezahnspannung

zahnspannung wird in einem Kippgerät durch Integration einer konstanten Spannung erzeugt. Hierzu wird ein mit einem Kondensator gegengekoppelter Verstärker benützt. Sobald der vorgegebene Endwert erreicht ist, springt die Ablenkspannung auf den Ausgangswert zurück. Der Vorgang wiederholt sich fortlaufend. Um ein stehendes Bild der zu messenden Wechselspannung auf dem Bildschirm zu erhalten, muß die Frequenz der Meßspannung ein ganzzahliges Vielfaches der Kippfrequenz sein. Bei periodischen Vorgängen ist eine *Synchronisation* erforderlich. Die Kippfrequenz kann von Hand, durch Eigen- oder Fremdsynchronisation auf den erforderlichen Wert gebracht werden. Bei

der Eigensynchronisation wird eine von der Meßgröße erzeugte Hilfswechselspannung dem Kippgerät aufgezwungen, und so ein stehendes Bild erreicht.
Bei Fremdsynchronisation dient eine fremde Wechselspannung zur Synchronisation des Kippgerätes.

Moderne Oszillographen haben die Möglichkeit, die Zeitablenkung zu
triggern. Bei der Triggerung wird mit jedem Triggerimpuls die Zeitablenkung
einmal ausgelöst. Der Elektronenstrahl bewegt sich mit konstanter Geschwindigkeit von links nach rechts bis zum Endwert und springt dann zurück in
Wartestellung. Die Triggerimpulse werden von der Meßspannung abgeleitet
oder können von einer fremden Spannung ausgelöst werden. Durch die Triggerung wird die bestmögliche Synchronisation erreicht. Hiermit lassen sich
auch einmalige Vorgänge und solche, die in nicht genau gleichen Zeitabständen
folgen, einwandfrei messen.

Durch periodisches Verändern der am *Wehneltzylinder* (Bild 4.41) anliegenden
Spannung kann die Strahlhelligkeit moduliert werden. Hierdurch läßt sich
eine Zeitmarkierung in das Bild bringen.

Bild 4.43 zeigt das vereinfachte Blockschaltbild eines Oszillographen. Zur
Anpassung der Meßgröße an die Ablenkempfindlichkeit der Elektronenstrahl-

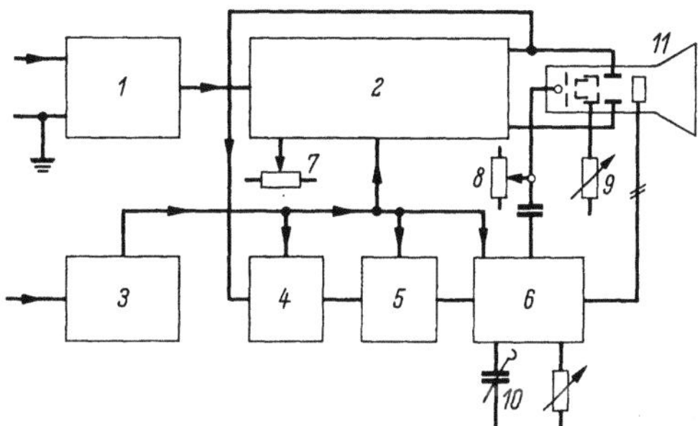

Bild 4.43. Schema eines Oszillographen. 1 Abschwächer; 2 Impedanzwandler und y-Verstärker; 3 Netzteil;
4 Impedanzwandler; 5 Trigger-Impulsformer; 6 Kippgenerator mit x-Verstärker; 7 y-Punktlageneinstellung;
8 Intensitätseinstellung; 9 Fokuseinstellung; 10 Kippfrequenzeinstellung; 11 Elektronenstrahlröhre

röhre wird ein Abschwächer, Impedanzwandler und y-Verstärker verwendet.
Der Verstärker ist als Breitbandverstärker ausgeführt. Will man auf dem
Schirmbild auch den Gleichanteil einer Wechselgröße beobachten, so ist ein
Gleichspannungsverstärker im Oszillograph erforderlich. Gleichspannungs-
verstärker besitzen keine untere Frequenzgrenze.

Der Eingangswiderstand des Oszillograohpen liegt meist bei etwa 1 MΩ.
In der Regel ist eine der Eingangsklemmen geerdet, d. h. mit dem Gehäuse
und dem Schutzleiter des Netzes verbunden. Beim Anschluß von erdpotential-
gebundenen Meß-Spannungen ist hierauf zu achten, damit kein Kurzschluß
entsteht.

Will man mehrere Vorgänge gleichzeitig auf dem Schirmbild beobachten,
so kann man entweder einen Mehrstrahloszillographen oder einen Einstrahl-
oszillographen mit elektronischer Umschaltung benützen.

Beim Mehrstrahloszillographen sind mehrere, meist zwei Strahlsysteme in
einer Röhre untergebracht. Diese wirken auf den gemeinsamen Schirm. Für

jeden Meßkanal ist ein entsprechender Verstärker erforderlich. Die Zeitablenkeinrichtung ist in der Regel gemeinsam.

Bei der elektronischen Umschaltung werden die verschiedenen Meßgrößen über getrennte Verstärker nacheinander auf die y-Ablenkplatten des Oszillographen geschaltet. Die Umschaltfrequenz ist einstellbar oder kann durch eine fremde Hilfsspannung getriggert werden. Sie kann zwischen einigen Hz bis ca. 500 kHz liegen.

4.10 Digitale Anzeige analoger Größen

Es ist in vielen Fällen wünschenswert, die gemessenen Größen nicht durch Zeiger und Skala sondern durch Ziffern zur Anzeige zu bringen. Im ersten Fall spricht man von *analoger* Anzeige, während es sich bei der Ziffernanzeige um eine *digitale* Anzeige handelt. Bei der digitalen Anzeige ist die kleinstmögliche Veränderung durch den Ziffernsprung in der letzten Stelle gegeben. So können z. B. bei einer dreistelligen, dezimalen Anzeige die Spannungswerte 0 bis 999 Volt dargestellt werden, wobei der Ziffernsprung 1 V beträgt. Da aber die zu messende Größe sich stufenlos verändern kann, muß der Meßwert quantisiert werden. Hierfür gibt es mehrere Verfahren. Eine Möglichkeit ist die *Sägezahnverschlüsselung*.

In Bild 4.44 ist der grundsätzliche Aufbau eines digital anzeigenden Meßgerätes mit Sägezahnverschlüsselung dargestellt. Die Meßgröße wird zunächst in einem Abschwächer mit nachgeschaltetem Impedanzwandler und einer

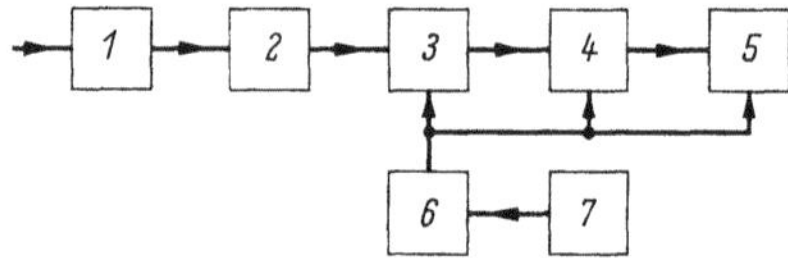

Bild 4.44. Wirkschema eines digital anzeigenden Meßgerätes.
1 Abschwächer; 2 Impedanzwandler und Störspannungsunterdrücker; 3 Analog-Digitalwandler; 4 elektron. Zähler;
5 Ziffernanzeige; 6 Steuerwerk; 7 Quarzgenerator

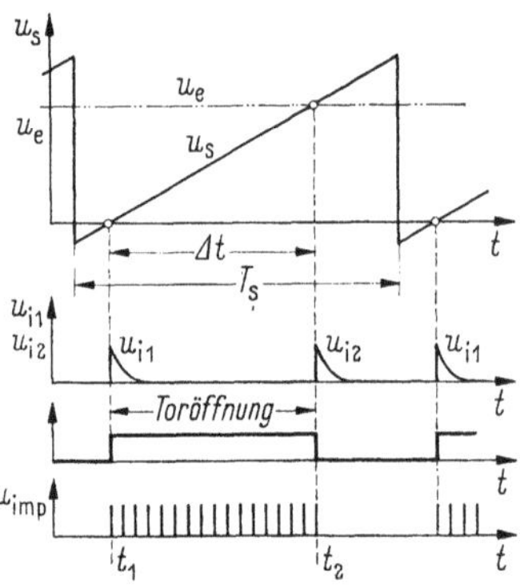

Bild 4.45. Sägezahn-Analog-Digitalverschlüssler

Störspannungsunterdrückungsschaltung an den Analog-Digitalwandler angepaßt. Dieser formt die Meßgröße in Spannungsimpulsfolgen konstanter Amplitude und konstanter Frequenz um. Die Impulsfolgedauer ist der Meßspannung proportional. Im nachfolgenden Zähler wird die Anzahl der Impulse je Impulsfolge gezählt. Die nach jeder Impulsfolge im Zähler stehende Zahl wird zur Anzeige auf Ziffernanzeigeröhren gebracht. Bei der obengenannten dreistelligen, dezimalen Ziffernanzeige würde der Analog-Digitalwandler bei einer Meßspannung von 467 V eine Folge von 467 Impulsen erzeugen. Nach der Impulsfolge tritt eine kurze Pause ein, danach wird eine neue Folge erzeugt.

Bild 4.45 zeigt die Wirkungsweise eines Analog-Digitalwandlers mit Sägezahnverschlüsselung. In einem quarzgesteuerten Sägezahngenerator wird eine

Sägezahnspannung u_s konstanter Frequenz $f_s = 1/T_s$ und konstanter Steigung erzeugt. Beim Nulldurchgang von u_s wird mittels einer Vergleichsschaltung ein Spannungsimpuls u_{i1} erzeugt, der dazu dient, eine Torschaltung zu öffnen. Die Sägezahnspannung wird laufend in einer zweiten Vergleichsschaltung mit der am Eingang des Analog-Digitalwandlers anstehenden Spannung u_e verglichen. Ist $u_s - u_e = 0$, so wird ein zweiter Spannungsimpuls u_{i2} erzeugt, der die Torschaltung schließt. Die Torschaltung läßt im geöffneten Zustand die von einem quarzgesteuerten Impulsgenerator erzeugten Spannungsimpulse u_{imp} zum Zähler passieren. Man erkennt, daß die Anzahl der Impulse, die das Tor während der Öffnungszeit passieren, der Eingangsspannung u_e proportional ist. Nach jeder Impulsfolge wird die im Zähler stehende Zahl in einen Speicher übertragen, zur Anzeige gebracht, und der Zähler auf Null zurückgesetzt. Vor jeder Übertragung in den Speicher wird dieser auf Null zurückgestellt. Sofern das elektronische Zählwerk mit natürlichem Binärcode arbeitet, wird noch ein Binär-Dezimal-Codewandler zwischengeschaltet.

5. Gleichstrommaschinen

5.1 Erzeugung der Spannung

Die Spule in Bild 1.55 erzeugt bei der Drehung in einem homogenen Magnetfeld eine sinusförmige wechselnde Spannung. Um eine *Gleichspannung* zu bekommen, bedarf es einer Umpolung der Spulenklemmen immer dann, wenn der Spannungsnullpunkt erreicht ist, also wenn die Spule durch die *neutrale Zone* (horizontale Lage in Bild 1.55) hindurchgeht. Dies geschieht nach Bild 5.1 mittels zweier Ringsegmente, von denen durch zwei Schleifbürsten die Spannung abgenommen wird. Bild 5.1a zeigt den Verlauf der gleichgerichteten Spannung. Sie ist nicht mehr sinusförmig, weil zur Erzielung eines starken Magnetfeldes dem Fluß bis

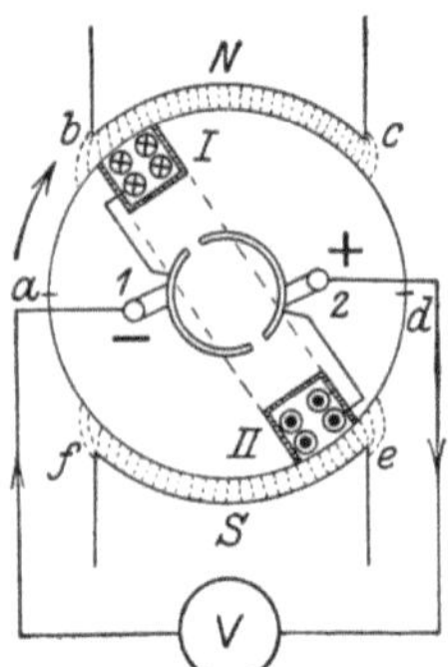

Bild 5.1. Gleichstromerzeuger

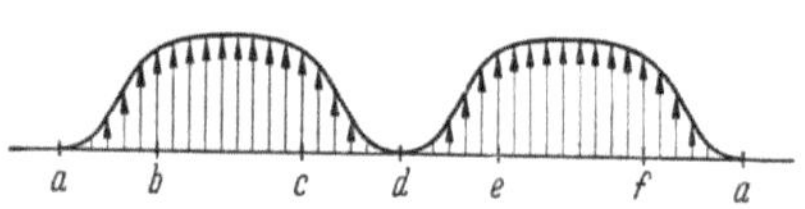

Bild 5.1 a. Spannung der Maschine (Bild 5.1)

auf einen kurzen Luftspalt überall ein Eisenweg geboten werden muß, wodurch die Homogenität des Feldes teilweise verloren geht. Die Spannung (Bild 5.1a) ist nicht konstant, daher ist es nötig, mehr Spulen auf den Anker

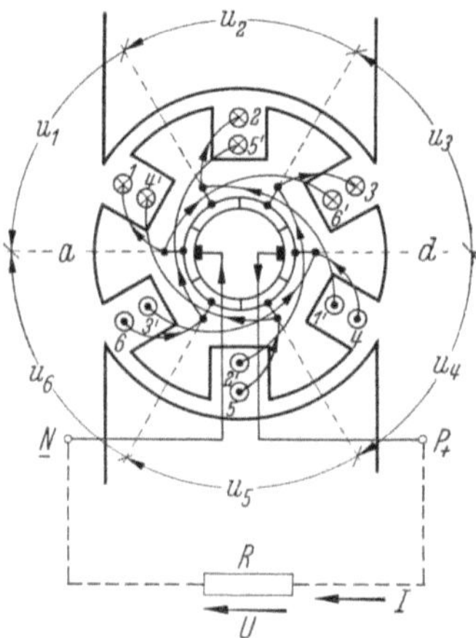

Bild 5.2. Schaltschema eines sechsspuligen Ankers

zu bringen, die eine geschlossene Wicklung bilden und von denen jede an ein Stromwendersegment angeschlossen ist. Bei 6 Spulen erhält man das Schaltbild 5.2, welches aber erkennen läßt, daß die 6 Spulen keineswegs in Reihe liegen, sondern daß sie in bezug auf den äußeren Stromkreis in zwei Hälften *parallel* geschaltet sind. Von dem aus 6 Stegen bestehenden *Stromwender* (Kommutator, Kollektor) wird die Spannung mittels Schleifbürsten abgenommen. Jede der Spulen erzeugt eine Spannung nach Bild 5.1a, die aber gemäß Bild 5.3 um je 60° gegeneinander verschoben sind. Die Summe der

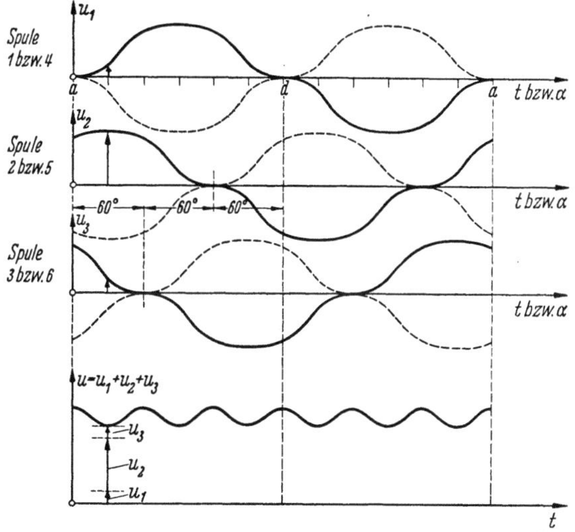

Bild 5.3. Spannungen zu Bild 5.2

Spannungen der Spulen 1, 2, 3 ergibt die Maschinenspannung U, die Spannung der drei Spulen 4, 5, 6 liegt parallel und erhöht daher die Maschinenspannung nicht. Auch die Spannung nach Bild 5.3 ist nicht frei von Schwankungen, daher müßten noch weit mehr Spulen aufgebracht werden. Auch der funkenfreie Lauf des Stromwenders erfordert eine hohe Stegzahl, weil zwischen benachbarten Stegen im Mittel nicht mehr als 15 V liegen dürfen.

Die Größe der erzeugten Spannung. In einer zweipoligen Maschine wird bei Drehung des Läufers (Ankers) in jeder Durchmesserwicklung eine Wechselspannung erzeugt. Ist Φ der Fluß unter einem Pol, so beträgt die in jeder Windung während einer halben Umdrehung (0—180°) erzeugte mittlere Spannung nach Gl. (1.60) $U = 2 \cdot \Phi/t$, da sich der Fluß in der Spule bei einer halben Umdrehung um $2\,\Phi$ ändert. Hierzu benötigt der Anker die Zeit $t = 1/(2\,n)$ für eine halbe Umdrehung. Im Bereich 180—360° entsteht in der Spule die gleiche mittlere Windungsspannung, die jedoch das umgekehrte Vorzeichen besitzt. Durch den Kommutator kommt an den Bürsten der Maschine wiederum eine gleichsinnig gepolte Spannung zum Anliegen. Da im Anker 2 parallele Zweige (Bild 5.2) vorhanden sind, ist die für die Spannungserzeugung wirksame Windungszahl gleich $N/2$. Damit erhält man den Mittelwert der erzeugten Spannung (Quellenspannung oder innere Spannung) des Ankers zu

$$U_\mathrm{q} = 2 \cdot \Phi \cdot 2 \cdot n \cdot \frac{N}{2} = 2 \cdot \Phi \cdot n \cdot N \,. \tag{5.1}$$

Führt man noch die gesamte Leiterzahl z, die der Anker am Umfang trägt, ein, so ist

$$z = 2\,N \tag{5.2}$$

und

$$U_\mathrm{q} = \Phi \cdot n \cdot z \,. \tag{5.3}$$

Ein Gleichstromgenerator mit einem Polquerschnitt 6 cm · 10 cm = 60 cm² und einer magn. Flußdichte von 1 T hat einen Fluß $\Phi = 1\ \mathrm{T} \cdot 6 \cdot 10^{-3}\ \mathrm{m}^2 = 6 \cdot 10^{-3}$ Wb. Er soll bei einer Drehzahl von 1200 min⁻¹ die Spannung 230 V erzeugen. Wieviel Ankerleiter braucht er?

$$z = \frac{U_\mathrm{q}}{\Phi \cdot n} = \frac{230\ \mathrm{V} \cdot 60\ \mathrm{s/min}}{6 \cdot 10^{-3}\ \mathrm{Vs} \cdot 1200\ \mathrm{min}^{-1}} = 1916\,.$$

Diese Beziehung gilt jedoch nur für die *zweipolige* Maschine. Wenn wir allgemein den Fluß *eines* Polpaares mit Φ bezeichnen, dann ist für mehrpolige Maschinen die Gleichung (5.3) noch mit der Polpaarzahl p zu multiplizieren. Bei a Zweigpaaren des Ankers geht jedoch der Wert der Spannung auf den a. Teil zurück. Für die mehrpolige Maschine mit a Ankerzweigpaaren gilt also

$$U_\mathrm{q} = \Phi \cdot n \cdot z \cdot p/a \,. \tag{5.4}$$

Faßt man die an der fertigen Maschine unveränderlichen Größen zu einer Konstanten c_u zusammen, so ist

$$U_\mathrm{q} = c_\mathrm{u} \cdot \Phi \cdot n \,. \tag{5.5}$$

Die Spannung einer Maschine ist also dem Fluß und der Drehzahl proportional. Man kann sie verändern, indem man den Fluß oder die Drehzahl ändert. Ebenso kann man ihre Richtung durch Umkehrung des Flusses oder der Drehrichtung umkehren.

Die *Klemmenspannung* U ist, genau wie bei einem Element, im Leerlauf gleich der inneren Spannung U_q, während sie im belasteten Zustand um den Spannungsverlust $R_\mathrm{A} \cdot I_\mathrm{A}$ kleiner ist, als:

$$U = U_\mathrm{q} - R_\mathrm{A} \cdot I_\mathrm{A} \,. \tag{5.6}$$

Durch Multiplikation mit I_A ergibt sich hieraus $U \cdot I_\mathrm{A} = U_\mathrm{q} \cdot I_\mathrm{A} - R_\mathrm{A} \cdot I_\mathrm{A}^2$. Die an den Klemmen abgegebene Leistung $U \cdot I_\mathrm{A}$ ist um den Stromwärmeverlust $R_\mathrm{A} \cdot I_\mathrm{A}^2$ kleiner als die erzeugte Leistung $U_\mathrm{q} \cdot I_\mathrm{A}$. Außer dem Stromwärmeverlust tritt jedoch auch noch im Eisen und im Ständer (Erregerwicklung) ein Verlust auf. Zur Erreichung eines hohen Wirkungsgrades ist es jedenfalls nötig, den Stromwärmeverlust niedrig zu halten, was nur durch Kleinhaltung des Widerstandes R_A des Ankers möglich ist. Der *prozentuale Spannungsfall* im Anker $R_\mathrm{A} \cdot I_\mathrm{A} \cdot 100\%/U$ beträgt bei Nennlast der Maschine etwa:

1···5 kW-Maschinen 8···5%	20···100-kW-Maschinen 3···2%
5···20-kW-Maschinen 5···3%	über 100-kW-Maschinen 2···1%

66. Beispiel. Ein Gleichstromgenerator von 50 kW Nennleistung und 460 V hat einen Ankerspannungsverlust von 3%. Wie groß ist der Ankerwiderstand? 3% von 460 V sind 13,8 V. Da der Nennstrom der Maschine $I_\mathrm{AN} = 50\,000\,\mathrm{W}/460\ \mathrm{V} = 109$ A ist, beträgt der Ankerwiderstand $R_\mathrm{A} = 13,8\ \mathrm{V}/109\ \mathrm{A} = 0,127\ \Omega$. Der Stromwärmeverlust im Anker würde

$$R_\mathrm{A} \cdot I_\mathrm{AN}^2 = 0,127\ \Omega \cdot 109^2\ \mathrm{A}^2 = 1500\ \mathrm{W}$$

betragen.

5.2 Erzeugung des Ständerflusses

Die Verwendung von Dauermagneten ist für Stromerzeuger, denen eine nennenswerte Leistung entnommen werden soll, nicht möglich, weil Dauermagnete mit entsprechend großem Fluß und hohen Flußdichtewerten zu teuer und zu schwer sind, und weil bei Dauermagneten der Fluß praktisch nicht verändert werden kann. Bild 5.4 zeigt schematisch einen zweipoligen Gleichstromgenerator mit elektrischer Erregung des Magnetfeldes. Die Magnetwicklung M wird hier von einer fremden Stromquelle gespeist, und man spricht daher von einem *fremderregten Generator*. Die für die Erregung benötigte Leistung ist naturgemäß im Vergleich zur Maschinenleistung gering. Sie beträgt etwa:

1···5-kW-Maschinen 5···3%	20···100-kW-Maschinen 2···1%
5···20-kW-Maschinen 3···2%	über 100-kW-Maschinen bis 1%

Werner von Siemens hat 1866 erstmals gezeigt, daß ein Stromerzeuger diese geringe Leistung auch selbst liefern kann. Man spricht dann von einem *selbsterregten Generator*. Bild 5.5 zeigt einen solchen. Die Erregerwicklung liegt im gezeichneten Falle im Nebenschluß zum Anker. Treibt man eine solche Ma-

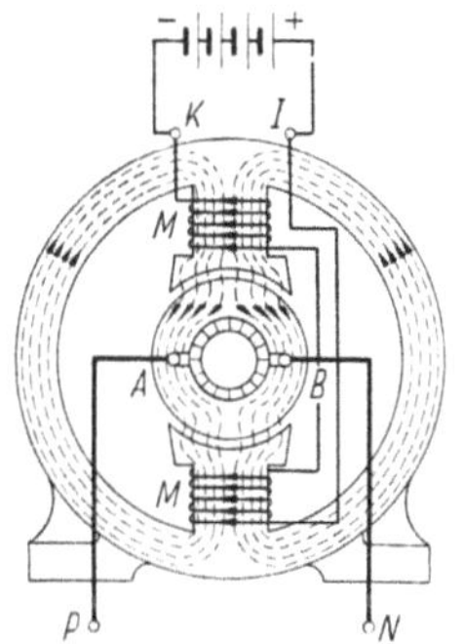
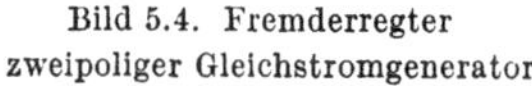

Bild 5.4. Fremderregter zweipoliger Gleichstromgenerator

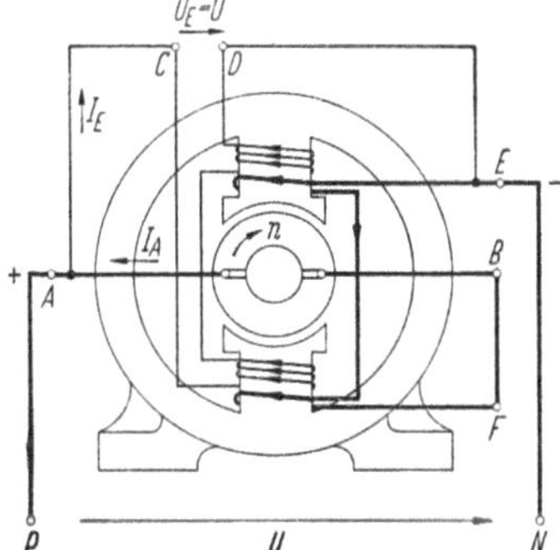

Bild 5.5. Selbsterregter zweipoliger Gleichstromgenerator (Nebenschlußgenerator)

schine mit ihrer Nenndrehzahl an, so liefert sie zunächst eine kleine Spannung, weil das magnetische Feld wegen des geringen Restmagnetismus (Remanenz) klein ist. Die so erzeugte Spannung heißt Remanenzspannung und beträgt einige Prozent der Nennspannung. Da die Erregerwicklung parallel zum Anker und damit parallel zur Remanenzspannung geschaltet ist, fließt über die Erregerwicklung ein kleiner Strom, der bei richtiger Schaltung (richtiger Polarität einen Fluß hervorruft, der nun größer als der Remanenzfluß ist. Hierdurch steigt aber auch die Spannung am Anker weiter an, was wiederum eine Verstärkung des Magnetfeldes zur Folge hat. Die wechselweise Verstärkung zwischen Spannung und Feld läßt die Spannung immer mehr anwachsen, bis sich ein Gleichgewichtszustand zwischen Ankerspannung U und Erregerstrom I_E einstellt (vgl. Bild 5.33).

Ein Ausbleiben des Selbsterregungsvorganges kann folgende Ursachen haben:

1. Remanenz null oder zu klein. Durch vorübergehendes Anlegen einer kleinen Spannung kann der erforderliche Remanenzfluß erzeugt werden.

2. *Verkehrte Polung der Erregerwicklung.* Dann muß die Erregerwicklung umgepolt werden.

3. *Eingeschaltete Verbraucher.* Diese wirken unter Umständen ähnlich wie ein Kurzschluß (z. B. kalte Glühlampen), so daß durch die Erregerwicklung kein für die Selbsterregung hinreichender Strom fließt.

4. *Umgekehrte Drehrichtung.* Dann muß die Erregerwicklung umgepolt werden, falls die Drehrichtung beibehalten werden muß.

5. *Zu kleine Drehzahl.* Diese muß auf ihren Nennwert gebracht werden.

Je nach der Schaltung der Erregerwicklung unterscheidet man: *Hauptschlußmaschinen* (Reihenschlußmaschinen), *Nebenschlußmaschinen* und *Doppelschlußmaschinen.*

Der Hauptschlußgenerator. Bei dieser Maschine liegt die Erregerwicklung im Hauptschluß, also in Reihe mit dem Anker. Sie darf dann natürlich keinen hohen Widerstand haben, ihre Drähte müssen also hinreichend stark sein. Die Zahl der Windungen hingegen kann gering sein, weil jede Windung von dem vollen Maschinenstrom durchflossen ist und für die Stärke des Magnetfeldes die Durchflutung $\Theta = N \cdot I$ maßgebend ist. Auch bei dieser Maschine wird Selbsterregung nur dann eintreten, wenn die Magnetwicklung richtig zum Anker geschaltet ist. Im Unterschied zur Nebenschlußmaschine muß hier aber der Verbraucherstromkreis *geschlossen* sein, weil sonst ja überhaupt kein Strom fließen könnte. Bei geöffneten Schaltern liefert der Hauptschlußgenerator nur die Remanenzspannung. Bild 5.6 zeigt den Schaltplan. Die Klemmenbezeichnung des Ankers ist stets $A-B$, die der *Hauptschlußwicklung E—F.*

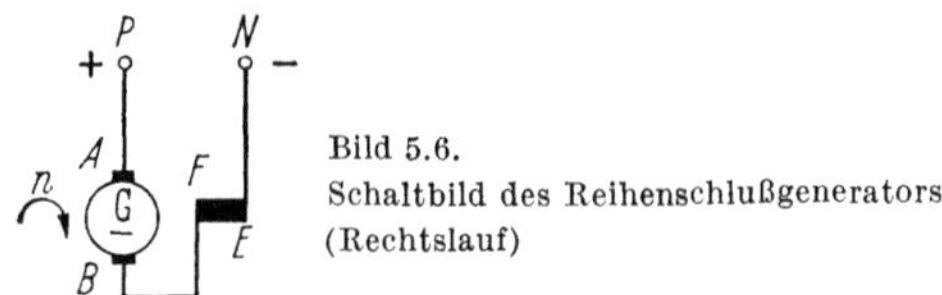

Bild 5.6.
Schaltbild des Reihenschlußgenerators
(Rechtslauf)

Reihenschlußgeneratoren werden nur in besonderen Fällen verwendet. Sie können auf ein Netz mit konstanter Spannung nicht einspeisen.

67. Beispiel. Ein 50-kW-Hauptschlußgenerator habe 2,5% Erregungsverlust. Wie groß ist der Widerstand der Magnetwicklung, wenn die Klemmenspannung der Maschine 230 V beträgt?

Der Maschinenstrom bei Nennlast $I = 50\,000\ \text{W}/230\ \text{V} = 217\ \text{A}$. Der Erregerverlust ist 2,5% von 50 000 W gleich 1250 W $= R_\text{E} \cdot I^2$. Hieraus $R_\text{E} = 1250\ \text{W}/217^2\ \text{A}^2 = 0{,}026\ \Omega$. Legt man eine Stromdichte von 1,5 A je mm² zugrunde, so muß der Drahtquerschnitt

$$A = 217\ \text{A}/1{,}5\ \text{A/mm}^2 = 145\ \text{mm}^2$$

sein, was einem Durchmesser von etwa 14 mm entsprechen würde. Zweckmäßiger wäre es, hier Vierkantkupfer zu verwenden. Durch die Erregerwicklung entsteht ein kleiner Spannungsverlust von $R_\text{E} \cdot I = 0{,}026\ \Omega \cdot 217\ \text{A} = 5{,}7\ \text{V}$. Die Ankerspannung U_A muß daher 230 V $+ 5{,}7$ V ≈ 236 V betragen.

Der Nebenschlußgenerator. Bild 5.5 zeigt diese Maschine schematisch und Abb. 5.7 ihren Schaltplan. Die Erregerwicklung liegt hier im Nebenschluß zum Anker, also an der Ankerspannung. Sie muß daher einen hohen Widerstand haben, und die Windungszahl muß groß sein. Die Klemmen der Nebenschlußwicklung werden mit $C-D$ bezeichnet.

68. Beispiel. Die Angaben aus Beispiel 67 sollen sich auf einen Nebenschlußgenerator beziehen. Wie groß ist der Widerstand der Erregerwicklung?

Der Erregerverlust ist bei 230 V Spannung 1250 W. Der Erregerstrom beträgt demnach $I_\mathrm{E} = 1250\,\mathrm{W} : 230\,\mathrm{V} = 5{,}4\,\mathrm{A}$. Der Widerstand der Wicklung ist also $R_\mathrm{E} = 230\,\mathrm{V}/5{,}4\,\mathrm{A} = 42{,}5\,\Omega$. Bei einer Stromdichte von $1{,}5\,\mathrm{A/mm^2}$ ergäbe sich ein Drahtquerschnitt von $A = 5{,}4\,\mathrm{A}/1{,}5\,\mathrm{A/mm^2} = 3{,}6\,\mathrm{mm^2}$, was einem Drahtdurchmesser von 2,15 mm (ohne Isolation gemessen) entsprechen würde.

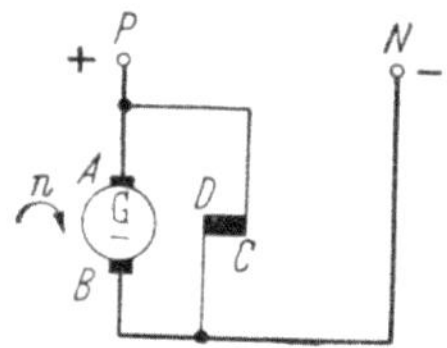

Bild 5.7. Schaltbild des Nebenschlußgenerators (Rechtslauf)

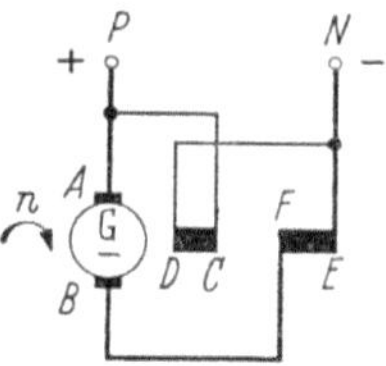

Bild 5.8. Schaltbild des Doppelschlußgenerators (Rechtslauf)

Der Doppelschlußgenerator. Er hat nach Bild 5.8 zwei sich unterstützende Magnetwicklungen, eine *Hauptschlußwicklung* (Klemmen $E-F$) mit wenigen Windungen eines dicken Drahtes und eine *Nebenschlußwicklung* (Klemmen $C-D$) mit viel Windungen eines dünnen Drahtes.

Die *Richtung* der erzeugten Spannung läßt sich auf zweierlei Weise umkehren. Entweder durch Umkehrung der Drehrichtung oder durch Vertauschen der Erregeranschlüsse. Letzteres ist gewöhnlich leichter. Man muß bei der Doppelschlußmaschine aber beachten, daß *beide* Wicklungen umzupolen sind.

5.3 Aufbau der Gleichstromgeneratoren

5.3.1 Magnetgestell

Je größer die Maschinenleistung ist, um so größer muß auch der magnetische Fluß sein. Nach seiner Festlegung (G. 1.36) lassen sich mit den üblichen Flußdichten die erforderlichen Eisenquerschnitte leicht berechnen. Nur bei kleinen Leistungen wird das Magnetgestell *zweipolig* ($p = 1$) ausgeführt, während bei großen Maschinenleistungen sich das mehrpolige Gestell billiger stellt

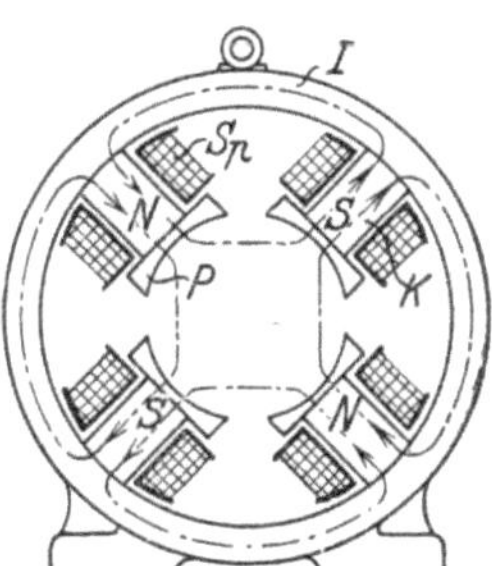

Bild 5.9. Vierpoliges Magnetgestell

(Bild 5.9). Das Joch I besitzt fast immer eine Ringform. Es wird meist aus Walzstahl zusammengeschweißt, wenn nicht geringes Gewicht oder eine hohe mechanische Beanspruchung zur Verwendung von Stahlguß zwingen. Die Polkerne K, welche von den Erregerspulen umschlossen sind, werden aus magnetisch hochwertigem Eisen hergestellt. Sie werden durch Polschuhe P verbreitert, damit der Magnetfluß einen möglichst großen Übertrittsquerschnitt hat. Polkern und Polschuh werden meist aus Blechen zusammengesetzt, die voneinander durch Papier oder Lackschichten isoliert sind. Nach Bild 5.10 tritt nämlich der magnetische Fluß infolge der Zahnung des Ankereisens nicht gleichförmig aus dem Pol aus. Stellt man sich zwei Eisenstäbe $A-B$, die zusammen eine kurzgeschlossene Windung darstellen vor, so umschließen sie im gezeichneten Zeitpunkt den Fluß eines Ankerzahnes. Eine kleine Zeitspanne

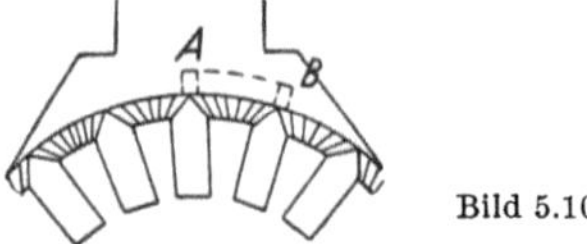

Bild 5.10

später stehen sie aber vor einer Zahnlücke und umschließen dann nur einen geringen Fluß. Diese ständige Flußänderung ruft im Polschuheisen Spannungen und Ströme hervor (Wirbelströme), deren Energieverlust man nur durch Eisenunterteilung klein halten kann. Im Polkern sind diese Flußänderungen nicht bemerkbar. Trotzdem wird meist auch der Kern bei kleinen Maschinen geblättert, weil es zu schwierig ist, den kleinen Polschuh allein zu unterteilen, und weil die Ausführung in hochwertigem Dynamoblech erwünscht ist. Um die Erregerspulen aufbringen zu können, muß natürlich eine Trennungsmöglichkeit vorhanden sein. Bei kleinen und mittleren Maschinen ist sie zwischen Polkern und Joch, bei großen Maschinen auch zwischen Polschuh und Polkern.

Die Erregerspulen Sp werden gewöhnlich in Reihe geschaltet. Ihre Durchflutung muß derart sein, daß Nord- und Südpol aufeinanderfolgen.

Die Lagerung der Welle erfolgt bei kleineren und mittleren Maschinen in Lagerschilden, welche am Magnetgestell angeschraubt und durch Zentriernuten gesichert sind. Größere Maschinen erhalten freistehende Stehlager auf einer gemeinsamen Grundplatte. Die Lager sind entweder Gleitlager mit Ringschmierung oder bei kleineren und mittleren Maschinen zur Verminderung der Reibungsverluste auch Kugel- oder Rollenlager.

5.3.2 Anker

a) Der Eisenkörper. Zur Kleinhaltung der Erregerwicklung und der Erregerverluste muß der Luftspalt zwischen Polschuh und Anker klein gehalten werden. Die Wicklung wird daher in Nuten eingebettet (Bild 5.10). Da das

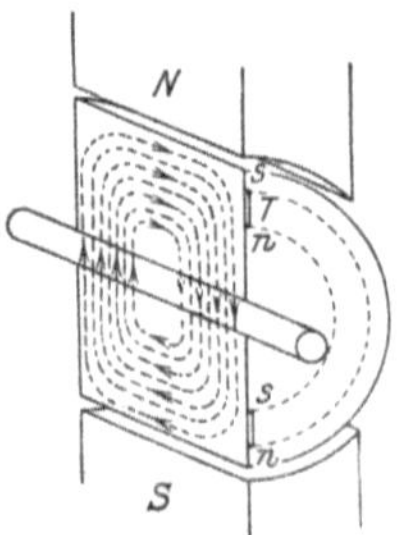

Bild 5.11. Wirbelströme
in einem massiven Anker

Ankereisen bei der Drehung des Ankers ebenso wie die Kupferleiter in einem nicht homogenen Magnetfeld bewegt werden, werden auch in ihm Spannungen erzeugt, welche bei massivem Ankereisen *Wirbelströme* in der durch Bild 5.11

dargestellten Weise erzeugen würden. Damit diese Wirbelströme und die durch
sie bedingten Wirbelstromverluste in erträglichen Grenzen bleiben, wird das
Ankereisen aus Blechen zusammengesetzt, die voneinander durch Papier oder
Lack getrennt sind. Gewöhnlich wählt man Blechstärken von 0,5 oder auch
0,35 mm. Noch dünnere Bleche können ihres hohen Preises wegen nur in
Ausnahmefällen verwendet werden. Eine weitere Herabsetzung der Wirbelstromverluste wird durch die Verwendung *legierter* Bleche (s. Bild 2.27) erreicht.
Eine Verbindung der einzelnen Bleche, z. B. in den Nuten muß vermieden
werden. Deshalb werden die Nuten nicht etwa gefräst, sondern einzeln ausge-
stanzt. Außer den Wirbelstromverlusten treten im Ankereisen noch *Hysteresis-*
verluste auf. Bild 5.11 zeigt, wie ein kleiner Eisenbezirk T während einer Umdrehung zweimal ummagnetisiert wird. Dabei tritt der durch Gl.(1.53) angegebene
Verlust auf, der ungefähr mit dem Quadrate der Flußdichte wächst und außerdem um so größer ist, je größer die Zahl der Ummagnetisierungen, also die
Drehzahl ist. Die Nuten des Ankers sind gewöhnlich, wie es in Bild 5.10 dargestellt ist, *offen*, wobei die Wicklung durch Keile gegen Herausschleudern
geschützt wird. Bei kleinen zweipoligen Ankern, die von Hand gewickelt
werden, findet man hingegen meist halbgeschlossene Nuten, welche nur einen
schmalen Schlitz zur Einführung des Drahtes haben.

Bild 5.12 stellt einen Schnitt durch einen Anker dar. Das Blechpaket wird
mittels Druckplatten zusammengepreßt. Der Hohlraum im Inneren ermöglicht

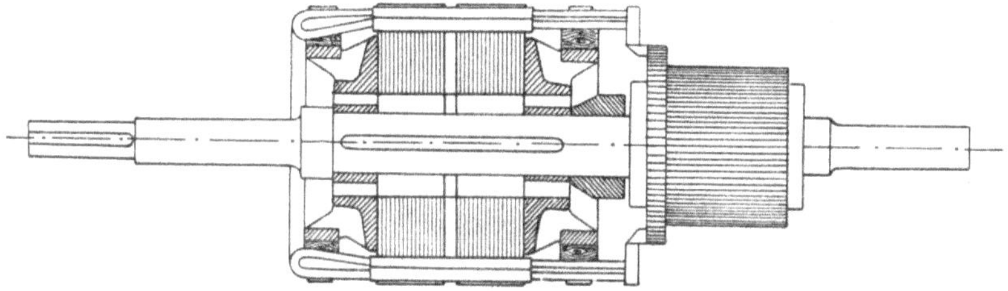

Bild 5.12. Schnitt durch einen Anker

die Durchführung eines kühlenden Luftstromes. Unmagnetische Bandagen
fixieren die Wickelköpfe.

b) Die Ausführung der Wicklung. Alle Gleichstromwicklungen sind in sich
geschlossene Wicklungen. Die Ankerleiter (Stäbe) sind gleichmäßig über den
Ankerumfang verteilt und liegen in Nuten. Jeweils zwei Stäbe, die unter
Polen entgegengesetzter Polarität liegen, werden über die im Wickelkopf
liegende Verbindung zu einer Spule zusammengeschaltet. Die beiden Stäbe
müssen ungefähr um eine Polteilung auseinander liegen. Eine *genaue* Einhaltung dieses Abstandes ist nicht nötig, weil die Polbreite etwa um 30%
kleiner als die Polteilung ist.

Es gibt verschiedene Möglichkeiten Wicklungsarten, die dieser Bedingung
genügen, auszuführen. Häufig wird die *Schleifenwicklung (Parallelwicklung)*
oder die *Wellenwicklung (Reihenwicklung)* ausgeführt.

Die Schleifenwicklung. Bild 5.13a zeigt schematisch die Ausführung einer
vierpoligen Schleifenwicklung mit 17 Spulen. Der Abstand der Bürsten muß
stets genau dem Winkel der Polteilung entsprechen.

Die Unterbringung der Wicklung in Nuten erfolgt allgemein in der Weise, daß man nach Bild 5.13b die Wicklung *zweischichtig* anordnet. Die Hinspulenseiten liegen in der oberen, die Rückspulenseiten in der unteren Schicht. Um eine zu geringe Stärke der Ankerzähne zu vermeiden, werden in jeder Schicht meist *mehrere* Spulseiten nebeneinander angeordnet. Diese zwei Spulen werden bei der Ausführung zweckmäßig gleich zusammengefaßt und gemeinsam bewickelt.

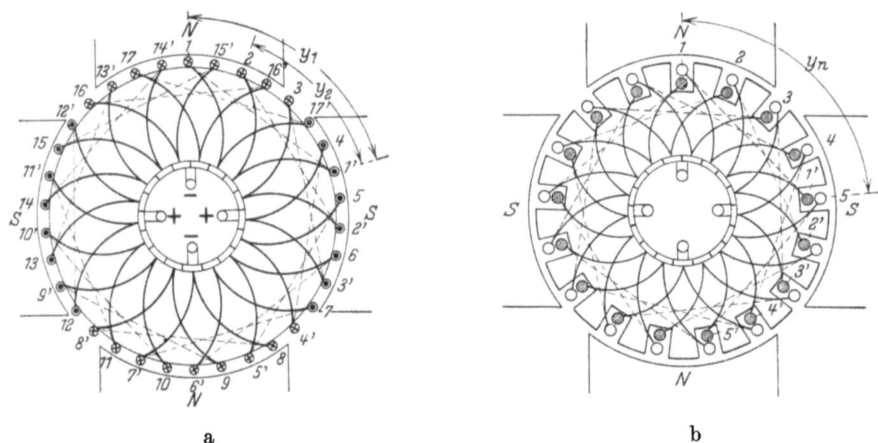

a   b

Bild 5.13. Vierpolige Schleifenwicklung mit 17 Spulen
a. ohne Nuten gezeichnet, Spulenseiten liegen nebeneinander; b. Wicklung in Nuten liegend

Die Wicklungen lassen sich rechnerisch bestimmen. Wir wollen in Zukunft die Zahl der Pol*paare* mit p, die Zahl der Ankerzweig*paare* mit a, die Spulenzahl, die mit der Stromwenderstegzahl übereinstimmt, mit k und die Nutenzahl mit N_u bezeichnen. Es gibt dann $2 \cdot k$ Spulenseiten. Der Wicklungsschritt y_1 soll ungefähr gleich der Polteilung sein. Da diese gleich der Zahl der Spulenseiten geteilt durch die Polzahl ist, also $2 \cdot k/(2\,p)$, so ist:

$$y_1 \approx \frac{k}{p}\ (\text{ungerade Zahl}). \tag{5.7}$$

Die Rechnung wird nun aber selten direkt eine *ungerade* Zahl ergeben. Dann ist auf die nächst niedrigere oder höhere ungerade Zahl überzugehen. Der Schaltschritt y_2 ist um zwei Schritte kleiner oder größer:

$$y_2 = y_1 \mp 2\ (\text{ungerade Zahl}). \tag{5.8}$$

Der Stromwenderschritt y_k, d. i. die Zahl der Stege zwischen benachbarten Spulen ist bei der Schleifenwicklung gleich 1. Der Nutenschritt y_n, d. i. die Zahl der Zähne zwischen zwei Spulenseiten, ergibt sich leicht aus Bild 5.13. Der Leiter *1'* ist um eine Lücke nach rückwärts oder nach vorwärts unter den benachbarten Hinleiter geschoben worden. Dadurch wird der Schritt $y_1 \mp 1$. Da aber bei der Bestimmung von y_1 auf eine Lücke immer nur ein Leiter entfiel, während auf einen Zahn u Spulenseiten je Nut kommen (in Bild 5.13 $u = 2$), muß noch durch u dividiert werden, um den Nutenschritt zu bekommen. Er ist:

$$y_n = \frac{y_1 \mp 1}{u}\ (\text{ganze Zahl}). \tag{5.9}$$

Bei voller Belegung aller Nuten und u Spulenseiten je Nut sind bei k Spulen

$$N_u = 2 \cdot k/u \tag{5.10}$$

Nuten erforderlich.

69. Beispiel. Ein Anker mit 37 Nuten soll mit 111 Spulen zu einer vierpoligen Schleifenwicklung geschaltet werden.

Es ist $y_1 = 111/2 = 55{,}5$. Die nächste ungerade Zahl ist $y_1 = 55$ und daher $y_2 = 55 - 2 = 53$ (es wäre auch 57 mit gekreuzter Wicklung möglich). Der Nutenschritt ist $y_n = (55 - 1)/6 = 9$, weil bei 37 Nuten 6 Spulenseiten auf jede Nut entfallen.

Die Wellenwicklung, die in Bild 5.14 schematisch gezeigt ist, hat ein fortlaufendes, wellenartiges Aussehen. Eine Wellenwicklung ist nur bei Maschinen mit mehreren Polpaaren möglich. Bei zwei Polen geht die Wellenwicklung in die Schleifenwicklung über. Aus der Darstellung nach Bild 5.14 geht hervor, daß eine Wellenwicklung nur zwei Bürsten benötigt. Sie hat nur zwei parallele Ankerzweige ($a = 1$). Bei gekapselten Kran- oder Bahnmotoren kann dies von Vorteil sein, weil man durch eine kleine Öffnung die Bürsten nachsehen kann.

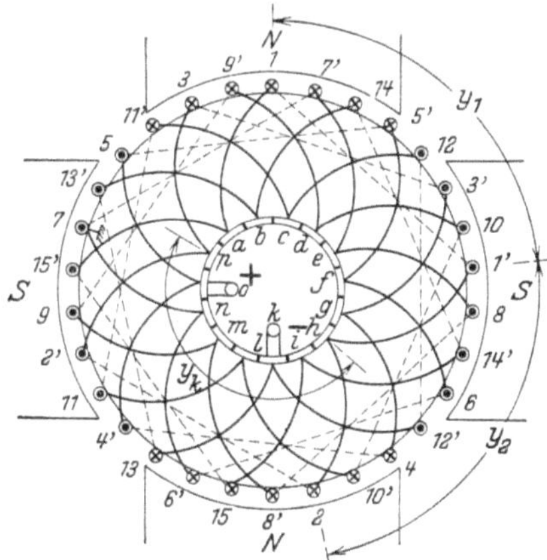

Bild 5.14. Vierpolige Wellenwicklung mit 15 Ankerspulen

Normal werden hingegen so viel Bürsten wie Pole angeordnet, wodurch sich aber die Zahl der Parallelzweige nicht erhöht. Man hat dadurch den Vorteil, daß man den zur Stromabnahme notwendigen Bürstenquerschnitt auf einem schmaleren Stromwender unterbringen kann.

Bei der Wellenwicklung trifft man nach einem Wickelumlauf nicht auf den Anfangsleiter *1*, sondern *zwei* Lücken davor oder dahinter. Der volle Umfang besitzt $2\,k$ Spulenseiten. Da der Schritt $(y_1 + y_2)$ sovielmal gemacht werden muß, wie Polpaare vorhanden sind, um in die Nachbarschaft des Ausgangspunktes zu kommen, ist $p \cdot (y_1 + y_2) = = 2 \cdot k \mp 2$, folglich

$$(y_1 + y_2) - \frac{2 \cdot k \mp 2}{p}. \tag{5.11}$$

Da auch hier y_1 und y_2 ungerade sein müssen, muß die Summe gerade sein. Es muß die Summe in zwei möglichst gleiche, *ungerade* Summanden zerlegt werden. Da die Anschlüsse an den Stromwender mit dem Fortschreiten auf dem Umfang Schritt halten müssen, wird der Stromwenderschritt y_k notwendig gleich dem mittleren Schritt am Umfang sein müssen, also:

$$y_\mathrm{k} = \frac{y_1 + y_2}{2}. \tag{5.12}$$

Für den Nutenschritt gilt auch hier Gl. (5.9). Die Gl. (5.11) lehrt, daß eine Wellenwicklung durchaus nicht für jede Spulenzahl ausgeführt werden kann. Spulenzahlen, welche durch die Polpaarzahl teilbar sind, ergeben keine Wicklung. Wenn der Stromwenderschritt y_k und die Stegzahl k einen gemeinsamen Teiler haben, entstehen ganz getrennte Wicklungen.

70. Beispiel. Es soll eine vierpolige Wellenwicklung mit 75 Ankerspulen in 25 Nuten untergebracht werden.

Nach Gl. (5.11) ist $y_1 + y_2 = (150 \mp 2)/2 - 74$ oder 76. Im ersteren Falle können wir zerlegen in $y_1 = 37$ und $y_2 = 37$, im letzteren Falle in $y_1 = 37$ und $y_2 = 39$. Wir wollen den ersten Fall weiterbehandeln. Dann ist nach Gl. (5.12) $y_k = 37$ und nach Gl. (5.9) $y_n = (37 \mp 1)/u$. Da bei 75 Spulen und 25 Nuten $u = 6$ sein muß, ergibt sich $y_n = (37 - 1)/6 = 6$.

Die Reihenparallelwicklung. Bei der Wellenwicklung, welche zwei parallele Ankerzweige aufweist, kommt man nach einem Umlauf (s. Bild 5.14) auf einen Leiter, welcher zwei Lücken vor oder hinter dem Ausgangsleiter liegt. Richtet man die Schritte so ein, daß nach einem Umlauf der Abstand vom Ausgangsleiter *4* Lücken ist, so bekommt die Wicklung *4* parallele Zweige. Die Zahl der parallelen Ankerzweige ist also bei dieser Reihenparallelentwicklung wählbar.

Die Berechnung der Ankerparallelwicklung ist derjenigen der Wellenwicklung entsprechend. An Stelle der Zahl 2 in Gl. (5.11) ist lediglich der Abstand des Ausgangsleiters von dem nach einem Umlauf erreichten Leiter einzusetzen, also $2\,a$

$$y_1 + y_2 = \frac{2 \cdot k \mp 2\,a}{p}. \tag{5.13}$$

71. Beispiel. Eine achtpolige Reihenparallelwicklung mit 82 Ankerspulen soll mit vier parallelen Ankerzweigen in 41 Nuten untergebracht werden. Aus Gl. (5.13) ergibt sich $y_1 + y_2 = (164 \pm 4){:}4 = 40$ oder 42. Wenn wir mit 42 rechnen, wird $y_1 = y_2 = 21$. Der Stromwenderschritt ist ebenfalls $y_k = 21$. Bei $u = 4$ ergibt sich der Nutenschritt zu $y_n = (21 - 1){:}4 = 5$. Bild 5.15 stellt diese Wicklung im abgewickelten Zustand dar. Die Pole und Nuten sind schematisch eingezeichnet.

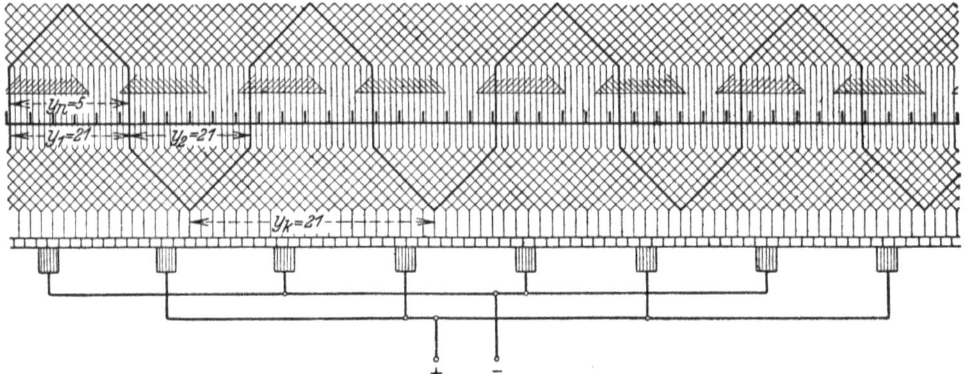

Bild 5.15. Achtpolige Reihenparallelwicklung mit 32 Ankerspulen

Ausgleichsleiter. Die Ankerzweige von Parallelwicklungen zeigen zuweilen Unterschiede der Spannung, die von Unsymmetrien der Wicklung oder der Magnetisierung herrühren. Diese Spannungsunterschiede gleichen sich durch Ausgleichsströme über die Bürsten aus und führen so leicht zu Überlastungen der Bürsten und einem Feuern. Um diese Gefahr zu mildern, werden bei Parallelwicklungen fast immer *Ausgleichsleiter* vorgesehen, die solche Leiter verbinden, welche unter gleichnamigen Polen gleichliegend sind, die also bei völliger Symmetrie keine Spannung gegeneinander aufweisen würden. Gewöhnlich werden diese Ausgleichsleiter unmittelbar am Stromwender angeordnet. Die Ausgleichsströme nehmen ihren Weg über die Ausgleichsleiter, so daß eine Bürstenüberlastung vermieden wird, außerdem wirken sie der Unsymmetrie entgegen.

Die Ausführung der Wicklungen. Kleine zweipolige Anker werden meist von Hand gewickelt, weil bei einer Spulenweite von 180° ein nachträgliches Einbringen der vorbereiteten Spulen in Nuten schwierig ist. Die Wicklung kann aber auch mit Wickelmaschinen in den Anker gewickelt werden. Die Nuten sind hierbei meist halbgeschlossen, und sie werden vor dem Bewickeln mit Preßspan ausgekleidet. Mehrpolige Anker erhalten *Schablonenwicklungen*, bei welcher die Ankerspulen nach einer Schablone hergestellt und nachträglich in die Nuten eingelegt werden. Eine Wicklung, deren Spulen mehrere *Drahtwindungen* hat, wird *Drahtwicklung* genannt, während Wicklungen mit *einer* Windung je Spule *Stabwicklungen* heißen. Von den Spulen verlangt man, daß alle gleiche Form und Größe haben und daß sie sich trotzdem ohne gegenseitige Störung einlegen lassen. Dies erreicht man durch die zweischichtige Ausführung der Wicklung, bei welcher jede Ankerspule eine Kröpfung nach Bild 5.16 be-

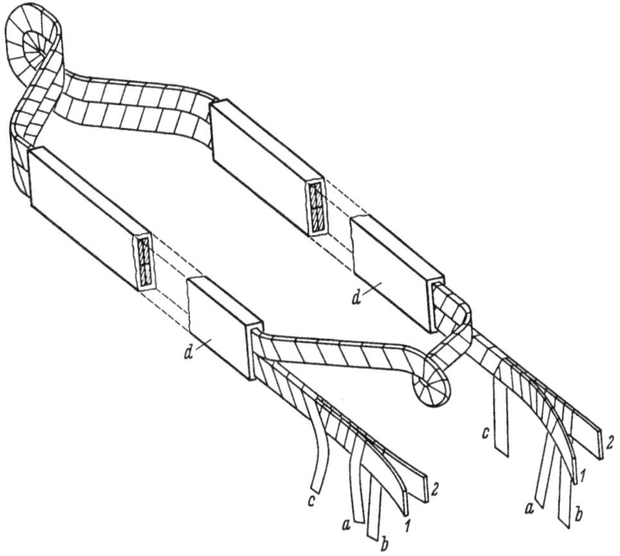

Bild 5.16. Ankerspule mit zwei mal zwei Windungen.
1 und *2* Kupferleiter; a, b, c. Umbandelung; d. Isolationsumpressung

kommt. In der Abbildung sind, wie bereits erwähnt, zwei Spulen zusammengefaßt. Bild 5.17 zeigt die Anordnung zweier Spulenseiten und ihre Isolation in der Nut, die durch einen Isolierkeil abgeschlossen ist. Die Herstellung von

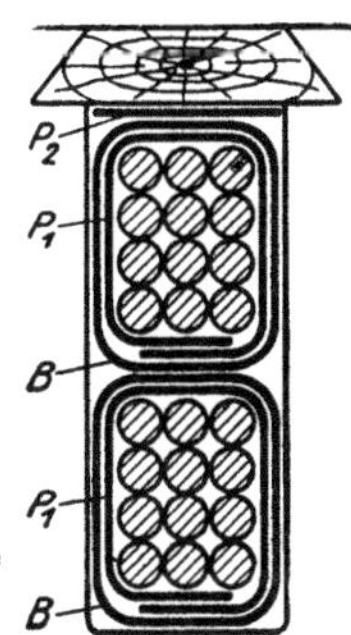

Bild 5.17. Offene Ankernute:
B Bandbewicklung; P_1 Preßspanhülle
(0,3···0,4 mm); P_2 Preßspanstreifen

Drahtformspulen kann dadurch geschehen, daß man den Draht auf eine zerlegbare Holzschablone aufwickelt, welche die Form der fertigen Spule hat. Häufiger werden Schablonen nach Bild 5.18 benutzt, welche unter Benutzung des Loches *L* auf eine Wickelbank aufgespannt werden. Die Schlitze *E* dienen zur Aufnahme eines Bandes, mit dem die Spule vorläufig zusammengehalten

wird. Die von der Schablone abgehobene Spule wird dann auf einer Zieh-
vorrichtung auf die richtige Form auseinander gezogen, wobei die Kröpfung
an beiden Enden durch eine Schraube festgehalten werden muß. Es gibt auch
maschinelle Vorrichtungen, mit denen das Aufwickeln und das Auseinander-
ziehen in unmittelbarer Folge vorgenommen wird. Spulen, die sich aus Teilspulen zusammensetzen (in Bild 5.16 sind es zwei) werden so gewickelt, daß
von zwei Trommeln gleichzeitig zwei Drähte ablaufen. Die fertig gewickelte
Spule erhält an den Stellen, welche in die Nut kommen, eine Preßspanhülle,

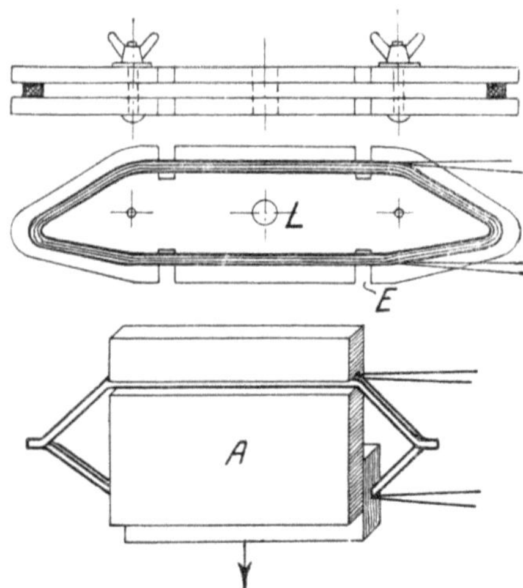

Bild 5.18. Schablone für Ankerspulen

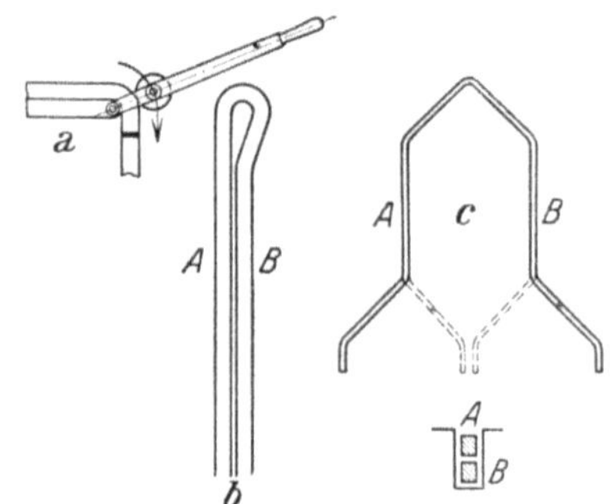

Bild 5.19. Herstellung einer Stabspule:
a. Biegen; b. fertig gebogen;
c. auseinandergezogen (Schleifenwicklung gestrichelt)

und auf dem ganzen Umfang eine Baumwollbandbewicklung. Formspulen aus
Flachkupfer für Stabwicklungen können in der durch Bild 5.19 dargestellten
Weise gebogen (Form b) und dann in die Form c gebracht werden. Nach dem
Einlegen der Spulen erfordert die Verbindung mit dem Stromwender große
Aufmerksamkeit. Bei einer normalen Wicklung werden zunächst alle Spulen-
anfänge in richtiger Reihenfolge in die Stromwenderstege eingelegt. Hierauf
greift man eine Spule heraus und verbindet deren Ende mit einem Steg, welcher
um den Stromwenderschritt y_k von dem Spulenanfang entfernt ist. Die übrigen
Spulenenden werden alsdann in der richtigen Reihenfolge mit den anderen
Stegen verbunden.

Vergleich der Wicklungsarten. In Gl. (5.4) ist $p \cdot \Phi$ der Gesamtfluß der Maschine,
welcher um so größer ist, je größer die Leistung der Maschine ist. Nimmt man nun einmal
gleiche Drehzahl und Spannung an, dann muß die große Maschine mit großem $p \cdot \Phi$ eine
kleine Ankerdrahtzahl z haben, während die kleine Maschine umgekehrt eine große Drahtzahl benötigt. Drähte können im allgemeinen nur bis zu etwa 4 mm Durchmesser zur
Wicklung benutzt werden. Setzt man einmal eine Stromdichte von im Mittel 5 A/mm²
voraus, so ergibt sich ein maximaler Leiterstrom von etwa 60 A. Bei größeren Strömen
müßten daher Profilstäbe verwandt werden. Bei einer Wellenwicklung mit zwei Ankerzweigen ergäbe sich für die *Drahtwicklung* demnach ein maximaler Maschinenstrom von
120 A, was bei 220 V einer Leistung von etwa 26 kW entsprechen würde.

Die Wellenwicklung (Reihenwicklung) hat die geringste Zahl paralleler Ankerzweige,
nämlich zwei. Die Parallelwicklungen haben deren mehr. Jede Parallelwicklung bedeutet

aber einen Mehraufwand an Isolation und kostbarem Nutenraum. Der Konstrukteur wird daher die Wellenwicklung, soweit es möglich ist, immer verwenden. Bei den üblichen Drehzahlen wird er bei 220 V Spannung Maschinen bis etwa 75 kW mit der einfachen Wellenwicklung versehen können. Bei Maschinen für kleine Spannungen, die demgemäß einen entsprechend großen Strom haben, kommt man ohne die Parallelwicklung nicht aus.

Die Umwicklung auf eine andere Spannung. Zuweilen ist es nötig, eine Maschine, besonders Motoren, auf eine andere Spannung umzuwickeln. Der einfachste Weg wäre nach Gl. (5.4), die Ankerzweigpaarzahl a zu ändern. Eine Erhöhung derselben bedeutet eine Herabsetzung der Spannung im gleichen Verhältnis. Wenn also z. B. eine Maschine für 220 V mit Wellenwicklung ($a = 1$) gegeben ist, so könnte durch Übergang auf eine Parallelwicklung oder Reihenparallelwicklung mit $a = 2$ die Spannung 110 V erzielt werden. Gleichzeitig müßte natürlich auch die Erregerwicklung durch Parallelschaltung auf die neue Spannung umgeschaltet werden. Ob eine solche Umschaltung durchführbar ist, kann nicht allgemein gesagt werden. Es muß vielmehr unter Benutzung der früheren Wicklungsregeln die Ausführbarkeit festgestellt werden. In jedem Falle ist aber nur eine Spannungsänderung in wenigen, ganzzahligen Verhältnissen denkbar. Bei der Ausführung sind die Leiter aus dem Stromwender auszulöten und mit dem neuen Stromwenderschritt wieder einzulöten.

Unter Beibehaltung der Wicklungsart ist nach Gl. (5.4) eine Änderung der Spannung zahlenmäßig in jedem Verhältnis durch Änderung der Drahtzahl z möglich. Es verhalten sich die Spannungen wie die Drahtzahlen, eine Verdoppelung der Spannung kann man also durch eine Verdoppelung der Drahtzahl erhalten. Praktisch liegen die Verhältnisse allerdings weit schwieriger, weil gewöhnlich die Ankerspulen nur *wenige* Windungen aufweisen. Man wird daher nur bei kleinen Maschinen, deren Ankerspulen eine hohe Windungszahl haben, unter Belassung der Wicklungsart die Windungszahl, der gewünschten Spannung entsprechend, ändern können. Bei größeren Leistungen und geringer Drahtzahl je Spule, ganz besonders aber bei den Stabwicklungen, wird sich eine Änderung der ganzen Wicklung nicht vermeiden lassen. Es hängt ganz von den jeweiligen Verhältnissen ab, ob eine passende Wicklung möglich ist. Kleine Unterschiede sind meist ohne Bedeutung, auch kann mittels der Drehzahl n oder dem Erregerstrom eine Spannungsänderung vorgenommen werden. Beim Übergang auf höhere Spannungen ist sowohl bei dem Anker als auch bei der Erregerwicklung zu beachten, daß die dünneren Leiter im Verhältnis mehr Raum für die Isolation benötigen und daß die Stegspannung am Stromwender nicht unzulässig groß werden darf.

5.3.3 Stromwender und Stromabnahme

Der Stromwender (Kollektor, Kommutator) besteht aus einer großen Anzahl von Hartkupferstegen nach Bild 5.20, welche auf einer Büchse B (Bild 5.21) derart mittels eines Gewinderinges R festgeklemmt werden, daß der Strom-

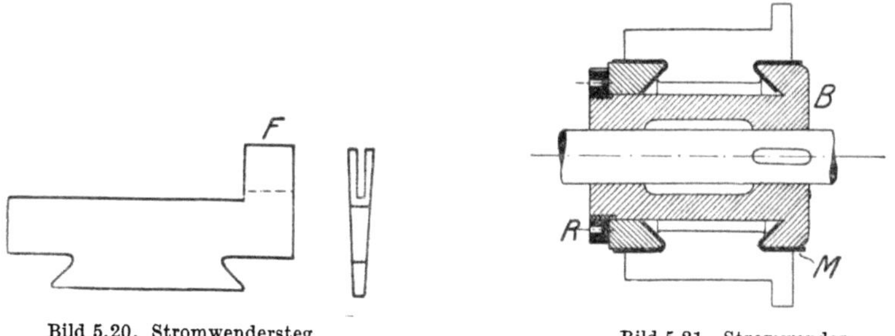

Bild 5.20. Stromwendersteg   Bild 5.21. Stromwender

wender als Ganzes von der Welle gezogen werden kann. Zur Isolation der Stege voneinander dienen Glimmerscheiben gleicher Form. Die Mikanitringe M isolieren von der Grundbüchse. Die beiden Leiter der Ankerspulen werden in die Fahne F eingelötet.

Das Feuern der Bürsten auf dem Stromwender kann elektrische Ursache haben, sehr häufig liegen jedoch mechanische Gründe dafür vor. Der Stromwender kann durch Metallstaub oder Öl verunreinigt sein. Bei ungleicher Härte von Kupfer und Isolation tritt häufig eine stärkere Abnutzung der Stege gegenüber der Isolation ein. Die Isolation steht dann etwas vor und gibt zum Feuern Veranlassung. Rauhe Stellen des Stromwenders, wie sie bei Kurzschlüssen leicht entstehen, können mit Schmirgelleinen leicht entfernt werden. Nach der Instandsetzung ist der Kupferstaub sorgfältig zu entfernen. Größere Schäden, insbesondere das Unrundwerden infolge starker Abnutzung, lassen sich nur durch Abdrehen des Stromwenders beheben. Dasselbe erfolgt gewöhnlich auf der Drehbank, bei großen Maschinen mittels eines an die Maschine herangesetzten Abdrehapparates.

Die Stromabnahme vom Stromwender erfordert Bürsten, welche mittels der Bürstenhalter mit bestimmtem Druck gegen den Stromwender gedrückt werden. Diese sitzen auf einem Bürstenhalterbolzen, welcher isoliert in die drehbare Bürstenbrücke eingesetzt ist. Die *Bürsten* werden aus Kohle hergestellt, weil Bürsten mit hohem Widerstand weniger leicht feuern. Die Belastung der Kohlen kann bei harten Kohlen (hoher Widerstand) etwa 6 A/cm², bei weichen Kohlen bis 12 A/cm² betragen. Bei großen Stromstärken müssen mehrere Bürsten und Bürstenhalter auf einem Bolzen angeordnet werden, wodurch die Länge des Stromwenders sich vergrößert. Zur besseren Kontaktbildung wird der obere Teil der Bürste, welcher im Halter sitzt, verkupfert. Die Feder des Halters ist im allgemeinen einstellbar. Zu hoher Anpressungsdruck vergrößert die Reibungsverluste, zu geringer Druck gibt leicht zum Feuern der Bürsten Veranlassung. Gewöhnlich rechnet man mit etwa 0,02 N/mm² = 200 p/cm². Die Bürsten aufeinander folgender Bolzen sollen nicht in gleicher Spur laufen, sondern etwas versetzt sein, damit die Bürsten keine Rillen einschleifen. Der Drehpunkt des Bürstenhalters und die Stahlfeder werden mittels einer Kupferlitze elektrisch überbrückt.

5.3.4 Hauptabmessung der Gleichstrommaschine

Durch Multiplikation von Gl. (5.14) mit dem Strom I ergibt sich eine Leistungsgleichung für die innere Leistung:

$$P_\mathrm{i} = \Phi\, n \cdot z \cdot I\, \frac{p}{a} \tag{5.14a}$$

welche aussagt, daß man ein und dieselbe Leistung mit großem Gesamtfluß $p \cdot \Phi$ und kleinem $z \cdot I$, also kleinem Anker, erhalten kann, daß aber auch der umgekehrte Weg möglich ist. Da im ersteren Falle der Anker, im letzteren Falle das Magnetgestell schlecht ausgenutzt wäre, verlangt die Wirtschaftlichkeit ein bestimmtes Verhältnis beider Hauptteile. Wir können in obiger Gleichung $z \cdot I = D \cdot \pi \cdot A_\mathrm{i}$ setzen, worin A_i den *Strombelag* des Ankers, also $A_\mathrm{i} = z \cdot I/(\pi \cdot D)$, bedeutet. D ist der Läuferdurchmesser. Ferner setzen wir den Fluß Φ eines Poles

$$\Phi = B \cdot D \cdot \pi \cdot l \cdot 0{,}7/(2 \cdot p)\,,$$

weil wir erfahrungsgemäß annehmen, daß die Pole 70% des Umfanges umfassen. Die magnetische Flußdichte B im Luftspalt wird hierin zwischen 0,6 und 1 T gewählt, wobei die größeren Werte für große Maschinen gelten. Faßt man alle unveränderlichen Größen zu einer Größe C zusammen, so erhält die obige Leistungsgleichung die Form:

$$P_\mathrm{i} = C \cdot D^2 \cdot l \cdot n\,. \tag{5.14b}$$

Der Ausnützungskoeffizient C liegt zwischen $1 \cdot 10^{-6}$ bis $4{,}5 \cdot 10^{-6}$ kW min/cm³ bei Maschinen bis 1000 kW, wobei der letztere Wert der großen Maschine entspricht. Die Beziehung $D^2 \cdot l$, ist dem Ankervolumen proportional, die Leistung nach Gl. (5.14b) also dem Ankervolumen und der Drehzahl. Je höher die *Drehzahl* gewählt wird, um so kleiner kann bei gleicher Leistung das Ankervolumen sein. Schnellaufende Maschinen lassen sich daher klein und billig bauen. Das Produkt $D^2 \cdot l$ kann beliebig zerlegt werden. Kleine Anker haben gewöhnlich im Verhältnis zum Durchmesser eine größere Länge. Endgültige Größenabmessungen liefert Gl. (5.14b) jedoch nicht, weil für diese allein die Erwärmung der Maschine maßgebend ist. Durch kräftigere Kühlung ist es also möglich, auch mit geringeren Abmessungen, als sie sich aus den obigen Beziehungen ergeben, auszukommen.

5.4 Gleichstrommotoren

Auf einen stromdurchflossenen Leiter, der in einem Magnetfeld liegt, wirkt entsprechend Gl. (1.56) eine Kraft $F = B\,I\,l$. Durch die stromdurchflossenen Spulen erfährt ein zylindrischer Anker im Magnetfeld ein Drehmoment M. Bild 5.22 zeigt die Richtung des Kräftepaares F, das in einer stromdurchflossenen Ankerspule auftritt. Durch die Schaltung der Wicklung wird erreicht, daß alle unter einem Magnetpol liegenden Leiter die gleiche Stromrichtung aufweisen. Das Drehmoment versucht den Anker im Falle des Bildes 5.22 entgegen dem Uhrzeigersinn zu drehen. Durch einen Stromwender (Kollektor) wird sichergestellt, daß bei Drehung die Stromrichtung in den Leitern unter einem Pol unabhängig von der jeweiligen Stellung des Ankers gleich bleibt.

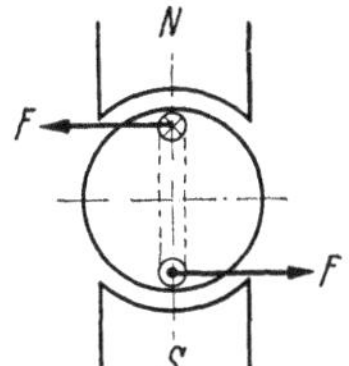

Bild 5.22. Stromdurchflossene Ankerspule im Magnetfeld

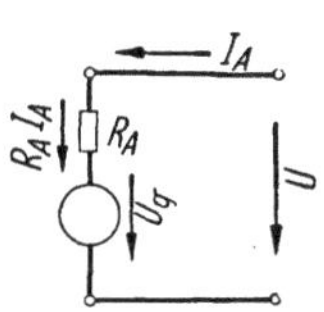

Bild 5.23. Ersatzschaltbild des belasteten Motorankers

Es sind demnach für einen Gleichstrommotor genau die gleichen Teile notwendig, wie sie für Generatoren erforderlich waren. Gleichstrommotoren stimmen daher baulich mit den Generatoren überein.

Wenn wir eine erregte Gleichstrommaschine an eine Stromquelle mit der Spannung U anschließen, so fließt durch den Anker ein Strom $I_A = U/R_A$, wenn wir den Anker an der Drehung hindern. Lassen wir ihn los, so dreht er sich und erlangt eine bestimmte Drehzahl, wobei wie beim Generator eine innere Spannung U_q erzeugt wird, die nach den bekannten Richtungsregeln so liegt, daß sie den fließenden Strom zu verkleinern sucht. Aus Bild 5.23 ergibt sich nach den Kirchhoffschen Regeln

$$U = U_q + R_A \cdot I_A \,. \tag{5.15}$$

Während beim *Generator* die Klemmspannung U um $R_A \cdot I_A$ *kleiner* als die innere Spannung ist, ist bei dem Motor die zugeführte Klemmenspannung U um den inneren Spannungsfall im Anker *größer* als die erzeugte innere Spannung. Belastet man einen Motor stärker, so überwiegt das Bremsmoment gegenüber dem bisherigen Motormoment. Dadurch sinkt die Drehzahl und die innere Spannung, so daß $R_A \cdot I_A$ und damit I_A soweit steigt, bis sein Drehmoment zur Überwindung der neuen Last hinreicht. Umgekehrt läuft bei einer Entlastung der Motor schneller und erzeugt eine größere innere Spannung. Dadurch wird aber $R_A \cdot I_A$ kleiner. Der Strom und damit die Energie-aufnahme des Elektromotors paßt sich demnach ganz selbsttätig der jeweiligen Belastung an. Bei dem *leer*laufenden Motor kann die innere Spannung gleich der Netzspannung gesetzt werden. Der Motor nimmt dann nur einen kleinen Strom im Anker auf, der zur Deckung des Reibungsmomentes dient.

Das Drehmoment eines Motors. Die Leistung eines Motors ist allgemein das Produkt aus Umfangskraft F am Anker und Umfangsgeschwindigkeit. Die letztere kann bei einem Ankerradius r und n Umdrehungen je Zeitspanne zu $v = 2 \cdot r \cdot \pi \cdot n$ eingesetzt werden, wodurch sich die Leistung zu $P = F \cdot r \cdot 2 \cdot \pi \cdot n$ ergibt. Den Ausdruck $F \cdot r$ nennt man das Drehmoment, welches wir mit M bezeichnen wollen. Es ist also $P = 2\pi \cdot M \cdot n$. Nach dem Moment aufgelöst, ergibt sich daher:

$$M = \frac{P}{2\pi \cdot n} . \tag{5.16}$$

Leistungsangaben auf dem Leistungsschild elektrischer Maschinen beziehen sich auf die Abgabeseite. Bei Motoren ist die Welle, bei Generatoren der Klemmenkasten die Abgabeseite.

Ein Motor von 5 kW und $n = 1200$ min^{-1} hat somit ein Drehmoment

$$M = 5\,\text{kW}/(2\,\pi \cdot 1200\,\text{min}^{-1}) = \frac{5\,\text{kW} \cdot 1000\,\text{W/kW} \cdot 60\,\text{s/min}}{2\,\pi \cdot 1200\,\text{min}^{-1}} =$$

$$= 40\,\text{Ws} = 40\,\text{Nm} \approx 4\,\text{kpm} .$$

Ist $U_q I_A$ die im Innern des Ankers auftretende Leistung, so erhält man mit Gl. (5.4) und Gl. (5.16)

$$M = \frac{\Phi \cdot I_A \cdot z \cdot p}{2\,\pi \cdot a} . \tag{5.17}$$

Faßt man die bei einem gegebenen Motor unveränderlichen Größen zu einer Größe c_M zusammen, so ist:

$$M = c_M \cdot \Phi \cdot I_A . \tag{5.18}$$

Die Erregung der Gleichstrommotoren. Genau wie bei den Generatoren haben wir auch bei den Motoren zu unterscheiden zwischen:

Nebenschlußmotoren, deren Erregerwicklung parallel zum Anker liegt und aus vielen Windungen eines dünnen Drahtes besteht (Klemmen $C-D$).

Reihenschlußmotoren oder *Hauptschlußmotoren*, deren Erregerwicklung in Reihe mit dem Anker liegt und wenige Windungen eines dicken Drahtes aufweist (Klemmen $E-F$).

Doppelschlußmotoren mit zwei Erregerwicklungen, einer Reihenschluß-wicklung (Klemmen $E-F$) und einer Nebenschlußwicklung (Klemmen $C-D$).

72. Beispiel. Ein zweipoliger Nebenschlußmotor von 0,55 kW Nennleistung für 220 V und $n = 1300$ Umdrehungen je Minute hat einen Wirkungsgrad $\eta = 0{,}73$ und soll in einen Reihenschlußmotor umgewickelt werden. Die Erregerwicklungen haben eine mittlere Windungslänge von $l_m = 0{,}44$ m und nehmen an 220 V in Reihenschaltung 0,272 A auf. Der Drahtdurchmesser wurde zu 0,39 mm (blank) gemessen.

Der Wicklungswiderstand ist $R_E = 220\,\text{V}/0{,}272\,\text{A} = 808\,\Omega$ und nach Gl. (1.4) die Windungszahl $N_E = A \cdot R \cdot \varkappa/l_m = [0{,}1195\,\text{mm}^2 \cdot 808\,\Omega \cdot 56\,\text{m}/(\Omega\,\text{mm}^2)]/0{,}44\,\text{m} = 12\,300$. Die Durchflutung ist $\Theta = 12\,300 \cdot 0{,}272\,\text{A} = 3345\,\text{A}$, die Leistungsaufnahme der Erreger-spulen $P_{EN} = 0{,}272\,\text{A} \cdot 220\,\text{V} = 60\,\text{W}$. Die vom Motor aus dem Netz aufgenommene

Leistung ist 550 W/0,73 = 755 W und daher der Nennstrom I_N = 755 W/220 V = 3,43 A. Bei Nennstrom muß dieselbe Durchflutung auch beim Reihenschlußmotor vorhanden sein. Es ist $N_E \cdot I_{EN} = N'_E \cdot I_N$. Hieraus N'_E = 12300 · 0,272 A/3,43 A = 975. Ist A der Querschnitt des Drahtes der Nebenschlußerregerwicklung und A' derjenige der Reihenschlußerregerwicklung, so gilt $N_E \cdot A = N'_E \cdot A'$ und damit A' = 12300 · 0,1195 mm²/ /975 = 1,5 mm². Dies ergibt einen Durchmesser d' = 1,38 mm. Es wird d' = 1,4 mm gewählt.

Die Reihenschlußerregerwicklung besitzt einen Widerstand von R'_E = 975 · 0,44 m/ /[1,54 mm² · 56 m/(Ωmm²)] = 4,97 Ω. Am Anker ergibt sich bei Nennstrom die Spannung U'_A = 220 V − 4,97 Ω · 3,43 A = 203 V.

Die Ankerwicklung muß nun von 220 V auf 203 V umgerechnet werden. Der Ankernennstrom beträgt bei Nebenschlußbetrieb $I_{AN} = I_N - I_{EN}$ = 3,43 A − 0,272 A = = 3,158 A. Bei Reihenschlußbetrieb muß der Anker für den Strom I'_{AN} = 3,43 A dimensioniert werden. Die Umrechnung der Ankerwicklung erfolgt in entsprechender Weise.

Das Anlassen der Gleichstrommotoren. Der Ankerwiderstand eines Motors ist mit Rücksicht auf die Verluste sehr klein. Würde man den Motor unmittelbar an die volle Netzspannung legen, so würde nach dem Ohmschen Gesetz ein sehr großer Strom $I_{Anf} = U/R_A$ fließen, welcher den Motor schädigen und andere angeschlossene Verbraucher wegen des Netzspannungsfalls stören könnte.

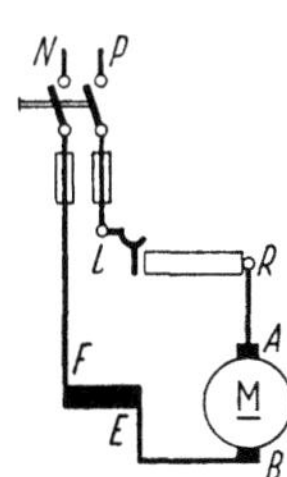
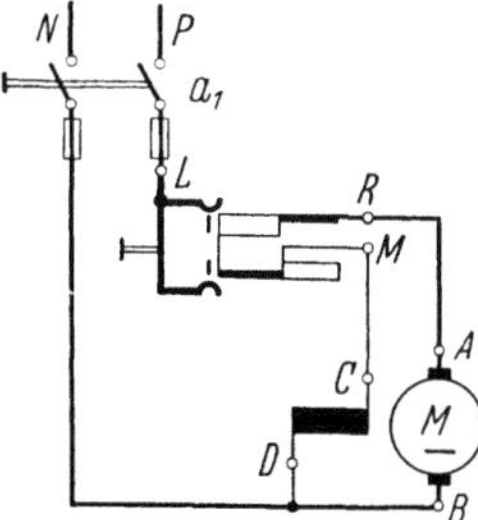

Bild 5.24. Anlaßschaltung eines Reihenschlußmotors   Bild 5.25. Anlaßschaltung eines Nebenschlußmotors

Es ist daher nötig, dem Anker einen *Anlaßwiderstand* vorzuschalten. Das Abschalten dieses Widerstandes muß in dem Maße erfolgen, wie die Motordrehzahl zunimmt.

Sobald der Motor läuft tritt eine der Drehzahl proportionale innere Spannung U_q auf und der Strom geht entsprechend Gl. (5.15) auf $I_A = (U - U_q)/R_A$ zurück. Der Motor nimmt im Anker einen dem Drehmoment entsprechenden Strom auf.

Bild 5.24 zeigt die Anlaßschaltung eines Reihenschlußmotors mit den üblichen Klemmbezeichnungen und Bild 5.25 die entsprechende Schaltung für den Nebenschlußmotor. Es wäre nicht richtig, wenn man die Nebenschlußklemme C unmittelbar mit A verbinden würde, weil dann der Anlaßwiderstand auch vor der Erregerwicklung liegen würde. Der Motor wäre im Anlaufaugenblick nur schwach erregt. Er würde also bei Belastung überhaupt nicht anlaufen können. Der unmittelbare Anschluß von C an die Netzleitung L ist auch nicht zu empfehlen, weil dann beim Ausschalten die Isolation der Erregerwicklung durch die entstehende hohe Selbstinduktionsspannung gefährdet ist. In Bild 5.25 ist die Klemme C mit einem Punkt M am Anfang des Anlaßwiderstandes verbunden. Erregerwicklung und Anker bilden dann einen geschlossenen Stromkreis, in dem sich die Selbstinduktionsspannung beim Ausschalten gefahrlos ausgleichen kann. Während das Anlassen langsam zu geschehen hat, kann das Abschalten schnell erfolgen. Man kann dazu sogar den Schalter *a 1* benutzen, wobei allerdings die Gefahr besteht, daß das Ausrücken des Anlassers vergessen wird.

Die Stufenzahl des Anlassers richtet sich nach den zulässigen Stromstößen, welche beim Überschalten von einer Stufe zur nächsten entstehen. Geringe Stromänderungen bedingen eine hohe Stufenzahl. Ganz kleine Motoren, unter 0,5 kW, werden häufig ohne Anlasser durch unmittelbares Einschalten in Betrieb genommen, weil sie einen verhältnismäßig hohen Ankerwiderstand haben.

73. Beispiel. Für einen Gleichstrommotor von 4,4 kW Nennleistung für 220 V soll die Größe des Anlaßwiderstandes bestimmt werden. Der auf dem Motorschild angegebene Nennstrom beträgt 27 A.

Wenn der Motor beim Anlauf eine große Winkelbeschleunigung besitzen soll, so muß das Motormoment möglichst groß sein. Motormoment und Ankerstrom sind entsprechend Gl. (5.18) einander proportional. Damit Kollektor und Wicklung beim Anlauf keinen Schaden erleiden, wählen wir den größten zulässigen Anlaufstrom um 50% größer als den Ankernennstrom. Da die Erregerverluste etwa 4% betragen, erhält man den im ersten Augenblick auftretenden größten Anfahrstrom zu $(1 - 0,04) \cdot 1,5 \cdot 27$ A $= 39$ A.

Der Motoranker besitzt den Widerstand R_A, und wir wollen annehmen, daß bei Nennstrom des Motors der Ankerspannungsfall 7%, also 15,4 V beträgt. Der Widerstand des Ankers ist demnach 15,4 V/27 A $= 0,57\ \Omega$. Auf der ersten Anlaßstufe sollen bei noch ruhendem Anker 39 A fließen. Der Widerstand des Kreises muß daher 220 V/39 A $= = 5,65\ \Omega$ sein, so daß für den Anlasser noch $5,65\ \Omega - 0,57\ \Omega$, also rund $5,1\ \Omega$ nötig sind.

Die Umkehr der Drehrichtung. Der Bewegungsregel des stromdurchflossenen Leiters im magnetischen Feld entsprechend, läßt sich die Drehrichtung eines Motors dadurch umkehren, daß man entweder den Anker $(A-B)$ umpolt *oder* die Erregerwicklung (bei dem Nebenschlußmotor $C-D$, bei dem Hauptschlußmotor $E-F$). Der Motor ändert seine Drehrichtung *nicht*, wenn man die beiden *Zuleitungen* umpolt, weil man dann sowohl den Anker, als auch die Erregerwicklung umgepolt hat. Der Anker läßt sich auch dadurch umpolen, daß man die Bürsten um eine Polteilung auf dem Stromwender verdreht. Bei kleinen Motoren wird zur Ersparung von Leitungen zuweilen eine doppelte Erregerwicklung vorgesehen, von denen die eine für Vorwärtslauf, die andere für Rückwärtslauf eingeschaltet wird.

5.5 Ankerrückwirkung und Stromwendung der Gleichstrommaschinen

Die Ankerrückwirkung. Die Erregerwicklung einer Gleichstrommaschine erzeugt ein symmetrisches Feld, das *Hauptfeld* der Maschine, welches in Bild 5.26a dargestellt ist. Sobald eine Maschine *Strom* liefert, erzeugt auch die Ankerwicklung ein Feld, welches Bild 5.26b zeigt. Dieses *Anker-* oder *Querfeld* steht trotz der Ankerdrehung räumlich still und senkrecht auf dem Hauptfeld und ändert seine Stärke mit der Belastung der Maschine. Beide Felder bilden zusammen das in Bild 5.26c gezeigte resultierende Feld, welches beim Generator eine Verdrehung im Drehsinn aufweist. Die Flußdichte unter den Polen ist nun nicht mehr überall gleich, sondern es tritt eine Verstärkung des Feldes an der ablaufenden Polkante auf, die um so größer ist, je mehr die Maschine belastet wird. Im Leerlauf stellt sich das Feld nach Bild 5.26a ein.

Diese *Ankerrückwirkung* hat weitere Folgen. Die *neutrale* Zone hat eine Verdrehung um einen Winkel α erfahren, und wir müssen die Bürsten, sofern nicht die später beschriebenen Wendepole verwendet werden, daher um den gleichen Winkel verschieben.

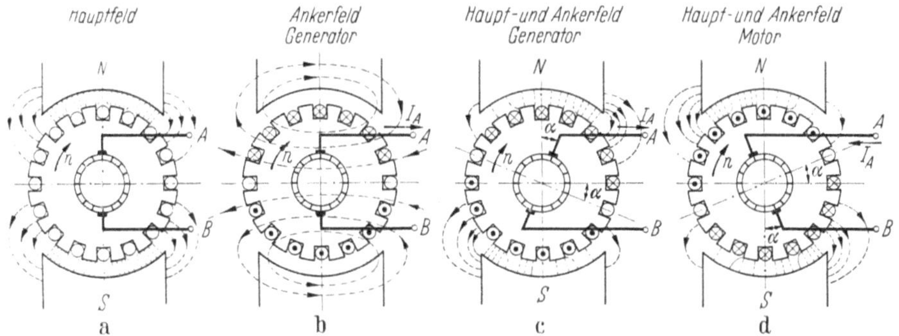

Bild 5.26. Ankerrückwirkung

Die Durchflutung des Ankers wirkt zwar auf die eine Polhälfte genau so stark schwächend, wie sie auf die andere Seite verstärkend wirkt. Da aber das Poleisen magnetisch hoch beansprucht ist, wird eine Verstärkung nur noch in geringem Maße zu erwarten sein, während die Schwächung erheblich sein kann. Der Gesamtfluß erleidet daher eine Schwächung, die um so größer ist, je stärker das Ankerfeld, d. h. je größer die Belastung ist. Eine weitere Feldschwächung tritt dadurch ein, daß wir durch die Bürstenverschiebung das Ankerfeld, welches ursprünglich senkrecht zum Hauptfeld stand, diesem etwas *entgegen* gerichtet haben. Auch diese von dem Verdrehungswinkel α abhängende Gegenwirkung ist durch die Belastung bestimmt. Die Feldschwächung durch Ankerrückwirkung hat also bei Belastung eine Verminderung der in der Maschine erzeugten Spannung zur Folge, die durch Vergrößerung des Erregerstromes ausgeglichen werden kann.

Die Ankerrückwirkung tritt auch bei Motoren auf. Da bei gleicher Dreh- und Feldrichtung (Bild 5.26 d) bei diesen die Stromrichtung umgekehrt ist, tritt die Feldverstärkung an der auflaufenden Polkante auf. Die Bürstenverschiebung ist daher entgegen dem Drehsinne vorzunehmen.

Die Stromwendung. Der Strom in einer Ankerspule wird beim Durchgang durch die neutrale Zone umgekehrt, wobei vorübergehend, wie Bild 5.26 u. 5.27 zeigt, die Spule durch die Bürste kurzgeschlossen wird. Der Übergang des Spulenstromes von dem Wert $+I$ auf den entgegengesetzten Wert $-I$ ist von großer Bedeutung. Der Kurzschluß der Spule A beginnt in Bild 5.28, wenn die Bürste B den Steg K_1 berührt. Da nun von den verschiedenen Widerständen des Kurzschlußkreises bei weitem der Bürstenübergangswiderstand überwiegt, wollen wir diesen hier nur betrachten. Dieser Widerstand zwischen K_1 und B ist zunächst sehr hoch, weil sich Steg K_1 und Bürste kaum berühren. Es geht dann fast noch der ganze Strom über den Steg K_2. Je weiter aber die Stege nach rechts vorrücken, um so kleiner wird der Übergangswiderstand bei K_1 und um so größer wird derjenige an K_2. Dieser gleichförmigen Widerstandsänderung würde eine ebensolche Stromänderung entsprechen, so daß sich eine Stromwendung entsprechend der Linie a in Bild 5.28 ergäbe. Die in das Eisen eingebetteten Spulen haben jedoch eine nicht unbeträchtliche Induktivität. Die Stromänderung hat daher eine Selbstinduktionsspannung u_q in der kurzgeschlossenen Spule A zur Folge, welche nach dem Lenzschen Gesetz so gerichtet ist, daß sie die Stromänderung verhindern will. Die Stromwendung erfährt hierdurch eine Verzögerung und zeigt den durch Linie b (Bild 5.28)

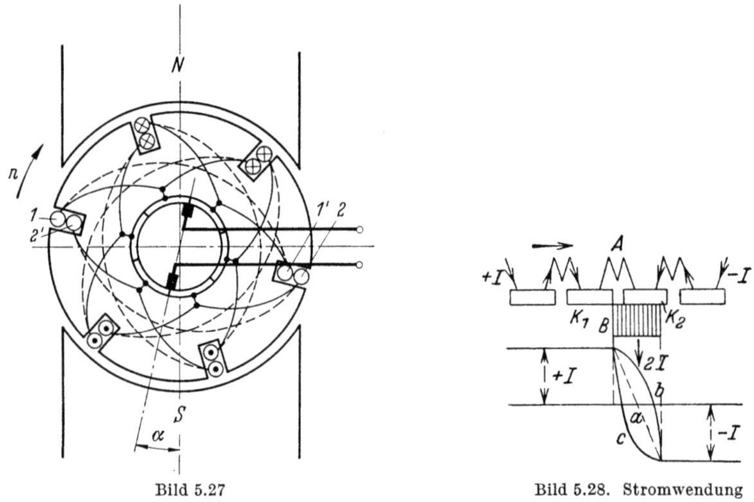

Bild 5.27
Bild 5.28. Stromwendung

dargestellten Verlauf. Man erkennt, daß sich die Stromwendung jetzt hauptsächlich im letzten Augenblick abspielt, wenn Steg K_2 im Begriff steht, die rechte Bürstenkante zu verlassen. Bei dieser großen Stromänderung je Zeitspanne muß nach Gl. (1.72) eine beträchtliche Selbstinduktionsspannung entstehen, die an der ablaufenden Bürstenkante einen Unterbrechungslichtbogen zur Folge hat. Derselbe wird natürlich um so stärker sein, je größer der Belastungsstrom I ist und kann wegen der ständigen Wiederholung zu einer raschen Zerstörung des Stromwenders führen. Die Betriebssicherheit verlangt daher eine Stromwendung, wie sie durch Linie c in Bild 5.28 dargestellt ist, bei welcher die Stromwendung derart beschleunigt wird, daß der Strom $-I$ in der kommutierenden Spule schon vor Ablauf der Bürste erreicht wird. Dies ist möglich durch Hinzufügung einer Wendespannung u_W, welche der Selbstinduktionsspannung u_q entgegengesetzt ist. Dies kann entweder durch eine *Bürstenverschiebung* oder durch *Wendepole* geschehen. Verdreht man die Bürsten außer dem Winkel α, der durch die Ankerrückwirkung bedingt ist, noch um einen weiteren Winkel β im gleichen Sinne, so spielt sich jetzt die Stromwendung nicht mehr in der neutralen Zone, sondern schon in einem schwachen Nordfeld ab. Es wird daher durch Flußänderung die Spannung u_W in der kurzgeschlossenen Spule A erzeugt, die der Selbstinduktionsspannung entgegengerichtet ist. Durch richtige Bemessung des Verschiebungswinkels β kann erreicht werden, daß die Stromwendelinie den gewünschten Verlauf nimmt. Er muß um so größer gewählt werden, je größer die Belastung ist und ist beim Generator im Drehsinn, beim Motor entgegengerichtet.

Die Wendepole. Die Beseitigung der Funkenbildung durch Bürstenverschiebung ist keine gute Lösung, weil der Verdrehungswinkel mit der Belastung und Drehrichtung geändert werden muß und weil sie bei der knappen Bemessung und hohen Beanspruchung der Baustoffe in modernen Maschinen den Anforderungen nicht gerecht wird. Eine gute Lösung ist in den *Wendepolen* gefunden worden. Es sind dies kleine Hilfpole, welche nach Bild 5.29 zwischen den Hauptpolen angeordnet werden. Die Bürsten bleiben jetzt in der Leerlaufstellung stehen.

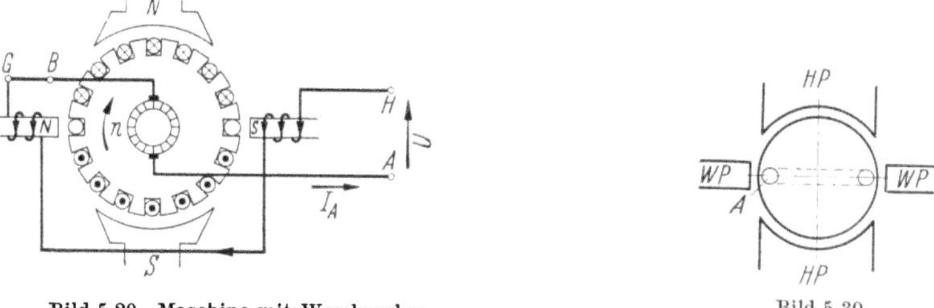

Bild 5.29. Maschine mit Wendepolen.
Spannungs-, Strom- und Drehrichtungspfeile für Generatorbetrieb

Bild 5.30

In der kurzgeschlossenen Ankerspule tritt jetzt außer der durch den abklingenden Strom hervorgerufenen, unerwünschte. Selbstinduktionsspannung noch eine zusätzliche Spannung u_W auf. Diese entsteht dadurch, daß die kurzgeschlossene Spule A (Bild 5.30) durch das zeitlich konstante Magnetfeld der Wendepole gedreht wird. Die Polarität der Wendepole muß so gewählt werden, daß die Wendespannung u_W in der kommutierenden Spule der Selbstinduktionsspannung des abklingenden Stromes entgegenwirkt.

Der Wendepol muß bei Generatorbetrieb die gleiche Polarität wie der folgende Hauptpol haben. Es gilt daher die Regel: Beim Generator folgt auf einen Hauptpol in der Drehrichtung ein entgegengesetzter Wendepol, beim Motor ein gleichnamiger Wendepol. Von besonderer Bedeutung ist, daß die Wendepole vom *Ankerstrom* erregt werden. Dadurch erreicht man, daß die Wendespannung bei allen Belastungen ohne jede Verstellung im gleichen Verhältnis zur Selbstinduktionsspannung bleibt. Nur bei sehr großen Überlastungen (Kurzschluß) kann man wegen der Sättigung der Wendepole nicht erwarten, daß die Stromwendung einwandfrei ist. In diesem Falle ist also ein Feuern unvermeidlich. Zu beachten ist, daß die Polarität der Wendepole durch die Selbstinduktionsspannung, also durch die Richtung des Ankerstromes, bestimmt ist. Ändert sich die Richtung des Ankerstromes, so muß sich auch die Polarität der Wendepole ändern. Es gilt also die Regel: Wendepole und Anker gehören elektrisch zusammen. Wenn der Anker umgepolt wird, müssen auch die Wendepolklemmen vertauscht werden. Die Klemmen der Wendepolwicklung haben die Bezeichnung $G-H$. Bei einem Doppelschlußmotor mit Wendepolen sind demnach folgende Möglichkeiten für die Änderung der Drehrichtung gegeben: Anker $A-B$ *und* Wendepole $G-H$ *oder* Hauptschlußwicklung $E-F$ *und* Nebenschlußwicklung $C-D$. Würde man die Wendepole nicht mit dem Anker umpolen, so würde eine die Selbstinduktion unterstützende Wendespannung und damit bei Belastung heftiges Feuern eintreten.

Die Forderung funkenfreier Stromwendung muß natürlich auch schon bei dem Bau der Maschinen beachtet werden. Da die Ursache aller Schwierigkeiten die Selbstinduktion der Ankerspulen ist, gilt es, diese klein zu halten. Es muß also die Windungszahl je Spule [Gl. (1.70)] klein gehalten werden, und man wählt, wenn irgend möglich, die Stabwicklung. Aus dem gleichen Grunde wird man auch die *offene* Ankernute bevorzugen. Da ferner nach Gl. (1.77) der Selbstinduktionsstrom um so schneller abfällt, die Wendung also auch um so schneller beendet ist, je größer der *Widerstand* des kurzgeschlossenen Kreises ist, werden Bürsten hohen Widerstandes günstig für die Stromwendung sein. Bei den Kohlebürsten kommutiert die hochohmige, harte Bürste besser als eine weiche Graphitkohle. Man kann also unter Umständen das Bürstenfeuer durch Austausch der Bürsten gegen härtere beseitigen, vorausgesetzt, daß die schlechter leitenden harten Bürsten nicht durch den Strom überlastet sind und zu heiß werden. Eine weitere Möglichkeit, die Selbstinduktionsspannung herabzusetzen, besteht darin, daß man die *Wendezeit* erhöht. Eine langsam laufende Maschine kommutiert also immer besser als eine schnell laufende. Die Wendezeit läßt sich auch durch eine größere *Bürstenbreite* erhöhen. Dadurch werden zwar mehrere Spulen gleichzeitig an der Stromwendung beteiligt sein und sich durch Gegeninduktion ungünstig beeinflussen, aber im ganzen genommen tritt doch eine Verbesserung ein.

Aus dem Vorstehenden geht hervor, daß *Wendepole* zur wirksamen Verbesserung der Stromwendung vor allem nötig sind: bei Maschinen für *hohe Drehzahlen*, für solche *hoher Spannungen*, weil dann eine hohe Windungszahl je Spule unvermeidlich ist, bei Maschinen mit stark wechselnder Belastung und bei Motoren mit wechselnder Drehrichtung, weil in solchen Fällen eine Bürstenverstellung unmöglich ist.

Die Kompensationswicklungen. Das Ankerfeld steht auch bei laufendem Anker im Raum still. In der Wendezone ist das Ankerfeld durch die Wendepole praktisch aufgehoben. Bei hoch beanspruchten und überlastbaren Maschinen großer Drehzahl und Leistung, wie z. B. Bahnmotoren, Walzmotoren, ist es erforderlich, durch eine *Kompensationswicklung* das Ankerfeld am ganzen Ankerumfang zu kompensieren. Die Kompen-

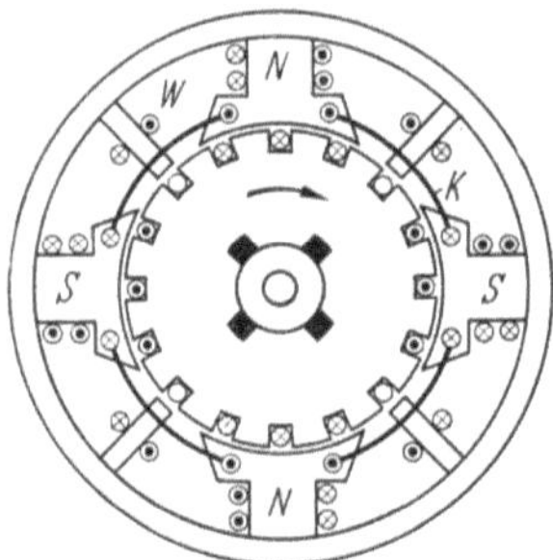

Bild 5.31. Maschine mit Kompensationswicklung (Durchflutung für Generatorbetrieb gezeichnet)

sationswicklung erzeugt ein Spiegelbild der Ankerdurchflutung. Sie liegt in Nuten in den Polschuhen der Hauptpole (Bild 5.31) und wird in *Reihe* mit dem Anker geschaltet. Durch die Kompensationswicklung wird der Feldverzerrung unter den Hauptpolen entgegengewirkt und dadurch hohe Segmentspannungen und Bürstenfeuer vermieden.

5.6 Verhalten der Gleichstromgeneratoren

5.6.1 Fremderregter Generator

a) Im Leerlauf. Der Anker der leerlaufenden Maschine ist stromlos, und daher ist die Klemmenspannung gleich der inneren Spannung U_q.

Wie ändert sich die Spannung mit zunehmendem Erregerstrom I_E, wenn die Drehzahl konstant gehalten wird?

Bild 5.32 zeigt das Schaltbild des fremderregten Generators. In Gl. (5.5) können wir die hier konstante Drehzahl n mit der Konstanten c_u zu einer neuen Konstanten C zusammenfassen. Es ist dann $U_q = C \cdot \Phi$, die Spannung ist also dem Magnetfluß proportional. Da nun der Magnetfluß seinerseits sich nach der bekannten Magnetisierungslinie ändert, wenn man den Erregerstrom

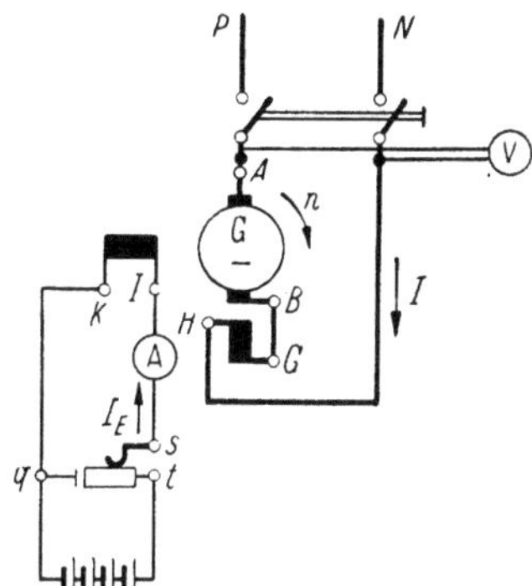

Bild 5.32. Schaltung des fremderregten Gleichstromgenerators

verändert, muß dies in gleicher Weise auch die Spannung tun. Bild 5.33 zeigt die Abhängigkeit. Die Linie, die wegen des remanenten Magnetismus um etwa 2···4% oberhalb des Nullpunktes beginnt, wird die *Leerlauf*kennlinie genannt.

Wie ändert sich die innere Spannung, wenn bei konstantem Erregerstrom die Drehzahl geändert wird?

In diesem Falle ist der Magnetfluß Φ konstant, so daß Gl. (5.5) in die Form $U_q = C_1 \cdot n$ gebracht werden kann. Diese Proportionalität zwischen Spannung und Drehzahl wird durch gerade Linien dargestellt, wie Bild 5.34

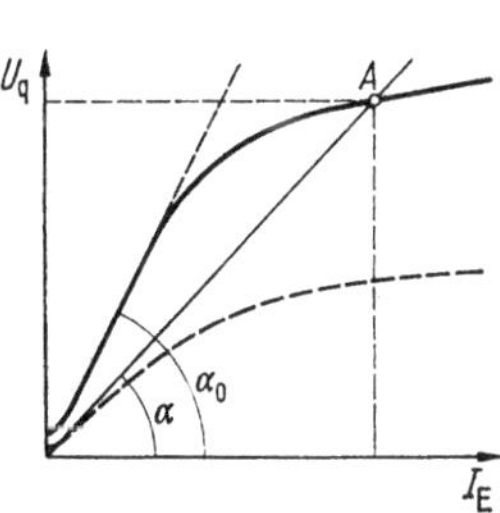

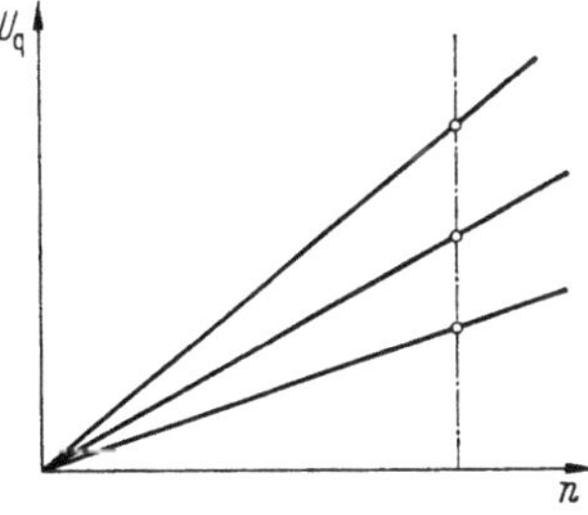

Bild 5.33. Leerlaufkennlinie; $U_q = U$, da $I_A = 0$ Bild 5.34

zeigt, wobei die oberen Linien dem größeren Erregerstrom entsprechen. Legt man für eine bestimmte Drehzahl einen Vertikalschnitt durch die Linienschar, so ergeben die den Schnittpunkten zugeordneten Spannungen mit den zugehörigen Erregerströmen die Leerlaufkennlinie.

b) Bei Belastung. Wie ändert sich die Klemmenspannung mit zunehmender Belastung, wenn Drehzahl und Erregerstrom konstant bleiben?

Im Leerlauf erzeugt die Maschine die Spannung $U_q = U_0$. Dieselbe sinkt jedoch mit zunehmender Belastungsstärke I etwas ab (Bild 5.35), weil durch die Ankerrückwirkung eine Schwächung des Magnetflusses eintritt. Es ist die Klemmenspannung $U = U_q - R_A \cdot I_A$, wir haben also von der U_q-Linie jeweils den Ohmschen Spannungsverlust $R_A \cdot I_A$ zu subtrahieren. Bei einem Mehrfachen des Nennstroms sinkt die Klemmenspannung auf den Wert Null

(Kurzschluß). Bei Nennlast beträgt der Klemmenspannungsfall je nach der Maschinengröße 5···10%. Da man im Kraftwerk eine konstante Spannung halten muß, ist durch Verstärkung des Erregerstromes die Spannung wieder auf den früheren Wert hinaufzustellen bzw. zu regeln. Hierzu, sowie zum Ausgleich der Spannungsänderungen, welche infolge der durch die Erwärmung bedingten Widerstandsänderungen der Erregerwicklung entstehen, braucht man den in den Erregerkreis eingeschalteten *Feldsteller* (Bild 5.32).

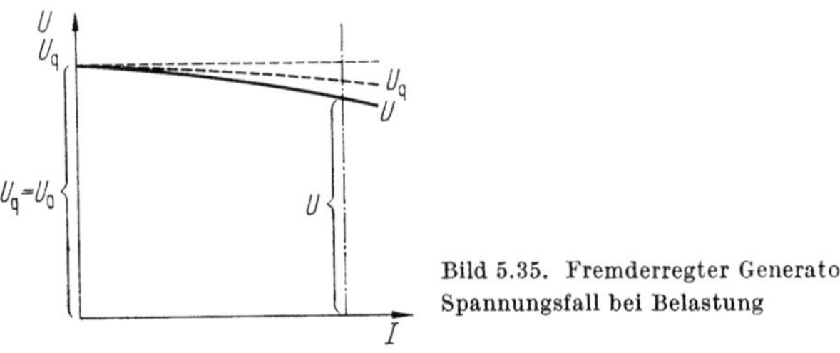

Bild 5.35. Fremderregter Generator, Spannungsfall bei Belastung

5.6.2 Selbsterregter Generator (Nebenschlußgenerator)

a) Im Leerlauf. Wie ändert sich die Spannung bei zunehmendem Erregerstrom, wenn die Drehzahl konstant gehalten wird?

Der Nebenschlußgenerator (Bild 5.36) liefert seinen Erregerstrom selbst. Da dieser aber nur 1···5% des Maschinen-Nennstromes ist, kann man die Maschine im Leerlauf praktisch als stromlos ansehen. Für den Nebenschlußgenerator gilt dann auch die in Bild 5.33 dargestellte Leerlaufkennlinie.

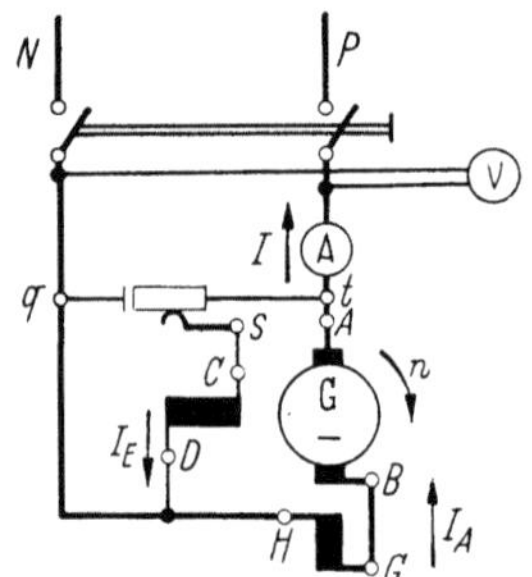

Bild 5.36. Schaltung des Nebenschlußgenerators

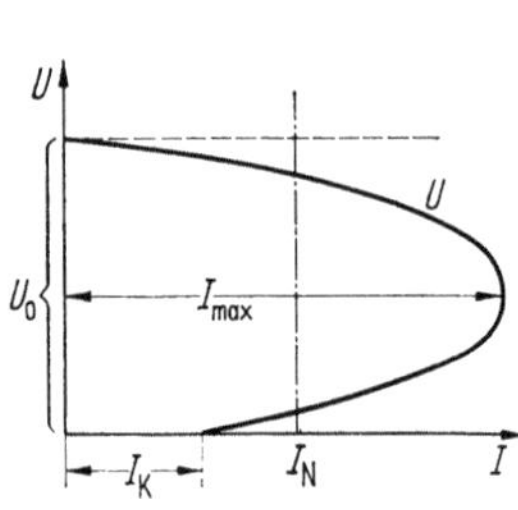

Bild 5.37. Spannungsfall des Nebenschlußgenerators bei Belastung

Zwischen Spannung und Erregerstrom bestehen *zwei* Abhängigkeiten: 1. die durch die Maschineneigenschaften bedingte Leerlaufkennlinie (Bild 5.33) und 2. die durch das Ohmsche Gesetz gegebene Abhängigkeit $U = R_E \cdot I_E$, wenn R_E der Gesamtwiderstand des Erregerstromkreises ist. Die letztere Abhängigkeit wird durch eine Gerade dargestellt. Wenn nun die Spannung U beiden Abhängigkeiten zugleich folgen soll, so muß sie sich notwendigerweise auf den Schnittpunkt A beider Linien einstellen. Die Neigung der Geraden ist ·durch den Winkel α bestimmt, und es ist $\tan\alpha = (m_u \cdot U)/(m_i \cdot I_E)$ (vgl. hierzu Bild 1.9). Es ist $U/I_E = R_E$. Verkleinern wir daher den Erregerwiderstand R_E, so wird α kleiner und der Punkt A rückt auf höhere Spannungswerte hinauf. Umgekehrt wird bei einer Vergrößerung des Erregerwiderstandes die Gerade steiler werden und bei einem Grenzwinkel α_0 die Kennlinie tangieren. Dies entspricht dem größten Widerstand, bei welchem noch Selbsterregung möglich ist. Die gestrichelt gezeichnete Leerlaufkennlinie (Bild 5.33) entspricht einer verminderten Drehzahl. Bei dieser hört schon die Selbsterregung bei einem dem Winkel α entsprechenden Erregerwiderstand auf. Die Betrachtung lehrt weiter, daß eine Maschine ohne magn. Sättigung keinen stabilen Arbeitspunkt besitzt und die Spannung bei Selbsterregungsschaltung in diesem Fall nicht einstellbar ist.

b) Bei Belastung. Wie ändert sich die Klemmenspannung U mit wachsender Belastung, wenn die Drehzahl konstant gehalten wird und der Feldsteller unverändert auf seiner anfänglichen Stellung bleibt?

Genau wie bei dem fremderregten Generator tritt auch hier bei wachsender Belastung durch Ankerrückwirkung eine Verminderung der inneren Spannung und ein Ohmscher Spannungsverlust $R_A \cdot I_A$ auf. Die Erregerwicklung liegt hier aber an der infolge der Belastung gesunkenen Klemmenspannung, so daß nun der Magnetfluß eine weitere Verkleinerung erleidet (Bild 5.37). Bei einem bestimmten Wert I_{max} des Belastungsstromes ist die Klemmenspannung so stark gesunken, daß bei weiterer Verkleinerung des Belastungswiderstandes der Strom nicht mehr ansteigt, sondern wieder kleiner wird und die Spannung ganz auf Null fällt. Bei völligem Kurzschluß der Maschine ($U = 0$) tritt ein verhältnismäßig kleiner Kurzschlußstrom I_k auf, da die Erregerspannung zu null geworden ist, und nur die kleine Remanenzspannung den Kurzschlußstrom verursacht. Der Spannungsfall bei Nennlast beträgt etwa $10\cdots25\%$ je nach der Maschinengröße.

5.6.3 Reihenschlußgenerator

Bild 5.38 zeigt die Schaltung des Reihenschlußgenerators. Der Reihenschlußgenerator erzeugt im unbelasteten Zustand als Leerlaufspannung nur die Remanenzspannung.

Bei Belastung ist der Laststrom gleichzeitig auch der Erregerstrom. Es wird eine Spannung U_q erzeugt, die der Leerlaufkennlinie Bild 5.39 entspricht. Die Klemmenspannung U ist um den Spannungsfall durch Ankerrückwirkung

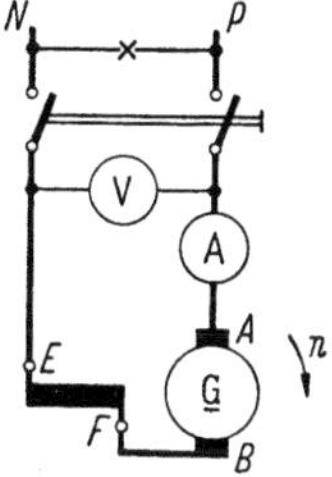

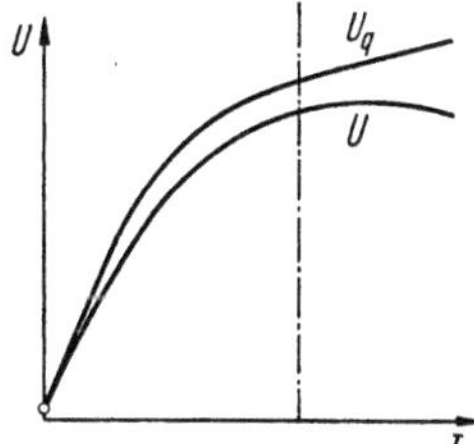

Bild 5.38. Schaltung des Reihenschlußgenerators

Bild 5.39. Innere Spannung (Quellenspannung) und Klemmenspannung eines Reihenschlußgenerators

und um den ohmschen Spannungsfall geringer. Da die innere Spannung bei großen Strömen wegen der Sättigung nur noch wenig wächst, während die Spannungsfälle mit dem Strom proportional weiterwachsen, sinkt die Linie der Klemmenspannung bei Überschreitung einer bestimmten Belastung wieder. Der Kurzschlußstrom ist sehr groß, weil im Kurzschluß die Erregung am stärksten ist.

Reihenschlußgeneratoren können auf Netze mit konstanter Spannung nicht einspeisen, weil sich kein stabiler Arbeitspunkt ergibt. Gleichstrom-Fahrzeugantriebe besitzen in der Regel Reihenschlußmotoren, die bei Bremsbetrieb (Nachlauf und Gefällebremsung) als Reihenschlußgeneratoren auf Widerstände arbeiten.

5.6.4 Doppelschlußgenerator

a) Im Leerlauf. Da die Reihenschlußwicklung im Leerlauf stromlos ist, verhält sich die Maschine dann genau wie eine Nebenschlußmaschine und zeigt auch deren Kennlinie.

b) Bei Belastung (Bild 5.40). Denken wir uns einmal die Klemmen E und F mit einem Draht verbunden, so daß die Reihenschlußerregerwicklung überbrückt sei. Wir haben es dann mit einem reinen Nebenschlußgenerator zu tun, der bei Nennlast, den in Bild 5.37 dargestellten Spannungsfall zeigt. Nehmen

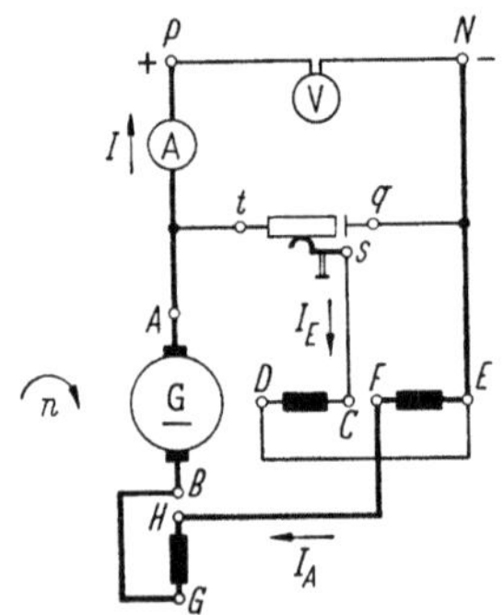

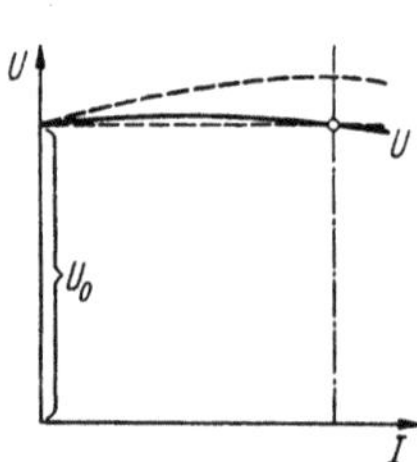

Bild 5.40. Schaltung des Doppelschlußgenerators   Bild 5.41. Spannungslinie des Doppelschlußgenerators
(Rechtslauf; mit Wendepolen)

wir nun den Draht fort, so muß der Ankerstrom die Reihenschlußwicklung durchfließen, wodurch er bei richtiger Schaltung die Nebenschlußwicklung unterstützt und eine Spannungssteigerung zur Folge hat.

Durch entsprechende Bemessung der Hauptstromwicklung kann man erreichen, daß die Spannungslinie den in Bild 5.41 gezeichneten Verlauf nimmt, also bei allen Belastungen nahezu konstant ist. Die Doppelschlußmaschine ist daher als Maschine zur Gleichstromerzeugung besonders geeignet. Wegen der Widerstandsänderung der Erregerwicklung durch Erwärmung ist trotzdem ein Spannungssteller bzw. Spannungsregler erforderlich. Zuweilen wird die Reihenschlußwicklung so stark ausgeführt, daß die Spannungslinie mit der Belastung anwächst (gestrichelt in Bild 5.41). Man erreicht damit, daß die Spannung am Verbraucher selbst konstant bleibt. Die Spannungserhöhung muß also gleich dem Spannungsfall zwischen Maschine und Verbraucher sein.

5.7 Verhalten der Gleichstrommotoren

a) Der Nebenschlußmotor (Bild 5.42). Wie ändert sich die Drehzahl des leerlaufenden Motors, wenn die zugeführte Ankerspannung geändert wird, der Erregerstrom aber konstant bleibt?

Für die innere Spannung eines Motors gilt Gl. (5.5), woraus folgt $n = U_q/(c_u \cdot \Phi)$. Da nun der Spannungsverlust $R_A \cdot I_A$ im Anker gering und im Leerlauf ganz vernachlässigbar ist, können wir innere Spannung und Klemmenspannung als gleich annehmen. Die Beziehung lautet dann

$$n \approx \frac{U}{c_u \cdot \Phi}. \tag{5.19}$$

Da hier der Erregerstrom und damit der Magnetfluß konstant gehalten wird, können wir Φ mit den übrigen unveränderlichen Größen zu einer neuen Konstanten C_1 zusammenfassen und schreiben $n = C_1 \cdot U$. Die Drehzahl wird also

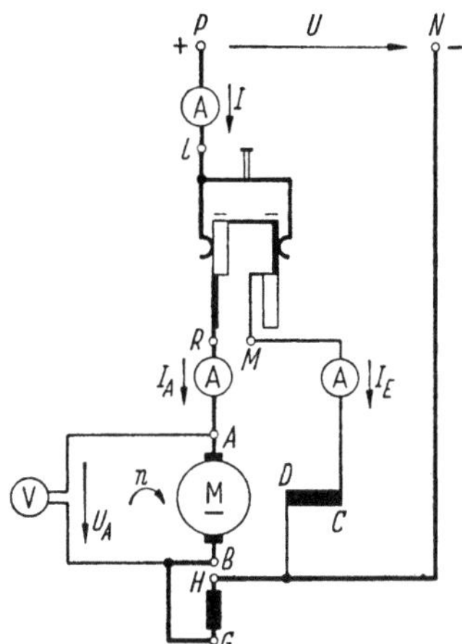

Bild 5.42. Nebenschlußmotor

in Abhängigkeit von der Ankerspannung durch eine gerade Linie dargestellt, wie Bild 5.43 zeigt. In dieser Darstellung sind mehrere solcher Geraden für verschiedene Erregerströme gezeichnet, wobei die oberste Linie dem kleinsten Erregerstrom entspricht. Die Änderung der Ankerspannung läßt sich bei konstanter Netzspannung am einfachsten dadurch vornehmen, daß man mit einem Steueranlasser dem Anker einen Widerstand R_{AV} vorschaltet. An diesem tritt die Spannung $R_{AV} \cdot I_A$ auf, und um diesen Betrag ist die Ankerspannung kleiner als die Netzspannung.

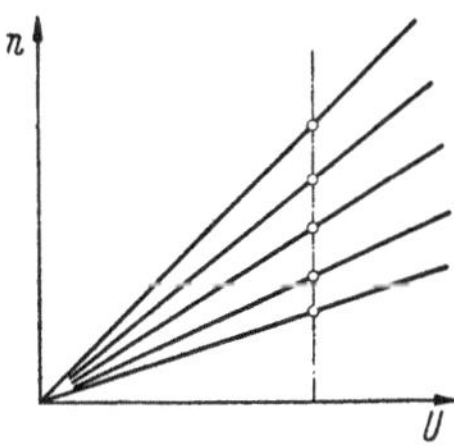

Bild 5.43. Die Drehzahl
steigt proportional mit der Spannung

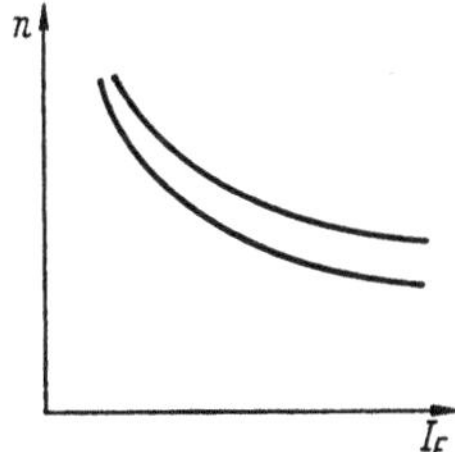

Bild 5.44. Die Drehzahl ist bei schwacher Erregung
groß und bei starker Erregung klein

Wie ändert sich die Drehzahl, wenn bei konstanter Ankerspannung der Erregerstrom des leerlaufenden Motors verändert wird?

In diesem Falle können wir in Gl. (5.19) die Spannung U mit der anderen unveränderlichen Größe zu einer Konstante C_2 zusammenfassen. Es ist dann $n = C_2/\Phi$. (Gleichung einer Hyperbel.) Hieraus geht hervor, daß bei großem Erregerstrom, also großem Magnetfluß Φ eine kleine Drehzahl vorhanden ist, weil Φ im Nenner steht, während einem kleinen Erregerstrom eine große Drehzahl entspricht. Bild 5.44 zeigt dieses Verhalten, und zwar entspricht die obere Linie einer höheren Betriebsspannung. Eine anschauliche Erklärung ergibt sich einfach daraus, daß die innere Spannung im stationären Zustand immer ungefähr gleich der Betriebsspannung ist. Schwächen wir das Feld, so erzeugt der Motor zunächst eine kleinere innere Spannung, dadurch fließt ein stärkerer Strom durch den Anker, der ihn solange beschleunigt bis innere Spannung und Netzspannung wieder ungefähr übereinstimmen. Bei einer Unterbrechung des Erregerstromkreises ($\Phi = 0$) müßte nach Gl. (5.19) die Drehzahl unendlich groß werden (Durchgehen), weil dann das Feld fehlt. In Wirklichkeit tritt nur eine starke, meist gefährliche Drehzahlsteigerung ein, weil mit dem Felde auch das Drehmoment abnimmt. Das Fehlen der inneren Spannung hat dann einen so großen Strom zur Folge, daß meist der Überstromschutz anspricht.

Ein vertikaler Schnitt durch die Linienschar (Bild 5.43) ($U = $ const) ergibt eine Anzahl Betriebspunkte verschiedener Drehzahl bei verschiedenen Erregerströmen, die aufgetragen ebenfalls Geraden durch den Ursprung ergeben. Entsprechend läßt sich durch einen Horizontalschnitt ($n = $ const) auch die Leerlaufkennlinie ermitteln.

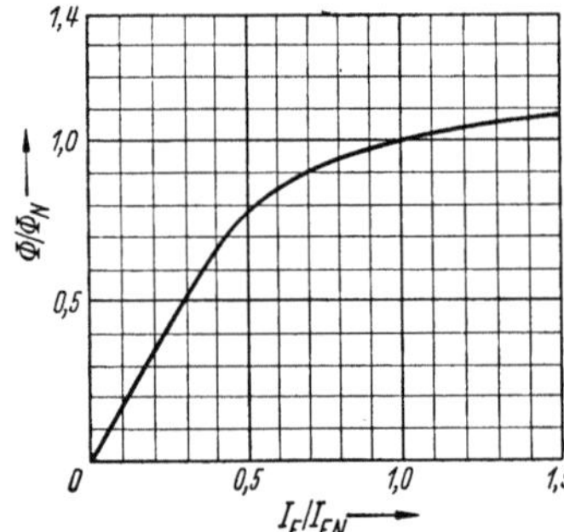

Bild 5.45. Magnetisierungskennlinie einer Gleichstrommaschine. Bezogene Darstellung

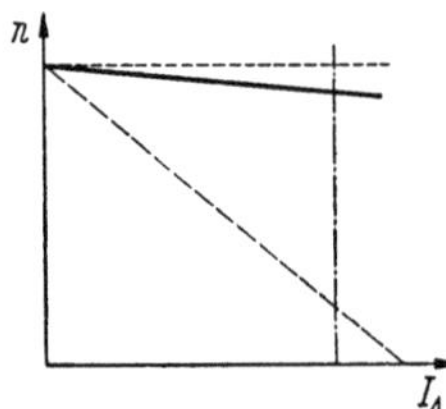

Bild 5.46. Die Drehzahl des Nebenschlußmotors bleibt nahezu konstant

74. Beispiel. Gegeben ist ein vierpoliger Gleichstromnebenschlußmotor 0,75 kW Nennleistung, 220 V, $I = 4{,}65$ A bei Nennlast und einer Drehzahl $n = 1000$ je Minute im Leerlauf. Die Erregerwicklung hat einen Widerstand von 465 Ω (warm). Welche Drehzahl wird der Motor annehmen, wenn man der Erregerwicklung einen Widerstand von 500 Ω vorschaltet?

Der Erregernennstrom ist $I_{\mathrm{EN}} = 220$ V$/465$ $\Omega = 0{,}474$ A, bei Vorschaltung des Widerstandes wird $I_{\mathrm{E}} = 220$ V$/965$ $\Omega = 0{,}226$ A, d. i. das $I_{\mathrm{E}}/I_{\mathrm{EN}} = 0{,}48$fache des Erregernennstromes. Aus der Magnetisierungslinie (Bild 5.45) ergibt sich, daß bei $I_{\mathrm{E}}/I_{\mathrm{EN}} = 0{,}48$ der bezogene Fluß $\Phi/\Phi_{\mathrm{N}} = 0{,}75$ auftritt. Bezeichnet man die bei Nennspannung und Nennerregung auftretende (gegebene) Leerlaufdrehzahl mit n_0 und die bei Nennspannung und geschwächter Erregung auftretende Leerlaufdrehzahl mit $n_{0\mathrm{X}}$, so ergibt sich mit Gl. (5.19)

$$n_0 = U_{\mathrm{N}}/(c_{\mathrm{u}} \cdot \Phi_{\mathrm{N}}) \qquad \text{und} \qquad n_{0\,\mathrm{X}} = U_{\mathrm{N}}/(c_{\mathrm{u}} \cdot \Phi)$$

durch Division erhält man

$$n_{0\,\mathrm{X}} = n_0 \cdot \Phi_{\mathrm{N}}/\Phi = 1000 \ \mathrm{min}^{-1}{:}0{,}75 = 1330 \ \mathrm{min}^{-1} \, .$$

75. Beispiel. Welche Drehzahl würde der vorstehende Motor annehmen, wenn man ihn in normaler Schaltung an 110 V legen würde?

Bei halber Spannung wird der bezogene Erregerstrom $I_{\mathrm{E}}/I_{\mathrm{EN}} = 0{,}5$. Aus Bild 5.45 folgt $\Phi/\Phi_{\mathrm{N}} = 0{,}78$. Mit Gl. (5.19) ergibt sich $n_0 = U_{\mathrm{N}}/(c_{\mathrm{u}} \cdot \Phi_{\mathrm{N}})$ und $n_{0\,\mathrm{X}} = 0{,}5 \, U_{\mathrm{N}}/ (c_{\mathrm{u}} \cdot \Phi)$ und damit

$$n_{0\,\mathrm{X}} = 0{,}5 \cdot n_0/(\Phi/\Phi_{\mathrm{N}}) = 0{,}5 \cdot 1000 \ \mathrm{min}^{-1}/0{,}78 = 643 \ \mathrm{min}^{-1} \, .$$

Wie ändert sich die Drehzahl bei konstanter Klemmenspannung und bei zunehmender Belastung des Motors?

Da wir jetzt weder die Spannung noch den Erregerstrom verändern, müßte nach Gl. (5.19) die Drehzahl bei allen Belastungen konstant sein, wie dies

Bild 5.46 oben gestrichelt andeutet. Es wurde aber betont, daß in dieser Gleichung im Zähler genau genommen die innere Spannung des Motors stehen muß. Sie lautet dann $n = U_q/(c_u \cdot \Phi) = (U - R_A \cdot I_A)/(c_u \cdot \Phi)$. Hieraus geht hervor, daß die Drehzahl proportional mit dem Ankerspannungsfall $(R_A \cdot I_A)$ fallen muß. Die Ankerrückwirkung hat eine Schwächung des Feldes zur Folge, die sich in einer *Steigerung* der Drehzahl äußert. Im ganzen genommen sinkt die Drehzahl des Nebenschlußmotors daher nur sehr wenig, wie Bild 5.46 zeigt. Praktisch kann man den Nebenschlußmotor als einen Motor mit etwa konstanter Drehzahl ansehen. Er wird deshalb bei Werkzeugmaschinen, Aufzügen u. dgl. ausschließlich angewandt, wenn Gleichstrom zur Verfügung steht.

76. Beispiel. Der Nebenschlußmotor des 74. Beispiels habe einen Ankerwiderstand von 4,5 Ω (dies ist verhältnismäßig viel, weil es sich um einen kleinen Motor handelt). Wie wird sich die Drehzahl in Abhängigkeit vom Belastungsstrom verhalten, wenn dem Anker ein unveränderlicher Widerstand von 30 Ω vorgeschaltet ist?

Der Ankernennstrom ergibt sich zu $I_{AN} = I_N - I_{EN} = 4,65$ A $- 0,474$ A $= 4,18$ A. Es tritt im Anker ein Spannungsfall von $R_A \cdot I_{AN} = 4,5\ \Omega \cdot 4,18$ A $= 18,8$ V auf. Berücksichtigt man den Spannungsfall an den Bürsten mit 2 V, so wird die innere Spannung des Motors 220 V $-$ 19 V $-$ 2 V $=$ 199 V, und die Nenndrehzahl, welche der inneren Spannung proportional ist, beträgt 1000 min$^{-1} \cdot$ 199 V/220 V $=$ 905 min^{-1}. Ein Widerstand von 30 Ω würde bei gleichem Ankerstrom einen weiteren Spannungsabfall von 30 $\Omega \cdot$ 4,18 A $=$ 126 V zu Folge haben. Die innere Spannung beträgt dann bei Nennstrom nur noch 73 V, was einer Drehzahl von 1000 min$^{-1} \cdot$ 73 V/220 V $=$ 332 min^{-1} entspricht. Da der Spannungsverlust dem Ankerstrom proportional ist, muß die Drehzahl dem Ankerstrom proportional abnehmen. Man erhält also in Bild 5.46 eine Gerade, die durch die Punkte 1000 min^{-1}/0 A und 332 min^{-1}/4,18 A hindurchgeht. Die Geradengleichung lautet $n = 1000$ min^{-1} $(1 - 0,159$ A$^{-1} \cdot I_A)$.

Wie ändert sich das Drehmoment (Zugkraft) eines Nebenschlußmotors mit dem Ankerstrom, wenn die Spannung konstant gehalten wird?

Aus Gl. (5.18) geht hervor, daß bei konstantem Feld das Drehmoment (inneres Moment) dem Ankerstrom proportional ist. Es müßte sich also die Abhängigkeit durch eine Ursprungsgerade (Bild 5.47 gestrichelt) darstellen lassen. Die Ankerrückwirkung hat aber mit zunehmendem Strom eine Feldschwächung zur Folge, wodurch das Drehmoment etwas vermindert wird, wie angedeutet ist.

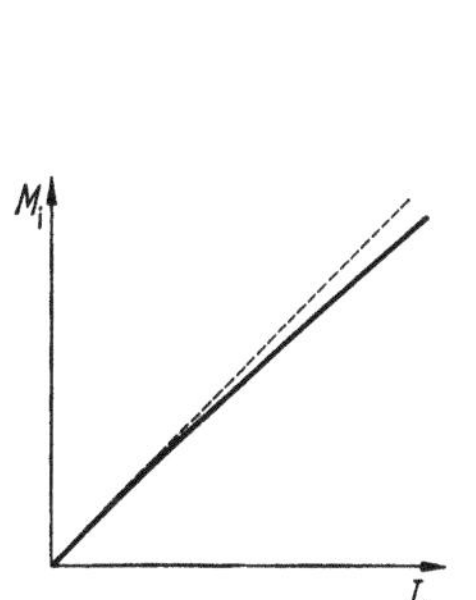

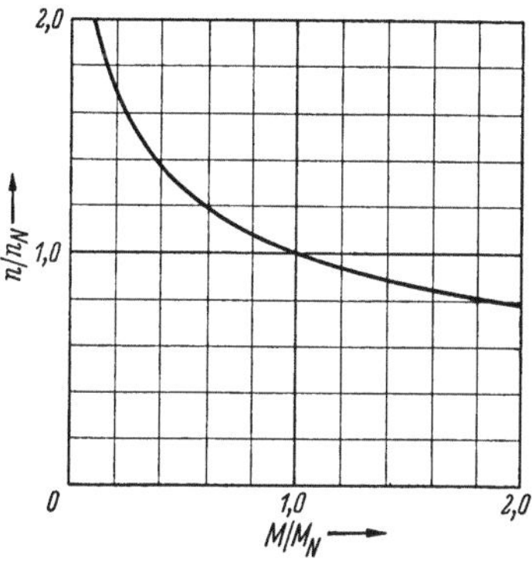

Bild 5.47. Inneres Drehmoment des Nebenschlußmotors   Bild 5.48. Drehzahlverhalten des Reihenschlußmotors

Eine weitere Verminderung kann das Drehmoment dadurch erfahren, daß in *langen Zuleitungen* zum Motor ein großer Spannungsverlust und damit eine Feldschwächung auftritt. Besonders im Anlauf kann infolge des hohen Anlaufstromes ein großer Spannungsfall verursacht und damit das Feld beträchtlich geschwächt werden.

b) Der Reihenschlußmotor. Bild 5.24 zeigt das Schaltbild dieses Motors.

Wie ändert sich die Drehzahl des Reihenschlußmotors bei konstanter Klemmenspannung, wenn derselbe mehr und mehr belastet wird?

Bei dem Reihenschlußmotor ist der Ankerstrom zugleich Erregerstrom. Bei starker Belastung ist daher der Motor stark erregt, während bei geringer Belastung nur ein schwaches Feld vorhanden sein wird. Gl. (5.19) lehrt, daß die Abhängigkeit der Drehzahl dann durch eine hyperbelähnliche Linie dargestellt wird, wie es Bild 5.44 für den Nebenschlußmotor angibt. Bild 5.48 zeigt die Abhängigkeit der Drehzahl vom Drehmoment des Motors. Der stark belastete Reihenschlußmotor läuft also langsam, während der entlastete Motor sehr schnell läuft. Im Leerlauf kann er sogar eine Drehzahl erreichen, die gefährlich

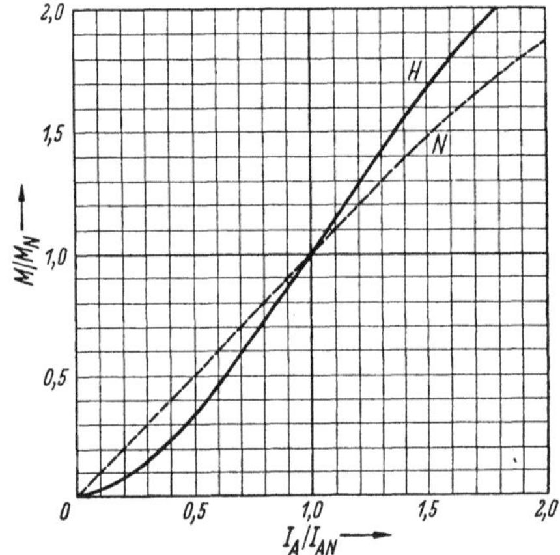

Bild 5.49. *H* Drehmoment des Reihenschlußmotors; *N* Drehmoment des Nebenschlußmotors

hohe Fliehkräfte erzeugt. Die Netzsicherungen schützen bei der Drehzahlsteigerung den Motor nicht, weil die Drehzahlerhöhung ja gerade durch eine *Verminderung* des Stromes verursacht ist. Man merke also: *Der Reihenschlußmotor geht im Leerlauf durch.* Er kann daher nicht ohne besondere Vorkehrungen bei Antrieben Verwendung finden, bei denen ein Leerlauf möglich ist.

Wie ändert sich das Drehmoment eines Reihenschlußmotors in Abhängigkeit vom Ankerstrom?

Bei dem Nebenschlußmotor ist das Drehmoment ungefähr dem Strom proportional, weil der Magnetfluß bei ihm konstant bleibt ($M = c_\mathrm{M} \cdot \Phi \cdot I_\mathrm{A}$). Bei dem Reihenschlußmotor ändert sich auch der Fluß mit der Belastung. Vergleichen wir einen Reihenschlußmotor mit einem Nebenschlußmotor gleicher Leistung und Drehzahl: Bei Nennlast stimmen die Momente beider Motoren überein. Bei halbem Nennstrom ist das Moment des Nebenschlußmotors etwa halb so groß, weil es nur vom Strom abhängt. Beim Reihenschlußmotor ist infolge der Stromverkleinerung aber auch das Feld kleiner geworden, wodurch ein vermindertes Drehmoment gegenüber dem Nebenschlußmotor vorhanden ist (Bild 5.49).

Der Fluß Φ ist eine Funktion des Stromes I, wie dies in Bild 5.45 dargestellt ist. Man setzt $\Phi = c_\Phi \cdot I$, wobei c_Φ eine Funktion der Sättigung ist. Bei grober Näherung kann c_Φ als konstant angesehen werden. Mit Gl. (5.18) erhält man für den Reihenschlußmotor $M = c_M \cdot c_\Phi \cdot I^2 \approx c \cdot I^2$, d. h. das Drehmoment ist näherungsweise quadratisch vom Strom I abhängig.

Reihenschlußmotoren finden bei Kranen und Bahnen Anwendung, weil

1. bei Kranen und Bahnen bei großem Moment eine geringe Geschwindigkeit erwünscht ist, während bei kleinem Moment schnell gefahren werden soll;

2. bei diesen Betrieben mit großen Anfahrmomenten gerechnet werden muß, die der Reihenschlußmotor gut bewältigen kann;

3. der Hauptschlußmotor bei gleicher Arbeitsleistung kleiner ausfällt. Der Nebenschlußmotor würde zum Senken und Heben einer Last ja gleichviel Zeit beanspruchen, der Reihenschlußmotor würde hingegen das Senken schnell erledigen und hätte dann zum Heben eine *größere* Zeit zur Verfügung. Das heißt aber nichts anderes, als daß seine Leistung geringer sein kann;

4. der Spannungsfall in den Zuleitungen von Kranen und Bahnen das Drehmoment des Reihenschlußmotor beim Anfahren kaum beeinflußt.

77. Beispiel. Ein Kranmotor leistet bei $n_N = 860$ min^{-1} und $U_N = 440$ V $P_N = 37$ kW und nimmt dabei $I_N = 96$ A auf. Der Ankerwiderstand beträgt 0,067 Ω, der Widerstand der Erregerwicklung 0,0125 Ω und der der Wendepolwicklung 0,0068 Ω. Welche Drehzahl macht der Motor bei 25 A ?

Bei Nennlast ist der Spannungsfall im Motor 96 A $(0,067 + 0,0125 + 0,0068)$ $\Omega =$ $= 96$ A $\cdot$ 0,0863 $\Omega = 8,3$ V. Die innere Spannung beträgt dann also $U_{qN} = 440$ V $-$ $- 8,3$ V $= 431,7$ V. Bei 25 A würde sie $U_q = 440$ V $- 25$ A $\cdot$ 0,0863 $\Omega = 437,8$ V betragen. Der Fluß ist nach Bild 5.45 bei 25 A (d. i. $I_E/I_{EN} = 0,26$) auf $\Phi/\Phi_N = 0,45$ gesunken. Aus Gl. (5.19) ergibt sich für Nennlast $n_N = \dfrac{U_{qN}}{c_u \cdot \Phi_N}$ und für beliebige Last $n_X = \dfrac{U_q}{c_u \cdot \Phi}$. Daraus erhält man $n_X = n_N \cdot U_q \cdot \Phi_N / (U_{qN} \cdot \Phi) = 860$ min$^{-1} \cdot$ 437,8 V/ /(431,7 V $\cdot$ 0,45) = 1940 min^{-1}.

78. Beispiel. Wie groß ist bei dem vorstehenden Motor das Drehmoment bei 25 A Strom ?

Das Nennmoment ergibt sich nach Gl. (5.16) zu $M_N = 410$ Nm $= 41,8$ kpm. Aus Gl. (5.18) erhält man bei Nennmoment $M_N = c_M \cdot \Phi_N \cdot I_{AN} = c_M \cdot \Phi_N \cdot I_N$ und bei beliebigem Moment $M_X = c_M \cdot \Phi \cdot I$. Damit wird $M_X = M_N \cdot \Phi \cdot I/(\Phi_N \cdot I_N) = 410$ Nm $\times$ $\times 0,45 \cdot 0,26 = 48$ Nm $= 4,9$ kpm.

c) Der Doppelschlußmotor. Bild 5.50 zeigt das Schaltbild eines solchen Motors mit Wendepolen.

Wie verhält sich die Drehzahl des Doppelschlußmotors bei veränderlicher Belastung, wenn die Klemmenspannung konstant bleibt ?

Wir wollen zunächst voraussetzen, daß die beiden Wicklungen so geschaltet sind, daß sie sich gegenseitig unterstützen. Die gewöhnlich vorkommenden Doppelschlußmotoren haben entweder eine große Nebenschlußwicklung mit kleiner zusätzlicher Reihenschlußwicklung oder umgekehrt eine große Reihenschlußwicklung mit kleiner zusätzlicher Nebenschlußwicklung. Es leuchtet ein, daß der erstere Motor in seinem Verhalten dem Nebenschlußmotor, der letztere dem Reihenschlußmotor ähneln muß. Bild 5.51 zeigt ihre Drehzahlabhängigkeit von dem Drehmoment. Der Nebenschlußmotor, dem man eine zusätzliche

Reihenschlußwicklung gibt, erfährt mit zunehmendem Belastungsstrom eine Verstärkung der Erregung und damit eine Verminderung der Drehzahl (Linie N_h), deren Steilheit um so stärker ist, je größer die Reihenschlußwicklung im Verhältnis zur Nebenschlußwicklung ist. Solche Doppelschlußmotoren kommen zum Antrieb von Arbeitsmaschinen mit Schwungrädern zur Verwendung

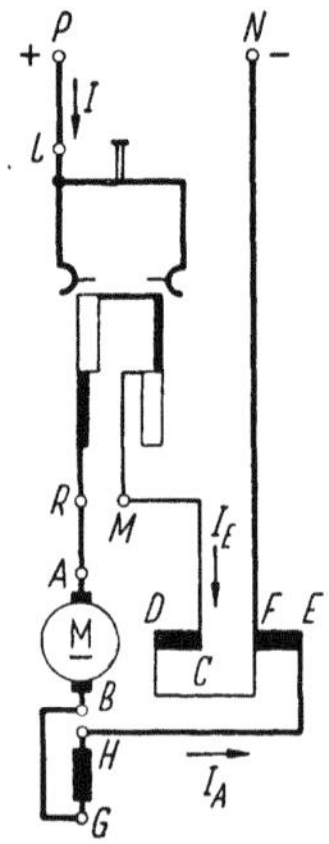

Bild 5.50. Schaltbild
des Doppelschlußmotors

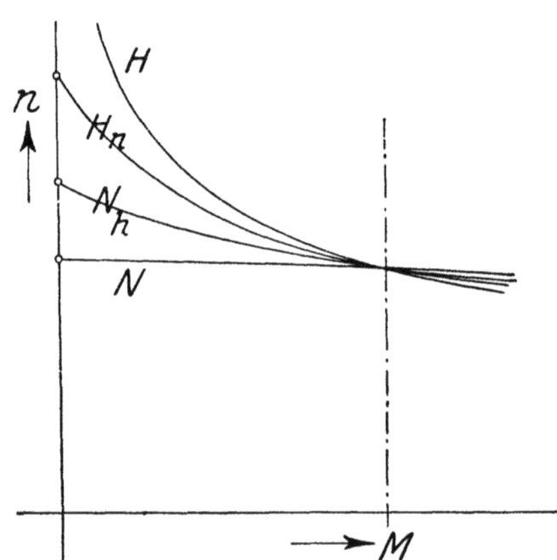

Bild 5.51. Drehzahlverhalten: H Reihenschlußmotor;
N_h Doppelschlußmotor mit kleiner Hauptschlußwicklung;
H_n Doppelschlußmotor mit kleiner Nebenschlußwicklung;
N Nebenschlußmotor

(Pressen, Walzwerken). Ein Schwungrad hat die Aufgabe, bei Belastungsstößen den Motor im Antrieb zu unterstützen. Dies kann es aber nur, wenn es seine Drehzahl *vermindern* kann, wenn also der Motor elastisch arbeitet. Ein reiner Nebenschlußmotor mit fast konstanter Drehzahl würde die Stoßlast selbst übernehmen, während der Energieinhalt des Schwungrades unverändert erhalten bliebe.

Ein Reihenschlußmotor mit kleiner zusätzlicher Nebenschlußwicklung hat zwar noch den steilen Drehzahlfall des Reihenschlußmotors (Linie H_n), aber die Drehzahl wird bei Entlastung des Motors nicht unzulässige, gefährliche Werte annehmen, sondern erreicht einen zwar hohen aber ungefährlichen Wert, weil die Nebenschlußerregung unverändert bestehen bleibt.

5.8 Verluste der Gleichstrommaschinen

Die Einzelverluste. Jede elektrische Maschine hat Verluste und zwar: Verluste im Erregerkreis, stromabhängige Verluste, stromunabhängige Verluste und lastabhängige Zusatzverluste.

Die VDE-Bestimmungen VDE 0530, Teil 2 geben im einzelnen Auskunft über die Ermittlung der Verluste.

Verluste im Erregerkreis. Bei einem Erregerwiderstand R_E und einem Feldstellwiderstand R_{EV} hat die Nebenschlußmaschine im gesamten Erregerkreis einen Erregungsverlust von $P_E = U^2/(R_E + R_{EV}) = (R_E + R_{EV}) \cdot I_E^2 = U\,I_E$. Der bei Reihenschlußmaschinen im Erregerwiderstand auftretende Verlust wird nach VDE zu den stromabhängigen Verlusten gerechnet, da die Erregerwicklung in Reihe mit dem Anker geschaltet ist und vom lastabhängigen Ankerstrom durchflossen wird.

Stromabhängige Verluste. In der Ankerwicklung und in allen Wicklungen, die mit dem Anker in Reihe geschaltet sind, treten folgende Verluste auf $P_{Cu} = I_A^2 (R_A + R_{WP} + R_R)$. Hierin sind R_A der Ankerwiderstand, R_{WP} der Wendepolwiderstand und R_R der Widerstand der Reihenschlußerregerwicklung, sofern diese vorhanden ist. Zu den Stromwärmeverlusten werden auch die Verluste in den Bürsten-Zuleitungen, in den Bürsten, und die Übergangsverluste an den Bürsten gerechnet. Außerdem verändern sich durch die Belastung die unten beschriebenen Eisenverluste, weil die Ankerrückwirkung den Fluß verändert. Diese Eisenverlust*änderung* zählt ebenfalls zu den stromabhängigen Verlusten.

Stromunabhängige Verluste. Hierunter fallen die Eisenverluste P_{Fe}, die bei Leerlauf, Nenndrehzahl und Nennspannung auftreten. Sie treten im Läufer im Eisen auf, da das Läuferblechpaket wegen der Drehung des Läufers in einem Wechselfluß liegt. Die Eisenverluste lassen sich rechnerisch in zwei Komponenten $P_{Fe} = P_w + P_h$ aufspalten, wobei P_w die Wirbelstromverluste und P_h die Hystereseverluste sind.

Durch die Ankerdrehung wird in den Ankerblechen eine Spannung erzeugt, welche $U = c \cdot \Phi \cdot n$ ist. Die Stärke des Wirbelstromes ist daher bei einem Eisenwiderstand R gleich $U/R = c \cdot \Phi \cdot n/R$. Der Wirbelstromverlust wird $R \cdot I^2$ sein, also $P_w = c^2 \cdot \Phi^2 \cdot R/R^2$. Faßt man die konstanten Größen zu einer neuen Konstante C zusammen, so ergibt sich:

$$P_w = C_w \cdot \Phi^2 \cdot n^2 . \tag{5.20}$$

Der auf die Masse bezogene Hysteresisverlust v_h ist nach Gl. (1.53) der Drehzahl einfach proportional, während er etwa quadratisch mit dem Fluß wächst. Bei hochlegierten Blechen beträgt jedoch der Exponent, meist mehr als 2; zur Vereinfachung der Rechnung setzen wir hier 2. Es ist also:

$$P_h = C_h \cdot \Phi^2 \cdot n . \tag{5.21}$$

Zu den stromunabhängigen Verlusten gehören ferner die Lagerreibungsverluste, die gesamten Lüftungsverluste und die Bürstenreibungsverluste.

Lastabhängige Zusatzverluste. Hierunter fallen Verluste, die im magnetischen Kreis, in anderen Metallteilen, in stromführenden Leitern und in den Bürsten als Folge der Kommutierung zusätzlich bei Belastung auftreten. Die lastabhängigen Zusatzverluste verändern sich etwa quadratisch mit dem Strom und betragen bei Nennbetrieb weniger als 1% der Nennleistung.

Der Wirkungsgrad und seine Bestimmung. Unter dem Wirkungsgrad η einer Maschine versteht man das Verhältnis aus abgegebener und aufgenommener Leistung. Er muß stets kleiner als 1 sein, da durch die Verluste mehr Leistung aufgenommen als abgegeben wird. Bei einem Generator ist die abgegebene Leistung $U \cdot I$ und die aufgenommene daher $U \cdot I + \sum P_v$, wenn $\sum P_v$ die Summe aller Verluste bedeutet. Der Wirkungsgrad des Generators ist daher:

$$\eta_G = \frac{U \cdot I}{U \cdot I + \sum P_v} = \frac{U \cdot I}{P_{mech}} , \tag{5.22}$$

der eines Motors hingegen:

$$\eta_M = \frac{U \cdot I - \Sigma P_v}{U \cdot I} = \frac{P_{mech}}{U \cdot I}. \tag{5.23}$$

Die Bestimmung des Wirkungsgrades. Dieser kann entweder durch *direkte Messung* oder durch *indirekte Wirkungsgradermittlung* bestimmt werden.

Bei der *direkten* Wirkungsgradmessung wird die abgegebene und die aufgenommene Leistung unmittelbar gemessen, und der Wirkungsgrad aus dem Quotienten der beiden Leistungen berechnet.

Bei der *indirekten* Ermittlung des Wirkungsgrades werden zuerst die *Gesamtverluste* ermittelt. Bei Generatorbetrieb ist die aufgenommene Leistung die Summe aus abgegebener Leistung und Gesamtverlusten, während bei Motorbetrieb die abgegebene Leistung die Differenz aus aufgenommener Leistung und Gesamtverlusten ist. Die Gesamtverluste können im *Einzelverlustverfahren*, *Rückarbeitsverfahren* oder im *kalorimetrischen Verfahren* bestimmt werden.

Beim Einzelverlustverfahren wird der Prüfling entweder mit einem Elektromotor angetrieben, von dem die Verluste mit großer Genauigkeit bekannt sind, oder man verwendet als Antrieb die unten beschriebene Pendelmaschine. Der Prüfling kann nun erregt oder unerregt, im Leerlauf oder Kurzschluß, mit oder ohne aufgesetzten Bürsten betrieben werden. Die bei diesen Versuchen jeweils an der Welle aufgenommene Leistung steht in direktem Zusammenhang mit den vorher beschriebenen Einzelverlusten.

Das Rückarbeitsverfahren kann nur angewendet werden, wenn zwei gleiche Maschinen vorhanden sind. Diese werden so geschaltet, daß die eine Maschine als Generator, die andere als Motor arbeitet. Die beiden Maschinen sind mechanisch miteinander gekuppelt. Die aus dem Netz beiden Maschinen insgesamt zugeführte Leistung ist doppelt so groß wie die Gesamtverlustleistung einer Maschine. Der Mittelwert der beiden Ströme ist so einzustellen, daß er dem Nennstrom einer Maschine entspricht.

Das kalorimetrische Verfahren kann nur bei Maschinen angewendet werden, bei denen die Maschinenkühlung durch ein von außen zugeführtes Kühlmittel erfolgt. Dies trifft z. B. für Maschinen mit Wasserrückkühlung zu.

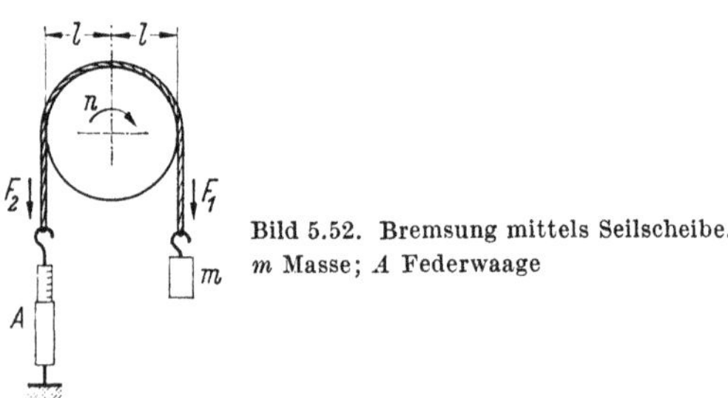

Bild 5.52. Bremsung mittels Seilscheibe.
m Masse; A Federwaage

Bei der Bestimmung des Wirkungsgrades durch direkte Messung kann zum Abbremsen eine Seilscheibenbremse (Bild 5.52), eine Wasserwirbelbremse, eine Wirbelstrombremse oder eine Pendelmaschine (Bild 5.53) benutzt werden.

Bei der Seilscheibenbremse ist ein Seil um eine Seilscheibe geschlungen. Die Kräfte an den beiden Seilenden sind durch die Masse m, die die Kraft $F_1 = m \cdot g$ hervorruft, einstellbar und können gemessen werden.

Die Wasserwirbelbremse besitzt ein drehbar gelagertes Gehäuse, das über einen Hebelarm mit einer Neigungswaage verbunden ist, und das mehr oder weniger mit Wasser gefüllt werden kann. Als Läufer dient eine Art Schaufelrad. An der Waage kann das auf den Läufer ausgeübte Drehmoment ermittelt werden, das sich durch den Füllungsgrad einstellen läßt. Wasserwirbelbremsen werden für große Leistungen gebaut. Die Bremsenergie erwärmt das Wasser, so daß bei großen Leistungen ein laufender Wasserdurchsatz oder Wasserrückkühlung erforderlich ist.

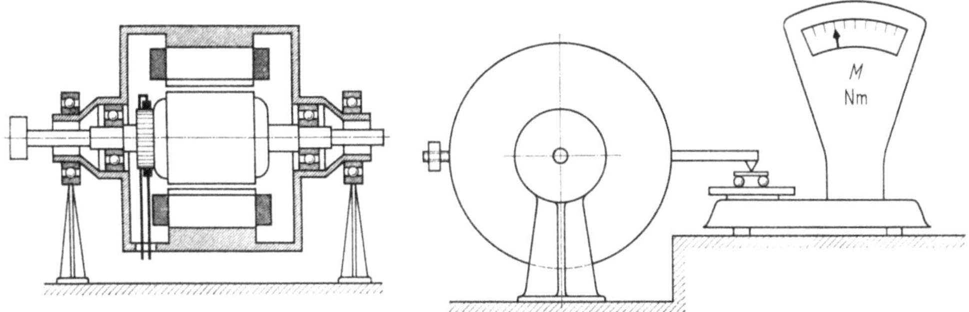

Bild 5.53. Pendelmaschine mit Drehmomentenwaage

Bei der Wirbelstrombremse, die nur für kleinere Leistung in Frage kommt, wird das Bremsmoment in einer Kupferscheibe oder einem Stahlzylinder durch elektr. Wirbelströme hervorgerufen. Das Bremsmoment kann an dem drehbar gelagerten Elektromagneten gemessen werden. Durch Verändern des Erregerstromes im Magneten ist das Drehmoment einstellbar.

Am weitesten verbreitet ist die Pendelmaschine. Sie ist ein Gleichstromnebenschlußgenerator, dessen Ständer drehbar gelagert ist, und bei dem man das auf den Ständer ausgeübte Drehmoment über eine Neigungswaage ablesen kann. Das Einstellen des Bremsmomentes erfolgt über den Erregerstrom. Bei der Pendelmaschine kann die Bremsenergie entweder in Widerständen in Wärme umgesetzt oder ins Gleichstromnetz zurückgespeist werden (Nutzbremsung). Eine Energieumkehr von Bremsbetrieb auf Motorbetrieb ist ohne weiteres möglich.

Ist M das bei Bremsbetrieb ermittelte Drehmoment, n die Drehzahl, so ergibt sich nach den Gesetzen der Mechanik $P_{\text{mech}} = \omega \cdot M = 2\pi n \cdot M$. Damit wird der Wirkungsgrad des Prüflings

$$\eta_{\text{M}} = \frac{\omega \cdot M}{U \cdot I}. \tag{5.24}$$

79. Beispiel. Ein Gleichstrommotor wird durch eine Pendelmaschine mit $M = 130\,\text{Nm} = 13{,}3\,\text{kpm}$ belastet. Der Motorstrom beträgt dabei $I = 60\,\text{A}$, die Netzspannung $U = 220\,\text{V}$. Die Drehzahl wurde zu $n = 850\,\text{min}^{-1}$ gemessen. Wie groß ist der Wirkungsgrad des Motors?

Aus Gl. (5.24) erhält man

$$\eta_{\text{M}} = \frac{2 \cdot \pi \cdot 850\,\text{min}^{-1} \cdot 130\,\text{Nm}}{60\,\text{s} \cdot \text{min}^{-1} \cdot 220\,\text{V} \cdot 60\,\text{A}} = 0{,}876.$$

Die Leistungsmessung kann auch dadurch vorgenommen werden, daß der Motor einen geeichten Generator, dessen Wirkungsgrad bei allen Belastungen genau bekannt ist, antreibt. Man mißt dann einfach die vom Generator abgegebene elektrische Leistung und dividiert sie durch dessen Wirkungsgrad. Entsprechend kann man auch den Wirkungsgrad eine Generators dadurch ermitteln, daß man ihn mit einem geeichten Motor antreibt.

Die Erwärmung. Durch die Verluste erwärmt sich jede Maschine. Bei Belastung dient die entwickelte Wärme anfänglich fast nur zur Temperaturerhöhung der Maschinenmasse, weil diese zunächst gegenüber der Umgebung

noch keine Übertemperatur hat, also auch noch keine Wärme abgeben kann.
Die Temperatur wird also zuerst ungefähr mit der Zeit t proportional anwachsen,
wie Bild 5.54 zeigt. Mit wachsender Temperatur tritt eine gleichzeitige Wärmeabgabe ein, wodurch sich die Temperaturzunahme verlangsamt. Die maximale
Temperatur ϑ_{max} wird erst nach mehreren Stunden erreicht, wobei sich Wärmeentwicklung durch die Verluste und Wärmeabgabe durch Kühlung gerade das

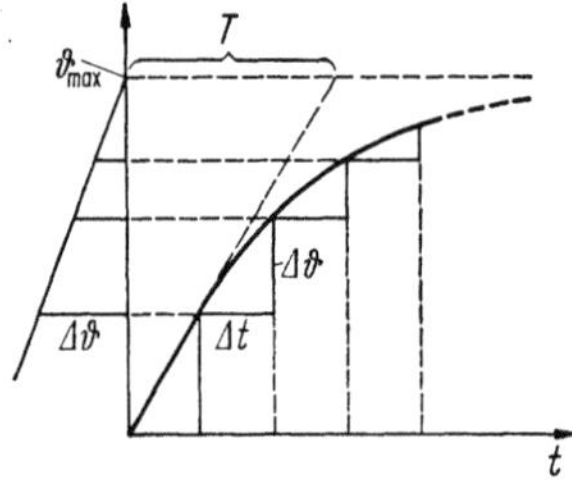

Bild 5.54. Temperaturlinie
einer elektrischen Maschine

Gleichgewicht halten. Bezeichnet man mit W_{v1} die durch die Verluste entwickelte Wärmemenge, mit W_{v2} die von der Maschine abgegebene Wärmemenge,
so ist $P_{v1} = \mathrm{d}W_{v1}/\mathrm{d}t$ und $P_{v2} = \mathrm{d}W_{v2}/\mathrm{d}t$ der entwickelte bzw. abgegebene
Wärmestrom der Maschine. Wird noch mit k die je Temperatur- und Zeit-
spanne abgegebene Wärmemenge bezeichnet, so ist nach Erreichen der End-
übertemperatur $\Delta\vartheta_{max} = \vartheta_{max} - \vartheta_{Raum}$ der entwickelte und abgegebene Wärmestrom gleich groß. Es ist dann $P_{v2} = P_{v1} = k \cdot \Delta\vartheta_{max}$ also $\Delta\vartheta_{max} = \dfrac{P_{v1}}{k}$.

Das Verhalten während der Erwärmung läßt sich durch die Beziehung

$$\Delta\vartheta = \Delta\vartheta_{max} \cdot \left(1 - \mathrm{e}^{-\frac{t}{T}}\right) \tag{5.25}$$

ausdrücken, worin $\mathrm{e} = 2{,}718$ die Basis der nat. Logarithmen und T die *Erwärmungs-
Zeitkonstante* ist. Es ist dies die Zeit, in welcher die Maschinenmasse *ohne* jede Wärme-
abfuhr die maximale Übertemperatur $\Delta\vartheta_{max}$ erreicht haben würde. In ihr ist außer der
Kühlung noch die stoffliche Wärmekapazität der Maschine enthalten und zwar ist T das
Verhältnis Wärmekapazität:Wärmeabgabefähigkeit. Die Wärmeabgabefähigkeit ist von
der Oberfläche der Maschine und von den Kühlungsverhältnissen abhängig. Die Zeit-
konstante ist also um so größer je *kleiner* die Kühlung und je massiver die Maschine ist.
Bei großen Maschinen kann sie 10 h und mehr betragen, bei kleinen Maschinen 1···3 h.
Bei Stillstand ist T wegen der mangelnden Kühlung größer (1,5···2fach).

Die in den Maschinen verwendeten Isolierstoffe sind temperaturempfindlich und können
deshalb nur bis zu einer Höchsttemperaturgrenze verwendet werden. Zugelassen ist nach den
VDE-Bestimmungen für getränkte Baumwolle (Isolierung, Klasse A) eine Grenzübertemperatur von 65 K, wobei die Höchstgrenze 105 °C nicht überschritten werden darf.
Es ist also eine maximale Kühlmitteltemperatur (Außenluft) von 40 °C angenommen
worden (s. auch Tabelle 13.1).

Unter der *Nennleistung* von Dauerbetriebsmaschinen (Nennbetriebsart S1; s. Abschn.
13.1) versteht man diejenige Leistung, welche die Maschine dauernd abzugeben
vermag. Sie ist nicht etwa bestimmt durch den größten Strom, den ein Generator herzugeben, oder das größte Drehmoment, welches ein Motor leisten könnte.
Nennleistung ist vielmehr die Leistung, die eine Maschine dauernd hergeben kann,
ohne daß sie sich über die obengenannte Temperaturgrenze erwärmt. Die Nennleistung ist also nur durch die Temperaturgrenze bestimmt. Wir könnten einer
Maschine sehr viel mehr Leistung zumuten, wenn es gelingt, durch bessere Kühlung die
Temperatur niedrig zu halten. Dies ist der Grund, warum Maschinen fast immer ein mit
dem Anker verbundenes Lüfterrad haben, welches einen kräftigen Kühlluftstrom durch die

Maschine treibt. Ein weiterer Weg, eine höhere Leistung zu erzielen, wird dadurch beschritten, daß man wärmebeständigere Isolierstoffe verwendet (Glasfaser und Asbestpräparate). Für diese Isolierstoffe der Klasse H ist eine Grenzübertemperatur von 135 K zugelassen (s. auch Tabelle 13.1).

Die Aufnahme der Erwärmungslinie (Bild 5.54) würde sehr viel Zeit erfordern, weil die Grenztemperatur erst nach vielen Stunden erreicht wird. Es genügt jedoch, wenn man einen Teil der Linie aufnimmt und die zu gleichen Zeitspannen Δt gehörende Temperaturspannen $\Delta\vartheta$ seitlich, wenn möglich in vergrößertem Maßstab, rechtwinklig zur ϑ-Achse aufträgt. Die Endpunkte liegen bei einer Exponentiallinie, wie Bild 5.54 zeugt, auf einer Geraden, die ϑ_{max} auf der Ordinatenachse abschneidet.

Die Abhängigkeit des Wirkungsgrades von der Maschinengröße. Der Nennwirkungsgrad von Gleichstrommaschinen ist um so höher, je größer die Maschinennennleistung ist, wie folgende Tabelle zeigt:

1-kW-Maschine	$\eta = 0,75$	50-kW-Maschine	$\eta = 0,915$
5-kW-Maschine	$\eta = 0,85$	100-kW-Maschine	$\eta = 0,93$
10-kW-Maschine	$\eta = 0,88$	1000-kW-Maschine	$\eta = 0,95$
20-kW-Maschine	$\eta = 0,90$		

Der Grund für den besseren Energieumsatz in der *großen* Maschine liegt einmal in der besseren Raumausnutzung. Kleine Maschinen mit ihren verhältnismäßig dünnen Drähten erfordern für die Isolation einen im Verhältnis viel größeren Raum als große Maschinen. Daneben gibt es aber noch einen anderen Grund. Es sei eine Maschine mit bestimmten Abmessungen und bestimmter Leistung gegeben. Wir wollen nun in Gedanken alle linearen Abmessungen verdoppeln, aber die elektrische und magnetische Beanspruchung der Baustoffe sowie die Drehzahl unverändert lassen. Das Gewicht, welches sich mit der dritten Potenz ändert, muß dann auf das $2^3 = 8$fache gestiegen sein. Der Querschnitt der Ankerleiter und der Magnetpole hat sich je vervierfacht. Nach Gl. (5.14) muß demnach die Leistungsfähigkeit der Maschine auf das $2^2 \cdot 2^2 = 16$fache gestiegen sein. Die doppelt so große Maschine leistet also im Verhältnis zum Gewicht doppelt soviel, oder umgekehrt: durch die Verwendung der doppelt so großen Maschine ist die Hälfte des Baustoffes erspart worden. Bei gleicher elektrischer und magnetischer Beanspruchung ist der auf das Volumenelement bezogene Verlust (spez. Verlust) derselbe. Die große Maschine hat also dem 8fach vergrößerten Volumen entsprechend einen achtmal so großen Verlust, während die Leistung auf das 16fache gestiegen ist. Der Wirkungsgrad der großen Maschine ist daher wesentlich höher. Also: durch die Zusammenfassung zu großen Maschineneinheiten spart man Baustoff und Verlustenergie. Es kommt aber leider auch ein hinderndes Moment in Betracht. Die Wärmeabgabe der Maschine, die für die Festlegung der Nennleistung bestimmend ist, wird durch die abkühlende Oberfläche der Maschine bestimmt. Diese wächst aber quadratisch, hat sich also bei Verdoppelung der linearen Abmessungen nur vervierfacht. Bei der doppelten Maschinengröße ist also die abkühlende Oberfläche im Verhältnis zur Verlustmenge auf die Hälfte gesunken. Da wir die festgelegten Grenztemperaturen nicht überschreiten dürfen, muß der Mangel entweder durch verlustärmere oder wärmebeständigere Baustoffe oder durch bessere Kühlung ausgeglichen werden. Dies ist möglich, und daher zeigt sich die große Maschine in der Ausnützung der kleinen weit überlegen.

Der Wirkungsgrad bei veränderter Belastung. Die Aufteilung des Gesamtverlustes auf die Einzelverluste liegt zum Teil in der Hand des Konstrukteurs. Durch reichliche Bemessung der Ankerleiter kann er z. B. die Stromwärmeverluste des Ankers gering halten. Die richtige Verteilung der Verluste ergibt sich aus der Forderung, eine billige Maschine zu bauen, welche sich im Betrieb möglichst wirtschaftlich verhält.

Bei einer von der Nennlast abweichenden Belastung ist der Wirkungsgrad ein anderer. Um seinen Verlauf bei wechselnder Belastung beurteilen zu können, muß man die Einzelverluste betrachten. Ein *Nebenschlußmotor*, der bekanntlich mit fast konstanter Drehzahl bei allen Belastungen läuft, hat einen unveränderlichen Reibungs- und Erregerverlust. Ferner ist auch der Eisenverlust von der Belastung ziemlich unabhängig, weil sowohl die Drehzahl als auch der magn. Fluß konstant bleibt. Die einzige abhängige Verlustgröße ist der Stromwärmeverlust im Anker, welcher mit dem Quadrate des Belastungsstromes wächst. Bild 5.55 zeigt die Verluste in Abhängigkeit von der abgegebenen Leistung P_2. Trägt man sich diese Leistung P_2 ebenfalls vertikal auf, so erhält man eine unter 45° geneigte Linie, zu der man die Gesamtverluste ΣP_v hinzuaddieren muß, um die aufgenommene Leistung P_1 zu bekommen. Das Verhältnis P_2/P_1 ist der Wirkungsgrad η, den man sich nun für die verschiedenen Belastungen leicht berechnen und auftragen kann. Man sieht, daß er etwa bei Nennlast seinen Höchstwert erreicht, aber auch bei kleinen Lasten noch auf ansehnlicher Höhe bleibt.

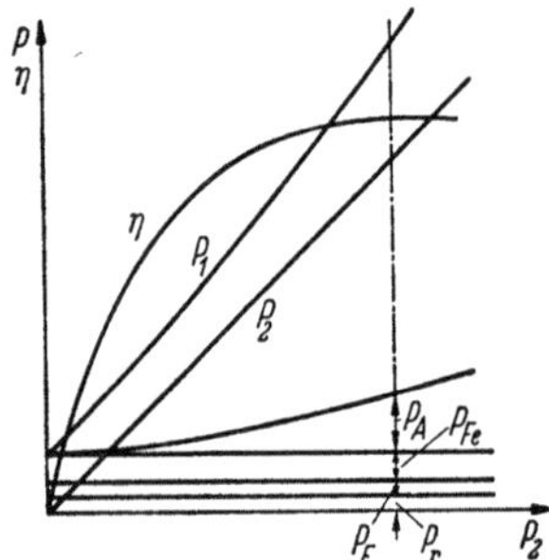 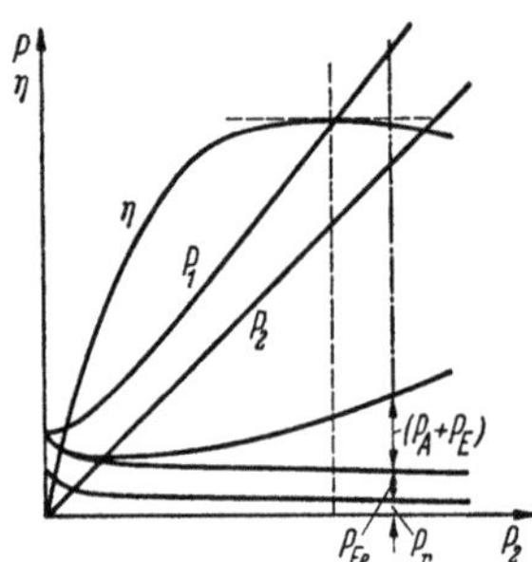

Bild 5.55. Verluste und Wirkungsgrad eines Nebenschlußmotors in Abhängigkeit von der Belastung

Bild 5.56. Verluste und Wirkungsgrad eines Reihenschlußmotors in Abhängigkeit von der Belastung

Bild 5.56 zeigt die gleiche Darstellung für einen *Reihenschlußmotor*. Die Reibungsverluste sind hier nicht konstant, sondern sie wachsen mit abnehmender Last, weil der Motor bei Entlastung seine Drehzahl erhöht. Die Eisenverluste setzen sich aus Wirbelstrom- und Hysteresisverlusten zusammen. Die ersteren sind dem Quadrate der Drehzahl und dem Quadrate des Flusses proportional. Da nun bei Entlastung die Drehzahl in demselben Maße steigt wie der Fluß abnimmt, sind die Wirbelstromverluste konstant. Die Hysteresisverluste sind der Drehzahl einfach proportional und ändern sich ungefähr mit dem Quadrate des Flusses. Sie nehmen bei Entlastung um ein geringes ab. Insgesamt können die Eisenverluste etwa konstant angenommen werden. Die Erregungs- und Stromwärmeverluste wachsen mit dem Quadrate der Belastung. Die Abbildung zeigt, daß die Wirkungsgradlinie ihren Höchstwert schon unterhalb der Nennlast erreicht. Es rührt dies daher, daß das Verhältnis aus veränderlichen Verlusten und unveränderlichen meist größer eins ist. Reihenschlußmotoren arbeiten also bei Unterlast wirtschaftlicher als Nebenschlußmotoren.

Zuweilen ist es wünschenswert, den Wirkungsgrad eines Motors bei einer von der Nennlast abweichenden Belastung zu kennen, ohne daß man die Einzelverluste weiß. In solchen Fällen genügt die Annahme, daß bei allen Motoren angenähert eine Zerlegung der Verluste in einen konstanten Teil P_{vk} und in einem mit der Belastung *quadratisch* wachsenden Teil P_{vv} möglich ist. Das Verhältnis der veränderlichen Verluste P_{vv} zu den konstanten P_{vk} bei Nennlast ist allerdings oft verschieden. Wir wollen dieses Verlustverhältnis mit a bezeichnen, also

$$a = \frac{P_{vv}}{P_{vk}}. \tag{5.26}$$

Dieses Verhältnis ist von der Konstruktion und der elektr. Auslegung der Maschine abhängig. Die Werte von a liegen etwa zwischen 0,5 und 2. Bei einer Belastung, welche gleich dem $x$fachen der Nennlast ist, tritt daher ein Gesamtverlust auf von

$$P_{vx} = P_{vk} \cdot (1 + a \cdot x^2). \tag{5.27}$$

Der Wirkungsgrad kann nun leicht ermittelt werden.

80. Beispiel. Ein 10-kW-Nebenschlußmotor habe bei Nennlast einen Wirkungsgrad von 0,88. Wie groß ist der Wirkungsgrad bei halber Last?

Die aufgenommene Leistung ist bei Nennlast 10000 W/0,88 = 11360 W. Die Verluste betragen daher bei Nennlast 11360 W — 10000 W = 1360 W. Bei Annahme von $a = 1$ setzen sie sich bei Nennlast aus einem konstanten Verlust $P_{vk} = 680$ W und einem veränderlichen Verlust $P_{vv} = 680$ W zusammen. Bei halber Last ($x = 0{,}5$) geht der veränderliche Verlust zurück auf 680 W $\cdot 0{,}5^2 = 170$ W, so daß der Gesamtverlust dann 680 W $+$ 170 W $=$ 850 W beträgt. Die abgegebene Leistung ist jetzt 5000 W, die aufgenommene daher 5850 W und deshalb der Wirkungsgrad 5000 W/5850 W $= 0{,}855$.

Eine weitere Rechnung lehrt, daß die Wirkungsgradlinie den Höchstwert bei einer $x$fachen Belastung zeigt, die sich aus

$$x = \sqrt{\frac{1}{a}} \tag{5.28}$$

errechnet.

81. Beispiel. Ein Motor hat die in Bild 5.56 dargestellte Wirkungsgradlinie. Wie groß ist etwa das Verlustverhältnis a?

Die strichpunktierte Vertikale deutet die Nennlast an. Der Höchstwert des Wirkungsgrades liegt also etwa bei $x = 0{,}8$. Daher ist nach Gl. (5.28) $a = 1/0{,}8^2 = 1{,}56$.

Für Reihenschlußmotoren werden wir später zur weiteren Vereinfachung der Rechnung häufig $P_{vk} = 0$ annehmen, also voraussetzen, daß die *Gesamt*verluste quadratisch mit der Belastung wachsen.

5.9 Drehzahlsteuerung der Gleichstrommotoren

Entsprechend Gl. (5.19) gibt es zwei Möglichkeiten, die Drehzahl zu ändern, entweder durch die Ankerspannung U oder durch den Magnetfluß Φ.

5.9.1 Drehzahlsteuerung durch Spannungsänderung

Die Steuerung gestaltet sich am einfachsten, wenn verschiedene, oder einstellbare Spannungen im Netz zur Verfügung stehen. Die Drehzahl ist bei konstanter Erregung der jeweilig angelegten Ankerspannung proportional, und Verluste treten durch diese Drehzahlsteuerung nicht auf. Sie ist also für dauernde Änderungen der Drehzahl sehr geeignet.

Gewöhnlich haben die Netze jedoch *unveränderliche* Spannung, und man bedarf zur Entnahme einer veränderlichen Spannung Hilfsmittel.

a) Die Hauptstromsteuerung. Wenn wir dem Anker eines Motors, z. B. dem Nebenschlußmotor nach Bild 5.42 einen Stellwiderstand R vorschalten (s. auch 76. Beispiel), tritt in demselben ein Spannungsfall $R \cdot I_A$ auf, und der Anker erhält nur noch die Spannung $U - R \cdot I_A$. Entsprechend vermindert sich auch seine Drehzahl. Während also ein Nebenschlußmotor *ohne* Vorwiderstand den

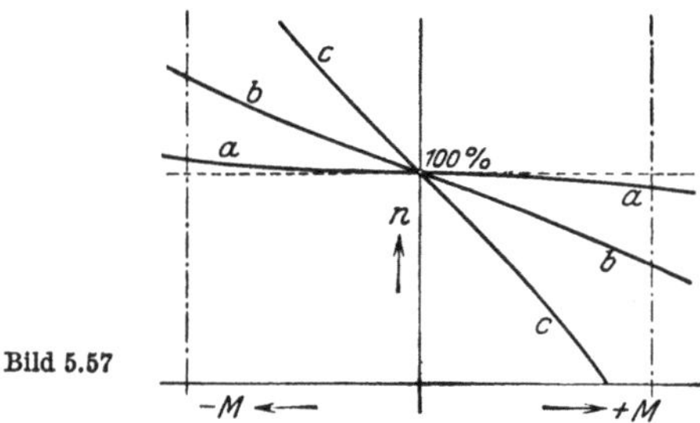

in Bild 5.57 durch Linie a dargestellten Verlauf der Drehzahl zeigt, tritt nach Vorschaltung des Widerstandes mit wachsender Belastung ($+M$) ein Drehzahlfall nach Linie b oder bei noch größerem Widerstand nach Linie c ein. Die Steuerung hat zwei wichtige Nachteile: In vielen Fällen ist die starke

Änderung der Drehzahl bei Änderung der Belastung unerwünscht (weiche Kennlinie), und ferner ist der Verlust erheblich. Bei einer Herabsetzung der Drehzahl auf die Hälfte müßte die halbe Spannung und damit auch die Hälfte der elektrischen Energie im Widerstand in Wärme umgesetzt werden. Die Hauptstromsteuerung kommt daher im allgemeinen nur als *kurzzeitige* Drehzahlsteuerung in Frage (s. auch Bild 14.25 und 14.26).

Bei *negativem* Drehmoment, also z. B. in dem Falle, daß die Last eines Aufzugs den im Senksinne eingeschalteten Nebenschlußmotor noch unterstützt, steigt die Drehzahl des Motors über den Leerlaufwert. Damit wird aber die im Motor erzeugte innere Spannung größer als die zugeführte Spannung U, und der Motor wird damit zum Stromerzeuger. Das infolge des umgekehrt gerichteten Stromes nun auftretende negative Moment hat die in Bild 5.57 links gezeichneten Drehzahlen zur Folge. Die Drehzahl steigt also im Generatorbetrieb um so höher, je größer das Lastmoment und je *größer* der Vorwiderstand ist.

b) Die Reihen-Parallelschaltung. Bei ihr werden zur Verminderung der Drehzahl Motoren in Reihe geschaltet, sie ist also nur anwendbar, wenn zwei oder mehr Motoren gleichzeitig zu einem Antrieb benutzt werden, wie dies z. B. bei Straßenbahnen immer der Fall ist. Bild 5.58 zeigt zunächst die Reihen-

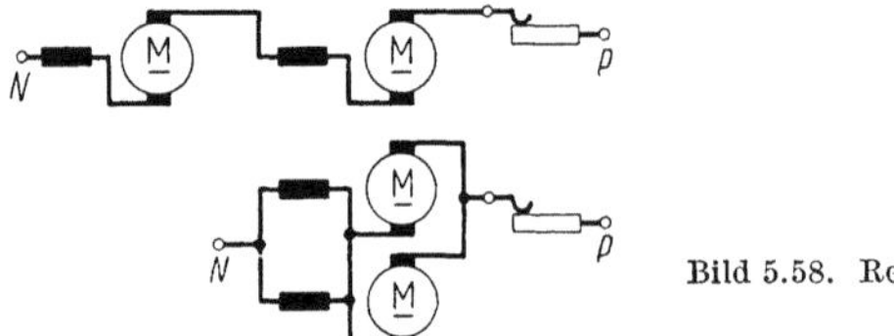

Bild 5.58. Reihenparallelschaltung

schaltung zweier Reihenschlußmotoren. Nach Abschaltung des ganzen Anlaßwiderstandes erreichen die Motoren in dieser Schaltung ihre halbe Drehzahl. Verluste, außer den Motorverlusten, treten bei dieser Steuerstufe nicht auf. Durch Parallelschaltung der Motoren und allmähliche Abschaltung des Anlassers kommt man schließlich auf die volle Motordrehzahl.

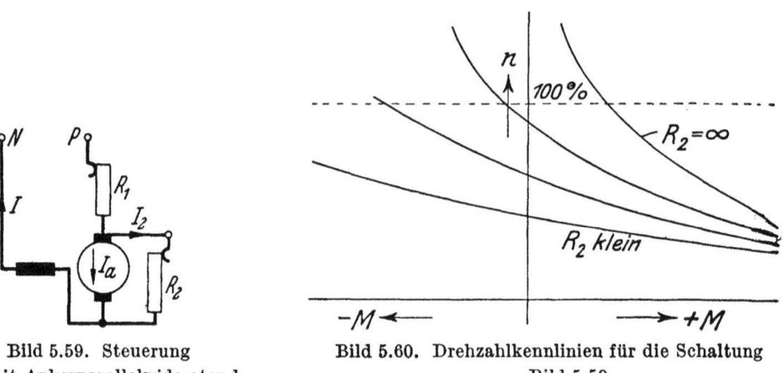

Bild 5.59. Steuerung
mit Ankerparallelwiderstand

Bild 5.60. Drehzahlkennlinien für die Schaltung
Bild 5.59

c) Die Steuerung durch Ankerparallelwiderstände. Sie wird hauptsächlich zur kurzzeitigen, starken Verminderung der Drehzahl von Reihenschlußmotoren angewandt. Der Anker erhält nach Bild 5.59 außer einem Vorwiderstand R_1 einen Parallelwiderstand R_2. Der Erregerstrom I des Motors setzt sich hier aus dem Ankerstrom I_A und dem Nebenstrom I_2 zusammen. Der Motor ist dadurch auch bei kleiner Last stark erregt und läuft somit langsam. Selbst bei völliger Entlastung des Motors oder sogar bei negativen Drehmomenten kann durch entsprechende Bemessung des Parallelwiderstandes die Erregung immer so stark gehalten werden, daß der Motor keine unzulässige Drehzahl annimmt. Bild 5.60 zeigt die Drehzahl bei verschiedener Belastung und verschiedenen Widerständen. Je mehr man die Drehzahl von der Belastung unabhängig machen will, um so kleiner muß der Widerstand R_2 sein, um so größer ist aber auch die im Parallelwiderstand R_2 auftretende Verlustleistung.

d) Die Leonardschaltung. Bei dieser zur weitgehenden Drehzahlsteuerung vielfach benutzten Schaltung (Bild 5.61) kommt immer als Antriebsmotor ein Nebenschlußmotor m1 zur Verwendung. Derselbe wird aber nicht aus dem Netz gespeist, sondern erhält seinen Strom von einem Generator m2, der dauernd mit konstanter Drehzahl von einem am Netz liegenden Motor m3 angetrieben wird. Dieser letztere Motor kann irgendwelcher Art sein. Er kann sogar eine Turbine oder ein Verbrennungsmotor sein. Wenn das Netz kein

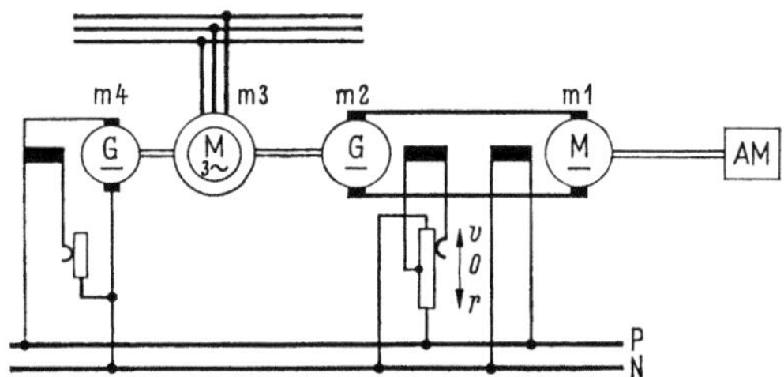

Bild 5.61. Leonardschaltung. *AM* Arbeitsmaschine

Gleichstromnetz ist, muß ferner noch ein kleiner Gleichstromgenerator m4 oder ein Gleichrichter zur Erzeugung des Gleichstroms für die Erregerwicklungen vorhanden sein. Die Steuerung des Motors m1 erfolgt nun dadurch, daß man ihm je nach der Größe der gewünschten Drehzahl eine mehr oder weniger große Spannung zuführt. Diese erhält man durch Änderung der Erregerstromstärke des Generators m2, während die Erregung des Motors m1 meist unverändert bleibt. Der Vorzug der Leonardschaltung liegt vor allem darin, daß es durch die Änderung des verhältnismäßig kleinen Erregerstromes möglich ist, die Drehzahl auch sehr großer Motoren sehr *feinstufig* und *ohne Verluste* zu steuern. Dieser Vorteil muß aber erkauft werden durch hohe Anlagekosten. Die drei Maschinen m1, m2 und m3 müssen nämlich ungefähr gleich groß sein. Nur die Erregermaschine m4 hat eine verhältnismäßig geringe Leistung. Der Wirkungsgrad ist natürlich gegenüber der Einzelmaschine stark vermindert, weil eine dreimalige Energieumformung erforderlich ist. Bei einer Leistung von z. B. 100 kW und einem Wirkungsgrad von 0,9 *einer* Maschine würde der Gesamtwirkungsgrad nur $0,9 \cdot 0,9 \cdot 0,9 = 0,729$ sein, d. h., es würde dauernd 27,1% der Gesamtenergie verloren gehen. Es ist einleuchtend, daß daher die Leonardschaltung bei kleinen Maschinen, deren Einzel-Wirkungsgrad gering ist, Verluste haben kann, die denen der Hauptstromsteuerung gleichkommen. Die Umkehr der Drehrichtung wird bei der Leonardschaltung einfach durch Umkehrung des Erregerstromes des Generators vorgenommen wie Bild 5.61 zeigt. Zur Umpolung des Ankerstromes würden nämlich bei großen Maschinen teuere Schaltgeräte erforderlich werden. Als Vorzug der Leonardschaltung ist auch

die geringe Abhängigkeit der Drehzahl von der Belastung zu erwähnen. Nach
Einstellung einer bestimmten Erregung von m2 ändert sich die Drehzahl
nicht nennenswert, wenn sich die Belastung ändert. Die Belastung kann sogar
negativ werden, wie dies bei Fördermaschinen und Aufzügen leicht der Fall
ist, ohne daß dadurch die Geschwindigkeit wesentlich beeinflußt wird. In
einem solchen Falle treibt die Last den Motor m1 als Generator an, der nun
m2 als Motor speist. Die Maschine m3 liefert dann als Generator Strom in das
Netz zurück.

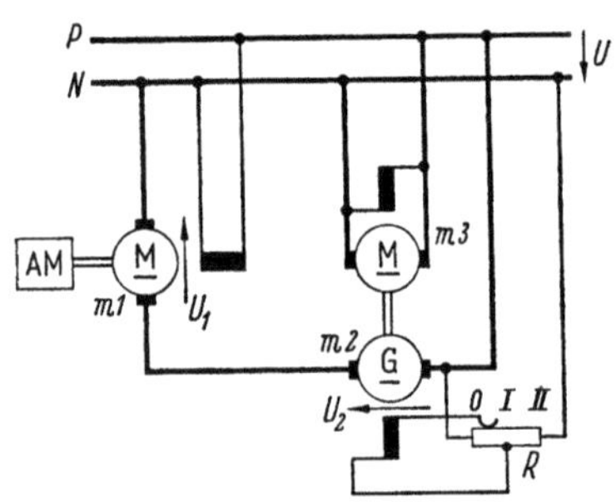

Bild 5.62. Zu- und Gegenschaltung.
AM Arbeitsmaschine; *R* Feldstellspannungsteiler

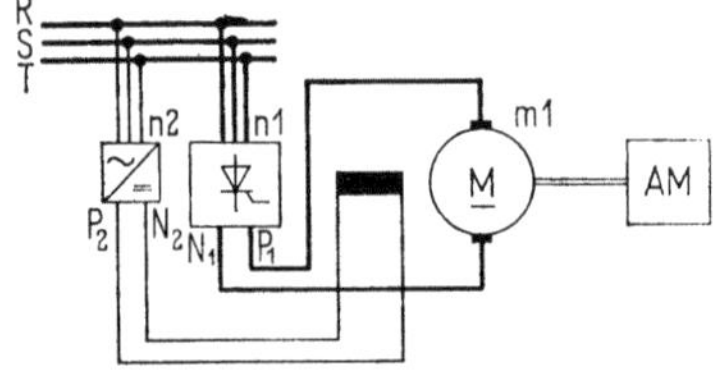

Bild 5.63. Ruhende Leonardschaltung.
AM Arbeitsmaschine; m1 Antriebsmotor;
n1 Thyristorstromrichter einschl. Elektronik
zur Phasenanschnittsteuerung; n2 Gleichrichter

e) Die Steuerung durch Zu- und Gegenschaltung. Diese durch Bild 5.62 dargestellte Schaltung ist der Leonardschaltung sehr ähnlich. Der Antriebsmotor
m1, dessen Drehzahl geändert werden soll, empfängt seine Spannung zum Teil
aus einem Gleichstromnetz P—N und zum anderen Teil von einem Generator m2, dessen Spannung durch den Feldsteller R beliebig eingestellt und
umgepolt werden kann. m2 wird durch den am Netz liegenden Motor m3
mit unveränderter Drehzahl angetrieben. In der Steuerstellung O ist der
Generator voll erregt und liefert eine Spannung U_2, welche betragsgleich mit
der Netzspannung ist. Entsprechend der Kirchhoffschen Maschenregel ergibt
sich $U - U_2 - U_1 = 0$. Daraus folgt mit $|U| = |U_2|$, daß die Spannung U_1
am Motor m1 Null ist. Die Drehzahl des Motors m1 ist Null. Durch Schwächung der Erregnug sinkt U_2, und es liegt die Spannung $U_1 = U - U_2$ am
Motor m1. Auf der Stellung I ist der Generator unerregt und liefert keine
Spannung U_2, so daß jetzt der Antriebsmotor die volle Netzspannung erhält.
Beim Weiterstellen des Feldstellers nach II wird der Erregerstrom umgepolt,
so daß nun der Generator eine im Betrag umgekehrte Spannung $U_2' = - U_2$
erzeugt. In Stellung II erhält deshalb der Motor m1 den doppelten Wert der
Netzspannung $U_1' = U - U_2 = U + U_2'$. Die Steuerung durch Zu- und Gegenschaltung weist die gleichen Vorzüge wie die Leonardschaltung auf. Die Anlagekosten sind jedoch geringer, weil die Maschinen m2 und m3 nur ungefähr
halb so groß wie der Antriebsmotor m1 zu sein brauchen, da ihre Spannung
nur halb so groß ist. Bedinung ist jedoch für die dargestellte Schaltung, daß
ein *Gleichstromnetz* zur Verfügung steht. Wenn dies nicht der Fall ist, kann
man die konstante Netzspannung durch die Spannung eines weiteren Gleichstromgenerators oder Gleichrichters ersetzen.

f) Die elektronische Drehzahl-Steuerung verwendet Bauelemente der modernen *Leistungselektronik.* In erster Linie kommen hierfür *Thyristoren* in Frage. Eine entsprechende Stromrichterschaltung führt dem Anker des Gleichstrommotors eine stufenlos einstellbare Gleichspannung zu, während die Erregerwicklung über einen Gleichrichter mit einer konstanten Erregerspannung versorgt wird. Durch die elektronische Drehzahl-Steuerung können die Maschinen m2, m3 und m4, in Bild 5.61 vollwertig durch ruhende Elemente ersetzt werden. Man spricht dann von der ruhenden Leonardschaltung. Bild 5.63 zeigt das Schaltschema der ruhenden Leonardschaltung. Stromrichterschaltungen mit Thyristoren besitzen sehr hohe Wirkungsgrade, so daß ruhende Leonardschaltungen sowohl bei kleinen als auch großen Antrieben Verwendung finden.

5.9.2 Drehzahlsteuerung durch Feldänderung

Sie findet hauptsächlich bei dem Nebenschluß- und Doppelschlußmotor Anwendung durch Änderung des Erregerstromes mittels eines Feldstellers (Bild 5.42). Da bei Nennbetrieb des Motors auch in der Erregerwicklung der Nennerregerstrom fließt, läßt sich eine Feldverstärkung zur Drehzahl*verminderung* nicht durchführen. Die Drehzahlsteuerung beschränkt sich daher auf eine *Steigerung* der Drehzahl über den Nennwert hinaus. Bild 5.64 zeigt die

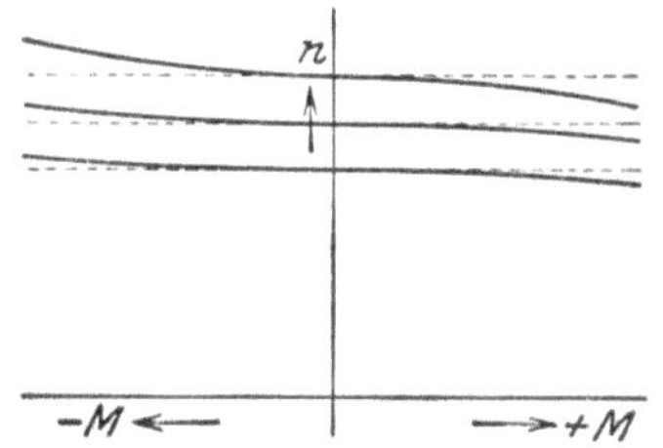

Bild 5.64. Drehzahllinien eines Nebenschlußmotors
bei Feldsteuerung

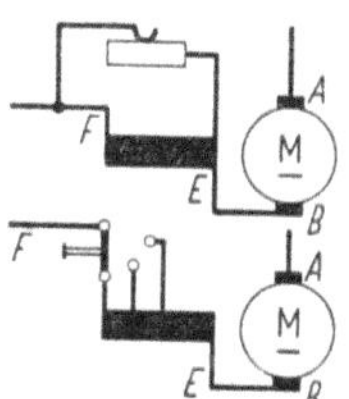

Bild 5.65. Feldsteuerung
Reihenschlußmotors

Abhängigkeit der Drehzahl vom Drehmoment bei verschiedenen Erregerströmen. Die oberste Linie entspricht natürlich dem kleinsten Erregerstrom. Die Feldsteuerung hat mit der Leonardschaltung den Vorzug gemeinsam, daß die Steuerung feinstufig und ohne zusätzlichen Verlust möglich ist. Ebenso ist die Drehzahl von der Belastung fast unabhängig und zeigt selbst bei negativen Momenten keine starken Änderungen. Eine Abwärtssteuerung ist jedoch unmöglich. Bei dem Antrieb einer Arbeitsmaschine, z. B. einer Werkzeugmaschine, ist es daher nötig, die normale Drehzahl des Motors mittels der Übersetzung der *langsamsten* Arbeitsgeschwindigkeit anzupassen. Man kann dann einen großen Steuerbereich nur dadurch erzielen, daß man die Nenndrehzahl des Motors sehr niedrig wählt. Dies hat aber bei gleicher Leistung große Motorabmessungen und damit eine Verteuerung zur Folge. Steigerungen der Drehzahl auf mehr als das Zweifache der normalen werden daher nur selten angewandt.

Bei *Reihenschlußmotoren* läßt sich die Feldsteuerung ebenfalls durchführen, und zwar kommt nach Bild 5.65 entweder die Parallelschaltung eines Wider-

standes oder die Anzapfung der Erregerwicklung zur Anwendung. Beide Möglichkeiten erfordern wegen der Größe der Ströme starke Schaltkontakte. Damit ist aber nicht gesagt, daß durch die Steuerung auch große Verluste bedingt
sind. Durch die Parallelschaltung von Widerständen oder durch Abschaltung
von Windungen werden doch in jedem Falle die Stromwärmeverluste *vermindert*. An Stelle des Parallel*widerstandes* ist eine Reihenschaltung aus Spule und
Widerstand, die parallel zur Erregerwicklung liegt, vorzuziehen, weil sonst
bei plötzlichen Stromstößen infolge der Selbstinduktion der Erregerwicklung
der Motorstrom zum überwiegenden Teil seinen Weg durch den Parallelwiderstand nehmen würde. Der Motor würde dadurch im ersten Augenblick unvoll-
kommen erregt sein.

Die Feldsteuerung wird zuweilen mit der Anlaßschaltung kombiniert.
Bild 5.66 stellt den Motoranlasser eines Nebenschlußmotors dar, bei welchem

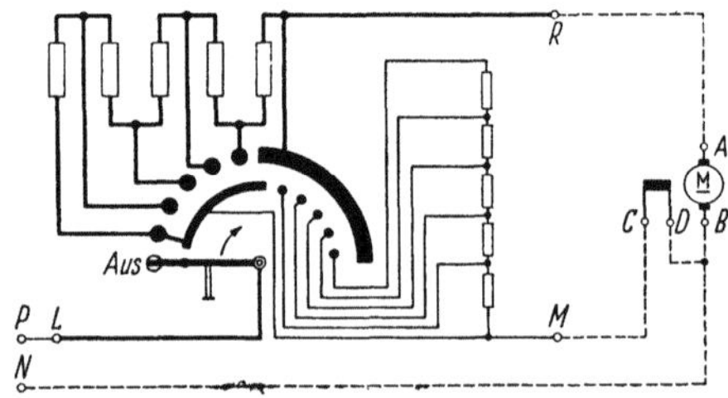

Bild 5.66. Steueranlasser für Feldsteuerung (Innenschaltbild)

nach der eigentlichen Anlaßbewegung durch Weiterdrehen der Kurbel Erreger-
widerstände eingeschaltet werden, wodurch die Drehzahl gesteigert wird.

Die Grenze der Drehzahlsteuerung. Eine Abwärtsbewegung der Drehzahl ist bei einigen
Steuerarten bis auf Null möglich. Zu beachten ist nur, daß mit verminderter Drehzahl
auch die Lüftung stark sinkt und daß die Motoren dann zu warm werden können. Aus
dem gleichen Grunde ist es auch unzulässig, die Erregung eines ruhenden Nebenschlußmotors eingeschaltet zu lassen.

Einer Steigerung der Drehzahl sind mechanische und elektrische Grenzen gezogen.
Durch eine zu hohe Drehzahl können sich infolge der Schleuderkräfte die Ankerbänder
lösen, wodurch der Motor der Gefahr völliger Zerstörung ausgesetzt ist. Da nach den
Vorschriften jeder Motor eine Steigerung der Drehzahl um 20% über die auf dem Leistungsschild angegebene höchste Betriebsdrehzahl hinaus ertragen muß, soll sich jede Drehzahlsteigerung unbedingt innerhalb dieser Grenze halten. Elektrisch ist die Steigerung der
Drehzahl dadurch begrenzt, daß mit der Erhöhung der Drehzahl die Stromwendung
immer schwieriger wird. Motoren ohne Wendepole ertragen daher, auch wenn sie mechanisch fest genug sind, keine hohen Steigerungen.

Die Steigerung der Drehzahl auf einen hohen Wert erfolgt durch eine entsprechende
Schwächung des Feldes. Ein derart stark geschwächtes Feld wird aber bei Belastungsstößen sehr stark von der das Feld schwächenden Ankerrückwirkung beeinflußt, wodurch
ein wenig stabiler Lauf des Motors entsteht. Nebenschlußmotoren für einen großen Stellbereich erhalten daher eine zusätzliche *Reihenschlußerregerwicklung*, welche die Nebenschlußwicklung unterstützt. Natürlich hat sie einen kleinen Drehzahlfall bei wachsender
Belastung zur Folge.

Die Leistung bei veränderter Drehzahl. Die Leistung ist durch die Temperaturgrenze
bestimmt. Da sich bei einer Änderung der Drehzahl die Verluste ändern, wird auch die
Leistung, die wir der Maschine zumuten dürfen, dann eine andere sein. Bestimmend sind
vor allem die Verluste des Ankers. Wenn wir einen Nebenschlußmotor, der in Leonardschaltung betrieben wird, auf die Hälfte seiner Nenndrehzahl herabsteuern wollen, müssen

wir ihm die Hälfte der Nennspannung zuführen. Die Eisenverluste im Anker sind dadurch verändert. Die Eisenverluste hängen von der Drehzahl und der Flußdichte ab. Da die Flußdichte in unserem Falle unverändert geblieben ist, können wir sagen, daß die Hysteresisverluste sich bei halber Drehzahl auf die Hälfte und die Wirbelstromverluste auf ein Viertel vermindert haben [Gl. (5.20), (5.21)]. Wenn man die gleichen Verluste wie bei voller Drehzahl zulassen könnte, dürften die Stromwärmeverluste des Ankers um so viel größer gewählt werden, wie sich die Eisenverluste vermindert haben, d. h. der Anker könnte mit größerem Strom belastet werden. Dies ist aber nicht der Fall, weil der halben Drehzahl eine wesentlich geringere Kühlung entspricht. In welchem Maße sich die Kühlung vermindert hat, hängt sehr von der Ausführung des Motors ab. Angenommen, es wäre zulässig, den Motor auch bei halber Drehzahl mit seinem Nennstrom zu belasten, dann würde er also auch dann noch dauernd das Nennmoment entwickeln können. Die Leistung, die dem Produkt aus Drehmoment und Drehzahl proportional ist, wäre demnach bei halber Nenndrehzahl nur noch gleich der halben Nennleistung. Bei der Leonardschaltung sinkt also die Maschinenleistung etwa proportional mit der Drehzahl.

Ein Nebenschlußmotor, dessen Drehzahl durch Feldschwächung verdoppelt worden ist, hat fast noch die gleichen Eisenverluste, denn die Wirbelstromverluste [Gl. (5.20)] sind durch die Halbierung des Feldes und die Verdoppelung der Drehzahl unverändert geblieben, die Hysteresisverluste [Gl. (5.21)] haben sich um ein geringes vermindert, weil das Produkt aus $\Phi^2 \cdot n$ kleiner geworden ist. Durch die Drehzahlsteigerung ist aber die Kühlung wesentlich besser geworden, so daß dem Anker ein größerer Stromwärmeverlust als bei normaler Drehzahl zugemutet werden kann. Hieraus folgt das Ergebnis: Bei Drehzahlsteuerung durch Feldschwächung ist die der Maschine dauernd entnehmbare Leistung etwa gleich der Nennleistung.

5.10 Elektrische Bremsung mittels Gleichstrommotoren

Die elektrische Bremsung hat der mechanischen gegenüber den Vorzug, daß kein Verschleiß eintritt. Die Bremsenergie wird elektrisch leicht und gefahrlos abgeführt, zuweilen sogar zurückgewonnen. Eine gute Steuerung und Regelung der Bremsung ist möglich. Je nachdem ob die Bremsenergie in Widerständen in Wärme umgewandelt oder als elektrische Energie dem Netz wieder zugeführt wird, unterscheidet man *Widerstandsbremsung* und *Nutzbremsung*. Handelt es sich um die Absenkung von Lasten, so spricht man von *Senkbremsung* und von *Nachlaufbremsung*, wenn Fahrzeuge od. dgl. durch Bremsung stillgesetzt werden sollen.

5.10.1 Senkbremsung

a) Mit dem Nebenschlußmotor. Wenn der in Bild 5.67 dargestellte Nebenschlußmotor eines Aufzuges im *Senksinne* eingeschaltet wird, addieren sich die Drehmomente des Motors und der Last und ergeben eine große Beschleunigung. Mit wachsender Drehzahl steigt die innere Spannung U_q des Motors und erreicht etwa bei Leerlaufdrehzahl des Motors eine mit der Netzspannung U übereinstimmende Größe. In diesem Augenblick ist der Ankerstrom $I_A = (U - U_q)/R_A$ und damit sein Drehmoment Null, so daß nur noch die Last abwärts treibend wirkt. Tritt nun unter diesem Antrieb eine Überschreitung der Leerlaufdrehzahl des Motors ein, so übersteigt der Betrag der inneren Spannung U_q die Netzspannung U und treibt einen umgekehrt gerichteten Strom in das Netz. Der Motor ist damit zum Generator geworden und wirkt bremsend, weil dem negativen Strom auch ein negatives Moment entspricht. Die Linie a in Bild 5.57 zeigt den Drehzahlverlauf bei Bremsung. — Man erkennt, daß die Drehzahl nur um wenige Prozent über der Leerlaufdrehzahl liegt. Durch die Einschaltung eines Widerstandes in den Ankerkreis wird nicht die Senkgeschwindigkeit vermindert, sondern im Gegenteil erhöht, weil jetzt eine um den Spannungsverlust in diesem Widerstand größere Spannung U_q erzeugt werden muß, um den erforderlichen Bremsstrom zu treiben,

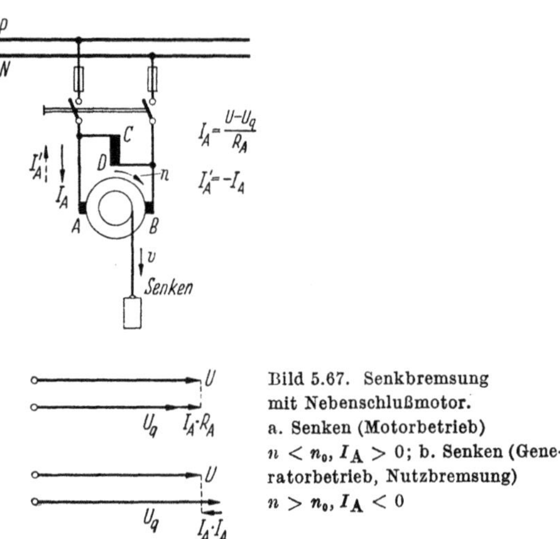

Bild 5.67. Senkbremsung mit Nebenschlußmotor. a. Senken (Motorbetrieb) $n < n_0$, $I_A > 0$; b. Senken (Generatorbetrieb, Nutzbremsung) $n > n_0$, $I_A < 0$

was nur durch Vergrößerung der Geschwindigkeit möglich ist. Über den Wert einer solchen Nutzbremsung darf man sich keine übertriebene Vorstellung machen. Wenn der Motor beim Heben z. B. 10 kW aus dem Netz entnimmt und der Wirkungsgrad des Windwerks 0,6, derjenige des Motors 0,85 ist, so werden für das Heben der Last $10 \text{ kW} \cdot 0{,}6 \cdot 0{,}85 = 5{,}1 \text{ kW}$ aufgewandt. Wenn beim Senken der gleiche Wirkungsgrad besteht, gehen von dieser Leistung $5{,}1 \text{ kW} \cdot 0{,}6 \cdot 0{,}85 = 2{,}6 \text{ kW}$ in das Netz zurück. In Bild 5.67 kann der Bremsstrom zum Laden einer Batterie oder zur Speisung anderer angeschlossener Verbraucher dienen. Wird die Speisespannung durch einen Gleichrichter erzeugt, durch den negative Ströme nicht fließen können, dann stürzt die Last ohne Bremsung ab. Dasselbe tritt auch ein, wenn bei der Nutzbremsung eine Sicherung auslöst, oder ein vorgeschalteter Schalter geöffnet wird. Wo ein solcher Fall denkbar ist, müssen Schutzmaßnahmen gegen eine Überschreitung der zulässigen Drehzahl getroffen werden.

Eine Bremsung bei Drehzahlen unterhalb der Leerlaufdrehzahl ist nur durch Widerstandsbremsung nach Bild 5.68 möglich. Je kleiner man den Bremswiderstand R macht, mit um so weniger Spannung kann man den erforderlichen Bremsstrom erzeugen, um so langsamer wird also abgesenkt. Der Widerstand darf jedoch nicht zu klein sein, weil sonst die Bremswärmemenge $W = I_A^2 (R_A + R) \cdot t$ hauptsächlich im Motor entsteht. Ein *Halten* der Last ist natürlich unmöglich, weil nur durch *Bewegung* Bremsstrom erzeugt werden kann.

Man könnte daran denken, statt der fremden Erregung Selbsterregung anzuwenden. Wir wissen jedoch, daß schon bei etwa halber normaler Drehzahl die Selbsterregung unsicher (Bild 5.33 gestrichelte Linie) wird, und damit auch die Bremsung aufhört.

b) Mit dem Reihenschlußmotor. Bei ihm ist in einfacher Weise nur die Widerstandsbremsung möglich. Bild 5.69 zeigt links den Motor hebend und rechts auf einen Bremswiderstand R als Generator geschaltet bremsend. Je kleiner der Widerstand R ist, um so langsamer sinkt die Last ab. Damit sich der Generator selbst erregt, müssen Feld und Anker in bestimmter Schaltung

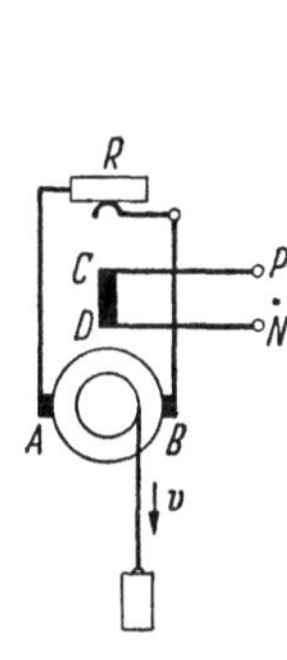

Bild 5.68. Widerstandssenkbremsung mit Nebenschlußmotor

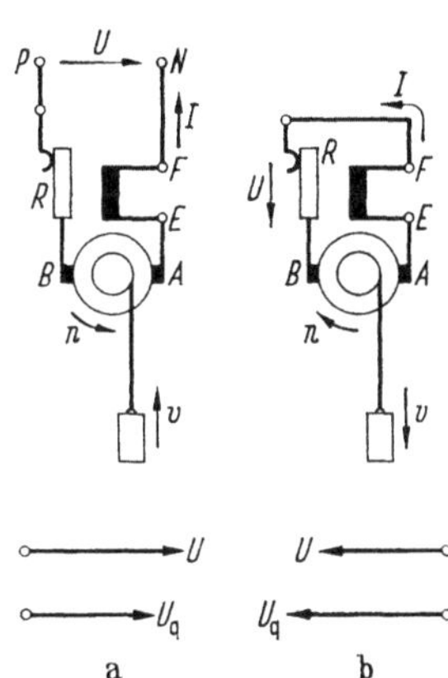

Bild 5.69. Senkbremsung mit Reihenschlußmotor. a. Heben (Linkslauf); b. Senken (Rechtslauf)

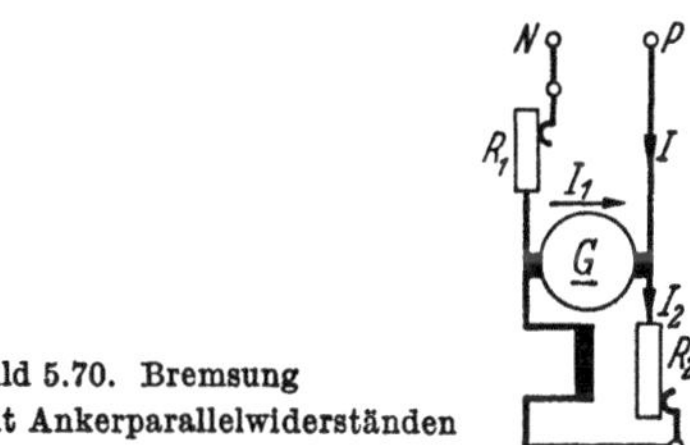

Bild 5.70. Bremsung mit Ankerparallelwiderständen

zueinander liegen. Um die Richtigkeit zu prüfen, müssen wir den Motor beim Heben betrachten: Der Pfeil von U_q ist beim Heben nach rechts gerichtet, und es bleibt ein remanenter Magnetismus zurück, der einem Erregerstrom der gezeichneten Richtung entspricht. Wenn wir nun senken, muß U_q wegen der umgekehrten Drehrichtung nach links gerichtet sein, und es entsteht daher ein Strom, welcher die Erregerwicklung in demselben Sinne durchfließt, der also, wie gewünscht, den remanenten Magnetismus verstärkt.

Eine kräftige Bremsung läßt sich auch mit einem Ankerparallelwiderstand nach Bild 5.59 erzielen, wie an Bild 5.60 gezeigt wurde. Die Wirkung wird durch Schaltung (Bild 5.70) noch besser, weil der Ankerstrom die Erregung unterstützt. Ein Nachteil ist der hohe Stromverbrauch.

5.10.2 Nachlaufbremsung

a) Mit dem Nebenschlußmotor. Eine Nutzbremsung ist dadurch möglich, daß man einen steuerbaren Motor verwendet, welcher normal mit geschwächtem

Feld. also erhöhter Drehzahl arbeitet. Kurz vor der Stillsetzung wird das Feld auf seinen Höchstwert gebracht, wodurch die Drehzahl auf ihren niedrigsten Wert sinkt, während die Bremsenergie in das Netz zurückgeliefert wird. Bei einem Stellbereich von 1:3 könnte die Drehzahl auf ein Drittel herabgesetzt werden wodurch die Bewegungsenergie $m \cdot v^2/2$ auf ein Neuntel sinken würde. Da im normalen Betrieb der Motor mit stark geschwächtem Feld arbeitet, ist er schlecht ausgenutzt, d. h. der Motor ist groß und teuer.

Mit der Widerstandsbremsung nach Bild 5.68 ist eine wirksame Nachlaufbremsung bei niedriger Drehzahl möglich.

b) Mit dem Reihenschlußmotor. Bild 5.71a zeigt einen Reihenschlußmotor *treibend.* Wenn wir ihn nach Bild 5.71b auf einen Bremswiderstand schließen, wird wegen der unveränderten Drehrichtung eine innere Spannung U_q in glei-

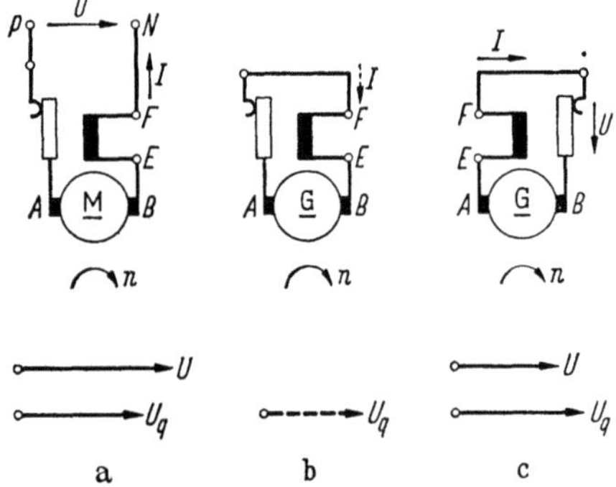

Bild 5.71. Nachlaufbremsung mit Reihenschlußmotor. a. Motorbetrieb; b. falsche, c. richtige Bremsschaltung

cher Richtung wie bei *a* erzeugt, die aber einen Erregerstrom hervorruft, der dem remanenten Magnetismus entgegenwirkt. Der Generator erregt sich also in dieser Schaltung *nicht.* Es muß die durch Bild 5.71c dargestellte Schaltung verwendet werden. Man beachte also, daß bei Abbremsung des Nachlaufes eine Umpolung des Ankers oder der Reihenschluß-Erregerwicklung gegenüber der Fahrschaltung notwendig ist.

82. Beispiel. Wie ist ein Doppelschlußmotor mit Wendepolen bei der Nachlaufbremsung (Rechtslauf) zu schalten?

Wie vorstehend gezeigt wurde, muß die Reihenschlußwicklung $E-F$ gegenüber dem Anker umgepolt werden. Die Nebenschlußwicklung $C-D$ bleibt hingegen in der gleichen Schaltung zum Anker wie bei der Fahrt. Die Wendepolwicklung $G-H$ gehört nach unserer früheren Regel zum Anker, bleibt also in der gleichen Schaltung zu dem Anker wie bei der Fahrt (Bild 5.72).

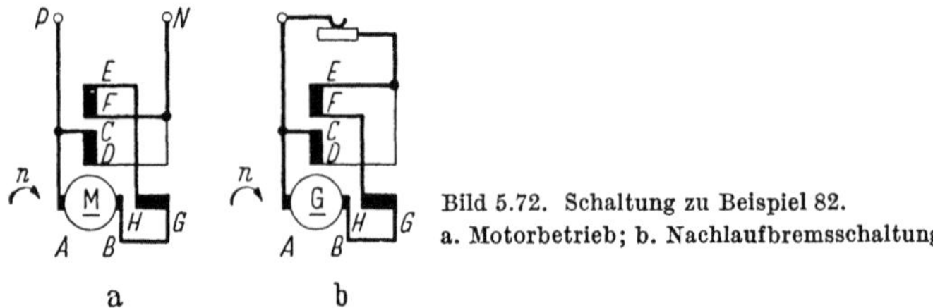

Bild 5.72. Schaltung zu Beispiel 82.
a. Motorbetrieb; b. Nachlaufbremsschaltung

83. Beispiel. Ein Kran-Reihenschlußmotor von 15 kW hebt die Höchstlast von $10^5\,\mathrm{N} \approx 10^4\,\mathrm{kp}$ mit einer Geschwindigkeit von 5,9 m/min. Wie groß muß der Bremswiderstand sein, wenn die gleiche Last mit der gleichen Geschwindigkeit abgesenkt werden soll (Bild 5.69)? Der Getriebewirkungsgrad ist zu 0,65, der des Motors zu 0,88 anzunehmen. Die Motornennspannung beträgt $U_N = 500$ V.

Beim Heben bzw. Senken sei das Motormoment M_{MH} bzw. M_{MS}, und die Motorleistung an der Welle P_{MH} bzw. P_{MS}. Das Lastmoment M_L und der Betrag der Hub- bzw. Senkleistung P_L ist beim Heben wie beim Senken gleich groß. Nimmt man beim Heben und Senken den gleichen Getriebewirkungsgrad η an, so ist beim Heben $\eta = P_L/P_{MH}$ und beim Senken $\eta = P_{MS}/P_L$. Daraus erhält man $P_{MS} = \eta^2 \cdot P_{MH}$.

Zum Heben der Last werden $P_{MH} = F \cdot v/\eta = (10^5\ \text{N} \cdot 0,098\ \text{m/s}){:}0,65 = 15 \cdot 10^3\ \text{Nm/s} = 15$ kW benötigt.

Da die gleiche Motordrehzahl beim Heben wie Senken auftreten soll, wird $M_{MS} = \eta^2 \cdot M_{MH} = 0,65^2 \cdot M_{MH} = 0,42\ M_{MH}$. Beim Heben ist der Motor mit Nennleistung betrieben und läuft mit der Nenndrehzahl. Beim Senken tritt deshalb das 0,42fache Motornennmoment auf. Nach Bild 5.49 entspricht dies einem Bremsstrom von $I = 0,56 \cdot I_N$, damit $I = 0,56 \cdot P_N/(\eta_{mot} \cdot U_N) = 0,56 \cdot 15 \cdot 10^3\ \text{W}/(0,88 \cdot 500\ \text{V}) = 19,1$ A. Die Bremsleistung an der Motorwelle beträgt $P_{MS} = 0,42 \cdot 15$ kW $= 6,3$ kW. Nehmen wir näherungsweise entspr. Bild 5.56 den gleichen Generatorwirkungsgrad wie bei Motornennbetrieb an, so ist die im Bremswiderstand umzusetzende Bremsleistung $P_{Br} = 6,3$ kW $\cdot 0,88 = 5,55$ kW. Da aber $P_{Br} = I^2 \cdot R$ ist, wird $R = P_{Br}/I^2 = 5,55 \cdot 10^3\ \text{W}/19,1^2\ \text{A}^2 = 15,2\ \Omega$. Die Spannung am Bremswiderstand beträgt dabei $U_{Br} = 15,2\ \Omega \cdot 19,1$ A $= 290$ V.

6. Einphasen- und Drehstromsynchronmaschinen

6.1 Aufbau

Bei den Synchronmaschinen liegt in der Regel derjenige Teil, in dem die Spannung induziert wird, im Ständer. Deshalb sind zwischen Netzleitung und Anker (Ständerwicklung) weder Schleifringe noch Bürsten erforderlich. Dafür muß zur Erzeugung des magnetischen Flusses der Erregergleichstrom über Bürsten und Schleifringe dem Läufer (Polrad, Induktor) zugeführt werden.

Bild 6.1 zeigt einen Teil eines Einphasenstromgenerators. M ist das Polrad (Läufer) mit den Polen, die mittels der Erregerwicklung E erregt werden.

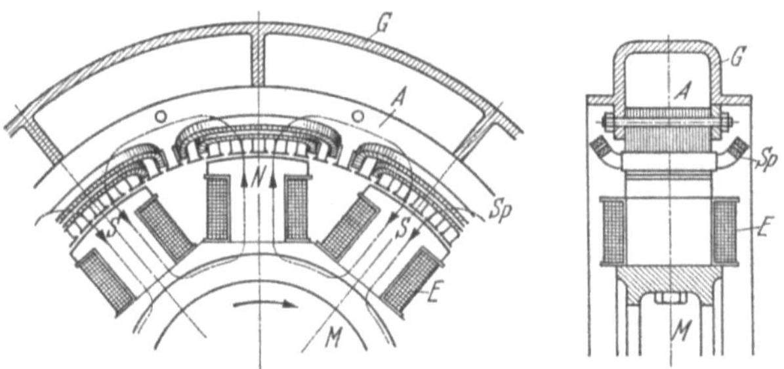

Bild 6.1. Einphasenstromgenerator

Da das Eisen des Polrades einen konstanten Magnetfluß führt, braucht es nicht in Blech unterteilt zu werden. Der feststehende Anker (Ständer) besteht aus einem Blechpaket A, in dessen Nuten die Spulen Sp eingebettet sind.

Die Spulenweite stimmt mit der Polteilung überein. Getragen wird das Blechpaket durch ein Gehäuse G, welches an der Führung des Magnetflusses unbeteiligt ist.

Drehstromgeneratoren unterscheiden sich durch die mehrphasige Wicklung von den Wechselstromgeneratoren.

Sie haben den Vorzug, daß sämtliche Ständernuten bewickelt werden können, was bei den Einphasenmaschinen nicht der Fall ist. Die Typenlesitung ist schon deshalb bei Drehstromgeneratoren größer.

Bild 6.2 zeigt schematisch einen vierpoligen Drehstromgenerator. Der durch Gleichstrom erregte Läufer ist, wie dies bei Turbomaschinen wegen der hohen Drehzahl üblich, als zylindrischer Körper von verhältnismäßig großer Länge hergestellt, bei dem die Erregerwicklung in Nuten liegt. Der erforderliche Erreger-Gleichstrom wird gewöhnlich von einer mit dem Generator unmittelbar gekuppelten kleinen *Erregermaschine* geliefert. Die großen Leistungen, für welche solche Generatoren gebaut werden, erfordern besondere Maßnahmen zur Abfuhr der erzeugten Verlustwärme und zur Beherrschung der bei Kurzschluß auftretenden sehr großen Ströme und Kräfte. Zur Abfuhr der Verlustwärme muß ständig ein Luftstrom durch die Maschine getrieben

werden, der im *Kreislauf* die Wärme in einem Kühler abgibt. Anstelle von
Luft wird bei großen Maschinenleistungen *Wasserstoff* verwendet, da dieses
Gas eine größere Kühlfähigkeit besitzt. Bei gasförmigen Kühlmitteln ist das

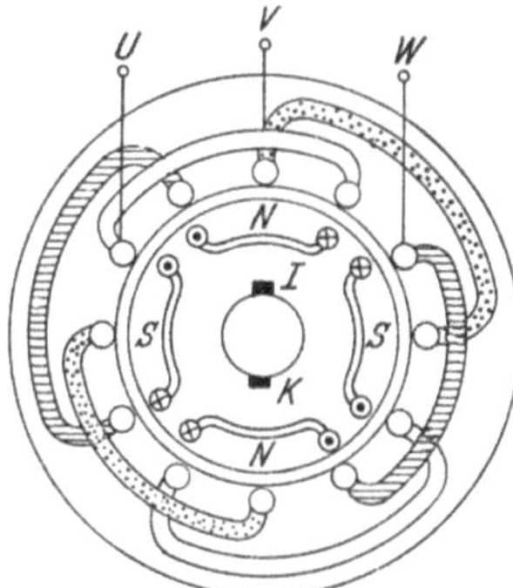

Bild 6.2. Drehstromgenerator

Wärmeabfuhrvermögen proportional zur Dichte. Man erhält deshalb eine
Kühlungsverbesserung, wenn man das gasförmige Kühlmittel unter Druck verwendet. Drücke bis maximal etwa 6 bar $= 6 \cdot 10^5$ Pa sind üblich. Bei der
indirekten Leiterkühlung wird die Verlustwärme über die Leiterisolation, an-
grenzende Luftspalte und metallische Bauteile an das Kühlmittel abgeführt.
Sehr viel wirksamer ist die *direkte* Leiterkühlung bei der der Wärmeübergang
unmittelbar vom Leiter zum Kühlmittel erfolgt. Hierzu werden Hohlleiter,
die vom Kühlmittel durchströmt werden, verwendet. Bei sehr großen Maschinenleistungen werden verschiedene Kühlmittel gleichzeitig eingesetzt. So
kann z. B. Wasserstoff zur Kühlung der Läuferwicklung und des Ständerblech-
paketes und Wasser zur Kühlung der Ständerwicklung verwendet werden.

Die Kurzschlußströme können die Maschine vor allem durch die mechanischen Kräfte, die sie ausüben, gefährden. Die aus dem Eisen herausragenden
Wicklungsköpfe werden stark gegeneinander versteift. Außerdem sucht man
die Größe des Stoßkurzschlußstromes klein zu halten.

Der Maximalwert des Stoßkurzschlußstromes ist im wesentlichen durch die
Anfangsreaktanz (Subtransient-Längsreaktanz; s. auch Bild 6.10) bestimmt.
Diese kommt durch die magnetische Streuung zwischen Ständer- und Dämpfer-
wicklung zustande und kann durch die Konstruktion beeinflußt werden.

Die Nennbetriebsspannung wird um so größer gewählt, je größer die Nennleistung ist. Bei Synchrongeneratoren in Kraftwerken beträgt die Nennbetriebsspannung in der Regel 10,5 kV, in besonderen Fällen 15,75 kV oder
sogar 21 kV.

6.2 Verhalten der Generatoren

Die bei einer bestimmten geforderten Leistung als zulässig betrachteten
Verluste bestimmen bei gegebenen Kühlverhältnissen die Baugröße eines Generators. Bei einer gegebenen Maschine sind die Kupferverluste vom Strom,
die Eisenverluste von der Spannung abhängig. Für die Belastbarkeit der Maschine ist daher die Scheinleistung maßgebend. Die Maschinennennleistung
wird deshalb als Scheinleistung, z. B. in der Einheit kVA, angegeben.

6.2.1 Leerlauf

Die allgemeine Spannungsgleichung $U_q = c_u \cdot \Phi \cdot n$ gilt auch für den Einphasen- und Drehstromgenerator. Bei der üblichen konstanten Drehzahl n steigt daher genau wie bei den Gleichstromgeneratoren die innere Spannung nach einer der Magnetisierungslinie ähnlichen Linie an, wenn man den Erregerstrom verstärkt. Man erhält also die durch Bild 5.33 dargestellte *Leerlaufkennlinie*. Es ist zu beachten, daß die verhältnismäßig geringe Spannung der unerregten Maschine, die durch den remanenten Magnetismus entsteht, nicht ungefährlich ist. Eine Maschine mit 10000 V Nennspannung erzeugt, wenn man diese Restspannung zu 5% annimmt, immerhin noch 500 V. Die erzeugte *Frequenz f* ist durch die Drehzahl n und die Polpaarzahl p bestimmt. Eine zweipolige Maschine erzeugt bei einer Umdrehung *eine* Periode, bei n Umdrehungen n Perioden. Eine Maschine mit p Polpaaren erzeugt daher eine Spannung mit der Frequenz

$$f = p \cdot n \,. \tag{6.1}$$

Ein 12-poliger Generator liefert bei $n = 500 \text{ min}^{-1}$ $f = 6 \cdot 500 \text{ min}^{-1} =$
$= 6 \cdot 500 \text{ min}^{-1}/(60 \text{ s/min}) = 50 \text{ Hz}$. Da man Drehzahlen üblicherweise in Umdrehungen je Minute, also in der Einheit min^{-1} ausdrückt, die Frequenz aber in Hertz, also in der Einheit s^{-1} angegeben wird, so kann man Gl. (6.1) auch als zugeschnittene Größengleichung

$$\frac{f}{\text{s}^{-1}} = \frac{1}{60} \cdot p \cdot \frac{n}{\text{min}^{-1}} \tag{6.2}$$

schreiben. Für den vorhergehenden zwölfpoligen Generator ergibt sich genau so:

$$f = \frac{1}{60} \cdot 6 \cdot \frac{500 \text{ min}^{-1}}{\text{min}^{-1}} \cdot \text{s}^{-1} = 50 \text{ s}^{-1} = 50 \text{ Hz} \,.$$

6.2.2 Belastung

Bild 6.3 zeigt das Schaltbild eines Drehstromgenerators ($\triangle$-Schaltung des Ständers). $I-K$ ist die Erregerwicklung, welche ihren Gleichstrom von einer fremden Stromquelle oder einer gekuppelten Erregermaschine empfängt. Bei

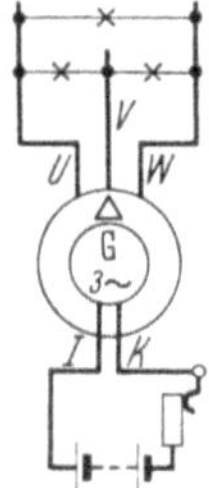

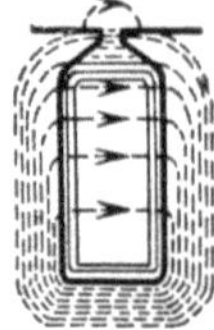

Bild 6.3. Schaltung eines Drehstromgenerators   Bild 6.4. Streufluß in einer Nut

konstanter Drehzahl und Erregung bleibt die Spannung U der Maschine bei wachsender Belastung nicht konstant, weil der Belastungsstrom Spannungsverluste hervorruft. Um den Belastungsstrom I durch den ohmschen Widerstand R_A der Wicklung zu treiben, wird eine Spannung $R_A \cdot I$ benötigt. Ferner wirkt der Strom I durch *Ankerrückwirkung* auf das Hauptfeld ein, wie wir dies bei den Gleichstrommaschinen bereits kennengelernt haben. Durch diese Feldänderung wird die Größe der erzeugten inneren Spannung verändert. Schließlich tritt bei den Wechsel- und Drehstromgeneratoren noch eine im folgenden betrachtete Spannungsänderung durch den Belastungsstrom auf, die bei den Gleichstrommaschinen nicht vorhanden ist. In Bild 6.4 ist eine Ankernut dargestellt, deren Leiter stromdurchflossen sind. Der Strom erzeugt quer durch die Nut hindurch einen Streufluß. Um die aus dem Eisen herausragenden Spulenköpfe entsteht ebenfalls ein Streufluß, die Spulenkopfstreuung. Diese Wechselfelder erzeugen in den Ankerspulen Selbstinduktionsspannungen. Die Ankerrückwirkung verändert das Hauptfeld. Ohmscher Spannungsfall, Streuspannungsfall und Spannungsfall durch Ankerrückwirkung subtrahieren sich hier aber nicht algebraisch von der erzeugten inneren Spannung, sondern geometrisch. Infolgedessen ist die Klemmenspannung U auch von der Phasenverschiebung zwischen Belastungsstrom und Klemmenspannung abhängig. Das Diagramm (Bild 6.5) lehrt nun, daß ein Generator mit zunehmender Belastung bei $\cos\varphi = 1$ und in noch viel stärkerem Maße bei induktiver Belastung (Strom der Spannung nacheilend) einen Spannungs*fall* zeigt, während bei kapazitiver Belastung (Strom der Spannung voreilend) eine Spannungs*erhöhung* auftritt (Bild 6.5).

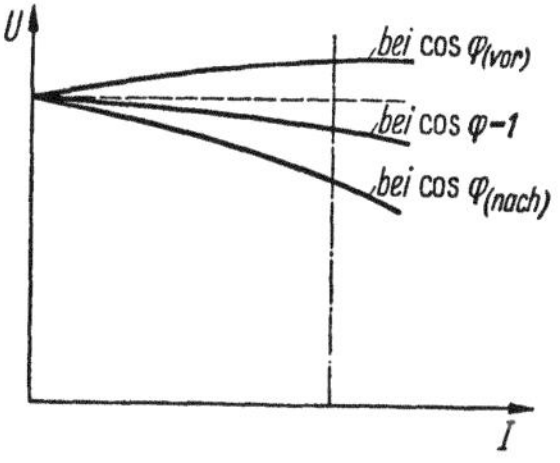

Bild 6.5. Spannungsänderung bei verschiedener Belastung

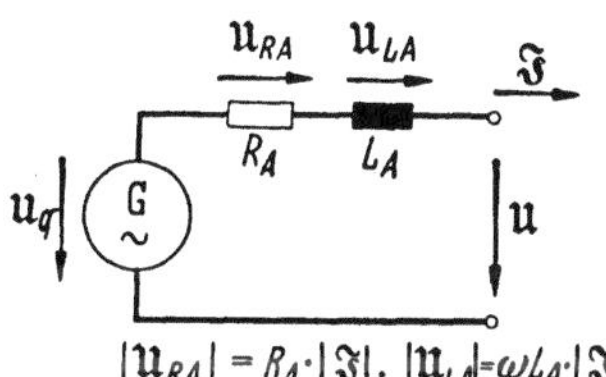

Bild 6.6. Ersatzschaltbild des Wechselstromgenerators

Die Wirkung der in der Maschine auftretenden Streufelder kann man sich im Ersatzschaltbild durch eine vorgeschaltete Spule mit der Induktivität L ersetzt denken. In gleicher Weise kann man auch mit dem ohmschen Widerstand verfahren, wie es das Ersatzschaltbild Bild 6.6 veranschaulicht. Für die drei Hauptbelastungsfälle $\varphi = 0$, $\varphi = 90°$ nacheilend und $\varphi = 90°$ voreilend ergeben sich dann die in Bild 6.7 dargestellten Zeigerdiagramme, bei welchen zu der Klemmenspannung U die Spannungen $R \cdot I$ und $\omega L \cdot I$ der Stromrichtung gemäß addiert die innere Spannung U_q ergeben. Die Diagramme zeigen deutlich, daß bei induktiver Belastung die innere Spannung wesentlich größer als die Klemmenspannung ist, während es bei kapazitiver Belastung der Maschine gerade umgekehrt ist. Hierbei ist die Ankerrückwirkung noch nicht berücksichtigt. Die innere Spannung U_q wird durch das Hauptfeld erzeugt. Dieses ist durch die Ankerrückwirkung beeinflußt.

Die **Ankerrückwirkung** läßt sich an Hand der drei oberen Feldbilder in Bild 6.7 leicht überblicken. Bei induktionsfreier Belastung ($\varphi = 0$) tritt der Höchstwert des Stromes im Anker genau zur selben Zeit wie der Höchstwert der Spannung auf. Bei der gezeichneten Polstellung wird gerade der Höchstwert der Spannung erzeugt, und man erkennt, daß das Feld der Ankerleiter, genau wie bei den Gleichstrommaschinen, auf die eine Polhälfte schwächend, auf die andere verstärkend wirkt. Wegen der Sättigung kommt natürlich für den ganzen Pol auch hier eine gewisse Schwächung zustande. Bei induktiver Belastung ($\varphi = 90°$ nacheilend) ist der Pol bereits um 90° in der Drehung weiter, wenn der Höchstwert des Stromes auftritt. Man sieht, daß dann das Hauptfeld über die ganze Polbreite durch das Ankerfeld geschwächt wird, wodurch ein beträchtlicher Spannungsfall verursacht wird. Bei kapazitiver Belastung ($\varphi = 90°$ voreilend) hat der Pol den Leiter noch

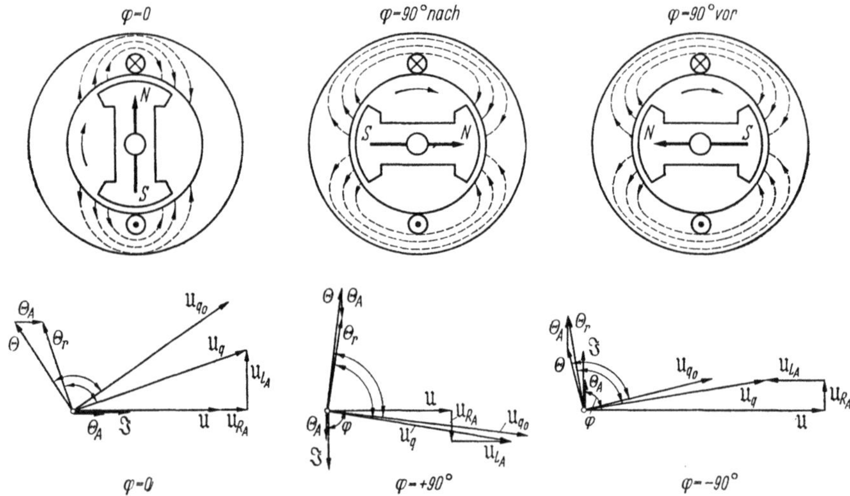

Bild 6.7. Ankerrückwirkung der Wechselstrommaschine (Ständer und Läufer schematisch gezeichnet)

nicht erreicht, wenn das Strommaximum eintritt. Infolgedessen wirkt das Ankerfeld über die ganze Polbreite verstärkend, wodurch eine Spannungserhöhung verursacht wird.

Zur zahlenmäßigen Bestimmung der Ankerrückwirkung muß man sich ein Zeigerdiagramm der Felder zeichnen, wobei man zweckmäßig die Felder durch die Durchflutung Θ darstellt, die zu ihrer Erzeugung nötig sind. Wird z. B. im Leerlauf mittels des Erregerstromes ein Feld Θ eingestellt, so tritt bei Belastung ein Ankerfeld Θ_A hinzu, so daß sich dadurch ein resultierendes Feld Θ_r ergibt. Durch dieses resultierende Feld wird die früher bestimmte innere Spannung U_q erzeugt. In Bild 6.7 ist das Durchflutungsdiagramm für den Fall $\varphi = 0$ eingezeichnet. Θ_A liegt mit dem Belastungsstrom in Phase. Θ_r muß der inneren Spannung U_q um 90° voreilen. Die sich aus beiden ergebende Durchflutung Θ würde bei Abschaltung der Belastung eine innere Spannung U_{q0} erzeugen, welche um 90° gegen Θ nacheilt. Aus diesem Diagramm läßt sich folgendes erkennen: Der ohmsche Spannungsfall $R_A \cdot I$, der gegenüber dem induktiven gewöhnlich klein ist, spielt bei einer Phasenverschiebung von $\pm 90°$ fast keine Rolle, weil er etwa senkrecht zu der inneren Spannung steht. In diesem speziellen Fall ist also einfach $U_q = U \pm \omega L_A \cdot I$. Ferner

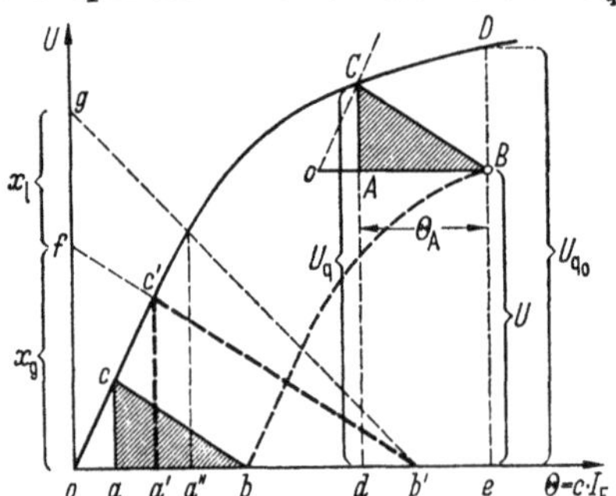

Bild 6.8. Ermittlung der Dauerkurzschlußströme

zeigt sich, daß sich die Durchflutungen fast algebraisch addieren lassen. Bei rein induktiver Belastung ist also $\Theta_r = \Theta - \Theta_A$ und bei rein kapazitiver Belastung $\Theta_r = \Theta + \Theta_A$. Wenn wir unter Zugrundelegung der Leerlaufkennlinie Bild 6.8 einen Erregerstrom $o - e$

einstellen, so liefert die Maschine im Leerlauf die innere Spannung U_{q0} gleich der Strecke $e-D$. Durch eine um $90°$ nacheilende Belastung ($\varphi = +90°$) mit einem Strom I tritt eine Ankerdurchflutung Θ_A auf, welche, im Erregerstrom ausgedrückt, einfach von $o-e$ subtrahiert werden darf. Die übrig bleibende resultierende Durchflutung Θ_r ist also durch $o-d$ dargestellt. $d-C$ stellt demnach die innere Spannung U_q dar, von welcher durch Abzug von $\overline{AC} = \omega L \cdot I$ die Klemmenspannung U gefunden wird. Die Katheten des rechtwinkligen Dreiecks ABC stellen also den induktiven Spannungsfall und das Ankerfeld dar. Man nennt dieses charakteristische Dreieck das Potiersche Dreieck. Seine Größe ist dem Belastungsstrom proportional. Verschiebt man es parallel mit sich selbst längs der Leerlaufkennlinie, so beschreibt der Punkt B die gestrichelte Linie, welche die Klemmenspannung U bei rein induktivem und konstantem Last-Strom in Abhängigkeit von der Erregerdurchflutung darstellt.

Eine Rechnung in der dargestellten Weise ist erst möglich, wenn man die Ankerdurchflutung Θ_A zahlenmäßig ermittelt hat. Zu diesem Zwecke wird ein *Kurzschlußversuch* gemacht, d. h. die Maschine wird kurzgeschlossen, aber nur so schwach erregt, daß der Nennstrom I_N fließt. Wegen des verhältnismäßig geringen Ankerwiderstandes kann man den Kurzschluß als rein induktive Belastung ansehen. Verschiebt man das Potiersche Dreieck auf den Kurzschlußpunkt $U = O$, so stellt also $o-b$ die eingestellte Durchflutung Θ dar, von welcher sich die Ankerdurchflutung Θ_A gleich $a-b$ subtrahiert. Der Rest Θ_r gleich $o-a$ erzeugt die einzig noch vorhandene Spannung $\omega L \cdot I_N$, die durch Strecke $a-c$ dargestellt ist. Aus dem Kurzschlußversuch ist die Erregung $o-b$, die zur Erzeugung des Nennstromes bei Kurzschluß nötig ist, bekannt geworden. Wir heben nun den Kurzschluß auf und belasten mit Nennstrom bei $\varphi = 90°$ nacheilend. Hierbei muß eine Erregung $o-e$ eingestellt werden. Damit ergibt sich die Klemmenspannung U gleich Strecke $e-B$. Wir haben damit den Eckpunkt B des Dreieckes, welcher dem Punkt b bei Kurzschluß entspricht, festgelegt. Tragen wir nun $o-B = o-b$ an und ziehen eine Parallele $o-C$ zu $o-c$, so erhalten wir dadurch den Punkt C. Der induktive Spannungsfall $\omega L \cdot I$ (Strecke $\overline{AC}$) und Θ_A (Strecke $\overline{AB}$) sind durch den Kurzschlußversuch bestimmt und können für andere Belastungsströme proportional umgerechnet werden. Nach Kenntnis dieser Größen ist es auch möglich, für einen beliebigen Belastungsfall den erforderlichen Erregerstrom zu ermitteln. Man zeichnet das Zeigerdiagramm der Spannungen und Durchflutungen, wobei man die Ankerdurchflutung Θ_A der jeweiligen Belastung entsprechend umrechnet. Die aus dem Diagramm gefundene Durchflutung Θ ist proportional zum eingestellten Erregerstrom (Bild 6.7).

Der Kurzschluß. Für die Bemessung der Maschine und der zugehörigen Schaltgeräte ist die Kenntnis des Kurzschlußstromes von Wichtigkeit. Es ist dabei zu bedenken, daß der Kurzschlußstrom von der Größe des Erregerstromes abhängt. Eine stark induktiv belastete Maschine muß wegen der großen Spannungsfälle stark erregt sein. Bei Eintritt eines Kurzschlusses wird sich in diesem Falle demnach ein großer Kurzschlußstrom einstellen. Im Leerlauf ist für dieselbe Klemmenspannung ein viel kleinerer Erregerstrom erforderlich, der auch einen kleineren Kurzschlußstrom ergibt. Um die Größe des Kurzschlußstromes zu finden, trägt man die Größe des Erregerstromes, wie er vor dem Kurzschluß eingestellt war, in Bild 6.8 ein. Er sei $o-b'$. Darüber zeichne man sich nun ein dem Potierschen Dreieck ähnliches Dreieck $a'b'c'$. Die Strecke $a-b$ stellt das Ankerfeld bei Nennstrom dar, entsprechend wird bei Kurzschluß das Ankerfeld durch die Strecke $a'b'$ wiedergegeben. Der Kurzschlußstrom ist also bei der eingestellten Erregung sovielmal größer als der Nennstrom, wie $a'b'$ größer als ab ist. Bild 6.9 zeigt $I_k = f(I_e)$.

Der vorstehend ermittelte Kurzschlußstrom wird *Dauerkurzschlußstrom* genannt, weil er während der Dauer des Kurzschlusses unverändert bestehen bleibt. Im ersten Augenblick des Kurzschlusses tritt ein wesentlich größerer Strom, der *Stoßkurzschlußstrom i_s* (Augenblickswert) auf, wie Bild 6.10 zeigt, weil in diesem Augenblick das Feld noch ungeschwächt ist.

Der Stoßkurzschlußstrom i_s ist der höchste Augenblickswert des Stromes, der bei einem plötzlichen dreipoligen Klemmenkurzschluß im ungünstigsten Schaltaugenblick (Spannungsnulldurchgang) auftreten kann. Vgl. auch hierzu Bild 2.33 und Gl. (2.17d). i_s setzt sich aus einem Gleichstrom- und einem Wechselstromanteil zusammen. Der Gleichstromanteil klingt mit der Gleichstromzeitkonstante T_a sehr rasch ab; der Wechselstromanteil setzt sich aus einem mit der Anfangs-Zeitkonstante T''_d schnell (0,02 s bis 0,055 s) abklingenden und aus einem mit der Übergangs-Zeitkonstante T'_d langsam (0,4 s bis 3 s) auf den Dauerkurzschlußstrom abklingenden Teil zusammen.

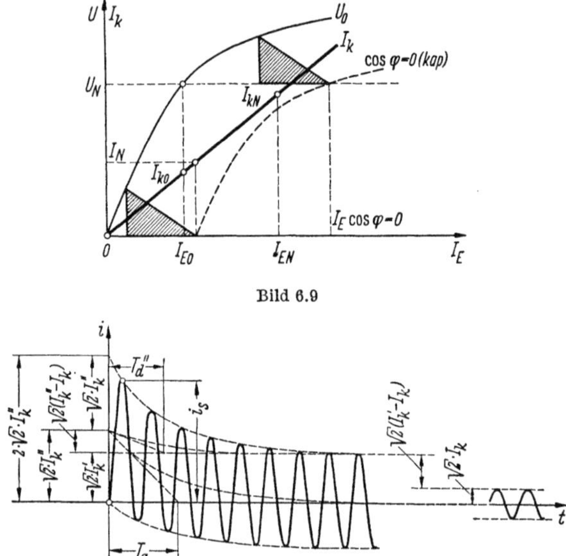

Bild 6.9

Bild 6.10. Kurzschlußstrom einer Synchronmaschine

Hierbei ist I''_k der Effektivwert des Stoßkurzschlußwechselstroms, I'_k der Effektivwert des Übergangskurzschlußwechselstroms. Die Größe $X''_d = \omega \cdot L''_d = U/I''_k$ heißt Anfangs- oder Subtransientreaktanz. Sie wird durch das Streufeld zwischen Anker- und Erregerwicklung und durch dämpfend wirkende Metallteile, wie z. B. massive Polschuhe, und eine evtl. vorhandene Dämpferwicklung, hervorgerufen. Als Übergangs- oder Transientreaktanz wird die Größe $X'_d = \omega L'_d + U/I'_k$ bezeichnet. Sie wird durch das Streufeld zwischen Anker und Erregerwicklung verursacht. Nach den Vorschriften sollen die Generatoren so gebaut sein, daß der Höchstwert i_s nicht mehr als das 15fache des Scheitelwertes oder das 21fache des Effektivwertes des Nennstromes beträgt.

Die Ankerreaktanz (synchrone Reaktanz) $X_d = \omega \cdot L_d = U_N/I_{k0}$ ist die für die Kurzschlußstromberechnung (Dauerkurzschlußstrom) maßgebende Größe. Es ist der Blindwiderstand je Phase, den die synchronlaufende, aber unerregte Maschine der Netzspannung bietet. Multipliziert man die Ankerreaktanz mit dem Quotienten aus Nennstrom zu Nennspannung, so erhält man die relative Reaktanz $x_d = X_d \cdot I_N/U_N = I_N/I_{k0}$. Der Kehrwert $1/x_d$ ist das Leerlauf-Kurzschlußverhältnis. Es ist das Verhältnis I_{k0}/I_N (Dauerkurzschlußstrom bei Leerlauferregungszustand zu Nennstrom) und beträgt bei Turbogeneratoren 0,5 bis 0,9, bei Schenkelpolmaschinen 0,6 bis 1,7. Hiervon ist noch das Kurzschlußverhältnis I_{kN}/I_N zu unterscheiden, das bei Nennerregungszustand gemessen werden kann. Das Kurzschlußverhältnis I_{kN}/I_N beträgt bei Turbomaschinen etwa 1,35 bis 2, bei Schenkelpolmaschinen 1,5 bis 3.

Der Dauerkurzschlußstrom bei Nennerregung $I_k = I_{kN}$ ist also nur etwa 1,35 bis 3mal größer als der Nennstrom I_N der Maschine. Er wird etwa nach 100 bis 200 Perioden, also 2 s bis 4 s nach Eintritt des Kurzschlusses erreicht.

6.3 Spannungsregelung

Die Spannung der Generatoren muß mit Rücksicht auf die parallel angeschlossenen Verbraucher konstant gehalten werden. Da die Einphasen- und Drehstromgeneratoren dies wegen der erheblichen Spannungsfälle bei Belastung nicht selbst tun, müssen wir einen Feldstellwiderstand in den Erregerstromkreis der Synchronmaschine bzw. der Erregermaschine einschalten, mit welchem der Erregerstrom bei Belastung verstärkt, bei Entlasng geschwächt werden kann. Bei großen Maschinen erfolgt diese Einstellung immer durch einen *Regler* selbsttätig.

Man spricht dann von einem geschlossenen Regelkreis (Bild 6.11). Dem Spannungsregler wird der Istwert der Generatorspannung (Regelgröße) zugeführt. Im Regler wird der Istwert mit einem vorgegebenen Sollwert verglichen, und bei einer Abweichung des Istwertes vom Sollwert der Erregerstrom einer Erregermaschine vergrößert oder verkleinert (Stellgröße). Dadurch wird aber der Erregerstrom der Synchronmaschine verändert, und die Generatorspannung im richtigen Sinne beeinflußt.

Die Regler können in ihrem Aufbau sehr verschieden sein. Z. B. werden Wälzsektorregler, Tirrillregler, Magnetikregler und elektronische Regler verwendet.

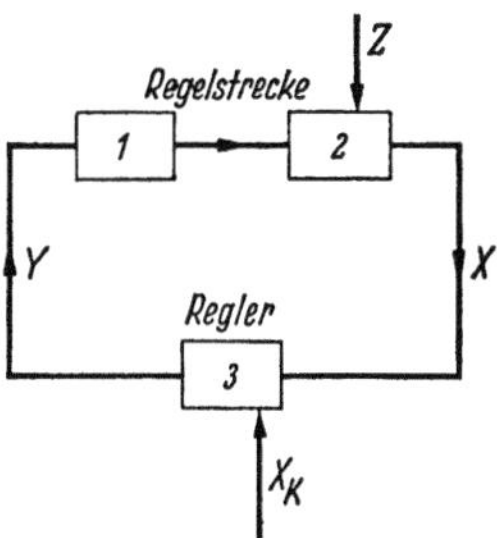

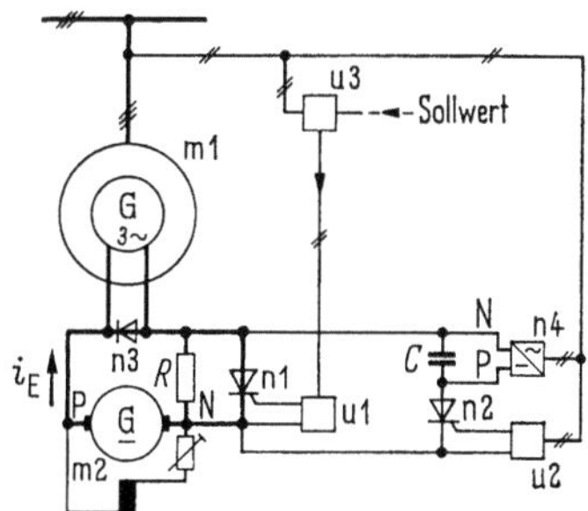

Bild 6.11. Schema eines Regelkreises (Spannungsregelung). *1* Erregermaschine; *2* Synchrongenerator; *3* Spannungsregler; *Z* Störgröße (Belastungsstrom *I*, cos φ); *X* Regelgröße (Spannung), X_k Sollwert der Regelgröße (Sollwert der Spannung); *Y* Stellgröße (Erregerstrom)

Bild 6.12. Elektronischer Spannungsregler (Schema; AEG-Telefunken). m1 Synchrongenerator; m2 Gleichstromerregermaschine; *R* getakteter Widerstand; n1 Hauptthyristor; n2 Hilfsthyristor; n3 Freilaufdiode; n4 Gleichrichter zur Ladung des Löschkondensators; *C* Löschkondensator; u1 und u2 Zündgeräte; u3 Sollwert-Istwert-Vergleich

Bild 6.12 zeigt das Schema eines elektronischen Spannungsreglers. Der von der Erregermaschine m2 gelieferte Erregerstrom i_E durchfließt den Widerstand R. Wird der Thyristor n1 gezündet, so ist der Widerstand R überbrückt, der Erregerstrom fließt über den Thyristor n1 und steigt an, da der Gesamtwiderstand im Erregerkreis kleiner geworden ist. Über die Löschschaltung mit Hilfsthyristor n2 kann der Thyristor n1 durch den Entladestrom des Kondensators C wieder gesperrt werden. Sobald n1 gesperrt ist, sinkt der Erregerstrom wieder ab. Durch periodisches Zünden und Löschen von n1 kann der Mittelwert des Erregerstromes i_E verändert werden, sofern das Verhältnis aus Schließungszeit und Öffnungszeit des Thyristors n1 verändert wird. Durch das Vergleichsglied u3 wird die Generatorspannung (Istwert) mit dem geforderten Sollwert verglichen und das Zündgerät u1 entsprechend angesteuert. Über das zweite Zündgerät u2 wird bei jedem Nulldurchgang der Generatorspannung Thyristor n2 gezündet, der Kondensator C entladen und damit n1 wieder gelöscht. Durch die Induktivität im Erregerkreis hat der Erregerstrom den in Bild 6.13 gezeigten Verlauf. Aus dem Bild erkennt man, daß der Mittelwert von i_E eine Funktion des Zündzeitpunktes t_z ist.

Bei großen Synchronmaschinen wird der durch Thyristor nl getaktete Widerstand R in den Erregerkreis der Erregermaschine gelegt.

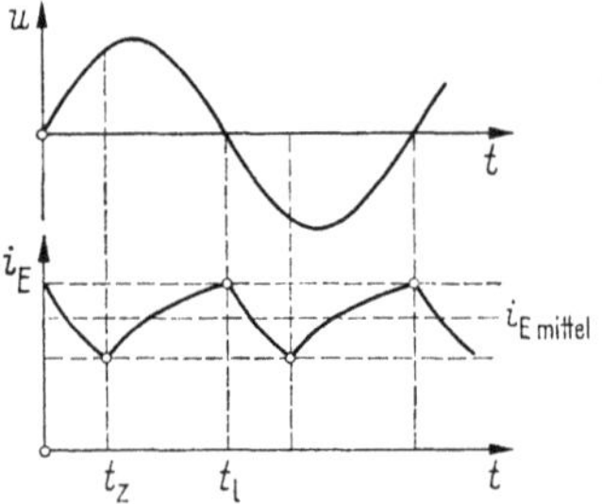

Bild 6.13. Zeitlicher Verlauf des Erregerstromes i_E. t_Z Zündzeitpunkt; t_l Löschzeitpunkt; u Generatorspannung

6.4 Synchronmotoren

Der an ein Netz angeschlossenen Einphasen- oder Drehstrom*generator* wird zum Synchron*motor*, wenn man seinen Antrieb entfernt und die Welle belastet. Er zeichnet sich dadurch aus, daß er unabhängig von der Belastung immer mit der Drehzahl [Gl. (6.1)]

$$n = \frac{f}{p} \tag{6.3}$$

läuft. Bei 50 Hz hat also ein 10poliger Synchronmotor $n = 50\,\mathrm{s}^{-1}/5 = 10\,\mathrm{s}^{-1} = 600\,\mathrm{min}^{-1}$. Sein maximales Drehmoment ist etwa das 1,8fache des Nennmomentes. Wenn es überschritten wird, fällt der Motor *außer Tritt* und bleibt unter Kurzschluß stehen. Ein selbsttätiger Anlauf ist nicht ohne weiteres möglich. Wenn nach Bild 6.14 ein Strom der gezeichneten Richtung einge-

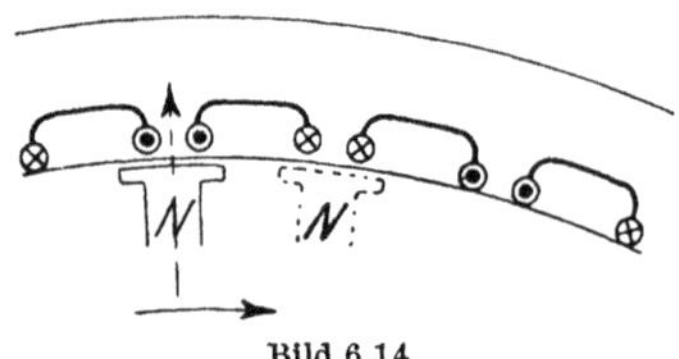

Bild 6.14

schaltet wird, erfährt der vor dem Leiter stehende Pol eine Kraft in der Pfeilrichtung. Einen Augenblick später hat sich aber der Strom umgekehrt und mit ihm auch die Kraft. Unter dem Einfluß des eingeleiteten Wechselstroms wird also der Pol eine hin- und hergehende Bewegung vollführen wollen, was aber wegen der großen Masse unmöglich ist. Man kann nun das Polrad durch einen fremden Antriebsmotor zunächst einmal in Drehung versetzen, so daß es sich synchron mit dem Ständerdrehfeld dreht. Dann wird nach Umkehr des Stromes der Nordpol an der punktiert gezeichneten Stelle stehen, wodurch die Richtung des Drehmomentes bleibt. Im synchronen Lauf ist der Motor also arbeitsfähig. Die Inbetriebnahme eines Synchronmotors vollzieht sich daher so, daß man ihn wie einen Generator antreibt, erregt, synchronisiert und parallel zum Netz schaltet. Hierauf kann der Antrieb fortgenommen werden.

Bevor jedoch die Parallelschaltung zum Netz erfolgen darf, müssen folgende Bedingungen erfüllt sein:

1. Gleiche Frequenz des Netzes und der Synchronmaschine
2, Gleicher Betrag von Netzspannung und Maschinenspannung
3. Gleiche Phasenlage von Netzspannung und Maschinenspannung
4. Gleiche Phasenfolge von Netzspannung und Maschinenspannung, sofern es sich um eine Mehrphasenmaschine handelt.

Die Einhaltung der Bedingungen 1 und 2 können durch Frequenz- und Spannungsmessung auf der Netz- und Maschinenseite überprüft werden. Ist ein Frequenzunterschied vorhanden, so muß die Drehzahl gemäß Gl. (6.1) verändert werden, bis Übereinstimmung vorhanden ist. Bei einem Spannungsunterschied zwischen Netzspannung und Maschinenspannug muß der Erregerstrom solange verändert werden, bis die Leerlaufspannug der Maschine mit der Netzspannung übereinstimmt.

Die Einhaltung der dritten Bedingung läßt sich mittels eines Nullspannungsmessers, der gemäß Bild 6.15 geschaltet wird, überprüfen. Da die Beträge

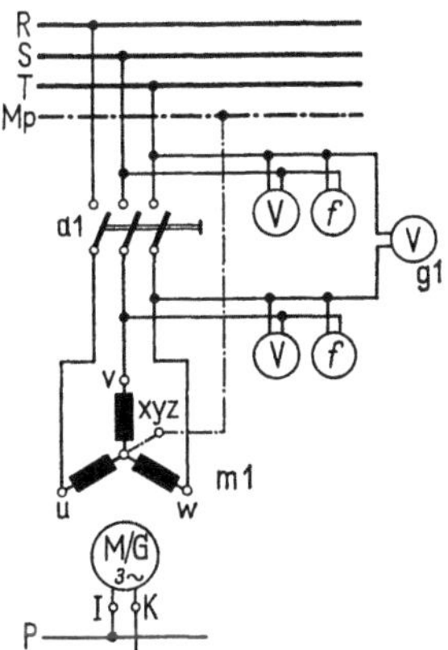

Bild 6.15. Synchronisierschaltung;
m1 Drehstromsynchronmaschine
mit Ständerwicklung u, v, w
und Erregerwicklung I, K;
g1 Nullspannungsmesser

von U_N und U_G gleich sind, ist der Betrag der Spannung U_Diff dann gleich Null, wenn die Phasenlagen der Spannungen $\mathfrak{U}_N$ nnd $\mathfrak{U}_G$ übereinstimmen. Mit der Kirchhoffschen Maschenregel erhält man aus Bild 6.16a und b $\mathfrak{U}_\text{Diff} = \mathfrak{U}_N - \mathfrak{U}_G$. Stimmen die beiden Spannunngen in der Frequenz nicht genau überein, so tritt eine fortlaufende Veränderung des Winkelunterschiedes α zwischen den beiden Spannungen ein, wie dies Bild 6.17 oben zeigt. Die Differenz

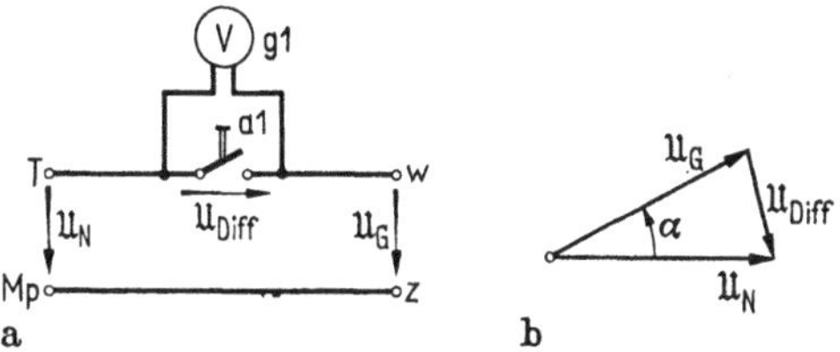

Bild 6.16a, b. Nullspannungsmesser, Ersatzschaltbild und Zeigerdiagramm

der beiden Spannungen ergibt eine Schwebung (Bild 6.17 unten). Da der Nullspannungsmesser den Effektivwert von U_Diff zeigt, und das Instrument eine beträchtliche mechanische Trägheit besitzt, folgt der Zeigerausschlag dem positiven Wert der Hüllkurve der Schwebungsspannung. Am zeitlichen Verhalten der „Nullspannung" kann man außerdem leicht erkennen, ob die Frequenzbedingung genau erfüllt ist.

Mit einem Drehfeldmesser läßt sich überprüfen, ob die vierte Bedingung erfüllt ist. Wird die Drehrichtung der Maschine nicht verändert, und sind die

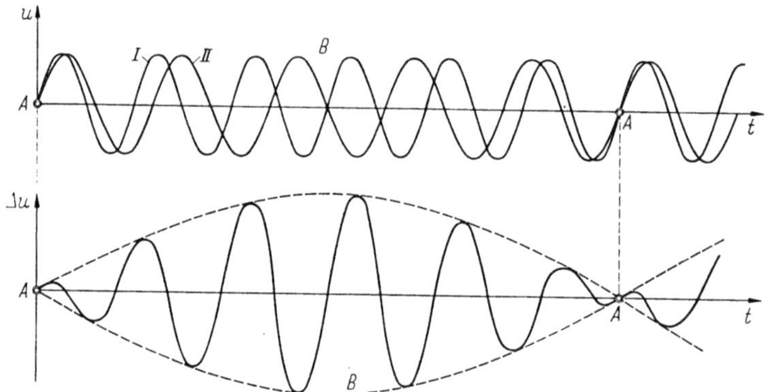

Bild 6.17. Schwebung durch Subtraktion zweier Wechselspannungen gleichen Betrages, aber ungleicher Frequenz

Anschlüsse zwischen Netz, Schalter und Maschine fest verdrahtet, so muß die Phasenfolgebedingung nur bei der ersten Inbetriebnahme überprüft werden.

Häufig verwendet man zum Synchronisieren eine Synchronisiereinrichtung, bestehend aus Doppelfrequenzmesser, Doppelspannungsmesser und Synchronoskop. Letzteres zeigt mit einem Zeiger auf einer 360° umfassenden Skala den Winkelunterschied α an. Vor dem Schließen des Netzschalters muß der Zeiger des Synchronoskops auf der $\alpha = 0$ entsprechenden Stellung stehen.

Die Anwendung eines besonderen Anwurfmotors ist in der Regel unerwünscht. Deshalb erhalten Drehstromsynchronmotoren vielfach eine Käfigwicklung im Polrad, durch die sie nach Art der später beschriebenen asynchronen Drehstrommotoren selbsttätig mit geringem Drehmoment anzulaufen vermögen. Die Drehrichtung ist bei Einphasenstrom-Synchronmotoren durch die Antriebsrichtung bestimmt, Drehstrom-Synchronmotoren können nur in der Richtung des Drehfeldes betrieben werden, welches sich in der dreiphasigen Wicklung bildet.

Bei Betrieb der Synchronmaschine besteht die in Gl. (6.3) angegebene Proportionalität zwischen Frequenz f und der Drehzahl n. Wird die Maschine am starren Netz mit konstanter Frequenz f betrieben, so ist natürlich die Drehzahl n ebenfalls konstant. Da aber der Läufer durch das sich mit synchroner Drehzahl drehende Ständerdrehfeld angetrieben wird, bleibt das Polrad entsprechend dem an der Welle abgenommenen Drehmoment M um einen Winkel δ_{mech}, dem sogenannten Polradwinkel gegenüber dem Drehfeld zurück. Der Polradwinkel ist außerdem von der Größe des eingestellten Erregerstromes I_{E} abhängig. Zwischen dem an der Welle auftretenden und meßbaren Polradwinkel δ_{mech} und dem auf das Netz umgerechneten Polradwinkel δ_{el} ist der Zusammenhang über die Polpaarzahl p der Maschine gegeben. Es gilt $\delta_{\mathrm{mech}} = \delta_{\mathrm{el}}/p$. Das Verhalten der am starren Netz liegenden Synchronmaschine bezüglich der aufgenommenen Wirk- und Blindleistung und des Polradwinkels δ_{el} läßt sich durch die Stromortskurve anschaulich darstellen. In

Bild 6.18 ist das vereinfachte Ersatzschaltbild für einen Strang gezeichnet. Hierbei ist die Maschine näherungsweise verlustlos angenommen. Die Quellenspannung $\mathfrak{U}_q$ wird in der Ständerwicklung durch das Magnetfeld des Polrades induziert. Die Größe des Magnetfeldes ist eine Funktion des Läufergleichstromes I_E. Da das Magnetfeld synchron umläuft, kann man diesen Gleichstrom in einen Wechselstrom $c \cdot \mathfrak{J}_E$ umrechnen, der im Ständer fließend dieselbe

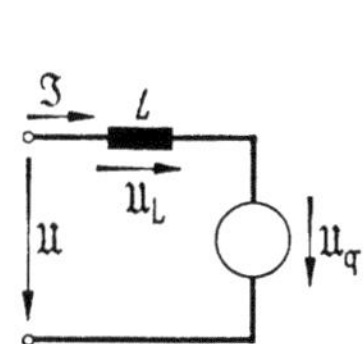

Bild 6.18. Vereinfachtes Ersatzschaltbild der Synchronmaschine

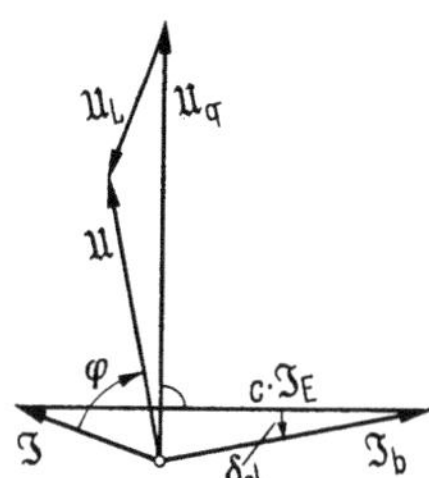

Bild 6.19. Zeigerdiagramm zu Bild 6.18

magnetische Wirkung hervorrufen würde. Der Strom $c \cdot \mathfrak{J}_E$ muß dann im Zeigerdiagramm (Bild 6.19) senkrecht zu $\mathfrak{U}_q$ stehen, da zwischen dem magn. Fluß und der induzierten Spannung nach dem Induktionsgesetz eine Phasenverschiebung von 90° besteht. Der tatsächlich vom Netz in die Maschine einfließende Strom $\mathfrak{J}$ ruft an der Gesamtinduktivität L einen Spannungsfall $\mathfrak{U}_L$ hervor, der senkrecht zu $\mathfrak{J}$ steht. Im unerregten Zustand nimmt die Maschine den Strom $\mathfrak{J}_b$ auf, der um 90° zur Netzspannung $\mathfrak{U}$ gedreht ist und den Betrag $I_b = U/(\omega \cdot L)$ besitzt. In diesem Fall wäre die Quellenspannung $\mathfrak{U}_q = 0$.

Der Maschinenstrom $\mathfrak{J}$ läßt sich in zwei Komponenten aufspalten. I_W liegt in Phase mit der Netzspannung, I_B senkrecht zu $\mathfrak{U}$. Die Wirkkomponente I_W ist, da wir die Maschine verlustlos angenommen haben, und auch die Drehzahl n konstant ist, direkt dem Drehmoment proportional. Es gilt für die aufgenommene Wirkleistung $P_{1W} = U \cdot I_W$ und für die abgegebene Wellenleistung $P_2 = \omega \cdot M$. Bei verlustloser Maschine ist $P_{1W} = P_2$, woraus $I_W = \omega \cdot M/U$ folgt.

Wird bei gegebenem, konstanten Moment M der Erregerstrom I_E verändert, so kann sich nach obigem die Wirkkomponente I_W nicht verändern. Der Endpunkt von $\mathfrak{J}$ im Zeigerdiagramm Bild 6.20 wandert deshalb auf einer Parallelen zur I_B-Achse, wodurch sich der Phasenverschiebungswinkel φ zwischen Netzspannung $\mathfrak{U}$ und Netzstrom $\mathfrak{J}$ in weiten Grenzen einstellen läßt. Es ist ohne weiteres möglich, die Maschine auch mit $\cos \varphi = 1$, also $\varphi = 0$ zu betreiben.

Der Polradwinkel δ_{el} kann im Zeigerdiagramm als Winkel zwischen den Zeigern $c \cdot \mathfrak{J}_E$ und $\mathfrak{J}_b$ entnommen werden. Hieraus ergibt sich der in Bild 6.21 dargestellte Verlauf des Drehmomentes als Funktion des Polradwinkels, wobei der Erregerstrom als Parameterwert erscheint. Bei $\delta_{el} = 90°$ liegt die theoretische Stabilitätsgrenze. Wird dieser Winkel überschritten, so fällt die Maschine außer Tritt, was mit einer kurzschlußartigen Erscheinung verbunden ist und unbedingt vermieden werden muß. Deshalb wird eine Synchronmaschine in der Regel nur bis zu einem Polradwinkel von etwa 60° belastet.

Aus Bild 6.21 erkennt man, daß bei kleinem Erregerstrom die Stabilitätsgrenze schon bei kleinem Drehmoment liegt.

Zu den verschiedenen Belastungsströmen des Motors lassen sich nach Bild 6.20 die zugehörigen Erregerströme ermitteln. Man erhält dann die in

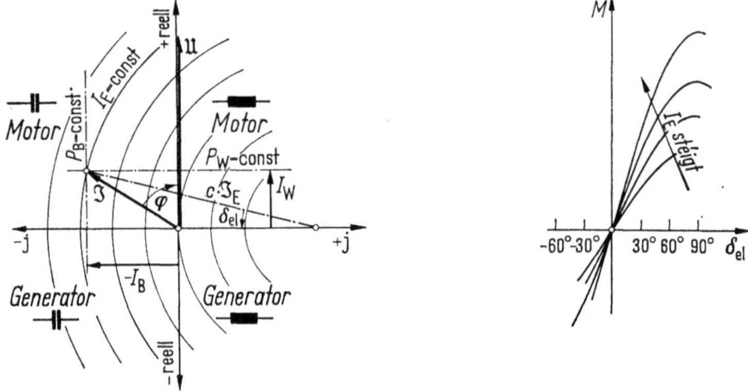

Bild 6.20. Ortskurve der Synchronmaschine bei Betrieb   Bild 6.21
mit konst. Frequenz am starren Netz

Bild 6.22 dargestellten sog. V-Kurven. Jede Linie gilt für eine konstante Leistung und zeigt einen Minimalpunkt des Stromes, nämlich den für die betreffende Last notwendigen Wirkstrom. Sowohl bei Untererregung als auch bei Übererregung wächst der Strom. Besonders ist dies bei Untererregung der Fall, weil dann bekanntlich eine starke Feldschwächung durch die Ankerrückwirkung eintritt. Da das Drehmoment der Last unverändert bleibt, kann dies nur durch eine erhöhte Stromaufnahme ausgeglichen werden. Die Linie K deutet die Grenze an, wo durch die Feldschwächung das Drehmoment so gering wird, daß es das Lastmoment nicht mehr überwinden kann. Hier kippt der Motor und fällt außer Tritt.

Bild 6.22. V-Linien eines Synchronmotors

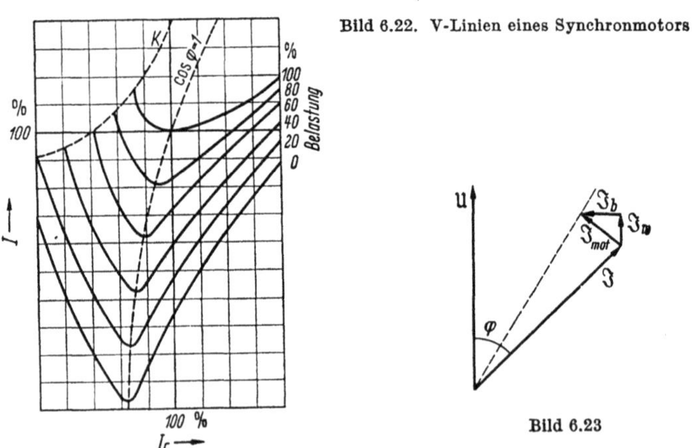

Bild 6.23

Synchronmotoren finden z. B. Anwendung, wenn man mit dem Motor zugleich noch den Leistungsfaktor verbessern will. Gewöhnlich ist der Strom, den ein Industriebetrieb dem Netz entnimmt stark nacheilend, und das Energieversorgungsunternehmen fordert hierfür hohe Preiszuschläge, die sich mitunter durch einen größeren übererregten Synchronmotor vermeiden lassen.

Die Drehzahl eines Synchronmotors kann steuerbar gemacht werden, indem man ihm einen gesteuerten *Umrichter* vorschaltet (Bild 11.36).

Dieser formt die Netzdrehspannung mit einem *Gleichrichter* in eine Gleichspannung um, die über einen *Wechselrichter* wieder in Drehspannung, jedoch variabler Frequenz, umgeformt wird. Mit einer solchen Schaltung kann auch ein Synchronmotor vom Stillstand aus hochgefahren werden.

84. Beispiel. Ein Betrieb entnimmt einem Drehstromnetz 800 kW mit $\cos \varphi = 0{,}7$ bei einer Netzspannung von 6000 V. Für einen neuen Antrieb, welcher 150 kW benötigt, soll ein Synchronmotor aufgestellt werden, dessen Wirkungsgrad zu 0,9 angenommen werde. Wie groß ist dieser Motor zu wählen, wenn man mit ihm den Gesamtleistungsfaktor auf 0,85 heben will?

Der bisher von dem Betrieb bezogene Strom beträgt $I = 800\,000 \text{ W}/(\sqrt{3} \cdot 6000 \text{ V} \cdot 0{,}7) =$ $= 110$ A. Der neue Motor gibt 150 kW ab und nimmt daher 150 kW/0,9 = 167 kW auf. Sein Wirkstrom ist also $I_{\mathrm{w}} = 167\,000 \text{ W}/(6000 \text{ V} \cdot 1{,}73) = 16$ A. In Bild 6.23 ist der Netzstrom $\Im$ aufgezeichnet worden. Zu ihm wird der Wirkstrom des Motors $\Im_{\mathrm{w}}$ addiert. Es ist nun weiterhin ein Blindstrom $\Im_{\mathrm{b}}$ anzureihen, der bis zu der gestrichelten Linie reicht, welche dem Leistungsfaktor $\cos \varphi = 0{,}85$ entspricht. Dieser Blindstrom wird zu 21 A abgemessen. Der dazu erforderliche Motorstrom $\Im_{\mathrm{mot}}$ setzt sich aus $\Im_{\mathrm{w}}$ und $\Im_{\mathrm{b}}$ zusammen und beträgt 26 A. Es ist daher ein Synchronmotor für $\sqrt{3} \cdot 26 \text{ A} \cdot 6000 \text{ V} = 270\,000 \text{ VA} =$ $= 270$ kVA zu beschaffen. Die Lösung einer solchen Aufgabe läßt sich vereinfachen, wenn man statt des gezeichneten Stromdiagrammes das Leistungsdiagramm aufzeichnet.

7. Transformatoren (Umspanner)

7.1 Wirkungsweise der Transformatoren

a) Der Einphasenstromtransformator. Ein Transformator besteht aus einem
geschlossenen, geblechten Eisenkern, auf dessen Schenkel zwei getrennte Wicklungen angeordnet sind (Bild 7.1). Die *Primärspule* mit N_1 Windungen liege

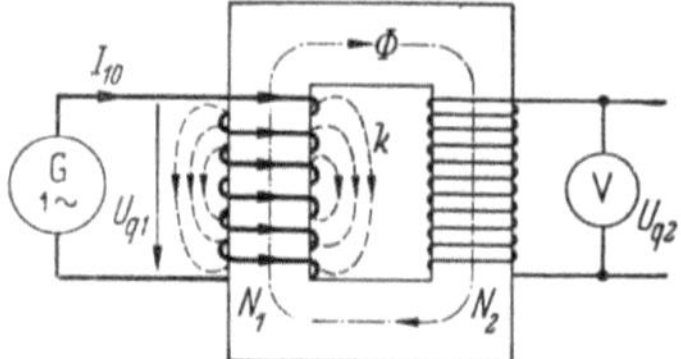

Bild **7.1** Transformator

an einer Wechselstromquelle, die Sekundärspule mit N_2 Windungen sei zu
nächst offen. Die letztere kann dann keine Wirkungen ausüben, so daß der
Transformator in diesem Falle nichts weiter als eine Drosselspule ist, deren
Stromaufnahme I_μ wegen des völlig geschlossenen Eisenkreises sehr gering ist.
Der Magnetfluß Φ, welcher durch die primäre Durchflutung $N_1 \cdot I_\mu$ hervor-
gerufen wird, erzeugt durch seinen ständigen Wechsel in den beiden Spulen
Wechselspannungen von der Größe [Gl. (2.12)]:

$$U_{\mathrm{q}1} = \frac{1}{\sqrt{2}}\,\hat{\Phi}\,\omega \cdot N_1 \quad \text{und} \quad U_{\mathrm{q}2} = \frac{1}{\sqrt{2}}\,\hat{\Phi} \cdot \omega \cdot N_2\,.$$

Wenn wir zunächst einmal annehmen, daß keinerlei Verluste und Widerstände
vorhanden sind, so ist die in der Primärspule induzierte Spannung $U_{\mathrm{q}1}$ der
zugeführten Spannung gleich. Die sekundäre Spannung $U_{\mathrm{q}2}$ steht zu unserer
Verfügung, und wir können sie irgendwelchen Verbrauchern zuführen. Aus
den obigen Gleichungen geht hervor, daß sich die Spannungen wie die Windungszahlen verhalten, also

$$\frac{U_{\mathrm{q}1}}{U_{\mathrm{q}2}} = \frac{N_1}{N_2}\,. \tag{7.1}$$

Es ist daher mittels eines Transformators möglich, eine Wechselspannung in
eine beliebig höhere oder niedrigere Wechselspannung umzuwandeln, wenn man
das Windungsverhältnis (Übersetzungsverhältnis) gleich dem gewünschten
Spannungsverhältnis macht.

Belastet man den Transformator, indem man an die Sekundärwicklung
Verbraucher anschließt, so fließt ein Sekundärstrom I_2. Es wird dann dem
Transformator sekundär eine Leistung $U_{\mathrm{q}2} \cdot I_2$ entnommen (innere Leistung),
wenn man zunächst einmal von einer Phasenverschiebung absieht. Nach dem
Energiegesetz muß dieselbe Leistung primär zugeführt werden. Durch die
sekundäre Belastung muß sich demnach der primäre Strom auf einen größeren

Wert I_1 eingestellt haben, und es muß $U_{q1} \cdot I_1 = U_{q2} \cdot I_2$ sein, woraus sich mit Gl. (7.1) ergibt:

$$\frac{I_1}{I_2} = \frac{N_2}{N_1} \, . \tag{7.2}$$

Die Ströme verhalten sich also umgekehrt wie die Windungszahlen. Jeder Transformator transformiert nicht nur die Spannungen, sondern ebenso die Ströme, letztere im umgekehrten Verhältnis. Die Tatsache, daß die Primärspule in dem Augenblick einen größeren Strom aufnimmt, in dem jetzt die Sekundärspule belastet wird, erklärt sich dadurch, daß jetzt der Sekundärstrom I_2 mit seiner Durchflutung $N_2 \cdot I_2$ einen dem Fluß Φ *entgegengesetzten* Fluß erzeugen möchte. Sobald nun der Fluß Φ eine Schwächung erfährt, erzeugt er in der Primärspule eine etwas geringere Spannung U_{q1}, die nun nicht mehr mit der zugeführten Spannung im Gleichgewicht steht. Dadurch treibt die Netzspannung außer dem bisherigen Magnetisierungsstrom I_μ einen erhöhten Strom durch die Primärwicklung, und zwar muß der primäre Strom*zuwachs* so groß sein, daß seine Durchflutung gerade die sekundäre Durchflutung $N_2 \cdot I_2$ wieder aus-

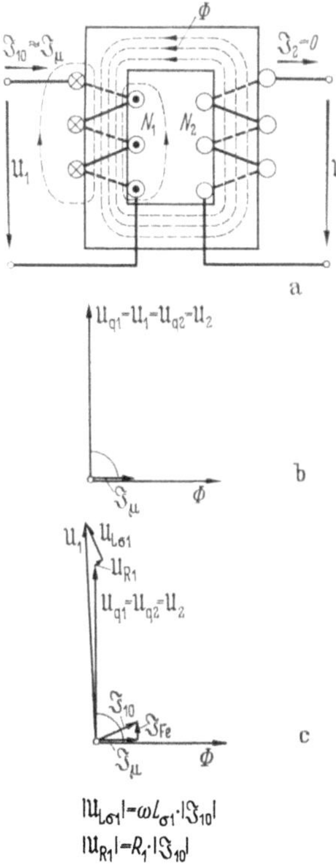

Bild 7.2. Der unbelastete Umspanner.
a. Feldbild; b. Zeigerdiagramm *ohne*;
c. *mit* Berücksichtigung der Verluste
und der Streuung

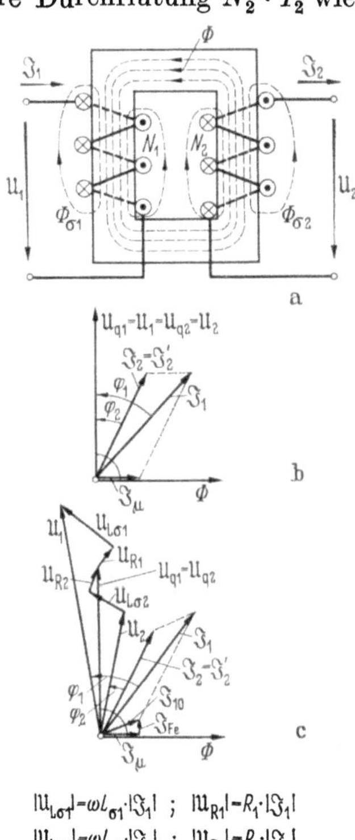

Bild 7.3. Der belastete Umspanner.
a. Feldbild; b. Zeigerdiagramm *ohne*;
c. *mit* Berücksichtigung der Verluste
und der Streuung

gleicht. Der Primärstrom I_1 setzt sich daher immer aus zwei Teilen zusammen, aus dem Magnetisierungsblindstrom I_μ und dem zusätzlichen Belastungsstrom.

In den Bildern 7.2 und 7.3 ist oben der Transformator im Leerlauf (links) und bei Belastung (rechts) nochmals dargestellt, und zwar unter Eintragung

der Feldlinien und der Durchflutung. Bild 7.4 zeigt das Ersatzschaltbild. Im
Leerlauf wirkt nur die Durchflutung $N_1 \cdot I_\mu$ und erzeugt den Fluß Φ. Bei
Belastung tritt sekundär die Gegendurchflutung $N_2 \cdot I_2$ auf, und es muß daher
primär eine Erhöhung der Durchflutung auf $N_1 \cdot I_1$ eintreten, damit der Fluß Φ
unverändert bestehen bleiben kann. Bei der Darstellung im Diagramm, die

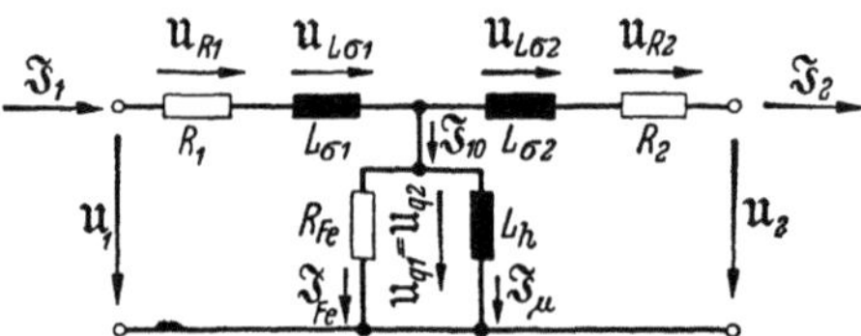

Bild 7.4. Ersatzschaltbild zu Bild 7.2 und Bild 7.3 (Übersetzungsverhältnis $\ddot{u} = N_1/N_2 = 1$)

wir jetzt vornehmen wollen, ist es zweckmäßig, die primäre und sekundäre
Windungszahl übereinstimmend anzunehmen, weil dann die auf die Primärseite
umgerechneten Sekundärgrößen $I_2' = I_2$ und $U_{q2}' = U_{q2}$ sind. Sofern das Windungsverhältnis $N_1/N_2 \neq 1$ ist, gilt $I_2' = (N_2/N_1) \cdot I_2$ und $U_{q2}' = (N_1/N_2) \cdot U_{q2}$.
Entsprechend müssen auch der sekundäre Kupferwiderstand R_2 und die sekun-
däre Streuinduktivität $L_{\sigma2}$ umgerechnet werden. Für sie gilt $R_2' = (N_1/N_2)^2 \cdot R_2$
und $L_{\sigma2}' = (N_1/N_2)^2 \cdot L_{\sigma2}$. Im Leerlauf des Transformators (Bild 7.2, b) erzeugt die zugeführte Spannung U_1 einen um 90° nacheilenden Magnetisierungsstrom I_μ und einen mit diesem gleichphasigen Fluß Φ. Dieser ruft durch
seinen Wechsel in den beiden Wicklungen die Spannungen U_{q1} und U_{q2} hervor,
deren Größe bei gleicher Windungszahl übereinstimmt. U_{q1} hält sich mit der
zugeführten Spannung U_1 im Gleichgewicht. In Bild 7.3b ist angenommen,
daß sekundär ein Verbraucher angeschlossen sei, der einen nacheilenden
Strom I_2 mit der Phasenverschiebung φ_2 entnimmt. Die magnetische Wirkung
dieses Sekundärstromes muß durch einen zusätzlichen Primärstrom I_2', der bei
gleicher Windungszahl gleich I_2 ist, kompensiert werden. Die geometrische
Summe von I_2' und I_μ gibt dann den wirklichen Primärstrom I_1.

Der *verlustbehaftete* Transformator zeigt Spannungsfälle, und zwar sowohl
primär als auch sekundär einen Spannungsfall durch den ohmschen Widerstand und ferner einen induktiven Spannungsfall durch den Streufluß $\Phi_{\sigma1}$ und
$\Phi_{\sigma2}$. Im Leerlauf hat nur die primäre Wicklung einen Streufluß $\Phi_{\sigma1}$, der nicht
groß ist, weil die Durchflutung $N_1 \cdot I_\mu$ gering ist. Bei Belastung steigert sich
der primäre Streufluß auf einen größeren Wert, und gleichzeitig entsteht durch
den Sekundärstrom ein Streufluß $\Phi_{\sigma2}$. Die induzierten Spannungen, die diese
Flüsse erzeugen, können wir uns wieder in vorgeschalteten Spulen entstanden
denken, während wir den Transformator selbst als streuungsfrei annehmen.
Ebenso können wir uns auch den ohmschen Widerstand herausgezogen denken,
wie Bild 7.4 zeigt. Die Eisenverluste des Transformators werden zweckmäßig
durch einen der Primärwicklung parallel geschalteten Widerstand berücksichtigt, welcher den Verluststrom I_{Fe} aufnimmt. Im Leerlaufdiagramm
(Bild 7.2, c) addiert sich dieser Strom zum Magnetisierungsstrom I_μ zum wirklichen Leerlaufstrom I_{10}, der je nach Größe des Transformators 3 bis 10% des
Nennstromes beträgt. Dieser kleine Strom ruft in der Primärspule fast keine
Spannungsfälle hervor, so daß im Leerlauf die Spannungen sich wie die Win-

dungszahlen verhalten, wie Gl. (7.1) angibt. Bei Belastung (Bild 7.3, c) gehen wir zweckmäßig von der Sekundärspannung U_2 aus. Der Belastungsstrom I_2 ist hier um φ_2 nacheilend angenommen. Er erzeugt im ohmschen Widerstand der Sekundärwicklungen den Spannungsfall $R_2 \cdot I_2$ und durch den Streufluß $\Phi_{\sigma 2}$ den induktiven Spannungsfall $\omega L_{\sigma 2} \cdot I_2$, welche beide zu U_2 geometrisch addiert, die sekundäre innere Spannung U_{q2} ergeben. Die gleiche innere Spannung U_{q1} wird in der Primärwicklung durch den Fluß Φ erzeugt, welche durch U_1 im Gleichgewicht gehalten wird. Addiert man zu dem Leerlaufstrom I_{10} den zusätzlichen Primärstrom $I_2' = I_2$, so erhält man den wirklichen Primärstrom I_1, welcher in der Primärwicklung die Spannungsfälle $R_1 \cdot I_1$ und $\omega L_{\sigma 1} \cdot I_1$ hervorruft, die, der Phase von I_1 entsprechend, geometrisch zu U_{q1} addiert, die primäre Klemmenspannung U_1 ergeben. Das Diagramm lehrt dreierlei:

1. Bei *leerlaufendem* Transformator können in Gl. (7.1) anstelle von U_{q1} und U_{q2} die Klemmenspannungen U_1 und U_2 eingesetzt werden. Bei *Belastung* ist dies näherungsweise zulässig, weil die Spannungsfälle gering sind. Zeichnet man das Diagramm für einen Sekundärstrom, welcher noch mehr nacheilt, so vergrößert sich der Spannungsunterschied zwischen U_1 und U_2. Ein stark *voreilender* Sekundärstrom hat jedoch eine Erhöhung der Sekundärspannung zur Folge. Der Transformator verhält sich demnach in dieser Hinsicht ähnlich wie ein Synchrongenerator. Da man kein einfaches Mittel hat, um den Spannungsunterschied eines Transformators selbsttätig auszugleichen, muß man die Spannungsfälle durch konstruktive Maßnahmen (Kupferquerschnitt, Eisenquerschnitt, Form des Eisenkerns, Anordnungen der Wicklungen) gering halten. Bei konstanter Primärspannung beträgt der Unterschied zwischen der Sekundärspannung bei Leerlauf und bei Belastung kaum mehr als 3%.

2. Bei Belastung verhalten sich auch die Ströme nicht genau umgekehrt wie die Windungszahlen [Gl. (7.2)]. Der Grund liegt darin, daß der Primärstrom noch den Leerlaufstrom enthält. Da der letztere im Vergleich zum Belastungsstrom gering ist, kann man bei Näherungsrechnungen trotzdem Gl. (7.2) benutzen.

3. Die primäre Phasenverschiebung φ_1 ist größer als die sekundäre φ_2. Dies rührt einmal her von dem Hinzutreten des um 90° nacheilenden Magnetisierungsstromes I_μ und ferner von den induktiven Spannungsfällen $\omega L_{\sigma 1} \cdot I_1$ und $\omega L_{\sigma 2} \cdot I_2$.

85. Beispiel. Für einen 12 kVA Einphasenstromtransformator stehe der Eisenkern mit $110 \cdot 110$ mm² Schenkelquerschnitt zur Verfügung. Welche Windungszahlen müssen die Spulen haben, wenn im Leerlauf von 11 000 V auf 240 V umgespannt werden soll und wenn die maximale Flußdichte etwa 1 T sein soll?

Unter Berücksichtigung der Papierzwischenlagen zwischen den Blechen ist der Eisenquerschnitt $0,11$ m $\cdot 0,11$ m $\cdot 0,9 = 1,085 \cdot 10^{-2}$ m² und der Fluß $\Phi = A \cdot B = 1,085 \times 10^{-2}$ m² $\cdot 1$ T $= 1,085 \cdot 10^{-2}$ Vs. Nach Gl. (2.12) ist dann:

$$N_1 = \frac{U_1 \cdot \sqrt{2}}{\hat{\Phi} \cdot \omega} = \frac{11\,000 \text{ V} \cdot \sqrt{2}}{1,085 \cdot 10^{-2} \text{ Vs} \cdot 2\,\pi \cdot 50 \cdot \text{s}^{-1}} \approx 4580, \quad \text{entsprechend } N_2 = 100.$$

b) Der *Drehstromtransformator.* Drehstrom kann mittels dreier Einphasenstromtransformatoren transformiert werden, wie Bild 7.5 zeigt. Man erhält jedoch einen wesentlich billigeren Transformator, wenn man die Eisenkreise nach Bild 3.20 und 3.21 miteinander verkettet. Im letzteren Falle benötigen die außen liegenden Eisenschenkel wegen des längeren Feldlinienweges zwar einen etwas größeren Magnetisierungsstrom, aber der Unterschied spielt keine große Rolle, zumal man durch Vergrößerung des Jochquerschnittes den Unterschied klein halten kann. In der Wirkungsweise unterscheidet sich der Dreh-

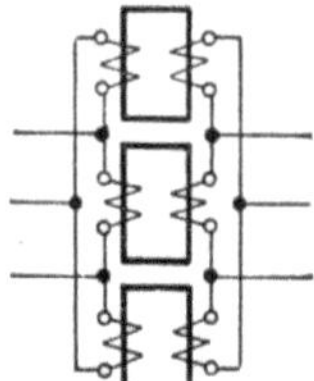

Bild 7.5. Drei Wechselstromtransformatoren in Drehstrom-Dreieck-Schaltung

stromtransformator nicht von dem Einphasenstromtransformator. Das Diagramm (Bild 7.3) gilt demnach in gleicher Weise auch für ihn, wenn wir die Spannungen und Ströme auf einen Strang beziehen.

7.2 Aufbau der Transformatoren

Nach der Ausführung des Eisenkörpers wird unterschieden zwischen *Kerntransformatoren* (Bild 7.6a) und *Manteltransformatoren* (Bild 7.6b). Die ersteren sind einfacher, und sie werden daher bei größeren Leistungen bevorzugt. Hin-

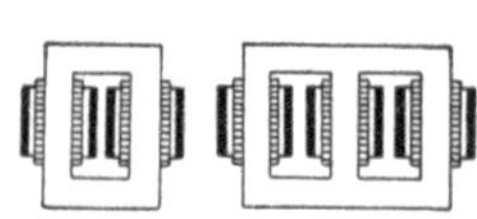

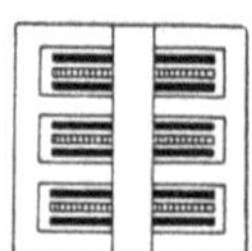

Bild 7.6 a. Kerntransformatoren　　　　Bild 7.6 b. Manteltransformatoren

sichtlich der Wicklungen wird zwischen der *Röhrenwicklung* (Bild 7.6a) und der *Scheibenwicklung* (Bild 7.6b) unterschieden. Bei großen Transformatoren und hohen Spannungen wird die Scheibenwicklung bevorzugt.

Der Eisenkörper muß mit Rücksicht auf die Wirbelströme aus Blechen zusammengebaut werden, wobei man bis auf Blechstärken von 0,35 mm heruntergeht und außerdem kaltgewalzte Bleche (Eigenschaften nach Bild 1.38 und Bild 2.27) verwendet, um die während der ganzen Einschaltzeit in gleicher Höhe auftretenden Eisenverluste klein zu halten. Zum Aufbringen der Wicklung muß der Eisenkörper zwar teilbar sein, aber man wünscht andererseits wegen der Kleinhaltung des Magnetisierungsstromes keinen Luftspalt.

Bei den meisten Transformatoren werden daher die Jochbleche an den Stoßstellen in die anderen Bleche eingeschachtelt, um einen niederen magnetischen Übergangswiderstand für den Fluß zu bekommen. Stumpfer Stoß wird wegen des einfacheren Zusammenbaus auch ausgeführt. Eine sorgfältige mechanische Verspannung ist erforderlich.

Die Wicklungen werden in bekannter Weise aus mit Papier, Baumwolle oder Glasseide umsponnenem Draht oder bei größeren Stromstärken aus umsponnenen Vierkantleitern hergestellt. Eine zuverlässige Trennung der primären Wicklung von der sekundären durch Isolierschichten ist besonders bei hohen Spannungen notwendig. Der Abstand zwischen Primär- und Sekundärwicklung beeinflußt den Streufluß und damit das Betriebsverhalten. Bei der Scheibenwicklung wird man aus diesem Grunde Scheiben der Hochspannungs- und der Niederspannungsseite abwechselnd aufeinander folgen lassen. Eine gute Versteifung der Wicklungen ist erforderlich, weil bei Kurzschluß sehr große mechanische Kraftwirkungen auf die Spulen ausgeübt werden können.

Der Abfuhr der Verlustwärme ist bei Transformatoren besondere Beachtung zu schenken. Schon bei mittleren Leistungen werden besondere Maßnahmen zur Wärmeabfuhr ergriffen. Wenn man in der allgemeinen Spannungsgleichung (2.12), die für den Transformator gilt, beiderseits mit dem Strom multipliziert, erhält man die Leistungsgleichung des Transformators $P_s = \hat{\Phi} \cdot \omega \cdot N \cdot I : \sqrt{2}$, woraus man zunächst einmal sieht, daß bei gleichem Fluß Φ und gleicher Durchflutung $\Theta = N \cdot I$ die Leistung um so kleiner ist, je geringer die Kreisfrequenz ω ist. Transformatoren für niedere Frequenz werden daher groß und teuer. Faßt man die konstanten Größen der Gleichung zusammen, so kann man auch schreiben:

$$P_s = c \cdot \Phi \cdot \Theta. \tag{7.3}$$

Die Leistung ist also dem Fluß und der Durchflutung proportional. Der Fluß bestimmt das Eisengewicht, die Durchflutung das Kupfergewicht, und es liegt daher in der Hand des Konstrukteurs, diese beiden Faktoren so zu bemessen, daß ein günstiger Transformator entsteht. Nehmen wir einen Transformator von bestimmter Leistung und Abmessung an, so wird ein solcher, dessen *lineare* Abmessung *doppelt so groß* sind, die $2^4 = 16$fache Leistung aufweisen, weil sowohl der Fluß als auch die Durchflutung bei gleicher magnetischer und elektrischer Beanspruchung auf das 4fache gestiegen sind. Das Gewicht des doppelt so großen Transformators ist hingegen nur auf das $2^3 = 8$fache gestiegen, so daß sich der große Transformator im Verhältnis wesentlich leichter und billiger ergibt als ein kleiner. Die Verluste sind bei gleicher Beanspruchung dem Volumen proportional, sie wachsen also mit der dritten Potenz und stellen sich daher ebenfalls günstiger, je größer wir die Transformatorleistung wählen. Große Transformatoren haben einen besseren Wirkungsgrad gegenüber kleinen. Die abkühlende Oberfläche jedoch wächst nur quadratisch und bleibt daher bei Vergrößerung des Transformators hinter den kubisch wachsenden Verlusten stark zurück. D. h. während wir bei kleinen Transformatoren die Verlustwärme in üblicher Weise durch *Selbstkühlung* mittels der umgebenden Luft abführen können (*Trockentransformatoren*), ist dies schon bei mittleren Leistungen nicht mehr möglich. Man vergrößert dann die abkühlende Oberfläche dadurch, daß man den Transformator in einen Kessel mit Öl einbaut (*Öltransformator*). Das Öl trägt durch seine Temperaturströmung die Wärme vom Transformator nach den Blechwänden, die vermöge ihrer Taschen und Rippen eine große Oberfläche haben. Die Kühlluft wird durch Lüfter über die Kühlrippen geführt (*Fremdlüftung*). Bei Transformatoren für Hochspannung dient das Öl auch zur Isolation. Eine weitere Erhöhung der Kühlwirkung wird durch angebaute Kühlrohre oder durch Radiatoren erzielt.

Sehr große Transformatoren müssen durch Kühlmittelzwangsumlauf und Rückkühlung des Kühlmittels gekühlt werden. Man unterscheidet nach VDE bei erzwungenem Ölumlauf die Kühlungsarten: Selbstkühlung und Ölumlauf, Fremdlüftung und Ölumlauf, Wasserkühlung und Ölumlauf.

Das Öl muß eine hohe Durchschlagfestigkeit haben und säurefrei sein. Im Betrieb soll mindestens eine Durchschlagsfestigkeit von 80 kV/cm und bei neuem Öl von mindestens 125 kV/cm vorhanden sein. Dieselbe sollte hin und wieder durch eine Durchschlagsprüfung festgestellt werden. Die Durchschlagsfestigkeit wird vor allem schon durch geringe Spuren von Wasser herabgesetzt. Man kann nicht damit rechnen, daß ein wasserfrei eingefülltes Öl auch wasserfrei bleibt, weil ein wechselnd belasteter Transformator „atmet", d. h. bei Belastung und Erwärmung dehnt er sich und drückt Luft hinaus, während er bei Entlastung umgekehrt Luft, die stets feucht ist, hereinsaugt. Eine weitere Schädigung kann Öl durch Oxydation erfahren, jedoch im allgemeinen nur im warmen Zustand. Beide Gefährdungen sucht man durch ein *Ausdehnungsgefäß* (Ölkonservator) zu beseitigen. Es ist dies ein Gefäß, welches oberhalb des Ölkessels angeordnet ist und durch ein Knierohr den Kessel immer restlos mit Öl gefüllt hält. Das Öl im Ausdehnungsgefäß bleibt kalt, kann daher kaum oxydieren. Das Atmen des Transformators erfolgt nun zwischen Ölkessel und Ausgleichsgefäß, wobei Feuchtigkeit praktisch nicht in den Kessel gelangen kann.

Die Überwachung großer Umspanner und des Öles spielt eine große Rolle. Dazu dient auch der sog. *Buchholzschutz.* Es ist dies ein Schwimmer mit Kontaktvorrichtung, welcher oberhalb des Transformators, z. B. zwischen Kessel und Ausdehnungsgefäß, eingebaut ist. Treten Zersetzungen des Öles oder bereits Entladungen auf, so wird sich immer eine geringe Gasmenge bilden, die hochsteigt und sich in dem Gehäuse des Buchholzapparates sammelt. Dort senkt sie bei hinreichender Menge einen Schwimmer ab und schließt dadurch einen Alarmkontakt. Bei stärkerer Gasentwicklung, oder bei plötzlicher starker Ausdehnung des Öls (Erwärmung), wird durch einen zweiten Schwimmer und dessen Kontakt die Auslösung des Transformatorhauptschalters eingeleitet. Ein solcher Schutz, ebenso wie Fernthermometer zur fortlaufenden Temperaturüberwachung, lohnen sich jedoch nur bei großen Leistungen.

7.3 Verhalten der Transformatoren

a) Die Spannung. Die *Spannungsfälle* eines Transformators sind gering, und daher beträgt der Spannungsunterschied zwischen Leerlauf und Nennlast bei induktionsfreier Belastung nur etwa 2 bis 3% und bei der oft vorkommenden induktiven Belastung mit $\cos \varphi = 0{,}8$ etwa 4 bis 6%. Bei kapazitiver Belastung tritt eine Spannungs*erhöhung* ein.

Zur Aufstellung eines *Betriebsdiagrammes,* aus dem man die Spannungsänderungen bequem abgreifen kann, wählt man zweckmäßig die Ersatzschaltung (Bild 7.7), bei welcher

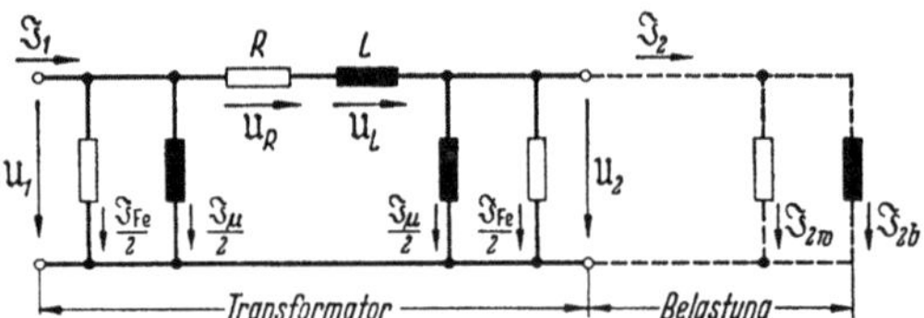

Bild 7.7. Ersatzschaltbild des belasteten Transformators

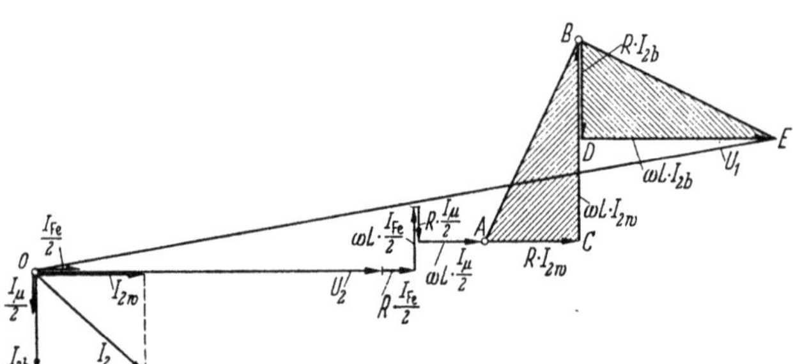

Bild 7.8. Zeigerdiagramme zu Bild 7.7. An den Zeigern sind die Beträge angegeben

die primäre und sekundäre Induktivität sowie die Widerstände zusammengefaßt sind, während man den Magnetisierungsstrom und den Verluststrom zur Hälfte vor und zur Hälfte nach denselben annimmt. Die Übersetzung ist auch hier wieder gleich 1 angenommen. Das Zeigerdiagramm für diese Schaltung (Bild 7.8) zeigt insofern eine Besonderheit, als der Sekundärstrom I_2 in seine Wirk- und Blindkomponente zerlegt ist und daß sowohl für diese Teilströme als auch für die Ströme $I_\mu/2$ und $I_{Fe}/2$ die Spannungsfälle, die sie in R und L hervorrufen, getrennt zur Spannung U_2 geometrisch addiert worden sind. Man erhält dadurch die Primärspannung U_1, die dann natürlich noch mit dem Windungsverhältnis multipliziert werden muß. Mit Absicht sind die unveränderlichen Spannungsfälle von I_μ und I_{Fe} zuerst und diejenigen des Belastungsstromes zum Schluß addiert worden. Die schraffierten Dreiecke ABC und BDE sind der Belastungsgröße proportional, und zwar das erste der Wirklast und das zweite der Blindlast. Wir wollen daher die Hypotenuse AB als Maßstab der Wirklast und BE als Maßlinie für die Blindlast des Transformators ansehen. Zur Erhöhung der Genauigkeit der Zeichnung wollen wir von diesem Diagramm nunmehr nur noch den Kopf mit den Spannungsfällen zeichnen (Bild 7.9). Nachdem die Spannungs-

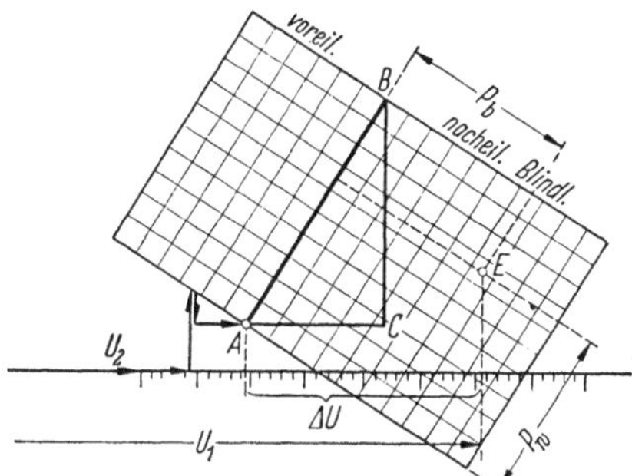

Bild 7.9. Betriebsdiagramm

fälle, die durch $I_\mu/2$ und $I_{\mathrm{Fe}}/2$ hervorgerufen werden, angetragen sind, trägt man für Nennbetrieb und $\cos\varphi = 1$ des Transformators den durch den Wirkstrom hervorgerufenen ohmschen Spannungsfall $R \cdot I_{2\mathrm{w}}$ als Strecke $\overline{AC}$ und den induktiven Spannungsfall $\omega L \cdot I_{2\mathrm{w}}$ als Strecke $\overline{BC}$ an. Der Punkt B stellt dann den Endpunkt des Spannungszeigers U_1 für den Fall dar, daß mit Nennlast bei $\cos\varphi = 1$ belastet ist. Wir können uns nun über AB einen Maßstab der Wirkleistung von Null bis Nennlast anlegen. Auf der dazu senkrechten Achse tragen wir in gleicher Weise die Blindlast auf. Dieses einmal für einen gegebenen Transformator aufgestellte Diagramm erlaubt, für eine beliebige Last den Spannungsfall schnell abzugreifen. Wird dem Transformator die Wirklast P_{w} und die Blindlast P_{b} entnommen, so tragen wir dieselben auf den Achsen ab und kommen zu Punkt E. Das Lot von diesem Punkt schneidet mit genügender Genauigkeit auf dem Spannungsmaßstab den Spannungsunterschied ΔU zwischen Leerlauf und Belastung ab. Das Diagramm zeigt auch, daß bei kapazitiver Blindlast U_1 kleiner als U_2 werden kann. Gewöhnlich ist der Einfluß von I_{Fe} gering und daher dieser Strom vernachlässigbar.

b) Die Verluste. Sie setzen sich aus den Eisenverlusten und den Stromwärmeverlusten zusammen. Die ersteren sind bei allen Belastungen unverändert, weil mit Rücksicht auf die sehr kleinen Spannungsfälle bei konstanter Netzspannung auch die innere Spannung U_{q} unverändert bleibt. Diese ist aber dem Fluß proportional, so daß auch dieser bei allen Belastungen konstant ist. Die Stromwärmeverluste $R \cdot I^2$ wachsen hingegen quadratisch mit dem Belastungsstrom. Bild 7.10 zeigt den Verlauf der Verlustlinien in Abhängigkeit von der Belastung P_2. Der Wirkungsgrad der Transformatoren bei Nennlast ist wegen der nicht vorhandenen Reibungsverluste höher als derjenige der Maschinen. Bei Nennlast, $\cos\varphi = 1$ und $f = 50$ Hz kann man etwa mit den folgenden Werten rechnen:

1 kVA Nennleistung $\eta = 0{,}92$	100 kVA Nennleistung $\eta = 0{,}98$
5 kVA Nennleistung $\eta = 0{,}95$	1 000 kVA Nennleistung $\eta = 0{,}985$
10 kVA Nennleistung $\eta = 0{,}96$	10 000 kVA Nennleistung $\eta = 0{,}991$
50 kVA Nennleistung $\eta = 0{,}97$	100 000 kVA Nennleistung $\eta = 0{,}996$

Das Verhältnis a der veränderlichen Stromwärmeverluste zu den konstanten Eisenverlusten (s. Gl. 5.26) kann von dem Konstrukteur gewählt werden. Er wird es entsprechend Bild 7.10 so wählen, daß bei der am häufigsten vorkommenden Last der höchste Wirkungsgrad auftritt. Bei Nennlast ist dies

nach Gl. (5.28) dann der Fall, wenn die Eisenverluste gleich den Stromwärmeverlusten sind ($a = 1$). Transformatoren, welche im Laufe des Tages nur
kurze Zeit belastet sind und während der größeren Zeit eines Tages leer laufen,
haben größere Stromwärmeverluste im Verhältnis zu den Eisenverlusten (gestrichelt in Bild 7.10), es muß also $a = P_{vv}/P_{vk} > 1$ sein. Gewöhnlich ist

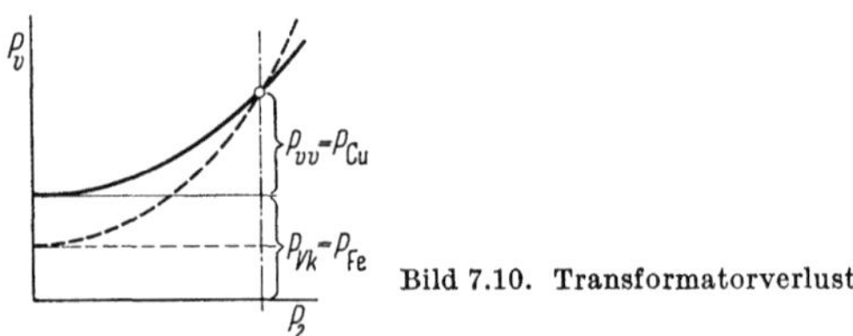

Bild 7.10. Transformatorverluste

$a = 2$ bis 3,5. Es kommt hier nicht so sehr auf einen hohen Wirkungsgrad des
Transformators selbst, als vielmehr auf einen günstigen *Jahreswirkungsgrad*
an (das Verhältnis der jährlich abgegebenen Arbeit zur aufgenommenen).

86. Beispiel. Es sollen zwei Transformatoren mit je 10 kVA Nennleistung und $\eta = 0,96$
bei Nennlast, von denen der eine das Verlustverhältnis $a = 1$ und der andere $a = 3$ hat,
hinsichtlich ihres Jahreswirkungsgrades miteinander verglichen werden. Beide sollen
täglich *zwei* Stunden mit Vollast ($\cos \varphi = 1$) betrieben werden und die übrige Zeit leer-
laufen.

Die aufgenommene Leistung ist 10 000 W/0,96 = 10 416 W, also der Verlust bei Nennlast 416 W. Für den ersten Transformator ist daher $P_{vv} = P_{Cu} = 208$ W und $P_{vk} = P_{Fe} =$
$= 208$ W. Für den zweiten ist $P_{vk} + a \cdot P_{vk} = 416$ W. woraus sich mit $a = 3$, $P_{vk} = 104$ W
und $P_{vv} = 312$ W ergibt. Bei 365 Tagen ist die abgegebene Arbeit für jeden Transformator
$365 \cdot 2$ h $\cdot 10$ kW = 7300 kWh. Die aufgenommene Arbeit für den ersten Trafo ist
$365 \cdot 2$ h $\cdot 10,416$ kW $+ 365 \cdot 22$ h $\cdot 0,208$ kW = 9270 kWh, also sein Jahreswirkungsgrad
7300 kWh/9270 kWh = 0,79. Für den zweiten Trafo ist die aufgenommene Arbeit
$365 \cdot 2$ h $\cdot 10,416$ kW $+ 365 \cdot 22$ h $\cdot 0,104$ kW = 8435 kWh und der Jahreswirkungsgrad
7300 kWh/8435 kWh = 0,865. Durch Verwendung des zweiten Transformators werden
jährlich 9270 kWh $-$ 8435 kWh = 835 kWh erspart.

Die **Messung des Wirkungsgrades** eine Transformators durch Messung der
zu- und abgeführten Leistung führt wegen des geringen Unterschiedes beider
zu erheblichen Meßfehlern und kann daher nur bei kleinen Transformatoren
Anwendung finden. Es ist daher üblich, den Wirkungsgrad durch Verlust-
messungen zu bestimmen. Hierzu sind zwei Versuche nötig:

1. *Leerlaufversuch.* Die zugeführte Leistung wird gemessen. Sie ist, wenn
man von den meist vernachlässigbaren Stromwärmeverlusten im Leerlauf absieht, gleich dem Eisenverlust P_{Fe}, der bekanntlich bei allen Belastungen unverändert bleibt.

2. *Kurzschlußversuch.* Der Transformator wird sekundär kurzgeschlossen,
erhält primär aber nur eine so große Spannung U_{1k}, die *Kurzschlußspannung*,
daß er primär seinen Nennstrom aufnimmt. Dividiert man U_{1k} mit U_{1N}, so
erhält man die relative Kurzschlußspannung $u_k = U_{1k}/U_{1N}$. Sie wird gewöhnlich in % angegeben. Bei dieser sehr kleinen Spannung ist die Flußdichte sehr
klein und dadurch auch die Eisenverlustleistung. Die dann gemessene Leistung
stellt also den Stromwärmeverlust P_{Cu} bei Nennstrom dar. Damit sind die Verluste
bekannt und der Wirkungsgrad berechenbar. Die Bestimmung der Stromwärmeverluste aus den ohmschen Widerständen ergibt gewöhnlich etwas zu kleine
Werte.

Aus der Kurzschlußmessung ergibt sich nach Berechnung der Phasenverschiebung auch das Kurzschlußdiagramm (Bild 7.11), welches die Berechnung des gesamten ohmschen Widerstandes R und der Induktivität L gestattet. Es ist jedoch zu beachten, daß dieser Gesamtwiderstand nicht einfach die Summe $R_1 + R_2$ von primärem und sekundärem Widerstand ist. Der Gesamtverlust ist $P_{Cu} = R_1 \cdot I_1^2 + R_2 \cdot I_2^2$. Setzt man hierin für $I_2 = I_1 \cdot (N_1/N_2)$ ein, so ist $P_{Cu} = I_1^2 \cdot (R_1 + R_2 \, N_1^2/N_2^2)$. Hierin ist

$$R_t = R_1 + R_2 \cdot \left(\frac{N_1}{N_2}\right)^2 \tag{7.4}$$

der totale Widerstand.

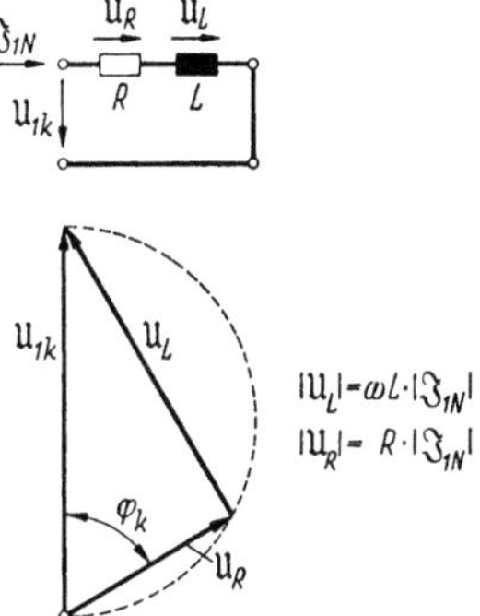

Bild 7.11. Ersatzschaltbild zu Kurzschlußversuch und Kurzschlußdreieck

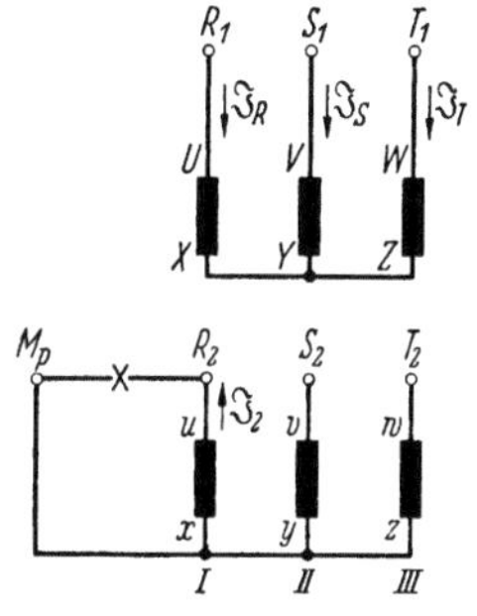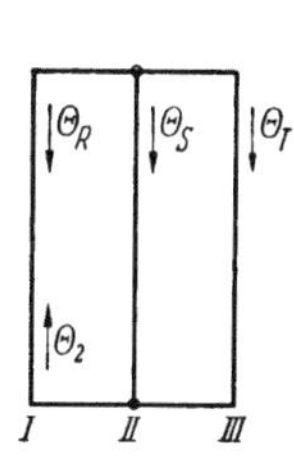

Bild 7.12. Einphasig belasteter Drehstromtransformator und Durchflutungs-Ersatzschaltbild

87. Beispiel. Drei Wechselstromtransformatoren von je 100 kVA seien nach Bild 7.5 geschaltet und an ein Drehstromnetz angeschlossen. Welche Scheinleistung (symmetrische, dreiphasige Belastung) kann man ihnen entnehmen, wenn einer derselben wegen einer Störung ausgebaut wurde?

Die Entfernung eines der Transformatoren ist bei dieser Schaltung möglich, weil die beiden übrigen die fehlende Spannung mitbilden. In Sonderfällen werden daher solche Schaltungen zuweilen angewandt. Die nachherige Belastung ist durch die Verluste bestimmt, die in jedem Transformator nicht größer als vorher sein dürfen. Die Eisenverluste bleiben unverändert, weil sich die Spannungen nicht ändern. Der Strom im Transformator ist vorher gleich dem Belastungsstrom geteilt durch $\sqrt{3}$, nachher aber gleich dem Belastungsstrom. Die Belastung muß daher im Verhältnis $1/\sqrt{3} = 0{,}58$ herabgesetzt werden. Die beiden Transformatoren können daher nachher mit $300 \text{ kVA} \cdot 0{,}58 = 173 \text{ kVA}$ belastet werden. Jeder Trafo ist dann mit 87 kVA belastet.

c) Unsymmetrische Belastung von Drehstromtransformatoren.

Der in Bild 7.12 in Stern-Stern geschaltete Transformator sei sekundär nur in einem Strang belastet. Es entsteht hier die Frage, welche Ströme primär dem Netz entnommen werden. Wir können hierbei den gegenüber dem Belastungsstrom sehr kleinen Magnetisierungsstrom einmal vernachlässigen. Die Durchflutungen der Belastungsströme müssen sich dann auf jedem nagnetischen Kreis genau so im Gleichgewicht halten wie die Spannungen nach dem zweiten Kirchhoffschen Gesetz. Unter der Annahme gleicher Windungszahlen primär und sekundär lassen sich dann die folgenden Gleichungen aufschreiben:

$$
\begin{array}{llll}
\text{Schenkel } I\!-\!II & \Theta_2 - \Theta_{\mathrm{R}} + \Theta_{\mathrm{S}} = 0\,; & \Im_2 - \Im_{\mathrm{R}} + \Im_{\mathrm{S}} = 0 \\
\text{Schenkel } I\!-\!III & \Theta_2 - \Theta_{\mathrm{R}} + \Theta_{\mathrm{T}} = 0\,; & \Im_2 - \Im_{\mathrm{R}} + \Im_{\mathrm{T}} = 0 \\
\text{Schenkel } II\!-\!III & -\Theta_{\mathrm{S}} + \Theta_{\mathrm{T}} = 0\,; & -\Im_{\mathrm{S}} + \Im_{\mathrm{T}} = 0 \\
& & \Im_{\mathrm{R}} + \Im_{\mathrm{S}} + \Im_{\mathrm{T}} = 0\,.
\end{array}
$$

Die letzte Gleichung ergibt sich aus der Tatsache, daß im Knotenpunkt die drei Primärströme zusammen gleich Null sein müssen. Nach Auflösung der Gleichungen findet man:

$$\Im_{\mathrm{R}} = (^2/_3)\,\Im_2\,, \qquad \Im_{\mathrm{S}} = -\,(^1/_3)\,\Im_2\,, \qquad \Im_{\mathrm{T}} = -\,(^1/_3)\,\Im\,.$$

Hätte man zu Anfang die Pfeile umgekehrt angenommen, so würde sich dies im Ergebnis durch ein Minuszeichen bemerkbar machen. Der resultierende Strom des Schenkels I ist $\Im_2 - {}^2/_3\,\Im_2 = {}^1/_3\,\Im_2$. Im Schenkel II und III ist der resultierende Strom ebenfalls $+\,{}^1/_3\,\Im_2$. Es wirken also auf allen drei Schenkeln *gleiche* Durchflutungen im *gleichen* Sinne, die zu großer Streuung und großen Spannungsfällen Veranlassung geben, weil starke magnetische Flüsse von Joch zu Joch über die Luft bzw. Kesselwandung gehen. Der Unterschied in der Strangbelastung darf daher bei der Stern/Stern-Schaltung nur gering sein. Man erhält eine wesentliche Verbesserung, wenn man sekundär die *Zickzackschaltung* nach Bild 7.13

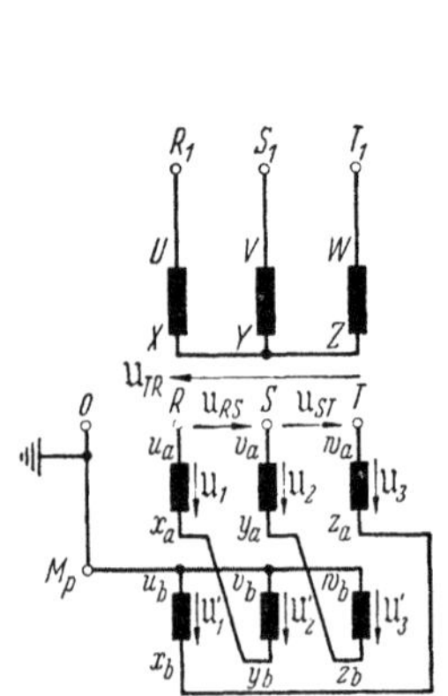

Bild 7.13. Zickzackschaltung

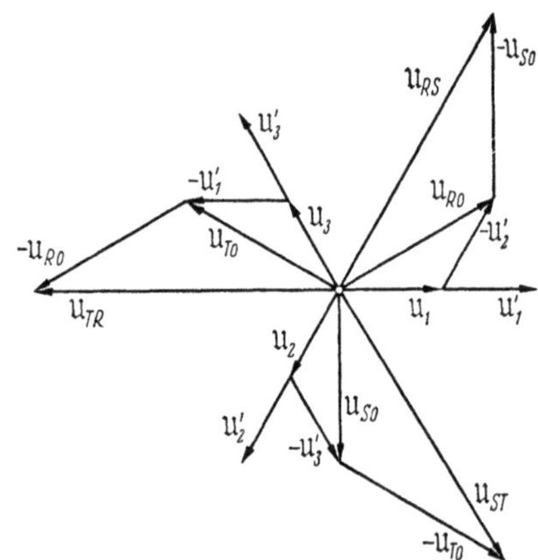

Bild 7.14. Zeigerdiagramm zu Bild 7.13

anwendet. Die Sekundärspannung wird hier zur Hälfte von verschiedenen Schenkeln abgenommen, wobei jedoch zu beachten ist, daß die beiden Spulenhälften eines Stranges immer *entgegen* geschaltet sind. Bild 7.14 stellt das Zeigerdiagramm der Zickzackschaltung dar. Die Teilspannung $\mathfrak{U}_1 - \mathfrak{U}_2' = \mathfrak{U}_{R0}$ ergibt die Sternspannung $\mathfrak{U}_{R0}$. Die Leiterspannung $|\mathfrak{U}_{RS}| = U$ ist dreimal so groß wie die Spannung einer Wicklungshälfte ($U = 3\,U_1$).

Eine andere Möglichkeit, den Transformator auch für unsymmetrische Belastungen geeignet zu machen, besteht darin, daß man die Dreieckschaltung anwendet. Bei ihr verteilt sich eine unsymmetrische Belastung derart auf die Primärseite, daß keine unzulässigen Spannungsfälle entstehen. Dann muß aber die Isolation der Spulen für die 1,73mal so

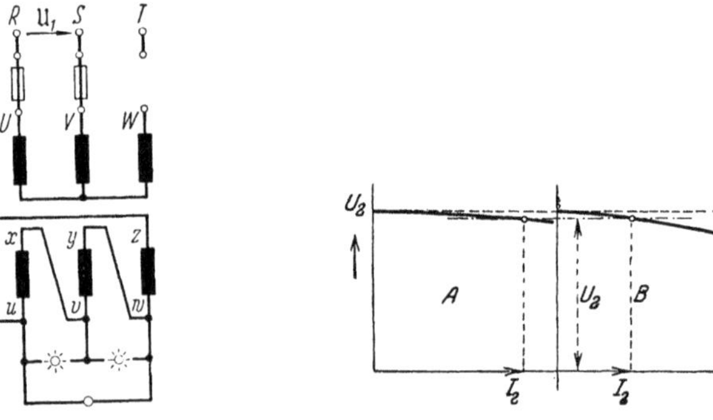

Bild 7.15. Netzzuleitung T ist unterbrochen　　　　　Bild 7.16

große Spannung bemessen werden. Ein in Stern geschalteter Transformator (Bild 7.12) kann zum besseren Ausgleich bei Unsymmetrien auch mit einer getrennten in Dreieck geschalteten *Tertiärwicklung* versehen werden. Eine solche Tertiärwicklung wird ferner oft zur Unterdrückung der Oberschwingungen 3facher Frequenz benutzt.

Ungleiche Belastungen entstehen auch dadurch, daß bei einem Drehstromtransformator eine Netzzuleitung unterbrochen wird, wie dies Bild 7.15 veranschaulicht. Die bei unversehrter Sicherung in Stern an der Spannung U_1 liegenden Spulen liegen nun in Reihe, so daß jede statt $U_1/\sqrt{3}$ nur $U_1/2$ bekommt. Im gleichen Verhältnis muß sich die Spannung der auf gleichen Schenkeln liegenden Sekundärspulen vermindert haben. Von den in Dreieck geschalteten Lampen werden also, der Abbildung entsprechend, zwei mit verminderter Spannung und eine gar nicht brennen.

d) Das Parallelschalten von Transformatoren. Voraussetzung für die primäre und sekundäre Parallelschaltung zweier Transformatoren ist, daß sie für die gleiche Übersetzung bemessen sind. Weiterhin ist aber auch der Spannungsfall von Bedeutung. Bild 7.16 zeigt die Klemmenspannung U_2 von zwei *verschiedenen* Transformatoren in Abhängigkeit von der Belastung. Bei Parallelschaltung muß die Spannung übereinstimmen. Die Belastung verteilt sich demnach *ungleich*, und es kann zu Überlastungen kommen. Zwei gleiche Transformatoren können daher nur dann gleich belastet werden, wenn ihre Spannungsfälle übereinstimmen (gleiche Kurzschlußspannung). Im Notfall läßt sich die Parallelschaltung ungleicher Transformatoren dadurch ermöglichen, daß demjenigen mit dem geringen Spannungsfall eine passend dimensionierte Drosselspule sekundär oder primär vorgeschaltet wird.

Für *Drehstromtransformatoren* gelten dieselben Bedingungen, wenn es sich um Transformatoren handelt, die in der Schaltung übereinstimmen. Im anderen Falle kommt eine neue Bedingung hinzu, weil die Spannungen zuweilen nicht in der *Phasenlage* übereinstimmen. Bei einem Transformator in Stern-Sternschaltung und einem zweiten in Stern-Dreieckschaltung stimmen die Phasenlagen für die Primärseite natürlich überein. Sekundär entstehen jedoch in entsprechenden Strängen beider Transformatoren Spannungen, die der Phasenlage nach übereinstimmen, der Größe nach bei dem Transformator in Dreieckschaltung 1,73mal so groß sein müssen. Schalten wir diese Spannungen *1, 2, 3* (Bild 7.17) einmal in Stern, das andere Mal in Dreieck, so ergeben sich zwei um den Winkel $\alpha = 30°$ verdrehte gleiche Dreiecke. Eine Parallelschaltung ist also unmöglich, weil die Phasenlagen beider Transformatorenspannungen nicht übereinstimmen. Die Regeln für Transformatoren (VDE 0532) enthalten eine Tabelle, in welcher angegeben ist, welche Parallelschaltungen möglich sind.

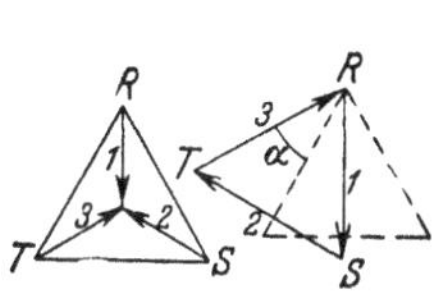

Bild 7.17

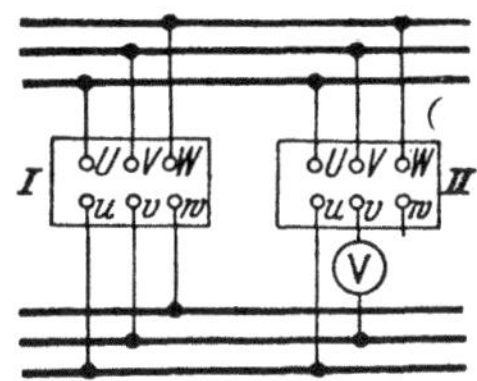

Bild 7.18. Parallelschaltung zweier Transformatoren

Die praktische Prüfung auf Zulässigkeit einer Parallelschaltung erfolgt nach Bild 7.18 in der Weise, daß man den Transformator *II* primär voll und sekundär mit *einer* Leitung anschließt. Alsdann prüft man mittels Spannungsmesser oder einer Prüflampe, zwischen welchen Punkten *keine* Spannung herrscht. Diese können dann durch einen Leiter dauernd verbunden werden. Zwei Transformatoren, die infolge ungleicher Schaltung nicht zusammen geschaltet werden dürfen, erkennt man an dem Spannungsunterschied, der von dem Spannungsmesser (Bild 7.18) angezeigt wird.

88. Beispiel. In einer Anlage ist ein Drehstromtransformator der Schaltgruppe Yd5 (Stern-Schaltung der Primärwicklungen, Dreieck-Schaltung der Sekundärwicklungen) vor-

handen, der allein in ein kleines Industrieniederspannungsnetz mit 380 V Drehstrom ein-
speist. Das Industrienetz wird auf die Spannung 660 V/380 V umgestellt. Kann der Transformator weiter verwendet werden?

Da der Transformator allein auf das Niederspannungsnetz einspeisen soll, spielt die
Phasenlage der Sekundärspannung keine Rolle. Die drei Sekundärwicklungen müssen von
Dreieckschaltung auf Sternschaltung umgeschaltet werden. Der Transformator kann nach
der Umschaltung weiterhin verwendet werden.

89. Beispiel. Ein Drehstromtransformator hat primär je Strang eine Wicklung für
220 V, sekundär je Strang zwei Wicklungen für je 55 V. Welche Übersetzungen sind mit
diesem Transformator möglich?

Bei primärer Dreiecksschaltung sind sekundär fünf Schaltungsmöglichkeiten vorhanden, nämlich: Dreiecksschaltung in Reihe 220 V/110 V, Dreiecksschaltung parallel,
220 V/55 V, Sternschaltung in Reihe, 220 V/190 V, Sternschaltung parallel, 220 V/95 V,
Zickzackschaltung 220 V/165 V. Bei primärer Sternschaltung sind weitere fünf Schaltungsmöglichkeiten gegeben, bei welchen die Primärspannung statt 220 nunmehr 380 V ist,
während die Sekundärspannungen mit den obengenannten übereinstimmen. Die Leistung
ist bei der Zickzackschaltung etwas geringer.

7.4 Sondertransformatoren

a) Einwicklungstransformatoren (Spartransformatoren). Bei diesem Transformator (Bild 7.19) wird ein Teil der primären Windungen als Sekundär-
wicklung benutzt. In dem gemeinsamen Teil fließt ein Strom $\mathfrak{J}_2 - \mathfrak{J}_1$, wenn
man von dem kleinen Magnetisierungsstrom absieht. Man erspart also durch
diesen Transformator nicht nur Wicklungskupfer, sondern vermindert auch
die Stromwärmeverluste. Da I_1 und I_2 in ihrer Größe um so weniger voneinander abweichen, je mehr sich die Übersetzung dem Verhältnis 1:1 nähert,
verhält sich dieser Transformator in der Nähe dieses Windungsverhältnisses
am günstigsten, weil dann in der gemeinsamen Wicklung nur noch wenig
Strom fließt. Der Spartransformator kommt daher kaum für große Spannungs-
Übersetzungen in Frage. Für die Transformierung von Hochspannung in
Niederspannung ist er in der Regel unbrauchbar, weil die Niederspannungsseite
in leitender Verbindung mit der Hochspannungsseite steht.

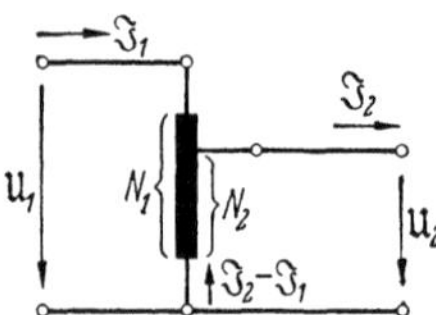

Bild 7.19. Spartransformator

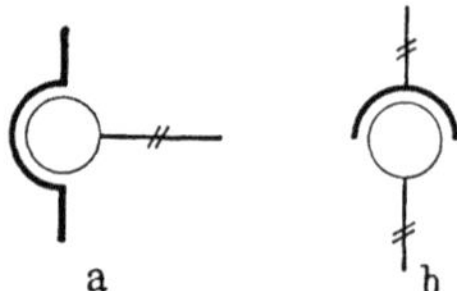

Bild 7.20. Schaltkurzzeichen. a. Stromwandler;
b. Spannungswandler (nach DIN 40714, Blatt 2)

b) Die Meßwandler (Bild 7.20). *Spannungswandler.* Sie werden bei der Messung hoher Spannungen benutzt, an die man einen Spannungsmesser wegen der
Gefahr nicht unmittelbar anschließen darf. Außerdem ist auch die Herstellung
von Spannungsmessern für hohe Spannungen nicht einfach. Bild 7.21 zeigt
den Anschluß eines Spannungswandlers. Die Sekundärspannung ist gewöhnlich
100 V. Das Übersetzungsverhältnis muß genau bekannt sein. Bei Anschluß
verschiedenartiger Meßgeräte darf sich die Sekundärspannung nicht verändern.
Dies ist aber nur der Fall, wenn der Transformator so schwach belastet ist,
daß er als leerlaufend gelten kann. Die sekundäre Belastung heißt *Bürde* und

wird in der Einheit VA angegeben. Ein kleiner Fehler ist dabei unvermeidlich. Man unterscheidet zwischen dem *Spannungsfehler* und dem *Fehlwinkel*. Beide sind lastabhängig. Der Spannungsfehler ist wie folgt definiert:

$$F_\mathrm{u} = \frac{U_2 \cdot K_\mathrm{N} - U_1}{U_1} \cdot 100\%.$$

Hierin ist K_N das Nennübersetzungsverhältnis. Der Fehlwinkel ist der Winkel, welchen in Bild 7.3c, die Spannungen $\mathfrak{U}_1$ und $\mathfrak{U}_2$ miteinander bilden. Er braucht natürlich nur bei Leistungs- und Arbeitsmessungen, nicht aber bei Spannungsmessungen berücksichtigt zu werden. Bei sehr hohen Spannungen werden zu-

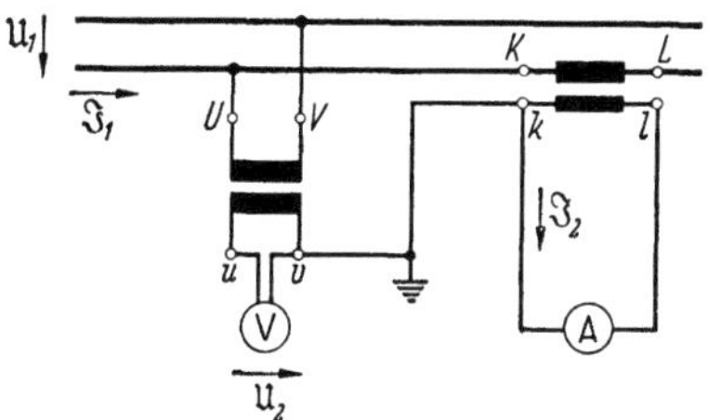

Bild 7.21. Spannungs- und Stromwandler

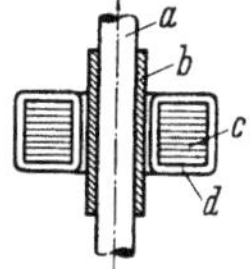

Bild 7.22. Stabstromwandler. a. Primärleiter; b. Isolierung; c. Wandlerkern; d. Sekundärwicklung

weilen mehrere Spannungswandler in Reihe geschaltet (Kaskaden-Spannungswandler) und in einen gemeinsamen großen Isolator eingebaut. Präzisionsspannungswandler weisen einen maximalen Spannungsfehler von $F_\mathrm{u} = \pm\, 0{,}1\%$ und einen maximalen Winkelfehler $\delta_\mathrm{u} = \pm\, 5$ min auf.

Stromwandler. Auch diese werden zur Trennung des Meßgerätes von der Hochspannung benutzt, und übersetzen außerdem den zu messenden Strom I_1 auf einen für die Messung geeigneten Stromwert I_2 (z. B.: 5 A). Da der Strommesser (Bild 7.21) nur einen geringen Widerstand hat, ist der Stromwandler sekundär praktisch kurzgeschlossen. Zwischen den Klemmen K und L, sowie k und l treten daher nur ganz geringe Spannungen auf. Infolgedessen können die Klemmen K und L auf einem Hochspannungsisolator angebracht werden. Damit der *Stromfehler* $F_\mathrm{i} = \dfrac{I_2 \cdot K_\mathrm{N} - I_1}{I_1} \cdot 100\%$ des Wandlers klein bleibt, darf die sekundäre Belastung (Bürde) nicht groß sein, denn nur bei sekundärem Kurzschluß ist der Magnetfluß und der Magnetisierungsstrom, welcher für die Abweichung von Gl. (7.2) verantwortlich ist, vernachlässigbar klein. Der *Fehlwinkel*, welcher bei genauen Leistungsmessungen beachtet werden muß, ist der Phasenwinkel, der zwischen Sekundärstrom $\mathfrak{S}_2$ und Primärstrom $\mathfrak{S}_1$ auftritt. Stromwandler müssen *kurzschlußsicher* sein, und zwar sowohl in dynamischer als auch in thermischer Hinsicht [s. a. Gl. (1.29) und (1.57)]. Ein dynamisch kurzschlußsicherer Stromwandler ist z. B. der Stab-Stromwandler nach Bild 7.22, bei welchem der Eisenkern c den vom Primärstrom I_1 durchflossenen Kupferstab konzentrisch umschließt.

Besonders zu beachten ist, daß bei Ausbau des Strommessers die Sekundärwicklung des Wandlers *nicht* unterbrochen werden darf, weil sonst die Gegendurchflutung der Sekundärseite fehlt und der Primärstrom einen sehr starken Magnetfluß im Eisen erzeugen würde, welcher nicht nur zu einer unzulässigen

Temperaturerhöhung Veranlassung geben, sondern auch sekundär eine gefährliche Spannung induzieren würde. Ein Spannungswandler bleibt natürlich nach Ausbau des Spannungsmessers sekundär offen.

Beim Anschluß mehrerer Geräte an einem Meßwandler ist zu beachten, daß dieselben beim Stromwandler in Reihe, beim Spannungswandler parallel zu schalten sind. Die Sekundärseite wird stets an einem Punkt geerdet, damit auch bei schadhafter Isolation des Wandlers sekundär keine Gefahr besteht.

Der *Anleger nach Dietze* (Zangenstromwandler, Bild 7.23) besitzt einen Eisenkern, welcher zangenartig ausgebildet ist und um eine Leitung gelegt werden kann. Es ist dadurch möglich, den Strom eines Leiters zu messen, ohne daß der Stromkreis geöffnet und der Betrieb unterbrochen wird.

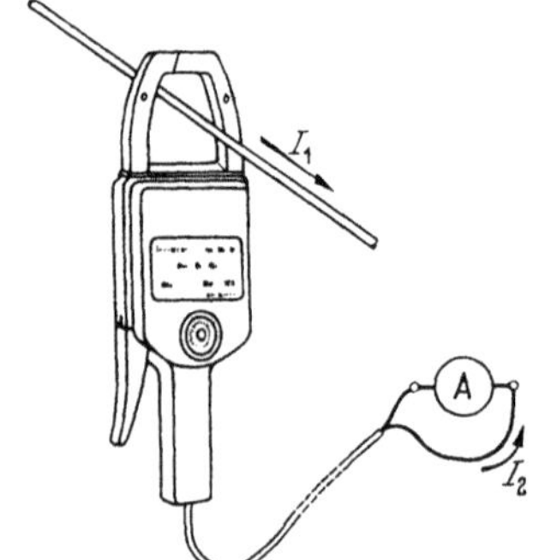

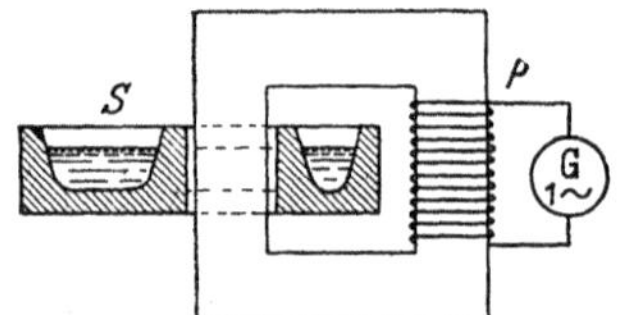

Bild 7.23. Zangenstromwandler mit getrenntem Strommesser   Bild 7.24. Induktionsofen (Schema)

Zur Messung sehr großer Gleichströme dienen *Gleichstromwandler,* die nach dem Prinzip der magnetischen Verstärker arbeiten (s. Kap. 14.3).

c) Induktionsöfen (Bild 7.24). Es sind dies Transformatoren, deren Sekundärwicklung durch das metallische Schmelzgut gebildet wird, in dem entsprechend dem Windungsverhältnis ein sehr starker Strom fließt. Wegen der großen Temperatur kann die Primärwicklung K nicht sehr dicht an das Bad herangebracht werden. Die Streuung ist daher groß. Um trotzdem keine zu großen Blindströme zu erhalten, werden die Öfen mit Kondensatoren kompensiert.

8. Asynchronmotoren

8.1 Asynchroner Drehstrommotor

8.1.1 Wirkungsweise

An Bild 3.22 haben wir gesehen, daß dreiphasiger Wechselstrom in den um 120° versetzten Spulen ein *Drehfeld* erzeugt, welches mit der Drehzahl $n = f$ rotiert. Für $f = 50\ \mathrm{s^{-1}}$ erhält man $n = 50\ \mathrm{s^{-1}} \cdot 60\ \mathrm{s/min} = 3000\ \mathrm{min^{-1}}$. Bild 8.1 unterscheidet sich von der früheren Darstellung nur dadurch, daß

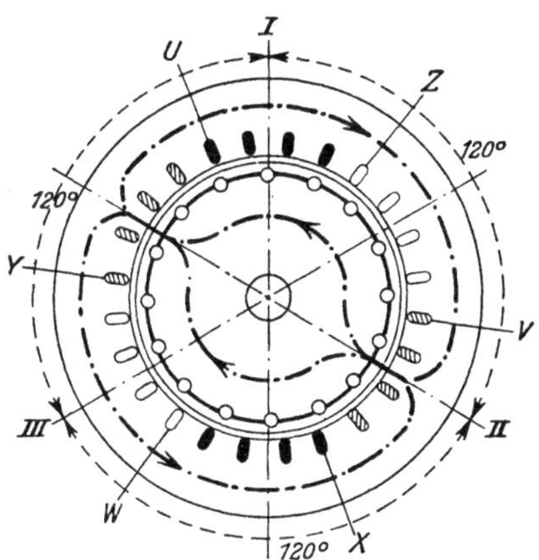

Bild 8.1. Zweipoliger Drehstrom-Asynchronmotor

jede der drei Spulen in mehreren Nuten untergebracht ist. Der Magnetfluß in einer bestimmten Augenblickslage ist durch die strichpunktierte Linie angedeutet. Die *drei*strängige Wicklung erzeugt also ein *zweipoliges* Feld. Schieben wir die drei Spulen auf einer Hälfte des Ständereisenringes zusammen und ordnen auf der anderen Hälfte nochmals drei Spulen an, so haben wir im ganzen sechs Spulen, deren Weite nun ein Viertel des Umfanges ist. Auf jeden Strang entfallen zwei Spulen, die bei richtiger Schaltung ein *vierpoliges* Drehfeld liefern, welches aber während einer Periode nur eine *halbe* Umdrehung macht. Bezeichnen wir die Polpaarzahl mit p, dann ist allgemein die Drehfelddrehzahl:

$$n_\mathrm{s} = \frac{f}{p}.\tag{8.1}$$

Bei m Strängen (Phasen) ist die Spulenzahl gleich $m \cdot p$.

In dem Hohlraum des Ringes soll nun ein Eisenkörper (Läufer) angeordnet werden, welcher an seinem Umfang eine größere Zahl von Aluminiumstäben trägt, die auf beiden Stirnseiten durch Kurzschlußringe miteinander verbunden sind (*Kurzschluß-* oder *Käfigläufer*). Diese Stäbe bilden über die Kurzschlußringe lauter Durchmesserspulen mit der Windungszahl $N = 1$. Sobald der Strom eingeschaltet wird, läuft bei dieser zweipoligen Anordnung und einer Frequenz

von 50 Hz das Drehfeld mit $n_s = 3000$ Umdrehungen je Minute um. Die noch
still stehenden Ankerspulen werden von diesem Feld durchsetzt. In jeder Ankerspule ist deshalb ein magnetischer Wechselfluß vorhanden, der bei Stillstand
des Läufers die Frequenz f, bei synchronem Lauf die Frequenz null besitzt.
Nach dem Induktionsgesetz wird in jeder Ankerspule eine Spannung erzeugt,
die einen Strom in der kurzgeschlossenen Spule zur Folge hat. Dadurch entsteht nach dem Lenzschen Gesetz in jeder Spule ein Drehmoment in Drehfeldrichtung. Der Anker wird also dem Drehfeld nachlaufen. Je mehr sich aber
die Ankerdrehzahl n der Drehfeldzahl n_s nähert, um so geringer wird die Frequenz in den Ankerspulen und damit auch der Strom. Es leuchtet sein, daß
der Anker die Drehfelddrehzahl n_s so nicht erreichen kann. Er läuft mit einer
etwas kleineren Drehzahl, also mit *Schlupf.* Dieser Schlupf, unter dem wir das
Verhältnis

$$s = \frac{n_s - n}{n_s} \tag{8.2a}$$

verstehen, wird sich so einstellen, daß gerade ein für die Motorbelastung hinreichender Läuferstrom entsteht. Da mit Rücksicht auf die Verluste der Läuferwiderstand klein gehalten wird, ist der Schlupf im allgemeinen klein. Ein
solcher Motor läuft also *nicht* synchron wie die früher behandelten Synchronmotoren und wird daher *Asynchronmotor* genannt.

Der betrachtete *Kurzschlußläufermotor* nimmt im Einschaltaugenblick einen
Strom auf, der etwa das 6···8fache des Nennstromes ist und hat dennoch ein
verhältnismäßig *kleines* Anlaufdrehmoment. Zur Verringerung des Anlaufstromes könnte man einen Widerstand vor die Ständerwicklung schalten.
Solche *Ständeranlasser* werden in Ausnahmefällen benutzt. Sie haben jedoch
den Nachteil, daß das ohnehin nicht große Anlaufmoment noch weiter vermindert wird. Wir stellen uns zunächst vor, daß die dem Ständer zugeführte
Spannung durch einen Vorwiderstand auf die Hälfte herabgesetzt worden ist.
Dann ist die durch das Drehfeld induzierte Läuferspannung und der Fluß nur
noch halb so groß, und bei gleichem Schlupf wird auch der Läuferstrom auf die
Hälfte gesunken sein. Da nun aber das Drehmoment dem Produkt aus magnetischen Fluß und Läuferstrom proportional ist, muß es sich auf ein *Viertel*
des ursprünglichen Wertes vermindert haben. Das Drehmoment sinkt also in
quadratischem Verhältnis mit der Ständerspannung.

Der Grund, warum trotz des großen Anlaufstromes dennoch das Anlaufdrehmoment klein ist, liegt in der *Phasenverschiebung* des Läuferstromes. Wenn
wir den Läufer festhalten, wirkt der Motor als reiner Transformator. Das
Drehfeld erzeugt in den Läuferspulen eine innere Spannung U_{q2}, deren Frequenz natürlich mit der Netzfrequenz übereinstimmt. Sobald aber der Läufer
dem Drehfeld nachläuft, ist die Läuferfrequenz f_2 nicht mehr gleich der Netzfrequenz f_1, sondern sie sinkt im gleichen Verhältnis, wie die Drehzahl wächst,
und würde bei Gleichlauf zwischen Anker und Drehfeld den Wert Null erreichen
(Bild 8.2). Es gilt

$$f_2 = s \cdot f_1 \tag{8.2b}$$

Gl. (2.14) lehrt nun, daß in einer Reihenschaltung, die den Widerstand R und
die Induktivität L enthält, die Phasenverschiebung zwischen Spannung und

Strom um so größer ist, je größer die Frequenz ist. Im Läufer, den wir als Reihenschaltung aus R und L ansehen können, ist daher bei Stillstand oder niederer Drehzahl wegen der hohen Frequenz f_2 eine große Phasenverschiebung vorhanden, die mit wachsender Drehzahl immer mehr abnimmt und bei synchronem Lauf des Ankers Null wird.

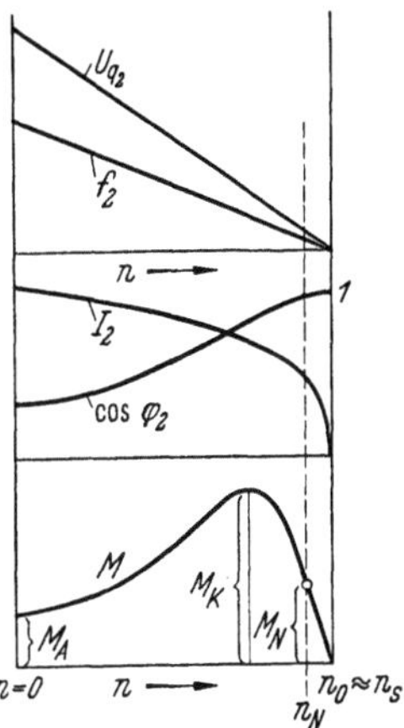

Bild 8.2. Entstehung des Drehmomentes beim Anlauf

Bild 8.2 stellt die einzelnen Größen während des Anlaufs dar. Die innere Spannung U_{q2} ist am Anfang ($n = 0$) am größten und nimmt mit wachsender Drehzahl ab, ebenso verhält sich die Läuferfrequenz f_2. Der Strom I_1, den sie durch den ohmschen Widerstand und durch den induktiven Widerstand des Läufers treibt, ist anfangs sehr stark phasenverschoben, liegt aber bei Erreichung der Nenndrehzahl fast mit der Spannung in Phase. Der $\cos \varphi_2$ zwischen innerer Spannung U_{q2} und Strom I_2 ist daher anfangs sehr klein und steigt mit zunehmender Drehzahl fast auf den Wert 1. Wir finden nun das vom Läufer ausgeübte Drehmoment bzw. die Umfangskraft nach Gl. (2.17 c), wenn wir das Produkt aus B, I_2 und $\cos \varphi_2$ bilden. Man erhält dadurch die in Bild 8.2 unten dargestellte Momentenlinie, welche zeigt, daß im ersten Augenblick trotz des großen Läuferstroms nur ein kleines Drehmoment entsteht. Andererseits muß es natürlich bei Gleichlauf zwischen Läufer und Drehfeld Null werden, weil dann kein Läuferstrom vorhanden ist. Dazwischen, etwa bei 75% der Drehfelddrehzahl, hat der Motor sein Höchstmoment, das *Kippdrehmoment*, welches nach den Vorschriften bei Asynchronmotoren mindestens gleich dem 1,6fachen, meist etwa gleich dem 2,5fachen des Nenndrehmomentes ist.

Die Ursache des niedrigen Anlaufdrehmomentes ist also die große Phasenverschiebung des Läuferstromes, die ihrerseits wieder durch die hohe Läuferfrequenz im Anlaufaugenblick bedingt ist. Aus Gl. (2.14) erhält man $\operatorname{tg} \varphi_2 = \omega_2 \cdot L_2/R_2$. Die Phasenverschiebung φ_2 kann nur durch eine Verminderung der Induktivität oder eine Vermehrung des ohmschen Widerstandes verkleinert werden. Da das erstere durch Kleinhaltung der Streuflüsse bereits weitgehend durch den Konstrukteur besorgt ist, bleibt uns nur noch die eine Möglichkeit, durch *Erhöhung* des Läuferwiderstandes das Drehmoment heraufzusetzen.

Natürlich darf der Läuferwiderstand wegen der Verluste nicht während der ganzen Betriebszeit, sondern nur im Anlaufaugenblick ein hoher sein, zumal der Motor bei Erreichung höherer Drehzahlen ohnehin ein großes Drehmoment entwickelt. Um die Einschaltung eines solchen *Anlaßwiderstandes* möglich zu machen, muß der Läufer mit einer der Ständerwicklung ähnlichen Wicklung ausgerüstet werden, welche über Schleifringe auf die äußeren Läufer-Anlaßwiderstände angeschlossen werden kann. Ein solcher Motor heißt *Schleifringläufermotor*. Durch einen derartigen Anlaßwiderstand ist aber auch die hohe Stromaufnahme im Anlaufaugenblick beseitigt, weil der Anlaßwiderstand den Läuferstrom verkleinert. Damit wird aber auch (genau wie beim Transformator) der Primärstrom kleingehalten.

Der Drehstrommotor ist als drehender, sekundär kurzgeschlossener Transformator, welcher seine Sekundärarbeit als mechanische Arbeit abgibt, aufzufassen. Es ist daher möglich, das für den Transformator entwickelte Zeigerdiagramm auch für den Motor zu verwenden. Bild 8.3 zeigt das Ersatzschaltbild

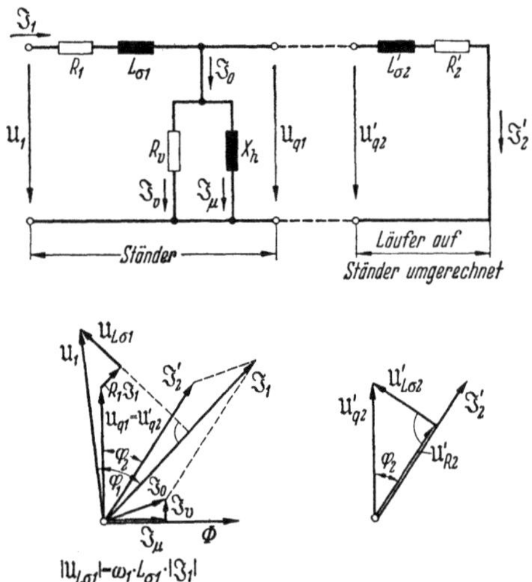

Bild 8.3. Ersatzschaltbild und Zeigerdiagramm des Asynchronmotors

und das Zeigerdiagramm. Das Drehfeld Φ erzeugt im stillstehenden Läufer ($s = 1$) die innere Spannung U'_{q2}, bei beliebigem Schlupf s also $U_{q2} = s \cdot U'_{q2}$. Diese innere Spannung ruft im Läufer den um φ_2 nacheilenden Läuferstrom I_2 hervor, wobei der ohmsche Spannungsfall $R_2 \cdot I_2$ und der induktive Spannungsfall $\omega_2 \cdot L_{\sigma 2} \cdot I_2$ auftreten. Letzterer wird bekanntlich durch das Streufeld verursacht, welches sich quer durch die Nuten des Läufers und um die Wicklungsköpfe ausbildet. Zur Erzeugung des Drehfeldes Φ ist ein in gleicher Phase liegender Magnetisierungsstrom I_μ nötig, der wegen des unvermeidlichen Luftspaltes aber wesentlich größer als der des Transformators ist (etwa 30% des Nennstromes). Zu ihm wird der Verluststrom $I_v = I_{Fe} + I_{Reib}$ für Eisenverluste und Reibungsverluste addiert, wodurch sich der Leerlaufstrom I_0 des Motors ergibt. Im Ersatzschaltbild (Bild 8.3 oben) ist unter Berücksichtigung gleicher Windungszahlen im Ständer und Läufer die auf die Ständerseite umgerechnete innere Spannung $U'_{q2} = U_{q2}/s$ eingetragen, die vom Schlupf unabhängig ist. Entsprechend ist der Läuferstrom auf die Primärseite umgerechnet. Damit der durch die Belastung entstandene, auf die Primärseite umgerechnete Läuferstrom I_2 das Drehfeld nicht aufhebt, muß die Ständerwicklung den Strom I_2' zusätzlich aufnehmen. Im Stillstand ist natürlich $I_2' = I_2$. Der tatsächliche Primärstrom I_1 wird nun durch geometrische Addition von I_0 und I_2' gefunden. Er ruft in der Primärwicklung die Spannungsfälle $R_1 \cdot I_1$ und $\omega \cdot L_{\sigma 1} \cdot I_1$ hervor, die, zu der im Ständer auftretenden inneren Spannung U_{q1} addiert ($U_{q1} = U_{q2}'$), die Netzspannung U_1 ergeben.

Das Heylanddiagramm. Der Läuferstrom I_2 läßt sich durch Gl. (2.13) ausdrücken. Die wirksame Spannung ist die durch das Drehfeld erzeugte und vom Schlupf abhängige innere Spannung $s \cdot U_{q2}'$. Die Kreisfrequenz der Läuferspannung ist entsprechend $s \cdot \omega_1$, wenn wir mit ω_1 die konstante primäre Kreisfrequenz bezeichnen. Der Strom ist demnach $I_2 = s \cdot U_{q2}' / \sqrt{R_2^2 + (s \cdot \omega_1 L_2)^2}$, oder wenn man Zähler und Nenner durch s dividiert

$$I_2 = \frac{U_{q2}'}{\sqrt{\left(\dfrac{R_2}{s}\right)^2 + (\omega_1 L_2)^2}} . \tag{8.3}$$

Der Läuferstrom verhält sich demnach bei den verschiedenen Drehzahlen genau wie der Strom einer Spule, die an der konstanten Spannung U_{q1} bei konstanter Frequenz ω_1 liegt, aber einen veränderlichen ohmschen Widerstand R_2/s hat. Wir können daher als Betriebsdiagramm (Bild 2.19 b), welches für die Schaltung (Bild 2.18) gilt, auch hier benutzen und können behaupten, daß sich der Endpunkt des Stromzeigers I_2 bei wechselnden Belastungen auf einem Kreise bewegen muß. Unter der Voraussetzung, daß die Drahtzahl primär und sekundär übereinstimmt, können wir uns diese Leiter wie bei einem Spartransformator zusammenfallend denken, so daß wir für den Drehstrommotor das in Bild 8.3 dargestellte Ersatzschaltbild bekommen. Der Läufer hat die Induktivität $L_{\sigma 2}$. In Reihe liegt der Primärwiderstand und der Ersatzwiderstand R_2/s, der auch die mechanische Belastung ersetzt. Zu dem Strom I_2, der sich aus dem früheren Kreisdiagramm abgreifen läßt, haben wir hier noch den Magnetisierungsstrom I_μ und den Verluststrom I_v geometrisch hinzuzufügen und erhalten dann den Primärstrom I_1. Nun wären noch die primären Spannungsfälle zu berücksichtigen. Da diese jedoch klein sind, wollen wir eine weitere Komplikation vermeiden und sie unberücksichtigt lassen. Der Stromwärmeverlust des Ständers ist durch die Einfügung von R_1 berücksichtigt. Unter diesen Voraussetzungen erhalten wir das durch Bild 8.4

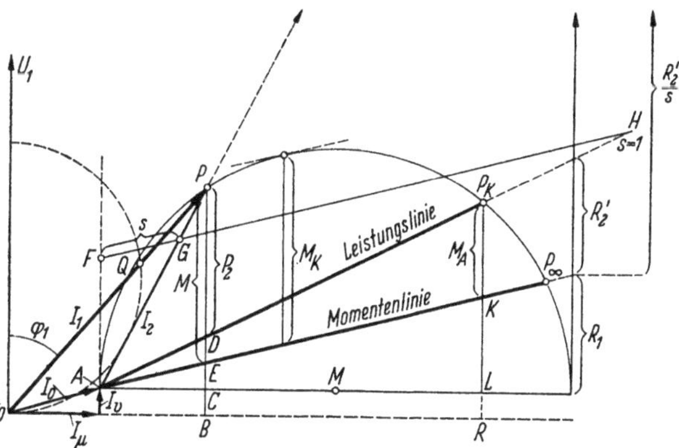

Bild 8.4. Heylanddiagramm

dargestellte Diagramm der Ersatzschaltung. Es ist jedoch zu beachten, daß der sekundäre Widerstand R_2 nach Gl. (7.4) mit dem Quadrat des Windungsverhältnisses multipliziert werden muß, wenn wir ihn dem primären hinzufügen wollen. Es ist also $R_2' = (R_v/s) \cdot (N_1/N_2)^2$ und $L_{\sigma 2}' = L_{\sigma 2} \cdot (N_1/N_2)^2$.

Das Kreisdiagramm ist für uns deshalb von großer Bedeutung, weil es das Verhalten der einzelnen Betriebswerte des Motors bei wechselnder Belastung in einfacher Weise zu überblicken gestattet. Wir sehen aus Bild 8.4, daß der Motorstrom I_0 im Leerlauf (Punkt A) klein ist und eine große Phasenverschiebung hat. Der Läuferstrom ist im Leerlauf praktisch gleich Null. Mit wachsender Belastung (Punkt P) stellt sich ein größerer Primärstrom I_1 und Sekundärstrom I_2 ein, wobei zuerst die Phasenverschiebung abnimmt, um später, wenn der Strom I_1 die Tangentenlage überschritten hat, wieder zuzunehmen. Der größte Strom tritt auf, wenn der Motorläufer festgehalten wird. Der Primärstrom ist dann gleich $\overline{OP_\mathrm{k}}$ und der Sekundärstrom $\overline{AP_\mathrm{k}}$. Die Phasenverschiebung ist in diesem Fall beträchtlich. Man kann den Leistungsfaktor unmittelbar ablesen, wenn man über U_1 mit dem Durchmesser 1 (z. B. 1 dm) einen Kreis schlägt. Derselbe schneidet dann auf dem Primärstrom die Strecke $\overline{OQ}$ ab, die Kathete im rechtwinkligen Dreieck mit Winkel φ_1 ist. Da der Leistungsfaktor $\cos \varphi$ gleich dem Quotienten aus Kathete $\overline{OQ}$ und Hypotenuse ist, entspricht die Strecke $\overline{OQ}$ dem Leistungsfaktor.

Die *zugeführte Leistung* P_1 ist bekanntlich $\sqrt{3} \cdot U_1 \cdot I_1 \cdot \cos \varphi_1$. Sie ist bei unveränderlicher Spannung U_1 dem Ausdruck $I_1 \cdot \cos \varphi_1$ proportional, welcher durch die Strecke $\overline{PB}$ für den Belastungspunkt P dargestellt werden kann, wie aus dem rechtwinkligen Dreieck OBP hervorgeht. Man sieht, daß die aufgenommene Leistung im Leerlaufpunkt A gleich den Verlusten ist, daß sie mit der Belastung steigt, ein Maximum erreicht, um bei festgehaltenem Motoranker auf den Wert $\overline{P_\mathrm{k}R}$ zu sinken.

Die *abgegebene mechanische Leistung* P_2 ist für den Belastungspunkt P durch die Strecke $\overline{PD}$ dargestellt. Sie ergibt sich aus der aufgenommenen Leistung P_1 (Strecke $\overline{PB}$), indem man die Eisen- und Reibungsverluste $\overline{BC}$, die Stromwärmeverluste des Städners $\overline{CE}$ und diejenigen des Läufers $\overline{ED}$ subtrahiert.

Das *Drehmoment* M ist für den Belastungspunkt P der Strecke $\overline{PE}$ verhältnisgleich. $\overline{PE}$ ist nach dem Vorstehenden die vom Ständer auf den Läufer übertretende Leistung P_{12}. Diese Leistung ist gemäß Gl. (5.16) dem Drehmoment des Motors proportional. Die Strecke $\overline{PE}$ kann daher für den Belastungspunkt P als Maß des Drehmomentes angesehen werden. Dasselbe wächst mit zunehmendem Strom, erreicht ein Maximum, um bei festgehaltenem Läufer wieder auf den Wert $\overline{P_\mathrm{k}K}$, das Anlaufmoment M_A, zu sinken. Bei Vergrößerung des Läuferwiderstandes R_2 muß der Kurzschlußpunkt P_K auf dem Kreis mehr nach links rücken, und das Anlaufmoment wird größer.

Die abgegebene Leistung ist $P_2 \sim M \cdot n$, die vom Ständer auf den Läufer übertretende Leistung $P_{12} \sim M \cdot n_\mathrm{s}$. Beide Leistungen unterscheiden sich durch die Verluste des Läufers, welche wegen der geringen Läuferfrequenz fast nur aus Stromwärmeverlusten bestehen. Diese Verluste, welche durch die Strecke $\overline{DE}$ dargestellt sind, berechnen sich aus den vorstehenden Beziehungen proportional zu $M \cdot (n_\mathrm{s} - n)$. Sie sind also dem *Schlupf* proportional. Der Schlupf des Motors läßt sich daher aus dem Diagramm durch das Verhältnis $\overline{DE}/\overline{PE}$ bestimmen. Um ihn unmittelbar abgreifen zu können, ziehe man zur Drehmomentenlinie AP_∞ eine Parallele FH an beliebiger Stelle, jedoch zweckmäßig so, daß FH gerade 100 mm beträgt. Dann schneidet der Strom I_2, der durch $\overline{AP}$ dargestellt ist, auf $\overline{FH}$ die Strecke $\overline{FG}$ ab, die den Schlupf s darstellt.

Experimentelle Bestimmung des Kreisdiagrammes. Hierzu sind zwei Versuche zu machen: der *Leerlaufversuch* und der *Kurzschlußversuch*. Im Leerlaufversuch wird aus Strom-, Spannungs- und Leistungsmessung die Phasenverschiebung φ_0 des Leerlaufstromes I_0 ermittelt. Bei dem Kurzschlußversuch bei festgehaltenem Läufer und sekundär kurzgeschlossener Wicklung wird nur soviel Spannung zugeführt, daß etwa der Nennstrom fließt. Auch hier wird aus den Meßergebnissen die Phasenverschiebung φ_k errechnet. Den tatsächlichen Kurzschlußstrom bei voller Spannung kann man wegen seiner Größe nicht experimentell ermitteln. Nehmen wir an, daß bei Kurzschluß näherungsweise zwischen Strom und Spannung Proportionalität vorhanden ist (Sättigung vernachlässigt), so braucht man den gemessenen Strom nur mit dem Spannungsverhältnis zu multiplizieren, um den Kurzschlußstrom bei voller Spannung zu ermitteln. Leerlaufstrom und Kurzschlußstrom sind nun aufzutragen und der Kreis mit dem Mittelpunkt M auf der Horizontalen durch A durch ihre Endpunkte zu zeichnen. Sollten die ohmschen Widerstände nicht bekannt sein, so kann man mit hinreichender Genauigkeit die Stromwärmeverluste im Läufer und Ständer als gleich annehmen. Dann ist $I_{1N}^2 \cdot R_1 = I_{2N}^2 \cdot R_2$ zu setzen.

90. Beispiel. Ein Drehstrommotor hat die folgenden Nennwerte: 3 kW Leistung, $n = 1430$ Umdrehungen je Minute, 380 V bei Sternschaltung, $I = 6{,}5$ A. Im Leerlaufversuch mit Nennspannung nahm er 2 A bei $\cos \varphi_0 = 0{,}25$, im Kurzschlußversuch 6 A bei $\cos \varphi_k = 0{,}45$ und 76 V auf. Zwischen den Schleifringen wurde bei offenem Läufer eine Spannung von 115 V gemessen, wenn primär die Nennspannung von 380 V zugeführt wurde. Der primäre Ohmsche Widerstand beträgt $R_1 = 1{,}5$ Ω/Strang, der sekundäre 0,17 Ω/Strang. Wie groß ist das Kippmoment des Motors?

Der Kurzschlußstrom I_k bei voller Spannung würde gleich 6 A $\cdot$ 380 V/76 V $= 30$ A sein. Wir tragen ihn mit seiner Phasenverschiebung $\cos \varphi_k = 0{,}45$ und ebenso den Leerlaufstrom $I_0 = 2$ A mit $\cos \varphi_0 = 0{,}25$ auf. Der Heylandkreis kann nun gezeichnet werden, da sein Mittelpunkt auf der Horizontalen durch A liegen muß, ebenso kann der Nennstrom eingetragen werden. Der Läuferwiderstand R_2 ist im Verhältnis der Quadrate der Leiterzahl, oder, was dasselbe ist, im Verhältnis der Spannungsquadrate auf den Primärteil umzurechnen. Es ist also $s \cdot R_2' = 0{,}17$ $\Omega \cdot 380^2$ V^2/115^2 V$^2 = 1{,}84$ Ω. Im Widerstandsverhältnis 1,5:1,84 ist die Strecke $\overline{P_k L}$ zu teilen und die Drehmomentlinie zu ziehen. Das Nennmoment ist nach Gl. (5.16) $M = 20$ Nm $= 2{,}04$ kpm. Da nach dem Diagramm die dem Maximalmoment entsprechende Strecke 2,4mal so groß wie die Strecke ist, welche dem Nennmoment entspricht, beträgt das Kippmoment 20 Nm $\cdot$ 2,4 $= 48$ Nm $= 4{,}9$ kpm. Die Konstruktion zeigt ferner, daß das Kippmoment bei $n = 1100$ Umdrehungen je Minute auftritt.

91. Beispiel. Wie groß ist bei dem Motor des vorigen Beispiels der Läuferstrom bei Nennlast?

Aus dem Diagramm läßt sich der Läuferstrom bei $I_1 = 6{,}5$ A zu $I_2 = 5{,}4$ A abgreifen. Dieser Wert würde aber nur für den Fall gelten, daß die Leiterzahl des Ständers und Läufers übereinstimmt. Dies ist hier nicht der Fall, vielmehr ist die verkettete Läuferspannung 115 V und die des Ständers 380 V. Der wirkliche Läuferstrom ist demnach

$$I_2 = 5{,}4 \text{ A} \cdot 380 \text{ V}/115 \text{ V} = 17{,}8 \text{ A}.$$

Wenn das Diagramm nicht zur Verfügung steht, läßt sich der Läuferstrom ungefähr aus dem Ständerstrom und der Übersetzung (wie bei einem Transformator) berechnen. Es würde sich hier ergeben $I_2 \approx 6{,}5$ A $\cdot$ 380 V/115 V $= 21$ A.

8.1.2 Aufbau des asynchronen Drehstrommotors

Er ist, insbesondere als Kurzschlußläufermotor, der einfachste Motor, den es gibt. Der Ständereisenkörper besteht aus geschichteten Blechen, in welchen die Nuten (meist halboffen oder geschlossen) eingestanzt sind. Ein Guß- oder Stahlblechgehäuse trägt den Ständereisenkörper und die Lagerschilde. Der Läufer hat ebenfalls einen aus Blechen zusammengesetzten Eisenkörper. Bei dem Kurzschlußläufer werden die Nuten mit Aluminium ausgegossen. Schleifringläufermotoren für Dauerbetrieb erhalten häufig eine *Kurzschluß*- und *Bürstenabhebevorrichtung*, welche nach erfolgtem Anlassen mittels eines auf der Welle verschiebbaren Kurzschlußrings eine Verbindung der drei Schleifringe und folgend ein Abheben der Bürsten ermöglicht. Der Läuferstrom fließt dann während des Betriebes nicht mehr über die Bürsten, und der Bürstenverschleiß ist vermieden. Solche Motoren können mit aufliegenden Bürsten, gewöhnlich nicht dauernd betrieben werden, weil die Bürsten nur für vorübergehende Benutzung bemessen sind. Der Luftspalt zwischen Ständer- und Läufereisen wird so gering wie mög-

lich gehalten (0,5 bis 0,3 mm bei kleineren Motoren), damit der Magnetisierungsstrom klein und der Leistungsfaktor hoch wird.

Die Wicklungen. Nach Gl. (8.1) ist die Drehzahl eines Drehstrommotors durch die
Polzahl bestimmt. Bei 50-periodischem Drehstrom macht das Drehfeld eines zweipoligen
Motors 3000 min^{-1}, dasjenige eines vierpoligen Motors 1500 min^{-1} und das eines sechspoligen Motors 1000 min^{-1} usw. Die *Polpaarzahl p* bestimmt die Spulenzahl. Ein zweipoliger Motor ($p = 1$) für dreiphasigen Wechselstrom hat drei Spulen, ein vierpoliger hat
sechs Spulen. Allgemein hat ein Motor für m Stränge $m \cdot p$ Spulen. Nennen wir die Nutenzahl,
durch welche jede Spulenseite hindurchtritt, mit q, so benötigt jede Spule $2 \cdot q$ Nuten. Die
gesamte Nutenzahl N_u ist daher:

$$N_\mathrm{u} = 2 \cdot q \cdot m \cdot p . \tag{8.4}$$

Bild 8.5 zeigt eine zweipolige *Ständerwicklung* mit $q = 4$ Nuten je Spulenseite und $N_\mathrm{u} =$
$= 24$ Nuten insgesamt. Die Spulen reichen bei der zweipoligen Wicklung über den halben
Umfang, und ihre Wickelungsköpfe sind der Symmetrie halber zur Hälfte nach der einen
und zur Hälfte nach der anderen Seite gebogen. Damit sich die Wicklungsköpfe nicht
gegenseitig stören, liegen sie in drei Schichten. Die Anfänge der drei Schichten müssen um
120° auseinander liegen, also um 24/3 = 8 Nuten. Um dieselbe Nutenzahl liegen die Enden
auseinander. Bild 8.6 stellt eine vierpolige Dreiphasenwicklung mit $q = 3$ Nuten je Spul-

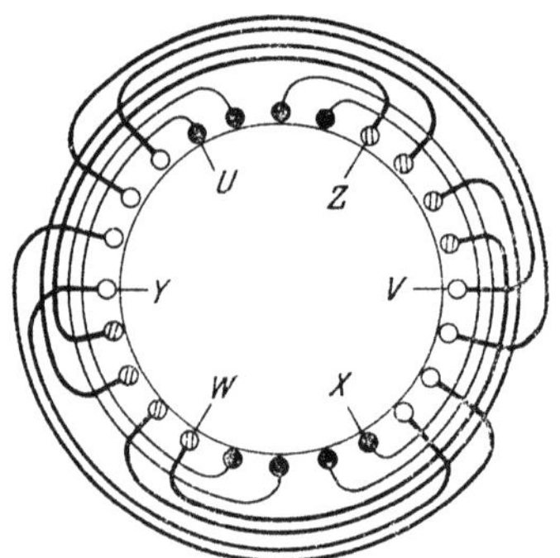

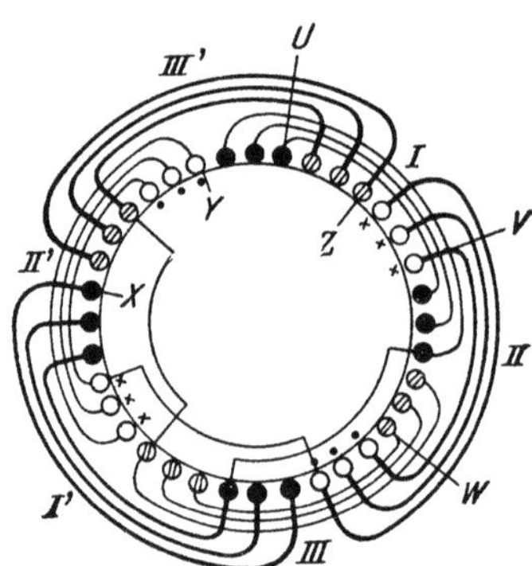

Bild 8.5. Zweipolige Dreiphasenwicklung   Bild 8.6. Vierpolige Dreiphasenwicklung

seite und $N_\mathrm{u} = 36$ Nuten insgesamt dar. Die Spulenweite muß hier ein Viertel des Umfanges betragen. Die Spulen I und I' bilden zusammen den ersten Strang. Sie liegen sich
gegenüber und müssen, damit ein vierpoliges Feld entsteht, gleichnamige Pole erzeugen.
Die Stromrichtung in aufeinanderfolgenden Spulenseiten müssen daher stets *wechseln*,
wie die Bilder zeigen. Die Stranganfänge müssen um ein Sechstel des Umfanges, also
36:6 = 6 Nuten auseinander liegen. Die Wicklungsköpfe sind so geformt, daß kurze und
lange Spulen abwechseln.

Eine sechspolige Dreiphasenwicklung hat neun Spulen, also eine ungerade Zahl. Bei
ihr können daher nicht immer kurze und lange Spulen aufeinander folgen. Man formt
daher *eine* der Spulen so, daß sie zur Hälfte lang ist und mit einer Kröpfung dann in die
kurze Hälfte übergeht.

Läuferwicklungen werden entsprechend hergestellt. Bild 8.7 stellt eine vierpolige Läuferwicklung mit $q = 3$ Nuten je Spulenseite in Sternschaltung dar.

Ständerwicklungen sind im allgemeinen *Drahtwicklungen*, weil bei Leistungen bis etwa
100 kW und Niederspannung (z. B. 380 V) die Stromstärken noch nicht so groß sind, daß
man nicht mit Drähten auskommen könnte. Bei großen Motorleistungen wickelt man die
Ständer immer für Hochspannung, wodurch die Stromstärken klein ausfallen und Drahtwicklungen ausgeführt werden können.

Die Spannung der *Läuferwicklung* kann beliebig gewählt werden. Der Konstrukteur
wählt sie wegen der Isolation und wegen der Raumausnutzung der Nuten nicht zu groß und
andererseits auch nicht zu klein, weil sonst der große Läuferstrom große Schleifringe und
Bürsten nötig macht. Sie wird bei kleinen und mittleren Motorleistungen zu 100 bis 250 V

gewählt, bei großen Motoren bis etwa 1000 V, womit die Schleifringspannung bei offenem, also stillstehendem Läufer gemeint ist. Bei so niedrigen Spannungen kommt man nur bis etwa 30 kW Leistung mit Drahtwicklungen aus. Bei größeren Leistungen muß die *Stabwicklung* Anwendung finden, die man der Gleichstrom-Wellenwicklung nachgebildet hat. Bild 8.8 zeigt eine sechspolige, dreisträngige Läuferstabwicklung mit 72 Nuten. In jeder

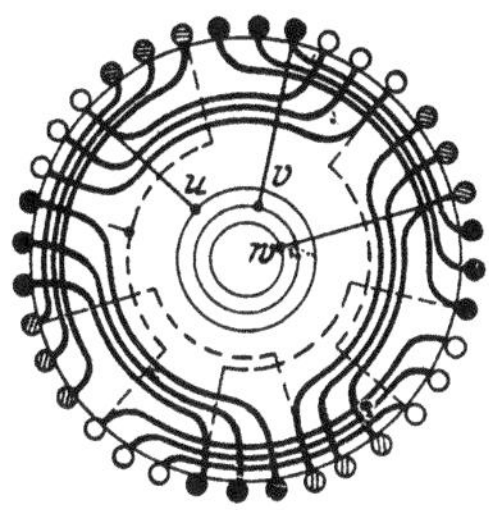

Bild 8.7. Vierpolige Läuferwicklung

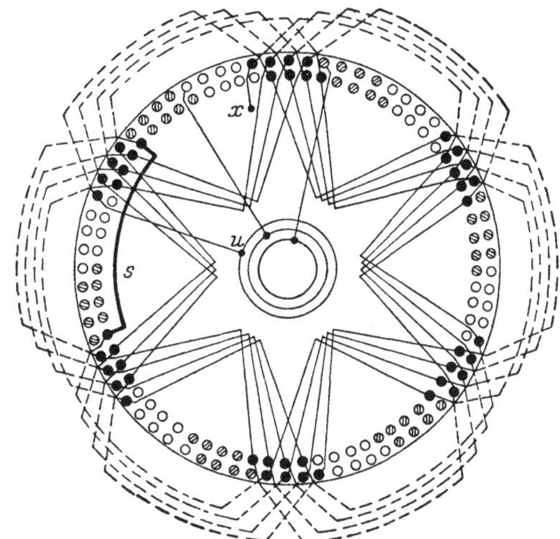

Bild 8.8. Läuferstabwicklung

Nut liegen zwei Stäbe. Die gestrichelt gezeichneten Verbindungen sind auf der hinteren Stirnseite zu denken. Hin- und Rückstab jeder Windung liegen stets in verschiedener Schicht. Der Wicklungsschritt bleibt während eines Umlaufes unverändert. Da man aber dann wieder auf den Ausgangsleiter treffen würde, muß nach jedem Umlauf einmal der Schritt um eine Nute größer gemacht werden. Auf diese Weise läßt sich die Hälfte aller Stäbe einschalten. Um auch die anderen Stäbe hinzuzubekommen, geht man nach Vollendung der ersten Wicklungshälfte mit einem Schaltdraht S rückwärts und wickelt nun in entsprechender, aber umgekehrter Richtung die andere Wicklungshälfte des ersten Stranges. In Bild 8.8 ist nur die Wicklung *eines* Stranges gezeichnet.

Eine *Käfigwicklung* hat man sich als Vielphasenwicklung zu denken, bei welcher jeder Stab eine Spule ist. Die Phasenzahl m ist dann gleich der Nutenzahl je Polpaar, also $N_\mathrm{u}{:}p$.

Die Nutenzahl einer Wicklung kann, gemäß Gl. (8.4), nicht beliebig sein. Sind z. B. 54 Nuten gegeben, so kann eine vierpolige Dreiphasenwicklung nicht angewendet werden, weil sich $q = 4{,}5$ Nuten je Spulenseite ergäbe. In besonderen Fällen wird aber auch diese Wicklung als *Bruchlochwicklung* derart ausgeführt, daß dem erwähnten Zahlenwert entsprechend jede Spulenseite vier Nuten hat, während die fünfte Nute zur Hälfte von dieser und bei guter Zwischenisolation zur Hälfte von der folgenden Spule in Anspruch genommen wird.

Quellenspannung, Wicklungsfaktor, Drahtzahl. Das Drehfeld weist am Bohrungsinnenumfang die Umfangsgeschwindigkeit

$$v = \pi \cdot d \cdot n_\mathrm{s} \tag{8.5}$$

auf, worin d der Durchmesser der Bohrung und n_s die synchrone Drehzahl ist. Das Drehfeld besitzt längs des Umfanges keine konstante Feldstärke, vielmehr können wir infolge der Aufteilung der Spulen in mehrere Nuten räumlich eine angenähert *sinusförmige* Feldverteilung annehmen, wie dies Bild 8.9 veranschaulicht. Bei einer maximalen Flußdichte $\hat{B}$ wird in einem Leiter nach Gl. (1.61) eine maximale Spannung von $\hat{B} \cdot v \cdot l$ erzeugt. Würden alle z_1-Leiter *eines* Stranges in *einer* Nut liegen, so hätte man nur die vorstehende Beziehung mit der Drahtzahl und dem Faktor $1/\sqrt{2}$ zu multiplizieren, um auf die effektive Strangspannung U_q1 zu kommen. Bild 8.9 zeigt jedoch, daß die Teile einer Spule nacheinander von dem Feld erreicht werden, so daß die in ihnen erzeugten Teilspannungen um

den Winkel α gegeneinander phasenverschoben sind. Die Teilspannungen sind nach
Bild 8.10 geometrisch zu addieren und ergeben dann eine kleinere Gesamtspannung U_q.
Das Verkleinerungsverhältnis $\xi = U_q/(U_{qa} + U_{qb} + U_{qc})$ ist der *Wicklungsfaktor*, der sich

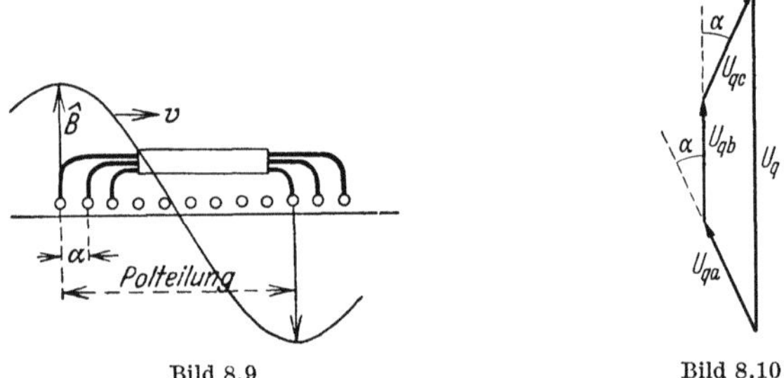

Bild 8.9   Bild 8.10

durchschnittlich etwa zu 0,96 ergibt. Unter Berücksichtigung desselben

$$U_q = \xi \cdot z_1 \cdot \hat{B} \cdot v \cdot l / \sqrt{2} \,. \qquad (8.6)$$

Hieraus läßt sich die Drahtzahl ermitteln.

Unter Berücksichtigung der primären Spannungsfälle können wir U_q um etwa 5% geringer als die Strangspannung U annehmen. Bei Dreieckschaltung ist also $U_q = 0,95\,U_{\text{Netz}}$.

Die Flußdichte $\hat{B}$ im Luftspalt wird etwa zu 0,6 T bis 0,7 T angenommen.

92. Beispiel. Ein Drehstrommotor für 1,85 kW hat einen Ständereisenkörper mit
36 Nuten und 150 mm Bohrung. Die Länge des Eisenkörpers beträgt 100 mm. Wieviel
Drähte müssen in jede Nut eingelegt werden, wenn eine vierpolige Wicklung für 380 V
Netzspannung und Sternschaltung verlangt wird?

Die maximale Flußdichte sei zu 0,6 T angenommen. Die Geschwindigkeit ist $v =$
$= 3,14 \cdot 0,15$ m $\cdot 1500$ min$^{-1} = 3,14 \cdot 0,15$ m $\cdot 1500 \cdot 60^{-1} \cdot$ s$^{-1} = 11,8$ m/s. Aus Gl. (8.6)
ergibt sich dann die Drahtzahl eines Stranges zu:

$$z_1 = \frac{U_q \cdot \sqrt{2}}{\xi \cdot \hat{B} \cdot v \cdot l} = \frac{209\ \text{V} \cdot 1,41}{0,96 \cdot 0,6\ \text{T} \cdot 11,8\ \text{m/s} \cdot 0,1\ \text{m}} = 434\ \text{Leiter}\,.$$

Da je Strang zwölf Nuten vorhanden sind, erhält jede Nut $434{:}12 = 36$ Drähte. Die Polfläche ist bei dem vierpoligen Motor gleich einem Viertel des Umfanges mal der Länge, also
$3,14 \cdot 0,15$ m $\cdot 0,1$ m$/4 = 0,0118$ m^2. Da die Flußdichte darüber sinusförmig verteilt ist
mit dem Maximalwert 0,6 T, ergibt sich der mittl. Fluß je Pol zu $0,6$ T $\cdot 1,18 \cdot 10^{-2}$ m$^2 \cdot 2/\pi$
$= 0,0045$ Wb. Die Eisenquerschnitte des Ständers und Läufers, insbesondere auch die
der Zähne, müssen derart bemessen sein, daß in diesen Teilen keine zu große Flußdichte
auftritt.

8.1.3 Verhalten des asynchronen Drehstrommotors

Das *Drehmoment* läßt sich aus dem Kreisdiagramm des Motors ermitteln
und zeigt in Abhängigkeit von der Drehzahl den in Bild 8.11 dargestellten
Verlauf. Das Kippmoment M_K, dessen Wert etwa das 2 bis 3fache des Nennmomentes M_N ist (nach den Vorschriften mindestens das 1,6fache), liegt bei
großen Motoren bei einem Schlupf $s_K = 10$ bis 20%, bei ganz kleinen Motoren
jedoch bis zu 50% Schlupf. Ist der Kippschlupf und das Kippmoment bekannt,
so läßt sich das Moment M bei dem Schlupf s nach folgender Beziehung näherungsweise berechnen:

$$M = \frac{2\,M_K}{s/s_K + s_K/s}\,. \qquad (8.7)$$

Das Anlaufmoment M_A ist im allgemeinen klein und übersteigt nur bei kleineren Motoren das Nennmoment wesentlich. Die Darstellung zeigt ferner, daß sich die Motordrehzahl n bis zum Nenndrehmoment nur sehr wenig von der Drehfelddrehzahl n_s unterscheidet. Im Leerlauf tritt die Leerlaufdrehzahl n_0 auf, die sich wegen der geringen Leerlaufverluste praktisch nicht von n_s unterscheidet. Der asynchrone Drehstrommotor hat also fast konstante Drehzahl,

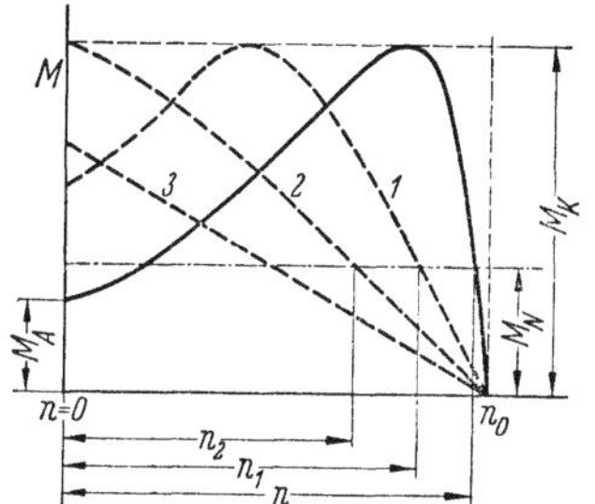

Bild 8.11. Drehmomentlinien bei verschiedenen Läuferwiderständen

ähnelt demnach in seinem Verhalten dem Gleichstrom-Nebenschlußmotor. Bei Nennlast ist der Schlupf verschiedener Motorgrößen etwa der folgende:

1 kW Motornennleistung $s_N = 7\%$ 50 kW Motornennleistung $s_N = 2,5\%$
10 kW Motornennleistung $s_N = 4\%$ über 100 kW Motornennleistung s_N bis 2%

Ein vierpoliger Motor von 10 kW wird danach bei Nennlast etwa eine Drehzahl von $(1500 - 1500 \cdot 0{,}04)\ \mathrm{min}^{-1} = 1440\ \mathrm{min}^{-1}$ haben. Wie bereits erwähnt, wird der Schlupf bei Nennlast durch die Läuferverluste bestimmt. Motoren gleicher Leistung sind daher hinsichtlich ihres Wirkungsgrades um so besser, je kleiner ihr Nennschlupf ist.

Der *Leistungsfaktor* ist nach dem Diagramm (Bild 8.4) bei kleiner Belastung sehr klein, nähert sich bei Nennlast einen Höchstwert und sinkt bei Überlast wieder ab. Dieses Verhalten leuchtet ein, wenn man bedenkt, daß die Phasenverschiebung einerseits durch den Magnetisierungsstrom und andererseits durch die Streuung der Wicklungen verursacht wird. Bei geringer Last ist zwar der Streuspannungsfall klein, aber der um 90° nacheilende Magnetisierungsstrom I_μ ist gegenüber dem kleinen zusätzlichen Belastungsstrom I_2' so groß, daß die Gesamtphasenverschiebung beträchtlich ist. Mit wachsender Belastung sinkt der Einfluß von I_μ, wodurch die Phasenverschiebung kleiner wird. Bei Überlastungen tritt nun aber eine sehr große Streuung ein, die wieder eine Vergrößerung der Phasenverschiebung zur Folge hat, wie das Diagramm zeigt.

Die Ausführung des Motors kann den Leistungsfaktor stark beeinflussen. Das magnetische Feld im Luftspalt ist der Hauptsitz der magnetischen Energie, durch die der Magnetisierungsstrom bestimmt ist. Wir haben daher den Luftspalt so klein wie möglich zu machen, um mit geringem Magnetisierungsstrom auszukommen. Motoren für hohe Drehzahlen sind günstiger hinsichtlich des Leistungsfaktors, weil sie [nach Gl. (5.14 b)] kleiner im Bau sind und daher einen kleineren Luftspaltraum haben. Motoren großer Leistung haben ebenfalls einen höheren Leistungsfaktor. Wie bei den Gleichstrommotoren ist auch bei den Drehstrommotoren die Leistung dem Fluß und der Durchflutung proportional (s. Kap. 5.3.4 u. Gl. 7.3). Da nun der Luftspalt bei wachsenden Motorabmessungen nicht im gleichen Verhältnis mit den übrigen Abmessungen zunimmt und weil die Polflächen nur quadratisch wachsen, während die Leistung etwa mit der 4. Potenz der Linearabmessungen zunimmt, müssen große Motoren verhältnismäßig kleinere magnetische Energie im Luftspalt und einen verhält-

nismäßig kleineren Magnetisierungsstrom haben. Nachfolgend sind einige Werte
des Nennleistungsfaktors angegeben:

Motornennleistung	$\cos \varphi_N$ bei $p = 4$	$\cos \varphi_N$ bei $p = 2$
1 kW	0,72	0,82
10 kW	0,82	0,86
100 kW	0,88	0,90

Kurzschlußläufermotoren haben etwas höhere Werte.

Bild 8.12 zeigt das Verhalten der verschiedenen Größen eines 13 kW-Hebe-
zeugmotors in Abhängigkeit des auf das Nenndrehmoment bezogenen Drehmomentes.

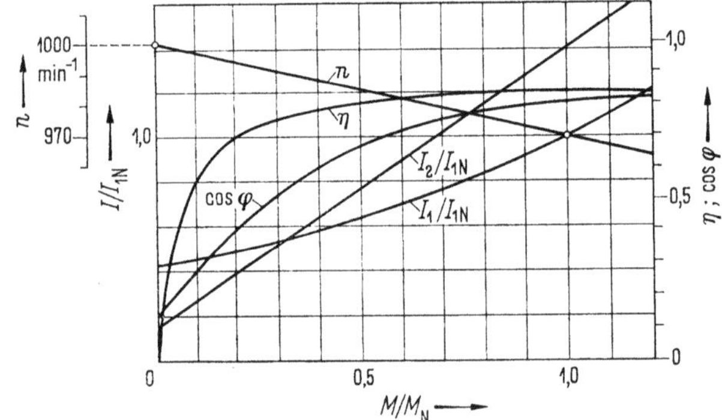

Bild 8.12. Verhalten eines sechspoligen Hebezeug-Asynchronmotors 13 kW, 380 V, 30 A

8.1.4 Verluste und Wirkungsgrad

Die Verluste des Drehstrommotors setzen sich zusammen aus:

Stromwärmeverlusten des Ständers $R_1 I_1^2$ und des Läufers $R_2 I_2^2$.

Eisenverlusten (Wirbelstromverluste und Hysteresisverluste). Für sie gelten
die Gl. (5.20) und (5.21), wenn wir statt n die Frequenz f setzen. Da der Fluß
und die Frequenz des Ständers bei allen Belastungen unverändert bleiben,
sind die Ständereisenverluste von der Belastung unabhängig und konstant.
Die Läufereisenverluste sind vernachlässigbar klein, weil die Läuferfrequenz
bei Nennlast nur wenige Prozent der Netzfrequenz ist.

Reibungsverlusten, welche sich aus den Lager- und Luftreibungsverlusten,
bei Schleifringläufermotoren ohne Bürstenabhebevorrichtung auch aus Bürsten-
reibungsverlusten zusammensetzen und etwa der Drehzahl n proportional angenommen werden können, wenn der Luftwiderstand nicht groß ist. Bei stark
belüfteten Motoren wächst der Verlust stärker mit der Drehzahl.

Der **Wirkungsgrad** ist bei Kurzschlußläufermotoren etwas höher als bei Schleifringläufermotoren. Für letztere ist er bei Nennlast etwa:

1-kW-Motoren $\eta = 0,74$	20-kW-Motoren $\eta = 0,88$
5-kW-Motoren $\eta = 0.84$	50-kW-Motoren $\eta = 0,90$
10-kW-Motoren $\eta = 0,86$	1000-kW-Motoren $\eta = 0,95$

Für andere Belastungen berechnet sich der Wirkungsgrad genau wie bei den Gleichstrommotoren (s. Gl. 5.26 und 80. Beispiel). Das Verlustverhältnis a der veränderlichen zu
den konstanten Verlusten kann bei Kranmotoren zu $a = 2$ bis 1, bei normalen Drehstrommotoren zu 1 und bei schnell laufenden Motoren zu 1 bis 0,5 angenommen werden.

Die Messung des Wirkungsgrades erfolgt am einfachsten durch mechanische Abbremsung und gleichzeitige Messung der zugeführten Leistung mit einem Leistungsmesser. Bei größeren Motoren ist die *Verlustmessung* vorzuziehen. Die bei einem *Leerlaufversuch* gemessene Leistung dient zur Deckung der Reibungs- und Eisenverluste, sowie für die geringen Stromwärmeverluste im Leerlauf. Da sich die letzteren fast ganz auf den Ständer beziehen, können wir aus dem gemessenen Leerlaufstrom I_0 je Strang und dem Widerstand eines Stranges R_1 den Verlust $3 \cdot R_1 \cdot I_0^2$ ermitteln und von der gemessenen Leerlaufleistung in Abzug bringen. Der Rest stellt die konstanten Reibungs- und Eisenverluste dar. Die Stromwärmeverluste lassen sich aus den gemessenen Widerständen und den bekannten Nennströmen leicht für Nennlast ermitteln. Wenn, wie es bei dem Läufer meist zutrifft, die Art der Schaltung unbekannt ist, nimmt man einfach Sternschaltung an. Das 57. Beispiel zeigt, daß das Ergebnis von der Schaltung unabhängig ist. Zu den angegebenen Verlusten ist noch als zusätzlicher Verlust 0,5% der zugeführten Leistung hinzuzufügen.

Die Läuferverluste erhält man genauer, wenn man den Schlupf s bei Nennlast bestimmt. Der Läuferverlust ist dann nach dem früher Gesagten gleich s P_{12}, woein P_{12} die vom Ständer auf den Läufer übergehende elektrische Leistung darstellt. Der Schlupf kann bei Schleifringläufermotoren an einem in den Läufer eingeschalteten Gleichstrommesser durch Zählung der Ausschläge ermittelt werden, da der Schlupf und damit die Läuferfrequenz $f_2 = s \ f_1$ klein ist. Am genauesten läßt sich der Schlupf mittels eines Lichtblitzstroboskops oder einer digitalen Drehzahlmeßeinrichtung feststellen.

8.1.5 Anlassen der Drehstrommotoren

Kleine *Kurzschlußläufermotoren* werden durch Einlegen des dreipoligen Ständerschalters angelassen. Der Strom, den sie dabei aufnehmen, ist durchschnittlich das 5 bis 6fache des Nennstromes. Er hängt nicht von der Belastung ab, weil der Stromwert durch die Größe $O\,P_k$ im Diagramm (Bild 8.4) bestimmt ist. Bei großer Belastung wird derselbe Strom jedoch längere Zeit fließen. Zur Verminderung des Einschaltstromstoßes findet der *Stern-Dreieck-Schalter* (etwa von 1,5 kW Leistung ab) Verwendung, welcher nach Bild 8.13 den

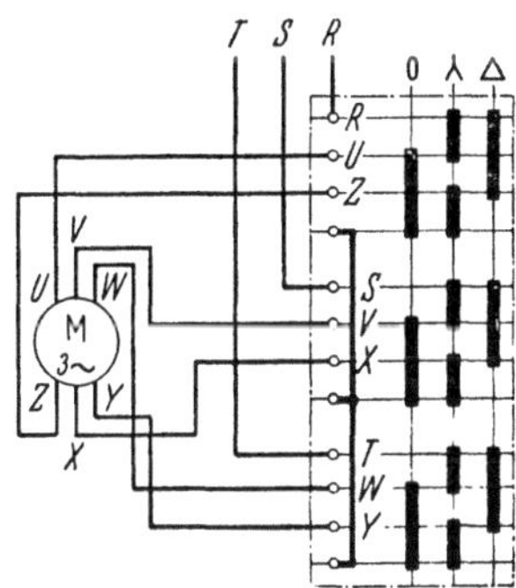

Bild 8.13. Stern-Dreieckschalter

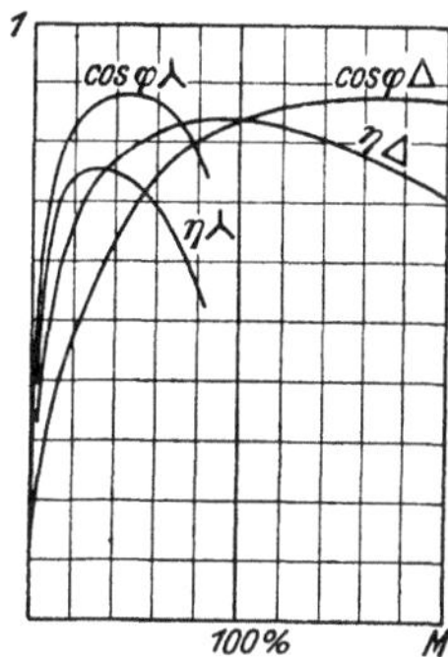

Bild 8.14. Leistungsfaktor und Wirkungsgrad
bei Stern- und Dreieckschaltung

Motor zuerst in Sternschaltung an die Netzspannung legt, worauf nach erfolgtem Anlauf auf die Dreieckschaltung umgeschaltet wird. Da der Wicklungsstrang auf der Sternstellung nur eine Spannung $U/\sqrt{3}$ empfängt und das Drehmoment sich quadratisch mit der Spannung ändert, kann der Motor auf dieser Stellung nur ein Drittel des Drehmomentes wie bei voller Spannung am Wicklungsstrang entwickeln, und entsprechend ist auch die Leistung geringer. Der Leitungsstrom ist bei Sternanlauf ein Drittel des Stromes bei Dreieckslauf. Der Leistungsfaktor ist in der Sternschaltung etwas höher, weil bei der ver-

minterten Spannung der Magnetisierungsstrom kleiner ist. Bild 8.14 zeigt den
Verlauf des Leistungsfaktors und des Wirkungsgrades auf den beiden Schalt-
stufen in Abhängigkeit vom Drehmoment. Es ist aus ihr zu ersehen, daß es
vorteilhaft sein kann, einen unterbelasteten Motor, der normal in Dreieckschaltung betrieben wird, in Sternschaltung zu betreiben.

Eine weitere Möglichkeit ergibt sich durch die Unterteilung eines jeden Strangs in zwei
Hälften, also mit 9 Ständerklemmen. Die Schaltung eines solchen Motors mit *verstärktem
Stern-Dreieck-Anlauf* zeigt Bild 8.15. In Bild 8.16 ist die Verbesserung des Anlaufmomen-
tes bei dieser Schaltung zu ersehen.

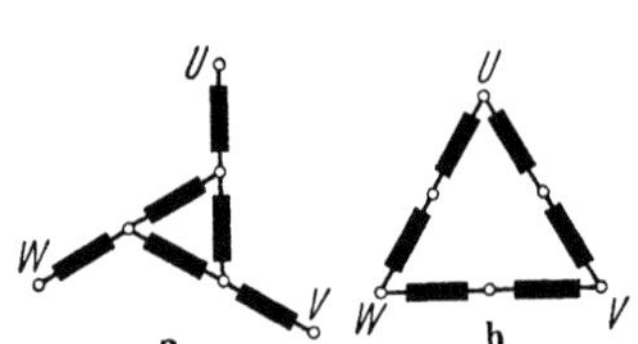

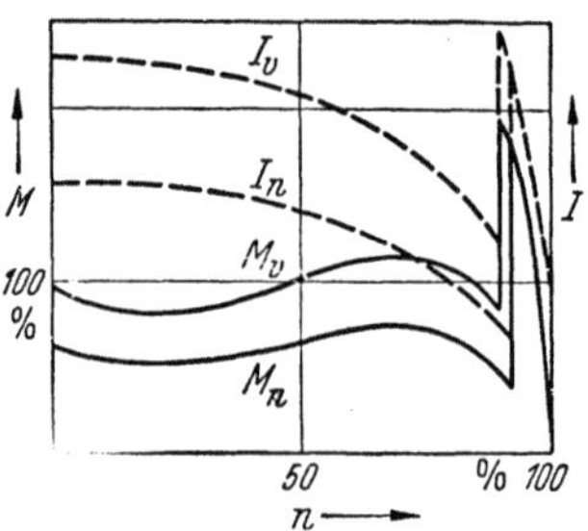

Bild 8.15. Verstärkter Stern-Dreieckanlauf

Bild 8.16. Momente M_V und Ströme I_V bei verstärktem
Stern-Dreieckanlauf; M_n und I_n bei normalem Stern-
Dreieckanlauf

Kurzschlußläufermotoren erhalten im allgemeinen einen *Wirbelstrom-* oder
Stromverdrängungsläufer. *Wirbelstromläufer* haben nach Bild 8.17 sehr schmale
und hohe Stäbe, *Doppelkäfigläufer* zwei ineinander liegende Käfige. Die Wirkung dieses Motors beruht auf der größeren Streuung, welche die in der Tiefe
des Läuferblechpaketes liegenden Stäbe haben. Im ersten Augenblick des
Anlaufs ist bekanntlich die Läuferfrequenz gleich der Netzfrequenz und die
Streufeldlinien rufen dabei eine große Selbstinduktionsspannung ($\omega\, L_{\sigma 2} \cdot I_2$)
hervor. Bild 8.17 zeigt nun, daß der in der Tiefe liegende Leiter von vielen,

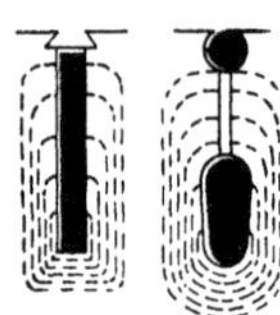

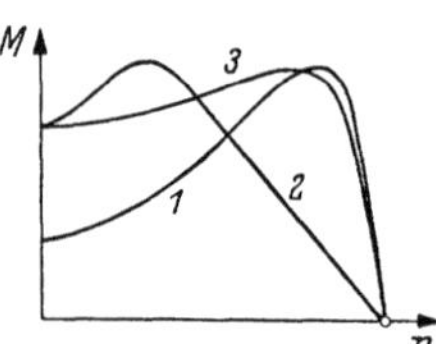

Bild 8.17. Nuten von Stromverdrängungsläufern

Bild 8.18. Drehmomentenlinie (3)
eines Stromverdrängungsläufer-Motors

der am Umfang liegende Leiter nur von wenigen Streufeldlinien umschlungen
wird. Entsprechend ist auch die Induktivität (L) und der induktive Widerstand für den tiefliegenden Leiter groß, und für den am Rand liegenden Leiter
klein. Der Strom verteilt sich infolgedessen *nicht gleichmäßig*, sondern fließt
im ersten Anlaufaugenblick fast nur in dem am Läuferrand liegenden Leiter,
während ein tiefer liegender Leiterstab fast stromlos ist. Nach erfolgtem Anlauf ist die Läuferfrequenz sehr klein, der Streublindwiderstand $\omega\, L_{\sigma 2}$ spielt
dann keine Rolle mehr, und der Läuferstrom verteilt sich gleichmäßig über
den Querschnitt beider Leiter. Da sich im ersten Anlaufaugenblick der Strom
auf einen kleinen Querschnitt beschränken muß, verhält sich ein solcher Strom-

verdrängungsläufermotor gerade so, als ob anfangs in den Läufer Widerstand eingeschaltet wäre. Mit dem Anwachsen der Drehzahl und dem damit verbundenen Sinken der Läuferfrequenz schaltet sich dieser Widerstand gewissermaßen selbsttätig aus. Würde bei dem erhöhten Widerstand des ersten Augenblicks ein Motor eine Drehmomentenlinie *2* nach Bild 8.18 und bei vermindertem Läuferwiderstand (normaler Kurzschlußläufermotor) die Momentenlinie *1* haben, so ist für den Stromverdrängungsläufermotor als resultierendes Moment Linie *3* zu erwarten. Höhe des Anlaufmomentes und Verlauf der Momentenlinie hängen von der Anordnung und Stabform der beiden Käfige ab. Bei dem Doppelkäfigmotor ist die Streuung wegen des Eisensteges zwischen den Käfigen besonders groß. Er hat daher auch ein wesentlich größeres Anlaufmoment, das auch bei Stern-Dreiecks-Schaltung zum Anlaufen bei großem Widerstandsmoment der anzutreibenden Arbeitsmaschine noch ausreicht. Durch die Verwendung der Stromverdrängungsläufermotoren ist es möglich, auch Motoren für sehr große Leistungen als Kurzschlußläufermotoren auszuführen. Das Anlassen solch großer Motoren kann mittels eines *Anlaßtransformators* in Sparschaltung erfolgen. Liegt ein leistungsfähiges Netz vor, wie dies z. B. bei großen Industriekraftwerken der Fall ist, so wird eine unmittelbare Einschaltung vorgezogen.

Schleifringläufermotoren werden nach Bild 8.19 in folgender Reihenfolge angelassen: Einlegen des Ständerschalters, langsames Einrücken des Läufer-

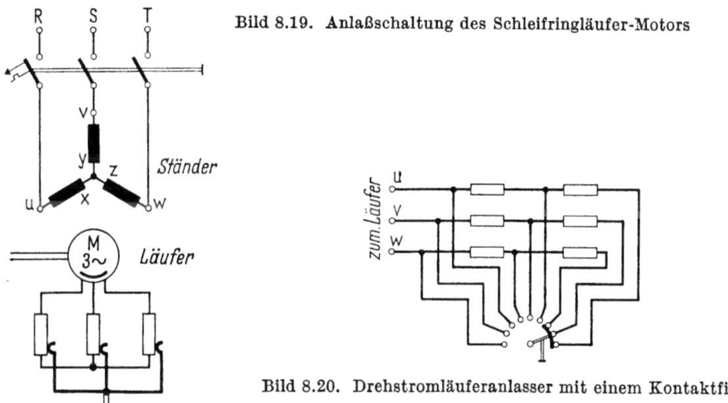

Bild 8.19. Anlaßschaltung des Schleifringläufer-Motors

Bild 8.20. Drehstromläuferanlasser mit einem Kontaktfinger

Anlassers und, falls eine Läufer-Kurzschlußvorrichtung vorhanden ist, Einlegen des Kurzschlußhebels am Motor. Das Stillsetzen erfolgt in umgekehrter Reihenfolge, wobei jedoch zuerst der Ständerschalter geöffnet wird. Der Motor läuft beim Einschalten des Netzschalters noch nicht an, wenn der Läufer offen ist. Die Anlasser haben meist keine Nullstellung, so daß in diesem Falle sehr wohl ein Anlauf möglich ist. Die Abschaltung der drei Widerstandsstränge kann auch so erfolgen, daß man nicht gleichzeitig, sondern nacheinander in jedem Strang von Stufe zu Stufe geht. Der Anlauf wird dadurch feinstufiger. Die Kontaktbahn des Anlassers benötigt dann nur einen Schaltfinger (Bild 8.20).

8.1.6 Bremsung mit dem asynchronen Drehstrommotor

Treibt man einen am Netz angeschlossenen Drehstrommotor im Umlaufsinn des Drehfeldes mit einer Drehzahl an, die *größer* ist als die Drehfelddrehzahl

($s < 0$), so kehrt sich die Phasenlage des Läuferstromes und die Richtung des
Drehmomentes entsprechend Gl. 8.7 um. Dieser Läuferstrom hat primär eine in
das Netz zurückfließende Energie zur Folge. Der Motor ist zum Generator
geworden und wirkt als Bremse.

Der Übergang zum Generator durch übersynchronen Lauf stellt sich im Kreisdiagramm
(Bild 8.21) wie an der Schlupflinie zu erkennen ist, durch einen Übergang des Stromes auf
die untere Kreislinie dar. Das Drehmoment wird dadurch negativ . Der bisher betrachtete
Motorbetrieb erstreckte sich vom Punkte ($s = 0$) bis zum Punkte ($s = 1$). Bei Steigerung

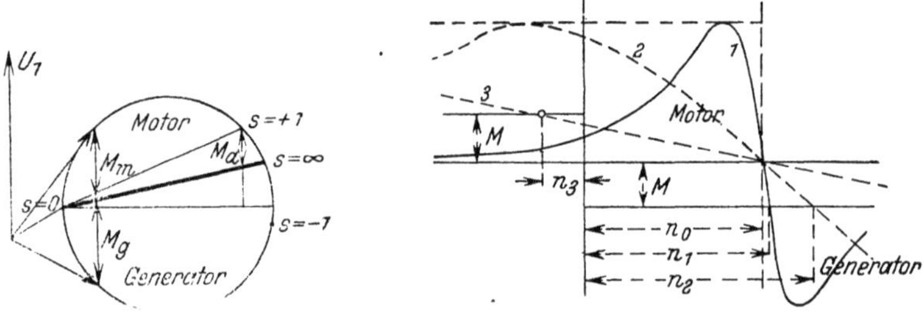

Bild 8.21   Bild 8.22. Drehmomentenlinien bei unter- und übersynchronem
                                              Lauf (*1* ohne, *2* mit Läufervorwiderstand,
                                                   3 Gegenstrombremsung)

der Drehzahl durchläuft der Endpunkt des Stromzeigers die Kreislinie 0, -1, ∞, wobei
das Drehmoment negativ wird. Ein solcher *asynchroner Generator* findet zuweilen zur
Drehstromerzeugung Anwendung, insbesondere, wenn man größte Einfachheit anstrebt,
wie dies bei der Ausnutzung kleiner Wasserläufe zutrifft. Zum Generatorbetrieb ist ein
Drehstromnetz erforderlich, weil der Magnetisierungsstrom, der das Drehfeld erzeugt, dem
Netz entnommen werden muß. Als *Bremse* findet er bei Kranen und Aufzügen Verwendung.
Hier wird der Motor mit Drehfeldrichtung im Senksinne eingeschaltet, wobei er schnell unter
dem eigenen Antrieb und dem Antrieb der Last die Drehfelddrehzahl überschreitet und
bremst. Bild 8.22 veranschaulicht das Verhalten des Drehmomentes bei übersynchronem
Lauf. Durch das Einschalten von Läufervorwiderständen ergibt sich die gestrichelte
Linie *2*, und man erkennt, daß die Senkdrehzahl durch den Widerstand vergrößert wird
(von n_1 und n_2).

Eine Bremsung läßt sich mit dem Motor auch durch *Gegenstrom* ausüben, und zwar in
dem Diagrammbereich $s = +1$ bis $s = \infty$. Der Motor wird dann mit großem Läuferwiderstand (Linie *3*) im Hubsinne geschaltet. Das Lastmoment überwiegt und zieht den Motor
mit der Drehzahl n_3 entgegen seiner Drehfeldrichtung im Abwärtssinne durch. Eine Rück-
speisung in das Netz ist bei Gegenstrombremsbetrieb nicht möglich, da der Stromzeiger
im ersten Quadranten des Heylanddiagrammes im Bereich $s \geqq 1$ liegt. Hierbei nimmt die
Maschine sowohl aus dem Netz, als auch über die Welle Energie auf. Diese Energie wird
in der Maschine und den evtl. vorhandenen Läuferzusatzwiderständen in Wärme umgesetzt (Verlustbremsbereich).

8.1.7 Steuerung der Drehzahl bei dem asynchronen Drehstrommotor

Eine einfache, wirtschaftliche und zugleich preiswerte Steuermöglichkeit
des Asynchronmotors gibt es unmittelbar nicht. Wenn man in den Läuferkreis
Widerstände einschaltet, verschiebt sich nach Bild 8.11 die Drehmomentenlinie, so daß sich bei konstantem Moment M_N die Drehzahl auf die eingetra-
genen Werte n_1 und n_2 usw. einstellt. Diese Steuermöglichkeit, welche der
Hauptstromsteuerung der Gleichstrommotoren entspricht, hat den Nachteil,
daß große Verluste durch den Widerstand auftreten und daß sich, insbesondere

bei größeren Widerständen, die Drehzahl schon bei kleinen Laständerungen stark ändert. Sie kommt daher hauptsächlich für aussetzenden Betrieb in Frage (s. auch Bild 14.25).

Zur Bestimmung des erforderlichen Läufervorwiderstandes R_{LV} geht man von der gewünschten Kennlinie aus, die dadurch gekennzeichnet ist, daß sie durch die Punkte A und B geht (Bild 8.23). Die Maschinenkennlinie ohne

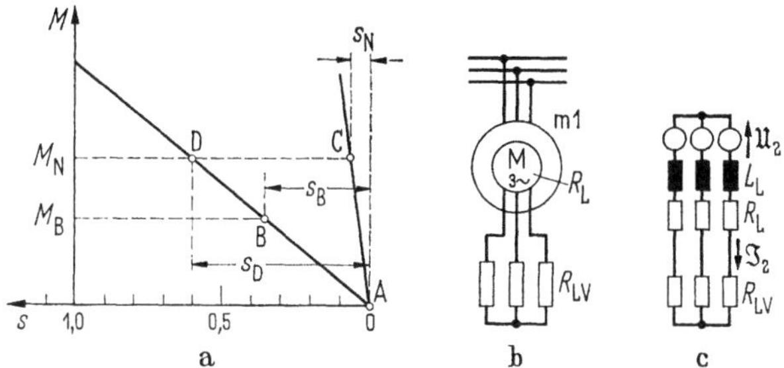

Bild 8.23. Drehzahlsteuerung durch Läufervorwiderstand.
a. Kennlinie; b. Schaltung; c. Ersatzschaltbild des Läuferstromkreises

Läufervorwiderstand ($R_{LV} = 0$) geht durch die Punkte A und C. Im Punkt C tritt der Nennschlupf s_N bei dem Moment M_N, im Punkt B der Schlupf s_B und das Moment M_B auf. Bezeichnet man den Widerstand je Strang im Läufer mit R_L, den äußeren Läufervorwiderstand je Strang mit R_{LV}, so gilt

$$s_D/s_N = (R_L + R_{LV})/R_L \, . \tag{8.8}$$

Hieraus läßt sich R_{LV} berechnen, wenn der Innenwiderstand R_L, der Nennschlupf s_N und der Schlupf s_D gegeben sind. Der Schlupf s_D ist jedoch bekannt, da die gewünschte Kennlinie durch die geforderten Punkte A und B geht und sich s_D mit der Beziehung

$$s_D = s_B \, M_N/M_B \tag{8.9}$$

berechnen läßt. Die Gleichung (8.8) hat nur Gültigkeit, sofern alle Punkte im linearen Teil der Maschinenkennlinie liegen. Dies ist mit guter Näherung im Bereich $- 1{,}3 \, M_N \leqq M \leqq 1{,}3 \, M_N$ der Fall.

Bei Dauerbetrieb kann zur Drehzahlsteuerung die *Polumschaltung* verwendet werden, deren Prinzip (Bild 8.24) an einem Strang veranschaulicht ist.

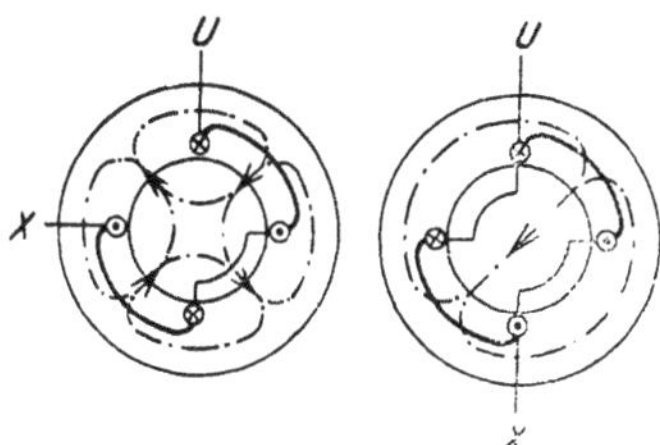

Bild 8.24. Polumschaltung

Links ist die normale vierpolige Wicklung dargestellt und rechts die Umschaltung auf die zweipolige Anordnung, also die doppelte Drehzahl. Der Läufer bleibt als Kurzschlußläufer unverändert, als Schleifringläufer müßte dieser ebenfalls umgeschaltet werden. Aus letzterem Grunde findet man die Polumschaltung fast nur bei Kurzschlußläufermotoren. Polumschaltungen für andere Drehzahlverhältnisse lassen sich bei entsprechender Wahl der Wicklung ebenfalls erzielen. Für kleine Motoren werden der Einfachheit wegen auch getrennte Ständerwicklungen für verschiedene Polzahlen angewandt. Als Nachteil dieser Steuerart ist anzuführen, daß sie nur grobe Drehzahlstufen möglich sind, daß der Leistungsfaktor etwas geringer ist und daß zahlreiche Leitungen zwischen Polumschalter und Motor erforderlich sind (s. Bild 14.49, 14.50 und 15.4).

Aus der Gleichung $n_\mathrm{s} = f/p$ erkennt man, daß die Drehzahlsteuerung auch dadurch erfolgen kann, daß die Frequenz f der zugeführten Spannung verändert wird. Durch eine Frequenz-Umrichterschaltung, wie sie in Kapitel 11.6 (Stromrichter mit Zwangskommutierung) behandelt ist, kann der Asynchronmaschine eine variable Frequenz im Ständer zugeführt werden. Diese Art der Drehzahlsteuerung weist einen sehr großen Wirkungsgrad auf, da die Elemente der modernen Stromrichtertechnik, die Thyristoren, fast ohne Verluste arbeiten.

Läßt man die Netzfrequenz f_1 konstant und führt dem Läufer von außen die Frequenz f_2 mit der Spannung U_2 zu, so gilt $s = f_2/f_1$ und $U_2 = s \cdot U_{2\,\mathrm{St}}$. Hierbei ist $U_{2\,\mathrm{St}}$ die Läuferstillstandsspannung. Sie tritt auf, wenn die Maschine am Netz liegt, der Läuferkreis geöffnet ist, und die Maschine steht. Das Verhältnis von f_2/f_1 bestimmt den Schlupf s und damit die Drehzahl $n = n_\mathrm{s}(1 - s)$. Die den Schleifringen zugeführte Spannung U_2 mit der Frequenz f_2 kann ebenfalls aus einer Stromrichterschaltung entnommen werden. Wird die variable Frequenz f_2 dem Läufer über rotierende Frequenzwandler zugeführt, so spricht man von Drehzahlsteuerung durch Zusatzmaschinen. Hierfür gibt es eine Reihe von Schaltungen, die aber durch die Anwendung der Energieelektronik an Bedeutung verloren haben und deshalb hier nicht behandelt werden.

Eine weitere, etwas einfachere Möglichkeit zur Drehzahlsteuerung, ist die Drehzahlsteuerung mit variabler Spannung und konstanter Frequenz. Es ist dann keine Frequenz-Umrichterschaltung, sondern eine wesentlich einfachere Stromrichterschaltung notwendig, bei der der Mittelwert der Drehspannung durch Pulsbetrieb verändert wird. Die variable Spannung kann natürlich auch einem Stufen- bzw. Schiebetransformator entnommen werden. Nachteilig bei dieser Steuerungsart ist jedoch, daß das Drehmoment quadratisch mit der Spannung zurückgeht, und weiche Kennlinien erzeugt werden. Bei Entlastung an der Welle läuft die Asynchronmaschine praktisch mit der synchronen Drehzahl n_s. Geringe Drehmomentschwankungen haben große Drehzahlschwankungen zur Folge.

Bei allen Schaltungen, bei denen Stromrichter mit Asynchronmaschinen zusammengeschaltet sind, muß beachtet werden, daß die vom Stromrichter gelieferte Spannung meist erhebliche Oberschwingungen enthält, die in der Maschine erhöhte Verluste zur Folge haben und diese unter Umständen schädigen.

8.2 Asynchroner Einphasenstrommotor

Dieser Motor hat nur noch als Kleinmotor einige Bedeutung, wo nur einphasiger Netzanschluß möglich ist. Im Aufbau unterscheidet er sich von dem

Drehstrommotor dadurch daß der Ständer eine einsträngige Wicklung aufweist, wozu allerdings noch eine Hilfswicklung kommen kann. Der Läufer ist in der Regel als Kurzschlußläufer ausgeführt. Wenn die Ständerwicklung von einem Wechselstrom durchflossen ist, erzeugt sie ein Wechselfeld, welches im Läufer einen Strom erzeugt. Ein Drehmoment tritt aber nicht auf. Erst wenn wir dem Läufer durch einen kräftigen Drehimpuls eine Drehung in dem einen oder anderen Sinne erteilen, läuft der Motor an und kann nach Erreichung seiner Nenndrehzahl belastet werden. Er verhält sich dann wie ein Drehstrommotor. Um einen Selbstanlauf, wenn auch mit geringem Drehmoment zu erzielen, kann in eine um 90° verschobene Hilfswicklung ein Strom geschickt werden, der infolge Vorschaltung eines Widerstandes bzw. einer Drossel oder eines Kondensators phasenverschoben gegen den Strom der Arbeitswicklung ist. Es entsteht dadurch ein kleines, für den Leeranlauf hinreichendes Drehmoment. Bild 8.25 zeigt die Schaltung eines einphasigen Asynchronmotors mit Hilfsphase und Betriebskondensator. Sofern die Hilfswicklung nicht für Dauerbetrieb ausgelegt ist, erfolgt das Anlassen mittels eines Anlaßumschalters, durch den zuerst beide Wicklungen eingeschaltet werden. Nach erfolgtem Anlauf wird die Hilfswicklung abgeschaltet. Die Drehrichtung kehrt man um, indem man entweder die eine oder die andere Wicklung umpolt.

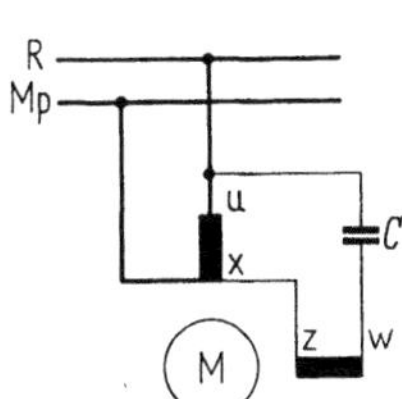

Bild 8.25. Einphasenwechselstrommotor
mit Betriebskondensator

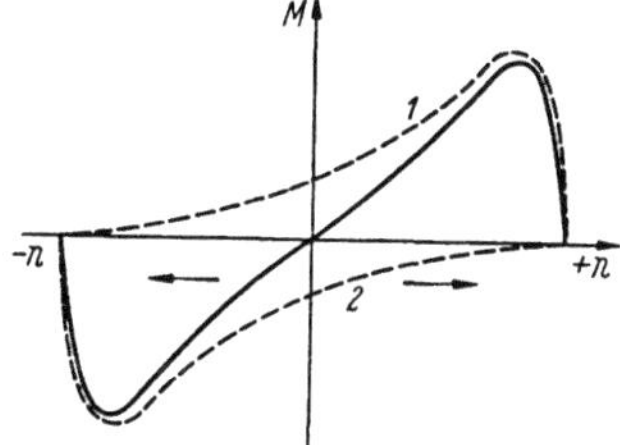

Bild 8.26. Drehmoment des asynchronen
Einphasenmotors

Die Wirkungsweise dieses Motors ist leicht verständlich, wenn man sich das *Wechselfeld,* welches die Ständerwicklung erzeugt, in zwei *Drehfelder* von halber Stärke und gegenläufigem Drehsinn zerlegt denkt. Wir haben es dann gewissermaßen mit der Wirkung zweier ineinander geschalteter Drehstrommotoren zu tun. Das Rechtsdrehfeld erzeugt ein Drehmoment, welches in Bild 8.26 durch die Linie *1* in Abhängigkeit von der Drehzahl dargestellt ist. Entsprechend bildet das Linksdrehfeld ein Moment nach Linie *2.* Das wirkliche Motormoment ist die Summe, die durch die ausgezogene Linie dargestellt ist. Im Stillstand ist kein Drehmoment vorhanden, weil sich die beiden Teilmomente das Gleichgewicht halten, und erst ein äußerer Drehimpuls dieses Gleichgewicht stört. Die synchrone Drehzahl n_s ist die gleiche wie bei den Drehstrommotoren.

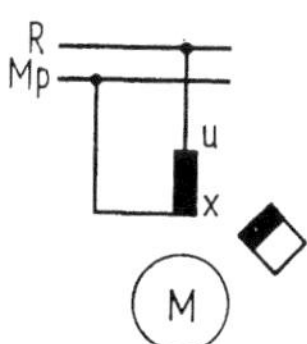

Bild 8.27. Spaltpolmotor, Schaltbild

Eine besondere Form des einphasigen Asynchronmotors ist der *Spaltpolmotor.* Bild 8.27 zeigt die Schaltung. Er ist sehr einfach aufgebaut, zeichnet sich durch geringe Störanfälligkeit aus und wird nur für kleine Leistungen bis etwa 150 W ausgeführt. Der Läufer ist ein normaler Kurzschlußläufer, während im Ständer ausgeprägte Pole vorhanden sind. Die Maschine kann sowohl. für die Polpaarzahl $p = 1$ als auch für andere Polpaarzahlen ausgeführt werden. An jedem Pol ist durch eine Spaltnut ein kleiner Teil der Polfläche abgetrennt wie dies Bild 8.28 zeigt. Den abgespaltenen Teil umschließt eine in sich kurz-

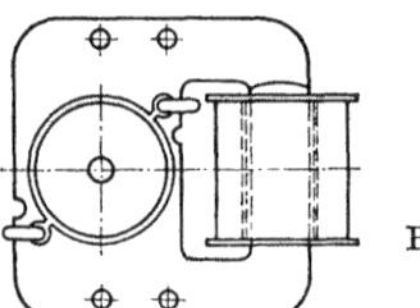

Bild 8.28. Spaltpolmotor, Aufbauschema, $p = 1$

geschlossene Wicklung (Spaltpolwicklung), die meist nur aus einer Windung besteht. Durch die Ständerwicklung wird ein Wechselfluß erzeugt, der mit einem entsprechenden Anteil auch die Spulenfläche der Spaltpolwicklung durchsetzt. Dadurch wird in der Spaltpolwicklung eine Spannung induziert, die einen Strom in ihr hervorruft, der gegenüber dem Strom in der Ständerwicklung nacheilend ist. Die beiden Teilflüsse sind phasenverschoben und haben ein Wanderfeld am Innenumfang des Ständers zur Folge, das ähnlich wie ein Drehfeld im Läufer ein Drehmoment in Richtung Hauptpol-Spaltpol hervorruft. Eine Drehrichtungsumkehr ist nur möglich, wenn der Spaltpol auf der anderen Seite des Hauptpoles angeordnet wird. Der Wirkungsgrad ist relativ niedrig und beträgt bei großen Spaltpolmotoren etwa 40%. Das Anzugsmoment beträgt bei sehr kleinen Spaltpolmotoren ungefähr $M_{st}/M_N = 1$, bei größeren liegt es darunter. Spaltpolmotoren können auch als Synchronmaschinen (*Spaltpol-Hysteresemotor*) für sehr kleine Leistung (einige Watt) ausgeführt werden. Der Läufer enthält keine Wicklung und ist aus hartmagnetischem Material mit breiter Hystereseschleife hergestellt. Die Maschine läuft asynchron hoch und geht dann in den Synchronismus über, da sich im Läufer durch die Remanenz ausgeprägte Pole bilden. Steigt das Moment an der Welle über das zulässige Hysteresemoment an, so fällt der Läufer, wie bei einer Synchronmaschine, außer Tritt und läuft dann entweder asynchron weiter oder bleibt stehen.

9. Stromwendermotoren für Einphasenwechsel- und Drehstrom

9.1 Einphasen-Stromwendermotoren

9.1.1 Reihenschlußmotor

Ein Gleichstrom-Reihenschlußmotor kehrt seine Drehrichtung *nicht* um, wenn man seine beiden Zuleitungen vertauscht. Er läßt sich daher auch mit Wechselstrom betreiben. Es zeigt sich aber, daß ein mit Einphasenstrom betriebener Gleichstrommotor infolge hoher Selbstinduktionsspannungen nur einen kleinen Strom hindurchläßt, hohe Eisenverluste aufweist und wenig leistet. Die Ursache der Selbstinduktionsspannungen sind Anker-, und Erregerinduktivität. Diese spielen bei Gleichstrommotoren keine wesentliche Rolle, während sie hier äußerst stark induzierend wirken. Zur Beseitigung des Ankerfeldes ordnen wir im Ständer eine Kompensationswicklung K an, welche mit dem Anker in Reihe geschaltet wird und die Ankerdurchflutung fast völlig kompensiert (Bild 9.1), wenn die Kompensationswicklung genügend nahe

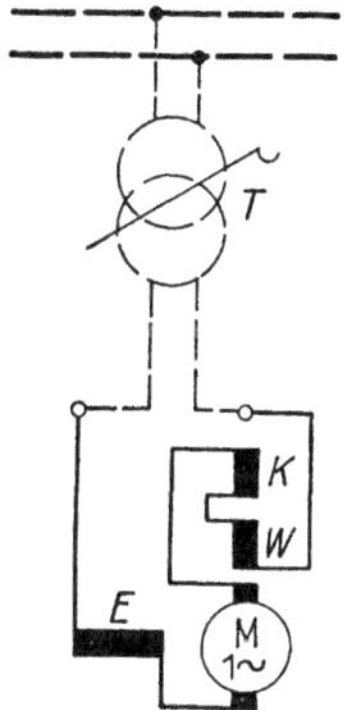

Bild 9.1. Einphasenstrom-Reihenschlußmotor

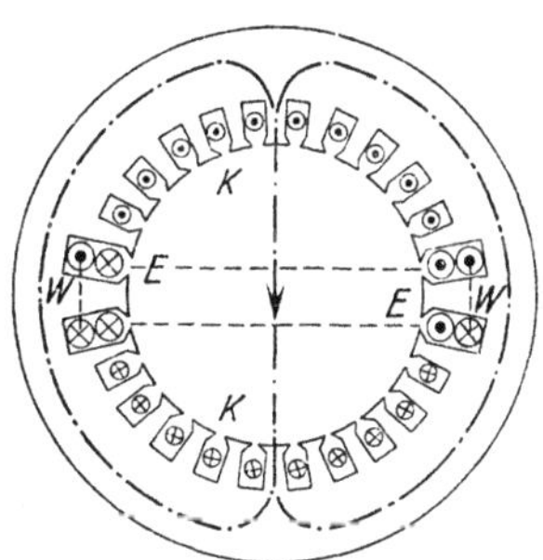

Bild 9.2. Zweipoliger Ständer eines Einphasenstrommotors

an die Ankerwicklung herangebracht wird. Zur Verringerung der Ständerstreuung wird die Erregerwicklung E in Nuten eingebettet und damit ebenfalls dicht an den Anker herangerückt. Zur Aufhebung der Selbstinduktionsspannung bei der Stromwendung erhält der Motor Wendepole, deren Wicklung W mit dem Anker in Reihe liegt. Das Eisen des Ständers muß bei Wechselstrombetrieb natürlich aus Blechen aufgebaut werden, die bei zweipoligen Motoren etwa die Form (Bild 9.2) haben können. W ist der von der Wendepolwicklung umschlossene Wendezahn. Die Stromwendung macht größere Schwierigkeiten als bei den Gleichstrommotoren weil die durch die Bürste kurzgeschlossene Ankerspule außer der Selbstinduktionsspannung (s. Kapitel 5.5) noch eine weitere Spannung durch den die Spulen durchdringenden *wechselnden* Magnetfluß bekommt. Die resultierende Spannung bedarf zu ihrer Aufhebung einen gegen den Motorstrom etwas nacheilenden Wendepolstrom, den man dadurch erhält, daß man der Wendepolwicklung einen ohmschen Widerstand parallel schaltet. Den erhöhten Stromwendeschwierigkeiten muß auch baulich Rechnung getragen werden. Die Windungszahl je Ankerspule wird zur Kleinhaltung der Induktivität gleich eins gemacht die Bürsten werden zur Erhöhung des Widerstandes hart und schmal gewählt, damit der Kurzschluß der Spule nicht lange dauert und ein relativ großer Widerstand im Kurzschlußkreis vorhanden ist. Die geringe Windungszahl je Spule bedeutet jedoch hohe Spulenzahl und große Stegzahl des Stromwenders. Da die Stegbreite nicht beliebig verkleinert und der Stromwenderdurchmesser nicht größer als der des Ankers sein kann, lassen sich Reihenschlußmotoren nicht für hohe Spannungen bauen (bis etwa 220 V bei kleineren Motoren und etwa 500 V bei großen Motoren). Bei Herabsetzung der Frequenz (z. B. $16^2/_3$ Hz bei Vollbahnen) ist eine etwas höhere Betriebsspannung möglich. Aus diesem Grunde wird der Reihenschlußmotor gewöhnlich mit einem vorgeschalteten Transformator betrieben, der zugleich zur Steuerung dient (in Bild 9.1 gestrichelt). Das Verhalten des Motors entspricht dem des Gleichstrom-Reihenschlußmotors. Bild 9.3 zeigt die Abhängigkeit der Drehzahl von dem Drehmoment bei verschiedenen mit dem Transformator eingestellten Spannungen. Im Leerlauf geht der Motor durch.

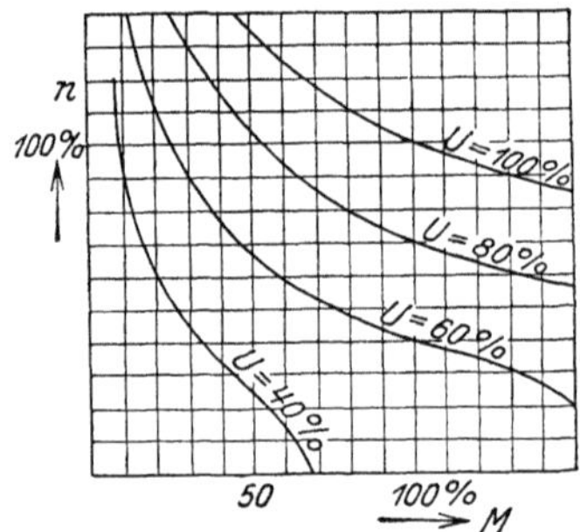

Bild 9.3. Drehzahllinien des Reihenschlußmotors für verschiedene Spannungen

Wenn man von den Widerständen des Motors absieht, sind es zwei innere Spannungen, die im Motor auftreten und die zusammen die zugeführte Spannung U ergeben. Einmal die durch den wechselnden Fluß Φ, der dem Belastungsstrom proportional ist, hervorgerufene Induktionsspannung U_{qi} und dann die Spannung U_q, welche der Anker durch seine

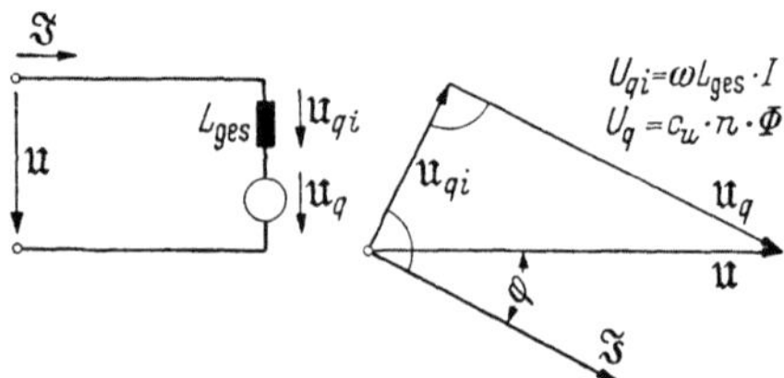

Bild 9.4. Ersatzschaltbild und Zeigerdiagramm des Reihenschlußmotors

Bewegung (Rotation) erzeugt, und die genau wie bei den Gleichstrommotoren in Richtung des Stromes liegt. Natürlich ist U_q hier eine Wechselspannung. Bild 9.4 zeigt das vereinfachte Ersatzschaltbild und das Zeigerdiagramm. Die Induktionsspannung U_{qi} eilt, wie in jeder Spule, dem Strom I um 90° vor. Die durch die Bewegung erzeugte Spannung U_q

ist mit dem Strom in Phase. Wenn wir U_{qi} und U_q addieren, muß sich die Spannung U ergeben. Vergleicht man das Diagramm mit dem einer einfachen Spule (Bild 2.19a), so findet man völlige Übereinstimmung, wenn man die Spannung der Bewegung U_q an Stelle der Spannung $R \cdot I$ einführt. Wir können daher auch das Kreisdiagramm einer Spule (Bild 2.19b) für den Motor anwenden. In Bild 9.5, das für den verlustlosen Einphasenreihenschlußmotor gilt, sind die entsprechenden Punkte mit gleichen Buchstaben versehen wie in Bild 2.19b. Die Dreiecke $\triangle\,AGK$ und $\triangle\,BPA$ sind ähnlich. Der Strom I_K (Kurzschlußstrom, Stillstand) steht senkrecht auf U. Strecke $\overline{BP}$ ist wegen der Ähnlichkeit der Dreiecke proportional zu U_q. U_q ist aber dem Produkt aus Φ mal Drehzahl proportional. Bei Ausschluß der Eisensättigung kann man also $U_q = c_u \cdot n \cdot \Phi$ setzen. Hieraus geht hervor, daß dieselbe Strecke $\overline{BC}$, die früher in Bild 2.19b den Widerstand darstellte, jetzt der Dreh-

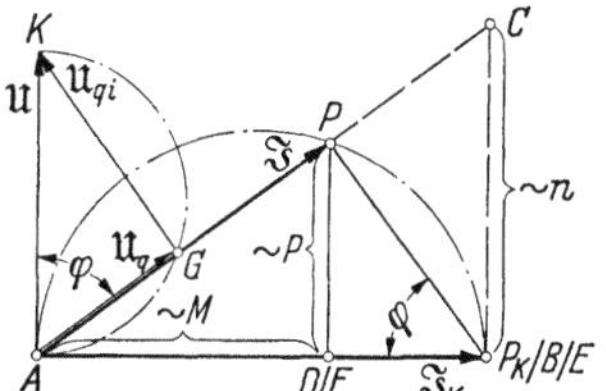

Bild 9.5. Betriebsdiagramm des Reihenschlußmotors

zahl n proportional ist. Die zugeführte Leistung $P = U\,I\,\cos\varphi$ ist der Strecke $\overline{PD}$ proportional. Für das Drehmoment gilt $M = c \cdot I \cdot \Phi = C\,I^2$. Ist M_K das im Stillstand auftretende Moment, so verhält sich $M/M_K = (I/I_K)^2$. Aus dem Diagramm folgt aber $(I/I_K)^2 = \sin^2\varphi$. Die Strecke $\overline{AD}$ ist proportional dem Motormoment M. Das Diagramm lehrt ferner, daß der Leistungsfaktor mit zunehmender Entlastung, also steigender Drehzahl, zunimmt und erst bei unendlicher Drehzahl den Wert eins erreichen würde, während zugleich das Drehmoment bis auf Null abnimmt.

Widerstandsbremsung erzielt man durch Kurzschließen auf einen Widerstand, wobei Gleichstromerzeugung eintritt.

Zur *Nutzbremsung* wird der Motor in Nebenschlußschaltung vom Wechselstromnetz aus erregt.

Kleinmotoren. Kleinmotoren sind Motoren von einigen hundert Watt Leistung. Sie haben eine sehr große Bedeutung durch ihre Verwendung bei Handwerkzeugen aller Art, wie auch bei Haushaltsmaschinen gewonnen. Je kleiner ein Motor ist, um so kleiner ist der Wirkungsgrad und um so größer ist der Stoffaufwand im Verhältnis zur Leistung. Bei dem geringen Aufwand an Energie und Baustoff spielt dies jedoch keine Rolle, weil die Verwendung elektromotorischer Werkzeuge sich höchster Wertschätzung erfreut. Dazu kommt, daß die kühlende Oberfläche relativ zur Leistung der Motoren größer ist, je kleiner die Motoren sind (s. Kapitel 5.8). Sie gestatten daher eine größere Beanspruchung von Kupfer und Eisen, ohne daß Überhitzung eintritt.

Da in der Regel für Kleinmotoren nur Einphasen-Wechselstrom und gegebenenfalls auch Gleichstrom zur Verwendung steht, kommen nur die bisher beschriebenen Motoren dieser Stromarten in Frage. Bei Kleinmotoren wird in der Regel ein großes Anfangsmoment gefordert, sofern es sich nicht um Leichtanlauf, wie z. B. bei Lüftern handelt. Auch der prozentuale Drehzahlfall ist bei Belastung von Kleinmotoren erheblich größer, als der gleichartiger Motoren.

Universalmotoren sind Reihenschlußmotoren, die mit Gleich- oder Wechselstrom betrieben werden können. Leider läßt sich nicht für beide Stromarten ein optimales Verhalten erreichen. Man kann daher selbst bei dem Nennmoment nur schwer die Drehzahl bei Gleichstrombetrieb erreichen (Bild 9.6). Bei Überlastung fällt die Drehzahl sehr stark ab.

Bei Elektro-Handwerkzeugen, Haushaltsmaschinen u. ä. werden in steigendem Maße Reihenschlußmaschinen (Kleinmotoren) über Stromrichterschaltungen an das Wechselstromnetz angeschlossen. Durch eine relativ einfache Phasenanschnittssteuerung (s. Kapitel 11) lassen sich die Maschinen auf einfache Weise drehzahlsteuerbar machen. Bild 9.7 zeigt eine solche Schaltung, die mit einer halbgesteuerten Brückenschaltung arbeitet. Bei sehr kleinen Maschinen wird oft nur ein einziger Thyristor vorgeschaltet, so daß eine einpulsige Schaltung entsteht. Sie hat den Vorteil, daß sie besonders einfach und preisgünstig ist. Nachteilig ist der nichtsinusförmige und lückende Verlauf von Spannung und Strom in der Maschine.

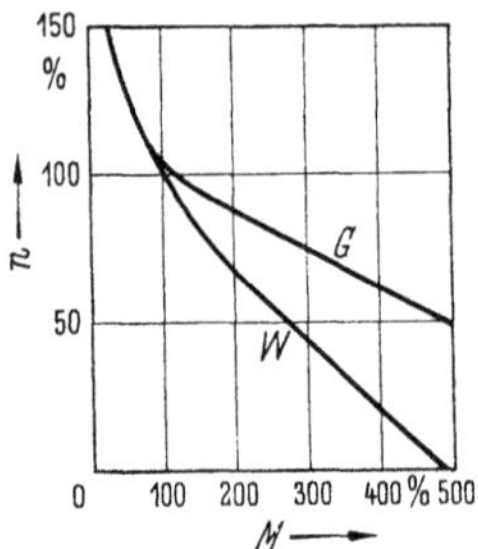

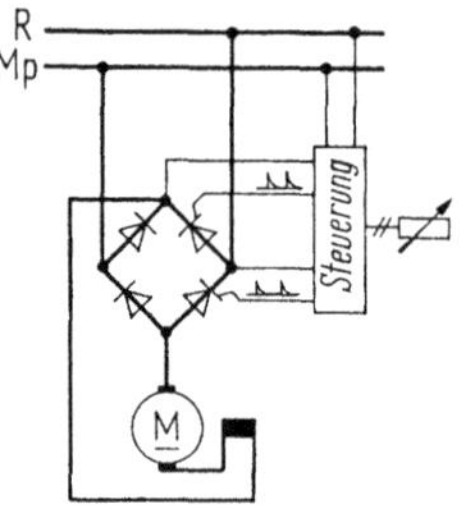

Bild 9.6. Drehzahllinien des Universalmotors. G bei Gleichstrom, W bei Wechselstrom

Bild 9.7. Thyristorgespeister Kleinmotor

9.2 Drehstrom-Stromwendermotoren

9.2.1 Reihenschlußmotor

Dieser Motor (Bild 9.8) hat einen Ständer wie ein Drehstrom-Asynchronmotor und einen dem Gleichstromanker ähnlichen Läufer. Die Ständerwicklung liegt in Reihe mit der Läuferwicklung, wobei die letztere Dreieckschaltung

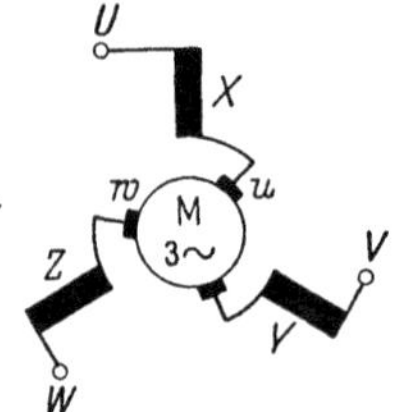

Bild 9.8. Drehstrom-Reihenschlußmotor

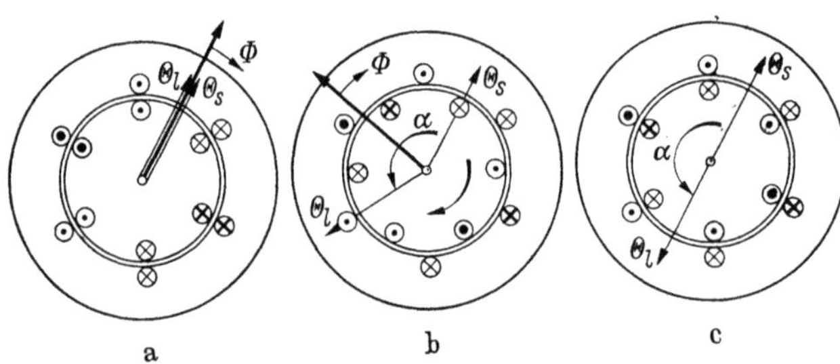

Bild 9.9. Flußbild des Drehstrom-Reihenschlußmotors

besitzt. Beide Wicklungen sind so geschaltet, daß sie gleichsinnig umlaufende Drehfelder erzeugen. Bild 9.9 stellt den Motor in einem bestimmten Augenblick schematisch dar, und zwar in Bild 9.9, a entsprechend der Bürstenstellung derart, daß die Durchflutung Θ_s des Ständers genau in der gleichen Richtung wie die Durchflutung Θ_1 des Läufers wirkt. Es entsteht dadurch ein starkes Drehfeld Φ in gleicher Richtung, welches bei der angenommenen zweipoligen

Wicklung und 50 Hz mit 3000 Umdrehungen je Minute umläuft. Da das Feld völlig symmetrisch zu den Strömen des Läufers liegt, kommt ein Drehmoment nicht zustande. Der Strom des Motors ist in diesem Falle gering, weil das kräftige Feld eine Spannung erzeugt, die fast gleich groß wie die Netzspannung ist. In Bild 9.9, c seien die Bürsten auf dem Stromwender um den Winkel $\alpha = 180°$ verdreht. Die Stromrichtungen sind dann in dem betrachteten Augenblick gerade umgekehrt, so daß sich Ständer- und Läuferdurchflutung $(\Theta_s = \Theta_1)$ aufheben. Ein Feld (außer den Streufeldern) tritt dann nicht auf, und der vom Motor aufgenommene Strom ist daher sehr groß (Kurzschlußstrom). Natürlich kann der Motor ohne Feld auch kein Drehmoment entwickeln. In Bild 9,9, b ist die Bürstenverdrehung kleiner als 180° angenommen. Die beiden Durchflutungen Θ_s und Θ_1 bilden hier ein resultierendes Feld Φ. Die in diesem Feld liegenden Läuferströme rufen ein Drehmoment entgegen der Bürstenverstellung hervor, welches durch die Stärke des Feldes und des Stromes bestimmt ist. Die Drehung des Läufers beeinflußt das Feld- und Strombild in keiner Weise, so daß also auf den Läufer unverändert das betrachtete Drehmoment wirkt und ihn zum Durchgehen bringt, wenn kein hinreichendes Widerstandsmoment vorhanden ist. Der Motor zeigt also das Drehzahlverhalten aller Reihenschlußmotoren. Die Drehrichtung des Drehfeldes ist für die Feldbildung gleichgültig. Der Motor wird stets entgegen der Bürstenverstellung laufen, ganz gleich in welchem Sinne das Drehfeld umläuft. Es wäre aber ungünstig, den Drehfelddrehsinn anders als den des Läufers zu wählen, weil dann im Läufer infolge der hohen Frequenz ein großer Eisenverlust auftreten und auch die Stromwendung Schwierigkeit machen würde. Man muß daher zur Umkehrung der Motordrehrichtung nicht nur die Bürstenverschiebung umkehren, sondern auch zwei der drei Zuleitungen umpolen. Das Drehmoment des Motors hängt von dem Bürstenverstellungswinkel ab und erreicht etwa bei $\alpha = 150°$ (elektrische Grade, bezogen auf den zweipoligen Motor) ein Maximum, außerdem wird es natürlich durch die Drehzahl beeinflußt, weil (wie bei dem Wechselstrom-Reihenschlußmotor) mit zunehmender Drehzahl eine größere Spannung U_q der Bewegung im Läufer entsteht. Dadurch wird der Strom und die induzierte Spannung U_{q1} kleiner.

Die Einstellung der Drehzahl und das Anlassen der Maschine erfolgt durch entsprechendes Verdrehen der Bürstensätze.

Eine Verdrehung der Bürsten im Läuferdrehsinne während des Laufs ruft ein entgegengesetztes Drehmoment, also ein Bremsmoment hervor, wobei der Motor zum Stillstand kommt und während der Bremsung Energie in das Netz zurückliefert (Nutzbremsung). Hierbei muß allerdings durch Einschaltung ohmscher Widerstände eine Selbsterregung der Maschine vermieden werden.

Mit Rücksicht auf die Stromwendung muß die Läuferspannung gering gehalten werden. Es wird daher bei größeren Netzspannungen ein geeigneter Transformator, der die Spannung herabsetzt, vorgeschaltet. Zweckmäßiger ist die Verwendung eines *Zwischentransformators* zwischen Ständer und Läufer, weil der Ständer ohne weiteres auch für höhere Spannungen gewickelt werden kann. Der Zwischentransformator braucht nur eine Leistung, die gleich der elektrischen Leistung des Läufers ist, zu übertragen. Diese ist aber bei Synchronismus Null. Denken wir uns nämlich den zweipoligen Motor mit 3000 Umdrehungen je min laufen, dann werden in den Ankerspulen keine Spannungen erzeugt. Der Läufer hat dann also keine Spannung und daher auch keine elektrische Leistung, während dieselbe um so größer wird, je mehr die Drehzahl von der synchronen nach oben oder unten abweicht.

Der Leistungsfaktor des Motors kann dadurch erheblich heraufgesetzt werden, daß man die Läuferdurchflutung stärker als die des Ständers macht. In diesem Falle muß der Läufer in der Hauptsache die Bildung des Drehfeldes übernehmen. Da nun der Magnetisierungsstrom um so kleiner ist, je kleiner die Frequenz ist, hat der Motor bei den niedrigen Läuferfrequenzen, welche hohen Drehzahlen entsprechen, einen Leistungsfaktor von fast Eins.

Der Motor nach Bild 9.8 zeigt bei geringen Bürstenverschiebungswinkeln und großen Drehmomenten ein unstabiles Verhalten. Man kann das dadurch verbessern, daß man den Motor mit zwei Bürstensätzen, einem festen und einem verschiebbaren, ausrüstet, von denen der eine an den Anfang, der andere an das Ende der aufgelösten Sekundärwicklung des Zwischentransformators angeschlossen wird.

9.2.2 Nebenschlußmotor

Diese Bezeichnung verdienen die nachfolgend beschriebenen Motore teilweise weniger ihrer Schaltung wegen als durch ihr Drehzahlverhalten, welches dem eines Gleichstrom-Nebenschlußmotors ähnlich ist. Man unterscheidet zwei Ausführungsarten, den ständer- und den läufergespeisten Nebenschlußmotor. Beide Arten stimmen in ihrer Wirkungsweise grundsätzlich überein. Der Stromwender dient in beiden als Frequenzwandler und damit zum transformatorischen Aufeinanderwirken von Ständer und Läufer mit ihren verschiedenen Frequenzen.

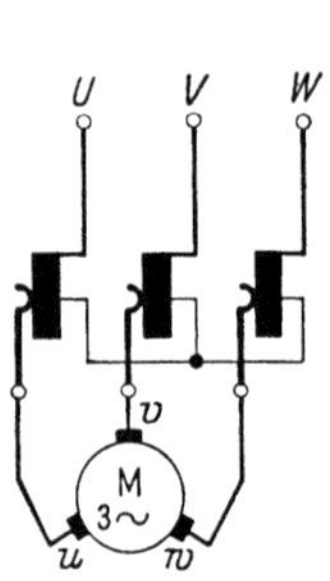

Bild 9.10. Ständergespeister
Drehstrom-Nebenschlußmotor

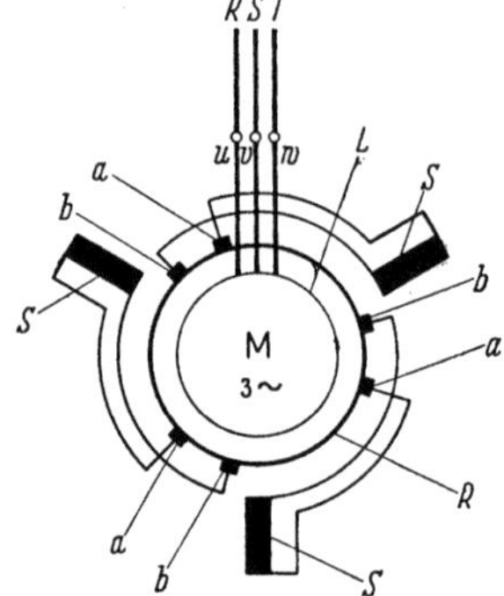

Bild 9.11. Läufergespeister
Drehstrom-Nebenschlußmotor

a) Der ständergespeiste Motor (Bild 9.10) hat einen Läufer mit Stromwender, dessen Bürsten eine Spannung aufgedrückt wird, welche einer Anzapfung der Ständerwicklung oder auch einem besonderen Transformator entnommen wird. Die in Bild 9.10 an der Ständerwicklung abgegriffene Spannung wird durch den Stromwender in die Frequenz des Läufers umgewandelt und wirkt in demselben drehzahlverändernd, wobei die Größe der Drehzahl angenähert unabhängig von der Belastung ist. Die Phasenverschiebung des Motors kann durch Verdrehen der Stromwenderbürsten verändert werden. Da sich nun bei der Drehzahländerung mittels der aufgedrückten dem Ständer entnommenen Spannung die Phase etwas mit ändert, ist gleichzeitig mit der Steuerung dieser Spannung eine Bürstenverschiebung zur Phaseneinstellung nötig.

b) Der läufergespeiste Motor nach Bild 9.11 hat am Läufer drei Schleifringe und einen Kollektor mit drei Bürstenpaaren. Die Läuferwicklung L, die über die Schleifringe an das Netz angeschlossen ist, erzeugt das Drehfeld. Die Hilfswicklung R des Läufers erhält transformatorisch eine Spannung mit Netzfrequenz, welche mittels des Stromwenders auf die Schlupffrequenz des Sekundärteiles S, hier des Ständers, gebracht wird. Diese zusätzliche Spannung wird dem Sekundärteil aufgedrückt und bewirkt die Drehzahländerung. Stellt man die beweglichen Bürsten b so, daß sie auf den gleichen Stegen wie die festen Bürsten a stehen, dann ist die zusätzliche Spannung Null, der Sekundärteil ist unmittelbar kurzgeschlossen, und der Motor läuft wie jeder asynchrone

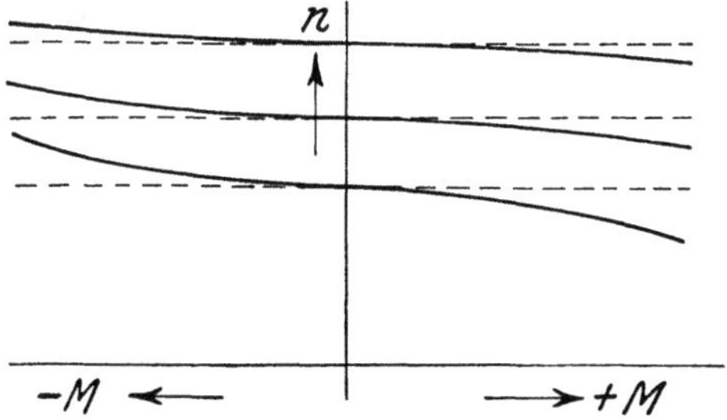

Bild 9.12. Drehzahllinien des Drehstrom-Nebenschlußmotors bei verschiedenen Bürstenstellungen

Drehstrommotor. Durch Verschiebung der Bürsten b in dem einen oder anderen Sinne kann dann durch Zufuhr einer veränderlichen Spannung die Drehzahl herab- oder heraufgesetzt werden. Eine Phasenkompensation ist durch Verschieben der festen Bürsten a möglich. Da nun bei der reinen Drehzahlverstellung sich mit der veränderlichen Drehzahl auch die Phasenlage ändert, läßt sich eine Phasenkompensierung bei allen Drehzahlen nur dann erzielen, wenn man mit den Bürsten b zur Drehzahlveränderung auch zugleich die Bürsten a verschiebt. Bei negativen Drehmomenten wirkt der Motor mit der eingestellten Drehzahl als Generator bremsend, wobei die Energie dem Netz zugeführt wird. Bild 9.12 zeigt die Drehzahl in Abhängigkeit vom Drehmoment bei drei verschiedenen Bürstenstellungen. Die Drehrichtung kehrt man um, indem man zwei der Netzleitungen vertauscht und die Bürstenverschiebung entgegengesetzt vornimmt.

Die Drehstrom-Stromwendermotoren haben gegenüber den normalen Asynchronmotoren den Vorzug der *verlustlosen Drehzahleinstellung* und eines hohen Leistungsfaktors. Ihr Wirkungsgrad ist jedoch geringer, ihr Massenträgheitsmoment J und ihr Preis höher (s. Zusammenstellung in Bild 14.29).

10. Umformer

Umformer haben die Aufgabe, eine *Stromart* in eine andere umzuformen. Dies ist immer dadurch möglich, daß man durch einen, mit der gegebenen Stromart gespeisten Motor einen Generator antreibt, welcher die gewünschte Stromart erzeugt. Einen solchen Maschinensatz nennt man einen *Motorgenerator*. Man kann dann z. B. einen sechspoligen Motor ($p = 3$) an dem Netz mit $f_1 = 50$ Hz betreiben und mit ihm einen zweipoligen Generator ($p = 1$) betreiben, welcher dann $f_2 = 16^2/_3$ Hz erzeugt. Eine weitere Möglichkeit zur Frequenzumformung bietet der Drehstromschleifringläufermotor. Wenn man ihn durch einen zweiten am Netz liegenden Drehstrommotor *entgegen* seiner Drehfelddrehrichtung mit Leerlaufdrehzahl antreibt, kann man an seinen Schleifringen Drehstrom von *doppelter* Frequenz abnehmen. Natürlich lassen sich auch beliebig andere Frequenzen erzeugen, wenn man die Drehzahl des Antriebsmotors entsprechend wählt. Ein solcher *Frequenzumformer* (Periodenumformer) wird angewendet, um für Drehstromasynchronmotoren, die mit mehr als 3000 Umdrehungen laufen sollen, eine höhere Frequenz bereitzustellen. Man erreicht Werkzeugdrehzahlen bis 60 000 U/min. Der asynchrone Drehstrommotor kann auch zur Änderung der *Phasenzahl* benutzt werden. Man kann z. B. in einen dreiphasigen Ständer einen Läufer beliebiger Phasenzahl bringen und kann dann an seinen Schleifringen die gewünschte Stromart abnehmen. Der Läufer ruht hierbei, sofern man nicht zugleich die Frequenz verändern will. In gleicher Weise kann man auch mit einem Drehstrommotor die *Phasenlage* einer Spannung verändern, also die Spannung zeitlich verschieben. Der Ständer liegt hierzu am Drehstromnetz. An den Schleifringen des *ruhenden* Läufers wird die Spannung abgenommen. Diese Spannung läßt sich dadurch in der Phasenlage verschieben, daß man den Läufer mittels eines Schneckengetriebes im Gehäuse *verdreht*. Der Betrag der Spannung ist bei allen Läuferstellungen dieselbe. Er kann auch zur kontinuierlichen Spannungseinstellung Verwendung finden, indem man zu einer gegebenen Spannung die konstante, aber phasengedrehte Spannung des Drehtransformators hinzufügt. Man kann so eine veränderliche Gesamtspannung erhalten.

Beim Doppeldrehtransformator sind 2 normale Drehtransformatoren so geschaltet, daß bei gemeinsamer Verdrehung der Läufer zwei Spannungen U' entstehen, die betragsgleich, aber um den Winkel $+\alpha$ bzw. $-\alpha$ verschoben sind. Die Gesamtspannung U besitzt dann immer gleiche Phasenlage und den Betrag $U = 2 \cdot U' \cdot \cos \alpha$ und es ist dadurch ein beliebiger Betrag der Spannung einstellbar.

Der *Wirkungsgrad* einer Umformeranordnung, bestehend aus Maschine m1 und Maschine m2, ergibt sich zu $\eta = \eta_1 \cdot \eta_2$, wobei η_1 und η_2 die Wirkungsgrade der Einzelmaschinen sind. Der Gesamtwirkungsgrad eines Umformersatzes ist deshalb relativ ungünstig. Umformersätze haben an Bedeutung heute erheblich verloren, vielfach werden Stromrichterschaltungen an Stelle von Umformern verwendet.

11. Die Stromrichter

Die Umwandlung einer Stromart in eine andere kann auch ohne Umformermaschine vorgenommen werden, und zwar durch *elektrische Ventile*, welche den Strom nur in *einer* Richtung hindurchlassen. Bild 11.1 zeigt die Schaltzeichen

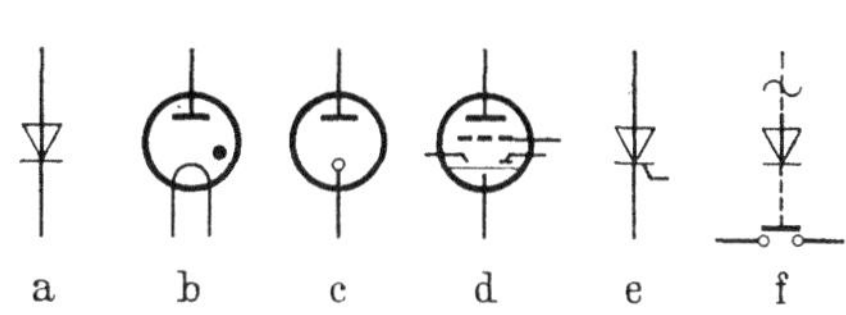

Bild 11.1. Schaltzeichen für elektrische Ventile (nach DIN 40706). a. Halbleitergleichrichter; b. gas- oder dampfgefülltes Entladungsgefäß mit Glühkathode; c. Entladungsgefäß mit Kaltkathode; d. Quecksilberdampfgefäß mit Zünd- und Erregeranode und Steuergitter; e. steuerbarer Halbleitergleichrichter (Thyristor); f. mechanisch betätigtes elektrisches Ventil (Kontaktstromrichter)

für verschiedene Ventilarten. Man nennt derartige Stromrichter *Gleichrichter*, wenn sie zur Umformung von Einphasen- oder Drehstrom in Gleichstrom dienen, *Umrichter*, wenn man mit ihnen Wechsel- oder Drehstrom in solchen von anderer Frequenz oder Phasenzahl umformt und man spricht von *Wechselrichtern*, wenn mit ihnen Gleichstrom in Einphasen- oder Drehstrom umgeformt wird.

Stromrichterarten. Man unterscheidet die Stromrichter nach ihrer Bauform und physikalischen Wirkungsweise.

11.1 Kontakt-, Hochvakuum- und Quecksilberdampfstromrichter

Mechanische Stromrichter werden heute nur noch in Sonderfällen verwendet. Die Stromrichtung erfolgt dadurch, daß ein oder mehrere mechanische Kontakte periodisch derart betätigt werden, daß eine Richtwirkung eintritt. Die grundsätzliche Gleichrichterwirkung erkennt man aus dem Kontaktschließungs- und -öffnungsplan in Bild 11.3c. Während der Überlappungszeit T_K (Kommutierungszeit) ist die Gleichspannung Null. Bild 11.2 zeigt die Schaltung eines sechspulsigen Kontaktumformers zur Umformung von Drehstrom in Gleichstrom. Dieser Umformer kann auch als Wechselrichter arbeiten und Energie von der Gleichstromseite in das Drehstromnetz einspeisen.

Die Schwierigkeit der Umformung liegt in der zeitlich richtigen Steuerung der Kontakte. Diese werden durch eine Nockenwelle geschlossen und geöffnet, welche von einem Synchronmotor angetrieben wird, wobei durch Verdrehen des Motorständers eine beliebige zeitliche Einstellung der Kontraktreihe möglich ist. Die Kommutierung durch die Kontakte erfordert eine gewisse Zeit, in der die beiden beteiligten Kontakte zum Überschalten von einer Phase auf die andere *gleichzeitig* geschlossen sein müssen. Damit dies kein Kurzschluß wird, wird in jeden Strang eine *Schaltdrossel* geschaltet, welche in der Zeitspanne, in der die Kommutierung erfolgen soll, die Spannung aufnimmt und den Kurzschlußstrom begrenzt.

Die Schaltdrosseln benötigen einen Eisenkern (Fe–Ni 50%) mit sehr steilem Anstieg der Magnetisierungslinie und schroffem Sättigungsknick, wodurch sich eine fast stromlose Zeitspanne nach jedem Wechsel erzielen läßt (Bild 2.34 und 2.35). In der Schaltung des Kontaktumformers Bild 11.2 ist die Sekundärwicklung des Transformators T in Dreieck geschaltet, D sind die Schalt-

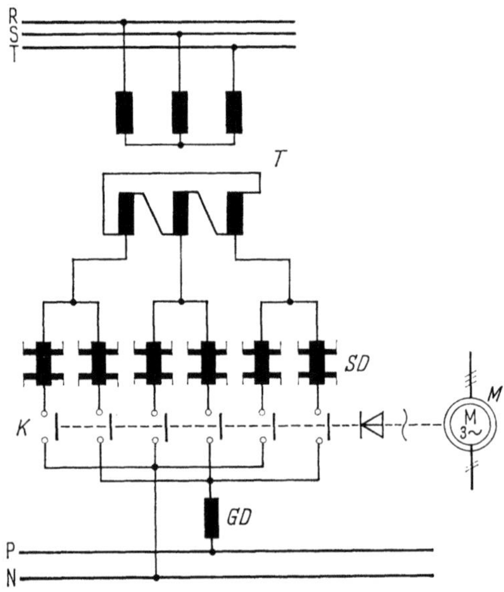

Bild 11.2. Kontaktumformer in Drehstrombrückenschaltung. T Transformator; SD Schaltdrosseln; K Kontakte; M Synchronmotor; GD Glättungsdrossel

drosseln. Die sechs Kontakte K werden über die Nockenwelle von dem Synchronmotor M gesteuert. In diesem Fall handelt es sich um eine sechspulsige Schaltung, da sich die Gleichspannung je Netzperiode aus sechs der Netzspannung entnommenen Spannungsimpulsen mit der Zeitdauer $2\,\pi/(6 \cdot \omega)$ zusammensetzt. Für die Ausgangsspannung u_2 ohne Glättung ($I_- = 0$) gilt Bild 11.17b. In sechsphasiger Ausführung werden Anlagen mit 600 V und 25000 A bei etwa 97% Wirkungsgrad betrieben.

Zu den mechanisch arbeitenden Stromrichtern zählen auch die Quecksilberstrahl-Stromrichter, bei denen ein um eine Achse rotierender Quecksilberstrahl

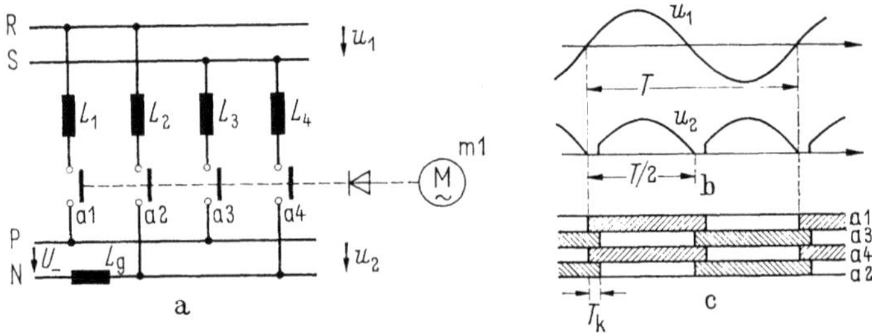

Bild 11.3. Mechanische Gleichrichtung durch Kontakte. a. grundsätzliche Schaltung; b. Spannungsverlauf von Eingangsspannung u_1 und Ausgangsspannung u_2 (ohne Glättung); c. Öffnungs- und Schließungsplan der Kontakte a1 bis a4.
L_g Glättungsdrossel; L_1 bis L_4 Kommutierungsdrosseln, m1 Synchronantrieb; T Periodendauer; T_K Kommutierungszeit

in radialer Richtung Elektroden trifft und damit über die Quecksilberstrahlstrecke Kontakte schließt und öffnet. Der gesamte Strahlraum steht unter Schutzgasatmosphäre. Derartige Stromrichter werden für kleine Leistungen, z. B. bei der Zugbeleuchtung zur Stromversorgung von Leuchtstofflampen und anderen Wechselstromverbrauchern aus der Wagenbatterie eingesetzt.

Hochvakuumstromrichter sind elektronisch arbeitende Ventile, die den Strom nur in einer Richtung hindurchlassen. Das Ventil besteht aus einem hochevakuierten Gefäß, in dem sich eine elektrisch beheizbare *Kathode* und eine ungeheizte *Anode* befinden. Die Stromzuführungen zu den Elektroden sind vakuumdicht eingeschmolzen.

Die Kathode, welche durch den Heizstrom auf hoher Temperatur gehalten wird, sendet *Elektronen* aus, welche den umgebenden Raum füllen und in ihm eine negative *Raumladung* bilden. Es stellt sich ein dynamischer Gleichgewichtszustand ein, bei welchem ebensoviel Elektronen von der Kathode abgeschleudert werden wie zurückkehren. Legen wir nun zwischen das Anodenblech und die beheizte Kathode eine Gleichspannung U_a mit dem positiven Pol an die Anode, so entsteht ein elektr. Feld zwischen Anode und Kathode, die Elektronen werden in Richtung nach der Anode beschleunigt. Dadurch kommt eine Elektronenströmung zustande, die den Anodenstrom I_a bildet. Je größer wir die Anodenspannung U_a wählen, um so mehr Elektronen werden ergriffen, und um so größer ist daher der Strom I_a. Ab einer bestimmten Spannung, der Sättigungsspannung, werden alle Elektronen, sobald sie die Kathode verlassen, sofort ergriffen und der Anode zugeführt. Der Elektronenstrom hat damit seinen Höchstwert I_{as} (Sättigungsstrom) erreicht. Dieser Sättigungsstrom hängt außer von den Abmessungen der Kathode von deren Baustoff und der Temperatur T ab.

Eine solche Elektronenröhre stellt ein ideales elektrisches Ventil dar, denn bei Anlegung des *negativen* Poles an die Anode findet eine Abstoßung der Raumladungselektronen statt, und da die kalte Anode selbst keine Elektronen aussenden kann, kommt kein Strom zustande. Die Röhre kann daher zur Gleichrichtung von Wechselströmen benutzt werden, wobei allerdings keine sehr großen Ströme wegen der geringen Ergiebigkeit der Kathode erreicht werden können. Hingegen wurden Sperrspannungen bis zu 400 kV erreicht.

Die Geschwindigkeiten v, welche Elektronen unter dem Einfluß einer Spannung U im leeren Raum erlangen können, sind sehr hoch und hängen nur von der Größe der Spannung, *nicht* aber von der Entfernung zwischen Kathode und Anode ab. Würde man z. B. bei gleicher Spannung den Abstand halb so groß machen, so würde zwar die elektrische Feldstärke doppelt so groß sein, da aber der durchlaufene Weg jetzt die Hälfte ist, stimmt die erreichte Endgeschwindigkeit mit der früheren überein. Aus der Masse m_0 eines Elektrons, der Spannung und der Elementarladung $e = -0,16 \cdot 10^{-18}$ As kann die Geschwindigkeit v der Elektronen zu

$$m \cdot v^2/2 = e\,U \quad \text{oder} \quad v = \sqrt{\frac{2\,e}{m} \cdot U} \tag{11.1}$$

berechnet werden. Ist die Geschwindigkeit klein gegenüber der Lichtgeschwindigkeit, so kann man die *Ruhmasse* $m_0 = 0,91 \cdot 10^{-27}$ g, in die Gleichung einsetzen.

Bei sehr hohen Geschwindigkeiten muß die Zunahme der Masse berücksichtigt werden. Hierfür gilt die Gleichung $m = m_0/\sqrt{1 - v^2/c^2}$, wobei $c = 2,9979 \cdot 10^8$ m/s die Lichtgeschwindigkeit ist.

In Gl. (11.1) ist das Produkt $e \cdot U$ also ein Maß für die kinetische Energie der Elektronen. Man gibt deshalb die Bewegungsenergie der Elektronen in der atomphysikalischen Einheit[1] *Elektronenvolt* (1 eV $= 0,16 \cdot 10^{-18}$ Ws) an. Die Bewegungsenergie der Elektronen geht verloren, denn sie setzt sich beim Auftreffen der Elektronen auf dem Anodenblech in Wärme um, wobei wir noch befürchten müssen, daß bei zu hoher Anodenerhitzung auch hier Elektronen ausgeschleudert werden, wodurch die Ventilwirkung verloren gehen würde.

---

[1] § 4 (3) des Gesetzes über Einheiten im Meßwesen v. 2. 7. 69.

Wird zwischen Anode und Kathode ein *Gitter* angeordnet, so kann durch Anlegen einer gegenüber der Kathode *negativen* Spannung auf den Elektronenstrom Einfluß genommen werden. Bei großer negativer Vorspannung am Gitter, greift das Anodenfeld nicht durch das Gitter hindurch zur Raumladung. Es fließt dann kein Anodenstrom. Durch die Größe der negativen Gittervorspannung kann der Anodenstrom verlustlos gesteuert werden.

Ventile, die zwei Anschlüsse besitzen, heißen *Dioden*. Läßt sich über einen dritten Anschluß (Gitteranschluß) die Ventilwirkung beeinflussen, so bezeichnet man diese Ventile als *Trioden*.

Hochvakuumstromrichter werden in der elektr. Energietechnik selten eingesetzt, da die Anodenströme günstigenfalls einige hundert mA betragen, der Spannungsfall zwischen Anode und Kathode beträchtlich ist, und außerdem die für die Kathode erforderliche Heizleistung den Wirkungsgrad mindert.

Dampfgefüllte Stromrichter (*Quecksilberdampfstromrichter*) besitzen Ventile, deren Gefäße mit Quecksilberdampf niederen Druckes (ca 1,3 μbar = 0,13 Pa) gefüllt sind. Die Kathode besteht aus flüssigem Quecksilber, die Anode wird bei größeren Leistungen gekühlt. Zwischen Anode und Kathode brennt bei Stromdurchgang ein Lichtbogen. Der Fußpunkt des Lichtbogens auf der flüssigen Kathode erzeugt einen Kathodenfleck, der eine Temperatur von ca. 600 °C besitzt. Bei Inbetriebsetzung wird der Lichtbogen und damit der Kathodenfleck mittels einer Zündelektrode Z, die kurzzeitig in das im Kathodenraum befindliche Quecksilber getaucht wird, eingeleitet. Zur Aufrechterhaltung des Kathodenflecks bei stromloser Haupt-Anode werden zwei kleine Hilfsanoden HA verwendet, die an eine Hilfswechselspannung angeschlossen sind, wie dies Bild 11.4 zeigt. Die Lichtbogenspannung zwischen Kathode und

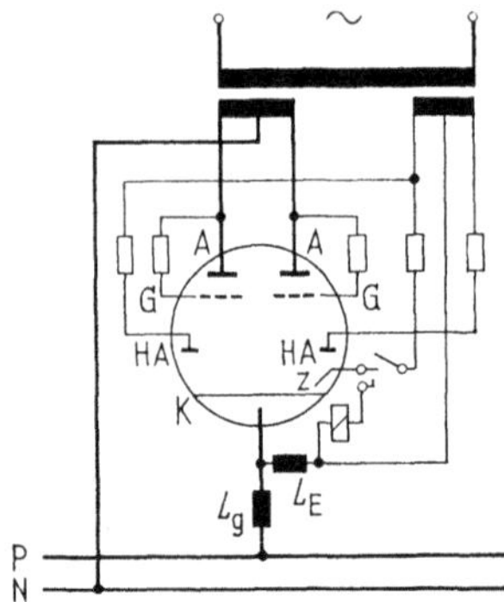

Bild 11.4. Schaltung eines zweianodigen Quecksilberdampfstromrichters mit Zündelektrode, Hilfsanoden und Gittern; Gittersteuerung nicht wirksam ($\psi = 0$). A Anode; HA Hilfsanode; Z Zündelektrode; K Kathode; G Gitter; L_g Glättungsdrossel; L_E Erregerdrossel

Anode beträgt etwa 20 V bis 30 V. Sie ist fast unabhängig von der Stromstärke. Der Gefäßwirkungsgrad ist deshalb durch das Verhältnis aus Lichtbogenspannung und Netzspannung bestimmt. Bei niederen Spannungen unterhalb von 150 V kommen deshalb Quecksilberdampfgefäße nicht zur Anwendung.

Wird zwischen Anode und Kathode ein Steuergitter, das an negativer Spannung liegt, angeordnet, so kann der Einsatzzeitpunkt des Anodenstromes durch einen positiven Spannungsimpuls zwischen Gitter und Kathode festgelegt werden. Wird die Gitterspannung wieder negativ gemacht, so fließt der Anodenstrom solange weiter, bis der Strom durch natürliche Kommutierung (s. Bild 11.24) zu Null wird. Ist zum Kommutierungszeitpunkt die Gitterspannung weiterhin negativ, so bleibt das Ventil solange gesperrt, bis der nächste positive Steuerimpuls am Gitter erfolgt. Dieses Verhalten läßt sich dadurch erklären, daß bei Quecksilberdampfgefäßen nicht nur durch die Kathode Elektronen emittiert werden, sondern es werden auch durch *Stoßionisation* im Quecksilberdampf Elektronen und *positive Gasionen* frei. Die letzteren bilden vor dem negativ geladenen Gitter eine positive Raumladung, die die Wirkung des Gitters damit kompensiert. Man kann also bei *gasgefüllten* Stromrichtern durch eine negative Gitterladung einen vorhandenen Strom nicht zum Erlöschen bringen. Dies ist nur durch Fortnehmen der Anodenspannung möglich. Hingegen ist es möglich, den *Beginn* des Stromes durch eine an das Gitter gelegte positive Spannung zu bestimmen. Bild 11.5 zeigt bei *a* die positiven

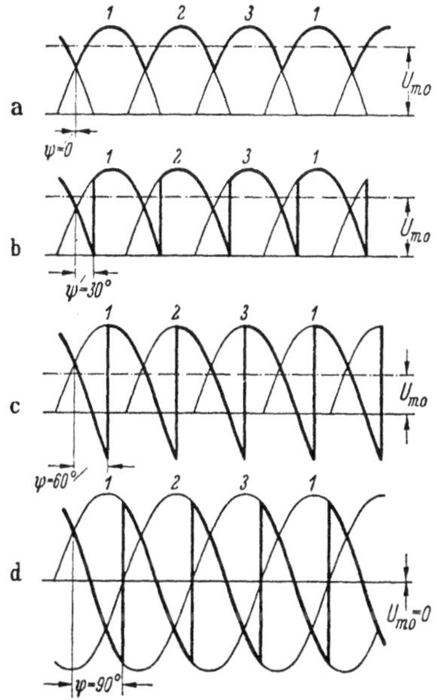

Bild 11.5. Spannungsverstellung durch Gittersteuerung bei einem 3phasigen Quecksilberdampfgefäß (mit Kathodendrossel)

Halbschwingungen eines dreiphasigen Stromrichters. Von den drei Anoden ist jeweils nur eine, nämlich die mit der gerade höheren Spannung stromführend. Die verfügbare Gleichspannung ist also durch die stark ausgezogene Linie mit dem Mittelwert U_{mo} (s. auch Bild 11.16) dargestellt. Das Zünden einer Anode erfolgt also jeweils in dem Schnittpunkt zweier Halbschwingungen. Durch eine negative Gitterspannung wird die Zündung einer Anode verhindert. Die Anode kann nun durch einen kurzen positiven Spannungsimpuls freigegeben werden, dessen Zeitpunkt innerhalb der Halbschwingung beliebig gewählt werden kann. Gibt man dem allgemein *negativ* gehaltenen Gitter einen kurzen *positiven* Impuls, dann wird das Zünden später (in Bild 11.5b um $\psi = 30°$ verzögert) eintreten. Die mittlere Spannung U_{mo} ist dann kleiner und durch den Impulszeitpunkt einstellbar. Schließlich ist es sogar möglich (Bild 11.5d), ihren Mittelwert gleich Null zu machen, wenn die Zündverzögerung ψ gleich 90° ist. Daß in den Fällen *c* und *d* der Lichtbogen auch noch brennt, wenn die Wechselspannung der Anode bereits negativ geworden ist, liegt darin, daß eine *Glät-*

tungsdrossel im Gleichstromkreis für eine Induktionsspannung und damit für die erforderliche positive Anodenspannung sorgt.

Die Steuerung des Gitters kann auf verschiedene Weise vorgenommen werden. Man unterscheidet: Die Steuerung mit *sinusförmiger Spannung* und die *Stoßsteuerung*. Im ersteren Fall wird die Gitterwechselspannung entweder gegenüber der Anodenspannung in der Phase verschoben, wodurch die Gitterspannung in einem späteren Zeitpunkt positiv wird und zündet, oder man setzt die Gitterspannung aus einem Gleichspannungs- und einem Wechselspannungsanteil zusammen. Man verändert einen der beiden Anteile. Bei der Schaltung Bild 11.4 sind die Gitteranschlüsse G über Vorwiderstände mit den entsprechenden Anoden verbunden. Es liegt an den Gittern dadurch eine phasengleiche Spannung wie an den zugehörigen Anoden. Deshalb ist für diese Schaltung $\psi = 0$, und die Gittersteuerung nicht wirksam.

Die *Stoßsteuerung* mit hoher positiver Spannungsspitze erlaubt eine genaue Steuerung. Sie kann elektromechanischer oder häufiger magnetischer Art sein (Stoßdrossel). In beiden Fällen werden zeitlich verschiebbare positive Spannungsstöße an das Gitter geführt. Bei der magnetischen Steuerung wird diese in einer mit Gleichstrom vormagnetisierten Drossel erzeugt (s. Bild 2.35) und durch Änderung der Vormagnetisierung oder durch Drehregler zeitlich verschoben. Bild 11.6 zeigt den Verlauf der Gitterstoßspannung u_{gst} um ψ verschoben gegen die Anodenspannung u_{a}.

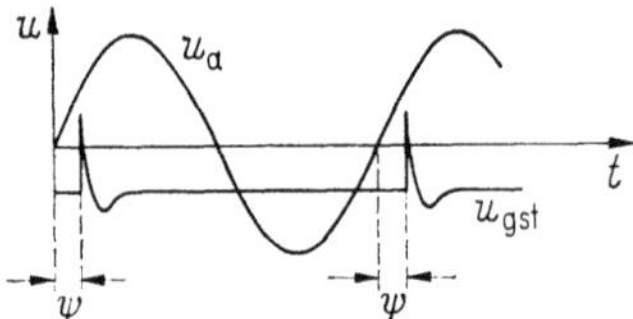

Bild 11.6. Stoßsteuerung

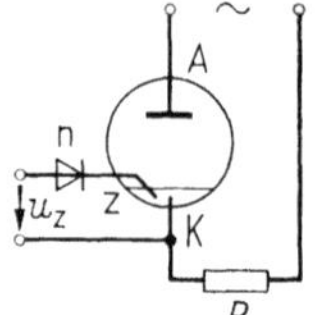

Bild 11.7. Schaltung des Ignitrons

Das *Ignitron* ist ein Quecksilberdampfgleichrichter in Glas- oder Eisengefäß mit einem besonderen Zündstift Z aus Silizium- oder Borkarbid (Halbleiter) (Bild 11.7), welcher in die Hg-Kathode eintaucht und dort einen Meniskus bildet. Es wird in einpoligen Gefäßen mit Stromstärken bis 1000 A ausgeführt und benötigt nur eine Brennspannung von etwa 10 V. Sein Verhalten ist dadurch gekennzeichnet, daß der Lichtbogen stets erlischt, wenn die Anode A negativ wird und daher nach Ablauf der negativen Halbperiode durch den Zündstift Z jeweils neu gezündet werden muß. Der Zündvorgang ist so zu denken, daß bei Anlegung eines positiven Spannungsimpulses an den Zündstift Z eine Glimmerscheinung am Meniskus auftritt, welche den Hauptlichtbogen für die folgende positive Halbperiode zündet. Der Zündstift ist gegen negative Spannungen sehr empfindlich, daher wird ihm ein Ventil G vorgeschaltet. Das Ignitron dient weniger als Gleichrichter, sondern als *Schaltvorrichtung* (Schütz) für Verbraucher R mit großer Stromstärke. In diesem Falle ist eine Gleichrichtung des Wechsel- oder Drehstroms unnötig und man schaltet daher zwei Ignitrons in Gegenschaltung (Antiparallelschaltung) zusammen.

Das *Thyratron* (Stromtor) hat dieselben Aufgaben, jedoch nur bis etwa 150 A (Strom-Mittelwert). Die Kathode wird elektrisch direkt oder indirekt geheizt, wobei zur Steigerung der Elektronenemission Oxydschichten aufgebracht sind. Als Gasfüllung dienen Edelgase oder Quecksilberdampf. Letzterer hauptsächlich bei hohen Spannungen. Der Dampfdruck ist allerdings sehr von der Temperatur abhängig, was bei Edelgasen nicht zutrifft. Die Steuerung erfolgt mit einem zwischen Anode und Kathode angeordneten *Gitter*. Ein Gitter, das an negativer Spannung genügender Größe liegt, treibt die Elektronen zur Kathode zurück und sperrt daher den Röhrenstrom. Bei sehr geringer negativer Gitterspannung treten jedoch bereits Elektronen durch das Gitter hindurch und bilden einen Anodenstrom, dessen Größe sowohl von der Gitterspannung, wie auch von der Anodenspannung abhängig ist. Sobald jedoch eine gewisse untere Grenze der negativen Gitterspannung unterschritten wird, tritt wie beim Quecksilberdampfgefäß *Stoßionisation* auf. Die starke Bildung von *Gasionen* und Elektronen innerhalb der Raumladung lassen den bisherigen *Vorstrom* plötzlich auf einen sehr hohen Wert ansteigen, der nur durch die Anodenspannung und den Verbraucherwiderstand im Anodenstromkreis begrenzt ist. Nach dieser *Zündung* hat die Gitterspannung keinen Einfluß mehr auf den Anodenstrom.

Der Zündzeitpunkt eines Thyratrons läßt sich in ähnlicher Weise wie beim Quecksilberdampfstromrichter einstellen.

11.2 Halbleiterstromrichter

Schon in den dreißiger Jahren wurden sogenannte *Trockengleichrichter* entwickelt und sind als *Kupferoxidulgleichrichter* z. B. in der elektr. Meßtechnik verwendet worden. *Selengleichrichter* werden heute noch in der elektr. Energietechnik eingesetzt. Die wesentlich günstigeren Eigenschaften der *Siliziumdioden* haben aber dazu geführt, daß diese heute in großem Umfang in der elektr. Energietechnik zur Anwendung kommen.

Bei den Halbleiterstromrichtern werden die physikalischen Eigenschaften, die an Grenzschichten halbleitender Kristalle auftreten, ausgenützt. Hierbei werden Elemente der Hauptgruppe IV des periodischen Systems mit *vier* Valenzelektronen, wie dies beim Germanium oder Silizium der Fall ist, als Halbleiter verwendet. Bei Nichtleitern sind in einem weiten Temperaturbereich alle Außenelektronen an den Atomrumpf gebunden; es gibt keine Leitungselektronen, die Konzentration der freien Elektronen ist $n = 0$. Beim Siliziumkristall, der Tetraederstruktur aufweist, kommt die Kristallbindung dadurch zustande, daß je eines der vier freien Elektronen mit je einem freien Elektron der vier Nachbarn eine Elektronenpaarbindung eingeht. Bei tiefen Temperaturen in der Nähe von 0 K sind sämtliche Valenzelektronen paarweise an das Gitter gebunden. Das Siliziumkristall ist deshalb bei dieser Temperatur ein Nichtleiter. Bei höherer Temperatur werden durch die Wärmeschwingung der Gitteratome Elektronen aus der Paarbindung herausgerissen und können sich frei bewegen. Dort, wo ein Valenz-Elektron fehlt (Loch), ist das Atom nicht mehr elektr. neutral, sondern positiv geladen. Natürlich kann jedes Loch durch ein Elektron eines anderen Gitteratomes aufgefüllt werden. Die Löcher werden auch als *Defektelektronen* bezeichnet. Defektelektronen und freie Elektronen sind bei Eigenleitung paarweise vorhanden.

Bei der Wanderung eines freien Elektrons, kann dieses das nächste Loch besetzen; die Löcher wandern dann in umgekehrter Richtung wie die Elektronen. Dieser hier beschriebene Leitungsmechanismus des reinen Kristalls heißt *Eigenleitung*. Sie ist relativ gering und spielt bei der Anwendung der Halbleiter nur eine untergeordnete Rolle.

Werden in das Siliziumkristall einzelne Fremdatome mit *drei* oder *fünf* Valenzelektronen an Stelle der Siliziumatome eingebaut (*dotiert*), so entstehen *Störstellen* im Gitteraufbau. Zur Dotierung kommen Elemente der Hauptgruppe III und V in Frage, wie z. B. Bor, Aluminium, Gallium, Indium bzw. Phosphor, Arsen und Antimon. Die Dotierungselemente mit *drei* Valenzelektronen, also mit einem Valenzelektron weniger als das Germanium oder

Silizium, nennt man *Akzeptoren*. Andererseits werden die Elemente mit *fünf* Valenzelektronen, die damit ein Valenzelektron mehr als das Germanium bzw. Silizium besitzen, als *Donatoren* bezeichnet.

Für die Bindung im Silizium-Kristallgitter werden vier Valenzelektronen benötigt. An der Störstelle kann der Donator ein Elektron wegen der nur losen Bindung als Leitungselektron zur Verfügung stellen. Man spricht dann von der *n-Leitung*. Liegt an der Störstelle ein Akzeptor, so ist ein Loch (Defektelektron) vorhanden. Man nennt dies *p-Leitung*.

Um das Halbleiterkristall als Stromrichter verwenden zu können, wird in ihm eine p-leitende und eine n-leitende Zone durch entsprechende Dotierung hergestellt.

11.2.1 Ungesteuerte Ventile

Um die Ventilwirkung eines Halbleiterstromrichters verstehen zu können, gehen wir davon aus, daß eine Siliziumkristallscheibe zur Hälfte mit einem Akzeptor, zur anderen Hälfte mit einem Donator dotiert sei. Es treffen dann eine p-leitende Zone und eine n-leitende Zone zusammen, wie dies Bild 11.8 b im spannungslosen Zustand ($u = 0$) zeigt.

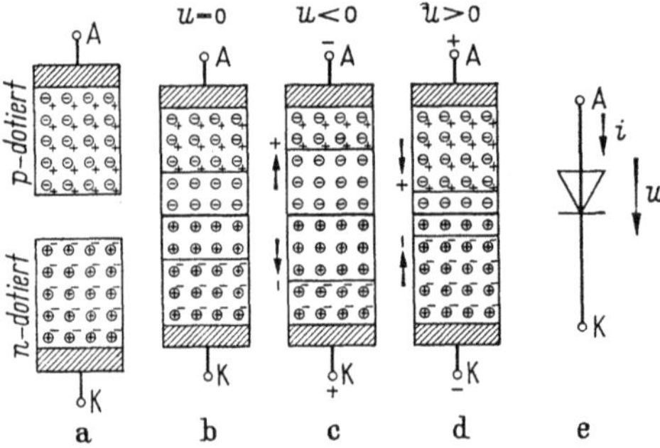

Bild 11.8. pn-Übergang, schematische Darstellung der Störstellen; a. p- bzw. n-dotiertes Silizium; b. pn-Übergang bei $u = 0$; c. pn-Übergang bei $u < 0$; d. pn-Übergang bei $u > 0$; e. Schaltzeichen der Diode mit Spannungs- und Stromzählpfeil.

A Anode, K Kathode, $\oplus$ Donator, $\ominus$ Akzeptor, $-$ Elektron, $+$ Defektelektron

In der Grenzzone zwischen p-Dotierung und n-Dotierung bildet sich ein sogenannter pn-Übergang aus. In der Grenzschicht neutralisieren sich durch Diffusion die positiven Defektelektronen (Löcher) und die Elektronen weitgehend, so daß nur die an den Ort gebundenen Störstellen zu beiden Seiten der Grenze verbleiben. Da die Störstellen in der p-Zone negative, in der n-Zone positive Ladung aufweisen, entstehen zwei *Raumladungszonen* mit positiver und negativer Ladung. Hierdurch ist ein elektrisches Feld in der pn-Übergangszone vorhanden, das der weiteren Diffusion entgegenwirkt. Die elektrische Feldstärke hat die sogenannte *Diffusionsspannung* zur Folge. Diese kann aber bei stromlosen Ventil außen nicht gemessen werden, da die Kontaktspannungen an den metallischen Anschlußkontakten zur p-Zone und n-Zone die Diffusionsspannung kompensieren.

Legt man eine *äußere* Spannung derart an, daß die p-Zone negatives Potential gegenüber der n-Zone erhält (Bild 11.8 c), so werden weitere Ladungsträger aus dem Grenzgebiet abgezogen, die Raumladungszone dehnt sich aus und verarmt an beweglichen Ladungsträgern. Dadurch wird der Widerstand sehr groß. Der pn-Übergang wirkt als offener Schalter, es fließt kein Strom.

Wird die äußere Spannung so angelegt, daß die p-Zone positives Potential erhält (Bild 11.8d), so wird die Raumladungszone verkleinert, weil Ladungsträger durch das elektrische Feld in die Grenzzone getrieben werden. Hierbei gelangen Defektelektronen (Löcher) in das n-dotierte Gebiet und umgekehrt Elektronen in das p-dotierte Gebiet, d. h. es fließt ein Strom in positiver Zählrichtung von der p-Zone in die n-Zone. Der Widerstand ist klein. Der pn-Übergang wirkt als geschlossener Schalter. In diesem Betriebszustand muß aber die oben erwähnte Diffusionsspannung überwunden werden, d. h. die äußere Spannung muß größer als die Diffusionsspannung sein, wenn der pn-Übergang leitend sein soll. Man spricht deshalb auch von der *Schleusenspannung*. Oberhalb dieser Spannung wirkt der pn-Übergang als kleiner ohmscher Widerstand.

Die oben beschriebenen Vorgänge am pn-Übergang wurden vereinfacht dargestellt. In Wirklichkeit spielen die weiter oben beschriebene Eigenleitung und *Minoritätsladungsträger* eine Rolle. Minoritätsladungsträger kommen dadurch zustande, daß die Ausgangsmaterialien nie vollständig rein zur Verfügung stehen.

In der elektrischen Energietechnik werden Leistungsdioden mit psn-Übergang verwendet, da diese bei großen Strömen besonders günstige Durchlaßeigenschaften besitzen und große Sperrspannungen ertragen. Zwischen den stark dotierten p- und n-Schichten ist eine schwach dotierte p-Schicht (s_p-Schicht) dazwischengelagert.

Die statische Kennlinie einer Siliziumdiode in der i-u-Darstellung zeigt Bild 11.9. Oberhalb der sogenannten Schleusenspannung, die etwa bei 0,7 V

Bild 11.9. Stromspannungskennlinie einer Diode;
die Kennlinie ist im 1. bzw. 4. Quadranten
mit unterschiedlichen Maßstäben gezeichnet

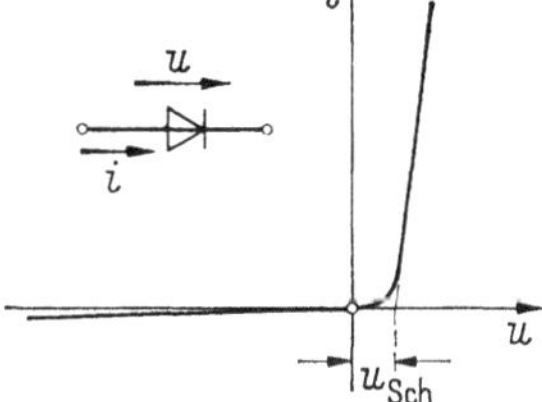

liegt, ist die Diode durchlässig und ihre Eigenschaften sind durch den statischen Durchlaßwiderstand bestimmt. Im Bereich zwischen Null und der Schleusenspannung kann das Ventil keinen nenneswerten Strom führen. Im negativen Bereich der Ventilspannung fließt ein sehr kleiner Sperrstrom (Rückstrom), der nur einige μA beträgt. Die Kennlinie wird im Sperrbereich durch die Durchbruchspannung, im Durchlaßbereich durch den Grenzstrom begrenzt.

11.2.2 Steuerbare Ventile, Transistor, Thyristor, Triac

Anfang der fünfziger Jahre wurde der *Transistor* als Verstärkerelement entwickelt und hauptsächlich in der elektrischen Nachrichtentechnik eingesetzt. Beim Transistor sind *zwei* Grenzschichten vorhanden, so daß auf eine p-Zone eine n-Zone, und dann wieder eine p-Zone folgt. Man spricht deshalb von

einem pnp-Transistor. Es ist aber auch möglich, die Dotierung umgekehrt auszuführen, so daß ein npn-Transistor entsteht. Jede Zone ist kontaktiert. Die
Anschlüsse tragen die Bezeichnung *Emitter, Basis* und *Kollektor.* Bild 11.10
zeigt den schematischen Aufbau eines npn-Transistors.

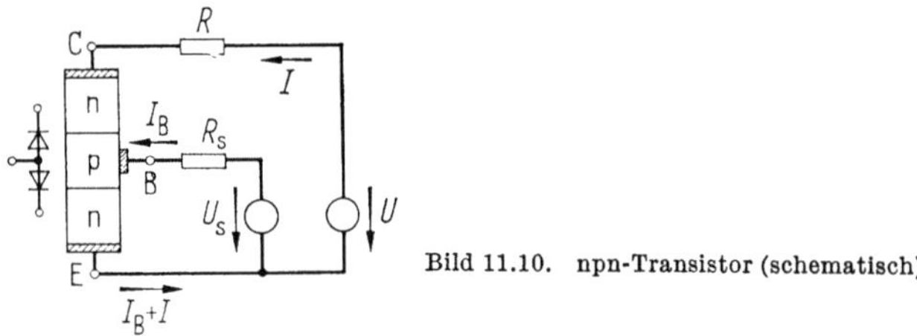

Bild 11.10.   npn-Transistor (schematisch)

Man kann sich zunächst vorstellen, daß die Anordnung wegen der zwei
Grenzschichten wie zwei Dioden wirkt, die in Gegenreihenschaltung liegen.
Fließt kein Basisstrom, so ist der Transistor zwischen Kollektor und Emitter
hochohmig und führt fast keinen Kollektorstrom I. Läßt man einen kleinen
Steuerstrom I_B über die schwach p-dotierte Basiszone zur stark n-dotierten
Emitterzone fließen, so wirkt der pn-Übergang wegen der starken n-Dotierung
als Emitter und injiziert Elektronen in die Basiszone. Diese Elektronen
können dort nur zum kleinen Teil mit den relativ wenigen Löchern (Defektelektronen) rekombinieren. Der größere Teil der Elektronen gelangt am
pn-Übergang in das Feld zwischen Basis und Kollektor. Die n-dotierte Zone
des Kollektors nimmt sie auf, d. h. es fließt ein Kollektorstrom I. Bei günstiger geometrischer Anordnung und entsprechender Dotierung der drei Zonen
läßt sich erreichen, daß der Kollektorstrom ein *Vielfaches* des Basisstromes
wird. Diesen Vorgang bezeichnet man als *Stromverstärkung.* Bild 11.11 a zeigt

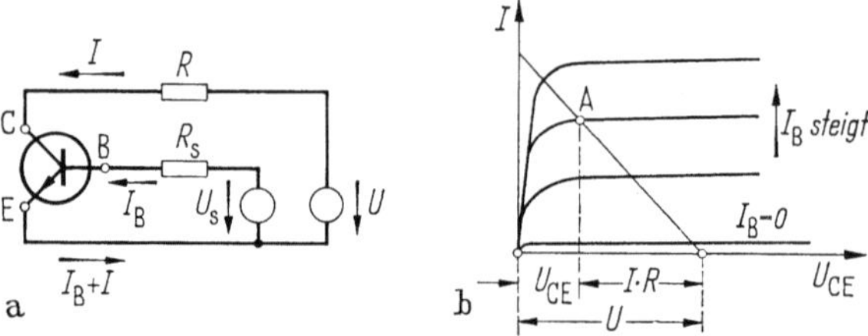

Bild 11.11. npn-Transistor; a. Emitterschaltung; b. Kennlinienfeld $I = \mathrm{f}(U_{CE})$ mit I_B als Parameter,
die Widerstandsgerade des Lastkreises R geht durch den Arbeitspunkt A

die *Emitterschaltung.* Der Kollektorstrom I läßt sich durch entsprechendes Verstellen des Basisstromes I_B stetig verändern. In Bild 11.11 b ist das Verhalten
des npn-Transistors durch sein Kennlinienfeld dargestellt. Ist die Speisespannung U konstant, und wird der Basisstrom I_B verändert, so bestimmt die
Widerstandsgerade des Lastkreises R den Arbeitspunkt A und damit den
Kollektorstrom I.

Eine sehr große Zahl von Transistortypen stehen für die verschiedensten
Aufgaben zur Verfügung. Transistoren werden für kleine Spannungen hergestellt. Die zulässige maximale Kollektor-Basis-Sperrspannung beträgt je
nach Typ 5 V bis 80 V. Niederfrequenz-Leistungstransistoren werden für Kol-

lektorströme bis etwa 15 A ausgeführt. Bei Transistoren in integrierten Schaltkreisen betragen die zulässigen Kollektorströme nur einige μA bis mA.

Der Thyristor ist ein steuerbarer Vierschichthalbleiter, der besonders in der elektrischen Energietechnik als elektronischer Schalter für große Ströme und Spannungen verwendet wird. Die vier Zonen bilden *drei pn-Übergänge*, wobei die beiden äußeren Zonen (1 und 4) und die in der einen Hälfte liegende p-Zone (3) kontaktiert sind. Bild 11.12a zeigt den grundsätzlichen Aufbau eines

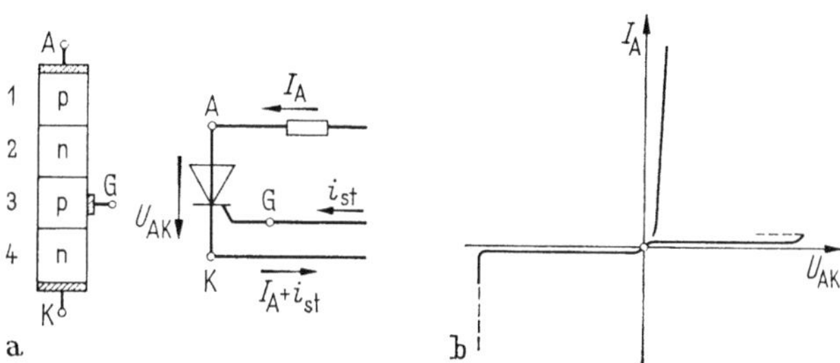

Bild 11.12a. pnpn-Thyristor (Schema); b. Strom-Spannungskennlinie des Thyristors (nicht maßstäblich)

pnpn-Thyristors. Die beiden Randzonen 1 und 4 sind stark, während die zwei Mittelzonen 2 und 3 schwach dotiert sind.

Wird an den Thyristor in Sperrichtung eine Spannung an die Anschlüsse A und K angelegt, so werden die beweglichen Ladungsträger der beiden äußeren pn-Übergänge abgezogen. Es tritt eine Trägerverarmung in diesen pn-Übergängen auf, der Thyristor verhält sich wie eine gesperrte Diode.

Legt man an die Anschlüsse A und K in Durchlaßrichtung eine Spannung an, so werden die beweglichen Ladungsträger an dem in der Mitte liegenden pn-Übergang abgezogen, so daß jetzt dieser Übergang sperrt, und der Thyristor sich wieder wie eine gesperrte Diode verhält.

Mit Hilfe des Steueranschlusses G und der p-Basis (*gate*-Anschluß) kann bei in Durchlaßrichtung anliegender Spannung eine Durchschaltung (Zündung) des Thyristors bewirkt werden. Man läßt zur Zündung über den Steueranschluß G einen Strom i_{st} zur Klemme K fließen. Da die p-Zone 3 schwach dotiert ist, gegenüber der n-Zone 4, wird durch den Steuerstrom die Zone 3 mit Elektronen aus der Zone 4 überschwemmt. Ähnlich wie beim Transistor nimmt die n-Zone 2 die Elektronen auf, wobei der Stromverstärkungseffekt auftritt. Von Zone 1 ausgehend fließt ein Defektelektronenstrom (Löcherstrom) nach Zone 2. Die am mittleren pn-Übergang ursprünglich vorhandene Raumladungszone wird mit Ladungsträgern überschwemmt. Der Thyristor wird leitend und ist durchgeschaltet. Es stellt sich ein stationärer Zustand ein, auch wenn der Steuerstrom i_{st} nicht mehr fließt. Bild 11.12b zeigt die *i-u*-Kennlinie des Thyristors. Im durchgeschalteten Zustand verhält sich der Thyristor ähnlich wie eine psn-Diode.

Zusammenfassend kann gesagt werden, daß der Thyristor wahlweise drei verschiedene stationäre Betriebszustände aufweisen kann.

Ist die Spannung U_{AK} *negativ*, so ist der Thyristor, unabhängig ob Steuerstrom fließt oder nicht, *gesperrt*.

Wird an den stromlosen Thyristor eine *positive* Spannung U_{AK} gelegt, so ist der Thyristor *gesperrt*, wenn *kein* Steuerstromimpuls gegeben wird.

Gibt man bei *positiver* Spannung U_{AK} einen *positiven* Steuerstromimpuls über den Steueranschluß G, so wird der Thyristor *leitend* und bleibt auch leitend, wenn der Steuerimpuls vorüber ist. Hierbei ist allerdings zu beachten, daß der Laststrom I den sogenannten *Haltestrom* nicht unterschreiten darf. Wird der Haltestrom unterschritten, so geht der Thyristor wieder in den gesperrten Zustand über.

Zu beachten ist hierbei, daß der Thyristor nicht sofort seine volle Sperrfähigkeit wiedererlangt, vielmehr muß mindestens die sogenannte *Freiwerdezeit* vergehen, bis der Thyristor wieder voll sperrfähig ist. Die Freiwerdezeit ist von verschiedenen Faktoren abhängig, auf die hier nicht näher eingegangen werden kann. Sie liegt in der Regel unterhalb von 50 µs. Unter der Freiwerdezeit wird diejenige Zeitspanne verstanden, die mindestens zwischen Nulldurchgang des Stromes (von Durchlaßrichtung zur Sperrichtung) und Wiederkehr der positiven Sperrspannung U_{AK} verstreichen muß, wenn der Thyristor seine Sperreigenschaft wiedererlangen soll. Solange die Spannung U_{AK} negativ ist, sollte möglichst vermieden werden, daß ein Steuerstrom fließt. Bei negativer Spannung U_{AK} und fließendem Steuerstrom steigen die Verluste im Thyristor an, was eine thermische Beschädigung des Thyristors zur Folge haben kann.

Eine Sonderform des Thyristors ist die *bidirektionale-Thyristor-Triode*, die unter dem Namen *Triac* bekannt ist. Es ist dies ein Halbleiterelement, das in einer Siliziumscheibe zwei entgegengesetzt parallelgeschaltete pnpn-Zonen und einen gemeinsamen Steueranschluß besitzt. Triacs können, wenn sie gezündet sind, den Strom in beiden Richtungen führen. Die Zündung erfolgt durch einen Steuerimpuls beliebiger Polarität. Sie werden hauptsächlich für Wechselstromsteller an Stelle von zwei antiparallelgeschalteten Thyristoren verwendet.

11.3 Grundsätzliche Stromrichterschaltungen

Die Schaltungen lassen sich in zwei Gruppen einteilen: Schaltungen mit *ungesteuerten Ventilen* und Schaltungen mit *gesteuerten Ventilen*. Bei den Schaltungen unterscheidet man solche *ohne* Kommutierung, mit *natürlicher* Kommutierung und solche mit *Zwangs*kommutierung.

11.3.1 Schaltungen mit ungesteuerten Ventilen

Die einfachste Form einer Ventil-Gleichrichterschaltung zeigt Bild 11.13. Das Ventil liegt mit dem Gleichstromverbraucher R in Reihe und läßt nur die eine Halbschwingung des Wechselstromes hindurch (Halbweggleichrichter). Ist $u = \hat{u} \cdot \sin(\omega t)$, so ergibt sich nach Gl. (2.3) der Mittelwert der Span-

$$\overline{|u_2|} = \frac{1}{2}\left(\frac{1}{T/2}\,\hat{u}\int\limits_{t=0}^{t=T/2} \sin(\omega t)\,\mathrm{d}t\right).$$

nung am Widerstand R zu

Der Faktor 1/2 kommt dadurch zustande, daß nur über eine Halbperiode integriert ist, zum Mittelwert aber auch der zweite Teil der Periode mit der

Spannung Null beiträgt. Setzt man die Periodendauer $T = 2\,\pi/\omega$ in das Integral ein, so ergibt sich der Mittelwert der Ausgangsgleichspannung

$$U_{\mathrm{mo}} = \overline{|u_2|} = \hat{u}/\pi = 0{,}318\,\hat{u}. \qquad (11.2)$$

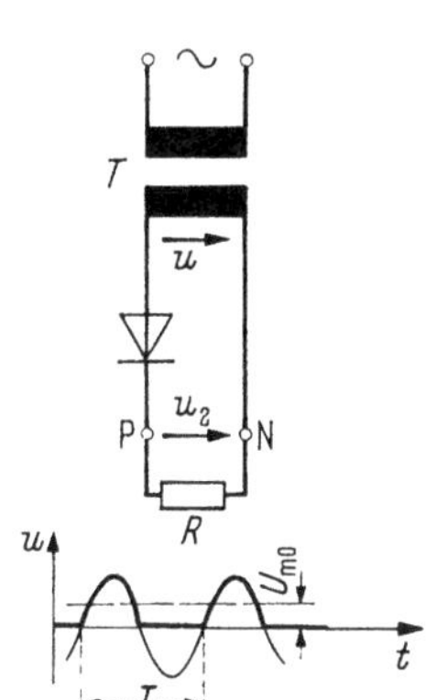

Bild 11.13. Einfache Ventilschaltung (Einwegschaltung)

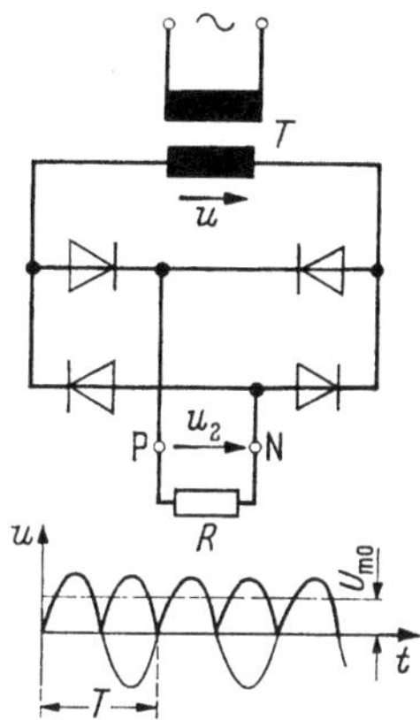

Bild 11.14. Graetzsche Schaltung (Zweipulsige Brückenschaltung)

In entsprechender Weise läßt sich nach Gl. (2.1) der Effektivwert der Gleichspannung berechnen. Man erhält $U_2 = \dfrac{1}{2}\sqrt{\dfrac{\hat{u}^2}{T/2}\int\limits_{t=0}^{t=T/2}\sin^2(\omega\,t)\,\mathrm{d}t}$. Mit $T = 2\,\pi/\omega$ wird der Effektivwert

$$U_2 = \hat{u}/(2\,\sqrt{2}) = 0{,}354\,\hat{u}\;. \qquad (11.3)$$

Diese Schaltung ist zwar einfach, hat aber den Nachteil, daß die Spannung lückt.

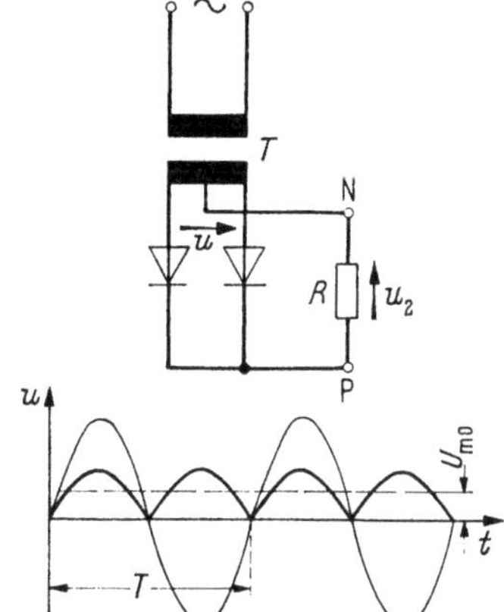

Bild 11.15. Zweiventilschaltung (Zweipulsige Mittelpunktschaltung)

Bei der Graetzschaltung nach Bild 11.14 werden vier Ventile gebraucht, wodurch man die Ausnutzung beider Halbschwingungen erreicht (Vollweggleichrichter). Bei der Schaltung nach Bild 11.15 kommt man mit zwei Ventilen zu dem gleichen Ziel, jedoch muß hier die Sekundärwicklung des Transformators T eine Anzapfung in der Mitte haben.

Der Mittelwert und Effektivwert der Gleichspannung ist bei der Graetzschaltung doppelt so groß wie bei der Einventilschaltung nach Bild 11.13.
Bei der Mittelpunktschaltung nach Bild 11.15 trägt von der Transformator-
spannung u jeweils nur die Hälfte zur Gleichspannungsbildung bei, da am
Widerstand R entweder der linke Teil oder der rechte Teil der Transformator-
spannung anliegt. Jede Hälfte der Transformatorsekundärwicklung führt nur
über eine Halbperiode Strom.

Die Gleichrichtung von Drehstrom kann nach Bild 11.16 mit der Drehstrom-
Mittelpunkt-Schaltung erfolgen. Die so erzeugte Gleichspannung besitzt nur

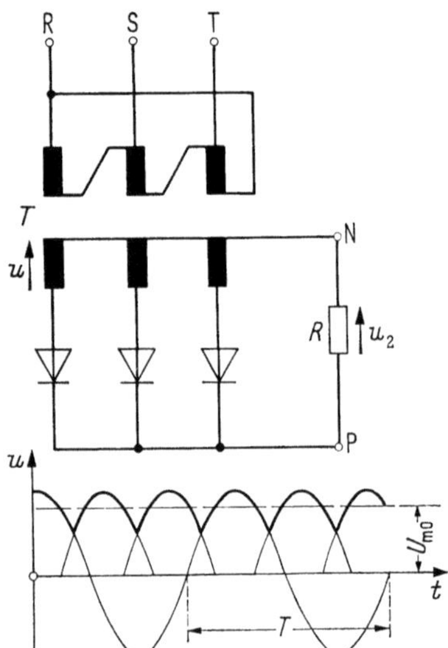

Bild 11.16. Drehstromventilschaltung
(Dreipulsige Mittelpunktschaltung)

einen relativ geringen Oberschwingunggehalt. Man spricht bei dieser Schaltung von einer dreipulsigen Anordnung, da die Gleichspannung aus drei Spannungsblöcken mit der Zeitdauer $T/3$ zusamengesetzt ist.

Die mittlere Gleichspannung errechnet sich aus
$$\overline{|u_2|} = \frac{1}{T/3}\,\hat{u}\int_{t=T/12}^{t=5T/12} \sin(\omega\,t)\,\mathrm{d}t\,.$$
Hierin ist $T/12 = \pi/(6\,\omega)$, $5\,T/12 = 5\,\pi/(6\,\omega)$. Man erhält damit
$$U_\mathrm{m} = \overline{|u_2|} = 3\cdot\sqrt{3}\cdot\hat{u}/(2\,\pi) = 0{,}827\cdot\hat{u}\,. \tag{11.4}$$

Bei dieser Schaltung ist der Strangstrom in der Sekundärwicklung des Transformators identisch mit dem jeweiligen Ventilstrom. Jedes Ventil ist nur über
eine drittel Periode stromführend. Die Transformatorsekundärwicklung ist
schlecht ausgenützt, außerdem tritt eine Gleichdurchflutung auf, die unerwünscht ist.

Zur Gleichrichtung von Drehstrom wird sehr häufig die *Drehstrom-Brücken-
schaltung* nach Bild 11.17a verwendet. Die Schaltung kann ohne Verwendung
eines Transformators direkt an jedes Drehstromnetz angeschlossen werden.
In Bild 11.17b ist der zeitliche Verlauf der Spannungen und Ströme bei ohmscher Belastung dargestellt. Die Ausgangsgleichspannung u_2 ist sechspulsig,
da sie sich aus sechs Spannungsblöcken je Periode zusammensetzt.

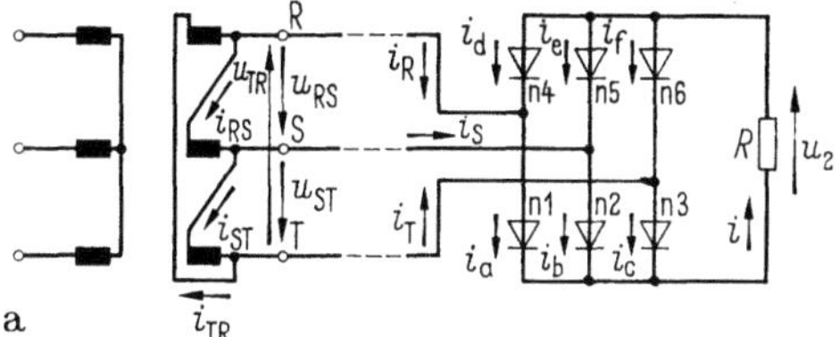

Bild 11.17a. Drehstrombrückenschaltung

Bild 11.17b. Zeitlicher Verlauf der Spannungen und Ströme zur Schaltung Bild 11.17a

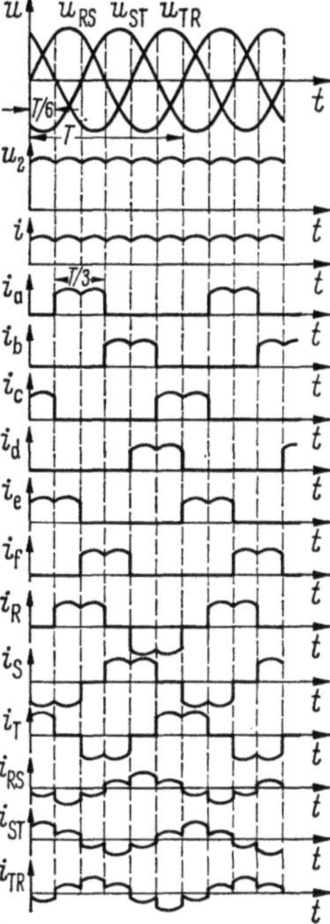

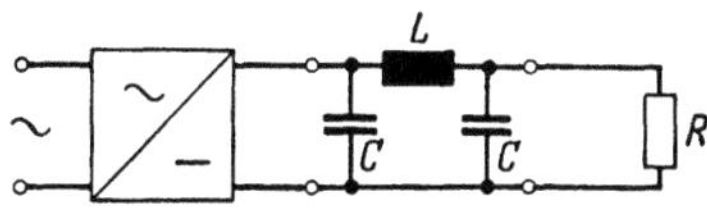

Bild 11.17c. Gleichrichter mit Siebkreis

Zur Ermittlung der mittleren Gleichspannung muß man folgenden Ansatz machen:

$$\overline{|u_2|} = \frac{1}{T/6}\,\hat{u}_1 \int\limits_{t=T/6}^{t=2T/6} \sin(\omega\,t)\,\mathrm{d}t$$

und erhält

$$U_\mathrm{m} = \overline{|u_2|} = 3\,\hat{u}_1/\pi = 0{,}955\,\hat{u}_1\,. \tag{11.5}$$

$\hat{u}_1 = \hat{u}_\mathrm{RS} = \hat{u}_\mathrm{ST} = \hat{u}_\mathrm{TR}$ ist hierin der Scheitelwert der am Eingang anstehenden Drehspannung. Wird die Schaltung über einen Transformator z. B. in Stern/ Dreieck-Schaltung an das Netz angeschlossen, so setzen sich die Strangströme i_RS, i_ST und i_TR in den Wicklungen der Sekundärseite aus einer Treppenkurve zusammen, die wenigstens in grober Näherung einer Sinuslinie entspricht.

Wird eine zeitlich konstante Gleichspannung gefordert, so muß zwischen Gleichrichter und Gleichstromverbraucher eine *Siebkette* eingeschaltet werden (Bild 11.17c), welche durch große Parallelkondensatoren C und die hohe Induktivität L eine weitgehende Glättung von Spannung und Strom ermöglicht. In der elektrischen Energietechnik werden zum Glätten meist nur große Luftspaltdrosselspulen verwendet.

Eine Gleichspannung mit geringem Oberschwingungsgehalt kann auch dadurch erhalten werden, daß man die Schaltung mit zwölf Ventilen ausführt. Diese Schaltung kommt zur Anwendung, wenn dampfgefüllte Ventile verwendet werden, bei denen in einem Gefäß sechs Anoden mit einer gemeinsamen Kathode untergebracht werden können. Bild 11.18 zeigt eine 12-pulsige Saugdrosselschaltung mit zwei sechsanodigen Quecksilberdampfgleichrichtern.

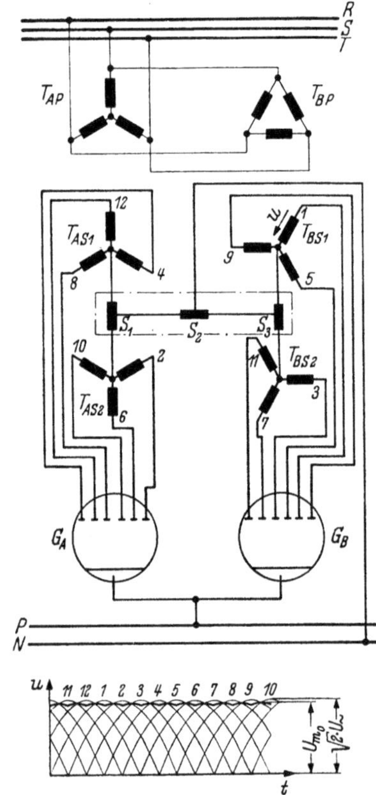

Bild 11.18.   12-Phasen-Stern-Schaltung mit 2 Transformatoren und 12pulsiger Saugdrosselschaltung.

$U_\sim / U_{mo} = 0{,}855$. T_{AP} Primärwicklungen des Transformators A; T_{AS1} u. T_{AS2} Sekundärwicklungen des Transformators A; T_{BP} Primärwicklungen des Transformators B; T_{BS1} u. T_{BS2} Sekundärwicklungen des Transformators B; $S_1 - S_3$ Saugdrosseln mit Mittelanzapfung; G_A u. G_B 6anodige Quecksilberdampf-Gleichrichter

11.3.2 Schaltungen mit gesteuerten Ventilen

Werden gesteuerte Ventile verwendet, so können grundsätzlich alle Schaltungen, die auch für ungesteuerte Ventile geeignet sind, Anwendung finden. Darüber hinaus lassen sich gesteuerte Ventile auch als *Wechselstrom-* oder *Drehstromsteller* ähnlich wie ein mechanischer Schalter verwenden. Bild 11.19 zeigt zwei antiparallel geschaltete Thyristoren. Werden

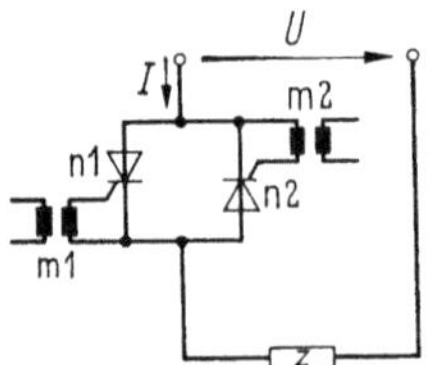

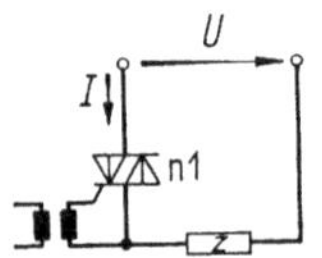

Bild 11.19. Thyristorwechselstromsteller   Bild 11.20. Triac-Wechselstromsteller

keine Zündimpulse über die beiden Zündübertrager gegeben so sind die Thyristoren gesperrt, der Verbraucher ist abgeschaltet. Gibt man fortlaufend Zündimpulse auf beide Thyristoren, so wird die positive Stromhalbschwingung über den linken die negative über den rechten Thyristor geführt.

Da beide Halbschwingungen des Stromes über den Verbraucher Z fließen, ist dieser mit dem Netz verbunden, wie wenn ein geschlossener, mechanischer Schalter an Stelle der beiden Thyristoren vorhanden wäre. Werden die Zündimpulse gesperrt, so wird die Stromführung beim nächsten natürlichen Nulldurchgang unterbrochen. Durch die Steuerimpulse kann man in einfacher Weise den Wechselstromverbraucher aus- und einschalten.

An Stelle der beiden Thyristoren kann nach Bild 11.20 auch ein Triac (s. Kap. 11.2) verwendet werden. Da der Triac nur einen Steueranschluß besitzt, benötigt man zur Zündung nur einmal die Zündimpulsfolge. Der Aufwand für die Zündung ist deshalb einfacher.

Werden die Zündimpulse in bezug auf den Nulldurchgang der Spannung phasenverschoben, so entsteht ein Wechselstromsteller mit Phasenanschnittsteuerung. Bild 11.21 zeigt eine einfache Schaltung, die einen Wirkverbraucher

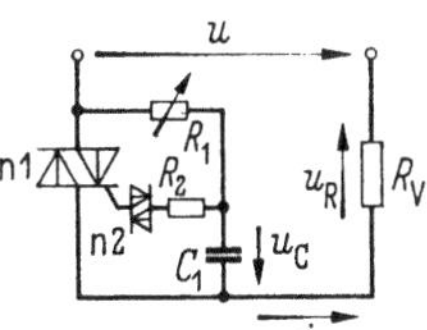

Bild 11.21. Triac-Wechselstromsteller für Wirkbelastung mit Diac und R-C-Glied zur Phasenanschnittsteuerung

R_v (z. B. Glühlampe) in der Leistungsaufnahme kontinuierlich steuert. n1 ist ein Triac, während n2 ein *Diac (Bidirektionale-Thyristor-Diode)* ist. Der Diac ist wie der Triac ein pnpn-Vierschichthalbleiter, besitzt jedoch keinen Steueranschluß. Es sind wie beim Triac zwei entgegengesetzt parallelgeschaltete pnpn-Zonen in einer Siliziumscheibe vereinigt. Der Diac wirkt zunächst wie eine gesperrte Diode. Bei sehr steilem Spannungsanstieg oder bei Überschreiten einer bestimmten Spannung, die positiv oder negativ sein kann, geht der Halbleiter in den leitenden Zustand über und wirkt wie eine Diode in Durchlaßrichtung. Beim Nulldurchgang des Stromes sperrt der Diac wieder. Bei der Schaltung nach Bild 11.21 ist der Triac n1 zu Beginn jeder Halbschwingung gesperrt. Die gesamte Netzspannung liegt deshalb an n1. Am Widerstand R_v ist die Spannung null. Über den Widerstand R_1 wird der Kondensator C_1 aufgeladen. Die Kondensatorspannung u_c steigt entsprechend dem Einschwingvorgang nach einer Funktion mit der Zeitkonstante $T = R_1 \cdot C_1$ an. Bei Erreichen der Durchbruchspannung des Diacs n2 wird der Kondensator C_1 über den Diac n2 und den Steueranschluß des Triacs n1 entladen. Der Triac n1 bekommt dadurch einen Zündimpuls und wird leitend. Für den Rest der Spannungshalbschwingung liegt jetzt die Netzspannung am Verbraucher R_v. Dieser Vorgang wiederholt sich bei jeder positiven und negativen Halbschwingung der Netzspannung. Durch Verändern des Widerstandes R_1 läßt sich die Zeitkonstante T auf den gewünschten Wert einstellen. Auf diese Weise können Zündverschiebungswinkel ψ zwischen ca. 20° und 170° eingestellt werden, wie dies Bild 11.22 für $\psi = 60°$ zeigt. Winkel unter 20° lassen sich nicht mit dieser Schaltung erreichen, da bei kleinen Winkeln die Netzspannung und die Kondensatorspannung noch nicht den Wert der Durchbruchsspannung des Diacs n2 erreicht haben. Aussteuerwinkel zwischen 170° und 180° sind praktisch nicht erforderlich, da der Effektivwert der Verbraucherspannung in diesem Bereich fast null ist.

Auf ähnliche Weise können auch Drehstromverbraucher über antiparallel geschaltete Thyristoren aus- und eingeschaltet werden. Auch die Phasenanschnittssteuerung kann bei Drehstrom in gleicher Weise erfolgen. Bild 11.23

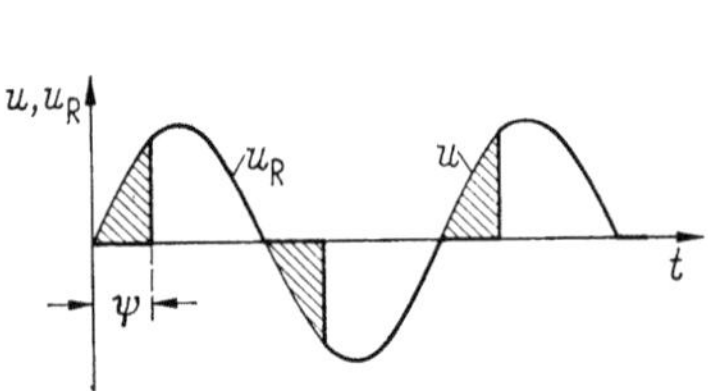

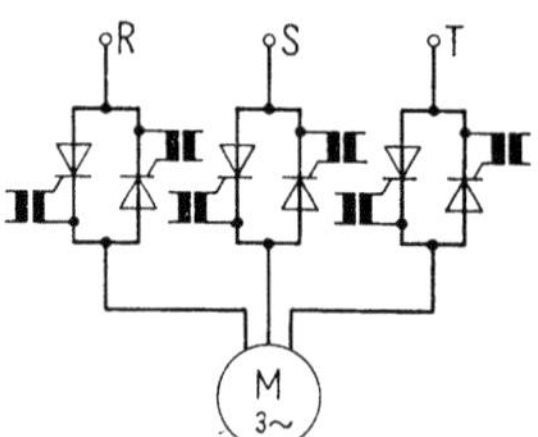

Bild 11.22. Zeitlicher Spannungsverlauf
bei Phasenanschnittsteuerung nach Bild 11.21

Bild 11.23. Drehstromsteller

zeigt einen Drehstromsteller für eine Asynchronmaschine. Bei Aussteuerung der Thyristoren sinkt der Effektivwert der Motorspannung. Das Drehmoment geht quadratisch mit der Spannung zurück. Auf diese Weise kann man z. B. bei Lüftern die Drehzahl steuern. In der Maschine entstehen besonders bei größeren Aussteuerwinkeln stark oberschwingungshaltige Spannungen und Ströme, welche Zusatzverluste verursachen.

11.4 Netzgeführte Stromrichter mit natürlicher Kommutierung

Alle Stromrichterschaltungen mit ungesteuerten Ventilen können auch mit gesteuerten Ventilen ausgeführt werden.

Unter Kommutierung versteht man allgemein das Überschalten eines Stromes von einem Stromkreis auf einen anderen Stromkreis (Bild 11.24). Im ersten

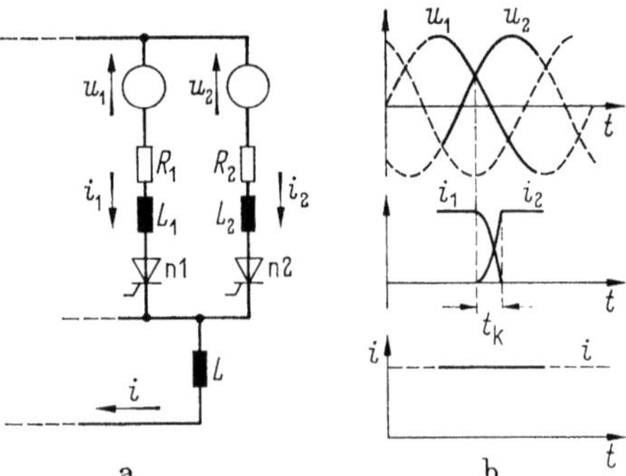

a   b

Bild 11.24. Natürliche Kommutierung; a. Ausschnitt aus einer Drehstrommittelpunktschaltung mit Darstellung
der Innenwiderstände im Kommutierungskreis; b. zeitlicher Verlauf der Spannungen und Ströme

Stromkreis geht während der Kommutierungszeit t_k der Strom vom Wert $i = i_1$ auf $i_1 = 0$ zurück, während im zweiten Stromkreis der Strom von $i_2 = 0$ auf $i_2 = i$ ansteigt. Der Summenstrom $i = i_1 + i_2$ ist vor, während und nach der Kommutierung wegen der Glättungsdrosselspule L praktisch konstant.

Natürliche Kommutierung liegt vor, wenn dieser Stromübergang durch den zeitlichen Verlauf der Netzspannungen (netzgeführter Stromrichter) hervorgerufen wird. In Bild 11.24 sind u_1 und u_2 z. B. zwei um den Winkel 120° phasenverschobene Wechselspannungen.

Von der Belastung erzeugte Wechselspannungen können ebenfalls zur natürlichen Kommutierung ausgenützt werden. Man spricht dann von *lastgeführten Stromrichtern*.

Wie bereits in Bild 11.5 gezeigt, kann durch Verschiebung des Zündzeitpunktes des jeweiligen nachfolgenden Ventiles erzwungen werden, daß der Kommutierungsvorgang erst zu diesem Zündzeitpunkt stattfindet. ψ ist der Zündverzögerungswinkel; er ist null, wenn der Kommutierungszeitpunkt an der gleichen Stelle liegt, wie dies bei Verwendung von ungesteuerten Ventilen der Fall wäre.

Man muß nun noch beachten, daß für das Verhalten der Ausgangsgleichspannung von Bedeutung ist, ob der Lastkreis ungeglättet oder geglättet betrieben wird.

Besteht der Lastkreis nur aus einem ohmschen Widerstand R, so liegt der ungeglättete Fall vor.

Wird die in Bild 11.15 gezeigte Wechselstrom-Mittelpunktschaltung verwendet und mit gesteuerten Ventilen ausgestattet, so erhält man im Fall der

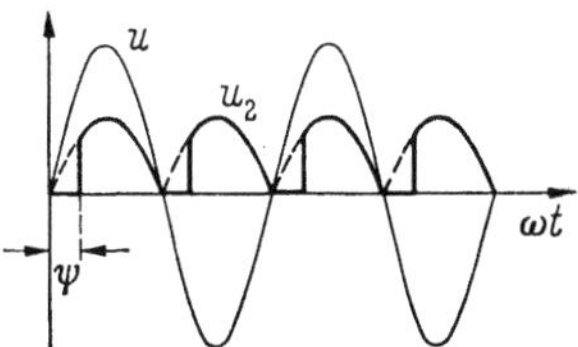

Bild 11.25. Ausgangsgleichspannung u, bei Schaltung nach Bild 11.15, jedoch mit Phasenanschnittsteuerung der Ventile

ohmschen Belastung den in Bild 11.25 gezeigten Spannungsverlauf. Für den Mittelwert der Spannung ergibt sich unter Berücksichtigung des Phasenanschnittwinkels

$$\overline{|u_2|} = \frac{1}{T/2} \int\limits_{\omega t = \psi}^{\omega t = \pi} (\hat{u}/2)\, \sin{(\omega t)}\, \mathrm{d}t$$

und damit

$$U_{\mathrm{mo}} = \overline{|u_2|} = \frac{\hat{u}}{2 \cdot \pi} (1 + \cos \psi)\,. \tag{11.6}$$

Bezieht man den Mittelwert der Ausgangsgleichung U_{mo} auf den Effektivwert der Transformatorstrangspannung $U_1 = U/2 = \hat{u}/(2 \cdot \sqrt{2})$ so erhält man

$$U_{\mathrm{mo}}/U_1 = \frac{\sqrt{2}}{\pi} (1 + \cos \psi) = 0{,}45 \cdot (1 + \cos \psi)\,. \tag{11.7}$$

Bild 11.26 zeigt den Verlauf der bezogenen Ausgangsgleichspannung U_{mo}/U_1 als Funktion des Aussteuerwinkels ψ.

Legt man in den Belastungskreis eine Glättungsdrosselspule L, so wird bei genügend großer Induktivität der Spule ein zeitlich konstanter Belastungsstrom $i_2 =$ konst. erzwungen. Bild 11.27 zeigt eine gesteuerte Wechselstrom-

Mittelpunktschaltung mit Glättungsspule L und Belastung durch eine Gleichstromnebenschlußmaschine.

Der Kommutierungsvorgang beginnt immer in dem Zeitpunkt, in dem das nachfolgende Ventil bei positiver Ventilspannung gezündet wird. Ist z. B. der Thyristor n1 gezündet, und zunächst die Spannung u_1 positiv, so führt der

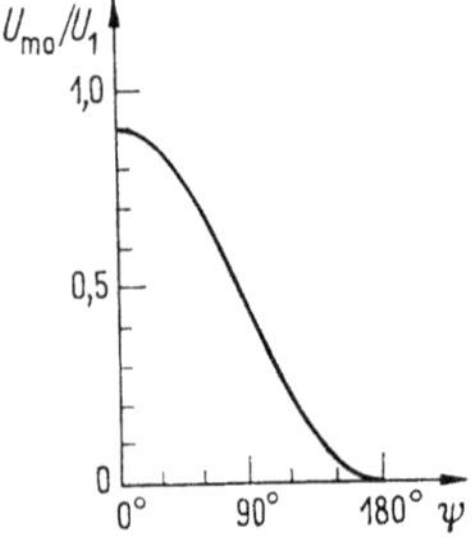

Bild 11.26. Bezogener Mittelwert der Ausgangsspannung bei Wechselstrommittelpunktschaltung und Ohm-Belastung

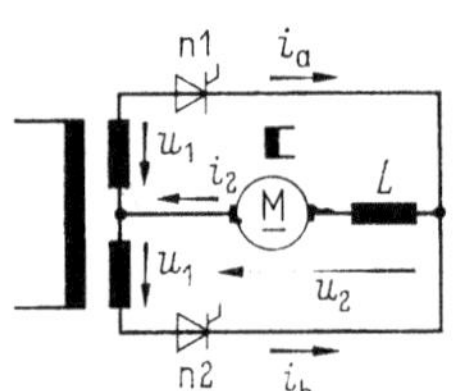

Bild 11.27. Steuerbare Wechselstrommittelpunktschaltung mit Glättungsspule L und Motorbelastung

Thyristor n1 den zeitlich konstanten Gleichstrom $i_\mathrm{a} = i_2$. Wird mit fortschreitender Zeit die Spannung u_1 negativ, so fließt der Strom i_a über n1 weiter, da n2 noch nicht gezündet ist, und der Laststrom i_2 wegen des Energieinhaltes des Magnetfeldes der Spule aufrecht erhalten wird. Zündet man anschließend n2, so findet der Kommutierungsvorgang statt, n2 übernimmt den Laststrom. Es ist $i_\mathrm{b} = i_2$. Der Strom durch den Thyristor n1 wird Null, und n1 bleibt bis zum nächsten Kommutierungsvorgang gesperrt.

Der Mittelwert der Gleichspannung sinkt mit wachsendem Aussteuerwinkel ab. Bei $\psi = 90°$ werden die in Bild 11.28 gezeichneten Flächen oberhalb und

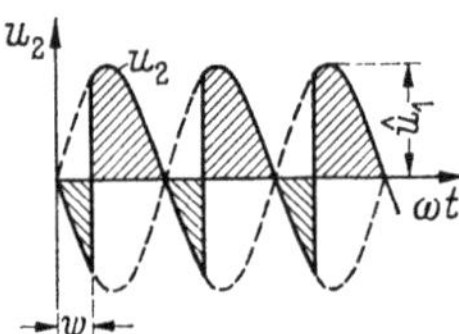

Bild 11.28. Ausgangsspannung zu Schaltung nach Bild 11.27

unterhalb der Zeitachse betragsgleich. Der Mittelwert der Ausgangsspannung U_{mo} ist dann gleich Null. Wird der Zündverzögerungswinkel ψ über 90° hinaus vergrößert, so wird der Mittelwert U_{mo} negativ, während i_2 sein Vorzeichen behält. Der in Bild 11.27 gezeichnete Motor wird zum Generator (Bremse), sofern ihm bei entsprechendem Drehsinn Energie an der Welle zugeführt wird. Es liegt dann Wechselrichterbetrieb vor, d. h. es fließt Energie in das Wechselstromnetz ein.

Um den Mittelwert der Gleichspannung berechnen zu können, geht man nach Bild 11.28 von dem Ansatz aus:

$$\bar{u}_2 = \frac{1}{T/2}\left[\int\limits_{0}^{\omega t = \psi} -\hat{u}_1 \sin(\omega t)\,\mathrm{d}t + \int\limits_{\omega t = \psi}^{\omega t = \pi} \hat{u}_1 \sin(\omega t)\,\mathrm{d}t\right].$$

Als Lösung erhält man

$$U_{mo} = \bar{u}_2 = \frac{2\,\hat{u}_1}{\pi} \cdot \cos\psi \,.$$

(11.8)

Bezieht man, wie bereits bei Gl. (11.7) gezeigt, den Mittelwert U_{mo} auf den Effektivwert U_1, so ergibt sich

$$U_{mo}/U_1 = \frac{2\sqrt{2}}{\pi} \cdot \cos\psi = 0{,}9 \cdot \cos\psi \,.$$

(11.9)

Der Verlauf ist in Bild 11.29 dargestellt.

Wird eine gesteuerte Dreiphasenmittelpunktschaltung verwendet, die nur mit einem ohmschen Widerstand belastet ist, so ergibt sich der in Bild 11.30

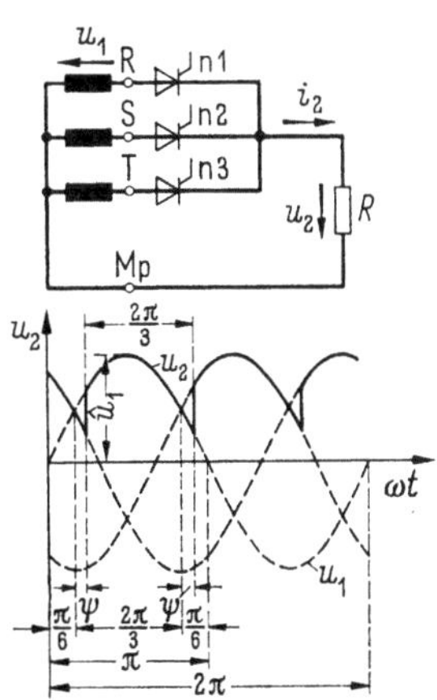

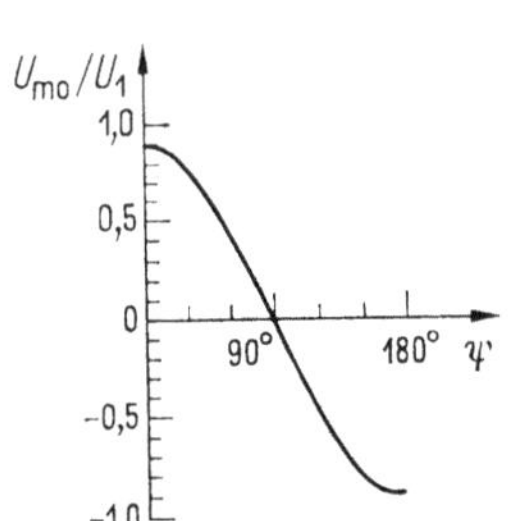

Bild 11.29. Bezogener Mittelwert der Ausgangsspannung bei Wechselstrommittelpunktschaltung mit Glättungseinrichtung

Bild 11.30. Steuerbare Dreiphasenmittelpunktschaltung und Ohm-Belastung. Spannungsverlauf bei einem Aussteuerwinkel ψ kleiner 30°

dargestellte Spannungsverlauf. Die Schaltung besitzt insofern eine Besonderheit, als bei Aussteuerwinkeln ψ, die größer 30° sind, lückende Spannung und lückender Strom eintritt, wie dies aus Bild 11.31 zu ersehen ist.

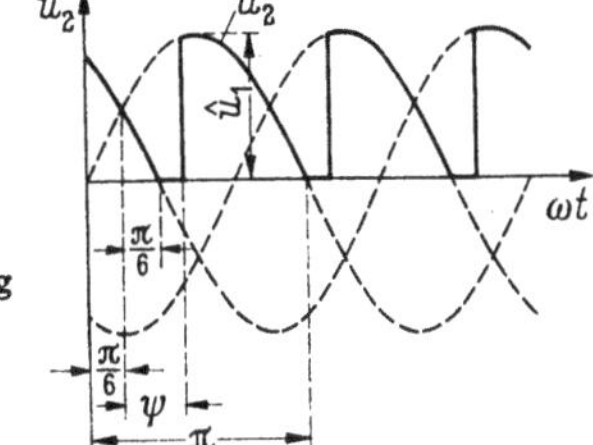

Bild 11.31. Spannungsverlauf bei Schaltung nach Bild 11.30. Aussteuerwinkel ψ größer 30°, lückende Gleichspannung

Für den Fall, daß der Aussteuerwinkel im Bereich $0 \leq \psi \leq 30°$ liegt, ergibt sich die mittlere Gleichspannung aus dem Ansatz

$$\overline{|u_2|} = \frac{1}{T/3} \int_{\omega t=(\pi/6)+\psi}^{\omega t=(5\pi/6)+\psi} \hat{u}_1 \cdot \sin(\omega t)\,dt \quad \text{mit} \quad T/3 = 2\,\pi/(3\,\omega)\,.$$

Daraus wird

$$U_{\text{mo}} = \overline{|u_2|} = \frac{3 \cdot \sqrt{3}}{2\,\pi} \cdot \hat{u}_1 \cdot \cos\psi \tag{11.10}$$

und die bezogene mittlere Gleichspannung ist dann

$$U_{\text{mo}}/U_1 = \frac{3 \cdot \sqrt{3} \cdot \sqrt{2}}{2\,\pi} \cdot \cos\psi = 1{,}17 \cdot \cos\psi \,. \tag{11.11}$$

Im Bereich $30° \leqq \psi \leqq 150°$ lautet der entsprechende Ansatz für die mittlere Gleichspannung

$$\overline{|u_2|} = \frac{1}{T/3} \int\limits_{\omega t = (\pi/6)+\psi}^{\omega t = \pi} \hat{u}_1 \cdot \sin(\omega t)\, dt$$

der zu folgender Lösung führt:

$$U_{\text{mo}} = \overline{|u_2|} = \frac{3 \cdot \hat{u}_1}{2\,\pi} \cdot \left[1 + \cos\left(\frac{\pi}{6} + \psi\right)\right]. \tag{11.12}$$

Die bezogene mittl. Gleichspannung ergibt sich dann zu

$$U_{\text{mo}}/U_1 = \frac{3 \cdot \sqrt{2}}{2\,\pi} \left[1 + \cos\left(\frac{\pi}{6} + \psi\right)\right] = 0.675 \left[1 + \cos\left(\frac{\pi}{6} + \psi\right)\right]. \tag{11.13}$$

Bild 11.32 zeigt den Verlauf der bezogenen mittl. Gleichspannung im gesamten Bereich zwischen $\psi = 0°$ und $\psi = 150°$. Ver Verlauf setzt sich aus den beiden

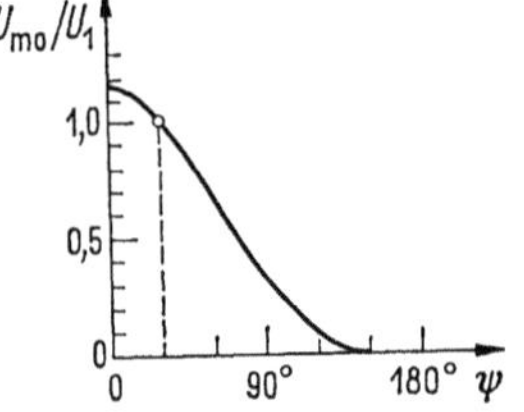

Bild 11.32. Bezogener Mittelwert der Ausgangsspannung bei Dreiphasenmittelpunktschaltung und Ohm-Belastung

Gleichungen (11.11) u. (11.13) zusammen, für $\psi = 30°$ liefern die Gleichungen an der Nahtstelle den Wert $9 \cdot \sqrt{2}/(4\,\pi) = 1{,}01$.

Schaltet man an Stelle des Widerstandes R in Bild 11.30 eine Glättungsspule L mit der der Verbraucher, z. B. ein Gleichstrommotor, in Reihe geschaltet ist, so kommt man bei entsprechender Aussteuerung in den negativen Bereich der mittl. Gleichspannung. Bild 11.33 zeigt die Schaltung und den Verlauf der Ausgangsgleichspannung u_2.

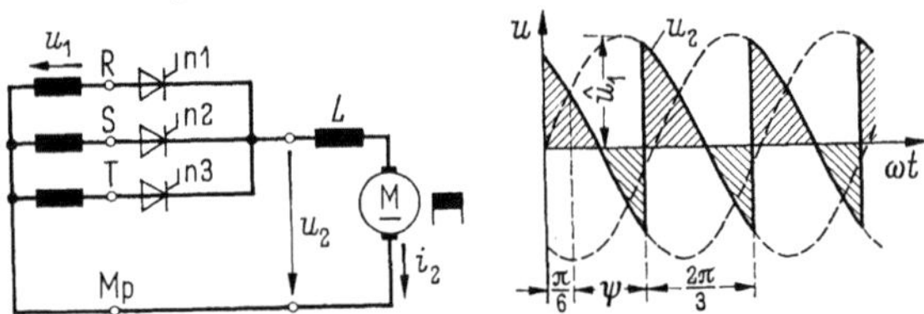

Bild 11.33. Steuerbare Dreiphasenmittelpunktschaltung mit Glättungsspule L und Motorbelastung

Mit dem Ansatz

$$\bar{u}_2 = \frac{1}{T/3} \int\limits_{\omega t = (\pi/6)+\psi}^{\omega t = (5\pi/6)+\psi} \hat{u}_1 \cdot \sin(\omega t)\, dt \qquad \text{und} \qquad T/3 = 2\,\pi/(3\,\omega)$$

erhält man die mittlere Ausgangsspannung

$$U_{\mathrm{mo}} = \bar{u}_2 = \frac{3 \cdot \sqrt{3}}{2\,\pi} \cdot \hat{u}_1 \cdot \cos\psi \tag{11.14}$$

und damit die bezogene Ausgangsspannung

$$U_{\mathrm{mo}}/U_1 = \frac{3 \cdot \sqrt{3} \cdot \sqrt{2}}{2\,\pi} \cdot \cos\psi = 1{,}17 \cdot \cos\psi \,. \tag{11.15}$$

Diese Gleichung stimmt mit Gl. (11.11) überein, da der zeitliche Verlauf der Ausgangsspannung im Bereich $0 \leq \psi \leq 30°$ bei den Schaltungen Bild 11.30 und Bild 11.33 gleich ist. Gl. (11.15) gilt natürlich im gesamten Bereich zwischen 0° und 180°, sofern die Schaltung nach Bild 11.33 verwendet wird. Da die Ventile eine endliche *Freiwerdezeit* aufweisen, darf nur bis zu einem Grenzwinkel ausgesteuert werden, der kleiner als 180° ist. Bild 11.34 zeigt den Verlauf der bezogenen Ausgangsspannung als Funktion des Aussteuerwinkels.

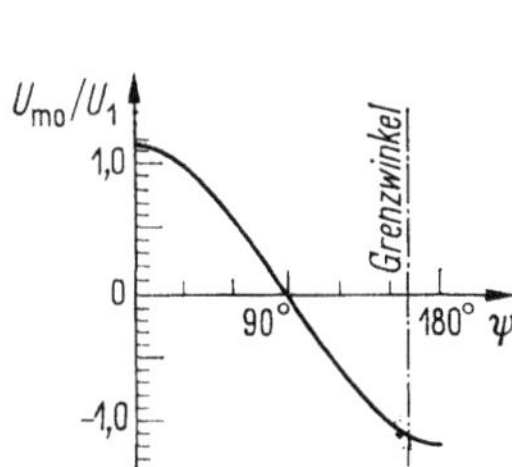

Bild 11.34. Bezogener Mittelwert der Ausgangsspannung bei Dreiphasenmittelpunktschaltung mit Glättungseinrichtung nach Bild 11.33

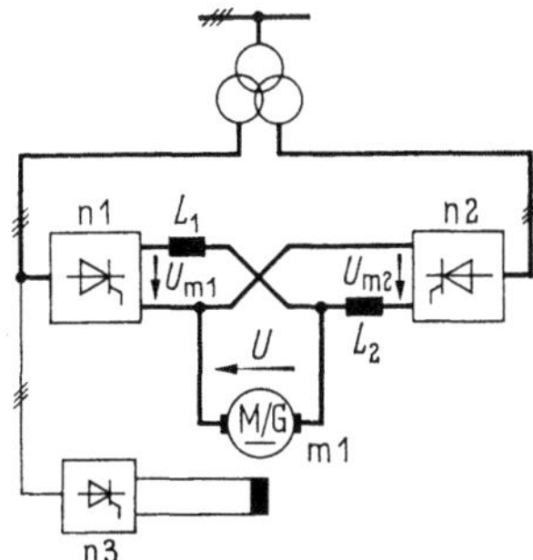

Bild 11.35. Kreuzschaltung für Vierquadrantenbetrieb

Bei den oben beschriebenen Schaltungen mit Glättungsspule kann durch entsprechende Aussteuerung vom Gleichrichterbetrieb in den Wechselrichterbetrieb übergegangen werden. Hierbei bleibt jedoch die Stromrichtung erhalten, während das Vorzeichen der Gleichspannung bei Wechselrichterbetrieb umgekehrt ist. Bei vielen Anwendungen in der Antriebstechnik fordert man jedoch, daß das Vorzeichen der Stromrichtung verändert werden kann.

Dieser Fall tritt z. B. bei einem Gleichstromantrieb auf, der zunächst als Motor, anschließend in Nachlaufbremsschaltung als Generator bei gleicher Drehrichtung betrieben werden soll. Das Vorzeichen der Ankerspannung bleibt beim Übergang aus dem Motorbetrieb zum Nachlaufbremsbetrieb gleich, während der Ankerstrom sein Vorzeichen wechselt. Wird die Maschine über eine gesteuerte Stromrichterschaltung gespeist, so kann man entweder zwei Stromrichter mit umgekehrter Polung (Kreuzschaltung) parallel schalten, oder nur einen Stromrichter verwenden, der bei Wechsel der Energierichtung mittels eines Schalters umgepolt wird. Bild 11.35 zeigt die Kreuzschaltung. Der Stromrichter n2 wird immer so ausgesteuert, daß die mittl. Gleichspannung $U_{\mathrm{m2}} = -U_{\mathrm{m1}}$ ist. Wird der Motor an der Welle belastet, so führt Stromrichter n1 Strom und arbeitet als Gleichrichter. Wird bei gleicher Drehrichtung des Motors zurückgespeist (z. B. Nachlaufbremsbetrieb), so führt der Strom-

richter n2 den Strom und arbeitet als Wechselrichter. Bei umgekehrter Drehrichtung arbeitet bei Motorbetrieb n2 als Gleichrichter, während bei Generatorbetrieb n1 als Wechselrichter in Funktion ist.

Folgende vier Betriebszustände können vorkommen:

positive Drehrichtung, *Motor*betrieb   → n1 *Gleichrichter*betrieb;
positive Drehrichtung, *Generator*betrieb   → n2 *Wechselrichter*betrieb;
negative Drehrichtung, *Motor*betrieb   → n2 *Gleichrichter*betrieb;
negative Drehrichtung, *Generator*betrieb   → n1 *Wechselrichter*betrieb.

Man spricht in diesem Fall von dem *Vierquadrantenbetrieb* des Antriebes bzw.
der Stromrichterschaltung.

11.5 Lastgeführte Stromrichter mit natürlicher Kommutierung

Bei den bisher behandelten Schaltungen handelt es sich um Netzgeführte
Stromrichter. Bild 11.36 zeigt die prinzipielle Schaltung eines *lastgeführten* Um-
richters zur Speisung einer Drehstromsynchronmaschine mit variabler Frequenz f.
Auf Grund der Beziehung $n_s = f/p$ kann die Synchronmaschine m1 mit einer über
die Steuerung einstellbaren Drehzahl betrieben werden (*Stromrichtermotor*). Die
Schaltung besitzt einen Gleichstromzwischenkreis mit Glättungsdrosselspule L,
die als Energiespeicher dient. Der Stromrichter n1 wird als netzgeführter Gleich-
bzw. Wechselrichter betrieben, während Stromrichter n2 lastgeführt ist und als
Wechsel- bzw. Gleichrichter arbeitet. Die für den Stromrichter n2 erforderliche
Kommutierungsblindleistung wird der Synchronmaschine m1 entnommen, m1
dient bei selbstgesteuertem Betrieb (Schaltstellung a in Bild 11.36) gleichzeitig
als Taktgeber für die Steuerung.

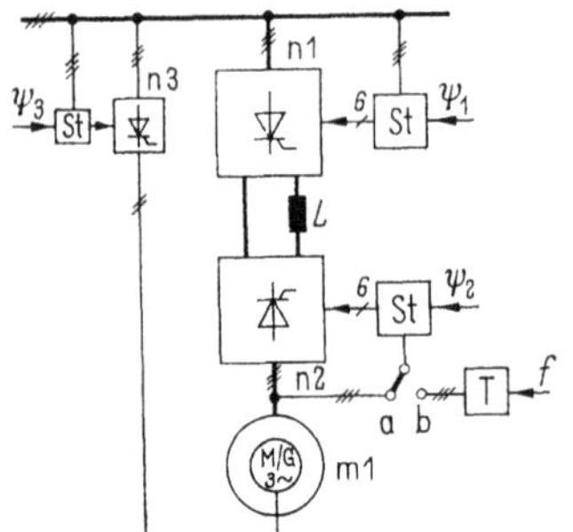

Bild 11.36. Lastgeführter Stromrichter
mit Synchronmaschine; St Steuerung zur
Zündimpulserzeugung; T Taktgeber;
a. selbstgesteuerter Betrieb; b. fremdgesteuerter
Betrieb, Hilfseinrichtungen für den Anlauf
sind nicht mit dargestellt

Bei *selbstgesteuertem* Betrieb besitzt der Antrieb im wesentlichen das Dreh-
zahl-Drehmoment-Verhalten eines durch Ankerspannungssteuerung betriebenen
Gleichstromnebenschlußmotors. Wird dagegen dem Stromrichter n2 über das
Steuergerät St vom Taktgeber T die Frequenz f (Schaltstellung b in Bild 11.36)
zugeführt, so liegt *fremdgesteuerter* Betrieb vor; die Maschine m2 verhält sich
wie eine Synchronmaschine, die mit einer einstellbaren aber konstanten Frequenz betrieben wird. Es liegt also Synchronverhalten vor. Zum Anfahren
der Maschine sind besondere Einrichtungen erforderlich, da dem Stromrichter
n2 beim Anfahren zunächst keine Drehspannung und keine Kommutierungsblindleistung zur Verfügung steht.

11.6 Stromrichter mit Zwangskommutierung

Ein einmal gezündeter Thyristor ist leitend und führt solange Strom in Durchlaßrichtung bis der Haltestrom unterschritten wird. Dann sperrt er wieder bis zur erneuten Zündung. Man kann deshalb mit einem Thyristor auf einfache Weise einen Gleichstrom einschalten; das Ausschalten erfolgt durch die sogenannte Zwangskommutierung. Bei der Zwangskommutierung wird durch eine äußere, fremde Zusatzspannung im Kommutierungskreis erzwungen, daß der Strom im Thyristor den Haltestrom unterschreitet. Ist die Freiwerdezeit (s. Kapitel 11.2.2) vergangen, so bleibt der Thyristor gesperrt, auch wenn die Zusatzspannung nicht mehr vorhanden ist.

Bild 11.37 zeigt die prinzipielle Schaltung für das Löschen eines gezündeten Thyristors durch Aufschalten der Kondensatorspannung U_c. Vor Beginn des Löschvorganges wird der Kondensator C auf die Spannung $U_\mathrm{c} = u_\mathrm{c}$ über eine in Bild 11.37 nicht gzeichnete *Umladeeinrichtung* (s. Bild 11.39) aufgeladen.

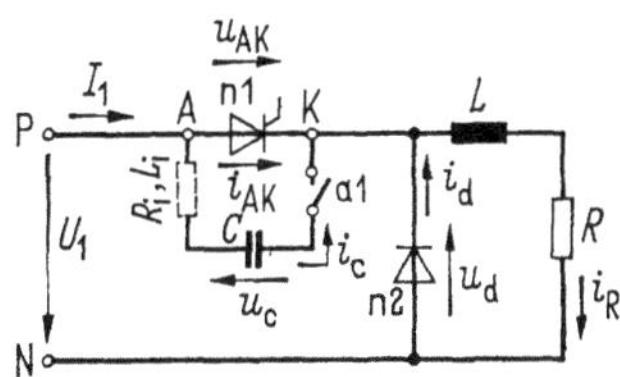

Bild 11.37. Löschschaltung eines Thyristors mittels Kondensator; Aufladeeinrichtung für den Kondensator und Thyristorzündschaltung sind nicht gezeichnet. U_1 Gleichspannungsnetz; R Verbraucher; L induktiver Energiespeicher; C Löschkondensator; n1 Thyristor; n2 Freilaufdiode; a1 Schalter zur Einleitung des Löschvorganges

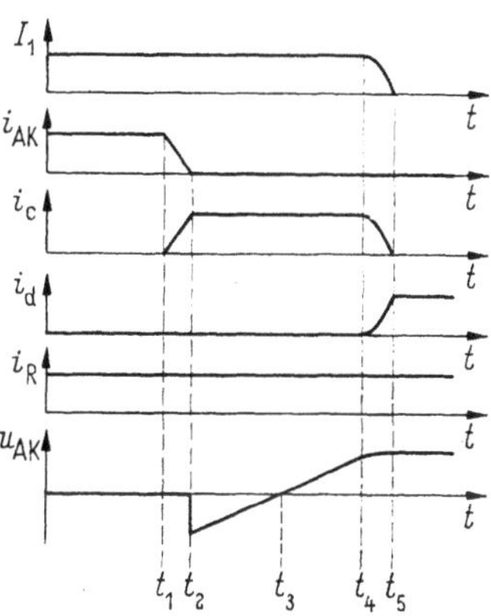

Bild 11.38. Zeitschaubild für den Löschvorgang nach Bild 11.37

Es fließt zunächst der Gleichstrom $I_1 = i_\mathrm{R}$ über den gezündeten Thyristor n1 zur Last R. Wird Schalter a1 zum Zeitpunkt t_1 (Bild 11.38) geschlossen, so entlädt sich Kondensator C über den vorläufig noch leitenden Thyristor n1. Im Thyristor fließt der Strom $i_\mathrm{AK} = I_1 - i_\mathrm{c}$. Wegen der im Löschkreis vorhandenen sehr geringen inneren Induktivität L_i steigt der Strom i_c sehr steil an. Sobald $i_\mathrm{c} = I_1$ ist, wird der Thyristor nichtleitend, da der Haltestrom im Thyristor unterschritten ist. Am Thyristor liegt die Kondensatorspannung in Sperrichtung an. Der Strom i_c schließt sich nun über den Lastkreis, da dort durch die große Induktivität L erzwungen wird, daß der Laststrom im ersten Augenblick unverändert weiter fließt. Der Kondensator wird weiter entladen. Zum Zeitpunkt t_3 ist die Kondensatorspannung u_c und die Spannung am Thyristor u_AK null. Da der Strom i_R in der Belastung wegen des Energieinhaltes von L weiterhin fließt, steigt nun die Spannung u_c am Kondensator mit umgekehrter Polarität an. Der Kondensator C wird jetzt vom Laststrom i_R aufgeladen. Nach der Kirchhoffschen Maschenregel ist die Spannung an der Freilaufdiode n2 $u_\mathrm{d} = -(U_1 + u_\mathrm{c})$. Für $u_\mathrm{c} = -U_1$ wird die seither negative Diodenspannung u_d zu Null. Die Diode n2 geht vom gesperrten Zustand in den leitenden Zustand über, sobald u_d positiv wird. Die Kondensatorspannung steigt nicht mehr weiter an, die Diode n2 führt nun den Laststrom i_R. Der Laststrom i_R klingt mit der Zeitkonstante $T = L/R$ ab. Die Zeitspanne $t_5 - t_1$ ist klein gegenüber T. Die Zeitdifferenz $t_3 - t_2$ muß größer als die Freiwerdezeit des Thyristors sein, da der Thyristor n1 nach dem Zeitpunkt t_3 bei nun positiver Spannung u_{AK} weiterhin gesperrt bleiben soll. Die Zeitspanne $t_{sch} = t_3 - t_2$ heißt *Schonzeit*. Sie muß um den Sicherheitsfaktor, der etwa 1,5 beträgt, größer sein als die Freiwerdezeit t_F. Es ist also $t_{sch} = 1,5 \cdot t_F$. Nimmt man einen konstanten Kondensatorstrom I_C während der Schonzeit t_{sch}, an, so läßt sich mit der Beziehung $i_C = C \cdot du_C/dt$ die erforderliche Kondensatorgröße C berechnen. Es ist

$$C = I_C \cdot t_{sch}/U_C \, . \tag{11.16}$$

Hierin ist U_C die Kondensatorspannung im Löschaugenblick und $I_C = i_R$ der abzuschaltende Laststrom. Die Kondensatorspannung U_C ist bei den üblichen Löschschaltungen betragsgleich mit der Speisespannung U_1.

Der Thyristor n1 kann nun wieder gezündet werden. Damit ein weiteres Löschen möglich ist, muß dafür gesorgt werden, daß der Kondensator nach dem Wiederzünden von n1 umgeladen wird, d. h., daß die Kondensatorspannung wieder positiv wird. Bild 11.39 zeigt die Schaltung eines Gleichstrom-

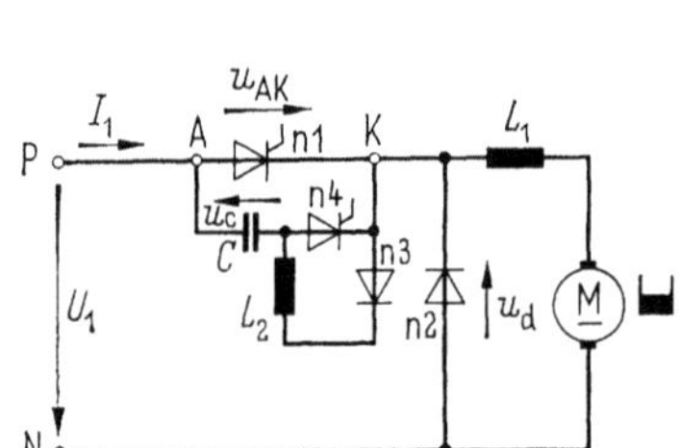

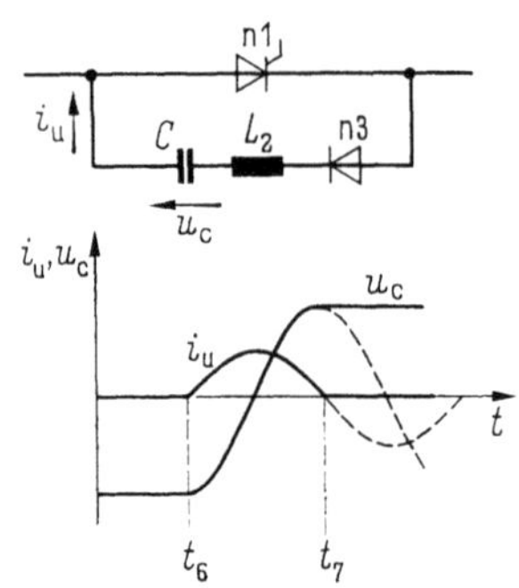

Bild 11.39. Gleichstrompulswandler mit Motorbelastung für Einquadrantenbetrieb, Umladeeinrichtung bestehend aus Spule L_2 und Diode n3

Bild 11.40. Wirkungsweise der Umladeeinrichtung in Bild 11.39

pulswandlers mit Motorbelastung für Einquadrantenbetrieb. Die *Umladeeinrichtung* besteht aus einer Spule L_2 die mit der Diode n3 in Reihe geschaltet ist. Diese Reihenschaltung liegt parallel zu Thyristor n4. Der Thyristor n4 ersetzt den in Bild 11.37 gezeichneten Schalter a1. Die Schaltung Bild 11.39 arbeitet wie folgt:

Der Löschvorgang spielt sich wie bei der Schaltung Bild 11.37 ab. Er wird eingeleitet durch die Zündung des Thyristors n4. Am Ende des Löschvorganges ist die Spannung u_{AK} positiv (gesperrter Thyristor n1) die Kondensatorspannung ist negativ und besitzt den Wert $u_C = -U_1$. Der Netzstrom I_1 ist abgeschaltet (s. Bild 11.38).

Wird nun n1 gezündet, so übernimmt dieser den Laststrom I_1, die Diode n2 ist wieder gesperrt, da die Netzspannung an n2 in Sperrichtung anliegt. Gleichzeitig kann sich der negativ geladene Kondensator C über den Thyristor n1, Diode n3 und Spule L_2 entladen. Da dieser Stromkreis die Kapazität C und die Spule L_2 enthält, liegt ein Reihenschwingkreis mit den in Bild 11.40 gezeichneten Anfangsbedingungen vor. Zum Zeitpunkt t_6 ist n1 gezündet, der Umladestrom $i_u = -i_C$ beginnt zu fließen und würde, wenn die Diode n3 nicht vorhanden wäre, sich fortlaufend nach einer schwach gedämpften Sinusschwingung verändern. Dies ist aber nicht möglich, da die Diode n3 einen negativen Strom $i_u = +i_C$ nicht zuläßt. Am Ende der Sinushalbschwingung zum Zeitpunkt t_7 ist die Kondensatorspannung u_C wieder positiv. Der Kondensator besitzt die zur späteren Löschung erforderliche positive Spannung u_C. Durch Zünden des Thyristors n4 in Bild 11.39 kann ein neuer Löschvorgang eingeleitet werden.

Ein abwechselndes, periodisches Zünden der Thyristoren n1 und n4 führt dazu, daß der Mittelwert der Verbrauchergleichspannung je nach dem Verhältnis aus Schließ- und Öffnungszeit verändert werden kann. Ist T_1 die Einschaltzeit, T_2 die Ausschaltzeit und $T = T_1 + T_2$ die Spielzeit, so läßt sich die an der Reihenschaltung aus Glättungsspule L_1 und Verbraucher liegende mittlere Ausgangsspannung mit der Beziehung $\bar{u} = \dfrac{1}{T} \displaystyle\int_0^T u \, dt$ berechnen. Man erhält

$$U_{mo} = \bar{u} = \frac{T_1}{T_1 + T_2} \cdot U_1 \qquad \text{bzw.} \qquad \frac{U_{mo}}{U_1} = \frac{T_1}{T_1 + T_2} . \tag{11.17}$$

Wir haben bei der Betrachtung eine sehr große Glättungsspule L_1 vorausgesetzt. Deshalb ist der Verbraucherstrom I_2 praktisch konstant. Ein zeitlich konstanter Strom erzeugt nach dem Induktionsgesetz keine Spannung an der Spule. Deshalb ist die in Gl. (11.17) genannte mittlere Gleichspannung U_{mo} identisch mit der mittleren Verbraucherspannung U_{m2}.

Der in Bild 11.39 gezeigte Gleichstrompulswandler ist ein Energiewandler hohen Wirkungsgrades. Bezeichnet man das Tastverhältnis mit $\tau = T_1/(T_1+T_2)$ so ist nach Gl (11.17)

$$U_{m2} = \tau \cdot U_1 . \tag{11.18}$$

Vernachlässigt man die Verluste der Schaltung, so ergibt die Leistungsbilanz $U_1 \cdot I_{m1} = U_{m2} \cdot I_2$. Mit Gl. (11.18) ergibt sich der mittlere aufgenommene Strom

$$I_{m1} = \tau \cdot I_2 . \tag{11.19}$$

Das Zwangskommutierungsverfahren kann dazu benützt werden, um aus einer Gleichspannung eine Wechselspannung oder eine Drehspannung variabler Frequenz zu erzeugen. Hierzu werden Spannungsblöcke positiven und negativen Vorzeichens mit unterschiedlicher Zeitdauer mittels der Zwangskommutierung erzeugt. Bild 11.41 zeigt dieses Verfahren schematisch. Bei konstanter Eingangsgleichspannung wird der Betrag der erzeugten Wechselspannung durch die Verhältnisse T_a/T_b und T_0/T_p bestimmt, während die Frequenz der Grundschwingung $f = 1/T_p$ ist.

Eine bessere Annäherung an die Sinusform erreicht man, wenn die Spannungsblöcke innerhalb der Periode unterschiedliche Tastzeit aufweisen. Bild 11.42 zeigt den Spannungsverlauf bei diesem Verfahren, das auch als *Unterschwingungsverfahren* bezeichnet wird.

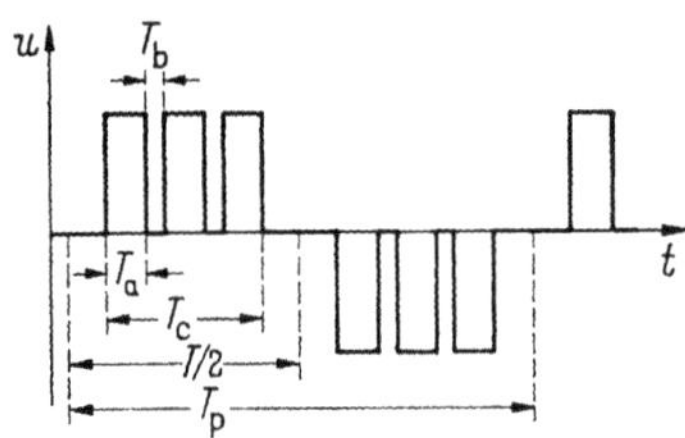

Bild 11.41. Spannungsverlauf beim Umrichter mit Zwangskommutierung, Pulsverfahren mit Pulsen gleicher Pulsbreite

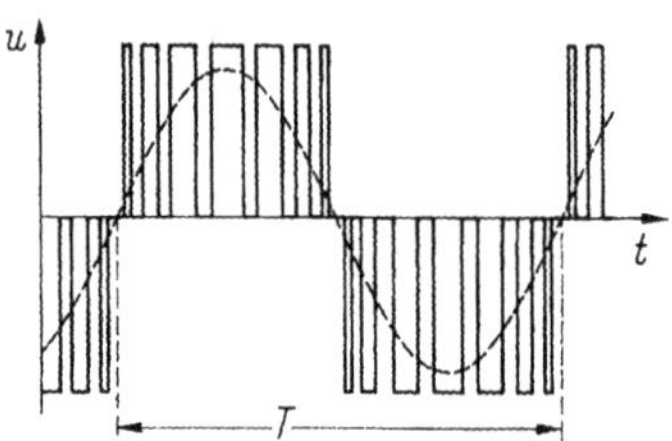

Bild 11.42. Spannungsverlauf beim Umrichter mit Zwangskommutierung, Pulsverfahren mit Pulsen ungleicher Pulsbreite

12. Verteilung der elektrischen Energie

12.1 Leitungsnetz

12.1.1 Netzanordnung

Die Abnehmer elektrischer Energie sind, von Verbraucherschwerpunkten abgesehen, über weite Flächen verteilt. Kraftwerke werden aus Gründen der Wirtschaftlichkeit entweder am Ort der natürlichen Energievorkommen oder in Gebieten mit Verbraucherschwerpunkten errichtet. Die in den Kraftwerken erzeugte elektrische Energie muß deshalb über ein ausgedehntes Leitungsnetz auf die Verbraucher verteilt werden. Hierbei unterscheidet man 1. das *Strahlennetz* nach Bild 12.1, bei welchem der Strom vom Kraftwerk K oder einer

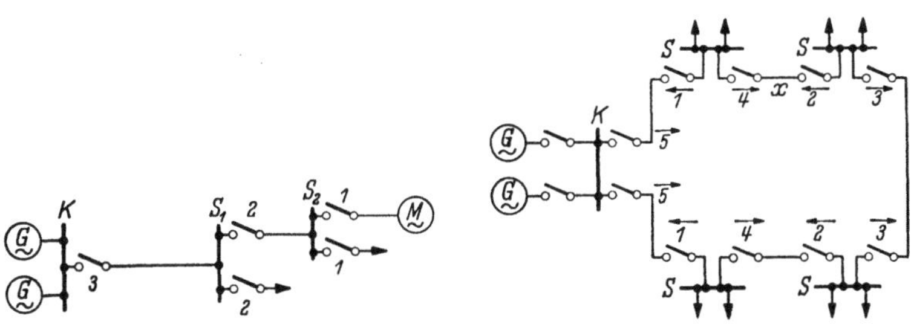

Bild 12.1. Strahlennetz   Bild 12.2. Ringnetz

Transformatorenstation nur auf einem einzigen Wege über die Schaltstationen S zu den Verbrauchern fließen kann. Bei einer Störung und Abschaltung an einer Stelle werden alle dahinterliegenden Verbraucher stromlos, ferner kann es vorkommen, daß einige der Leitungen hochbelastet sind, während andere vielleicht wenig Strom führen. Ein Ausgleich findet nicht statt. 2. Bei dem *Ringnetz* nach Bild 12.2 erhält jeder Verbraucher auf zwei Wegen Strom. Bei einer Störung auf *einer* Seite ist demnach die Stromzufuhr noch nicht unterbrochen. Außerdem ist bei ungleicher Belastung ein Ausgleich möglich. 3. Das *Maschennetz* nach Bild 12.3 hat die Vorteile des Ringnetzes in erhöhtem Maße.

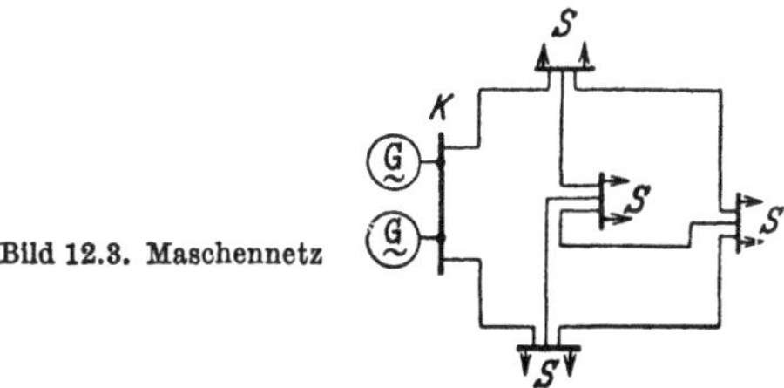

Bild 12.3. Maschennetz

Die große Entfernung zwischen Erzeuger und Verbraucher ermöglicht eine wirtschaftliche Übertragung nur bei *hohen* Spannungen. Da sich *Gleichstrom* nicht ohne Stromrichter transformieren läßt, kann man bei ihm nur durch

Reihenschaltung der Verbraucher auf höhere Übertragungsspannungen kommen, wie Bild 12.4 an dem *Dreileiternetz* zeigt. Der Mittelleiter M_p führt den Differenzstrom $I_1 - I_2$. Er ist also normal sehr schwach belastet, weil man

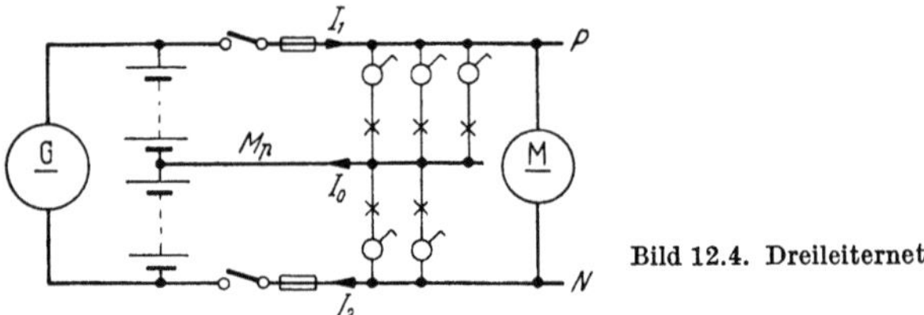

Bild 12.4. Dreileiternetz

bestrebt ist, die Belastung der beiden Netzhälften möglichst gleichzumachen. Da man bei Motoren nicht wie bei den Glühlampen an eine Höchstspannung (250 V) gebunden ist, werden diese an die Außenleiter P und N angeschlossen.

Bei Einphasen- und Drehstrom ist eine *Hochspannungs*übertragung über Leitungen und Transformatoren möglich, und es wird eine um so höhere Spannung benutzt, je größer die Übertragungsentfernung und die Leistung ist. Da die Generatoren meist die erforderliche hohe Spannung nicht unmittelbar erzeugen können, ist (Bild 12.5) durch Transformatoren die Spannung zu er

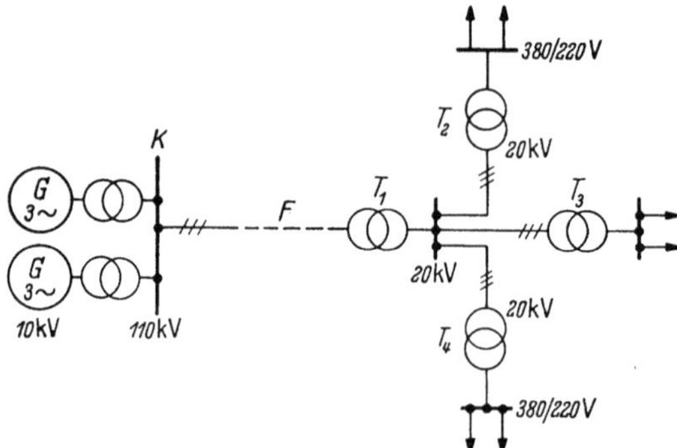

Bild 12.5. Überlandnetz

höhen und am Ende der Fernleitung F wieder herabzusetzen. Letzteres wäre wohl in einer Stufe möglich, aber dann müßte jeder kleinen Ortschaft die Fernleitungsspannung zugeführt werden und sie müßte mit einer Umspannstation hoher Spannung ausgerüstet werden, die mit hohen Kosten verbunden wäre. Daher wird die Übertragungsspannung (z. B. 380 kV oder 220 kV) in einem Unterwerk, das im Schwerpunkt des Verbrauchergebietes liegt, zunächst einmal auf eine Mittelspannung (z. B. 30 kV) herabgesetzt, die man dann kleinen und preiswerten Umspannstationen in den einzelnen Verbraucherschwerpunkten zur Umspannung auf die Mittelspannung 10 kV bzw. Niederspannung 380/220 V zuführen kann.

Auch in einem größeren Industriewerk führt man zunächst die Fernleitung F einer Hauptumspannstation T_1 (Bild 12.6) zu, in welcher auf eine für das Werk geeignete Verteilungsspannung (z. B. 6 kV oder 10 kV) herabtransformiert wird. Sie ist ebenfalls um so höher zu wählen, je größer das Werksgelände und die übertragene Leistung ist. Mit dieser Spannung können große Motoren (über 100 kW) unmittelbar betrieben werden. Mittlere und kleine Motoren können nur für kleinere Spannungen gewickelt werden (z. B. 380 V) und erhalten diese

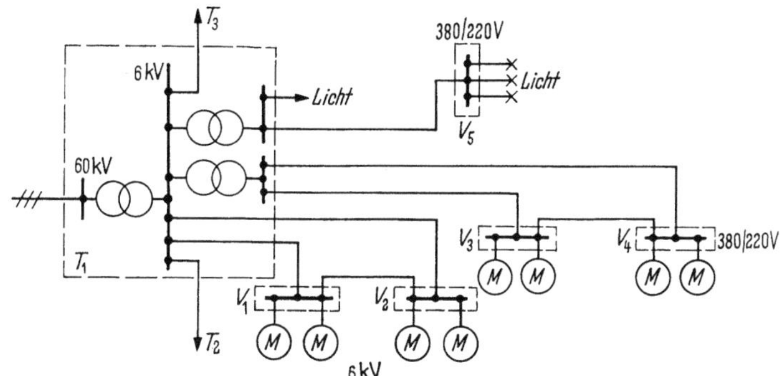

Bild 12.6. Industrieverteilernetz

Spannung aus der Hauptstation T_1 oder bei größeren Werken auch von anderen parallel geschalteten Stationen T_2 und T_3. Auch die Beleuchtung (220 V) kann dem Niederspannungstranformator entnommen werden. Bei größeren Anlagen ist es aber zweckmäßiger, für die Beleuchtung einen gesonderten Transformator aufzustellen, da dadurch Spannungsschwankungen, die durch Laststöße der Motoren entstehen, im Lichtnetz erheblich verkleinert werden. Auch ist dadurch sichergestellt, daß bei größeren Kurzschlüssen im Kraftnetz die Beleuchtung weitgehend unabhängig ist.

12.1.2 Leitungsberechnung

Von einer elektrischen Leitung fordert man:

1. daß sie genügende mechanische Festigkeit besitzt,

2. daß sie sich bei Belastung nicht unzulässig erwärmt,

3. daß durch sie kein unwirtschaftlich großer Leistungs- oder Spannungsverlust auftritt.

Gemäß der ersten Forderung ist für isolierte Kupferleitungen bei *fester* geschützter Verlegung ein Querschnitt von mindestens 1,5 mm² vorgeschrieben. Damit die Erwärmung in zulässigen Grenzen bleibt, soll bei isolierten Leitungen die Dauerbelastung nach § 41 N der Errichtungsvorschriften VDE 0100 die in der nachstehenden Tabelle 12.1 angegebenen Werte nicht übersteigen.

Je nach der Verlegungsart und dem Leiterquerschnitt der isolierten Leitungen ist eine verschiedene zulässige Belastbarkeit festgesetzt. Außerdem ist gemäß der Tabelle 12.2 die Raumtemperatur zu berücksichtigen.

Für blanke Leitungen bis 50 mm² Kupfer oder 70 mm² Aluminium gelten die Werte der Gruppe 3, während für Kabel besondere Vorschriften bestehen (VDE 0255, 0265 und 0271).

Der Leistungs- und Spannungsverlust unterliegt keiner Vorschrift. Wir werden ihn jedoch nicht zu groß wählen, weil der ständige Verlust hohe Stromkosten verursacht, andererseits werden wir ihn aber auch nicht zu klein wählen, weil dann ein unnötig starker Leitungsquerschnitt verlegt werden muß, der hohe Anlagekosten zur Folge hat. Für einen bestimmten Übertragungsfall lassen sich die Leitungskosten unter Annahme verschiedener Querschnitte

Tabelle 12.1. Auszug aus VDE 0100 § 41 N/12.65

Nenn-querschnitt mm²	Zulässige Dauerbelastung für isolierte Leitungen bei 25 °C Umgebungstemperatur Tafel 1						Zuordnung von Überstrom-Schutzorganen Tafel 2					
	Gruppe 1		Gruppe 2		Gruppe 3		Gruppe 1		Gruppe 2		Gruppe 3	
	Kupfer	Alumin.	Kupfer	Alumin.	Kupfer	Alumin.	Kupfer	Alumin.	Kupfer	Alumin.	Kupfer	Alumin.
	A	A	A	A	A	A	A	A	A	A	A	A
0,75	—	—	13	—	16	—	—	—	10	—	16	—
1	12	—	16	—	20	—	10	—	16	—	20	—
1,5	16	—	20	—	25	—	16	—	20	—	25	—
2,5	21	16	27	21	34	27	20	16	25	20	35	25
4	27	21	36	29	45	35	25	20	35	25	50	35
6	35	27	47	37	57	45	35	25	50	35	63	50
10	48	38	65	51	78	61	50	35	63	50	80	63
16	65	51	87	68	104	82	63	50	80	63	100	80
25	88	69	115	90	137	107	80	63	100	80	125	100
35	110	86	143	112	168	132	100	80	125	100	160	125
50	140	110	178	140	210	165	125	100	160	125	200	160
70	175	—	220	173	260	205	160	—	224	160	250	200
95	210	—	265	210	310	245	200	—	250	224	300	250
120	250	—	310	245	365	285	250	—	300	250	355	300
150 usw.	—	—	355	280	415	330	—	—	355	300	425	355

Gruppe 1 = Eine oder mehrere in Rohr verlegte einadrige Leitungen, z. B. NYA
Gruppe 2 = Mehraderleitungen, z. B. Mantelleitungen, Stegleitungen, bewegl. Leitungen
Gruppe 3 = Einadrige frei in Luft verlegte Leitungen

Tabelle 12.2. Auszug aus VDE 0100 § 41 N/12.65

Umgeb. Temp. °C	Zulässige Dauerbel. in % der Werte der Dauer-belastungstafel	
	Isolierung:	
	Gummi	Kunststoff
über 25 bis 30	92	94
über 30 bis 35	85	88
über 35 bis 40	75	82
über 40 bis 45	65	75
über 45 bis 50	53	67
über 50 bis 55	38	58

und die Kosten für Verzinsung und Tilgung berechnen. Trägt man sie in Abhängigkeit vom Querschnitt auf, so erhält man eine mit dem Querschnitt ansteigende Kurve. Die Stromkosten für die Leitungsverluste lassen sich aus Stromstärke, Widerstand und Einschaltzeit ebenfalls für verschiedene Querschnitte bestimmen. Sie ergeben in Abhängigkeit vom Querschnitt eine abfallende Linie. Addiert man nun diese beiden Kosten, so erhält man als Gesamtkosten eine Kurve, welche für einen bestimmten Querschnitt, den *wirtschaftlichen* Querschnitt, ein Minimum zeigt. Bei der Durchrechnung erkennt man jedoch, daß auch benachbarte Querschnitte noch annähernd gleich wirtschaftlich sind, und da die Kleinhaltung des Spannungsfalls mit Rücksicht auf die Verbraucher (z. B. Glühlampen) oft wichtiger als die Wirtschaftlichkeit ist, werden solche Rechnungen nur bei wichtigen, längeren Leitungen durchgeführt. Man schätzt daher den Spannungsverlust, den man zulassen will, nach Erfahrungswerten, und zwar bei Lichtbelastung insgesamt etwa bis 3%, bei Motoren etwa 5 bis 7%. Der prozentuale Spannungsverlust ist bei Gleichstrom gleich dem prozentualen Leistungsverlust, ebenso auch bei Einphasen- und Drehstrom, wenn der Leistungsfaktor gleich 1 ist.

12.1.3 Die Berechnung des Spannungsfalls der einseitig gespeisten Leitung

a) Spannungsfall und Leistungsverlust der Gleichstrom- und Einphasenwechselstromleitung. Zur Berechnung des Spannungsfalls einer „kurzen" Leitung (bis etwa 100 km) stellt man sich den entlang der Leitung verteilt liegenden Wirkwiderstand an einer Stelle konzentriert liegend vor. Entsprechend gilt dies auch für die gesamte Induktivität der Leiterschleife. Die Kapazität der Leiterschleife (kapazitive Ableitung) und den Isolationswiderstand (ohmsche Ableitung) wollen wir zunächst vernachlässigen. Man erhält dann Ersatzschaltbild 12.7, bei dem der ohmsche Widerstand der Hin- und Rückleitung durch

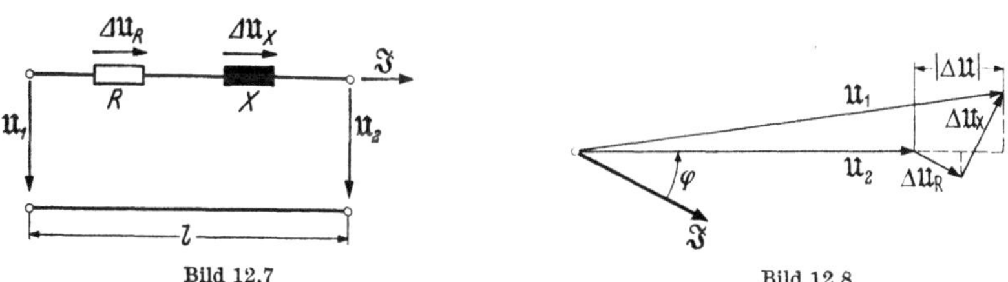

Bild 12.7   Bild 12.8

den Widerstand $R = 2 \cdot l/(\varkappa \cdot A) = 2\,R_0 \cdot l$ und der Blindwiderstand der Leiterschleife $X = \omega L$ berücksichtigt ist. Hierin bedeuten l die einfache Leiterlänge, $\varkappa$ die Leitfähigkeit des Leitungsmaterials, ($\varkappa = 50\ \mathrm{m}/(\Omega \cdot \mathrm{mm}^2)$ für Kupfer bei 50 °C), A den Querschnitt eines Leiters. R_0 ist der Widerstand eines Leiters je Längenteil. Berücksichtigt man, daß ΔU_R und $\Delta U_\mathrm{X} \ll U_2$ sind, so ist die in Richtung U_2 liegende Komponente von $\Delta \mathfrak{U}$ die maßgebende Größe für den Betrag des Spannungsunterschiedes zwischen U_1 und U_2. Aus dem Zeigerdiagramm Bild 12.8 erhält man $\Delta U = I \cdot R \cdot \cos \varphi + I \cdot X \cdot \sin \varphi$ oder

$$\Delta U = I \cdot R \cdot \cos \varphi \left(1 + \frac{X}{R} \tan \varphi \right). \tag{12.1}$$

Führt man noch den relativen Spannungsfall $\varepsilon_\mathrm{U} = \Delta U / U_2$ ein, so wird

$$\varepsilon_\mathrm{U} = \frac{I \cdot R \cdot \cos \varphi}{U_2} \left(1 + \frac{X}{R} \tan \varphi \right) = \frac{P_2 \cdot R}{U_2^2} \left(1 + \frac{X}{R} \tan \varphi \right). \tag{12.2}$$

Für Gleichstrom und Einphasenwechselstrom mit $\cos \varphi = 1$ wird $\tan \varphi = 0$, und man erhält für diese Fälle

$$\varepsilon_{\mathrm{U}} = \frac{I \cdot R}{U_2} = \frac{2 \cdot l \cdot I}{\varkappa \cdot A \cdot U_2} . \tag{12.3}$$

Hieraus läßt sich der Querschnitt A errechnen, wenn der relative Spannungsfall gegeben ist:

$$A = \frac{2 \cdot l \cdot I}{\varkappa \cdot \varepsilon_{\mathrm{U}} \cdot U_2} . \tag{12.4}$$

Führt man noch die abgenommene Leistung $P_2 = U_2 \cdot I \cdot \cos \varphi$ ein, so erhält man mit Gl. (12.2) den relativen Leistungsverlust $\varepsilon_{\mathrm{P}} = I^2 \cdot R/P_2 = I \cdot R/(U_2 \cdot \cos \varphi)$ zu

$$\varepsilon_{\mathrm{P}} = \frac{\varepsilon_{\mathrm{U}}}{\left(1 + \dfrac{X}{R} \tan \varphi\right) \cdot \cos^2 \varphi} = \frac{P_2 \cdot R}{U_2^2 \cdot \cos^2 \varphi} . \tag{12.5}$$

Für Gleichstrom bzw. Wechselstrom mit $\cos \varphi = 1$ wird also $\varepsilon_{\mathrm{P}} = \varepsilon_{\mathrm{U}}$.

b) Spannungsfall und Leistungsverlust der symmetrisch belasteten Drehstromleitung. Eine Drehstromleitung ist symmetrisch belastet, wenn die Ströme betragsgleich und um je 120° zueinander phasenverschoben sind. Dieser Belastungsfall ist der wichtigste, da alle Drehstrommotoren, und die meisten Drehstromgeräte symmetrische Belastung hervorrufen. In diesem Falle ist der Strom in einem eventuell vorhandenen Mittelleiter null. Man kann zur Berechnung des Spannungsfalles dasselbe Ersatzschaltbild (Bild 12.7) und Zeigerdiagramm (Bild 12.8) wie unter *a* benützen, wobei $U_1 = U_{\mathrm{p}1}$ und $U_2 = U_{\mathrm{p}2}$ (Sternspannung) zu setzen ist. Die Widerstände R und X betragen aber $R = l/(\varkappa \cdot A) = R_0 \cdot l$ und $X = X_0 \cdot l$, da wir uns vorstellen müssen, daß der gesamte Spannungsfall nur auf dem Leiter der Phase auftritt, während im Mittelleiter kein Strom fließt, und deshalb auch kein Spannungsfall auftreten kann.

X_0 ist der Betriebsblindwiderstand je Längenteil. Er beträgt bei Drehstromfreileitungen $0{,}3{-}0{,}4\ \Omega/\mathrm{km}$, bei Drehstromkabeln $0{,}07{-}0{,}14\ \Omega/\mathrm{km}$. ΔU ist dann der Spannungsfall je Phase. Der relative Spannungsfall je Phase wird deshalb

$$\varepsilon_{\mathrm{U}} = \frac{I \cdot R \cdot \cos \varphi}{U_{\mathrm{p}2}} \left(1 + \frac{X}{R} \cdot \tan \varphi\right) \tag{12.6}$$

oder mit der Netzspannung $U_{\mathrm{v}2} = \sqrt{3} \cdot U_{\mathrm{p}2}$

$$\varepsilon_{\mathrm{U}} = \frac{\sqrt{3} \cdot I \cdot R \cdot \cos \varphi}{U_{\mathrm{v}2}} \left(1 + \frac{X}{R} \cdot \tan \varphi\right) = \frac{P_2 \cdot R}{U_{\mathrm{v}2}^2} \left(1 + \frac{X}{R} \tan \varphi\right) . \tag{12.7}$$

Der relative Leistungsverlust ε_{P} läßt sich mit $P_2 = \sqrt{3} \cdot U_{\mathrm{v}2} \cdot I \cdot \cos \varphi$ und

$$\varepsilon_{\mathrm{P}} = 3 \cdot I^2 \cdot R/P_2 = \sqrt{3} \cdot I \cdot R/(U_{\mathrm{v}2} \cdot \cos \varphi)$$

errechnen zu

$$\varepsilon_{\mathrm{P}} = \frac{\varepsilon_{\mathrm{U}}}{\left(1 + \dfrac{X}{R} \tan \varphi\right) \cdot \cos^2 \varphi} = \frac{P_2 \cdot R}{U_{\mathrm{v}2}^2 \cdot \cos^2 \varphi} . \tag{12.8}$$

Für $\cos \varphi = 1$ wird auch hier $\varepsilon_{\mathrm{P}} = \varepsilon_{\mathrm{U}}$.

Vergleicht man den relativen Spannungsfall zwischen Drehstrom- und Einphasenwechselstromübertragung z. B. für $\cos \varphi = 1$ bei gleicher Spannung zwischen den Leitern und gleichem Querschnitt je Leiter, so erkennt man, daß bei Drehstrom (ohne Mittelleiter) bei gleichem relativen Spannungsfall die doppelte Leistung übertragen werden kann, während der Materialaufwand (3 Leiter statt 2) nur 1,5mal größer ist als bei der Wechselstromübertragung.

Für normale Wechsel- und Drehstrominstallationsleitungen bis etwa 35 mm² Cu (2, 3 und 4 Leiter in Rohr, oder Mehraderleitungen) ist bei üblichen Leistungsfaktoren $\cos \varphi \geqq 0,7$ die Größe $\dfrac{X}{R} \cdot \tan \varphi \ll 1$, so daß in den Formeln der Klammerausdruck $\left(1 + \dfrac{X}{R} \tan \varphi\right) \approx 1$ gesetzt werden kann.

c) Die Drehstromleitung mit mehreren Belastungsstellen. Da in den Leitungen AB, BC und CD verschiedene Ströme fließen (Bild 12.9), müssen deren

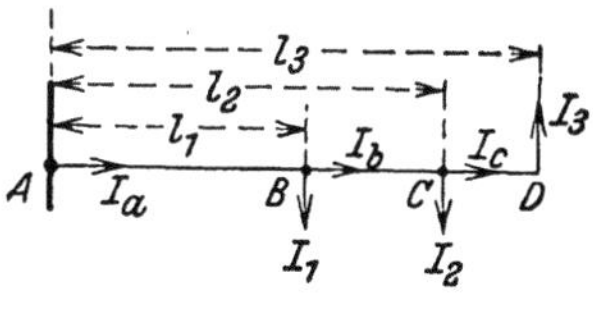

Bild 12.9

Spannungsfälle getrennt berechnet werden. Der gesamte Spannungsunterschied zwischen A und D ist $\Delta \mathfrak{U} = \Delta \mathfrak{U}_1 + \Delta \mathfrak{U}_2 + \Delta \mathfrak{U}_3$.

Unter der Voraussetzung, daß $\Delta U \ll U$ ist, erhält man $\Delta U = \Delta U_1 + {} + \Delta U_2 + \Delta U_3$, wobei die Teilspannungsfälle nach Gl. (12.1) mit $R = R_0 \cdot l$ und $X = X_0 \cdot l$ zu errechnen sind. Mit der Abkürzung $\alpha = R_0 \cdot \cos \varphi \left(1 + \dfrac{X_0}{R_0} \tan \varphi\right)$ kann man Gl. (12.1) auch folgendermaßen schreiben: $\Delta U = \alpha \cdot I \cdot l$. Für eine Leitung gegebener Abmessung sind R_0 und X_0/R_0 Leitungskonstanten. Nimmt man an allen Belastungspunkten gleichen $\cos \varphi$ und durchlaufend gleichen Querschnitt an, so wird der gesamte Spannungsfall zwischen Anfang und Ende mit $I_\mathrm{c} = I_3$, $I_\mathrm{b} = I_2 + I_3$ und $I_\mathrm{a} = I_1 + I_2 + I_3$

$$\Delta U = \alpha \left[I_\mathrm{a} \cdot l_1 + I_\mathrm{b} (l_2 - l_1) + I_\mathrm{c} (l_3 - l_2)\right]. \tag{12.9}$$

Häufig ist der Spannungsfall vorgegeben, und der Querschnitt gesucht. Man löst dann Gl. (12.9) nach α bzw. α nach R_0 und R_0 nach dem gesuchten Querschnitt A auf.

Bei Einphasen- und Drehstromleitungen mit an den Abzweigstellen verschieden phasenverschobenen Strömen hat man sich das Ersatzschaltbild und das Zeigerdiagramm vom Ende der Leitung ausgehend maßstäblich zu zeichnen.

d) Der Querschnitt des Mittelleiters (Nulleiter ist ein entsprechend den Bestimmungen VDE 0100, § 10 N geerdeter Mittelleiter) ist nicht in gleicher Weise zu berechnen, da derselbe bei symmetrischer Belastung immer stromlos ist. Bei Kurzschluß zwischen einer Phase und dem Mittelleiter bzw. Nulleiter fließt jedoch der volle Kurzschlußstrom über denselben. Er ist deshalb aus Sicherheitsgründen (gefährliche Berührungsspannung) entsprechend VDE 0100 § 10 N zu bemessen. Dabei wird gefordert, daß der Nulleiter bei Außenleiterquerschnitten bis zu 16 mm² (Intallationsleitungen) bzw. 50 mm² (Freileitungen) gleich stark verlegt wird wie der Außenleiter. Für größere Querschnitte gilt die Tabelle 12.3.

Tabelle 12.3. Auszug aus VDE 0100 § 10 N/12.65

Außenleiter mm²	Nulleiter	
	in Rohr, Mehraderleitungen, Kabeln mm²	in Freileitungen, in offen verlegten Leitungen mm²
bis 16	gleich stark wie Außenleiter	
25	16	25
35	16	35
50	25	50
70	35	50
95	50	50
120	70	70
150	70	70
usw.		

e) Berücksichtigung der Betriebskapazität. Bei längeren Leitungen, besonders bei Kabeln, muß man noch die Leitungskapazität bei der Berechnung des Spannungsfalls berücksichtigen.

In der Ersatzschaltung Bild 12.7 sind die gesamten Leitungslängswiderstände $\mathfrak{Z} = R + j\,X$ für die Hin- und Rückleitung im Außenleiter angeordnet, während die Rückleitung widerstandslos gezeichnet ist. Die kontinuierlich verteilte Leitungskapazität je Leiterteil (Kapazitätsbelag) kann man sich je zur Hälfte am Eingang und am Ausgang der Leitung zusammengefaßt angeordnet vorstellen. Es ergibt sich dann die Ersatzschaltung Bild 12.10. Ist bei

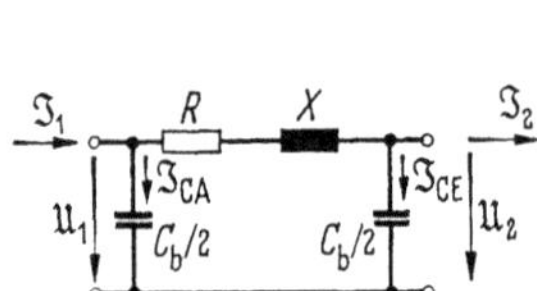

Bild 12.10. Ersatzschaltbild einer Leitung.
Die Betriebskapazität C_b ist auf Anfang und Ende verlegt

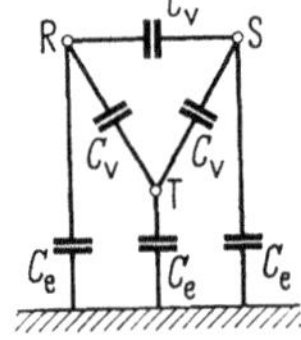

Bild 12.11. Leitungskapazitäten bei der Drehstromleitung

einer Wechselstromleitung C_0 die Leitungskapazität je Längenteil, so erhält man die Betriebskapazität $C_\mathrm{b} = C_0 \cdot l$. Diese wird je zur Hälfte mit dem Betrag $C_\mathrm{b}/2$ auf den Anfang und das Ende der Leitung verlegt (Bild 12.10).

Die Kapazität einer Drehstromleitung setzt sich aus den Kapazitäten C_v zwischen den Leitungen (Bild 12.11) und den Kapazitäten C_e gegen Erde zusammen, von denen die ersteren in Dreieck, die letzteren in Stern liegen. Der vom Netz in die Leitung fließende Ladestrom I_0 setzt sich daher nach Bild 12.12a aus dem Ladestrom I_3 der Erdkapazität und dem Leitungsstrom I_{12} der Leitungskapazitäten zusammen. Es ist $I_3 = U_\mathrm{p} \cdot \omega \cdot C_\mathrm{e}$ und $I_{12} = \sqrt{3} \cdot U \cdot \omega\, C_\mathrm{v}$. Beide Ströme eilen als Ladeströme der Strangspannung um 90°

vor (Bild 12.12 b) und können daher, da sie demnach in Phase liegen, algebraisch
addiert werden. Es ist also $I_0 = I_3 + I_{12}$ oder mit $U = \sqrt{3} \cdot U_\mathrm{p}$,

$$I_0 = U_\mathrm{p} \cdot \omega \cdot (C_\mathrm{e} + 3\, C_\mathrm{V}). \tag{12.10}$$

$$C_\mathrm{b} = C_\mathrm{e} + 3\, C_\mathrm{V} \tag{12.11}$$

wird die *Betriebskapazität* genannt. Sie stellt die auf einen Strang bezogene
Ersatzkapazität dar ($U_\mathrm{p} =$ Strangspannung).

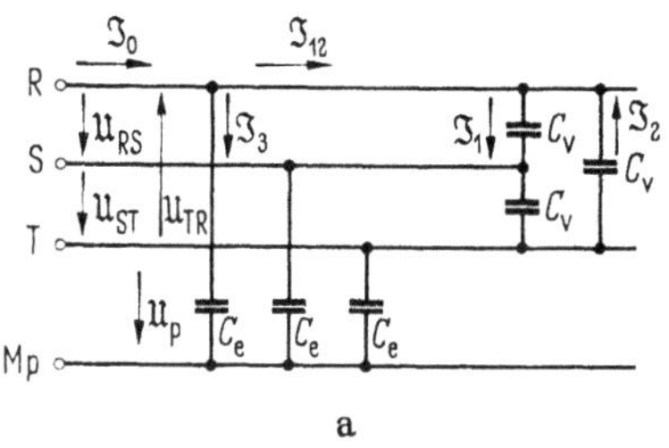
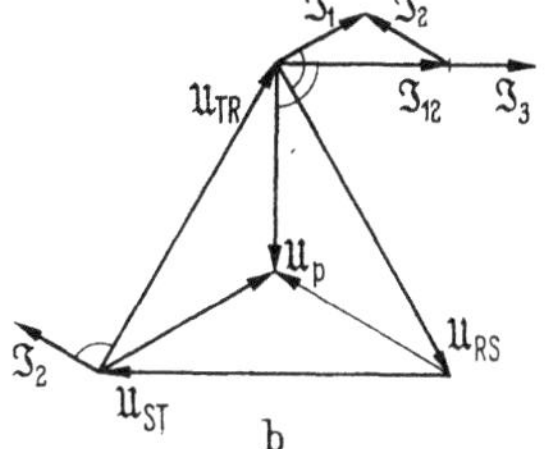

Bild 12.12

Damit läßt sich die Drehstromleitung bezüglich der Berechnung des Spannungsfalls auf eine Wechselstromleitung nach Bild 12.10 zurückführen.

Die am Ende liegende Kapazität $C_\mathrm{b}/2$ in Bild 12.10 ruft einen kapazitiven
Leitungsstrom $I_{CE} = U_2 \cdot \omega\, C_\mathrm{b}/2$ hervor, den man geometrisch zum Laststrom I_2 zu addieren hat. Mit dieser Stromsumme und dem neuen $\cos\varphi$ läßt
sich der Spannungsfall nach den obigen Gleichungen bestimmen.

Der vom Netz einfließende Strom I_1 setzt sich aus dem Stromzeiger dieses
Summenstromes und dem Stromzeiger des am Leitungseingang in die Kapazität $C_\mathrm{b}/2$ einfließenden Stromes $I_{CA} = U_1 \cdot \omega \cdot C_\mathrm{b}/2$ zusammen.

93. Beispiel. Bei einem Drehstromkabel $3 \cdot 50\ \mathrm{mm^2}$ für $20\ \mathrm{kV}$ wurden je km Länge
folgende Kapazitäten gemessen: $C_1 = 0{,}18\ \mu\mathrm{F/km}$ eine Ader gegen die beiden anderen, die
mit dem Bleimantel verbunden sind. $C_3 = 0{,}33\ \mu\mathrm{F/km}$ die drei miteinander verbundenen
Adern gegen den Bleimantel. Wie groß ist die Betriebskapazität und der Ladestrom bei
$100\ \mathrm{km}$ Länge?

Es ist (Bild 12.13) $C_\mathrm{e} = C_3/3 = 0{,}11\ \mu\mathrm{F/km}$, ferner aus $C_1 = 2\,C_\mathrm{V} + C_\mathrm{e}$ ist $C_\mathrm{V} =
= 0{,}035\ \mu\mathrm{F/km}$. Daher die Betriebskapazität nach Gl. (12.11)

$$C_\mathrm{b} = (0{,}11 + 3 \cdot 0{,}035)\ \mu\mathrm{F/km} = 0{,}215\ \mu\mathrm{F/km}.$$

$100\ \mathrm{km}$ haben also eine Betriebskapazität von $21{,}5\ \mu\mathrm{F}$, und der Ladestrom dieses Kabels
ist $I_\mathrm{b} = 11\,500\ \mathrm{V} \cdot 314\ \mathrm{s^{-1}} \cdot 21{,}5 \cdot 10^{-6}\ \mathrm{As/V} = 78\ \mathrm{A}$.

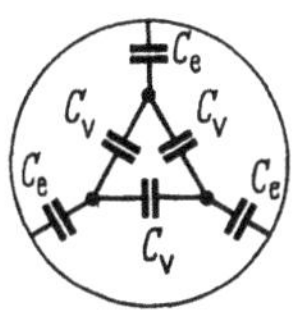

Bild 12.13

Da dieses Kabel nach den Vorschriften nur mit $150\ \mathrm{A}$ dauernd belastet werden darf,
ist der berechnete Leerlaufstrom verhältnismäßig hoch. Man muß jedoch bedenken, daß
bei der in der Regel induktiven Belastung eine teilweise Aufhebung der vor- und nacheilenden Blindströme eintritt, und daß die Kabellänge sehr groß ist.

94. Beispiel. Wie groß wird die Spannung im Leerlauf am Ende des in Beispiel 93
behandelten Kabels, wenn der induktive Blindwiderstand für das Kabel $X_0 = 0{,}12\ \Omega/\mathrm{km}$
beträgt?

Die am Ende liegende Leitungskapazität beträgt $C_\mathrm{b}/2 = 21,5\ \mu\mathrm{F}/2 = 10,75\ \mu\mathrm{F}$. Der über die Leitung fließende Strom besitzt den Leistungsfaktor $\cos\varphi = 0$. Da der Strom der Spannung voreilt, ist $\sin\varphi = -1$. Der gesamte Blindwiderstand beträgt je Phase $100\ \mathrm{km} \cdot 0,12\ \Omega/\mathrm{km} = 12\ \Omega$. Der in die Kapazität $C_\mathrm{b}/2$ einfließende Strom ergibt sich näherungsweise zu $I_\mathrm{C} = 11\,500\ \mathrm{V} \cdot 314\ \mathrm{s}^{-1} \cdot 10,75 \cdot 10^{-6} \cdot \mathrm{As/V} = 39\ \mathrm{A}$. Aus Gl. (12.1) erhält man $\Delta U = I \cdot X \cdot \sin\varphi = 39\ \mathrm{A} \cdot 12\ \Omega \cdot (-1) = -470\ \mathrm{V}$. Die Spannung am Ende beträgt $U_\mathrm{p2} = U_\mathrm{p1} - \Delta U = 11\,500\ \mathrm{V} - (-470\ \mathrm{V}) = 11\,970\ \mathrm{V}$ oder $U_2 = \sqrt{3} \cdot U_\mathrm{p2} = 20\,800\ \mathrm{V}$. Am Ende des Kabels tritt im Leerlauf eine relative Spannungserhöhung $\varepsilon_\mathrm{U} = -\sqrt{3} \cdot 470\ \mathrm{V}/20\,800\ \mathrm{V} = -0,039$, also von $-3,9\%$ auf.

95. Beispiel. Ein Drehstrommotor 30 kW, 380 V, $\cos\varphi = 0,86$, $\eta = 0,88$ soll 300 m entfernt vom Verteilungspunkt angeschlossen werden, an welchem 395 V Netzspannung vorhanden sind. Wie groß ist der Leitungsquerschnitt zu wählen, damit am Motor bei Nennlast mindestens die Nennspannung auftritt? (Blindwiderstand der Freileitung $X_0 = 0,36\ \Omega/\mathrm{km}$.)

Der Motornennstrom berechnet sich zu 60 A. Für den relativen Spannungsfall ergibt sich $\varepsilon_\mathrm{U} = (395 - 380)\ \mathrm{V}/380\ \mathrm{V} = 0,04$. Aus Gl. (12.7) folgt $R = \varepsilon_\mathrm{U} \cdot U_\mathrm{v}^2/P_2 - X \tan\varphi = 0,04 \cdot 380^2 \cdot \mathrm{V}^2/(34 \cdot 10^3\ \mathrm{W}) - 0,3\ \mathrm{km} \cdot 0,36\ \Omega/\mathrm{km} \cdot 0,6 = 0,105\ \Omega$. Daraus errechnet sich der Querschnitt je Seil zu $A = l/(\varkappa \cdot R) = 300\ \mathrm{m}/(50\ \Omega^{-1} \cdot \mathrm{mm}^{-2} \cdot 0,105\ \Omega) = 57\ \mathrm{mm}^2$. Der nächste Normquerschnitt beträgt 70 mm².

Würde es sich um eine kabelähnliche Mehraderleitung handeln, so wäre $X_0 = 0,07\ \Omega/\mathrm{km}$. Damit würde $R = 0,157\ \Omega$ und $A = 38\ \mathrm{mm}^2$ werden. Der nächste Normquerschnitt beträgt in diesem Fall 50 mm². Nach Belastungstabelle (Gruppe 2) ist für 50 mm² Cu ein Strom von 178 A dauernd zulässig. Die Erwärmungsbedingung ist also erfüllt.

96. Beispiel. An eine Transformatorenstation T ist nach Bild 12.14 eine Freileitung von $3 \cdot 70\ \mathrm{mm}^2$ Cu angeschlossen, von welcher in A und B die angegebenen Wirkleistungen

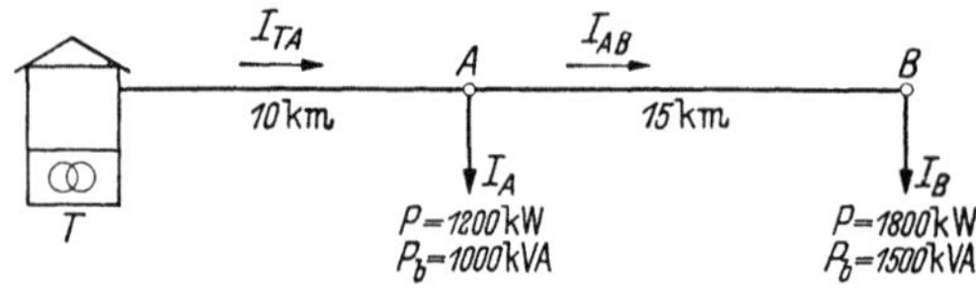

Bild 12.14

P_w und die Blindleistungen P_b abgenommen werden. Welche Spannung ist in der Station zu halten, wenn bei B 20 kV herrschen sollen?

Der Ohmsche Widerstand beträgt je km 0,3 Ω (warm), der induktive Widerstand $\omega L = 0,35\ \Omega/\mathrm{km}$. Die Kapazität wird vernachlässigt.

Der Belastungsstrom in B ergibt sich zu
$$I_\mathrm{B} = I_\mathrm{AB} = \frac{\sqrt{(1800^2 + 1500^2)} \cdot \mathrm{kVA}^2}{\sqrt{3} \cdot 20\,000\ \mathrm{V}} =$$
$= 67,5\ \mathrm{A}$, Abnahmeleistungsfaktor $\cos\varphi_\mathrm{B} = 1800\ \mathrm{kW}/\left(\sqrt{1800^2 + 1500^2}\ \mathrm{kVA}\right) = 0,76$
$\tan\varphi_\mathrm{B} = 1500\ \mathrm{kVA}/1800\ \mathrm{kW} = 0,835$. Nach Gl. (12.1) wird der Spannungsfall auf
der Strecke AB $\Delta U_\mathrm{AB} = 67,5\ \mathrm{A} \cdot 15\ \mathrm{km} \cdot 0,3\ \Omega/\mathrm{km} \cdot 0,76\left(1 + \dfrac{0,35\ \Omega/\mathrm{km}}{0,3\ \Omega/\mathrm{km}}\,0,835\right) =$
$= 455\ \mathrm{V}$. Die Spannung an der Stelle A ergibt sich zu $U_\mathrm{A} = \sqrt{3} \cdot 455\ \mathrm{V} + 20\,000\ \mathrm{V} =$
$= 20\,785\ \mathrm{V}$. Der Belastungsstrom in A ergibt sich analog: $I_\mathrm{A} = \dfrac{\sqrt{(1200^2 + 1000^2)}\ \mathrm{kVA}^2}{\sqrt{3} \cdot 20\,785\ \mathrm{V})} =$
$= 43,5\ \mathrm{A}$, $\cos\varphi_\mathrm{A} = 0,76$. Da $\varphi_\mathrm{A} = \varphi_\mathrm{B}$ ist, läßt sich der Strom I_TA als algebraische Summe $I_\mathrm{TA} = I_\mathrm{B} + I_\mathrm{A} = 67,5\ \mathrm{A} + 43,5\ \mathrm{A} = 111\ \mathrm{A}$ berechnen. Der Spannungsfall auf der Strecke TA wird $\Delta U_\mathrm{TA} = 111\ \mathrm{A} \cdot 10\ \mathrm{km} \cdot 0,3\ \Omega/\mathrm{km} \cdot 0,76\left(1 + \dfrac{0,35\ \Omega/\mathrm{km}}{0,3\ \Omega/\mathrm{km}} \cdot 0,835\right) = 500\ \mathrm{V}$.

Es ist in der Transformatorenstation eine Spannung von $\sqrt{3} \cdot 500\ \mathrm{V} + 20\,785\ \mathrm{V} = 21\,650\ \mathrm{V}$ erforderlich; der relative Spannungsfall beträgt auf der ganzen Leitung $\varepsilon_\mathrm{U} = 1650\ \mathrm{V}/20\,000\ \mathrm{V} = 0,082$, was $8,2\%$ entspricht.

12.1.4 Berechnung des Spannungsfalls einer Richtleitung

Bei der Ringleitung bildet jeder Leiter einen geschlossenen Ring. Wir haben uns also bei der Einphasenwechselstromleitung (Bild 12.15) zwei Ringe, bei der Drehstromleitung drei Ringe nebeneinanderliegend zu denken. Je nach Größe und Lage der Strom-

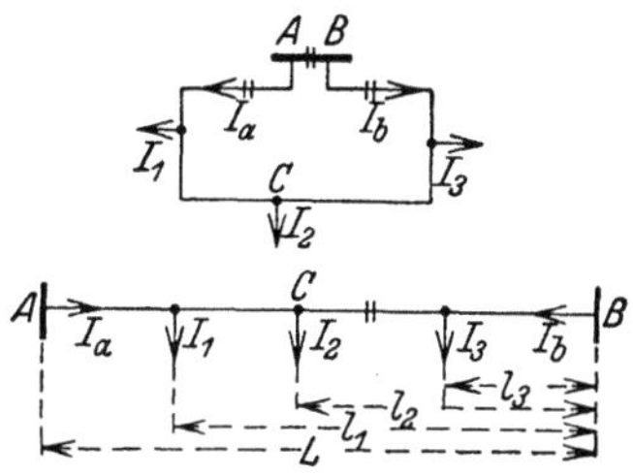

Bild 12.15. Ringleitung

abnahme wird mehr Strom von links (I_a) oder von rechts (I_b) in den Ring fließen, wobei stets $I_a + I_b = I_1 + I_2 + I_3$ sein muß. An einer Abnahmestelle, die hier bei C angenommen ist, wird der Strom von beiden Seiten zufließen. Die Strecken A bis C und B bis C können als parallel geschaltet betrachtet werden, und daher stimmt der Spannungsfall beider überein. Es besteht daher bei der Drehstromleitung je Phase entspr. Gl. (12.9) folgende Beziehung

$$\Delta U = \alpha \left[I_a (L - l_1) + (I_a - I_1)(l_1 - l_2) \right]$$
$$= \alpha \left[(I_1 + I_2 + I_3 - I_a) \cdot l_3 + (I_1 + I_2 + I_3 - I_a - I_3)(l_2 - l_3) \right].$$

Hieraus ergibt sich:

$$I_a \cdot L = I_1 \cdot l_1 + I_2 \cdot l_2 + I_3 \cdot l_3 + \cdots . \tag{12.2}$$

Das Produkt aus Strom und Entfernung nennt man ein *Strommoment*. Man kann also sagen, daß das Strommoment des Stromes I_a, bezogen auf den anderen Endpunkt, gleich der Summe der Strommomente der übrigen Ströme ist. I_a und I_b können hieraus berechnet werden, worauf es leicht ist, den höchsten Spannungsfall, der am Punkt C auftritt, zu berechnen (ΔU für Strecke AC ist gleich groß wie ΔU für Strecke CB).

Bei Belastung mit an den Lastpunkten verschieden phasenverschobenen Wechselströmen ist die Bestimmung der Stromverteilung schwieriger, weil die Phasenlage mitberücksichtigt werden muß.

12.1.5 Leitungsschutz

Alle Leitungen müssen gegen unzulässig hohe Erwärmung durch *Überstrom-Schutzorgane*, nämlich *Leitungsschutzsicherungen* oder *Leitungsschutzschalter* geschützt werden. Unzulässige Erwärmungen können durch dauernde Überlastungen oder durch Kurzschlüsse hervorgerufen werden, demgemäß wird unterschieden zwischen Überstromschutzorganen für *Überlastschutz* und *Kurzschlußschutz*. Die Tabelle 12.1 gibt zu den Leitungsquerschnitten die höchst zulässigen Dauerstromstärken und die Zuordnung von Überstromschutzorganen an.

Zum Schutz gegen *Überlast* sind Leitungsschutzsicherungen oder Leitungsschutzschalter anzuordnen. Diese dürfen an einer beliebigen Stelle des Stromkreises angebracht werden, wobei aber zwischen Leitungsanfang und dem nachfolgenden Überstromschutzorgan weder Abzweige noch Steckvorrichtungen vorhanden sein dürfen. Selbstverständlich dürfen in Schutzleitern oder im Nulleiter keine Schalter oder Sicherungen angebracht werden. Zu beachten ist ferner, daß bei zu erwartender, langandauernder Belastung der Leiterquerschnitte über die Werte nach Tabelle 12.1, Tafel 1 eine geringere Sicherungsstufe als nach Tabelle 12.1, Tafel 2 zuzuordnen ist. Dies ist dann erforderlich, wenn unter Berücksichtigung der bei den Überstromschutzorganen auftretenden Streuwerte bezüglich der Abschaltung zu erwarten ist, daß sich die Leitung unzulässig hoch erwärmen würde.

Bei höherer Umgebungstemperatur als 25 °C ist die Belastbarkeit nach Tabelle 12.2 herabzusetzen.

Tritt im Verlauf eines Stromkreises ein verjüngter Querschnitt auf, so muß auch diese Leitung geringeren Querschnittes gegen zu hohe Erwärmung durch entsprechende Schutzorgane gesichert sein. Sofern das Leitungsende mit dem verjüngten Querschnitt nicht länger als 2 m ist, und die vorgeschaltete Stromsicherung nicht mehr als drei Sicherungsstufen höher ist, als dem verjüngten Querschnitt nach Tabelle 12.1, Tafel 2 entspricht, kann der Überlastschutz für den verjüngten Querschnitt entfallen. Dieses Leitungsstück darf nicht auf brennbaren Unterlagen, z. B. Holz, verlegt sein. Die VDE-Bestimmungen VDE 0100, § 41 N/12.65, die hier nur auszugsweise wiedergegeben sind, enthalten weitere, ins einzelne gehende Bestimmungen.

Überstromschutzorgane gegen *Kurzschluß* sind immer erforderlich; sie werden grundsätzlich am Anfang der Leitung angeordnet. Ein Überstromschutzorgan, das am Anfang der Leitung liegt, und das wie vorher beschrieben die VDE-Bestimmung VDE 0100, § 41 N, b 1.1/12.65 erfüllt, gilt gleichzeitig auch als Kurzschlußschutzorgan.

Zum reinen Kurzschlußschutz dürfen Leitungsschutzsicherungen oder Leitungsschutzschalter *bis zu drei Stufen* höher als der Zuordnung nach Tabelle 12.1, Tafel 1 und 2 entspricht, gewählt werden. Im Zuge der Leitung muß aber dann ein Überstromschutzorgan gegen Überlast eingebaut sein. Ferner muß hierbei gewährleistet sein, daß im Falle eines vollkommenen Kurzschlusses am Ende der Leitung ein bestimmter Kurzschlußmindeststrom zum Fließen kommen muß. Ist das Kurzschlußschutzorgan um *eine* Stufe höher gewählt, als es der Tabelle 12.1, Tafel 2 entspricht, so muß der Mindestkurzschlußstrom das *dreifache* des Auslösestromes des Überlaststromschutzorganes betragen. Ist das Kurzschlußschutzorgan um *zwei* Stufen höher gewählt so muß der Kurzschlußstrom mindestens das *sechsfache*, bei *drei* Stufen das *neunfache* des Auslösestromes des Überlaststromschutzorganes betragen.

Die VDE-Bestimmungen VDE 0100, § 41 N, c und d enthalten noch Sonderbestimmungen und Ausnahmen zu den auszugsweise oben wiedergegebenen Bestimmungen. Eine internationale Abstimmung der Vorschriften in den verschiedenen Ländern ist in Vorbereitung.

97. Beispiel. Von einer Netzeinspeisestelle A führt eine Drehstromleitung mit 4×10 mm² Cu (Mehraderleitung nach Gruppe 2) zu einem 30 m entfernten Knotenpunkt B, an dem zwei Drehstromleitungen mit 4×4 mm² Cu und $4 \times 2,5$ mm² Cu (beides sind Mehraderleitungen nach Gruppe 2) angeschlossen sind. Diese zwei Leitungen führen zu den je 30 m entfernten Verbrauchern C und D. Wie ist abzusichern, wenn der Verbraucher C im ungünstigsten Fall 30 A, und Verbraucher D 22 A aufnimmt? Die Speisespannung beträgt 380 V Drehstrom.

Bild 12.16 zeigt das Leitungsschema. Es ist in diesem Fall nicht notwendig, daß an der Verjüngungsstelle B Sicherungen angeordnet werden, obwohl die Verbraucher C und D mehr als 2 m vom Punkt B entfernt liegen.

An der Einspeisestelle A sind drei Sicherungen mit je 63 A Nennstrom erforderlich. Diese übernehmen den Kurzschlußschutz und den Überlastschutz für die Leitungsstrecke A nach B. Am Ende der Leitung B nach C benötigt man 3 Sicherungen mit je 35 A Nennstrom, während bei D je 3 Sicherungen mit 25 A Nennstrom erforderlich sind. Die Sicherungen bei C übernehmen den Überlastschutz der Leitung B nach C, während diejenigen

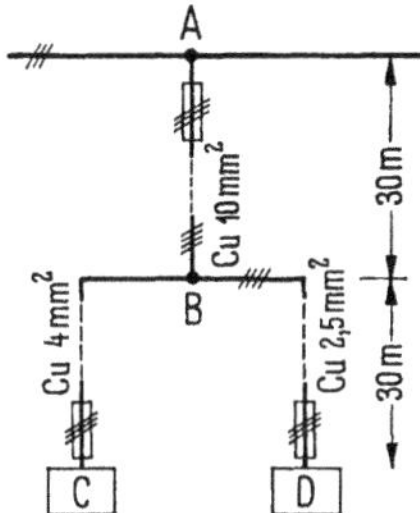

Bild 12.16. Stromsicherungen in einem industriellen Netz

bei D den Überlastschutz der Leitung B nach D übernehmen. Die Sicherungen bei A liegen um *zwei* Stufen über den Sicherungen bei C und um *drei* Stufen über den Sicherungen bei D. Deshalb muß im Kurzschlußfall an der Stelle C der *sechsfache* Sicherungsnennstrom von C zum Fließen kommen. Dies ergibt $I_{C\,mind.} = 6 \cdot 35\,A = 210\,A$. Bei der Abnahmestelle D sind die Sicherungen um drei Stufen kleiner als bei A. Deshalb muß dort im Kurzschlußfalle mindestens der *neunfache* Sicherungsnennstrom zum Fließen kommen, was $I_{D\,mind.} = 9 \cdot 25\,A = 225\,A$ ergibt.

Es ist nun an Hand der Leitungswiderstände und der Einspeisespannung nachzurechnen, ob im Kurzschlußfalle die Kurzschlußmindeststrombedingungen bei C und D erfüllt sind. Der Leitungswiderstand für die einfache Länge (30 m) einer 10 mm² Kupferleitung beträgt $R_{AB} = l/(\varkappa \cdot A) = 30\,m/(50\,m \cdot \Omega^{-1} \cdot mm^{-2} \cdot 10\,mm^2) = 0{,}06\,\Omega$. Entsprechend erhält man für die 4 mm² Leitung $R_{BC} = 0{,}15\,\Omega$ und für die Leitung mit 2,5 mm² $R_{BD} = 0{,}24\,\Omega$.

Tritt der Kurzschluß zwischen Phasenleiter und Mittelleiter (ungünstiger Fall) auf, so sind die Widerstände der Leitungsbahnen doppelt so groß wie die oben berechneten Werte.

Für den Kurzschluß im Punkt C bzw. D erhält man unter Berücksichtigung, daß im Kurzschlußfall die Speisespannung um 10% absinkt (dies muß gegebenenfalls nachgerecht oder gemessen werden), $I_C = 220\,V \cdot 0{,}9/(2 \cdot 0{,}06\,\Omega + 2 \cdot 0{,}15\,\Omega) = 471\,A$ und $I_D = 220\,V \cdot 0{,}9/(2 \cdot 0{,}06\,\Omega + 2 \cdot 0{,}24\,\Omega) = 330\,A$. Die Kurzschlußstrommindestforderung ist also erfüllt.

Genau genommen hätte man bei der Berechnung des Kurzschlußstromes auch noch die im Leitungszug liegenden Blindwiderstände berücksichtigen müssen. Für den hier beschriebenen Fall sind diese aber vernachlässigbar klein. Sind R_{ges} die gesamten ohmschen Widerstände und X_{ges} die gesamten induktiven Blindwiderstände in der Kurzschlußbahn, so beträgt der für die Kurzschlußstromberechnung in Ansatz zu bringende Scheinwiderstand $Z_{ges} = + \sqrt{R_{ges}^2 + X_{ges}^2}$. Die Blindwiderstände von Leitungen kann man Leitungs- und Kabeltabellen entnehmen. Falls dies nicht möglich ist, müssen sie gemessen werden.

12.2 Schaltanlagen

Eine Schaltanlage dient dazu, die einzelnen Erzeuger, Leitungen oder Verbraucher über Schalter miteinander zu verbinden und ein- oder ausschalten zu können. Dadurch ist eine Energieverteilung in vorgegebener Weise möglich. Die Schaltanlage hat ferner die Aufgabe, bei Störungen die sichere und rasche Abschaltung der gestörten Teile zu ermöglichen. Im Störungsfalle soll es durch sinnvolle Umschaltung auf andere Erzeuger oder Leitungen weitgehend möglich sein, daß die Verbraucher von der Störung nicht betroffen werden.

Eine Schaltanlage erfordert Schalt- und Meßgeräte, einen Überstromschutz sowie Sammelschienen, mit denen eine Verteilung der elektrischen Energie vorgenommen werden kann. Da bei Hochspannung mit *Leistungsschaltern* geschaltet wird, deren Kontakte meist nicht sichtbar sind, ist vorgeschrieben, daß bei Spannungen über 1 kV außerdem *Trennschalter* mit sichtbaren Kontakten anzuordnen sind. Es sind dies einfache Schalter, welche mittels Isolierstange von Hand oder durch einen besonderen Antrieb geschaltet werden können. Unter Strom darf mit ihnen niemals geschaltet werden. Das Schaltbild einer Schaltanlage, welches so einfach und übersichtlich wie möglich sein sollte, ist derart, daß sowohl die Stromerzeuger wie auch die verschiedenen Verbraucher in gleicher Weise an die Sammelschienen angeschlossen sind.

Der Anschluß von Generatoren erfolgt nach Bild 12.17 derart, daß zunächst der Spannungswandler Sp angeschlossen wird, damit man auch bei geöffnetem

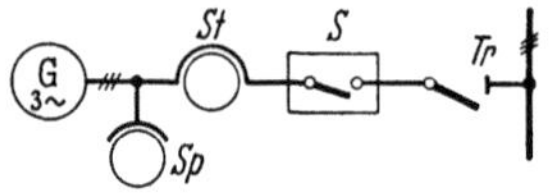

Bild 12.17 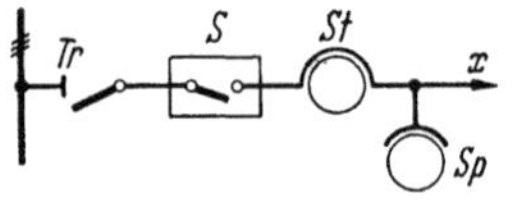   Bild 12.18

Schalter S die Maschinenspannung messen kann. Der Stromwandler St, welcher auch an anderer Stelle des Leitungszuges liegen könnte, wird zweckmäßig neben dem Spannungswandler angeordnet. Der Leistungsschalter S, welcher mit Überstromauslösung versehen ist, dient nicht nur zum Schalten unter Strom, sondern er muß auch im *Kurzschlußfall* den Generator sicher abschalten können. Der Trennschalter Tr ermöglicht eine Trennung von den Sammelschienen. Bei einer zu einem Verbraucher abgehenden Leitung ordnet man die Geräte nach Bild 12.18 so an, daß der Leistungsschalter alles andere abzuschalten erlaubt. Nur der Trennschalter Tr liegt davor. Ein Spannungswandler Sp ist hier nicht immer erforderlich. Besteht auf der abgehenden Leitung Wanderwellengefahr (stoßartige Überspannungen), dann ist an letzter Stelle (x) ein geeigneter Überspannungsschutz einzuschalten. In Bild 12.18 ist angenommen, daß von den Sammelschienen in der Pfeilrichtung die Energie dem Verbraucher zugeführt wird. Hat dieser Verbraucher selbst auch irgendwelche Spannungserzeuger, so muß an der Stelle x ein weiterer Trennschalter eingebaut werden.

Die *Sammelschienen* kommen als Einfach- und Mehrfachsammelschienensysteme vor, wie Bild 12.19 zeigt, wobei wegen der hohen Kosten der Hochspannungsleistungsschalter diese immer nur einfach, die Trenner aber mehrfach eingebaut werden. Der Zwek der Mehrfach-Sammelschienen ist, ohne Betriebspausen Umschaltungen vornehmen zu können.

Bild 12.20 veranschaulicht z. B., wie mit dem Generator I der Verbraucher C, bei dem ein Erdschluß aufgetreten sei, getrennt gespeist werden kann, während Generator II die übrigen Verbraucher A und V versorgt.

Große Übersicht erreicht man durch die *Hallenbauweise* und geschottete Hallenbauweise, welche Bild 12.21 veranschaulicht. Die Transformatoren befinden sich außerhalb, sind gut zugänglich und können leicht verladen werden.

Mit zunehmender Spannung wachsen die Leiterabstände und damit die Größe der Schalthäuser sehr stark. Höchstspannungsanlagen werden in der Regel als *Freiluftanlagen* gebaut. Alle Apparate stehen im Freien und sind so

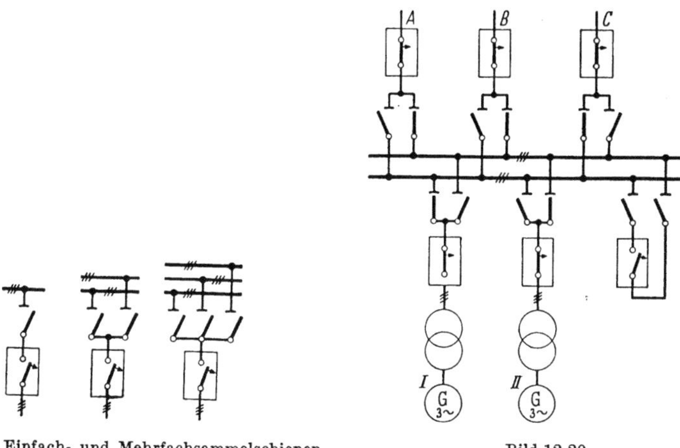

Bild 12.19. Einfach- und Mehrfachsammelschienen   Bild 12.20

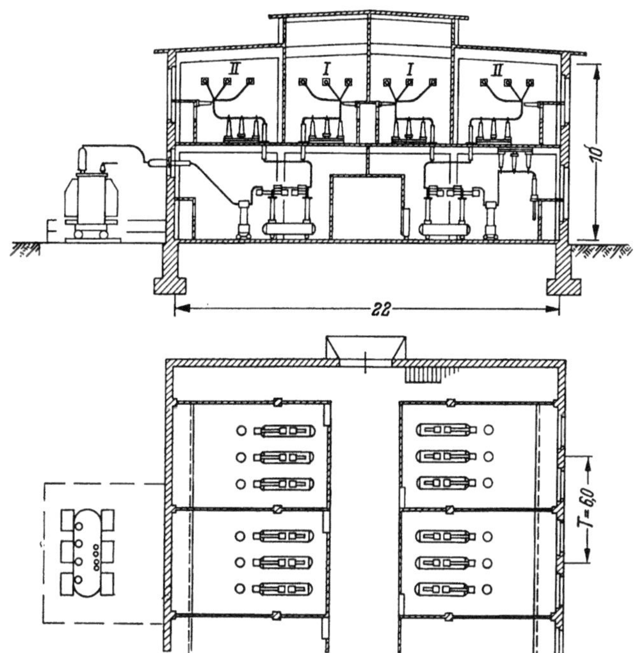

Bild 12.21. 110 kV Innenschaltanlage. Querschnitt und Teilgrundriß. Geschottete Doppelsammelschienen, Abzweige liegen einander gegenüber und besitzen Drehtrenner und Druckluftschnellschalter. Maße in m. Bauweise BBC

bemessen, daß sie auch bei den ungünstigsten Witterungsverhältnissen sicher arbeiten. Während man zunächst auch bei den Freiluftstationen, um Bodenfläche zu sparen, die Apparate in zwei verschiedenen Höhen anordnet, bevorzugt man heute die Flachbauweise, welche Bild 12.22 veranschaulicht. Die Betätigung der Leistungsschalter und Trennschalter erfolgt bei allen großen Schalt-anlagen durch Fernsteuerung von einer Schaltwarte aus.

Bei Transformatorenstationen in Industriebetrieben wird heute noch viel-fach die Zellenbauweise für die Hochspannungsschaltanlagen beibehalten.

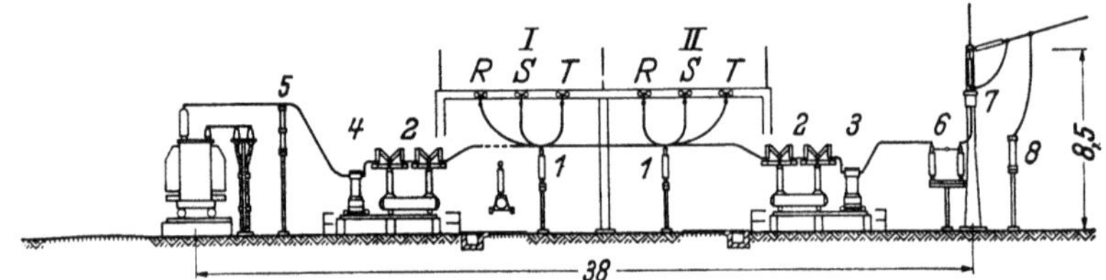

Bild 12.22. 110 kV Freiluftschaltanlage in Reihen-Längsbauweise (BBC). *1* Sammelschienentrenner; *2* Druck-luftschnellschalter; *3* kombinierter Wandler; *4* Stromwandler; *5* Überspannungsableiter; *6* Freileitungstrenner; *7* Hochfrequenzsperre für HF-Telefonie; *8* Kondensator für HF-Telefonie

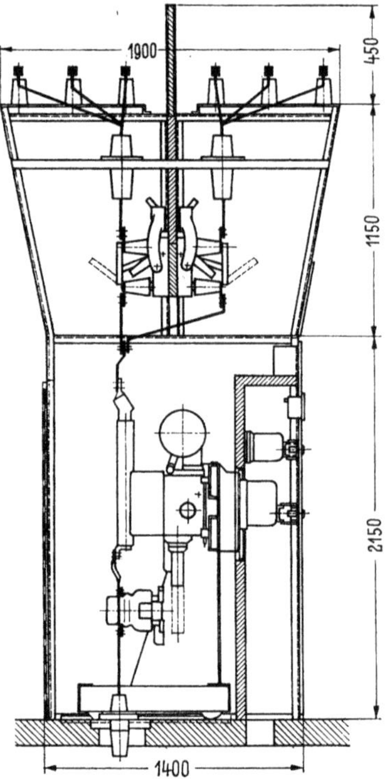

Bild 12.23. Schaltzeile einer 10 kV-Innenraumschaltanlage (AEG)

Bild 12.23 zeigt den Schnitt einer 10 kV-Schaltzelle mit Doppelsammelschienen, Trennschaltern, Leistungsschalter (Druckgasschalter) und Stromwandler in der AEG-Ausführung. Zum Schutz des Bedienenden ist eine Sicherheitsglasschutz-blende vorgesehen. Die Transformatoren sind in besonderen Transformator-zellen untergebracht. Die Niederspannungs-Schalt- und Verteilungsanlage be-findet sich außerhalb der Hochspannungsschaltanlage und wird vielfach als Guß-, Isolierstoff- oder Stahlblechverteilung (Baukastensystem) einfach an einer Wand angeordnet. Bei großen Anlagen stellt man Niederspannungs-gerüste auf, die die Schaltgeräte, Meßgeräte und Sicherungen tragen. In steigendem Maße werden wegen der einfachen Montage, kurzer Leitungsführung und aus Platzgründen Hoch- und Niederspannungsschaltanlagen unmittelbar im Verbraucherzentrum vollständig gekapselt aufgestellt. Diese Schrankschaltanlagen, die z. B. innerhalb von Fabrikhallen stehen können, werden beim Hersteller ganz vorgefertigt, so daß ihre Aufstellung und Inbetriebnahme in kürzester Zeit erfolgen kann. Der Austausch von Schaltgeräten für Wartungszwecke oder im Störungsfalle ist sehr einfach, da die Geräte ausgefahren werden können. Durch mechanische Vorrichtungen wird verhindert, daß dabei spannungsführende Teile berührt werden können. Auch ist sichergestellt, daß ein Ausfahren von Schaltgeräten nur in ausgeschaltetem Zustand möglich ist.

Die Schalter. In der Hochspannungstechnik werden ölarme oder öllose Strömungsschalter verwendet. Das Löschmittel hat die Aufgabe, durch Kühlung eine schnelle Löschung des Ausschaltlichtbogens herbeizuführen, damit die in ihm freiwerdende Energie den Schalter nicht gefährden kann. Ein über längere Zeitdauer brennender Schaltlichtbogen könnte nicht nur nach benachbarten Teilen überschlagen, sondern er könnte auch durch übermäßige Vergasung des Löschmittels unzulässige Überdrücke oder bei Vermischung der Gase mit der im Schalter befindlichen Luft Explosionsgefahr heraufbeschwören.

Die Vorgänge bei der Löschung eines Hochspannungslichtbogens sind kompliziert und es besteht heute noch eine Vielfalt von Ausführungsformen der Leistungsschalter. Wenn man bedenkt, daß die Temperatur im Kern eines Hochleistungslichtbogens bis zu 20000 °C beträgt, ist es verständlich, daß eine schnelle Löschung notwendig ist. Hierzu gehört eine gute Kühlung und Entionisierung des Lichtbogenraums. Bei den Ölschaltern besorgt dies der gebildete Öldampf und der durch Zersetzung entstehende Wasserstoff. Der letztere ist wegen seiner hohen spezifischen Wärme als Kühlmittel besonders geeignet. Daher kommt statt Öl auch Wasser mit Glykol als Löschflüssigkeit zur Verwendung, sowie Löschkammern, deren Innenwände durch die Wärmeeinwirkung chemisch Gase bilden (Hartgasschalter der AEG). Es ist wichtig, daß die Löschwirkung der Größe der zu schaltenden Leistung angepaßt ist. Ein zu rasches Unterbrechen kann zu Überspannungen führen, ein nicht hinreichendes Kühlen zum Stehenbleiben des Lichtbogens. Bei großen Schaltleistungen ist daher noch die Expansionswirkung der Gase zur Löschung auszunutzen (Expansionsschalter). Mit dieser kann nicht nur eine erhöhte Kühlung, sondern auch eine Ablenkung des Lichtbogens und bei Verlängerung desselben eine Andrückung an kühlende Flächen erzielt werden. Die üblichen Konstruktionen unterscheiden sich meist nur in der baulichen Durchbildung dieser Löschprinzipien.

An Stelle der im Schalterinneren erzeugten Löschmittel können solche auch von außen zugeführt werden. Meist verwendet man Druckluft (Druckluftschalter).

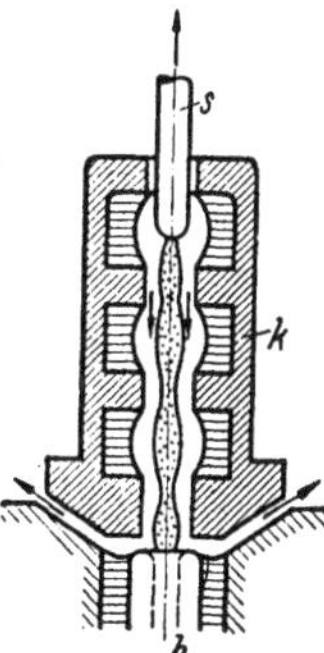

Bild 12.24. Rohrkammer mit Taschen.
h Kontakthülse; *k* Löschkammer; *s* Schaltstift

Eine verstärkte Ausnutzung der Expansion ist bei der Ausführung Bild 12.24 erreicht. Zwischen dem beweglichen Schaltstift *s* und dem Gegenkontakt *h* ist

ein Lichtbogen gezogen, welcher die Löschflüssigkeit in seitliche Taschen preßt,
so daß der Lichtbogen in inniger Verbindung mit dem Löschmittel bleibt
(Lichtbogen punktiert). Zwischen Lichtbogen und Flüssigkeit strömt die Gasschicht. Eine *elastische* Strömungslöschkammer zeigt Bild 12.25. In der Lösch-

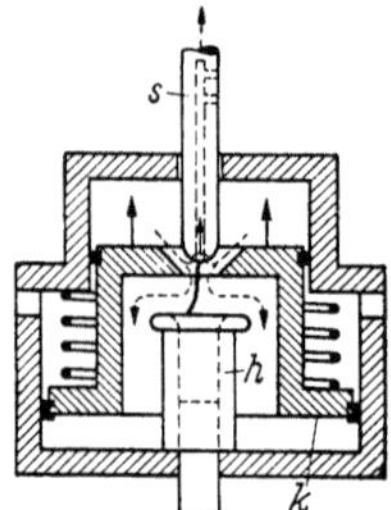

Bild 12.25. Elastische Strömungslöschkammer
(V. u. H.). *h* Kontakthülse; *k* Stufenkolben,
mit Kolbenringen; *s* Schaltstift

kammer befindet sich ein Stufenkolben *k*, welcher beim Ausschalten mittels
des beweglichen Schaltstiftes *s* durch den Gasdruck entgegen der Feder nach
oben bewegt wird. Dadurch wird das Öl durch den Lichtbogenkanal des
Kolbens gepreßt, wodurch infolge intensiver Kühlung die Löschung eintritt.
Nach dieser führt die Feder den Kolben wieder in die Ausgangsstellung zurück.
Bild 12.26 zeigt das Schema eines Innenraumdruckluftschnellschalters (*BBC*)

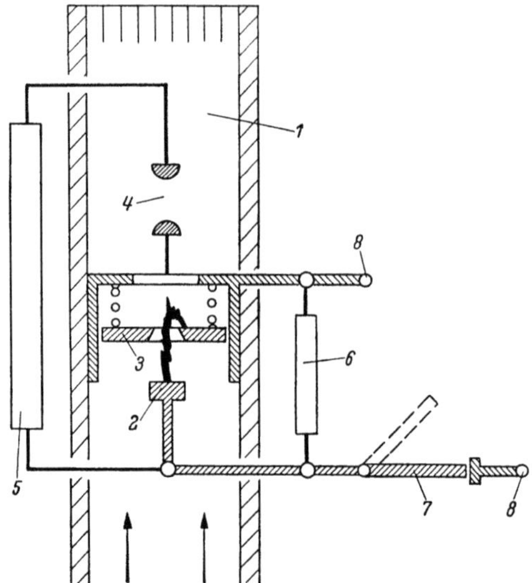

Bild 12.26. Schema eines Druckluftschnellschalters, Bauart BBC. *1* Löschkammer; *2* fester Kontakt; *3* beweglicher Kontakt (Düse); *4* Hilfsfunkenstrecke; *5* niederohmiger Widerstand; *6* hochohmiger Widerstand; *7* Serientrennschalter; *8* äußere Anschlüsse (BBC 44704f.)

im Augenblick des Abschaltens. Beim Abschalten strömt Druckluft von unten
nach oben durch die Löschkammer. Kontakt *3* wird von *2* abgehoben, ein
Lichtbogen brennt von *2* nach *3* und wird durch die Düse *3* geblasen. Er
erlischt beim Stromnulldurchgang. Beim Abschalten von sehr großen Kurz-
schlußströmen zündet durch Jonisation des Gases Hilfsfunkenstrecke *4*; Widerstand *5* ist dadurch zur Schaltstrecke parallel geschaltet. Der Spannungs-

anstieg der wiederkehrenden Spannung an der Schaltstrecke wird hierdurch auf einen vom Netz unabhängigen Wert begrenzt. Hilfsfunkenstrecke *4* erlischt dann. Durch den hochohmigen, spannungsabhängigen Widerstand *6* fließt noch ein kleiner Reststrom, den zum Schluß der Serientrennschalter *7* unterbricht. Mit der einfachen und zuverlässigen Druckluftsteuerung ist die Zwangsläufigkeit dieser zeitlich gestaffelten Vorgänge gewährleistet.

Der Überstrom- und Kurzschlußschutz. Sicherungen finden in Hochspannungsanlagen nur an untergeordneten Stellen und bei kleinen Leistungen Anwendung.

Zur Abschaltung von Betriebsströmen dienen *Lastschalter, Lasttrenner, Leistungstrenner* und *Leistungsschalter*. Lastschalter und Lasttrenner dienen zur Abschaltung sehr kleiner Leistungen (bis etwa 10 kVA). Sie dürfen nur an bestimmten Stellen mit kleiner Kurzschlußleistung eingebaut werden. Im allgemeinen erfolgt die Kurzschlußabschaltung durch Leistungsschalter, die daher nach der Kurzschlußleistung zu bemessen sind, und die um so größer sein müssen, je größer die Netzkurzschlußleistung an der Einbaustelle ist. Bild 12.27

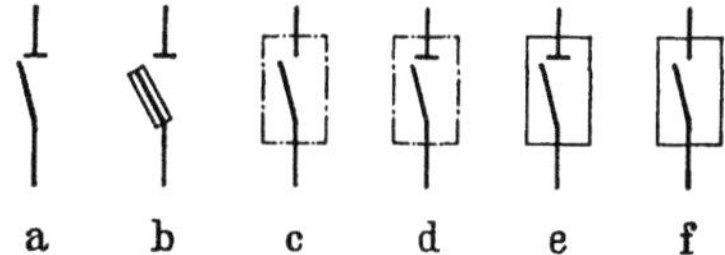

Bild 12.27. Schaltgeräte-Schaltzeichen nach DIN 40713. a. Trennschalter, Leerschalter; b. Sicherungstrennschalter; c. Lastschalter; d. Lasttrennschalter; e. Leistungstrennschalter; f. Leistungsschalter

zeigt die genormten Schaltzeichen für diese Schalter. Zur Bestimmung der erforderlichen Abschaltleistung der Leistungsschalter muß der Kurzschlußstrom an der Schaltstelle ermittelt werden. Die Auslösung der Schalter erfolgt elektromagnetisch. Sie ist von der Größe des Stromes abhängig. Der Schalter wird nach Anregung des Auslösers meist zeitverzögert geöffnet, wobei die Verzögerungszeit eingestellt werden kann. Auslösestromstärke und Auslösezeit sind in der Regel einstellbar. Bei sehr großen Strömen tritt eine unverzögerte Schnellauslösung ein.

Bei der *direkten* oder *primären* Auslösung wirkt der über den Schalter fließende Strom unmittelbar auf die Auslöseeinrichtung ein, während bei der *indirekten* oder *sekundären* Auslösung der Strom über einen Stromwandler der Auslösespule zugeführt wird.

Jeder Überstromschutz soll *selektiv* wirken, d. h. er soll nur den kranken Teil zur Abschaltung bringen. In einem Radialnetz (Strahlennetz) nach Bild 12.1 läßt sich dies mit Sicherungen nur dadurch erreichen, daß man diese nach der Größe ihrer Nennstromstärke staffelt. Trotzdem kann es bei Kurzschlüssen vorkommen, daß außer der der Kurzschlußstelle voraufgehenden Sicherung noch weitere durchbrennen. Mittels der oben betrachteten Auslösungen läßt sich eine Zeitstaffelung vornehmen, derart, daß die Auslösezeit um so geringer eingestellt wird, je weiter der Schalter von dem Kraftwerk oder der Verteilerstation entfernt ist. Die Zahlen in Bild 12.1 sollen die Auslösezeitverhältnisse t_{ausl}/t_{32} angeben. Hierin ist t_{32} die Auslösezeit der an der Sammelschiene S2 angeschlossenen Schalter. Parallele Leitungen (Bild 12.28) können mit den

erwähnten Auslösungen nicht hinreichend geschützt werden. Bei einem Kurzschluß an der Stelle x würde zuerst eine Abschaltung dieser Leitung am Kraftwerk eintreten. Da dann aber Strom über die zweite Leitung zur Kurzschlußstelle fließt, kommt auch diese gesunde Leitung zur Abschaltung. Man kann

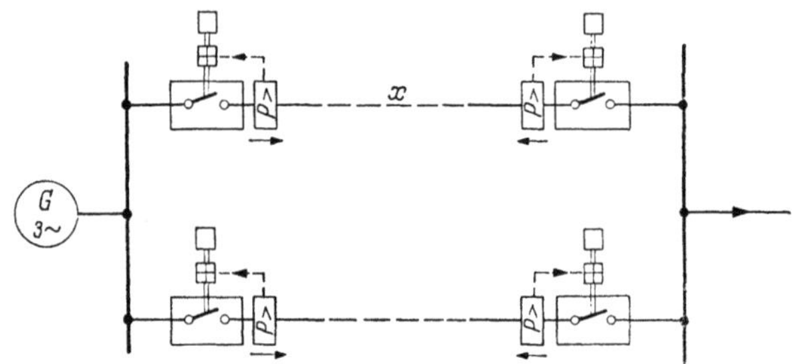

Bild 12.28. Kurzschlußschutz paralleler Leitungen durch richtungsabhängige Primärauslöser

dies dadurch vermeiden, daß man statt der betrachteten neutralen Relais, die
auf *jede* Stromrichtung in gleicher Weise wirken, *Richtungsrelais* benutzt. Es
sind meist elektromagn. Relais, sie lösen nur bei einer bestimmten Energie-
flußrichtung aus. (In Bild 12.28 ist die Richtung, bei welcher sie auslösen
können, durch einen Pfeil angegeben.) Der Kurzschluß x wird nun zuerst den
Schalter am Leitungsanfang auslösen, und wenn nun Rückstrom über die
benachbarte Leitung zur Kurzschlußstelle fließt, wird die Leitung x am Ende
abgeschaltet. Die benachbarte gesunde Leitung bleibt daher im Betrieb. In
entsprechender Weise läßt sich ein Ringnetz nach Bild 12.2 schützen. Wenn z. B.
an der Stelle x ein Kurzschluß auftritt, kommt bei den eingeschriebenen Abschalt-
zeitverhältnissen nur das kranke Stück x zur Abschaltung. Man bezeichnet diese
Staffelung als *gegenläufige Zeitstaffelung*. Bei ihr sind jedoch Fehlschaltungen
nicht ganz ausgeschlossen, weil in unmittelbarer Nähe der Kurzschlußstelle
die Spannung derart absinkt, daß die richtige Wirkung des Richtungsrelais in
Frage gestellt sein kann. In vermaschten Netzen ist diese Gefahr noch größer,
und daher gelingt bei ihnen eine selektive Abschaltung nur mit den *Schein-
widerstandsrelais* (*Impedanzrelais*) oder *Distanzrelais*. In diesem Relais bewirken ein Stromglied und ein Spannungsglied die Auslösung. Bei Eintritt
eines Kurzschlusses beeinflußt nicht nur der *vergrößerte* Strom, sondern auch
die *verkleinerte* Spannung die Auslösung; es ist also die Impedanz (Spannung/
Strom) für die Abschaltzeit maßgebend, die mit der Distanz von der Kurzschlußstelle wächst.

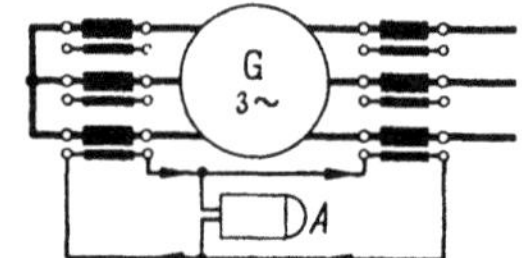

Bild 12.29. Differentialschutz eines Generators

Für einzelne Leitungen, Generatoren oder Transformatoren wird bei größeren Leistungen der *Differentialschutz* häufig angewandt. Bild 12.29 stellt ihn
in Anwendung auf einen Generator dar. Die Sekundärwicklung der vor und
hinter dem Generator liegenden Stromwandler sind in Reihe geschaltet. So-

bald eine Differenz zwischen den Strömen vor und hinter der Wicklung auftritt,
löst das Relais aus. Der Differentialschutz schützt also vor inneren Störungen,
die durch den Überstromschutz nicht erfaßt werden.

Die Verteilungspunkte. Das in Bild 12.6 dargestellte Industrieverteilernetz
enthält eine ganze Anzahl Verteilungspunkte. Mehrere benachbarte Hochspannungsmotoren erhalten zweckmäßig eine gemeinsame Zuleitung mit einem
Verteilungspunkt V_1. Ein solcher wurde früher nach Art der Schaltanlagen
in Schalträumen aufgebaut. Heute bevorzugt man geschlossene Schrank-
verteilungen, die wenig Raum beanspruchen, ohne Gefahr bedient werden
können und gegen Staub geschützt sind.

Verteilungen für mittlere und kleine Motoren (bis 500 V, V_3 in Bild 12.6)
werden in guß-, stahlblech- oder isolierstoffgekapselter Form hergestellt. Dies
hat den Vorteil, daß die Geräte vor Staub und Feuchtigkeit geschützt sind,
daß sie sich auf geringem Wandraum, auch freistehend und selbst in Eckn
unterbringen lassen, daß sie sich durch Ansetzen von Verteilungskasten beliebig vergrößern lassen und daß eine gefahrlose Bedienung gewährleistet ist.
Derartige Verteilungen wird man in jedem Fabrikgebäude, welches zahlreiche
Motoren enthält, errichten müssen. Bei größeren Motorleistungen kann sogar
die Anlage mehrerer Verteilungspunkte zweckmäßig sein. Meist wird bei dem
Anschluß der Verteilungen das Radialsystem bevorzugt, weil es einfach und
billig ist. Wo der Betrieb eine erhöhte Sicherheit erfordert, ist es jedoch zweckmäßig, wichtigen Verteilungspunkten Spannungen von *mehreren* Transformatorenstationen zuzuführen oder Verbindungskabel zwischen den Verteilungspunkten zu legen (Bild 12.6 V_3 und V_4). Derartige Ringverbindungen können
im normalen Betrieb offen sein und werden nur bei Störungen in der direkten
Stromzufuhr in Benutzung genommen. Der Aufbau der Schaltanlage ist derart,
daß an einen zusammengesetzten Sammelschienenkasten nach oben oder unten
Schaltkasten, Sicherungs- oder Trennschalterkasten, Zähler, Stecker od. dgl.
angesetzt werden. Die Schalter erhalten meist Überstromauslösung. Nur bei
kleinen Leistungen werden Sicherungen verwandt. Die Zuleitung zu den
Sammelschienen benötigt eigentlich an dieser Stelle keinen Schalter. Es ist
jedoch oft aus betrieblichen Gründen zweckmäßig, sie über einen Schalter zu
führen; notwendig ist es, wenn die Verteilung mehrere Zuleitungen besitzt.
Kleinere Motoren werden zu Gruppen zusammengefaßt. Man wird also bei
kleineren Leistungen einen Sicherungskasten, bei großen Leistungen einen
Schaltkasten mit Kurzschluß- und Überstromauslösung in den Sammelschienen-
abzweig legen. Größere, oder besonders wichtige Motoren erhalten ihren eigenen
Abzweig. Steht der Motor in geringer Entfernung vom Verteilungspunkt, so
kann der Verteilungsschalter unmittelbar als Motorschalter benutzt werden.
Vorteilhaftig ist es, die Schaltkasten der Verteilung mit Fernsteuerung zu versehen und vom Motor aus mittels Tastschalter zu schalten. Antriebe, welche
aus Sicherheitsgründen doppelt vorhanden sind, dürfen nicht an einen und
denselben Abzweig gelegt werden, damit bei einer Störung im elektrischen Teil
nicht beide Antriebe stilliegen. Die gründliche Durcharbeit einer Verteilungsanlage unter Beachtung der Betriebssicherheit, der bequemen Bedienbarkeit
und geringster Anlagekosten ist von großer Bedeutung. Bei der Planung

sollten immer Reservemöglichkeiten für Änderungen oder zukünftige Erwei
terungen vorgesehen werden. Die Stromzuführung zu den einzelnen Energie-
verbrauchern kann verschiedenartig ausgeführt werden, wie durch Verlegung
der Leitungen in Leitungskanälen, durch Auf- und durch Unterputzmontage.
Neuerdings setzt sich immer mehr die gekapselte Schienenverteilung mit veränderlichen Abgängen durch. Diese Verteilungen werden als gestreckte, gekapselte Sammelschienen entlang oder über den Arbeitsmaschinen angebracht.
Mit einer anderen Art der Energieverteilung wird eine solche Freizügigkeit
erreicht. Ein wichtiger Vorzug ist dabei auch der Wegfall jeglicher Installations-
arbeiten beim Abtrennen oder Anschließen der Verbraucher, so daß der Anschluß der Maschinen beim Übergang auf ein anderes Fertigungserzeugnis, der
häufig mit Umdispositionen verbunden ist, rasch, einfach und billig durchgeführt werden kann. Die Betriebssicherheit fordert, daß die Lichtabzweige so
gewählt werden, daß sie bei Störungen im Kraftbetrieb möglichst nicht beeinflußt werden. Bei Wahl der genormten Verteilungsspannung 380/220 V können
die Mootren an 380 V, die Beleuchtung zwischen Außen- und Nulleiter an
220 V angeschlossen werden.

13. Elektrische Antriebe

13.1 Betriebsarten

Kein anderer Motor besitzt die Anpassungsfähigkeit des Elektromotors. Er kommt mit Leistungen von Bruchteilen eines Watts bis zu Leistungen von 50000 kW (z. B. Pumpspeicherkraftwerk) zur Anwendung. Die Drehzahl kann in Sonderfällen, z. B. bei Kreiselantrieben oder Ultrazentrifugen, bis zu 100000 min^{-1} betragen. Steuerungen der Drehzahl sind in weiten Grenzen möglich. Anlassen und Stillsetzen ist beispiellos einfach, und es gibt Umkehrantriebe mit 7000 Umkehrungen je Stunde (0,2 kW). Ebenso kann die Betriebszeit der Arbeitsmaschine völlig angepaßt werden.

Die Bestimmungen für elektrische Maschinen (VDE 0530, Teil 1) definieren in § 8 die nachfolgend genannten Nennbetriebsarten (s. Bild 13.1):

Dauerbetrieb S1. Bei dieser Betriebsart liegt ein Betrieb mit konstanter Belastung, die gleich der Nennleistung ist, vor. Die Betriebszeit dauert so lange, daß der thermische Beharrungszustand (Bild 13.1 a) erreicht wird.

Kurzzeitbetrieb S2. In diesem Falle ist die Maschine ebenfalls mit konstanter Belastung im Betrieb, die gleich der Nennleistung ist. Die Betriebszeit ist jedoch so kurz, daß der thermische Beharrungszustand nicht erreicht wird. Die Pause nach der Betriebszeit ist so lange, daß die Maschine sich wieder auf die Temperatur des Kühlmittels abkühlen kann (Bild 13.1 b). Empfohlene Werte für die Dauer des Kurzzeitbetriebs sind: 10, 30, 60 und 90 min. Auf dem Leistungsschild einer Maschine für Kurzzeitbetrieb muß die Kurzzeitbetriebsdauer angegeben sein.

Aussetzbetrieb S3 ohne Einfluß des Anlaufes auf die Temperatur. Die Maschine ist im Betrieb mit einer dauernden Folge von gleichartigen Spielen. Die Spielzeit t_s umfaßt die Zeit mit konstanter Belastung t_B, die gleich der Nennleistung ist, und die Stillstandszeit t_{St}. Innerhalb eines einzelnen Spieles wird weder bei Belastung noch bei Stillstand die jeweilige Beharrungstemperatur erreicht (Bild 13.1 c). Die Spieldauer t_S beträgt, falls nicht anders vereinbart, 10 min. Das Verhältnis aus t_B/t_S heißt relative Einschaltdauer. Meist wird mit der prozentualen relativen Einschaltdauer $(t_B/t_S) \cdot 100\%$ gerechnet. Empfohlene Werte für die prozentuale relative Einschaltdauer sind 15%, 25%, 40% und 60%. Bei der Betriebsart S3 ist vorausgesetzt, daß die Erwärmung der Maschine nicht wesentlich durch die beim jeweiligen Anlauf auftretenden Stromspitzen beeinflußt wird.

Aussetzbetrieb S4 mit Einfluß des Anlaufes auf die Temperatur. In diesem Fall liegt eine Betriebsart vor, die sich von der Betriebsart S3 dadurch unterscheidet, daß die Spielzeit t_S sich aus der Anlaufzeit t_A, der Betriebszeit t_B und der Stillstandszeit t_{St} zusammensetzt. Durch die erhöhten Verluste während der Anlaufzeit t_A wird die Erwärmung der Maschine mit beeinflußt

(Bild 13.1 d). Der Stillstand des Motors kommt wie bei der Betriebsart S3 nach dem jeweiligen Abschalten entweder durch natürlichen Auslauf oder durch mechanische Bremsung zustande. Das Stillsetzen der Maschine verursacht also keine zusätzliche Erwärmung.

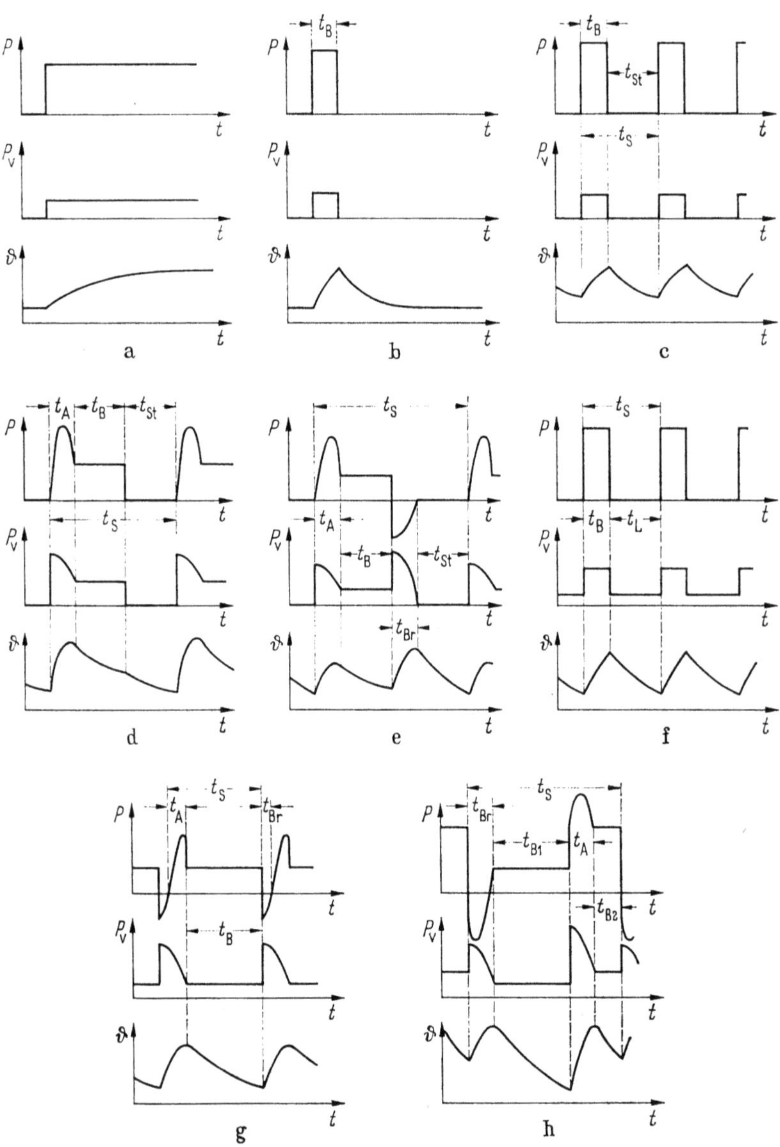

Bild 13.1. Nennbetriebsarten nach VDE 0530.

a. Dauerbetrieb S1; b. Kurzzeitbetrieb S2; c. Aussetzbetrieb S3 ohne Einfluß des Anlaufes auf die Temperatur; d. Aussetzbetrieb S4 mit Einfluß des Anlaufes auf die Temperatur; e. Aussetzbetrieb S5 mit Einfluß des Anlaufes und der Bremsung auf die Temperatur; f. Durchlaufbetrieb S6 mit Aussetzbelastung; g. ununterbrochener Betrieb S7 mit Anlauf und Bremsung; h. ununterbrochener Betrieb S8 mit Polumschaltung.

P = Leistung der Maschine; P_V = elektrische Verlustleistung; ϑ = Temperatur; t_S = Spielzeit; t_B = Betriebszeit; t_{St} = Stillstandszeit; t_A = Anlaufzeit; t_{Br} = Bremszeit, t_L = Leerlaufzeit

Aussetzbetrieb S5 mit Einfluß des Anlaufes und der Bremsung auf die Temperatur. Bei dieser Betriebsart treten, hervorgerufen durch die elektrische Bremsung der Maschine, zusätzliche Verluste während der Bremszeit t_Br auf (Bild 13.1e). Die Spielzeit t_S ist deshalb $t_\mathrm{S} = t_\mathrm{A} + t_\mathrm{B} + t_\mathrm{Br} + t_\mathrm{St}$.

Durchlaufbetrieb S6 mit Aussetzbelastung. Hier handelt es sich um eine Betriebsart, bei der eine dauernde Folge von gleichartigen Spielen vorliegt. Innerhalb der Spielzeit liegt eine Zeit t_B mit kontanter Belastung, die gleich der Nennleistung ist, und eine Zeit t_L, in der die Maschine leerläuft. Innerhalb eines einzelnen Spieles wird weder bei Belastung noch bei Leerlauf die jeweilige Beharrungstemperatur erreicht (Bild 13.1f). Falls nicht anders vereinbart, beträgt die Spieldauer $t_\mathrm{S} = 10$ min. Als prozentuale, relative Einschaltdauer werden die Werte 15%, 25%, 40% und 60% empfohlen.

Ununterbrochener Betrieb S7 mit Anlauf und Bremsung. Es liegt eine dauernde Folge von gleichartigen Spielen vor. Jedes der Spiele umfaßt eine Anlaufzeit t_A, eine Betriebszeit t_B und eine Bremszeit t_Br. Eine Stillstandszeit tritt nicht auf, die Maschine liegt dauernd an Spannung. Während der Betriebszeit ist die Maschine konstant belastet, die Belastung ist gleich der Nennleistung. In der Bremszeit wird die Maschine elektrisch (z. B. durch Gegenstrom) gebremst. Innerhalb eines einzelnen Spieles wird am Ende der Zeiten t_A, t_B oder t_Br die jeweilige Beharrungstemperatur (Bild 13.1g) nicht erreicht.

Ununterbrochener Betrieb S8 mit Polumschaltung. Auch hier liegt eine Folge von gleichartigen Spielen vor. Auf eine Zeit mit konstanter Belastung und zugehöriger Drehzahl folgt unmittelbar anschließend eine Zeit anderer Belastung mit anderer Drehzahl (Bild 13.1h). Die Spielzeit t_S setzt sich aus folgenden Zeiten zusammen: Betriebszeit t_B1, Anlaufzeit t_A auf größere Drehzahl, Betriebszeit t_B2, Bremszeit t_Br auf niedere Drehzahl. Bei dreifachpolumschaltbaren Maschinen kann natürlich innerhalb eines Spieles noch eine weitere Betriebszeit t_B3 und eine Anlauf- oder Bremszeit folgen.

Unter Nennleistung versteht man bei allen geschilderten Betriebsarten diejenige Leistung, für die die Maschine vom Lieferer bestimmt, und die auf dem Leistungsschild angegeben ist. Auf diesem ist, außer bei Maschinen für Dauerbetrieb S1, auch die Betriebsart (Kurzzeichen S2 bis S8), Betriebsdauer und relative Einschaltdauer angegeben. Z. B.: S 2 — 60 min oder S3 — 25%. Die Angabe der Spieldauer erfolgt nur, wenn der empfohlene Richtwert von 10 min nicht zugrundegelegt ist.

Bei den Nennbetriebsarten S4, S5, S7 und S8 ist außerdem die Anzahl der Spiele je Stunde (c/h) und der Trägheitsfaktor FI angegeben.

Der Trägheitsfaktor FI (factor of inertia) ist das Verhältnis des Trägheitsmomentes [s. Gl. (13.8)] aller auf die Drehzahl des Motors umgerechneten und von ihm angetriebenen Trägheitsmomente einschließlich des Trägheitsmomentes des Motorläufers zum Trägheitsmoment des Motorläufers. Es ist also

$$FI = (J_\mathrm{ers} + J_\mathrm{mot})/J_\mathrm{mot}\,. \tag{13.1}$$

Z. B.: S4 — 25% — 120 c/h — FI 2 oder S7 — 250 c/h — FI 2,2.

Entsprechend den VDE-Bestimmungen 0530 darf die höchste Temperatur eines Maschinenteiles bei keiner Betriebsart über der zulässigen Grenzübertemperatur liegen. Die Grenzübertemperaturen gelten unter der Voraussetzung, daß die Temperatur des zuströmenden gasförmigen Kühlmittels 40 °C nicht überschreitet. Die Tabelle 13.1 gibt für einige Isolierstoffklassen die Werte an.

Außer der Erwärmungsbedingung muß der Motor noch eine zweite Bedingung erfüllen. Er muß bei einer bestimmten Drehzahl das von der Arbeitsmaschine geforderte Drehmoment abgeben können. Im allgemeinen ist die Erwärmungsbedingung die bestimmende, weil meistens bei der *Nenn*leistung, durch die der Motor gekennzeichnet ist, die Temperaturgrenze bereits erreicht ist, nicht aber die Grenze des Drehmoments, das *Kippmoment*. Die VDE-Bestimmungen 0530 verlangen, daß Gleichstrom- und Mehrphaseninduktions-Motoren für die Betriebsarten S1 bis S8 mindestens mit dem 1,6fachen Nennmoment 15 s überlastbar sein müssen. Hierbei darf kein Kippen oder keine wesentliche Drehzahländerung auftreten. Mehrphasensynchronmaschinen müssen 15 s lang, ohne außer Tritt zu fallen, bei Nennerregung folgendes Drehmoment entwickeln: $1{,}35 \cdot M_\mathrm{N}$ bei Vollpolmaschinen, $1{,}5 \cdot M_\mathrm{N}$ bei Schenkel·polmaschinen.

Wenn ein Motor für Dauerbetrieb (Betriebsart S1) eine Nennleistung P_N hat, so heißt dies, daß er bei dauernder Belastung mit P_N (gewöhnlich erst nach mehreren Stunden) eine Beharrungsübertemperatur gleich der Grenzübertemperatur annimmt. Derselbe Motor würde im Kurzzeitbetrieb bei gleicher Leistung mit Einschaltzeiten von z. B. 30 min eine kleinere Temperaturerhöhung zeigen. Auch im Aussetzbetrieb würde er bei gleicher Leistung wegen der ständig vorkommenden Pausen nicht die Grenzübertemperatur erreichen. Hieraus folgt, daß Motoren *gleicher Baugröße* für Kurzzeitbetrieb oder Aussetzbetrieb *höhere* Nennleistungen aufweisen als Motoren für Dauerbetrieb.

Das Verhältnis der oben genannten beiden Bedingungen verschiebt sich hierdurch. Während im Dauerbetrieb die Erwärmungsbedingung die bestimmende war, kann im kurzzeitigen und aussetzenden Betrieb wegen der für kurze Zeit geforderten Höherbelastung das Drehmoment die Motorgröße bestimmen, zumal für diese Betriebsweise der Arbeitsmaschinen infolge der Schwierigkeit des Anlaufs meist hohe Momente nötig sind.

13.2 Wechselwirkung zwischen Antriebsmotor und Arbeitsmaschine

Jede Arbeitsmaschine setzt im stationären Zustand ($n = $ const) dem Drehmoment des Antriebsmotors M_m ein widerstehendes Moment M_w von gleicher Größe entgegen. Dieses Gegendrehmoment der Arbeitsmaschine besteht aus zwei Teilen, dem Nutzdrehmoment und dem Reibungsmoment. Im nichtstationären Zustand (Drehzahlveränderung) kommt noch das Drehmoment M_a zur Beschleunigung oder Verzögerung der Massen und Trägheitsmomente hinzu.

Die allgemeine Bewegungsgleichung lautet deshalb für rotierende Massen

$$M_\mathrm{m} - M_\mathrm{w} - M_\mathrm{a} = 0 \,. \tag{13.2}$$

Bei gleichbleibender Drehzahl tritt ein Beschleunigungsmoment nicht auf, es stehen dann also die beiden zuerst genannten Drehmomente im Gleichgewicht. Ein Überwiegen des Antriebsmomentes führt zu einer Beschleunigung, eine

Tabelle 13.1

Klasse	Beispiele für die Einteilung (nach Tafel 4, VDE 0530)			Höchstzulässige Dauertemperatur (nach Tafel 3, VDE 0530)	Grenzübertemp. an der heißesten zugänglichen Stelle (nach Tafel 5, VDE 0530)
	Isolierstoffe	Bindemittel, Tränkmittel bei der Herstellung der Isolierstoffe	Tränkmittel für die Behandlung der eingebauten Isolierstoffe		
Y	Baumwolle, Zellwolle, Kunstseide, Naturseide, Papier, Preßspan	keine	nicht erforderlich	90 °C	50 °C
	Naturgummi, Polyäthylen, Polyvinylchlorid				
A	Baumwolle, Zellwolle, Kunstseide, Naturseide, Papier, Preßspan, Drahtlacke auf Ölharzbasis	keine	Asphaltlacke, Schellack Naturharze Isolieröl	105 °C	65 °C
E	Drahtlacke auf Polyvinylacetal-, Polyurethan-, Polyamid oder Epoxidbasis	keine	Kunstharzlacke, Vernetzte Polyester-Harze Epoxid-Harze	120 °C	80 °C
	Preßteile mit Cellulose-Füllkörper	Melamin-Formaldehyd-Harze			
H	Glasfaser, Asbest	keine	Silicon-Harze	180 °C	135 °C
	Lackbehandelte Glasfasertextilien	Silicon-Harze Silicon-Kautschuk			
	Folien auf Polyimidbasis	keine			
	Silicon-Kautschuk	keine	nicht erforderlich		

Verringerung des Antriebsmomentes zu einer Verzögerung der Arbeitsmaschine. Sofern Verwechselungen ausgeschlossen sind, wollen wir für das Motormoment M_m einfach nur den Buchstaben M schreiben.

13.2.1 Elektrischer Antrieb ohne Berücksichtigung der Massenwirkung

a) Der stationäre Betrieb. Die Größe des *Motordrehmomentes M ist durch die Gl. (5.16)* bestimmt und bei Belastungsschwankungen, abgesehen von den Synchronmotoren, mehr oder weniger drehzahlabhängig. Das Gegenmoment der *Arbeitsmaschine M_w* hängt von dem Arbeitsvorgang ab, es kann ebenfalls drehzahlabhängig sein. Ein Hebezeug wird zur Aufwärtsbewegung einer bestimmten Last und angenähert auch zur Überwindung der Reibungswiderstände ein Antriebsmoment benötigen, welches bei allen Drehzahlen das gleiche ist, wie Linie *1* in Bild 13.2 darstellt. Lüfter oder Kreiselpumpen hingegen weisen bei wachsender

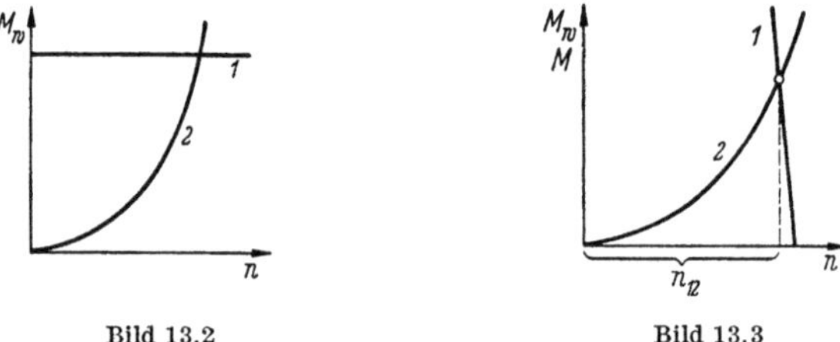

Bild 13.2
Bild 13.3

Drehzahl ein quadratisch zunehmendes Drehmoment auf (Linie *2* in Bild 13.2). Typische Momentenlinien von Arbeitsmaschinen zeigt Bild 13.32. Zur Bestimmung der Antriebsverhältnisse ist es also notwendig, die Drehmomentenlinie der Arbeitsmaschine durch Rechnung oder Messung festzulegen. Hierbei sei zunächst angenommen, daß das Reibungsmoment der mechanischen Teile unabhängig von der Drehzahl ist, während z. B. das zur Überwindung von Flüssigkeitsreibung aufzuwendende Drehmoment proportional mit dem Quadrate der Strömungsgeschwindigkeit der Flüssigkeit wächst. Wir erhalten den stationären Betriebspunkt eines solchen Antriebs nun einfach dadurch, daß wir die Drehmomentenlinie des Motors und der Arbeitsmaschine zusammen aufzeichnen, wie dies Bild 13.3 z. B. für eine Kreiselpumpe (*2*) und einen Drehstrommotor (*1*) zeigt. Der Schnittpunkt beider Linien gibt die sich einstellende Drehzahl an.

Häufig ist es ratsamer, das Zusammenwirken von Motor und Arbeitsmaschine rechnerisch zu ermitteln. Hierbei genügt es vollständig, wenn man angenäherte Beziehungen benutzt. Es soll z. B. untersucht werden, wie sich die Drehzahl eines Reihenschlußmotors bei Variation der Spannung ändert, wenn er

a) eine Arbeitsmaschine mit konstantem Drehmoment (Kran),

b) eine solche mit proportional zur Drehzahl wachsendem Moment (Kalander),

c) eine Arbeitsmaschine mit quadratisch zunehmendem Drehmoment (Kreiselpumpe) antreibt.

Die Widerstandsmomente sind dann für die drei Fälle:

$$\text{a) } M_\mathrm{w} = c_\mathrm{a} \qquad \text{b) } M_\mathrm{w} = c_\mathrm{b} \cdot n \qquad \text{c) } M_\mathrm{w} = c_\mathrm{c} \cdot n^2 . \tag{13.3}$$

Hierin sind c_a, c_b und c_c Konstanten, n ist die Drehzahl der Arbeitsmaschine, und bei direkter Kupplung auch gleichzeitig die Motordrehzahl. Ist M_{wN} das *Nenn*widerstandsmoment und n_N die *Nenn*drehzahl der Arbeitsmaschine, so gelten dieselben Gleichungen auch für Nennbetrieb, wobei die Buchstaben M und n den zusätzlichen Index N erhalten. Setzen wir noch voraus, daß 1. das Motor*nenn*moment M_N und das Widerstands*nenn*moment M_{wN} gleich groß sind, und 2. die Motor*nenn*drehzahl n_N gleich groß wie die Arbeitsmaschinen-*nenn*drehzahl ist, so erhält man mit den Gleichungen (13.3)

$$\text{a) } \frac{M_w}{M_N} = 1 \, . \qquad \text{b) } \frac{M_w}{M_N} = \frac{n}{n_N} \, . \qquad \text{c) } \frac{M_w}{M_N} = \left(\frac{n}{n_N}\right)^2 . \qquad (13.4)$$

Unter Benützung von Gl. (5.18) ergibt sich mit $I_A = I$ für den Reihenschlußmotor $M = c_M \cdot \Phi \cdot I$ und $M_N = c_M \cdot \Phi_N \cdot I_N$. Nimmt man näherungsweise noch Proportionalität zwischen Strom und Fluß an, so wird $M/M_N = (I/I_N)^2$. Mit Gl. (5.5) wird ferner $U_q/U_{qN} = (I/I_N)\,(n/n_N)$ und damit $M/M_N = (U_q/U_{qN})^2\,(n_N/n)^2$. Setzen wir in Gl. (5.6) den inneren Spannungsfall $R_A \cdot I_A$ näherungsweise gleich null, so ist $U = U_q$ und damit $M/M_N = (U/U_N)^2\,(n_N/n)^2$. Im stationären Betrieb ist aber $M_w = M$, und man erhält mit den Gleichungen (13.4)

$$\text{a) } \frac{n}{n_N} = \frac{U}{U_N} \qquad \text{b) } \frac{n}{n_N} = \left(\frac{U}{U_N}\right)^{2/3} = \sqrt[3]{\left(\frac{U}{U_N}\right)^2} \qquad \text{c) } \frac{n}{n_N} = \left(\frac{U}{U_N}\right)^{1/2} = \sqrt{\frac{U}{U_N}} \, .$$

Die Nennspannung U_N und die Nenndrehzahl n_N sind gegebene Größen; es ist also

$$\text{a) } n \sim U \qquad \text{b) } n \sim U^{2/3} \qquad \text{c) } n \sim U^{1/2} \, .$$

Bild 13.4 stellt diese Abhängigkeit dar. Spannungsschwankungen beeinflussen demnach die Drehzahl eines Reihenschlußmotors mehr, wenn er einen Kran

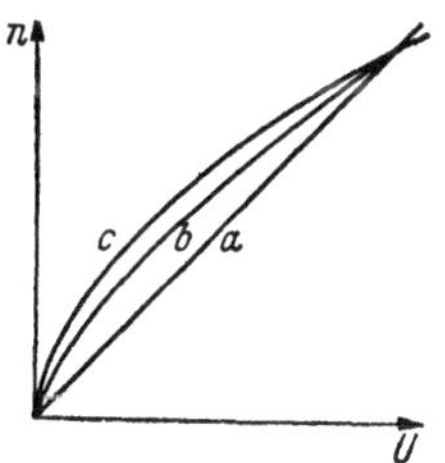

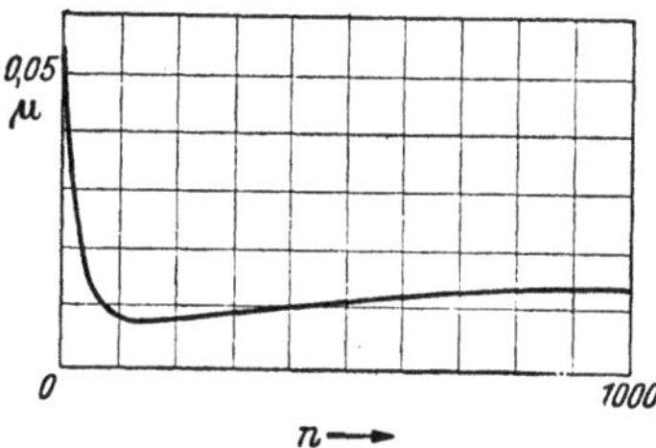

Bild 13.4. Drehzahlabhängigkeit des Reihenschlußmotors von der Spannung bei verschiedenen Momenten der Arbeitsmaschine

Bild 13.5. Lagerreibungszahlen bei mittlerem Druck in Abhängigkeit von der Drehzahl

antreibt, als wenn er mit einer Kreiselpumpe gekuppelt ist. Andererseits würde eine *beabsichtigte* Steuerung durch Spannungsänderung im Falle a wirksamer als im Falle c sein.

Bei einem aus einer fremden Quelle erregten Nebenschlußmotor ist eine solche Verschiedenartigkeit nicht vorhanden. Bei ihm ist, da das Feld konstant ist, die Drehzahl, sofern man von inneren Spannungsfällen absieht, unabhängig von der jeweiligen Belastung der Arbeitsmaschine und der Spannung verhältnisgleich (Linie *a*).

Genaue Messungen der mechanischen Reibungswiderstände ergeben eine Abhängigkeit von der Drehzahl, wie sie Bild 13.5 darstellt. Charakteristisch ist die sehr viel größere Reibung im Ruhezustand und bei geringen Geschwindigkeiten. Arbeitsmaschinen, bei denen die mechanischen Reibungskräfte erheblich sind, zeigen daher Drehmomentlinien ähnlich Kurve b in Bild 13.32. Sie benötigen also einen Motor, der das verhältnismäßig große Anfangsmoment überwinden kann. Hierbei ist ferner zu berücksichtigen, daß diese Reibungskräfte im kalten Zustand, insbesondere nach einigen Tagen des Stillstandes (Anlauf nach Feiertagen), gewöhnlich Erhöhungen um 50···100% aufweisen.

Wie bei dem Motor ist auch bei der Arbeitsmaschine mit einem Wirkungsgrad zu rechnen, dessen Größe sich mit der Belastung verändert. Für einen normalen Kran ergibt sich der durch Bild 13.6 dargestellte Verlauf des me-

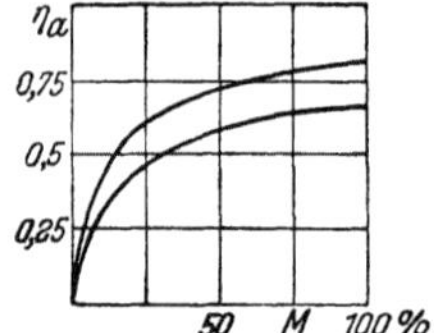
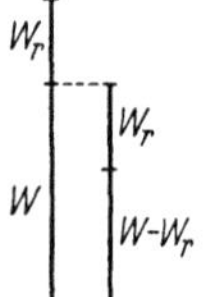

Bild 13.6. Mechanischer Wirkungsgrad von Hebezeugwinden   Bild 13.7

chanischen Wirkungsgrades η_a. Bei einem Motorwirkungsgrad η_m ergibt sich dann ein Gesamtwirkungsgrad des Antriebs von $\eta = \eta_\mathrm{a} \cdot \eta_\mathrm{m}$.

Wenn das Hubwerk eines Hebezeugs beim Heben den Triebwerkswirkungsgrad η_h hat, wird beim Senken derselben Last ein anderer Wirkungsgrad η_s herrschen. Nach Bild 13.7 ist bei der Nutzarbeit W und der Reibungsarbeit W_r beim Heben $\eta_\mathrm{h} = W/(W + W_\mathrm{r})$ und beim Senken, bei welchem die Lastarbeit W als antreibende gilt $\eta_\mathrm{s} = (W - W_\mathrm{r})/W$, woraus sich ergibt:

$$\eta_\mathrm{s} = 2 - \frac{1}{\eta_\mathrm{h}}. \tag{13.5}$$

Bei einem Hubwirkungsgrad $\eta_\mathrm{h} = 0{,}7$ würde sich also $\eta_\mathrm{s} = 0{,}57$ ergeben und bei einem Hubwirkungsgrad 0,5 ist der Senkwirkungsgrad 0 (Selbstsperrung).

b) Der nichtstabile Betrieb. Man nennt in der Mechanik einen Zustand *stabil*, wenn bei einer kleinen Verrückung Kräfte auftreten, welche den ursprünglichen Zustand wiederherzustellen streben. Wenn man eine Kugel in einer Schale anstößt, wird sie durch die dann auftretenden Kräfte wieder in ihre alte Lage zurückgeführt (stabiler Zustand), wenn man aber eine Kugel, die auf einer anderen liegt, anstößt, fällt sie herunter (*labiler* Zustand). Ein Drehstrommotor mit der Momentenlinie *1* (Bild 13.8) treibe eine Maschine mit konstantem Drehmoment an (Linie *2*). Hierbei sind zwei Betriebspunkte A und B möglich. Nimmt man für den Betriebspunkt A einmal an, daß sich die Drehzahl aus irgendeinem Grunde etwas verringere, so ist dann nicht mehr Gleichgewicht zwischen den beiden Drehmomenten vorhanden. Es überwiegt vielmehr das Motormoment, welches die Drehzahl wieder auf den früheren Wert erhöht. Würde andererseits die Drehzahl einmal etwas über den Wert n_a steigen, so würde durch das dabei auftretende Überwiegen des Lastmomentes eine Zurückführung der Drehzahl die Folge sein. Betriebspunkt A ist daher stabil. Die gleiche Überlegung für den Punkt B lehrt, daß hier jede Veränderung der Drehzahl Momente erzeugt, welche die Veränderung weiter vergrößern. Eine geringe Vergrößerung der Drehzahl n_b würde eine weitere Vergrößerung nach sich ziehen, bis der Betriebspunkt A erreicht ist. Umgekehrt würde sich eine Verminderung

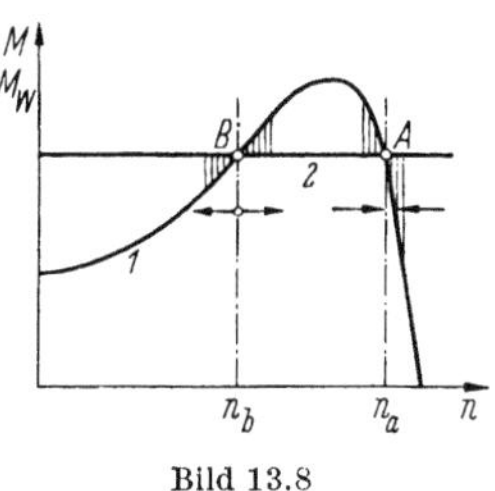

Bild 13.8

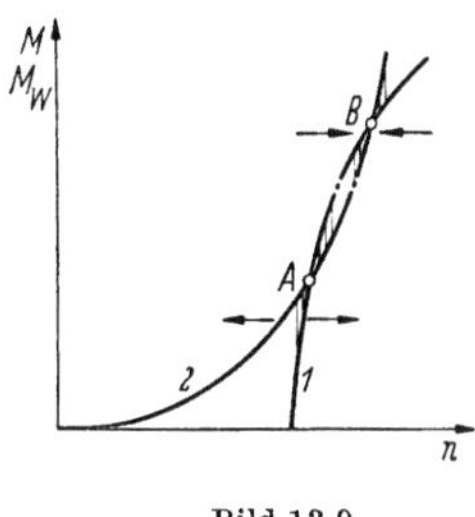

Bild 13.9

von n_b bis zum Stillstand des Motors fortsetzen. Einen weiteren nichtstationären Fall erhält man, wenn man eine Kreiselpumpe (Linie 2, Bild 13.9) durch einen unterrregten Nebenschlußmotor antreibt. Bei einem solchen tritt durch Feldschwächung und Ankerrückwirkung bei Belastung statt des normalen Drehzahlfalls zuweilen eine geringe Steigerung auf, die man bekanntlich durch eine zusätzliche Hauptschlußwicklung beseitigen kann. Bild 13.9 zeigt nun in Linie 1 etwas übertrieben die Drehzahl eines Nebenschlußmotors ohne Hauptschlußwicklung oder auch eines Doppelschlußmotors, dessen Hauptschlußwicklung verkehrt gepolt ist. Auch hier sind zwei Betriebspunkte vorhanden, von denen nach obiger Regel sich A als labil und B als stabil erweist. Hierbei ist es möglich, daß in B der Motor unzulässig hoch belastet wird und möglicherweise eine unzulässige Drehzahl annimmt.

13.2.2 Elektrischer Antrieb mit Berücksichtigung der Massenwirkung

Um einer Masse m eine Beschleunigung a zu erteilen, braucht man eine Kraft

$$F = m \cdot a \,. \tag{13.6}$$

Zu einer solchen Beschleunigung muß mechanische Arbeit (Kraft mal Weg) aufgewendet werden, die sich am Ende des Vorgangs als Bewegungsenergie in der bewegten Masse vorfindet. Eine *konstante* Kraft F erteilt während einer Zeit t einer Masse m die *konstante* Beschleunigung a und bringt sie auf die Geschwindigkeit $v = a \cdot t$. Da die Geschwindigkeit, von Null anfangend, hierbei gleichförmig bis auf den Wert v steigt, ist die mittlere Geschwindigkeit $v_\mathrm{m} = v/2$, und daher wird ein Weg $s = v \cdot t/2 = a \cdot t^2/2$ zurückgelegt. Die aufgewendete Arbeit $W_1 = F \cdot s$ ist gleich der Bewegungsenergie W und ergibt sich unter Benutzung der vorstehenden Ausdrücke aus Gl. (13.6) zu:

$$W = \frac{m \cdot v^2}{2} \,. \tag{13.7}$$

98. Beispiel. Eine Masse $m = 1000\,\mathrm{kg}$ bewege sich mit der Geschwindigkeit $v = 10\,\mathrm{m/s}$. Wie groß ist ihre Bewegungsenergie?

$$W = \frac{m \cdot v^2}{2} = \frac{1000\,\mathrm{kg} \cdot 10^2\,\mathrm{m^2/s^2}}{2} = 5 \cdot 10^4\,\mathrm{kg\ m^2/s^2}$$

oder mit $1\,\mathrm{N} - 1\,\mathrm{kgm/s^2}$

$$W = 5 \cdot 10^4\,\mathrm{Nm} = 50\,000\,\mathrm{Ws} \,.$$

Bei *rotierenden* Massen ist die vorstehende Beziehung ungeeignet, da die Bewegungsenergie eines einzelnen Masseteilchens mit dem Quadrate der Geschwindigkeit, also mit dem Quadrate des Abstandes von der Drehachse wächst. Jedes der Masseteilchen dm hat also eine andere Geschwindigkeit v und eine andere Bewegungsenergie $dm \cdot v^2/2$. Drückt man die Geschwindigkeit v durch die Winkelgeschwindigkeit $\omega = 2\,\pi \cdot n$ aus, so ist $v = r \cdot \omega$, und die Bewegungsenergie dW eines Masseteilchens kann gleich $dm \cdot r^2 \cdot \omega^2/2$ gesetzt werden. Die Energie des ganzen Körpers ist die Summe aller Teilenergien, also

$$W = \int \frac{r^2 \cdot \omega^2}{2}\,dm = \frac{\omega^2}{2} \cdot \int r^2 \cdot dm \; .$$

Der letzte Summenausdruck ist nur durch die Abmessungen und die Masse des Drehkörpers bestimmt und wird sein *Trägheitsmoment*

$$J = \int r^2 \cdot dm \tag{13.8}$$

genannt. Die Bewegungsenergie drehender Massen ist demnach:

$$W = \frac{J \cdot \omega^2}{2} \; . \tag{13.9}$$

Für einen Vollzylinder der Masse m, dem Außenradius R und der Länge l läßt sich das Trägheitsmoment J leicht berechnen. Wählt man für die Rechnung als Massenelement dm einen Zylindermantel mit dem Radius r, der Wandstärke dr und der Länge l, so erhält man mit der Dichte ϱ für das Massenelement $dm = \varrho \cdot dV = 2 \cdot \pi \cdot r \cdot l \cdot \varrho \cdot dr$ Mit Gl. (13.8) ergibt sich

$$J = 2\,\pi \cdot l \cdot \varrho \int_{r=0}^{r=R} r^3 \cdot dr = \pi \cdot l \cdot \varrho \cdot R^4/2 \; . \tag{13.10}$$

Führt man noch die gesamte Masse $m = \varrho \cdot V = \varrho \cdot \pi \cdot R^2 \cdot l$ des Vollzylinders ein, so erhält man

$$J = m \cdot R^2/2. \tag{13.11}$$

Für einen Hohlzylinder mit dem Innenradius R_i und dem Außenradius R_a läßt sich in entsprechender Weise das Trägheitsmoment berechnen. Man erhält

$$J = \frac{\pi \cdot l \cdot \varrho}{2}(R_\mathrm{a}^4 - R_\mathrm{i}^4) = \frac{m}{2}(R_\mathrm{a}^2 - R_\mathrm{i}^2). \tag{13.12}$$

In der Praxis wird teilweise noch mit dem veralteten Begriff des Schwungmomentes GD^2 gerechnet. Die von den Motorenherstellern herausgegebenen Motorenlisten enthalten dann an Stelle des Wertes für das Trägheitsmoment J denjenigen für das Schwungmoment GD^2. Hierbei besteht folgender Zusammenhang

$$GD^2 = 4 \cdot g \cdot J \; . \tag{13.13}$$

g ist die Normalfallbeschleunigung ($g = 9{,}81$ m/s²). Verwendet man für g und J die kohärenten, internationalen, und in Deutschland auch gesetzlichen Einheiten, so ergibt sich für das Schwungmoment GD^2 als Einheit kgm³/s². In manchen Motorenlisten ist aber das Schwungmoment GD^2 in der veralteten Einheit kpm² angegeben. Dies ist gegebenenfalls zu beachten, wenn man das Schwungmoment GD^2 auf das Trägheitsmoment J umrechnen will.

99. Beispiel. Ein Motor mit $n = 1000$ min^{-1} habe nach der Firmenliste ein Schwungmoment $GD^2 = 10$ kpm². Wie groß ist die im Anker enthaltene Bewegungsenergie, wie groß ist das Trägheitsmoment des Ankers?

Mit der Beziehung 1 kp = 1 kg · 9,81 m/s² erhält man $GD^2 = 98{,}1$ kgm³/s². Mit Gl. (13.13) ergibt sich das Trägheitsmoment $J = GD^2/(4 \cdot g) = (98{,}1 \text{ kgm}^3/\text{s}^2)/(4 \cdot 9{,}81 \text{ m/s}^2) =$

= 2,5 kgm². Die Bewegungsenergie W beträgt nach Gl. (13.9) $W = J \cdot \omega^2/2 = (2{,}5 \text{ kgm}^2 \times$
$\times 4 \; \pi^2 \cdot 16{,}66^2 \text{ s}^2)/2 = 13\,700 \text{ Nm} = 13\,700 \text{ Ws}$.

Soll das Trägheitsmoment des Motors bestimmt werden, so kann man es über die Formel für den Vollzylinder näherungsweise berechnen, wobei allerdings Fehler entstehen können, da der Läufer besonders an der Peripherie wegen der Wicklung und Isolation nicht homogen ist. Experimentell läßt sich das Trägheitsmoment aus *Pendelschwingungen* oder aus einem *Auslaufversuch* einfach ermitteln.

Einfach auszuführen und für die Praxis hinreichend genau ist folgender Schwingungsversuch: Der ausgebaute Läufer wird an beiden Wellenenden aufgehängt (Bild 13.10), so

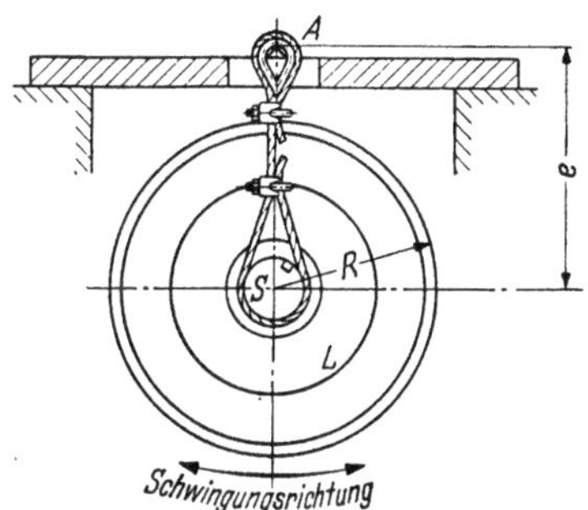

Bild 13.10. Versuchsanordnung zur Bestimmung des Trägheitsmomentes J durch Schwingungen.
L Läufer; A Drehpunkt; S Schwerpunkt

daß er Schwingungen um eine zur Welle parallel liegende Achse A ausführen kann. Bei der Versuchsanordnung ist zu beachten, daß die Entfernung e zwischen Schwerpunkt S und Aufhängepunkt A möglichst nicht viel größer als der Läuferradius R ist. Der Läufer wird angestoßen, so daß er kleine Pendelschwingungen ausführt. Die Pendelgleichung für ein physisches Pendel lautet $T = 2 \cdot \pi \cdot \sqrt{J_A/(m \cdot g \cdot e)}$, wobei T die Schwingungszeit für eine Vollschwingung, J_A das Trägheitsmoment bezüglich des Aufhängepunktes, m die Masse, $g = 9{,}81 \text{ m/s}^2$ und e der Abstand zwischen Aufhängepunkt und Schwerpunkt ist. Da T mit der Stoppuhr abgemessen werden kann, läßt sich hieraus $J_A = T^2 \cdot m \cdot g \cdot e/(4\,\pi^2)$ berechnen. Nach dem Satz von Steiner ist dann das gesuchte Trägheitsmoment bezüglich der Schwerpunktsachse S $J = J_A - m \cdot e^2$.

100. Beispiel. Von einem Motoranker soll das Trägheitsmoment experimentell bestimmt werden. Der Pendelversuch Bild 13.10 ergibt 10 Vollschwingungen in 7,8 s. Die Masse des Ankers wurde zu $m = 30 \text{ kg}$ bestimmt, der Abstand e beträgt 0,1 m.
Man erhält $T = 7{,}8 \text{ s}/10 = 0{,}78 \text{ s}$; $J_A = 0{,}78^2 \cdot \text{s}^2 \cdot 30 \text{ kg} \cdot 9{,}81 \text{ m} \cdot \text{s}^2 \cdot 0{,}1 \text{ m}/39{,}5 =$
$= 0{,}453 \text{ kgm}^2$ und $J = 0{,}453 \text{ kgm}^2 - 30 \text{ kg} \cdot 0{,}1^2 \cdot \text{m}^2 = 0{,}153 \text{ kgm}^2$.
Bei der Bestimmung von J über einen Auslaufversuch braucht der Läufer nicht ausgebaut zu werden. Man bringt den Motor auf Leerlaufdrehzahl und bestimmt das bei Leerlauf auftretende Widerstandsmoment M_{w0}. Dies ist beim leerlaufenden Asynchronmotor besonders einfach zu ermitteln, wenn man den bei Leerlauf auftretenden Schlupf s_0 stroboskopisch (z. B. Glimmlampe) ermittelt. Ist s_N der Nennschlupf der Maschine, so wird $M_{w0} = M_0 = M_N \cdot s_0/s_N$, da im Bereich zwischen $M = 0$ und $M = M_N$ Proportionalität zwischen s und M besteht (vgl. Bild 8.11 u. 8.12). M_N und s_N sind bekannte Größen. Schaltet man den Motor vom Netz ab und läßt ihn auslaufen, so kann man durch Messung $n = f(t)$ (Bild 13.11) bestimmen. Die Änderung der Winkelgeschwindigkeit $d\omega/dt$ beträgt für den Ausschaltzeitpunkt $d\omega_0/dt = -\omega_0/T$. Nach den Gesetzen der Mechanik wirkt in diesem Fall $-M_{w0}$ (das Vorzeichen des Widerstandsmomentes hat sich gegenüber dem Leerlauf umgekehrt) allein verzögernd, und es gilt $-M_{w0} = J \cdot d\omega_0/dt$.
Hieraus erhält man $J = M_{w0} \cdot T/\omega_0$.

Ein Antrieb hat gewöhnlich außer der Masse des Motorankers noch weitere
Massen zu beschleunigen, welche ebenfalls berücksichtigt werden müssen. Wenn
derartige Massen mit der gleichen Drehzahl wie der Anker umlaufen, kann ihr
Trägheitsmoment J ohne weiteres zu demjenigen des Ankers addiert werden.

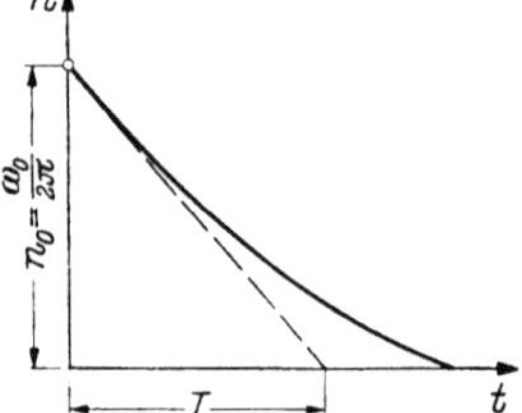

Bild 13.11. Auslaufkurve zur Bestimmung
des Trägheitsmomentes J

Es ist aber nicht möglich, dasselbe bei Massen zu tun, die mit anderen Drehzahlen laufen. Wir wollen einen Antrieb voraussetzen, bei welchem der Motoranker ein Trägheitsmoment J_m und eine Winkelgeschwindigkeit ω_m habe und
bei welchem auf einer Vorgelegewelle, deren Winkelgeschwindigkeit ω_1 ist,
sich eine Schwungmasse mit dem Trägheitsmoment J_1 befindet. Die Gesamtenergie ist dann:

$$W = \frac{1}{2}\,(J_m \cdot \omega_m^2 + J_1 \cdot \omega_1^2) = \frac{\omega_m^2}{2}\left[J_m + \left(\frac{\omega_1}{\omega_m}\right)^2 \cdot J_1\right].$$

Bezeichnet man mit J_{ers} das auf die Motorwelle bezogene Ersatzträgheitsmoment $J_{ers} = (\omega_1/\omega_m)^2 \cdot J_1$, so kann man sich das wirklich vorhandene Trägheitsmoment der Vorgelegewelle J_1 auf der Motorwelle im Verhältnis $(n_1/n_m)^2$
verändert angeordnet vorstellen.

Für den Bewegungsvorgang ist dann das wirksame Gesamtträgheitsmoment:

$$J_{ges} = J_m + J_{ers} = J_m + \left(\frac{n_1}{n_m}\right)^2 \cdot J_1. \tag{13.14}$$

Hieraus geht hervor, daß ein auf der Vorgelegewelle angeordnetes Trägheitsmoment J_1 um so mehr wirksam wird, je größer das Verhältnis $(n_1/n_m)^2$ ist.

Eine *gradlinig* mit der Geschwindigkeit v von einem Motor über Getriebe
bewegte Masse m läßt sich ebenfalls in ihrer Wirkung als drehende Masse der
Motorwelle darstellen. Die Bewegungsenergie des Motorankers und dieser
Masse zusammen ist

$$W = \frac{1}{2}\,(J_m \cdot \omega_m^2 + m \cdot v^2) = \frac{\omega_m^2}{2}\left[J_m + \left(\frac{v}{\omega_m}\right)^2 \cdot m\right].$$

Das auf die Motorwelle umgerechnete Ersatzträgheitsmoment der geradlinig
bewegten Masse ist also

$$J_{ers} = \left(\frac{v}{\omega_m}\right)^2 \cdot m\,. \tag{13.15}$$

Bei Anlauf- und Bremsvorgängen, sowie bei Belastungsänderungen ist die
Winkelgeschwindigkeit ω nicht konstant, sondern verändert sich mit der Zeit
$(\omega = f(t))$. Dementsprechend verändert sich auch die kinetische Energie W
der rotierenden Teile. Nimmt die Winkelgeschwindigkeit ω um den kleinen
Betrag $d\omega$ zu, so beträgt die Zunahme der kinetischen Energie $dW = W_2 - W_1$
$= \frac{1}{2} \cdot J \cdot [(\omega + d\omega)^2 - \omega^2]$. Multipliziert man diesen Ausdruck aus, so kann
die dabei auftretende Größe $(d\omega)^2$ als kleine Größe zweiter Ordnung gleich null
gesetzt werden. Man erhält dann $dW = J \cdot \omega \cdot d\omega$. Erfolgt die Energiezu-

nahme in der Zeitspanne $\mathrm{d}t$, so ist die *Beschleunigungsleistung*

$$P_\mathrm{a} = \mathrm{d}W/\mathrm{d}t = J \cdot \omega \cdot \mathrm{d}\omega/\mathrm{d}t \;. \tag{13.16}$$

Diesen Ausdruck erhält man auch, wenn Gl. (13.9) nach der Zeit differenziert wird; hierbei muß aber beachtet werden, daß ω selbst eine Zeitfunktion ist, so daß dabei die „Kettenregel" angewendet werden muß.

Das zur Beschleunigung erforderliche Moment $M_\mathrm{a} = P_\mathrm{a}/\omega$ ergibt sich aus Gl. (13.16) zu:

$$M_\mathrm{a} = J \cdot \mathrm{d}\omega/\mathrm{d}t = J \cdot \varepsilon \;. \tag{13.17}$$

Die Änderung der Winkelgeschwindigkeit je Zeitspanne heißt *Winkelbeschleunigung* und beträgt demnach $\varepsilon = \mathrm{d}\omega/\mathrm{d}t$.

a) Der Anlauf bei kontantem Widerstands- und Motormoment. Dieser Fall trifft angenähert bei einer Hebemaschine zu, bei welcher zur Hebung einer bestimmten Last und zur Überwindung der Reibung ein von der Geschwindigkeit unabhängiges, konstantes Drehmoment M_w verlangt wird. Wenn nun der Antriebsmotor im Anlauf so gesteuert wird, daß er ein konstantes Drehmoment M entwickelt, so steht nach der Bewegungsgleichung [Gl. 13.2)] ein Beschleunigungsmoment $M_\mathrm{a} = M - M_\mathrm{w}$ zur Verfügung, das ebenfalls während des ganzen Anlaufvorganges konstant ist. Aus der Beziehung zwischen Beschleunigungsmoment M_a und der Winkelbeschleunigung ε [Gl. (13.17)] erkennen wir, daß die Winkelgeschleunigung ε auch konstant sein muß. Dies bedeutet, daß beim ganzen Anlaufvorgang die Winkelgeschwindigkeit ω und damit auch die Drehzahl n proportional zur Zeit t ist. Aus den genannten beiden Gleichungen erhalten wir die Winkelbeschleunigung

$$\varepsilon = \mathrm{d}\omega/\mathrm{d}t = (M - M_\mathrm{w})/J \;. \tag{13.18}$$

oder mit $\omega \sim t$ und der Anfangsbedingung, daß der Antrieb zum Zeitpunkt $t = 0$ stehen soll

$$\omega = (M - M_\mathrm{w}) \cdot t/J \;.$$

Hierin ist J das auf die Motorwelle umgerechnete wirksame Gesamtträgheitsmoment, das wir über die Gleichungen (13.14 und 13.15) ermitteln können.

Führt man noch die Drehzahl $n = \omega/2\,\pi$ ein, so ergibt sich der Verlauf der Drehzahl in Abhängigkeit von der Zeit zu

$$n = \frac{(M - M_\mathrm{w})}{2\,\pi \cdot J} \cdot t \;. \tag{13.19}$$

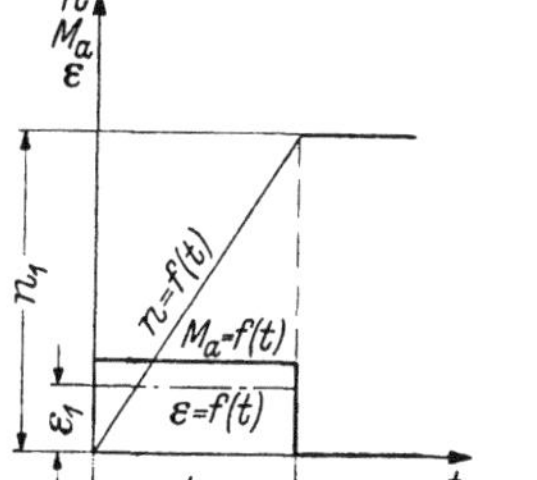

Bild 13.12. Beschleunigungsmoment M_a, Winkelbeschleunigung ε und Drehzahl n in Abhängigkeit von der Zeit t $(\varepsilon_1 = 2\,\pi\,n_1/t_1)$

Bild 13.12 zeigt diesen Zusammenhang. Soll der Antrieb auf eine bestimmte Drehzahl n_1 hochgefahren werden, so beträgt die dazu erforderliche Anfahrzeit

$$t_1 = \frac{J \cdot \omega_1}{M_\mathrm{a}} \;. \tag{13.20}$$

Denken wir uns einmal, daß während des ganzen Anlaufs a) das Widerstandsmoment $M_\mathrm{w} = 0$ ist, b) das Motormoment M gleich dem Motornennmoment ist, c) der Motor auf die Leerlaufdrehzahl n_0 hochläuft und d) nur das Motorträgheitsmoment J_m vorhanden ist, so erhält man die sogenannte *Normalanlaufzeit*

$$T_{\mathrm{AN\,m}} = \frac{J_\mathrm{m} \cdot \omega_0}{M_\mathrm{N}}. \tag{13.21}$$

Die Normalanlaufzeit $T_{\mathrm{AN\,m}}$ ist eine Motorkonstante; sie beträgt etwa 0,4 bis 5 s für Asynchron- und Gleichstrommotoren mit Nenndrehzahlen von etwa 1000 min^{-1}. Die beim Anlauf tatsächlich auftretende Anlaufzeit kann natürlich sehr verschieden groß gegenüber der Normalanlaufzeit sein, wenn die unter a bis d genannten Voraussetzungen nicht zutreffen.

101. Beispiel. Ein polumschaltbarer Drehstrommotor für die Nenndrehzahl 710, 950, 1450 je Minute, entsprechend den Nennleistungen 6 kW, 8,3 kW und 9 kW hat ein Läuferträgheitsmoment von 0,25 kgm². Hinzu komme ein Trägheitsmoment weiterer Massen von 0,125 kgm² auf der gleichen Welle.

Mit welchen Anlauf- und Bremszeiten bei Gegenstrom ist zu rechnen, wenn als mittleres Beschleunigungsmoment bei unbelastetem Anlauf das 1,3fache Nennmoment eingesetzt werden kann, während für die Bremsung das 2fache des Beschleunigungsmomentes angenommen werde? Die Nennmomente sind nach Gl. (5.16) 81 Nm, 84 Nm und 59 Nm.

Für die Beschleunigung kommen also die Momente: 105 Nm, 109 Nm und 77 Nm in Frage. Nach Gl. (13.20) ergeben sich die Anlaufzeiten:

$$t_1 = 0{,}375 \ \mathrm{kgm}^2 \cdot 74{,}3 \ \mathrm{s}^{-1}/(105 \ \mathrm{Nm}) = 0{,}265 \ \mathrm{s}\,,$$

$$t_2 = 0{,}375 \ \mathrm{kgm}^2 \cdot 99{,}4 \ \mathrm{s}^{-1}/(109 \ \mathrm{Nm}) = 0{,}342 \ \mathrm{s}\,,$$

$$t_3 = 0{,}375 \ \mathrm{kgm}^2 \cdot 152 \ \mathrm{s}^{-1}/(77 \ \mathrm{Nm}) \ = 0{,}740 \ \mathrm{s}\,.$$

Die mittleren Bremsmomente sind 210 Nm, 218 Nm und 154 Nm, daher die Bremszeiten $t_4 = 0{,}132$ s, $t_5 = 0{,}171$ s und $t_5 = 0{,}37$ s.

102. Beispiel. Ein Laufkran mit $30 \cdot 10^3$ kg Tragfähigkeit und $39 \cdot 10^3$ kg Eigenmasse habe einen Motor von 26 kW Leistung, der bei voller Belastung und 725 Umdrehungen je Minute dem Kran eine Beharrungsgeschwindigkeit von 100 m/min erteilt. Wie groß ist die Anlaufzeit, wenn das Trägheitsmoment des Motorankers 1,5 kgm² beträgt und wenn mit doppeltem (konstantem) Motornennmoment angefahren wird?

Das Nennmoment des Motors ist nach Gl. (5.16) 343 Nm. Wenn mit doppeltem Moment angefahren wird, steht zur Beschleunigung der Massen $M_\mathrm{a} = M - M_\mathrm{w}$ zur Verfügung.

Nimmt man das 0,7fache Nennmoment als mittleres Widerstandsmoment an, so ist $M_\mathrm{a} = 2 \, M_\mathrm{N} - 0{,}7 \, M_\mathrm{N} = 1{,}3 \, M_\mathrm{N} = 1{,}3 \cdot 343 \ \mathrm{Nm} = 446 \ \mathrm{Nm}$.

Auf der Motorwelle befindet ich noch ein Zahnrad, dessen Trägheitsmoment J als zylindrischer Körper nach den früheren Angaben berechnet werden kann. Es sei 0,0625 kgm². Die Massenwirkung der übrigen Räder spielt keine Rolle, da sie wesentlich langsamer laufen. Die gradlinig bewegte Masse setzt sich aus Kranmasse und Lastmasse zusammen. Sie wird mit einer Endgeschwindigkeit $v = (100 \ \mathrm{m/min})/(60 \ \mathrm{s/min}) = 1{,}67$ m/s bewegt. Ihr auf die Motorwelle reduziertes Trägheitsmoment ist daher nach Gl. (13.15) $J_\mathrm{ers} =$ $= 69 \cdot 10^3 \ \mathrm{kg} \cdot 1{,}67^2 \ \mathrm{m}^2 \cdot \mathrm{s}^{-2}/(2 \, \pi \cdot 12{,}1 \ \mathrm{s}^{-1})^2 = 33{,}3 \ \mathrm{kg \, m}^2$. Das Gesamtträgheitsmoment beträgt $1{,}5 \ \mathrm{kg \, m}^2 + 33{,}3 \ \mathrm{kg \, m}^2 + 0{,}0625 \ \mathrm{kgm}^2 = 34{,}9 \ \mathrm{kg \, m}^2$. Es ergibt sich nach Gl. (13.20) eine Anlaufzeit $t_1 = 34{,}9 \ \mathrm{kgm}^2 \cdot 75{,}9 \ \mathrm{s}^{-1}/446 \ \mathrm{Nm} = 5{,}9 \ \mathrm{s}$.

In dieser Zeit legt der Kran einen Weg von $s = v \cdot t/2 = 1{,}67 \ \mathrm{m \cdot s}^{-1} \cdot 5{,}9 \ \mathrm{s}/2 =$ $= 4{,}92$ m zurück, woraus hervorgeht, daß er bei kurzen Arbeitswegen gar nicht in den Beharrungszustand kommt.

b) Der Anlauf mit linear abnehmendem Beschleunigungsmoment. Der Anlauf von Motoren mit Nebenschlußverhalten, z. B.:

Asynchronmotoren mit konstantem Läuferanlaßwiderstand, vollzieht sich häufig mit *linear abnehmendem Motormoment*, beginnend mit dem Anfahrmoment M_A bei der Drehzahl $n = 0$ und dem Endwert $M = 0$ für $n = n_0$. Bild 8.11 Linie *3* zeigt den Verlauf des Motormomentes in Abhängigkeit von der Drehzahl für einen Asynchronmotor mit größerem Anlaßwiderstand. Der Zusammenhang zwischen Motormoment und Schlupf läßt sich für diesen Fall einfach ausdrücken, da für den Schlupf $s = 1$ (Stillstand) das Anfangsmoment M_A, und für beliebigen Schlupf s das Moment M auftritt. Es gilt also $M_A/1 = M/s$ oder

$$s = M/M_A . \tag{13.22}$$

Das Beschleunigungsmoment beträgt dann $M_a = M - M_w = s \cdot M_A - M_w$. Ist das Widerstandsmoment M_w unabhängig von der Drehzahl oder gar gleich null, so ist das Beschleunigungsmoment linear vom Schlupf abhängig. Mit Gl. (13.18) und $\omega = \omega_0 - \omega_0 \cdot s$ bzw. $d\omega/dt = - \omega_0 \cdot ds/dt$ erhält man $- \omega_0 \cdot ds/dt = (s \cdot M_A - M_w)/J$ oder

$$ds/dt + \frac{M_A}{J \cdot \omega_0} \cdot s - \frac{M_w}{J \cdot \omega_0} = 0 . \tag{13.23}$$

Die in dieser Gleichung enthaltene Größe

$$T_A = \frac{J \cdot \omega_0}{M_A} \tag{13.24}$$

ist eine Zeit und heißt Anlaufzeitkonstante. Sie hängt mit der Normalanlaufzeitkonstante T_{AN} [Gl. (13.21)] über das Verhältnis von Nennmoment zu Anfahrmoment zusammen. Dividiert man Gl. (13.24) durch Gl. (13.21), so erhält man $T_A = T_{ANm} \cdot (M_N/M_A) \cdot (J/J_m)$.

Zur Lösung von Gl. (13.23) nehmen wir zunächst einmal an, daß das Widerstandsmoment $M_w = 0$ ist. Man erhält dann $ds/s = - dt/T_A$. Diese Gleichung wird auf beiden Seiten integriert, so daß man $s = c_1 e^{-t/T_A}$ erhält. c_1 ist eine Integrationskonstante, die in diesem Fall gleich eins ist, da für $t = 0$ der Schlupf $s = 1$ auftreten soll. Mit der Beziehung $n = n_0 (1 - s)$ erhält man den Verlauf der Drehzahl beim Leeranlauf ($M_w = 0$) zu:

$$n = n_0 (1 - e^{-t/T_A}) . \tag{13.25}$$

Die allgemeine Lösung von Gl. (13.23), die mit der bei den Gleichungen 1.74 uff. angegebenen Methode gefunden werden kann, lautet

$$n = n_0 (1 - e^{-t/T_A}) (1 - M_w/M_A) . \tag{13.26}$$

Bild 13.13 veranschaulicht den Verlauf der Drehzahl für die zwei Fälle $M_w = 0$ und $M_w = $ const. Man erkennt hieraus, daß T_A diejenige Zeit ist, nach welcher der Antrieb 63% seiner Beharrungsdrehzahl erreicht hat. T_A ist auch die Zeit, die der Antrieb zum Hochlauf auf Leerlaufdrehzahl benötigen würde, wenn das Beschleunigungsmoment M_a während des ganzen Hochlaufs konstant und gleich dem Anfahrmoment M_A wäre.

c) Der Anlauf mit beliebigen Drehmomenten. Häufig wird das Motordrehmoment während des Anlaufs nicht durch Steuerung konstant gehalten, sondern der Motor wird unmittelbar eingeschaltet (Kurzschlußläufermotoren). In diesem Falle ist das Motormoment M nicht konstant, und ebenso kann natürlich auch das Drehmoment M_w der Arbeitsmaschine eine mit der Drehzahl sich ändernde Größe sein. Eine rechnerische Bestimmung der Anlaufzeit und des Anlaufweges ist dann sehr schwierig, und man zieht daher meist zeichnerische Lösungsmethoden vor.

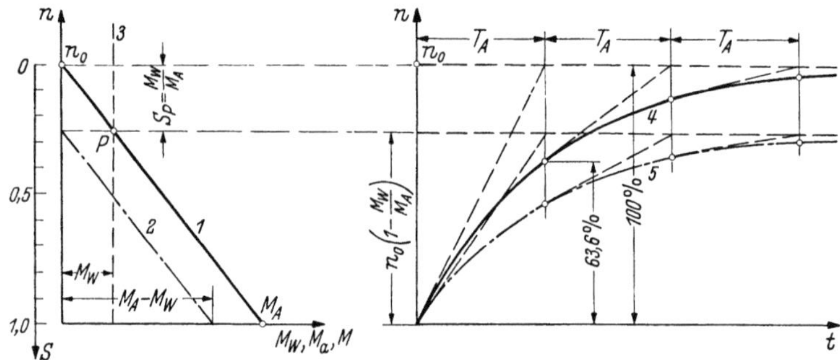

Bild 13.13. Anlaufvorgang mit linear abnehmendem Beschleunigungsmoment. *1* Motormoment M; *2* Beschleunigungsmoment M_a; *3* Widerstandsmoment M_w; *4* $n = f(t)$ für $M_\mathrm{w} = 0$; *5* $n = f(t)$ für $M_\mathrm{a} = M - M_\mathrm{w}$

Die Gl. (13.20) gilt für den Fall, daß ein konstantes Beschleunigungsmoment M_a auf die Massen wirkt. Das uns hier zur Beschleunigung zur Verfügung stehende Moment $M - M_\mathrm{w} = M_\mathrm{a}$ ist nicht konstant. In Bild 13.14 ist im zweiten Quadranten die auf das Nennmoment des Motors bezogene Drehzahlmomentenlinie (*1*) in Abhängigkeit von der auf die Leerlaufdrehzahl bezogene Drehzahl,

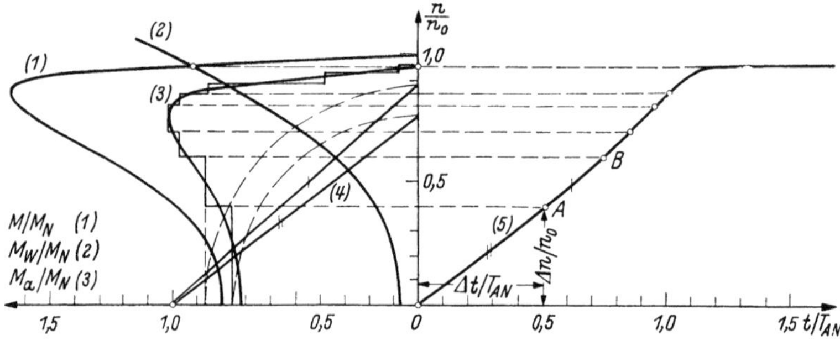

Bild 13.14. Bestimmung der Anlaufzeit

also $M/M_\mathrm{N} = f(n/n_0)$, aufgetragen. Ferner ist der Verlauf des Widerstandsmomentes der Arbeitsmaschine (*2*), der ebenfalls auf die gleichen Größen bezogen ist, aufgetragen. Die Kurve (*2*) entspricht dem Widerstandsmoment einer Kreiselpumpe. Die Differenz $M/M_\mathrm{N} - M_\mathrm{w}/M_\mathrm{N} = M_\mathrm{a}/M_\mathrm{N}$ ist das auf das Nennmoment bezogene Beschleunigungsmoment des Antriebs (*3*). Wir können die Beschleunigungslinie (*3*) nun derart durch einen treppenfrömigen Linienzug ersetzen, daß die auf beiden Seiten jeweils überstehenden kleinen Dreiecke flächengleich werden. Für jede dieser Treppenstufen ist das wirkende Beschleunigungsmoment konstant, und daher Gl. (13.20) anwendbar. Da es sich um kleine Teilchen der Größen n und t handelt, wollen wir diese mit Δn und Δt bezeichnen. Dividiert man Gl. (13.20) durch die Zeit $T_\mathrm{AN} = J_\mathrm{ges} \cdot \omega_0/M_\mathrm{N}$, so erhält man $\Delta t / T_{AN} = (M_N / M_a) \cdot (\Delta n / n_0)$ oder

$$\frac{\Delta n / n_0}{\Delta t / T_{AN}} = \frac{M_a / M_N}{1} \, . \tag{13.27}$$

Trägt man in Bild 13.14 die jeweilige Größe M_a / M_N der Treppenstufen zusätzlich nach oben ab, und verbindet man diesen Punkt mit dem Punkt *1* auf der M_a / M_N-Achse, so ist die Steigung der Geraden (*4*) entsprechend Gl. (13.27) die Steigung des gesuchten Drehzahlverlaufs. Wir haben also die Drehzahllinie (*5*) parallel zur Geraden (*4*) als Strecke $\overline{AO}$ einzuzeichnen. Für die nächste Treppenstufe können wir in gleicher Weise vorgehen. Nach Vollendung der Konstruktion kann die gesamte auf die Zeit T_{AN} bezogene Anlaufzeit der Zeichnung entnommen werden. Da T_{AN} für den Antrieb bekannt ist, läßt sich die Anlaufzeit t daraus ermitteln.

Die Abhängigkeit des zurückgelegten Weges s von der Zeit t kann in ähnlicher Weise aus der Drehzahllinie ermittelt werden. Bild 13.15 zeigt die Dreh-

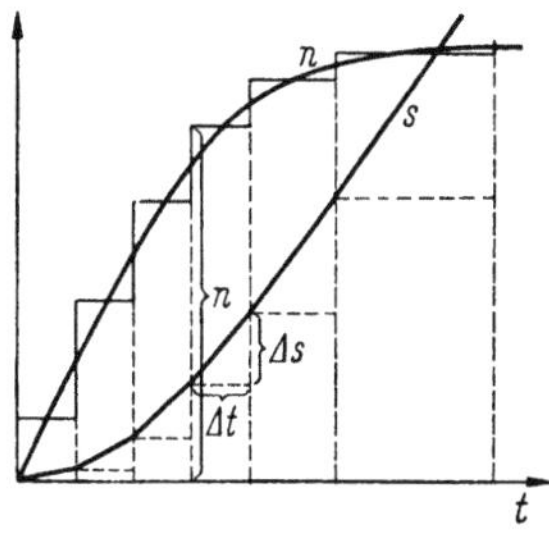

Bild 13.15

zahllinie, die wiederum durch eine Treppenlinie ersetzt ist. Da für jede Stufe die Drehzahl n konstant ist, läßt sich der in der Zeit Δt zurückgelegte Weg Δs leicht berechnen. Zweckmäßig trägt man sich als Weg s den Arbeitsweg der Maschine, also z. B. bei einem Kran den Hubweg der Last auf.

103. Beispiel. Die Katze eines Laufkrans von 5 t Tragfähigkeit hat ein Eigengewicht von 2,5 t. Gefordert wird eine Fahrgeschwindigkeit von 30 m/min $= 0,5$ m/s. Der Fahrwiderstand beträgt etwa 0,2 N/kg. Welche Motorleistung ist für das Triebwerk vorzusehen, wenn die Beharrungsgeschwindigkeit bei voller Belastung nach 4 s erreicht sein soll? Ist beim Anlaufen ein Schleifen der Räder zu befürchten?

Da die Rechnung ohnehin keine große Genauigkeit erlaubt, wollen wir annehmen, daß der Wirkungsgrad des Triebwerkes unabhängig von der Belastung gleich 0,7 sei. Außerdem wird die Massenwirkung des Motors und Getriebes vernachlässigt. Das Motorkippmoment betrage etwa $2 \cdot M_N$, das mittlere Motormoment während des Anlaufens $1,2 \cdot M_N$.

Bei voller Belastung ist eine Kraft $F_w = 7,5 \cdot 10^3$ kg $\cdot$ 0,2 N/kg $= 1,5 \cdot 10^3$ N zur gleichförmigen Bewegung erforderlich. Ist F_N die am Radumfang zur Verfügung stehende Kraft bei Nennmoment des Motors, so erhält man die zur Beschleunigung erforderliche Kraft $F_a = 1,2 \cdot F_N - F_w = m \cdot a$. Bei gleichförmig beschleunigter Bewegung ist die Beschleunigung $a = v/t$. Daraus erhält man

$$F_N = \left(m \cdot \frac{v}{t} + F_w \right) \Big/ 1,2 = \left(7500 \text{ kg} \cdot \frac{0,5 \text{ m/s}}{4 \text{ s}} + 1,5 \cdot 10^3 \text{ N} \right) \Big/ 1,2 = 2030 \text{ N} \, .$$

Mit dem Kranfahrwerkwirkungsgrad $\eta = 0,7$ erhält man die erforderliche Motornennleistung $P_{mN} = F_N \cdot v / 0,7 = 2030 \text{ N} \cdot 0,5 \text{ m} \cdot \text{s}^{-1} / 0,7 = 1450 \text{ Nm/s} = 1450 \text{ W}$. Wird eine Achse angetrieben, so tritt bei Kippmoment des Motors eine maximale Umfangskraft am Rad von $2 \cdot F_N = 4060$ N auf. Unter der Annahme gleicher Gewichtsverteilung auf die beiden Radsätze kann am Radumfang eines Radsatzes unter Berücksichtigung einer Reibungszahl $\mu = 0,2$ höchstens eine Umfangskraft $F_u = \mu \cdot g \cdot m/2 = 0,2 \cdot 9,81$ m $\cdot$ s$^{-2} \times$ $\times\, 7500$ kg$/2 = 7360$ N übertragen werden. Bei voller Last am Zughaken ist also kein Rutschen der Räder zu befürchten. Wird jedoch das Fahrwerk ohne Last angefahren, so beträgt die maximal übertragbare Umfangskraft nur $F'_u = 0,2 \cdot 9,81$ m $\cdot$ s$^{-2} \cdot 2500$ kg$/2 =$ $= 2450$ N. Die Räder würden rutschen. Dies kann entweder durch Herabsetzung des Motormomentes (z. B. Schleifringläufer mit Anlasser) oder durch konstruktive Maßnahmen (z. B. Antrieb beider Achsen oder Verlagerung eines wesentlichen Teiles des Eigengewichtes auf die angetriebene Achse) verhindert werden.

13.3 Schutzarten, Kühlung und Bauformen der elektr. Maschinen

Der Zweck eines Schutzes ist:

Verhütung der Berührung spannungsführender oder bewegter Teile,
Verhütung des Eindringens von Fremdkörpern und gefährdender Stoffe.

Beide Ziele lassen sich vielfach durch die gleichen Schutzarten erreichen. Die Schutzarten werden entsprechend den Normen (DIN 40050) auf dem Leistungsschild der Maschinen durch ein Kurzzeichen, das zwei Kennbuchstaben und zwei angehängte Ziffern enthält, gekennzeichnet. Die Kennbuchstaben für die Schutzarten gegen Berühren und gegen Eindringen von Fremdkörpern und Wasser lauten IP (Abkürzung von International Protection). Die angehängte erste Kennziffer gibt Auskunft über die Schutzart gegen Berühren und Eindringen von Fremdkörpern, während die zweite Kennziffer die Schutzarten gegen das Eindringen von Wasser kennzeichnet, z. B. IP 44. Die nachfolgende Tabelle 13.2 erläutert die Bedeutung der verschiedenen Kennziffern.

Für bestimmte Sonderfälle werden Maschinen gebaut, die gegen Staubablagerung im Innern, gegen Strahlwasser oder gegen Druckwasser geschützt sind. In Bergwerken und explosionsgefährdeten Betrieben müssen schlagwettergeschützte (Sch) oder explosionsgeschützte (Ex) Motoren verwendet werden, die besonders strengen Prüfvorschriften (VDE 0170 und 0171) unterworfen sind.

Alle Schutzarten beeinflussen die Kühlung der Motoren, sie lassen sich daher nur im Zusammenhang mit den Kühlungs- und Lüftungsarten betrachten. Bei diesen wird nach VDE 0530 unterschieden:

a. Nach dem *Zustandekommen* der Kühlung

1. *Selbstkühlung*. Die Maschine wird ohne Verwendung eines Lüfters durch Strahlung und Luftbewegung gekühlt.
2. *Eigenkühlung*. Durch einen von dem Läufer angetriebenen oder am Läufer angebrachten Lüfter wird die Kühlluft bewegt.
3. *Fremdkühlung*. Die Maschine wird durch einen Lüfter gekühlt, der nicht von der Welle der Maschine angetrieben wird oder wird durch ein anderes, fremdbewegtes Kühlmittel gekühlt.

b. Nach der *Wirkungsweise* der Kühlung

1. *Innenkühlung*. Die Wärme wird an die durch die Maschine strömende Kühlluft abgegeben.

Tabelle 13.2

Erste Kennziffer	Schutzumfang: Berührungsschutz	Schutzumfang: Fremdkörperschutz
0	kein Berührungsschutz	kein Schutz gegen feste Fremdkörper
1	Schutz gegen großflächige Berührung mit der Hand	Schutz gegen große feste Fremdkörper
2	Schutz gegen Berührung mit den Fingern	Schutz gegen mittelgroße feste Fremdkörper
3	Schutz gegen Berührung mit Werkzeugen oder ähnlichem über 2,5 mm Durchmesser	Schutz gegen kleine feste Fremdkörper
4	Schutz gegen Berührung mit Werkzeugen oder ähnlichem über 1 mm Durchmesser	Schutz gegen kleine feste Fremdkörper
5	Schutz gegen Berührung mit Hilfsmitteln jeglicher Art	Schutz gegen Staubablagerungen im Innern
6	Schutz gegen Berührung mit Hilfsmitteln jeglicher Art	Vollkommener Schutz gegen Staub

Zweite Kennziffer	Schutzumfang:
0	kein Wasserschutz
1	Schutz gegen Tropfwasser
2	Schutz gegen Tropfwasser auch bei Neigungen des Gerätes oder der Maschine bis zu 15° in allen Richtungen aus der Normallage
3	Schutz gegen Spritzwasser aus senkrechter Richtung und schrägen Richtungen bis zu einem Winkel von 60° bezogen auf die Senkrechte
4	Schutz gegen Spritzwasser aus allen Richtungen
5	Schutz gegen Strahlwasser
6	Schutz gegen vorübergehende Überflutung
7	Schutz gegen Druckwasser
8	Schutz gegen Druckwasser mit vereinbarten Prüfbedingungen

2. *Oberflächenkühlung.* Die Wärme wird von der Oberfläche der geschlossenen Maschine an das Kühlmittel abgegeben.

3. *Kreislaufkühlung.* Die Wärme wird über ein Zwischenkühlmittel abgeführt. Das Kühlmittel durchströmt Maschine und Wärmetauscher im Kreislauf.

4. *Flüssigkeitskühlung.* Die Maschinenteile werden von Wasser oder einer anderen Flüssigkeit durchströmt oder in eine Flüssigkeit getaucht.

5. *Direkte Leiterkühlung*

    a. Direkte *Gaskühlung.* Die Wicklungen werden durch ein Gas, z. B. Wasserstoff, dadurch gekühlt, daß dieses innerhalb der Leiter strömt.

    b. Direkte *Flüssigkeitskühlung.* Die Wicklungen werden durch eine Flüssigkeit, z. B. Wasser, dadurch gekühlt, daß diese innerhalb der Leiter strömt.

Häufig sind mehrere Kühlarten nach b1 bis b5 miteinander kombiniert.

Besondere Anforderungen werden an die Motoren in Gruben mit *Schlagwettergefahr* gestellt. Die Vorschriften (VDE 0170) verlangen hier, daß alle Teile, an denen betriebsmäßig Funken auftreten können, schlagwettergeschützt zu kapseln sind, und zwar wird unterschieden zwischen der *druckfesten* Kapselung, der *Plattenschutzkapselung* und der *Ölkapselung*. Die letztere findet meist bei den Anlassern Anwendung. Die Plattenschutzkapselung beruht auf dem gleichen Prinzip wie die DAVYsche Sicherheitslampe. Die Motoröffnungen sind durch Pakete dünner Bronzebleche, die in Abständen von etwa 0,5 mm aufgeschichtet sind, abgedeckt. Bei einer Explosion im Motorinneren werden die Abgase durch die engen Spalten zwischen den Blechen auspuffen, wobei sie sich derart abkühlen, daß eine Entzündung der äußeren Schlagwetter nicht mehr möglich ist. Dieser Schutz ist heute durch die *druckfeste* Kapselung verdrängt, weil der Schutz der Platten durch kleine Beschädigungen leicht in Frage gestellt wird und weil auch zuweilen eine Verstopfung eintritt. Bei der druckfesten Kapselung der Drehstrommotoren wird der ganze Motor so stark gekapselt, daß er den Überdruck einer inneren Explosion ertragen kann.

Die Anforderungen an Motoren für *explosionsgefährdete* Betriebsräume (VDE 0171) sind nicht minder hoch. Auch hier kommt die druckfeste Kapselung zur Anwendung. Da die Explosionsdrücke, besonders wenn es sich um Wasserstoffgas handelt, wesentlich größer als bei Schlagwettern sein können, muß die Kapselung sehr stark ausgeführt werden. Anlagen, in denen *Kohlenstaub* auftritt, sind ebenfalls explosionsgefährdet. Für diese wird jedoch nur noch eine staubdichte Kapselung der Motoren gefordert, die eine Ansammlung von Staub ausschließt.

Die Bauform einer elektr. Maschine wird durch eine genormte Kurzbezeichnung (DIN 42950) gekennzeichnet. Diese setzt sich aus einem Buchstaben und einer ein- oder zweistelligen Zahl zusammen. Dabei bedeutet:

A   Maschinen ohne Lager, waagerechte Anordnung
B   Maschinen mit Schildlagern, waagerechte Anordnung
C   Maschinen mit Schildlagern und Stehlagern, waagerechte Anordnung
D   Maschinen mit Stehlagern, waagerechte Anordnung
V   Maschinen mit Schildlagern, senkrechte Anordnung

Bild 13.16 zeigt eine kleine Auswahl der verschiedenen in DIN 42950 festgelegten Bauformen.

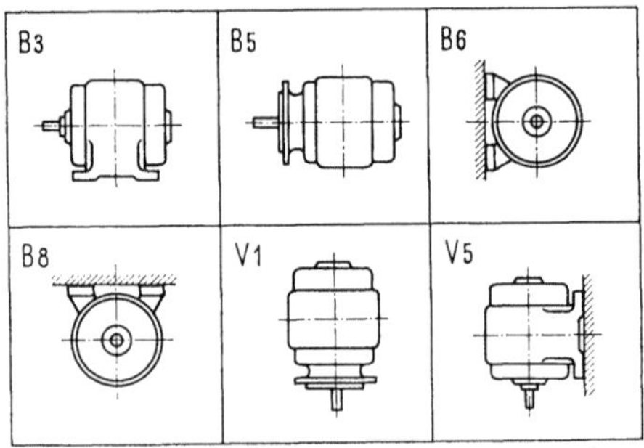

Bild 13.16. Auswahl wichtiger Motorbauformen (nach DIN 42950)

13.4 Anpassung des Motors an die Arbeitsmaschine

Die Anpassung erstreckt sich
auf die *Motorleistung*, sie darf nicht zu klein sein, damit sich der Motor nicht unzulässig erwärmt, sie darf aber auch nicht zu groß sein, weil sonst der

Betrieb unwirtschaftlich und bei Drehstrom der Leistungsfaktor klein sein würde. Bild 13.17 zeigt, wie bei Unterlast besonders der Leistungsfaktor stark fällt;

auf das *Drehmoment*, das hinreichen muß, um große Anlauf- und Stoßmomente zu überwinden, und das andererseits wiederum nicht zu groß sein darf, wenn man einen sanften Anlauf wünscht;

auf die *Drehzahl* und ihre Abhängigkeit vom Arbeitsvorgang;

auf die *Bauform* des Motors und dessen Verbindung mit der Arbeitsmaschine.

auf die *Schutzart* und *Kühlart* des Motors mit Rücksicht auf die Umgebung.

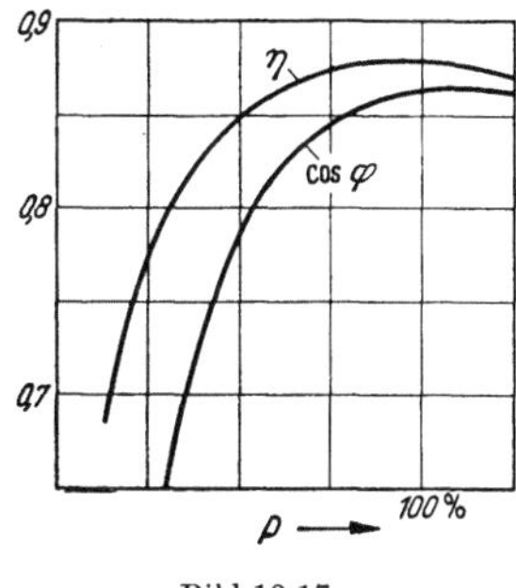

Bild 13.17

13.4.1 Bestimmung der Motorleistung

a) Die Motorleistung bei Dauerbetrieb. Die von einer Arbeitsmaschine benötigte Leistung kann in sehr viel Fällen unmittelbar berechnet werden (z. B. bei Pumpen und Hebezeugen aus der Hubarbeit), in zahlreichen anderen Fällen ist man jedoch auf Erfahrungswerte angewiesen, die man aus Leistungsmessungen an ausgeführten Maschinen gewonnen hat. Die Bestimmung der Motorleistung erstreckt sich nun darauf, einen Motor aus der Liste ausfindig zu machen, welcher 1. in der Lage ist, das höchste vorkommende Drehmoment zu überwinden, und 2. sich im Dauerbetrieb nicht über das zulässige Maß erwärmt. Die erste Forderung ist im allgemeinen leicht zu erfüllen, während die zweite größere Schwierigkeiten bereiten kann. Am einfachsten liegen die Verhältnisse, wenn die Arbeitsmaschine eine zeitlich *konstante* Leistung, die uns bekannt ist, benötigt. Wir haben dann nur nötig, einen Motor dieser Nennleistung aus der Liste der Motoren für Betriebsart S1 (s. Abschn. 13.1) auszuwählen, der damit zugleich die Drehmomentbedingung und die Erwärmungsbedingung erfüllt.

Bei veränderlicher Belastung im Dauerbetrieb, wie es z. B. bei einem Selfaktor zur Garnherstellung der Fall ist, muß man den zeitlichen Verlauf der Leistungslinie $P = f(t)$ kennen. Er sei durch Bild 13.18 (oben) gegeben. Von einem Motor der Liste, von dem wir vermuten, daß er für die geforderte Leistung ausreichend ist, tragen wir uns nun die Verlustleistung P_v (Bild 13.18, rechts) in Abhängigkeit von seiner Leistung P auf und konstruieren daraus den Verlauf der Verlustlinie bei der tatsächlichen Belastung durch die Arbeitsmaschine. Von diesen wechselnden Verlusten wird das Mittel P_{vm} gebildet, was dadurch geschehen kann, daß man die unter der Linie P_v liegende Fläche für die Zeit t_s eines Spieles ausplanimetriert oder durch Zerlegung in Streifen ausmißt und durch die Spielzeit t_s dividiert. Der Mittelwert P_vm der Verluste schneidet auf der Verlustlinie des Motors eine Leistung P_x ab, die möglichst gleich, aber nicht größer als die Nennleistung des angenommenen Motors sein soll. Ist sie größer, so muß in gleicher Weise das nächst größere Motormodell nachgeprüft werden. Für eine derartige Bestimmung muß mindestens die Aufteilung der Motorverluste bekannt sein. Wenn geringere Genauigkeit zulässig

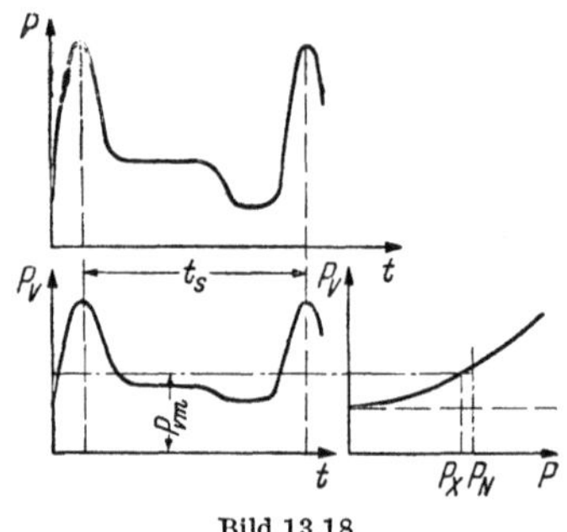

Bild 13.18

ist, kann man auch eine Verlustlinie zugrunde legen, wie sie in Gl. 5.27 angegeben wurde. Voraussetzung für die Richtigkeit der Bestimmung ist jedoch immer, daß die Zeitdauer der Belastungsänderungen gering ist gegenüber der Erwärmungszeitkonstante des Motors, daß sich also eine kaum schwankende Motortemperatur einstellt. Ein weiterer Annäherungsweg zur Bestimmung der Motorleistung ist dadurch gegeben, daß man mit Gl. (5.16) die Drehmomentenlinie zeichnet und gemäß den Angaben im nächsten Abschnitt dann den *quadratischen Mittelwert* des Drehmoments bildet. Hierbei ist es zweckmäßig, die Momentenfläche in einzelne Rechtecke zu zerlegen.

Schließlich ist noch nachzuprüfen, ob das Höchstmoment des gewählten Motors für die Spitzenleistung des Antriebs ausreicht. Die zunehmende Verwendung von Drehstrom-Kurzschlußläufermotoren, selbst für große Leistungen, zwingt auch zu einer Beachtung des Drehmomenten*verlaufes*. Derselbe kann bei den Stromverdrängungsläufermotoren durch Änderung des Käfigs geändert werden. Man wird z. B. eine Maschine, die im Anlauf ein geringes Moment benötigt, mit einem Motor mit Wirbelstromläufer antreiben, während für Maschinen mit großem Anlaufmoment nur der Doppelkäfigmotor geeignet ist.

Die Läufer werden in Läuferklassen eingeteilt. Aus dem Klassenkennzeichen ist ersichtlich, gegen welches Widerstandsmoment M_w noch ein sicherer Anlauf erfolgt. Bei direkter Einschaltung kann ein Motor mit einem Läufer der Klasse Kl 10 gegen ein Widerstandsmoment $M_\mathrm{w} = M_\mathrm{N}$, bei Kl 13 bis $M_\mathrm{w} = 1{,}3 \cdot M_\mathrm{N}$ und bei Kl 16 bis zu $M_\mathrm{w} = 1{,}6 \cdot M_\mathrm{N}$ sicher anlaufen.

Bei *Durchlaufbetrieb* mit *Aussetzbelastung* (Betriebsart S6) treten zwischen den Belastungszeiten Leerlaufzeiten auf, in denen im Motor eine den Leerlaufverlusten entsprechende Wärme entwickelt wird.

b) Die Motorleistung bei Kurzzeitbetrieb (Betriebsart S2). Bei dieser Betriebsart ist der Motor niemals dauernd im Betrieb, auch ist die Zahl z der stündlichen Einschaltungen sehr gering, gewöhnlich wesentlich kleiner als 1. Die Nennleistung der Motoren werden in diesem Falle nach ihrer *Zeitleistung* bestimmt. Es ist dies diejenige Leistung, die ein Motor eine bestimmte Zeit hindurch vom kalten Zustand bis zur Erwärmungsgrenze leisten kann. Ein 10 kW-Motor für 60 min Zeitleistung kann also 60 min ununterbrochen mit 10 kW belastet werden und hat dann die Grenztemperatur erreicht. Es muß dann eine Pause folgen, die solange dauert, bis der Motor sich wieder auf die Kühlmitteltemperatur abgekühlt hat.

Wenn für einen Antrieb 10 kW benötigt werden und die Betriebsdauer nicht mehr als 10 min beträgt, so ist aus einer Motorenliste ein Motor für Kurzzeitbetrieb (S2) 10 min, 10 kW Nennleistung auszuwählen.

Motoren für kurzzeitigen Betrieb kommen z. B. zum Betrieb von Schleusentoren oder bestimmten Haushaltsgeräten (Mixer, Rasierapparate usw.) vor.

c) *Die Motorleistung bei Aussetzbetrieb* (S3, S4 oder S5). Man könnte versucht sein, die frühere Methode der Leistungsbestimmung auch auf den aussetzenden Betrieb anzuwenden, um mit normalen Motoren für Dauerbetrieb S1 auskommen zu können. Ein kleines Beispiel zeigt aber sofort, daß dies praktisch undurchführbar ist. Angenommen, ein Antrieb benötige bei 15% relativer Einschaltdauer 10 kW derart, daß nach Bild 13.1c auf eine Betriebszeit $t_B = 15$ s eine Stillstandszeit t_{St} von 85 s folge. Nach der Methode der Bestimmung des quadratischen Mittelwertes würde sich in diesem Falle eine *Dauerleistung* von $\sqrt{\dfrac{10^2 \text{ kW}^2 \cdot 15 \text{ s} + 0^2 \cdot 85 \text{ s}}{15 \text{ s} + 85 \text{ s}}} = 3,87$ kW ergeben, d. h. ein Motor, der 3,8 kW dauernd ohne Unterbrechung leistet und sich dabei gerade bis an die zulässige Temperaturgrenze erwärmt, würde im aussetzenden Betrieb S3 mit 15% ED 10 kW leisten und sich dabei etwa ebenso hoch erwärmen. Nun hat aber ein Drehstrommotor mindestens ein 1,6faches, gewöhnlich ein 2- bis 2,5faches Kippmoment. Der 3,8 kW-Motor würde demnach bei Aufwendung seines Höchstmomentes nicht einmal das Nennmoment des 10 kW-Motors aufbringen, während man für den Anlauf doch ein wesentlich größeres Moment verlangt. Er könnte also wohl der Erwärmungsbedingung genügen, aber hinsichtlich des Drehmomentes zu schwach sein. Aus diesem Grunde gibt es für den aussetzenden Betrieb *Sonderkonstruktionen der Motoren,* und in den Listen derselben ist als Nennleistung die *Aussetzleistung* bei den verschiedenen Einschaltdauern angegeben.

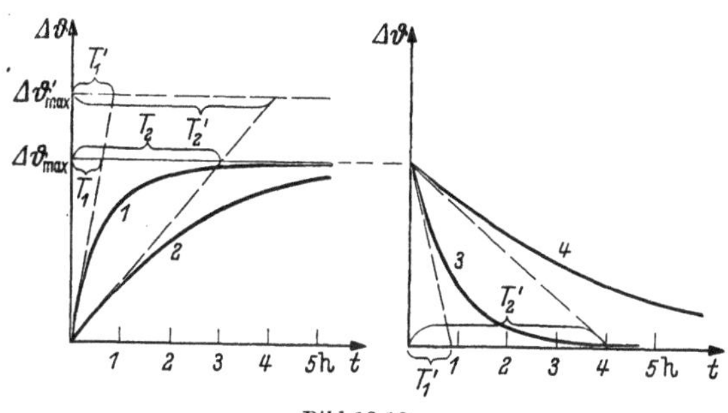

Bild 13.19

Die betrachtete Leistungsbestimmung würde für den aussetzenden Betrieb aber auch ungenau sein, weil die Wärmeabfuhr bei einem stillstehenden Motor geringer als im Lauf ist und es würde sich daher ein zu knapp bemessener Motor ergeben. Bild 13.19 soll dies noch etwas näher erläutern. Ein *kleiner*

Motor habe die durch Linie *1* dargestellte Erwärmung. Seine Erwärmungs-Zeitkonstante T_1 sei z. B. etwa $^1/_2$ Stunde, und er wird nach 2 Stunden praktisch die Endtemperatur erreicht haben. Wenn wir in diesem Motor im Stillstand dieselbe Wärme wie im Lauf entwickeln, steigt seine Temperatur zunächst in gleicher Weise an, sie würde jedoch wegen der geringeren Wärmeabgabefähigkeit k' einen höheren Grenzwert $\Delta\vartheta'_{max}$ annehmen. Die maximale Übertemperatur $\Delta\vartheta_{max}$ ist dem Verhältnis aus Verlustleistung P_v und Wärmeabgabefähigkeit k proportional. Andererseits ist die Erwärmungszeitkonstante T dem Verhältnis aus Wärmekapazität C und Wärmeabgabefähigkeit k proportional. Man erhält also $\Delta\vartheta'_{max} = \Delta\vartheta_{max} \cdot k_1/k'_1$ und $T'_1 = T_1 \cdot k_1/k'_1$. Während also im laufenden Motor die Zeitkonstante T_1 war, ist sie beim ruhenden Motor auf den Wert T'_1 gestiegen. Die durch den Stillstand bedingten Abkühlungslinien sind daher mit einer vergrößerten Zeitkonstante, also flacher einzuzeichnen. Größere Motoren haben einen langsameren Temperaturanstieg (Linie *2*), die Zeitkonstante T_2 beträgt 2⋯3 Stunden, so daß erst nach 6⋯8 Stunden angenähert die Grenzübertemperatur erreicht wird. Bei aussetzendem Betrieb tritt durch die Abkühlung in den Zeiten des Stillstandes eine weitere Verzögerung ein, so daß die Grenzübertemperatur unter Umständen erst nach 10 Stunden erreicht wird. Infolgedessen wird ein *größerer* Motor in einer achtstündigen Schicht selbst bei Beanspruchung mit der listenförmigen Aussetzleistung seine zulässige Endtemperatur noch nicht erreicht haben. Man kann ihn daher bei achtstündigem Schichtbetrieb etwas höher, als es die Liste angibt, beanspruchen.

Die *Spielzahl* je Stunde $m = (3600 \cdot \text{s/h})/t_s$ sollte nach der früheren Leistungsbestimmung bei gleicher Einschaltdauer ohne Einfluß auf die Motorleistung sein, weil die *mittleren* Verluste dieselben sind, einerlei ob der Motor z. B. auf die Betriebszeit $t_B = 10\,\text{s}$ eine Ruhepause von $t_{St} = 30\,\text{s}$ (Spielzahl/h: $m = 90/\text{h}$) oder auf die Zeit $t_B = 20\,\text{s}$ eine Ruhezeit $t_{St} = 60\,\text{s}$ hat (Spielzahl/h: $m = 45/\text{h}$). Die Erwärmungslinie zeigt jedoch ein anderes Verhalten. In Bild 13.20 ist die Erwärmungslinie und die Abkühlungslinie gestrichelt gezeich-

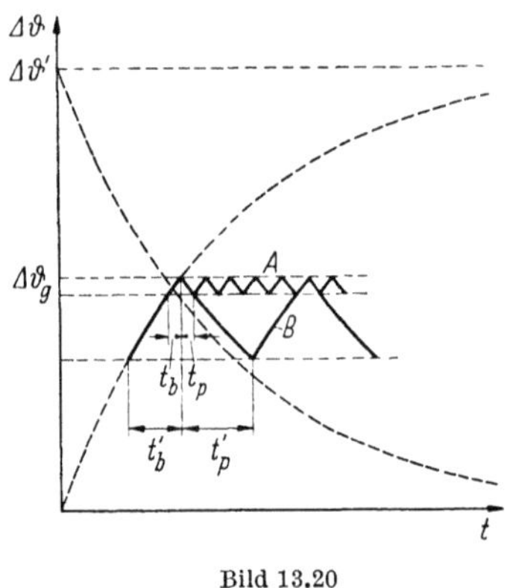

Bild 13.20

net. $\Delta\vartheta_g$ soll die Grenzübertemperatur sein, welche nach den Vorschriften nicht überschritten werden darf. $\Delta\vartheta'$ ist die Übertemperatur, die der Motor unzulässigerweise annehmen würde, wenn man ihn mit der Aussetzleistung *ohne* Pausen betreiben würde. Bei großer Spielzahl (also kleinen Zeiten t_b und t_p)

würde sich im Beharrungszustand eine Temperaturlinie A einstellen, welche in dem angenommenen Falle etwa $t_b = t_p$ ergibt. Eine kleine Spielzahl führt zur Linie B, welcher die Pausezeit t_p' größer als die Betriebszeit t_b' ist. Im letzteren Fall ist also die mögliche relative Einschaltdauer geringer. Der Grund für diese Erscheinung liegt darin, daß bei geringer Spielzahl die Temperaturen tiefer unter die Grenzübertemperatur $\Delta\vartheta_g$ sinken, wobei dann die Abkühlunglinie wesentlich flacher und die Erwärmungslinie steiler wird. Da im normalen aussetzenden Betrieb meist nur kurze Schaltzeiten vorkommen und da in den Bestimmungen VDE 0530 eine Spielzeit von 10 Minuten angegeben ist, kann man die Temperaturschwankungen als geringfügig ansehen und von dem Einfluß der Spielzahl abgesehen, wenn nicht durch Beschleunigungsmomente im Anlauf der Motor erhöht belastet wird.

104. Beispiel. Der in den Thomasbirnen und im Martinofen gewonnene Stahl wird in eiserne Kokillen gegossen, in welchen er zu Blöcken erstarrt. Das Ausstoßen der Blöcke aus den Kokillen geschieht durch kranähnliche Maschinen, die sog. *Stripperkrane* (Abstreifkrane), die mittels ihrer Zange weiterhin auch zum Transport von Blöcken und Kokillen dienen. Außer den normalen drei Motoren eines Kranes hat dieser noch einen Drehmotor zum Drehen der mittleren heb- und senkbaren Zangensäule, ferner noch einen Strippermotor, welcher mittels Übersetzung auf die Spindel eines Stempels arbeitet, mit welchem nach dem Erfassen der Kokille der Block herausgestoßen werden kann. Auch das Bewegen der Zangenschenkel erfolgt durch die Stempelbewegung.

Der Stripperkran (s. Bild 13.21) habe die folgenden Arbeitsgeschwindigkeiten, Heben 22 m/min, Katzfahren 50 m/min, Kranfahren 120 m/min und Drehen 5mal/min. In

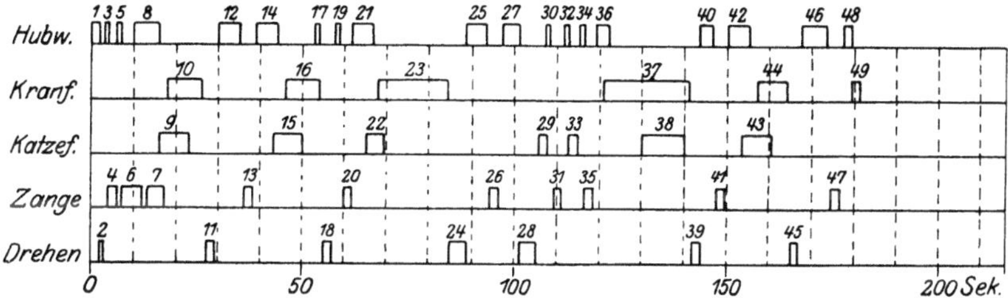

Bild 13.21. Arbeitsdiagramm eines Stripperkrans

Zeiten höchster Beanspruchung, besonders nach Feiertagen, wenn die Mischer gefüllt sind, wird von ihm eine Leistung von 200 Blöcken in 12 Stunden verlangt. Für einen Block stehen also 216 s zur Verfügung. In dieser Zeit hat der Kran folgende Bewegungen zu machen: 1. Heben über die gefüllte Kokille, 2. Drehen, 3. Senken auf Kokille, 4. Zange schließen, 5. Kokille heben, 6. Block abstrippen, 7. Stempel hochziehen, 8. Heben mit leerer Kokille, 9. Katzfahren, 10. Kranfahren, 11. Drehen, 12. Senken in Kühlbehälter, 13. Zange öffnen, 14. leer heben, 15. Katzfahren, 16. Kranfahren, 17. Heben über Block, 18. Drehen, 19. Senken auf Block, 20. Zange schließen, 21. Block heben, 22. Katzfahren, 23. Kranfahren, 24. Drehen, 25. Senken in Wärmegrube, 26. Zange öffnen, 27. leer heben, 28. Drehen, 29. Katzfahren, 30. Senken auf Ofendeckel, 31. Zange schlieeßn, 32. Deckel heben, 33. Katzfahren, 34. Deckel senken, 35. Zange öffnen, 36. leer heben, 37. Kranfahren, 38. Katzfahren, 39. Drehen, 40. Senken auf leere Kokille, 41. Zange schließen, 42. Kokille hebeb, 43. Katzfahren, 44. Kranfahren, 45. Drehen, 46. Kokille in Gießgrube senken, 47. Zange öffnen, 48. leer heben, 49. Kranfahren. Nimmt man nach den örtlichen Verhältnissen an, daß der Kühlbehälter 8 m Kranfahrweg und 5 m Katzfahrweg von der Gießgrube entfernt ist, während die Wärmeöfen 25 m Kranfahrweg und 3 m Katzfahrweg abliegen, so kann man die Fahrzeiten angenähert feststellen. In Bild 13.21 sind dieselben in der angegebenen Folge für ein Blockspiel aufgezeichnet. Für den Hubmotor beträgt die Summe aller Einschaltzeiten 58 s. Da die Zahl der wirklichen Einschaltungen wegen der unvermeidlichen Ungenauigkeiten etwa das Dreifache beträgt, kann man zu den gezeichneten 19 Einschaltungen noch zweimal 19 von je $^1/_2$ s Dauer hinzurechnen, so daß die Gesamteinschaltzeit 58 s + 19 s = 77 s beträgt. Die relative Einschaltdauer ist demnach 77/216 = 0,355. In gleicher Weise ergibt sich die relative Einschaltdauer des Kranmotors zu 0,31, des Katzfahrmotors zu 0,21, des Zangenmotors zu 0,16 und des Drehmotors, zu 0,11. Bei dem Strippermotor ist hier angenommen, daß der Block durch *einen* Druck gestrippt werden kann. Da jedoch häufig mehr Einschaltungen notwendig sind, muß man die Einschaltdauer größer wählen. Auch für die anderen schwach belasteten Motoren muß man einen Sicherheitszuschlag hinzufügen.

Die Bestimmung der Aussetzleistung ist einfach, wenn ein Drehmomentdiagramm oder Leistungsdiagramm der Arbeitsmaschine nach Bild 13.1 vorliegt und wenn die Beschleunigungsvorgänge vernachlässigt werden können. Angenommen, das Diagramm verlange bei einer relativen Einschaltdauer $\varepsilon = 0,25$ ein während der Einschaltdauer t_b konstantes Drehmoment. Dann haben wir in der Motorenliste für 25% ED einen Motor, der dieses Nennmoment besitzt, auszuwählen. Das angegebene Belastungsdiagramm wird aber in den meisten Fällen nicht gerade mit den genormten Werten der Einschaltdauer in der Liste übereinstimmen. Man wird dann den Motor für die nächst höher gelegene relative Einschaltdauer wählen. Allerdings ist dann dieser Motor nicht voll ausgenützt. Bei größeren Motoren wird man deshalb die Rechnung etwas genauer durchführen und die tatsächliche Einschaltzeit t_b, während der das Drehmoment M auftritt, auf die listenmäßigen Nennwerte t_{bN} und M_N umrechnen (Bild 13.22). Für die Umrechnung genügt es durchaus, wenn wir an Stelle der

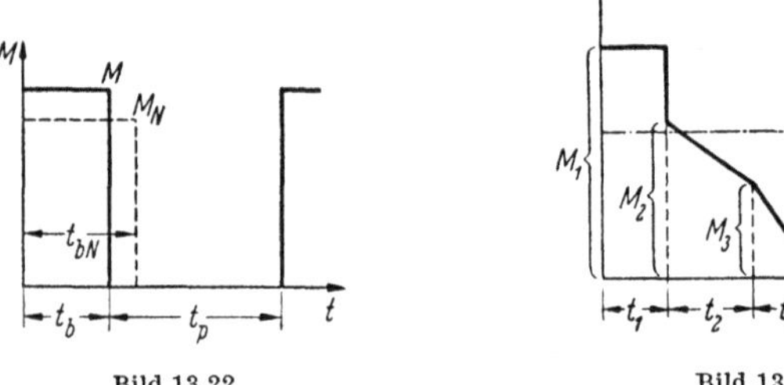

<table>
<tr><td>Bild 13.22</td><td>Bild 13.23</td></tr>
</table>

früher benutzten Verlustlinien annehmen, daß die Verluste des Motors dem *Quadrate* des Drehmomentes proportional sind. Es ist also $M_N^2 \cdot t_{bN} = M^2 \cdot t_b$ oder $M_N^2/M^2 = t_b/t_{bN}$. Dieses letztere Verhältnis ist bei unveränderter Spieldauer aber gleich dem Verhältnis der gegebenen Einschaltdauer ε zur listenmäßigen ε_N, woraus folgt:

$$\frac{M_N^2}{M^2} = \frac{\varepsilon}{\varepsilon_N}. \tag{13.28}$$

105. Beispiel. Eine Arbeitsmaschine benötigt im Aussetzbetrieb S3 während 20 s ein Drehmoment von 100 Nm, worauf ein Stillstand von 40 s erfolgt. Welcher Motor ist aus der Liste für 40% ED auszuwählen?

Nach obiger Beziehung ist das listenmäßige Nennmoment $M_N = M \cdot \sqrt{\varepsilon/\varepsilon_N}$. Da die gegebene relative Einschaltdauer 20 s/(20 s + 40 s) = 0,33 ist, folgt $M_N = 100\ \text{Nm} \times \sqrt{0,33/0,4} = 90,8\ \text{Nm}$. Ein Motor dieses Nennmomentes für 40% ED ist aus der Liste auszuwählen. Die listenmäßige Nennleistung muß dann z. B. bei einer Motornenndrehzahl von 940 min^{-1}

$$P_N = \omega_N \cdot M_N = 6,28 \cdot 15,66\ \text{s}^{-1} \cdot 90,8\ \text{Nm} = 8938\ \text{W}$$

betragen.

In den wenigsten Fällen des praktischen Betriebes ist das Drehmoment während der Einschaltung konstant. Liege z. B. das in Bild 13.23 dargestellte Momentendiagramm vor, so haben wir das veränderliche Moment durch ein mittleres M zu ersetzen. Mit Rücksicht auf die angenähert quadratische Abhängigkeit der Verluste, muß dies aber der quadratische Mittelwert der Momente sein. Diese Mittelbildung kann leicht rechnerisch durchgeführt werden, denn wenn das Moment bzw. der Strom konstant ist, sind auch die Verluste konstant. Bei einem linearen Abfall des Momentes von M_3 auf den Wert Null, wie es im letzten Teil des gezeichneten Diagrammes der Fall ist, verlaufen die Verluste parabelförmig, deren Mittelwert bekanntlich in einem Drittel der Höhe liegt. Das Quadrat des Mittelwertes der Momentenlinie liegt in der Zeit t_3 daher ebenfalls in ein Drittel der Endhöhe M_3^2. Den mittleren trapezförmigen Teil des Diagrammes kann man sich als Differenz zweier Dreiecke (Bild 13.24) mit den Höhen

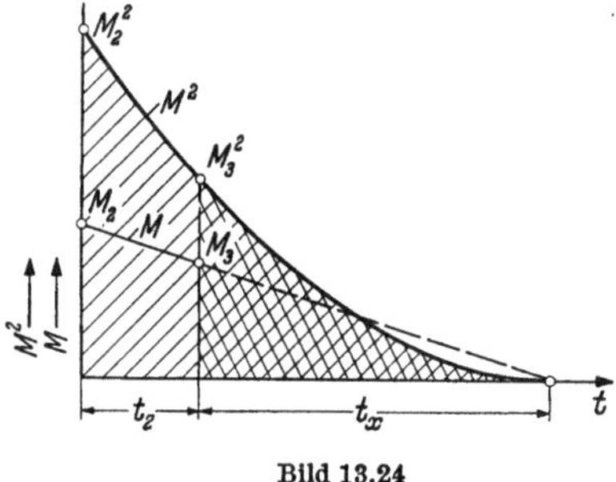

Bild 13.24

M_2 und M_3 und verschiedener Basis denken. Die Gesamtfläche unter der M^2-Linie in Bild 13.24 ist $M_2^2 \cdot (t_2 + t_x)/3$. Die doppelt schraffierte Fläche beträgt $M_3^2 \cdot t_x/3$. Die gesuchte Fläche ist die Differenz $M_2^2 \cdot (t_2 + t_x)/3 - M_3^2 \cdot t_x/3$. Da aber $t_x = t_2 \cdot M_3/(M_2 - M_3)$ ist, erhält man durch Einsetzen und algebraische Umformung $(M_2^2 + M_3^2 + M_2 \cdot M_3)\, t_2/3$.

Für die Umwandlung der Drehmomentfläche (Bild 13.23) in die verlustgleiche Rechtecksfläche gilt also die Beziehung:

$$M^2 \cdot (t_1 + t_2 + t_3) = M_1^2 \cdot t_1 + \frac{(M_2^2 + M_3^2 + M_2 \cdot M_3) \cdot t_2}{3} + \frac{M_3^2 \cdot t_3}{3},$$

woraus sich der gesuchte Mittelwert, der auch effektives Moment heißt, ergibt:

$$M_{\text{eff}} = \sqrt{\frac{M_1^2 \cdot t_1 + \dfrac{(M_2^2 + M_3^2 + M_2 \cdot M_3) \cdot t_2}{3} + \dfrac{M_3^2 \cdot t_3}{3}}{t_1 + t_2 + t_3}} \, . \qquad (13.29)$$

Wenn die Einschaltdauer $(t_1 + t_2 + t_3)/(t_1 + t_2 + t_3 + t_p)$ keine listenmäßige ist, muß weiterhin nach Gl. (13.28) auf diese umgerechnet werden.

Häufig schließt das Momentendiagramm, sofern elektrisch gebremst wird, mit einem *negativen* Moment, einem *Bremsmoment*, zur Stillsetzung des Antriebs ab. Dieses Moment geht hinsichtlich der leistungsbestimmenden Erwärmung in Gl. (13.29) wie alle anderen Momente positiv ein, weil $(-M) \cdot (-M) = + M^2$ ist.

Bei vielen aussetzenden Betrieben ist das Belastungsmoment koineswegs konstant, sondern schwankt, wie dies z. B. bei Kranen der Fall ist, zwischen dem

Vollastmoment M_v und dem Totlastmoment M_0 bei leerem Haken oder Greifer. Zur Kennzeichnung dieses Zustandes hat sich der Begriff der *relativen Last* m_r eingeführt, wodurch das Verhältnis des *mittleren* Momentes zum Vollastmoment verstanden wird, also die Zahl:

$$m_\mathrm{r} = \frac{\dfrac{M_\mathrm{v} + M_0}{2}}{M_\mathrm{v}} \,. \tag{13.30}$$

106. Beispiel. Ein Laufkran für 20 t hat eine Eigenmasse von 15 t und benötigt bei Vollast eine Fahrleistung von 14 kW. Wie groß ist die relative Last, wenn der Wirkungsgrad bei Vollast zu 0,75, derjenige bei Leerlauf zu 0,5 angenommen wird?

Bei Vollast sind $m_\mathrm{v} = (20 + 15)\,\mathrm{t} = 35\,\mathrm{t}$ zu bewegen, bei Leerlauf nur $m_0 = 15\,\mathrm{t}$. Die Gewichtskraft beträgt bei Vollast $G_\mathrm{v} = m_\mathrm{v} \cdot g = 35 \cdot 10^3\,\mathrm{kg} \cdot 9{,}81\,\mathrm{m/s^2} = 343\,\mathrm{kN}$, bei Leerlauf $G_0 = m_0 \cdot g = 15 \cdot 10^3\,\mathrm{kg} \cdot 9{,}81\,\mathrm{m/s^2} = 147\,\mathrm{kN}$. Die Motorleistung beträgt bei Vollast $P_\mathrm{v} = 14\,\mathrm{kW} = \mu \cdot G_\mathrm{v} \cdot v/\eta_\mathrm{v}$. Entsprechend erhält man die Motorleistung ohne Nutzlast $P_0 = \mu \cdot G_0 \cdot v/\eta_0$. Da die Leistungen bei gleicher Drehzahl den Momenten proportional sind, ergibt sich mit (Gl. 13.30)

$$m_\mathrm{r} = \frac{0{,}5\,(\mu \cdot G_\mathrm{v} \cdot v/\eta_\mathrm{v} + \mu \cdot G_0 \cdot v/\eta_0)}{\mu \cdot G_\mathrm{v} \cdot v/\eta_\mathrm{v}} = 0{,}5 + \frac{G_0 \cdot \eta_\mathrm{v}}{G_\mathrm{v} \cdot 2 \cdot \eta_0}$$

$$= 0{,}5 + (147\,\mathrm{kN} \cdot 0{,}75)/(343\,\mathrm{kN} \cdot 2 \cdot 0{,}5) = 0{,}82 \,.$$

Um auf einen Mittelwert der *Leistung* zu kommen, bildet man in der bekannten Weise den quadratischen Mittelwert P_eff zwischen der Vollastleistung P_v und der Totlastleistung P_0 (Bild 13.25)

$$P_\mathrm{eff} = \sqrt{\frac{P_\mathrm{v}^2 \cdot t_1 + P_0^2 \cdot t_2}{t_1 + t_2}} \,. \tag{13.31}$$

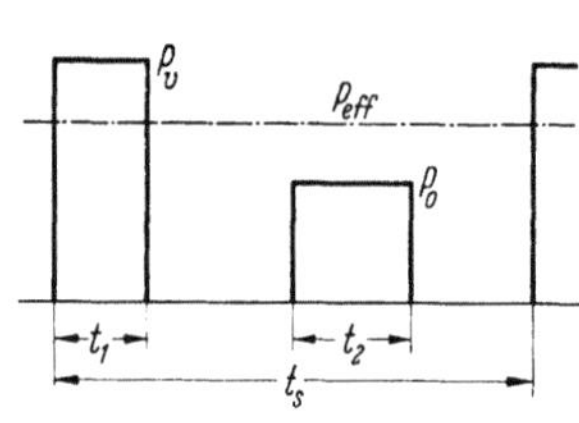

Bild 13.25

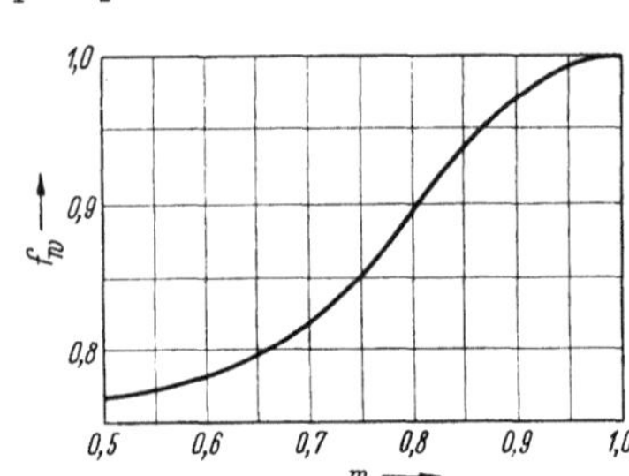

Bild 13.26. Wechselleistungsfaktoren

Das Verhältnis $P_\mathrm{eff}/P_\mathrm{v}$ wird dann der *Wechselleistungsfaktor* genannt. Er ist, wenn man angenähert $t_1 = t_2$ setzt:

$$f_\mathrm{w} = \frac{P_\mathrm{eff}}{P_\mathrm{v}} = \sqrt{\frac{1 + \left(\dfrac{P_0}{P_\mathrm{v}}\right)^2}{2}} \,. \tag{13.32}$$

Mit dem Wechselleistungsfaktor, der stets kleiner als eins ist, ist die aus der Vollast errechnete Leistung zu multiplizieren, um auf die listenmäßig nötige Leistung (bei der gegebenen relativen Einschaltdauer $\varepsilon = (t_1 + t_2)/t_\mathrm{s}$ zu kommen.

Bild 13.26 stellt die Wechselleistungsfaktoren in Abhängigkeit von der relativen Last dar. Die Kurve gilt genau nur für Motoren mit konstanter Drehzahl, angenähert auch für Reihenschlußmotoren.

Zur Auswahl eines Motors für die Belastungsfälle Bild 13.22, 13.23 und 13.24 sind natürlich nur Listen für Motoren der entsprechenden Einschaltdauer, und nicht Listen für normale Motoren (Dauerbetrieb) zu verwenden. Näherungsweise kann man Gl. (13.28) dazu verwenden, um einen listenmäßigen Motor (Dauerbetrieb) auf Aussetzbetrieb umzurechnen. Hierzu ist dann $\varepsilon_N = 1$ zu setzen. Man erhält das zulässige Drehmoment bei Aussetzbetrieb

$$M_{AB} = M_N / \sqrt{\varepsilon}. \tag{13.33}$$

107. Beispiel. Ein Motor der Drehzahl $n = 1430 \ \text{min}^{-1}$ soll im Aussetzbetrieb mit 60% Einschaltdauer verwendet werden. Das geforderte Moment beträgt 100 Nm. Zur Verfügung stehen nur Motoren für Dauerbetrieb.

Aus Gl. (13.33) erhält man näherungsweise das Nennmoment des Motors für Dauerbetrieb $M_N = 100 \ \text{Nm} \cdot \sqrt{0,6} = 77,5 \ \text{Nm}$. Dies entspricht einer Leistung $P_N = 11,6 \ \text{kW}$. Wir wählen einen Motor mit 12 kW Dauerleistung. Dieser ist in der Leistung um etwa 23% kleiner, als wenn man einen Motor mit 100 Nm Nenndrehmoment gewählt hätte. Es muß jetzt noch geprüft werden, ob das Beschleunigungsmoment beim Anfahren für den gegebenen Fall groß genug ist.

Die Berücksichtigung der Beschleunigungsarbeit. Die Beschleunigungsarbeit, welche beim Anlauf eines Antriebes aufzuwenden ist, spielt bei Dauerbetriebsmotoren keine Rolle. Sie kann jedoch im aussetzenden Betrieb sehr wichtig werden, wenn die Spielzahl eine hohe ist. Wir wollen nur den häufig vorkommenden einfachen Fall betrachten, daß die Arbeitsmaschine ein konstantes Drehmoment benötigt und daß mit konstantem Motordrehmoment angefahren werde. Andere Fälle lassen sich unter Benutzung der früher besprochenen Methode zur Bestimmung der Anlaufgeschwindigkeit entsprechend behandeln. In unserem Falle steht zur Beschleunigung der Massen ein konstantes Drehmoment $M - M_w$ zur Verfügung, so daß sich die Drehzahl gleichförmig steigert Bild 13.27, a). Die zur Beschleunigung benötigte Leistung ist durch das Pro-

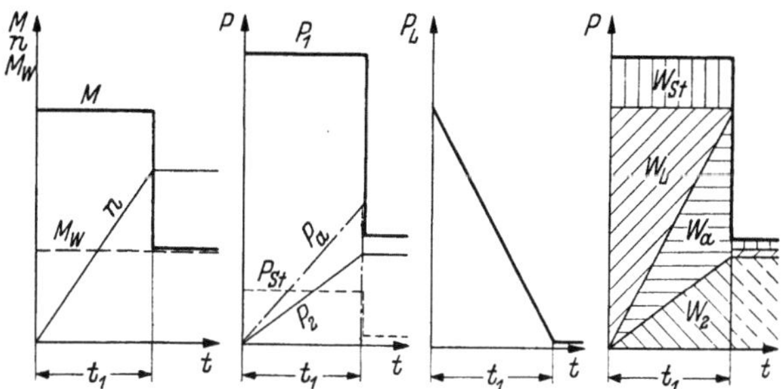

Bild 13.27. Energiebilanz beim Anlauf eines Asynchronmotors (schematische Darstellung). M Motormoment; M_W Widerstandsmoment; n Drehzahl; P_1 aufgenommene Leistung; P_2 mechanisch abgegebene Leistung; P_a mechanisch abgegebene Leistung zur Beschleunigung; P_{St} Verlustleistung im Ständer; P_L Verlustleistung im Läufer einschließlich Anlasser

dukt aus Drehmoment und Winkelgeschwindigkeit bestimmt und steigt während der Beschleunigungszeit ebenfalls gleichförmig. Bild 13.27, b stellt die vom Motor nutzbar an die Arbeitsmaschine abgegebene Leistung $P_2 = \omega \cdot M_w$ dar. $P_a = \omega \cdot (M - M_w)$ ist die abgegebene Beschleunigungsleistung, P_1 die gesamte aufgenommene Leistung, die in diesem Fall konstant ist. Zieht man von P_1 die Größen P_a, P_2 und die im Ständer auftretenden Verluste $P_{St} = 3 \cdot I^2 \cdot R_{St} + P_{Fe}$

ab, so erhält man die im Läufer auftretende Verlustleistung P_L, die in Bild 13.27, c dargestellt ist. In Bild 13.27, d sind die Leistungen P_2, P_a, P_L und P_St zu jedem Zeitpunkt t aufgetragen. Da horizontal die Zeit abgetragen ist, stellen die Flächen Arbeiten dar. Man erkennt, daß die dem Netz entnommene gesamte Arbeit $W_1 = P_1 \cdot t = (W_2 + W_\mathrm{a} + W_\mathrm{L} + W_\mathrm{St})$ mehr als doppelt so groß ist als die an der Welle abgegebene Arbeit $W_2 + W_\mathrm{a}$. Der *mittlere Anlaufwirkungsgrad* $\eta_\mathrm{a} = (W_2 + W_\mathrm{a})/W_1$ ist deshalb *immer kleiner als 0,5*. Das gilt nicht nur für diesen speziellen Fall, sondern ganz allgemein für alle Anlaufvorgänge, bei denen die Maschine direkt oder über Anlaßwiderstände im Ständer oder Läufer eingeschaltet wird. Auch bei Anlauf ohne Widerstandsmoment (Leeranlauf) ändert sich nichts an der Tatsache, daß die Arbeit $W_\mathrm{St} + W_\mathrm{L}$ immer etwas größer als die in den Schwungmassen gespeicherte Energie W_a ist.

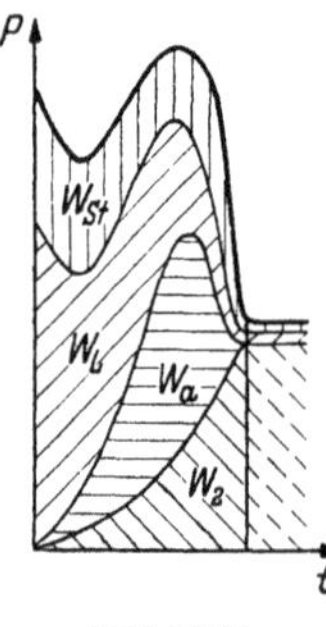

Bild 13.28

Bild 13.28 zeigt den Leistungsverlauf bei Anlauf auf Gegenmoment für eine Asynchronmaschine unter Berücksichtigung des sich ändernden Motor- und Widerstandsmomentes.

Die Massenwirkung ist in zweifacher Hinsicht schädlich. Einmal durch den Mehrbedarf an elektrischer Arbeit, dessen einer Teil nur in seltenen Fällen durch Nutzbremsung bei der Stillsetzung teilweise zurückgewonnen werden kann, während der größere Teil sofort in den Widerständen verloren geht. Ferner bedingt die Massenbeschleunigung eine erhöhte Motorleistung, also einen größeren und teueren Motor.

Werden Schleifringläufermotoren über äußere Widerstände angelassen, so teilt sich die im Sekundärkreis auftretende Verlustleistung $P_\mathrm{L} = I^2 \cdot (R' + R'') = = P' + P''$ im Verhältnis von Läuferinnenwiderstand R' zu Anlaßwiderstand R'' auf Läufer und Anlasser auf. Es gilt deshalb $P'/P'' = R'/R''$. Da der Anlaßwiderstand R'' meist wesentlich größer als der Läuferinnenwiderstand R' ist, wird dadurch ein großer Teil der durch die Massenbeschleunigung verursachten Verluste P_L aus der Maschine heraus in den Anlaßwiderstand verlegt. Dies wirkt sich für die Erwärmung beim Anlauf auf die Maschine günstig aus.

Große Asynchronmotoren für Schwerlastanlauf oder für hohe Spielzahl werden deshalb als Schleifringläufer ausgeführt.

Der durch die Massenbeschleunigung verursachte Leistungsverlust läßt sich bei Gleichstrommaschinen durch Anlauf mit veränderlicher Ankerspannung bei konstanter Erregung (Leonhardschaltung) vermeiden. Bei Asynchronmotoren ist dies nur durch Anfahren mit variabler Frequenz erreichbar, was wegen des beachtlichen Aufwandes selten angewendet wird. Eine Herabsetzung der oben beschriebenen Verluste kann man durch polumschaltbare Maschinen erreichen. Hiervon wird z. B. bei großen Zentrifugenantrieben Gebrauch gemacht.

Bei hoher Spielzahl ist es also notwendig, die Beschleunigungsarbeit so gering wie möglich zu halten. Da in vielen Fällen der Motoranker den größten Teil derselben beansprucht, fragt es sich, wie man bei ihm die Beschleunigungsarbeit gering halten kann. Vielfach wird vorgeschlagen, einen langsam laufenden Motor zu verwenden, weil in der Beziehung für die Beschleunigungsarbeit die Drehzahl im Quadrat vorkommt. Es ist jedoch zu bedenken, daß ein langsam laufender Motor größer ist und demgemäß ein größeres Trägheitsmoment aufweist. Das Trägheitsmoment eines Motors nimmt mit der 5. Potenz der linearen Abmessungen zu, da das Gewicht G mit der 3. Potenz wächst. Sind nun z. B. zur Verminderung der Drehzahl die linearen Abmessungen allgemein um 10% vergrößert worden, so ist das Gewicht auf das $1,1^3 = 1,33$fache, das Trägheitsmoment aber auf das $1,1^5 = 1,6$fache gestiegen. Das Trägheitsmoment ist also, gleiche Formverhältnisse vorausgesetzt, bei dem langsam laufenden Motor relativ größer.

Die Listen der Firmen enthalten die Größe der Trägheitsmomente bzw. der Motorschwungmomente, und es ist dann leicht, den günstigsten Motor herauszusuchen. Auch bei der Konstruktion der Motoren für aussetzenden Betrieb spielt die Geringhaltung des Schwungmoments eine Rolle. Es ist dabei möglich, das Schwungmoment bei gleicher Leistung dadurch herabzusetzen, 1. daß man den Ankerdurchmesser verkleinert und dafür die Ankerlänge erhöht; 2. daß man durch *verstärkte Belüftung* die Läuferabmessungen kleiner halten kann. Z. B. hat ein Drehstrommotor Schutzart IP 44 ein um etwa 30—40% größeres Schwungmoment, wie ein Motor gleicher Leistung und Drehzahl der Schutzart IP 13; 3. daß man durch *wärmebeständige Isolation* höhere Grenztemperaturen zulassen kann und damit kleinere Läuferabmessungen möglich sind. Dieser Weg gewinnt in neuerer Zeit immer mehr an Bedeutung. Zuweilen wird mit normalen Motoren eine Herabsetzung des Schwungmoments dadurch angestrebt, daß man die Motorleistung auf zwei Motoren halber Größe verteilt. Man überblickt die Verhältnisse am leichtesten, wenn man in Gl. (13.9) mit Gl. (13.10) die Masse durch die Abmessungen ausdrückt. Man erhält dann unter Zusammenfassung aller Unveränderlichen zu C_w die Bewegungsenergie des Ankers $W = C_\mathrm{w} \cdot D^4 \cdot l \cdot n^2$. Da nach Gl. (5.15) die Leistung P dem Ausdruck $D^2 \cdot l \cdot n$ proportional ist, muß $W = C' \cdot P^2/l$ sein. Zur Erzielung geringer Beschleunigungsarbeit W erscheint es also nötig, bei gegebener Leistung die Ankerlänge l möglichst groß auszuführen. Hierbei darf jedoch nicht übersehen werden, daß eine Gleichung wie 5.15 nur eine allgemeine Beurteilung der endgültigen Motorleistung erlaubt.

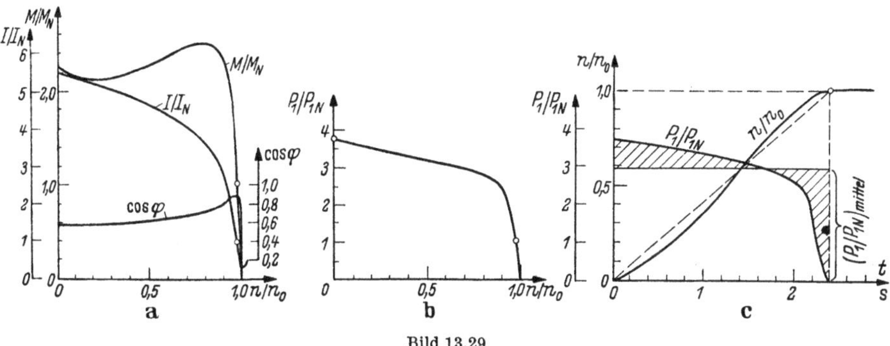

Bild 13.29

Der bedeutsame *Einfluß der Beschleunigungsarbeit auf die erforderliche Motorgröße* tritt besonders bei hoher Anlaufzahl deutlich in Erscheinung. In Bild 13.29a sind für einen Asynchronmotor mit Stromverdrängungsläufer die auf die Nennwerte bezogenen Momenten- und Stromkurven in Abhängigkeit von der auf die Leerlaufdrehzahl bezogenen Drehzahl aufgetragen. Ferner erhält das Bild noch den Verlauf des Leistungsfaktors. Die vom Motor aufgenommene Leistung beträgt $P_1 = \sqrt{3} \cdot U_N \cdot I \cdot \cos \varphi$. Da bei Nennbetrieb die Leistung $P_{1N} = \sqrt{3} \cdot U_N \cdot I_N \cdot \cos \varphi_N$ aufgenommen wird, ergibt sich $P_1/P_{1N} = (I/I_N) \cdot \cos \varphi / \cos \varphi_N$. Der Nennleistungsfaktor ist für die Maschine bekannt. Deshalb kann man P_1/P_{1N} in Abhängigkeit von der bezogenen Drehzahl punktweise bestimmen. Man erhält Bild 13.29b. Ist das Motormoment, das Widerstandsmoment und das Trägheitsmoment bekannt, so kann auch der Anlaufvorgang bestimmt werden (s. Bild 13.14). Wir wollen einmal annehmen, daß das Widerstandsmoment $M_w = 0$ (Leeranlauf), und daß das gesamte Trägheitsmoment 20mal so groß wie das Motorträgheitsmoment ist.

Für einen Motor mit der Nennleistung $P_N = 30$ kW, $n_N = 1445$ min^{-1}, $J_{mot} = 0{,}35$ kgm^2, $\eta_N = 0{,}88$, $\cos \varphi_N = 0{,}88$, erhält man die Anlaufkurve Bild 13.29c. Die Anlaufzeit beträgt etwa 2,4 s. Da der Drehzahlverlauf in Abhängigkeit von der Zeit bestimmt worden ist, kann man auch P_1/P_{1N} in Abhängigkeit von der Zeit punktweise bestimmen, wie dies in Bild 13.29c geschehen ist. Die dem Motor während der Zeit t_1 zugeführte Arbeit beträgt

$$W_1 = \int_0^{t_1} P_1(t) \cdot \mathrm{d}t = P_{1\mathrm{mittel}} \cdot t_1.$$ Der Motor hat über die Welle die Arbeit

$W_2 = J \cdot \omega_0^2/2$ abgegeben. Die Differenz $W_1 - W_2$ tritt als Verlustarbeit im Motor auf und wird in Wärme umgesetzt. Würde der Motor in der Zeit t_1 mit Nennleistung und Nenndrehzahl betrieben, so würde die Verlustenergie $W_v = P_v \cdot t_1 = P_N \cdot t_1 (1 - \eta_N)/\eta_N$ betragen. Die Größe $w_a = (W_1 - W_2)/W_v$ gibt an um wieviel mal die gesamten Maschinenverluste beim Anlauf größer sind als bei Nennbetrieb. Der Anfahrwirkungsgrad $\eta_a = W_2/W_1$ ist kleiner als 0,5.

108. Beispiel. Wieviel Leeranläufe können je Stunde mit obigem Motor ausgeführt werden, wenn $M_w = 0$ und $J = 20 \cdot J_{mot}$ ist?

Die bei Nennbetrieb aufgenommene Leistung beträgt $P_{1N} = P_N/\eta_N = 30$ kW$/0{,}88 = 34{,}1$ kW. Da die mittlere Leistung $P_{1\mathrm{mittel}} = 2{,}9 \cdot 34{,}1$ kW beträgt (Bild 13.29c), ist die vom Netz aufgenommene Arbeit $W_1 = 2{,}9 \cdot 34{,}1$ kW $\cdot 2{,}4$ s $= 238$ kWs. Mit $\omega_N = 6{,}28 \cdot 25$ s$^{-1} = 157$ s^{-1} erhält man $W_2 = 0{,}5 \cdot 7$ kgm$^2 \cdot 157^2 \cdot$ s$^{-2} = 87$ kWs. Daraus $W_1 - W_2 = 151$ kWs und $W_v = 30$ kW $\cdot 2{,}4$ s $\cdot 0{,}12/0{,}88 = 9{,}8$ kWs. Der gesuchte Wert w_a beträgt also 151 kWs$/9{,}8$ kWs $= 15{,}5$.

Soll der Motor thermisch nicht überlastet sein, so muß nach dem Anlauf eine stromlose Pause (Leerlauf) mit der Zeit t_p folgen. In dieser Zeit ist die mechanische Abbremsung mit eingeschlossen. Es gilt nun $w_a \cdot t_1 = 1 \cdot (t_1 + t_p)$ oder $t_p = t_1 (w_a - 1) = 2{,}4$ s $\cdot 14{,}5 = 34{,}8$ s. Die Spielzeit $t_s = t_1 + t_p$ muß mindestens 37,2 s betragen, was einer stündlichen Spielzeit $m = (3600$ s/h$)/37{,}2$ s $= 97/$h entspricht. Wird der Motor zu Beginn der Pause stillgesetzt, so ist die Wärmeabgabe wegen der fehlenden Lüftung kleiner. Da das Verhältnis von Abkühlungszeitkonstante (ohne Lüftung) zu Erwärmungszeitkonstante (mit Lüftung) etwa 1,5 bis 2 beträgt, dürfen in diesem Fall nur etwa 50 bis 65 Spiele je Stunde durchgeführt werden.

Der Motor ist durch die Beschleunigungsarbeit voll belastet, ohne daß er sonst noch eine Arbeit verrichten könnte. Wenn man den Motor ohne Schwungmasse der Arbeitsmaschine anlaufen läßt, beträgt die Anlaufzeit bei dem Eigen-Trägheitsmoment $J = 0{,}35$ kgm^2 nur 0,12 s.

Ein Motor braucht also für den eigenen Anlauf ohne Arbeitsmaschine eine sehr kurze Zeit. Da die mittlere Anlaufdrehzahl 1500 min$^{-1}/(2 \cdot 60$ s/min$) = 12{,}5$ s^{-1} ist, macht der Motor in der Anlaufzeit nur 12,5 s$^{-1} \cdot 0{,}12$ s $= 1{,}5$ Umdrehungen.

Die gemachten Voraussetzungen über Strom-, Moment- und $\cos\varphi$-Verlauf sind natürlich nicht allgemeingültig.

Bild 13.30 zeigt die Spielzahl m_0 je Stunde für geschlossene 4polige Motoren ohne Zusatzträgheitsmoment und ohne Lastmoment bei Reversierbetrieb. Ein Reversiervorgang entspricht erwärmungsmäßig etwa 4 Anlaufvorgängen, wie weiter unten gezeigt wird.

Die Ermittlung der Motorleistung unter Berücksichtigung der Beschleunigungsarbeit bei gleichzeitiger Nutzarbeit kann in ähnlicher Weise erfolgen, wobei zu beachten ist, daß sich die Arbeit W_2 um die während des Hochlauf-

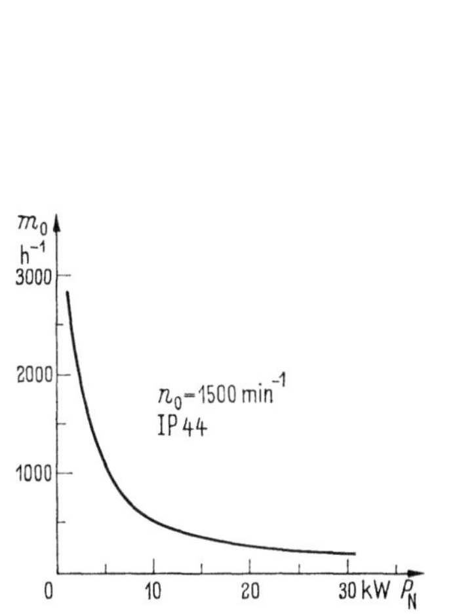

Bild 13.30. Spielzahl je Stunde m_0 für Reversierbetrieb, ohne Zusatzschwungmoment und ohne Lastmoment für geschlossene Motoren

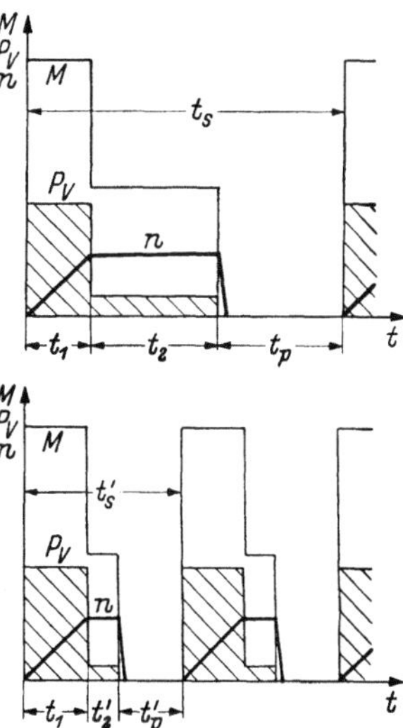

Bild 13.31

vorganges abgegebene Nutzarbeit vergrößert. Da bei Anlauf auf Gegenmoment das Beschleunigungsmoment wesentlich kleiner ist als bei Leerlauf, dauert der Anlaufvorgang erheblich länger, wodurch die Arbeit W_1 ebenfalls größer wird. Die Maßzahl w_a steigt an, die zulässige Spielzahl je Stunde wird kleiner.

Bild 13.31 zeigt übereinander gezeichnet zwei Momenten-Motorverlustleistung- und Drehzahldiagramme gleicher relativer Einschaltdauer $\varepsilon = (t_1 + t_2)/(t_1 + t_2 + t_p) = (t_1 + t_2')/(t_1 + t_2' + t_p')$. Die Spielzeit $t_s' = t_s/2$ ist hingegen unten halb so groß wie oben, was doppelt so viele Spiele je Stunde bedeutet. Die Bremsung erfolgt mechanisch. In beiden Fällen sind die Anlaufzeiten t_1 natürlich gleich. Die schraffierten Flächen stellen die in der Maschine in Wärme umgesetzten Arbeiten dar. Man erkennt, daß im unteren Fall die je Stunde in der Maschine auftretende Wärmemenge größer ist als oben. Für die Motorauswahl kommt es deshalb nicht nur auf die relative Einschaltdauer, sondern auch auf die Spielzahl je Stunde an, sofern die Beschleunigungsarbeit beim Anlauf mit berücksichtigt werden muß. Dies ist immer der Fall, wenn hohe Spielzahlen je Stunde gefordert werden.

Wird der Antrieb nicht mechanisch, sondern elektrisch durch Gegenstrom bis zum Stillstand abgebremst, so tritt zusätzlich Wärme im Motor auf. Der

Motorstrom ist dabei etwas größer als beim Anfahren, da sich im Umschaltaugenblick der Schlupf $s = (-n_0 - n)/-n_0$ einstellt, was mit $n = n_0$ den Wert $s = +2$ ergibt. Der Betriebspunkt liegt im Heylanddiagramm zwischen den Punkten P_k und P_∞. Die Asynchronmaschine speist hierbei nicht ins Netz zurück, sondern nimmt Energie aus dem Netz auf. Die in den Schwungmassen gespeicherte kinetische Energie $J\,\omega^2/2$ wird in der Maschine ebenfalls in Wärme umgesetzt. Wie weiter oben beschrieben, ist die in den Schwungmassen gespeicherte Energie etwa gleich groß wie die Verlustenergie im Motor beim Anlassen, und etwa halb so groß wie die aus dem Netz aufgenommene Energie. *Eine Gegenstrombremsung entspricht also erwärmungsmäßig etwa 3 Anlaufvorgängen.* Läuft die Maschine auf die umgekehrte Leerlaufdrehzahl hoch (Reversieren), so treten die 4fachen Verluste beim Reversiervorgang auf. *Eine Reversierung entspricht also erwärmungsmäßig 4 Anlaufvorgängen.*

Die angenäherte Verhältnisgleichheit zwischen Bewegungsenergie und Gesamtverlust hat zur Verwendung einer *Beschleunigungskonstante B* geführt, unter der das Produkt aus gesamtem Trägheitsmoment und der stündlichen Schaltzahl z verstanden wird. Bei listenmäßiger Angabe dieser Konstante für die Motoren läßt sich aus ihr unmittelbar die zulässige Anlaufzahl je Stunde berechnen, wobei allerdings zu beachten ist, daß nach den obigen Ermittlungen das Gegenstrombremsen bis $n = 0$ mit der dreifachen und das Umkehren mit Gegenstrom mit der vierfachen Zahl der Anläufe einzusetzen ist.

109. Beispiel. Für einen 8poligen Drehstrommotor ($n_1 = 750$ min¹) sei eine Beschleunigungskonstante $B = 750$ kgm²/h bekannt. Wieviel Anläufe sind zulässig, wenn das gesamte, auf die Motorwelle reduzierte Trägheitsmoment 0,75 kgm² beträgt ?

$$B = J \cdot z \qquad \text{also} \qquad z = (750\ \text{kgm}^2/\text{h})/0{,}75\ \text{kgm}^2 = 1000\ \text{Anl. je h.}$$

Wenn jeder der Anläufe z_1 durch eine Gegenstrombremsung z_2 abgebremst werden soll, dann ist $z = z_1 + z_2 = z_1 + 3\,z_1 = 4\,z_1$, also

$$z_1 = \frac{750\ \text{kgm}^2/\text{h}}{0{,}75\ \text{kgm}^2 \cdot 4} = 250\ \text{Anläufe mit Bremsung/h.}$$

Wenn die Drehrichtung durch Gegenstrom umgekehrt werden soll, ist der Verlust gegenüber dem einfachen Anlauf vervierfacht, also sind dann zulässig:

$$z_3 = \frac{750\ \text{kgm}^2/\text{h}}{0{,}75\ \text{kgm}^2 \cdot 4} = 250\ \text{Umsteuerungen/h.}$$

Im letzteren Falle finden einfache Anläufe überhaupt nicht statt, der Motor ist also dauernd im Betrieb. Hierbei muß dann die Beharrungsleistung vernachlässigbar klein sein.

13.4.2 Anpassung des Drehmomentes

Die Bestimmungen für elektrische Maschinen (VDE 0530) fordern eine Drehmomentüberlastbarkeit von Motoren.

Gleichstrommotoren und Mehrphasen-Induktionsmotoren in normaler Ausführung müssen unabhängig von der Betriebsart 15 s lang bis zum 1,6fachen Nennmoment überlastbar sein. Hierbei darf keine wesentliche Drehzahländerung oder ein Abkippen auftreten.

Mehrphasensynchronmotoren (Vollpolmaschinen) müssen, ohne daß die Maschine außer Tritt fällt, bei Nennerregung 15 s lang das 1,35fache Nenndrehmoment, Schenkelpolmaschinen das 1,5fache Nenndrehmoment, entwickeln können.

Das gewährleistete Höchstmoment für den Antrieb ist fast immer ausreichend, so daß sich meist eine Nachprüfung erübrigt. Nur in den Fällen, bei denen die Reibungsarbeit erheblich ist und zugleich ein Anlauf mit Last gefordert wird, kann das Drehmoment für die Motorauswahl bestimmend werden. Bild 13.32 zeigt u. a. die Widerstandsmomente im *Ruhezustand*. Dabei darf

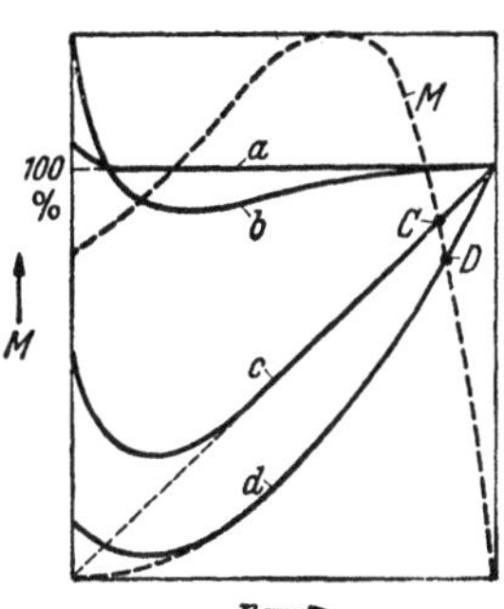

Bild 13.32. Drehmomente von Arbeitsmaschinen. a. gleichbleibendes Moment (Krane mit geringer Reibung); b. Krane und Fahrzeuge mit Reibung; c. linear ansteigendes Moment mit Reibung (Kalander); d. quadratisch ansteigendes Moment mit Reibung (Lüfter, Kreiselpumpen) (gestrichelt: Moment eines Drehstrommotors)

nicht unbeachtet bleiben, daß diese Werte bei niedrigen Temperaturen und nach mehrtägigem Stillstand bis auf das Doppelte steigen können. Zu diesen Antrieben gehören vor allem: Förderbänder und -Schnecken, Mühlen, Kettenbahnaufzüge und Steinbrecher. Letztere erfordern für den Anlauf mit Füllung ein so großes Drehmoment, daß es unwirtschaftlich sein würde, den Motor nach diesem Moment zu bemessen. Wo hingegen Stromunterbrechungen häufig sind, läßt es sich nicht vermeiden, Brechermotoren entsprechend größer auszuwählen.

Bei Asynchronmotoren mit Schleifringläufern und größerem Abstand zwischen Anlasser und Motor haben sich häufig Schwierigkeiten beim Anlauf trotz richtiger Bemessung des Motors gezeigt. Nach Bild 8.11 liegt das Höchstmoment dieser Motoren je nach der Größe des Läuferwiderstandes bei verschiedenem Schlupf, und es bedarf eines ganz bestimmten Widerstandes, um mit dem Höchstmoment anzufahren. Wenn aber der Anlasser nur wenige Stufen hat und die Zuleitungen merkbaren Widerstand haben, besteht die Möglichkeit, daß auf keiner Anlasserstellung im Stillstand das Höchstmoment herrscht, und der Anlauf unmöglich ist. Bei Anlaufschwierigkeiten ist auch stets die Einhaltung der Motor-Nennspannung (unter Strom!) an den Klemmen des Motors zu beachten, weil bei Asynchronmotoren das Drehmoment mit der Klemmenspannung quadratisch fällt und auch Gleichstrom-Nebenschlußmotoren gegen Spannungsfälle empfindlich sind.

Die *Anpassung des Drehstrommotors mit Kurzschlußläufer* erfordert ganz besondere Beachtung, weil es nicht wie bei dem Schleifringläufermotor und den Gleichstrommotoren möglich ist, das Drehmoment mit dem Anlasser anzupassen. Außerdem haben die wirtschaftlichen Vorzüge des Kurzschlußläufermotors und seine überragende Einfachheit zu seiner Verwendung bei allen Arten von Arbeitsmaschinen geführt. Bei den Gegenmomenten lassen sich verschiedene charakteristische Formen unterscheiden, die in Bild 13.32 dargestellt sind. Alle Kurven zeigen im Anfang mehr oder weniger stark einen Anstieg durch die Reibungswiderstände. Das Motormoment M hat diese Momente zu überwinden und ein Anlauf tritt nur ein, wenn bei $n = 0$ das Motormoment größer als das Gegenmoment der Arbeitsmaschine ist. Ebenso muß auch für den weiteren Hochlauf das Motormoment überwiegen bis an den Punkten C bzw. D Gleichgewicht eintritt.

Unsere Forderung bei der Drehmomentanpassung geht aber nicht nur dahin, das Motormoment groß genug zu halten, sondern es im Anlauf dem Gegen-

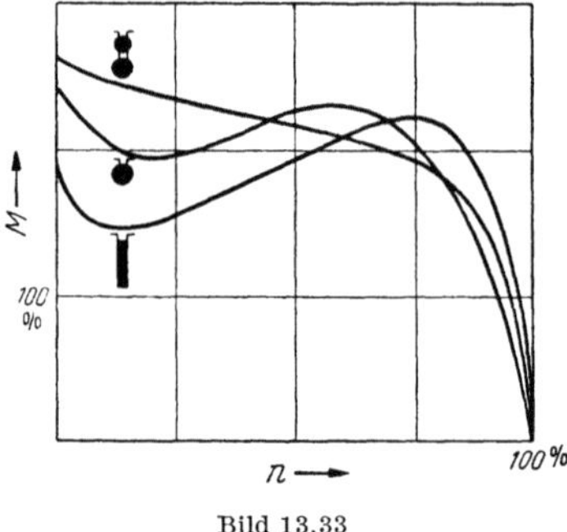

Bild 13.33

moment der Arbeitsmaschine derart anzupassen, daß ein stoßfreier, sanfter Anlauf bei bestimmter, gewünschter Beschleunigungsgröße erfolgt. Glücklicherweise ist dies gerade mit dem heutigen Kurzschlußläufermotor, insbesondere bei dem Stromverdrängungsläufermotor mit Wirbelstrom-(Tiefnut)- und Doppelkäfigläufer möglich. Bild 13.33 zeigt Drehmomentlinien von Motoren mit ver-

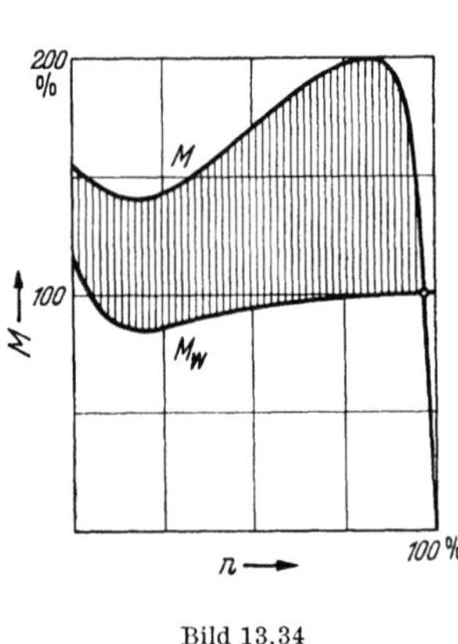

Bild 13.34

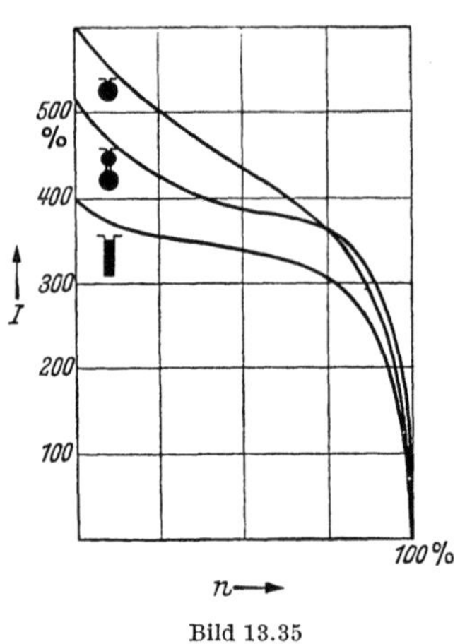

Bild 13.35

schiedenen Läufernutformen. Man erkennt, daß Motoren mit Mehrfachkäfig hohen Drehmomentanforderungen im Anlauf besonders gewachsen sind. Die Anpassung an das Moment der Arbeitsmaschine soll Bild 13.34 veranschaulichen. M_w sei das Gegenmoment der Arbeitsmaschine, einer Kugelmühle, und M das Moment eines Motors mit Stromverdrängungsläufer. Die durch die Schraffung dargestellte Differenz der Momente steht für die Beschleunigung der Massen zur Verfügung, und man erkennt, wie in diesem Fall das Beschleunigungsmoment ziemlich konstant bleibt, wodurch eine *gleichförmige* Beschleunigung gewährleistet ist.

Bei derartigen Betrachtungen können die *Anschlußbedingungen* eine wesentliche Rolle spielen, obwohl die früher herrschende Anschauung, daß Kurzschlußläufermotoren nur bis zu einer geringen Grenzleistung an ein Netz angeschlossen werden durften, heute überwunden ist. Maßgebend für den Anschluß ist allein das Verhältnis der Einschaltleistung des Motors zu der an dieser Stelle des Netzes verfügbaren Speiseleistung. Bild 13.35 zeigt die Ströme, welche bei unmittelbarer Einschaltung von Motoren mit verschiedenen Läuferarten aufgenommen werden. Während Motoren mit normalem Läufer einen Einschaltstrom vom 6- bis 7fachen des Nennstroms aufweisen, ist dieses Verhältnis bei den Wirbelstrom- und Doppelkäfigmotoren wesentlich günstiger, wodurch ihr Anschluß erleichtert wurde. Unter 5 kW Nennleistung werden Motoren mit normalen Läufern, nötigenfalls solche mit erhöhter Stabzahl (Vielnutläufer), bevorzugt. Heute werden Kurzschlußmotoren, wenn irgend möglich, *unmittelbar* eingeschaltet. Wo das Netz dies nicht erlaubt, kann zum Stern-Dreieck-Schalter gegriffen werden. Die dadurch verminderte Einschaltspannung bedingt eine Herabsetzung des Anlaufmomentes auf etwa ein Drittel sowie auch des Netzleitungsstroms im gleichen Verhältnis. Infolgedessen ist der Stern-Dreieck-Schalter meist nur bei Motoren mit hohen Anlaufmomenten (Doppelnutläufer) anwendbar. Zusammenfassend kann etwa gesagt werden, daß bei Antrieben mit Halblastanlauf bis 10 kW normale Kurzschlußläufermotoren und solche mit Vielnutläufer verwandt werden können, während bei großen Leistungen Doppelnutläufermotoren notwendig sind. Stern-Dreieck-Schalter können bei Bedarf angewandt werden. Bei Vollast- und Schwerlastanlauf ist die unmittelbare Einschaltung meist notwendig. Daher ist dieses Leistungsgebiet von 5 kW bis zu großen Leistungen den Motoren mit Wirbelstrom- und besonders Doppelnutläufern vorbehalten. Bei Anschluß an öffentliche Elektrizitätsnetze sind in erster Linie deren Anschlußbedingungen zu erfüllen.

Große Kurzschlußläufermotoren mit Anlaßtransformatoren können mit normalem Einfachkäfig gebaut werden (höherer Wirkungsgrad).

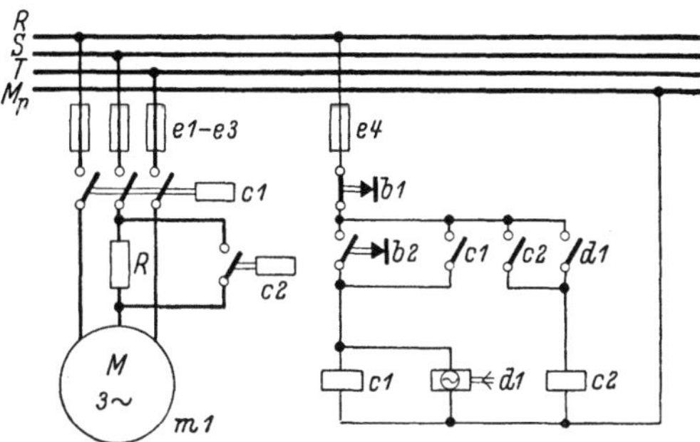

Bild 13.36. Stromlaufplan einer tastschaltergesteuerten, selbsttätigen Kusa-Schaltung. b1. „Aus" Tastschalter; b2. „Ein" Tastschalter; c1 und c2. Schütze; d1. Zeitrelais; R Kusawiderstand; e1···e4 Sicherungen

Bei manchen Antrieben, wie z. B. bei Stauwehren, macht die Anpassung des Drehmomentes dadurch Schwierigkeiten, daß infolge gelegentlicher Vereisung unverhältnismäßig hohe *Losbrechmomente* gefordert werden, während im normalen Betrieb trotzdem ein sanfter Anlauf gewünscht wird. In solchen Ausnahmefällen können z. B. *Sanftanlaufschaltungen* (Kusaschaltungen) nach

Bild 13.36 verwandt werden. Im Einschaltzeitpunkt liegt in einer oder auch mehreren der Ständerstränge ein Ohmscher Widerstand (oder eine Drosselspule), welche das Drehmoment auf einen gewünschten Wert herabsetzen. Nach einer einstellbaren Zeit von 0,2 bis 2 s schließt ein Schütz c2 den Vorwiderstand selbsttätig kurz, so daß der Motor dann sein volles Moment entwickeln kann.

In der Textilindustrie kann die mangelhafte Anpassung des Drehmomentes des Motors an die Arbeitsmaschine zu fehlerhaften Erzeugnissen führen. Man findet dort infolgedessen die meisten Möglichkeiten zur Drehmomentangleichung. So wird gelegentlich ein Umspanner in Sparschaltung zur Minderung des Drehmomentes vorgeschaltet. Man kann z. B. für Flyer zum Sanftanlauf Motoren mit einer Zusatzständerwicklung, die mit der Hauptwirkung zu- und gegengeschaltet werden, verwenden. Es ergeben sich damit nach Bild 13.37 drei

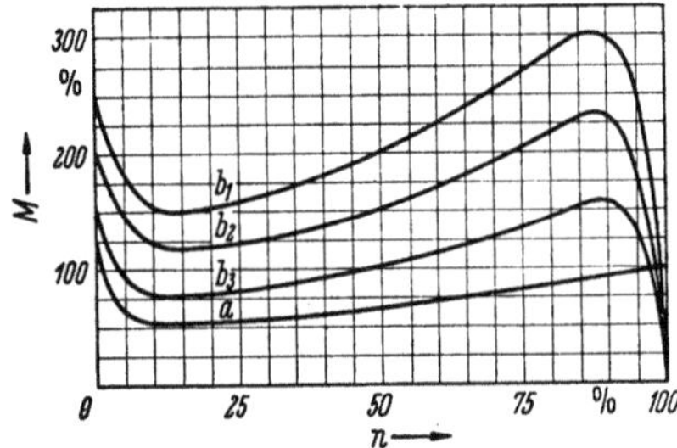

Bild 13.37. Drehmomentenlinien bei einer Doppelständerwicklung in Zu- und Gegenschaltung

Möglichkeiten, nämlich b_1 gegengeschaltete Hilfswicklung, b_2 ohne Hilfswicklung und b_3 Hilfswicklung gleichsinnig eingeschaltet. Diese Momentenlinien passen sich der Momentlinie a des Flyers vortrefflich an. An Stelle der betrachteten Wicklungsart kommen auch zwei gleiche Wicklungen in Stern (Doppelstern) vor, derart, daß entweder beide Wicklungen parallel oder eine Wicklung allein oder schließlich die zweite Wicklung über Widerstände betrieben wird (s. a. Bild 8.15).

13.4.3 Anpassung der Drehzahl

a) Das Drehzahlverhalten. Die Drehzahl eines Motors ändert sich, abgesehen von dem Synchronmotor, mehr oder weniger mit seiner Belastung. Andererseits ist durch die Arbeitsmaschine ein bestimmter Zusammenhang zwischen Leistung und Drehzahl gegeben. Eine Kreiselpumpe verlangt z. B. eine bestimmte Mindestdrehzahl, die entsprechend der Druckhöhe nur wenig unter der Nenndrehzahl liegen kann. Andererseits würde eine geringe Steigerung der Drehzahl über den Nennwert hinaus bereits eine erhebliche Überlastung des Motors bedeuten können.

Bei Aufzügen mit selbsttätiger Steuerung erfordert das genaue Anhalten an den Haltestellen einen von der Belastung möglichst unabhängigen Nachlaufweg. Motoren mit Nebenschlußverhalten entsprechen dieser Forderung am besten, so daß, von anderen Gründen hier abgesehen, derartige Motoren den Vorzug verdienen. Dasselbe gilt für Werkzeugmaschinen, bei denen zur Erzielung vollwertiger Arbeit eine unveränderliche Schnittgeschwindigkeit unabhängig von der Belastung eingehalten werden muß.

Krane werden mit Motoren mit Reihenschlußverhalten ausgerüstet, wenn nicht andere Umstände es unmöglich machen. Man erreicht dadurch, daß große Lasten, die mit Vorsicht bewegt werden müssen, langsam gehoben werden, während der leere Haken schnell bewegt wird. Zu diesem Vorzug kommt noch ein weiterer, den wir an Bild 13.38 betrachten wollen. Es sei die Geschwin-

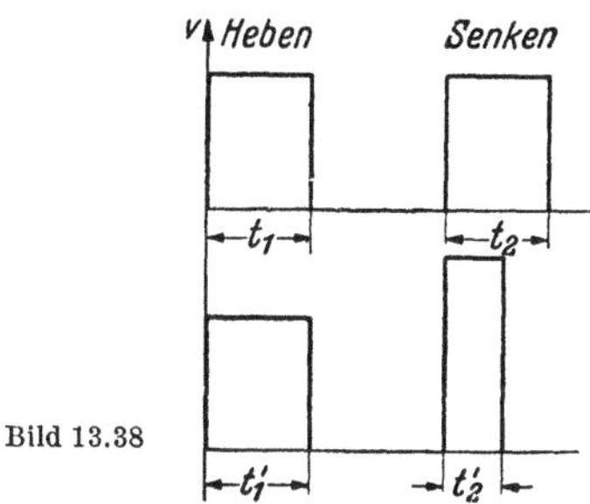

Bild 13.38

digkeit für ein Kranspiel (Heben mit Vollast, Senken des leeren Hakens) dargestellt, und zwar oben für einen Drehstrom-Asynchronmotor und unten für einen Reihenschlußmotor. Im ersten Falle ist die Hubzeit t_1 gleich der Senkzeit t_2. Im zweiten Falle ist bei gleicher Motorleistung $t_1' = t_1$, während t_2' infolge der hohen Senkgeschwindigkeit sehr viel kleiner als t_2 ist. Der Reihenschlußmotor hat also bei gleichen Momenten eine kürzere Einschaltdauer oder anders ausgedrückt: er kann bei gleicher Förderleistung kleiner bemessen werden als ein Motor mit Nebenschlußverhalten, weil die Vollasthubgeschwindigkeit niedriger gewählt werden kann.

Doppelschlußmotoren mit zusätzlicher Reihenschlußwicklung haben bekanntlich einen stärkeren Drehzahlfall als reine Nebenschlußmotoren. Sie werden wegen dieses Drehzahlverhaltens zum Antrieb von Arbeitsmaschinen mit *Schwungrädern* verwandt, die an sich mit konstanter Drehzahl betrieben werden sollten (Walzenstraßen, Pressen). Die kinetische Energie eines Schwungrades kann nämlich bei Eintritt des Arbeitsstoßes nur dann zur Wirkung kommen, wenn der Motor in der Drehzahl nachgibt. Die Stärke des Drehzahlfalls wird durch entsprechende Bemessung der zusätzlichen Reihenschlußwicklung festgelegt. Je stärker man die Drehzahl fallen läßt, um so kleiner kann bei gleicher Wirkung das Schwungrad bemessen werden.

Bei *Asynchronmotoren* für Schwungradmaschinen muß der erhöhte Schlupf künstlich erzeugt werden. Dies geschieht bei Schleifringläufermotoren durch Einschaltung eines Schlupfwiderstandes in den Läuferkreis (bei kleinen Leistungen dauernd, bei großen Leistungen mittels Stromrelais). Bei Kurzschlußläufermotoren greift man zu einem Schlupfläufer mit erhöhtem Widerstand, dessen Wirkungsgrad natürlich etwas geringer als bei Normalläufern ist. Ebenso kann die Streuung des Motors erhöht werden.

110. Beispiel. Bei einem ohne Lastmoment laufenden Antrieb (Motor $P_N = 10\,\text{kW}$, $n_0 = 1000\,\text{min}^{-1}$, $s_N = 3\%$) tritt plötzlich ein Laststoß $M_W = 300\,\text{Nm}$ während 2 s auf (z. B. Scherenantrieb). Welches Trägheitsmoment J muß das erforderliche Schwungrad besitzen, wenn der Motor höchstens Nennmoment abgeben und Nennstrom aufnehmen soll? Wie groß wäre das Schwungrad zu wählen, wenn bei sonst gleichen Verhältnissen ein Motor mit erhöhtem Nennschlupf $s_N' = 10\%$ verwendet wird?

Die Nenndrehzahl beträgt $n_N = 970\ \text{min}^{-1}/(60\ \text{s/min}) = 16{,}16\ \text{s}^{-1}$. Die mittlere Drehzahl während des Belastungsstoßes ist $985\ \text{min}^{-1}/(60\ \text{s/min}) = 16{,}4\ \text{s}^{-1}$.

Zur Zeit $t = 0$ ist $s = 0$; für $t = 2\ \text{s}$ soll $s = s_N$ sein. Die vom Schwungrad abgegebene Arbeit beträgt $\Delta W = \dfrac{1}{2} \cdot J\,(\omega_0^2 - \omega_N^2)$. Mit $s_N = (n_0 - n_N)/n_0$ erhält man $\Delta W =$
$$= \frac{1}{2}\, J\, \omega_0^2\,(2\, s_N - s_N^2)\,.$$

Durch die Belastung ist die Arbeit $W = \omega \cdot M_w \cdot t = 6{,}28 \cdot 16{,}4\ \text{s}^{-1} \cdot 300\ \text{Nm} \cdot 2\ \text{s} = 61{,}8 \cdot 10^3\ \text{Ws}$ gefordert. Da die Drehzahl beim Laststoß näherungsweise linear mit der Zeit abnimmt (s. Bild 14.52), und die Drehzahlabnahme nur 3% beträgt, nimmt das Motormoment und die Motorleistung etwa linear zu. Das mittlere Motormoment beträgt $M = M_N/2 = 10^4\ \text{W}/(2 \cdot 6{,}28 \cdot 16{,}16\ \text{s}^{-1}) = 49\ \text{Nm}$. Die vom Motor geleistete Arbeit beträgt $W_m = \omega\, M \cdot t = 6{,}28 \cdot 16{,}4\ \text{s}^{-1} \cdot 49\ \text{Nm} \cdot 2\ \text{s} = 10{,}1 \cdot 10^3\ \text{Ws}$. Das Schwungrad hat also $\Delta W = (61{,}8 - 10{,}1) \cdot 10^3\ \text{Ws} = 51{,}7 \cdot 10^3\ \text{Ws}$ aufzunehmen.

Aus obiger Gleichung erhält man $J = 2 \cdot \Delta W/[\omega_0^2 \cdot (2\, s_N - s_N^2)] = 2 \cdot 51{,}7 \cdot 10^3\ \text{Ws}/[104{,}7^2\ \text{s}^{-2} \cdot (0{,}06 - 0{,}03^2)] = 159{,}6\ \text{W} \cdot \text{s}^3 = 159{,}6\ \text{kgm}^2$. Wird der Motor mit dem erhöhten Nennschlupf $s_N' = 0{,}1$ verwendet, so erhält man $W_m' = 10{,}5 \cdot 10^3\ \text{Ws}$; $\Delta W' = 49{,}1 \cdot 10^3\ \text{Ws}$ und $J' = 47{,}1\ \text{kgm}^2$. Das Schwungrad ist also im 2. Fall erheblich kleiner und billiger. Würde kein Schwungrad verwendet, so würde der Motor bei dem Laststoß über das Kippmoment beansprucht und zum Stillstand kommen, was betrieblich auf gar keinen Fall zulässig wäre.

Selbstverständlich muß nach dem Laststoß eine genügend große Pause zur Verfügung stehen, damit das Schwungrad wieder auf Leerlaufdrehzahl gebracht wird.

b) Die Nenndrehzahl. Die Nenndrehzahl der *Gleichstrommotoren* ist nach Gl. (5.14a) umgekehrt proportional dem Produkt aus Gesamtfluß und Ankerdurchflutung.

Durch entsprechende Bemessung des Produktes lassen sich also Motoren beliebiger Nenndrehzahl bauen, wobei jedoch Motoren geringer Nenndrehzahl in den Abmessungen groß und daher teuer werden, weil das Produkt $P = F \cdot v = \omega\, M$ bei geringer Drehzahl eine große Umfangskraft nötig macht. *Drehstrom-Asynchronmotoren* lassen sich nur für bestimmte, den Polzahlen entsprechende Drehzahlen bauen. Auch sie werden groß und teuer, wenn geringe Nenndrehzahlen verlangt werden. Bild 13.39 zeigt für einen Drehstrommotor von 30 kW

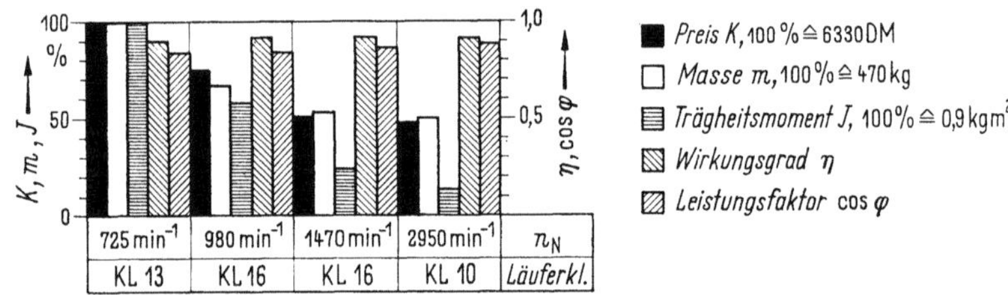

Bild 13.39. Drehstromkurzschlußläufermotoren verschiedener Nenndrehzahlen, Schutzart IP 44, Nennleistung 30 kW, 380 V, 50 Hz, Preisstand 1971

wie Gewicht, Kosten und Trägheitsmoment mit wachsender Nenndrehzahl sinken. Die Verwendung schnellaufender Motoren ist also wirtschaftlich immer günstig.

Zur Vereinheitlichung sind bestimmte Normwerte der Nenndrehzahlen der Gleichstrommotoren festgelegt worden, die etwa den natürlichen Drehzahlstufen der Drehstrommotoren entsprechen.

Grundsätzlich sollte eine *unmittelbare Kupplung* des Elektromotors mit der Arbeitsmaschine angestrebt werden, damit die Kosten und Verluste von Zwischengetrieben vermieden werden. Bei vielen Arbeitsmaschinen, wie Lüftern, Kreiselpumpen, Schleifmaschinen usw. ist dies ohne weiteres möglich, besonders bei allen Arbeitsmaschinen mit hohen und höchsten Drehzahlen. Bei Arbeitsmaschinen, deren Drehzahl nur wenig unter den üblichen Drehzahlen der Elektromotoren liegen, ist zu prüfen, ob durch Verwendung eines langsam laufenden Motors eine unmittelbare Kupplung möglich ist oder ob die Zwischenschaltung eines Vorgeleges mit billigem, schnellaufemdem Motor den Vorzug verdient. Hierbei ist der Kostenvergleich allein nicht ausschlaggebend, vielmehr ist die Einfachheit des Zusammenbaus, das Gesamtgewicht und die Handlichkeit der Verwendung in hohem Maße mitbestimmend.

Daher finden häufig sog. *Getriebemotoren*, bei denen Motor und Getriebe in einem Gehäuse organisch vereinigt sind, Verwendung. Der Getriebemotor kann dabei je nach Fabrikat aus mehreren Einzelteilen, wie z. B. Getriebegehäuse, Zwischendeckel oder Zwischenlagerschild, Motorgehäuse und Motorlagerschild bestehen. Getriebe und Motor sind konstruktiv vereint und gehen mehr oder weniger ineinander über.

Bei den verschiedenen Typen werden Motoren mit Polpaarzahlen zwischen 1 und 6 verwendet. Die Getriebe können ein-, zwei- oder dreistufig ausgeführt werden, wodurch sich Nenndrehzahlen bis herab zu $n_N = 0{,}25 \text{ min}^{-1}$ erreichen lassen. Je Getriebestufe hat man mit einer Wirkungsgradverschlechterung von etwa 2 bis 3% zu rechnen.

Ein Antrieb mit mehr als 3000 min^{-1} bereitet bei Drehstromsynchron- und -asynchronmotoren Schwierigkeiten, weil deren höchste Drehzahl in der zweipoligen Ausführung und der üblichen Frequenz von 50 Hz nur 3000 min^{-1} ist. Man erreicht die bei Holzbearbeitungs-, Schleif- oder Spinnmaschinen geforderten höheren Drehzahlen entweder durch zusätzliche Aufstellung eines rotierenden oder statischen *Frequenzumformers*, der die Frequenz heraufsetzt, oder durch Verwendung von Sondermotoren. Solche können aus zwei ineinander geschalteten Motoren bestehen. Der innere Motor trägt außen an seinem Ständereisenkörper eine zweite Käfigwicklung und paßt als Läufer in einen zweiten, größeren Ständer hinein, in dem er bei zweipoliger Ausführung 3000 min^{-1} macht. Da der innere Läufer, der mit der Arbeitsmaschine gekuppelt ist, seinerseits 3000 min^{-1} relativ zum Ständer macht, dreht er sich absolut mit 6000 min^{-1}. Durch Gleichstrommotoren lassen sich derartig hohe Drehzahlen unmittelbar erreichen. Neuerdings werden für hohe Drehzahlen auch Getriebemotoren bis zu Drehzahlen von 3000 auf 18000 je Minute ins Schnelle verwandt. Bei Innenschleifmaschinen für kleine Durchmesser wurden mit hohen Frequenzen Drehzahlen bis 200000 je min erreicht.

Bei den bisherigen Betrachtungen war vorausgesetzt, daß die Drehzahl bzw. die Arbeitsgeschwindigkeit der Arbeitsmaschine gegeben und unabänderlich sei. In den meisten Fällen wird dies zutreffen. So wird die Antriebsdrehzahl einer Drehbank allein durch den Werkstoff des Werkstücks und der Stähle sowie durch den Drehdurchmesser bestimmt. Hingegen ist bei anderen Antrieben die Arbeitsgeschwindigkeit zunächst unbestimmt. Eine Transportvorrichtung oder das Fahrwerk eines Kranes z. B. hat Lasten über eine bestimmte Wegstrecke zu befördern, wobei man eine *höchste Förderleistung bei geringstem Energieverbrauch* fordert, ohne daß die Maschine selbst in ihrer Ausführung unwirtschaftlich groß und teuer wird. Die Fördergeschwindigkeit hat sich erst aus diesen Forderungen zu ergeben, soweit nicht Störungen des Arbeitsvorgangs oder Unfallgefahr eine vorzeitige Grenze setzen.

Über einen bestimmten Weg s soll in der Fahrzeit t eine Last mit der Geschwindigkeit v befördert werden. Die Fahrzeit teilt sich in die Anlaufzeit t_a und die Beharrungszeit t_b auf. Bild 13.40 zeigt oben das Diagramm der Geschwindigkeit und unten das der benötigten Leistung. Da der Anlaufweg $s_\mathrm{a} = \dfrac{v}{2} \cdot t_\mathrm{a}$ und der Beharrungsweg $s_\mathrm{b} = v \cdot t_\mathrm{b}$ ist, ergibt sich die Gesamtfahrzeit:

$$t = t_\mathrm{a} + t_\mathrm{b} = \frac{s}{v} + \frac{t_\mathrm{a}}{2} \, . \tag{13.34}$$

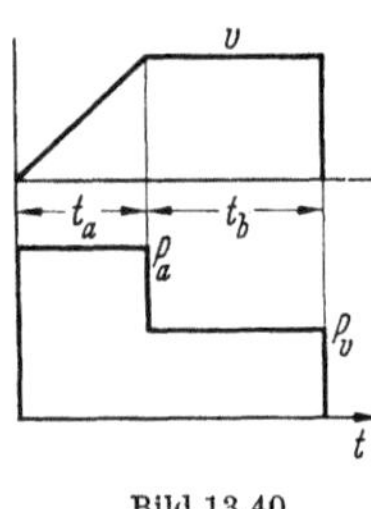

Bild 13.40

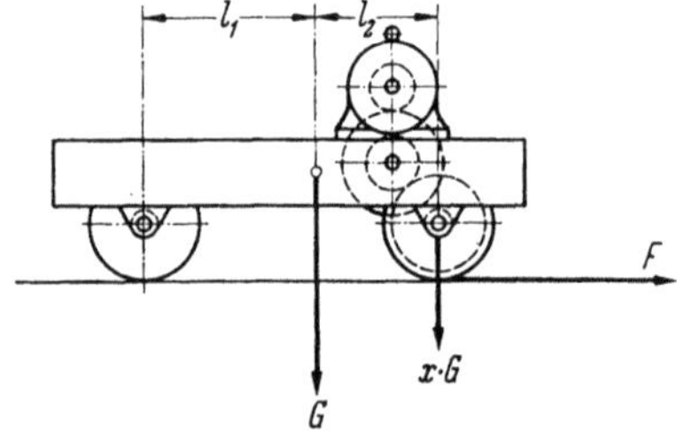

Bild 13.41

Bei gleicher Anfahrzeit ist die Förderzeit t um so kleiner, je größer die Beharrungsgeschwindigkeit v gewählt wird. Die Beförderungsleistung wird damit größer. Weiterhin ist die Beförderungszeit um so kleiner, je kleiner die Anlaufzeit t_a gewählt wird; aber nur bei kurzer Förderwegen tritt dieser Einfluß in Erscheinung. Eine Verkleinerung der Anfahrzeit hat jedoch eine Erhöhung der Anfahrleistung und damit einen leistungsfähigeren Motor mit größerem Trägheitsmoment zur Folge, so daß die Möglichkeit besteht, daß auf diesem Weg keine größere Beförderungsleistung erzielt werden kann.

Außerdem ist einer Verminderung der Anfahrzeit durch die Beschleunigung Grenzen gesetzt. Bei jedem Schienenfahrzeug kann die beschleunigende Kraft F nie größer als die durch die Adhäsion zwischen Rad und Schiene bedingte Reibungskraft sein.

Besitzt die gesamte zu bewegende Masse den Wert m, so ist die in Bild 13.41 nach unten wirkende Kraft $G = m \cdot g$. Auf die angetriebenen Räder entfällt der Betrag $x \cdot G$, wobei $x = l_1/(l_1 + l_2)$ ist. Zwischen Rad und Schiene tritt die Reibungskraft $\mu \cdot x \cdot G$ auf. Diese ist allein zur Beschleunigung der Massen verfügbar. Sie kann gleich $m \cdot a$ gesetzt werden, wobei a die Beschleunigung des Fahrzeuges ist. Hieraus ergibt sich die maximale Beschleunigung zu

$$a = \mu \cdot l_1 \cdot g/(l_1 + l_2) \, . \tag{13.35}$$

Ist, wie in Bild 13.41 angedeutet, nur eine Achse angetrieben, und die Last gleichmäßig verteilt ($l_1 = l_2$), so läßt sich bei einer Reibungszahl $\mu = 0{,}14$ eine maximale Beschleunigung $a = 0{,}14 \cdot 0{,}5 \cdot 9{,}81 \ \mathrm{m/s^2} = 0{,}67 \ \mathrm{m/s^2}$ erreichen.

Die Geschwindigkeitszunahme je Zeitspanne kann 0,67 m/s in der Sekunde nicht übersteigen, da sonst die angetriebenen Laufräder rutschen. Wünscht man die Anfahrzeit auf z. B. 2 s beschränkt, so kann die Beharrungsgeschwindigkeit nicht größer als $v = a \cdot t_a = (0{,}67\ \text{m/s}^2) \cdot 2\ \text{s} = 1{,}34\ \text{m/s}$ sein. Bei manchen Fahrzeugen, z. B. Fahrwerken von Gießereikranen, darf indessen mit Rücksicht auf den geforderten rucklosen Anlauf die Beschleunigung erfahrungsgemäß den Wert $a = 0{,}25\ \text{m/s}^2$ nicht übersteigen. In einem solchen Falle könnte z. B. eine Fahrgeschwindigkeit von $v = 2\ \text{m/s}$ nur erreicht werden, wenn man den Anlauf auf $(2\ \text{m/s})/0{,}25\ \text{m/s}^2 = 8\ \text{s}$ ausdehnen würde. Bei kurzen Fahrwegen hat es daher keinen Sinn, eine sehr große Fahrgeschwindigkeit anzustreben.

Bei Zusammenfassung aller betrachteten Momente und des Höchstmomentes des Motors läßt sich eine *mittlere* Geschwindigkeit v_m auf dem Förderweg ermitteln, die kleiner ist als die maximale Geschwindigkeit v_max. Das Verhältnis v_m/v_max bezeichnet man als den *Wirkungsgrad der Geschwindigkeit*, der durch Abkürzung der Beschleunigungszeit und Steigerung der Anlaufleistung erhöht werden kann und ein Maß für die Güte der Förderleistung darstellt. Bei einem Kranfahrwerk wird bei 2,5fachem Höchstmoment etwa $v_\text{m}/v_\text{max} = 0{,}85$ erreicht.

13.4.4. Einfluß der Raumtemperatur und Höhenlage auf die Motorgröße

Die in den Listen angegebenen Motornennleistungen sind unter der Voraussetzung bestimmt, daß bei einer höchsten Außentemperatur (Kühlmitteltemperatur) von 40 °C die Motortemperatur sich je nach der Isolationsklasse (s. Tabelle 13.1) nicht mehr als um die zulässigen Werte (Grenz*über*temperatur) erhöht. Die höchstzulässige Dauertemperatur beträgt für Isolierstoffklasse A 105 °C. Die Wirtschaftlichkeit verlangt im allgemeinen, daß man die Kühlmitteltemperatur möglichst niedrig hält, damit der Motor voll belastungsfähig bleibt. Dies kann z. B. dadurch geschehen, daß man einen Motor, der in einem heißen Raum Aufstellung finden muß, durch Rohranschluß mit Fremdlüftung versieht. Läßt sich jedoch eine derartige Kühlung nicht durchführen, so muß die Leistung des Motors herabgesetzt werden. Wieweit dies zu geschehen hat, erkennt man am besten aus Bild 13.42a. Hier ist das Verhältnis

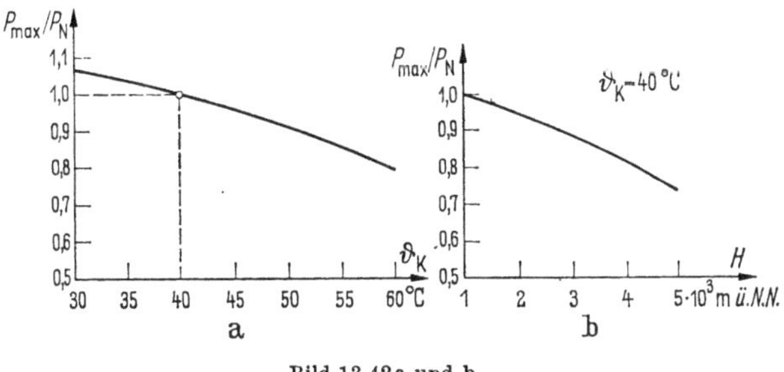

Bild 13.42a und b

der maximal zulässigen Belastung P_max zur Motornennleistung P_N in Abhängigkeit von der Kühlmitteltemperatur ϑ_K aufgetragen. Man sieht, daß die zulässige Motorbelastung mit steigender Kühlmitteltemperatur absinkt.

Bei Aufstellung in größerer Höhe erfährt die Maschine eine schwächere Luftkühlung infolge der Luftverdünnung. Die Wärmeabgabe der Maschine ist bei gleicher Kühlmitteltemperatur geringer als in niederen Lagen. Aus diesem Grund dürfen Maschinen in Höhenlagen über 1000 m ü.N.N. nicht mit Nennleistung betrieben werden, sofern die Kühlmitteltemperatur 40 °C beträgt. Bild 13.42 b zeigt das Verhältnis P_{max}/P_N in Abhängigkeit von der Höhenlage, wobei eine Kühlmitteltemperatur mit 40 °C zugrunde gelegt ist.

Sofern gleichzeitig eine abweichende Kühlmitteltemperatur und Aufstellungshöhe auftritt, sind die Faktoren P_{max}/P_N aus den Bildern 13.42a und b zu entnehmen und miteinander zu multiplizieren. Die Motorleistung muß nicht vermindert werden, wenn die höchste Kühlmitteltemperatur oberhalb der 1000-m-Grenze der nachfolgenden Tabelle entspricht.

Tabelle 13.3

Kühlmitteltemperatur	32 °C	24 °C	16 °C
Höhe über N.N. m	über 1000−2000	über 2000−3000	über 3000−4000

13.4.5. Bauliche Anpassung des Motors

Im Gegensatz zu anderen Motoren kann der Elektromotor für alle Gebrauchslagen ausgeführt werden. Auch eine vertikale Lage ist möglich, wenn die Lager zur Aufnahme der entsprechenden Kräfte ausgelegt sind. Die enge Verbindung zwischen Elektromotor und Arbeitsmaschine hat auch die Bauform des Motors weitgehend beeinflußt. Vor allem ist hier der *Flanschmotor* zu nennen (s. auch Bild13.16), welcher sowohl bei Hebezeugen als auch bei Werkzeugmaschinen in horizontalem und vertikalem Anbau zu zweckmäßigen Maschinenformen geführt hat. Die völlige organische Vereinigung zwischen Motor und Arbeitsmaschine bietet der Einbaumotor, welcher im Werkzeugmaschinenbau immer mehr Eingang findet und welcher nur noch das elektrisch aktive Material enthält. Alles übrige ist Bestandteil der Arbeitsmaschine. Viele Beispiele für einen geschickten Motoreinbau findet man besonders bei den Holzbearbeitungsmaschinen sowie auch bei den Metallbearbeitungsmaschinen.

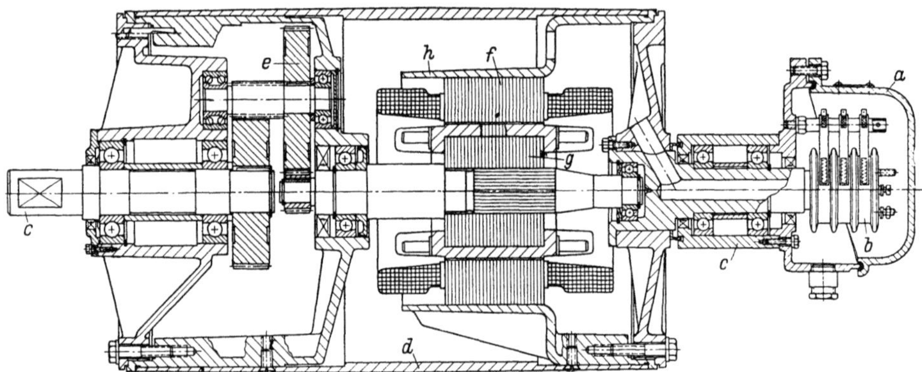

Bild 13.43. Trommelmotor der Firma Eberhard Bauer. a. Klemmkasten; b. Schleifringe; c. Tragzapfen; d. Trommelmantel; e. Zahnrädersatz; f. Motorständer-Blechpaket (läuft mit *d* um); g. Motorläufer-Blechpaket; h. Reduzierkasten

Bild 13.43 zeigt einen *Trommelmotor* der Firma Eberhard Bauer, wie er für Förderbänder in Anwendung ist. Motor und Getriebe sind innerhalb der Trommel untergebracht, über die das Förderband läuft. Die Motorwärme wird durch die Trommel und das laufende Band abgeführt. Eine ähnliche Konstruktion findet man bei Riemenscheiben mit eingebautem Motor, bei denen der Riemen auf dem Rücken des außen liegenden Läufers liegt.

Für Kleinhebezeuge, Werkzeugmaschinen und Elektrokarren hat sich zur schnellen Stillsetzung der Einbau einer Bremse in den Motor als zweckmäßig erwiesen. Bei dem Verschiebeankermotor ist der Käfigläufer konisch ausgeführt und erfährt beim Einschalten eine achsiale Verschiebung, wodurch er einerseits eine Bremse lüftet und zugleich eine Feder spannt. Diese schiebt beim Ausschalten den Läufer wieder zurück.

Auf dem Markt befinden sich auch zahlreiche Motoren mit eingebauter, aber vom Motor unabhängiger Bremswicklung (Bild 13.44). Diese Unabhängigkeit

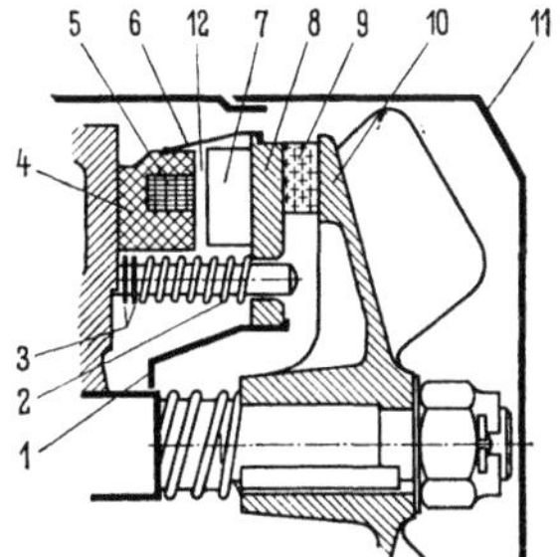

Bild 13.44. Bremsmotor, Schnittzeichnung der Bremse (Siemens AG). 1 Hülse; 2 Druckfeder; 3 Unterlegscheibe; 4 Magnet; 5 Magnetspule; 6 Gummimanschette; 7 Blechpaket; 8 Ankerscheibe; 9 Bremsbelag; 10 Lüfter; 11 Lüfterhaube; 12 Luftspalt

ist durch die zusätzliche Wicklung und eine größere Raumbeanspruchung erkauft. Bild 13.44 zeigt einen Bremsmotor der Firma Siemens, bei dem der auf der Motorwelle axial verschiebbare Lüfter (10) den Bremsbelag (9) trägt. Die am Lagerschild befestigte, ringförmige Magnetspule (5) erregt den U-förmigen Ringmagneten (4) und zieht die Ankerscheibe (8) gegen die Druckfeder (2) an. Dadurch wird bei Stromdurchgang durch die Spule die Bremse gelüftet. Die Bremse ist im spannungslosen Zustand wirksam.

14. Steuerung und Regelung von Antrieben

Man unterscheidet zwischen *Steuern* und *Regeln*. Um einen *Steuervorgang* handelt es sich, wenn kein geschlossener Wirkungskreis vorliegt. Dies ist z. B. der Fall, wenn ein Steuerschalter über einen Verstellmotor und einen Feldsteller auf die Drehzahl eines Gleichstrommotors einwirkt. Der Steuerschalter kann in Abhängigkeit vom Motorstrom betätigt werden. Man kann bei richtiger Dimensionierung dadurch eine von der Belastung des Motors annähernd unabhängige, also eine konstante Drehzahl, erhalten. Eine Regelung der Drehzahl liegt hier nicht vor, da die Drehzahl den Steuerschalter nicht beeinflußt. Vielmehr handelt es sich um eine Steuerkette ohne geschlossenen Wirkungskreis, also um eine Steuerung der Drehzahl.

Wird die Drehzahl gemessen, und der Steuerschalter in Abhängigkeit von der Drehzahl selbsttätig geschaltet, so liegt ein geschlossener Wirkungskreis vor. Man spricht von einer *selbsttätigen Regelung*. Bild 14.1 zeigt in schematischer Darstellung den geschlossenen Regelkreis.

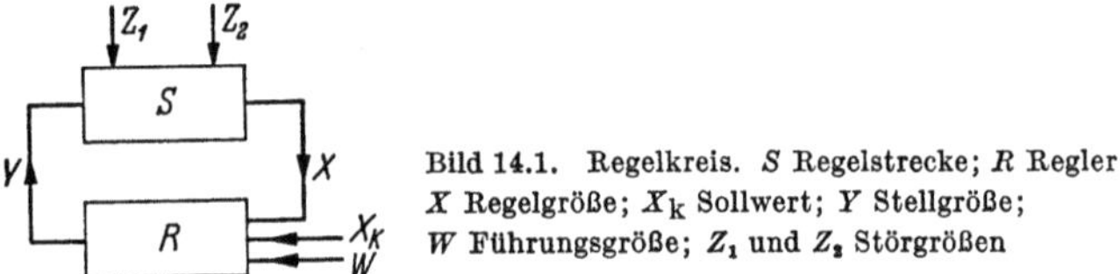

Bild 14.1. Regelkreis. S Regelstrecke; R Regler; X Regelgröße; X_k Sollwert; Y Stellgröße; W Führungsgröße; Z_1 und Z_2 Störgrößen

In der Praxis sind oft Steuerungen und Regelungen einander überlagert. Innerhalb einer Steuerkette können bestimmte Größen geregelt sein, andererseits sind Teile eines Regelkreises als Steuerungen aufgebaut. Steuerungen und Regelungen können sowohl mit den Mitteln der Analogtechnik als auch der Digitaltechnik realisiert werden. Bei der *Analogtechnik* werden Elemente verwendet, bei denen die Ausgangs- und Eingangsgrößen stetig sind. Innerhalb des zulässigen Bereiches verlaufen sie kontinuierlich, also stufenlos. So ist z. B. die Leerlaufausgangsspannung eines Spannungsteilers der Stellung des Schiebers (Eingangsgröße) proportional. Die Leerlaufdrehzahl (Ausgangsgröße) eines konstant erregten Gleichstrommotors ist der Ankerspannung (Eingangsgröße) proportional.

Digital wirkende Elemente sind z. B. Schalter, Relais, Schütze, Transistoren als Schalter und Thyristoren. Sie sind gekennzeichnet durch diskontinuierliches, also stufiges Verhalten. Es kommen auch Steuerungen und Regelungen vor, bei denen sowohl die Analogtechnik als auch die Digitaltechnik verwendet wird.

14.1 Grundlagen der Steuerungstechnik, Schaltalgebra

Aufgabe der Steuerung ist es, eine oder mehrere Eingangsgrößen zu einem oder mehreren Ausgangsgrößen zu verarbeiten, und den Antrieb dadurch in gewollter Weise zu steuern. So soll z. B. von mehreren in Reihe liegenden Förderbändern das erste Förderband nur dann anlaufen, wenn der Einschaltbefehl dazu gegeben wird und außerdem sichergestellt ist, daß das nachfolgende Förderband bereits im Betrieb ist. Die Eingangsgrößen sind in diesem Fall: Der Einschaltbefehl, die Rückmeldung über den Betriebszustand des zweiten Förderbandes. Ausgangsgröße ist der Steuerstrom für das Leistungsschütz des ersten Förderbandantriebsmotors. Liegen, wie in diesem Beispiel beschrieben, einfache Verhältnisse vor, so kann man durch Überlegung sofort die erforderliche Kontaktschaltung oder kontaktlose Schaltung dazu finden. Bei komplizierteren Zusammenhängen kann man die Schaltalgebra zur Ermittlung der Schaltung benützen.

Führt man für den oben genannten Fall zweiwertige Variable a, b und y ein, von denen jede nur den Wert 0 oder 1 annehmen kann, so kann man diesen folgende Bedeutung zuordnen:

$a = 0$ kein Einschaltbefehl; $a = 1$ Einschaltbefehl
$b = 0$ zweites Förderband läuft nicht; $b = 1$ zweites Förderband läuft
$y = 0$ keine Ausgangsgröße; $y = 1$ Ausgangsgröße.

Die Schaltbedingung lautet dann: Wenn a *und* wenn b gleich 1 sind, *dann* muß y gleich 1 sein. In allen anderen Fällen ist y gleich 0.

Dieser Zusammenhang läßt sich durch eine Funktionstabelle, die auch als *Wahrheitstabelle* bezeichnet wird, darstellen.

a	b	y
0	0	0
1	0	0
0	1	0
1	1	1

Da $n = 2$ Eingangsvariable (a und b) vorhanden sind, gibt es $2^n = 2^2 = 4$ Eingangskombinationen. Jede Zeile der Funktionstabelle enthält *eine* Kombination. Der in der Funktionstabelle dargestellte Zusammenhang läßt sich mit den Mitteln der *Schaltalgebra*, die aus der Booleschen Algebra abgeleitet ist, darstellen. Man erhält die Gleichung $a \cdot b = y$, die man liest: a und b gleich y. Dieser Zusammenhang heißt UND-Verknüpfung oder *Konjunktion*. Das Operationszeichen für die UND-Verknüpfung kann verschieden dargestellt werden. Gebräuchlich sind: $\cdot$, $\wedge$ und &. Wir wollen das aus der gewöhnlichen Algebra bekannte Multiplikationszeichen $\cdot$ verwenden, müssen aber immer bedenken, daß es die Bedeutung einer UND-Verknüpfung im Sinne der Schaltalgebra hat.

Schaltet man einen Schalter a mit einem zweiten Schalter b in Reihe und bezeichnet die Aussage, daß in der Reihenschaltung Strom fließt mit y, so liegt eine UND-Verknüpfung vor, die die obige Funktionstabelle und Gleichung $a \cdot b = y$ erfüllt.

Bei der Parallelschaltung zweier Schalter a und b entsteht eine ODER-Verknüpfung oder *Disjunktion*, da im Stromkreis immer dann ein Strom (y) fließt, wenn Schalter a *oder* Schalter b geschlossen wird. Sind beide Schalter geschlossen, so fließt ebenfalls ein Strom. Für die ODER-Verknüpfung mit zwei Eingangsvariablen erhält man folgende Funktionstabelle:

a	b	y
0	0	0
1	0	1
0	1	1
1	1	1

Die zugehörige Schaltungsgleichung lautet $a + b = y$, die man liest: a oder b gleich y. Das Operationszeichen für die ODER-Verknüpfung ist das Pluszeichen, häufig verwendet man auch das Zeichen $\vee$. Verwendet man z. B. ein Relais oder ein Schütz mit einem „Öffner" (Relaiskontakt, der bei stromloser Spule geschlossen und bei stromführender Spule geöffnet ist), legt in den Strompfad der Spule einen Schalter a und schaltet mit dem „Öffner" y einen anderen Stromkreis, so entsteht eine NICHT-Verknüpfung oder *Negation*. Man erhält die Funktionstabelle

a	y
0	1
1	0

$\bar{a} = y$ oder $a = \bar{y}$ sind die zugehörigen Schaltungsgleichungen, die gelesen werden: a nicht ist gleich y bzw. a ist gleich y nicht. Die beiden Gleichungen sind vollständig gleichwertig und enthalten dieselbe logische Aussage. Bild 14.2 zeigt

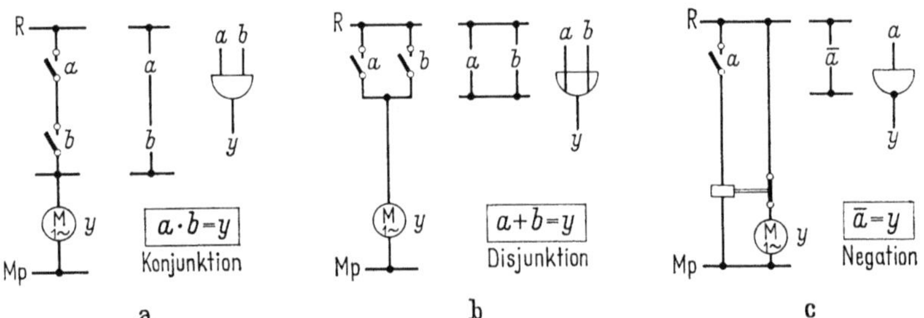

Bild 14.2. Die drei Grundverknüpfungen

die drei Grund-Logikschaltungen in Kontakttechnik, in abgekürzt dargestellter Kontakttechnik und in symbolischer Darstellung. Der symbolischen Darstellung kommt besondere Bedeutung bei der Betrachtung von kontaktlosen Steuerungen zu, da dort die Eingangs und Ausgangsgrößen nicht durch Schalterstellungen sondern durch Signalspannungen realisiert werden.

Wie oben beschrieben kann eine Variable entweder den Zahlenwert 0 oder 1 annehmen. Andere Werte sind nicht zulässig. Es gilt dann:

$$a = 0 \text{ wenn } a \neq 1$$

$$a = 1 \text{ wenn } a \neq 0 \text{ ist.}$$

$\bar{1}$ (lies: eins nicht) ist Komplement von 1; $\bar{0}$ (lies: null nicht) ist Komplement von 0.

Für die Schaltungsalgebra gelten die nachfolgend aufgeführten Rechenregeln, Sätze und Gesetze.

$$\begin{aligned}
\overline{0} &= 1 & 0 \cdot 0 &= 0 & 0 + 0 &= 0 \\
\overline{1} &= 0 & 0 \cdot 1 &= 0 & 0 + 1 &= 1 \\
& & 1 \cdot 0 &= 0 & 1 + 0 &= 1 \\
& & 1 \cdot 1 &= 1 & 1 + 1 &= 1 \, .
\end{aligned} \tag{14.1}$$

Theoreme für eine Variable:

$$\begin{aligned}
a + 0 &= a \\
a + 1 &= 1 \\
a \cdot 0 &= 0 \\
a \cdot 1 &= a \, .
\end{aligned} \tag{14.2}$$

Komplementierungssätze:

$$a \cdot \overline{a} = 0 \; ; \quad a + \overline{a} = 1 \; ; \quad \overline{\overline{a}} = a \, . \tag{14.3}$$

Tautologie-Gesetze:

$$a \cdot a = a \; ; \quad a + a = a \, .$$

Assoziative Gesetze:

$$(a + b) + c = (a + c) + b \; ; \quad (a \cdot b) \cdot c = (a \cdot c) \cdot b \, . \tag{14.4}$$

Kommutative Gesetze:

$$a + b = b + a \; ; \quad a \cdot b = b \cdot a \, . \tag{14.4a}$$

Distributives Gesetz:

$$a \cdot (b + c) = a \cdot b + a \cdot c \, . \tag{14.5}$$

Das distributive Gesetz gilt aber auch noch, wenn in Gl. 14.5 alle UND- bzw. ODER-Zeichen miteinander vertauscht werden. Dies ist zunächst unverständlich, da eine solche Rechenoperetation in der normalen Algebra nicht erlaubt ist.

Schreibt man den auf der rechten Seite stehenden Teil der Gl. (14.5) mit vertauschten Operationszeichen, so erhält man $(a + b) \cdot (a + c)$. Durch ,,Ausmultiplizieren" erhält man mit $a \cdot a = a$:

$$a \cdot a + a \cdot c + a \cdot b + b \cdot c = a + a \cdot (b + c) + b \cdot c = a \cdot [1 + (b + c)] + b \cdot c \, .$$

In der eckigen Klammer ist der Wert 1 mit den Variablen $(b + c)$ durch eine ODER-Verknüpfung verbunden. Nach Gl. (14.2) ist deshalb der Gesamtwert innerhalb der eckigen Klammer gleich 1. Man kann sich auch die Bedeutung des in der eckigen Klammer stehenden Wertes durch eine Parallelschaltung (ODER-Verknüpfung) von drei Kontakten vorstellen, nämlich aus einem Schalter b, einem Schalter c und einem immer geschlossenen Schalter mit dem Wert 1. Es leuchtet sofort ein, daß diese Parallelschaltung unabhängig von b bzw. c immer den Wert 1 besitzt. Damit ist gezeigt, daß das distributive Gesetz auch in folgender Form Gültigkeit besitzt:

$$a + (b \cdot c) = (a + b) \cdot (a + c) \, . \tag{14.6}$$

Bild 14.3a zeigt die schaltungstechnische Interpretation von Gl. (14.6).

Ferner gelten die Absorptionsgesetze

$$a + a \cdot b = a \; ; \quad a \cdot (a + b) = a \, , \tag{14.7}$$

die sich wie folgt beweisen lassen:

$a + a \cdot b = a \cdot (1 + b)$. Mit Gl. (14.2) ist aber $(1 + b) = 1$ und damit $a \cdot 1 = a$.

Zum Beweis des zweiten Absorptionsgesetzes mutlipliziert man aus. Man erhält $a \cdot (a + b) = a \cdot a + a \cdot b = a + a \cdot b = a$.

Zum Nachweis für die Gültigkeit des ersten Absorptionsgesetzes kann man sich auch eine Kontaktschaltung, bestehend aus dem Schalter a, dem eine Reihenschaltung aus den Schaltkontakten a und b parallelgeschaltet ist, vorstellen

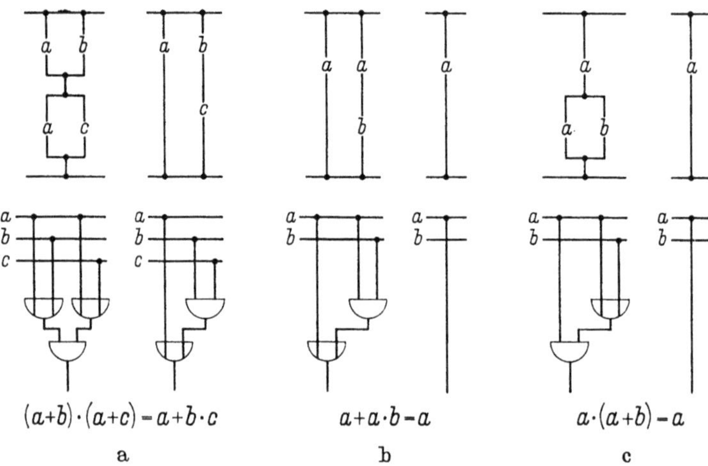

Bild 14.3. Schaltungen zu dem a. zweiten distributiven Gesetz; b. ersten Absorptionsgesetz; c. zweiten Absorptionsgesetz

(Bild 14.3b). Ist $a = 0$, so besitzt die gesamte Schaltung den Wert 0. Bei $a = 1$ hat die Schaltung den Wert 1. Es ist hierbei gleichgültig, ob Kontakt b den Wert 1 oder 0 besitzt. Kontakt b ist deshalb überflüssig, womit gezeigt ist, daß die oben beschriebene Schaltung vollwertig durch den Schalter a allein ersetzt werden kann. Bild 14.3c zeigt die dem zweiten Absorptionsgesetz entsprechenden Schaltungen.

Zwischen den UND-, ODER- und NICHT-Funktionen besteht ein sehr wichtiger Zusammenhang, der durch die von DeMorgan aufgestellten Gesetze gegeben ist.

Wir wollen einmal die nachfolgende Aussage betrachten: Wenn Schalter a geschlossen ist ($a = 1$) *und* wenn das Schutzgitter b geschlossen ist ($b = 1$), *dann* läuft der Motor y ($y = 1$). Diese Aussage kann durch die Gleichung $a \cdot b = y$ (14.8) dargestellt werden. Sprachlich kann man dieselbe Aussage aber auch wie folgt machen: Wenn Schalter a nicht geschlossen ist ($a = 0; \bar{a} = 1$) *oder* das Schutzgitter b nicht geschlossen ist ($b = 0; \bar{b} = 1$), dann läuft der Motor y nicht ($y = 0; \bar{y} = 1$). Diese Aussage wird durch die Gleichung $\bar{a} + \bar{b} = \bar{y}$ (14.9) beschrieben. Negiert man auf beiden Seiten, so erhält man

$\overline{\bar{a} + \bar{b}} = \bar{\bar{y}} = y$ (14.10). Inhaltlich ist dadurch immer noch gleiche Aussage gemacht nämlich: Wenn Schalter a nicht geschlossen ist *oder* das Schutzgitter nicht geschlossen ist, dann läuft der Motor y *nicht*.

Aus den Gleichungen (14.8) und (14.10) folgt das DeMorgan-Gesetz:

$$a \cdot b = \overline{\bar{a} + \bar{b}} \, . \tag{14.11}$$

Mittels dieses Gesetzes ist es jederzeit möglich, eine UND-Verknüpfung durch eine ODER-Verknüpfung zu ersetzen. Allerdings sind hierzu dann auch NICHT-Verknüpfungen erforderlich. Bild 14.4 zeigt die Schaltung. Durch eine weitere kleine Umformung mit der Beziehung $a = \overline{A}$ und $b = \overline{B}$ erhält man die zweite Form des De Morgan-Gesetzes

$$\overline{A} \cdot \overline{B} = \overline{\overline{\overline{A}} + \overline{\overline{B}}} = \overline{A + B} \tag{14.12}$$

Alle hier genannten Gesetze lassen sich für beliebig viele Variable anwenden.

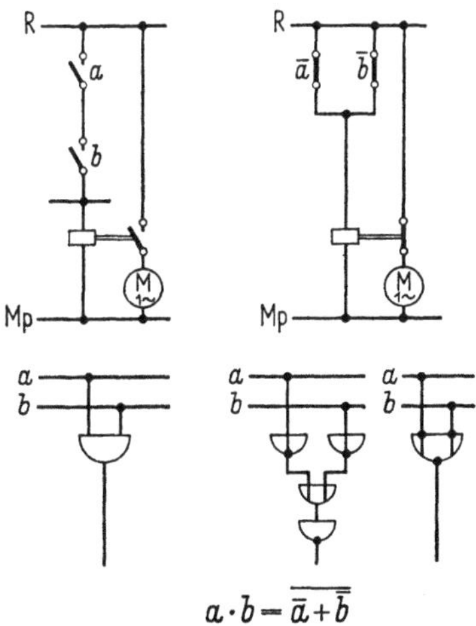

$$a \cdot b = \overline{\overline{a} + \overline{b}}$$

Bild 14.4. Schaltungen zum De Morgan Gesetz

Ferner gilt für die Schaltungsalgebra der Vertauschungssatz. Mit ihm kann man eine duale Aussage gewinnen. Dies hat wie folgt zu geschehen:

1. Man ersetze $+$ durch $\cdot$ und umgekehrt,
2. man vertausche 0 mit 1 und umgekehrt,
3. man ersetze jede Variable durch ihr Komplement.

Die Schaltungsalgebra läßt sich dazu verwenden, um zu gegebenen Schaltbedingungen die zugehörige Schaltung zu berechnen. Hierzu geht man wie folgt vor:

1. Für alle Kombinationen aus den gegebenen Eingangsgrößen schreibt man in eine Funktionstabelle Zeile für Zeile die geforderte oder die geforderten Ausgangsgrößen y_1, y_2 usw. an.
2. In die gleiche Funktionstabelle trägt man in jede Zeile das sogenannte „zugeordnete Produkt" (UND-Verknüpfung) der Eingangsgrößen an. Hierbei werden alle Eingangsvariablen in das „Produkt" aufgenommen, es ist jedoch zu beachten, daß die Eingangsvariable als Komplement anzuschreiben ist, wenn die zugehörige Eingangsgröße den Wert 0 besitzt. Beispiel: Die Eingangsvariablen seien a, b und c. Diese sollen in der 6. Zeile der Funktionstabelle die Werte $a = 1$, $b = 0$ und $c = 1$ besitzen. Das zugeordnete Produkt lautet dann $a \cdot \overline{b} \cdot c$.

3. Diejenigen zugeordneten Produkte, bei denen die Ausgangsgröße y den Wert 1 besitzen soll, werden durch ODER-Verknüpfungen miteinander verbunden, und das Ganze gleich y gesetzt. y ist die gesuchte Schaltfunktion. Die zugehörige Schaltung läßt sich hierzu sofort angeben.

111. Beispiel. Ein Antrieb soll dann nicht laufen, wenn von drei Eingangsgrößen a, b, und c entweder gleichzeitig $a = 1$, $b = 0$ und $c = 1$ ist, oder wenn alle drei gleichzeitig den Wert 1 besitzen. In allen anderen Fällen soll der Antrieb laufen. Gesucht ist eine möglichst einfache Steuerschaltung.

Da drei Eingangsvariable vorhanden sind, gibt es $2^3 = 8$ Eingangskombinationen. Bei den Kombinationen $a = 1$, $b = 0$, $c = 1$ oder $a = 1$, $b = 1$, $c = 1$ soll der Antrieb nicht laufen, deshalb ist die Ausgangsgröße für diese beiden Fälle gleich null. Für die restlichen $8 - 2 = 6$ Kombinationen muß $y = 1$ sein. Man erhält nach Regel 1 folgende Funktionstabelle, in die gleichzeitig auch die zugeordneten Produkte nach Regel 2 eingetragen sind.

a	b	c	y	zugeordn. Produkt (Konjunktion)
0	0	0	1	$\bar{a} \cdot \bar{b} \cdot \bar{c}$
0	0	1	1	$\bar{a} \cdot \bar{b} \cdot c$
0	1	0	1	$\bar{a} \cdot b \cdot \bar{c}$
0	1	1	1	$\bar{a} \cdot b \cdot c$
1	0	0	1	$a \cdot \bar{b} \cdot \bar{c}$
1	0	1	0	$a \cdot \bar{b} \cdot c$
1	1	0	1	$a \cdot b \cdot \bar{c}$
1	1	1	0	$a \cdot b \cdot c$

Die gesuchte Schaltfunktion lautet nach Regel 3:

$$y = \bar{a} \cdot \bar{b} \cdot \bar{c} + \bar{a} \cdot \bar{b} \cdot c + \bar{a} \cdot b \cdot \bar{c} + \bar{a} \cdot b \cdot c + a \cdot \bar{b} \cdot \bar{c} + a \cdot b \cdot \bar{c} \, .$$

Bild 14.5 zeigt die Schaltung. Sie enthält noch eine beträchtliche *Redundanz*. Mittels der Schaltalgebra kann folgende Vereinfachung vorgenommen werden:

$$y = \bar{a} \cdot \bar{b} \cdot (\bar{c} + c) + \bar{a} \cdot b \, (\bar{c} + c) + a \cdot \bar{c} \cdot (\bar{b} + b) \, .$$

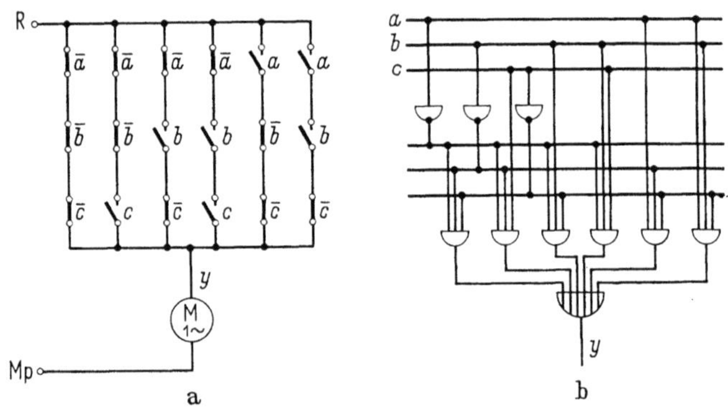

Bild 14.5. Schaltung zu 111. Beispiel. a. Kontaktschaltung; b. symbolische Darstellung

Nach Gl. (14.3) ist aber $(c + \bar{c}) = 1$, ebenso $(b + \bar{b}) = 1$. Dies ergibt:

$$y = \bar{a} \cdot \bar{b} + \bar{a} \cdot b + a \cdot \bar{c} = \bar{a} \cdot (\bar{b} + b) + a \cdot \bar{c}$$
$$y = \bar{a} + a \cdot \bar{c} \, .$$

Bild 14.6 zeigt die einfachere Schaltung. Die Lösung enthält UND-, ODER- und NICHT-Funktionen. Durch Umwandlung nach De Morgan [Gl. (41.11)] kann man noch folgende Formen finden:

$$y = \overline{a} + \overline{(\overline{a} + c)} \qquad \text{bzw.} \qquad y = \overline{[a \cdot \overline{(a \cdot \overline{c})}]} .$$

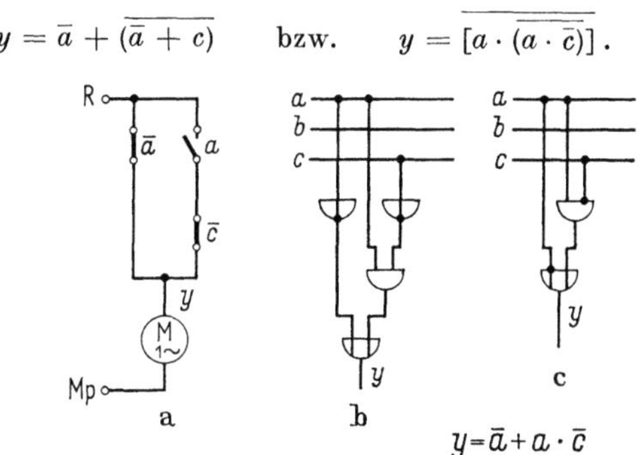

Bild 14.6. vereinfachte Schaltung zu 111. Beispiel. a. Kontaktschaltung; b. symbolische Darstellung; c. symbolische Darstellung, nicht-Funktionen in die Eingänge der oder- bzw. und-Funktion gezeichnet

Die zugehörigen Schaltungen sind in den Bildern 14.7 und 14.8 gezeigt. Die beiden letzten Umwandlungen bringen in diesem Fall keine weitere Vereinfachung der Schaltung, sofern man davon absieht, daß in den beiden Gleichungen nur je zwei verschiedene Funktionsarten vorkommen. Bei der Verwendung von bestimmten handelsüblichen kontaktlosen

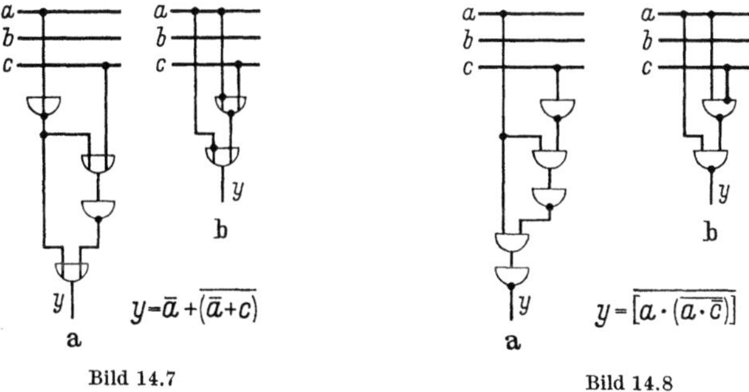

Schaltkreissystemen kann dies jedoch von Bedeutung sein, wenn ein solches Schaltkreissystem z. B. nur aus UND-NICHT-Funktionen (NAND-Funktionen) oder nur aus ODER-NICHT-Funktionen (NOR-Funktionen) aufgebaut ist.

Die oben ermittelte Gleichung $y = \overline{a} + a \cdot \overline{c}$ kann unter Verwendung von Gl. 14.6 weiter vereinfacht werden. Setzt man in Gl. 14.6 $a = \overline{A}$, $b = A$ und $c = \overline{C}$, so erhält man

$$\overline{A} + A \cdot \overline{C} = (\overline{A} + A) \cdot (\overline{A} + \overline{C}) = \overline{A} + \overline{C} . \tag{14.13}$$

Damit wird unter Verwendung der in Gl. 14.13 gemachten Aussage

$$y = \overline{a} + a \cdot \overline{c} = \overline{a} + \overline{c} .$$

Zu diesem Ergebnis kommt man einfacher, wenn man aus der Funktionstabelle die Konjunktionen der Zeilen 6 und 8 entnimmt. Für diese soll $y = 0$ sein. Deshalb gilt:

$$\overline{y} = a \cdot \overline{b} \cdot c + a \cdot b \cdot c = a \cdot c \,(\overline{b} + b) = a \cdot c .$$

Durch Umwandlung nach Gl. 14.11 erhält man

$$y = \overline{a} + \overline{c} ,$$

was mit dem weiter oben gewonnenen Ergebnis übereinstimmt.

Selbst bei einer größeren Anzahl von Eingangsgrößen ist es mit den oben beschriebenen Regeln nicht schwierig, eine Schaltung zu finden, die den Bedingungen genügt. Leider besitzt die so gefundene Schaltung meist eine beträchtliche Redundanz, und es ist eine oft mühsame Arbeit, mittels der Schaltalgebra die Redundanz zu verringern und damit die einfachstmögliche Schaltung zu finden. Quine und McCluskey sowie Karnaugh und Veitch haben systematische Methoden angegeben, mit denen die einfachstmögliche Schaltung gefunden werden kann.

Es soll hier nur kurz auf die Methode von Karnaugh und Veitch eingegangen werden. Das Prinzip beruht auf der Tatsache, daß nach Gl. (14.3) die Disjunktion aus einer Variablen mit ihrem Komplement immer gleich eins ist, d. h. daß die Beziehungen $(a + \bar{a}) = 1$, $(b + \bar{b}) = 1$, $(c + \bar{c}) = 1$ usw. gelten. Karnaugh und Veitch ordnen alle 2^n zugeordnete Produkte (Konjunktionen) der n Eingangsvariablen aus der vollständigen Funktionstabelle in einem zweckmäßig angelegten Schema an, so daß immer je zwei Konjunktionen nebeneinander oder übereinander stehen, die sich nur in einer Variablen durch das Komplement unterscheiden. Solche Karnaugh-Veitch-Diagramme (KV-Diagramme) kann man für die verschiedenen Anzahlen n der vorkommenden Eingangsvariablen aufstellen. Bild 14.9 zeigt 3 verschiedene KV-Diagramme für zwei,

a	$\bar a$	
ab	$\bar a b$	b
$a\bar b$	$\bar a\bar b$	$\bar b$

a

a	a	$\bar a$	$\bar a$	
$ab\bar c$	abc	$\bar a bc$	$\bar a b\bar c$	b
$a\bar b\bar c$	$a\bar b c$	$\bar a\bar b c$	$\bar a\bar b\bar c$	$\bar b$
$\bar c$	c	c	$\bar c$	

b

	a	a	$\bar a$	$\bar a$	
b	$ab\bar c\bar d$	$abc\bar d$	$\bar a bc\bar d$	$\bar a b\bar c\bar d$	$\bar d$
b	$ab\bar c d$	$abcd$	$\bar a bcd$	$\bar a b\bar c d$	d
$\bar b$	$a\bar b\bar c d$	$a\bar b cd$	$\bar a\bar b cd$	$\bar a\bar b\bar c d$	d
$\bar b$	$a\bar b\bar c\bar d$	$a\bar b c\bar d$	$\bar a\bar b c\bar d$	$\bar a\bar b\bar c\bar d$	$\bar d$
	$\bar c$	c	c	$\bar c$	

c

Bild 14.9. Karnaugh-Veitch-Diagramme. a. für 2 Variable; b. für 3 Variable; c. für 4 Variable

drei und vier Variable. Als übereinander- oder nebeneinanderliegend zählen auch diejenigen Felder, die in der gleichen Ecke das gleiche Symbol aufweisen. Um untersuchen zu können, ob und in welcher Weise eine Schaltfunktion vereinfacht werden kann, trägt man alle diejenigen zugeordneten Produkte mit einem Kreuz in das entsprechende Feld des KV-Diagrammes ein, bei denen der Funktionswert $y = 1$ ist. Man untersucht nun in welchen Feldern nebeneinander- oder übereinanderliegende Kreuze eingetragen sind. Findet man ein solches Felderpaar, so kann dieses zu einem Feld mit $n - 1$ Variablen unter Verwendung von Gl. (14.3) zusammengefaßt werden. Stehen z. B. die Produkte $ab\bar{c}d$ und $a\bar{b}\bar{c}d$ übereinander, so kann dafür $a\bar{c}d$ geschrieben werden. Das nächste Beispiel soll das Verfahren erläutern.

112. Beispiel. Die Funktionstabelle hat folgende Schaltfunktion geliefert:

$$y = ab\bar{c}\bar{d} + ab\bar{c}d + a\bar{b}\bar{c}\bar{d} + a\bar{b}c\bar{d} + \bar{a}\bar{b}\bar{c}\bar{d} + \bar{a}\bar{b}\bar{c}d + \bar{a}\bar{b}c\bar{d} + \bar{a}bcd + \bar{a}bc\bar{d}.$$

Man suche mittels des KV-Diagrammes eine möglichst einfache Schaltung.

Jedes der 9 zugeordneten Produkte wird an dem ihm entsprechenden Platz im KV-Diagramm für 4 Variable eingetragen. Man erhält Bild 14.10. Entsprechend den Regeln

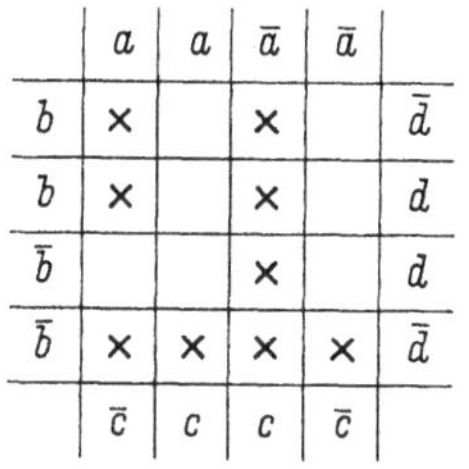

Bild 14.10. KV-Diagramm zu 112. Beispiel 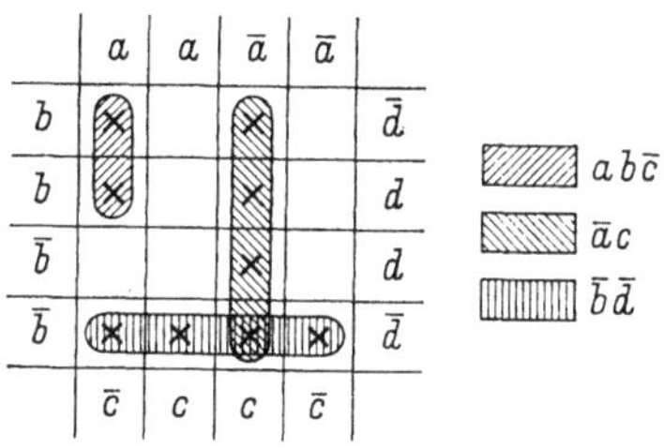 Bild 14.11. Zusammenfassung im KV-Diagramm

für nebeneinanderliegende Felder kann, wie in Bild 14.11 gezeigt, zusammengefaßt werden. Als Lösung ergibt sich $y = ab\bar{c} + \bar{a}c + \bar{b}\bar{d}$. Das zweite Glied dieses Ausdruckes ist entstanden aus: $\bar{a}c\bar{d} + \bar{a}cd = \bar{a}c$. Entsprechendes gilt für das dritte Glied. Bild 14.12 zeigt die gesuchte Schaltung in symbolischer Darstellung.

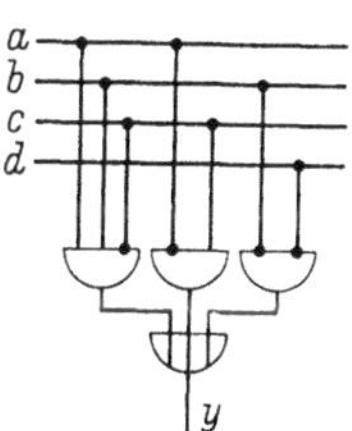

Bild 14.12. Lösung zu 113. Beispiel

113. Beispiel. Ein Antrieb soll durch zwei Signalspannungen ein- und ausgeschaltet werden. Wird ein Eingangssignal (Eingangsbefehl a) gegeben, so soll der Antrieb anlaufen. Bei Wegnahme des Eingangsbefehls a soll der Antrieb solange weiter im Betrieb sein, bis ein anderes Eingangssignal (Eingangsbefehl b) gegeben wird. Der Antrieb soll solange stillgesetzt bleiben, bis wieder der Eingangsbefehl a gegeben wird. Für den Fall, daß sowohl ein Eingangsbefehl a, als auch ein Eingangsbefehl b gleichzeitig gegeben werden, soll der Antrieb abgeschaltet werden (*Löschdominanz*). Gesucht ist die Schaltung des Steuerteiles in symbolischer Darstellung.

Die gesuchte Schaltung muß zwei Eingänge a bzw. b und einen Ausgang y besitzen. Befindet sich der Antrieb im ausgeschalteten Zustand und wird dann ein a-Befehl gegeben, so muß $y = 1$ werden, d. h. es muß ein Einschaltvorgang stattfinden. Würde aber bei Stillstand des Motors zufällig ein b-Befehl folgen, so muß der Antrieb weiterhin stehen bleiben, d. h. es darf kein Einschaltvorgang stattfinden. Es spielt offensichtlich eine Rolle, in welchem Schaltzustand sich der Antrieb gerade befindet, wenn ein Eingangsbefehl erfolgt. Daraus folgt, daß sich nicht vier, sondern 8 Eingangsbefehlskombinationen ergeben, da der Betriebszustand, in dem sich der Antrieb vor und zu Beginn der Eingangsbefehlsgabe befindet als zusätzliche Eingangsinformation erforderlich ist. Wir wollen den Betriebszustand, in dem sich der Antrieb vor und zu Beginn der Eingangsbefehlsgabe befindet, mit y_{vor} bezeichnen. Es bedeuten:

$a = 0$ kein Einschaltbefehl; $b = 0$ kein Ausschaltbefehl;
$a = 1$ Einschaltbefehl; $b = 1$ Ausschaltbefehl;
$y_{\text{vor}} = 0$ Antrieb ist zu Beginn der Befehlsgabe ausgeschaltet;
$y_{\text{vor}} = 1$ Antrieb ist zu Beginn der Befehlsgabe eingeschaltet;
$y = 0$ kein Ausgangsbefehl; $y = 1$ Ausgangsbefehl.

Man erhält folgende Funktionstabbelle:

a	b	y_{vor}	y	zugeordn. Produkt	
0	0	0	0	$\bar{a} \cdot \bar{b} \cdot \bar{y}_{\text{vor}}$	Keine Eingangsbefehle
0	0	1	1	$\bar{a} \cdot \bar{b} \cdot y_{\text{vor}}$	
0	1	0	0	$\bar{a} \cdot b \cdot \bar{y}_{\text{vor}}$	Ausschaltbefehl
0	1	1	0	$\bar{a} \cdot b \cdot y_{\text{vor}}$	
1	0	0	1	$a \cdot \bar{b} \cdot \bar{y}_{\text{vor}}$	Einschaltbefehl
1	0	1	1	$a \cdot \bar{b} \cdot y_{\text{vor}}$	
1	1	0	0	$a \cdot b \cdot \bar{y}_{\text{vor}}$	Löschdominanz
1	1	1	0	$a \cdot b \cdot y_{\text{vor}}$	

Alle Zeilen, bei denen $y = 1$ sein soll, tragen zur Schaltgleichung bei. Dies ergibt:

$$y = \bar{a} \cdot \bar{b} \cdot y_{\text{vor}} + a \cdot \bar{b} \cdot \bar{y}_{\text{vor}} + a \cdot \bar{b} \cdot y_{\text{vor}} . \tag{14.14}$$

Die in der Gleichung auftretende Größe y_{vor} muß am Eingang der Schaltung wie ein Eingangsbefehl zugeführt werden. Die Größe y_{vor} erhält man dadurch, daß man den Ausgang y mit dem 3. Eingang y_{vor} verbindet. Es steht dann immer am Eingang y_{vor} bei Beginn eines Befehls a oder b die gerade vorhandene Ausgangsgröße zur Verfügung. Bild (14.13) zeigt die Schaltung.

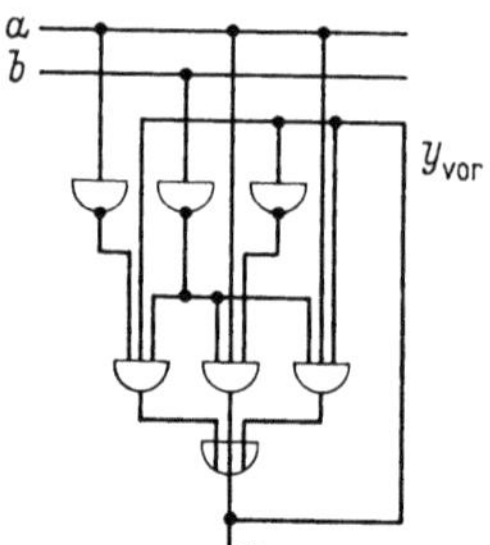

Bild 14.13. Schaltung zu Gl. (14.14)

Gl. (14.14) besitzt noch erhebliche Redundanz. Wir wollen sie deshalb mittels der Schaltalgebra umformen. Mit der Beziehung $(a + \bar{a}) = 1$ wird $y = \bar{b} \cdot y_{\text{vor}} + a \cdot \bar{b} \cdot \bar{y}_{\text{vor}} = \bar{b} \cdot (y_{\text{vor}} + a \cdot \bar{y}_{\text{vor}})$. Mit der Beziehung $(1 + a) = 1$ kann man für y_{vor} auch schreiben $y_{\text{vor}} = y_{\text{vor}} \cdot (1 + a)$. Eingesetzt ergibt: $y = \bar{b} \cdot (y_{\text{vor}} + a \cdot y_{\text{vor}} + a \cdot \bar{y}_{\text{vor}}) = \bar{b} \cdot [y_{\text{vor}} + a \cdot (y_{\text{vor}} + \bar{y}_{\text{vor}})]$. Mit $(y_{\text{vor}} + \bar{y}_{\text{vor}}) = 1$ erhält man $y = \bar{b} \cdot (y_{\text{vor}} + a)$. Diese Gleichungen enthält eine ODER- und eine UND-Funktion.

Wünscht man z. B., daß in der Schaltung nur ODER- und NICHT-Funktionen enthalten sein sollen, so muß man noch nach De Morgan umwandeln. Es ist meist erwünscht, daß kontaktlose Steuerschaltungen NICHT-Funktionen enthalten, da diese durch Transistorstufen (Transistor als Schalter) realisiert werden, und damit eine Verstärkung und Entkopplung zwischen Ein- und Ausgang der NICHT-Stufe erreicht wird.

Die Umwandlung nach De Morgan (s. Gl. (14.11)] liefert

$$y = \overline{b + \overline{(y_{\text{vor}} + a)}} \,. \tag{14.15}$$

Es handelt sich um zwei überkreuz geschaltete NOR-Funktionen (Bild 14.14). Durch weitere Umwandlung kann man noch andere Schaltungen finden, die alle den Schalt-bedingungen der Wahrheitstabelle entsprechen.

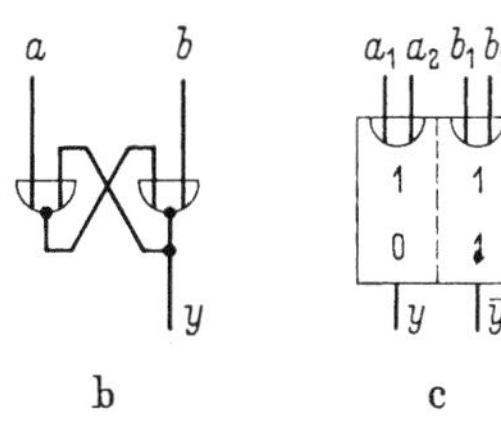

Bild 14.14 a. Schaltung zu Gl. (14.15); b. über-sichtlichere Darstellung; c. Bistabile Kipp-schaltung (Gedächtnis) mit Darstellung des Zu-sammenhangs: 1 an beiden Eingängen a u. b be-wirkt 0 am Ausgang y und 1 am Ausgang $\bar y$ (nach DIN 40700 Blatt 14)

Die in Bild 14.14 gezeichnete Schaltung ist ein *Informationsspeicher*. Die Ausgangsgröße y entspricht dem Eingangsbefehl (Ein- oder Ausschaltbefehl) auch dann noch, wenn die Eingangsspannungen nicht mehr vorhanden sind. In der Kontakttechnik wird ein solcher Speicher durch ein Schütz oder Relais mit Selbsthaltekontakt nach Bild 14.15 realisiert.

14.2 Übersichtsschaltplan, Stromlaufplan, Wirkschaltplan

Zur zeichnerischen Darstellung der Wirkungsweise von Steuerungen benützt man die üblichen Schaltpläne. Nach den Normen (DIN 40719) werden hierfür drei wichtige Formen unterschieden: *Übersichtsschaltplan, Stromlaufplan und Wirkschaltplan*. Außerdem sind bei umfangreichen Steuerschaltungen noch *Netzpläne, Leitungspläne, Bauschaltpläne, Installationspläne und Anschlußpläne* erforderlich. Alle Geräte und Leitungen müssen in den Schaltplänen eindeutig gekennzeichnet werden. Den verschiedenen Geräten werden folgende Kennbuch-staben im Schaltplan zugeordnet (siehe Tabelle 14.1).

Tabelle 14.1

Geräteart	Kennbuchstabe
Schalter (Trenner, Lastschalter, Motorschalter usw.)	a
Hilfsschalter (Befehlsschalter, Steuerschalter, Tastschalter, Meister-schalter)	b
Schütze (Leistungsschütze)	c
Hilfsschütze (Hilfsschütze, Hilfs- und Zeitrelais, Hilfsfernschalter)	d
Schutzeinrichtungen (Sicherungen, Schutzrelais, Bremswächter, Flieh-kraftschalter)	e
Meßwandler	f
Meßgeräte	g
Sicht- und Hörmelder	h
Kondensatoren und Drosselspulen	k
Maschinen und Transformatoren	m
Stromrichter und Batterien	n
Röhren und Verstärker	p
Widerstände und Schnellregler	r
Sonstige mechanische Geräte mit elektrischem Antrieb	s

Sind verschiedene Geräte mit gleichem Kennbuchstaben vorhanden, so werden arabische Ziffern zur Unterscheidung angehängt.

Der *Übersichtsschaltplan* ist die meist einpolig dargestellte vereinfachte Schaltung ohne Hilfsleitungen.

Beim *Stromlaufplan* wird die Schaltung nach einzelnen Stromwegen aufgelöst, wobei die Stromwege möglichst ohne Leitungsüberkreuzungen dargestellt sind. Die räumliche Lage und der mechanische Zusammenhang der Geräte wird hierbei nicht berücksichtigt. Die Kontakte und die Schützspule eines bestimmten Schützes können in ganz verschiedenen Stromwegen eingezeichnet werden. Dabei muß lediglich an jedem Kontaktschaltbild und am Spulenschaltbild die gleiche Bezeichnung, z. B. $c1$, angegeben werden. Der Stromlaufplan wird im wesentlichen für den Entwurf einer Steuerung benötigt.

Der *Wirkschaltplan* enthält die vollständige Darstellung der Schaltung mit allen Einzelheiten. Alle Teile eines Gerätes werden zusammenhängend gezeichnet, so daß sich meist überkreuzende Leitungen ergeben.

Wir wollen eine einfache Schützensteuerung betrachten. Ein Asynchronmotor soll über einen Tastschalter $b1$ eingeschaltet und durch einen zweiten Tastschalter $b2$ wieder ausgeschaltet werden. Bild 14.15 zeigt hierzu den Über-

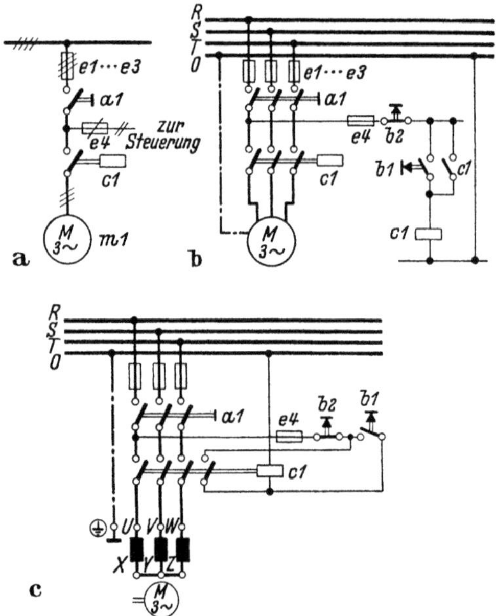

Bild 14.15. Einfache Schützensteuerung. a. Übersichtsschaltplan; b. Stromlaufplan; c. Wirkschaltplan

sichtsschaltplan, Stromlaufplan und Wirkschaltplan. Wird der Hauptschalter $a1$ geschlossen, so kommt nach kurzzeitigem Betätigen des Tastschalters $b1$ (Druckknopftaster) ein Strom von Phase R über Sicherung $e1$, Schalter $a1$, Sicherung $e4$, Tastschalter, $b2$, Tastschalter $b1$, Schützspule $c1$ zum Null-Leiter zustande. Das Schütz $c1$ zieht an, die vier Schließer des Schützes $c1$ gehen von Ruhelage in Arbeitslage, werden also geschlossen. Dadurch wird die Netzspannung an den Motor angelegt, und außerdem durch den Hilfskontakt am

Schütz c1 der Tastschalter b1 überbrückt. Läßt man den Tastschalter b1 wieder los, so geht dieser in Ruhelage (Aus-Setllung) wieder zurück. Der Schaltzustand von Schütz c1 bleibt aber erhalten, da die Schützspule c1 weiterhin über Hilfskontakt c1 Strom erhält. Der Motor m1 ist jetzt dauernd in Betrieb. Betätigt man kurzzeitig Tastschalter b2 (Öffner), so wird die Schützspule c1 stromlos, die vier Schließer des Schützes c1 gehen in Ruhelage zurück und sind dann wieder geöffnet. Der Motor ist dadurch ausgeschaltet. Die Steuerung verharrt solange im Aus-Zustand, bis wiederum b1 betätigt wird.

14.3 Grundbegriffe der Regelungstechnik, Zeitverhalten

Bei einer Regelung liegt immer ein geschlossener Kreis, wie in Bild 14.1 gezeigt, vor. Betrachten wir z. B. eine Drehzahlregelung eines Antriebes, so ist die *Regelgröße* X in diesem Fall die Drehzahl, die *Regelstrecke* S ist der Motor einschl. Arbeitsmaschine, zum *Regler* R kann man die Drehzahlmeß- und Vergleichseinrichtung, die Verstärkeranordnung, den Steuerschalter, Stellmotor und Feldsteller zählen. Da es sich um einen geschlossenen Wirkungskreis handelt, ist eine exakte Trennung zwischen Regelstrecke und Regler nicht immer möglich. In unserem Fall kann der Feldsteller auch zur Regelstrecke gezählt werden. Regelstrecke wie Regler weisen immer *eine bestimmte Wirkungsrichtung* auf. Die *Stellgröße* Y ist in diesem Fall der Erregerstrom des Motors, das *Stellglied* ist der Feldsteller. Die Drehzahl soll auf einem bestimmten *Sollwert* X_K gehalten werden. Im Regler wird die *Regelabweichung* $x_w = X - X_K$ durch Vergleich zwischen dem *Istwert der Regelgröße* und dem Sollwert gebildet. Wird gefordert, daß der Sollwert X_K sich abhängig von anderen Größen, z. B. der Zeit, verändern soll, so ist eine *Führungsgröße* W erforderlich, die den Regler beeinflussen muß. Es liegt dann eine *Folgeregelung* vor.

Auf die Regelstrecke wirken die Störgrößen Z, wie z. B. Drehmomentenstöße, Spannungsschwankungen usw., ein. Zur Verbesserung der Regeleigenschaften werden meist noch *Rückführungen* angeordnet. Auch die Störgröße (z. B. Belastungsstrom) kann man dem Regler aufschalten, so daß Verbesserungen bezüglich des Zeitverhaltens erreicht werden können. Bei schwierigen Regelproblemen bildet man im Regler nicht nur die Regelabweichung x_w, sondern auch noch die *Änderungsgeschwindigkeit der Regelabweichung* dx_w/dt, die man zusätzlich dem Regler zuführt. Der Differentialquotient dx_w/dt tritt bereits auf, bevor eine Regelabweichung vorhanden ist. Man bezeichnet solche Regler als Vorhaltregler. Leider ist es in vielen praktischen Fällen sehr schwierig, den Differentialquotienten zuverlässig zu erfassen. Tritt eine Regelabweichung auf, so kommt im Regler eine Stellgröße zustande, die der Regelabweichung durch Einwirkung auf die Regelstrecke entgegenwirkt. Meist wird gefordert, daß die Regelabweichung und die Regelzeit möglichst klein sein sollen, und daß keine Schwingungen der Regelgröße auftreten. An das Zeitverhalten $X = f(t)$ sind dadurch ganz bestimmte Bedingungen gestellt.

Für den zeitlichen Verlauf des Regelvorganges spielt sowohl das Zeitverhalten der Regelstrecke allein, als auch das des Reglers eine Rolle. Am Zeitverhalten der Regelstrecke (Bild 14.16)a kann meist wenig geändert werden, während dies beim Regler durch entsprechende Konstruktion und Schaltung möglich ist.

Wir können uns den Regelkreis aus einzelnen *Regelkreisgliedern* zusammengesetzt denken. Jedes Glied trägt zum Verhalten $X = f(t)$ an der Regelung bei.

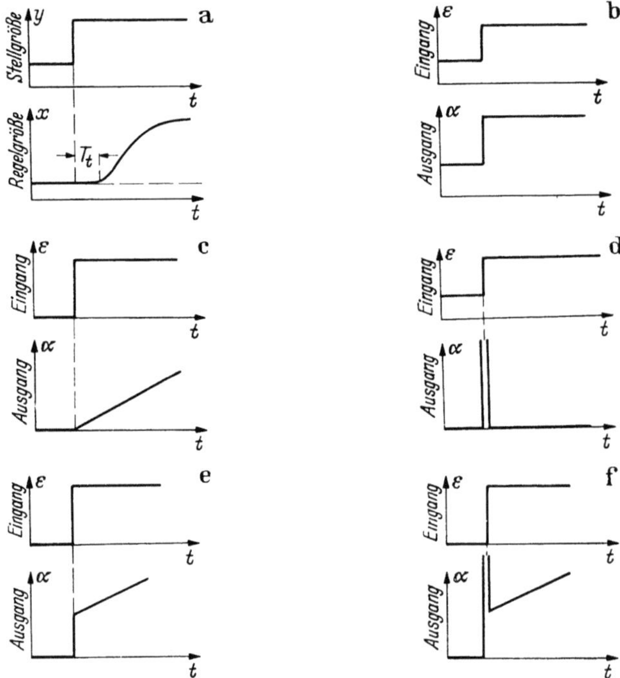

Bild 14.16. Zeitverhalten von Regelkreisgliedern. a. Regelstrecke mit Totzeit; b. P-Glied; c. I-Glied; d. D-Glied; e. PI-Glied; f. PID-Glied

Die Glieder weisen meist drei verschiedene Eigenschaften auf, die einzeln oder auch kombiniert vorkommen können.

Denken wir uns am Eingang eines Regelgliedes einen plötzlichen Sprung der Eingangsgröße ε, so wird sich die Ausgangsgröße $\alpha = f(t)$ entsprechend den Eigenschaften des Gliedes ergeben.

Beim *proportional wirkenden Regelglied (P-Glied)* ist die Ausgangsgröße der Eingangsgröße proportional. α tritt unverzögert auf, eine Zeitabhängigkeit besteht nicht (Bild 14.16b). Steigt die Ausgangsgröße proportional zur Zeit an, so liegt ein *integral wirkendes Regelglied (I-Glied)* vor, da $\alpha = c \cdot \int \varepsilon \, dt$ ist (Bild 14.16c). Ist die Ausgangsgröße dem Differentialquotienten der Eingangsgröße proportional (Bild 14.16d), so spricht man von einem *differential wirkenden Glied (D-Glied)*. Die Bilder 14.16e und 14.16f zeigen die Übergangsfunktion eines PI- und PID-Gliedes. Besonders schwierig werden die Regelungen, wenn die Regelkreisglieder, z. B. die Regelstrecke (Bild 14.16a), *Totzeiten* T_t enthalten.

Bei vielen in der Praxis verwendeten Reglern kann man außer dem Sollwert auch noch das P-, I- und D-Verhalten einstellen, so daß möglichst eine optimale Regelung erzielt wird. Gebräuchlich sind z. B. die Bezeichnungen P-, PI- und PID-Regler.

In der Antriebstechnik sind hauptsächlich die folgenden Regler in Anwendung.

Vibrationsregler (Tirrillregler). Sie arbeiten entweder mit schnellschwingenden Kontakten oder mit kontaktlosen Elementen der modernen Elektronik. Die Wirkungsweise dieses schwingenden Schnellreglers wurde bereits an Bild 6.12 erläutert.

Wälzsektorregler (Bild 14.17). Ein Stellwiderstand, auf dem ein Sektor abgewälzt wird, liefert an den Ausgangsklemmen $P_r N_r$ eine veränderliche Spannung, die unmittelbar ohne Verstärkung im Regelkreis zur Verfügung steht. Zur Verdrehung des Sektors dient meist ein Induktions-Meßwerk, an welches der Istwert angelegt ist. Durch Vorschalten eines veränderlichen Widerstandes vor das Meßwerk kann ein Sollwert der Regelgröße beliebig eingestellt werden.

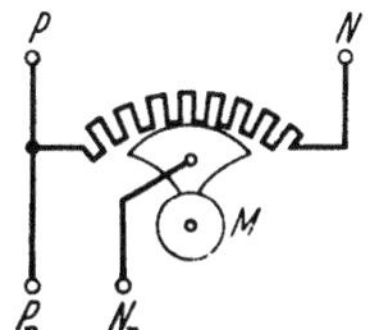

Bild 14.17. Wälzsektorregler

Elektrischer Regler mit Drucköllstellmotor. Er ist besonders für große Stellkräfte und mechanische Betätigung des Stellgliedes geeignet. Eine Zahnradölpumpe wird durch einen Elektromotor ständig angetrieben und fördert das Öl über einen Kraftschalter zu einem Drehkolbenstellmotor. Die Regelgröße wirkt über einen Elektronenmagneten auf den Kraftschalter, der den Ölstrom je nach dem Istwert der Regelgröße beeinflußt. Dadurch tritt eine entsprechende Verstellung des Stellmotors und des Stellglieds ein.

Regler mit magnetischen Verstärkern (Transduktoren). An Bild 2.34 und 2.35 wurde bereit erläutert, daß eine vormagnetisierte Drossel als magnetischer Verstärker dienen kann, wobei es zweckmäßig ist, zwei getrennte Drosseln zu verwenden. Bild 14.18a zeigt diese Spulen W in Parallelschaltung und die Gleichstrom-Steuerwicklung G_{st}. R ist ein beliebiger Widerstand, dessen Wechselstrom I durch den kleinen Gleichstrom I_{st} gesteuert werden soll. Die Verstärkung ist bei dieser Anordnung jedoch nicht sehr groß und daher bedient man sich des Rückkopplungsprinzips. Bild 14.18b zeigt die Windungsrückkopplung, bei welcher der bereits verstärkte Strom I in einem Gleichrichter Gl gleichgerichtet und dann durch eine zweite Gleichstromwicklung G_r zur Vormagnetisierung geführt wird. Um die Rückkopplungswicklung zu sparen, kann man sich der Selbstsättigungsschaltung Bild 14.18c bedienen, bei welcher durch Gleichrichter in einer Kombination mit der Graetzschen Schaltung erreicht ist, daß jede der Spulen W nur von einer Halbschwingung des Wechselstroms durchflossen wird und so zur Vormagnetisierung dient. Der verstärkte Strom I kann ein Wechselstrom oder ein Gleichstrom sein. Letzteres gilt für Bild 14.18c, wobei I den Anker eines Gleichstrom-Nebenschlußmotors speist. Durch die betrachteten Verbesserungen erreicht man einen Verstärkungsgrad von 10^4 und mehr und eine Ansprechgeschwindigkeit von 0,3 s. Die Verstärkung ließe sich zwar durch Kaskadenschaltung zweier oder mehr Verstärker noch erhöhen, aber dadurch sinkt die Ansprechgeschwindigkeit, die bei allen magnetischen Verstärkern infolge der Induktion verhältnismäßig gering ist. Die Verwendung des magnetischen Verstärkers zu Regelzwecken zeigt Bild 14.18d an einem Gleichstrom-Nebenschluß-

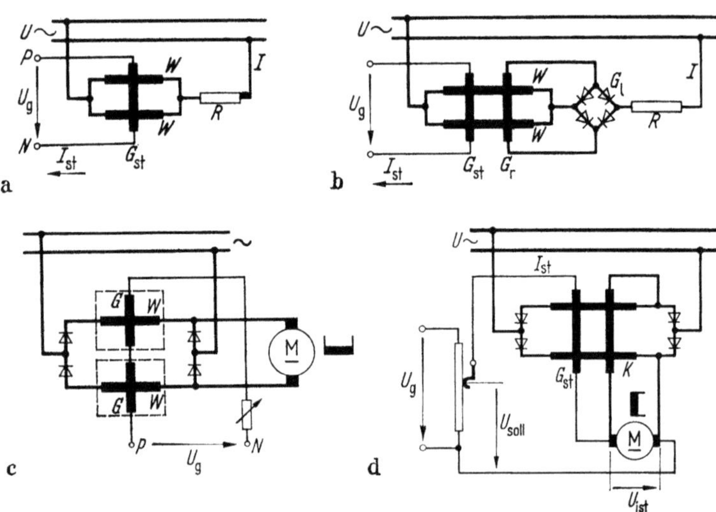

Bild 14.18 a. Grundschaltung des magnetischen Verstärkers; b. Windungsrückkopplung des magnetischen Verstärkers; c. Magnetischer Verstärker mit Selbstsättigungsschaltung und Gleichstromausgang; d. Magnetischer Verstärker als Motorregler mit Kompoundierung

motor. Von einer konstanten Gleichstromquelle wird mittels Spannungsteilers eine Sollspannung U_{soll} in Gegenschaltung mit der Istspannung U_{ist} am Motoranker an eine getrennte Steuerwicklung G_{st} des Verstärkers gelegt.

Es handelt sich um eine Ankerspannungsregelung, die in diesem Fall als Folgeregelung bezeichnet werden kann. Der Sollwert ist hier die Führungsgröße. Die Drehzahl der Maschine, die der Ankerspannung etwa proportional ist, wird nicht geregelt, sondern gesteuert. Benötigt man eine Drehzahlregelung, so wäre es nötig, einen Drehzahldynamo mit dem Motor zu kuppeln oder als zusätzliche Wicklung mit kleinem Kommutator in den Motoranker einzubauen und von dieser die Istspannung abzunehmen. Aus wirtschaftlichen Gründen wird diese Lösung nur bei großen Leistungen oder hoher Regelungsgenauigkeit angewendet. In Bild 14.18d ist daher als Behelfslösung eine zweite Wicklung K vorgesehen, welche als Vormagnetisierungsspule (Kompoundierungsspule) wirkt und bei Drehzahlfall infolge starker Belastung diesen kompensiert (Störwertaufschaltung). Sollen außer der Drehzahl noch weitere Größen geregelt oder gesteuert werden (z. B. Drehmoment, Leistung), so können weitere Steuerwicklungen aufgebracht werden.

Magnetische Verstärker bedürfen keiner Wartung und zeichnen sich durch praktisch unbegrenzte Haltbarkeit aus. Eine Energierücklieferung ist nicht möglich. Ein Anschluß an Drehstrom mit drei Verstärkern ist durchführbar.

Regler mit Maschinenverstärkern (Zwischenbürstenmaschinen, Amplidyne). Sie finden bei großen Maschinenleistungen Anwendung und benutzen Sonderformen der Gleichstrommaschinen. Der Anker besitzt bei der zweipoligen Ausführung einen zweiten Bürstensatz in Richtung der magnetischen Hauptachse, die Pole sind jedoch in zwei Hälften aufgespalten, so daß die Maschine vierpolig erscheint. Bei der Amplidyne, welche im ungesättigten Gebiet arbeitet, sind die Zwischenbürsten über eine Erregerwicklung geschlossen. Der in diesem Kreis fließende Erregerstrom erzeugt das Längsfeld der Maschine. An die Querbürsten, die denen der normalen Gleichstrommaschine entsprechen, ist der Lastwiderstand angeschlossen. Ein solcher kann z. B. bei der Drehzahlregelung eines Leonardumformers die Erregerwicklung sein. In Richtung des Querfeldes können mehrere Erregerwicklungen angeordnet sein. Außer einer Kompensationswicklung, in unserem Beispiel einer Wicklung, welche die Regelabweichung zwischen einer Sollspannung und der Istspannung einer Tachometerdynamo empfängt und einer weiteren Wicklung, welche den Einfluß des Ohmschen Spannungsabfalls im Motorstromkreis bei wechselnder Last kompensiert. Mit solchen Verstärkermaschinen lassen sich auch die größten Maschinen einwandfrei regeln.

Eine weitere Verstärkermaschine ist das *Rototrol*, das als Erregermaschine für Leonardumformer bestimmt und ein Gleichstromgenerator ist. Es hat gewöhnlich drei Erregerwicklungen: Eine mit einer Gleichstromquelle gespeisten Sollwertgröße, dann einer der vorigen Wicklung entgegenwirkende Erregerwicklung, die von dem Istwert des Leonardgenerators Spannung empfängt und schließlich eine Erregerwicklung in Selbsterregung von der Erregermaschine aus. In Bild 5.33 wurde dargestellt, daß die innere Spannung U_q eines Nebenschlußgenerators bei gerader Magnetisierungslinie plötzlich von einem sehr hohen Wert auf fast Null springt, wenn man mit dem Feldwiderstand die Tangentenlage α_0 der Widerstandsgeraden nur um ein Geringes überschreitet. Diese Erscheinung wird bei dem Rototrol ausgenutzt. Wird durch eine Regelabweichung durch die beiden ersten der obengenannten Wicklungen die Erregung nur sehr wenig geändert, dann ändert sich die Spannung der Erregermaschine und damit die Last um einen sehr erheblichen Betrag. Der Verstärkungsgrad steht dabei der Amplidyne nicht viel nach.

Elektronische Regler. Sie sind praktisch trägheitslos, ihre Ansprechgeschwindigkeit liegt im ms-Bereich und der Verstärkungsgrad beträgt ca. 10^6. Für den Datenverarbeitungs- und Verstärkerteil kommen Transistoren, bei älteren Ausführungen auch Elektronenröhren als Bauelemente in Frage. Der Leistungsteil ist mit Thyristoren bestückt. Thyratrons, Ignitrons und gittergesteuerte Quecksilberdampfgefäße sind in älteren geregelten Anlagen noch vorhanden. Die Ausgangsgröße am Regler ist meist eine Gleichspannung, die der Regelstrecke (z. B. dem Anker einer Gleichstrommaschine) zugeführt wird. Elektronische Regler, bei denen die Ausgangsgröße eine Wechsel- oder Drehspannung konstanter Frequenz und variablen Betrages ist, können ohne weiteres ausgeführt werden. Mit den in Kapitel 11.6 geschilderten Verfahren ist es auch möglich, daß die Ausgangsgröße eine Wechsel- oder Drehspannung mit variabler Frequenz ist. Dadurch können auch Drehstromantriebe drehzahlgeregelt werden. Bei umfangreichen und komplizierten Regelungsaufgaben, wie sie z. B. bei Walzenstraßen, Papiermaschinen oder Schnellaufzügen vorkommen können, wird der Regler durch einen meist festprogrammierten, digitalen Kleinrechner unterstützt.

Wie gezeigt wurde, lassen sich bei den Regelverfahren Regelgrößen verschiedener Art beherrschen. Es ist nur dafür zu sorgen, daß Soll- und Istwert dieser Größen in gleichartige Größen übersetzt werden. Für die Antriebe ist die Drehzahlregelung am wichtigsten. Diese soll daher in den Beispielen besonders hervorgehoben werden.

14.4 Steuern und Regeln von Drehzahl, Drehmoment und Leistung

Bei den Arbeitsmaschinen lassen sich zwei große Gruppen unterscheiden:

a) Arbeitsmaschinen, die der Stoffverarbeitung dienen,

b) Arbeitsmaschinen, die Stoffe und Waren zu befördern haben.

Die ersteren erfordern bei der Bearbeitung eines bestimmten Stoffes eine diesem Stoff angepaßte, bestimmte Antriebsdrehzahl. Es sind daher Motoren mit lastunabhängiger, konstanter Drehzahl zu wählen (Nebenschlußverhalten). Da die Arbeitsmaschine jedoch *verschiedene* Stoffe zu bearbeiten hat, muß die Einstellung *verschiedener* Antriebsdrehzahlen möglich sein. Harter Stahl läßt sich z. B. mit Rücksicht auf die Schneidhaltigkeit des Werkzeugs nur mit geringer Schnittgeschwindigkeit bearbeiten, während Messing, Aluminium und besonders Elektron hohe Bearbeitungsgeschwindigkeiten verlangen. Ein Motor, welcher diesen Forderungen gerecht werden soll, muß wenigstens in groben Stufen steuerbar sein. Daher hat der *polumschaltbare* Drehstrommotor mit Kurzschlußläufer im Werkzeugmaschinenbau eine so große Anwendung gefunden, weil er die Einfachheit des Kurzschlußmotors mit der stufenweisen Drehzahlstellbarkeit vereinigt. Bei großer Preiswüdigkeit ermöglicht er bei zwei getrennten Wicklungen in *Dahlanderschaltung* vier Drehzahlstufen mit einem Drehzahlverhältnis bis $1:2:3:6$.

Zu dieser durch den Stoff bedingten Geschwindigkeitseinstellung tritt noch eine weitere, die durch den veränderlichen Bearbeitungsdurchmesser des Werkstückes gefordert wird. Bei *gleicher* Schnittgeschwindigkeit muß z. B. bei einer Drehbank beim Drehen an kleinem Durchmesser eine hohe, beim Drehen an großem Durchmesser eine kleine Drehzahl eingestellt werden. Arbeitsmaschinen mit hin- und hergehender Bewegung verlangen aus wirtschaftlichen Gründen eine gegenüber dem Arbeitshub stark erhöhte Rücklaufgeschwindigkeit. Andere Arbeitsmaschinen fordern wiederum in Anpassung an den Arbeitsvorgang eine entsprechend wechselnde Arbeitsgeschwindigkeit. Bei einer Wirkmaschine muß z. B. je nach dem verarbeiteten Garn eine verschieden hohe Geschwindigkeit eingestellt werden. Außerdem wird noch verlangt, daß zur Vornahme des Minderns die Geschwindigkeit nach Ablauf der eigentlichen Wirkarbeit auf wenige Sekunden stark herab- und anschließend ebenso schnell wieder heraufgesetzt wird. Auch dieser Forderung vermag der Elektromotor leicht gerecht zu werden. Bild 14.19 zeigt z. B. das vereinfachte Schaltbild einer Wirkmaschine mit Gleichstromantrieb. Der Motor, welcher durch Einlegen des Schalters a 1 unter Vermittlung eines Schützes c 1 angelassen wird, hat zwei Nebenschlußfeldsteller r 1 und r 2. Der letztere dient zur Einstellung der konstanten Arbeitsgeschwindigkeit während des Wirkens, der erstere zur Einstellung der Minderungsgeschwindigkeit. Durch einen Minderschalter b1 kann er überbrückt werden, wodurch die Geschwindigkeit unter Bremsung vorübergehend stark vermindert wird. Diese Geschwindigkeitsänderung besorgt die Maschine selbsttätig durch ein

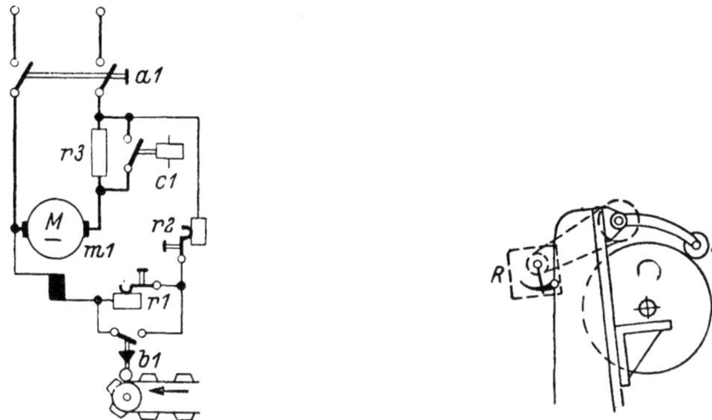

Bild 14.19. Selbsttätige Geschwindigkeitssteuerung bei einer Wirkmaschine   Bild 14.20. Selbsttätige Geschwindigkeitssteuerung bei einem Papierroller

umlaufendes Nockenband. Bei Drehstrom läßt sich die Aufgabe durch polumschaltbare Asynchronmotoren oder Stromwendermotoren lösen. Es kann in solchen Fällen auch ein *Doppelmotor* zur Anwendung kommen. Derselbe besteht aus zwei in einem Gehäuse zusammengebauten Asynchronmotoren verschiedener Drehzahl. Der eine mit hoher Drehzahl ist ein Schleifringläufermotor, dessen Drehzahl der Wirkarbeit angepaßt und durch einen Läuferwiderstand stellbar ist, der andere Motor hat einen Kurzschlußläufer. Er hat niedrige Drehzahl und wird mittels des Nockenbandes zum Mindern eingeschaltet. Der wirtschaftliche Vorteil, welchen man durch die Anpassung des Elektromotors erzielt, liegt einfach darin, daß bei Antrieb mit gleichbleibender Drehzahl *diejenige* Geschwindigkeit als Dauergeschwindigkeit gewählt werden muß, die man beim Mindern höchstens zulassen kann. Da diese aber beträchtlich unter der Wirkgeschwindigkeit liegt, ist der Produktionsgewinn durch den steuer- bzw. regelbaren Antrieb erheblich.

Ähnliche Aufgaben sind bei Spinnmaschinen sowie bei manchen Aufzügen zu lösen.

Noch inniger wird die Anpassung des Motors, wenn der Arbeitsvorgang eine *stetige* Änderung der Geschwindigkeit verlangt, wie dies z. B. bei Papierkalandern zur Erzielung *konstanten Papierzuges* trotz verschiedenen Wickeldurchmessers der Fall ist. Bild 14.20 zeigt, wie auf der Papierrolle eine bewegliche Fühlrolle *F* läuft, die mittels des Feldstellers *R* oder auch durch Bürstenverschiebung bei Drehstromstromwendermotoren die Drehzahl dem Wickeldurchmesser anpaßt.

Als Beispiel eines gut angepaßten Regelvorgangs wird häufig die *Schälmaschine* zur Herstellung von Fournieren genannt. Der Arbeitsvorgang ist derart, daß von einem axial eingespannten, schnell umlaufenden Stamm edlen Holzes bis 2 m Durchmesser mittels eines parallel zur Achse angesetzten sehr breiten Schälmessers ein fortlaufendes, dünnes Fournierband abgeschält wird.

Mit Rücksicht auf die notwendig hohe Schälgeschwindigkeit dauert das Zer-
schälen eines mittleren Stammes kaum eine Minute, so daß schon aus diesem
Grunde eine selbsttätige Steuerung am Platze ist. Die Güte der Fourniere,
deren Stärke zwischen 0,1 und 10 mm liegt, verlangt jedoch weiterhin eine
bestimmte, von der Holzart abhängige Schälgeschwindigkeit, die unverändert
aufrecht erhalten werden muß und mit Rücksicht auf den abnehmenden
Stammdurchmesser eine steigende Drehzahl des Antriebsmotor bedingt. Unter
dieser Voraussetzung stellt Bild 14.21 die Änderung des Stammdurchmessers D
und das Ansteigen der Drehzahl n in Abhängigkeit von der Schälzeit t dar,
wobei die Steuerung von dem Messervorschub abgeleitet wird. Zugleich werden
aber auch sehr geringe Drehzahlen gefordert, nämlich zum anfänglichen Reinigen und Egalisieren des Stammes. Diesem Drehzahlverhalten läßt sich ein
im Feld geregelter Gleichstrommotor, ebenso ein Drehstrom-Nebenschlußmotor
anpassen.

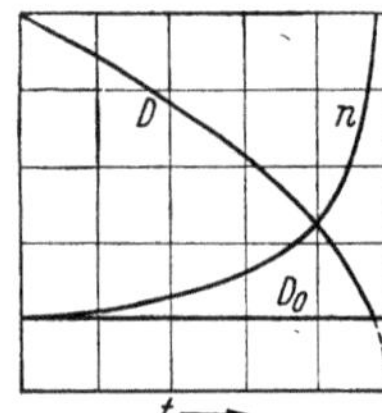

Bild 14.21. Änderung des Stammdurchmessers D
und der Drehzahl n beim Schälen

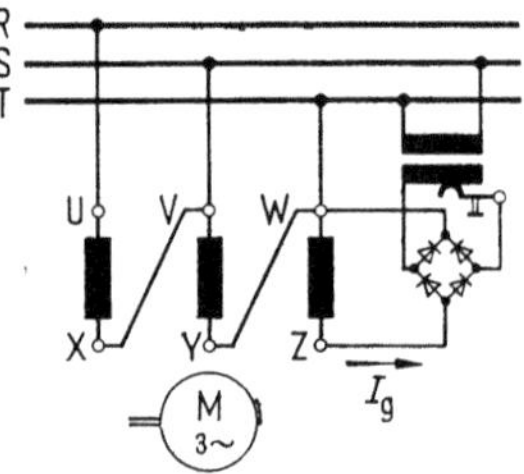

Bild 14.22. Drehzahlsteuerung mit überlagertem
Gleichstrom

Bei den unter b erwähnten Arbeitsmaschinen zur Stoffbeförderung wird
nicht die Forderung konstanter Arbeitsgeschwindigkeit erhoben, vielmehr ist
bei vielen von ihnen, wie z. B. bei Kranen, eine Lastabhängigkeit erwünscht,
derart, daß große Lasten langsam, kleine Lasten und der leere Haken schnell
bewegt werden (Reihenschlußverhalten). Es kann sogar erwünscht sein, daß
der Drehzahlfall bei wachsender Last durch *Arbeitsregler* künstlich vergrößert
wird. Der besonders häufig zur Anwendung kommende Drehstrom-Asynchronmotor hat das erwünschte Reihenschlußverhalten nicht. Er ist auch nur in
einfacher Weise mit Läuferwiderständen, also mit erheblichen Verlusten,
steuerbar. Es handelt sich bei solchen Antrieben meist um eine kurzzeitige
Drehzahlsteuerung, so daß die Verluste keine ausschlaggebende Rolle spielen.
Eine grobstufige, verlustlose Drehzahlsteuerung ermöglicht der polumschaltbare Asynchronmotor. Unter den weiteren Methoden, den Asynchronmotor regel- oder steuerbar zu machen, ist die mit *überlagertem Gleichstrom* nach Bild 14.22 zu erwähnen. Der in V-Schaltung am Netz liegende
Motor besitzt allerdings ein vermindertes Drehmoment. Die Gleichstrom-
erregung im dritten Strang erzeugt ein Bremsmoment, das von der Größe des
Gleichstroms abhängt. Bild 14.23 stellt das Drehzahlverhalten in Abhängigkeit
vom Drehmoment bei drei verschiedenen Gleichströmen dar, und man erkennt,
daß auch bei kleinen Momenten eine starke Herabsetzung der Drehzahl durch
den Gleichstrom I_g möglich ist. Da bei negativem Moment der Betrag des

Moments mit der Drehzahl steigt, kann die Schaltung auch zur *Bremsung* verwandt werden.

Bei der Betrachtung der *Wirtschaftlichkeit* der Steuerung muß das Drehmomentverhalten der Arbeitsmaschine mit betrachtet werden.

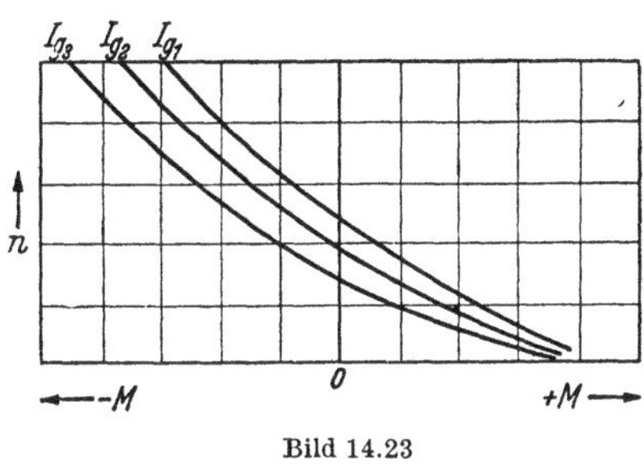

Bild 14.23

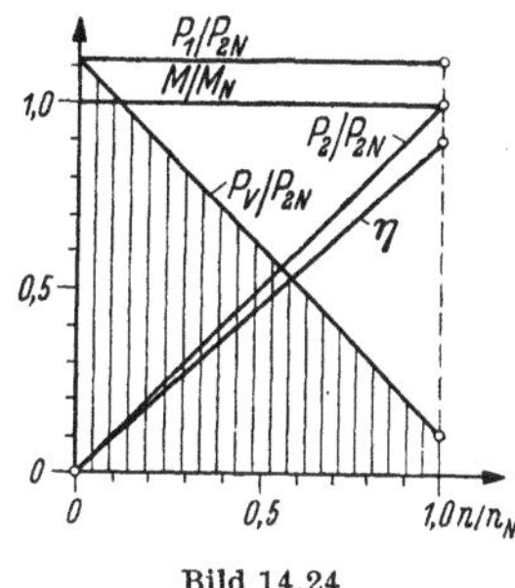

Bild 14.24

Für den Fall, daß eine Drehzahlsteuerung mit Widerständen im Ankerkreis einer Gleichstrommaschine vorgenommen wird, wollen wir untersuchen, bei welchem Drehzahlverhältnis n/n_N die bezogenen Verluste P_v/P_{2N} ein Maximum aufweisen.

Wie Bild 13.32 zeigte, sind hier verschiedene typische Fälle zu unterscheiden. Betrachten wir zunächst eine Arbeitsmaschine mit einem bei allen Drehzahlen gleichbleibenden Drehmoment M, die von einem Gleichstrom-Nebenschlußmotor mit Widerstandssteuerung im Ankerkreis angetrieben wird (Bild 14.24). Die vom Motor abgegebene mechanische Nutzleistung P_2, die dem Produkt von M und n proportional ist, steigt also nach einer Geraden an. Der Strom ist beim Nebenschlußmotor dem Drehmoment proportional, also konstant, und demgemäß auch die zugeführte Leistung P_1. Die Verluste durch die Steuerung sind demnach durch die Differenz $P_v = P_1 - P_2$ gegeben, welche durch die Linie P_v gesondert dargestellt sind. Ein Hauptschlußmotor würde bei konstantem Drehmoment ebenfalls einen konstanten Strom aufnehmen, so daß für ihn auch die Darstellung (Bild 14.24) gilt. Bei einem Drehstrommotor sind die Läuferverluste dem Schlupf proportional. Ein Läuferwiderstand wird daher bei konstantem Drehmoment die gleichen Verluste verursachen, wie sie für die Gleichstrommotoren gefunden wurden.

Die gleiche Betrachtung soll nun für den ebenfalls häufig auftretenden Fall angestellt werden, daß das Drehmoment der Arbeitsmaschine mit der Drehzahl *quadratisch* anwächst (Bild 14.25).

Es gilt die Beziehung $M/M_N = (n/n_N)^2$. Ein Gleichstromnebenschlußmotor, dessen Drehmoment M dem Ankerstrom I proportional ist, zeigt unter Vernachlässigung des Leerlauf- und Erregerstromes in diesem Fall einen mit der Drehzahl quadratisch zunehmenden Netz-Strom, und da die Spannung des Netzes konstant bleibt, ist die zugeführte Leistung P_1 quadratisch von der Drehzahl abhängig. Man erhält $M/M_N = I/I_N = P_1/P_{1N} = (n/n_N)^2$. Die abgegebene Leistung ist hingegen das Produkt aus Drehmoment und Drehzahl, das der dritten Potenz der Drehzahl proportional ist. Mit $P_2 = 2\pi n \cdot M$ erhält man $P_2/P_{2N} = (n/n_N^3)$. Ist η_N der Nennwirkungsgrad, so wird $P_{1N} = P_{2N}/\eta_N$. Die Verlustleistung $P_v = P_1 - P_2$ ergibt sich zu $P_v =$

$= [(n/n_\mathrm{N})^2/\eta_\mathrm{N} - (n/n_\mathrm{N})^3] \cdot P_{2\mathrm{N}}$. Die auf die Nennleistung bezogenen Verluste $P_\mathrm{v}/P_{2\mathrm{N}}$ sind in Bild 14.25 in Abhängigkeit von der bezogenen Drehzahl n/n_N aufgetragen. Man erkennt, daß die Verluste bei einer bestimmten Drehzahl einen Höchstwert aufweisen. Um das Maximum zu bestimmen, bildet man den Differentialquotienten $\mathrm{d}(P_\mathrm{v}/P_{2\mathrm{N}})/\mathrm{d}(n/n_\mathrm{N})$, setzt ihn gleich Null (horizontale Tangente) und erhält

$$2\,(n/n_\mathrm{N})/\eta_\mathrm{N} - 3\,(n/n_\mathrm{N})^2 = 0\ .$$

Daraus $n/n_\mathrm{N} = 2/(3 \cdot \eta_\mathrm{N}) = 0{,}67/\eta_\mathrm{N}$. Nehmen wir einen Nennwirkungsgrad $\eta_\mathrm{N} = 0{,}9$ an, so erhält man den Höchstwert der Verluste bei 74% der Drehzahl, die Verlustleistung beträgt in diesem Punkt 20% der Nennleistung. Der Wirkungsgrad beträgt hierbei $\eta = P_2/P_1 = (n/n_\mathrm{N}) \cdot \eta_\mathrm{N} = 0{,}66$.

Ein *Reihenschlußmotor* hat bekanntlich ein Drehmoment, welches ungefähr dem Quadrate seines Stromes proportional ist, so daß $M/M_\mathrm{N} = (I/I_\mathrm{N})^2$ ist. Wenn nun das Drehmoment der Arbeirsmaschine dem Quadrate der Drehzahl verhältnisgleich, also $M/M_\mathrm{N} = (n/n_\mathrm{N})^2$ ist, so muß der Strom der Drehzahl einfach proportional sein. Man erhält $n/n_\mathrm{N} = I/I_\mathrm{N}$ wie Bild 14.26 zeigt. Das gleiche gilt für die zugeführte Leistung $P_1/P_{1\,\mathrm{N}} = I/I_\mathrm{N}$ oder $P_1/P_{2\mathrm{N}} = (I/I_\mathrm{N})/\eta_\mathrm{N}$. Die abgegebene Leistung P_2 ist wie bisher der dritten Potenz von n verhältnisgleich. Die Verlustleistung ist demnach hier gleich

$$P_\mathrm{v} = P_1 - P_2 = [(n/n_\mathrm{N})/\eta_\mathrm{N} - (n/n_\mathrm{N})^3] \cdot P_{2\mathrm{N}}\ .$$

Differenziert ergibt sich $\mathrm{d}P_\mathrm{v}/\mathrm{d}(n/n_\mathrm{N}) = [1/\eta_\mathrm{N} - 3\,(n/n_\mathrm{N})^2] \cdot P_{2\mathrm{N}}$, welches gleich null gesetzt bei einer bezogenen Drehzahl $n/n_\mathrm{N} = \sqrt{1/(3 \cdot \eta_\mathrm{N})} = 0{,}58/\sqrt{\eta_\mathrm{N}}$, das Verlustmaximum ergibt. Mit $\eta_\mathrm{N} = 0{,}9$ erhält man $n/n_\mathrm{N} = 0{,}61$ und $P_\mathrm{v}/P_{2\mathrm{N}} = 0{,}45$. Der Wirkungsgrad beträgt $\eta = P_2/P_1 = (n/n_\mathrm{N})^2 \cdot \eta_\mathrm{N} = 0{,}33$.

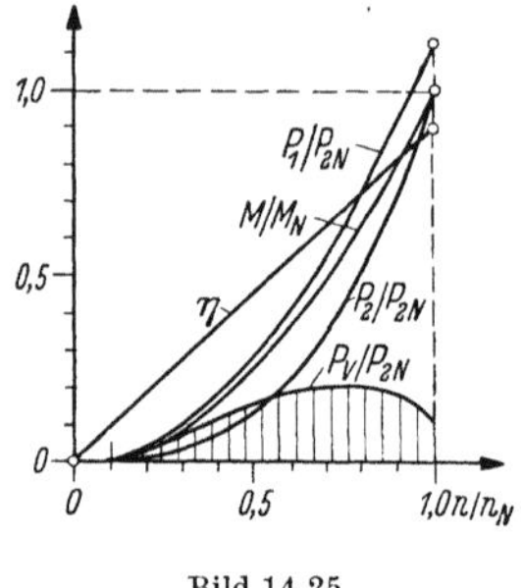

Bild 14.25

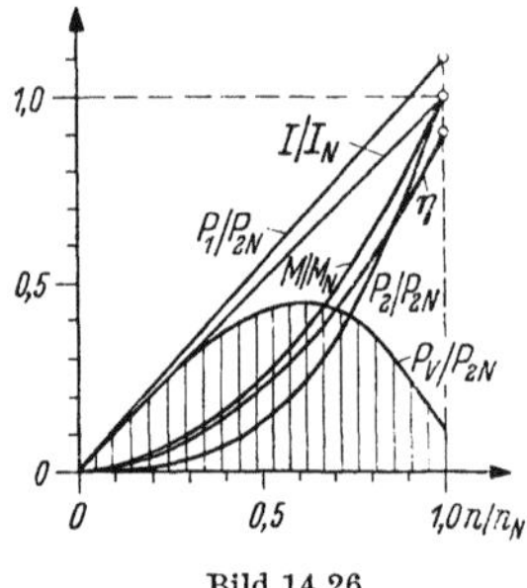

Bild 14.26

Die Läuferverlustleistung (Läufer einschl. Außenwiderstand) eines asynchronen *Drehstrommotors* ist dem Schlupf s und der Drehfeldleistung P_{12} proportional und kann gleich $P_{\mathrm{vL}} = P_{12} \cdot (1 - n/n_0)$ gesetzt werden. Mit $n_0 = n_\mathrm{N}/(1 - s_\mathrm{N})$ ergibt sich $P_{\mathrm{vL}} = P_{12} \cdot [1 - (n/n_\mathrm{N})\,(1 - s_\mathrm{N})]$. Vernachlässigt man die Ständerverluste, was bei großen Schlupfwerten und großen Maschinen zulässig ist, so ist $P_1 = P_{12}$. Die aufgenommene Leistung ist dann $P_1 = P_2 + P_{\mathrm{vL}} = (n/n_\mathrm{N})^3 \cdot P_{2\,\mathrm{N}} + P_1 \cdot [1 - (n/n_\mathrm{N})\,(1 - s_\mathrm{N})]$ oder umgeformt $P_1 = (n/n_\mathrm{N})^2 \cdot P_{2\,\mathrm{N}}/(1 - s_\mathrm{N})$. Die aufgenommene Leistung ist dem Quadrat der Drehzahl proportional. Es liegen somit ganz ähnliche Verhältnisse wie beim Nebenschlußmotor vor.

Die Betrachtung lehrt, daß die Gesamtverluste P_v bei bestimmten Drehzahlen ein Maximum aufweisen, sofern Hauptstrom-Drehzahlsteuerung angewendet wird. Trotzdem darf man nicht übersehen, daß für die Wirtschaftlichkeit der Wirkungsgrad die entscheidende Rolle spielt. Dieser sinkt mit der Drehzahl bis auf null ab. Der Reihenschlußmotor verhält sich bei Hauptstromsteuerung bezüglich des Wirkungsgrades bei quadratisch fallendem Moment ungünstiger als der Nebenschlußmotor. Für die Wirtschaftlichkeit ist im allgemeinen der über das ganze Arbeitsspiel gerechnete mittl. Wirkungsgrad ausschlaggebend.

Bei einem Vergleich der Widerstandssteuerung mit der *Polumschaltung* von Drehstrommotoren ist zunächst zu bedenken, daß mit dieser gewöhnlich nur zwei, drei oder vier feste Stufen erzielbar sind, während viele Arbeitsmaschinen doch eine *stetige* Steuerung verlangen. Verluste treten bei Polumschaltung mit Kurzschlußläufermotor nur innerhalb des Motors auf, und diese sind wesentlich geringer als die bei Drehzahlsteuerung durch Widerstände im Hauptstromkreis, obwohl auch bei diesen der Wirkungsgrad bei den niedrigen Drehzahlen, insbesondere bei quadratischem Verlauf des Momentes, gering ist. Man muß nämlich beachten, daß dann die abgegebene Leistung mit der dritten Potenz der Drehzahl sinkt, daß also bei halber Drehzahl die Leistung nur noch ein Achtel ist. Ein so schlecht belasteter Motor hat aber immer einen geringen Wirkungsgrad. Es kann daher unter Umständen vorteilhaft sein, *zwei* Motoren zum Antrieb vorzusehen, den einen mit voller Leistung für einen Regelbereich von n bis $0{,}75\,n$ und einen kleineren Motor von etwa halber Leistung für den Bereich von $0{,}75 \cdot n$ bis $0{,}5 \cdot n$.

Eine *stetige* Geschwindigkeitsänderung bis auf Null läßt sich in vorzüglicher Weise mit der *Leonardschaltung* erreichen. Diese benötigt bei klassischer Ausführung jedoch drei Maschinen, dazu noch eine Erregermaschine. Nehmen wir einmal eine Nutzleistung von 10 kW an mit einem Wirkungsgrad von 0,83 bei Nennlast je Maschine, so beträgt der Gesamtwirkungsgrad unter Berücksichtigung der Erregermaschine etwa 0,55. Bei einer Steuerung auf halbe Drehzahl wird er auf 0,45 zurückgehen. Man erkennt, daß in diesem Falle die Maschinenverluste der Leonardschaltung etwa gleich groß wie diejenigen der Hauptstromdrehzahlsteuerung werden. Sehr viel günstiger fällt die Wirkungsgradbetrachtung aus, wenn ein ruhender Leonardsatz verwendet wird, bei dem der Gleichstrommotor über eine Stromrichterschaltung mit Thyristoren gespeist wird.

Man darf hierbei nicht übersehen, daß die Leonardschaltung ein anders geartetes Kennlinienfeld aufweist. Das für viele Fälle günstigere Betriebsverhalten der Leonardschaltung kann bei kleineren Leistungen trotz schlechterer Wirtschaftlichkeit für die Wahl der Schaltung entscheidend sein.

Ein einwandfreier Vergleich der Steuerarten erfordert, daß außer den Verlusten auch die Anlagekosten (deren Verzinsung und Tilgung) sowie die *Benutzungsstunden* in Rechnung gestellt werden.

Um einen übersichtlichen, jedoch nur angenäherten Vergleich der Regelmöglichkeiten hinsichtlich des Drehzahlverhaltens der Motoren, der Belastbarkeit im Regelbereich, der Stufigkeit und der Verluste zu haben, sind diese Größen in Bild 14.29 zusammengestellt. Ergänzend ist noch zu bemerken, daß die Belastbarkeit nicht allein durch Drehmoment und Drehzahl, sondern auch durch die Wärmeabfuhr bedingt ist, und diese hängt stark von der Drehzahl ab. Bild 14.27 zeigt z. B., daß der oberflächengekühlte Motor bei Stillstand in Folge geringer Kühlung nur noch etwa die Hälfte der Verluste abführen kann. Die Frage nach dem zulässigen Drehmoment bei wechselnden Drehzahlen ist mit Rücksicht auf die Arbeitsmaschine von Bedeutung. Eine Drehbank erfordert bei festen Werten von Spanquerschnitt und Schnittgeschwindigkeit eine *konstante* Leistung, unabhängig von dem Drehdurchmesser und damit der Motordrehzahl. Der Steuerbereich ist aus wirtschaftlichen Gründen begrenzt. Während man bei Gleichstrommotoren und Asynchronmotoren gewöhnlich nicht weiter als auf 50% der Nenndrehzahl herabsteuert, wird der Drehstromreihenschlußmotor noch weiter, etwa bis 45%, gesteuert.

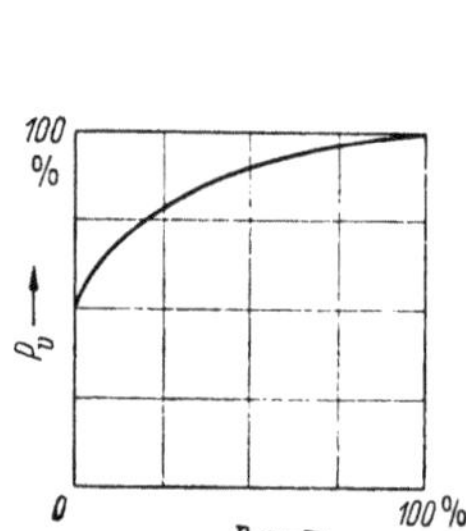

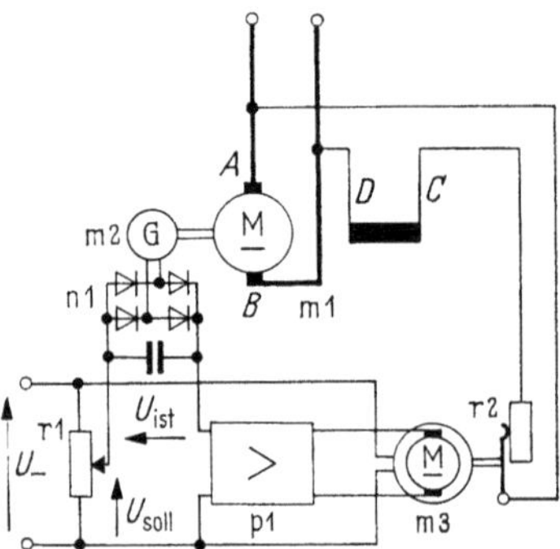

Bild 14.27. Abführbare Verlustleistung P_v bei einem oberflächengekühlten Motor

Bild 14.28. Träge Regelung der Drehzahl

Manche Arbeitsmaschinen erfordern zu gewissen Zeiten vorübergehend eine gegenüber der normalen sehr geringe Geschwindigkeit, wie z. B. die Druckmaschinen beim Einziehen der Papierbahn. Für solche geringe Geschwindigkeiten eignet sich zwar der Hauptantriebsmotor weniger gut, er kann aber bei Leonardschaltung verwendet werden. Häufig zieht man in diesem Fall einen kleinen Hilfsmotor mit großer Übersetzung vor, welcher die Maschine langsam zu drehen vermag und beim Einschalten des Hauptmotors mittels *Überholkupplung* entkuppelt und ausgeschaltet wird.

Eine häufig wiederkehrende Aufgabe ist es, eine Maschine so zu steuern oder zu regeln, daß die Drehzahl konstant ist. Ohne Regelung läßt sich dies am einfachsten mit dem Synchronmotor lösen, wenn eine konstante Netzfrequenz gewährleistet ist. Die elektrischen *Synchronuhren* bieten als Kleinstantrieb mit nur etwa 1 W ein Beispiel hierfür. In manchen Fällen ist jedoch der Synchronmotor aus anderen Gründen nicht anwendbar. In solchen Fällen muß eine Regelung zur Anwendung kommen.

Bild 14.28 stellt die Drehzahl-Regelschaltung eines Gleichstromnebenschlußmotors dar. Die Hilfsspannung U_- ist konstant. Der Motor m1 ist mit einem kleinen Wechselstromgenerator (mit Permanentmagnet) m2 gekuppelt, dessen Spannung der Drehzahl proportional ist. Diese wird mit der am Spannungsteiler r1 abgegriffenen Sollspannung verglichen und die Differenz dem Verstärker p1 zugeführt. Der Stellmotor m3 ist konstant erregt, seine Drehzahl

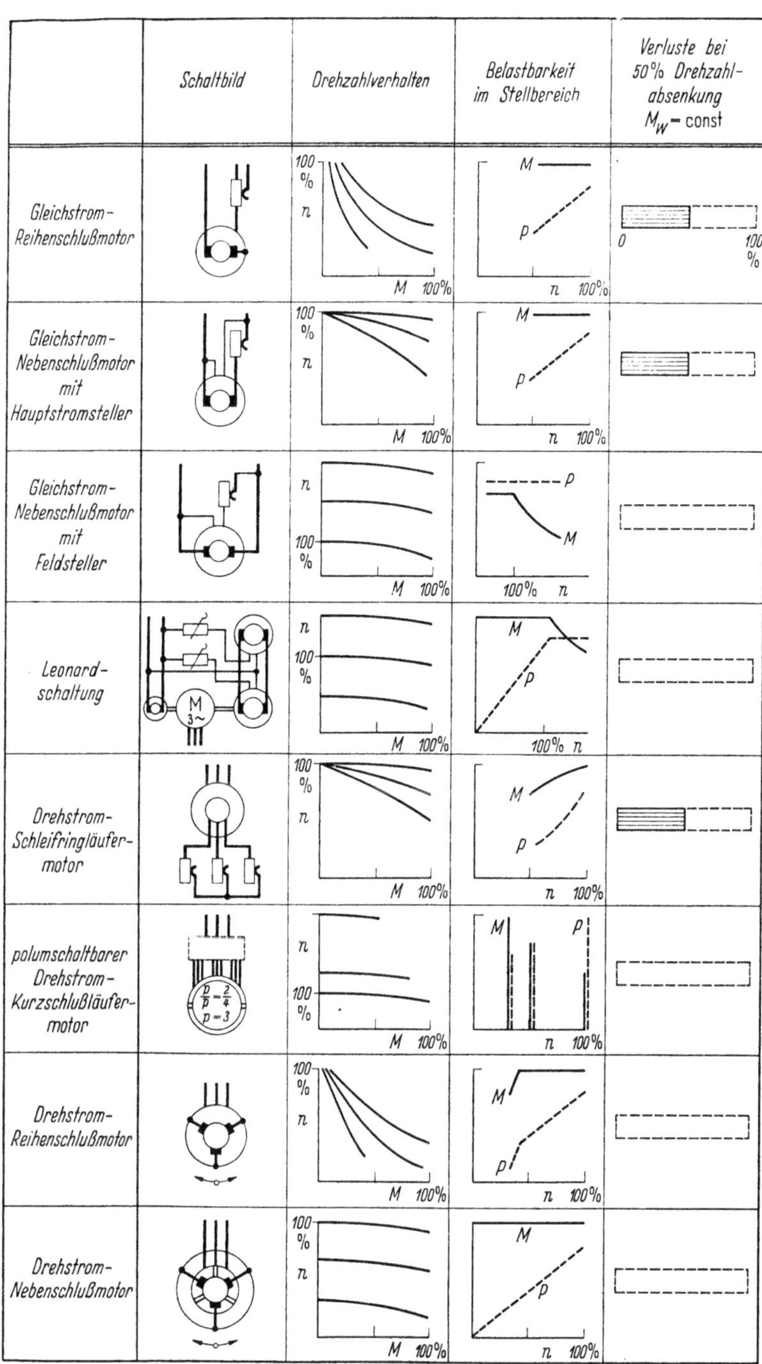

Bild 14.29. Zusammenstellung

ist der Regelabweichung proportional. Der Feldsteller r2 wird also solange
verändert, bis die Regelabweichung null ist, d. h. der Sollwert der Drehzahl
erreicht ist. Die Schaltung verhält sich träge, weil die Verstellgeschwindigkeit
des Stellmotors gering gewählt werden muß, da sonst leicht Überschwingungen
eintritt, und die Regelung dadurch unruhig werden kann.

Es leuchtet ein, daß hierbei immer schon eine merkbare Drehzahländerung
erfolgt sein muß, damit die Regelung einsetzt. Die Schaltung ist daher für
manche Fälle nicht brauchbar. In gleicher Weise könnte natürlich der Motor m3
auch auf die Bürsten eines Stromwendermotor verschiebend wirken.

Die Leonardschaltung ist in Verbindung mit den modernen Mitteln der
Leistungselektronik (ruhende Leonardschaltung) die ideale Lösung zur Regelung
und Steuerung von Antrieben. Ihr Vorteil liegt keineswegs nur in der Gleichrichtung des heute meist verfügbaren Drehstroms und damit in der Anwendung
des Gleichstrom-Nebenschlußmotors, sondern darin, daß man durch Phasenanschnittsteuerung diesem Motor eine *stufenlos veränderliche Ankerspannung*
zuführen kann, ohne daß dabei ins Gewicht fallende Verluste auftreten und ohne
daß die Drehzahl erheblich von der Belastung abhängt. Die bisherigen Anlaß-
und Steuerwiderstände fallen also weg und ihre Verluste werden erspart. Daneben ist es auch möglich, die Feldsteuerung des Nebenschlußmotors ebenfalls elektronisch zur weiteren Drehzahlsteuerung auszunutzen. Die Hand-
habung ist denkbar einfach. Die Drehzahleinstellung geschieht mit einem
Spannungsteiler, der über den Impulssteuersatz den Zündwinkel für die Thyristoren bestimmt, womit bei geringster Drehzahlabweichung eine sehr schnelle
und empfindliche Steuerung bzw. Regelung erzielt wird.

Bei der weiteren Betrachtung elektronischer Steuerungen und Regelungen
müssen wir uns auf prinzipielle Schaltpläne beschränken.

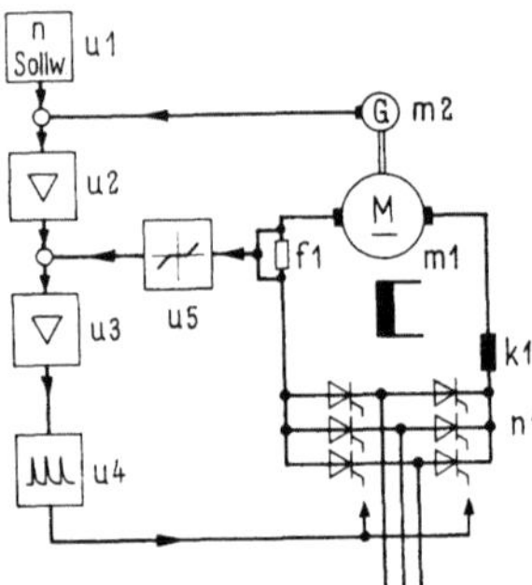

Bild 14.30. Drehzahlregelung mit unterlagerter
Stromregelung. Ruhende Leonardschaltung.
m1 Hauptantriebsmotor; m2 Tachometergene-
rator; k1 Glättungsspule; n1 Drehstrombrücken
schaltung mit 6 gesteuerten Thyristoren; f1 Meßwiderstand; u1 Sollwertgeber; u2 u. u3 Verstärker; u4 Impulssteuergerät; u5 Schwellwertglied

In Bild 14.30 ist das Prinzip einer Drehzahlregelung mit Strombegrenzung
eines Gleichstromnebenschlußmotors dargestellt. Es handelt sich um eine
Leonardschaltung mit einem Thyristor-Stromrichter. Der Sollwertgeber u1
liefert eine einstellbare konstante Spannung, die mit der Spannung der Tacho-
metermaschine m2 verglichen wird. Liegt eine Abweichung der beiden Spannungen vor, so wird die Spannungsdifferenz im Verstärker u2 und u3 verstärkt
und dem Impulssteuergerät u4 zugeführt. Dieses liefert die Zündimpulse für
die Thyristoren n1 der Drehstrombrückenschaltung. Die Phasenlage dieser
Zündimpulse wird durch die vom Verstärker u3 gelieferten Spannung derart

beeinflußt, daß die von der Thyristorschaltung gelieferte Gleichspannung größer wird, wenn der Istwert der Drehzahl kleiner als der Sollwert ist.

Dieser Regelung ist noch eine Stromregelung unterlagert. Der Meßwiderstand f1 liefert über das Schwellwertglied u5 eine Spannung, wenn ein bestimmter Ankerstrom überschritten wird. Die Drehzahlregelung wird in diesem Fall durch eine Stromregelung (Strombegrenzung) abgelöst. Dadurch wird verhindert, daß der Motor durch Überlastung gefährdet wird. Da das Drehmoment der Gleichstrommaschine m1 bei konstanter Erregung dem Strom proportional ist, ist die Stromregelung gleichzeitig auch eine Drehmomentenregelung, sofern man davon absieht, daß wegen der Sättigung und Ankerrückwirkung die Proportionalität zwischen I und M nur näherungsweise gilt. Solange die Strombegrenzung wirksam ist, ändert sich die Drehzahl, weil das Beschleunigungsmoment $M_a = M_{mot} - M_w \neq 0$ ist. Stellt man die Strombegrenzung auf den für den Motor höchstzulässigen Stromwert ein, so läuft der Anfahrvorgang $n = f(t)$ mit der größtmöglichen Beschleunigung ab. Wird der Ankerstrom kleiner als der am Schwellwertglied eingestellte Stromwert, so arbeitet der Regler wieder als Drehzahlregler.

Die Schaltung Bild 14.30 ist auch dazu geeignet, einen gefesselten Antrieb auf ein konstantes Moment zu regeln. Ein gefesselter Antrieb liegt vor, wenn z. B. ein Band oder ein Draht auf eine Trommel aufgespult werden soll, wobei die Bandgeschwindigkeit nicht vom Trommelantrieb, sondern von der Drehzahl einer anderen Maschine, z. B. Papiermaschine, gegeben ist. Reißt das Band, so kommt die Drehzahlregelung zur Wirkung und verhindert, daß der Trommelantrieb eine unzulässig hohe Drehzahl annimmt.

Bei der Regelung auf eine einzustellende Solldrehzahl wurde bei der Schaltung Bild 14.28 u. 14.30 eine Tachometer-Maschine zur Eingabe der Istdrehzahl benutzt. Da diese verteuernd wirkt, wird sie bei kleinen Antrieben meist dadurch eingespart, daß man die Ankerspannung an Stelle der Tachometerspannung setzt. Allerdings mit dem Nachteil, daß bei zunehmender Motorbelastung infolge des ohmschen Spannungsfalls im Anker eine zu große Spannung zur Steuerung benutzt wird, die sich besonders bei kleinen Drehzahlen durch einen Drehzahlfall bei Belastung bemerkbar macht. In sehr vielen Fällen kann man aber über diese Drehzahländerung hinwegsehen. Es ist jedoch auch in einfacher Weise möglich, durch zusätzliche Elemente eine dem Ankerspannungsfall proportionale Spannung zu erzeugen, die man im Regler der äußeren Ankerspannung überlagert. Eine derartige Kompensation wird bei kleineren Antrieben meist ausgeführt (s. a. Bild 14.18d).

Wenn man von einer Arbeitsmaschine eine konstante Leistung verlangt, so heißt dies, daß das Produkt aus Drehmoment und Drehzahl konstant zu halten ist, zugleich also auch die Leistung $P = U_q \cdot I \approx U \cdot I$. Durch eine doppelte Regelung (Mehrfachregelung), nämlich mit Stromregler und Ankerspannungsregelung ist also auch diese Aufgabe lösbar. Hierbei kann die Leistung in den Grenzen der Leistungsfähigkeit des Motors innerhalb der höchstzulässigen Werte von U und I beliebig eingestellt werden. Ist nun die Drehzahl auf einen bestimmten Wert vorgegeben (z. B. Haspelantrieb), dann stellt sich das Drehmoment selbsttätig auf einen der Leistung entsprechenden Wert ein. Ist hingegen das Drehmoment vorgegeben, dann stellt sich in entsprechender Weise die Drehzahl ein.

Auch zur *Bremsung* kann die elektronische Steuerung dienen. Bei Beginn der Stillsetzung werden die Ankeranschlüsse durch ein Schütz umgepolt, so daß die Stromrichterschaltung als Wechselrichter Bremsstrom führen kann (Nutzbremsung). Die Umpolung erfolgt im stromlosen Zustand. Anstelle der Umpolung mittels Schütz kann auch die Kreuzschaltung (Bild 11.35) verwendet werden.

Man erkennt aus dem bisher Gesagten, daß elektronische Motorsteuerungen jeder Steueraufgabe gerecht werden können. Hat man doch nur nötig, eine Arbeitsgröße, der verfahrensgemäß ein bestimmtes Verhalten vorgeschrieben ist, eine verhältnisgleiche Spannung zuzuordnen und über einen kleinen, einstellbaren Spannungsteiler dem Impulssteuersatz zuzuführen. Der Anlasser des Motors kommt ganz in Fortfall. Tastschalter für Vorwärts- und Rückwärtslauf genügen. Der Motor läuft dann sofort mit dem Grenzstrom an, den ihm die Strombegrenzung läßt und beschleunigt daher den Anlauf bis zu derjenigen Drehzahl, die durch den Drehzahl-Spannungsteiler vorgegeben ist.

Bei dem *Einmotorantrieb* ist der Gleichlauf verschiedener Teilabschnitte größerer Maschinen durch die mechanischen Übertragungsmittel gesichert. Mit der Einführung des Mehrmotorenantriebs sind überall dort Gleichlaufregelvorrichtungen erforderlich, wo übereinstimmende oder in einem bestimmten Verhältnis stehende Drehzahlen gefordert werden. Ein typisches Beispiel hierfür ist die Gleichlaufregelung der Papiermaschinen, bei denen jede Abweichung der Teilabschnitte von dem Sollwert ihrer Drehzahl zu einem Reißen oder einem Falten der Papierbahn führen würde.

Als Beispiel einer Gleichlaufregelung diene Bild 14.31. m1 und m2 seien die in Gleichlauf zu regelnden Maschinen, wobei hier m1 nicht unbedingt ein

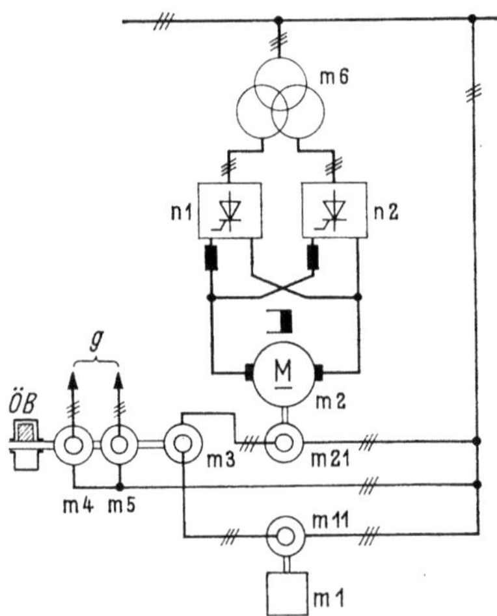

Bild 14.31. Gleichlaufregelung eines Antriebs mit Umkehrstromrichter

Elektromotor zu sein braucht. Beide sind mit je einem Frequenzwandler (Asynchronmaschine, Schleifringläufer) m11 und m21 gekuppelt, an deren Schleifringen eine mit der Drehzahl sich ändernde Frequenz abgenommen und dem Regelmotor m3 zugeführt wird. Stimmen die Drehzahlen und damit die Frequenzen überein, dann steht der doppelt gespeiste Regelmotor still, weil die beiden Drehfelder gleichlaufen. Jede Abweichung der Frequenz ruft aber eine sofortige Verdrehung von m3 und damit eine Verstellung der mit ihm gekuppelten Drehtransformatoren m4 und m5 hervor. Diese wirken über die Leitungen g auf den Impulssteuersatz der beiden in Kreuzschaltung liegenden Stromrichter n1 und n2. Die dem Motor m2 zugeführte Gleichspannung wird dadurch auf den erforderlichen Wert gebracht.

Bei den Mehrmotorenantrieben der Textilindustrie handelt es sich meist nicht nur darum, die verschiedenen Motoren der Arbeitsmaschinengruppen in einem durch die technologischen Anforderungen bedingten Drehzahlverhältnis zu halten, vielmehr muß zusätzlich noch eine Zugregelung zum Ausgleich von Zugspannungen des Arbeitsgutes zwischen den Einzelmaschinen vorgesehen werden. Bild 14.32 stellt drei Maschinengruppen I, II, III dar, die ein Band

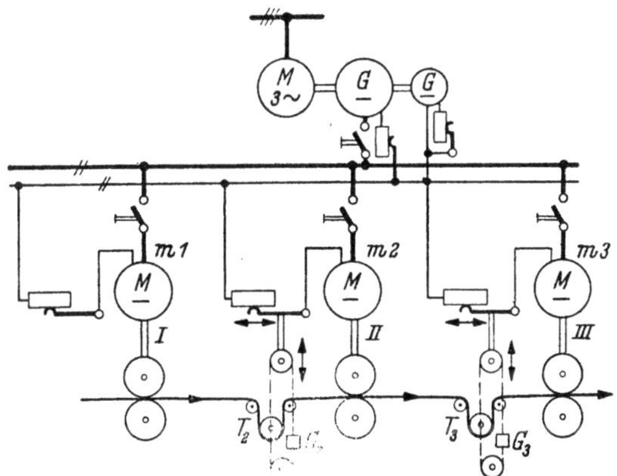

Bild 14.32. Gleichlaufregelung mit Tänzerwalzen

des Arbeitsgutes (Faserband, Papierband) durchläuft und deren Motoren von einem gemeinsamen Leonardgenerator gespeist werden. Die Einstellung der Generatorerregung erlaubt die gemeinsame Einstellung der Drehzahl der Motoren m1, m2, m3 gemäß den technologischen Anforderungen. Um kleinere Unterschiede und Zugungleichheiten auszugleichen, bedient man sich der *Tänzerwalzen* T_2, T_3, die mit einem Gewicht belastet in einer Schleife des Arbeitsgutes liegen und ihre Bewegung auf einen Drehzahlregler übertragen. Läuft z. B. m2 etwas zu schnell, so übt er einen höheren Zug auf das Band aus und hebt dadurch die Tänzerwalze T_2 die ihrerseits die Drehzahl von m2 über den Feldsteller berichtigt. Bei gleicher Drehzahl und ausgeglichenem Zug verharren die Tänzerwalzen in ihrer jeweiligen Lage. Wenn das Band des Arbeitsgutes nur sehr geringe Festigkeit und auch große Geschwindigkeit hat, reichen derartige Regelmethoden nicht aus. Man greift dann zur *photoelektrischen Abtastung* des Bandes und zur elektronischen Regelung.

Die elektrische Welle. Auf rein elektrischem Wege ist ein Gleichlauf nach Bild 14.33 dadurch möglich, daß man die beiden Antriebe, die im Gleichlauf stehen sollen und die von den Motoren m1 und m2 angetrieben werden, mit je

einem Drehstrom-Asynchronmotor m11 bzw. m22 als Richtmotor kuppelt, die
ständer- und läuferseitig parallel geschaltet sind. Das in beiden Motoren umlaufende Drehfeld erzeugt im Läufer gleiche Spannungen, die bei richtiger

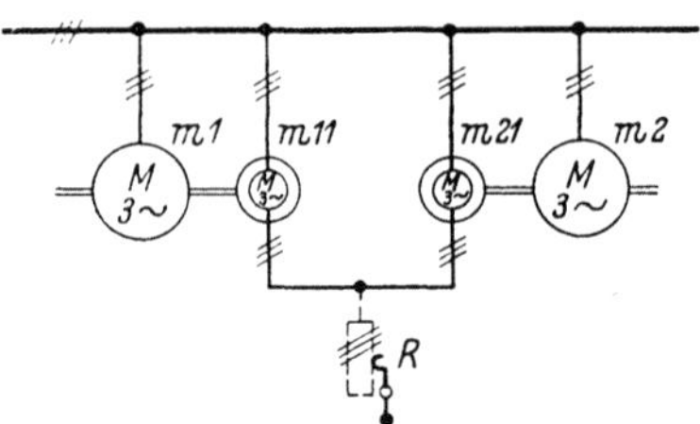

Bild 14.33. Gleichlaufsicherung (elektr. Welle)

Schaltung und gleicher Stellung der beiden Läufer betrags-, phasen- und
frequenzgleich sind. Sobald jedoch einer der Läufer nur eine kleine Verdrehung
gegen den anderen erfährt, sind die Läuferspannungen in der Phase gegeneinander verschoben, und es tritt ein Ausgleichstrom und dadurch ein Drehmoment auf, das die Läufer wieder in ihre gleiche relative Stellung zurückführt.
Man beachte, daß diese elektrische Kupplung auch im Stillstand wirksam ist.
Sie beruht auf der gleichen Kraftwirkung, welche zwischen zwei parallel-
geschalteten Synchronmotoren vorhanden ist. Wir können uns nämlich die
Drehfelder in den beiden Maschinen m11 und m21 durch umlaufende Polräder
ersetzt denken und haben dann nichts anderes als zwei parallel geschaltete
Synchronmaschinen. Die Kraft, welche durch die elektrische Kupplung übertragen werden kann, ist durch das maximale Drehmoment der Maschinen m11
und m21 begrenzt. Wo ein absoluter Gleichlauf bei jeder Geschwindigkeit
nicht verlangt wird, können die Kurzschlußläufermotoren m1 und m2 in Fortfall kommen und die entsprechend dimensionierten Schleifringläufermotoren
m11 und m21 zugleich den Antrieb übernehmen. Der Anlasser R wird dann
wie gestrichelt gezeichnet angeschaltet.

Die betrachteten Gleichlaufvorrichtungen können nur dann wirken, wenn
die Drehfelder der Ausgleichsmaschinen m11 und m21 eine hinreichende Spannung in den Läufern erzeugen. Angenommen, die Drehfelder in m11 und m21
würden mit 1000 Umdrehungen je min im Rechtssinne umlaufen, und man
würde die Motoren m1 und m2 nun auch im Rechtssinne laufen lassen, so
würden die Läufer von m11 und m21 mit wachsender Drehzahl immer weniger
gegen ihre Drehfelder schlüpfen und schließlich bei 1000 Umdrehungen je min
keine Spannung mehr haben. Der Gleichlauf ist dann nicht mehr gesichert.
Man muß daher die Polzahlen so wählen, daß die synchrone Drehzahl der Ausgleichsmaschinen wesentlich größer als die Betriebsdrehzahl ist. Bei Fortfall
der Motoren m1 und m2 und Benutzung der Schleifringläufermotoren zum
Antrieb muß man mit großem Dauerschlupf arbeiten, damit in den Läufern
eine für den Gleichlauf hinreichende Spannung vorhanden ist.

Die bisher beschriebenen elektrischen Wellen dienten nur dem Ausgleich.
Bei Gleichlauf sind die verbindenden Leitungen stromlos. Im Gegensatz hierzu
dient die *elektrische Arbeitswelle* der Arbeitsübertragung.

Nach Bild 14.34 treiben die Wellenmotoren m1 und m2 die verschiedenen Triebwerke, die im Gleichlauf bleiben sollen. Sie sind läuferseitig mit der Wellenleitmaschine m3 verbunden und daher im Gleichlauf. m4 ist der gemeinsame Antriebsmotor, der ebenso wie m3 die Gesamtantriebsleistung hergeben muß. Eine solche Arbeitswelle ist besonders bei großen Bockkranen vorteilhaft, deren Stützen zahlreiche Fahrwerksmotoren bei beschränktem Raum haben. Das Wellenmaschinenaggregat kann an anderer Stelle Aufstellung finden.

Die Antriebsmaschine m4 des Wellenleitmotors m3 kann natürlich auch ein Drehstromkommutatormotor oder ein Gleichstrommotor sein. Dadurch ist es möglich, daß die Wellenmotoren alle mit der gleichen, jedoch variablen Drehzahl betrieben werden können. Die Drehzahl des Leitmotors m3 bestimmt die Drehzahl der Wellenmotoren. Mit einer solchen elektrischen Arbeitswelle kann man eine größere Anzahl von Wellenmotoren antreiben.

Alle elektrischen Wellen neigen zu Pendelerscheinungen. Diese hängen sowohl von den elektrischen Eigenschaften der Motoren, als auch von den Trägheitsmomenten, die an der Welle wirksam sind, ab. Pendelerscheinungen können durch zusätzliche Widerstände in den Läuferkreisen und durch Reihenschaltung der Ständerwicklungen verringert werden.

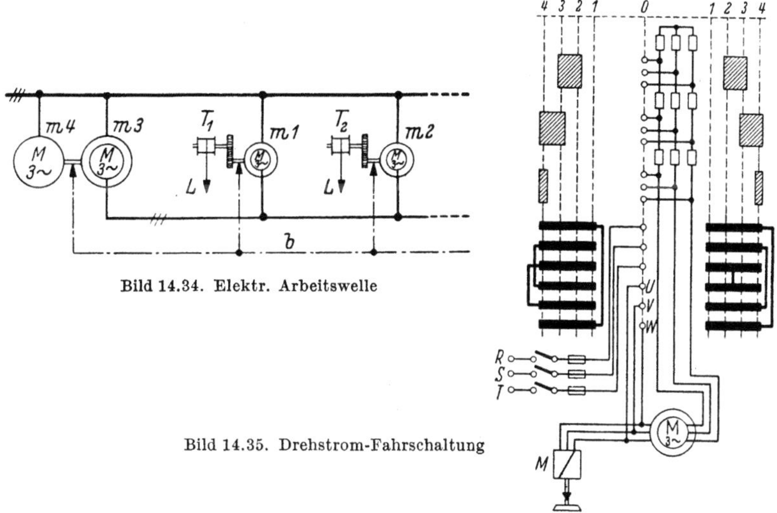

Bild 14.34. Elektr. Arbeitswelle

Bild 14.35. Drehstrom-Fahrschaltung

Bild 14.35 zeigt eine Drehstrom-Fahrschaltung mit Drehrichtungsumkehr und Bremsung durch einen Bremslüfter. Über die Steuerwalze (s. Kapitel 15.3) wird der Ständer der Maschine an das Drehstromnetz gelegt, wobei ihm je nach Drehrichtung ein rechts- oder linksläufiges Drehfeld aufgeschaltet wird. Der *Bremslüfter* M öffnet die Bremse. Das Anfahren geschieht über Läuferanlaßwiderstände. Wird der Motor vom Netz getrennt, so wird der Bremslüfter M stromlos und setzt den Antrieb durch mechanische Bremsung still.

Bremslüfter können entweder als *Magnet*bremslüfter oder als *Motor*bremslüfter ausgeführt werden. Beim Magnetbremslüfter wird durch einen meist mit Drehstrom betriebenen Elektromagneten (Bild 14.36) die Bremse gelöst. Die Elektromagnete sind mit einer einstellbaren Dämpfungseinrichtung (Luft- oder Öldämpfung) versehen, damit die Bremsung nicht ruckartig einsetzt, wenn der Bremslüftmagnet abgeschaltet wird.

Bei dem Motorbremslüfter (Bild 14.37) wird mittels eines kleinen Motors *2* und einer Flügelrad-Ölpumpe *6* zum Lüften der Bremse unter Spannung von Bremsfedern Öl von der Oberseite eines Kolbens *9* auf die Unterseite gedrückt, während beim Ausschalten des Motors die Federn den Kolben ge- dämpft in die Ruhelage zurückziehen.

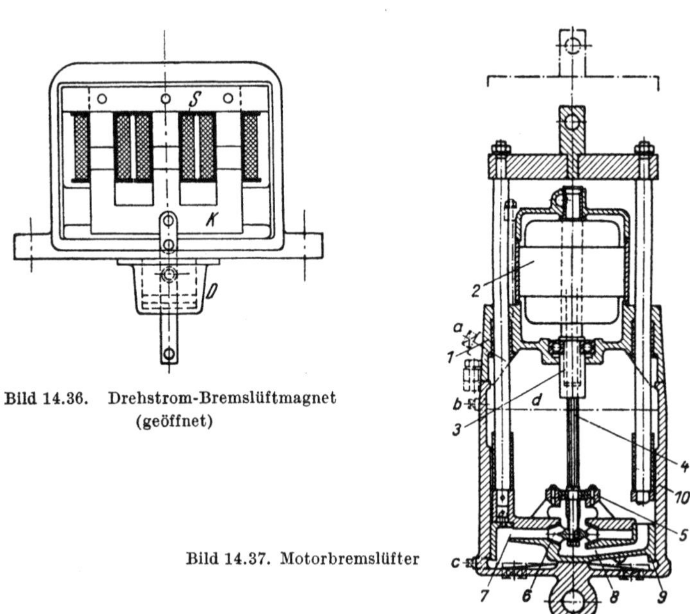

Bild 14.36.   Drehstrom-Bremslüftmagnet
(geöffnet)

Bild 14.37. Motorbremslüfter

Eine elektrische *Nachlaufbremsung* (z. B. auslaufendes Fahrwerk eines Krans in der Ebene) ist bei Drehstromantrieben auch durch Gegenstrom- bremsung (Verlustbremsschaltung, $s > 1$) möglich. Leider läßt sich hierbei meist kein ruckfreier Bremsungseinsatz erzielen. Außerdem kann die thermische Beanspruchung des Motors dabei unzulässig hohe Werte annehmen (s. Kapitel 13.4.1).

Man kann deshalb zur Bremsung eine Gleichstrommaschine m2 benützen, die nach Bild 14.38 geschaltet wird. m3 ist die sogenannte *Dämpfungsmaschine*, die mit einer Schwungmasse S gekuppelt ist. Beim Bremsen wird der Fahr- motor nicht eingeschaltet, vielmehr besorgt der mit dem Fahrmotor gekuppelte Gleichstromgenerator m2 über den Bremswiderstand r1 die Bremsung. Damit sie sanft erfolgt, liegt der Anker der Dämpfungsmaschine m3 parallel zum Generatorfeld von m2. Beim Einschalten der Gleichstromquelle fließt zuerst kaum Strom durch die Feldwicklung von m2, weil der mit der Schwungmasse S gekuppelte Anker m3 noch keine Gegenspannung entwickelt und daher für die

Feldwicklung fast einen Kurzschluß darstellt. Erst mit dem Hochlaufen der Dämpfungsmaschine wird der Generator erregt und bremst. Bild 14.39 stellt die Drehzahl- und Momentenlinien zu dieser Schaltung dar. Die Darstellung zeigt den weichen Einsatz der Bremsung bei jeder Geschwindigkeit.

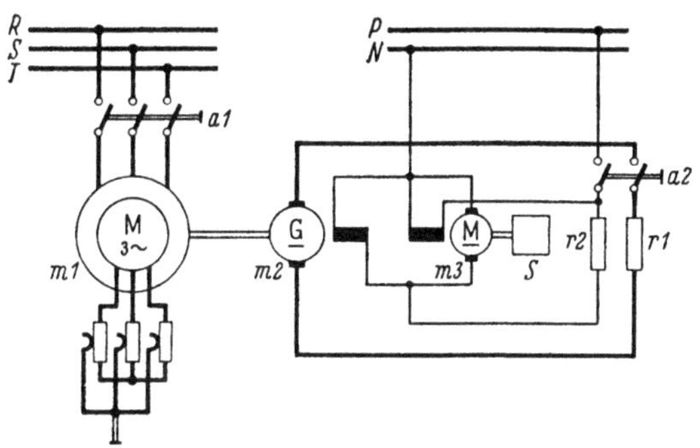

Bild 14.38. Fahrbremsschaltung. Fahren: a1. geschlossen; a2. geöffnet; Bremsen: a1. geöffnet; a2. geschlossen; m1. Hauptmotor; m2. Bremsgenerator; m3. Dämpfungsmaschine; S Schwungmasse

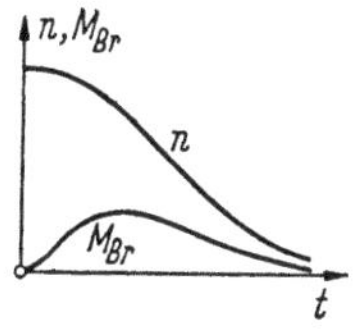

Bild 14.39. Zeitverhalten beim Bremsen mit konstantem Widerstand r1; zu Schaltung Bild 14.38

Bei hohen Anforderungen bezüglich der Steuerung der Bremsung kann auch im *übersynchronen* Betriebsbereich ($s < 0$) durch Nutzbremsung mit der Asynchronmaschine bis zu kleinen Drehzahlen heruntergebremst werden. Hierzu wird dem Ständer über einen Frequenzwandler eine entsprechend einstellbare Frequenz $f < f_\text{Netz}$ und Spannung zugeführt. Der Frequenzwandler kann als Maschine oder als statisch arbeitender Wandler mit Gleichstromzwischenkreis (Stromrichterschaltung, s. Kapitel 11.6) ausgeführt sein.

Die Fahrschaltung nach Bild 14.35 ist auch für die *Senkbremsung* geeignet. Auf der Senkseite wird der Motor im Senksinne treibend eingeschaltet, er

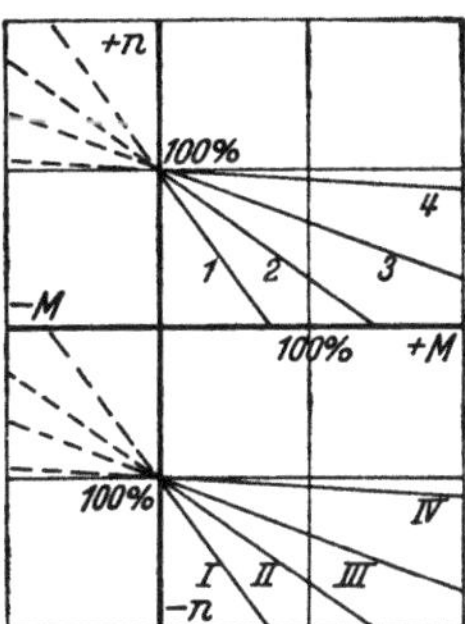

Bild 14.40. Steuerungslinien für Bild 14.35 als Hubwerksschaltung

erreicht daher mit Unterstützung durch die Last sehr schnell die synchrone Drehzahl. Bei Überschreitung derselben beginnt er zu bremsen (übersynchroner Bremsbetrieb). Bild 14.40 stellt die Steuerungslinien dieser Schaltung dar und zeigt, daß es eine untersynchrone Senksteuerung nicht gibt, und daß der ersten Senkstellung die *größte* Senkgeschwindigkeit entspricht.

Die Unmöglichkeit, untersynchron zu steuern, macht sich auch noch dadurch unangenehm bemerkbar, daß beim Abschalten die mechanischen Bremsen die gesamte Bremsarbeit zu leisten haben, wodurch sie einer sehr starken Abnutzung unterworfen sind.

Bei der untersynchronen Senkbremsung nach Bild 14.41 wird der Ständer unter Parallelschaltung zweier Stränge *einphasig* an das Netz geschaltet. Es

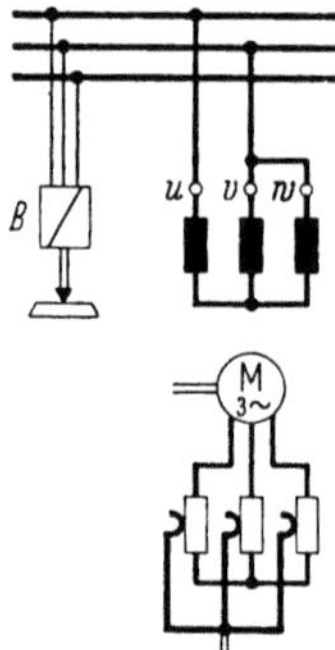

Bild 14.41. Einphasige Senkschaltung

tritt dann kein Drehfeld, sondern nur ein Wechselfeld auf, welches dem Motor kein Antriebsmoment gibt. Jedoch werden bei Drehung des Läufers Ströme in demselben erzeugt, welche ein Bremsmoment hervorrufen. Die Steuerung desselben geschieht durch die Läuferwiderstände. Bild 14.42 stellt eine untersynchrone Senkbremsschaltung dar, deren Stellungen *II—V* nach der vorstehend beschriebenen Art geschaltet sind, während auf Stellung *I* zur Erzielung ganz geringer Senkgeschwindigkeiten reine Gegenstromschaltung vor-

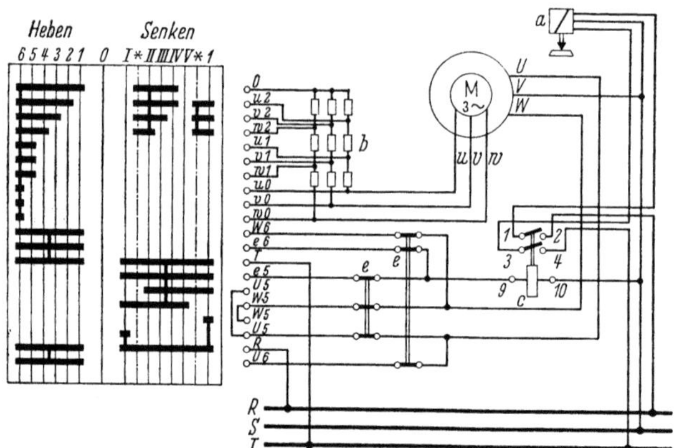

Bild 14.42. Untersynchrone Drehstrom-Senkschaltung.
a. Bremslüfter; b. Widerstände; c. Bremslüfterschutz; e Endschalter

handen ist. Auf Vorrichtungen, welche eine Aufwärtsbewegung der Last auf dieser Stellung verhindern, ist im Interesse der Einfachheit verzichtet worden. Die Stellung *I* muß daher bei kleiner Last schnell überschaltet werden. Eine unzulässige Senkgeschwindigkeit ist auf den Senkkraftstellungen nicht möglich, weil die Widerstände so bemessen sind, daß auch bei der Höchstlast die Geschwindigkeit in zulässigen Grenzen bleibt. Bild 14.43 veranschaulicht die Steuerkennlinien dieser Schaltung. Sie zeigen, daß die Linien der einphasigen Bremsung weniger steil als die der Gegenstrombremsung verlaufen.

Eine *untersynchrone* Senkbremsung (Bild 14.44) läßt sich auch durch Umkehrung eines Ständerstranges gegenüber der übersynchronen Senkbremsschaltung erreichen. Die dadurch bedingte Unsymmetrie in der Stromaufnahme wird durch einen Ständerwiderstand in einem Strang vermindert. Zwischen den Stellungen für übersynchron Senken und untersynchron Senkbremsen werden die Netzzuleitungen nicht abgeschaltet, sondern nur ein Wicklungsstrang umgepolt. Das Drehfeld D ist bei der Bremsung elliptisch und dem Senksinn S entgegengerichtet. Die Steuerungslinien sind ähnlich denen von Bild 14.43.

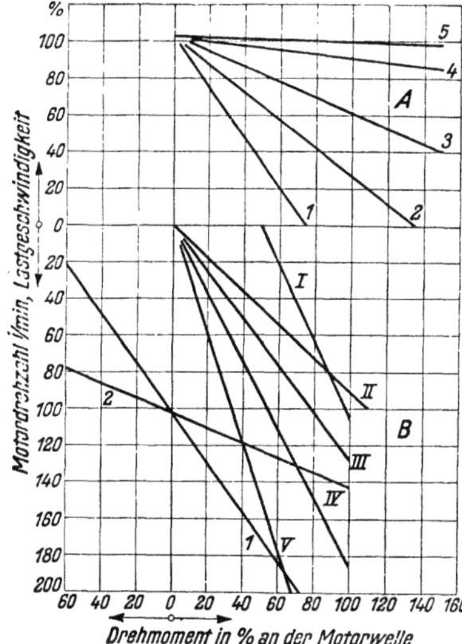

Bild 14.43. Steuerungslinien zu Bild 14.42   Bild 14.44. Untersynchrone Senkbremsschaltung

114. Beispiel. Tatschaltersteuerung für eine Fahrtreppe.
Die Anlaufsteuerung soll selbsttätig durch die herantretende Person erfolgen. Bild 14.45 stellt schematisch die Fahrtreppe dar. Dies geschieht entweder durch einen *Plattformkontakt* F oder durch *Lichtstrahlsteuerung* L. Im letzteren Falle strahlt eine Lampe ein Lichtstrahlbündel auf einen gegenüber angebrachten Fotowiderstand. Eine hindurch-

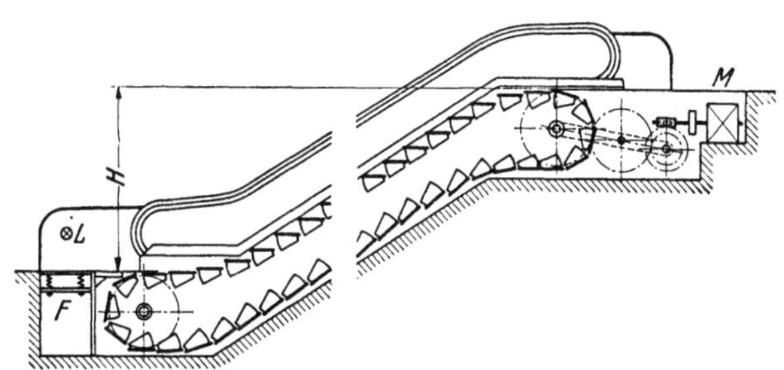

Bild 14.45. Fahrtreppe

schreitende Person unterbricht den Lichtstrahl für einen Augenblick und leitet dadurch den Anlaßvorgang ein.
Den vereinfachten Stromlaufplan der Fahrtreppe zeigt Bild 14.46. Der Motor m1 kann mittels der Tastschalter b1 und b2 im Aufwärts- und im Abwärtssinne gesteuert werden. Abwärtsrichtung nur für Notfälle, um eingeklemmte Gegenstände (z. B. Steine)

entfernen zu können. Die Motorschütze c1 und c2 sind mit ihren Wicklungen durch die Kontakte c1 und c2 in bekannter Weise gegeneinander verriegelt. s ist ein Bremslüfter.

Durch den Wechselschalter b6 kann die Steuerung auf Dauerbetrieb, durch b7 von Wochentags- auf Sonntagsbetrieb umgeschaltet werden. Die Schaltuhren u1 und u2 für Werktags- und Sonntagsbetrieb haben einstellbare Zeitkontakte zur Einschaltung des

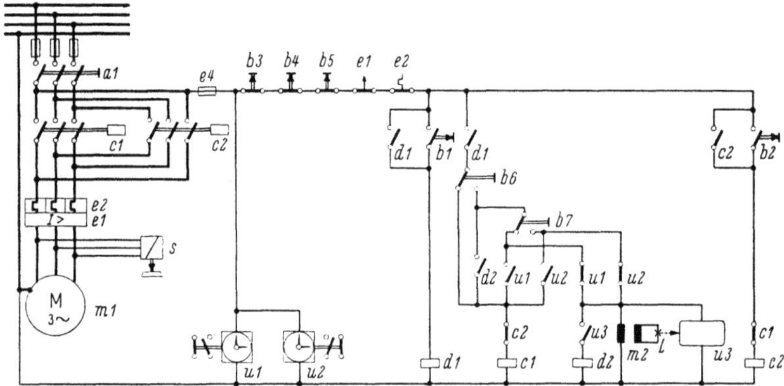

Bild 14.46. Stromlaufplan für die Schaltung einer Fahrtreppe

gewöhnlichen Fahrprogramms. Wenn die Schließer u1 oder u2 geschlossen sind, läuft die Treppe dauernd, sonst nur beim Hereintreten eines Fahrgastes. d1 ist ein Hilfsrelais und d2 ein Zeitrelais, das ähnlich einem Treppenhausautomaten arbeitet. Wird die Spule von d2 kurzzeitig erregt, so wird der Schließer d2 geschlossen und erst nach einer bestimmten, einstellbaren Zeit wieder geöffnet. Die Tastschalter b3 (am Steuerschrank), b4 (Treppe oben) und b5 (Treppe unten) sind zum Stillsetzen.

Wenn ein Fahrgast den von der Lampe L bestrahlten Fotowiderstand u3 für einen Augenblick abblendet, schließt sich der Kontakt von u3. Vorher ist durch Betätigen des Tastschalters b1 das Hilfsrelais d1 für Aufwärtsfahrt für dauernd eingeschaltet worden. Es bleibt durch seinen Hilfskontakt d1 auch nach dem Loslassen des Tatschalters eingeschaltet. Die Spule des Zeitrelais d2 bekommt nun über die Kontakte b3, b4, b5, e1, e2, d1, b6, b7, u1 oder u2, u3 Strom und schließt sofort Kontakt d2. Hierdurch zieht das Aufwärtsschütz c1 an, die Brmese lüftet, und der Motor läuft an. Nach der einfachen Hubzeit zuzüglich etwa 5 sec fällt d2 ab, und die Treppe bleibt stehen. Hat inzwischen ein zweiter Fahrgast die Treppe betreten, dann erhält d2 einen neuen Impuls, so daß die Abfallzeit von diesem Augenblick an rechnet. Mit dem Tastschalter b2 kann die Abwärtsfahrt nur für Dauer eingeschaltet werden (Notrücklauf).

Bei Antrieben zur Walzenanstellung in Walzwerken kann bei Handsteuerung ein Motorbremslüfter dazu dienen, um die genaue Einstellung des Walzspaltes zu ermöglichen. Bei dieser Steuerung wird der Bremslüfter (Bild 14.37) über die Steuerwalze mittels einer Schützensteuerung an den Läufer des Anstellmotors gelegt (Bild 14.47). Auf Schaltstufe *eins* der Steuerwalze wird der Ständer des Motors m1 über Schütz c1 oder c2 an das Netz gelegt. Schütz c3 hat nicht angezogen, deshalb ist der gesamte Läufervorwiderstand r wirksam. Im Stillstand ($s = 1$) sind die Läuferspannung $u_2 = u_{st} \cdot s$ und die Läuferfrequenz $f_2 = f_{Netz} \cdot s$ groß. Da das Hilfsschütz d1 geschlossen ist, wird die Bremse gelüftet, der Motor läuft an. Mit wachsender Drehzahl kommt aber die Bremse zum Schleifen, da die Läuferfrequenz und Läuferspannung immer kleiner werden. Motor m1 läuft deshalb mit geringer Drehzahl. Ein genaues, feinfühliges Einstellen des Walzspaltes ist dadurch möglich.

Bild 14.48 zeigt den Wirkungsablauf einer automatischen Walzenanstellung. Bei reiner Handsteuerung liegen die beiden Umschalter b1 und b2 in der gezeichneten Stellung. Über die Sollwertvorgabe 1, deren Umschalter b1, den

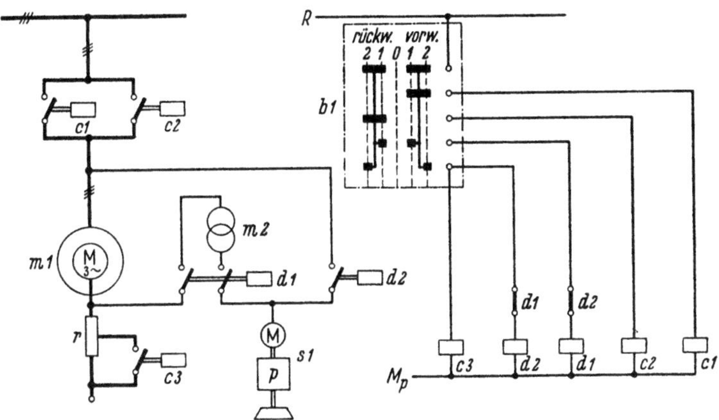

Bild 14.47. Steuerung eines Anstellmotors mit Motorbremslüfter. s1. Motorbremslüfter; d1 u. d2. Hilfsschütze; c1. Vorwärtsschütz; c2. Rückwärtsschütz; m1. Anstellmotor; m2. Hilfsumspanner; b1. Steuerschalter

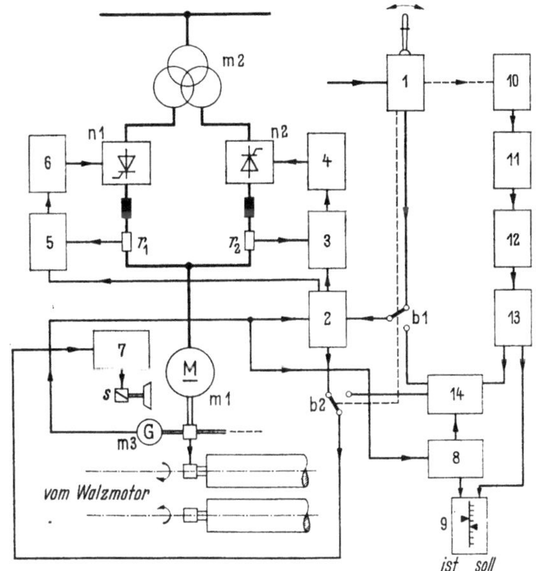

Bild 14.48. Übersichtsplan einer automatischen Walzenanstellung

Geschwindigkeitsregler 2 werden die Stromrichter n1 und n2 über die Stromregler 3 und 5 und Pulssteuersätze 4 und 6 angesteuert. Die Stromrichter sind in Kreuzschaltung (s. Kapitel 11.4) geschaltet, so daß der Walzenanstellmotor m1 jederzeit in beiden Drehrichtungen gesteuert werden kann. Hierbei ist Motorbetrieb und Nutzbremsbetrieb möglich.

Dem Geschwindigkeitsregler 2 wird eine der Drehzahl proportionale Frequenz durch die Tachomaschine m3 zugeführt. m3 beeinflußt gleichzeitig auch

den Weggeber 8 und bringt den Ist-Wert des Walzspaltes auf dem Doppelzeigerinstrument 9 zur Anzeige. Der Geschwindigkeitsregler 2 beeinflußt auch
über den Schalter b2 die Bremslüftersteuerung 7 und damit den Bremslüfter s.
Wird auf automatische Steuerung umgeschaltet, so liegen die Schalter b1 und
b2 in umgekehrter Stellung wie gezeichnet. Durch einen Programmgeber 10
und die Walzspaltvorgabe je Stich 11 wird die Sollwertvorgabe 13 ermittelt.
Im zwischengeschalteten Wandlerglied 12 werden die dezimal eingegebenen
Werte auf binäre Größen umgeformt. Das Doppelzeigerinstrument 9 zeigt
außer dem Ist-Wert mit dem 2. Zeiger den vorgegebenen Soll-Wert an. Ferner
wird durch die Tachomaschine m3 über den Weggeber 8 der Wegregler 14
beeinflußt, der nun seinerseits wie bei der Handsteuerung den Geschwindigkeitsregler 2 und die Bremslüftersteuerung 7 so lange beeinflußt bis der Walzspalt-
soll- und Ist-Wert gleich groß ist. Dann liefert der Wegregler 14 kein Ausgangs-
signal, der Motor m1 bleibt stehen.

Polumschaltbare Drehstrommotoren erfordern mindestens sechs Leitungen
zwischen Schalter und Motor. Die Umschaltung kann bei kleineren Motorleistungen mit einem Walzen- oder Nockenumschalter vorgenommen werden,
der als *Einhebelschalter* zweckmäßig mit seinem Hebelausschlag in Übereinstimmung mit der Arbeitsbewegung gebracht wird. Bild 14.49 stellt die Schal-

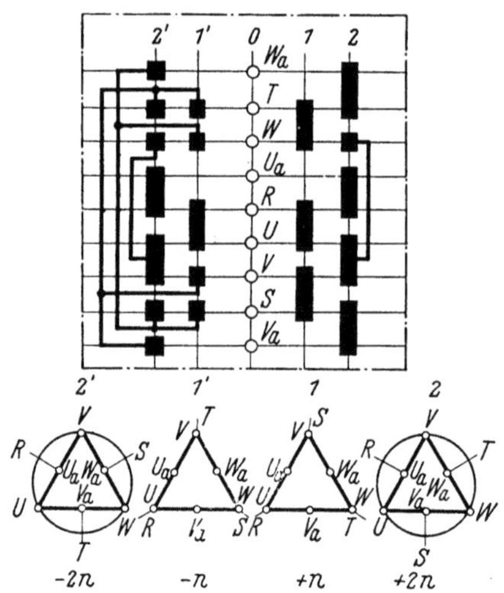

Bild 14.49. Schaltbild eines Umkehrpolumschalters (Dahlanderschaltung)

tung eines solchen Umschalters für Dahlanderschaltung und Vor- und Rückwärtslauf dar. Die durch Bild 14.50 dargestellte Schützensteuerung zeigt den
Stromlauf des Motors und der Steuerung.

Die Schütze c1 bis c5 schalten den Ständer des Motors so an das Netz,
daß sich beim Anziehen von c1 oder c2 die niedere Drehzahl einstellt, also
4 Pole in der Maschine entstehen (Dreieckschaltung). Schütz c1 ist für Rechtslauf, c2 für Linkslauf.

Zieht Schütz c3 und c5 oder c4 und c5 an, so läuft der Motor mit der großen
Drehzahl. Elektrisch ist eine Doppelsternschaltung entstanden. Schütz c3
wird bei Rechtslauf, c4 bei Linkslauf betätigt.

Die Steuerung ist so geschaltet, daß durch die Tastschalter b1 ($p = 2$, rechtsl.), b2 ($p = 2$, linksl.), b3 ($p = 1$, rechtsl.) und b4 ($p = 1$, linksl.) Drehrichtung und Drehzahl eingetastet werden können. Die Schütze sind in bekannter Weise mit Selbsthaltekontakten versehen und elektr. durch Öffner

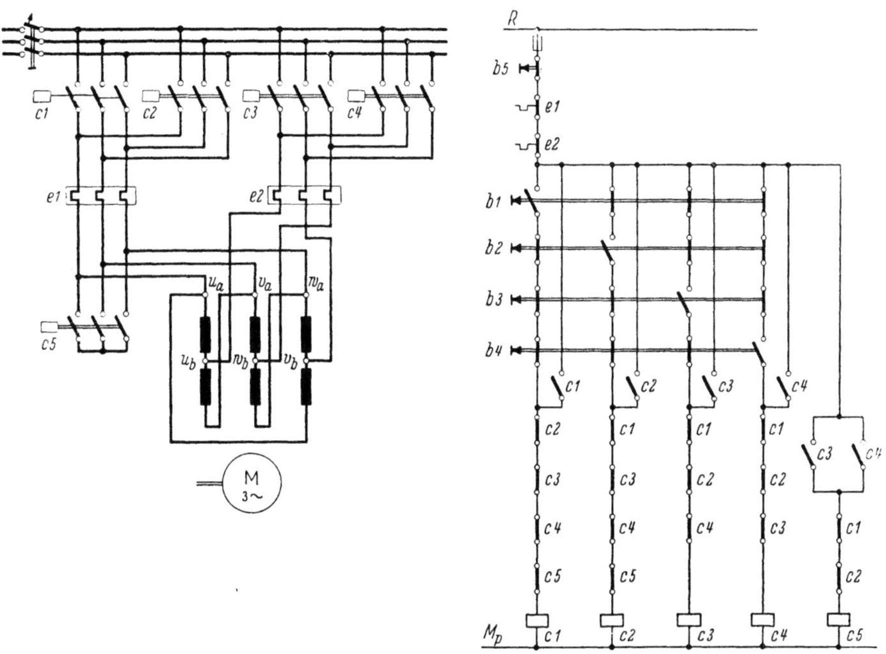

Bild 14.50. Tastschalterbetätigte Polumschaltung für die Drehzahlen n, $-n$, $2n$ und $-2n$

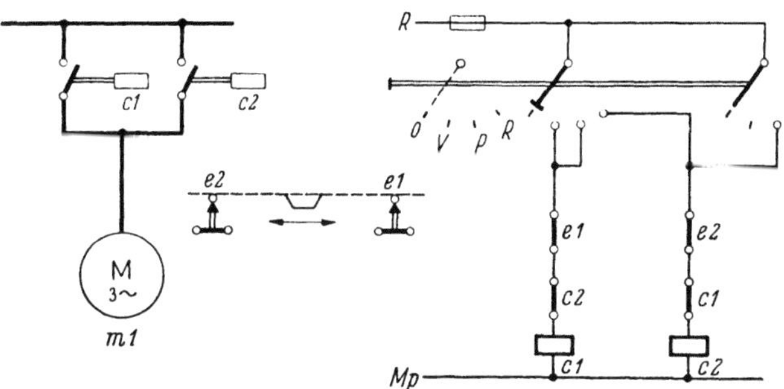

Bild 14.51. Pendelschaltung eines Werkzeugmaschinentisches

gegeneinander verriegelt, so daß bei fehlerhafter Eintastung kein Netzkurzschluß entstehen kann. Der Aus-Taster b5 ist exklusiv geschaltet, d. h. er muß betätigt werden bevor eine neue Drehzahl oder Drehrichtung eingetastet werden soll. Ist eine solche Exklusivschaltung von b5 nicht erwünscht, so läßt sich der Schaltplan leicht abändern.

Die beiden Bimetallauslöser e1 und e2 schützen die Motorwicklung vor Überlastung. Bei Spannungsausfall geht die Steuerung in Aus-Stellung zurück, so daß die Maschine bei Wiederkehr der Spannung nicht selbsttätig anläuft.

Eine oft vorkommende Steuerungsaufgabe ist es auch eine hin- und hergehende Bewegung eines Schlittens zu erzeugen. Bild 14.51 zeigt die Schaltung
einer solchen Einhebelsteuerung. Stellt man den Hebel auf P (Pendeln), dann
wird der Tisch zwischen den Endschaltern e1 und e2 pendelnd hin- und her-
gesteuert. Die Schaltstellungen V (vorwärts) und R (rückwärts) werden beim
Einrichten benutzt. Auf ihnen läuft der Motor in der angegebenen Richtung
und bleibt bei Erreichung des zugehörigen Endschalters stehen.

14.5 Belastungsausgleich

Belastungsspitzen verlangen zu ihrer Überwindung hohe Motordrehmomente
und daher große Motoren, außerdem können sie störende Spannungsfälle im
Netz verursachen und dadurch ungünstig auf andere Verbraucher wirken. Es
ist daher zweckmäßig, für einen Ausgleich zu sorgen, der, vom Netz aus gesehen,
entweder vor oder am Motor angesetzt werden kann und demgemäß einen
Ausgleich in Motor und Netz oder nur im Netz zur Folge hat.

Der Belastungsausgleich an der Motorwelle kann nur durch Zufuhr *mechanischer* Energie erfolgen und läßt sich in einfacher Weise durch eine mit dem
Motor gekuppelte Schwungmasse verwirklichen. Zweckmäßig geschieht dies
durch ein auf die *Motorwelle* aufgesetztes Schwungrad. Der Energieinhalt einer
Schwungmasse steigt mit dem Quadrate der Geschwindigkeit. Da aber eine
solche Schwungmasse nur bei Verminderung ihrer Geschwindigkeit Arbeit abgeben kann, muß der Motor eine *elastische* Drehzahlcharakteristik haben, d. h.
er muß bei Eintritt einer Belastung einen Drehzahlfall zeigen. Bei Gleichstrom-
Nebenschlußmotoren und Asynchronmotoren sinkt die Drehzahl nur wenig bei
Belastung ab. Bei ihnen muß daher durch eine zusätzliche Hauptschlußwicklung, beziehungsweise durch einen Schlupfwiderstand im Läufer dafür gesorgt werden, daß die Drehzahl bei Belastung entsprechend fällt (s. 110. Beispiel). Gewöhnlich reicht eine Drehzahlverminderung von 10···15% bei Nennlast aus. Je stärker man die Drehzahl abfallen läßt, um so kleiner kann bei
gleicher Inanspruchnahme des Netzes das Schwungrad sein. Ein hinreichender
Ausgleich bei angenähert konstanter Drehzahl kann daher nur durch eine große
Schwungmasse erzielt werden. Da die Forderung der Wirtschaftlichkeit sehr
große Schwungräder verbietet, können im allgemeinen nur *kurze* Belastungs-
stöße ausgeglichen werden, außerdem muß nach dem Stoß Zeit zur Wieder-
aufladung der Schwungmasse zur Verfügung stehen.

Ein auf die Motorwelle treffender Belastungsstoß hat gewöhnlich keine
regelmäßige Form und er ist daher in seinen Auswirkungen einer exakten
Rechnung schwer zugänglich. In vielen Fällen läßt sich die Aufgabe dadurch
sehr erleichtern, daß man den Stoß durch eine rechteckige Näherungsform
ersetzt, wie es in Bild 14.52 geschehen ist. Vor dem Stoß war der Motor mit
dem Moment M_1 belastet und während der Stoßzeit $t_\mathrm{b} - t_\mathrm{a}$ mit M_2. Nachher
ist das frühere Moment M_1 wieder vorhanden. Der Motor mit dem Nenn-
moment M_N habe bei dieser Belastung die Drehzahl n_N, die proportional mit
dem Moment abnehme. Bei dem anfänglichen Moment M_1 habe sich die Dreh-
zahl n_1 eingestellt. Bei einem 4poligen Drehstrommotor ($n_0 = 1500 \ \mathrm{min}^{-1}$) und
einem abnormal großen Nennschlupf $s_\mathrm{N} = 15\%$ wäre die Nenndrehzahl $n_\mathrm{N} =$

$= 1275\ \text{min}^{-1}$. Wäre $M_1 = {}^1\!/_3\,M_{\text{N}}$, dann wäre entsprechend $n_1 = 1425\ \text{min}^{-1}$ und bei einem Stoßmoment $M_2 = 3 \cdot M_{\text{N}}$ würde sich bei langer Dauer eine Drehzahl $n_2 = 825\ \text{min}^{-1}$ einstellen. Vom Zeitpunkt $t = 0$ an fällt die Drehzahl nach der Exponentiallinie ABC gemäß der Gleichung

$$n = n_2 + (n_1 - n_2) \cdot e^{-\frac{t}{T_{\text{A}}}}. \tag{14.15}$$

Hierin ist $T_{\text{A}} = J \cdot \omega_0 / M_{\text{A}}$ die Anlaufzeitkonstante nach Gl. (13.24), worin M_{A} eine Rechengröße ist, und dasjenige Motormoment bedeutet, das bei linearem Drehzahlfall bei $n = 0$ auftreten würde, also $M_{\text{A}} = M_{\text{N}} \cdot n_0 / (n_0 - n_{\text{N}})$.

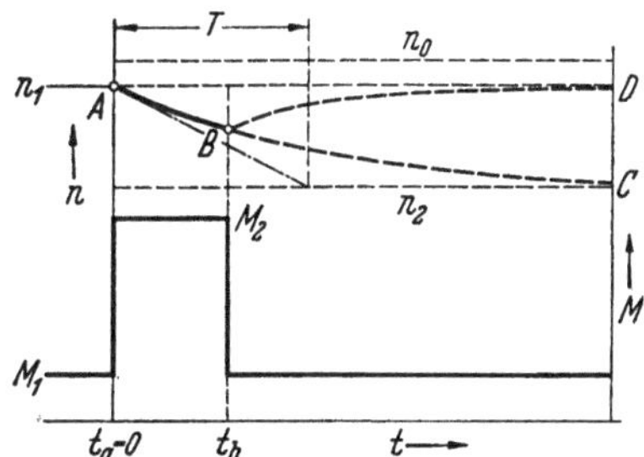

Bild 14.52. Ein auf den Motor treffender Belastungsstoß M_2 während der Zeit t_{a} bis t_{b}

Der durch Zeichnung oder Rechnung ermittelte Drehzahlfall erreicht im Punkt B sein Ende und die dann erreichte Drehzahl n_{b} ist zu ermitteln, wobei in der Größe J außer dem Trägheitsmoment des Motors selbst alle weiteren auf die Motorwelle umgerechneten Trägheitsmomente einbezogen sind. Bei dem Drehzahlfall $n_1 - n_{\text{B}}$ von A nach B hat das Schwungrad nach Gl. (13.9) eine bestimmte Energie $W_1 - W_{\text{B}}$ abgegeben und man ist nun in der Lage, durch Vergrößerung der Schwungmasse oder des Motornennschlupfes den Punkt B tiefer zu rücken und damit den Motor weiter zu entlasten. Nach Beendigung des Stoßes läuft der Motor nach der Exponentiallinie BD wieder hoch. Je kürzer die Zeit ist, die zu dieser Aufladung des Schwungrades zur Verfügung steht, um so weniger kann sich dieses an dem Belastungsausgleich beteiligen.

Die Schwungradpufferung findet bei der *Leonardschaltung* Anwendung (s. Bild 5.61), indem der Umformer m2 m3 mit einem großen Schwungrad gekuppelt wird (*Ilgner*-Umformer). Die Schlupfenergie, welche bei großen Leistungen nicht unbeträchtlich ist (Fördermaschinen, Walzwerke), kann durch Regelsätze, welche an den Schleifringen des Drehstrommotors des Umformers angeschlossen sind, zurückgewonnen werden.

Da das Schwungrad nicht auf der Welle des Antriebsmotors m1 angeordnet ist, wirkt es nur auf Motor m3 und auf das *Netz* belastungsausgleichend. Der Motor m1 wird elektrisch und mechanisch durch die Laststöße beansprucht. Schnelle Drehzahlveränderungen oder rasche Reversierungen sind jedoch bei der Ilgnerschaltung möglich, besonders wenn die Schwungmasse beim Motor m1 klein sind.

Stoßbelastungen in kleineren Netzen (z. B. Industrienetzen) können auch dadurch entstehen, daß zufällig mehrere größere Motoren *gleichzeitig* anlaufen. Solche Fälle lassen sich immer dann vermeiden, wenn es sich um ein regelmäßig wiederkehrendes Arbeitsspiel handelt, wie dies z. B. für die Zellstoff-*Zerfaserer* in der Textilindustrie gilt. Diese Zerfaserer sind in größerer Zahl vorhanden und werden unmittelbar geschaltet. Der Arbeitsvorgang erfordert, daß jeder Zerfaserer in kurzen Zeitabständen umgesteuert wird. Damit die Einschaltstromstöße nicht zusammentreffen, erfolgt das Einschalten der Schütze der Zerfaserer durch eine Steuerung mit festgelegter Schaltfolge.

15. Schalt- und Anlaßgeräte

15.1 Schaltgeräte und ihre Bewertung

Zum Schließen und Öffnen von Stromkreisen dienen *Leerschalter* (Trenn-schalter), die nur zum stromlosen Schalten geeignet sind, *Lastschalter*, die betriebsmäßig Ströme bis zum Nennstrom des Schalters abzuschalten in der Lage sind, *Motorschalter*, an welche gewöhnlich wesentlich höhere Anforderungen als an die Lastschalter gestellt werden, weil sie selbst den Einschaltstrom der die Kurzschlußläufermotoren das 6 bis 8fache des Motornennstroms bei niederen $\cos \varphi$-Werten beträgt, schalten müssen. Dazu kommt noch die oft sehr hohe *Schalthäufigkeit* (Schaltungen je Stunde). Schließlich sind noch die *Leistungsschalter* zu nennen. Auch die Sicherungen zählen zu den Schalt-geräten. Hier interessieren hauptsächlich die Last- und Motorschalter.

Der Übergangswiderstand der Schaltstücke setzt sich aus dem Enge-Wider-stand (Zahl der tatsächlichen Stromübergangstellen, Druck und Kontaktstoff) und dem Fremdwiderstand (Oxidhaut, Verunreinigungen) zusammen. Da die Erwärmung der Schaltkontakte mit dem Quadrat der Stromstärke steigt, müssen die genannten Widerstände so klein wie möglich gehalten werden. Als Baustoffe kommen nur gute Leiter in Frage, insbesondere solche, die *leitende* Oxidhäutchen bilden. Dies trifft besonders bei Silber zu und daher hat Silber als Kontaktstoff eine weite Verbreitung gefunden. Für große wechselnde Stromstärken ist das Kupfer gut geeignet. Neben diesen Metallen kommen in Sonderfällen Legierungen und Sintermetalle zur Verwendung. Schaltstück-metalle mit nicht- oder schlechtleitenden Oxiden müssen für eine ausreichende Einschaltfestigkeit beim Einschalten eine Relativbewegung der Kontaktstücke aufeinander machen, damit die feinen Schmelzperlen zerrieben werden. Beim Einschalten dürfen die Schaltkontakte nicht miteinander verschweißen. Die Einschaltfestigkeit wird durch Prellen der Kontakte beim Aufeinandertreffen, d. i. ein kurzzeitiges Abheben nach Einschaltung, stark herabgesetzt. Prellung kann durch konstruktive Maßnahmen weitgehend vermindert werden.

Das Schaltvermögen von Motorschutzschaltern ist durch zahlreiche detail-lierte Bestimmungen festgelegt. Hier sind die IEC-Publikationen (International Electric Commission) IEC 292-1 und die VDE-Bestimmungen für Nieder-spannungsschaltgeräte VDE 660 von Bedeutung. Der Verwendungszweck und die Beanspruchung werden durch Angabe der Gebrauchskategorie in Verbin-dung mit der Angabe des Nennbetriebsstromes I_e und der Nennspannung U_e gekennzeichnet. Dabei wird zwischen Wechselstromschaltgeräten (AC) und Gleichstromschaltgeräten (DC) unterschieden.

Die nachfolgende Tabelle gibt eine Übersicht der verschiedenen Gebrauchs-kategorien.

Wechselstromhilfsschalter sind in Kategorie AC11, Gleichstromhilfsschalter in Kategorie DC11 eingestuft.

Tabelle 15.1

Gebrauchs-Kategorie		Beispiele für die Verwendung
AC1		Nicht induktive oder schwach induktive Belastungen, Widerstandsöfen
AC2		Anlassen von Schleifringläufermotoren ohne Gegenstrombremsung
AC2′	Wechselstrom	Anlassen von Schleifringläufermotoren mit Gegenstrombremsung
AC3		Anlassen von Motoren mit Käfigläufer, Ausschalten von Motoren während des Laufes
AC4		Anlassen von Motoren mit Käfigläufern, Gegenstrombremsen, Reversieren, Tippen
DC1		Nicht induktive oder schwach induktive Belastung, Widerstandsöfen
DC2		Nebenschlußmotoren, Anlassen, Ausschalten während des Laufes
DC3	Gleichstrom	Nebenschlußmotoren, Anlassen, Gegenstrombremsen, Reversieren, Tippen
DC4		Reihenschlußmotoren, Anlassen, Ausschalten während des Laufes
DC5		Reihenschlußmotoren, Anlassen, Gegenstrombremsen, Reversieren, Tippen

Nach diesen Bestimmungen muß z. B. ein Motorschalter der Kategorie AC4 für Nennströme I_e, die im Bereich $I_e \geqq 16$ A bis $I_e = 100$ A liegen, folgenden Beanspruchungen gewachsen sein:

Normalbeanspruchung

    Einschalten $I/I_e = 6$, $U/U_e = 1$, $\cos \varphi = 0{,}35$

    Ausschalten $I/I_e = 6$, $U/U_e = 1$, $\cos \varphi = 0{,}35$

gelegentliche Beanspruchung

    Einschalten $I/I_e = 12$, $U/U_e = 1{,}1$, $\cos \varphi = 0{,}35$

    Ausschalten $I/I_e = 10$, $U/U_e = 1{,}1$, $\cos \varphi = 0{,}35$.

Man fordert heute, daß die elektrischen Einrichtungen die gleiche *Lebensdauer* wie die zugehörigen elektrischen Maschinen haben. Dies gilt besonders für Schaltgeräte, und teilweise auch für Schaltstücke innerhalb der Schaltgeräte.

Die Lebensdauer des Schaltgerätes spielt hierbei eine wichtige Rolle. Ein dreipoliges Wechselstromschütz besitzt je nach Ausführung eine *mechanische Nennlebensdauer* von 10 bis 15 Millionen Schaltspielen. Die *Schaltstücklebensdauer* liegt niederer und ist im wesentlichen durch den Ausschaltstrom der Verbraucher bestimmt. Ein Schütz der Gebrauchskategorie AC3 weist beim Ausschalten des zulässigen Nennbetriebsstromes I_e eine Schaltstücklebensdauer von etwa 2,5 Millionen Schaltspielen auf. Wird ausschließlich der sechsfache Nennbetriebsstrom z. B. bei 100% Tippbetrieb nach Kategorie AC4 geschaltet, so geht die Schaltstücklebensdauer auf etwa 300 000 Schaltspiele zurück. Bei vielen Schaltgeräten, besonders bei Schützen, können aus diesem Grunde die Schaltstücke bei Bedarf ausgewechselt werden.

15.2 Anlaßgeräte

Schaltgeräte, durch die elektrische Maschinen vom Stillstand in den Betriebszustand gebracht werden, heißen Anlasser. Man unterscheidet Anlasser für

Drehstrommotoren mit Käfigläufer, Anlasser für Drehstrommotoren mit Schleifringläufer und Anlasser für Gleichstrommotoren. Werden Anlasser auch noch zum Verstellen der Drehzahl der Maschine benützt, so bezeichnet man sie als Anlaß-Steller.

In der Regel sind Anlasser mit Draht- oder Gußeisenwiderständen ausgestattet. Für Hochspannungsmotoren (Schleifringläufer) großer Leistung kommen auch Flüssigkeitsanlasser, bei denen eine stufenlose Verstellung möglich ist, in Frage.

Der Anlaßvorgang ist aus Bild 15.1 zu erkennen. Auf der ersten *Stellung* wird der Anlaßspitzenstrom I_2 eingeschaltet, der meist größer als der Motor-

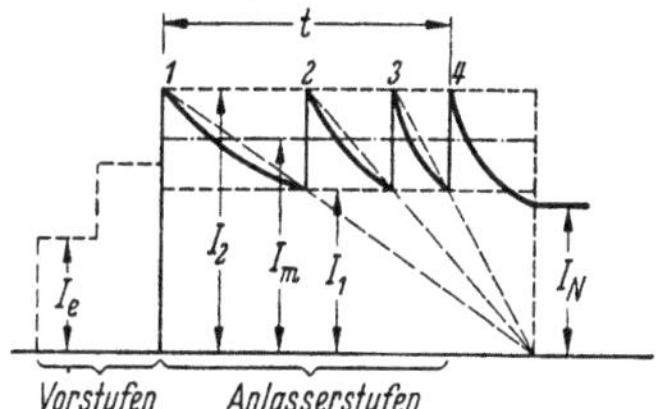

Bild 15.1. Anlaßvorgang

nennstrom I_N ist, damit der Antrieb bei gegebenem Widerstandsmoment ausreichend beschleunigt wird. Die Größe des gesamten Anlaßwiderstandes berechnet sich aus Spannung U und Anlaßspitzenstrom I_2. Mit der Beschleunigung des Motors sinkt der Strom, und wir schalten auf die nächste Stellung weiter, wenn derselbe auf den *Schaltstrom* I_1 gesunken ist. Die Abstufung der Widerstände ist so zu berechnen, daß der Strom beim Anlassen zwischen den Grenzen I_2 und I_1 bleibt. Der *mittlere Anlaßstrom* I_m kann gleich dem geometrischen Mittel $\sqrt{I_1 \cdot I_2}$ gesetzt werden. Der Anlaßstrom muß um so größer sein, je größer das Widerstandsmoment und das Beschleunigungsmoment während des Anlaufs ist. Man spricht daher von der *Schwere des Anlaufes*, welche durch das Verhältnis $f = I_m/I_N \approx M_m/M_N$ dargestellt ist. Hierbei sind durch die VDE-Bestimmungen VDE 0660 Teil 3 Werte festgelegt, nämlich:

$f = 0{,}7$ für Halblastanlauf (z. B. Drehmaschinen, Schleifmaschinen, Stanzen, Umformer),

$f = 1{,}0$ für Lüfteranlauf (z. B. Lüfter, Kreiselpumpen),

$f = 1{,}4$ für Vollastanlauf (z. B. Werkzeugmaschinen unter Last, Mühlen),

$f = 2{,}0$ für Überlast- (Schwer-) Anlauf (z. B. Kneter, Brecher).

Der Strom I_2 ist unter Berücksichtigung des Netzes und des Motors passend zu wählen. Ein großer Wert führt zu einer kleinen, ein kleiner Wert zu einer großen *Stufenzahl*. Der Schaltstrom I_1 läßt sich hieraus aus den obigen Beziehungen ermitteln.

Die *Stufung* des Anlaßwiderstandes ergibt sich aus zwei einfachen Beziehungen, die wir zunächst auf den Gleichstrom-*Reihenschlußmotor* anwenden wollen. Für diesen besteht bei *konstanter* Drehzahl zwischen der inneren Spannung U_q des Motors und seinem Strom eine Abhängigkeit, wie wir sie früher in der Leerlaufkennlinie kennengelernt haben (Magnetisierungslinie). Eine zweite Beziehung ist durch das Ohmsche Gesetz gegeben, da die innere Spannung $U_q = U - (R_A + R_E + R_{AV}) \cdot I$ sein muß, worin $R_A + R_E$ der gesamte Motorwiderstand und R_{AV} der Anlaßwiderstand ist. Diese letztere Beziehung läßt sich bei konstantem Widerstand durch eine Gerade darstellen, welche mit wachsendem

Strom absinkt und welche für $I = 0$ den Wert $U_q = U$ ergibt. In Bild 15.2 sind vertikal die Spannungen und horizontal die Ströme aufgetragen. Bei Einschaltung der ersten Stellung stellt sich zuerst der Strom I_2 ein. Mit dem Anlauf des Motors sinkt der Strom, und er muß dies, da der Widerstand dabei konstant ist, nach der zweiten Beziehung tun, also nach einer Geraden $A - B$. Wenn der Strom I_1 erreicht ist, schalten wir um. In dieser

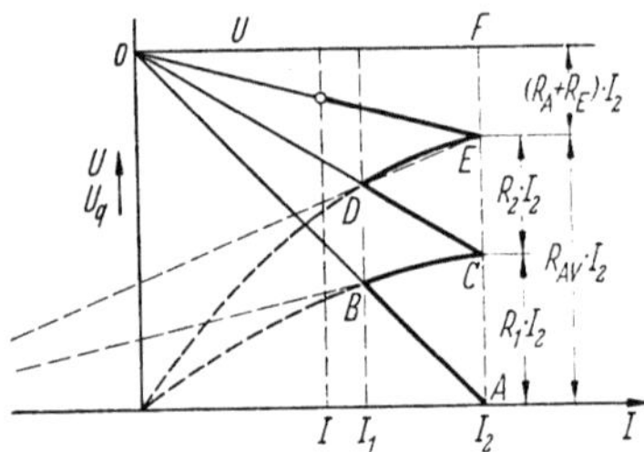

Bild 15.2. Anlasserstufung für einen
Reihenschlußmotor

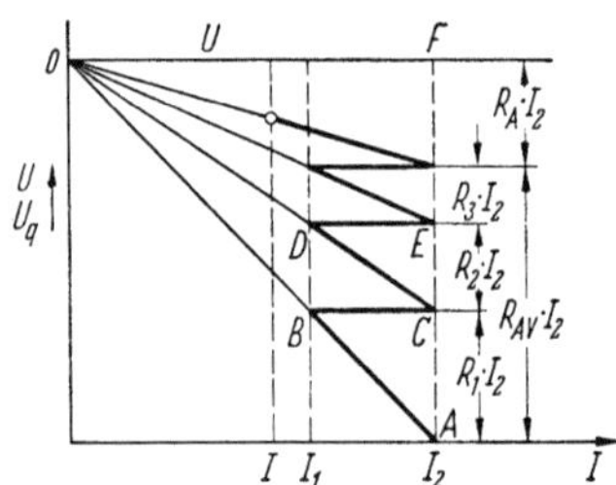

Bild 15.3. Anlasserstufung für einen
Nebenschlußmotor

kurzen Zeit kann sich die Drehzahl nicht ändern, so daß für den Umschaltungsvorgang die erste Beziehung gilt. Wir zeichnen daher durch B eine Spannungskennlinie, die man einfach durch Verkürzung der Ordinaten einer normalen Kennlinie erhält. Der Strom soll bei dem Umschalten wieder auf seinen alten Wert I_2 steigen (Punkt C). Unter diesem großen Strom beschleunigt sich der Motor abermals, der Strom sinkt dadurch wieder ab, und zwar nach der Geraden $C - D$. Beim Weiterschalten steigt dann der Strom nach der Kennlinie $D - E$ usw., bis nur noch der Motorwiderstand $R_A + R_E$ vorhanden ist. Zur Vereinfachung der Zeichnung kann man statt der Kennlinien Geraden $B - C$, $D - E$, die sich in einem Punkte schneiden, ziehen. Nach der genannten zweiten Beziehung ist bei dem Strom I_2 die Strecke $\overline{AF} = (R_A + R_E + R_{AV}) \cdot I_2 = U$. Nach Abschaltung der ersten Stufe wird in den übrigen Widerständen bei demselben Strom der durch die Strecke $\overline{CF}$ dargestellte Spannungsfall auftreten. Man erkennt, daß die Strecken $\overline{AC}\ \overline{CE}$ usw. die Widerstandsstufen in einem bestimmten Maßstab darstellen, der leicht zu bestimmen ist, weil der Gesamtwiderstand bekannt ist. Zur Festlegung des Motorwiderstandes $R_A + R_E$ wird angenommen, daß von den gesamten Motorverlusten $^2/_3$ Stromwärmeverluste seien. Die Einteilung vollzieht sich praktisch also einfach in der Weise, daß man nach Annahme der Ströme den Gesamtwiderstand $\overline{AF}$ aufträgt und die Zickzacklinie zeichnet, wobei zuletzt gerade $R_A + R_E$ übrig bleiben soll. Tut es dies nicht, so müssen die Ströme abgeändert werden. Bei einem *Nebenschlußmotor* ist die oben genannte erste Beziehung durch eine horizontale Gerade dargestellt, weil die innere Spannung desselben bei konstanter Drehzahl und Erregung sich nicht ändert. (Den Motorwiderstand denkt man sich hierbei aus dem Motor herausverlegt und mit dem Anlaßwiderstand vereinigt.) Der Stromanstieg $B - C$, $D - E$ muß daher durch horizontale Geraden eingetragen werden (Bild 15.3). Ein Vergleich mit Bild 15.2 zeigt, daß ein Nebenschlußmotor mit seiner geometrischen Abstufung mehr Stufen braucht als ein Reihenschlußmotor unter sonst gleichen Verhältnissen.

Bei einem *Drehstrommotor* kann die Stufung aus dem Heylanddiagramm gewonnen werden, indem man die beiden Grenzströme, zwischen denen sich der Anlaßvorgang abspielt, in das Diagramm einträgt. Für jede Stufe kann man sich nun einen besonderen Drehzahlmaßstab einzeichnen, wodurch sich die Aufteilung des Anlaßwiderstandes ergibt.

Zu dem gleichen Ergebnis kommt man, wenn man Bild 15.3 für den Drehstrommotor benutzt. Bei konstantem Widerstand liegt der Strom, da man von der geringen Induktivität absehen kann, auf den Geraden $O - A$, $O - C$. Beim Umschalten bleibt die Drehzahl und damit die Läuferspannung konstant. Die Stromänderungen $B - C$, $D - E$ sind daher wie bei dem Nebenschlußmotor horizontal einzutragen.

15.3 Ausführung der Anlaßvorrichtungen

a) Anlaßschalter. Kleine Gleichstrommotoren bis etwa 5 kW (als Nebenschlußmotor nur im Leerlauf) können unmittelbar mit Anlaßschalter an das Netz gelegt werden. Drehstrommotoren werden als Kurzschlußläufermotoren mit Doppelkäfig- oder Stromverdrängungsläufer bis zu sehr großen Leistungen unmittelbar oder mit Stern-Dreiecksschalter (Bild 8.13) geschaltet, wobei die Anschlußbedingungen des Elektrizitätsversorgungsnunternehmens zu beachten sind. Die Anlaßschalter werden bei kleinen Leistungen als *Drehschalter*, bei größeren Leistungen als *Walzenschalter* ausgeführt. Bild 15.4 stellt die Schal-

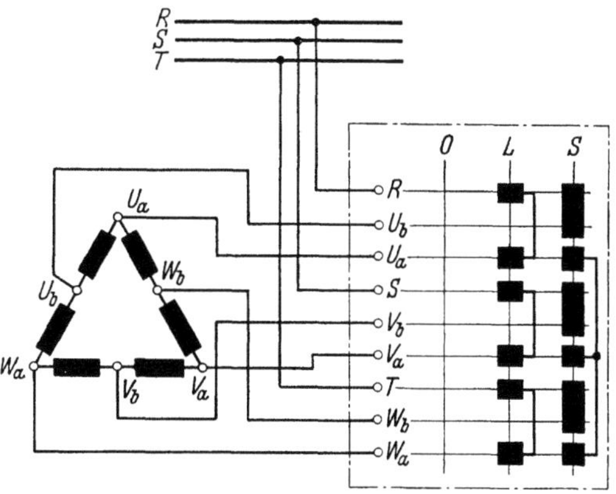

Bild 15.4. Polumschaltung

tung eines Polumschalters für einen Kurzschlußmotor dar (Dahlanderschaltung). Auf der Stellung *L* läuft der Motor mit hoher Polzahl langsam, auf Stellung *S* mit halber Polzahl doppelt so schnell. Bei diesen Schaltern, wie auch bei den Stern-Dreieckschaltern, sind zur Erzielung der Drehrichtungsumkehr an den Zuleitungen zum Schalter zwei der Netzleitungen zu vertauschen.

115. Beispiel. Ein Doppelkäfig-Kurzschlußläufermotor 6 kW, 380 V, $n = 1420\,\text{min}^{-1}$ treibt eine Spülpumpe an. Der Anlauf hat sich als zu hart herausgestellt, und es wird daher vorgeschlagen, statt unmittelbarer Einschaltung einen Stern-Dreiecksschalter anzuwenden. Der Anlauf ist zu untersuchen.
Das Drehmoment des Motors bei Nennlast ist:

$$M_\text{N} = P_\text{N}/w_\text{N} = 6 \cdot 10^3\,\text{W}/(6{,}28 \cdot 23{,}7\,\text{s}^{-1}) = 40{,}3\,\text{Nm}\,.$$

Um die Anlaufzeit zu ermitteln, muß man das früher angeführte Verfahren (Kapitel 13.2.2) benutzen. Wir wollen vereinfachend aus Bild 15.5 das mittlere Moment bilden, welches bei direkter Einschaltung zur Beschleunigung zur Verfügung steht. Es sind dies die Momente, die zwischen der Drehmomentlinie des in Dreieck geschalteten Motors $(M/M_\text{N})_\Delta$ und der Momentenlinie der Arbeitsmaschine M_w/M_N liegen. Der Mittelwert dieser Momente ist $1{,}22 \cdot 40{,}3\,\text{Nm} = 49{,}2\,\text{Nm}$. Nach Gl. (13.20) ist daher bei einem Gesamtträgheitsmoment von Anker und Arbeitsmaschine von $J = 0{,}0875\,\text{kgm}^2$:

$$t_1 = \frac{0{,}0875\,\text{kgm}^2 \cdot 6{,}28 \cdot 23{,}7\,\text{s}^{-1}}{49{,}2\,\text{Nm}} = 0{,}27\,\text{s}\,.$$

Durch die Sternschaltung sinkt das Motormoment auf $^1/_3$, der Strangstrom etwa auf $1/\sqrt{3}$, der Leitungsstrom auf $^1/_3$ der Werte bei Dreieckschaltung. Zur Beschleunigung stehen jetzt nur noch die durch Schraffung dargestellten Momente zwischen $(M/M_\text{N})_\lambda$ und M_w/M_N

zur Verfügung, wobei der Motor nur bis $n/n_0 = 0{,}75$, also bis $n = 1125\ \mathrm{min^{-1}}$, hochlaufen kann. Dann muß auf Dreieck umgeschaltet werden, und es kommen dann die Momente zwischen $(M/M_N)_\Delta$ und M_w/M_N zur Entwicklung. Ohne Zweifel ist durch die Stern-

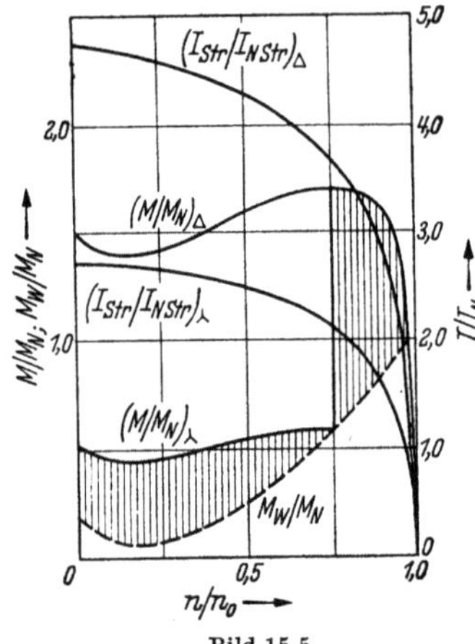

Bild 15.5

Dreieckschaltung der Anlauf sanfter geworden, auch ist die Stromaufnahme zurückge‑ gangen. Aber ideal ist der Anlauf keineswegs, weil in Sternschaltung eine stärkere Be‑ schleunigung und eine höhere Enddrehzahl erwünscht gewesen wäre, der Stromsprung bei Umschaltung auf Δ-Schaltung wäre dann geringer ausgefallen.

Die Anlaufzeit bis $n = 1125\ \mathrm{min^{-1}}$ beträgt bei einem mittleren Beschleunigungsmoment von $0{,}29 \cdot 40{,}3\ \mathrm{Nm} = 11{,}7\ \mathrm{Nm}$

$$t_\curlywedge = \frac{0{,}0875\ \mathrm{kgm^2} \cdot 6{,}28 \cdot 18{,}75\ \mathrm{s^{-1}}}{11{,}7\ \mathrm{Nm}} = 0{,}88\ \mathrm{s}\ .$$

Nach der Umschaltung ist der Mittelwert des Beschleunigungsmomentes $32{,}2\ \mathrm{Nm}$, und daher die Zeit:

$$t_\Delta = \frac{0{,}0875\ \mathrm{kgm^2} \cdot 6{,}28 \cdot (23{,}7 - 18{,}75)\ \mathrm{s^{-1}}}{32{,}2\ \mathrm{Nm}} = 0{,}084\ \mathrm{s}\ ,$$

also die Gesamtanlaufzeit $t_2 = t_\curlywedge + t_\Delta = (0{,}88 + 0{,}084)\ \mathrm{s} = 0{,}96\ \mathrm{s}$, gegen $t_1 = 0{,}27\ \mathrm{s}$ bei unmittelbarer Einschaltung.

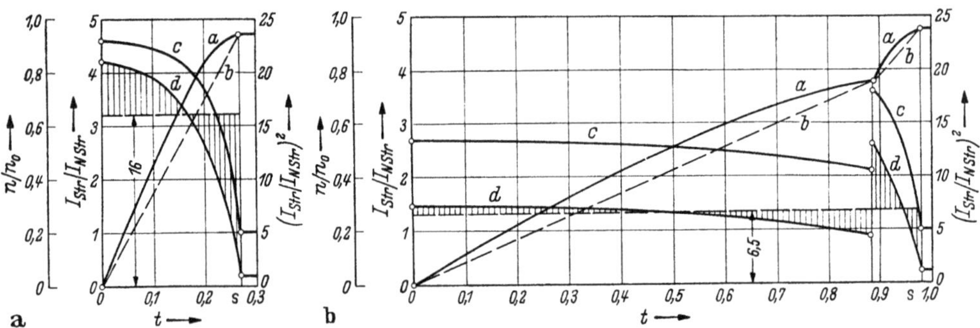

Bild 15.6. Zur Bestimmung der Anlauferwärmung. a. Dreieckschaltung; b. Sterndreieckumschaltung. a. Drehzahlverlauf n/n_0; b. näherungsweise ermittelter Drehzahlverlauf n/n_0; c. Stromverlauf je Strang $I_{Str}/I_{N\,Str}$ (Maßstab links); d. Stromquadratkurve je Strang $(I_{Str}/I_{N\,Str})^2$ (Maßstab rechts)

Um die in beiden Fällen auftretenden Stromwärmeverluste $I^2 \cdot R \cdot t$ im Motor mitein‑ ander vergleichen zu können, wird der Effektivwert des Strangstromes ermittelt. Man trägt die relative Drehzahl n/n_0 und mit den Werten aus Bild 15.5 den relativen Strangstrom $I_{str}/I_{N\,str}$ für beide Fälle in Abhängigkeit von der Zeit auf (Bild 15.6). Dann rechnet man $(I_{str}/I_{N\,str})^2$ aus und ermittelt die unter der Kurve $(I_{str}/I_{N\,str})^2 = f(t)$ liegende Fläche. Das flächengleiche Rechteck besitzt bei Dreieckschaltung (Bild 15.6a) die Höhe $(I_{str}/I_{N\,str})^2 =$ $= 16$ und bei Sterndreieckanlauf (Bild 15.6b) $(I_{str}/I_{N\,str})^2 = 6{,}5$. Die Stromwärmeverluste verhalten sich bei den zwei verschiedenen Anlaufvorgängen wie $P_{v\Delta}/P_{v\,\lambda/\Delta} =$ $= 16 \cdot 0{,}27 \cdot s/(6{,}5 \cdot 0{,}96\ s) = 1/1{,}44$. Man erkennt, daß der λ/Δ-Anlauf den Motor thermisch beachtlich mehr beansprucht. Bei Anlauf ohne Widerstandsmoment würden sich die Stromwärmeverluste in den beiden Fällen wie $1:1$ verhalten, da in diesem Fall nur die zu beschleunigenden Massen die Stromwärmeverluste bestimmen.

b) Flachbahnanlasser. Sie sind für eine geringe Anlaßhäufigkeit, etwa fünf bis acht Anlaßvorgänge je Stunde, bestimmt und bestehen meist aus einer Schaltplatte, auf welcher die Kontaktstücke im Kreise angeordnet sind. Die Widerstände sind dem Stufenschalter unmittelbar angebaut.

Die *Anlaßzahl z* ist die Zahl der hintereinander zulässigen Anlaßvorgänge vom kalten Zustand des Anlassers bis zum Erreichen der Grenzübertemperatur des Kühlmittels. Bei der Bestimmung der Anlaßzahl z werden zwischen je zwei Anlaßvorgängen eine Pause von der Größe der doppelten Anlaßzeit eingelegt.

Die Anlaßzahl z läßt sich aus dem Verhältnis $W_z/W_t = z$ errechnen. Hierin ist W_z die für einen bestimmten Anlasser zulässige Anlaßarbeit, W_t die für einen bestimmten Anlaßvorgang tatsächlich auftretende Anlaßarbeit. Die Größe z wird mindestens gleich zwei gewählt, damit ein zweiter Anlauf ohne wesentliche Wartezeit emöglich ist.

Die *Anlaßhäufigkeit h* gibt an, wie oft je Stunde in etwa gleichen Abständen angelassen werden kann, wenn nach jedem Anlauf die Grenzübertemperatur erreicht wird. Näherungsweise ist für Gußeisenwiderstände $h \approx 5 \cdot z$, für Drahtwiderstände $h \approx 7{,}5 \cdot z$. Für ölgekühlte Anlasser werden von den Herstellern besondere Kurven oder Tabellen für z und h als Funktion von W_t angegeben.

Luftkühlung ist nur in sauberen und trockenen Räumen möglich. In feuchten und staubigen Räumen wählt man *Ölkühlung* oder in seltenen Fällen Sandkühlung. Bild 15.7 veranschaulicht den Aufbau eines Ölanlassers. Anlasser

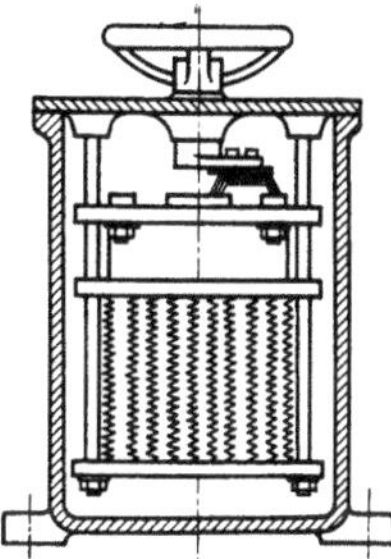

Bild 15.7. Ölgekühlter Anlasser

für Motoren *ohne Aufsicht* erhalten zweckmäßig eine *Spannungsrückgangsauslösung,* welche den Motor bei einer größeren Spannungsverminderung oder Spannungsausfall ausschaltet, damit beim Ausbleiben und darauffolgender Wiederkehr der Netzspannung der Motor nicht ohne Anlaßwiderstände anläuft.

Hauptstromdrehzahlsteller (früher als *Regelanlasser* bezeichnet) werden meist mit Luft gekühlt.

c) Flüssigkeitsanlasser. Sie bestehen meist aus sichelförmigen Eisenblechen, welche mittels selbstsperrenden Getriebes langsam in eine leitende Flüssigkeit (z. B. Sodalösung) eingesenkt werden können, wobei sich zum Schluß ein metallischer Kontakt schließt. Ihrer Einfachheit wegen werden sie gern als Behelfsanlasser in Prüffeldern und Laboratorien verwendet, jedoch kommen sie auch zur dauernden Drehzahleinstellung bei großen Leistungen vor (Schlupfwiderstände bei Fördermaschinen). Bei Dauerbetrieb ist es nicht zweckmäßig, eine Sodalösung als Widerstand zu verwenden, weil dieselbe leicht zum Kochen kommt und dann überschäumt. In solchen Fällen wird gewöhnliches Wasser vorgezogen, welches seines höheren Widerstandes wegen zwar größere Anlasserabmessungen bedingt, aber mit 100° betrieben werden kann (sonst nur bis 60°), wodurch die hohe Verdampfungswärme des Wassers zur Ausnutzung kommt. Als Nachteil der Flüssigkeitsanlasser ist die oft mangelhafte Isolation und die nicht ungefährliche Knallgasbildung zu nennen.

d) Walzenbahnanlasser. Während bei den Flachbahnanlassern der Kurbelkontakt sämtliche Stufen schalten muß, hat der Walzenbahnanlasser für jeden Walzenkontakt seinen besonderen Kontaktfinger und kann daher, insbesondere in der für Krane gebräuchlichen Form mit getrennten Widerständen, bis zu 240 Schaltungen je Stunde aushalten. Eine Walze, welche isolierte Ringsegmente trägt, wird mittels Kurbel, Handrad oder Hebel gedreht, wobei feststehende Kontaktfinger auf die Segmente auflaufen und dadurch die Anlaßschaltung vollziehen. Eine Rastscheibe mit Halterolle sorgt für die Einhaltung der Stellungen. Um Kurzschlüsse zwischen den nahe beieinander liegenden Kontaktfingern unmöglich zu machen, liegt eine Lichtbogenlöschkammer aus feuersicherem Isolierstoff dazwischen. Eine meist vom Hauptstrom durchflossene Funkenblasspule erzeugt zwischen der eisernen Walzenachse und dem Träger der Löschkammer ein magnetisches Feld, durch welches die entstehenden Lichtbögen eine kräftige, magnetische Blasung erfahren. Bild 15.8 stellt das

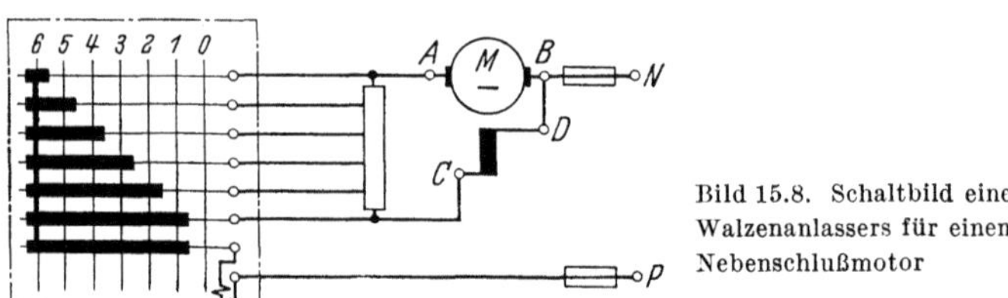

Bild 15.8. Schaltbild eines Walzenanlassers für einen Nebenschlußmotor

Schaltbild einer Anlaßwalze für einen Nebenschlußmotor dar. Man hat sich die Walze an einer Mantellinie aufgeschnitten und in die Ebene ausgerollt zu denken und kann die Schaltung verfolgen, wenn man sich die durch kleine Kreise angedeutete Fingerreihe der Reihe nach auf die durch Vertikallinien angegebenen Stellungen gerückt denkt. Die Widerstände können rückseits der Walze angebaut sein. Bei Dauerbetrieb ist es jedoch wegen der starken Wärmeentwicklung zweckmäßiger, getrennte Widerstandskästen anzuordnen. Drehstrom-*Hochspannungs*motoren erhalten zur Schaltung des Ständers einen Hochspannungsleistungstrennschalter, während die Läuferwiderstände mit einer normalen Anlaßwalze geschaltet werden (s. Bild 16.3).

Für Krane und Bahnen sind *Umkehr*-Steuerwalzen erforderlich, welche den Motor in beiden Drehrichtungen zu steuern gestatten. Die Anordnung wird, wo ein ständiger Wechsel der Drehrichtung zu erwarten ist (Krane), so getroffen, daß die Walze eine vollständige Segmentreihe sowohl für Vorwärts- als auch für Rückwärtsfahrt hat. Bei Bahnen, bei denen die Fahrtrichtung selten gewechselt wird, ist die Anbringung einer kleinen Umschaltwalze zweckmäßiger, die gewöhnlich mechanisch verriegelt wird, damit eine Umschaltung nicht während der Einschaltung der Widerstandswalze vorgenommen werden kann. Krane erhalten zur Vereinfachung der Bedienung meist *Doppelsteuerwalzen* mit einem gemeinsamen Betätigungselement für zwei Walzen.

e) Steuerschalter. Sie bestehen aus einer Reihe von übereinander angeordneten Einzelschaltern, die mittels Nockenwelle von Hand, magnetisch oder motorisch bewegt werden können und haben den Steuerwalzen gegenüber den Vorteil, daß sich auf einfache Weise beliebige Schaltkombinationen herstellen lassen. Sie finden heute bei den verschiedenartigsten Motorsteuerungen in steigendem Maße Verwendung. Der Abbrand ist gering, so daß sie für hohe

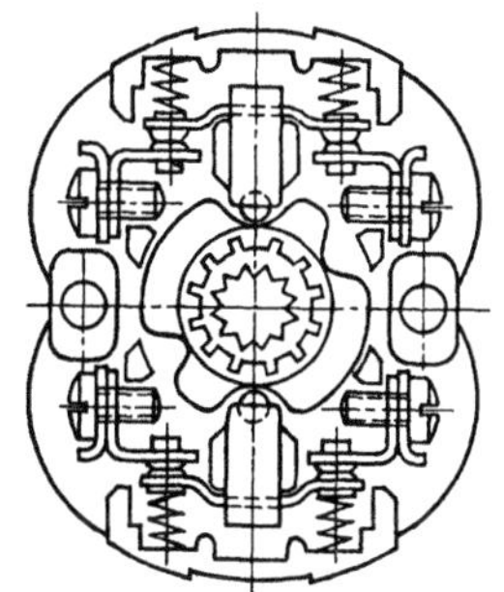

Bild 15.9. Nockenschalterelement

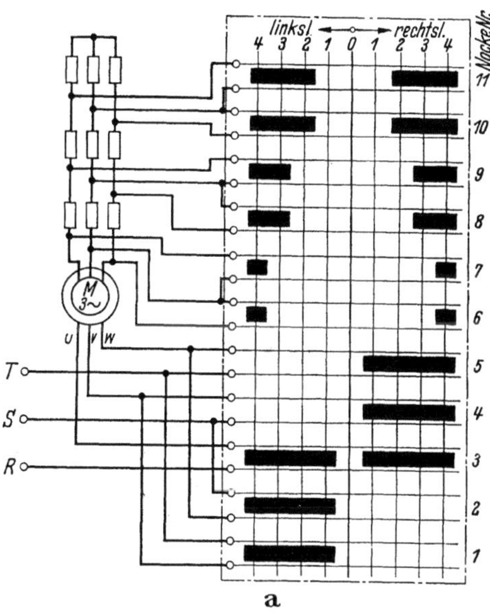

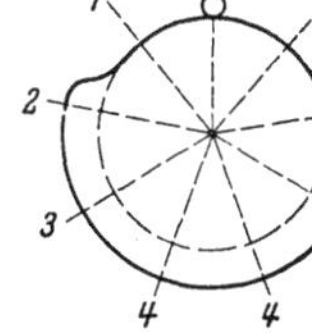

Bild 15.10 a. Umkehrsteuerschalter (Nockenschalter) in genormter Darstellung; b. Nocke Nr. 11 mit schematischer Darstellung des Schaltkontaktes 11

Schalthäufigkeiten verwendet werden können. Bild 15.9 zeigt schematisch eine Schaltebene eines nockenbetätigten Steuerschaltelementes. Solche Schalter werden für Wechselstrom bis etwa 200 A Nennstrom gebaut, wobei bis zu

12 Schaltebenen übereinander mit je zwei doppelunterbrechenden Kontakten auf einer Achse angeordnet werden können. Sind für umfangreiche Schaltprogramme mehr als 24 Kontakte erforderlich, so werden zwei oder mehr Schaltsäulen nebeneinander angeordnet und über ein Getriebe mit einem gemeinsamen Griff angetrieben.

Bild 15.10 zeigt das Schaltbild eines Umkehr-Steuerschalters für Drehstrom. Die unteren fünf Schaltkontakte schalten den Ständer, die oberen sechs den Läufer.

f) Schütze und Schützensteuerungen. Schütze sind elektromagnetisch oder pneumatisch betätigte Schaltgeräte mit Rückstellkraft. Wird die Spule eines elektromagnetisch betätigten Schützes erregt, so werden die Schaltkontakte von der Ruhelage in die Arbeitslage gebracht. Nach Abschalten der Erregung gehen die Kontakte durch die Rückstellkraft (Feder- oder Schwerkraft) unverzögert in die Ruhelage zurück. Im allgemeinen besitzen die handelsüblichen Drehstromschütze drei oder vier Hauptkontakte und zwei oder mehr Hilfskontakte. Grundsätzlich kommen 3 verschiedene Kontaktarten, nämlich *Schließer, Öffner und Wechsler* zur Anwendung. Bild 15.11 zeigt das verein-

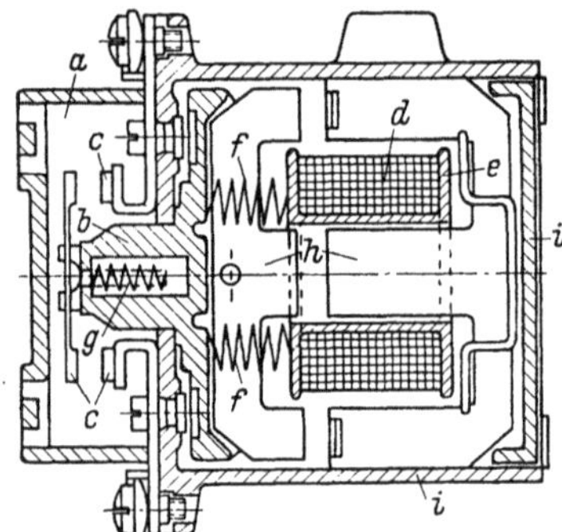

Bild 15.11. Luftschütz.
a. Lichtbogenlöschkammer;
b. Schaltstückträger;
c. Schaltstücke; d. Spule;
e. Spulenkörper;
f. Rückstellfedern;
g. Schaltstückfederung;
h. Blechpakt (Elektroblech);
i. Sockel

fachte Schnittbild eines kleinen elektromagnetisch betätigten Luftschützes, während Bild 15.12 die genormte Darstellung eines Schützes mit 3 Hauptkontakten (Schließer) und drei Hilfskontakten (1 Schließer, 1 Öffner und 1 Wechsler) zeigt. Die Schaltzeichennormen werden wie alle Normen durch

Bild 15.12. Normschaltzeichen eines Schützes (nach DIN 40 713, Beiblatt 1)

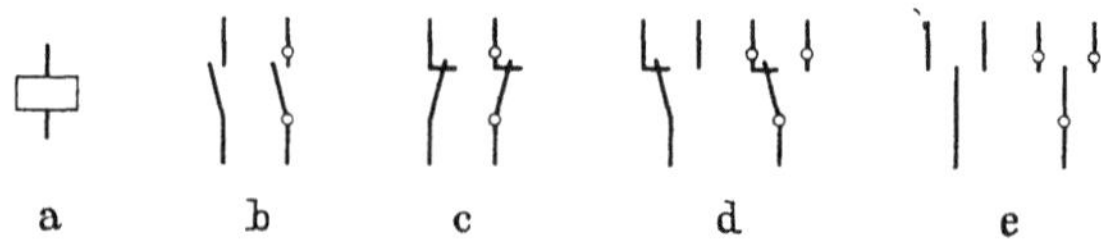

a   b   c   d   e

Bild 15.13. Schaltglieder nach DIN 40713. a. Elektromechanischer oder elektromagnetischer Antrieb mit selbsttätigem Rückgang; b. Einschaltglied, Schließer; c. Ausschaltglied, Öffner; d. Umschaltglied, Wechsler; e. Einschaltglied, Zweiwegschließer mit drei Schaltstellungen; bei den Schaltgliedern b bis e sind jeweils Form 1 und Form 2 angegeben

Neuausgaben von Normblättern ständig auf den neuesten Stand gebracht. Eine weitgehende Angleichung der Schaltzeichennormen an die internationalen IEC-Publikationen wird angestrebt. Die in Bild 15.13 gezeigten Schaltzeichen wurden der Ausgabe DIN 40713 Juni 1970 entnommen. Sie sind den IEC-Schaltzeichen sehr ähnlich. Ein Mißverständnis bei Benutzung dieser Schaltzeichen im internationalen Gebrauch ist praktisch ausgeschlossen. Die Hauptkontakte von Schützen werden bei größeren Schaltleistungen meist nur als Schließer ausgeführt, während die Hilfskontakte Schließer, Öffner oder Wechsler sein können, die aber nur für die verhältnismäßig geringen Steuerströme bemessen sind. Für bestimmte Sonderzwecke gibt es auch Remanenz-Hilfsschütze. Diese bleiben bei Spannungsausfall auf unbegrenzte Zeit eingeschaltet. Die Ausschaltung erfolgt durch einen Gegenstromimpuls.

Bei den Schaltbildern sind entsprechend den Normen grundsätzlich alle Kontakte in Ruhelage zu zeichnen, also bei Relais und Schützen in derjenigen Stellung, die bei stromloser Spule auftritt.

Im Bahnbetrieb finden auch Schütze mit Druckluftbetätigung Anwendung. Durch Zusammenschaltung einer Reihe von Schützen, die den Motor und die Stufen der Widerstände schalten, erhält man eine *Schützensteuerung*, mit welcher normal Schaltleistungen bis 3000 Schaltungen je Stunde bewältigt werden können, ohne daß das Schalten dem Bedienenden größere Anstrengungen verursacht, weil es wegen der kleinen Spulenströme mit kleinen Hilfsschaltern (Tastschalter, Meisterwalze usw.) erfolgt.

Bei hohen zu steuernden Leistungen sind auch die Anforderungen an das Steuergerät entsprechend groß. Man hat daher *Meisterschalter* (Befehlsschalter) entwickelt, welche mit Nockenschaltern sehr leicht und betriebssicher arbeiten und die nur die Steuerströme der Schütze schalten. Bei schweren Betrieben läßt man den Bedienenden nur die beiden Umkehrschütze steuern, während die Schütze für die Anlaßwiderstände sich selbsttätig bis zur Volleinschaltung des Motors fortschalten.

Bild 15.14 stellt den Stromlaufplan einer Schützensteuerung für einen Gleichstrom-Reihenschlußmotor dar. Zum Schalten der Widerstände sind vier einpolige und zum Schalten und Umkehren des Motors zwei dreipolige Schütze mit je einem Hilfskontakt vorgesehen. Die Schaltung ist einfach zu verfolgen. Wenn man die Meisterwalze auf „vorwärts" stellt, zieht Schütz c1 an und schaltet den Motor im Vorwärtssinne ein, während bei Drehung auf „rückwärts" Schütz c2 zur Einschaltung kommt. Damit beide nicht bei einer Störung einmal gleichzeitig angezogen bleiben (Netzkurzschluß), ist der Spulenstrom des Schützes c1 über Hilfskontakte des Schützes c2 geführt und umgekehrt. Beim Weiterdrehen der Walze auf die Stellungen 2 bis 5 ziehen die Schütze c3 bis c6 an und schalten die Widerstände ab, wobei die nicht unbedingt gebrauchten Schütze immer wieder zur Abschaltung kommen. Derartige Schützensteuerungen können in sauberen Räumen offen, jedoch gegen Berührung geschützt angebracht werden. In staubigen Räumen ist Unterbringung in Schaltschränken zu empfehlen.

Schütze ohne metallische Unterbrecherkontakte können mit den früher betrachteten Thyristoren und Triacs gebildet werden, wobei sehr große Stromstärken mit großer Sicherheit geschaltet werden können. Man benötigt *zwei* Thyristoren (Bild 11.19), die gegensinnig (Antiparallelschaltung) geschaltet werden. Der Verbraucher Z ist von Wechselstrom durchflossen und kann beliebiger Art sein, z. B. eine Schweißmaschine mit Widerstandsschweißung.

g) Anlasser mit elektrischer Betätigung (Selbstanlasser). Sie nehmen dem
Bedienenden das Anlassen ab, so daß er seine Aufmerksamkeit ganz dem Arbeitsvorgang selbst schenken kann. Sie erlauben das Anlassen aus beliebigen Ent-

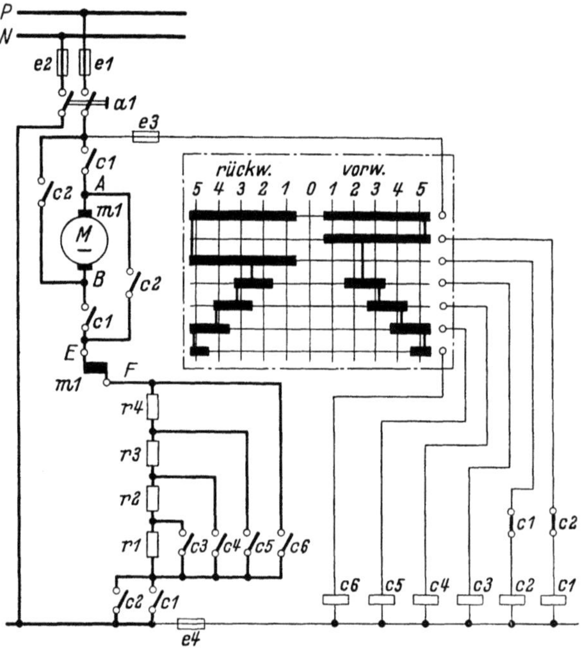

Bild 15.14. Stromlaufplan einer Schützensteuerung mit Gleichstromreihenschlußmotor und Meisterwalze

fernungen und ermöglichen die Inbetriebsetzung von Arbeitsmaschinen in
Abhängigkeit von bestimmten Zustandsgrößen, wie eines Drucks, einer Temperatur oder der Zeit. Ein Betriebsvorgang kann dadurch völlig selbsttätig
gestaltet werden, wobei es bei Benutzung der Schützenselbstanlasser außerdem
leicht möglich ist, alle für einen geordneten Betriebsablauf notwendigen Ab-
hängigkeits- und Sicherheitsschaltungen meist ohne zusätzliche Geräte einzu-
fügen.

Grundsätzlich sind bei der Fortschaltung eines Selbstanlassers zwei Möglichkeiten zu unterscheiden:

1. Die Impulse für das stufenweise Weiterschalten werden von den elektrischen Größen des Stromkreises (Strom, Spannung oder Leistung) oder der
Maschine (Drehzahl) gegeben.

2. Der Schaltvorgang ist *unabhängig* von dem gesteuerten Stromkreis und
durch zeitliche Festwerte eines Zeitwerks, eines *Zeitwächters* od. dgl. bestimmt.

Selbstanlasser der ersten Art waren früher bevorzugt, weil man den Anlaßvorgang der Schwere des Anlaufs anpassen und den Motor vor Überlastungen
schützen wollte. Sie haben jedoch einen Nachteil insofern, als z. B. eine vom
Strom abhängige Selbstschaltung bei sehr schwerem Anlauf im Anlaßvorgang
stecken bleiben kann, weil der Anlaßstrom nicht auf den zum Weiterschalten
nötigen Mindestwert absinkt. Der Widerstand und auch der Motor ist dadurch
gefährdet. Selbstanlasser der zweiten Art führen hingegen den Schaltvorgang

ohne Rücksicht auf den Motor immer zu Ende. Da man heute in der Lage ist, anderweitig für einen ausreichenden Motorschutz zu sorgen, ist dieser Umstand nicht mehr als Nachteil dieser Anlasser anzuführen. Sie werden daher heute in erster Linie angewandt.

Die einfachste Selbststeuerung erhält man, wenn bei kleiner Motorleistung verhältnismäßig große Schaltkräfte zur Verfügung stehen, wie z. B. bei der Steuerung eines Pumpen-Kurzschlußläufermotors durch einen Schwimmer. Der Schwimmer kann hierbei mittels eines *Anstoßschalters* unmittelbar den Motor bei Erreichung eines festgelegten Tiefstandes ein- und bei Erreichung des Höchststandes wieder ausschalten. Bild 15.15 zeigt eine Schwimmerschaltung

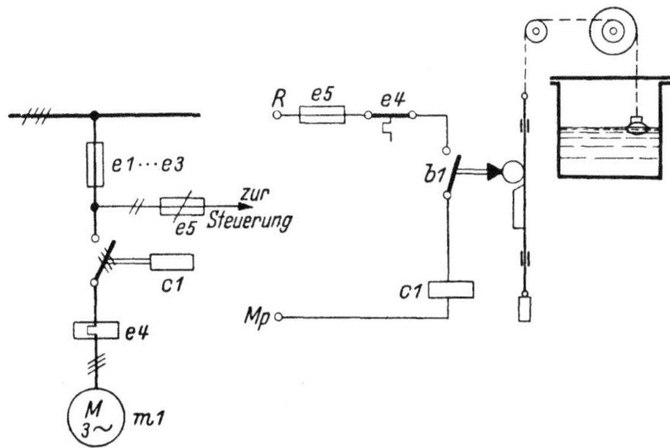

Bild 15.15. Übersichts- und Stromlaufplan eines Pumpenmotors mit schwimmergseteuertem Schütz

mit Schütz. Bei der selbsttätigen Abschaltung von Widerstands*stufen* muß eine *Verzögerungsvorrichtung* vorhanden sein, welche die zeitliche Folge der Abschaltung sichert. Dieselbe kann nach dem einen oder anderen der oben genannten Grundsätze wirken, wobei jede der früher beschriebenen Anlasserarten Anwendung finden kann. Selbstanlasser mit motorischem Antrieb können eine so große Übersetzung erhalten, daß das Anlassen hinreichend langsam wird. Leider wird dadurch auch die Schaltbewegung zu einer schleichenden, wodurch die Kontakte sehr gefährdet sind. Aus diesem Grunde werden bei größeren Leistungen die Schaltbewegungen von Stellung zu Stellung ruckweise durchgeführt. Meist bevorzugt man *Schützenselbstanlasser*, bei denen das ruckweise Schalten bereits durch das aufeinander folgende Anziehen der einzelnen Schützen gegeben ist. Die erforderliche Verzögerung desselben wird auch hier durch Mittel der oben erwähnten Art erreicht.

Bild 15.16 stellt die Schaltung eines Walzenselbstanlassers mit Hilfsmotorantrieb (m2) dar, bei welcher der Ständer durch ein Schütz c1 geschaltet wird. Bei fast allen derartigen Anlassern gibt es nur *eine* Bewegungsrichtung, es wird also das Ausschalten nicht durch *Zurück*drehen bewirkt. Bei stillstehendem Motor haben wir uns daher die Schaltfingerreihe auf der Linie 9 zu denken, auf welcher zuvor der Motor bei eingeschaltetem Schütz c1 im Betriebe war. Schließt man den Schalter a1, und zwar dauernd, so erhält der kleine Hilfsmotor m2 von R über den Öffner des Schützes c1 Strom und dreht die Walze weiter. Die Spule c1 erhält Strom, wenn der Finger a auf sein Segment aufläuft. Beim

Weiterdrehen der Walze verläßt aber der Finger *a* sein Segment wieder. Trotzdem fällt das Schütz nicht wieder ab, weil sich dasselbe mittels seines Schließers selbst den Spulenstromkreis geschlossen hält. Durch das Anziehen des Schützes kann der Strom des Hilfsmotors nicht mehr über den Öffner fließen, sondern

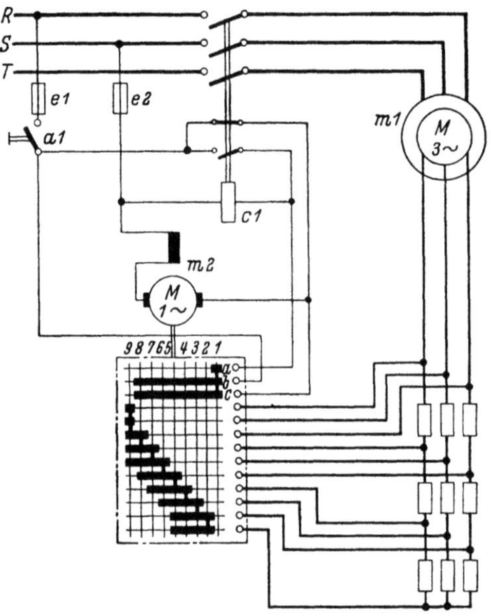

Bild 15.16. Drehstromselbstanlasserschaltung

muß seinen Weg über die Finger b und c und deren Segmente wählen. Sind nun alle Läuferwiderstände abgeschaltet (Stellung 9), dann soll die Walze stehen bleiben. Die Segmente der Finger b und c endigen daher nach der 8. Stellung. Es besteht keine Gefahr, wenn der Schalter a1, nachdem der Anlaßvorgang halb vollendet war, ausgeschaltet und später wieder eingeschaltet wird, da das Schütz c1 erst wieder bei Walzenstellung 1 einschaltet. Die Widerstände der drei Stränge werden in diesem Beispiel nicht gleichzeitig, sondern nacheinander abgeschaltet (u-, v-, w-Schaltung). Diese oft angewandte Schaltart ergibt zwar eine geringe Ungleichheit der Belastung in den Strängen, sie hat aber den Vorteil einer größeren Stetigkeit des Anlassens, weil statt der eigentlich hier vorgesehenen drei Stufen deren neun zur Wirkung kommen.

Die einfachste elektrische Steuerung ist bei Kurzschlußläufermotoren möglich, und das ist neben seinen sonstigen Vorzügen ein Hauptgrund für die bevorzugte Verwendung dieses Motors. Bild 15.17 zeigt den Übersichts- und Stromlaufschaltplan eines mittels Schützen durch Tastschalter gesteuerten Kurzschlußläufermotors. Schütz c1 schaltet zum Vorwärtslauf, Schütz c2 zum Rückwärtslauf ein. Damit beide Schütze niemals gleichzeitig eingeschaltet werden können, ist je der Spulenstrom des einen über einen Hilfskontakt (Öffner) des anderen Schützes geführt. Zum Anlassen braucht Tastschalter b1 bzw. b2 nicht dauernd eingeschaltet zu werden. Es genügt vielmehr ein kurzer Kontaktschluß, denn sobald das Schütz angezogen hat, schließt es seine Arbeits-

Hilfskontakte (Schließer) und überbrückt mit ihnen den Tastschalter. Dies hat den Vorteil, daß auch nach einem Ausbleiben der Spannung und Wiederkehr derselben, der Motor nicht von selbst anlaufen kann. Der Tastschalter $b3$ dient zum Ausschalten.

Die Schaltung eines durch Tastschalter gesteuerten zeitabhängigen Schützen-Selbstanlassers stellt Bild 15.18 dar. Durch Betätigen des Tastschalters $b1$

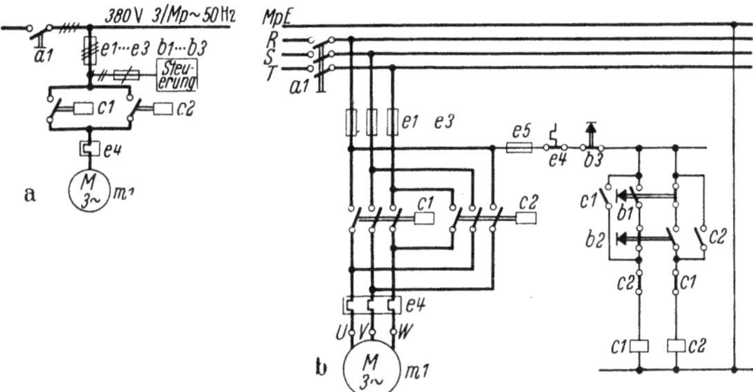

Bild 15.17. Wendeschaltung eines Kurzschlußläufermotors mit Schützen. a. Übersichtsschaltplan; b. Stromlaufplan

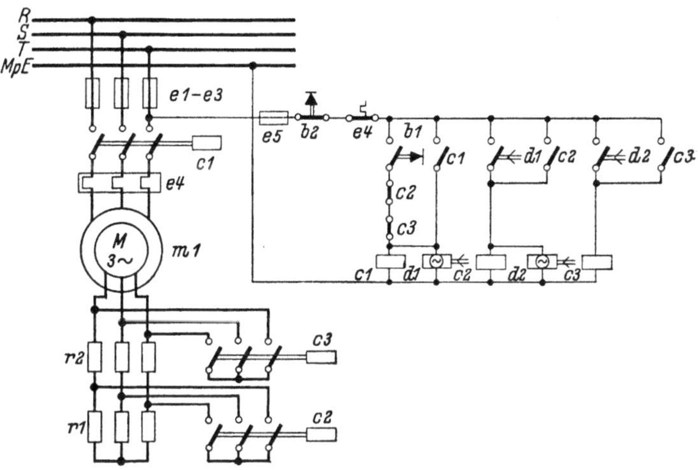

Bild 15.18. Anlaß-Tastschaltersteuerung eines Drehstrommotors mit Zeitrelais

erhält das Ständerschütz $c1$ Spannung und hält sich über den Arbeitskontakt selbst. Gleichzeitig läuft das Zeitrelais $d1$ an. Der Motor kommt über die Läuferwiderstände $r1 + r2$ zum Anlaufen. Ist die am Zeitrelais $d1$ eingestellte Zeit abgelaufen, so schaltet der Schließer von $d1$ die Schützspule von $c2$ ein, die sich über den eigenen Schließer selbst unter Strom hält. Widerstand $r1$ ist dadurch unwirksam. Entsprechendes gilt für Schütz $c3$. Zum Abschalten braucht nur Tastschalter $b2$ kurzzeitig betätigt werden. Es gehen dann alle Schütze und Zeitrelais in Ruhestellung zurück. Durch zwei Öffner von Schütz 3 könnte man auch noch die beiden Zeitrelais nach Beendigung des Hochlaufs stromlos machen. Hierbei ist zu beachten, daß die Kontakte an Schütz c3 so angeordnet sind, daß zuerst der Schließer schließt, und dann erst die Öffner öffnen. Als Zeitrelais kommen mechanisch-, pneumatisch-, thermisch- oder elektrisch verzögerte Geräte in Frage.

Die vom Motorstromkreis *abhängigen* Schützen-Selbststeuerungen werden in den meisten Fällen durch *Stromwächter* oder durch *Spannungswächter* weitergeschaltet. Bild 15.19 stellt eine Drehstromanlaßsteuerung mit Stromwächter e5

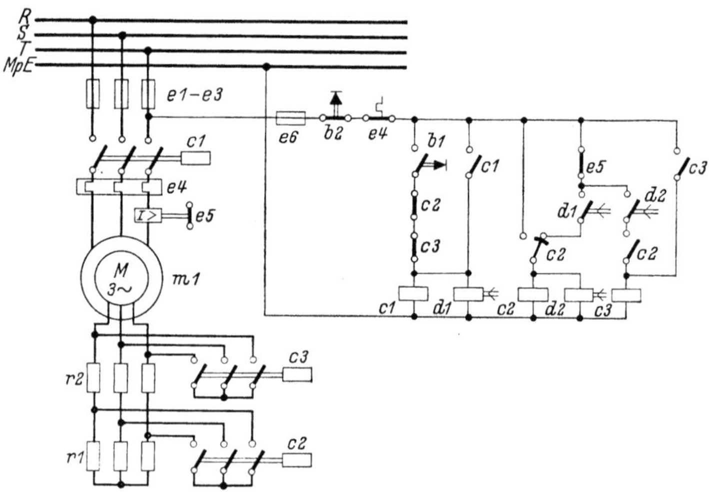

Bild 15.19. Stromabhängige Anlaß-Tastschaltersteuerung eines Drehstrommotors

dar. Das Ständerschütz c1 kommt durch einen Tastschalter zur Einschaltung, und der Motor läuft an. Der dabei auftretende Anlaßspitznestrom bringt den Stromwächter zum Anziehen, und er fällt erst wieder ab, wenn der Motorstrom auf den kleineren Schaltstrom gesunken ist. Der Wächter schaltet dadurch das erste Stufenschütz c2, wodurch erneut der dadurch auftretende Spitzenstrom den Stromwächter zum Anziehen bringt. Schütz c2 bleibt durch seinen Hilfskontakt eingeschaltet. Nachdem wiederum der Strom abgeklungen ist, schaltet der Wächter das Schütz c3 ein. Man erkennt, daß die Anlaßzeit von der Schwere des Anlaufs abhängt, ferner, daß ein einziger Wächter alle Stufenschütze steuert, wobei jedoch eine ganze Anzahl Hilfskontakte benötigt werden.

Die beiden Verzögerungshilfsrelais d1 und d2 werden benötigt, damit mit Sicherheit verhindert wird, daß Schütz c2 bzw. c3 nicht während des Stromanstiegs im Ständer anspricht. Da der Stromanstieg im Ständer nur eine sehr kleine Zeit benötigt, genügt es, wenn die Relais d1 und d2 Verzögerungszeiten von 0,1—0,5 s aufweisen. Man kann auf die Relais d1 und d2 ganz verzichten, sofern die Ansprechzeiten der Schütze c2 und c3 groß gegenüber der Ansprechzeit des Stromwächters e5 sind.

Bild 15.20 zeigt eine Anlaßschaltung zum selbsttätigen Anlauf eines Synchronmotors mit Dämpferkäfig. Die Erregermaschine m2 ist unmittelbar mit dem Motor m1 gekuppelt und erregt sich bei dessen Hochlauf.

Wird der Tastschalter b1 kurzzeitig betätigt, so erhält die Schützspule c1 Strom, Schütz c1 zieht an und schaltet den Ständer der Synchronmaschin m1

an das Netz. m1 läuft durch die eingebaute Dämpferwicklung asynchron hoch
Schütz c1 hält sich über den Schließer c1 weiterhin unter Strom. Gleichzeitig
ist das Zeitrelais d1 angelaufen. Die Einstellung von d1 ist nun derart, daß
nach dem Hochlauf, also bei geringem Schlupf, über Schließer d1 die Schütz-

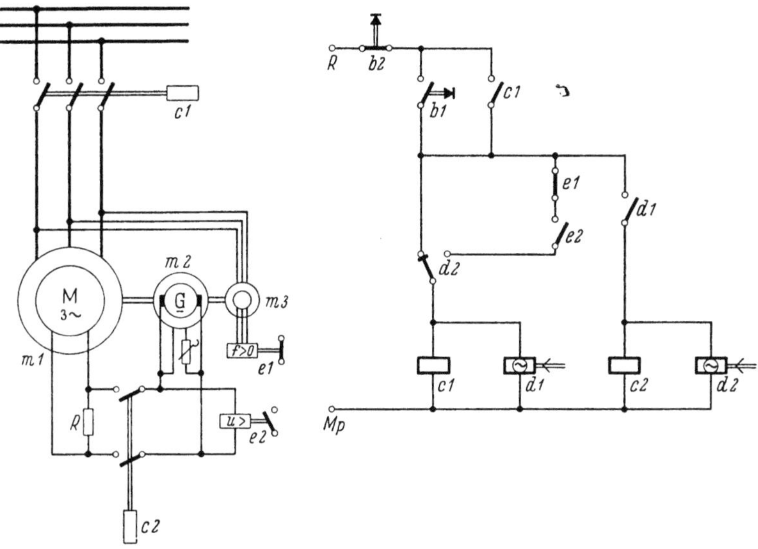

Bild 15.20. Selbsttätige Anlaufsteuerung eines Synchronmotors

spule c2 Spannung bekommt. Durch die Hauptkontakte der Schützes c2 wird
die Erregung eingeschaltet. Da die Erregermaschine sich inzwischen voll erregt
hat, kommt der Motor nach einigen Pendelungen von selbst in den Synchronismus. Der Erregerspannungswächter e2 hat jetzt seinen Schließer geschlossen.
Kommt die Maschine nicht in den Synchronismus, oder fällt sie z. B. durch
Überlastung außer Tritt, so liefert der kleine Schleifringläufer m3 eine Läuferspannung mit der Frequenz $f_2 = s \cdot f_{Netz}$. Der Frequenzwächter e1 hat deshalb
den Schließer nur geschlossen, wenn der Maschinensatz tatsächlich synchron
läuft. Nach dem Anziehen von c2 schaltet das Zeitrelais d2 die Schützspule
von c1 nach ca. 1 s in Reihe mit den Wächterkontakten e1 und e2. Dadurch
wird der Maschinensatz unverzögert abgeschaltet, sofern die Erregung ausfällt,
oder kein Synchronismus mehr besteht.

Bild 15.21 stellt den Übersichts- und Stromlaufplan einer selbsttätigen,
durch Tastschalter gesteuerten Sterndreiecks-Schützensteuerung dar. Beim
Betätigen des Tasters b1 kommt Schütz c1 und unmittelbar darauf Schütz c2
zum Anziehen. Die Sternschaltung ist hierdurch hergestellt. Gleichzeitig läuft
das Zeitrelais d1 an, das nach der Hochlaufzeit des Motors mit seinem Wechsel-
kontakt den Spulenstrom von Schütz c2 unterbricht und den Stromlauf zur
Schützenspule c3 vorbereitet. Nach Abfallen von Schütz c2 erhält nun Spule c3
Spannung. Schütz c3 zieht an, wodurch die Dreiecksschaltung hergestellt ist.
Die Schütze c2 und c3 sind in bekannter Weise durch gegenseitige Öffner verriegelt, da bei einem gleichzeitigen Einschalten beider Schütze ein Netzkurzschluß entstehen würde. Der Bimetallauslöser e4 ist nicht in die Netzzuleitung,

sondern in die Motorzuleitung (Klemmen u v w) geschaltet. Er kann deshalb sowohl bei Stern- als auch bei Dreieckschaltung den Schutz der Motorwicklung übernehmen.

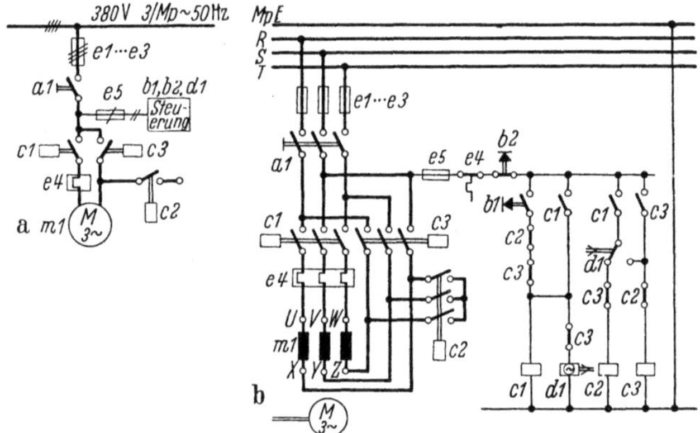

Bild 15.21. Tastschalterbetätigte automatische Sterndreieckschaltung

15.4 Wahl des Anlassers

Die Art des Anlassers richtet sich nach den Betriebsverhältnissen, insbesondere nach der Anlaßschwere $f = I_m/I_N \approx M_m/M_N$ (s. Kapitel 15.2). Während z. B. für normale Lüfter und Pumpen ein Flachbahnanlasser hinreicht, ist für stark beanspruchte Werkzeugmaschinen nur mit Anlaßwalzen oder Schützensteuerungen auszukommen. Krane werden mit Walzenanlassern und bei sehr hoher Beanspruchung mit Steuerschaltern gesteuert. Auch Schützensteuerungen kommen bei ihnen zur Anwendung, wenn neben großer Schalthäufigkeit auch die Leistung groß ist. Bei Hütten- und Stahlwerkshilfsmaschinen ist die Schützensteuerung die Regel.

Die *Schutzarten* der Anlasser entsprechen denen der Maschinen. *Offene* Anlasser kommen kaum vor. Die *geschützte* Bauart besitzt nur eine Abdeckung welche eine Berührung und das Eindringen von Fremdkörpern verhütet. *Geschlossene* und noch mehr die *gekapselten* Anlasser sind gegen Feuchtigkeit und Staub geschützt, wenn auch eine völlige Abdichtung wegen des Atmens bei Temperaturwechsel nicht zu erzielen ist. Für explosionsgefährdete Räume kommen Anlasser mit *Ölschutz*, mit *drucksicherer Kapselung* oder mit *Plattenschutzkapselung* zur Anwendung. Die erste Ausführung ist die am meisten gebräuchliche.

Für die *Größe* des Anlassers ist der mittlere *Anlaßstrom* I_m, die *Anlaßzeit* t_a, die *Anlaßzahl z* und die *Anlaßhäufigkeit h* bestimmend. Einige Werte enthält die Tabelle 15.2.

Unter der Anlaßzahl z versteht man die Anzahl Anlaßvorgänge, welche je mit einer Pause von der doppelten Anlaßzeit bis zur Erreichung der zugelassenen Höchsttemperatur vorgenommen werden können (s. auch Kapitel 15.3). Bild 15.22 zeigt in ihrem ersten Teil den Temperaturanstieg bei einer derartigen Prüfung, und zwar in der unteren Linie für einen Anlasser mit großer, in der oberen Linie für einen Anlasser mit kleiner Wärmeaufnahmefähigkeit. Die untere

Tabelle 15.2

Arbeitsmaschine	Schwere des Anlaufs $f = I_\mathrm{m}/I_\mathrm{N}$	t_a = Anlaßzeit sec	h = Anlaßhäufigkeit $\mathrm{h^{-1}}$
Becherwerke	1,25···1,75	10···20	1··· 5
Druckerpressen	1,25	5···15	10···20
Kompressoren, Anlauf ohne Gegendruck	0,5 ···1,25	5···20	1···30
Anlauf mit Gegendruck	1,5 ···2	5···20	1···30
Kreiselpumpen, unter $n = 1500$ min^{-1}	0,75···1,25	2···15	1···30
über $n = 1500$ min^{-1}	1 ···1,5	5···25	1···30
Kolbenpumpen, Anlauf ohne Gegendruck	0,6 ···1,25	5···20	1···30
Anlauf mit Gegendruck	1,5 ···2	5···20	1···30
Sägen (Kreis- und Bandsägen)	0,75···1,25	3···15	3···10
Transportbänder	1,25···1,75	10···20	1··· 4
Ventilatoren	0,6 ···1	2···15	1···30
Scheren, Stanzen (mit Schwungrad)	1,75···2	15···60	1··· 5
Zentrifugen	1,75···2	100···300	1···10

Linie würde also etwa bei einem ölgekühlten Anlasser und die obere Linie bei einem hochbeanspruchten luftgekühlten Anlasser zutreffen ($z = 4$ bzw. $z = 2$). Die *Anlaßhäufigkeit h* ist die Zahl der stündlichen Anlaßvorgänge, welche in gleichen Abständen ohne Überschreitung der zugelassenen Höchsttemperatur möglich sind. Bild 15.22 zeigt in ihrem zweiten Teil eine Prüfung der An-

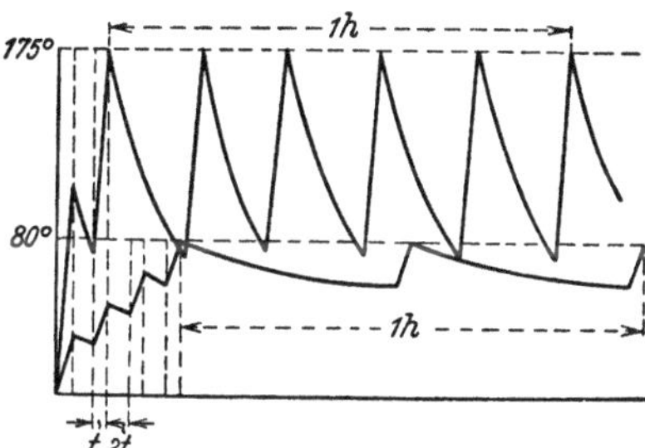

Bild 15.22. Anlaßzahl und Anlaßhäufigkeit eines Anlassers mit Ölkühlung (unten) und Luftkühlung (oben)

laßhäufigkeit. Der Ölanlasser mit *großer Wärmekapazität* weist nur eine geringe Anlaßhäufigkeit auf, während dieselbe bei dem stark gekühlten Luftanlasser wesentlich größer ist ($h = 2$ h^{-1} bzw. $h = 5$ h^{-1}).

Die Auswahl des Anlassers aus der Liste ist einfach, wenn der Betrieb den genormten Anlaßwerten (s. Kapitel 15.2) entspricht. Wenn ein Motor mit einem mittleren Anlaßstrom I_m angelassen werden soll, der das 0,7fache des Nennstroms ist, und wenn Massen außerhalb des Motors nur unbedeutenden Einfluß auf den Anfahrvorgang haben, so haben wir z. B. aus der Liste einen Flachbahnanlasser für die gegebene Motorleistung zu wählen, wobei wir nur noch zu prüfen haben, ob die im Betrieb zu erwartende Anlaßzahl z und Anlaßhäufigkeit h unterhalb der für diesen Anlasser geltenden Listenwerte bleibt. Motoren, welche im Anlauf Massen zu beschleunigen haben, erfordern größere Anlasser. In diesem Falle muß die Anlaßzeit aus dem mittleren Anlaßstrom bzw. dem dazugehörenden mittleren Anlaufdrehmoment nach Gl. (13.20) berechnet werden.   Wird nun im Betrieb eine bestimmte Anlaßzahl z verlangt, so kann man aus der mittleren Leistungsaufnahme P_m im Anlauf, der Anlaufzeit t_a und der Anlaßzahl z die Arbeit berechnen, welche der Motor bei z aufeinanderfolgenden Anläufen aufnimmt. Sie ist $W = P_m \cdot t \cdot z$, wobei zu beachten ist, daß der Anlaßwiderstand hiervon nur etwa die Hälfte aufnimmt (s. Kapitel 13.4.1). Verlangt ferner der Betrieb eine bestimmte Anlaßhäufigkeit h, so ist zu prüfen, ob die Kühlung des gewählten Anlassers zur Abfuhr der entwickelten Wärme ausreicht. In der Zeitspanne $t = 1$ h würde die *Anlaß*arbeit des Motors $W = P_m \cdot t_a \cdot h \cdot t = P_m \cdot t_a \cdot h \cdot 1$ h sein, wovon auch wieder die Hälfte auf die Anlaßwiderstände entfällt.

116. Beispiel.   Für einen Drehstrommotor Schleifringläufer soll die Anlassergröße bestimmt werden. Angaben über den Motor: $P_N = 250$ kW, $J = 11$ kgm², $U_{2\,st} = 445$ V, $I_{2N} = 340$ A, $n_N = 982$ min⁻¹. Anlaßschwere $f = 1{,}4$, Anlaßhäufigkeit $h = 6$ h⁻¹.

Das auf die Motorwelle umgerechnete Trägheitsmoment aller vom Motor angetriebenen Massen ist mit $J_2 = 39$ kgm² gegeben.

Das Nennmoment errechnet sich zu: $M_N = P_N/\omega_N = 2{,}5 \cdot 10^5$ W$/(6{,}28 \cdot 16{,}4$ s⁻¹$) = $ $= 2432$ Nm. Bei der Anlaßschwere $f = 1{,}4$ erhält man das mittl. Motormoment während des Anlaufes zu $M_m = 1{,}4 \cdot 2432$ Nm $= 3405$ Nm. Nimmt man an, daß während des Anfahrvorganges das Widerstandsmoment im Mittel $M_{wm} = 0{,}8\, M_N$ beträgt, so steht für die Beschleunigung das mittl. Beschleunigungsmoment $M_{am} = 3405$ Nm $- 0{,}8 \cdot 2432$ Nm $=$ $= 1460$ Nm zur Verfügung. Daraus erhält man die Anfahrzeit nach Gl. (13.20) $t_a =$ $= J_g \cdot \omega_N/M_{a\,m}$.

Das gesamte Trägheitsmoment beträgt $J_g = (11 + 39)$ kgm² $= 50$ kgm², die Anlaufzeit $t_a = 50$ kgm $\cdot\, 6{,}28 \cdot 16{,}4$ s⁻¹$/1460$ Nm $= 3{,}53$ s. Bei *einem* Anlaufvorgang wird im Anlasser die Energie $W_a \approx 0{,}5 \cdot P_N \cdot f \cdot t_a = 0{,}5 \cdot 250$ kW $\cdot\, 1{,}4 \cdot 3{,}52$ s $= 618$ kWs in Wärme umgesetzt.

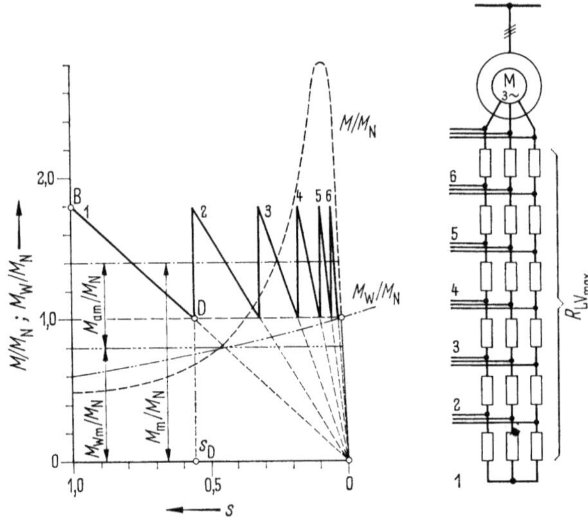

Bild 15.23

Mit der Forderung, daß 6 Anläufe je Stunde möglich sein sollen, ergibt sich die in einer Stunde im Anlasser umgesetzte Arbeit $W_{a\,1\,h} = 6 \cdot 618$ kWs $= 3708$ kWs. Aus einer Liste für Anlasser wird derjenige ausgewählt, der für die innerhalb einer Stunde auftretende Anlasserarbeit von mindestens 3700 kWs geeignet ist, und der andererseits bei einer Anlaßzahl $z = 2$ mindestens die Arbeit $2 \cdot W_a = 2 \cdot 618$ kWs $= 1236$ kWs aufnehmen kann.

Geht man davon aus, daß im Stillstand das 1,8fache Nennmoment auftreten soll, so läßt sich der größte erforderliche Anlaßwiderstand je Strang $R_{\mathrm{L\,V}}$ berechnen. Aus Nenndrehzahl und Leerlaufdrehzahl erhält man den Nennschlupf $s_{\mathrm{N}} = 0,018$. Der Läuferinnenwiderstand beträgt $R_{\mathrm{L}} = s_{\mathrm{N}} \cdot U_{2\mathrm{st}}/(\sqrt{3} \cdot I_{2\,\mathrm{N}}) = 0,018 \cdot 445\ \mathrm{V}/(\sqrt{3} \cdot 340\ \mathrm{A}) = 0,0136\ \Omega$ je Strang. Mit Gl. (8.8) wird näherungsweise der Läufervorwiderstand $R_{\mathrm{L\,V}} = R_{\mathrm{L}}\,(s_{\mathrm{D}}/s_{\mathrm{N}} - 1)$. Die Größe s_{D} wird mit Gl. (8.9) $s_{\mathrm{D}} = s_{\mathrm{B}}\,M_{\mathrm{N}}/M_{\mathrm{B}}$. Hierin ist in diesem Fall $M_{\mathrm{B}} = 1,8 \cdot M_{\mathrm{N}}$ und $s_{\mathrm{B}} = 1$, da die Anfahrkennlinie durch den Punkt $M_{\mathrm{B}} = 1,8\ M_{\mathrm{N}}$, $s_{\mathrm{B}} = 1$ gehen soll (Stillstandspunkt). Es ist $s_{\mathrm{D}} = 1/1,8 = 0,555$ und damit $R_{\mathrm{L\,V}} = 0,0136\ \Omega\,(0,555/0,018 - 1) = 0,406\ \Omega$ je Strang (Kennlinie 1 in Bild 15.23). Der Anlasser benötigt 6 Stufen.

Wo mehrere gleichartige und angenähert gleichgroße Motoren *geringer* Anlaßhäufigkeit anzulassen sind, genügt in vielen Fällen *ein* Anlasser, der mittels einer Umschaltwalze auf die verschiedenen Motoren geschaltet werden kann.

16. Überlastungsschutz des Motors

16.1 Vorbeugende Maßnahmen

Motoren können dadurch leicht einem Überstrom ausgesetzt werden, daß sie nach einem Ausbleiben der Spannung bei Wiederkehr derselben ohne Anlasser anlaufen, wobei auch die Bedienenden gefährdet werden. Um dies unmöglich zu machen, kann eine *Spannungsrückgangsausschaltung* vorgesehen werden, welche in einfachster Weise durch einen *Spannungsrückgangsschalter* (Nullspannungsschalter) vorgenommen wird, dessen Spannungsspule auf das *Schaltschloß* einwirkt. Dadurch wird die *Freiauslösung* des Schalters betätigt, und der Schalter schaltet durch Federkraft ab. Bild 16.1 zeigt das genormte Schaltzeichen eines Schalters mit Unterspannungsauslösung. Sehr häufig werden Schütze für die Spannungsrückgangsausschaltung benutzt. Die in Bild 14.15 gezeigte Schaltung eignet sich hierzu, da bei Spannungsausfall das Schütz zum Abfallen kommt. Bei Spannungswiederkehr zieht das Schütz aber nicht selbsttätig wieder an, vielmehr muß Tastschalter b1 erneut betätigt werden.

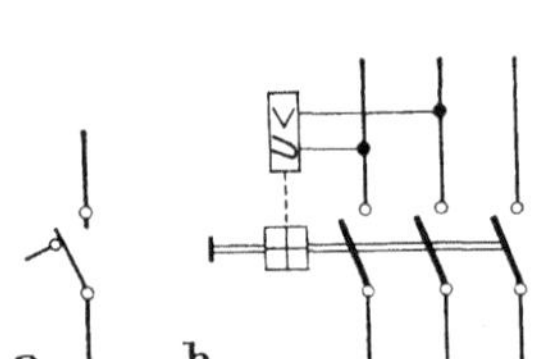

Bild 16.1. Genormte Darstellung eines Schalters mit Unterspannungsauslösung. a. Schaltzeichen Form 2 (nach DIN 40713); b. Schaltzeichen (nach DIN 40713, Beiblatt 1)

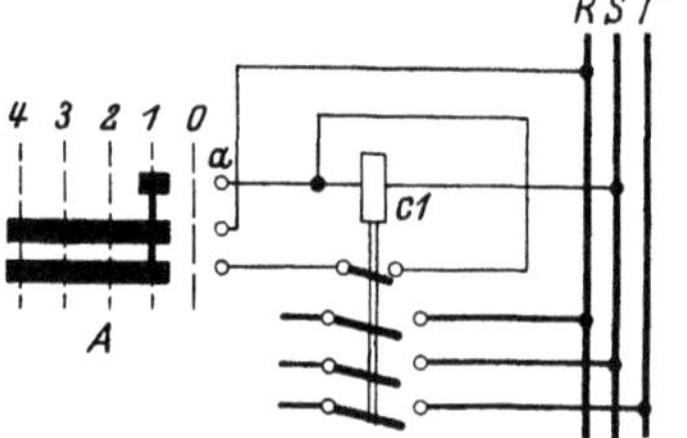

Bild 16.2. Sicherung gegen Spannungsrückgänge bei einem Walzenanlasser

Eine Erweiterung dieses Schutzes ist in Bild 16.2 dargestellt, bei welcher die Anlaßwalze A immer erst auf die erste Stellung zurückgedreht werden muß (Zwangsrückstellung), wenn man das Sicherheitsschütz c1 nach dem Abfallen durch Ausbleiben der Spannung wieder zum Anziehen bringen will. Statt der Einschaltung durch den Finger *a* auf der ersten Walzenstellung kann auch ein *Tastschalter* angeordnet werden. Es besteht jedoch dann die Gefahr, daß derselbe auch versehentlich betätigt werden kann, wenn die Walze voll eingeschaltet ist. Zum Stillsetzen dient in der Schaltung 14.15 der Tastschalter b2. Funktionsmäßig könnte er an irgend einer Stelle des Steuerstromkreises eingebaut werden. Ist aber eine der Netzleitungen *geerdet* (z. B. M_p bzw. O), dann darf der Halt-Tastschalter nicht bei O eingebaut werden, sondern unmittelbar nach R, damit nicht durch einen Erdschluß zwischen Spule c1 und O das Ausschalten mit b2 unmöglich gemacht wird.

Zum vorbeugenden Schutz des Motors sind auch die Maßnahmen zu rechnen, die man z. B. bei manchen Rührwerken in chemischen Betrieben ergreift, wenn schlammbildende Stoffe ausgerührt werden. Würde der Motor stehen bleiben, so würde ein Anlauf mit verschlammten Rührern den Motor gefährden und außerdem eine Betriebsstörung verursachen. Dem Motor stehen daher zwei verschiedene Netze, in einfachen Fällen nur zwei Zuleitungen von getrennten Speisepunkten zur Verfügung. Bleibt die erste Spannung aus, so schaltet eine Steuerung auf das zweite Netz um. Bei Wiederkehr der ersten Spannung erfolgt die Rückschaltung selbsttätig, wobei durch eine Zeitsperre Pendelungen vermieden werden.

117. Beispiel. Zwischen Anlasser und Ständerschalter (Leistungstrennschalter mit Überstrom- und Unterspannungsauslösung einschl. Kurzschlußsicherungen und Freiauslösung) eines Drehstrom-Hochspannungsmotors soll eine Abhängigkeit geschaffen werden, welche verhindert, daß der Schalter bei eingerücktem Anlasser eingeschaltet werden kann.

Bei der Lösung (Bild 16.3) trägt der Anlasser einen Kontakt r, welcher nur bei ausgeschaltetem Anlasser geschlossen ist. Dieser Kontakt schließt daher den Stromkreis der

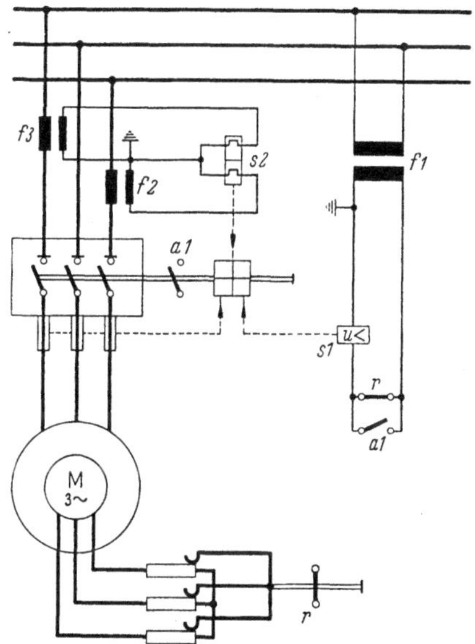

Bild 16.3. Verriegelung zwischen Anlasser und Schalter eines Hochspannungsmotors

vom Spannungswandler fl gespeisten Spannungsrückgangsspule sl nur in der Anlassernullstellung, und daher ist auch dann nur ein Einschalten möglich. Sobald einmal eingeschaltet ist, wird der Kontakt r durch den Kontakt al überbrückt.

Bild 16.4. Rutschkupplung

Auf *mechanischem* Wege können Überlastungen durch eine *Rutschkupplung* von dem Motor bzw. der Arbeitsmaschine ferngehalten werden. Sie kommt immer dann in Frage, wenn Gefahr für Motor oder Getriebe besteht. Bild 16.4 zeigt eine solche, die innerhalb eines Zahnrades liegt, in schematischer Darstellung. Die Federn, welche den Zahnkranz an die Scheibe pressen, können auf eine bestimmte Übertragungskraft eingestellt werden. Derartige Kupplungen kommen in verschiedenster Ausführung, auch mit selbsttätiger Motorabschaltung vor.

Eine andere Ausführung einer Sicherheits- und Anlaufkupplung besteht aus einem mit der antreibenden Welle verbundenem flügelartigen Rad, und einem hohlen Drehkörper, der mit der anzutreibenden Maschine gekuppelt ist. In dem zwischen Mantel des Drehkörpers und Flügelrad gebildeten Raum befinden sich Fliehkörper, z. B. mit Graphitgemisch geschmierte Stahlkugeln. Durch Drehung der Motorwelle werden diese nach außen geschleudert und nehmen durch Reibung den Mantel des Drehkörpers mit. Solche Sicherheitskupplungen werden in Ein- und Zweistufenausführung für Übertragungsleistungen bis etwa 80 kW bei 3000 min^{-1} hergestellt. Solange die Kupplung mit Schlupf arbeitet, wird in dieser Wärme frei. So beträgt z. B. bei einer übertragbaren Kupplungsleistung von 15 kW und einer Anlaufzeit von 1,5 min die Kupplungsübertemperatur 45 °C, bei Rutschen wegen Überlastung nach 1,5 min etwa 90 °C. Verwendet werden diese Kupplungen z. B. bei Zentrifugen, Rührwerken, Mahlund Auflöseholländer, Pumpen, Steinbrecher, Zerfaserer usw.

16.2 Überstrom- und Kurzschlußstromschutz

Als Schutz für Motor und Leitung gegen Überlast- und Kurzschlußstrom kommen *Sicherungen, Motorschutz-* und *Leitungsschutzschalter* (*LS*-Schalter) in Frage.

a) Sicherungen. Man unterscheidet *Hochspannungs-* und *Niederspannungssicherungen.* Hochspannungssicherungen sind im Kurzschlußfall zur Abschaltung großer Kurzschlußleistungen in Hochspannungsanlagen geeignet. Der Nennausschaltstrom (cos $\varphi = 0{,}15$), der im Kurzschlußfall mit Sicherheit abgeschaltet werden kann, beträgt z. B. bei einer 6,3 A Sicherung für 6 kV ca. 80 kA (Effektivwert). Sie werden deshalb als *Hochleistungs-Hochspannungssicherungen* (*HH-Sicherungen*) bezeichnet und vielfach wegen der geringeren Kosten an Stelle von Leistungsschaltern und mit Kurzschlußstromauslösung verwendet.

Bei *Niederspannungssicherungen* wird zwischen *Gerätesicherungen* (Feinsicherungen), *Patronensicherungen* (Stöpselsicherungen, *D*-Sicherungen) und *NH-Sicherungen* (Niederspannungs-Hochleistungssicherungen) unterschieden. Gerätesicherungen werden nur für kleine Ströme ($I_N = 0{,}035$ bis 6 A) hergestellt und meist innerhalb von bestimmten Geräten eingebaut. Patronensicherungen eignen sich besonders zum Schutz von Leitungen. Sie werden für Nennstromstärken zwischen 2 A und 200 A gebaut, wobei der Außendurchmesser der Sicherungsstöpsel, wie auch der der Kontaktstifte den verschiedenen Nennströmen zugeordnet ist. Hierdurch wird vermieden, daß in Sicherungselemente (Sicherungshalter) beim Auswechseln irrtümlich Sicherungen mit zu großem Nennstrom eingebaut werden können.

Die *NH-Sicherungen* besitzen zwei Messerkontakte, die durch den eigentlichen Schmelzeinsatz überbrückt werden. Sie werden in der Hauptsache in Verteilerstationen, größeren Schalttafeln oder in Kabel- und Freileitungsabgänge eingebaut, und sind für Nennströme zwischen 6 A (Größe 00) und 630 A (Größe 3) nach DIN 43 620 genormt.

Alle Sicherungen können entweder als *flinke* oder als *träge* Sicherungen ausgeführt sein. Die flinken Sicherungen werden dort verwendet, wo es darauf ankommt, daß ein Strom *möglichst unverzögert* abgeschaltet wird, während träge

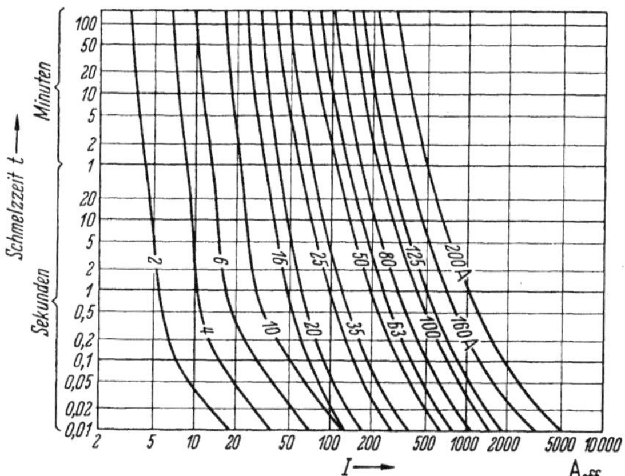

Bild 16.5. Strom-Zeit-Kennlinien von Patronensicherungen U_N = 500 V, Schmelzeinsatz „flink"

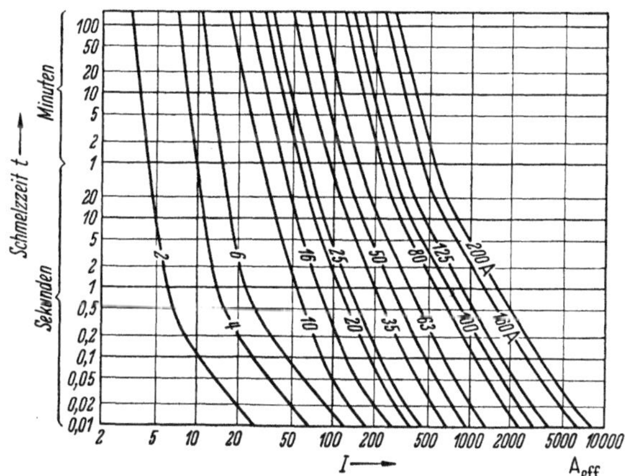

Bild 16.6. Strom-Zeit-Kennlinien von Patronensicherungen U_N = 500 V, Schmelzeinsatz „träg"

Sicherungen *kurzzeitige Überlastungen*, wie z. B. beim Anlauf von Motoren ermöglichen. Bei allen Sicherungen besteht ein Zusammenhang zwischen Stromstärke und Abschmelzzeit, wie dies in Bild 16.5 und 16.6 für flinke und träge Patronen-Sicherungen dargestellt ist.

Da ein Motor bereits bei einer *dauernden* Überlastung um etwa 5% zu Schaden kommen kann, läßt er sich nach den vorstehenden Betrachtungen mit *Schmelzsicherungen* nicht schützen.

b) Motorschutzschalter. Diese Schalter sind mit thermischen Überstromauslösen ausgestattet.

Sie schalten den Motor allpolig vom Netz ab, wenn einer der drei in den Leitungen R, S un dT liegenden thermisch wirkenden Auslöser zum Ansprechen kommt. Motorschutzschalter besitzen immer eine Freiauslösung, d. h. der Motorschutzschalter schaltet bei Ansprechen der Überstromauslösung auch dann ab, wenn die Schalterbetätigung in der „Ein"-Stellung festgehalten wird.

Der thermisch verzögerte Überstromauslöser läßt sich innerhalb eines bestimmten Einstellbereiches auf eine beliebige Stromstärke einstellen. Dadurch kann der Motor wirksam vor Überlastung geschützt werden, wenn der Auslöser auf den Motornennstrom eingestellt wird, und die Auslösezeit-Kennlinie des Überstromauslösers im thermischen Zeitverhalten mit dem thermischen Zeit-Verhalten des Motors weitgehend übereinstimmt. Bild 16.7 zeigt das Strom-

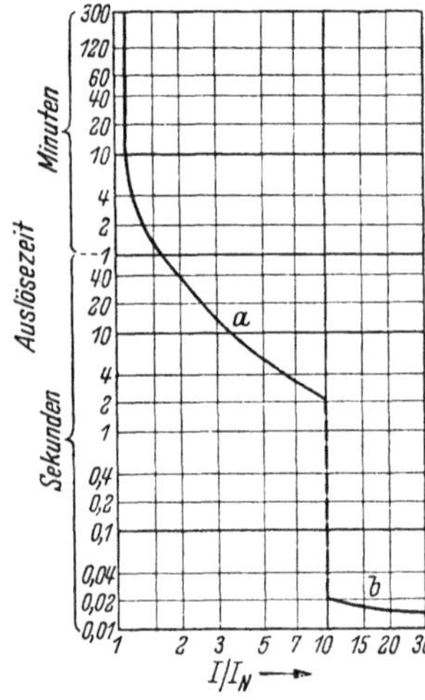

Bild 16.7. Mittlere Auslösekennlinie eines Motorschutzschalters. In betriebswarmem Zustand betragen die Zeiten in Teil a der Kurve etwa 30% der angegebenen Werte

Zeit-Verhalten eines Motorschutz-Leistungsschalters. Der Kennlinienteil *a* kommt durch die thermische Auslösung zustande, während Kennlinienteil *b* durch eine *magnetisch* wirkende *Schnellauslösung* bewirkt wird.

Die Einstellung der Auslösestromstärke richtet sich nach dem Nennstrom des zu schützenden Motors.

Die konstruktive Ausbildung der Motorschutzschalter ist sehr mannigfaltig. Die verzögerten Auslösungen beruhen jedoch überwiegend auf der Wärmedehnung eines von Motorstrom geheizten Auslösers. Bild 16.8 zeigt schematisch das Prinzip. Bei zu großem Motorstrom biegt sich das Bimetall (*3*) nach rechts, wodurch das Schaltschloß (*7*) entriegelt wird und der Schalter abschaltet. Entsprechendes gilt im Kurzschlußfalle. Hierbei zieht der Anker der Auslösespule (*4*) unverzögert an und führt auf gleichem Wege die Abschaltung herbei. Bei Motorschutzschaltern kann durch eine Stelleinrichtung der erforderliche Stellweg des Bimetalls verändert werden, so daß der Schalter dem Motornennstrom genau angepaßt werden kann.

Eine Überstromauslösung mittels Schützes zeigt Bild 16.9. Der *Überstromauslöser* e1 besteht aus zwei vom Hauptstrom durchflossenen Bimetallauslösern, die durch einen Hilfskontakt den Stromkreis der Schützenspule c1 unterbrechen können. Damit diese Unterbrechung eine dauernde ist, muß das Schütz so geschaltet werden, daß nach Abkühlung des Auslösens und Wiederschließen des Öffners e1 keine selbsttätige Einschaltung erfolgt. Häufig wird der Auslöser e1 mit einer von Hand lösbaren Wiedereinschaltsperre versehen.

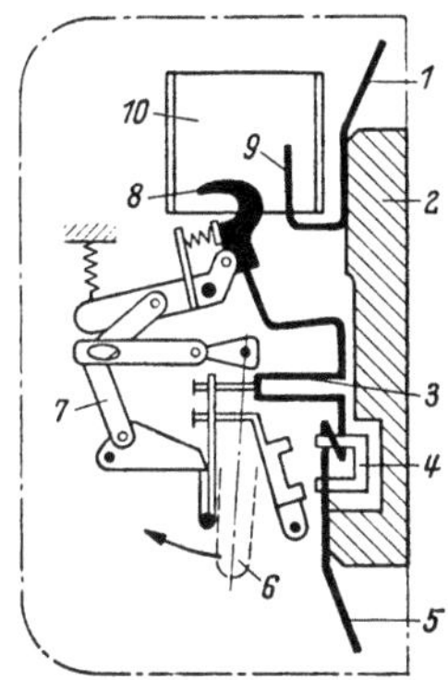

Bild 16.8. Schematischer Aufbau eines Motorschutzschalters.
1 Leitungsanschluß; *2* Grundplatte; *3* Bimetallauslöser;
4 Kurzschlußauslöser; *5* Leitungsanschluß; *6* Schalterantrieb
mit Angabe der Betätigungsrichtung; *7* Schaltschloß; *8* bewegl.
Schaltstück; *9* festes Schaltstück; *10* keramische Lichtbogenlöschkammer

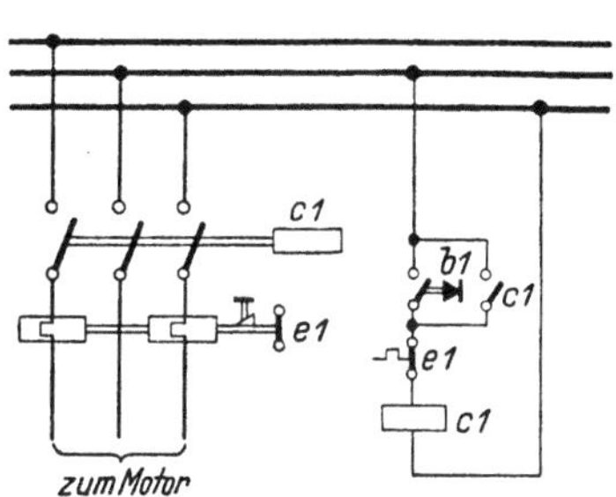

Bild 16.9. Überstromausschaltung
mit Auslöser und Schütz

Nach einer Überlastung des Motors und dadurch erfolgter Abschaltung ist es eine zeitlang unmöglich wieder einzuschalten. Dieses Verhalten des Schalters ist richtig und sinnvoll. Es wird bei Überlastungen natürlich eine Weile dauern, bis die Motortemperatur unter die zulässige Temperaturgrenze gesunken ist. Erst dann darf eine Wiedereinschaltung möglich sein.

Schwierigkeiten bereitet der Überlastungsschutz von Motoren bei wechseln-der Last oder aussetzendem Betrieb.

Für beliebige Betriebsarten ist ein Überlastungsschutz nur denkbar, wenn man die Abschaltung in unmittelbare Abhängigkeit von der Motortemperatur bringt.

Bettet man in die Motorwicklung an der voraussichtlich heißesten Stelle einen Temperaturfühler ein, so kann man den Motorschalter in Abhängigkeit von der Motortemperatur auslösen.

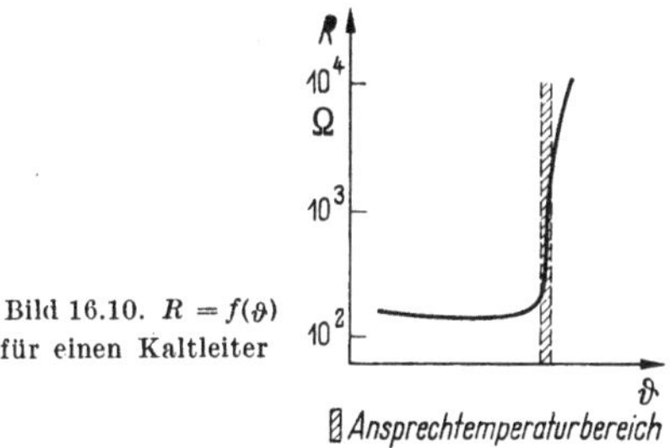

Bild 16.10. $R = f(\vartheta)$
für einen Kaltleiter

Bei dem Thermistor-Motorschutz der Firma Siemens werden mehrere Kalt-leiter-Temperaturfühler verwendet. Kaltleiter besitzen die Eigenschaft, daß ihr Widerstand oberhalb der Ansprechtemperatur mit wachsender Temperatur stark zunimmt (s. Bild 16.10). Einem kleinen Netzgerät, das zur Gleichstromversorgung der Temperaturfühler dient, wird eine Gleichspannung entnommen und an die in Reihe geschalteten Temperaturfühler angeschlossen. Der über die Fühler fließende Strom wird über die Spule eines empfindlichen Relais d1 geführt. Dieses kommt zum Abfallen (Ruhestromschaltung), sobald die zulässige Temperaturgrenze überschritten wird. Hat sich der Motor wieder um etwa 6 °C abgekühlt, so ist durch Betätigen des Tasters b1 eine Wiedereinschaltung möglich. Bild 16.11 zeigt die Schaltung.

Die Ansprechtemperatur des gewählten Kaltleiters liegt fest und kann nach Einbau in den Motor nicht mehr verändert werden. Verwendet man einen

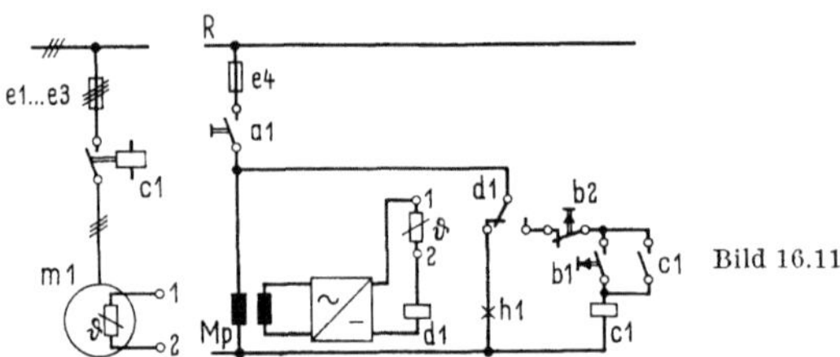

Bild 16.11

sogenannten Heißleiter (Halbleiter mit negativer Widerstands-Temperaturcharakteristik) als Temperaturfühler, so kann man durch ein entsprechendes Auslösegerät, das eine transistorisierte Meßschaltung enthält, die Auslösetemperatur in gewissen Grenzen durch Einstellung an der Meßschaltung verändern.

Gelegentlich kommen zusätzlich *Unsymmetrie-Schutzeinrichtungen* zur Anwendung. Diese sind bei Drehstromantrieben dann erforderlich, wenn damit zu rechnen ist, daß in *einer* Phase Spannungs*rückgang* oder Spannungs*ausfall* eintritt. Hierzu können z. B. Meßschaltungen verwendet werden, die das gegenläufige Drehfeld vom Mitteldrehfeld scheiden (Drehfeldscheideschaltungen) und die dann bei Erreichen einer bestimmten gegenläufigen Komponente im Spannungs- bzw. Stromdrehfeld die Freiauslösung des Motorschutzschalters anregen und so die Abschaltung herbeiführen.

17. Schutz gegen zu hohe Berührungsspannung

Zugängliche, metallische Konstruktionsteile können durch Schäden an der Isolation unter Spannung geraten (Körperschluß). Unter *Berührungsspannung* versteht man diejenige Spannung, die vom Menschen im Fehlerfalle überbrückt werden kann. Obwohl schon durch den zuverlässigen Bau der Betriebsmittel und durch sorgfältiges Errichten der elektrischen Anlage eine Gefahr möglichst vermieden werden soll, sind bei Anlagen mit Spannungen über 65 V gegen Erde zusätzliche *Schutzmaßnahmen* erforderlich (VDE 0100). Ausnahme hiervon: Bei Hausinstallationen in Räumen mit isolierendem Fußboden, in denen sich keine der zufälligen Berührung zugänglichen Wasser-, Gas- und Heizungsanlagen oder sonstige geerdete Teile befinden, werden keine zusätzlichen Schutzmaßnahmen gefordert.

Als Schutzmaßnahmen gegen zu hohe Berührungsspannung kommen in Frage:

a) Schutzisolierung. Die Schutzisolierung soll die Überbrückung einer zu hohen Berührungsspannung unmöglich machen. Alle leitenden, metallischen Konstruktionsteile, die im Fehlerfall mittelbar oder unmittelbar Spannung annehmen können, werden mit Isolierstoff umgeben. Anwendung z. B. bei bestimmten Haushaltmaschinen und Handwerkzeugen.

In manchen Anwendungsfällen ist eine Isolierstoffkapselung nur schwer möglich. Deshalb können zusätzlich zur normalen Betriebsisolierung alle leitfähigen Teile, die der Berührung zugänglich sind, durch fest eingebaute Isolierstücke von denjenigen Teilen getrennt werden, die unmittelbar Fehlerspannung annehmen können. So kann z. B. bei der Schutzmaßnahme Schutzisolierung das Metallgehäuse einer Maschine durch Isolierstücke vom Ständerblechpaket isoliert werden. Im Fehlerfalle kann zwar das Ständerblechpaket Spannung annehmen, wenn die Ständerwicklung einen Isolationsschaden aufweist, das der Berührung zugängliche Metallgehäuse ist aber trotzdem spannungsfrei.

Schutzisolierte Betriebsmittel müssen den in den Gerätevorschriften festgelegten Bestimmungen entsprechen. Sie sind durch das Zeichen ▣ nach DIN 40014 gekennzeichnet. An schutzisolierte Verbrauchsmittel darf ein *Schutzleiter* nicht angeschlossen werden. Eine fest angeschlossene, bewegliche Anschlußleitung darf keinen Schutzleiter enthalten. Ist das Gerät mit einer fest angeschlossenen, beweglichen Anschlußleitung ohne Schutzleiter mit Stecker ausgestattet, so darf der Stecker keine Schutzkontaktstücke haben, muß aber in eine Schutzkontaktsteckdose passen.

Eine andere Maßnahme zur Schutzisolierung ist die Standortisolierung. Sie ist nur bei ortsfesten Betriebsmitteln zulässig und an besondere Bedingungen gebunden. Die Standortisolierung wird nur sehr selten angewandt.

b) Schutzkleinspannung. Die Kleinspannung (höchstens 42 V) soll das Zustandekommen einer zu hohen Berührungsspannung verhindern. Auf der Kleinspannungsseite ist weder eine Erdung, noch eine leitende Verbindung mit Anlagen höherer Spannung zulässig (Bild 17.1 a). Man verwendet hierzu Schutz-

und Klingeltransformatoren oder Umformer mit vorgeschalteten Trenntransformatoren. Diese Schutzmaßnahme eignet sich wegen der kleinen Spannung nur für verhältnismäßig kleine Leistungen. Geräte, die mit Schutzkleinspannung

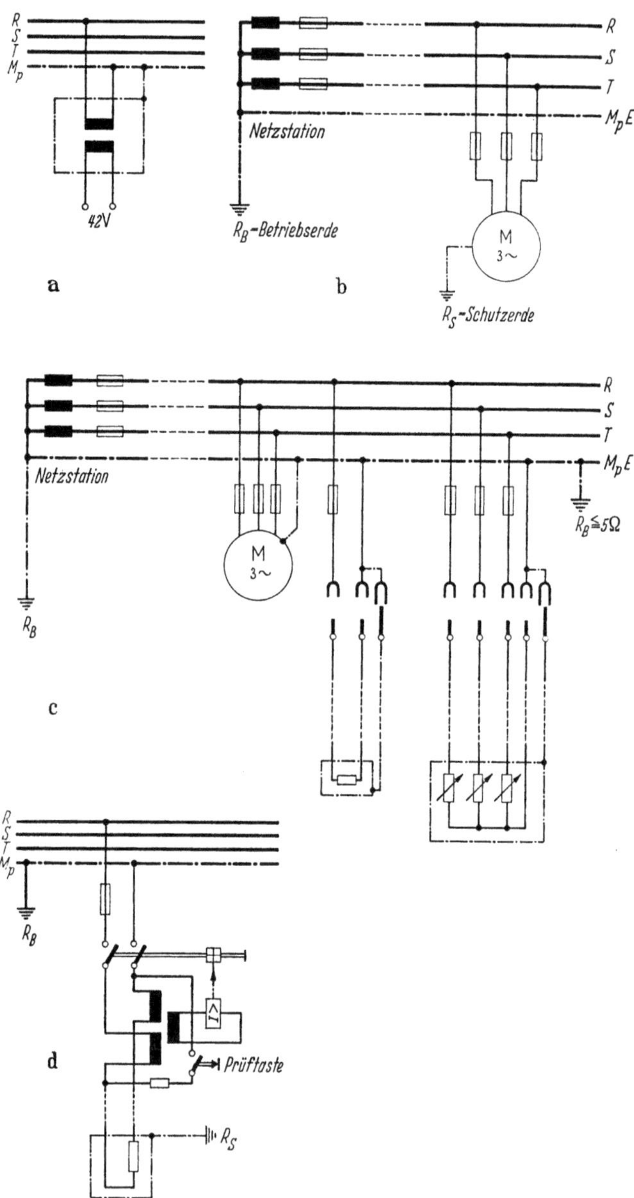

Bild 17.1. Schutzmaßnahmen. a. Schutzkleinspannung; b. Schutzerdung; c. Nullung; d. FI-Schutzschaltung

betrieben werden, dürfen keine Stecker besitzen, die sich in Steckdosen mit höherer Spannung (z. B. 220 V) derselben Anlage einführen lassen. Die Geräte für Schutzkleinspannung dürfen keine Schutzleiterklemme besitzen.

c) Schutzerdung. Die Schutzerdung soll das Bestehenbleiben einer zu hohen Berührungsspannung an nicht zum Betriebsstromkreis gehörenden leitfähigen Anlagenteilen verhindern (Bild 17.1 b). Die zu schützenden Anlagenteile werden an einen Erder angeschlossen. Der Widerstand der Schutzerdung R_s darf nicht größer als 65 V/I_a sein, wobei $I_a = k \cdot I_N$ der Abschaltstrom des vorgeschalteten Überstromschutzorganes ist. Ist z. B. eine 10 A flinke Schmelzsicherung ($k = 3,5$) dem Gerät vorgeschaltet, so darf der Erdwiderstand höchstens 65 V/(10 A $\cdot$ 3,5) = 1,85 Ω betragen. Diese Bedingungen kann vielfach wegen der Kosten für den niederohmigen Erder nicht erfüllt werden. Deshalb kommt die Schutzerdung nur für sehr kleine Anlagen mit niederen Absicherungen in Frage.

Der Mittel- bzw. Sternpunktleiter muß isoliert verlegt werden. In Anlagen, bei denen von der Schutzerdung gebrauch gemacht wird, ist die Nullung von Verbrauchern nicht zulässig.

d) Nullung. Die Nullung soll das Bestehenbleiben zu hoher Berührungsspannungen an nicht zum Betriebsstromkreis gehörenden Anlagenteilen verhindern. Der Transformatorensternpunkt wird geerdet und über Leitungen (Null-Leiter) mit allen zu schützenden Anlagenteilen verbunden (Bild 17.1 c). Die Nullung ist die zur Zeit meist verbreitete Schutzmaßnahme in Niederspannungsnetzen. Hierbei sind eine Reihe von Bedingungen einzuhalten. Die wichtigsten sind:

Die Querschnitte der Leitungen sind so zu wählen, daß bei einem Kurzschluß zwischen Außenleiter und Nulleiter mindestens der Abschaltstrom des nächsten vorgeschalteten Überstrom-Schutzorgans zum Fließen kommt. Der Nulleiterquerschnitt muß entsprechend Tabelle 12.3 bemessen sein. Der Nulleiter ist in der Nähe des Stromerzeugers oder Transformators und an den Leitungsenden zu erden, wobei der Erdwiderstand den Wert von 2 Ω insgesamt, und eines oder mehrerer Erder in der Nähe des Transformators sowie im Bereich der letzten 200 m eines Netzausläufers 5 Ω nicht übeschreiten darf. Das Wasserleitungsnetz ist an möglichst vielen Stellen mit dem Nulleiter zu verbinden. Schutzerdungen ohne Verbindung mit dem Nulleiter sind unzulässig. Der Nulleiter ist zusammen mit den Außenleitern sorgfältig zu verlegen und zu isolieren. Sicherungen oder Schalter, die den Nulleiter allein abtrennen, sind unzulässig. Bei über bewegliche Leitungen angeschlossenen Stromverbrauchern ist in der beweglichen Zuleitung ein weiterer Leiter (Schutzleiter) erforderlich, der am Gerät mit den zu schützenden Teilen, in der Steckdose mit dem Nullleiter zu verbinden ist. Dieser Schutzleiter darf nicht vom Betriebsstrom durchflossen werden. Auf den besonderen Schutzleiter darf bei beweglichen Leitungen, die zum Anschluß für ortsveränderliche Stromverbraucher über Steckvorrichtungen dienen, verzichtet werden, wenn der Leiterquerschnitt je Leiter mindestens 10 mm² beträgt, und wenn die Steckvorrichtung polunverwechselbar (z. B. CEE Kragensteckvorrichtung nach DIN 49463 u. CEE-Publikation 17) ausgeführt ist. In diesem Fall darf der Mittelleiter Schutzfunktion haben.

e) Schutzleitungssystem. Der Betriebsstromkreis darf an keinem Punkt mit der Erde verbunden sein. Alle zu schützenden Teile einschließlich leitender Gebäudeteile werden untereinander und mit der Erde verbunden. Das Schutzleitungssystem kommt nur für kleine, vom übrigen Netz getrennte Anlagen (z. B. Notstromversorgung usw.) in Frage.

f) Schutzschaltung. Man unterscheidet zwischen Fehlerspannungs- und Fehlerstromschutzschaltung (FU- bzw. FI-Schaltung). Bei der FU-Schaltung wird der vorgeschaltete Schutzschalter ausgelöst, sobald am Gerät eine gefährliche Berührungsspannung ansteht. Entsprechend arbeitet die FI-Schaltung (Bild 17.1d): Sobald über das zu schützende Anlagenteil, das geerdet ist, ein Fehlerstrom fließt, wird der FI-Schalter ausgelöst.

Der Erdungswiderstand R_E am geschützten Betriebsmittel darf bei der FI-Schutzschaltung nicht größer als $R_\mathrm{E} = 65\ \mathrm{V}/I_\mathrm{FN}$ sein. Hierin ist I_FN der Nennfehlerstrom (Auslösestrom) des vorgeschalteten FI-Schutzschalters. Fehlerstromschutzschalter werden z. B. für Nennfehlerströme von 30 mA, 0,3 A oder 0,5 A ausgeführt. Die Abschaltzeit liegt unter 0,2 s.

g) Schutztrennung. Die Schutztrennung kommt nur für einzelne Stromverbraucher bis 16 A in Frage. Über einen Trenntransformator (z. B. $\ddot{u} = 220\ \mathrm{V}/220\ \mathrm{V}$) wird der zu schützende Stromkreis ganz von der Erde getrennt. Dadurch kann ein Körperschluß im Verbrauchsgerät zu keiner Berührungsspannung führen.

Die Schutztrennung darf nur angewendet werden, wenn die Spannung des speisenden Netzes nicht über 500 V liegt, und die Sekundärspannung des Trenntransformators 250 V bei einpoligen und 380 V bei dreipoligen Verbrauchsgeräten nicht überschreitet. Der Trenntransformator besitzt eine fest eingebaute Steckdose ohne Schutzkontakt, und trägt das Zeichen $\substack{\mathrm{O}\\\mathrm{O}}$. Bei ortsfesten Trenntransformatoren ist das leitende Gehäuse mit dem Schutzleiter des Netzes zu verbinden. Bei ortsveränderlichen Trenntransformatoren müssen diese schutzisoliert (Zeichen $\boxed{\square}\ \substack{\mathrm{O}\\\mathrm{O}}$) ausgeführt werden. Der Sekundärstromkreis darf auf keinen Fall geerdet oder mit anderen Anlagenteilen leitend verbunden sein.

Trenntransformatoren werden z. B. benützt, wenn mit einem Elektrowerkzeug in einem Kessel oder auf Stahlgerüsten usw. gearbeitet werden muß. In diesen Fällen ist das Gehäuse des Elektrowerkzeugs (sichtbar außerhalb der Zuleitung) durch eine besondere Leitung entsprechenden Querschnitts mit dem leitenden Standort zu verbinden. Bei Arbeiten in Kesseln ist der Trenntransformator außerhalb des Kessels aufzustellen.

Größe	Formel-zeichen	Beziehungsgleichung (z. T. vereinfacht)	SI-Einheit		Einheit in anderen Systemen		Umrechnung und Bemerkungen
			Name	Zeichen	Name	Zeichen	
Elektr. Ladung	Q	$Q = \int i\,dt$ $Q = I \cdot t$	Coulomb	C	—	—	$1\,C = 1\,As = 0{,}62418 \cdot 10^{19}\,e$ (e = Ladung des Elektrons)
Elektr. Stromstärke	I		Ampere	A	—	—	A ist SI-Basiseinheit
Elektr. Spannung	U	$U = P/I$	Volt	V	—	—	$1\,V = 1\,W/A$
Elektr. Widerstand	R	$R = U/I$	Ohm	Ω	—	—	$1\,\Omega = 1\,V/A$
Elektr. Leitwert	G	$G = 1/R$	Siemens	S	—	—	$1\,S = 1/\Omega$
Energie (Arbeit) (Wärmemenge)	W (A) (Q)	$W = F \cdot s$	Joule	J	—	kpm kWh eV kcal	$1\,J = 1\,Nm = 1\,Ws =$ $= (1/9{,}80665)$ kpm $1\,kWh = 3{,}6 \cdot 10^6\,J$ $1\,eV = 1{,}60219 \cdot 10^{-19}\,J$ $1\,kcal = 4186{,}8\,J$
Leistung	P	$P = dW/dt$ $P = W/t$	Watt	W	—	kpm/s PS	$1\,W = 1\,J/s$ $1\,PS = 75\,kpm/s \approx 736\,W$
Elektr. Feldstärke	E	$E = U/s$ $E = F/Q$	—	V/m	—	V/cm	
Elektr. Verschiebungs-dichte	D	$D = \varepsilon \cdot E$ $D = Q/A$	—	C/m²	—	As/cm²	
Magn. Feldstärke	H	$H = N \cdot I/l$	—	A/m	Oersted	Oe A/cm	$1\,Oe = 10^3\ A/(4\pi m) \approx 79{,}6\,A/m$
Magn. Flußdichte (Induktion)	B	$B = \Phi/A$ $B = \mu \cdot H$	Tesla	T	Gauß	G	$1\,T = 1\,Wb/m^2 = 1\,Vs/m^2$ $1\,T = 10^4\,G$ $1\,G = 10^{-8}\,Vs/cm^2$
Magn. Fluß	Φ	$\Phi = B \cdot A$ $d\Phi = u \cdot dt$	Weber	Wb	Maxwell	M	$1\,Wb = 1\,Vs$ $1\,M = 10^{-8}\,Vs = 1\,Gcm^2$

Tafel wichtiger Formelzeichen, Größen und Einheiten (Fortsetzung)

Größe	Formel-zeichen	Beziehungsgleichung (z. T. vereinfacht)	SI-Einheit		Einheit in anderen Systemen		Umrechnung und Bemerkungen
			Name	Zeichen	Name	Zeichen	
Permeabilität	μ	$\mu = \mu_0 \cdot \mu_r$ $\mu = B/H$	—	H/m	—	G cm/A	$1\,H/m = 1\,Vs/(Am) = 10^6\,G\,cm/A$
magnetische Feldkon-stante, Induktions-konstante	μ_0	$4 \cdot \pi \cdot 10^{-7}\,H/m \approx$ $\approx 1{,}2566 \cdot 10^{-6}\,H/m$	—	H/m	—	—	$\mu_0 \approx 1{,}2566\,G\,cm/A$ $\mu_0 \approx 1{,}2566 \cdot 10^{-8}\,H/cm$
Permeabilitätszahl, relative Permabilität	μ_r	$\mu_r = \mu/\mu_0$	—	1	—	—	
Dielektrizitätskonstante	ε	$\varepsilon = \varepsilon_0 \cdot \varepsilon_r$ $\varepsilon = D/E$	—	F/m	—	As/(Vcm)	$1\,F/m = 1\,As/(V\,m) =$ $= 10^{-2}\,As/(V\,cm)$
elektrische Feldkonstante, ε_0 Verschiebungskonstante	ε_0	$\varepsilon_0 = 1/(\mu_0 \cdot c_0^2) \approx$ $\approx 0{,}885419 \cdot 10^{-11}\,F/m$	—	F/m	—	—	$\varepsilon_0 \approx 0{,}0885 \cdot 10^{-12}\,As/(V\,cm)$ $c_0 \approx 2{,}997925 \cdot 10^8\,m/s$
Dielektrizitätszahl, Relative Dielektrizi-tätskonstante	ε_r	$\varepsilon_r = \varepsilon/\varepsilon_0$	—	1	—	—	
Induktivität	L	$L = u\,dt/di$	Henry	H	—	—	$1\,H = 1\,Vs/A = 1\,\Omega \cdot s$
Kapazität	C	$C = Q/U$ $C = i \cdot dt/du$	Farad	F	—	—	$1\,F = 1\,As/V = 1\,s/\Omega$
Frequenz	f	$f = 1/T$	Hertz	Hz	—	Hz	$1\,Hz = 1/s$
ebener Winkel (Winkel)	α	$\alpha = l_{Bogen}/r$	Radiant	rad	Grad	°	$1\,rad = 1\,m/1\,m$ $1\,rad = 180°/\pi \approx 57{,}296°$ $1\,rev = 2\,\pi \cdot rad$
räumlicher Winkel, Raumwinkel	Ω	$\Omega = A/r^2$	Steradiant	sr	—	—	$\Omega = 1$ schneidet auf einer Kugel mit Radius $r = 1\,m$ eine Kalotte mit der Fläche $A = 1\,m^2$ aus.

Tafel wichtiger Formelzeichen, Größen und Einheiten (Fortsetzung)

Größe	Formelzeichen	Beziehungsgleichung (z. T. vereinfacht)	SI-Einheit		Einheit in anderen Systemen		Umrechnung und Bemerkungen
			Name	Zeichen	Name	Zeichen	
Winkelgeschwindigkeit	ω_{mech}	$\omega_{mech} = \alpha/t$	—	rad/s	—	1/s	1 rad/s = 1 rev/(2 π s)
Kreisfrequenz	ω	$\omega = 2\,\pi \cdot f$	—	1/s	—	1/s	1 Hz = 1/s
Beschleunigung	a	$a = \mathrm{d}v/\mathrm{d}t$ $a = F/m$	—	m/s²	—	m/s²	
Winkelbeschleunigung	ε	$\varepsilon = \mathrm{d}\omega/\mathrm{d}t$	—	rad/s²	—	1/s²	
Normalfallbeschleunigung g_n	g_n	9,80665 m/s²	—	m/s²	—	—	Bei Normalfallbeschleunigung g_n erfährt eine Masse m = 1 kg eine Kraft von F = 1 kp.
Kraft	F	$F = m \cdot a$	Newton	N	Kilopond	kp	1 N = 1 J/m = 1 kgm/s² $\approx$ 0,102 kp 1 kp $\approx$ 9,81 kgm/s² $\approx$ 9,81 N
Masse	m		Kilogramm	kg	—	kps²/m	kg ist SI-Basiseinheit 1 kg $\approx$ (1/9,81) kps²/m
Massenträgheitsmoment	J	$J = \int r^2 \cdot \mathrm{d}m$	—	kgm²	—	kpms²	
Drehzahl, Drehfrequenz	n		—	1/s	—	1/s 1/min	1 rev/s = 2 π rad/s 1/s = 60/min
Fläche	A		—	m²	—	m²	
Länge	l		Meter	m	Meter	m	m ist SI-Basiseinheit
Volumen	V		—	m³	—	m³	
Zeit	t		Sekunde	s	Sekunde	s	s ist SI-Basiseinheit 3600 s = 60 min = 1 h
Geschwindigkeit	v	$v = \mathrm{d}s/\mathrm{d}t$ $v = s/t$	—	m/s	—	m/s m/min m/h km/h	1 m/s = 60 m/min = 3600 m/h = = 3,6 km/h

Tafel wichtiger Formelzeichen, Größen und Einheiten (Fortsetzung)

Größe	Formel-zeichen	Beziehungsgleichung (z. T. vereinfacht)	SI-Einheit Name	Zeichen	Einheit in anderen Systemen Name	Zeichen	Umrechnung und Bemerkungen
Dichte	ϱ	$\varrho = m/V$	—	kg/m^3	—		
Drehmoment	M	$M = F \cdot r$	—	$N \cdot m$	—	kpm	$1\,kpm \approx 9{,}81\,kgm^2/s^2 \approx 9{,}81\,N \cdot m$
thermodynamische Temperatur	T t ϑ		Kelvin	K	—	°C	K ist SI-Basiseinheit. Die Celsiustemperatur (°C) ist die Differenz der thermodyn. Temperatur T gegenüber $T_0 = 273{,}15$ K $t = T - 273{,}15$ K. Temperaturdifferenzen werden in K, können aber auch in °C angegeben werden.
Druck	p	$p = F/A$	Pascal	Pa	Bar Atmosphäre (techn.)	bar at	$1\,Pa = 1\,N/m^2$ $1\,bar = 10^5\,Pa$ $1\,at = 1\,kp/cm^2 \approx 0{,}981 \cdot 10^5\,Pa$
Lichtstärke	I		Candela	cd			cd ist SI-Basiseinheit
Lichtstrom	Φ	$\Phi = I \cdot \Omega$	Lumen	lm			$1\,lm = 1\,lx \cdot m^2 = 1\,cd \cdot 1\,sr$
Lichtmenge	Q	$Q = \Phi \cdot t$		$lm \cdot s$	Lumenstunde	lmh	
Beleuchtungsstärke	E	$E = \Phi/A$	Lux	lx			$1\,lx = 1\,lm/m^2 = 1\,cd \cdot sr/m^2$
Leuchtdichte	L	$L = I_{e}/(A \cdot \cos \varepsilon)$	—	cd/m^2	Stilb Apostilb	sb asb	$1\,sb = 1\,cd/cm^2$ $1\,cd/m^2 = 10^{-4}\,cd/cm^2 \approx 3{,}14\,asb$
Lichtäquivalent	M	$M = V_\lambda/K_\lambda =$ $= (1/682)\,W/lm$	—	W/lm	—	—	

Schrifttum

AEG-Hilfsbuch 1: Grundlagen der Elektrotechnik. Heidelberg: Hüthig 1972.

AEG-Hilfsbuch 2: Handbuch der Elektrotechnik. 10. Aufl. Berlin: Elitera 1971.

AEG-Telefunken-Handbücher, Bd. 1: Drehstrom-Asynchronmotoren, Bd. 2: Gleichstrommaschinen, Bd. 3: Halbleitertechnik, Bd. 4: Einphasenmotoren Bd. 6: Einführung in die Methoden der Digitaltechnik, Bd. 7: Transduktoren, Bd. 12: Synchronmaschinen. Berlin: AEG.

Ausführungsverordnung zum Gesetz über Einheiten im Meßwesen vom 26. Juni 1970, Bundesgesetzblatt 1970, Teil I, Nr. 62, S. 981—991.

Bederke, H., Ptassek, R., Rothenbach, G., Vaske, P.: Elektrische Antriebe und Steuerungen. Stuttgart: Teubner 1969.

Bernhard, J. H.: Digitale Steuerungstechnik. 2. Aufl. Würzburg: Vogel 1969.

Bleisteiner, G., Mangoldt v., W., Henning, H., Oetker, R.: Handbuch der Regelungstechnik. Berlin, Göttingen, Heidelberg: Springer 1961.

Bödefeld, Th., Sequenz, H.: Elektrische Maschinen. 7. Aufl. Wien: Springer 1965.

Bühler, H.: Einführung in die Theorie geregelter Gleichstromantriebe. Berlin, Göttingen, Heidelberg: Springer 1964.

DIN-Taschenbuch 7: Schaltzeichen und Schaltpläne für die Elektrotechnik. 4. Aufl., Berlin, Köln, Frankfurt: Beuth 1970.

DIN-Taschenbuch 22: Normen für Größen und Einheiten in Naturwissenschaft und Technik, AEF-Taschenbuch. 3. Aufl. Berlin, Köln, Frankfurt: Beuth 1972.

Fischer, R.: Elektrische Maschinen, Wirkungsweise, Betriebsverhalten und Steuerung. München: Hanser 1971.

Fraunberger, F.: Regelungstechnik, Grundlagen und Anwendungen. Stuttgart: Teubner 1967.

Franken, H.: Schütze und Schützensteuerungen. 2. Aufl. Berlin, Heidelberg, New York: Springer 1967.

Gesetz über Einheiten im Meßwesen vom 2. Juli 1969. Bundesgesetzblatt 1969, Teil I, Nr. 55, S. 709—712.

Haeder, W., Gärtner, E.: Die gesetzlichen Einheiten in der Technik. 2. Aufl. Berlin, Köln, Frankfurt: Beuth 1971.

Haug, A.: Baustein-Elektronik. Stuttgart: AT-Fachverlag 1970.

Haug, A.: Grundzüge der Elektrotechnik. München: Hanser 1967.

Heim, K.: Schaltungsalgebra. 2. Aufl. Berlin, München: Siemens AG 1969.

Heumann, K., Stumpe, C.: Thyristoren, Eigenschaften und Anwendungen. Stuttgart: Teubner 1969.

Hoppner, A.: Handbuch für Planung, Konstruktion und Montage von Schaltanlagen, BBC-Fachbuch. 4. Aufl. Essen: Girardet.

Kosak, H. J., Wangerin, A.: Elektrotechnik auf Handelsschiffen. 2. Aufl. Berlin, Göttingen, Heidelberg: Springer 1964.

Kümmel, F.: Elektrische Antriebstechnik. Berlin, Heidelberg, New York: Springer 1971.

Küpfmüller K.: Einführung in die theoretische Elektrotechnik. 9. Aufl. Berlin, Heidelberg, New York: Springer 1968.

Leonhard, A.: Elektrische Antriebe. 2. Aufl. Stuttgart: Enke 1959.

Leonhard, A.: Die selbsttätige Regelung. 3. Aufl. Berlin, Heidelberg, New York: Springer 1962.

Linse, H.: Elektrotechnik für Maschinenbauer. 4. Aufl., Stuttgart: Teubner 1972.

Meyer, M.: Thyristoren in der technischen Anwendung: Stromrichter mit erzwungener Kommutierung. Berlin, München: Siemens AG 1967.

Moeller, F., Fricke, Grundlagen der Elektrotechnik. 14. Aufl. Stuttgart: Teubner 1971.

Moeller, F., Vaske, Kraneburg: Leitfaden der Elektrotechnik, Bd. 2, Elektrische Maschinen und Umformer, Teil 1, Aufbau, Wirkungsweise und Betriebsverhalten. 11. Aufl. Stuttgart: Teubner 1970.

Möltgen, G.: Thyristoren in der technischen Anwendung: Netzgeführte Stromrichter. Berlin, München: Siemens AG 1967.

Nürnberg, W.: Die Prüfung elektrischer Maschinen. 5. Aufl. Berlin, Heidelberg, New York: Springer 1965.

Philippow, E.: Taschenbuch Elektrotechnik, Bd. 1, Grundlagen, Bd. 2, Starkstromtechnik. 2. Aufl. Berlin: VEB-Verlag Technik.

Schiller, F.: Elektrische Antriebe in der Zellstoff- und Papierindustrie. Berlin, Göttingen, Heidelberg: Springer 1964.

Siemens-Formel- und Tabellenbuch für Starkstromingenieure. 4. Aufl. Essen: Girardet.

Siemens Handbuch der Elektrotechnik, Hrsg.: Siemens AG, Essen: Girardet 1971.

Simon, W.: Die numerische Steuerung von Werkzeugmaschinen. 2. Aufl. München: Hanser 1971.

VDE-Vorschriftenwerk (Einzelausgaben der VDE-Bestimmungen, VDE-Vorschriften, VDE-Regeln, VDE-Leitsätze): 0100, 0101, 0105, 0113, 0530, 0570 u. a. Berlin: VDE-Verlag.

Volk, P.: Antriebstechnik in der Metallverarbeitung. Berlin, Heidelberg, New York: Springer 1966.

Wasserrab, Th.: Schaltungslehre der Stromrichtertechnik. Berlin, Göttingen, Heidelberg: Springer 1962.

Weyh, U.: Elemente der Schaltungsalgebra. 6. Aufl. München, Wien: Oldenbourg 1971.

Sachverzeichnis